"十二五"普通高等教育本科国家级规划教材

有机化学

第二版

孔祥文　主编
朱珮珣　王　鹏　张毅军　副主编

化学工业出版社

·北京·

《有机化学》(第二版)是"十二五"普通高等教育本科国家级规划教材,本书按官能团体系顺序,脂肪族和芳香族混编方式编写,系统介绍各类官能团反应和反应机理,突出结构和性质的依赖关系。全书共16章,分为三部分:第一部分为有机化学基本理论(包括化学键理论、立体化学基础和有机化合物的结构表征等)和烃类;第二部分为烃的衍生物,包括卤代烃、含氧化合物和含氮化合物;第三部分为专论,包括杂环化合物、元素有机化合物和天然有机化合物等。每章后还精选多篇阅读材料,并配有习题。

《有机化学》(第二版)可作为高等院校化学、应用化学、化工、轻工、石油、纺织、材料、药学、环境、生物、食品、制药、安全、高分子、林产、冶金、农学等专业的教材,也可作为其它相关专业的教学用书或参考书,亦可作为相关行业工程技术人员的参考用书。

图书在版编目(CIP)数据

有机化学/孔祥文主编.—2版.—北京:化学工业出版社,2018.8(2025.2重印)
"十二五"普通高等教育本科国家级规划教材
ISBN 978-7-122-32244-9

Ⅰ.①有… Ⅱ.①孔… Ⅲ.①有机化学-高等学校-教材 Ⅳ.①O62

中国版本图书馆CIP数据核字(2018)第112656号

责任编辑:宋林青　　　　　　　文字编辑:刘志茹
责任校对:边　涛　　　　　　　装帧设计:关　飞

出版发行:化学工业出版社(北京市东城区青年湖南街13号　邮政编码100011)
印　　装:北京虎彩文化传播有限公司
787mm×1092mm　1/16　印张31½　字数822千字　2025年2月北京第2版第5次印刷

购书咨询:010-64518888　　　　　售后服务:010-64518899
网　　址:http://www.cip.com.cn
凡购买本书,如有缺损质量问题,本社销售中心负责调换。

定　价:65.00元　　　　　　　　　　　　　　　　　　　　版权所有　违者必究

序

有机化学又可称为碳化合物的化学。早在 19 世纪初期，有机化学就已成为一门非常重要的科学，这是因为它与人类社会的生产生活息息相关。有机化学作为四大化学之一有力地推动了精细化学品、高分子材料以及生物技术等相关行业的发展，这些行业为丰富人类的物质生活奠定了基础。经过两个多世纪的发展，有机化学已经衍生出诸如有机合成化学、物理有机化学、立体化学、有机分析化学、生物有机化学、天然产物化学、元素和金属有机化学、海洋有机化学、地球有机化学和有机功能材料学等众多的重要边缘分支学科。在当今的信息时代，有机化学在科学技术发展进程中依然扮演着十分重要的角色，而且在先进材料的创造中越来越具有举足轻重的地位。它正通过分子工程学的手段，特别是超分子和自组装科学与化学生物、纳米生物、有机/塑料电子、分子信息、智能材料等新兴交叉学科领域紧密地结合在一起。从某种意义上来讲，在学科演化过程中，有机化学正成为多种新兴交叉学科的源头。因此，掌握和研究有机化学，对于发展我国的化学工业及社会主义建设事业具有重要的意义和作用。

有机化学是化学、化学工程、材料科学与工程专业本科生的主干课程，也是医学、生物、能源、食品、环境科学及其相关各专业本科生必修的一门重要的基础课程。在上述专业的人才培养方案和课程体系中起着承前启后的作用。为适应全国高等教育教学改革提出的"厚基础、宽口径、强能力、高素质、广适应"人才培养模式的需要，优化课程体系，更新教学内容，根据教育部高等学校化学与化工学科教学指导委员会对有机化学的教学基本要求，结合我国工科有机化学教学的实际情况，化学工业出版社组织了多名具有丰富教育教学经验的教师对基础有机化学教材的内容进行了整合和浓缩，编写了这本《有机化学》教材。

纵观整本教材，本书具有体系完整、结构严谨、层次清晰、深入浅出的特点。与其它同类教材相比，本教材以"整体优化"和"内容更新"为出发点，强化了基础课在传授基础知识、培养基本能力和提高综合素质方面的作用；本着"精简经典、简介前沿、重基础理论、重实际应用"的原则，不乏现代有机化学的馥郁气息，拓宽学生的知识面，使教材内容体现与时俱进的精神，适应时代的发展，体现科学的进步。

本书旨在为展示工科高等教育教学改革和精品课程建设成果提供精品教材。主编及参编人员一直以来在国内知名院校承担一线教学任务，在高校创新创业教育、精品课程建设的理论与实践研究等方面不断创新，积累了丰富的教学经验，取得了很好的教学效果和丰硕的教育教学研究成果。

相信本书的出版将对提高工科基础化学课程教学质量，为"培养学生的科学思维能力、分析和解决问题的能力及创新能力"目标的实现起到积极的推动作用。

中国科学院院士 黄维 2009 年 10 月 26 日于金陵

前　言

本书是"十二五"普通高等教育本科国家级规划教材，曾获中国石油和化学工业出版物奖（教材奖）一等奖，是辽宁省级《有机化学》精品课程的配套教材和辽宁省教育科学"十二五"规划立课题（JG14DB334）的研究成果之一。其第一版以鲜明的特色受到了社会各界的广泛认可，先后有多所高校采用本书作为教材，在短短的几年时间内多次印刷。在使用本书过程中广大师生提出了许多宝贵的意见和建议，又鉴于近年来有机化学学科不断取得新的发展，教学改革与实践不断深入，因此有必要对本书进行再版，以求更加完善。

在保留第一版特色的同时，对原书进行了较大范围的修订，具体体现为：

(1) 更新了教材内容。对各类有机化合物的命名做了部分补充和完善；对各章中不够完善的内容均做了相应的修改。例如环烷烃的化学性质叙述中补充了异构化反应和裂化反应；对卤代烃制备羧酸的不同途径进行了展开阐述。

(2) 教材的编写体例更为灵活，注重符合学生的认知规律。例如重新编写了卤代烃的化学性质，由原来的先概述、再分别叙述各反应，调整为逐个、依次讲解各反应，其它内容分散到各有关章节。

(3) 通过对各章学习目标、知识点练习与综合训练等安排，帮助学生加深对各章重点和难点的理解，以增强学生的学习兴趣，引导学生独立思考，提高学生分析、解决问题的能力。与第一版相比，增加或更换了大量的习题及部分章后的阅读材料。

(4) 配备了 PPT 教案，方便教师授课使用，课件索取：songlq75@126.com。

本书由孔祥文任主编，朱珮珣、王鹏、张毅军任副主编。参加编写的人员有：张毅军，谷永庆，孟志芬（河南科技学院，第 1 章和第 6 章）；朱珮珣（辽宁科技大学，第 2 章）；崔天放（沈阳化工大学，第 3 章）；吕丹（沈阳工业大学，第 3 章和第 10 章）；王翠珍（山东科技大学，第 4 章）；任保轶（沈阳化工大学，第 5 章和第 10 章）；陈勇（山东科技大学，第 7 章）；由立新（沈阳化工大学，第 8 章和第 15 章）；于秀兰（沈阳化工大学，第 9 章和第 12 章）；王鹏（山东科技大学，第 11 章）；王晓丹（沈阳化工大学，第 13 章）；贾宏敏（辽宁科技大学，第 14 章）；孔祥文（沈阳化工大学，第 16 章）。全书由孔祥文负责制定编写大纲、统稿和定稿。

在本书编写过程中，作者参阅了国内外的教材和专著，我们对使用本书，对本书提出意见和建议的师生表示感谢。化学工业出版社的编辑对本书的出版给予了大力支持和帮助，在此致以衷心的谢意。

限于编者水平，书中不妥之处在所难免，衷心希望各位专家和使用本书的师生予以批评指正，在此我们致以最真诚的谢意。

编者

2018 年 6 月

第一版前言

　　精品课程建设是高等学校本科教学质量与教学改革工程的重要组成部分，而教材建设又是高校精品课程建设的主要内容之一。基于这一点，化学工业出版社组织了多位具有多年有机化学教育教学经验的工科院校教师共同编著了这本有机化学创新教材，力求在经典教学内容的基础上，突出实用性，做到特色鲜明，优势突出，以满足培养创新应用型人才的教学目标。本书是根据教育部高等学校化学与化工学科教学指导委员会对有机化学的教学基本要求编写的，是中国高等教育学会"中国高校创新创业教育的理论与发展研究"重点专项规划立项课题和辽宁省教育科学"十一五"规划立项课题的研究成果之一。

　　本教材按官能团体系顺序，脂肪族和芳香族混编方式编写，重点系统介绍各类官能团反应和反应机理，突出结构和性质的依赖关系，以培养学生具有较强的分析问题、解决问题和创新的能力。全书共16章，分为三部分：第一部分为有机化学基本理论（包括化学键理论、立体化学基础和有机化合物的结构表征等）和烃类；第二部分为烃的衍生物，包括卤代烃、含氧化合物和含氮化合物；第三部分为专论，包括杂环化合物、元素有机化合物和天然有机化合物等。章后有习题，书末有主题词索引、西文人名索引。本教材还精选多篇阅读材料，内容丰富，题材广泛，对提高学生的学习兴趣，培养学生的创新精神和实践能力，促进学生全面发展有着极其重要的作用，在指导学生用科学方法探索问题，培养学生理论联系实际能力、科学思维能力及严谨的科学态度等方面具有其它材料不可替代的作用，并能以此来激发学生的爱国热情，增强民族自豪感和社会责任感。

　　本书既可作为高等工科院校的应用化学、化工、材料、环境、生物、食品、制药、安全、高分子等本科专业教材，也可作为其它相关专业的教学用书或参考书，亦可作为相关行业工程技术人员的参考用书。

　　本书由孔祥文任主编，参加编写的人员有：吴爽（辽宁石油化工大学，第一和四章）；朱珮珣（辽宁科技大学，第二章）；崔天放（沈阳化工大学，第三章）；解令海（南京邮电大学，第五章）；陈平（辽宁石油化工大学，第六章）；丛玉凤（辽宁石油化工大学，第七章）；由立新（沈阳化工大学，第八和十五章）；于秀兰（沈阳化工大学，第九和十二章）；任保轶（沈阳化工大学，第十和五章）；高肖汉（辽宁石油化工大学，第十一章）；王晓丹（沈阳化工大学，第十三章）；贾宏敏（辽宁科技大学，第十四章）；孔祥文（沈阳化工大学，第十六章）。

　　全书由孔祥文教授负责制定编写大纲、统稿和定稿。

　　在本书编写过程中，我们参阅了国内外的教材和专著，化学工业出版社宋林青编审对本书的出版给予了大力支持和帮助，在此特致以衷心的谢意。

　　限于编者的水平，错误和不妥之处在所难免，衷心希望各位专家和使用本书的师生予以批评指正，在此我们致以最真诚的感谢。

编者
2009年10月

目 录

第 1 章　绪论 …… 1
- 1.1　有机化学的研究内容 …… 1
- 1.2　有机化合物的一般特点 …… 2
- 1.3　有机化合物的分类 …… 2
  - 1.3.1　按碳架分类 …… 2
  - 1.3.2　按官能团分类 …… 3
- 1.4　有机化合物分子结构和构造式 …… 4
- 1.5　共价键 …… 5
  - 1.5.1　共价键的形成 …… 5
  - 1.5.2　共价键的属性 …… 9
- 1.6　有机反应的基本类型 …… 12
  - 1.6.1　均裂 …… 12
  - 1.6.2　异裂 …… 12
- 1.7　有机化合物的研究方法 …… 13
- 阅读材料 …… 14
- 习题 …… 15

第 2 章　烷烃 …… 17
- 2.1　烷烃的通式和同分异构 …… 17
  - 2.1.1　烷烃的通式 …… 17
  - 2.1.2　烷烃的同分异构 …… 17
- 2.2　烷基的概念 …… 18
  - 2.2.1　伯、仲、叔、季碳原子和伯、仲、叔氢原子 …… 18
  - 2.2.2　烷基 …… 18
- 2.3　烷烃的命名 …… 18
  - 2.3.1　普通命名法 …… 19
  - 2.3.2　衍生命名法 …… 19
  - 2.3.3　系统命名法 …… 19
- 2.4　烷烃的结构 …… 20
  - 2.4.1　碳碳 σ 键的形成 …… 20
  - 2.4.2　烷烃的构象 …… 21
- 2.5　烷烃的物理性质 …… 23
  - 2.5.1　沸点（b.p.） …… 24
  - 2.5.2　熔点（m.p.） …… 24
  - 2.5.3　相对密度 …… 25
  - 2.5.4　溶解度 …… 25
  - 2.5.5　折射率 …… 25
- 2.6　烷烃的化学性质 …… 25
  - 2.6.1　自由基取代反应 …… 26
  - 2.6.2　氧化反应 …… 30
  - 2.6.3　异构化反应 …… 30
  - 2.6.4　裂化反应 …… 30
- 2.7　烷烃的来源和制法 …… 31
  - 2.7.1　烷烃的来源 …… 31
  - 2.7.2　烷烃的制法 …… 32
- 阅读材料 …… 33
- 习题 …… 33

第 3 章　不饱和烃 …… 36
- 3.1　烯烃和炔烃的结构 …… 36
  - 3.1.1　碳碳双键的形成 …… 37
  - 3.1.2　碳碳叁键的组成 …… 37
  - 3.1.3　π 键的特性 …… 38
- 3.2　烯烃和炔烃的通式和同分异构 …… 38
  - 3.2.1　烯烃和炔烃的通式 …… 38
  - 3.2.2　烯烃和炔烃的同分异构 …… 38
- 3.3　烯烃和炔烃的命名 …… 39
  - 3.3.1　烯烃、炔烃的衍生命名法 …… 39
  - 3.3.2　烯烃、炔烃的系统命名法 …… 39
  - 3.3.3　烯烃顺反异构的命名 …… 41
- 3.4　烯烃和炔烃的物理性质 …… 43
- 3.5　烯烃和炔烃的化学性质 …… 44
  - 3.5.1　加氢 …… 45
  - 3.5.2　亲电加成 …… 47
  - 3.5.3　自由基加成 …… 57
  - 3.5.4　亲核加成 …… 59
  - 3.5.5　氧化反应 …… 59

3.5.6 α-氢原子的反应 ……………… 62
3.5.7 炔烃的活泼氢反应 …………… 64
3.5.8 聚合反应 ……………………… 66
3.6 烯烃和炔烃的来源和制法 ………… 68
　3.6.1 烯烃的来源 …………………… 68
　3.6.2 烯烃的制法 …………………… 68
　3.6.3 乙炔的工业生产 ……………… 69
　3.6.4 炔烃的制法 …………………… 69
3.7 二烯烃的分类和命名 ……………… 70
　3.7.1 二烯烃的分类 ………………… 70
　3.7.2 二烯烃的命名和异构现象 …… 71
3.8 二烯烃的结构 ……………………… 71
　3.8.1 丙二烯的结构 ………………… 71
　3.8.2 1,3-丁二烯的结构 …………… 72
3.9 共轭体系 …………………………… 73
　3.9.1 π-π 共轭体系 ………………… 73
　3.9.2 p-π 共轭体系 ………………… 74
　3.9.3 超共轭体系 …………………… 75
　3.9.4 共轭体系的特点 ……………… 76

3.9.5 共轭效应的类型 ……………… 76
3.10 共振论 …………………………… 76
　3.10.1 共振论的基本概念 ………… 76
　3.10.2 采用共振论注意的问题 …… 78
　3.10.3 共振论的应用 ……………… 79
3.11 共轭二烯烃的化学性质 ………… 79
　3.11.1 亲电加成反应 ……………… 79
　3.11.2 1,4-亲电加成的理论解释 … 81
　3.11.3 双烯合成反应——Diels-Alder
　　　　 反应 …………………………… 82
　3.11.4 电环化反应 ………………… 85
　3.11.5 周环反应 …………………… 87
　3.11.6 聚合反应与合成橡胶 ……… 87
3.12 共轭二烯烃的制法 ……………… 88
　3.12.1 1,3-丁二烯的工业制法 …… 88
　3.12.2 2-甲基-1,3-丁二烯的制法 … 89
　3.12.3 环戊二烯的制法和化学性质 … 89
阅读材料 ………………………………… 90
习题 ……………………………………… 91

第 4 章 脂环烃 ……………………………………………………………………………… 96

4.1 脂环烃的分类和命名 ……………… 96
　4.1.1 分类 …………………………… 96
　4.1.2 命名 …………………………… 97
4.2 环烷烃的物理性质 ………………… 100
4.3 脂环烃的化学性质 ………………… 100
　4.3.1 取代反应 ……………………… 100
　4.3.2 加成反应 ……………………… 101
　4.3.3 氧化反应 ……………………… 102
　4.3.4 异构化反应 …………………… 103
　4.3.5 裂化反应 ……………………… 103
4.4 环烷烃的结构和环的稳定性 ……… 103

4.4.1 环烷烃的结构 ………………… 103
4.4.2 环烷烃的燃烧热 ……………… 104
4.5 环己烷及其衍生物的构象 ………… 105
　4.5.1 环己烷的构象 ………………… 105
　4.5.2 环己烷衍生物的构象 ………… 107
4.6 脂环烃的来源和制法 ……………… 109
　4.6.1 脂环烃的来源 ………………… 109
　4.6.2 脂环烃的制法 ………………… 109
阅读材料 ………………………………… 110
习题 ……………………………………… 112

第 5 章 芳烃 ……………………………………………………………………………… 115

5.1 芳烃的分类、构造异构和命名 …… 115
　5.1.1 分类 …………………………… 115
　5.1.2 构造异构和命名 ……………… 116
5.2 苯分子的结构 ……………………… 117
　5.2.1 苯的 Kekulé 结构式 ………… 117
　5.2.2 价键理论 ……………………… 118
　5.2.3 分子轨道模型 ………………… 118
　5.2.4 共振论对苯分子结构的解释 … 118
5.3 芳烃的物理性质 …………………… 120
5.4 单环芳烃的化学性质 ……………… 121
　5.4.1 亲电取代反应 ………………… 121
　5.4.2 加成反应 ……………………… 125

5.4.3 氧化反应 ……………………… 126
5.4.4 芳烃侧链的反应 ……………… 126
5.5 苯环上亲电取代反应机理 ………… 127
　5.5.1 卤化反应机理 ………………… 128
　5.5.2 硝化反应机理 ………………… 129
　5.5.3 磺化反应机理 ………………… 130
　5.5.4 烷基化反应机理 ……………… 130
　5.5.5 酰基化反应机理 ……………… 131
5.6 苯环上亲电取代反应的定位规则 … 131
　5.6.1 定位基的分类 ………………… 131
　5.6.2 定位基的理论解释 …………… 132
　5.6.3 二取代苯亲电取代反应的

定位规则 ……………………… 137
　5.6.4 定位规则在合成中的应用 ……… 138
5.7 芳烃的来源 …………………………… 139
　5.7.1 从煤焦油中分离 ………………… 139
　5.7.2 石油的芳构化 …………………… 139
　5.7.3 烷基苯制取苯乙烯 ……………… 140
5.8 多环芳烃 ……………………………… 140
　5.8.1 联苯 ……………………………… 140
　5.8.2 萘 ………………………………… 141
　5.8.3 蒽和菲 …………………………… 146
　5.8.4 其它稠环芳烃 …………………… 147
5.9 芳香性　非苯芳烃 …………………… 148
　5.9.1 Hückel规则和芳香性 …………… 148
　5.9.2 非苯芳烃 ………………………… 150
5.10 富勒烯 ……………………………… 152
阅读材料 …………………………………… 153
习题 ………………………………………… 156

第6章　对映异构 ……………………………… 159

6.1 有机化合物的旋光性 ………………… 159
　6.1.1 旋光性 …………………………… 160
　6.1.2 旋光性与结构的关系 …………… 160
6.2 分子的对称因素和手性 ……………… 162
　6.2.1 对称因素 ………………………… 162
　6.2.2 手性和对映体 …………………… 163
6.3 构型的表示和命名 …………………… 163
　6.3.1 构型的表示方法 ………………… 163
　6.3.2 构型的命名 ……………………… 164
6.4 含一个手性碳原子的对映异构 ……… 167
6.5 含两个手性碳原子的对映异构 ……… 167
　6.5.1 含两个相同手性碳原子的
　　　　对映异构 ………………………… 167
　6.5.2 含两个不同手性碳原子
　　　　的对映异构 ……………………… 168
6.6 不含手性碳原子的对映异构 ………… 169
　6.6.1 丙二烯型化合物 ………………… 169
　6.6.2 联苯型化合物 …………………… 170
6.7 手性有机化合物的合成 ……………… 171
　6.7.1 潜手性碳原子 …………………… 171
　6.7.2 外消旋体的拆分 ………………… 171
　6.7.3 手性合成（不对称合成）………… 173
阅读材料 …………………………………… 175
习题 ………………………………………… 176

第7章　卤代烃 ………………………………… 180

7.1 卤代烃的分类和命名 ………………… 180
　7.1.1 分类 ……………………………… 180
　7.1.2 命名 ……………………………… 180
7.2 卤代烃的物理性质 …………………… 181
7.3 卤代烷的化学性质 …………………… 182
7.4 卤代烷的亲核取代反应 ……………… 182
　7.4.1 水解反应 ………………………… 182
　7.4.2 醇解反应 ………………………… 183
　7.4.3 氰解反应 ………………………… 183
　7.4.4 氨解反应 ………………………… 184
　7.4.5 与硝酸银作用 …………………… 184
　7.4.6 与卤离子的交换反应 …………… 184
7.5 亲核取代反应机理及影响因素 ……… 184
　7.5.1 单分子亲核取代反应机理 ……… 185
　7.5.2 双分子亲核取代反应机理 ……… 186
　7.5.3 分子内亲核取代反应机理 ……… 187
　7.5.4 影响亲核取代反应的因素 ……… 188
7.6 卤代烷的消除反应 …………………… 191
　7.6.1 脱卤化氢反应 …………………… 191
　7.6.2 Saytzeff消除规则 ……………… 191
　7.6.3 脱卤素 …………………………… 192
7.7 卤代烷消除反应机理及影响因素 …… 192
　7.7.1 单分子消除反应机理 …………… 193
　7.7.2 双分子消除反应机理 …………… 193
　7.7.3 影响消除反应的因素 …………… 195
7.8 亲核取代反应和消除反应的关系 …… 195
　7.8.1 烷基结构的影响 ………………… 195
　7.8.2 进攻试剂的影响 ………………… 196
　7.8.3 溶剂的影响 ……………………… 196
　7.8.4 反应温度的影响 ………………… 196
7.9 卤代烷与金属的反应 ………………… 196
　7.9.1 与金属镁的反应——Grignard试
　　　　剂的生成 ………………………… 197
　7.9.2 与金属钠的反应 ………………… 198
　7.9.3 与金属锂的反应 ………………… 198
7.10 卤代烷的制法 ……………………… 199
　7.10.1 由不饱和烃制备 ……………… 199
　7.10.2 由醇制备 ……………………… 199
　7.10.3 卤离子交换 …………………… 199
7.11 卤代烯烃 …………………………… 200
　7.11.1 卤代烯烃的分类和命名 ……… 200
　7.11.2 卤代烯烃的化学性质 ………… 200

7.11.3 卤代烯烃的制法 …… 202
7.12 卤代芳烃 …… 203
　7.12.1 卤代芳烃的分类及命名 …… 203
　7.12.2 卤代芳烃的物理性质 …… 203
　7.12.3 卤代芳烃的化学性质 …… 204
　7.12.4 卤代芳烃的制法 …… 208
7.13 有机氟化物 …… 209
　7.13.1 重要的有机氟化物 …… 209
　7.13.2 有机氟化物的制法 …… 210
阅读材料 …… 212
习题 …… 213

第 8 章　光波谱分析在有机化学中的应用 …… 218
8.1 概述 …… 218
8.2 紫外光谱（UV） …… 218
　8.2.1 紫外光谱 …… 218
　8.2.2 电子跃迁 …… 219
　8.2.3 谱图解析示例 …… 219
8.3 红外光谱（IR） …… 221
　8.3.1 红外光谱与分子振动 …… 221
　8.3.2 各种基团的特征频率 …… 223
　8.3.3 谱图解析示例 …… 224
8.4 核磁共振谱（NMR） …… 225
　8.4.1 核磁共振 …… 225
　8.4.2 化学位移 …… 226
　8.4.3 自旋偶合和裂分 …… 228
　8.4.4 谱图解析示例 …… 230
　8.4.5 ^{13}C-NMR 简介 …… 231
8.5 质谱（MS） …… 231
　8.5.1 基本原理 …… 231
　8.5.2 质谱解析示例 …… 232
阅读材料 …… 233
习题 …… 234

第 9 章　醇、酚和醚 …… 236
9.1 醇和酚的分类、同分异构和命名 …… 236
　9.1.1 醇和酚的分类 …… 236
　9.1.2 醇和酚的同分异构 …… 237
　9.1.3 醇和酚的命名 …… 237
9.2 醇和酚的结构 …… 239
9.3 醇和酚的物理性质 …… 239
9.4 醇和酚的化学性质——共性 …… 241
　9.4.1 弱酸性和弱碱性 …… 241
　9.4.2 醚的生成 …… 243
　9.4.3 酯的生成 …… 245
　9.4.4 氧化反应 …… 246
　9.4.5 与三氯化铁的显色反应 …… 249
9.5 醇的特性 …… 249
　9.5.1 与氢卤酸反应 …… 249
　9.5.2 与卤化磷反应 …… 251
　9.5.3 与亚硫酰氯反应 …… 252
　9.5.4 脱水反应 …… 253
9.6 酚的特性 …… 257
　9.6.1 卤化反应 …… 257
　9.6.2 硝化反应 …… 257
　9.6.3 磺化反应 …… 258
　9.6.4 烷基化和酰基化反应 …… 258
　9.6.5 与二氧化碳的反应 …… 259
　9.6.6 与甲醛的反应 …… 260
　9.6.7 与丙酮的反应 …… 261
　9.6.8 还原反应 …… 262
9.7 醇的制法 …… 262
　9.7.1 由烯烃制备 …… 262
　9.7.2 卤代烃的水解 …… 263
　9.7.3 醛、酮、羧酸和羧酸衍生物的还原 …… 263
　9.7.4 由 Grignard 试剂制备 …… 264
9.8 酚的制法 …… 264
　9.8.1 卤代芳烃的水解 …… 264
　9.8.2 芳磺酸盐的碱熔 …… 265
　9.8.3 芳胺重氮盐的水解 …… 265
　9.8.4 由异丙苯制备 …… 265
9.9 多元醇 …… 266
9.10 醚的结构和命名 …… 267
　9.10.1 醚的结构 …… 267
　9.10.2 醚的命名 …… 268
9.11 醚的物理性质 …… 269
9.12 醚的化学性质 …… 270
　9.12.1 𬭩盐的生成 …… 270
　9.12.2 醚键的断裂 …… 270
　9.12.3 过氧化物的生成 …… 272
9.13 醚的制法 …… 272
　9.13.1 由醇脱水 …… 272
　9.13.2 Williamson 合成法 …… 273
　9.13.3 乙烯基醚的制取 …… 273
9.14 环醚 …… 273
　9.14.1 环氧化合物的性质 …… 274

9.14.2　环氧化合物的制备 …… 276
9.14.3　大环多醚——冠醚 …… 276
阅读材料 …… 277
习题 …… 278

第 10 章　醛、酮和醌 …… 283

10.1　醛、酮的结构和命名 …… 284
　10.1.1　醛和酮的结构 …… 284
　10.1.2　醛和酮的命名 …… 284
10.2　醛和酮的物理性质 …… 286
10.3　醛和酮的化学性质 …… 287
　10.3.1　醛、酮的反应类型及羰基的反应活性 …… 287
　10.3.2　羰基的亲核加成反应 …… 289
　10.3.3　α-氢原子的反应 …… 297
10.4　醛和酮的制法 …… 304
　10.4.1　烯烃和炔烃的氧化 …… 304
　10.4.2　同碳二卤代物水解 …… 305
　10.4.3　醇氧化或脱氢 …… 305
　10.4.4　羰基合成 …… 306
　10.4.5　酰氯和酯的还原 …… 306
　10.4.6　由芳烃制备 …… 306
10.5　α,β-不饱和醛酮的特性 …… 307
　10.5.1　亲电加成 …… 307
　10.5.2　亲核加成 …… 308
　10.5.3　氧化 …… 309
　10.5.4　还原 …… 309
10.6　醌的结构和命名 …… 310
10.7　醌的化学性质 …… 311
　10.7.1　还原反应 …… 311
　10.7.2　加成反应 …… 312
10.8　醌的制法 …… 312
阅读材料 …… 313
习题 …… 314

第 11 章　羧酸及其衍生物 …… 317

11.1　羧酸的分类和命名 …… 317
11.2　羧酸的物理性质 …… 318
11.3　羧酸的化学性质 …… 320
　11.3.1　酸性 …… 321
　11.3.2　羧酸衍生物的生成 …… 323
　11.3.3　羧基的还原反应 …… 326
　11.3.4　脱羧反应 …… 327
　11.3.5　α-氢原子的卤化反应 …… 328
11.4　羧酸的制法 …… 328
　11.4.1　氧化法 …… 329
　11.4.2　水解法 …… 330
　11.4.3　Grignard 试剂与 CO_2 作用 …… 330
　11.4.4　酚酸的合成 …… 331
11.5　取代酸 …… 331
　11.5.1　卤代酸 …… 332
　11.5.2　羟基酸 …… 333
11.6　羧酸衍生物的分类和命名 …… 335
11.7　羧酸衍生物的物理性质 …… 335
11.8　羧酸衍生物的化学性质 …… 337
　11.8.1　酰基上的亲核取代反应 …… 337
　11.8.2　与 Grignard 试剂的反应 …… 340
　11.8.3　还原反应 …… 341
　11.8.4　Hofmann 降解反应 …… 342
11.9　碳酸衍生物 …… 343
　11.9.1　碳酰氯 …… 343
　11.9.2　碳酰胺 …… 344
　11.9.3　脲 …… 345
阅读材料 …… 346
习题 …… 347

第 12 章　β-二羰基化合物 …… 352

12.1　概述 …… 352
12.2　烯醇式和酮式的互变异构 …… 352
12.3　乙酰乙酸乙酯 …… 355
　12.3.1　合成 …… 355
　12.3.2　性质 …… 357
　12.3.3　应用 …… 359
12.4　丙二酸二乙酯 …… 360
　12.4.1　合成 …… 360
　12.4.2　性质 …… 361
　12.4.3　应用 …… 361
12.5　其它含有活泼亚甲基的化合物 …… 362
　12.5.1　含活泼亚甲基的化合物 …… 362
　12.5.2　Knoevenagel 反应 …… 363
　12.5.3　Michael 反应 …… 363
阅读材料 …… 364
习题 …… 367

第 13 章 含氮化合物 ... 370
- 13.1 硝基化合物 ... 370
  - 13.1.1 硝基化合物的分类、结构和命名 ... 370
  - 13.1.2 脂肪族硝基化合物 ... 371
  - 13.1.3 芳香族硝基化合物 ... 372
- 13.2 胺的分类和命名 ... 374
- 13.3 胺的结构 ... 376
- 13.4 胺的物理性质 ... 377
- 13.5 胺的化学性质 ... 379
  - 13.5.1 碱性 ... 379
  - 13.5.2 烃基化 ... 380
  - 13.5.3 酰基化 ... 381
  - 13.5.4 磺酰化 ... 382
  - 13.5.5 氧化 ... 382
  - 13.5.6 与亚硝酸的反应 ... 383
  - 13.5.7 与醛的反应 ... 384
  - 13.5.8 芳胺环上的亲电取代反应 ... 384
- 13.6 胺的制法 ... 385
  - 13.6.1 氨或胺的烃基化 ... 385
  - 13.6.2 醛或酮的还原胺化 ... 385
  - 13.6.3 腈和酰胺的还原 ... 386
  - 13.6.4 Gabriel 合成法 ... 386
  - 13.6.5 Hofmann 降解反应 ... 387
  - 13.6.6 硝基化合物的部分还原 ... 387
- 13.7 季铵盐和季铵碱 ... 387
- 13.8 重氮化合物和偶氮化合物 ... 389
  - 13.8.1 概述 ... 389
  - 13.8.2 重氮盐的制备 ... 390
  - 13.8.3 重氮盐的反应 ... 391
- 13.9 腈 ... 395
  - 13.9.1 腈的命名 ... 395
  - 13.9.2 腈的性质 ... 395
  - 13.9.3 腈的制备 ... 396
- 阅读材料 ... 397
- 习题 ... 398

第 14 章 杂环化合物 ... 400
- 14.1 杂环化合物的分类、命名和结构 ... 400
  - 14.1.1 杂环化合物的分类和命名 ... 400
  - 14.1.2 结构和芳香性 ... 402
- 14.2 五元杂环化合物 ... 403
  - 14.2.1 五元杂环化合物的性质 ... 403
  - 14.2.2 重要的五元杂环化合物 ... 406
- 14.3 六元杂环化合物 ... 408
  - 14.3.1 吡啶 ... 408
  - 14.3.2 喹啉和异喹啉 ... 410
  - 14.3.3 嘌呤 ... 412
- 阅读材料 ... 412
- 习题 ... 414

第 15 章 元素有机化合物 ... 417
- 15.1 元素有机化合物的分类和命名 ... 417
  - 15.1.1 元素有机化合物的定义及分类 ... 417
  - 15.1.2 元素有机化合物的命名 ... 417
- 15.2 有机硅化合物 ... 417
  - 15.2.1 烃基卤硅烷的制法 ... 417
  - 15.2.2 烃基卤硅烷的性质与应用 ... 418
- 15.3 有机磷化合物 ... 419
  - 15.3.1 膦的制法 ... 419
  - 15.3.2 膦的性质 ... 420
- 15.4 有机锂化合物 ... 422
  - 15.4.1 有机锂的制法 ... 422
  - 15.4.2 有机锂的性质 ... 422
- 15.5 有机铁化合物 ... 423
  - 15.5.1 二茂铁的制法 ... 423
  - 15.5.2 二茂铁的结构和性质 ... 423
- 15.6 有机铝化合物 ... 424
  - 15.6.1 烷基铝的制法 ... 424
  - 15.6.2 烷基铝的性质 ... 425
- 阅读材料 ... 426
- 习题 ... 428

第 16 章 天然有机化合物 ... 430
- 16.1 单糖 ... 431
  - 16.1.1 单糖的分类 ... 431
  - 16.1.2 单糖的构型 ... 431
  - 16.1.3 单糖的结构 ... 432
  - 16.1.4 单糖的化学性质 ... 434
  - 16.1.5 重要的单糖 ... 438
- 16.2 二糖 ... 438
  - 16.2.1 还原性二糖 ... 439

16.2.2 非还原性二糖 …… 440
16.3 多糖 …… 441
  16.3.1 淀粉 …… 441
  16.3.2 纤维素 …… 442
16.4 氨基酸 …… 444
  16.4.1 氨基酸的结构、分类、命名和构型 …… 446
  16.4.2 氨基酸的性质 …… 447
  16.4.3 氨基酸的制法 …… 450
16.5 多肽 …… 452
  16.5.1 多肽的组成和命名 …… 452
  16.5.2 多肽结构的测定 …… 453
  16.5.3 多肽的合成 …… 456
16.6 蛋白质 …… 457
  16.6.1 蛋白质的分类 …… 457
  16.6.2 蛋白质的结构 …… 458
  16.6.3 蛋白质的性质 …… 462
16.7 核酸 …… 464
  16.7.1 核酸的组成 …… 464
  16.7.2 核酸的结构 …… 466
  16.7.3 核酸的生物功能 …… 468
16.8 类脂 …… 469
  16.8.1 油脂 …… 469
  16.8.2 磷脂和蜡 …… 471
16.9 萜类化合物 …… 472
  16.9.1 萜类化合物的分类、结构特点 …… 472
16.10 甾族化合物 …… 476
  16.10.1 甾族化合物结构特征 …… 477
  16.10.2 重要的甾类化合物 …… 477
16.11 生物碱 …… 480
  16.11.1 生物碱的性质 …… 480
  16.11.2 重要的生物碱 …… 480
阅读材料 …… 482
习题 …… 484

参考文献 …… 488

第 1 章 绪 论

1.1 有机化学的研究内容

有机化学（organic chemistry）是化学学科的一个分支，主要研究有机化合物的组成、结构、性质和变化规律。有机化合物（organic compound）均含有碳原子，因此被定义为"含碳的化合物"。有机化合物通常都含有碳和氢两种元素，所以从结构上考虑，可将碳氢化合物看作有机化合物的母体，而将其它有机化合物看作是碳氢化合物分子中的氢原子被其它原子或基团直接或间接取代后生成的衍生物。在含有多个碳原子的有机化合物分子中，碳原子互相结合形成分子骨架，其它元素的原子连接在该骨架上。在元素周期表中，没有一种别的元素能像碳那样以多种方式彼此牢固地结合，由碳原子形成的分子骨架有直链、支链、环状等多种形式，因此，有机化合物也可以定义为碳氢化合物及其衍生物。有机化合物与人们的生活密切相关，羊毛、棉花、蚕丝、脂肪、蛋白质、碳水化合物、木材、合成纤维、石油、天然气、塑料、橡胶及合成橡胶、染料、药物、化妆品、添加剂等都是有机化合物。

在发展初期，有机化学工业的主要原料是动、植物体，主要研究从动、植物体中分离有机化合物；后来逐渐变为以煤焦油为主要原料；发现合成染料后促使染料、制药工业蓬勃发展，从而推动了对芳香族化合物和杂环化合物的研究。20世纪30年代以后，有机化学工业以乙炔为主要原料，使有机合成迅速兴起。40年代前后，又逐渐转变为以石油和天然气为主要原料，促使合成塑料、合成橡胶和合成纤维工业得到发展。当前由于石油资源日趋枯竭，以煤为原料的有机化学工业必将重新发展。有机化学研究内容十分广泛，其中之一就是分离、提取自然界存在的各种有机化合物，测定它们的结构和性质，以便加以利用。天然的动物、植物和微生物体都是重要的研究对象，如从中草药中提取有效成分，从昆虫中提取昆虫信息素等。从复杂的生物体中分离并提纯某一个化合物是相当艰巨的工作，如从某种雌蟑螂中提取该蟑螂的信息素，75000只分离出不到1mg的信息素，而且当时为了确定其结构花费了30多年的时间。当然，目前由于现代实验及技术的发展，为分离、提纯及测定结构提供了许多有效方法，使未知物结构的确定既快速又准确。

随着科学和技术的发展，有机化学与各个学科互相渗透，形成了许多分支学科。比如天然有机化学、生物有机化学、海洋有机化学、有机合成化学、元素有机及金属有机化学、物理有机化学、应用有机化学、量子有机化学、有机分析化学等。这些分支学科拓展了有机化学的内容及研究领域，如正渗透到有机化学各个领域的分子设计和分子识别，及已成为有机化学的热点和前沿领域的选择性反应，有机化学更加与生命科学、环境科学及材料科学密切结合，并在新药和农、医用化学品以及分子电子材料的开发中起主导作用。

1.2 有机化合物的一般特点

无机化合物可以作为原料合成有机化合物，这说明两者之间没有绝对的界限。但是，它们在组成、结构和性质上仍然存在很大的差别。有机化合物有其内在的联系和特性，位于周期表当中的碳元素，一般是通过与其它元素的原子共用外层电子而达到稳定电子构型的，这种结合方式决定了有机化合物的特性。

① 有机化合物大多数都易燃、易爆，燃烧后生成二氧化碳和水，放出热量，无机化合物则不易燃烧，由此可初步鉴别无机化合物和有机化合物。

② 有机化合物分子组成复杂，种类繁多，结构复杂，并且有同分异构体。例如乙醇和二甲醚为同分异构体，分子式都是 C_2H_6O，通常条件下乙醇是液体，而二甲醚是气体。又如分子式为 $C_{10}H_{22}$ 的同分异构体数目可达 75 个。有机化合物数量众多的原因之一就是存在同分异构现象，而同分异构现象在无机化合物中并不多见。

③ 有机化合物熔、沸点低，一般不高于 400℃。如有机化合物醋酸的熔点为 16.6℃，沸点为 118℃，而无机化合物氯化钠的熔点为 800℃，沸点为 1440℃。

④ 大多数有机化合物不溶或难溶于水，易溶于有机溶剂。这是由于"相似相溶"的原理，水是极性溶剂，所以弱极性或非极性的有机化合物难溶于水，但极性较强的有机化合物也可溶于水。

⑤ 大多数有机反应速率较慢，有的几小时、几天甚至几年。为了加快反应速率，可用光照、催化剂、加热等方法。

⑥ 有机反应副反应多，产物较复杂，产率能达到 80% 就已经相当可观，达到 40% 就有合成价值。因为副反应多，所以有机化学反应的方程式书写时常采用箭头，而不用等号，一般只写出反应物及其主要产物，在箭头上标出必要的反应条件，除了计算理论产率时主反应才要求配平，其余大多数情况下不要求配平。有机反应后常需采用蒸馏、重结晶、柱色谱等操作进行分离提纯。

1.3 有机化合物的分类

有机化合物虽然数量庞大、结构复杂，但却具有相似的元素组成、相似的结构特征和性质。为了研究方便，人们将有机化合物进行分门别类。19 世纪 40 年代，当时按照无机化合物类型说的分类方法，把有机化合物分为水型、氢型、氯化氢型和氨型，这样分类不能很好地包括多官能团有机化合物，即多官能团有机化合物可以同时属于两个或多个类型，造成了不确定性。随着有机化合物的增多，类型说的分类方法越来越不能满足要求。直到 19 世纪 60 年代，有机化合物价键和结构理论建立后，才形成了合理的、系统的分类方法，常用的分类方法是按碳原子组成的骨架（碳架）结构和官能团进行分类的。

1.3.1 按碳架分类

根据碳原子组成的骨架不同，有机化合物被分为四大类。

(1) 脂肪族化合物 (aliphatic compound)

分子中的碳原子相互连接成链状，无环状结构，又叫链状化合物。例如：

CH₃CH₂CH₂CH₃　　　　CH₂=CH—CH=CH₂　　　　CH₃CH₂CH₂OH
正丁烷　　　　　　　　1,3-丁二烯　　　　　　　正丁醇

（2）脂环族化合物（alicyclic compound）
分子中含有一个或多个环状结构，性质与脂肪族化合物相似。例如：

环丙烷　　　　环戊二烯 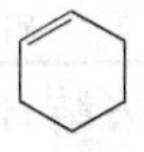　　　　环己烯

（3）芳香族化合物（aromatic compound）
分子中含有苯环或稠环体系，虽含有环状结构，但性质与脂环化合物有很大差别。例如：

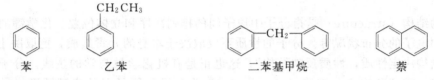
苯　　　　乙苯　　　　二苯基甲烷　　　　萘

（4）杂环化合物（heterocyclic compound）
组成杂环化合物的环上除碳原子以外，还含有其它元素的原子如氧、硫、氮等。例如：

呋喃 　　　　噻吩 　　　　吡啶

1.3.2　按官能团分类

官能团（functional group）可以决定有机化合物的主要性质，指的是分子中一些比较活泼能起化学反应的原子或基团。一般情况下，官能团相同，化学性质相似。因此，有机化合物还可以按照官能团进行分类，表 1-1 中列出了一些常见的官能团。

表 1-1　一些常见官能团及所属类别

官　能　团	官能团名称	化合物类别	例　　子
—C(=O)—OH	羧基	羧酸	CH₃CH₂COOH
—SO₃H	磺酸基	磺酸	C₆H₅SO₃H
—C(=O)—OR	烷氧甲酰基（酯基）	酯	CH₃C(=O)—OCH₂CH₂CH₃
—C(=O)—X	卤代甲酰基	酰卤	CH₃C(=O)—Cl
—C(=O)—NH₂	氨基甲酰基	酰胺	CH₃C(=O)—NH₂
—CN	氰基	腈	CH₃CH₂CN
—C(=O)—H	甲酰基（醛基）	醛	CH₃C(=O)—H
〉C=O	羰基	酮	CH₃C(=O)CH₃
—OH	羟基	醇、酚	C₂H₅OH　C₆H₅OH
—SH	巯基	硫醇、硫酚	CH₃SH　C₆H₅SH
—NH₂	氨基	胺	CH₃CH₂NH₂
〉C=C〈	碳碳双键	烯烃	CH₂=CH₂
—C≡C—	碳碳叁键	炔烃	HC≡CH

续表

官能团	官能团名称	化合物类别	例子
—OR	烷氧基	醚	$C_2H_5OC_2H_5$
—X (F,Cl,Br,I)	卤原子	卤代烃	CH_3CH_2Br
—NO_2	硝基	硝基化合物	$C_6H_5NO_2$

通常将以上两种分类方法结合使用，先按碳架分类，再按官能团分类。例如"脂环族烯烃"、"脂肪族醛"、"芳香族羧酸"等。

1.4 有机化合物分子结构和构造式

分子的结构（structure）是指分子中原子间的排列次序和立体位置、化学键的结合状态以及分子中电子的分布状况等。分子的性质不仅取决于本身的元素组成，更取决于自身的结构，即"结构决定性质，性质反映结构"，这也正是有机化学教与学的主线。分子结构包括分子的构造、构型和构象。构造（constitution）为分子中原子间的成键顺序，早期叫做结构，根据国际纯粹与应用化学联合会（International Union of Pure and Applied Chemistry，简称 IUPAC）的建议改为"构造"，表示化合物的化学式叫做构造式（constitutional formula）。构造式可以在一定程度上反映分子的结构和性质，但不能表示空间构型，如甲烷分子是正四面体，而构造式所示的碳原子和四个氢原子却都在同一平面上（见表 1-2）。因此，要用构型式或构象式来表示分子的立体结构，这些与有机化合物立体概念相关的内容将在以后的章节中讨论。

表 1-2 常用构造式的表示方法

化合物	短线式	缩简式	键线式
正丁烷	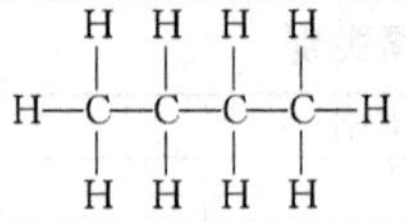 H—C—C—C—C—H (with H's)	$CH_3CH_2CH_2CH_3$	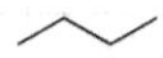 ∧∧
1-丁烯	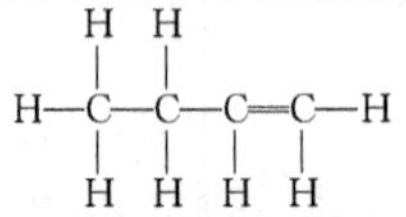 H—C—C—C—C—H (with H's, double bond)	$CH_3CH_2CH=CH_2$	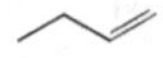 ∧=
2-丁炔	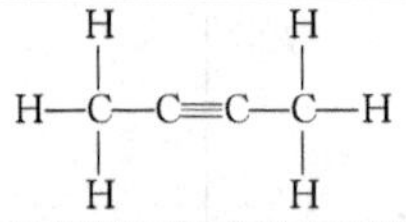 H—C—C≡C—C—H (with H's)	$CH_3C≡CCH_3$	 —≡—
1-丁醇	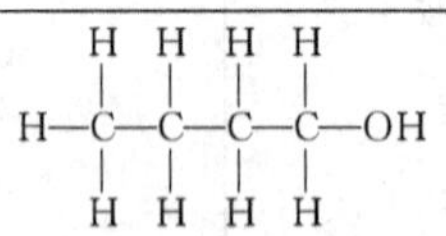 H—C—C—C—C—OH (with H's)	$CH_3CH_2CH_2CH_2OH$	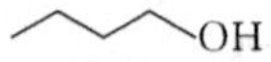 ∧∧OH
乙醚	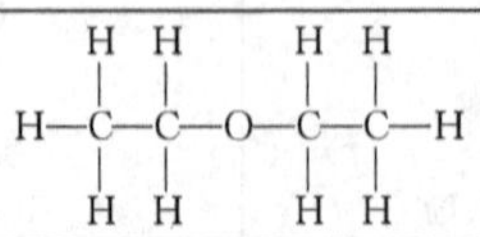 H—C—C—O—C—C—H (with H's)	$CH_3CH_2OCH_2CH_3$	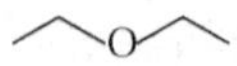 ∧O∧
正丁醛	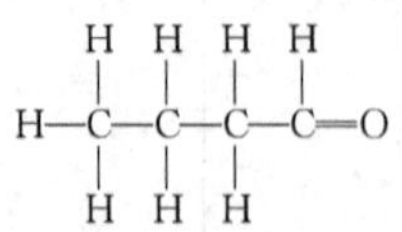 H—C—C—C—C=O (with H's)	$CH_3CH_2CH_2CHO$	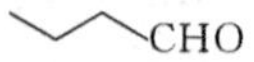 ∧∧CHO

续表

化合物	短线式	缩简式	键线式
2-丁酮	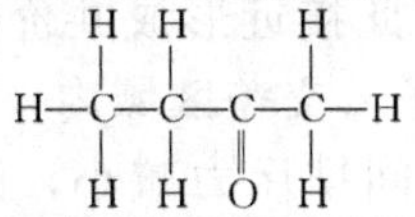 (结构图)	CH₃CH₂CCH₃ 下方 O	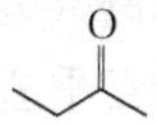 (键线式图)
1-丁酸	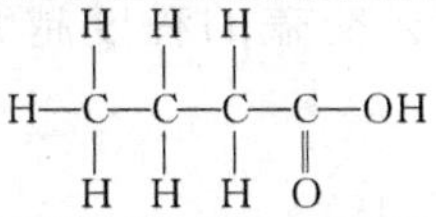 (结构图)	CH₃CH₂CH₂COOH	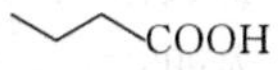 (键线式图)
环丁烷	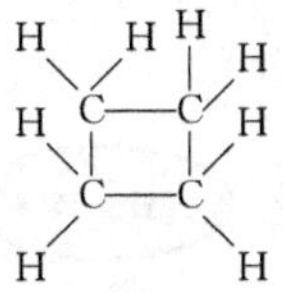 (结构图)	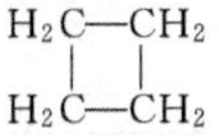 H₂C—CH₂ H₂C—CH₂	□
苯	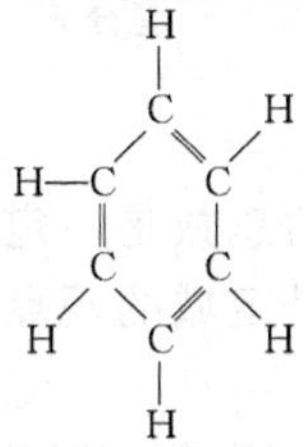 (结构图)	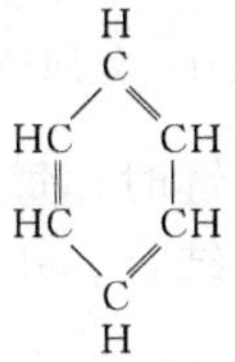 (结构图)	 (六元环图)

1.5 共价键

研究有机化合物的结构，必须首先讨论组成有机化合物的化学键。离子键和共价键是化学键的两种基本类型，原子间的电子转移形成离子键，而共价键（covalent bond）是由原子间共用电子对形成的。无机化合物大部分以离子键形成，而有机分子中的原子主要是以共价键结合的。结构决定性质，正是由于化学键的不同，使有机化合物和无机化合物在性质上有很大的差别。

1.5.1 共价键的形成

1916 年，G. N. Lewis 提出了共价键的概念，所谓共价键是指原子间通过共用电子对相结合。例如，碳原子核外有四个电子，可以与四个氢原子结合成四个共价键构成甲烷分子。

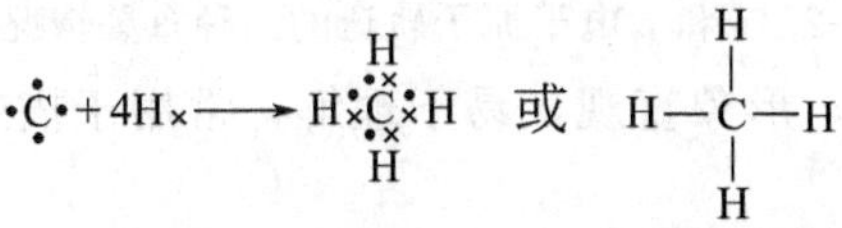

$$\cdot \overset{\cdot}{\underset{\cdot}{C}} \cdot + 4H\times \longrightarrow H\overset{H}{\underset{H}{\overset{\times}{\underset{\times}{C}}}}H \quad 或 \quad H-\overset{H}{\underset{H}{C}}-H$$

电子结构式　　短线式或价键式

式中，圆点和叉分别代表碳和氢的价电子，成对后代表共价键，也可以用短线表示共价键。一对价电子形成的为单键，两对或三对价电子还可以形成双键或叁键。例如：

$$乙烯 \quad \overset{H}{\underset{H}{C}}::\overset{H}{\underset{H}{C}} \quad \overset{H}{\underset{H}{C}}=\overset{H}{\underset{H}{C}}$$

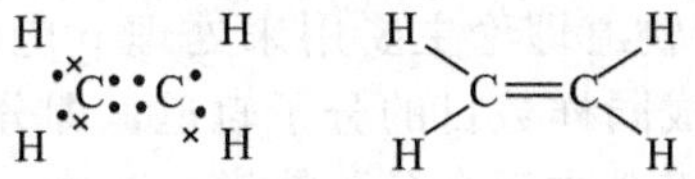

$$乙炔 \quad H:C:::C:H \quad H-C\equiv C-H$$

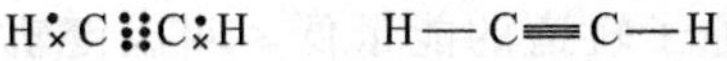

Lewis 的共用电子对概念虽然可以描述分子的结构，但对共价键形成的本质并未予以说明。随着量子化学的不断进步和发展，人们对共价键形成的本质有了进一步认识，对于共价

键形成的理论解释有很多种，其中常见的有价键理论、分子轨道理论和杂化轨道理论。

1.5.1.1 价键理论

价键理论（valence bond theory）认为当两个原子彼此接近形成共价键时，成键原子的原子轨道相互重叠或电子云相互交盖，在轨道重叠或电子云交盖区域内，两个自旋方向相反的电子互相配对，并为两个成键原子所共有，使两原子间排斥力减小，因此体系的能量降低，可以形成稳定的结合（见图1-1）。轨道重叠或电子云交盖的程度越大，形成的共价键越牢固。例如：

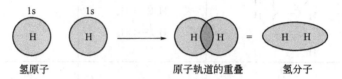

图 1-1 氢原子的电子云交盖

共价键具有饱和性，即形成共价键时，每个原子成键的总数是一定的，一个电子与另一个电子配对后，便不能与第三个电子结合。并且价键理论是定域的观点，即成键电子只处于以此相连的成键原子之间。

共价键具有方向性，即形成共价键时除s轨道外，其它原子轨道都不是球形对称的。如p电子的原子轨道具有一定的空间取向，成键时只有从某一方向互相接近时才能使原子轨道得到最大重叠，生成分子的能量得到最大程度的降低，才能稳定成键。以氢原子和氯原子形成氯化氢为例，见图1-2。

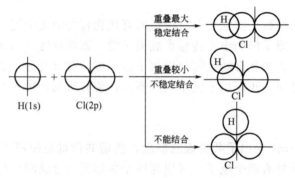

图 1-2 s和p电子原子轨道的三种重叠情况

价键理论持有定域的观点，形象直观，易于理解，常用于描述非共轭体系，对于共轭体系常用分子轨道理论来描述。

1.5.1.2 分子轨道理论

分子轨道理论（molecular orbital theory）认为形成化学键的电子是在整个分子中运动的，从分子的整体研究分子中每个电子的运动状态。分子中的电子运动状态称为分子轨道，可以用波函数 Ψ 表示。分子轨道理论主要用来处理p电子。分子轨道理论认为当任何数目的原子轨道重叠时，就可形成同样数目的分子轨道，即分子轨道是原子轨道的线性组合。例如两个原子轨道可以线性地组合成两个分子轨道，其中一个由符号相同的两个原子轨道的波函数相加而成，比原来的原子轨道的能量低，叫成键轨道（bonding orbital）。另一个是由符号不同的两个原子轨道的波函数相减而成，其能量比两个原子轨道的能量高，这种分子轨道叫做反键轨道（antibonding orbital）。图1-3中 Ψ_1 为成键轨道，是能量低于成键原子的原子轨道，Ψ_2 为反键轨道，是能量高于成键原子的原子轨道。

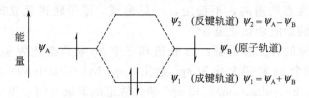

图 1-3　分子轨道能级图

和原子轨道一样，每一个分子轨道只能容纳两个自旋相反的电子，电子总是优先进入能量低的分子轨道，再依次进入能量较高的分子轨道。例如两个氢原子结合成氢分子时，一对自旋相反的电子处于成键轨道之中，体系能量最低，分子处于稳定状态。但是，如果电子进入反键轨道，由于反键轨道的能量高于原子轨道，导致体系不稳定，氢分子将立即解离为两个氢原子。

由原子轨道组成分子轨道时，需要满足一定的条件。

① 对称匹配　组成分子轨道的原子轨道的符号或位相必须相同。s 轨道为球形，沿轨道对称轴转任何角度，轨道的位相不变，没有方向性。p 轨道为哑铃形，以通过原子核的直线为轴对称分布，有方向性，即沿 x、y、z 三个方向伸展。如果 s 轨道与 p_y 轨道相互重叠，如图 1-4 所示，沿着 x 轴方向交盖时，上下重叠部分正好符号相反，相互抵消，不能有效地形成分子轨道，而沿着 y 轴方向重叠则符号相同，可以形成分子轨道而成键。

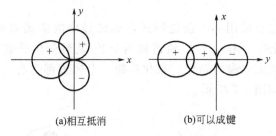

图 1-4　原子轨道的对称性匹配

② 最大重叠　原子轨道重叠的部分要最大。原子轨道相互重叠的程度越大，形成的分子轨道越稳定。

③ 能量相近　只有能量相近的原子轨道才能有效地组合成分子轨道。

分子轨道理论的观点是形成共价键的电子分布在整个分子之中，是离域的观点，比较抽象，较难理解，但是用分子轨道理论可以解释共轭体系。

1.5.1.3　杂化轨道理论

有机化合物可以说是含碳的化合物，碳原子是构成有机化合物分子的主要原子，因此杂化轨道理论（hybrid orbital theory）仅讨论碳原子的杂化。

碳原子核外电子排布为 $1s^2 2s^2 2p_x^1 2p_y^1 2p_z^0$，这六个电子中只有两个是未配对的，按照价键理论和分子轨道理论，碳原子应该可以形成两个共价键，是二价的。但是，在大多数有机化合物中，碳原子是四价并不是二价的，这是什么原因呢？为了解释这个问题，1931 年鲍林（L. Pauling）等人提出了杂化轨道理论。

杂化轨道理论认为，元素的原子在成键时，不但可以变成激发态，而且能量相近的原子轨道可以重新组合成新的原子轨道，称为杂化轨道（hybrid orbital）。杂化轨道的数目等于参与杂化的原子轨道的数目，并包含原子轨道的成分。

碳原子中，2s 和 2p 电子属于同一能级中的不同亚层，它们的能量相近，因此 2s 电子中的一个电子很容易被激发而跃迁到2p的空轨道中，这样碳原子就有了四个未配对的电子，这时处于激发态，激发态能量高，不稳定，一旦形成，原子轨道就立即混合并重组，即杂化，形成与原来不同的新的杂化轨道。

碳原子的杂化常见的有三种类型：2s轨道和三个2p轨道杂化为sp^3杂化（sp^3 hybridization）；2s轨道和两个2p轨道杂化为sp^2杂化（sp^2 hybridization）；2s轨道和一个2p轨道杂化为sp杂化（sp hybridization）。以sp^3杂化轨道的形成为例，见图1-5。

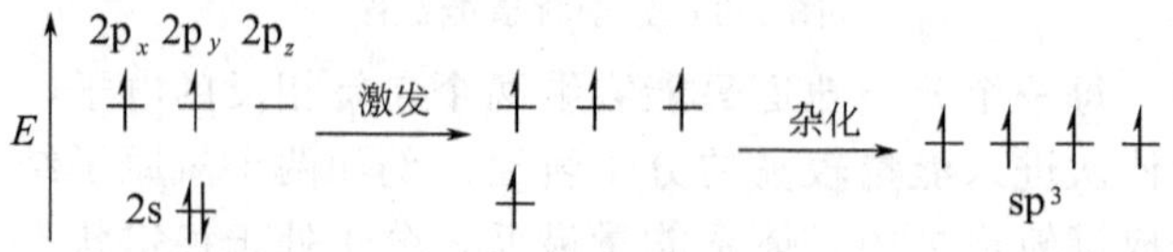

图1-5 sp^3杂化轨道的形成

（1）sp^3杂化

在形成的四个共价键都是单键时，碳原子采用sp^3杂化形式，如烷烃、环烷烃中的碳碳键及碳氢键等。杂化时，由一个2s轨道和三个2p轨道杂化形成四个完全相同的sp^3杂化轨道。这就解释了为什么甲烷分子中的四个碳氢键是完全相同的。杂化后每一个轨道都含有1/4的s轨道成分和3/4的p轨道成分，电子在一个方向上的概率密度增大了，而在相反方向上却减小了，其形状如图1-6所示。

碳原子形成的四个sp^3杂化轨道取最大的空间距离为正四面体构型，轨道夹角为109.5°。

（2）sp^2杂化

在形成双键时，碳原子采用sp^2杂化形式，如烯烃中的碳碳双键，醛酮中的碳氧双键等。碳原子轨道sp^2杂化时，由一个2s轨道和两个2p轨道杂化形成三个完全相同的sp^2杂化轨道，保留一个$2p_z$轨道未参与杂化。杂化后每一个轨道都含有1/3的s轨道成分和2/3的p轨道成分，其形状如图1-7所示。

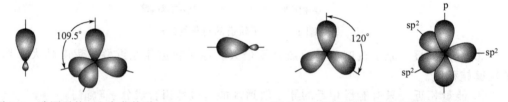

图1-6 碳原子的sp^3杂化轨道　　　　　图1-7 碳原子的sp^2杂化轨道

碳原子形成的三个sp^2杂化轨道取最大的空间距离为平面三角形构型，轨道夹角为120°。保留的$2p_z$轨道的对称轴垂直于三个sp^2杂化轨道所在的平面。

（3）sp杂化

在形成叁键时，碳原子采用sp杂化形式，如炔烃中的碳碳叁键，腈中的碳氮叁键等。碳原子轨道sp杂化时，由一个2s轨道和一个2p轨道杂化形成三个完全相同的sp杂化轨道，保留$2p_y$和$2p_z$两个轨道未参与杂化。杂化后每一个轨道都含有1/2的s轨道成分和1/2的p轨道成分，其形状如图1-8所示。

碳原子形成的两个sp杂化轨道取最大的空间距离为直线形构型，轨道夹角为180°。保留的$2p_y$和$2p_z$轨道的对称轴互相垂直，并且都垂直于两个sp杂化轨道所在的直线。

杂化即轨道的组合再分配，杂化后因为顶点方向电子云密度最大，成键时原子只能从顶点进行重叠，形成共价键。因此采取杂化后不仅具有更大的方向性，因为重叠程度大，成键能力也更强了。

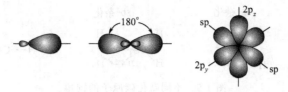

图 1-8 碳原子的 sp 杂化轨道

1.5.2 共价键的属性

共价键的属性又称共价键的参数,是表征共价键性质的物理量,在描述以共价键形成的分子时,常用的共价键参数为键长、键角、键能、键的极性等,这些都是非常重要的物理量,有助于进一步了解分子结构和性质。

1.5.2.1 键长

分子中两个成键原子的核间平均距离叫做键长(bond length),以 nm (10^{-9} m) 表示。键长是了解分子结构的基本构型参数,也是了解化学键强弱和性质的参数。键长可以由光谱方法或 X 射线结构分析等实验测得,也可以用量子化学计算求得。一般键长越短,表示原子结合得越牢固,化学键越强,越不容易断开。有机化合物原子间以共价键结合,共价键键长除了与原子的共价半径有关外,还与原子间的结合方式有关,如表 1-3 所示。

表 1-3 一些常见共价键的键长

共价键	键长/nm	共价键	键长/nm
C—C	0.154	C—H	0.109
C=C	0.134	C—F	0.141
C≡C	0.120	C—Cl	0.177
C—O	0.143	C—Br	0.194
C=O	0.122	C—I	0.214
C—N	0.147	N—H	0.103
C=N	0.130	O—H	0.097
C≡N	0.116	C—S	0.181

由于受共轭效应、空间位阻效应和相邻基团电负性的影响,在不同分子中,同一种化学键键长还有一定差异。

1.5.2.2 键角

分子中键和键之间的夹角叫做键角(bond angle)。键角是化学键的参数之一,是反映分子空间几何结构的重要因素。例如苯的相邻碳碳键之间夹角都是 120°,这就决定了它有正六边形的骨架结构。键角可通过光谱法或 X 射线结构分析进行实验测定,也可以用量子化学计算出来。有时用三个键之间构成的两面角数据,了解分子中原子是否在同一个平面上。例如 H_2O_2 中 H—O 键和 O—O 键之间的夹角是 97°,两个平面($O_2O_1H_1$ 和 $O_1O_2H_2$)之间的两面角是 94°,说明这四个原子不在一个平面上。在有机化合物中,键角不仅与碳原子的杂化方式有关,还与碳原子所连原子或基团的性质、大小等空间因素有关。键长和键角决定分子的空间构型,如 H_2O 和 CO_2 同是三原子分子,但 H_2O 分子是 V 形而 CO_2 分子是直线形。又如 CH_4 分子中,四个碳氢键的键长相等,碳氢键之间的夹角均为 109.5°,CH_4 分子是正四面体形。如图 1-9 所示。

1.5.2.3 键能

在 101kPa 和 25℃下,把 1mol 气态的 AB 分子分离成气态的 A 和 B 原子要吸收的能量(kJ·mol^{-1}),叫做键能(bond energy)。键能也是两种气体 A 和 B 结合生成 1mol 气态分

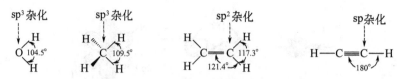

图 1-9　不同杂化碳原子的键角

子 AB 时放出来的能量。键能是表征共价键强弱的物理量，常用 $E(A—B)$ 表示。具有较小键能的键容易被破坏，即这种键本身较弱、较不稳定。具有较大键能的化学键牢固，含有该键的分子也稳定。键能数据可一般通过测定分子解离能（D）求得。双原子分子的键能和解离能在数值上是相同的。例如 H—F(气)＝H(气)＋F(气)，这一过程中的 $E(H—F)=D(H—F)$ $=568 kJ \cdot mol^{-1}$。多原子分子的键能和解离能在概念上和数值上是不同的。如 AB_n 分子，分子中 n 个 A—B 键是等同的，键的解离能（bond dissociation energy）是指该分子中这些 A—B 键逐级解离所需要的能量。但因各键先后解离的次序不同，所以各级解离能也不相等，它们的平均值才算作 A—B 键的平均键能。

在不同的化合物分子中，各原子的空间配置情况以及周围原子种类不尽相同，同一种键的键能也会稍有差别。因此对于键能不是绝对、固定不变的。此外，键能还与两元素原子的价态或结合方式有关。根据键能数据可以估计反应的热效应，从实验测得的反应热和已知键能的值，也能计算化合物中未知键能的值。另外，根据键能还可以判断化合物的热稳定性。一些常见共价键的键能列于表 1-4。

表 1-4　一些常见共价键的键能

共价键	键能/kJ·mol^{-1}	共价键	键能/kJ·mol^{-1}
C—C	346	C—H	415
C=C	610	C—F	485
C≡C	835	C—Cl	339
C—O	358	C—Br	285
C=O	736(醛),749(酮)	C—I	218
C—N	305	N—H	391
C=N	615	O—H	463
C≡N	890	C—S	272

1.5.2.4　极性和诱导效应

（1）键的极性

键的极性（polarity）是由于成键原子的电负性（electronegativity）不同而引起的，电负性即吸引电子的能力。两个原子结合成共价键，电负性相同时，核间的电子云密集区域在两核的中间位置，两个原子核所形成的正电荷中心和成键电子对的负电荷中心恰好重合，这样的共价键称为非极性共价键（nonpolar covalent bond）。如 H_2、Br_2 分子中的共价键就是非极性共价键。当电负性不同的两个原子形成共价键时，它们的共用电子对偏向电负性大的一方，使电负性大的原子带部分负电荷，电负性小的原子带部分正电荷，键的正电荷中心与负电荷中心不重合，这样的共价键称为极性共价键（polar covalent bond）。可用箭头表示这种极性共价键，也可以用 δ^+、δ^- 标出极性共价键的带电情况，如 HI 分子中的氢碘键是极性共价键，因为 I 的电负性（2.5）大于 H（2.1），所以氢碘键的共用电子对偏向于 I 的一端，或者说 HI 分子中，I 端显负性，用 δ^- 表示，而 H 端为正性，用 δ^+ 表示。

成键原子的电负性差（$\Delta\chi$）越大，键的极性就越大。当 $0<\Delta\chi<1.7$ 时，为极性共价键；当 $\Delta\chi>1.7$ 时，电子对将完全偏于电负性大的原子一边，这就和离子键一样了。例如 Cl 的电负性为 3.1、Na 为 0.9、Mg 为 1.2，Na 和 Cl、Mg 和 Cl 之间 $\Delta\chi$ 值都大于 1.7，因而都形成离子键。C 的电负性为 2.6，C 和 Cl 之间 Δχ 值小于 1.7，因此形成共价键，由此可见离子键和共价键虽然是两种不同的化学键，但它们之间有联系，从离子键到共价键有递变关系。一些常见元素的电负性见表 1-5。

表 1-5　一些常见元素的电负性

H						
2.2						
Li	Be	B	C	N	O	F
1.0	1.5	2.0	2.5	3.0	3.5	4.0
Na	Mg	Al	Si	P	S	Cl
0.9	1.2	1.5	1.9	2.1	2.5	3.0
K	Ca					Br
0.8	1.0					2.9
						I
						2.6

键的极性是一种"矢量"，不但有大小，还有方向，它的方向用从正极到负极的方向表示，它的大小用偶极矩（dipole moment）来度量，用符号 **μ** 表示。

$$\boldsymbol{\mu} = q \times \boldsymbol{d} \qquad (\mu \text{ 的单位：C·m})$$

式中，q 为正、负电中心的电荷；d 为电荷中心之间的距离。

例：$\overset{\delta^+}{H} \longrightarrow \overset{\delta^-}{Cl} \qquad \overset{\delta^+}{CH_3} \longrightarrow \overset{\delta^-}{Cl}$

（2）分子的极性

分子的偶极矩等于键的偶极矩的矢量和，并且与键的极性和分子的对称性有关。在双原子分子中，键有极性，分子就有极性，如 HI、HCl 等。但以极性键结合的多原子分子是否有极性，还要看分子的空间构型，因为它决定分子的极性。如果分子结构的对称性使键的极性互相抵消，那么分子就没有极性。一个共价分子是极性的，是说这个分子内电荷分布不均匀，或者说，正负电荷中心没有重合。在大多数情况下，极性分子中含有极性键，非极性分子中含有非极性键。然而，非极性分子也可以全部由极性键构成。只要分子高度对称，各个极性键的正、负电荷中心就都集中在了分子的几何中心上，这样便消去了分子的极性。这样的分子一般是直线形、三角形或四面体形。如 CH_4 分子中，碳氢键虽是极性键，其中碳用四个 sp^3 杂化轨道，以正四面体方向与氢成键，所以 CH_4 是非极性分子。而 H_2O 则是极性分子，因为氧原子用 2 个 sp^3 杂化轨道分别和 2 个氢原子形成 σ 键，另外两个 sp^3 杂化轨道上各有一对未成键的电子，它们的互斥作用使 H_2O 分子中两个 H—O 键间的夹角为 104.5°，使整个 H_2O 分子呈 V 形，O 带部分负电荷，H 带部分正电荷。分子的极性影响化合物的沸点、熔点和溶解度等性质。图 1-10 所示为几个极性分子和非极性分子。

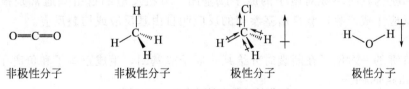

非极性分子　　　非极性分子　　　极性分子　　　极性分子

图 1-10　几个极性和非极性分子

（3）诱导效应

诱导效应（inductive effect）是指由于分子中成键原子的电负性不同，使整个分子中的成键电子云密度向某一方向偏移，使分子发生极化的效应，为了表示电子云的分布发生了变化，一般用箭头表示电子移动的方向。例如：

$$\overset{\delta\delta\delta+}{\underset{4}{CH_3}} - \overset{\delta\delta+}{\underset{3}{CH_2}} \longrightarrow \overset{\delta\delta+}{\underset{2}{CH_2}} \longrightarrow \overset{\delta+}{\underset{1}{CH_2}} \longrightarrow \overset{\delta-}{Cl}$$

诱导效应用符号 I 表示，常以氢原子为标准比较各种原子或基团的诱导效应。电负性比氢原子大的原子或基团有吸电子的诱导效应，用 $-I$ 表示，如—X、—OH、—NO_2、—CN 等，整个分子的电子云偏向这些基团。电负性比氢原子小的原子或基团具有给电子的诱导效应，用 $+I$ 表示，如烷基，整个分子的电子云偏离这些基团。在上述分子中，氯原子有吸电子的诱导效应，用 $-I$ 表示。

诱导效应是一种静电诱导作用，如醋酸是弱酸（$pK_a=4.76$），醋酸分子中的 α-碳原子上引入一个电负性比氢大的氯原子后，能使整个分子的电子云向氯原子偏移，结果增强了羟基中氢原子的质子化，使一氯醋酸成为强酸（$pK_a=2.86$，酸性比醋酸强）。诱导效应作用随所经过距离的增大而迅速减弱，在一个 σ 键体系中传递时，一般认为每经过一个链上原子，即降低为原来的约三分之一。一般认为，经过三个原子后诱导作用可忽略。

诱导效应只改变键内电子云分布密度，而不改变键的本性。诱导效应在有机化学中是一个非常重要的理论，它在研究有机化合物的结构、有机反应机理和有机合成中有很重要的作用。

绝大多数有机化合物分子中都存在共价键。共价键的键能和键长反映了键的强度，即分子的热稳定性；键角反映了分子的空间构象；偶极矩和键的极性反映了分子的化学反应活性和它们的物理性质。

1.6 有机反应的基本类型

有机化合物发生化学反应时，总是伴随着旧共价键的断裂和新共价键的生成。共价键的断裂可以有均裂和异裂两种方式。

1.6.1 均裂

形成共价键的一对电子平均分给两个原子或基团，生成两个自由基（free radical），称为均裂（homolytic dissociation）。

$$A \! : \! B \longrightarrow A\cdot + B\cdot$$

$$CH_3 \! : \! Cl \longrightarrow \cdot CH_3 + Cl\cdot$$

发生均裂的反应条件一般是光照、辐射、加热或有过氧化物存在。均裂的结果是产生了自由基，自由基为具有不成对电子的原子或基团。有机反应的自由基通常是很活泼的中间体，能很快反应生成产物，有自由基参与的反应叫自由基反应或均裂反应。

1.6.2 异裂

形成共价键的一对电子在断裂时分给某一原子或基团，生成正离子和负离子，称为异裂（heterolytic dissociation）。

$$A \! : \! B \longrightarrow A^+ + B^-$$

$$(CH_3)_3C \! : \! Cl \longrightarrow (CH_3)_3C^+ + Cl^-$$

发生异裂的反应条件一般是有催化剂、极性试剂、极性溶剂存在。异裂的结果是产生了带正电荷或负电荷的离子，它们也是很活泼的中间体，进一步反应生成产物。发生共价键异裂的反应，叫做离子型反应或异裂反应。

自由基反应和离子型反应是有机反应中最常见的两种类型，除此之外，还有一种反应是旧键断裂和新键生成同时进行，经过环状过渡态生成产物，这类反应称为周环反应或协同反应。

现将有机反应类型及代表反应总结如下：

$$\text{有机反应类型}\begin{cases}\text{自由基反应}\begin{cases}\text{自由基取代：烷烃的卤代、烯烃 }\alpha\text{-氢取代}\\ \text{自由基加成：烯烃与溴化氢在过氧化物作用下的加成反应}\end{cases}\\ \text{离子型反应}\begin{cases}\text{亲电反应}\begin{cases}\text{亲电取代：苯环上的氢被取代的反应}\\ \text{亲电加成：烯烃、炔烃的重键加成}\end{cases}\\ \text{亲核反应}\begin{cases}\text{亲核取代：卤代烃的水解、氰解、醇解等}\\ \text{亲核加成：醛、酮与氢氰酸、饱和亚硫酸氢钠等的加成}\end{cases}\end{cases}\\ \text{周环反应：双烯合成等}\end{cases}$$

1.7 有机化合物的研究方法

有机化学研究手段的发展经历了从常量到超微量，从手工操作到自动化、计算机化的过程。

早期纯化产品就是用传统的蒸馏、结晶、升华等方法，测定结构用化学降解和衍生物制备的方法。后来使测定结构的手段发生了革命性变化的是各种色谱法、电泳技术的应用，特别是高效液相色谱的应用。有机化学家使用各种光谱、能谱技术能够研究分子内部的运动。电子计算机的引入，使有机化合物的分离、分析方法向自动化、超微量化方向又前进了一大步。近年来，应用现代物理方法如 X 射线衍射法、各种光谱法、核磁共振谱和质谱等，能够准确、迅速地确定有机化合物的结构，大大丰富了鉴定有机化合物的手段，明显地提高了确定结构的水平。

研究能源和资源的开发利用问题是未来有机化学的发展方向。迄今使用的大部分能源和资源，如煤、天然气、石油、动植物和微生物等都是太阳能的化学贮存形式。更直接、更有效地利用太阳能是今后一些学科的重要课题。

植物生理学、生物化学和有机化学的共同课题就是对光合作用做更深入的研究和有效的利用。有机化学可以用光化学反应生成高能有机化合物，加以贮存；必要时则利用其逆反应，释放出能量。另一个开发资源的目标是在有机金属化合物的作用下固定二氧化碳，以产生无穷尽的有机化合物。这几方面的研究均已取得一些初步成果。其次是研究和开发新型有机催化剂，使它们能够模拟酶的高速高效和温和的反应方式。这方面的研究早已经开始，今后会有更大的发展。

开始有机合成的计算机辅助设计研究后，有机合成路线的设计、有机化合物结构的测定等必将更趋系统化和逻辑化。

确定一个化合物的结构是一件相当艰巨而有意义的工作。测定有机化合物的方法有化学方法和物理方法。化学方法是把分子打成"碎片"，然后再从它们的结构去推测原来分子是如何由"碎片"拼凑起来的，这是人类用宏观的手段来窥测微观的分子世界。20 世纪 50 年代前只用化学方法确定结构确实是比较困难的。例如，很出名的麻醉药东莨菪碱，是由植物洋金花中分离出来的一种生物碱，早在 1892 年就分离得到，并且确定其分子式为 $C_{17}H_{21}O_4N$。但它的结构式直到 1951 年才确定下来。按照现在水平来看，这个结构并不太复杂。

由于有机化合物中存在着同分异构现象，因此一个分子式可能代表两种或两种以上具有不同结构的物质。在这种情况下,知道了某一物质的分子式,常常可利用该物质的特殊性质,通过定性或定量实验来确定其结构式。分子式相同而结构式不同不一定是同一种物质,其性质也往往不一样。比如各种有机化合物的同分异构体,分子式相同,但是结构式不一样,就显示出性质的差异。更不必说相同分子式的不同类物质,比如乙醚和正丁醇的分子式均为 $C_4H_{10}O$,但其结构式不同。

研究某种未知有机化合物和有目的地设计合成具有某种性能的新化合物,都要确定它的分子组成和分子结构,然后再研究其性能,因此,常需要以下研究过程。

(1) 分离提纯

研究一个新的有机化合物首先要把它分离提纯,保证达到应有的纯度。分离提纯的方法主要有利用固体物质的溶解度差异分离的重结晶;利用液体化合物的沸点差异的分馏、精馏、减压蒸馏;利用吸附能力不同分离的柱色谱、薄层色谱、纸色谱、气相色谱、高效液相色谱以及利用化合物在两种溶剂中的分配比分离的萃取等。但到目前为止,对有机化合物分离提纯最有效的方法是色谱法,色谱法快速简便,灵敏可靠,且可用于微量物质的分离。

(2) 纯度的检验

纯有机化合物有固定的物理常数,如熔点、沸点、密度、折射率等。测定有机化合物的物理常数可检验其纯度,如纯化合物的熔点距很小。

(3) 元素分析和分子式的确定

① 对元素进行定性分析,找出分子中存在哪几种原子。传统的方法是将化合物与氧化铜混合后灼热,有二氧化碳和水产生表示化合物中含有碳和氢。将化合物与金属钠共熔后再溶于水,如果化合物中含有氮、硫、磷、卤素,则生成氰化钠、硫化钠、磷酸钠和卤化钠,再用无机定性的方法分别鉴定。

② 对元素进行定量分析,找出各种原子的相对数目,即决定经验式(实验式)。传统的方法是把准确称量的纯化合物与足量氧化铜相混合,并放在特制的燃烧管中通入氧气,使其充分燃烧,产生二氧化碳和水,分别用已知质量的氢氧化钾和氯化钙管吸收,从它们增加的质量可以计算出碳和氢的百分含量。氮、硫、磷、卤素可用适当方法转变为无机化合物后定量。氧的百分含量则常用 100% 减去其它所有元素的百分含量来求得。有机样品的定性定量分析是一项繁琐的工作,现在可用有机化合物元素自动分析仪快速测定。

③ 测定分子量,确定各种原子的数目,给出分子式。分子量可以用蒸气密度法、凝固点下降法或者质谱等方法确定。

(4) 结构的确定

根据红外光谱、紫外光谱、核磁共振谱、质谱等确定结构式。分子的结构包括分子的构造、构型和构象。

(5) 书写构造式

 阅读材料

吸烟与健康

吸烟被世界卫生组织(WHO)称为人类"第五种威胁"(前四种是战争、饥荒、瘟疫、污染)。据报道,目前全国每天有 2000 余人死于吸烟。医学专家做过这样一个实验:十年以上烟龄吸烟者,连续抽完 20 支烟,实验者感到胸闷头痛、四肢无力,连续抽完 60 支烟,实验者呼吸困难,进入中毒昏迷状态!

烟草中含有几千种化学物质，其中有几十种是致癌物质。吸烟过程中，还会产生大量新的化合物，可以说一支燃烧的香烟就是一个微型化工厂。一项关于香烟的实验数据表明，每吸一口烟产生的燃烧物中至少能有一百万个自由基，而这一数字在不同的燃烧程度和烟叶中只会增加不会减少，其中最高的产生量可以达到 10^7 个，在空气中的存活时间在 10s 左右。中国自由基生物学和医学专业委员会主任赵保路说："这些自由基才是真正对健康危害最大的东西，而不是人们先前所认为的尼古丁，现在不能说香烟中尼古丁是最有害的物质。因为医学临床显示，吸烟的人很少患老年痴呆症，因为人脑中的尼古丁受体在尼古丁的直接刺激下能有效预防老年痴呆。"

赵保路的一系列科学实验证明，虽然烟气中含有一些化学致癌物，但是这些化学致癌物当中有许多其本身并无致癌活性，其致癌机制是因为这些化合物在人体细胞内通过氧化或还原而变为活泼的自由基，这些自由基攻击 DNA 而形成化合物，从而引起细胞癌变。

总之，卷烟烟气中的自由基是在卷烟燃吸时因烟丝不完全燃烧、蒸馏和光解、热裂解以及一系列氧化还原过程而产生的。它们绝大多数对人体有害。如粒相自由基中占主体的醌/半醌自由基可直接与细胞的 DNA 结合导致细胞转化，还可发生自身氧化反应，生成一系列活性氧自由基，如超氧阴离子自由基、羟基自由基、酯氧自由基等，这些活性氧自由基均可攻击细胞，引起细胞膜的损伤，从而导致疾病。

不难看出，降低吸烟过程中产生的自由基是生产安全低毒香烟的有效举措。目前的卷烟厂一般会采取加长过滤嘴，改进生产过滤嘴的材料（例如应用纳米材料），在嘴棒上添加有效的自由基清除剂等措施。

习　题

1. 有机化合物和无机盐在沸点、熔点及溶解度方面有哪些差异？说明理由。
2. 价键理论与分子轨道理论的主要区别是什么？
3. 在有机化合物分子中，分子中含有极性键是否一定为极性分子？
4. 写出符合下列条件且分子式为 C_3H_6O 的化合物的结构式：
   (1) 含有醛基　　　(2) 含有酮基　　　(3) 含有环和羟基　　　(4) 醚
   (5) 含有双键和羟基（双键和羟基不在同一碳原子上）
5. 指出下列化合物中带"＊"号碳原子的杂化轨道类型：
   (1) $^*CH_3CH_3$　　　(2) $H\overset{*}{C}\equiv CH$　　　(3) $H_2\overset{*}{C}=CH_2$　　　(4) 苯环*
6. 请指出 $CH_3CH=CH-CH_2-C\equiv CH$ 结构中各碳原子的杂化形式。
7. 下列化合物哪些是极性分子？哪些是非极性分子？
   (1) CH_4　　　(2) CH_2Cl_2　　　(3) CH_3CH_2OH　　　(4) CH_3OCH_3
   (5) CF_4　　　(6) CH_3CHO　　　(7) $HCOOH$
8. 使用"δ^+"和"δ^-"表示下列键的极性。
   (1) H_3C-Cl　　　(2) H_3C-NH_2　　　(3) $HO-Br$　　　(4) $F-Br$
   (5) H_3C-OH　　　(6) H_2N-OH　　　(7) $H_3C-MgBr$　　　(8) $\overset{O}{\underset{\|}{-C-}}$
9. 下列各化合物中各含一主要官能团，试指出该官能团的名称及所属化合物属于哪一族、哪一类。
   (1) CH_3CH_2Cl　　　(2) CH_3OCH_3　　　(3) CH_3CH_2OH　　　(4) CH_3CHO
   (5) $CH_3CH=CH_2$　　　(6) $CH_3CH_2NH_2$　　　(7) 苯环-OH　　　(8) 苯环-COOH

(9)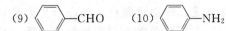

10. 比较下列化合物化学键的极性大小：
   (1) $CH_3CH_2-NH_2$ (2) CH_3CH_2-OH (3) CH_3CH_2-F

11. 某化合物的实验式为 CH，其分子量为 78，试推算出它的分子式。

第 2 章 烷 烃

分子中只含有碳和氢两种元素的有机化合物称为碳氢化合物，简称为烃（hydrocarbon）。烃分子中碳原子相连成链状的化合物称为脂肪烃（aliphatic hydrocarbon），相连成环状的化合物称为脂环烃。分子中碳碳间、碳氢间均以单键相连的烃称为饱和烃（saturated hydrocarbon），也叫烷烃（alkane）。烷烃又分为链烷烃和环烷烃。无环的烷烃称为链烷烃，常简称为烷烃，有环的烷烃称为环烷烃（cyclic hydrocarbon）。

2.1 烷烃的通式和同分异构

2.1.1 烷烃的通式

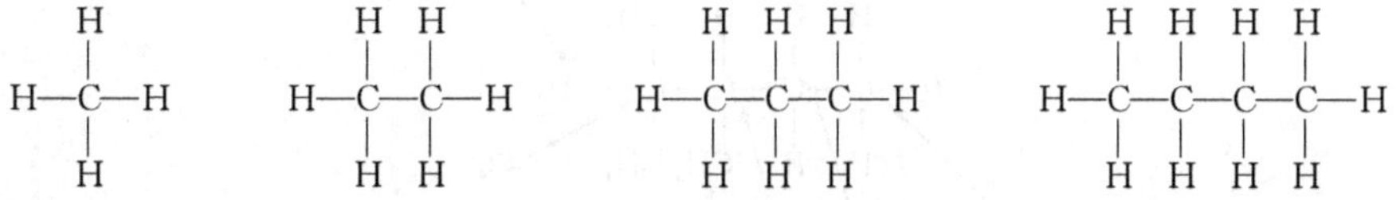

甲烷　　乙烷　　丙烷　　丁烷

从以上烷烃的构造式可以看出，烷烃分子中每个碳原子除与两个氢原子相连外，链两端的碳原子还各连一个氢原子，可用通式 C_nH_{2n+2}（$n \geqslant 1$ 的整数）来表示这一系列化合物的组成。具有同一通式，结构和化学性质相似，组成上相差一个或多个 CH_2 的一系列化合物称为同系列（homologous series）。同系列中的化合物互称为同系物（homologue 或 homolog）。CH_2 称为系差。由于同系物具有相似的结构和性质，所以掌握了同系列中几个典型化合物的化学性质，就可推知同系列中其它化合物的一般化学性质，为学习和研究庞大的有机物提供了方便。

2.1.2 烷烃的同分异构

由于碳碳可以形成共价键，所以具有相同的分子组成，可以有不同的结构，这种现象称为同分异构现象（isomerism）。这种组成相同、结构不同的化合物彼此称为同分异构体（isomer）。分子中原子之间相互连接的顺序和成键方式称为分子的构造。由分子中原子连接顺序和成键方式不同导致的同分异构现象称为构造异构（constitutional isomerism）。例如分子式为 C_5H_{12} 的烷烃有 3 个同分异构体，它们属于构造异构体，即：

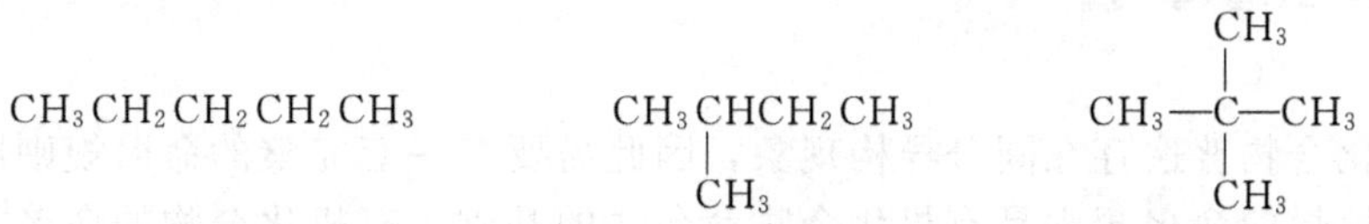

CH₃CH₂CH₂CH₂CH₃　　　CH₃CHCH₂CH₃　　　　CH₃—C—CH₃
　　　　　　　　　　　　　　　│　　　　　　　　　　│
　　　　　　　　　　　　　　CH₃　　　　　　　　　CH₃

正戊烷　　　　　　　　　异戊烷　　　　　　　　　新戊烷

这种由于分子的碳骨架不同而引起的构造异构体也叫碳骨架异构体。随着烷烃中碳原子数目的增加，构造异构体的数目将不断增多，一些烷烃的构造异构体数目见表 2-1。

表 2-1 烷烃的构造异构体数目

碳原子数	构造异构体数	碳原子数	构造异构体数
3	1	8	18
4	2	9	35
5	3	10	75
6	5	12	355
7	9	20	366319

2.2 烷基的概念

2.2.1 伯、仲、叔、季碳原子和伯、仲、叔氢原子

从烷烃的构造式可以看出，分子内各碳原子和氢原子所处的环境不完全相同。由于处于不同环境的碳、氢原子的性质不尽相同，所以为方便起见，将它们分别给予不同的名称。

只与一个碳原子相连的碳原子称为一级碳原子或伯碳原子，用 1°C 表示；与两个碳原子相连的碳原子称为二级碳原子或仲碳原子，用 2°C 表示；与三个碳原子相连的碳原子称为三级碳原子或叔碳原子，用 3°C 表示；与四个碳原子相连的碳原子称为四级碳原子或季碳原子，用 4°C 表示。例如：

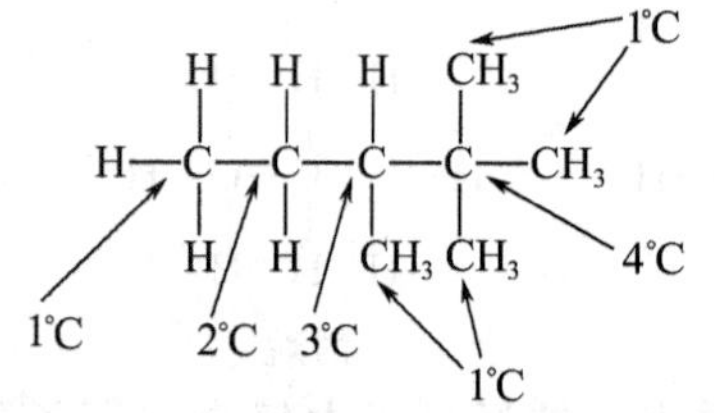

$$\begin{array}{c} H \quad H \quad H \quad CH_3 \\ | \quad | \quad | \quad | \\ H-C-C-C-C-CH_3 \\ | \quad | \quad | \quad | \\ H \quad H \quad CH_3 \end{array}$$

与伯、仲、叔碳原子相连的氢原子分别称为一级氢原子或伯氢原子、二级氢原子或仲氢原子、三级氢原子或叔氢原子，分别用 1°H、2°H、3°H 表示。

2.2.2 烷基

一个烷烃（R—H）分子从形式上去掉一个氢原子后剩下的基团称为烷基（alkyl group），以 R— 表示。常用的烷基有以下几个：

CH_3-	CH_3CH_2-	$CH_3CH_2CH_2-$	$(CH_3)_2CH-$
甲基(Me-)	乙基(Et-)	(正)丙基(n-Pr-)	异丙基(i-Pr-)

$CH_3CH_2CH_2CH_2-$	$CH_3CHCH_2CH_3$	$(CH_3)_2CHCH_2-$	$(CH_3)_3C-$
(正)丁基(n-Bu-)	仲丁基(s-Bu-)	异丁基(i-Bu-)	叔丁基(t-Bu-)

2.3 烷烃的命名

由于有机化合物普遍存在同分异构现象，因此需要有一套完整的命名规则以区别不同的有机化合物，烷烃的命名规则是有机化合物命名法的基础。有机化合物的命名方法很多，本书主要介绍普通命名法和系统命名法。

2.3.1 普通命名法

比较简单的烷烃常用普通命名法（也称习惯命名法）命名。碳原子数在十以内的烷烃，分别用天干字，即甲、乙、丙、丁、戊、己、庚、辛、壬、癸表示碳原子数目，超过十个碳原子的烷烃用十一、十二、十三等数字表示碳原子数目，称为某烷。直链烷烃称为"正"某烷；碳链一端具有 $(CH_3)_2CH—$ 结构、分子其它部位无支链的烷烃称为"异"某烷；碳链一端具有 $(CH_3)_3CCH_2—$ 结构、分子其它部位无支链的烷烃称为"新"某烷。例如：

$CH_3CH_2CH_2CH_2CH_3$　　$(CH_3)_2CHCH_2CH_3$　　$(CH_3)_3CCH_3$　　$CH_3(CH_2)_{10}CH_3$
　　正戊烷　　　　　　　　异戊烷　　　　　　　新戊烷　　　　　　正十二烷

普通命名法只适合少数简单的烷烃命名，不适合含有支链的复杂烷烃的命名。另外，异辛烷的结构式不符合上述规定，是一个特例。其结构式如下：

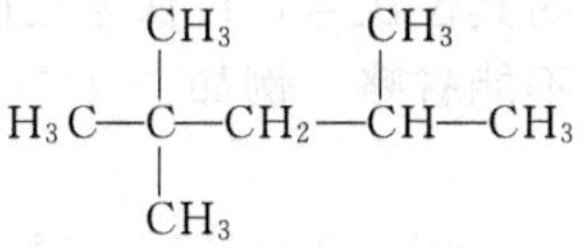

$$H_3C-\underset{CH_3}{\overset{CH_3}{\underset{|}{C}}}-CH_2-\underset{}{\overset{CH_3}{\underset{|}{CH}}}-CH_3$$

异辛烷

2.3.2 衍生命名法

衍生命名法是以甲烷为母体，将其它烷烃看成是甲烷分子中的氢原子被烷基取代后的化合物。命名时，通常选择连接烷基最多的碳原子作为母体甲烷碳原子，烷基作为取代基，写在"甲烷"名称之前，取代基列出顺序根据立体化学中的次序规则（见第 3 章 3.3），"较优"基团后列出。按照立体化学中次序规则的规定，几个常见烷基的优先次序为：叔丁基＞仲丁基＞异丙基＞异丁基＞正丁基＞异丙基＞乙基＞甲基（符号"＞"表示"优先于"），即叔丁基优先于仲丁基，仲丁基优先于异丙基，依此类推。例如：

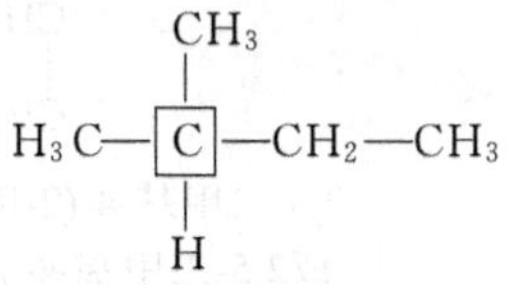

　　　　二甲基乙基甲烷 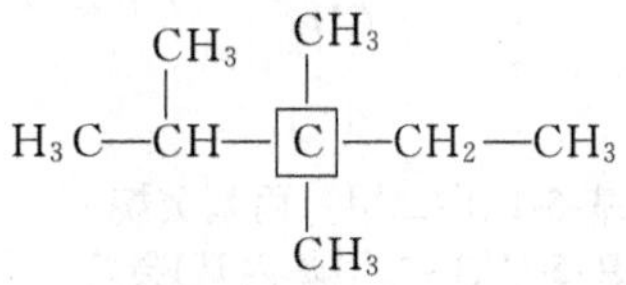　　　　　　　　二甲基乙基异丙基甲烷

这种命名法能表示出分子的构造，但对构造复杂的烷烃不适用。

2.3.3 系统命名法

对较复杂的化合物，采用系统命名法命名。系统命名法是根据国际纯粹和应用化学联合会的命名原则，结合我国的文字特点制定的一种命名法。其命名的基本原则如下。

① 选择含有最多支链的最长碳链作为主链，支链作为取代基。根据主链所含的碳原子数目称为"某烷"（若是直链烷烃，命名时不加"正"字），是该化合物的母体。

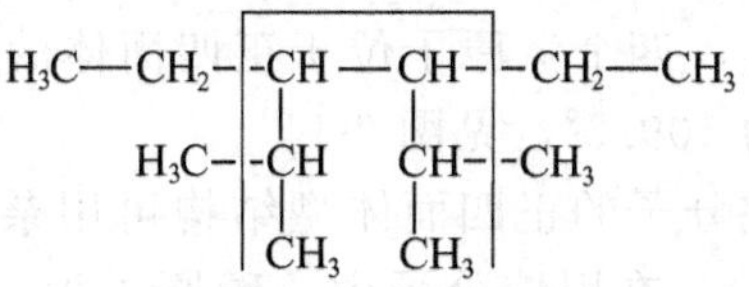

② 从离支链近的一端开始给主链上的碳原子编号，取代基的位次号即为与它相连的主链碳原子的编号。当主链编号有几种可能时，按"最低系列"原则编号，即顺次逐项比较各系列的不同位次，最先遇到取代基的系列为最低系列。例如：

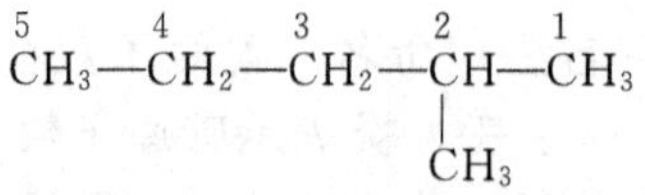

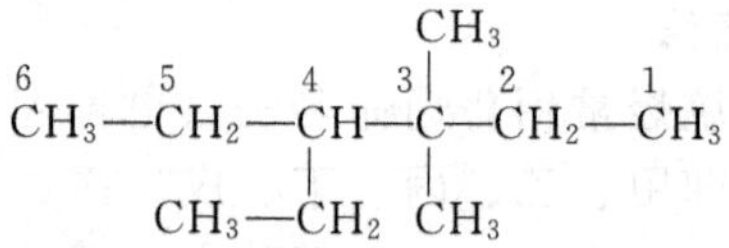

$$\underset{5}{CH_3}-\underset{4}{CH_2}-\underset{3}{CH_2}-\underset{2}{\underset{|}{\underset{CH_3}{CH}}}-\underset{1}{CH_3} \qquad \underset{6}{CH_3}-\underset{5}{CH_2}-\underset{4}{\underset{|}{\underset{CH_3}{CH}}}-\underset{3}{\underset{|}{\underset{CH_3}{C}}}-\underset{2}{CH_2}-\underset{1}{CH_3}$$
（此处上方中间碳带有CH₃）

若从主链两端编号，取代基序号相同时，使较小的（按"次序规则"较不优先的）取代基占据较小的编号。例如：

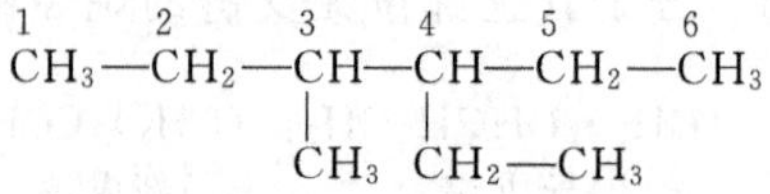

$$\underset{1}{CH_3}-\underset{2}{CH_2}-\underset{3}{\underset{|}{\underset{CH_3}{CH}}}-\underset{4}{\underset{|}{\underset{CH_2CH_3}{CH}}}-\underset{5}{CH_2}-\underset{6}{CH_3}$$

③ 按取代基位次-取代基个数-取代基名称母体名称写出全名。取代基的位次号用阿拉伯数字表示，位次号与取代基名称之间用半字线连接。当有多个取代基时，它们在名称中的列出次序按"次序规则"的规定，"较优"基团后列出。当有相同取代基时，将它们合并，用二、三、四……表示其数目，并标明其位次号，位次号之间用逗号分开，注意同一个碳上有两个以上相同的取代基时，位次号不能省略。例如：

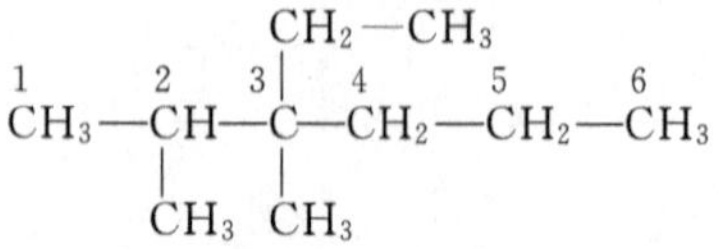

2,3-二甲基-3-乙基己烷 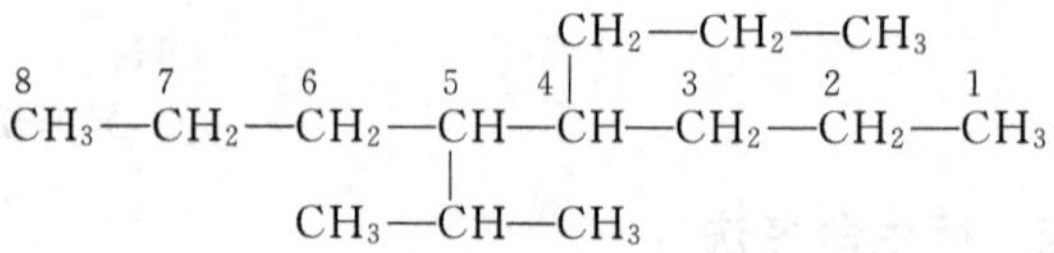   4-丙基-5-异丙基辛烷

④ 如果支链上有烷基取代基，可用加撇的数字标明它们在支链中的位次，或者把带有取代基的支链的全名放在括号中。

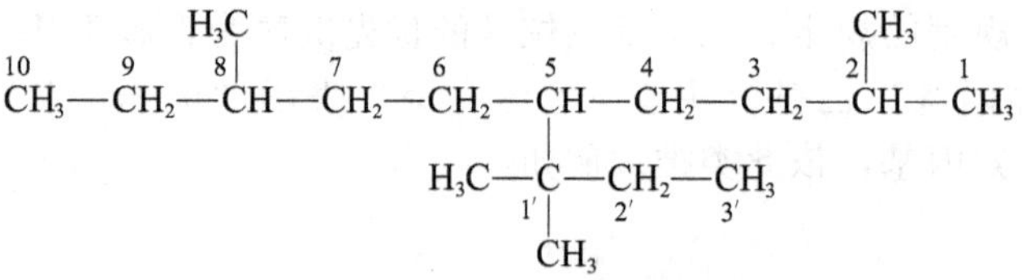

2,8-二甲基-5-1′,1′-二甲基丙基癸烷   2,5-二甲基-4-(2-甲丙基)庚烷
或2,8-二甲基-5-(1′,1′-二甲基丙基)癸烷   或2,5-二甲基-4-异丁基庚烷

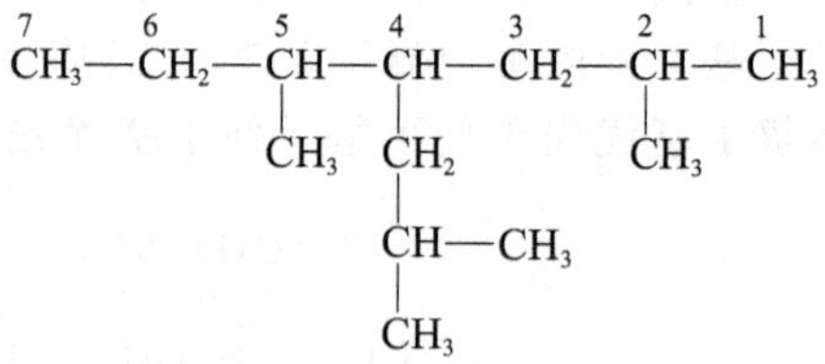

2.4 烷烃的结构

2.4.1 碳碳 σ 键的形成

烷烃分子中最简单的化合物是仅含一个碳原子的甲烷。实验证明，甲烷分子由一个碳原子和四个氢原子组成，具有正四面体型结构，其中碳原子位于正四面体的中心，四个氢原子位于正四面体的四个顶角，每两个 C—H 键间的夹角为 109.5°，见图 2-1。

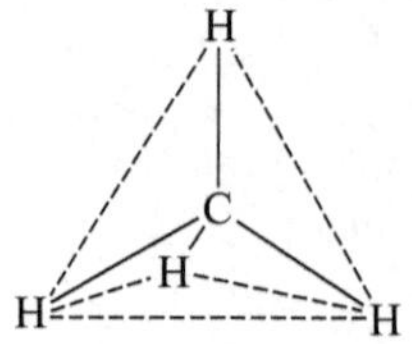

甲烷分子的正四面体型结构可用杂化轨道理论加以解释（见第 1 章 1.5.1）。在甲烷分子中，碳原子为 sp^3 杂化，当碳原子的四个 sp^3 杂化轨道与四个氢原子的 1s 轨道沿 sp^3 杂化轨道对称轴的方向进行最大交盖时，便形成了四个等同的 C—H 单键，交盖的轨道上有两个自旋方向相反的电子，四个 C—H 单键之间的夹角为 109.5°，即为甲烷分子，如图 2-2(a)。

图 2-1 甲烷分子的四面体结构

其它烷烃分子中的碳原子也是 sp³ 杂化，每两个碳原子之间都是由 sp³ 杂化轨道沿轨道对称轴方向以"头对头"的方式进行交盖，形成 C_{sp^3}—C_{sp^3} 单键，每个碳原子都是一个"正四面体"的中心，如图 2-2(b)。C—H 键长和 C—C 键长分别约为 0.11nm 和 0.154nm。

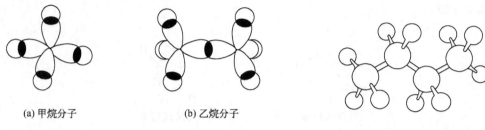

(a) 甲烷分子　　　　(b) 乙烷分子

图 2-2　烷烃分子的杂化轨道模型　　　　图 2-3　丁烷的球棒模型

像烷烃分子中的 C—C 单键和 C—H 单键那样，沿着成键原子的轨道对称轴的方向以"头对头"的方式相互重叠，在重叠区域内共用自旋反平行的一对电子，所形成的共价键叫做 σ 键。σ 键的电子云沿键轴近似于圆柱形对称分布。σ 键具有两个特点：a. 由于成键时，是以"头对头"的方式进行的最大程度重叠，所以形成的键比较牢固；b. 由于 σ 键的电子云沿键轴对称分布，所以成键的两个原子沿键轴相对旋转时不会影响电子云的重叠程度，即 σ 键在一般情况下可以绕着键轴"自由"旋转。

由于 sp³ 杂化轨道的夹角要求保持 109.5°，因此含三个和三个以上碳原子的烷烃分子不是直线型的。实验证明，气态或液态的三个或三个以上碳原子的烷烃，由于 σ 键的自由旋转而形成多种曲折形式，在结晶状态时，烷烃的碳链排列整齐，且呈锯齿状，如图 2-3 所示。

2.4.2　烷烃的构象

由于 σ 键可以"自由"旋转，所以当相邻两个碳原子围绕 σ 键键轴做相对旋转时，分子中的原子或基团可以产生不同的空间排列方式，这种特定的排列方式称为构象（conformation）。每一种排列形式为一种构象。由单键旋转而产生的异构体称为构象异构体（conformation isomer）。构象异构体的分子组成及分子中原子或基团之间相互连接的顺序及方式是相同的，即它们的分子构造是相同的，但分子中原子或基团在空间的排列（相对位置）是不同的，所以构象异构体属于立体异构范畴。

2.4.2.1　乙烷的构象

在乙烷分子中，固定一个甲基，使另一个甲基围绕 C—C σ 键轴旋转，则两个甲基上的氢原子在空间的相对位置逐渐改变，从而产生了许多不同的空间排列形式，即不同的构象。由于旋转角可以无穷小，故乙烷分子有无穷多个构象。其中有两种典型的极限构象：重叠式构象和交叉式构象。当两个碳上的氢原子彼此相距最近时形成的构象称为重叠式构象；当两个碳上的氢原子彼此相距最远时形成的构象称为交叉式构象。构象的表示方式有三种：立体透视式、锯架式和纽曼（Newman）投影式。

（1）立体透视式

立体透视式是取 H—C—C—H 为平面投影，眼睛垂直于 C—C 键轴方向看。

重叠式构象　　　　交叉式构象

实线表示键在纸面上，虚线表示键伸向纸面后方（远离读者），楔形线表示键伸向纸面前方（指向读者）。

(2) 锯架式

锯架式是沿 C—C 键轴斜 45°方向从前一个碳向后一个碳看，每个碳原子上的其它三个键夹角均为 120°。

(3) Newman 投影式

Newman 投影式从 C—C 键轴的延长线上观察，两个碳原子在投影式中处于重叠位置，用 ⊥ 表示距离观察者较近的碳原子（三条线的交点）及其上的三个键（三条线），用 ⊕ 表示距离观察者较远的碳原子（圆圈）及其上的三个键（三条线），每一个碳原子上的三个键在投影式中互呈 120°角。

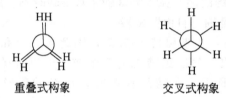

乙烷的各种构象中，重叠式构象中的两个碳原子上 C—H σ键相距最近，彼此之间排斥力（扭转张力）最大，且两个碳上的氢原子处于对应重叠，距离也最近，两个氢原子之间也有排斥力（非键张力），因而，重叠式构象内能最高，稳定性最小。交叉式构象中的两个碳原子上 C—H σ键相距最远，彼此之间电子对排斥力最小，两个碳原子上的氢相距最远，相互间的排斥力也最小，所以交叉式构象内能最低，稳定性最大，这种能量最低的稳定构象叫优势构象。重叠式构象比交叉式构象能量高 12.6kJ·mol^{-1}。此能量差称为能垒，其它构象的能量介于这两者之间，见图 2-4。

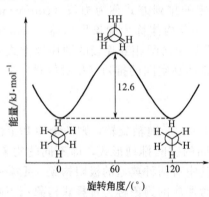

图 2-4 乙烷不同构象的能量曲线图

由于不同构象的内能不同，所以从一个交叉式构象通过碳碳单键旋转到另一个交叉式构象必须克服一定的能垒才能完成，可见，所谓的 σ 键的自由旋转，并不是完全自由的。不过，乙烷分子在室温下因热运动相互碰撞而产生的能量足以克服 12.6kJ·mol^{-1} 的能垒，所以，在室温下，通常乙烷是各种构象不断变化的动态平衡体，交叉式构象出现的概率较多。分子在某一构象停留时间很短（<10^{-6}s），不能把某一构象分离出来。借助 X 射线衍射、电偶极矩和光谱的研究，可以确定优势构象的存在。

2.4.2.2 丁烷的构象

丁烷可以看作是乙烷分子中的两个碳原子上各有一个氢原子分别被一个甲基取代的化合物，当沿 C_2—C_3 σ 键键轴旋转 360°时，每旋转 60°，可以得到一种有代表性的构象，可以产生四种不同的极限构象，即：

全重叠式　　邻位交叉式　　部分重叠式　　对位交叉式
(顺叠式)　　(顺错式)　　　(反错式)　　　(反叠式)

丁烷的四种典型构象的内能高低为：全重叠式＞部分重叠式＞邻位交叉式＞对位交叉式。全重叠式构象的内能最高，是丁烷的最不稳定构象，原因是全重叠式构象的扭转张力和处于重叠位置的两个甲基之间的非键张力都最大。但是，这些构象之间的能量差别不大，因此室温下不能分离出构象异构体。与乙烷相似，丁烷分子的构象也是许多构象的动态平衡混合体系，但在室温时以对位交叉式为主，对位交叉式是丁烷的优势构象。

丁烷的各种构象的内能变化如图 2-5 所示。

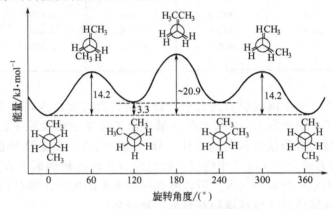

图 2-5　丁烷不同构象的能量曲线图

丁烷中，沿 $C_1—C_2$ 或 $C_3—C_4$ σ 键键轴旋转，也会产生一系列的不同构象。其它链烷烃，通常是以最稳定的交叉式构象存在为主。由于对位交叉式是最稳定的，所以 3 个碳以上的烷烃的碳链以锯齿形为最稳定。

构象对有机化合物的理化性质有重要影响，有时甚至对反应性能起着决定性的作用，特别是在蛋白质的性质及酶的生物活性等方面具有重要意义。

2.5　烷烃的物理性质

有机化合物的物理性质，通常是指状态、熔点、沸点、溶解度、折射率、相对密度和波谱性质等。纯物质的物理性质在一定条件下是固定的，称为物理常数。通过物理常数的测定，常常可以鉴定有机化合物及其纯度。另外，某些物理常数如密度和溶解度，在有机合成中，对分离、提纯等具体操作也有着实际意义。一般，同系列中各化合物的物理常数随分子量的增减而有规律地变化，见表 2-2。

表 2-2　一些直链烷烃的物理性质

名称	熔点/℃	沸点/℃	相对密度(d_4^{20})	折射率(n_D^{20})	状态
甲烷	-182.6	-161.6	0.424	—	气体
乙烷	-182.0	-88.6	0.546	—	气体
丙烷	-187.1	-42.2	0.501	—	气体
丁烷	-138.0	-0.5	0.579	—	气体

续表

名称	熔点/℃	沸点/℃	相对密度(d_4^{20})	折射率(n_D^{20})	状态
戊烷	-129.7	36.1	0.6263	1.3577	液体
己烷	-95.3	68.9	0.6594	1.3750	液体
庚烷	-90.5	98.4	0.6837	1.3877	液体
辛烷	-56.8	125.6	0.7028	1.3976	液体
壬烷	-53.7	150.7	0.7179	1.4056	液体
癸烷	-29.7	174.0	0.7298	1.4102	液体
十一烷	-25.6	195.9	0.7402	1.4172	液体
十二烷	-9.7	216.3	0.7487	1.4216	液体
十三烷	-6.0	235.5	0.7564	1.4256	液体
十四烷	5.5	253.6	0.7628	1.4290	液体
十五烷	10.0	270.7	0.7685	1.4315	液体
十六烷	18.1	287.1	0.7733	1.4345	液体
十七烷	22.0	302.6	0.7780	1.4369	固体
十八烷	28.0	317.4	0.7760	1.4390	固体
十九烷	32.0	330.0	0.7855	1.4529	固体
二十烷	36.4	343.0	—	—	固体

2.5.1 沸点（b.p.）

沸点的高低取决于分子间吸引力的大小，分子间引力越大，达到沸腾所需的能量越大，沸点越高。烷烃分子中只含有 C—C 或 C—H 键，由于碳原子和氢原子的电负性相差不大，因此，烷烃分子一般没有或仅有较弱的极性，分子间的引力主要是诱导偶极-诱导偶极作用力（色散力）。色散力的大小与分子中的原子数目和分子间的接触面积有关。分子中原子数目越多，分子间距离越小色散力越大。所以随烷烃分子量的增加，沸点相应增高。

直链烷烃的沸点随碳原子数的增加而升高，见表 2-2。

在碳原子数目相同的烷烃异构体中，直链烷烃的沸点比支链的沸点高，支链越多，沸点越低，因为支链越多，支链的空间阻碍越大，分子间接触越少，分子间作用力越小，故沸点越低。

例如：

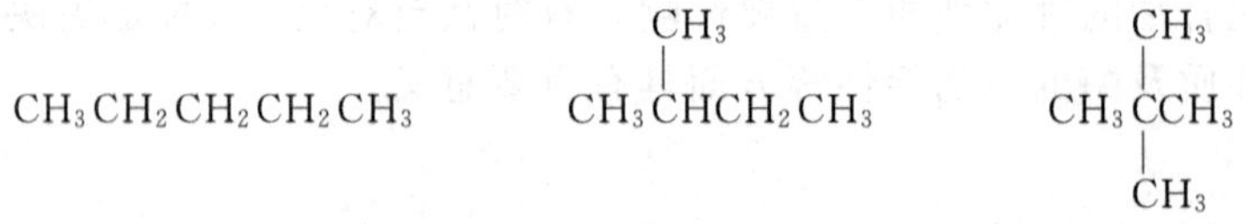

CH₃CH₂CH₂CH₂CH₃	CH₃CHCH₂CH₃ 上接CH₃	CH₃C(CH₃)₂CH₃

沸点/℃　　　　36　　　　　　　　　28　　　　　　　　　9.5

利用不同烷烃的沸点不同，可以把烷烃通过分馏加以分离。

2.5.2 熔点（m.p.）

与沸点相似，熔点的高低也是由于分子间的作用力不同造成的，影响熔点的分子间作用力不仅取决于分子的大小，还取决于分子在固体晶格中的填充情况。分子的对称性越高，分子在晶格中排列的越紧密，分子间作用力越大，熔点越高。

直链烷烃的熔点随分子量的增加而升高。但含奇数碳原子的直链烷烃和含偶数碳原子的直链烷烃分别构成两条熔点曲线，偶数的曲线在上面，奇数的曲线在下面，两条曲线随着分子量的增加逐渐趋于一致，如图 2-6。这是因为烷烃碳链在晶体时呈锯齿形，奇数碳链中两端甲基处于同一侧，而偶数碳链中两端甲基处于相反的位置，例如-⋀⋀-。因此，偶数碳链比奇数碳链具有较高的对称性，在晶体中排列得更紧密，分子间的作用力更高，熔点也就高些。

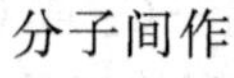

在有支链的烷烃中，当分子量相同时，一般支链烷烃的熔点比直链烷烃熔点低，但当支

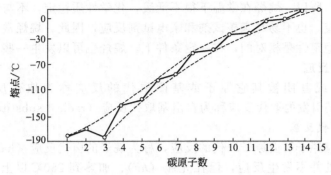

图 2-6　直链烷烃的熔点与分子中含碳原子数的关系

链增加到能引起分子具有高度对称性时，其熔点会升高，甚至高于直链烷烃。例如：

$$\begin{array}{ccc} CH_3 & & CH_3 \\ | & & | \\ CH_3-C-CH_3 & CH_3CH_2CH_2CH_2CH_3 & CH_3CHCH_2CH_3 \\ | & & \\ CH_3 & & \end{array}$$

熔点/℃　　－17　　　　　　　　　－130　　　　　　　　－160

2.5.3　相对密度

相对密度的大小也与分子间引力大小有关，分子间引力增大，分子间距离减小，相对密度增大，因此，烷烃的相对密度也是随着分子量的增加而增大，但都小于1。相同碳数的烷烃，支链越多，其相对密度越小。例如：

$$\begin{array}{ccc} & CH_3 & CH_3 \\ & | & | \\ CH_3CH_2CH_2CH_2CH_3 & CH_3CHCH_2CH_3 & CH_3CCH_3 \\ & & | \\ & & CH_3 \end{array}$$

d_4^{20}　　0.6263　　　　　　　　0.6201　　　　　　　　0.6135

2.5.4　溶解度

烷烃是非极性化合物，在各类溶剂中的溶解度符合"相似相溶"的规律，不溶于水，易溶于四氯化碳、苯和乙醚等有机溶剂。烷烃在非极性溶剂中的溶解度比在极性有机溶剂中大。溶解过程实际上是溶质分子和溶剂分子之间的相互吸引替代了溶剂分子之间和溶质分子之间相互吸引的结果，当溶剂分子之间、溶质分子之间以及溶剂分子与溶质分子之间的相互吸引力相近时，它们就易于互溶。烷烃难溶于水，是因为水分子之间的吸引力大，水分子与烷烃分子之间的吸引力小，用水与烷烃分子间较弱的吸引力拆开水分子之间较强的吸引力几乎是不可能的。而烷烃能溶于四氯化碳，是因为烷烃分子之间的吸引力和烷烃与四氯化碳之间的吸引力相近。

2.5.5　折射率

折射率是指光通过空气和介质的速率比，又称折光指数，其数值总是大于1。一定波长的光在一定温度下透过纯物质时所测得的折射率是不变的。折射率是液体有机化合物纯度的标志，是鉴定液体有机物的方法之一。直链烷烃的折射率随碳原子数的增加而逐渐增大。

2.6　烷烃的化学性质

烷烃分子中只有C—C和C—H单键，它们都是结合得比较牢固的σ键，C—C σ键是非极性共价键，C—H σ键是弱极性共价键，而且它们又不易极化，即分子不存在较明显的正电中心和负电中心。所以，烷烃在常温下很不活泼，化学性质稳定，不与强酸、强碱、强氧化剂、强还原剂反应，也不易与亲核试剂和亲电试剂反应，因此，烷烃常被用作反应中的溶剂。但是，烷烃的稳定性是相对的，在一定条件下，烷烃也可以发生一些反应。

2.6.1 自由基取代反应

分子中的原子或基团被其它原子或基团取代的反应称为取代反应（substitution reaction），由自由基引发的取代反应称为自由基取代反应（radical substitution reaction）。

2.6.1.1 烷烃的卤代反应

烷烃分子中的氢原子被卤原子取代的反应，称为烷烃的卤代反应（halogenation）。烷烃与卤素在室温黑暗处并不发生反应，但在光照（$h\nu$）、加热到250℃以上或催化剂作用下，可发生卤代反应。烷烃的卤代反应主要是指氯代和溴代反应，因为，氟代反应过于激烈，难以控制，而碘代反应又难以进行，无实际意义。例如，甲烷的氯代反应如下：

$$CH_4 + Cl_2 \xrightarrow[\text{或}\triangle]{h\nu} CH_3Cl + HCl$$

反应很难停留在一氯取代阶段，继续氯代生成二氯甲烷、三氯甲烷及四氯化碳：

$$CH_3Cl + Cl_2 \xrightarrow[\text{或}\triangle]{h\nu} CH_2Cl_2 + HCl$$

$$CH_2Cl_2 + Cl_2 \xrightarrow[\text{或}\triangle]{h\nu} CHCl_3 + HCl$$

$$CHCl_3 + Cl_2 \xrightarrow[\text{或}\triangle]{h\nu} CCl_4 + HCl$$

产物通常是这四种氯化物的混合物。一氯甲烷的沸点为23.8℃，二氯甲烷的沸点为40.2℃，三氯甲烷的沸点为51.2℃，四氯化碳的沸点为76.8℃。根据它们沸点的不同，可以用分馏的方法把它们分开，但由于它们的沸点差较小，分离困难，但这种混合物可作溶剂使用。工业上通过控制反应条件可以使其中一种产物为主，当反应温度在400～450℃，甲烷与氯气的摩尔比为10∶1时，主要产物为一氯甲烷；甲烷与氯气的摩尔比为1∶4时，主要产物为四氯化碳。但制备二氯甲烷和三氯甲烷的条件不易控制。

2.6.1.2 自由基取代反应机理

反应机理（reaction mechanism）是指从反应物转变为产物所经历的途径，也叫反应历程。反应方程式表示的是反应物和反应产物之间的摩尔数量关系，不能反映出反应过程的变化情况。反应机理能详细阐明化学反应过程。它是根据大量实验事实做出的理论推测，根据的实验事实越多，其可靠性越大。研究反应机理的目的是为了了解反应发生的原因、找出反应的内在规律性、对影响反应的因素进行合理的控制，以便指导有机化合物的合成。反应机理的研究是有机化学理论的重要组成部分。到目前为止，有机化学反应中反应机理已基本上研究清楚的为数不多。对于烷烃的卤代反应，现在公认的反应机理是自由基取代反应机理。该机理包括链引发（initiation）、链传递（propagation）、链终止（termination）三个阶段。以甲烷的氯代反应为例来说明。

① 链引发 在光照或加热下，由于氯分子的解离能较小，首先吸收能量，均裂成两个具有未成对电子的氯原子，这种具有未成对电子的原子或基团称为自由基（free radical），也叫游离基。氯自由基非常活泼，由于它有强烈的再得到一个电子以完成稳定的八隅体结构的倾向。自由基是电中性的，多数只有瞬间寿命，是活性中间体的一种。

$$Cl-Cl \xrightarrow[\text{或}\triangle]{h\nu} 2Cl\cdot$$

② 链增长（链传递） 氯自由基（·Cl）非常活泼，它夺取甲烷分子中的一个氢原子，生成甲基自由基（·CH_3）和氯化氢。·CH_3 也非常活泼，再从氯分子中夺取一个氯原子，

生成一氯甲烷和一个新的氯自由基。重复这两个反应，甲烷可完全转化为一氯甲烷。

$$\begin{cases} Cl\cdot + CH_4 \longrightarrow \cdot CH_3 + HCl \\ \cdot CH_3 + Cl_2 \longrightarrow CH_3Cl + Cl\cdot \end{cases}$$

此外，新生成的氯自由基也可以夺取一氯甲烷分子中的氢原子，生成一氯甲基自由基（$\cdot CH_2Cl$）和氯化氢，$\cdot CH_2Cl$再与氯分子反应，生成二氯甲烷和氯自由基，氯自由基若与二氯甲烷、三氯甲烷反应还可以生成三氯甲烷和四氯化碳。

$$Cl\cdot + CH_3Cl \longrightarrow \cdot CH_2Cl + HCl$$
$$\cdot CH_2Cl + Cl_2 \longrightarrow CH_2Cl_2 + Cl\cdot$$
$$Cl\cdot + CH_2Cl_2 \longrightarrow \cdot CHCl_2 + HCl$$
$$\cdot CHCl_2 + Cl_2 \longrightarrow CHCl_3 + Cl\cdot$$
$$Cl\cdot + CHCl_3 \longrightarrow \cdot CCl_3 + HCl$$
$$\cdot CCl_3 + Cl_2 \longrightarrow CCl_4 + Cl\cdot$$

③ 链终止　在反应后期，反应体系内的原料逐渐减少，自由基之间的接触机会增多，自由基彼此结合使反应终止。

$$\begin{cases} Cl\cdot + Cl\cdot \longrightarrow Cl_2 \\ \cdot CH_3 + \cdot CH_3 \longrightarrow CH_3-CH_3 \\ Cl\cdot + \cdot CH_3 \longrightarrow CH_3Cl \end{cases}$$

自由基型反应通常是在气相或非极性溶剂中进行的。甲烷与其它卤素的反应以及其它烷烃的卤代反应，也是按自由基取代反应机理进行的。

2.6.1.3　甲烷氯代反应过程中的能量变化

化学反应的本质是旧键的断裂和新键的生成（少数一步分解反应只包括化学键的断裂）过程。断裂一个共价键需要吸收能量，形成一个共价键要放出能量。因此，化学反应过程必然伴随着能量的变化。对任何一个化学反应，考虑其能量的变化都是一个重要的问题，因为能量的变化在很大程度上可以决定反应进行的快慢，以及反应实际上能否发生。

在甲烷氯代形成一氯甲烷的反应中，断裂了两个键 CH_3-H 和 $Cl-Cl$ 键，需要吸收能量。反应中形成了两个键 CH_3-Cl 和 $H-Cl$ 键，放出能量。从键的解离能数据，可以计算出甲烷氯代反应的反应热。

$$CH_3-H + Cl-Cl \longrightarrow CH_3-Cl + H-Cl$$

键的解离能/kJ·mol^{-1}　　434.7　　242.4　　　　351.1　　430.5

反应热 $\Delta_r H_m^{\ominus} = (434.7 + 242.4) - (351.1 + 430.5) = -104.5 (kJ \cdot mol^{-1})$，为放热反应。从反应热看，反应可以进行，但它与反应速率之间没有必然的规律性。只有活化能才是决定反应速率（反应活性）的关键。而且反应热只表明反应始态与终态的能量变化，它不能说明反应过程中能量连续变化的情况。这些问题可以用过渡态理论来说明。

过渡态理论是建立在某些基本假设之上的，最基本的假定是：反应物分子在相互接近的过程中，先被活化形成一种内能比反应物和产物都高的过渡态。过渡态（transition state）是指由反应物变为产物的中间形态，用 [　]$^{\neq}$ 表示。在过渡态中，旧键的断裂与新键的生成处于一体，又都未完成，是反应过程中内能最高的状态。过渡态极不稳定，只是反应进程的一个中间阶段结构，不能分离得到，可以很快分解为产物，也可以分解为原始反应物。反应物与过渡态之间的内能差称为反应的活化能（E_a）。一般来说，过渡态的能量高低与活化能大小成正比，过渡态是否容易形成决定了反应是否容易发生，即决定了反应活性的大小。

由于化学反应是从反应物到产物逐渐过渡的一个过程,因而反应体系的能量也是不断连续变化的。甲烷与氯自由基反应生成一氯甲烷的能量变化曲线见图2-7。

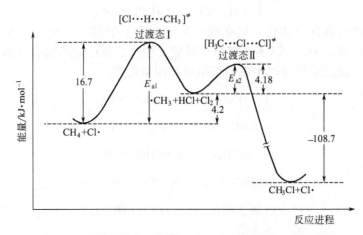

图 2-7 甲烷与氯自由基反应生成一氯甲烷的能量变化曲线

烷烃的氯代反应发生在链增长阶段,链增长阶段包括两步反应,从图2-7中看出甲烷氯代的第一步反应的活化能是 $16.7 kJ \cdot mol^{-1}$,第二步反应的活化能是 $4.18 kJ \cdot mol^{-1}$,所以甲烷氯代的第一步是控速步骤,即是决定反应速率的步骤。

过渡态的结构在决定反应速率方面极为重要,但过渡态不能被分离出来,所以其结构无法通过实验测定。为了了解过渡态的结构,哈蒙特(Hammond)提出了另一个假说:在一个基元反应中,过渡态的结构与能量相近的分子结构相似,如图2-7所示。

甲烷氯代的第二步反应是放热反应,过渡态的能量接近于反应物,其结构也与反应物近似;第一步反应是吸热反应,过渡态的能量接近于生成物,其结构也近似生成物。在吸热反应中,需要对反应物的结构进行较大的改变,使其接近于具有较高能量的过渡态,这需要较高的活化能,因此反应速率较慢,而放热反应只需要较低的活化能,反应速率较快。

在讨论过渡态时,需要注意的是反应活性中间体与过渡态之间的区别,中间体指的是像 $CH_3 \cdot$(甲基自由基)、$\overset{+}{C}H_3CH_2$(乙基碳正离子)等都是非常活泼的物质,存在时间很短,只有少数比较稳定的可以分离出来,对大多数来说不能被分离出来,但可以用直接或间接的方法证明它们的存在;而过渡态是一个从反应物到产物的中间状态,目前还无法证明它的客观存在,更不能分离出来。从能量曲线上看,过渡态处于能量的高点,是反应必须克服的最低能垒。而活性中间体即使是极不稳定的,但从能量上看,相对于过渡态还是处于低处,表现在能量曲线上谷的地方。

2.6.1.4 烷烃卤代反应的规律

(1) 氢的反应活性

高级烷烃的卤代反应与甲烷的卤代反应历程一样,也是经历了链引发、链增长和链终止三步。但是,高级烷烃由于可以生成各种异构体而使反应变得复杂,这些异构体是由于烷烃分子中不同的氢原子被取代而生成的。例如:

$$CH_3-\underset{\underset{CH_3}{|}}{\overset{\overset{H}{|}}{C}}-CH_2CH_3 \xrightarrow[h\nu]{Cl_2} ClCH_2-\underset{\underset{CH_3}{|}}{\overset{\overset{H}{|}}{C}}-CH_2CH_3 + CH_3-\underset{\underset{CH_3}{|}}{\overset{\overset{H}{|}}{C}}-CH_2CH_2Cl +$$

$$\phantom{CH_3-\overset{H}{C}-CH_2CH_3 \xrightarrow{Cl_2}} 33.5\% \phantom{CH_3-\overset{H}{C}-} 16.5\%$$

$$\underset{28\%}{CH_3-\underset{CH_3}{\overset{H}{\underset{|}{\overset{|}{C}}}}-\overset{Cl}{\underset{|}{C}}HCH_3} + \underset{22\%}{CH_3-\underset{CH_3}{\overset{Cl}{\underset{|}{\overset{|}{C}}}}-CH_2CH_3}$$

从产物产率上看，这些氢原子的反应活性是不同的。也就是说，含有多种类型氢原子的烷烃，发生卤代反应时，不同类型的氢被取代的难易程度不同。

在异戊烷中有9个伯氢、2个仲氢和1个叔氢，根据氯代产物的相对含量，则伯、仲、叔氢被取代的概率为：

伯氢∶仲氢∶叔氢＝[(33.5+16.5)/(6+3)]∶(28/2)∶(22/1)≈1.0∶2.5∶4.0

结果表明，不同类型氢原子的反应活性为：叔氢＞仲氢＞伯氢。

烷烃三种氢的活性不同与它们在链增长阶段的第一步的活化能大小有关，活化能高，反应活性（速率）小，活化能低，反应活性大。而活化能大小，可以通过过渡态的能量、结构来判断。如果一个反应可以形成几种生成物，则每一生成物是通过不同的过渡态形成的，最主要的生成物是通过能量最低的过渡态形成的。而过渡态的能量与形成的活性中间体稳定性有关，活性中间体稳定，过渡态能量低；过渡态能量低，则活化能小，反应速率快。烷烃卤代反应中，控速步骤中生成的活性中间体是碳自由基，越稳定的自由基越容易形成，自由基的稳定性大小，可以用键的解离能大小来说明。例如：

	键的解离能/kJ·mol^{-1}
CH_3-H	439.3
CH_3CH_2-H	410
$(CH_3)_2CH-H$	397.5
$(CH_3)_3C-H$	380.7

键的解离能越小，键均裂时吸收的能量越少，生成的自由基就越稳定，反应也越易进行。由以上数据可以看出碳自由基的稳定性次序为：$(CH_3)_3C·$ ＞ $(CH_3)_2CH·$ ＞$CH_3CH_2·$ ＞ $CH_3·$，即 $3°R·$＞$2°R·$＞$1°R·$＞$CH_3·$。对于C—H的均裂来说，生成的碳自由基越稳定，越容易形成，与之相对应的氢原子越活泼。故在同一烷烃中，不同氢原子的反应活性是：$3°H$＞$2°H$＞$1°H$。

(2) 卤素的反应活性和卤代反应的选择性

烷烃也可以通过自由基机理进行氟代、溴代和碘代反应。烷烃卤代反应的控速步骤是链增长阶段的第一步反应，即生成碳自由基和卤化氢这步反应，不同卤素与烷烃在这一步反应中的活化能不同，因而反应速率也不同。例如，甲烷与氟、氯、溴、碘反应的活化能分别为：4.2kJ·mol^{-1}、16.7kJ·mol^{-1}、75.3kJ·mol^{-1}、141kJ·mol^{-1}，根据它们的活化能可知，卤素与烷烃反应的活性顺序是：氟＞氯＞溴＞碘。

氟代反应的活化能很低，反应易于发生，而反应一旦发生，又会放出大量的热（$\Delta H=-128.9$kJ·mol^{-1}），这些热量足以破坏生成的氟代烷，也会使反应难以控制，甚至会导致爆炸，所以，烷烃的氟代很少用于实际。碘代反应活化能太高，反应速率很小，但它的逆反应却非常容易进行。所以，烷烃的直接碘代一般也不被采用。烷烃的氯代和溴代反应活化能适中，易于达到，且热效应也较小，易于处理。所以在实际应用中主要进行氯代和溴代。

在卤代反应中，烷烃中不同类型氢原子的反应活性不同，不同的卤素反应活性也不同，这两点综合表现为卤代反应的选择性不同。例如：

$$CH_3CH_2CH_3 + X_2 \xrightarrow{h\nu} CH_3CH_2CH_2X + CH_3CHXCH_3$$

25℃：X＝Cl	45%	55%
127℃：X＝Br	3%	97%

$$(CH_3)_3CH + X_2 \xrightarrow{h\nu} (CH_3)_2CHCH_2X + (CH_3)_3CX$$

25℃；X=Cl　　　　37%　　　　　　63%

127℃；X=Br　　　痕量　　　　　　99%

由此可见，卤素的反应活性较高时，选择性较差；卤素的反应活性较低时，选择性较好。在只需考虑反应速率的时候，氯代反应优于溴代反应，如果希望得到产率高、比较纯净的产物，常常选用溴代反应。

氯代反应中由于氯原子对 3 种氢原子的反应选择性并不太高，所以常得到一氯代异构体产物的混合物，它们的沸点相差不大，不易分离，因此烷烃的氯代反应不宜用来制备氯代烷烃。当然，如果分子中只有一种类型的氢，氯代反应也可用于制备，如甲烷、新戊烷、环己烷等和氯的反应。

上述氯代、溴代反应对氢的选择性，往往在温度不太高时有用，如果温度超过 450℃，因为有足够高的能量，反应就没有选择性，反应结果往往与氢原子的多少有关。

2.6.2　氧化反应

有机化合物多为共价化合物，在氧化还原反应中无明显的电子得失，故在有机化学中的氧化一般是指分子中得氧或失氢的反应；还原一般是指分子中得氢或失氧的反应。

烷烃在空气中燃烧，当空气（氧气）充足时，完全氧化生成二氧化碳和水，并放出大量的热。这是天然气、汽油、柴油等作为动力燃料的基本变化和依据。当燃烧不完全时，则有游离的碳生成，在动力车尾气中有黑烟冒出。烷烃完全燃烧的通式为：

$$2C_nH_{2n+2} + (3n+1)O_2 \longrightarrow 2nCO_2 + 2(n+1)H_2O + 热量$$

将在标准状态下（298K，0.1MPa），1mol 纯烷烃完全燃烧生成二氧化碳和水时放出的热称为燃烧热。同碳数烷烃异构体中，直链烷烃的燃烧热最大，支链数增加，燃烧热随之下降。例如：

	$CH_3(CH_2)_6CH_3$	$CH_3CH(CH_2)_4CH_3$ 下接CH_3	$CH_3C(CH_3)_2CH_3$（上下各一 CH_3）	$CH_3C(CH_3)_2C(CH_3)_2CH_3$
燃烧热/kJ·mol^{-1}	5474	5469	5462	5455

燃烧热的大小能反映出这些异构体之间内能的高低。燃烧热越小，化合物越稳定。

烷烃在室温下，一般不与氧化剂反应。如果控制适当条件，在催化剂的作用下，也可以使其部分氧化，生成醇、醛、酮和酸等一系列有机含氧化合物。有些反应已被工业上用来制备相应的有机化合物。例如，工业上用高级烷烃如石蜡（约含 $C_{20} \sim C_{30}$ 的烷烃），在 120~150℃，以锰盐、二氧化锰等为催化剂的条件下，被空气氧化成高级脂肪酸。由此得到的脂肪酸可代替动物油、植物油制造肥皂。

2.6.3　异构化反应

从一个异构体转变成另一个异构体的反应叫异构化反应。直链或支链少的烷烃在适当条件下，可以异构化为支链多的烷烃。例如，工业上将正丁烷在 $AlCl_3$ 及 HCl 存在下，异构化为异丁烷。将反应物循环通过催化剂，最终转化率可达 90%。

$$CH_3CH_2CH_2CH_3 \xrightarrow{AlCl_3, HCl} CH_3CH(CH_3)_2$$

烷烃的异构化反应在石油工业中具有重要意义。例如，将直链烷烃异构化为支链烷烃可提高汽油的质量。

2.6.4　裂化反应

烷烃在没有氧气存在下进行的热分解反应，称为裂化反应。裂化反应中，C—C 键和 C—H

键都会断裂，生成小分子化合物。这种在高温无氧条件下发生的键断裂反应也叫热裂解反应。例如：

$$CH_3CH_2CH_2CH_3 \xrightarrow{500℃} \begin{cases} CH_4 + CH_3CH=CH_2 \\ CH_3CH_3 + CH_2=CH_2 \\ CH_3CH=CHCH_3 + H_2 \end{cases}$$

将石油馏分（烃）在高于700℃温度下进行深度裂化的加工过程，称为裂解。在有机化学中"裂化"和"裂解"的含义是相同的，但在石油工业中意义不同。在炼油厂的石油炼制中，加热大分子烃分解成小分子烃的过程，称为裂化。温度一般为500℃。其目的主要是用柴油或重油等生产轻质油或改善重油质量。在石油化工厂中，进行裂解反应的目的是为了得到乙烯、丙烯和丁二烯等重要化工原料。

在高温下烷烃的热裂解反应中，C—C键和C—H键都能发生均裂，形成高活性的碳自由基或氢原子，如：

$$CH_3CH_2CH_2CH_3 \xrightarrow{\triangle} \overset{\cdot}{C}H_3 + \overset{\cdot}{C}H_2CH_2CH_3 + \overset{\cdot}{C}H_2CH_3 + \overset{\cdot}{H} + CH_3\overset{\cdot}{C}HCH_2CH_3 + CH_3CH_2\overset{\cdot}{C}HCH_3$$

烷基自由基相互结合生成新的烷烃分子，烷基自由基也能从另一个烷基自由基夺取一个氢原子生成烷烃，与此同时，失去了氢原子的烷基自由基转变为烯烃。如：

$$\overset{\cdot}{C}H_3 + \overset{\cdot}{C}H_2CH_3 \longrightarrow CH_4 + H_2C=CH_2 + CH_3CH_2CH_3$$

$$CH_3CH_2CH_2\overset{\cdot}{C}H_2 + \overset{\cdot}{H} \longrightarrow CH_3CH_2CH=CH_2 + H_2$$

高级烷烃裂解时，碳链可以在任何一处断裂，较弱的键（键的解离能较小）较易断裂，烷烃中C—C键比C—H键更易断裂。

在催化剂存在下进行的裂化称为催化裂化。催化裂化可以降低反应温度，但反应机理不是自由基型反应。催化裂化是石油加工过程中的重要反应，通过催化裂化可以提高汽油的产量，并可以从石油裂化气中得到大量作为化工原料的低分子烯烃。

2.7 烷烃的来源和制法

2.7.1 烷烃的来源

烷烃的主要来源是天然气和石油。

天然气是蕴藏在地层内的可燃气体，是一种分子量低的烃类混合物，主要成分是甲烷，另外还含有乙烷、丙烷、丁烷及二氧化碳、硫化氢、氦、氩等。烷烃除用作燃料外，也是重要的化工原料，如用于合成氨、甲醇、乙炔、炭黑等。我国有丰富的天然气资源，但各地天然气的成分不完全相同。我国四川的天然气，甲烷的含量高达95%，其它地区的天然气，甲烷的含量一般不少于75%，另外约有15%的乙烷、5%的丙烷。在油井中，除有石油外，还有一种称为油田气的气体随石油逸出，它也是天然气。

石油一般是深褐色的黏稠液体。它是多种烃的混合物，其中包括直链烷烃、支链烷烃、环烷烃和芳烃。此外，还含有少量非烃化合物，如硫化氢、硫醇、噻吩、吡咯、吡啶等，因产地不同成分各异。我国及美国产的原油主要成分是烷烃，俄罗斯产的原油中含有大量的环烷烃，大洋洲产的原油中含有大量的芳香烃。从油田开采出的原油需要进行加工处理，首先将溶解在石油中的气体烃类分离出来，然后按一定的沸点范围，分馏出汽油、煤油、柴油等轻质油和润滑油、液体石蜡、凡士林等重油及固体石蜡、沥青等固体物质。石油分馏产品的组成和用途见表2-3。

表 2-3 石油馏分的组成和用途

名 称	主要成分	分馏温度范围/℃	用 途
气体	$C_1 \sim C_4$	30~40	化工原料、燃料
石油醚	$C_5 \sim C_8$	30~120	溶剂
汽油	$C_7 \sim C_{12}$	70~200	溶剂及汽车、飞机燃料
煤油	$C_{12} \sim C_{16}$	200~270	喷气燃料、拖拉机燃料
柴油	$C_{16} \sim C_{20}$	270~340	发动机燃料
润滑油、凡士林	$C_{18} \sim C_{22}$	>300	润滑剂、软膏
固体石蜡	$C_{25} \sim C_{34}$	不挥发	化工原料
沥青	C_{30}以上	不挥发	铺路及建筑材料

煤在高温、高压和催化剂存在下,加氢可得到烃类的复杂混合物,又叫人造石油:

$$nC+(n+1)H_2 \xrightarrow[450℃,加压]{FeO} C_nH_{2n+2}$$

另外,在动植物中也含有多种高级烷烃。例如,在烟叶和苹果等植物的叶或果实的表面含有高级烷烃。某些昆虫同类之间借以传递各种信息而分泌的物质,被称为"昆虫外激素",其中也含有高级烷烃。

近年来发现在海底存在一种甲烷的水合物 $CH_4 \cdot H_2O$,它是一种新的对环境友好的能源,我国东海有丰富的储藏。

目前世界的主要能源来自石油,石油的储量是有限的,所以如何解决能源问题是当代科学工作者要解决的重要课题之一。

2.7.2 烷烃的制法

某些烷烃可以从石油和天然气中获得。除此之外,还可以通过化学方法合成烷烃,化学方法适合制备一些结构比较复杂、纯度较高的烷烃。合成烷烃的常用方法有以下几种。

2.7.2.1 烯烃的氢化

在催化剂存在下,烯烃加氢可以得到烷烃,由于烯烃较容易得到,因此,烯烃氢化是制备烷烃的最主要反应。

$$RCH=CHR' + H_2 \xrightarrow[\text{或 Pd, Ni}]{Pt} RCH_2CH_2R'$$

2.7.2.2 卤代烷(RX)的还原

在金属和酸作用下,卤代烷可以被还原为烷烃。

$$RX + Zn + H^+ \longrightarrow RH + Zn^{2+} + X^-$$

2.7.2.3 Grignard 试剂法

卤代烷与金属镁在干燥的乙醚中反应,得到的试剂叫格氏试剂(RMgX),格氏试剂遇水或酸可生成烷烃。

$$RX + Mg \xrightarrow{干乙醚} RMgX$$

$$RMgX + H_2O \longrightarrow RH + Mg(OH)X$$

2.7.2.4 Wurtz 反应

卤代烷与金属钠反应可以得到碳链增长一倍的烷烃,常用的卤代烷为溴代烷和碘代烷,一般伯卤代烷的产率较高。

$$2RX + 2Na \xrightarrow{乙醚} R-R + 2NaX$$

如果使用两种不同的卤代烷,结果会产生 3 种不同烷烃的混合物,当该混合物难以分离时,该法就失去了应用价值。因此,Wurtz 反应仅适用于制备对称型的烷烃。

2.7.2.5 Corey-House 反应

将卤代烷先制成烷基锂（RLi），加入卤化亚铜形成二烃基铜锂，然后再与另一分子的卤代烷 R'X 作用发生偶联反应，得到烷烃 R—R'。

$$RX \xrightarrow{Li} RLi \xrightarrow{CuX} R_2CuLi \xrightarrow{R'X} R-R'$$

以上制备方法中，前三种方法制备出的烷烃的碳架结构与原料一致，碳原子数也没有变化，后两种方法是制备增加碳原子数的烷烃的方法。制备某种物质时，要根据要制备的物质的结构及原料的来源和反应条件来选择合成方法。

阅读材料

石油化工

从石油中分馏出的产品除用作能源外，还用于生产基本的化工原料。以石油或天然气为原料生产基本有机化工原料，并进一步合成多种化工产品的工业称为石油化工。

以石油为原料，在不同条件下进行裂化或裂解生产出的乙烯、丙烯、丁二烯、苯、甲苯、二甲苯、乙炔和萘（即通常所说的三烯、三苯、一炔、一萘）称为石油化工的一级产品，是最基本的有机化工原料。用石油化工的一级产品经过进一步的加工可以制得乙醇、丙酮、乙酸、苯酚等二三十种重要的有机化工原料，这些有机化工原料称为石油化工的二级产品。用上述化工原料可以合成出各种化工产品，如橡胶、塑料、合成纤维、染料、药物等，这些产品称为石油化工三级产品。因此，石油化工已成为现代有机合成工业的基础。

随着世界上石油资源的不断减少，用蕴藏量丰富的煤炭和天然气为原料来合成和替代石油正受到重视。

汽油的辛烷值

辛烷值是评价汽油质量的指标。汽缸中汽油和空气的混合物在充分燃烧的同时还常伴有爆震过程，该过程会发出很大的声音，还会大大降低引擎的动力。不同结构的烷烃有不同的爆震情况，辛烷中（8个碳）2,2,4-三甲基戊烷（简称异辛烷）的爆震性最弱，将它的辛烷值定为100，正庚烷的爆震性最强，将它的辛烷值定为0，以这两种烃的爆震性和其它的汽油相比较，就得出该汽油的辛烷值。假如某种汽油的爆震性与异辛烷完全相同，这种汽油的辛烷值就是100；若和正庚烷相等，辛烷值就等于0。如果某一种汽油的辛烷值是80，说明这种汽油相当于一种含有80%的异辛烷和20%的正庚烷的混合物的爆震性。

一般带支链的烷烃辛烷值较大，抗爆震能力较好，即汽油的质量较好。烷烃通过裂化、异构化和重整反应能提高产物的支链程度，从而提高汽油的质量。另外，往汽油中添加某些物质也能够提高汽油的辛烷值，过去常在汽油中添加四乙基铅 $Pb(C_2H_5)_4$，由于铅有毒性，现改用甲基叔丁基醚 $CH_3OC(CH_3)_3$。

习题

1. 写出 C_6H_{14} 的所有同分异构体的构造式。指出其中含有一级碳原子最多、二级碳原子最少（不能为0）和没有三级碳原子的同分异构体。

2. 用系统命名法命名下列化合物。

(1) 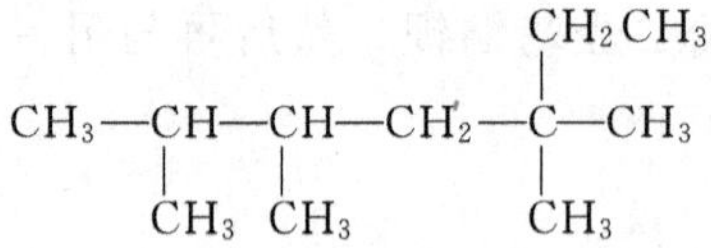 结构式
(2) 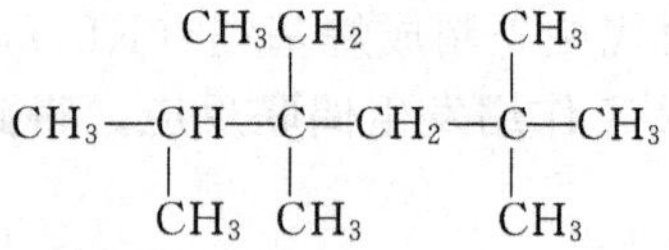 结构式
(3) 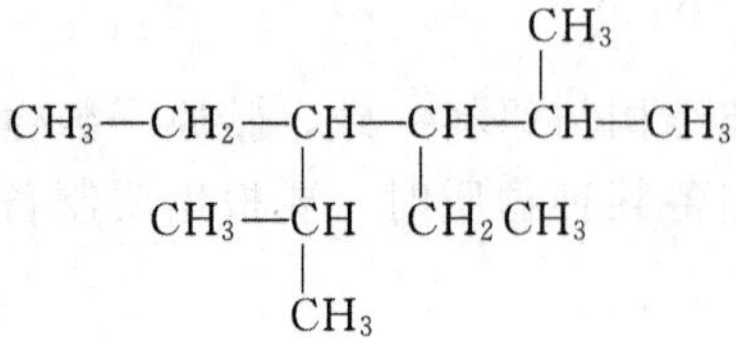 结构式
(4) 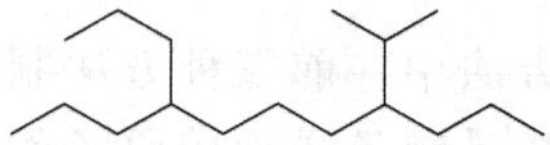 结构式
(5) 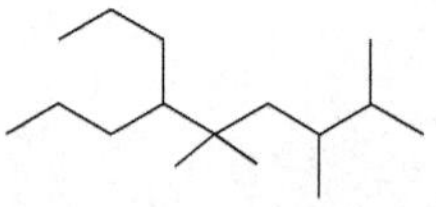 结构式
(6) 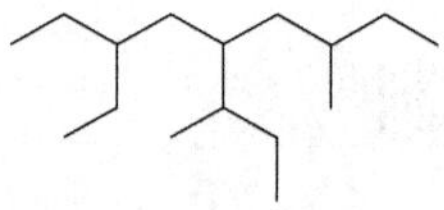 结构式

3. 写出下列化合物的构造式。
   (1) 2,2,3,3-四甲基戊烷
   (2) 2-甲基-3-乙基庚烷
   (3) 2,4-二甲基-3-乙基己烷
   (4) 2,3,4-三甲基-3-乙基戊烷

4. 不参看物理常数表，按从高到低的顺序排列下列化合物的沸点。
   (1) 正庚烷   (2) 正己烷   (3) 2-甲基戊烷   (4) 2,2-二甲基丁烷   (5) 正癸烷

5. 比较下列各组化合物的熔点高低，并说明理由。
   (1) 正戊烷、异戊烷和新戊烷
   (2) 正辛烷和 2,2,3,3-四甲基丁烷

6. 比较下列构象的内能高低。

   (1) 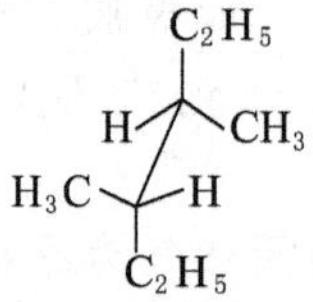 构象图   (2) 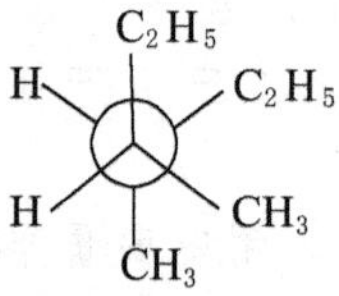 构象图   (3) 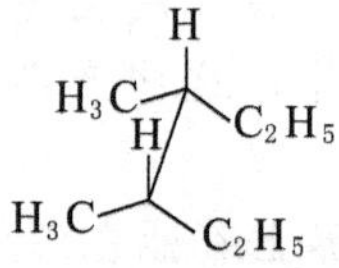 构象图

7. 将下列化合物的结构形式改写成立体透视式（或锯架式）、纽曼投影式，并用纽曼投影式表示其优势构象。

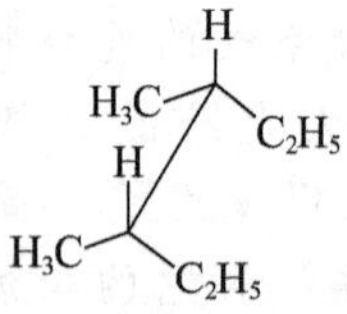

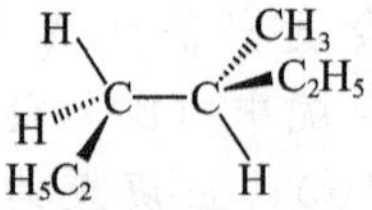

8. 沿 C_2—C_3 键轴旋转，画出 2,3-二甲基丁烷的典型构象式（用纽曼投影式表示），并指出哪一个是最稳定构象。

9. 排列下列自由基的稳定性。

   (1) ·CH_3 (2) 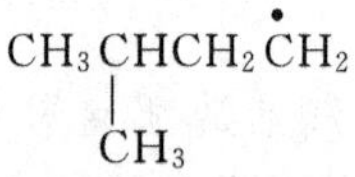 $CH_3CHCH_2\dot{C}H_2$ $\quad$ (3) $CH_3\dot{C}HCH_2CH_3$ 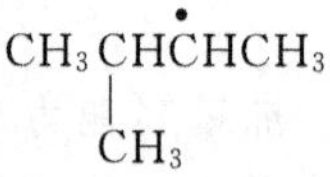   (4) 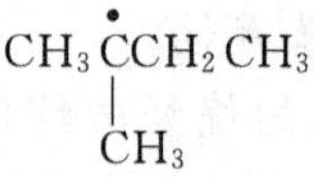 $CH_3\dot{C}CH_2CH_3$
                       $\quad\quad\quad\quad CH_3$ $\quad\quad\quad\quad\quad\quad CH_3$ $\quad\quad\quad\quad\quad\quad CH_3$

10. 在下列反应中，选用 Cl_2 或 Br_2 哪一种卤化剂比较合适，为什么？

    (1) 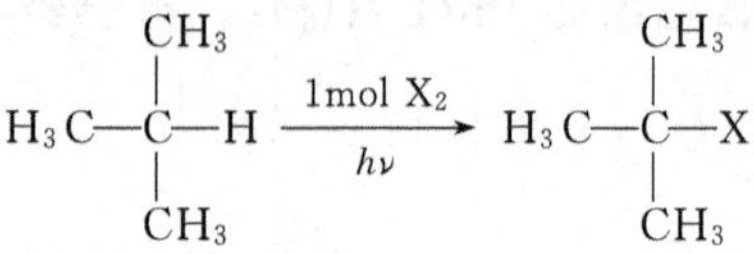 反应式
    (2) 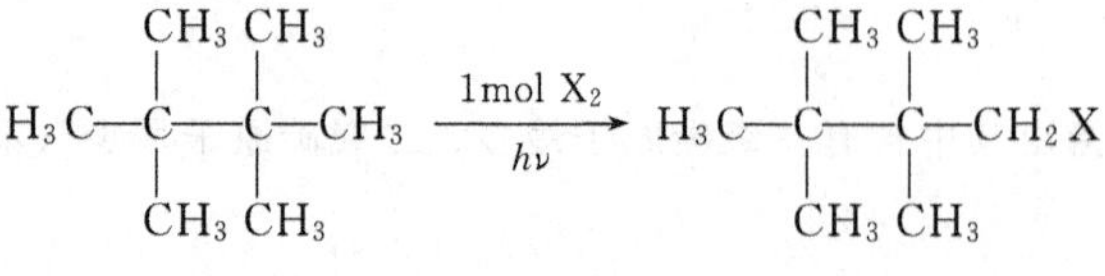 反应式

11. 某烷烃 A，分子式为 C_6H_{14}，氯化时可以得到两种一氯化物。试推出烷烃 A 的结构。

12. 解释下列实验事实。
    (1) 在室温下和黑暗中，甲烷和氯气可以长期保存而不起反应。
    (2) 在黑暗中将甲烷和氯气的混合物加热到 250℃ 以上，可以得到氯化产物。
    (3) 先用光照射氯气，然后在黑暗中迅速与甲烷混合，可以得到氯化产物。
    (4) 将氯气用光照射后，在黑暗中放一段时间再与甲烷混合，不发生氯化反应。
    (5) 先将甲烷用光照射，然后在黑暗中与氯气混合，不发生氯化反应。

13. 写出下列反应的反应机理。

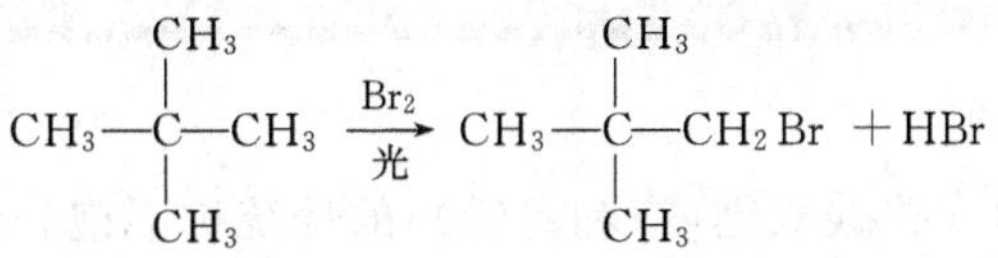

$$\underset{\underset{CH_3}{|}}{\overset{\overset{CH_3}{|}}{CH_3-C-CH_3}} \xrightarrow[\text{光}]{Br_2} \underset{\underset{CH_3}{|}}{\overset{\overset{CH_3}{|}}{CH_3-C-CH_2Br}} + HBr$$

14. 乙烷在氯代时生成极少量的丁烷，用反应机理表明其产生过程。

15. 解释甲烷氯代反应历程中的现象。
    (1) 链引发是 Cl_2 而不是 CH_4 发生均裂？
    (2) 链传递不可能为：$\begin{cases} Cl\cdot + CH_4 \longrightarrow CH_3Cl + H\cdot \\ H\cdot + Cl_2 \longrightarrow HCl + Cl\cdot \end{cases}$，依次重复。

第 3 章 不饱和烃

分子中含有碳碳重键（碳碳双键或/和叁键）的烃统称不饱和烃（unsaturated hydrocarbon）。不饱和烃的种类很多，本章主要介绍烯烃（单烯烃）、炔烃和二烯烃三类典型的不饱和烃。含碳碳双键的不饱和烃为烯烃（alkene），碳碳双键是烯烃的官能团，根据双键的数目可分成单烯烃、二烯烃和多烯烃；含碳碳叁键的不饱和烃为炔烃（alkyne），碳碳叁键是炔烃的官能团，根据叁键的数目可分成单炔烃和多炔烃；分子中同时含有碳碳双键和碳碳叁键的不饱和烃称为烯炔（eneyne）；分子中含有两个碳碳双键的不饱和烃为二烯烃（alkadiene），也叫双烯烃。

烯烃在自然界中广泛存在，并具有重要的生物活性。例如，乙烯是一种植物激素，能促进水果成熟；柠檬烯存在于柠檬和橙橘中；芹籽烯（selinene）是芹菜籽油的主要成分；α-法尼烯（α-farnesene）是苹果皮外表的蜡状外皮。很多昆虫释放的信息素大多数也是烯烃。例如，多种蚜虫的报警信息素为 β-法尼烯（β-farnesene）。

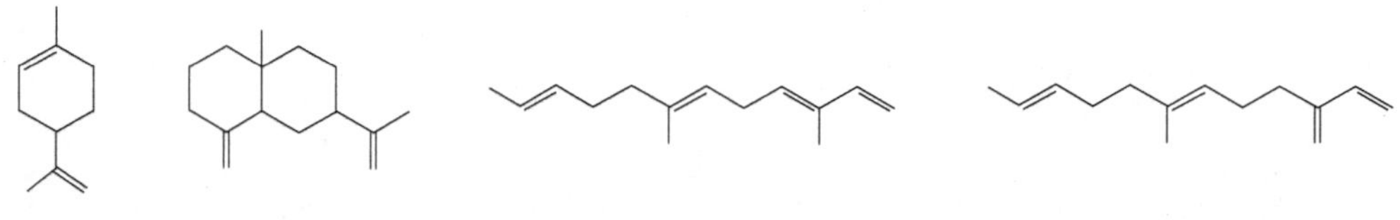

柠檬烯　　芹籽烯　　α-法尼烯　　β-法尼烯

炔烃存在于自然界的不是很多。有一些包含碳碳叁键并具有特殊生物活性的天然化合物，例如毒芹素（cicutoxine）是从水毒芹中分离出的有毒化合物；硬脂炔酸存在于植物油中；塔日酸（tarilic acid）存在于危地马拉一种植物种子中。

$$HOCH_2CH_2CH_2C\equiv C-C\equiv C-CH=CHCH=CHCHCH_2CH_2CH_3$$
毒芹素　　　　　　　　　　　　OH

$$CH_3(CH_2)_7C\equiv C(CH_2)_7COOH \qquad CH_3(CH_2)_{10}C\equiv C(CH_2)_4COOH$$
硬脂炔酸　　　　　　　　　塔日酸

3.1 烯烃和炔烃的结构

烯烃、炔烃的结构特点主要是由碳碳双键和碳碳叁键的特性决定的。杂化轨道理论认为碳碳单键的碳原子是 sp^3 杂化，碳碳双键的碳原子是 sp^2 杂化（sp^2 hybridization），碳碳叁键的碳原子是 sp 杂化（sp hybridization）。

	C—C	C=C	C≡C
键能/kJ·mol^{-1}	347	611	837
键长/nm	0.154	0.134	0.120

乙烯中碳碳双键的键能比烷烃的碳碳单键的键能大，但不是碳碳单键键能的两倍；碳碳双键的键长比烷烃的碳碳单键的键长短，但不是碳碳单键键长的 1/2；碳碳叁键的键能比碳碳双键的键能大，但不是碳碳单键键能的三倍，碳碳叁键的键长比碳碳双键的键长短，但不是碳碳单键键长的 1/3。这说明，碳碳双键、碳碳叁键除包含一个 σ 键，还包含着比 σ 键弱的键。

3.1.1 碳碳双键的形成

形成乙烯分子时，两个碳原子各以一个 sp² 杂化轨道彼此交盖形成一个碳碳 σ 键，各又以两个 sp² 杂化轨道与两个氢原子的 1s 轨道形成两个碳氢 σ 键，形成的五个 σ 键轨道其对称轴都在同一个平面内。每个碳原子还剩下一个 $2p_z$ 轨道，对称轴垂直于五个 σ 键所在的平面，且互相平行，两个 $2p_z$ 轨道可侧面（肩并肩）重叠，组成新的分子轨道，称为 π 轨道（π orbital）。处于 π 轨道的电子称为 π 电子，构成的共价键称为 π 键（π bond）。π 键垂直于 σ 键所在的平面，电子云对称地分布在这个平面的上下，如图 3-1 所示。

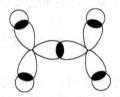

图 3-1 乙烯分子中的 σ 键和 π 键

由此可见，乙烯分子中的碳碳双键是由一个 σ 键和一个 π 键所组成的。乙烯分子中的 C—C σ 键和 C—H σ 键都比乙烷中相应的 σ 键短而强一些。这是因为 sp² 杂化轨道比 sp³ 杂化轨道要小些，因而乙烯中的 C—H σ 键（sp²-s）比乙烷中的 C—H σ 键（sp³-s）短，较短的键较牢固（乙烯中的 C—H 键解离能为 434.7kJ·mol⁻¹，而乙烷中 C—H 键解离能为 409.6kJ·mol⁻¹）。

3.1.2 碳碳叁键的组成

形成乙炔分子时，两个 sp 杂化的碳原子，各以一个杂化轨道相互结合形成 C—C σ 键，另一个杂化轨道各与一个氢原子结合，形成 C—H σ 键，三个 σ 键轨道的对称轴在一条直线上，即乙炔分子为直线形分子（见图 3-2）。

每一个碳原子上各剩一个 $2p_y$ 轨道和一个 $2p_z$ 轨道，它们的轴互相垂直。当两个碳原子的 p 轨道分别平行时，两两侧面重叠，形成两个相互垂直的 π 键。

由此可见，叁键是由一个 σ 键和两个相互垂直的 π 键所组成的。两个互相垂直的 π 键电子云进一步作用，形成的电子云围绕在两个碳原子核连线的上、下、左、右，对称分布在碳碳 σ 键周围呈圆筒状，如图 3-3 所示。

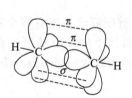 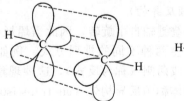 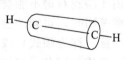

图 3-2 乙炔分子中叁键的形成　　　　图 3-3 乙炔分子中的价键分布

因为碳碳叁键三对电子对核的束缚力要比碳碳双键两对电子的大，所以乙炔中两个碳原子靠得更近，乙炔中 π 电子被结合得更紧密，乙炔中的 π 键比乙烯中的 π 键强些。

由于丙炔分子中的碳碳叁键是 Csp—Csp 成键，轨道的 s 成分大，所以键长小于烯烃中 Csp^2—Csp^2 成键的碳碳双键和烷烃中的 Csp^3—Csp^3 成键的碳碳单键。在丙炔分子中，碳碳单键是 Csp—Csp^3 成键，其键长也小于丙烯中的 Csp^2—Csp^3 成键的碳碳单键。

碳原子的三种杂化形式归纳见表 3-1。

表 3-1 三种碳原子杂化轨道的性质

键的类型	键长/nm	键能/kJ·mol^{-1}	键角/(°)	杂化轨道/轨道数量	轨道成分	几何构型
C—C	0.154	347	109.5	sp^3/4	1/4s,3/4p	正四面体
C=C	0.134	611	120	sp^2/3	1/3s,2/3p	正三角形
C≡C	0.120	837	180	sp/2	1/2s,1/2p	直线形

3.1.3 π 键的特性

与 σ 键相比，π 键具有自己的特点，由此决定了烯烃的化学性质。

① π 键旋转受阻：π 键没有轴对称，以双键相连的两个原子之间不能以 C—C σ 键为轴自由旋转。

② π 键的稳定性：π 键由两个 p 轨道侧面重叠而成，重叠程度比 σ 键小，键能小，所以 π 键不如 σ 键牢固，容易发生反应。

③ π 键的化学活性：π 键电子云不是集中在两个原子核之间，而是分布在上下两侧，原子核对 π 电子的束缚力较小，因此 π 电子有较大的流动性，易受外界电场影响而发生极化（可极化度较大），与 σ 键比较，π 键具有较大的化学活性。

3.2 烯烃和炔烃的通式和同分异构

3.2.1 烯烃和炔烃的通式

链状烯烃的通式为 C_nH_{2n}，与单环环烷烃的通式相同。链状炔烃的通式为 C_nH_{2n-2}。

3.2.2 烯烃和炔烃的同分异构

烯烃和炔烃有同系列，相邻两个同系列之间相差一个 CH_2，CH_2 是它们的系差。

3.2.2.1 烯烃和炔烃的构造异构

与烷烃相似，含有四个或四个以上碳原子的烯烃和炔烃都有异构现象，烯烃和炔烃不仅存在碳架异构还存在官能团位次（重键位次）异构。

$CH_3CH_2CH=CH_2$　　　　　$CH_3—C(CH_3)=CH_2$　　　　　$CH_3CH=CHCH_3$
　1-丁烯　　　　　　　2-甲基丙烯(异丁烯)　　　　　　2-丁烯
$CH_3CH_2CH_2C≡CH$　　　　$CH_3—CH(CH_3)C≡CH$　　　　$CH_3CH_2C≡CCH_3$
　1-戊炔　　　　　　　　3-甲基-1-丁炔　　　　　　　　2-戊炔

3.2.2.2 构型异构（顺反异构）

由于碳碳双键不能绕键轴自由旋转，因此当烯烃中的两个双键碳原子各连有两个不同的原子或基团时，可能产生两种不同的排列方式。例如，在 2-丁烯分子中，甲基可以在双键的同一侧（称为顺式）或两侧（称为反式），这种现象称为顺反异构现象（cis-trans isomerism），形成的同分异构体称顺反异构体（cis-trans isomer）。

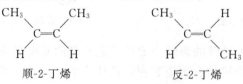

　　顺-2-丁烯　　　　　　反-2-丁烯

分子中原子在空间的排列称为构型（configuration）。顺-2-丁烯和反-2-丁烯是由于构型不同而产生的异构体，称为构型异构体（configuration isomer）。

丁烯分子包括碳架异构、官能团位次异构及顺反异构，共四个同分异构体。

根据烯烃的 π 键模型，反-2-丁烯分子如要绕碳碳双键旋转，会影响 p 轨道在侧面的重叠，随着旋转角度逐渐加大，p 轨道重叠程度逐渐减小，分子的能量随着上升，旋转角达到 90°时，两个 p 轨道互相垂直不再重叠，π 键完全断裂，能量达到最高点，继续旋转，两个 p 轨道的重叠程度逐渐增加，旋转角达到 180°，π 键完全形成，成为顺-2-丁烯，如图 3-4 所示。

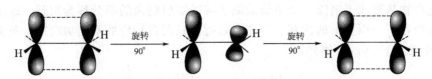

图 3-4　2-丁烯分子围绕碳碳双键的旋转

反-2-丁烯必须越过约 284kJ·mol^{-1} 的能垒，才能转变为顺-2-丁烯，室温下分子的热运动不可能提供这样大的能量，因此，反-2-丁烯、顺-2-丁烯室温下不能互变，它们是两种构型不同的立体异构，可以通过物理方法分开。与烯烃不同，由于乙炔是线形结构，因此一取代和二取代的乙炔均不存在顺反异构现象。

3.3　烯烃和炔烃的命名

3.3.1　烯烃、炔烃的衍生命名法

只有少数简单的烯烃、炔烃采用衍生命名法，以乙烯和乙炔为母体，将其它烯烃、炔烃分别看作乙烯和乙炔的烷基衍生物，取代基按照"次序规则"放在母体化合物之前。例如：

$$CH_3-CH=CH_2 \qquad CH_3CH=CHCH_2 \qquad (CH_3)_2C=CH_2$$
甲基乙烯　　　　　对称甲基乙基乙烯　　　不对称二甲基乙烯

$$(CH_3)_2CHC\equiv CH \qquad CH_3C\equiv CCH_3 \qquad CH_3CH_2C\equiv CCH_3$$
异丙基乙炔　　　　　二甲基乙炔　　　　　甲基乙基乙炔

3.3.2　烯烃、炔烃的系统命名法

3.3.2.1　烯基、炔基、亚基

一个化合物从形式上消除一个单价的原子或基团后剩余的部分称为基。烯烃和炔烃分子失去一个氢原子后剩下的部分称为烯基和炔基。烯基的英文词尾是 enyl，炔基的英文词尾是 ynyl。它们的编号从自由价碳原子开始。例如：

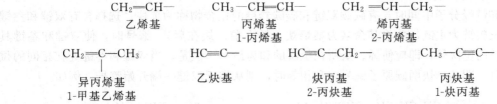

一个化合物从形式上消除两个单价或一个双价的原子或基团后剩余的部分称为亚基。亚基有两种不同的结构。

① 两个价集中在一个原子上，中文命名时在相应的基前面加亚字。英文命名时将基的

词尾 yl 改为 ylidene。例如：

$$\begin{array}{cccc} \diagdown CH_2 & \diagdown CHCH_3 & \diagdown C(CH_3)_2 & \diagdown C=CH_2 \\ \text{亚甲基} & \text{亚乙基} & \text{亚异丙基} & \text{亚乙烯基} \end{array}$$

② 两个价分别在不同的原子上，命名时要对价电子定位，把定位数放在亚某基之前，英文命名时将基的词尾 yl 改为 ylene。例如：

$$\begin{array}{ccc} \overset{3}{-}CH_2\overset{2}{C}H_2\overset{1}{C}H_2- & \overset{2}{-}CH\overset{1}{=}CH- & \overset{3}{-}CH_2\overset{2}{-}CH\overset{1}{=} \\ \text{1,3-亚丙基} & \text{1,2-亚乙烯基} & \text{1,3-亚丙烯基} \end{array}$$

一个化合物从形式上消除三个单价的原子或基团后剩余的部分称为次基。这里只要求掌握三个价集中在一个原子上的次基。中文命名时，只需在相应的基前加次字。英文命名时将基的词尾 yl 改为 ylidyne。例如：

$$\begin{array}{cc} HC\diagdown & CH_3C\diagdown \\ \text{次甲基} & \text{次乙基} \end{array}$$

3.3.2.2 不饱和链烃的系统命名法

（1）烯烃、炔烃的命名

① 选择含有重键的最长碳链为主链，支链为取代基，根据主链所含碳原子数命名为某烯或某炔。

② 从靠近重键的一端开始依次用 1，2，3，… 给主链上的碳原子编号。重键的位次用两个重键碳原子中编号较小的碳原子的序号表示，写在某烯或某炔之前，并用半字线相连。

③ 取代基的位次、数目、名称写在某烯或某炔名称之前，书写格式与烷烃相同。

④ 当主链碳原子数大于十时，命名时汉字数字与烯或炔字之间应加一个"碳"字称为某碳烯或某碳炔。例如：

$$\begin{array}{ccc} CH_2=C-CH_2CH_3 & CH_3-\underset{|}{C}-CH=CHCH_3 & CH_3-\underset{|}{C}=CH_2 \\ \underset{|}{CH_2} & \underset{|}{CH_3} & \underset{|}{CH_2} \\ CH_3 & CH_3 & CH_3 \end{array}$$

2-乙基-1-戊烯　　　　　4,4-二甲基-2-戊烯　　　　　3-甲基-2-乙基-1-己烯

$$\begin{array}{ccc} CH_3CHCH_2C\equiv CH & CH_3CHC\equiv CCHCH_3 & CH_3CHCH_2C\equiv CCH_3 \\ \underset{|}{CH_3} & \underset{|}{CH_3}\;\;\;\;\;\underset{|}{CH_3} & \underset{|}{CH_3} \end{array}$$

4-甲基-1-戊炔　　　　　2,5-二甲基-3-己炔　　　　　5-甲基-2-己炔

$$CH_3(CH_2)_5CH=CH(CH_2)_4CH_3 \qquad CH_3(CH_2)_{10}C\equiv CH$$

5-十一碳烯　　　　　　　　　　　　1-十三碳炔

碳碳双键处于端位的烯烃，统称 α-烯烃。碳碳叁键处于端位的炔烃，称为端位炔烃。

（2）烯炔的命名

不饱和链烃分子中同时含有碳碳双键和碳碳叁键的化合物称为烯炔。选择含有双键和叁键在内的最长碳链为主链，并将其命名为某烯炔（烯在前、炔在后）。编号时，使双键和叁键具有尽可能低的位次号，即应使烯、炔所在位次的和为最小。但是，当双键和叁键处在相同的位次供选择时，即烯、炔两碳原子编号之和相等时，则从靠近双键一端开始编号。例如：

$$CH_3CH_2CH=CHCHC\equiv CH \qquad CH_2=CHC\equiv CH$$
$$\underset{|}{}CH_3$$

3-甲基-4-庚烯-1-炔　　　　　　　　　1-丁烯-3-炔

(3) 复杂烯炔的命名※

当分子中有多个不饱和键（双键、叁键）时，命名时较为复杂，具体规则如下。

（a）选择含不饱和键最多的链为主链（例1）。若有两个或多个直链含相同数目的不饱和键，则选其中碳原子数多者为主链（例2）。若碳原子数也相同，则选双键数目多者为主链（例3）。

例1 $CH_2=C-C\equiv C-CH_2$ 主链（带有 CH_2CH_3 和 $CH_2CH_2CH_3$ 支链）

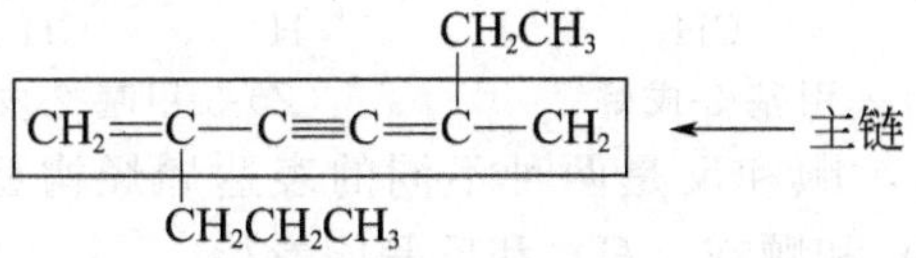

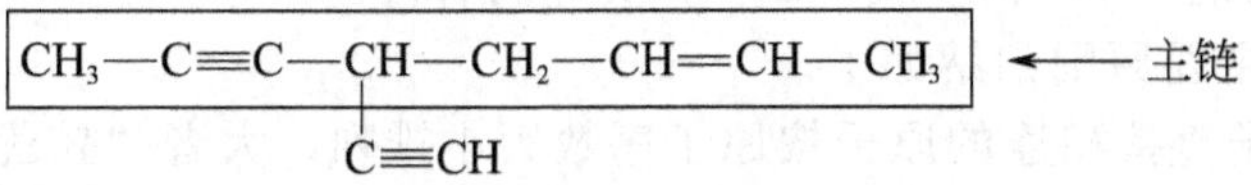

例2 $CH_3-C\equiv C-CH-CH_2-CH=CH-CH_3$ ←主链（带有 $C\equiv CH$ 支链）

例3 $CH_2=CH-CH-CH=CH_2$ ←主链（带有 $C\equiv CH$ 支链）

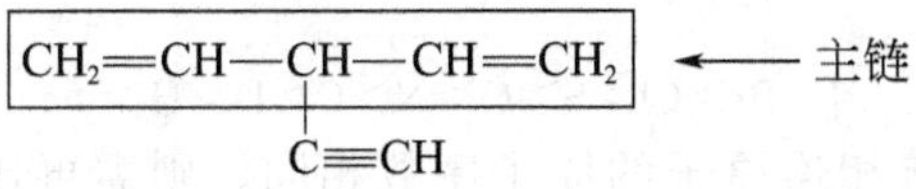

（b）编号原则同烯炔。

（c）取代基由取代基位置号、个数（1可省略）和名称三部分组成。母体名称按"某-烯键位置号-几烯-炔键位置号-几炔"的次序书写（例4）。

例4 $CH_3-C\equiv C-CH_2-C=C-C=C-CH_3$（编号9 8 7 6 5 4 3 2 1，5位带 CH_2CH_3，丙基）

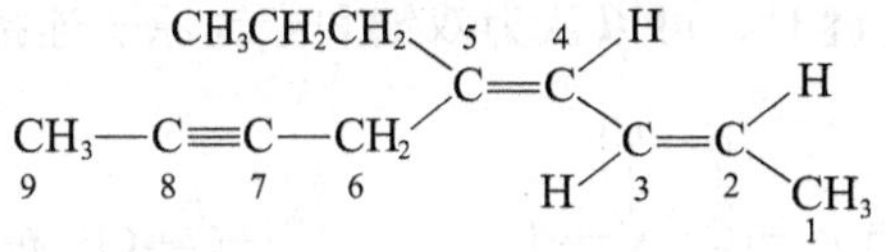

5-丙基壬-2,4-二烯-7-炔

3.3.3 烯烃顺反异构的命名

烯烃顺反异构体的命名采用两种方法：顺,反-标记法和 Z,E-标记法。

3.3.3.1 顺,反-标记法

两个相同原子或基团处于双键碳原子同一侧的称为顺式，反之称为反式。例如：

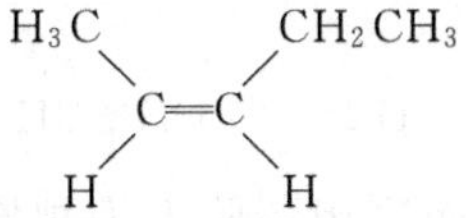

顺-2-戊烯 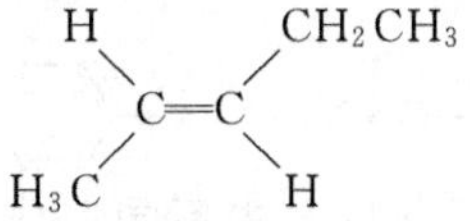   反-2-戊烯

但当两个双键碳原子所连接的四个原子或基团都不相同时，则不适合用顺、反命名法命名。例如：

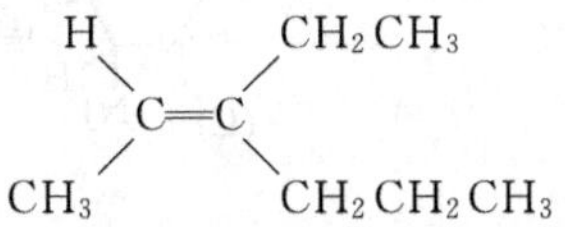

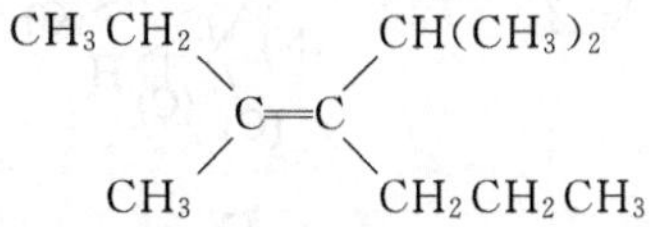

上述烯烃不存在两个相同原子或基团，无法用顺,反-标记法。顺,反-标记法虽然比较简单方便，但有局限性。

值得注意的是当双键碳上，其中有一个碳原子上连有两个相同的原子或基团时，则不存在顺反异构。

3.3.3.2 Z,E-标记法

Z,E-标记法适用于所有烯烃的顺反异构体，因此烯烃的系统命名法中采用 Z,E-标记法。用 Z,E 标记法时，首先按照"次序规则"分别确定双键两端碳原子上所连接的原子或基团的次序大小。如果双键的两个碳原子连接的次序大的原子或基团在双键的同一侧，则为

Z 式构型（Z 是德文 Zusammen 的字头，指在同一侧的意思），如果双键的两个碳原子上连接的次序大的原子或原子团在双键的异侧时，则为 E 式构型（E 是德文 Entgegen 的字头，指相反的意思）。例如：

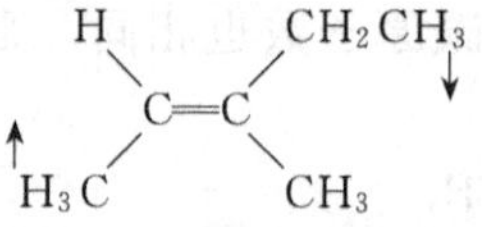

(E)-3-甲基-2-戊烯 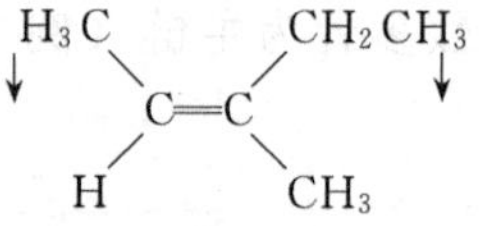　　　　　(Z)-3-甲基-2-戊烯

注意：用（Z）和（E），顺和反是两种不同的表达烯烃构型的命名方法，它们没有对应关系！不能简单地把（Z）和顺或（E）和反等同看待。

"次序规则"的主要原则归纳如下。

① 与双键碳原子直接相连的原子按原子序数大小排列，大者"较优"。若为同位素，则质量大者较优。

$$I>Br>Cl>S>O>N>C>D>H;$$

② 如与双键碳原子直接相连原子的原子序数相同，则需再比较由该原子外推至相邻的第二个原子的原子序数，如仍相同，继续外推，直到比较出"较优"基团为止。

$$-C(CH_3)_3>-CH(CH_3)_2>-CH_2CH_3>-CH_3$$
$$-CH_2-Cl>-CH_2-OH>-CH_2-NH_2$$

③ 当基团含有双键和叁键时，可以认为双键和叁键原子连接着两个或三个相同的原子。

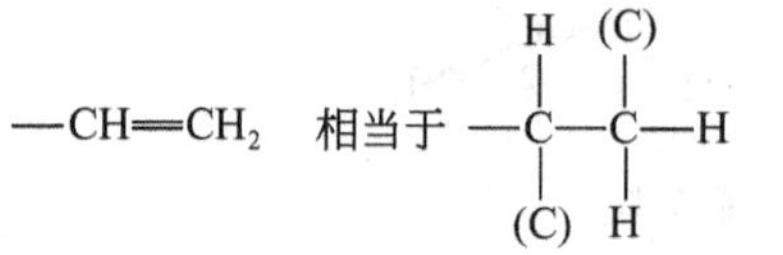

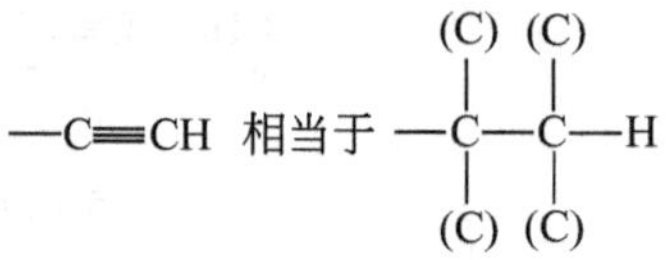

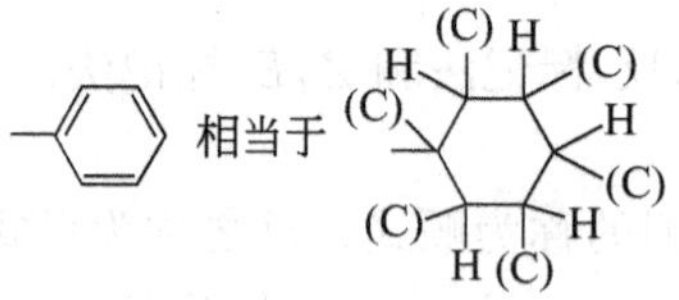

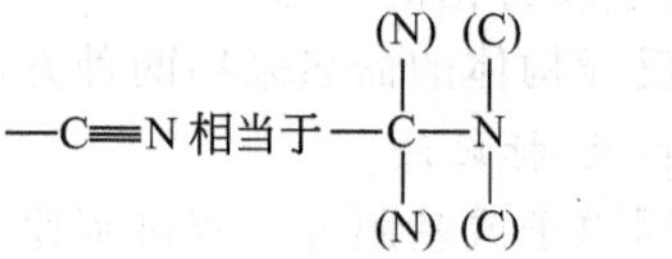

优先顺序：　$-C\equiv N$ 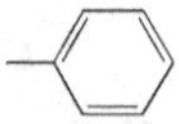　>　$-\phenyl$　>　$-C\equiv CH$　>　$-CH=CH_2$

为避免有些基团因书写方法不同造成不统一，而采用一些人为规定。例如 α-吡啶基：

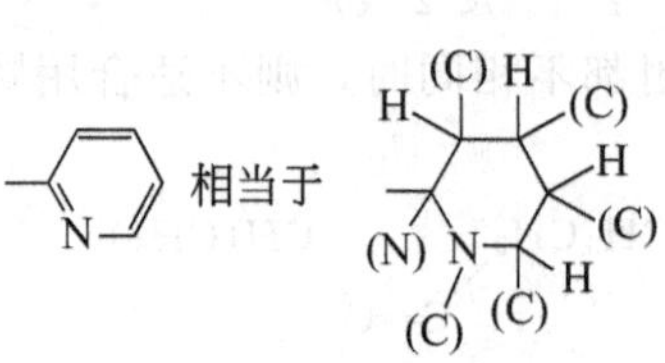

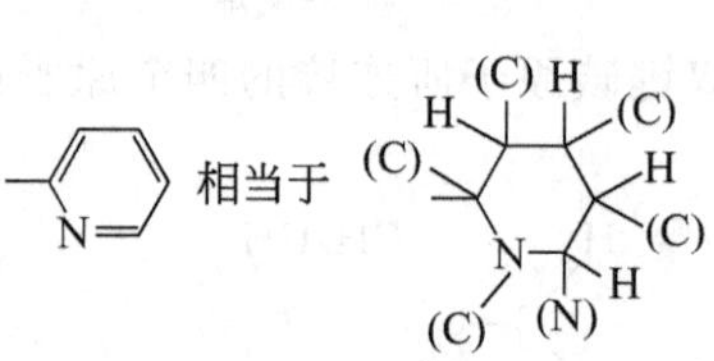

因此，α-吡啶基既不按 $-\underset{N}{\overset{C}{C}}-C$ 也不按 $-\underset{N}{\overset{C}{C}}-N$ 计算原子序数，而是人为规定：两者除各按一个 C 和 N 计算原子序数外，另一个原子即不按 C 也不按 N 计算原子序数。而是按 $(Z_C+Z_N)/2=(6+7)/2=6.5$，由此可以推得上述几个基团的优先次序应为：

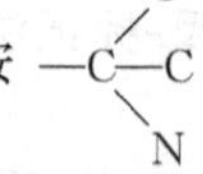

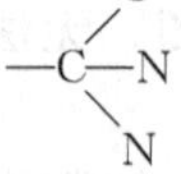

$-C\equiv N$　>　$-\pyridyl$　>　$-\phenyl$　>　$-C\equiv CH$　>　$-CH=CH_2$

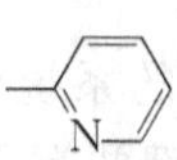

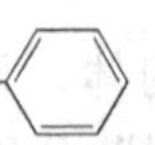

按次序规则排列的一些常见的原子和基团见表 3-2。

表 3-2 按次序规则排列的常见原子和基团
（按优先递升次序排列）

取代基	结构式	取代基	结构式	取代基	结构式
未共用电子对	··	叔丁基	$(CH_3)_3C-$	甲氧基	CH_3O-
氢	H	乙炔基	$HC≡C-$	乙氧基	CH_3CH_2O-
氘	^2H 或 D	苯基	C$_6$H$_5-$	苯氧基	C$_6$H$_5$O$-$
甲基	CH_3-	1-丙炔基	$CH_3C≡C-$	乙酰氧基	CH_3COO-
乙基	CH_3CH_2-	氰基	$NC-$	氟	$F-$
丙基	$CH_3CH_2CH_2-$	羟甲基	$HOCH_2-$	巯基(氢硫基)	$HS-$
2-丙烯基	$CH_2=CHCH_2-$	甲酰基	$HCO-$	甲硫基	CH_3S-
2-丙炔基	$HC≡CCH_2-$	乙酰基	CH_3CO-	乙硫基	CH_3CH_2S-
苯甲基	C$_6$H$_5$CH$_2-$	羧基	$HCOO-$	甲基磺酰基	CH_3SO_2-
异丙基	$(CH_3)_2CH-$	氨基	H_2N-	磺酸基	$HOSO_2-$
乙烯基	$CH_2=CH-$	甲氨基	CH_3NH-	氯	$Cl-$
环己基	C$_6$H$_{11}-$	硝基	O_2N-	溴	$Br-$
1-丙烯基	$CH_3CH=CH-$	羟基	$HO-$	碘	$I-$

3.4 烯烃和炔烃的物理性质

烯烃和炔烃的物理性质与烷烃十分相似，通常是无色的。常温常压下，小于或等于四个碳的烯烃、炔烃为气体，一般从五个碳开始为液体，高级烯烃、炔烃为固体。烯烃和炔烃相对密度均小于1，难溶于水，而易溶于非极性和弱极性的有机溶剂（如石油醚、乙醚、四氯化碳和苯等）。烯烃和炔烃的沸点、熔点的变化规律与烷烃相似。简单的碳原子数相同、碳架相同的三种烃的熔点排序为：炔烃＞烯烃＞烷烃。一些烯烃和炔烃的物理常数见表 3-3。

表 3-3 一些烯烃和炔烃的物理常数

	化合物	结构式	熔点/℃	沸点/℃	相对密度(d_4^{20})
烯烃	乙烯	$CH_2=CH_2$	-169.5	-103.7	0.570(沸点时)
	丙烯	$CH_3CH=CH_2$	-185.2	-47.7	0.610(沸点时)
	1-丁烯	$CH_3CH_2CH=CH_2$	-184	-6.4	0.625(沸点时)
	顺-2-丁烯	(cis) $CH_3CH=CHCH_3$	-138.9	3.7	0.6213
	反-2-丁烯	(trans) $CH_3CH=CHCH_3$	-105.5	0.9	0.6042
	1-戊烯	$CH_3(CH_2)_2CH=CH_2$	-138	30.1	0.6405
	2-甲基-1-丁烯	$CH_3CH_2C(CH_3)=CH_2$	-137.6	31.1	0.6504
	3-甲基-1-丁烯	$(CH_3)_2CHCH=CH_2$	-168.5	20.7	0.6272
	1-己烯	$CH_3(CH_2)_3CH=CH_2$	-139	63.5	0.6731
	2,3-二甲基-2-丁烯	$(CH_3)_2C=C(CH_3)_2$	-74.3	73.2	0.7080
	1-十八碳烯	$CH_3(CH_2)_{15}CH=CH_2$	17.5	179	0.791

续表

化合物		结构式	熔点/℃	沸点/℃	相对密度(d_4^{20})
炔烃	乙炔	HC≡CH	−81.8(压力下)	−83.4	0.6181(−32℃)
	丙炔	$CH_3C≡CH$	−101.5	−23.3	0.7062(−50℃)
	1-丁炔	$CH_3CH_2C≡CH$	−122.5	8.5	0.6784(0℃)
	1-戊炔	$CH_3(CH_2)_2C≡CH$	−98	39.7	0.6901
	2-戊炔	$CH_3CH_2C≡CCH_3$	−101	55.5	0.7127(17.2℃)
	1-己炔	$CH_3(CH_2)_3C≡CH$	−124	71.4	0.719
	1-十八碳炔	$CH_3(CH_2)_{15}C≡CH$	22.5	180(2kPa)	0.8696(0℃)

根据碳原子的杂化理论，在 sp^n 杂化轨道中，n 的数值越小，s 的性质越强。由于 s 电子靠近原子核，它比 p 电子与原子核结合得更紧密，所以 n 越小轨道的电负性越大，电负性大小次序如下：

$$s > sp > sp^2 > sp^3 > p$$

即碳原子的电负性随杂化轨道 s 成分的增加而增大。烯烃和炔烃分子中，电负性不同的碳原子，具有一定的极性，会产生偶极矩。但烯烃、炔烃分子通常只有较弱的极性，其中炔烃的极性略大于烯烃的极性。例如：

$$CH_3CH_2C≡CH \qquad CH_3CH_2CH=CH_2$$
$$\mu = 2.67 \times 10^{-30} C \cdot m \qquad \mu = 1.0 \times 10^{-30} C \cdot m$$

极性大的分子相互之间的作用力大，所以炔烃的熔点最高，烯烃居中，烷烃最小。炔烃熔点高的另一个原因是 sp 杂化使炔烃分子排列得更整齐、更紧密。

对于碳原子数相同的烯烃顺反异构体，沸点是顺式异构体＞反式异构体，这是由于顺式异构体是非对称分子，偶极矩不等于零具有弱极性，分子间偶极-偶极相互作用力增加，故沸点略高，而反式异构体是对称分子，偶极矩等于零，分子间不存在偶极-偶极相互作用力。熔点是反式异构体＞顺式异构体，这是由于反式异构体对称性比较好，在晶格中反式异构体排列较顺式异构体的排列更为紧密引起的。

烯烃和炔烃的折射率比烷烃大，这是因为烯烃和炔烃分子中都有 π 电子，而 π 电子较 σ 电子更容易极化。

3.5 烯烃和炔烃的化学性质

碳碳双键、叁键都是由 π 键和 σ 键组成的，C—C σ 键的平均键能约为 $347.3 kJ \cdot mol^{-1}$，而 C—C π 键的平均键能约为 $263.6 kJ \cdot mol^{-1}$，因此 π 键比 σ 键容易断裂。

烯烃和炔烃最主要的反应是加成反应（addition reaction），即碳碳重键中的 π 键断裂，两个一价原子或原子团分别加到 π 键两端的碳原子上，形成两个新的 σ 键。

$$\begin{matrix} \diagup \\ C=C \\ \diagdown \end{matrix} + X-Y \longrightarrow -\underset{X}{\overset{|}{C}}-\underset{Y}{\overset{|}{C}}-$$

$$-C≡C- + X-Y \longrightarrow -\underset{X}{C}=\underset{Y}{C}- \xrightarrow{X-Y} -\underset{X}{\overset{X}{C}}-\underset{Y}{\overset{Y}{C}}-$$

对于烯烃来说，电子云在平面的上、下方，π电子弥散在外，可极化度大，易受亲电试剂的进攻。参与反应的缺电子的离子或分子一般称为亲电试剂（electrophile），一个亲电试剂能够接受一对电子而完成八隅体结构，意味着对电子的喜爱（phile 是希腊语中后缀词，意指 loving）。烯烃易发生亲电加成反应，易催化加氢，易被氧化剂氧化，另外烯烃中的 α-氢较其它的氢更易发生自由基取代。烯烃的化学性质归纳如下：

$$\underset{\text{双键易发生亲电加成、催化加氢、氧化反应和聚合反应}}{\overset{\text{α-氢易发生自由基取代反应}}{\text{C=C}-\text{C}-\text{H}}}$$

与烯烃相似，炔烃也易催化加氢，易发生亲电加成反应，易被氧化剂氧化。但由于炔烃两个相互垂直的π键形成了以碳碳σ键为对称轴的圆柱形状的电子云，使碳碳叁键比碳碳双键更易受到亲核试剂的进攻，因此炔烃除具有上述与烯烃相似的反应，还能发生亲核加成反应。富电子的离子或分子称为亲核试剂（nucleophile），亲核试剂有一对愿意与其它分子分享的电子对。由于炔烃叁键碳原子的电负性较大，使得与之直接相连的氢原子（炔氢）表现出一定的活泼性，而较容易发生反应。炔烃中的 α-氢较其它的氢活泼，较易发生自由基取代。炔烃的化学性质归纳如下：

叁键易发生亲电加成、亲核加成、氧化反应、还原反应和聚合反应

$$\text{H}-\text{C}\equiv\text{C}-\text{CH}_2\text{R}$$

炔氢能发生酸碱反应、沉淀反应和取代反应

3.5.1 加氢

3.5.1.1 催化氢化和还原

烯烃、炔烃与氢气混合，在常温、常压下并不起反应，高温时反应也很慢。但在铂、钯、镍等金属催化剂的存在下，烯烃、炔烃与氢气加成，生成相应的烷烃，因此称为催化氢化反应（catalytic hydrogenation），也叫催化加氢反应，是还原反应的一种形式。例如：

$$\text{CH}_3\text{CH}=\text{CH}_2 + \text{H}_2 \xrightarrow[25℃,5\text{MPa}]{\text{Ni},\text{C}_2\text{H}_5\text{OH}} \text{CH}_3\text{CH}_2\text{CH}_3$$

$$\text{CH}_3\text{C}\equiv\text{CCH}_3 + 2\text{H}_2 \xrightarrow[25℃,5\text{MPa}]{\text{Ni},\text{C}_2\text{H}_5\text{OH}} \text{CH}_3\text{CH}_2\text{CH}_2\text{CH}_3$$

催化氢化反应中催化剂的作用是降低反应的活化能，使反应容易进行。烯烃的氢化能量变化如图 3-5 所示。

具体反应条件与使用的催化剂有关，用铂、钯催化时，室温下即可进行加氢。用镍催化时，需要较高的温度（200～300℃）。现代工业上常采用的一种催化剂叫 Raney 镍（用氢氧化钠溶液处理铝镍合金，熔去铝后得到活性较高的灰黑色细粒状多孔镍粉），它的价格比铂、钯便宜，而且活性适中。

加氢反应的产率常接近 100%，产物的纯度高，容易分离，在实验室和工业上都有重要用途。烯烃的加氢是合成纯粹烷烃的重要方法。例如，石油加工得到的粗汽油常含有少量的烯烃，后者易发生氧化、聚

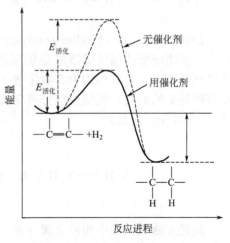

图 3-5 烯烃的氢化能量变化图

合而产生杂质,影响油品质量,通过氢化反应将少量烯烃还原为烷烃,从而提高油品质量,这种加氢处理后的汽油称为加氢汽油。在油脂工业中,常将含饱和键的液体油脂进行部分氢化,使之转化为固体脂肪,以改变油脂的性质和用途。

催化加氢反应机理尚不十分清楚,但一般公认属于游离基的顺式加成反应,主要得到顺式加成产物。这种加氢反应是在催化剂表面进行的。催化剂化学吸附氢气,氢分子发生键的断裂生成活泼的氢原子,烯烃、炔烃的 π 键也被吸附而变得松弛,活化的烯烃与氢原子先生成加一个氢的中间产物,再加第二个氢,生成相应的烷烃,然后从催化剂表面脱离。半加氢中间产物围绕新生成的碳碳单键发生旋转后再加第二个氢,就得到反式加成产物。由于顺式加成产物常占优势,说明中间产物的寿命很短,在围绕碳碳单键的旋转发生以前,加氢就已经完成。以乙烯为例,催化氢化反应机理如图 3-6 所示。

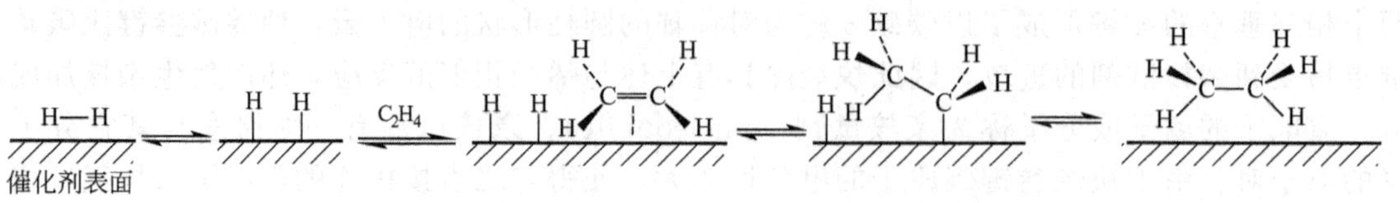

图 3-6 乙烯催化氢化反应机理的示意图

烯烃分子中双键碳原子上只有一个烷基的一取代烯烃比二取代、三取代和四取代烯烃更容易加氢,烷基链的长短和分支对加氢的影响不大。双键碳原子上的烷基增多,空间障碍使烯烃不容易被催化剂吸附,从而使加氢速率减慢。分子中有两个以上的取代程度不同的烯键,可以使加氢有选择地进行。

当烯烃和炔烃的混合物进行催化加氢时,由于炔烃在催化剂表面具有较强的吸附能力,而将烯烃排斥在催化剂表面之外,因此炔烃比烯烃更容易进行催化氢化(与分子形状有关,炔烃为线形结构,易吸附)。如果分子中同时含有叁键和双键时,催化氢化首先发生在叁键上,而双键仍可保留。若叁键和双键处于共轭时,则两者被还原的速率几乎相等,但有其它官能团存在时,叁键仍然优先被还原。例如:

$$HC{\equiv}C-\underset{\underset{CH_3}{|}}{C}=CHCH_2CH_2OH + H_2 \xrightarrow[\text{喹啉}]{Pd-CaCO_3} H_2C=CH-\underset{\underset{CH_3}{|}}{C}=CHCH_2CH_2OH \quad (80\%)$$

Lindlar 催化剂(Lindlar catalyzer)(简写作 Lindlar Pd)是将金属钯的细粉沉淀在碳酸钙上,再用喹啉或醋酸铅溶液处理而得。硼化镍(Ni_2B)是由醋酸镍在乙醇溶液中用硼氢化钠还原而得,一般称为 P-2 催化剂(P-2 catalyzer)。Lindlar 催化剂、P-2 催化剂以及沉淀在硫酸钙上的钯粉,使炔烃部分氢化生成烯烃,叁键在碳链中间的炔烃主要生成顺式加成产物(Z)-烯烃。例如:

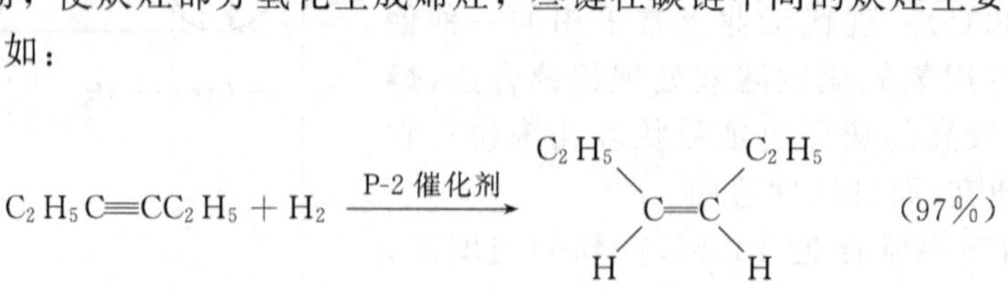

$$C_2H_5C{\equiv}CC_2H_5 + H_2 \xrightarrow{\text{P-2 催化剂}} \underset{H}{\overset{C_2H_5}{\underset{|}{C}}}=\underset{H}{\overset{C_2H_5}{\underset{|}{C}}} \quad (97\%)$$

炔烃在液氨溶液中用碱金属(锂、钠、钾)还原时,叁键在碳链中间的炔烃主要生成反式加成产物(E)-烯烃。例如:

$$CH_3CH_2C\equiv C(CH_2)_3CH_3 \xrightarrow{Na, 液NH_3, -78℃} \begin{array}{c} H \\ \diagdown \\ CH_3CH_2 \end{array} C=C \begin{array}{c} (CH_2)_3CH_3 \\ \diagup \\ H \end{array} \quad (97\%\sim99\%)$$

这个反应属于溶解金属还原，钠或锂和液氨是还原剂，是通过单电子转移和提供质子完成的，而不是金属与氨作用产生氢气进行还原。

叁键在碳链中间的炔烃用氢化铝锂还原主要生成反式加成产物 (E)-烯烃。例如：

$$CH_3CH_2C\equiv CCH_2CH_3 + LiAlH_4 \xrightarrow[138℃]{THF, 二甘醇二甲醚} \begin{array}{c} CH_3CH_2 \\ \diagdown \\ H \end{array} C=C \begin{array}{c} H \\ \diagup \\ CH_2CH_3 \end{array}$$

3.5.1.2 氢化热与烯烃的稳定性

不饱和烃发生氢化反应时，因为断裂 H—H 键以及 π 键所吸收的能量小于形成两个 C—Hσ 键所放出的能量，所以催化氢化反应是放热反应。1mol 烯烃催化氢化时所放出的热量称为氢化热（heat of hydrogenation）。利用氢化热可以获得不饱和烃相对稳定性的信息。氢化热越大，说明原来不饱和烃分子的内能越高，该不饱和烃的相对稳定性越低。一些烯烃的氢化热如表 3-4 所示。

表 3-4 一些烯烃的氢化热（$kJ \cdot mol^{-1}$）

烯 烃	氢化热	烯 烃	氢化热
$CH_2=CH_2$	137.2	$(CH_3)_2CHCH=CH_2$	126.8
$CH_3CH=CH_2$	125.2	$CH_3CH_2(CH_3)C=CH_2$	119.2
$CH_3CH_2CH=CH_2$	126.8	$CH_3CH=C(CH_3)_2$	112.5
$(CH_3)_2C=CH_2$	118.8	顺-$CH_3CH_2CH=CHCH_3$	119.7
顺-$CH_3CH=CHCH_3$	119.7	反-$CH_3CH_2CH=CHCH_3$	115.5
反-$CH_3CH=CHCH_3$	115.5	$(CH_3)_3CCH=CH_2$	126.8
$CH_3(CH_2)_2CH=CH_2$	125.9	$(CH_3)_2C=C(CH_3)_2$	111.3

由表 3-4 数据可知，在烯烃的顺反异构体中，通常顺式异构体的氢化热大于反式异构体，这是因为顺式异构体的两个较大的烷基处于双键的同侧，空间位阻较大，Van der Waals 排斥力较大。双键碳原子连接烷基数目越多，烯烃越稳定。烯烃稳定性的次序为：

$$R_2C=CR_2 > R_2C=CHR > R_2C=CH_2, RCH=CHR > RCH=CH_2 > CH_2=CH_2$$

炔烃的稳定性顺序：$RC\equiv CR' > RC\equiv CH > HC\equiv CH$

乙烯催化加氢得到乙烷，氢化热为 $137.2 kJ \cdot mol^{-1}$，乙炔分子中有两个 π 键，比乙烯多一个 π 键，预计其氢化热将是乙烯氢化热的两倍（$274.4 kJ \cdot mol^{-1}$），可实际上乙炔的氢化热为 $313.8 kJ \cdot mol^{-1}$，比计算值多 $39.4 kJ \cdot mol^{-1}$。氢化热结果说明，乙炔的稳定性比乙烯小。以此类推，其它结构相似的炔烃与烯烃相比较，炔烃稳定性较差。

3.5.2 亲电加成

烯烃是平面结构，π 电子云在分子平面的上部和下部，受原子核的引力小。电子向外暴露的态势较为突出，使烯烃成为富电子分子，容易给出电子，受到缺电子试剂（即亲电试剂）进攻而发生加成反应生成饱和化合物。这种亲电试剂进攻不饱和键而引起的加成反应称为亲电加成（electrophilic addition reaction）。通常不饱和键上的电子云密度越高，亲电加成反应速率越快。亲电加成是烯烃和炔烃的特征反应，因为碳碳叁键的供电子能力不如碳碳双键，所以炔烃比烯烃较难进行亲电加成反应。亲电加成活性：烯烃＞炔烃。

3.5.2.1 与卤素加成

(1) 与氯和溴加成

烯烃和炔烃容易与氯和溴进行加成反应，碘一般不与烯烃和炔烃发生反应。烯烃与碘的加成是一个平衡反应,平衡位置偏向烯烃一边,邻二碘代物容易分解成烯烃,要在特殊的条件下才能由烯烃得到邻二碘代物。氟太活泼与烯烃反应太剧烈难以控制,往往引起碳碳键的断裂,得到碳链断裂的各种产物。如果在惰性溶剂以及低温(-78℃)下,可以起加成反应,但同时发生取代,无实用价值。卤素加成的活性顺序:氟>氯>溴>碘。

将烯烃和炔烃分别通入氯和溴的四氯化碳溶液中即生成邻二卤化物,其中炔烃因含有两个 π 键,可与两分子氯和溴反应生成四卤代烷。例如:

$$CH_3-CH=CH_2 + Br_2 \longrightarrow CH_3-CHBr-CH_2Br$$

$$CH_3-C\equiv CH \xrightarrow{Br_2} CH_3-CBr=CHBr \xrightarrow{Br_2} CH_3-CBr_2-CHBr_2$$

上述反应现象明显,溴的红棕色消失,这个性质可以广泛用于分析检验烯烃、炔烃以及其它含有碳碳重键的化合物。因为叁键的亲电加成不如双键活泼,所以炔烃与溴的反应较烯烃慢。如果分子中存在非共轭的双键和叁键,与卤素加成反应时,首先加成到双键上。例如:

$$CH_2=CH-CH_2-C\equiv CH + Br_2(1\text{mol}) \longrightarrow \underset{\underset{Br}{|}\underset{Br}{|}}{CH_2CHCH_2}C\equiv CH$$

烯烃比炔烃容易与溴发生亲电加成的原因有两个,一方面是炔烃比烯烃难形成环状𬭩离子。炔烃形成的三元环状𬭩离子的碳原子为 sp² 杂化,要求其键角互为 120°。烯烃形成的三元环状𬭩离子的碳原子为 sp³ 杂化,要求其键角互为 109.5°。三元环的内角约为 60°,炔烃生成的𬭩离子角张力比烯烃生成的𬭩离子的角张力要大、稳定性小、较难生成,所以炔烃比烯烃较难与卤素加成。另一方面是不饱和碳原子的杂化状态不同造成的。叁键碳原子是 sp 杂化,双键碳原子是 sp² 杂化,杂化轨道中 s 轨道成分越多,电子越靠近原子核,电负性越大,导致 sp 杂化碳原子给出电子能力不如 sp² 杂化碳原子,因此叁键的亲电加成反应活性不如双键。

炔烃与卤素反应也可以停留在烯烃阶段,例如:

$$HC\equiv CH \xrightarrow{Cl_2,\text{FeCl}_3} ClCH=CHCl \xrightarrow{Cl_2(\text{过量}),\text{FeCl}_3} Cl_2CHCHCl_2$$

炔烃与一分子卤素加成生成二卤代烯烃后,烯烃结构中连有吸电子基团卤素,使双键碳原子上的电子云密度降低,反应较慢,不利于再与卤素进行亲电加成反应。因此,卤素与炔烃的加成反应,较易控制在只加一分子卤素这一步。如果卤素过量,反应也可进行到底。

(2) 与卤素亲电加成反应机理

许多实验结果表明,卤素与烯烃或炔烃的加成反应是共价键异裂的离子型亲电加成,反应分两步进行。烯烃、炔烃与卤素的亲电加成属于环正离子中间体机理,所谓环正离子中间体是试剂带正电荷部分与烯烃接近形成碳正离子(carbonium),与烯烃结合的试剂上的孤电子对所占轨道与碳正离子轨道可以重叠形成环正离子。

  碳正离子   卤原子的孤电子所占轨道   环正离子
        与碳正离子的空 p 轨道重叠   环卤𬭩离子

现以溴和烯烃的加成反应为例具体说明如下。

反式加成

第一步，形成环正离子活性中间体，是决定反应速率的一步。当溴分子与烯烃不断接近时，受烯烃 π 电子的影响，溴分子 σ 键发生极化，σ 键上的电子朝着远离烯烃 π 键的方向移动，导致离 π 键较远的溴原子带有部分负电荷，靠近 π 键的溴原子则带有部分正电荷，后者与提供一对电子的一个双键碳原子结合，再以一对未共用电子对与另一个双键碳原子结合，生成一个环状溴鎓离子中间体和一个溴负离子。

第二步，溴负离子从背面进攻溴鎓离子的两个碳原子之一，生成反式邻二溴化物。这一步反应是离子之间的反应，是反应速率快的一步。

烯烃与氯或溴的加成反应是立体有择反应（stereoselective reaction）或称立体专一性反应，即只生成某一种立体异构体的反应。例如，环己烯与溴的反应只得到反式加成产物反-1,2-二溴环己烷，说明反应是分步进行的，因为溴分子不可能同时从平面的上方和下方进攻。

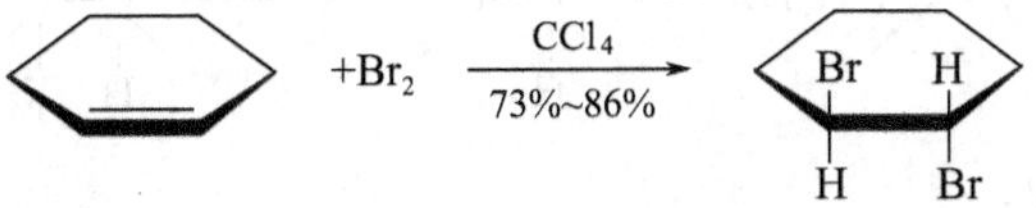

$$\bigcirc + Br_2 \xrightarrow[73\%\sim86\%]{CCl_4} \text{反-1,2-二溴环己烷}$$

氯与烯烃的加成反应与溴一样，也是亲电的离子型反应，基本上得到反式加成产物。

炔烃亲电加成的立体化学是反式加成（syn addition reaction），得到反式加成产物。

3.5.2.2 与卤化氢加成——Markovnikov 规则

（1）与卤化氢加成

烯烃与卤化氢发生加成反应生成一卤代烷。

$$CH_2=CH_2 + HCl \xrightarrow[130\sim250℃]{AlCl_3} CH_3-CH_2Cl$$

烯烃与卤化氢反应可以在烃类、二氯甲烷、氯仿、醚或乙酸等有机溶剂中进行。氯化氢气体与烯烃气体反应的速率非常慢，而在无水氯化铝的存在下迅速发生反应。在无水氯化铝存在下，乙烯在氯乙烷溶液中，即使在 -80℃，也迅速与氯化氢起加成反应，说明极性催化剂能使加成反应的速率加快。

卤化氢的活性次序：HI>HBr>HCl，活性次序与卤化氢酸性大小次序一致。氟化氢也能发生加成反应，但同时也使烯烃聚合。

烯烃活性次序：

$$(CH_3)_2C=C(CH_3)_2 > (CH_3)_2C=CHCH_3 > (CH_3)_2C=CH_2 > CH_3CH=CH_2 > CH_2=CH_2$$

炔烃与卤化氢的加成比烯烃困难，一般要有催化剂存在。反应时炔烃先加一分子卤化氢，生成卤代烯烃，再继续与卤化氢加成，生成二卤代烷烃。

$$HC\equiv CH \xrightarrow[150\sim160℃]{HCl,\ HgCl_2} CH_2=CHCl \xrightarrow[150\sim160℃]{HCl,\ HgCl_2} CH_3CHCl_2$$

卤代烯烃分子中的卤原子使烯键的反应活性降低，因此，反应也可以停留在只加 1mol 卤化氢的阶段。例如：

$$HC\equiv CH + HCl \xrightarrow[120\sim180℃]{HgCl_2} ClCH_2=CH_2$$

与不对称炔烃加成时，生成两种产物，而且通常为反式加成产物，例如：

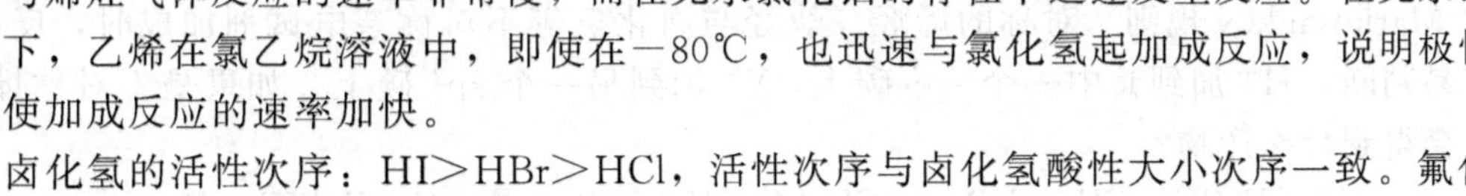

$$CH_3CH_2CH_2C\equiv CCH_3 + HBr \longrightarrow$$

（Z）-2-溴-2-己烯   （Z）-3-溴-2-己烯

与 R—C≡C—R 类的对称炔烃加成时，一般只生成一种反式加成产物，例如：

$$H_5C_2C\equiv CC_2H_5 + HCl \xrightarrow[HOAc, 25℃]{Me_4N^+Cl^-} \begin{matrix} H_5C_2 \\ \diagup \\ C=C \\ \diagdown \\ H \end{matrix} \begin{matrix} Cl \\ \\ \\ \\ C_2H_5 \end{matrix}$$

炔烃活性次序： $H_3CC\equiv CCH_3 > H_3CC\equiv CH > HC\equiv CH$

(2) 与卤化氢加成反应机理

烯烃、炔烃与卤化氢的反应机理属于碳正离子中间体，是分两步进行的离子型亲电加成反应。第一步，质子（H^+）进攻碳原子，生成碳正离子中间体，也是慢的一步，是决定反应速率的一步；第二步，X^-的进攻，不一定是反式加成。

烯烃与 HX 加成机理：

$$\begin{matrix} \diagdown \\ C=C \\ \diagup \end{matrix} + HX \xrightarrow{慢} \begin{matrix} \diagdown \\ C-C^+ \\ \diagup \quad \diagdown \\ H \end{matrix} + X^- \xrightarrow{快} \begin{matrix} \diagdown \quad \diagup \\ C-C \\ \diagup \quad \diagdown \\ H \quad X \end{matrix}$$

炔烃与 HX 加成机理：

$$-C\equiv C- + HX \xrightarrow{慢} -\underset{H}{\overset{+}{C}}=C- + X^- \xrightarrow{快} -\underset{H}{\overset{X}{C}}=\underset{}{C}-$$

烯烃、炔烃与卤化氢加成得到的两种正离子稳定性不同，烷基碳正离子的稳定性大于乙烯型碳正离子，因此炔烃与卤化氢的加成比烯烃慢。烯烃、炔烃与卤化氢的亲电加成已经广泛应用到工业生产中。工业上生产氯乙烷的方法之一，就是利用乙烯与氯化氢加成。

(3) 亲电加成的区域选择性——Markovnikov 规则

① Markovnikov 规则　对称的烯烃、炔烃与卤化氢等不对称亲电试剂加成时，反应产物很容易判断，H^+加到其中一个 sp^2 碳上，X^-加到另一个 sp^2 碳上。如果是不对称烯烃、炔烃，会得到什么产物？

$$CH_3CH_2CH=CH_2 + HBr \longrightarrow CH_3CH_2CH_2CH_2Br \text{ 还是 } CH_3CH_2CHBrCH_3$$
$$\qquad\qquad\qquad\qquad\qquad\qquad\qquad\qquad \text{1-溴丁烷} \qquad\qquad \text{2-溴丁烷}$$

理论上 1-丁烯与溴化氢加成，可以生成两种加成产物 1-溴丁烷、2-溴丁烷，但实验得到的主要产物是 2-溴丁烷，即氢原子加到含氢较多的双键碳原子上，而卤原子加到含氢较少的双键碳原子上。在很多情况下只按照这种方式加成，得到唯一的加成产物。

1870 年，俄国化学家 V. M. Markovnikov 首次提出了烯烃与卤化氢加成的区域选择性规律，即不对称烯烃与卤化氢等极性试剂进行加成反应时，氢原子总是加到含氢较多的碳原子上，氯原子（或其它原子、基团）则加到含氢较少或不含氢原子的碳上。因此称 Markovnikov 规则（马氏规则）。

利用 Markovnikov 规则可以预测反应的产物。

$$CH_3CH_2-CH=CH_2 + HBr \xrightarrow{HAc} CH_3CH_2-CHBr-CH_3 \quad (80\%)$$

$$CH_3CH_2-C\equiv CH + HBr \longrightarrow CH_3CH_2-CBr=CH_2 \xrightarrow{HBr} CH_3CH_2-CBr_2-CH_3$$

区域选择性反应（regiospecific reaction）是指当反应的取向有可能产生几个异构体时，结果只生成或主要生成一种产物的反应。化学反应的区域选择性越高，越有利于获得高产率和高纯度的产品。

② Markovnikov 规则理论解释　以丙烯与卤化氢的亲电加成为例：

$$CH_3-CH=CH_2 \xrightarrow[-X^-]{HX} \begin{cases} CH_3-\overset{+}{C}H-CH_2 \\ \qquad\quad |\quad\ | \\ \qquad\quad H\ \ \ H \end{cases} (I) \quad 仲(2°,二级)碳正离子 \\ \qquad\qquad\qquad\qquad CH_3-CH-\overset{+}{C}H_2 \quad (II) \quad 伯(1°,一级)碳正离子 \\ \qquad\qquad\qquad\qquad\qquad\quad |\\ \qquad\qquad\qquad\qquad\qquad\ H$$

Markovnikov 规则有两种解释。

第一种解释，含氢较少的双键碳原子上连有较多的烷基，烷基碳原子是 sp^3 杂化，双键碳原子是 sp^2 杂化，sp^2 碳原子电负性大于 sp^3 碳原子，烷基是供电子基团（electron-donting group）。由于烷基的 $+I$ 效应，使双键上的 π 电子云向远离烷基的 C_1 偏移，使其带上部分负电荷，而 C_2 带有部分正电荷 $CH_3 \rightarrow \overset{\delta+}{C}H_2\overset{\delta-}{=}CH_2$。亲电加成时，$H^+$ 首先加到带部分负电荷的 C_1 上，碳碳双键中的 π 键断开形成 C_2 碳正离子，X^- 再加到 C_2 碳正离子上。所以主要按（I）式加成。

第二种解释，从形成碳正离子的难易程度来解释。在烯烃的亲电加成两步历程中，第一步形成碳正离子活性中间体是最慢的一步，是决定反应速率快慢的步骤。碳正离子越稳定，反应越容易进行。而形成碳正离子的速率取决于生成它们的过渡态能量的高低，过渡态的能量越低，活化能越小，反应速率越快。如按 I 式加成，得到仲（2°、二级）碳正离子中间体，存在两个甲基的供电子诱导效应（inductive effect）（$+I$）和超共轭效应（hyperconjugation）（见本章 3.9.3）；按 II 式加成，得到伯（1°、一级）碳正离子中间体，只存在一个乙基的供电子诱导效应（$+I$）和超共轭效应。

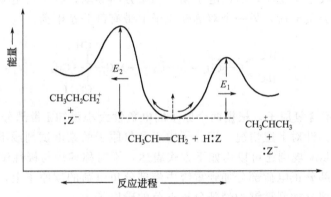

图 3-7　碳正离子的稳定性与反应的取向

由图 3-7 可知，仲碳正离子中间体稳定性大于伯碳正离子中间体，反应过渡态活化能低，反应速率快，因此主要按（I）式加成。

从结构上看，中心碳原子连接的烷基越多，碳正离子就越稳定。这是因为烷基是供电子基团，有利于分散缺电子的碳正离子上的正电荷，因此使碳正离子稳定（按照静电学的定律，带电体系的稳定性随着电荷的分散而增大）。烷基碳正离子的稳定性次序是：

$$H_3C-\underset{\underset{CH_3}{|}}{\overset{\overset{CH_3}{|}}{C^+}}-CH_3 > H_3C-\underset{\underset{CH_3}{|}}{\overset{\overset{H}{|}}{C^+}}-H > H_3C-\underset{\underset{H}{|}}{\overset{\overset{H}{|}}{C^+}}-H > H-\underset{\underset{H}{|}}{\overset{\overset{H}{|}}{C^+}}-H$$

烷烃-自由基-碳正离子的能量图进一步证明了碳正离子的稳定性次序，如图 3-8 所示。

前面表述的 Markovnikov 规则的适用范围是双键碳原子上连有供电子基团的烯烃。如果烯烃的双键碳原子上连有 —CF_3、—CN、—COOH、—NO_2 等吸电子基团（electron-withdrawing group），常生成反马氏加成产物。

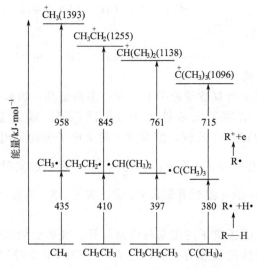

图 3-8 烷基碳正离子的相对稳定性

$$F_3C-CH=CH_2 + H-X \longrightarrow F_3C-CH_2-\overset{+}{C}H_2 + X^- \longrightarrow F_3CCH_2CH_2X$$

由于—CF_3 是吸电子基团，所以电子朝—CF_3 方向移动，分子发生极化，靠近—CF_3 的双键碳原子带有部分负电荷，另一个双键碳原子上带有部分正电荷。

$$(H_3C)_2C=CH_2 + I-Cl \longrightarrow H_3C-\underset{Cl}{\overset{CH_3}{\underset{|}{C}}}-\underset{I}{\overset{|}{CH_2}}$$

上式中 I—Cl 不含氢原子，根据两个原子的电负性大小可知 I 带部分正电荷，Cl 电负性较大带部分负电荷。针对上述情况，即分子中不含氢原子的亲电试剂或不饱和烃中含有吸电子基团，Markovnikov 规则还可以用如下方式表达：不对称烯烃与极性试剂加成时，首先试剂中的正离子或带部分正电荷部分加到重键中带部分负电荷的碳原子上，然后试剂中的负离子或带部分负电荷部分加到重键中带部分正电荷的碳原子上。

③ 碳正离子重排　不对称烯烃与亲电试剂的加成反应，第一步生成碳正离子中间体，较不稳定的碳正离子可以通过 1,2-氢（或甲基）迁移，重排为更稳定的碳正离子，因此具有某种结构的不对称烯烃进行亲电加成反应时，常伴随有重排产物生成，有时重排产物甚至是主要产物。例如：

$$(CH_3)_2CHCH=CH_2 \xrightarrow{H^+} (CH_3)_2CH\overset{+}{C}HCH_3 \xrightarrow{\text{重排} \atop 1,2\text{-氢迁移}} (CH_3)_2\overset{+}{C}CH_2CH_3$$

各自 $\downarrow Cl^-$

非重排产物 40%　　　重排产物 60%

$$CH_3-\underset{\underset{CH_3}{|}}{\overset{\overset{CH_3}{|}}{C}}-CH=CH_2 \xrightarrow{H^+} CH_3-\underset{\underset{CH_3}{|}}{\overset{\overset{CH_3}{|}}{C}}-\overset{+}{C}H-CH_3 \xrightarrow[1,2-甲基迁移]{重排} CH_3-\underset{\underset{CH_3}{|}}{\overset{\overset{CH_3}{|}}{\overset{+}{C}}}-CH-CH_3$$

$$\downarrow Cl^- \qquad\qquad\qquad\qquad \downarrow Cl^-$$

$$CH_3-\underset{\underset{CH_3}{|}}{\overset{\overset{CH_3}{|}}{C}}-\underset{\underset{Cl}{|}}{CH}-CH_3 \qquad\qquad CH_3-\underset{\underset{Cl}{|}}{\overset{\overset{CH_3}{|}}{C}}-\underset{\underset{CH_3}{|}}{CH}-CH_3$$

非重排产物 17%　　　　　　　　　　重排产物 83%

在上述反应中，重排后的碳正离子为 3°碳正离子，比重排前的 2°碳正离子稳定，重排越容易进行，重排产物的产率越高。

3.5.2.3　与次卤酸的加成

烯烃在氯或溴的稀水溶液（或碱性稀水溶液）可与烯烃发生加成反应，得到 β-氯代醇或 β-溴代醇。

该反应机理属于环正离子中间体机理，而且为反式加成，机理如下：

不对称烯烃和次卤酸的加成，符合 Markovnikov 规则。亲电试剂氯加到含氢较多的碳原子上，羟基加到含氢较少的碳原子上，例如：

$$CH_2=CH_2 + HOCl \longrightarrow Cl-CH_2-CH_2-OH$$
$$\beta\text{-氯乙醇}$$

$$CH_3-CH=CH_2 \xrightarrow[-Cl^-]{Cl_2} CH_3-\underset{\underset{Cl}{\delta^+}}{\overset{\delta^+}{CH}}-CH_2 \xrightarrow[-H^+]{H_2O} CH_3-\underset{\underset{Cl}{|}}{\overset{\overset{OH}{|}}{CH}}-CH_2$$
$$\text{1-氯-2-丙醇}$$

氯乙醇和 1-氯-2-丙醇是工业上合成环氧乙烷和甘油等的重要化工原料。

炔烃与次卤酸反应的报道很少，在此省略。

3.5.2.4　与硫酸的加成

烯烃与硫酸的加成是离子型的亲电加成。烯烃与硫酸在 0℃ 左右加成得硫酸氢酯（酸性硫酸酯），硫酸氢酯加热水解制得醇，是工业上制备醇的方法之一，称为烯烃间接水合法（indirect hydration）（或称硫酸法），反应如下：

$$\underset{}{\overset{}{C}}=\underset{}{\overset{}{C}} + H_2SO_4 \xrightarrow{0℃} -\underset{\underset{H}{|}}{\overset{}{C}}-\underset{\underset{OSO_2OH}{|}}{\overset{}{C}}- \xrightarrow[\triangle]{H_2O} -\underset{\underset{H}{|}}{\overset{}{C}}-\underset{\underset{OH}{|}}{\overset{}{C}}-$$

硫酸是二元酸，有两个活泼氢原子，在一定条件下可与两分子乙烯进行加成，生成硫酸二乙酯（中性硫酸酯）。

$$CH_2=CH_2 + HOSO_2OH \longrightarrow CH_3CH_2-OSO_2OH \xrightarrow{CH_2=CH_2} CH_3CH_2-OSO_2O-CH_2CH_3$$
　　　　　　　　　　　　　　硫酸氢乙酯　　　　　　　　　　硫酸二乙酯

在工业上用乙烯、丙烯、异丁烯通入不同浓度的硫酸中得到相应硫酸氢酯的澄清溶液，再用水稀释、加热（即经水解）得乙醇、异丙醇及叔丁醇。

$$CH_2=CH_2 \xrightarrow{98\% H_2SO_4} CH_3CH_2OSO_2OH \xrightarrow[90℃]{H_2O} CH_3CH_2OH + H_2SO_4$$

$$CH_3CH_2=CH_2 \xrightarrow{80\% H_2SO_4} CH_3CHCH_3 \underset{OSO_2OH}{|} \xrightarrow[\triangle]{H_2O} CH_3CHCH_3 \underset{OH}{|} + H_2SO_4$$

$$(CH_3)_2C=CH_2 \xrightarrow{63\% H_2SO_4} (CH_3)_3COSO_2OH \xrightarrow[\triangle]{H_2O} (CH_3)_3COH + H_2SO_4$$

从上述反应可以看出，随着双键碳原子上烷基的增多，对硫酸浓度和反应温度的要求降低，即随着双键碳原子上烷基的增多，烯烃的活性增大。不对称烯烃加硫酸符合 Markovnikov 规则，除乙烯得到伯醇，其它烯烃得到仲醇或叔醇。

另外，因为硫酸氢酯能溶于硫酸中，所以可用来提纯某些物质。例如，用冷的浓硫酸洗涤烷烃和烯烃的混合物，利用烷烃与浓硫酸不反应、也不溶于浓硫酸的特性，可以除去烷烃中的烯烃。

3.5.2.5 与水的加成

烯烃在中等浓度的强酸（H_2SO_4，H_3PO_4）催化下与水直接水合得醇，这是醇的工业制法，称为烯烃的直接水合法（direct hydration）。双键上连有给电子基团对反应有利，不对称烯烃与水的加成遵守 Markovnikov 规则，只有乙烯的直接水合法得到伯醇。

$$H_2C=CH_2 \xrightarrow{H_3PO_4} CH_3CH_2^+ \xrightarrow{H_2O} CH_3CH_2OH_2^+ \xrightarrow{-H^+} CH_3CH_2OH$$

$$CH_3-CH=CH_2 + H_2O \xrightarrow[195℃, 2MPa]{H_3PO_4} CH_3-\underset{\underset{OH}{|}}{C}H-CH_3$$

烯烃直接水合法制备醇方法简单、价格便宜，但对设备的要求较高。因为此法易发生重排反应，所以只适用于制备不易发生重排的醇。由于石油工业的发展，乙烯、丙烯等烯烃价廉易得，乙醇及异丙醇可用此法大规模生产。

烯烃的水合反应，包括直接水合法与间接水合法，立体选择性很差，通常是顺式加成与反式加成的混合物。

仅在酸催化下，炔烃直接水合比较困难，但在 $HgSO_4$-H_2SO_4 催化下，炔烃较易与水发生加成反应生成醛或酮，这个反应称为 Kucherov 反应。

$$HC\equiv CH + H_2O \xrightarrow{HgSO_4}_{H_2SO_4} \left[\begin{array}{c} H_2C=CH \\ | \\ OH \end{array} \right] \longrightarrow CH_3CHO$$
$$\qquad\qquad\qquad\qquad\qquad\qquad\qquad\text{乙烯醇}\qquad\text{乙醛}$$

通常情况下烯醇很不稳定，容易发生重排，由烯醇式转变为酮式的过程称为分子重排（molecular rearrangement）。上式中乙烯醇重排为乙醛。这种重排又称为烯醇式和酮式的互变异构（tautomerism），是构造异构的一种特殊形式。

$$\left[-\underset{\underset{H}{|}}{C}=\underset{\underset{O}{|}}{C}- \right] \xrightleftharpoons{\text{重排}} -\underset{\underset{H}{|}}{C}-\underset{\underset{O}{\|}}{C}-$$
$$\quad\text{烯醇式(不稳定)}\qquad\text{酮式(稳定)}$$

不对称炔烃与水的加成反应，遵守 Markovnikov 规则，例如：

第3章 不饱和烃

$$CH_3(CH_2)_3C{\equiv}CH + HOH \xrightarrow[H_2SO_4]{HgSO_4} \left[CH_3(CH_2)_3C(OH){=}CH_2 \right] \xrightarrow{\text{重排}} CH_3(CH_2)_3COCH_3$$

炔烃与水的加成反应，除乙炔得到乙醛外，其它炔烃只能得到酮，一元取代乙炔与水的加成产物为甲基酮，二元取代乙炔（$RC{\equiv}CR'$）的加成产物通常是两种酮的混合物。催化剂 $HgSO_4$ 有剧毒，可采用非汞催化剂如锌、镉、铜盐，以及三氟化硼等代替 $HgSO_4$。

3.5.2.6 硼氢化反应

硼烷以 B—H 键与烯烃、炔烃的不饱和键（π键）加成，生成有机硼化物的反应称为硼氢化反应（hydroboration）。硼氢化反应是美国化学家布朗（H. C. Brown）发现的一类重要反应，在有机合成中有重要的用途。

最简单的硼氢化合物为甲硼烷（BH_3）。硼原子有空的外层轨道，硼烷的亲电活性中心是硼原子。两个甲硼烷分子互相结合生成乙硼烷（B_2H_6）。实际使用的是乙硼烷的醚溶液，硼氢化反应常用的试剂是乙硼烷的四氢呋喃、纯醚、二缩乙二醇二甲醚等溶液（$CH_3OCH_2CH_2OCH_2CH_2OCH_3$），在反应时乙硼烷解离成两分子甲硼烷与溶剂形成络合物，然后甲硼烷与烯烃反应。

$$2BH_3 \rightleftharpoons B_2H_6$$

$$B_2H_6 + 2\,\text{THF} \longrightarrow 2\,H{-}BH_2{:}\text{O(THF)} \quad \text{或} \quad 2THF{:}BH_3$$

甲硼烷有三个硼氢键，可以和三分子烯烃反应而且速率很快，空间位阻小的简单烯烃只能得到三烷基硼化合物。

$$\frac{1}{2}(BH_3)_2 \xrightarrow{CH_2{=}CH_2} CH_3CH_2BH_2 \xrightarrow{CH_2{=}CH_2} \xrightarrow{CH_2{=}CH_2} (CH_3CH_2)_3B$$

$$RCH{=}CH_2 + BH_3 \xrightarrow{THF} (RCH_2CH_2)_3B$$

空间位阻大的烯烃可以分离出一烷基硼和二烷基硼化合物。例如：

$$CH_3C(CH_3){=}CHCH_3 \xrightarrow[0℃]{BH_3} [(CH_3)_2CHCH]_2BH$$

$$(CH_3)_2C{=}CHC(CH_3)_3 \xrightarrow[0℃]{BH_3} (CH_3)_2CHCHC(CH_3)_3 \atop BH_2$$

硼烷的亲电活性中心是硼原子，由于硼原子有空的外层轨道，所以硼原子加到带有部分负电荷的含氢较多的双键碳原子上，而氢原子带着一对键合电子加到带有部分正电荷的含氢较少的双键碳原子上，硼氢化反应是反 Markovnikov 规则的。一方面，硼氢化反应受立体因素的控制，硼原子主要加在取代基较少、位阻较小的双键碳原子上。另一方面，因为氢的电负性 2.1，大于硼的电负性 2.0。下列烯烃硼氢化反应硼原子加成的方向如箭头所示：

$$(CH_3)_2CHCH{=}CHCH_3 \quad CH_3CH_2CH_2CH{=}CH_2 \quad (CH_3)_2C{=}CHCH_3 \quad (CH_3)_2C{=}CH_2$$
$$↑\;\;↑↑\;\;↑↑\;\;↑↑\;\;↑$$
$$43\%\;57\%6\%\;94\%2\%\;98\%1\%\;99\%$$

烯烃的硼氢化反应，首先是缺电子的硼进攻电子云密度较高的双键碳原子，经环状四中心过渡态，随后氢由硼迁移到碳上。反应机理如下：

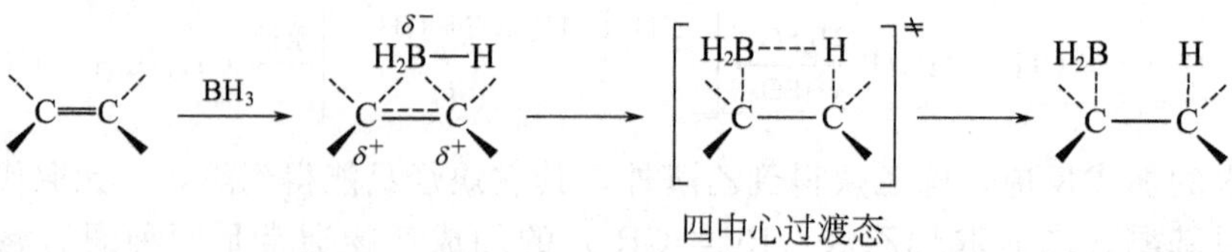

烯烃与硼烷的加成，B 和 H 从碳碳双键的同侧加到双键碳原子上为顺式加成。例如：

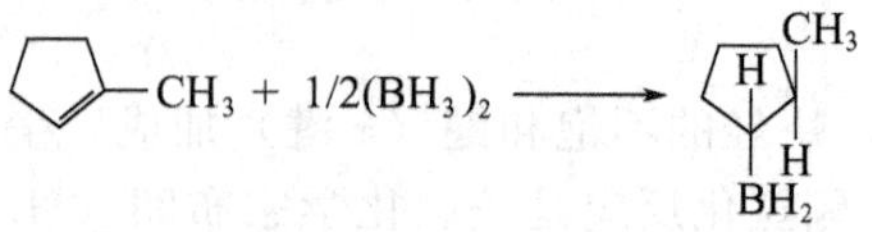

综上，硼氢化反应的特点是：①反应为顺式加成；②当双键两侧空间位阻不同时，在位阻较小的一侧形成四中心过渡态；③与不对称烯烃反应时，硼与空间位阻小的双键碳结合。

烯烃的硼氢化反应生成的烷基硼，通常不分离出来，继续将硼原子置换成其它原子或基团，使烯烃转变为其它类型的有机化合物，其中应用最广的是在碱性条件下，烷基硼与过氧化氢反应生成醇，该反应称为烷基硼的氧化反应。过氧化氢有弱酸性，它在碱性条件下转变为它的共轭碱。

$$HO-OH + {}^-OH \rightleftharpoons HOO^- + H_2O$$

在三烷基硼的氧化反应中，过氧化氢的共轭碱进攻缺电子的硼原子，在生成的产物中含有较弱的 O—O 键，使碳原子容易由硼转移到氧上。

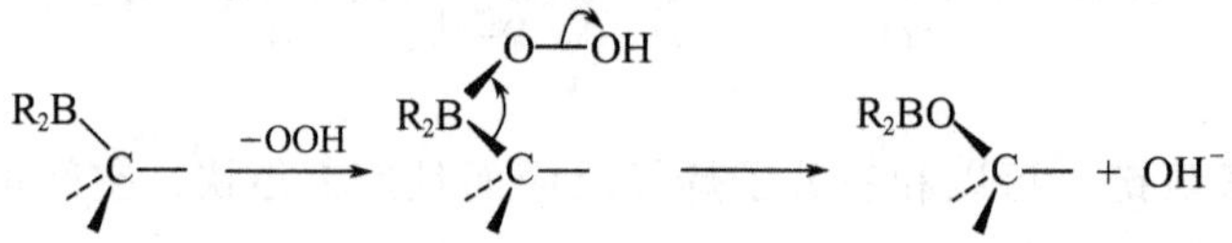

硼氢化反应和烷基硼的氧化反应合称硼氢化-氧化反应，是烯烃间接水合制备醇的方法之一。与烯烃直接水合法以及烯烃经硫酸间接水合法制备醇不同，α-烯烃经硼氢化-氧化反应得到伯醇。

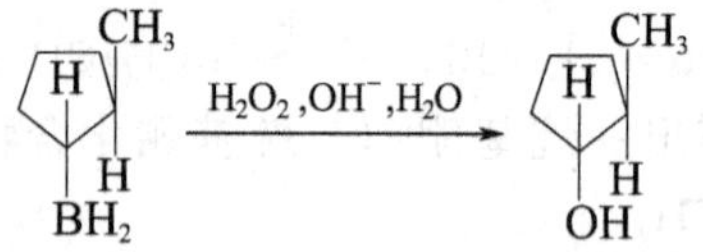

$$RCH=CH_2 + BH_3 \xrightarrow{THF} (RCH_2CH_2)_3B \xrightarrow{H_2O_2, OH^-, H_2O} 3RCH_2CH_2OH$$

$$CH_3(CH_2)_7-CH=CH_2 \xrightarrow[\text{二甘醇二甲醚}]{B_2H_6} [CH_3(CH_2)_7-CH_2-CH_2]_3B \xrightarrow[25\sim30℃]{H_2O_2, NaOH, H_2O} CH_3(CH_2)_7-CH_2-CH_2OH$$

炔烃的硼氢化反应可以停留在生成含烯键的一步：

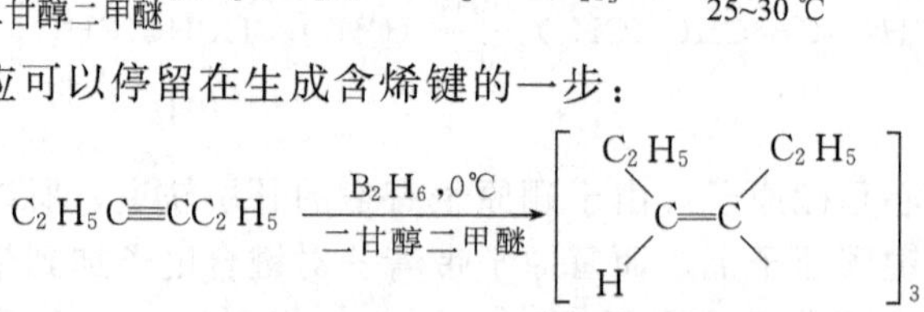

炔烃硼氢化产物用酸处理生成顺式烯烃，氧化则生成醛或酮。

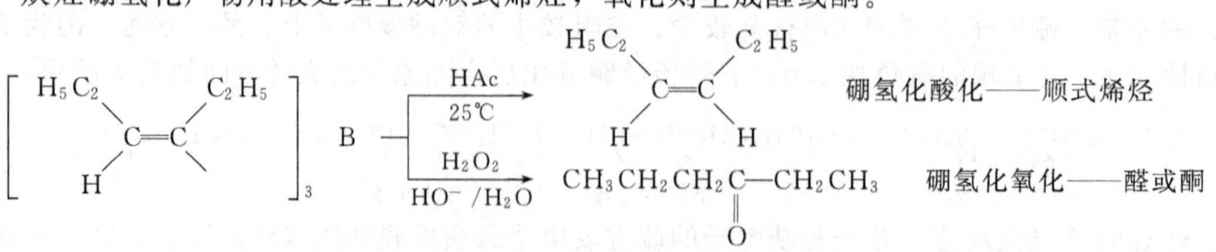

硼氢化酸化——顺式烯烃
硼氢化氧化——醛或酮

采用空间位阻大的二取代硼烷作试剂，可以使末端炔烃只与 1mol 硼烷加成，产物经氧化水解可以制备醛：

$$CH_3(CH_2)_5C{\equiv}CH + [(CH_3)_2CH]_2BH \xrightarrow[\text{二甘醇二甲醚}]{0 \sim 10℃} CH_3(CH_2)_5CH{=}CH{-}B[CH(CH_3)_2]_2 \xrightarrow[OH^-/H_2O]{H_2O_2}$$

$$CH_3(CH_2)_5CH{=}CHOH \xrightarrow{\text{重排}} CH_3(CH_2)_5CH_2CHO$$

而前面介绍的炔烃（乙炔除外）的直接水合只能得到酮。

3.5.2.7 羟汞化-还原脱汞反应

烯烃与醋酸汞在四氢呋喃-水溶液中反应，先生成羟汞化合物（羟汞化反应，oxymercuration），然后用硼氢化钠还原脱汞（脱汞反应，demercuration），得到醇。

$$\text{C=C} + Hg(OAc)_2 + H_2O \longrightarrow \underset{\underset{OH \ HgOAc}{|\ \ \ \ \ |}}{-C-C-} \xrightarrow{NaBH_4} \underset{\underset{OH \ H}{|\ \ \ \ |}}{-C-C-}$$

整个反应相当于烯烃与水的加成，羟汞化-还原脱汞反应特点如下：具有高度的立体专一性、生成的醇相当于水对碳碳双键的马氏加成产物；反应速率快、反应条件温和；在绝大多数情况下没有重排产物。这是实验室制备醇的一种方法。

环己烯-CH_3 $\xrightarrow[H_2O]{Hg(OAc)_2}$ $\xrightarrow{NaBH_4}$ 1-甲基环己醇

羟汞化反应是碳碳双键的亲电加成，汞离子是亲电试剂，由于不发生重排反应，而且反应有立体专一性，得到的是反式加成产物。中间体是环状的正汞离子中间体，结构类似前述的溴鎓离子。

汞化反应在不同溶剂中进行时，得到不同的产物，若用其它溶剂（如 ROH、RNH_2、RCOOH）代替水进行反应（称为溶剂汞化），然后再用硼氢化钠还原，则得到醚、胺和酯等。

$$Ph-CH{=}CH_2 + Hg(OAc)_2 \xrightarrow{CH_3OH} \xrightarrow{NaBH_4} Ph{-}\underset{\underset{}{|}}{\overset{\overset{OMe}{|}}{CH}}{-}CH_3$$

由于汞及其可溶性盐均有毒，因此羟汞化（溶剂汞化）-还原脱汞反应的应用受到限制。

3.5.2.8 烷氧汞化-还原脱汞反应

和烯烃的羟汞化-还原脱汞制备醇类似，但比羟汞化更容易进行，是一个有用的合成醚的方法，不发生消除反应。遵守 Markovnikov 规则，反应产物相当于烯烃和醇的加成。

$$(CH_3)_3CCH{=}CH_2 + Hg(OOCCF_3)_2 + CH_3CH_2OH \longrightarrow$$

$$(CH_3)_3C\underset{\underset{OCH_2CH_3}{|}}{CH}{-}CH_2HgOOCF_3 \xrightarrow{NaBH_4} (CH_3)_3C{-}\underset{\underset{OCH_2CH_3}{|}}{CH}CH_3$$

由于叔丁基醚空间位阻较大，因此不能用该方法制备。

3.5.3 自由基加成

丙烯、1-丁烯与溴化氢在过氧化物或光照作用下，主要生成 1-溴丙烷、1-溴丁烷。

$$CH_3CH{=}CH_2 \xrightarrow[\text{过氧化物}]{HBr} CH_3CH_2CH_2Br$$

$$CH_3CH_2-CH=CH_2 + HBr \begin{array}{c} \xrightarrow{\text{无过氧化物}} \\ \xrightarrow{\text{有过氧化物}} \end{array} \begin{array}{l} CH_3CH_2-\underset{\underset{H}{|}}{\overset{\overset{Br}{|}}{C}}H-CH_2 \quad 90\% \\ CH_3CH_2-\underset{\underset{H}{|}}{\overset{\overset{H}{|}}{C}}H-\underset{\underset{Br}{|}}{C}H_2 \quad 95\% \end{array}$$

1933 年，美国化学家 M. S. Kharasch 等研究表明，由于过氧化物的存在引发生成自由基引起加成反应，称为过氧化物效应（peroxide effect），或称为卡拉施效应。

实际上过氧化物是引发剂，用量很少，只要能引发反应按自由基加成机理进行即可。通常采用有机过氧化物，其通式为 R—O—O—H 或 R—O—O—R。

$$\underset{\text{过氧化乙酰}}{CH_3-\underset{\underset{O}{\|}}{C}-O-O-\underset{\underset{O}{\|}}{C}-CH_3} \qquad \underset{\text{过氧化苯甲酰}}{C_6H_5-\underset{\underset{O}{\|}}{C}-O-O-\underset{\underset{O}{\|}}{C}-C_6H_5}$$

由于过氧化物的—O—O—键很弱，受热容易均裂成自由基，从而引发试剂生成自由基，然后与烯烃进行加成反应。丙烯与溴化氢的自由基加成（free radical addition）机理如下。

链引发
$$R-O-O-R \xrightarrow[\text{或光}]{\Delta} 2R-O\cdot$$
$$R-O\cdot + HBr \longrightarrow R-OH + Br\cdot$$

在自由基反应机理中，烷氧自由基从溴化氢分子中夺取一个氢原子，同时生成一个溴自由基。

链传递
$$Br\cdot + CH_3CH=CH_2 \longrightarrow CH_3\overset{\cdot}{C}H-CH_2Br$$
$$CH_3\overset{\cdot}{C}H-CH_2Br + HBr \longrightarrow CH_3CH_2-CH_2Br + Br\cdot$$

溴自由基加在烯烃的碳碳双键的 π 键上，生成最稳定的烷基自由基。由于自由基的稳定性为：叔碳自由基＞仲碳自由基＞伯碳自由基，所以溴自由基总是加到含氢较多的碳原子上，生成较稳定的自由基，烷基自由基从溴化氢夺取一个氢原子，产生一个新的溴自由基。这一步骤是放热的，所以反应链可以迅速增长。

链终止
$$Br\cdot + Br\cdot \longrightarrow Br_2$$
$$CH_3\overset{\cdot}{C}H-CH_2Br + CH_3\overset{\cdot}{C}H-CH_2Br \longrightarrow CH_3\underset{\underset{BrCH_2}{|}}{C}H-\underset{\underset{CH_2Br}{|}}{C}HCH_3$$
$$Br\cdot + CH_3\overset{\cdot}{C}H-CH_2Br \longrightarrow CH_3CHBr-CH_2Br$$

链终止反应可以循环进行到溴原子或烷基自由基失活为止。

对 HX 而言，过氧化物效应只限于 HBr。HCl 中 H—Cl 键比 H—Br 键牢固得多，需要较高的活化能才能使 H—Cl 键均裂成自由基，这样就阻止了链反应，所以 HCl 不能进行自由基加成反应。HI 均裂的解离能不大，但碘原子与双键加成要求提供较高的活化能，反应活性低，碘原子较容易自相聚合成碘，所以不能进行自由基加成。

利用过氧化物效应，由 α-烯烃与溴化氢反应是制备 1-溴代烷的方法之一。例如，抗精神失常药物炎镇痛、氟奋乃静、三氟拉嗪等的中间体 1-氯-3-溴丙烷就是利用这种方法合成的。

$$ClCH_2-CH=CH_2 + HBr \xrightarrow[18℃, 85\%]{\text{过氧化苯甲酰}} \underset{\text{1-氯-3-溴丙烷}}{ClCH_2-CH_2-CH_2Br}$$

炔烃与HBr加成也有过氧化物效应，机理与烯烃加成类似。

$$CH_3CH_2CH_2CH_2-C\equiv CH + HBr \xrightarrow{ROOR} CH_3CH_2CH_2CH_2-\underset{H}{\underset{|}{C}}=\underset{Br}{\underset{|}{C}}-H$$

烯烃与溴化氢的离子型反应是先加氢生成稳定的碳正离子，而在自由基反应中，则是先加溴，生成较稳定的自由基，因此产生不同的区域选择性。利用烯烃加溴化氢的不同区域选择性可以合成两种类型烯烃，这在有机合成上有重要意义。

3.5.4 亲核加成

炔烃可以发生亲核加成，而烯烃则困难，亲核加成活性：炔烃＞烯烃，这是炔烃和烯烃不同的地方。这可以解释为叁键的sp杂化轨道的电负性大于烯烃双键sp^2杂化轨道的电负性，因而易受亲核试剂的进攻。反应需要催化剂[如$HgSO_4$、$Zn(OAc)_2$]的协助，催化剂可能与炔烃的π电子形成络合物，使π电子向金属的空轨道转移，在一定程度上使炔烃的电子云密度降低，从而有利于亲核试剂的进攻。由亲核试剂进攻而引起的加成反应叫亲核加成反应（nucleophilic addition reaction）。常用的亲核试剂有HCN、ROH、CH_3COOH等含有活泼氢的化合物。例如：

$$HC\equiv CH + HOCH_3 \xrightarrow[160\sim165℃,\ 2\sim2.5MPa]{20\%KOH/H_2O} CH_2=CHOCH_3$$
甲基乙烯基醚

$$HC\equiv CH + HCN \xrightarrow{CuCl} CH_2=CHCN$$
丙烯腈

$$HC\equiv CH + CH_3COOH \xrightarrow[160\sim165℃]{乙酸锌-活性炭} CH_3COOCH=CH_2$$
乙酸乙烯酯

炔烃亲核加成机理：

$$CH_3C\equiv CH + CH_3O^- \longrightarrow CH_3-\underset{OCH_3}{\underset{|}{C}}=CH^- \xrightarrow[-CH_3O^-]{CH_3OH} CH_3-\underset{OCH_3}{\underset{|}{C}}=CH_2$$

反应时，首先是试剂中带负电荷部分CN^-、RO^-、CH_3COO^-进攻炔烃的叁键。利用上述反应可分别制备乙烯基醚、丙烯腈和乙酸乙烯酯。乙酸乙烯酯（又称醋酸乙烯酯），市售的乳胶黏合剂主要就是由它制得的。聚醋酸乙烯酯醇解成聚乙烯醇就是日常用的胶水。聚乙烯醇与甲醛缩合成聚乙烯醇缩甲醛，就是合成纤维——维尼纶。乙烯基醚、丙烯腈可用于合成纤维（腈纶）、塑料、丁腈橡胶。另外，丙烯腈电解加氢二聚，是一种合成己二腈的方法。己二腈加氢得己二胺，是制备尼龙-66的单体之一。

3.5.5 氧化反应

碳碳重键的氧化产物随氧化剂和氧化条件的不同而异，氧化反应活性：烯烃＞炔烃。

3.5.5.1 高锰酸钾的氧化反应

烯烃可以用高锰酸钾氧化，条件不同，产物也不同。在冷、稀、中性高锰酸钾或在碱性室温条件下进行，烯烃或其衍生物双键中的π键被氧化断裂，生成顺式邻二羟基化合物（顺式-α-二醇）。此反应具有明显的现象，高锰酸钾的紫色消失，产生褐色二氧化锰。故可用来鉴别含有碳碳双键的化合物——Baeyer试验。

如果用四氧化锇（OsO_4）代替高锰酸钾（$KMnO_4$）作氧化剂，几乎可以得到定量的 α-二醇化合物，缺点是四氧化锇价格昂贵、毒性较大。

在较强烈的条件下，即酸性或碱性加热条件下反应，碳碳双键完全断裂，烯烃被氧化成酮或羧酸。双键碳连有两个烷基的部分生成酮，双键碳上至少连有一个氢的部分生成酸。例如：

$$C_2H_5-\underset{\underset{CH_3}{|}}{C}=CH_2 \xrightarrow[\text{②}H^+]{\text{①}KMnO_4,OH^-,H_2O,\triangle} C_2H_5-\underset{\underset{CH_3}{|}}{C}=O + [O=\underset{\underset{OH}{|}}{C}-OH] \rightarrow CO_2+H_2O$$

丁酮

$$CH_3-\underset{\underset{CH_3}{|}}{C}=CH-C_2H_5 \xrightarrow[\text{②}H^+]{\text{①}KMnO_4,OH^-,H_2O,\triangle} CH_3-\underset{\underset{CH_3}{|}}{C}=O + O=\underset{\underset{OH}{|}}{C}-C_2H_5$$

丙酮　　丙酸

烯烃结构不同，氧化产物也不同，此反应可用于推测原烯烃的结构。

$$R-\underset{\underset{R}{|}}{C}H \xrightarrow{[O]} R-\underset{\underset{R}{|}}{C}=O$$

$$R-\underset{\underset{H}{|}}{C}H \xrightarrow{[O]} R-\underset{\underset{OH}{|}}{C}=O$$

$$H-\underset{\underset{H}{|}}{C}H \xrightarrow{[O]} HO-\underset{\underset{OH}{|}}{C}=O \quad \text{进一步得到 } CO_2 \text{ 和 } H_2O$$

与烯烃相似，炔烃也可以被高锰酸钾溶液氧化。较温和条件下氧化时，非端位炔烃生成 α-二酮。

$$CH_3(CH_2)_7C\equiv C(CH_2)_7COOH \xrightarrow[pH\ 7.5,\ 92\%\sim 96\%]{KMnO_4,\ H_2O,\ 常温} CH_3(CH_2)_7\underset{\underset{O}{\|}}{C}-\underset{\underset{O}{\|}}{C}(CH_2)_7COOH$$

在强烈条件下氧化时，非端位炔烃生成羧酸（盐），端位炔烃生成二氧化碳和水。

$$C_4H_9-C\equiv CH \xrightarrow[H_2O,\ OH^-]{KMnO_4} C_4H_9-COOH+CO_2+H_2O$$

炔烃用高锰酸钾氧化，即可用于炔烃的定性分析，也可用于推测叁键的位置。

反应的用途：鉴别烯烃、炔烃；制备一定结构的顺式-α-二醇、α-二酮、有机酸和酮；推测烯烃、炔烃的结构等方面都很有价值。

3.5.5.2 臭氧化反应

在液体烯烃或烯烃的非水溶液中通入含有 6%～8% 臭氧的氧气流，烯烃被氧化成臭氧化物，这步反应称为烯烃的臭氧化反应（ozonization）。臭氧化物具有爆炸性，不能从溶液中分离出来。臭氧化物在还原剂的存在下直接用水分解，生成醛和/或酮以及过氧化氢，这步反应称为臭氧化物的分解反应。为了避免水解中生成的醛被过氧化氢氧化成羧酸，臭氧化物可以在还原剂如锌粉存在下进行分解。

$$\underset{\text{烯烃}}{\diagup C=C\diagdown} \xrightarrow{O_3} \underset{\text{分子臭氧化物}}{\left[\begin{array}{c}-C-C-\\O\diagdown_{O}\diagup O\end{array}\right]} \longrightarrow \underset{\text{臭氧化物}}{\left[\begin{array}{c}\diagup C\quad C\diagdown\\O\diagdown_{O-O}\diagup\end{array}\right]} \xrightarrow[Zn]{H_2O} \diagup C=O + O=C\diagdown$$

臭氧化物可能是通过下述过程生成的：

第3章 不饱和烃

$$\text{C=C} + \text{O=O}^+-\text{O}^- \longrightarrow \left[\begin{array}{c}\text{C—C}\\ \text{O}\quad\text{O}\\ \text{O}\end{array}\right] \longrightarrow \left[\begin{array}{c}\text{C=O} + \text{C}\\ \text{O}^-\quad\text{O}^+\end{array}\right] \longrightarrow \begin{array}{c}\text{C—C}\\ \text{O}\quad\text{O}\\ \text{O}\end{array}$$

臭氧化物

$$CH_3-\underset{CH_3}{\overset{CH_3}{C}}=CH-CH_3 \xrightarrow[2)\ H_2O,Zn]{1)\ O_3} CH_3-\underset{CH_3}{\overset{CH_3}{C}}=O + O=CH-CH_3$$

$$R-CH\underset{O-O}{\overset{O}{\diagdown}}\underset{R''}{\overset{R'}{C}} \xrightarrow{LiAlH_4} RCH_2OH + R''-\underset{R'}{\overset{}{C}}HOH$$

如果双键在碳环内，则氧化产物为二醛或二酮。

$$\bigcirc \xrightarrow[Zn+H_2O]{O_3} \bigcirc\!\!\!\begin{array}{l}CHO\\ CHO\end{array}$$

烯烃臭氧化物的还原水解产物与烯烃结构的关系为：

烯烃结构	臭氧化还原水解产物
$CH_2=$	HCHO（甲醛）
$RCH=$	RCHO（醛）
$R_2C=$	$R_2C=O$（酮）

由于生成物醛或酮的羰基正好是原料烯烃双键的位置，根据生成醛和酮的结构，就可推断烯烃的结构，因此可通过烯烃的臭氧化物分解的产物来推测原烯烃的结构。

炔烃与臭氧反应，亦生成臭氧化物，后者用水分解则生成 α-二酮和过氧化氢，随后过氧化氢将 α-二酮氧化成羧酸。

$$-C\equiv C- \xrightarrow{O_3} \left[\begin{array}{c}-C—C-\\ O\quad O\\ O—O\end{array}\right] \xrightarrow{H_2O} -\overset{O}{\overset{\|}{C}}-\overset{O}{\overset{\|}{C}}- + H_2O_2 \longrightarrow -COOH + HOOC-$$

例如：

$$CH_3CH_2CH_2C\equiv CCH_3 \xrightarrow[2)\ H_2O]{1)\ O_3} CH_3CH_2CH_2COOH + CH_3COOH$$

臭氧是亲电试剂，所以反应活性：碳碳双键＞碳碳叁键。臭氧除和碳碳叁键以及双键反应以外，和其它官能团很少反应，分子的碳架也很少发生重排，故此反应可根据产物的结构测定重键的位置和原化合物的结构。臭氧化反应用途：由烯烃合成醛酮，有时也可由炔烃合成羧酸；可以用来使原料中的碳链缩短。

3.5.5.3 环氧化反应

烯烃在试剂作用下，生成环氧化合物的反应称为环氧化反应（epoxidation）。实验室中常用有机过氧酸（简称过酸）作环氧化试剂，烯烃反应生成1,2-环氧化物。常用的过氧酸有过氧甲酸、过氧乙酸、过氧苯甲酸、过氧间氯苯甲酸、过氧三氟乙酸等。有时用 H_2O_2

代替过酸。例如：

$$C_3H_7CH=CH_2 + F_3CCOOH \xrightarrow[\text{二氯甲烷}]{Na_2CO_3} C_3H_7CH-CH_2 + F_3CCOOH$$
$$\underset{O}{} \; 80\%$$

$$CH_3(CH_2)_5CH=CH_2 + H_2O_2 \xrightarrow{\text{二氯甲烷}} CH_3(CH_2)_5CH-CH_2$$
$$\underset{O}{} \; 80\%$$

过氧酸氧化烯烃时，过氧酸中的氧原子与烯烃双键进行立体专一的顺式加成。

烯烃与过氧酸的反应机理表示如下：

过氧酸是亲电试剂，双键碳原子连有供电子基时，连接的供电子基越多反应越容易进行。

$$CH_3CH=CH-C\equiv C-C\equiv C-CH=CHCH_3 \xrightarrow{C_6H_5CO_3H}$$
$$CH_3CH-CH-C\equiv C-C\equiv C-CH-CHCH_3$$
$$\underset{O}{}\underset{O}{}$$

烯烃进行环氧化的相对活性次序是：
$R_2C=CR_2 > R_2C=CHR > RCH=CHR、R_2C=CH_2 > RCH=CH_2 > CH_2=CH_2$

环氧化反应一般在非水溶剂中进行，反应条件温和，产物容易分离和提纯、产率较高，是制备环氧化合物一种很好的方法。

3.5.5.4 催化氧化反应

在催化剂作用下，用氧气或空气作为氧化剂进行的氧化反应，称为催化氧化。

$$CH_2=CH_2 + O_2(\text{空气}) \xrightarrow[280\sim300℃, 1\sim2MPa]{Ag} CH_2-CH_2$$
$$\underset{O}{}$$

这是工业上合成环氧乙烷的主要方法。用活性银（含氧化钙、氧化钡和氧化锶）作催化剂。此类反应是特定反应、专有工业反应，不能类推用于制备其它环氧化物！例如，如要将其它烯烃氧化成环氧烷烃，则要用过氧酸来氧化。

工业上由乙烯直接氧化生产乙醛，该方法称 Wacker 法，于 1960 年投产，它是世界上第一个采用均相配位催化剂实现工业化的过程，该法以氯化钯为催化剂、氯化铜为助催化剂使乙烯直接氧化为乙醛。

$$CH_2=CH_2 + O_2(\text{空气}) \xrightarrow[125\sim130℃, 0.4MPa]{PdCl_2\text{-}CuCl_2, H_2O} CH_3CHO$$

工业上利用上述反应由乙烯生产乙醛，少量丙酮也用这种方法生产。

$$CH_3CH=CH_2 + O_2(\text{空气}) \xrightarrow[120℃]{PdCl_2\text{-}CuCl_2, H_2O} CH_3\overset{O}{\overset{\|}{C}}CH_3$$

3.5.6 α-氢原子的反应

在烯烃分子中，碳碳双键是烯烃的官能团，凡官能团的邻位统称为 α 位，α 位（α-碳）上连接的氢原子称为 α-H（又称为烯丙氢）。

$$CH_2=CH-CH_3 \begin{array}{l} \nearrow \alpha\text{-H} \\ \searrow \alpha\text{-C}(\text{与双键相连的碳}) \end{array}$$

α-碳原子是 sp³ 杂化,而与之直接相连的双键碳原子是 sp² 杂化,C_{sp^2} 杂化电负性大于 C_{sp^3} 杂化,α-H 由于受碳碳双键吸电子诱导效应的影响,α-C—H 键解离能减弱,故 α-H 比其它类型的氢易发生反应,具有一定的活泼性;另外,碳碳双键与 α-C—H σ 键存在 σ,π-超共轭效应(供电子效应,详见本章 3.9.3),电子离域的结果,也使 α-H 具有一定的活泼性。诱导效应和超共轭效应共同作用的结果,导致 α-H 比烯烃中其它的饱和氢原子更活泼,容易发生卤化反应和氧化反应。

3.5.6.1 卤化反应

在烯烃分子中有两个可以和卤素发生反应的位置:双键和烷基(最活泼的位置是 α-氢),可以在双键上进行亲电加成反应和 α-氢原子被卤原子取代的反应(自由基取代)。因为烯烃比烷烃活泼,所以双键与卤素的加成反应是在低温或在黑暗中,而且一般在液相中进行,这是有利于离子型反应的条件。相反卤素进攻烯烃中的烷基,应选择在高温或紫外光照下、气相中进行,这是有利于自由基取代反应的条件(高温、气相)。

$$CH_3CH=CH_2 + Cl_2 \xrightarrow{500℃} ClCH_2CH=CH_2 + HCl$$

反应机理如下:

$$Cl_2 \xrightarrow{高温} 2Cl·$$
$$Cl· + CH_3—CH=CH_2 \longrightarrow ·CH_2—CH=CH_2 + HCl$$
$$·CH_2—CH=CH_2 + Cl_2 \longrightarrow ClCH_2—CH=CH_2 + Cl·$$

这是工业上生产 3-氯丙烯的方法,它主要用于合成烯丙醇、环氧氯丙烷、甘油和树脂等。反应历程为自由基取代反应。

在实验室中,采用 N-溴代丁二酰亚胺(简称 NBS)为溴化剂,烯烃 α-氢溴化反应可以在较低温度下完成,而且双键不受影响。

溴在光或引发剂如过氧化苯甲酰作用下,产生起始的 Br·,使反应开始:

(i) $Br_2 + 引发剂 \longrightarrow Br·$

(ii) $Br· + R—CH_2—CH=CH_2 \longrightarrow HBr + R—\overset{·}{C}H—CH=CH_2$

$R—CH—CH=CH_2 + Br_2 \longrightarrow R—\underset{\underset{Br}{|}}{CH}—CH=CH_2 + Br·$

这个反应叫 Wohl-Ziegler 反应。由于存在 p,π-共轭效应(见 3.9.2),烯丙基自由基相对比较稳定,所以烯烃的 α-氢容易被取代,这是一个普遍的规律,称为烯丙基效应。

各种碳氢键的解离能如下:

$$CH_2=CH_2 \longrightarrow CH_2=CH· + H· \quad 434.7 kJ·mol^{-1}$$

$$CH_3—\underset{\underset{H}{|}}{\overset{\overset{CH_3}{|}}{C}}—CH_3 \longrightarrow CH_3—\underset{\underset{·}{}}{\overset{\overset{CH_3}{|}}{C}}—CH_3 + H· \quad 380.4 kJ·mol^{-1}$$

$$CH_2=CH—CH_2—H \longrightarrow CH_2=CH—CH_2· + H· \quad 367.8 kJ·mol^{-1}$$

不同氢的活性顺序为：α-H（烯丙氢）＞3°H＞2°H＞1°H＞乙烯氢。因此，烯烃的卤代总是发生在α-H（烯丙氢）。

当α-烯烃的烷基不止一个碳原子时，卤化通常得到重排产物。

$$CH_3(CH_2)_4CH_2CH=CH_2 \xrightarrow[h\nu]{NBS} CH_3(CH_2)_4\underset{Br}{CH}CH=CH_2 + CH_3(CH_2)_4CH=CH\underset{Br}{CH}$$

3-溴-1-辛烯　　　　　　1-溴-2-辛烯

两种产物均具有烯丙基结构，只是双键位置不同，其中1-溴-2-辛烯是重排产物，这种重排称为烯丙基重排或烯丙位重排。

3.5.6.2　氧化反应

丙烯用空气经催化氧化生成丙烯醛：

$$CH_2=CHCH_3+O_2（空气）\xrightarrow[300\sim400℃, 0.2\sim0.3MPa]{钼酸铋等} CH_2=CHCHO+H_2O$$

这是工业上生产丙烯醛的主要方法。丙烯醛是重要的有机合成中间体，可用于制造甘油、饲料添加剂蛋氨酸等，还可用作油田注水的杀菌剂。

如果丙烯的催化氧化反应在氨的存在下进行，则生成丙烯腈。

$$CH_2=CHCH_3+O_2+NH_3 \xrightarrow[440℃, 63-74kPa]{磷钼铋系列催化剂} CH_2=CHCN$$

这里既发生了氧化反应，又发生了氨化反应，所以称为氨氧化反应（ammoxidation）。该反应的优点是原料便宜易得、成本低廉、工艺简单等，是目前工业上生产丙烯腈的主要方法。

丙烯腈是重要的有机合成中间体，是合成纤维、树脂和橡胶等的重要原料。可用于人造羊毛、ABS、丁腈橡胶等高分子材料的单体。

3.5.7　炔烃的活泼氢反应

3.5.7.1　炔氢的酸性

炔烃的酸性比其它烃强，这与其特殊的结构有关。叁键碳采取sp杂化，sp杂化碳的电负性大于sp^2或sp^3杂化碳，故在≡C—H键中的σ电子云是靠近碳原子而远离氢原子的，这样就容易形成氢离子而使炔烃具有一定的酸性。

有机化合物中C—H键的电离应当看作是酸性电离：

$$R_3C-H \xrightleftharpoons{K_a} R_3C^- + H^+ \quad pK_a=-\lg K_a$$

为了同含氧酸、氢卤酸等相区别，把这种酸称为碳氢酸（carbonic acids），碳氢酸的共轭碱为碳负离子（carbanion）。由于碳的电负性较小，烃类作为碳氢酸，其酸性极弱。连在sp杂化碳上的炔烃具有微弱的酸性：

$$R-\overset{\delta-}{C}\equiv\overset{\delta+}{C}\leftarrow H$$

乙烷、乙烯和乙炔作为碳氢酸，其共轭碱分别为：$HC\equiv \bar{C}$，$H_2C=\bar{C}H$，$CH_3-\bar{C}H_2$。

带负电荷的碳原子，其轨道的s成分越多，吸引电子的能力越强，其碱性越弱。

共轭碱的碱性强弱次序为：$HC\equiv\ddot{C}:<H_2C=\ddot{C}H<H_3C-\ddot{C}H_2$

酸性强弱次序为：

$$HC\equiv CH \quad > \quad H_2C=CH_2 \quad > \quad H_3C-CH_3$$
pK_a　　　　约25　　　　　约44　　　　　约50

需要指出的是：炔氢的酸性是相对于烷氢和烯氢而言的。事实上，炔氢的酸性非常弱，甚至比乙醇还要弱。

在元素周期表中,第二周期元素的氢化物及其共轭碱分别为:

$$CH_4, NH_3, H_2O, HF; \ :\ddot{C}H_3, :\ddot{N}H_2, :\ddot{O}H, :\ddot{F}:$$

带负电荷的共轭碱,中心原子的电负性越强,负离子越稳定,越不易接受质子成为共轭酸,因此碱性越弱;共轭碱的碱性越弱,其共轭酸的酸性越强。

第二周期的元素,由左至右电负性逐渐增强,吸引电子的能力也增强,由其氢化物生成的共轭碱则逐渐变弱,氢化物的酸性则由左至右增强,即为:

$$H_3\bar{C}: > \bar{N}H_2 > \bar{O}H > \bar{F}: \qquad CH_4 < NH_3 < OH_2 < FH$$

$$\xleftarrow{\text{碱性增强}} \qquad\qquad pK_a \text{约} 50 \quad 34 \quad 15.7 \quad 3.2$$

	H_2O	$HC\equiv CH$	NH_3	$H_2C = CH_2$	H_3C-CH_3
pK_a	15.7	25	34	36.5	42

3.5.7.2 金属炔化物的生成及其应用

由于乙炔及其一元取代物($RC\equiv CH$)分别有两个或一个氢具有弱酸性,与强碱反应即在液氨中与氨基钠反应,炔键上的氢可被钠置换,形成炔化钠。

$$HC\equiv CH + Na \xrightarrow{\text{液} NH_3} HC\equiv CNa \xrightarrow{Na}_{\text{液} NH_3} NaC\equiv CNa$$
$$\qquad\qquad\qquad\qquad\quad \text{乙炔钠} \qquad\qquad\quad \text{乙炔二钠}$$

$$RC\equiv CH + NaNH_2 \xrightarrow{\text{液} NH_3} RC\equiv CNa + NH_3$$
$$\qquad\qquad\qquad\qquad\qquad\quad \text{炔化钠}$$

这可以看作是酸碱反应。强酸与弱酸的盐反应,生成强酸的盐和弱酸。

烷基锂或 Grignard 试剂也能将叁键碳原子上的氢用金属原子置换:

$$RC\equiv CH + n\text{-}C_4H_9Li \longrightarrow RC\equiv CLi + n\text{-}C_4H_{10}$$

pK_a 炔烃 丁基锂 炔化锂 烷烃
       约 25   约 50

$$RC\equiv CH + C_2H_5MgBr \longrightarrow RC\equiv CMgBr + C_2H_6$$
$$\quad\text{炔烃} \quad\text{溴化乙基镁} \qquad\text{炔化物} \quad\text{烷烃}$$

金属炔化物既是强碱,又是强亲核试剂,它能与伯卤代烷(仲卤代烷产率低,叔卤代烷发生消除反应)发生亲核取代反应,使乙炔和端位炔进行烷基化反应,将低级炔烃转变为较高级的炔烃。例如:

$$HC\equiv CH \xrightarrow[\text{或} NaNH_2,\text{液} NH_3,-33℃]{Na,110℃} HC\equiv CNa \xrightarrow[\text{或} NaNH_2,\text{液} NH_3,-33℃]{Na,190\sim220℃} NaC\equiv CNa$$

$$\xrightarrow[\text{液} NH_3,-33℃]{CH_3CH_2CH_2Br} CH_3CH_2CH_2-C\equiv C-CH_2CH_2CH_3$$

$$CH_3CH_2C\equiv CH \xrightarrow[-33℃]{NaNH_2,\text{液} NH_3} CH_3CH_2C\equiv CNa \xrightarrow[\text{液} NH_3,-33℃]{CH_3CH_2Br} CH_3CH_2C\equiv CCH_2CH_3$$

这是制备炔烃的重要方法之一。如果采用叔卤代烷会发生消除反应。

$$HC\equiv CNa + H-CH_2-C(CH_3)_2Br \longrightarrow HC\equiv CH + CH_2=C(CH_3)_2 + NaBr$$

3.5.7.3 炔烃的鉴定

炔化物在鉴定乙炔或端位炔($RC\equiv CH$)方面是非常重要的,例如:将乙炔或端位炔($RC\equiv CH$)分别加到硝酸银的氨溶液或氯化亚铜的氨溶液中,则分别析出白色炔银沉淀和棕红色炔亚铜沉淀。

$$HC\equiv CH + 2Ag(NH_3)_2NO_3 \longrightarrow AgC\equiv CAg\downarrow + 2NH_4NO_3 + 2NH_3$$
$$\qquad\qquad\qquad\qquad\qquad\qquad\quad \text{乙炔银(白色)}$$

$$HC\equiv CH + 2Cu(NH_3)_2Cl \longrightarrow CuC\equiv CCu\downarrow + 2NH_4Cl + 2NH_3$$
$$\qquad\qquad\qquad\qquad\qquad\qquad \text{乙炔亚铜(棕红色)}$$

$$CH_3CH_2C\equiv CH + Ag(NH_3)_2NO_3 \longrightarrow CH_3CH_2C\equiv CAg\downarrow + NH_4NO_3 + NH_3$$
丁炔银

上述反应很灵敏，现象也较显著。炔化物潮湿时比较安全，干燥后，经撞击会发生强烈爆炸，生成金属和碳。为避免危险，反击结束后，应加入稀硝酸使之分解。

$$CuC\equiv CCu + 2HCl \longrightarrow HC\equiv CH + 2CuCl$$
$$CH_3CH_2C\equiv CAg + HNO_3 \longrightarrow CH_3CH_2C\equiv CH + AgNO_3$$
炔烃纯化

另外，由于氰负离子和银可形成极稳定的络合物，在炔化银中加入氰化钠水溶液，可转变成炔烃。

$$RC\equiv CAg + 2CN^- + H_2O \longrightarrow RC\equiv CH + Ag(CN)_2^- + OH^-$$

上述反应可以用来提纯末端炔烃。

乙炔及末端炔烃在碱的催化下，形成炔碳负离子，可作为亲核试剂与羰基进行亲核加成，生成炔醇，例如：

$$HC\equiv CH + CH_2O \xrightarrow[\text{压力}]{KOH} HC\equiv CCH_2OH + HOCH_2C\equiv CCH_2OH$$
炔丙醇　　　　　丁炔-1,4-二醇

$$HC\equiv CH + CH_3\overset{O}{\overset{\|}{C}}CH_3 \xrightarrow{KOH} HC\equiv C\underset{OH}{\overset{CH_3}{\overset{|}{C}}}CH_3 + CH_3\underset{OH}{\overset{CH_3}{\overset{|}{C}}}C\equiv C\underset{OH}{\overset{CH_3}{\overset{|}{C}}}CH_3$$
2-甲基-3-丁炔-2-醇　　2,5-二甲基-3-己炔-2,5-二醇

3.5.8 聚合反应

在催化剂和引发剂的作用下，烯烃或炔烃的π键打开，按一定的方式互相加成生成分子量较大的分子的反应称为加成聚合反应，简称加聚反应（addition polymerization）。

$$nCH_2=CH-R \xrightarrow[\text{催化剂}]{\text{聚合}} -\!\!\!-\!\!\!\left[CH_2-\underset{R}{\overset{}{C}H}\right]\!\!\!-\!\!\!-_n$$
单体　　　　　　聚合物

参与反应的烯烃分子称为单体（monomer），聚合后生成的产物称为聚合物（polymer），聚合物的结构单元与单体相同，n 为聚合度。反应机理属于链式聚合。根据反应过程中形成的活性中间体类型，链式聚合可分为自由基聚合、正离子聚合、负离子聚合和配位聚合四大类，它们都包括链引发、链增长和链终止三个阶段的反应。在不同的反应条件下，聚合反应可以按照不同的机理进行。例如：

$$nCH_2=CH_2 \xrightarrow[100\sim150MPa]{O_2,200\sim400℃} -\!\!\!-\!\!\![CH_2-CH_2]\!\!\!-\!\!\!-_n \quad (\text{自由基聚合})$$
高压聚乙烯

$$n(CH_3)_2C=CH_2 \xrightarrow[-100℃]{BF_3,\text{液态乙烯}} -\!\!\!-\!\!\!\left[CH_2-\underset{CH_3}{\overset{CH_3}{\overset{|}{C}}}\right]\!\!\!-\!\!\!-_n \quad (\text{正离子聚合})$$
聚异丁烯

$$nC_6H_5CH=CH_2 \xrightarrow[NH_3(l)]{NaNH_2} -\!\!\!-\!\!\!\left[CH_2-\underset{C_6H_5}{\overset{}{C}H}\right]\!\!\!-\!\!\!-_n \quad (\text{负离子聚合})$$
聚苯乙烯

$$nCH_3CH=CH_2 \xrightarrow{TiCl_4/Al(C_2H_5)_3} -\!\!\!-\!\!\!\left[CH_2-\underset{CH_3}{\overset{}{C}H}\right]\!\!\!-\!\!\!-_n \quad (\text{配位聚合})$$
聚丙烯

(1) 形成低聚物

由少数分子聚合而成的聚合物，称为低聚物。例如烯烃二聚：

$$CH_2=C(CH_3)_2 + CH_3-CH=CH_2 \xrightarrow[100℃]{50\% H_2SO_4} CH_3-\underset{CH_3}{\underset{|}{C}}(CH_3)-CH_2-C(CH_3)=CH_2 + CH_3-C(CH_3)_2-CH=C(CH_3)-CH_3$$

$$\qquad\qquad\qquad\qquad\qquad\qquad\qquad\qquad\qquad 80\% \qquad\qquad\qquad\qquad 20\%$$

烯烃二聚可以看成是分子间的加成反应。机理如下：

$$CH_2=C(CH_3)_2 \xrightarrow{H^+} CH_2-C^+(CH_3)_2 \xrightarrow{CH_2=C(CH_3)_2} CH_3-C(CH_3)_2-CH_2-\overset{+}{C}(CH_3)_2 \xrightarrow{-H^+}$$

$$CH_3-C(CH_3)_2-CH_2-C(CH_3)=CH_2 + CH_3-C(CH_3)_2-CH=C(CH_3)-CH_3$$

炔烃二聚：

$$2CH\equiv CH \xrightarrow{CuCl-NH_4Cl} CH_2=CH-C\equiv CH \xrightarrow[CuCl-NH_4Cl]{CH\equiv CH} CH_2=CH-C\equiv C-CH=CH_2$$
$$\qquad\qquad\qquad\qquad\quad 乙烯基乙炔 \qquad\qquad\qquad\qquad 二乙烯基乙炔$$

工业上利用乙炔二聚制备乙烯基乙炔，是生产氯丁橡胶以及甲醇胶等黏合剂的原料。乙烯基乙炔有毒，对人体有刺激和麻醉作用，使用时应注意防护。

(2) 形成高聚物

由许多分子聚合而成的分子量很大的聚合物，称为高聚物，也称为高分子化合物。

$$nCH_2=CH_2 \xrightarrow[>100℃, >1000MPa]{自由基引发剂} -\!\!\!-\!\!\!\text{[}CH_2-CH_2\text{]}_n\!\!\!-\!\!\!-$$
$$\qquad\qquad\qquad\qquad\qquad\qquad 高压聚乙烯$$

高压聚乙烯的制备属于自由基聚合反应（radical polymerization）。

$$nCH_2=CH_2 \xrightarrow{(C_2H_5)_3Al-TiCl_4} \text{[}CH_2-CH_2\text{]}_n \quad (低压聚乙烯)$$

$$nCH_2=\underset{CH_3}{\underset{|}{CH}} \xrightarrow[50℃, 1MPa]{(C_2H_5)_3Al-TiCl_4} \text{[}CH_2-\underset{CH_3}{\underset{|}{CH}}\text{]}_n \quad (聚丙烯)$$

1953年，德国化学家齐格勒和意大利化学家纳塔分别独立研究成功由四氯化钛（或三氯化钛）与烷基铝组成的催化剂，称为 Ziegler-Natta 催化剂，他们因此项工作获得1963年 Nobel 化学奖。乙烯、丙烯等采用 Ziegler-Natta 催化剂，可以在较低的压力和温度下，经离子型定向聚合得到聚烯烃，广泛用于合成材料工业。

乙烯和丙烯共聚得到乙丙橡胶：

$$nCH_2=CH_2 + nCH_2=\underset{CH_3}{\underset{|}{CH}} \xrightarrow{共聚} \text{[}CH_2-CH_2-CH_2-\underset{CH_3}{\underset{|}{CH}}\text{]}_n \quad 乙丙橡胶$$

乙炔在 Ziegler-Natta 催化剂的作用下，聚合生成聚乙炔：

$$nHC\equiv CH \longrightarrow \text{[}CH=CH\text{]}_n$$

顺聚乙炔　　　　　　反聚乙炔

聚乙炔具有较好的导电性，其薄膜可用于包装计算机元件，以消除静电；经掺杂 I_2、Br_2、BF_3 等 Lewis 酸后，其电导率可达到金属水平；线型高分子量聚乙炔是不溶、不熔的高聚物半导体，对氧敏感；高顺式聚乙炔是太阳能电池、电极、半导体材料的研究热点。

另外，乙炔在高温下（400～500℃）可以发生环形三聚合作用生成苯，但苯的产率很低，同时还有很多其它的芳香副产物，因而没有实用价值。但为研究苯的结构提供了有力的线索。

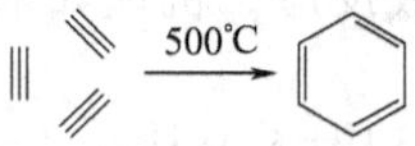

$$3 \, HC\equiv CH \xrightarrow{500℃} C_6H_6$$

乙炔在四氢呋喃中，经氰化镍催化，可生成环辛四烯：

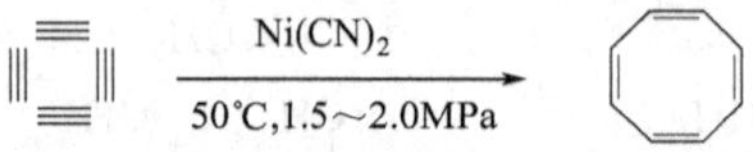

$$4 \, HC\equiv CH \xrightarrow[50℃, 1.5\sim2.0MPa]{Ni(CN)_2} \text{环辛四烯(80\%)}$$

目前，尚未发现环辛四烯的重大工业用途，但该化合物在认识芳香族化合物的过程中起了很大的作用。

3.6　烯烃和炔烃的来源和制法

3.6.1　烯烃的来源

工业上大量的烯烃主要靠石油裂解得到。低级烯烃（少于五个碳原子的）能用分馏的方法得到纯品。石油在直接蒸馏时得到的气体产物叫油厂气。为了得到产量更多质量更好的汽油，就要将炼油所得的高沸点馏分进行裂化，在裂化过程中产生的气体叫裂化气。油厂气、裂化气都含有大量的烯烃，可以从其中分离出纯的乙烯、丙烯和几种丁烯，这是低级烯烃的一个重要来源。

乙烯的用途非常广泛，目前乙烯用量最大的是制聚乙烯，其次是制环氧乙烷、苯乙烯、乙醇、氯乙烯等乙烯的系列产品，在国际上占全部石油化工产品产值一半左右，因此，乙烯的产量被认为是衡量一个国家石油化学工业发展水平的重要标志。

从油厂气、裂化气中分离出来的乙烯远远不能满足工业上的需要，因为必须建立专门生产乙烯的工厂，采用的方法也是高温裂化，根据不同地区的资源情况和工业布局，原料可以采用从天然气中得到的乙烷、丙烷、丁烷，也可以采用炼油过程中的液体馏分，甚至可以用原油。用乙烷作原料进行脱氢制乙烯的产量最高。

$$CH_3CH_3 \xrightarrow{\text{加热}} CH_2=CH_2 + H_2$$

用丙烷、丁烷和更高级的烷烃作原料时，丙烯、丁烯和液体产物的分量增高。目前丙烯、丁烯都是作为乙烯的副产品得到的。

3.6.2　烯烃的制法

在实验室中制备烯烃主要用以下几种方法。

3.6.2.1　醇脱水

实验室中常用醇和酸（硫酸、磷酸等）一起加热，使醇分子中失去一分子水成烯烃。

$$R-\underset{H}{\underset{|}{CH}}-\underset{OH}{\underset{|}{CH_2}} \xrightarrow[\triangle]{H^+} R-CH=CH_2$$

$$CH_3CH_2OH \xrightarrow[170℃]{\text{浓} H_2SO_4} CH_2=CH_2 + H_2O$$

$$CH_3CH_2OH \xrightarrow[350\sim360℃]{Al_2O_3} CH_2=CH_2 + H_2O$$

由醇制烯烃的反应叫 1,2-消除反应，因被消除的氢在官能团的 β-碳原子上又称 β-消除。

3.6.2.2 卤代烷脱卤化氢

卤代烷（主要是二级、三级）在 NaOH（或 KOH）的醇溶液、$NaNH_2$ 等碱的作用下可以发生消除反应得到烯烃。

$$CH_3\underset{H}{CH}-\underset{Br}{CH}-CH_2CH_3 + KOH \xrightarrow{CH_3CH_2OH} CH_3CH=CH-CH_2CH_3 + KBr + H_2O$$

3.6.2.3 邻二卤代烷脱卤素

邻二卤代烷在金属锌或镁作用下，可失去卤素生成烯烃。

$$R-CH-CH_2 \xrightarrow{Zn} R-CH=CH_2 + ZnX_2$$
$$XX$$

上述三种方法都是从相邻的碳原子上消去原子或基团，从而形成碳碳双键。这些反应叫做消除反应（elimination reaction）。

3.6.2.4 炔烃还原（参见 3.5.1）

通过炔烃还原可以得到顺式烯烃以及反式烯烃。

3.6.3 乙炔的工业生产

炔烃中最重要的是乙炔，它是有机合成的基本原料。工业生产乙炔可以用煤作原料，也可以用石油或天然气作原料。

3.6.3.1 电石法

石灰和焦炭在高温炉中加热生成碳化钙（电石），后者与水反应生成乙炔（电石气）：

$$3C + CaO \xrightarrow{2000℃} CaC_2 + CO$$
（碳化钙，作为产品出厂）

$$CaC_2 + 2H_2O \longrightarrow HC\equiv CH + Ca(OH)_2$$

以前这是工业生产乙炔的唯一方法。此法耗电量很大、成本较高，但可以直接得到 99% 的乙炔，现在除少数国家外均不用此法。

3.6.3.2 甲烷法（电弧法）

甲烷在 1500℃ 电弧中经极短时间（0.01～0.1s）加热，裂解成乙炔：

$$2CH_4 \longrightarrow HC\equiv CH + 3H_2 \qquad \Delta H = 397.4 kJ\cdot mol^{-1}$$

3.6.3.3 等离子体法

这是近期发展的一种新方法，用石油和极热的氢气一起热裂解制备乙炔。即把氢气在 3500～4000℃ 的电弧中加热，然后部分离子化的等离子体氢（正负离子相等）于电弧加热器出口的分离反应室中与气体的石油气反应，生成的产物有乙炔、乙烯（二者的总产率在 70% 以上）以及甲烷和氢气。

3.6.3.4 部分氧化法

天然气（甲烷）在高温用氧气部分氧化裂解生成乙炔。

$$2CH_4 \xrightarrow[0.01\sim0.1s]{1500℃} HC\equiv CH + 3H_2$$

$$4CH_4 + O_2 \longrightarrow HC\equiv CH + 2CO + 7H_2O$$

产物中除乙炔外，还有 CH_4、H_2、CO、CO_2 等。

3.6.4 炔烃的制法

3.6.4.1 二卤代烷脱卤化氢

二卤代烷失去两分子卤化氢生成炔烃。有两种卤代烷可以采用,两个卤原子在相邻或同一碳原子上的二卤代烷(邻二卤代烷或偕二卤代烷),在消去反应中先脱去一分子卤化氢,生成卤原子与双键碳原子直接相连的卤代烯烃(乙烯式卤代烃),这一步比较容易;乙烯式卤代烃再失去一分子卤化氢较困难,需要在剧烈的条件下(强碱、强酸)再脱去一分子卤化氢生成炔烃。

$$\begin{matrix} RCHXCH_2X \\ RCH_2CHX_2 \end{matrix} \xrightarrow{-HX} RCH=CHX \xrightarrow{-HX} RC\equiv CH$$

常用的试剂为氨基钠或醇盐,例如:

$$(CH_3)_3CCH_2CHCl_2 \xrightarrow[\triangle]{NaNH_2} [(CH_3)_3CC\equiv CNa] \xrightarrow{H_2O} (CH_3)_3CC\equiv CH$$
不分离　　　　50%～60%

$$CH_3(CH_2)_7CHBr_2 \xrightarrow[\triangle]{NaNH_2} [CH_3(CH_2)_7C\equiv CNa] \xrightarrow{H_2O} CH_3(CH_2)_7C\equiv CH$$
54%

$$(CH_3)_3C\text{-}CHBr\text{-}CH_2Br \xrightarrow[-2HBr,\ 91\%]{(CH_3)_3COK} (CH_3)_3C\text{-}C\equiv CH$$

$$CH_3(CH_2)_4CH\text{-}CHCl_2 \xrightarrow[②H^+,\ 60\%]{①NaNH_2,\ 液\ NH_3} CH_3(CH_2)_4C\equiv CH$$

邻二卤代烷可以由烯烃与卤素加成得到,而烯烃又可以由醇脱水得到,因此,利用这一系列反应可以将醇或烯烃转变为炔烃。

$$RCH_2CH_2OH \longrightarrow RCH=CH_2 \longrightarrow RCHX\text{-}CH_2X \longrightarrow RC\equiv CH$$
醇　　　　烯烃　　　　邻二卤代烷　　　炔烃

3.6.4.2 炔烃的烷基化

乙炔与 $NaNH_2$(KNH_2、$LiNH_2$ 均可)在液氨中形成乙炔钠,然后与卤代烷发生 S_N2 反应,形成一元取代乙炔:

$$HC\equiv CH \xrightarrow[-33℃]{NaNH_2,\ 液\ NH_3} HC\equiv CNa \xrightarrow[-33℃,\ 80\%]{CH_3(CH_2)_3Br,\ 液\ NH_3} HC\equiv C(CH_2)_3CH_3$$
乙炔钠　　　　　　　　　　　　1-庚炔

3.6.4.3 用末端炔烃直接氧化偶联

$$CH_3CH_2CH_2C\equiv CH \xrightarrow[NH_3,\ CH_3OH]{空气,\ CuCl} CH_3CH_2CH_2C\equiv C\text{-}C\equiv CCH_2CH_2CH_3$$

3.7 二烯烃的分类和命名

3.7.1 二烯烃的分类

根据两个双键的相对位置,二烯烃可以分成三类。

① 累积二烯烃(cumulative diene) 即两个双键连在同一个碳原子上的二烯烃。由于累积二烯烃很不稳定,存在和应用均不甚普遍,主要用于立体化学上的研究。

$$\diagdown C=C=C \diagdown$$

② 共轭二烯烃（conjugated diene） 即两个双键被一个单键隔开，也就是单键、双键交替的二烯烃。所谓"共轭"就是指单键、双键互相交替的意思。由于两个双键的相互影响，这类二烯烃有一些独特的性质。

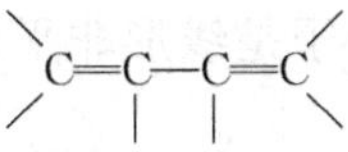

$$\text{C}=\text{C}-\text{C}=\text{C}$$

这类化合物在天然有机化合物中较为常见，如 β-胡萝卜素就具有多个共轭双键。

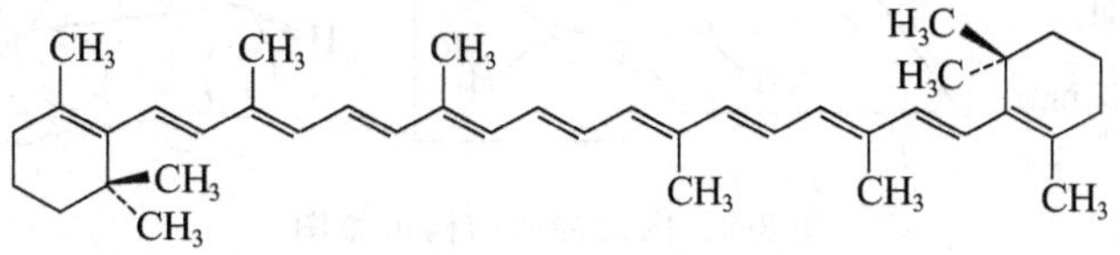

③ 孤立二烯烃（isolated diene） 即两个双键被两个或两个以上单键隔开的二烯烃。由于两个双键位次相距较远，相互影响较小，它的性质与单烯烃相似。

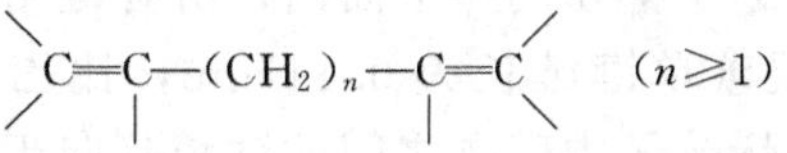

$$\text{C}=\text{C}-(\text{CH}_2)_n-\text{C}=\text{C} \quad (n \geqslant 1)$$

3.7.2 二烯烃的命名和异构现象

二烯烃的命名与烯烃相似，不同之处在于：分子中含有两个双键，主链必须包括两个双键在内，同时标明两个双键位次。

$$\text{CH}_3-\text{CH}=\text{CH}-\text{CH}_2-\text{CH}=\text{CH}_2 \qquad \text{CH}_2=\text{C}=\text{CH}-\text{CH}_2-\text{CH}_3 \qquad \text{CH}_2=\overset{\text{CH}_3}{\text{C}}-\overset{\text{CH}_3}{\text{C}}=\text{CH}_2$$

　　　　1,4-己二烯　　　　　　　　　1,2-戊二烯　　　　　　2,3-二甲基-1,3-丁二烯

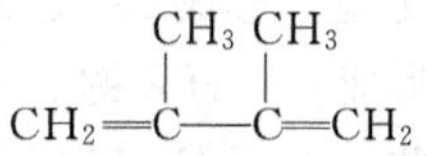

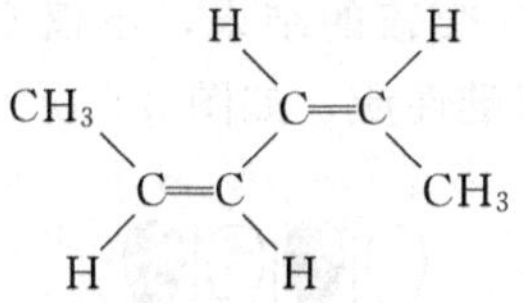

顺,顺-2,4-己二烯　　　　顺,反-2,4-己二烯　　　　反,反-2,4-己二烯
或(2Z,4Z)-2,4-己二烯　　或(2Z,4E)-2,4-己二烯　　或(2E,4E)-2,4-己二烯

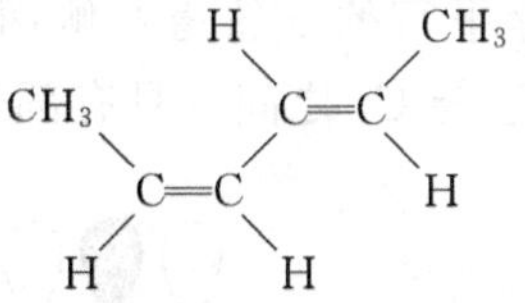

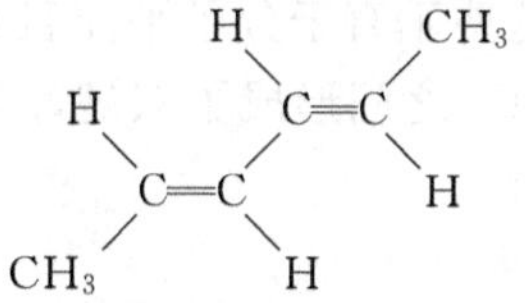

与烯烃一样，二烯烃本身有碳架、位置、顺反异构体。此外，由于两个双键中间的单键可以旋转，共轭烯烃有构象异构。一个构象是分子中的两个双键位于 $C_2—C_3$ 单键的同侧，用 s-顺或 s-(Z) 表示（s 指单键 single bond），另一种构象是分子中的两个双键位于 $C_2—C_3$ 单键的异侧，用 s-反或 s-(E) 表示。

s-(顺)-1,3-丁二烯　　　　s-(反)-1,3-丁二烯
或 s-(Z)-1,3-丁二烯　　　或 s-(E)-1,3-丁二烯

通常 s-反式比 s-顺式稳定，它们的位能为 $10.5 \sim 13.0 \text{kJ} \cdot \text{mol}^{-1}$。由 s-顺式转变成 s-反式要跨越 $26.8 \sim 29.3 \text{kJ} \cdot \text{mol}^{-1}$ 的能垒，分子在室温时的热运动足以提供这些能量，因此 s-顺式构象和 s-反式构象能迅速相互转换。

二烯烃的通式为 C_nH_{2n-2}，与碳数相同的二烯烃、炔烃和环烯烃互为同分异构体。

3.8　二烯烃的结构

3.8.1　丙二烯的结构

丙二烯的 C_2 是 sp 杂化。C_1 和 C_3 是 sp^2 杂化。C_2 的两个 sp 杂化轨道分别与 C_1 和 C_3

的 sp^2 杂化轨道交盖形成碳碳 σ 键，键长比烯烃略短；C_2 剩下的两个相互垂直的 p 轨道，分别与 C_1 和 C_3 相互平行的一个 p 轨道在侧面相互交盖形成 π 键，因此形成的两个 π 键相互垂直。C_1 和 C_3 又各用两个 sp^2 杂化轨道分别与两个氢原子的 1s 轨道交盖形成碳氢 σ 键，其键角与烯烃相近。由此可见，丙二烯分子是线形非平面分子（见图 3-8）。

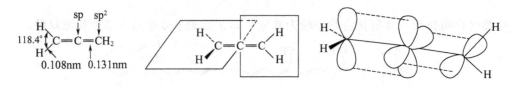

图 3-8　丙二烯的结构示意图

3.8.2　1,3-丁二烯烃的结构

1,3-丁二烯分子中，所有原子都在同一平面内，所有键角都接近 120°，碳碳双键键长与乙烯的碳碳双键键长相近，碳碳单键键长为 0.147nm，比乙烷碳碳单键键长 0.154nm 短。上述测定结果表明，1,3-丁二烯分子中碳碳之间的键长趋向于平均化。键长平均化是共轭烯烃的共性。

1,3-丁二烯分子是一个平面分子，四个碳原子都是 sp^2 杂化，相邻碳原子之间均以 sp^2 杂化轨道交盖，形成 C—C σ 键，每个碳原子其余的 sp^2 杂化轨道则分别与氢原子的 1s 轨道相互交盖，形成 C—H σ 键。每个碳原子剩下的一个 p 轨道垂直于该分子所在平面，且彼此相互平行，因此，不仅 C_1 与 C_2、C_3 与 C_4 的 p 轨道在侧面交盖，而且 C_2 与 C_3 的 p 轨道也有一定程度交盖。这些垂直于分子平面且相互平行的 p 轨道在侧面相互交盖的结果，不仅 C_1 与 C_2 之间、C_3 与 C_4 之间形成了双键，且 C_2 与 C_3 之间也具有部分双键性质，如图 3-9 所示。

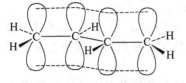

图 3-9　1,3-丁二烯的结构示意图

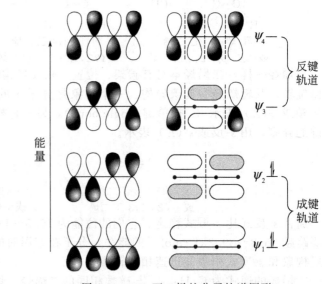

图 3-10　1,3-丁二烯的分子轨道图形

按照分子轨道理论的概念，1,3-丁二烯的四个 p 轨道可以组成四个 π 电子的分子轨道。

由图 3-10 可以看出，在 Ψ_1 轨道中 π 电子云的分布不是局限在 C_1—C_2、C_3—C_4 之间，而是分布在四个碳原子组成的分子轨道中，这种分子轨道称为离域轨道，这样形成的键称为离域键。从 Ψ_2 分子轨道中看出 C_1—C_2、C_3—C_4 之间的键加强了，但 C_2—C_3 之间的键减弱了，结果所有的键虽然都具有 π 键的性质，但 C_2—C_3 键的 π 键特性小些。所以，在丁二烯分子中，四个 π 电子是分布在包含四个碳原子的分子轨道中，而不是分布在两个定域的 π 轨道中。

3.9 共轭体系

一般将分子中含有三个或三个以上相邻且共平面的原子，以相互平行的 p 轨道相互交叠形成离域键的这种作用称为共轭作用（conjugated system）。在共轭体系内 π 电子（或 p 电子）的分布发生变化，处于离域状态，这种电子效应称为共轭效应（conjugated effect），用 C 表示。+C 表示供电子（推电子）的效应，−C 表示吸电子的效应。共轭效应是区别于诱导效应的另一种电子效应。共轭有平均分担之意。

3.9.1 π-π 共轭体系

在 1,3-丁二烯分子中，四个 π 电子不是两两分别固定在两个双键碳原子之间，而是扩展到四个碳原子之间，这种现象称为电子的离域，电子的离域体现了分子内原子间相互影响的电子效应。这种单双键交替排列的体系属于共轭体系，称为 π-π 共轭体系。在共轭分子中，任何一个原子受到外界的影响，由于 π 电子在整个体系中的离域，均会影响到分子的其余部分，这种电子通过共轭体系传递的现象，称为共轭效应。π 电子离域的共轭效应，称为 π-π 共轭效应。π-π 共轭体系的结构特征是单键、重键交替。

$$CH_2=CH-CH=CH_2 \quad CH_2=CH-CH=O \quad CH_2=CH-C\equiv N \quad CH_2=CH-C\equiv CH$$
$$\text{1,3-丁二烯} \qquad\qquad \text{丙烯醛} \qquad\qquad \text{丙烯腈} \qquad\qquad \text{乙烯基乙炔}$$

电子离域使化合物能量明显降低，稳定性明显增加。这可以从氢化热的数据分析中看出。例如同碳数的二烯烃中，1,3-戊二烯（共轭体系）和 1,4-戊二烯（非共轭体系）分别催化加氢时，所放出的氢化热如下：

$$CH_3CH=CHCH=CH_2 + 2H_2 \longrightarrow CH_3CH_2CH_2CH_2CH_3 \quad \text{氢化热 } 226 \text{kJ·mol}^{-1}$$

$$CH_2=CHCH_2CH=CH_2 + 2H_2 \longrightarrow CH_3CH_2CH_2CH_2CH_3 \quad \text{氢化热 } 254 \text{kJ·mol}^{-1}$$

两个反应的产物相同，且均加两分子氢，但氢化热却不同，这只能归因于反应物的能量不同。其中共轭二烯烃 1,3-戊二烯的能量比非共轭二烯烃 1,4-戊二烯的能量低 28kJ·mol^{-1}。这个能量差是由于 π 电子离域引起的，是共轭效应的具体表现，通称离域能（delocalized energy）或共轭能。对于其它二烯烃，同样是共轭二烯烃比非共轭二烯烃稳定。

在共轭体系中，π 电子的离域可用弯箭头表示，弯箭头是从双键到与该双键直接相连的原子上和/或单键上，π 电子离域的方向为箭头所示方向。例如：

$$\overset{\delta^+}{CH_2}=\overset{\delta^-}{CH}-\overset{\delta^+}{CH}=\overset{\delta^-}{CH_2} + H^+ \quad \text{和/或} \quad \overset{\delta^+}{CH_2}=\overset{\delta^-}{CH}-\overset{\delta^+}{CH}=\overset{\delta^-}{CH_2} + H^+$$

$$\overset{\delta^+}{CH_2}=\overset{\delta^-}{CH}-\overset{\delta^+}{CH}=\overset{\delta^-}{O} \quad \text{和/或} \quad \overset{\delta^+}{CH_2}=\overset{\delta^-}{CH}-\overset{\delta^+}{CH}=\overset{\delta^-}{O}$$

电负性强的原子吸引 π 电子，使共轭体系的电子云偏向该原子，呈现出吸电子共轭效应（−C），"−C"的强度：

① 同周期元素电负性愈强，−C 效应愈大，=O>=NR>=CR$_2$

② 同族元素，随着原子序数增加，π 键叠合程度变小，−C 效应变小，=O>=S。

值得注意的是，构成共轭体系的原子必须在同一平面内，且其 p 轨道的对称轴垂直于该平面，这样 p 轨道才能彼此相互平行侧面交盖而发生电子离域，否则电子的离域将减弱或不能发生。另外，共轭效应只存在于共轭体系中；共轭效应在共轭链上产生电荷正负交替现象；共轭效应的传递不因共轭链的增长而明显减弱。这些均与诱导效应不同。

3.9.2 p-π 共轭体系

当 p 轨道与双键 π 轨道侧面相互交盖构成共轭体系时，称为 p-π 共轭体系。例如：氯乙烯、烯丙基正离子、烯丙基负离子、烯丙基自由基等。

$$CH_2=CH-\ddot{C}l \qquad CH_2=CH-CH_2^+$$
$$\text{氯乙烯} \qquad\qquad \text{烯丙基正离子}$$
$$CH_2=CH-CH_2^- \qquad CH_2=CH-CH_2\cdot$$
$$\text{烯丙基负离子} \qquad \text{烯丙基自由基}$$

上述结构都存在 p-π 共轭体系，但是 p 轨道的情况不完全相同，烯丙基负离子、氯乙烯的 p 轨道上有一对电子，烯丙基正离子的 p 轨道上没有电子，烯丙基自由基的 p 轨道上有未成对电子。p-π 共轭电子离域的方向并不完全一样，如下所示：

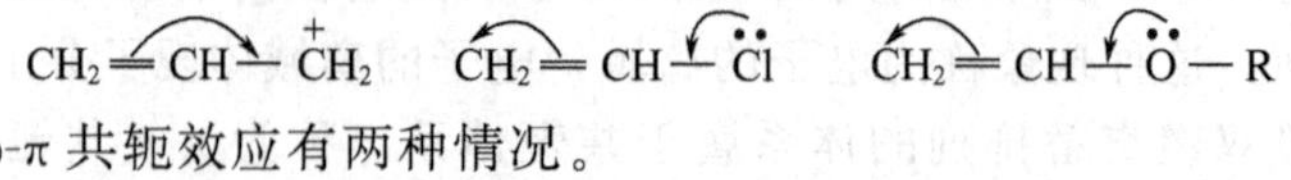

$$CH_2=\overset{+}{CH}-CH_2 \qquad CH_2=CH-\ddot{C}l \qquad CH_2=CH-\ddot{O}-R$$

通常情况下，p-π 共轭效应有两种情况。

① 富电子时，p 电子朝着双键方向转移，呈供电子共轭效应（+C）（见图 3-11）。

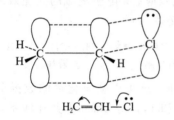

$$H_2\overset{\frown}{C}=CH-\ddot{C}l$$

图 3-11 氯乙烯分子的 p-π 共轭

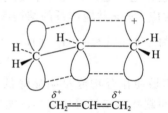

$$\overset{\delta+}{CH_2}=CH=\overset{\delta+}{CH_2}$$

图 3-12 烯丙基正离子的 p-π 共轭

② 缺电子时，π 电子云向 p 轨道转移，呈吸电子共轭效应（-C）。其相对强度视体系结构而定（见图 3-12）。

通常情况下，p-π 共轭效应的强度有如下规律。

① 对同族元素来说，p 电子轨道与碳原子 p 轨道体积越接近，重叠得越好，共轭能力越强，X 的 p 电子轨道体积越大，与碳的 p 电子轨道重叠得越少，共轭能力越弱。

+C 顺序为：$-\ddot{F}>-\ddot{C}l>-\ddot{B}r>-\ddot{I}$

② 对同周期的元素来说，p 轨道的大小相接近，元素的电负性越强，越不易给出电子，p-π 共轭就越弱。

+C 顺序为：$-\ddot{N}R_2>-\ddot{O}R>-\ddot{F}$

烯丙基自由基，其未成对电子的 p 轨道与双键 π 轨道在侧面相互交盖，构成共轭体系（见图 3-13）。

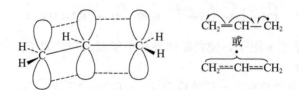

图 3-13 烯丙基自由基的 p-π 共轭

丙烯分子中的 α-氢原子比较活泼（见 3.5.6），主要原因是在反应过程中生成的活性中间体是烯丙基自由基，因电子发生离域，使其能量降低，比较稳定而较易生成之故。

氯乙烯 p,π-共轭的结果使氯原子上的未共用电子对向碳原子转移，使 C—Cl 键具有部分双键的特性，因此氯乙烯的偶极矩比氯乙烷的偶极矩要小些。

3.9.3 超共轭体系

电子的离域不仅存在于 π-π 共轭体系和 p-π 共轭体系中，烷基上的 C—H σ 键能与处于共轭位置的 π 键、p 轨道发生侧面部分重叠，产生类似的电子离域现象，使体系变得稳定，这种 σ 键的共轭称为超共轭效应。超共轭效应与 π-π 共轭效应，p-π 共轭效应相比较，作用要弱得多。超共轭效应一般是给电子的，其大小顺序如下：—CH₃＞—CH₂R＞—CHR₂＞—CR₃

3.9.3.1 σ-π 超共轭体系

在丙烯分子中，虽然甲基中的 C—H σ 键轨道与 π 键的两个 p 轨道并不平行，交盖概率较小，但它们仍然可以在侧面相互交盖，如图 3-14 所示。

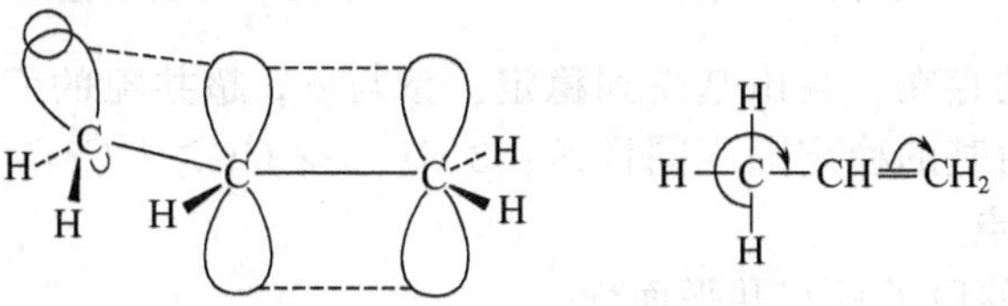

图 3-14 丙烯分子的超共轭

由于这种交盖，σ 电子偏离原来的轨道，而倾向于 π 轨道。这种涉及 σ 键轨道与 π 轨道参与的电子离域作用，称为超共轭效应，亦称 σ-π 超共轭效应，这种体系称为超共轭体系。σ-π 超共轭体系的形成使原来基本上定域在两个原子周围的 π 电子云和 σ 电子云发生离域而扩展到更多原子的周围，因而降低了分子的能量，增加了分子的稳定性。

在丙烯分子中，由于 C—C 单键的转动，甲基中的三个 C—H σ 键轨道都有可能与 π 轨道在侧面交盖，参与超共轭。由此可知，在超共轭体系中，参与超共轭的 C—H σ 键越多，超共轭效应越强。例如：

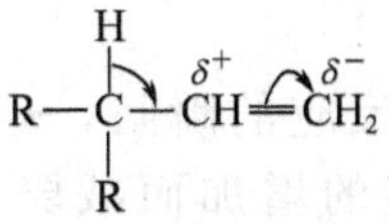

1个C—Hσ键参与超共轭 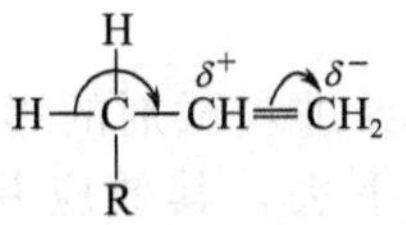　　2个C—Hσ键参与超共轭 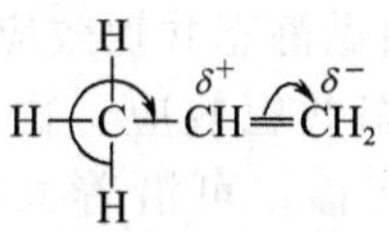　　3个C—Hσ键参与超共轭

3.9.3.2 σ-p 超共轭体系

在碳正离子中，带正电荷的碳原子是 sp² 杂化（见图 3-15），剩余的一个 p 轨道是空着的，存在着 σ 键轨道与 p 轨道在侧面相互交盖，称为 σ-p 超共轭效应（见图 3-16）。

图 3-15 碳正离子的结构　　图 3-16 碳正离子的超共轭

参与超共轭的 C—H σ 键轨道越多，正电荷的分散程度越大，碳正离子越稳定。碳正离子稳定性由大到小的顺序是：3°C⁺＞2°C⁺＞1°C⁺＞CH₃⁺。

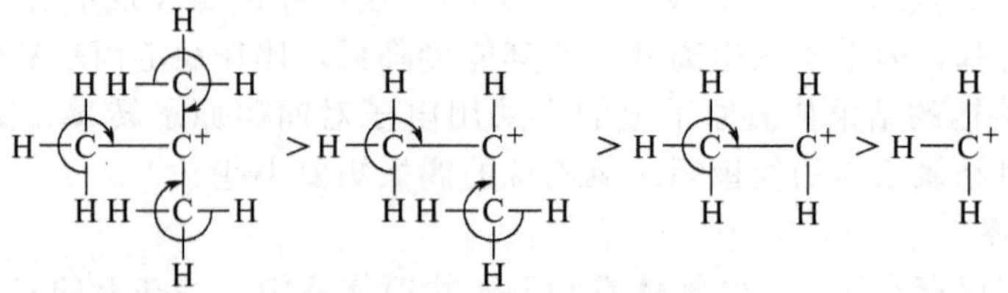

烷基自由基（见图 3-17）也倾向于平面结构，未成对的孤电子处于 p 轨道中，许多自由基中也存在着超共轭（见图 3-18）。

图 3-17 自由基的结构

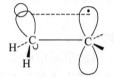

图 3-18 自由基的超共轭

由于超共轭效应的存在，自由基得到稳定。参与 σ-p 超共轭的 C—H σ 键轨道越多，自由基越稳定，所以自由基的稳定顺序同样是：3°C·＞2°C·＞1°C·＞CH₃· 。

3.9.4 共轭体系的特点

① 组成共轭体系的原子具有共平面性。

② 键长趋于平均化（因电子云离域而致）。

	正常	1,3-丁二烯	苯
C—C	0.154 nm	0.147nm	0.1397nm
C=C	0.133nm	0.1337nm	0.1397nm

③ 内能较低，分子趋于稳定（可从氢化热得知）。

④ 共轭链中 π 电子云转移时，链上出现正负性交替现象。

3.9.5 共轭效应的类型

① 静态共轭效应　如 1,3-丁二烯，由于共轭效应所引起的键长平均化，是分子的一种永久内在的性质，是在没有参加反应时就已在分子内存在的一种原子之间的相互影响。这种共轭效应叫做静态共轭效应。

② 动态共轭效应　由于受到外界进攻试剂的影响，发生反应的瞬间，π 电子云被极化而发生转移，可沿着共轭链传递下去，其效应并不因距离的增加而减弱。这是一种暂时的效应，只有在分子进行化学反应的瞬间才表现出来，这种共轭效应叫做动态共轭效应。

3.10　共振论

3.10.1 共振论的基本概念

许多化合物可以用一个式子来表示其结构，例如甲烷、乙烯、1,4-戊二烯等。

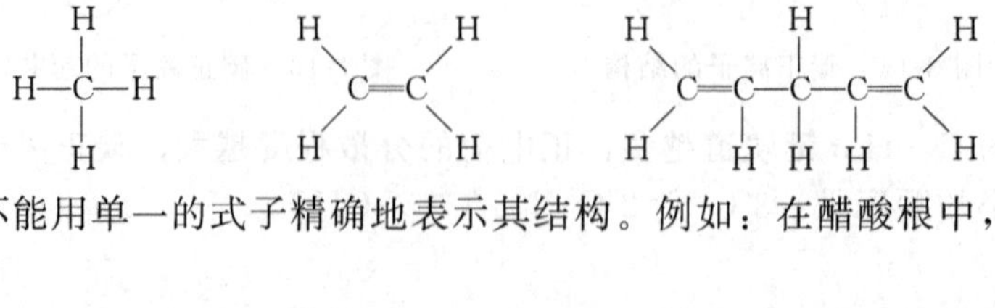

一些化合物不能用单一的式子精确地表示其结构。例如：在醋酸根中，两个 C—O 键的

键长相等，负电荷也不是固定在哪一个氧原子上，用下面两个式子中的任何一个都不能精确表示其结构：

$$\mathrm{CH_3C}\begin{matrix}\mathrm{O}\\\|\\\mathrm{O}^-\end{matrix}\qquad\mathrm{CH_3C}\begin{matrix}\mathrm{O}^-\\|\\\mathrm{O}\end{matrix}$$

在这种情况下可以采用共振式表示：

$$\left[\mathrm{CH_3C}\begin{matrix}\mathrm{O}\\\|\\\mathrm{O}^-\end{matrix}\longleftrightarrow\mathrm{CH_3C}\begin{matrix}\mathrm{O}^-\\|\\\mathrm{O}\end{matrix}\right]$$

共振论是美国化学家 L. Pauling 于 1931~1933 年提出来的，共振论以经典结构式为基础，是价键理论的延伸和发展。共振论的基本观点是，当一个分子、离子或自由基不能用一个经典结构式表示时，可用几个经典结构式的叠加来描述。叠加又称共振，这种可能的经典结构称为极限结构或共振结构或正则结构，经典结构的叠加或共振称为共振杂化体。任何一个极限结构都不能完全正确地代表真实分子，只有共振杂化体才能更确切地反映一个分子、离子或自由基的真实结构。例如，1,3-丁二烯是下列极限结构（Ⅰ）、（Ⅱ）、（Ⅲ）等的共振杂化体：

$$\underset{(\mathrm{I})}{\mathrm{CH_2}=\mathrm{CH}-\mathrm{CH}=\mathrm{CH_2}}\longleftrightarrow\underset{(\mathrm{II})}{\overset{+}{\mathrm{CH_2}}-\mathrm{CH}=\mathrm{CH}-\overset{-}{\mathrm{CH_2}}}\longleftrightarrow\underset{(\mathrm{III})}{\overset{-}{\mathrm{CH_2}}-\mathrm{CH}=\mathrm{CH}-\overset{+}{\mathrm{CH_2}}}$$

为了表示极限结构之间的共振，采用双箭头符号"$\longleftrightarrow$"表示，以区别于动态平衡符号"$\rightleftharpoons$"。共振杂化体既不是极限结构（Ⅰ）、（Ⅱ）、（Ⅲ）等中之一，也不是它们的混合物，在它们之中也不存在着某种平衡。目前尚未找到一个能够正确表示共振杂化体的结构式，而只能用一些极限结构式之间的共振表示。每一个极限结构式分别代表着电子离域的限度，因此，一个分子写出的极限结构式越多，说明电子离域的可能性越大，体系的能量也就越低，分子越稳定。实际上，共振杂化体的能量比任何一个极限结构的能量均低，不同的极限结构其能量也不尽相同。以能量最低最稳定的极限结构为标准，能量最低的极限结构与共振杂化体（分子的真实结构）之间的能量差，称为共振能。它是真实分子由于电子离域而获得的稳定化能。通常，共振能越大说明该分子比最稳定的极限结构越稳定。共振能实际上也就是离域能或共轭能。对于一个真实分子，并不是所有极限结构的贡献都是一样的。其中能量低稳定性大的贡献大，能量较高稳定性较小的贡献小，有的甚至可以忽略不计。同一化合物分子的不同极限结构对共振杂化体的贡献大小，大致有如下规则。

① 共价键数目相等的极限结构，对共振杂化体的贡献相同。例如：

$$\overset{+}{\mathrm{CH_2}}-\mathrm{CH}=\mathrm{CH_2}\longleftrightarrow\mathrm{CH_2}=\mathrm{CH}-\overset{+}{\mathrm{CH_2}}\qquad\mathrm{H-C}\begin{matrix}\ddot{\mathrm{O}}\\\|\\\ddot{\mathrm{O}}:^-\end{matrix}\longleftrightarrow\mathrm{H-C}\begin{matrix}\ddot{\mathrm{O}}:^-\\|\\\ddot{\mathrm{O}}\end{matrix}$$

② 共价键多的极限结构比共价键少的极限结构更稳定，对共振杂化体的贡献更大。例如：

$$\underset{\text{五个共价键，贡献大}}{\mathrm{CH_2}=\mathrm{CH}-\mathrm{CH}=\mathrm{CH_2}}\longleftrightarrow\underset{\text{四个共价键，贡献较小}}{\overset{-}{\mathrm{CH_2}}-\mathrm{CH}=\mathrm{CH}-\overset{+}{\mathrm{CH_2}}}\longleftrightarrow\overset{+}{\mathrm{CH_2}}-\mathrm{CH}=\mathrm{CH}-\overset{-}{\mathrm{CH_2}}$$

③ 含有电荷分离的极限结构不如没有电荷分离的极限结构贡献大，而且不遵守电负性原则的电荷分离的极限结构通常是不稳定的，对共振杂化体的贡献很小，一般可忽略不计。例如：

$$CH_2=CH-\overset{..}{\overset{-}{C}}H-\overset{..}{\overset{..}{O}}:^+ \longleftrightarrow CH_2=CH-CH=\overset{..}{O}: \longleftrightarrow CH_2=CH-\overset{+}{C}H-\overset{..}{\overset{..}{O}}:$$
贡献最大

$$:\overset{..}{\overset{..}{C}}H_2-CH=CH-\overset{..}{O}:^+ \qquad\qquad \overset{+}{C}H_2-CH=CH-\overset{..}{\overset{..}{O}}:$$
贡献很小，可忽略不计　　　　　　　　　　贡献较小

④ 键角和键长变形较大的极限结构，对共振杂化体的贡献小。例如：

贡献大　　　　贡献小，可忽略不计

3.10.2 采用共振论注意的问题

共振式中的经典结构不能随意书写，对它们有一定的选择标准。

① 各经典结构式中原子在空间的位置应当相同或接近相同，它们之间的差别在于电子的排布不同。例如：

$$\underset{\underset{Cl}{|}}{CH_2CH}-CHCH_3 \quad 和 \quad CH_2=\underset{\underset{Cl}{|}}{CH}CHCH_3$$

上述结构不能作为两个经典结构式，因为氯原子在空间的位置不同。烯醇式和酮式也不能作为经典结构式，因为氢原子在空间的位置不同。

$$\underset{\underset{OH}{|}}{CH_2=C}CH_3 \;\;\not\longleftrightarrow\;\; \underset{\underset{O}{\|}}{CH_3C}CH_3$$

$$\underset{\underset{OH}{|}}{CH_2=C}CH_3 \;\;\rightleftharpoons\;\; \underset{\underset{O}{\|}}{CH_3C}CH_3$$

② 所有的经典结构式中，配对的或未配对的电子数目应当是一样的。例如：

$$[CH_2=CH-CH_2\cdot \longleftrightarrow \cdot CH_2-CH=CH_2]$$

$$CH_2=CH-CH_2\cdot \;\;\not\longleftrightarrow\;\; \overset{..}{C}H_2-\overset{..}{C}H-\overset{..}{C}H_2$$

用弯箭头表示电子移动的方向，但不能移动原子的位置和改变未配对电子的数目，可以从一个经典结构式推导出另一个。例如：

$$\left[CH_3C\overset{O}{\underset{O}{\diagup}} \longleftrightarrow CH_3C\overset{O^-}{\underset{O}{\diagup}} \right]$$

$$\left[-\overset{+}{N}\overset{O}{\underset{O^-}{\diagup}} \longleftrightarrow -\overset{+}{N}\overset{O^-}{\underset{O}{\diagup}} \right]$$

$$\left[O=C\overset{O^-}{\underset{O^-}{\diagup}} \longleftrightarrow {}^-O-C\overset{O}{\underset{O^-}{\diagup}} \longleftrightarrow {}^-O-C\overset{O^-}{\underset{O}{\diagup}} \right]$$

在共振杂化体中，每一个经典结构式都有自己的贡献，如把它们都看作实际存在的化合物，可以估计出其贡献大小。一个经典结构式的能量越低，贡献越大。

③ 等同的经典结构式贡献相等。

④ 经典结构式中，如所有属于周期表中第一和第二周期的原子都满足惰性气体电子构型，其贡献较未满足惰性气体电子构型的原子要大。例如：

$$[H_2C=\overset{+}{O}H \longleftrightarrow H_2\overset{+}{C}-\ddot{O}H]$$

贡献较大　　　贡献较小

⑤ 没有正负电荷分离的经典结构式贡献较大。例如：

$$\left[\begin{matrix}\overset{O}{\underset{\|}{CH_3C}}-\ddot{O}H & \longleftrightarrow & \underset{\overset{|}{CH_3C}=\overset{+}{O}H}{O^-}\end{matrix}\right]$$

贡献较大　　　贡献较小

真实分子的能量比每一个经典结构式的能量都要低。如共振杂化体由几个等同的经典结构式组成，真实分子的能量往往特别低，如硝酸根。

$$\left[\overset{+}{\underset{O^-}{O-N}}\overset{O^-}{\underset{}{=}} \longleftrightarrow \overset{-}{O}-\overset{+}{N}\overset{O^-}{\underset{O}{=}} \longleftrightarrow \overset{-}{O}-\overset{+}{N}\overset{O}{\underset{O^-}{=}}\right]$$

真实分子在更大程度上像贡献大的经典结构式，但贡献小的经典结构式并非毫无意义，在有的反应中真实分子更像贡献小的经典结构式。

3.10.3 共振论的应用

有机化学常常根据共振式来定性地比较化合物或反应的活性中间体的稳定性。例如，氯乙烯的结构可以用共振式表示：

$$[CH_2=CH-\ddot{\underset{..}{Cl}}: \longleftrightarrow :\bar{C}H_2CH=\overset{+}{\underset{..}{Cl}}:]$$

相比较而言，第一个经典结构式的贡献较大。第二个经典结构式中正负电荷分离，并且正电荷在电负性大的氯原子上，能量较高，贡献较小。由于第二个经典结构式也有一定的贡献，因此，氯乙烯分子中 C—Cl 键具有部分双键的性质，不容易发生取代反应。

烯丙基自由基和烯丙基正离子的结构也可用共振式表示：

$$[CH_2=CH-\dot{C}H_2 \longleftrightarrow \dot{C}H_2-CH=CH_2]$$

$$[CH_2=CH-\overset{+}{C}H_2 \longleftrightarrow \overset{+}{C}H_2-CH=CH_2]$$

由于两个经典结构式是等同的，可以推测：这两种活性中间体比较稳定，丙烯容易在甲基上发生自由基氯化反应，烯丙基氯容易发生 S_N1 反应。

3.11　共轭二烯烃的化学性质

3.11.1 亲电加成反应

共轭二烯烃由于其结构的特殊性，与亲电试剂——卤素、卤化氢等能进行 1,2-加成和 1,4-加成反应，例如：

$$CH_2=CH-CH=CH_2 \xrightarrow[HBr]{Br_2} \begin{cases} \underset{\underset{1,4-加成产物}{1,4-二溴-2-丁烯（多）}}{CH_2-CH=CH-CH_2} + \underset{\underset{1,2-加成产物}{3,4-二溴-1-丁烯（少）}}{\overset{Br}{\underset{|}{CH_2}}=CH-\overset{Br}{\underset{|}{CH}}-\overset{Br}{\underset{|}{CH_2}}} \\ \underset{\underset{1,4-加成产物}{1-溴-2-丁烯（多）}}{\overset{H}{\underset{|}{CH_2}}-CH=CH-\overset{Br}{\underset{|}{CH_2}}} + \underset{\underset{1,2-加成产物}{2-溴-1-丁烯（少）}}{\overset{Br}{\underset{|}{CH_2}}=CH-\overset{Br}{\underset{|}{CH}}-\overset{H}{\underset{|}{CH_2}}} \end{cases}$$

反应历程表示如下：

$$CH_2=CH-CH=CH_2 + H^+ \longrightarrow \overset{\delta^+}{CH_2}=CH\overset{\delta^+}{=}CH-CH_3$$
$$\quad 4 \quad 3 \quad 2 \quad 1$$

$$\overset{\delta^+}{CH_2}=CH\overset{\delta^+}{=}CH-CH_3 + Br^\ominus \xrightarrow[1,4-加成]{1,2-加成} \begin{array}{l} CH_2=CH-\underset{Br}{CH}-CH_3 \\ \underset{Br}{CH_2}-CH=CH-CH_3 \end{array}$$

在上述反应中，H^+ 与 C_1 结合而不与 C_2 结合。因为 H^+ 与 C_1 结合生成的碳正离子 $CH_2=CH-\overset{+}{CH}-CH_3$ 是 2℃，存在 p-π 共轭及超共轭效应，正电荷得到了分散，故能量较低较稳定。而 H^+ 与 C_2 结合生成的碳正离子 $CH_2=CH-CH_2-\overset{+}{CH_2}$ 是 1℃，只存在两个 C—H 键的 σ-p 超共轭效应，因此该碳正离子的正电荷分散程度较小，较不稳定。

共轭二烯烃的亲电加成反应活性比简单烯烃快得多。这是由于共轭二烯烃受亲电试剂进攻后所生成的中间体是烯丙型碳正离子，由于烯丙型碳正离子存在共轭效应，其稳定程度较大。烯烃亲电加成的中间体是烷基正离子，烯丙型碳正离子稳定性大于烷基碳正离子，例如，下列反应的能量变化情况如图 3-19 所示。

$$CH_2=CH-CH=CH_2 + Br_2 \longrightarrow CH_2Br-\overset{+}{CH}-CH=CH_2 \longleftrightarrow CH_2Br-CH=CH-\overset{+}{CH_2}$$
$$(a)$$

$$CH_2=CH_2 + Br_2 \longrightarrow CH_2Br-\overset{+}{CH_2}$$
$$(b)$$

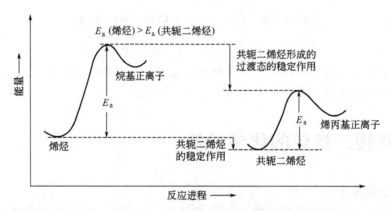

图 3-19　分子结构及反应速率

1,3-丁二烯与溴加成，两个溴原子加在二烯烃中的一个双键上，即 1,2-碳原子上，一般称为 1,2-加成产物；另一种产物，两个溴原子加在共轭体系的两端，即 1,4-碳原子上，同时在原来是碳碳单键的地方（2,3 位）生成新的双键，这种加成方式叫做 1,4-加成。在 1,4-加成中，共轭体系作为一个整体参加反应，因此又叫共轭加成。

1,2-加成和 1,4-加成是同时发生的，两种产物的比例主要取决于试剂的性质、溶剂的性质、温度和产物的稳定性等因素，一般情况下，以 1,4-加成为主。反应条件对产物的组成有影响：高温有利于 1,4-加成，低温有利于 1,2-加成；极性溶剂有利于 1,4-加成，非极性溶剂有利于 1,2-加成。

$$CH_2=CH-CH=CH_2 \xrightarrow[-15℃]{Br_2, CHCl_3} \underset{Br\ \ Br}{CH_2-CH-CH-CH_2} \underset{37\%}{} + \underset{Br\ \ \ \ \ \ \ \ Br}{CH_2-CH=CH-CH_2} \underset{63\%}{}$$

$$CH_2=CH-CH=CH_2 \xrightarrow[-15℃]{Br_2, 正己烷} \ \ \ 54\% \ \ \ \ \ \ \ \ \ \ \ \ \ \ \ \ 46\%$$

$$CH_2=CH-CH=CH_2 \xrightarrow[-80℃]{HBr, 醚} \underset{H\ \ Br}{CH_2-CH-CH-CH_2} \underset{80\%}{} + \underset{H\ \ \ \ \ \ \ \ Br}{CH_2-CH=CH-CH_2} \underset{20\%}{}$$

$$CH_2=CH-CH=CH_2 \xrightarrow[40℃]{HBr, 醚} \ \ \ 20\% \ \ \ \ \ \ \ \ \ \ \ \ \ \ \ \ 80\%$$

3.11.2 1,4-亲电加成的理论解释

1,3-丁二烯与溴化氢进行亲电加成反应，既有1,2-加成，又有1,4-加成，这是由亲电加成反应历程决定的。

第一步：H^+ 进攻形成活性中间体碳正离子。

$$CH_2=CH-CH=CH_2 + H^+ \xrightarrow{a} CH_2=CH-\overset{+}{CH}-CH_3 \text{ 烯丙基碳正离子(Ⅰ)}$$
$$\xrightarrow{b} CH_2=CH-CH_2-\overset{+}{CH_2} \text{ 伯碳正离子(Ⅱ)}$$

（Ⅰ）是烯丙基碳正离子，π 电子能够通过 p-π 共轭效应离域到空的 p 轨道上，使正电荷得到分散，故较稳定。

$$\underset{4\ \ \ 3\ \ \ 2\ \ \ 1}{CH_2=CH-\overset{+}{CH}-CH_3} \longrightarrow \underset{4\ \ \ 3\ \ \ 2\ \ \ 1}{\overset{\delta^+}{CH_2}{=\!=}CH{-\!-}\overset{\delta^+}{CH}-CH_3} \equiv \underset{4\ \ \ 3\ \ \ 2\ \ \ 1}{\overset{\oplus}{CH_2{=\!=\!=}CH{=\!=\!=}CH}-CH_3}$$

（Ⅱ）是伯碳正离子，p 轨道与碳碳双键隔开一个碳原子，π 电子不能离域到空的 p 轨道上，碳正离子上的正电荷得不到分散，故不稳定。

因碳正离子的稳定性为（Ⅰ）＞（Ⅱ），故第一步主要生成碳正离子（Ⅰ）。

第二步：溴负离子进攻，得到加成产物。

溴负离子既可加到 C_2 上，也可加到 C_4 上。加到 C_2 上得1,2-加成产物，加到 C_4 上得1,4-加成产物。共轭二烯烃既可以进行1,2-加成，也可以进行1,4-加成。

为什么低温有利于1,2-加成，高温有利于1,4-加成？

由于反应温度较低时，碳正离子与溴负离子的加成是不可逆的。1,2-加成所需的活化能较小，故反应速率较快，所以反应温度低时，以1,2-加成产物为主。当反应温度较高时，碳正离子与溴负离子的加成是可逆反应。由于反应温度升高后，反应物离子的动能增大，活化能垒已不足以阻碍反应的进程，此时决定最后产物的主要因素是化学平衡。由于1,4-加成产物的超共轭效应比1,2-加成产物的超共轭效应强，能量较低而较稳定，故生成1,4-加成产物较多。总之，低温时是速率控制或动力学控制的反应，活化能的高低起主要作用，对1,2-加成有利；温度较高时，是化学平衡控制或热力学控制的反应，产物的稳定性高低起主要作用，对1,4-加成有利。这从图3-20可以清楚地看出。

1,4-加成产物内能较低，必须跨越较高的能垒才能转变为1,2-加成产物。而1,2-加成产物转变成1,4-加成产物要容易得多。所以升高反应温度，延长反应时间都对1,4-加成产物生成有利。

利用共振论同样能够解释1,4-加成反应。例如，1,3-丁二烯与卤化氢等的反应，既能进行1,2-加成，也能进行1,4-加成，原因是生成了活性中间体碳正离子的共振杂化体：

$$\underset{(Ⅰ)}{CH_2=CH-\overset{+}{CH}-CH_3} \longleftrightarrow \underset{(Ⅱ)}{\overset{+}{CH_2}-CH=CH-CH_3}$$

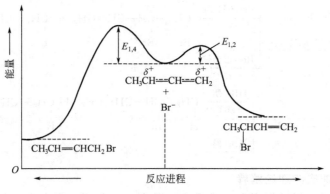

图 3-20　1,2-加成与 1,4-加成势能图

由于极限结构（Ⅰ）的贡献，可以进行 1,2-加成；由于极限结构（Ⅱ）的贡献，可以进行 1,4-加成。

3.11.3　双烯合成反应——Diels-Alder 反应

1928 年，德国化学家 O. Diels 和 K. Alder 在研究 1,3-丁二烯和顺丁烯二酸酐的互相作用时发现了一类反应——共轭二烯烃和某些具有碳碳双键、叁键的不饱和化合物进行 1,4-加成，生成六元环状化合物的反应，这类反应称为 Diels-Alder 反应，又称双烯合成反应（diene synthesis）。例如：

$$\text{1,3-丁二烯} + \text{CH}_2=\text{CH}_2 \xrightarrow[\text{高压}]{200℃} \text{环己烯}$$

双烯体　　亲双烯体

该反应旧键的断裂和新键的生成同时进行，途经一个环状过渡态：

$$\text{1,3-丁二烯} (s\text{-顺式}) + \text{CH}_2=\text{CH}_2 \rightleftharpoons [\text{环状过渡态}]^* \rightleftharpoons \text{环己烯}$$

$$+ \text{CH}_2=\text{CH}_2 \xrightarrow{200℃} \bigcirc$$

$$+ \text{CH}\equiv\text{CH} \xrightarrow{\Delta} \bigcirc$$

$$+ \text{CH}_2=\text{CHCOOCH}_3 \xrightarrow{150℃} \text{环己烯-COOCH}_3$$

双烯体　　亲双烯体

$$\text{1,3-丁二烯} + \text{顺丁烯二酸酐} \xrightarrow[\text{苯,约95\%}]{100℃} \text{顺-}\Delta'\text{-四氢化邻苯二甲酸酐}$$

1,3-丁二烯和顺丁烯二酸酐反应生成白色固体，该反应可用于鉴别共轭二烯烃。

Diels-Alder 反应的反应物分成两部分，一部分提供共轭双烯，称为双烯体，另一部分提供不饱和键，称为亲双烯体。改变共轭双烯和亲双烯体的结构，可以得到多种类型的化合物，并且许多反应在室温或在溶剂中加热即可进行，产率也比较高，是合成六元环化物的重要方法。Diels-Alder 获得 1950 年的诺贝尔化学奖。

Diels-Alder 反应是一步完成的，反应时反应物分子彼此靠近互相作用，形成一个环状过渡态，然后逐渐转化为产物分子。也即旧键的断裂和新键的形成是相互协调地在同一步骤中完成的。具有这种特点的反应称为协同反应（synergistic reaction）。在协同反应中，没有活性中间体如碳正离子、碳负离子、自由基等产生。协同反应的机制要求双烯体的两个双键必须取 s-顺式构象，如下面的（1）～（4）。s-反式的双烯体不能发生该类反应，如（5）、（6）。空间位阻因素对 Diels-Alder 反应的影响较大，有些双烯体的两个双键虽然是 s-顺式构象，但由于 1,4-位取代基的位阻较大，如（7），也不能发生该类反应。2,3 位有取代基的共轭体系对 Diels-Alder 反应不形成位阻，合适的取代基还能促使双烯体取 s-顺式构象，此时对反应有利。

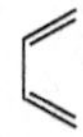

(1) 开链共轭双烯 　　(2) 同环共轭双烯 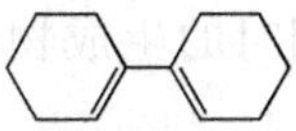　　(3) 异环共轭双烯 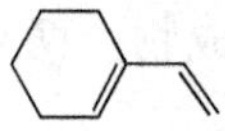　　(4) 环内外共轭双烯

s-顺式构象

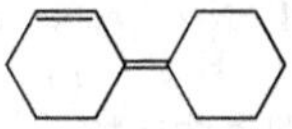

(5) 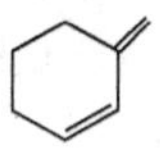　　(6) 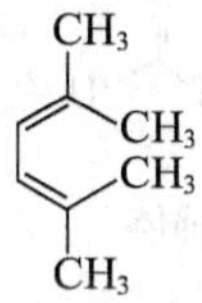　　(7)

s-反式构象　　　　s-顺式构象(位阻大)

反应过程中，电子从双烯体流向亲双烯体，因此带有供电子基的双烯体(8)～(10)和带有吸电子基的亲双烯体(11)～(18)对反应有利。

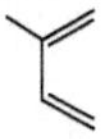

(8) 　(9) 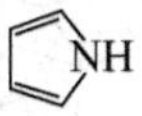　(10) 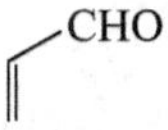　(11) 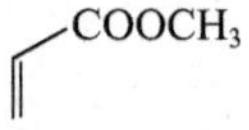　(12) 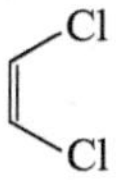　(13)

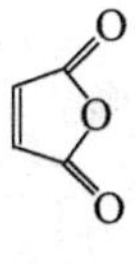

(14) 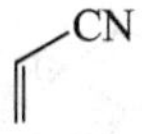　(15) 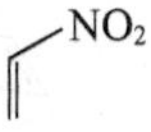　(16) 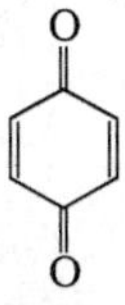　(17) 　(18)

Diels-Alder 反应是顺式加成反应，加成产物仍保持双烯体和亲双烯体原来的构型。例如：

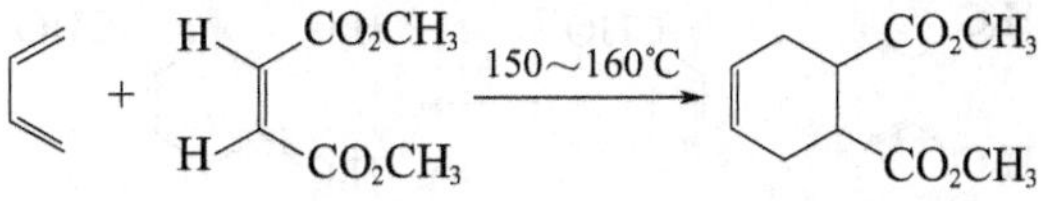

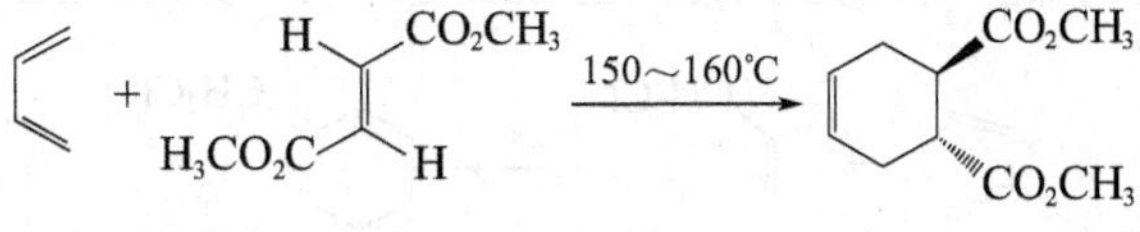

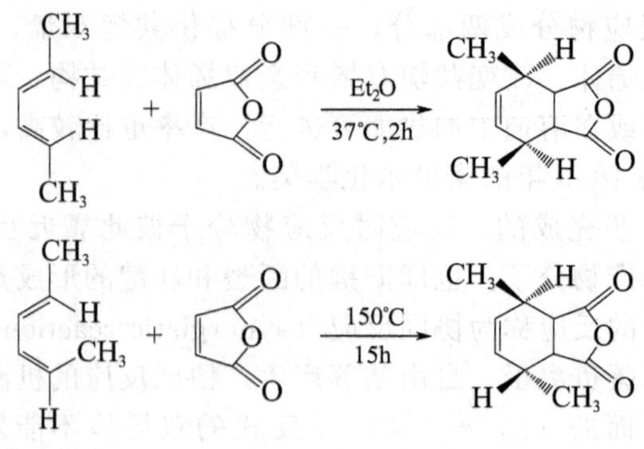

[反应式：(2E,4E)-2,4-己二烯 + 马来酸酐 → Et₂O, 37℃, 2h → 双甲基顺式加成产物]

[反应式：(2E,4Z)-2,4-己二烯 + 马来酸酐 → 150℃, 15h → 双甲基反式加成产物]

当双烯体上有给电子取代基，而亲双烯体上有不饱和基团（如 $\diagdown \mskip-5mu C\!\!=\!\!O$、—COOH、COOR、—C≡N、—NO₂）与烯键（或炔键）共轭时，优先生成内型加成产物。内型加成产物是指双烯体中的 C_2—C_3 键和亲双烯体中与烯键（或炔键）共轭的不饱和基团处于平面同侧时的生成物。两者处于异侧时的生成物则为外型产物。例如：

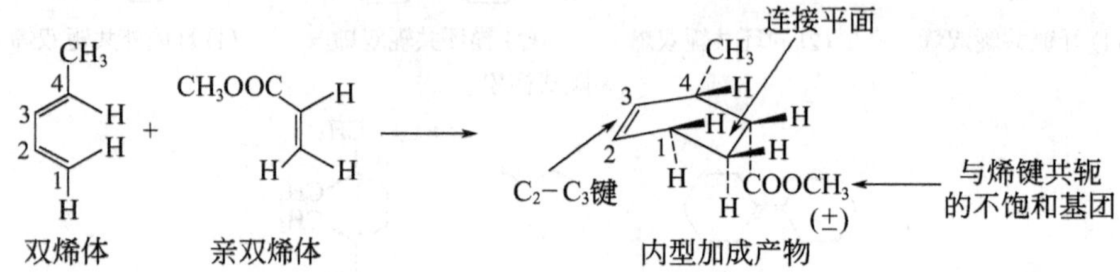

[反应式：1,3-丁二烯（标注 1,2,3,4 位）+ 丙烯酸甲酯（CH₃OOC-CH=CH₂）→ 内型加成产物（标注 C_2—C_3 键、连接平面、与烯键共轭的不饱和基团 COOCH₃、(±)）]

双烯体　　亲双烯体　　　　　内型加成产物

实验证明：内型加成产物是动力学控制的，而外型加成产物是热力学控制的。内型产物在一定条件下放置若干时间，或通过加热等条件，可能转化为外型产物。这从下面的实验事实可以清楚看出。

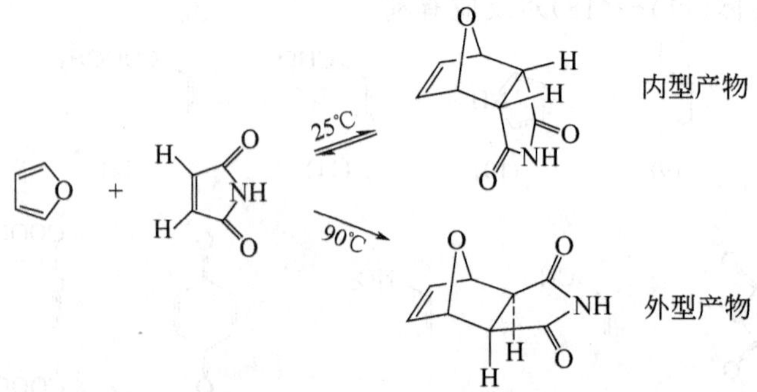

[反应式：呋喃 + 马来酰亚胺 ⇌(25℃) 内型产物；⇌(90℃) 外型产物]

要明确以下几点。
(a) 双烯体是以 s-顺式构象进行反应的，反应条件为光照或加热。

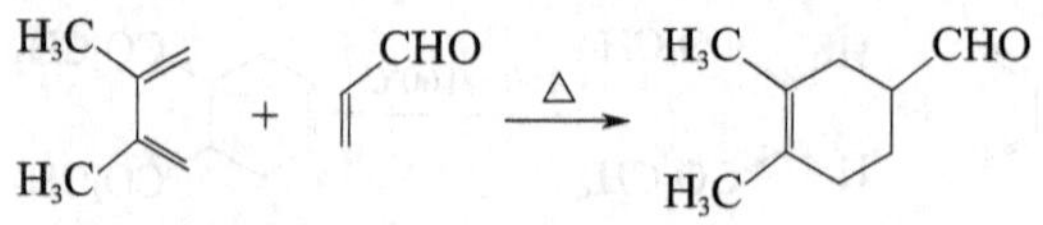

[反应式：2,3-二甲基-1,3-丁二烯 + 丙烯醛（CHO）→Δ→ 4-甲酰基-1,2-二甲基环己烯]

(b) 双烯体（共轭二烯）可以是链状，也可以是环状，如环戊二烯、环己二烯等。

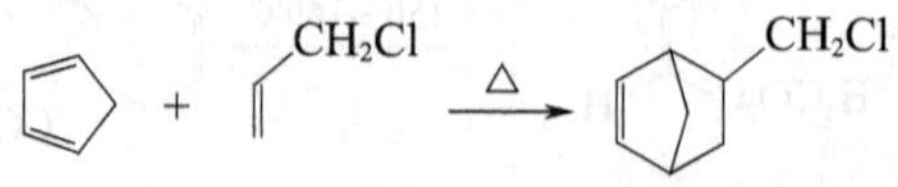

[反应式：环戊二烯 + 烯丙基氯（CH₂Cl）→Δ→ 双环加成产物（CH₂Cl）]

(c) 亲双烯体的双键碳原子上连有吸电子基团时，反应容易进行。常见的亲双烯体有：

$$CH_2=CH-CHO \quad CH_2=CH-COOH \quad CH_2=CH-COCH_3$$
$$CH_2=CH-CN \quad CH_2=CH-COOCH_3 \quad CH_2=CH-CH_2Cl$$

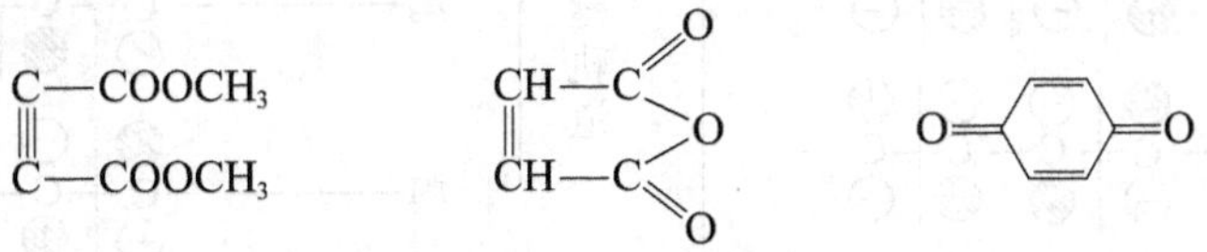

(d) Diels-Alder 反应的产量高，应用范围广是有机合成的重要方法之一，在理论上和生产中都占有重要的地位。

Diels-Alder 反应是可逆的，加成产物在较高温度下加热又可转变为二烯和亲二烯体。

3.11.4 电环化反应

在一定条件下，直链共轭多烯烃分子可以发生分子内反应，共轭体系两端的碳原子由 sp^2 杂化逐渐转变为 sp^3 杂化，π 键断裂，同时双键两端的碳原子以 σ 键相连，形成一个环状分子，这类反应及其逆反应称为电环化反应。例如，在光或热的作用下，1,3-丁二烯可以转化为环丁烯，反应不经过碳正离子或自由基等活性中间体，而是经过环状过渡态一步完成：

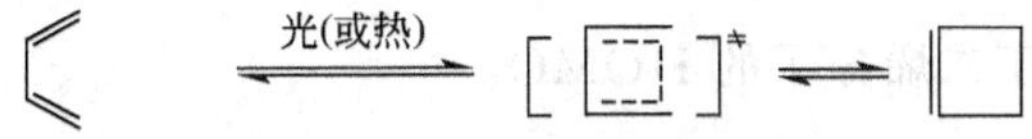

$$s\text{-顺-}1,3\text{-丁二烯} \xrightarrow{\text{光(或热)}} [\text{环状过渡态}]^* \rightleftharpoons \text{环丁烯}$$

这类反应实质上是一个共轭体系重新改组的过程，在改组过程中，通过电子围绕着环发生离域的环状过渡态，电环化反应之名由此而得。电环化反应的显著特点是具有高度的立体专一性，即在一定的反应条件下（热或光），一定构型的反应物只生成一种特定构型的产物。例如：

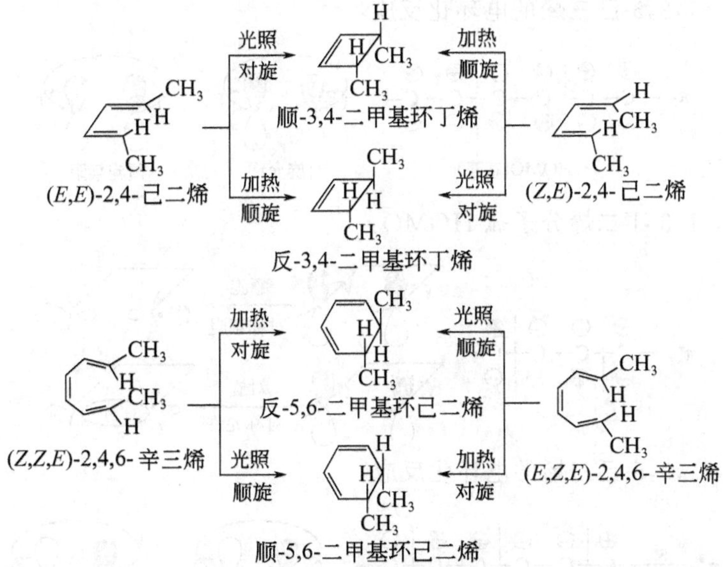

(E,E)-2,4-己二烯 ⇌ 顺-3,4-二甲基环丁烯 （光照对旋） / 反-3,4-二甲基环丁烯 （加热顺旋）
(Z,E)-2,4-己二烯 ⇌ 顺-3,4-二甲基环丁烯 （加热顺旋） / 反-3,4-二甲基环丁烯 （光照对旋）

(Z,Z,E)-2,4,6-辛三烯 ⇌ 反-5,6-二甲基环己二烯 （加热对旋） / 顺-5,6-二甲基环己二烯 （光照顺旋）
(E,Z,E)-2,4,6-辛三烯 ⇌ 反-5,6-二甲基环己二烯 （光照顺旋） / 顺-5,6-二甲基环己二烯 （加热对旋）

前线轨道理论认为，在电环化反应中，起决定作用的分子轨道是共轭多烯的 HOMO（最高占据轨道）。电环化反应的旋转方式取决于共轭体系反应时的 HOMO 的对称性。图 3-21 是 1,3-丁二烯和 1,3,5-己三烯在光照或加热条件下的电环化反应分析。

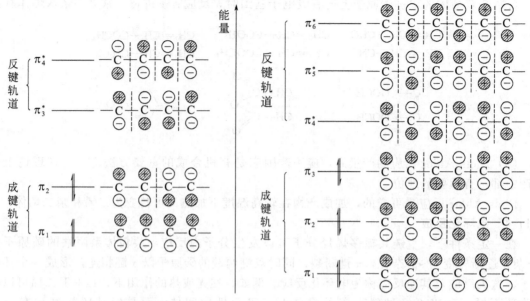

1,3-丁二烯的π分子轨道图形　　　　1,3,5-己三烯的π分子轨道图形

图 3-21　1,3-丁二烯和 1,3,5-己三烯分子轨道图形

加热条件下，1,3-丁二烯分子的 HOMO：

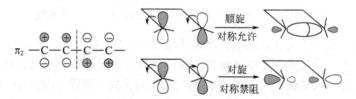

加热条件下，1,3,5-己三烯的电环化反应：

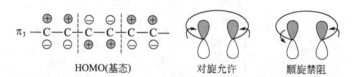

光照条件下，1,3-丁二烯分子孤 HOMO：

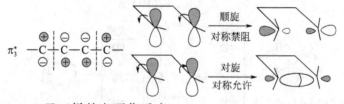

光照条件下，1,3,5-己三烯的电环化反应：

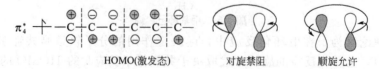

电环化反应规律如表 3-5 所示。

表 3-5 电环化反应规律

共轭 π 电子数	反应实例	热反应	光照反应
$4n$	 ⇌	顺旋 允许	对旋 允许
$4n+2$	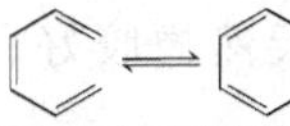 ⇌	对旋 允许	顺旋 允许

3.11.5 周环反应

以上讨论的电环化反应和双烯合成反应，从反应机理考虑有共同点，它们只通过过渡态而不生成任何活性中间体，这类反应称为协同反应。在反应过程中形成环状过渡态的一些协同反应，称为周环反应。它主要包括电环化反应、环加成反应和 σ 键迁移反应。

周环反应与一般自由基型反应和离子型反应不同，其主要特点如下：

① 反应过程是旧键的断裂和新键的生成同时进行、一步完成的，是经环状过渡态进行的协同反应。

② 这类反应受反应条件加热或光照的制约，而且加热和光照所产生的结果也不同，一般不受溶剂极性、酸碱催化剂和自由基引发剂及抑制剂的影响。

③ 这类反应具有高度的立体化学专属性，即一定立体构型的反应物，在一定的反应条件下，只生成特定构型的产物。

3.11.6 聚合反应与合成橡胶

共轭二烯烃能发生自由基聚合反应，这类反应是制造合成橡胶的基础，因此共轭二烯烃的聚合反应在工业上是十分重要的。

3.11.6.1 顺丁橡胶

1,3-丁二烯在环烷酸镍/三异丁基铝催化作用下，进行定向聚合反应，可得到顺式结构含量大于 96% 的顺丁橡胶：

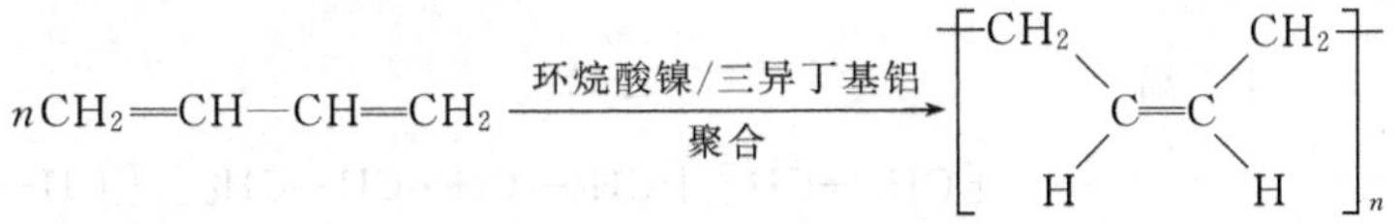

$$n CH_2=CH-CH=CH_2 \xrightarrow[\text{聚合}]{\text{环烷酸镍/三异丁基铝}} \left[\begin{array}{c} CH_2 \quad CH_2 \\ \diagdown \quad / \\ C=C \\ / \quad \diagdown \\ H \quad H \end{array} \right]_n \quad \text{顺丁橡胶}$$

顺丁橡胶的低温弹性和耐磨性能很好，可以做轮胎。

3.11.6.2 乙烯基橡胶

调节丁基锂/醚引发剂的比例，可得到含 1,2-聚合结构为 25%～65% 的乙烯橡胶：

$$n CH_2=CH-CH=CH_2 \xrightarrow{\text{丁基锂/醚}} \sim\sim CH_2-CH-CH_2-CH_2-\underset{\underset{CH=CH_2}{|}}{CH} \quad \text{乙烯基橡胶}$$

乙烯基橡胶是新的橡胶品种，加工性能好。

3.11.6.3 异戊橡胶

天然橡胶是共轭二烯——2-甲基-1,3-丁二烯（或叫异戊二烯）的聚合物。

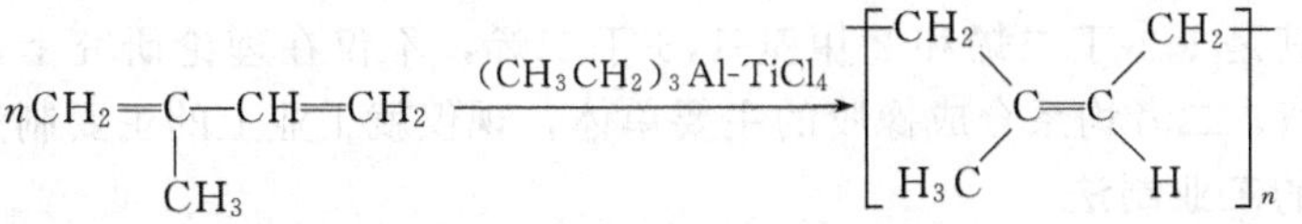

$$n CH_2=\underset{\underset{CH_3}{|}}{C}-CH=CH_2 \xrightarrow{(CH_3CH_2)_3Al-TiCl_4} \left[\begin{array}{c} CH_2 \quad CH_2 \\ \diagdown \quad / \\ C=C \\ / \quad \diagdown \\ H_3C \quad H \end{array} \right]_n \quad \text{异戊橡胶}$$

异戊橡胶是结构和性质最接近天然橡胶的合成橡胶。

3.11.6.4 氯丁橡胶

2-氯-1,3-丁二烯聚合可得到氯丁橡胶，氯丁橡胶的耐油性、耐老化性和化学稳定性比天然橡胶好。

$$n\text{CH}_2=\text{CH}-\underset{\underset{\text{Cl}}{|}}{\text{C}}=\text{CH}_2 \xrightarrow{\text{聚合}} \text{—}[\text{CH}_2-\text{CH}=\underset{\underset{\text{Cl}}{|}}{\text{C}}-\text{CH}_2]_n\text{—}$$

2-氯 1,3-丁二烯   氯丁橡胶

氯丁橡胶的耐油性、耐老化性和化学稳定性比天然橡胶好。其单体 2-氯-1,3-丁二烯一般可由乙烯基乙炔加 HCl 制得：

$$\text{CH}_2=\text{CH}-\text{C}\equiv\text{CH}+\text{HCl} \xrightarrow{\text{CuCl, NH}_4\text{Cl}} \text{CH}_2=\text{CH}-\underset{\underset{\text{Cl}}{|}}{\text{C}}=\text{CH}_2$$

上述反应实际上是乙烯基乙炔经 1,4-加成后，生成的中间体经重排得到的产物：

$$\underset{\delta^+}{\text{CH}_2}=\text{CH}-\text{C}\equiv\underset{\delta^-}{\text{CH}} + \overset{\delta^+}{\text{H}}\to\overset{\delta^-}{\text{Cl}} \xrightarrow{1,4\text{-加成}} \text{CH}_2-\text{CH}=\text{C}=\text{CH}_2 \xrightarrow{\text{重排}} \text{CH}_2=\text{CH}-\underset{\underset{\text{Cl}}{|}}{\text{C}}=\text{CH}_2$$

3.11.6.5 丁苯橡胶

$$n\text{CH}_2=\text{CH}-\text{CH}=\text{CH}_2 + n\text{CH}_2=\underset{\underset{\text{C}_6\text{H}_5}{|}}{\text{CH}} \xrightarrow{\text{共聚}} \text{—}[\text{CH}_2-\text{CH}=\text{CH}-\text{CH}_2-\text{CH}_2-\underset{\underset{\text{C}_6\text{H}_5}{|}}{\text{CH}}]_n\text{—}$$

丁苯橡胶

丁苯橡胶是目前合成橡胶中产量最大气的品种，其综合性能优异，耐磨性好，主要用于制造轮胎。

3.11.6.6 ABS 树脂

$$n\text{CH}_2=\underset{\underset{\text{CN}}{|}}{\text{CH}} + m\text{CH}_2=\text{CH}-\text{CH}=\text{CH}_2 + p\,\text{C}_6\text{H}_5-\text{CH}=\text{CH}_2$$

丙烯腈   丁二烯   苯乙烯

$$\longrightarrow \text{—}[\text{CH}_2-\underset{\underset{\text{CN}}{|}}{\text{CH}}]_n\text{—}[\text{CH}_2-\text{CH}=\text{CH}-\text{CH}_2]_m\text{—}[\text{CH}_2-\underset{\underset{\text{C}_6\text{H}_5}{|}}{\text{CH}}]_p\text{—}$$

ABS 树脂

ABS 树脂是聚丁二烯、聚苯乙烯、聚丙烯腈的嵌段共聚物，其性能优异，是具有广泛用途的工程塑料。

3.12 共轭二烯烃的制法

共轭二烯烃，尤其是 1,3-丁二烯和 2-甲基-1,3-丁二烯，不仅在理论研究上，而且在有机合成中均具有重要价值，二者均系合成橡胶的主要单体，现仅就工业上的主要制法简介如下。

3.12.1 1,3-丁二烯的工业制法

1,3-丁二烯是生产合成橡胶的主要原料，工业上有多种合成方法。目前由于石油工业的发展、催化剂的使用以及化工技术的进步，丁二烯的主要来源是石油裂解和脱氢。

(1) 由丁烷或/和丁烯脱氢生产

石油裂解产生的 1-丁烯及 2-丁烯等在催化剂的作用下脱氢，生成 1,3-丁二烯。

$$CH_3CH_2CH_2CH_3 \xrightarrow{催化剂} \begin{matrix} CH_3-CH_2-CH=CH_2 \\ \text{1-丁烯} \\ CH_3-CH=CH-CH_3 \\ \text{2-丁烯} \end{matrix} \xrightarrow{催化剂} CH_2=CH-CH=CH_2$$

(2) 从裂解气的 C_4 馏分提取

裂解气的 C_4 馏分中含有大量 1,3-丁二烯，可用溶剂将其提取出来。工业上采用的溶剂有糠醛、乙腈、二甲基甲酰胺（DMF）、N-甲基吡咯烷酮、二甲基亚砜（DMSO）和乙酸铜-氨溶液等，其中使用最多的是二甲基甲酰胺和 N-甲基吡咯烷酮。由于乙烯生产的发展，此法的优点是原料丰富且价廉，各国用此法生产的比例越来越大，西欧和日本是采用此法的主要地区。

1,3-丁二烯是无色气体，沸点 -4.4℃，不溶于水，溶于汽油、苯等有机溶剂，是合成橡胶的重要单体。

3.12.2 2-甲基-1,3-丁二烯的制法

(1) 由异戊烷和异戊烯脱氢生产

此法与丁烷、丁烯脱氢生产 1,3-丁二烯的方法很相似，已在工业上应用。

$$CH_3-\underset{\underset{CH_3}{|}}{C}H-CH_2-CH_3 \xrightarrow{催化剂} CH_2=\underset{\underset{CH_3}{|}}{C}-CH=CH_2$$

(2) 从裂解气的 C_5 馏分中提取

从裂解气的 C_5 馏分中提取 2-甲基-1,3-丁二烯是一种很经济的方法。分离 2-甲基-1,3-丁二烯的方法有萃取法和精馏法，萃取法的使用在不断增长。

(3) 合成法

① 由丙酮和乙炔反应也能得到 2-甲基-1,3-丁二烯：

$$CH_3\underset{\underset{O}{\|}}{C}CH_3 + HC\equiv CH \xrightarrow{KOH} (CH_3)_2\underset{\underset{OH}{|}}{C}-C\equiv CH \xrightarrow[Pd-BaSO_4]{H_2}$$

$$(CH_3)_2\underset{\underset{OH}{|}}{C}-CH=CH_2 \xrightarrow{Al_2O_3} CH_2=\underset{\underset{CH_3}{|}}{C}-CH=CH_2 + H_2O$$

② 由异丁烯和甲醛制备　异丁烯和甲醛水溶液在强酸性催化剂存在下主要生成 4,4-二甲基-1,3-二噁烷（Ⅰ），后者在磷酸钙作用下，受热分解生成 2-甲基-1,3-丁二烯。

$$CH_3-\underset{\underset{CH_3}{|}}{C}=CH_2 \xrightarrow[H^+]{2HCHO} \underset{(Ⅰ)}{\begin{matrix} CH_3 \quad CH_2-CH_2 \\ | \quad\quad | \quad\quad | \\ \quad\quad\quad\quad\quad O \\ CH_3 \quad\quad\quad | \\ \quad\quad O-CH_2 \end{matrix}} \xrightarrow[\text{约}300℃]{Ca_3(PO_4)_2} CH_2=\underset{\underset{CH_3}{|}}{C}-CH=CH_2 + HCHO + H_2O$$

此法原料丰富，应用较广。丙烯和甲醛水溶液在硫酸催化下，加热、加压反应，则得到 1,3-丁二烯。2-甲基-1,3-丁二烯是无色液体，沸点 34℃，不溶于水，易溶于汽油、苯等有机溶剂，是生产"合成天然橡胶"的单体。

3.12.3 环戊二烯的制法和化学性质

3.12.3.1 环戊二烯的制法

环戊二烯（cyclopentadiene）主要存在于煤焦油蒸馏苯的头馏分中，以及石油馏分热裂解的 C_5 馏分中。石油热裂解的 C_5 馏分加热至 100℃，其中的环戊二烯聚合为二聚体，蒸出

易挥发的其它 C_5 馏分,再加热至约 200℃,使二聚体解聚为环戊二烯。

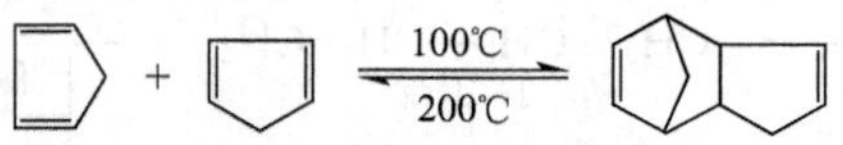

3.12.3.2 环戊二烯的化学性质

(1) 双烯合成

与开链共轭二烯相似,环戊二烯也可发生双烯合成。

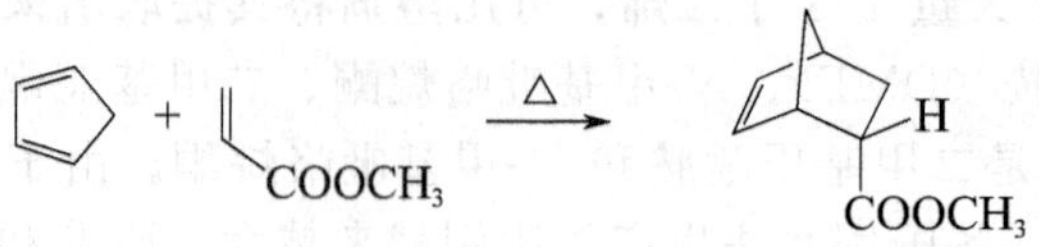

二环[2.2.1]-5-庚烯-2-羧酸甲酯

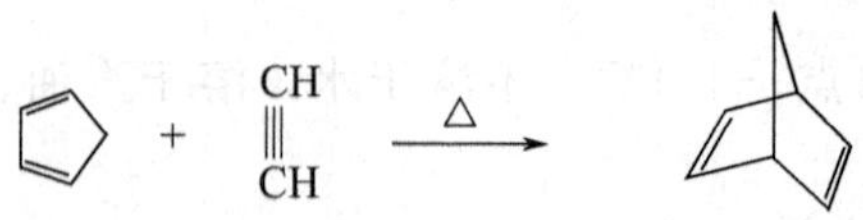

二环[2.2.1]-2.5-庚二烯

环戊二烯也可一分子作为双烯体,另一分子作为亲双烯体,自身进行双烯合成反应。环戊二烯在室温下放置聚合生成二聚环戊二烯,工业品就是二聚体。二聚环戊二烯在常压下进行蒸馏,使分馏柱顶上的温度保持在 41~42℃,即可安全转变为环戊二烯,可立即使用。

(2) 催化加氢

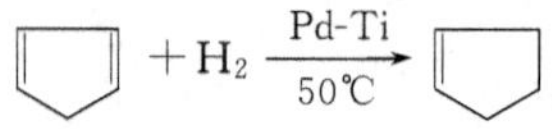

(3) α-氢原子的活泼性

2 个 α-H 超共轭,故其有一定酸性。

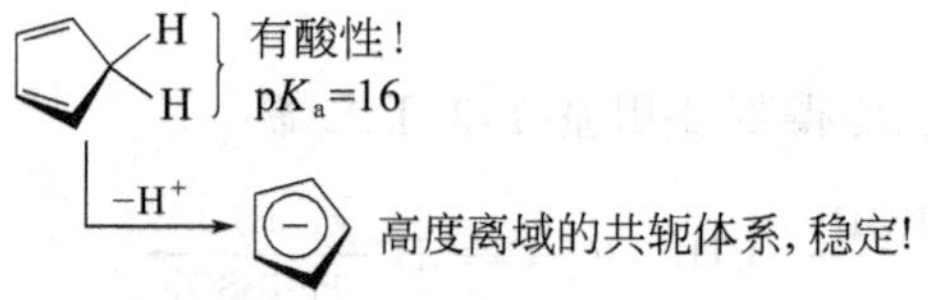

有酸性!
$pK_a=16$

高度离域的共轭体系,稳定!

环戊二烯可与金属钾或氢氧化钾成盐,生成环戊二烯负离子:

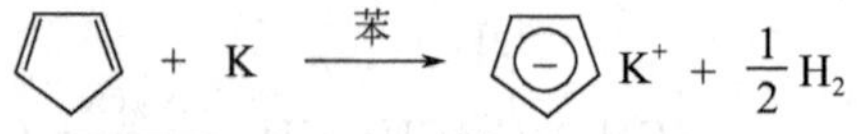

环戊二烯钾(或钠)盐与氯化亚铁反应可得到二茂铁:

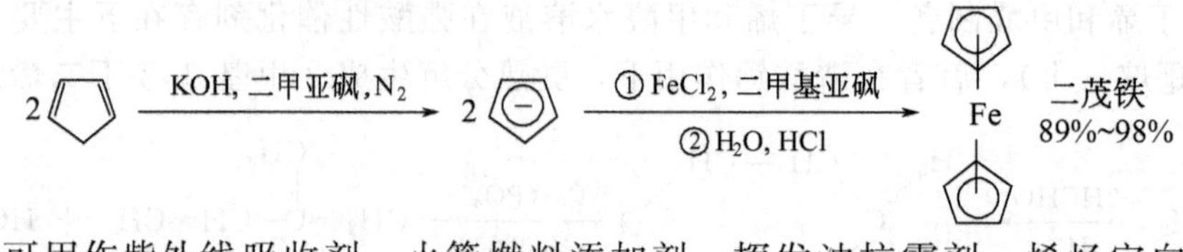

二茂铁
89%~98%

二茂铁可用作紫外线吸收剂、火箭燃料添加剂、挥发油抗震剂、烯烃定向聚合催化剂等。将其用于材料科学,可得到一系列新型材料。

阅读材料

2000 年 Nobel 化学奖简介

2000 年 10 月 10 日,瑞典皇家科学院宣布,三位科学家因为发现和发展了导电聚合物而获得本年度 Nobel 化学奖。他们是美国加利福尼亚大学的艾伦·J·黑格(Alan J. Heeger)、美国宾夕法尼亚大学的艾伦·G·马克迪尔米德(Alan G. MacDiarmid)和日本筑波大学的白川英树（Hideki Shirakawa）。艾伦·J·黑格，1936年生于艾奥瓦州苏城，现为加利福尼亚大学固体聚合物和有机物研究所所长，物理学教授。艾伦·G·马克迪尔米德，1927年生于新西兰的马斯特顿，现为宾夕法尼亚大学化学教授。白川英树，1936年生于东京，现为日本筑波大学材料学院化学教授。他们三人分享900万瑞典克朗（约合913700美元）的奖金。以表彰他们研究导电有机高分子材料的杰出成就。

众所周知，塑料与金属不同，塑料是一种良好的绝缘材料，通常情况下是不能导电的，在电缆中，塑料常被用做铜线外面的绝缘层。但令人惊奇的是，2000年诺贝尔化学奖得主对塑料研究的结果，向人们习以为常的"观念"提出了挑战。他们研究发现：特殊改造后的塑料能够成为导体，能够像金属一样表现出导电性能。

塑料是聚合体，构成塑料的无数分子通常都排成长链并且有规律地重复着这种结构。要想让塑料传导电流，必须使碳原子之间单键和双键以交替的方式连接，而且还必须能够让电子被除去或者附着上来，也就是通常说的氧化和还原。这样，这些额外的电子才能够沿着分子移动，塑料才能成为导体。这三位科学家于20世纪70年代末最先发现了这一原理，在他们的努力下，导体塑料已发展成为化学家和物理学家们重点研究的一个科学领域。这个领域已经孕育出了一些非常重要的实际应用。导体塑料可以应用在许多特殊环境中，摄影胶卷需要的抗静电物质、计算机显示器的防电磁辐射罩都会用到导体塑料。而近来研发的一些半导体聚合体甚至可以应用在发光二极管、太阳能电池以及移动电话和迷你电视的显示屏当中。有关导体聚合体的研究与分子电子学的迅速发展有着密切的联系。估计将来能够生产出只包含单个分子的晶体管和其它电子元器件，这将在很大程度上提高计算机的速度，同时减小计算机的体积，我们现在放在公文包里的手提电脑到那时可能只有手表大小了。

（引自：黄坤林，李帧，徐洁等．导电聚合物——2000年Nobel化学奖简介．化学教育，2001，(1)：5-7.）

习 题

1. 命名下列化合物。

    (1) $CH_2=C-CH_2CH_3$
        $\quad\quad\ \ |$
        $\quad\ \ CH_2CH_2CH_3$

    (2) $CH_3CHCH_2C\equiv CCH_3$
        $\quad\ \ |$
        $\quad\ CH_3$

    (3) $CH_3CH_2C\equiv CH-C\equiv CH$

    (4) $CH_3C\equiv CCHCH_2CH=CHCH_3$
        $\quad\quad\quad\ \ |$
        $\quad\quad\quad CH=CH_2$

    (5) $(CH_3)_2C=CHCH=CHCH_3$

    (6) 结构式

    (7)

    (8) 结构式 (9) 结构式 (10) 结构式

2. 完成下列反应。

    (1) $B \xleftarrow[Pd-BaSO_4,\ 喹啉]{H_2\ (1mol)} CH_2=CHCH_2C\equiv CH \xrightarrow[CCl_4]{Br_2\ (1mol)} A$

    (2) $B \xleftarrow[2)\ Zn/H_2O]{1)\ O_3}$ 结构式 $\xrightarrow[\triangle]{KMnO_4/H^+} A$

    (3) $B \xleftarrow[高温]{Br_2} CH_2=C-CH=CH_2 \xrightarrow{HBr(1mol)} A$
        $\quad\quad\quad\quad\quad\quad\ |$
        $\quad\quad\quad\quad\quad CH_3$

(4) 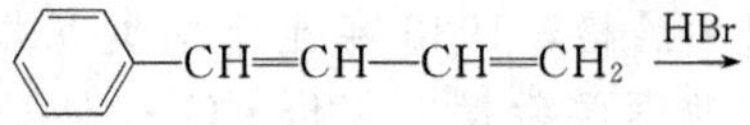 C₆H₅—CH=CH—CH=CH₂ $\xrightarrow{HBr}$

(5) ⌬ + ‖ $\xrightarrow{\Delta}$ A $\xrightarrow[\Delta]{KMnO_4/H^+}$ B

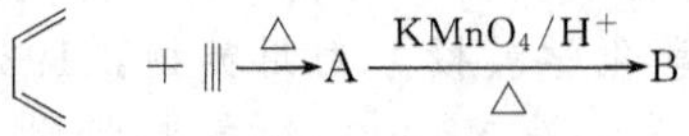

(6) F₃CCH=CH₂ + HCl ⟶

(7) H₃C—C≡C—CH₃ + H₂O $\xrightarrow{HgSO_4, H_2SO_4}$

(8) (CH₃)₂C=CHCH₃ + KMnO₄ + H₂O $\xrightarrow{H^+}$

(9) (CH₃)₂C=CH₂ $\xrightarrow[②H_2O/Zn]{①O_3}$

(10) 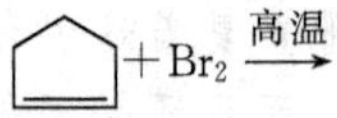 ⬠ + Br₂ $\xrightarrow{高温}$

(11) 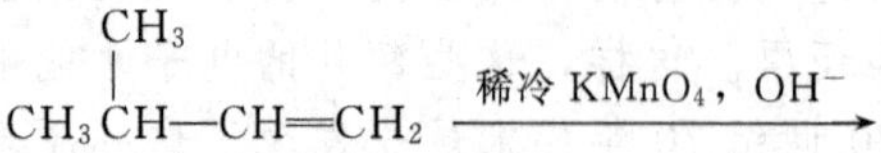 CH₃CH(CH₃)—CH—CH=CH₂ $\xrightarrow{稀冷\ KMnO_4,\ OH^-}$

(12) C₂H₅C≡CH $\xrightarrow{HCN}{CuCl}$

(13) CH₂=C(CH₃)—C(CH₃)=CH₂ + HOOCCH=CHCOOH ⟶

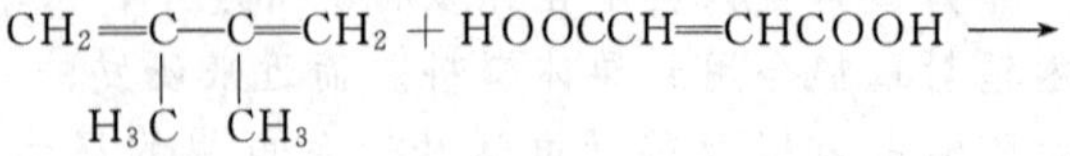

(14) CH₂=CH—CH=CH₂ + (H)(CH₃OOC)C=C(H)(COOCH₃) ⟶

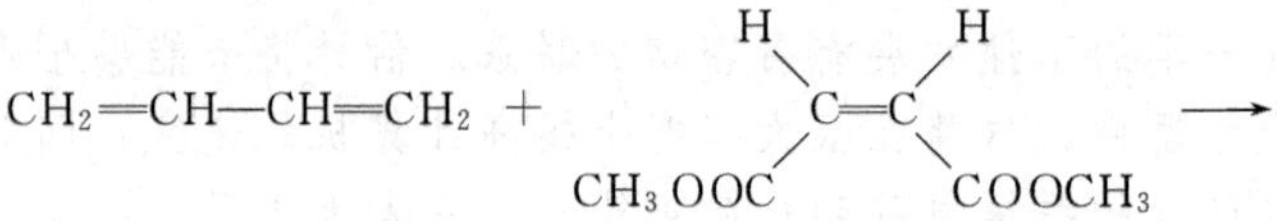

(15) CH₂=CH—CH=CH—CH=CH₂ + Br₂ $\xrightarrow{较高温度}$

(16) 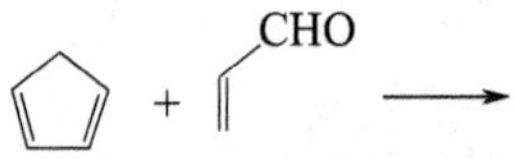 ⬠ + CH₂=CH—CHO ⟶

(17) ⬠ + C₂H₅OOC—C≡C—COOC₂H₅ ⟶

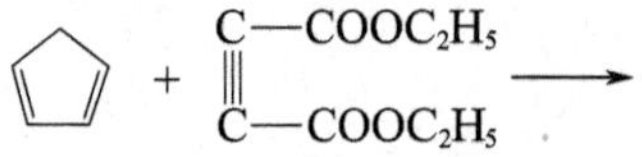

(18) CH₃CH₂C≡CH $\xrightarrow[2)\ H_2O_2,\ OH^-]{1)\ 1/2\ (BH_3)_2}$

3. 分别为下列反应提出合理的反应机理。

(1) 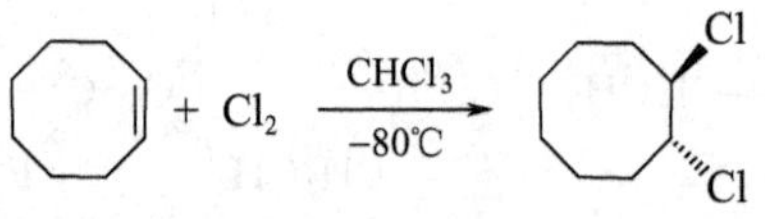 环辛烯 + Cl₂ $\xrightarrow[-80℃]{CHCl_3}$ 反式-1,2-二氯环辛烷

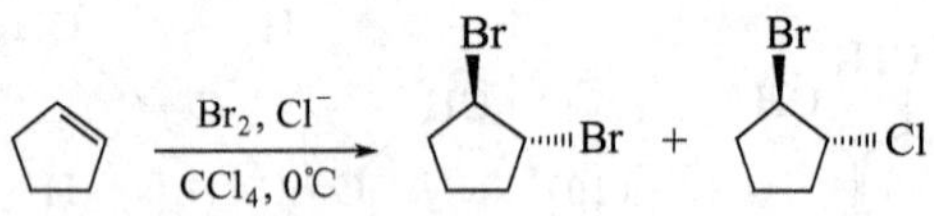

(2) 环戊烯 $\xrightarrow[CCl_4, 0℃]{Br_2, Cl^-}$ 反式-1,2-二溴环戊烷 + 反式-1-溴-2-氯环戊烷

(3) 1-甲基-1-乙烯基环戊烷 + H₂O $\xrightarrow{H_2SO_4}$ 1,2-二甲基环己醇

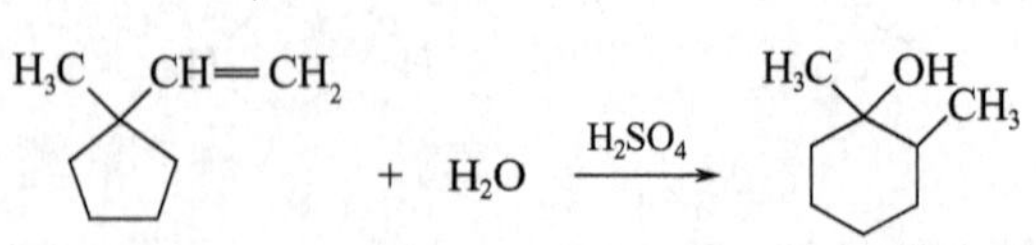

4. 用化学方法鉴别（或分离）下列各组化合物。

(1) CH₃(CH₂)₅CH=CH₂，CH₃(CH₂)₅C≡CH，CH₃(CH₂)₄C≡CCH₃

(2) CH≡C(CH₂)₃CH₃，环己烯，环丙基乙烷

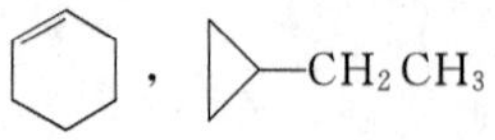

(3) 己烷，1-己烯，1-己炔，2,4-己二烯

(4) CH₃(CH₂)₅CH=CH₂，CH₃(CH₂)₅C≡CH，CH₃(CH₂)₄C≡CCH₃，1,3-辛二烯

(5) 将 1-己炔和 3-己炔的混合物分离成各自的纯品。

5. 回答问题。
(1) 写出下面三个化合物与 HBr 加成的主要产物；反应的活性按由大到小次序排列。
   A. $CF_3CH=CH_2$ B. $BrCH=CH_2$ C. $CH_3OCH=CHCH_3$

(2) 下列分子或离子中存在什么类型的共轭体系？
   A. $CH_3-CH=CH-CH=CH-CH_3$ B. $CH_3-CH=CH-\overset{+}{C}H-CH_3$
   C. $Cl-CH=CH-CH_3$ D. $CH_3CH_2-\overset{..}{\underset{..}{O}}-CH_2-CH_3$

(3) 比较下列碳正离子的稳定性。

(4) 由大到小排列下面化合物与 HBr 加成反应的活性次序。
   A. $CH_3CH=CHCH=CH_2$ B. $CH_2=CHCH_2CH_3$ C. $CH_3CH=CHCH_3$
   D. $CH_2=CHCH=CH_2$ E. $CH_2=C(CH_3)-C(CH_3)=CH_2$ F. $(CH_3)_2C=CHCH_3$

(5) 将下列碳正离子按稳定性增大的次序排列，并说明理由。
   A. $CH_3-\overset{+}{C}H-CH_3$ B. $CH_2=CH-\overset{+}{C}H_2$ C. $CH_3CH_2\overset{+}{C}H_2$ D. $Cl_3C-\overset{+}{C}H-CH_3$

(6) 将下列化合物与异戊二烯按双烯合成反应（Diels-Alder 反应）的活性顺序由大到小排列，并写出主要反应产物。

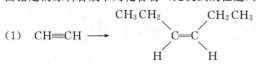

(7) 比较炔键上的氢、烯键上的氢和烷烃中氢的酸性强弱，并说明理由。

6. 推测结构。
(1) 某化合物 A 的分子式为 C_7H_{14}，经酸性高锰酸钾溶液氧化后生成两个化合物 B 和 C。A 经臭氧化而后还原水解也得到相同产物 B 和 C。试写出 A、B、C 的构造式。

(2) 有 A 和 B 两个化合物，它们互为构造异构体，都能使溴的四氯化碳溶液褪色。A 与 $Ag(NH_3)_2NO_3$ 反应生成白色沉淀，用高锰酸钾溶液氧化生成丙酸（CH_3CH_2COOH）和二氧化碳；B 不与 Ag-$(NH_3)_2NO_3$ 反应，而用高锰酸钾溶液氧化只生成一种羧酸。试写出 A 和 B 的构造式及各步反应式。

(3) 某化合物 A，分子式为 C_5H_8，在液氨中与金属钠作用后，再与 1-溴丙烷作用，生成分子式为 C_8H_{14} 的化合物 B。用高锰酸钾氧化 B 得到分子式为 $C_4H_8O_2$ 的两种不同的羧酸 C 和 D。A 在硫酸汞存在下与稀硫酸作用，可得到分子式为 $C_5H_{10}O$ 的酮 E。试写出 A~E 的构造式及各步反应式。

(4) 分子式为 C_7H_{10} 的某开链烃 A，可发生下列反应：A 经催化加氢可生成 3-乙基戊烷；A 与硝酸银氨溶液反应可产生白色沉淀；A 在 $Pd/BaSO_4$ 催化下吸收 1mol 氢气生成化合物 B，B 能与顺丁烯二酸酐反应生成化合物 C。试写出 A、B、C 的构造式。

(5) 某二烯烃和一分子溴加成结果生成 2,5-二溴-3-己烯，该二烯烃经高锰酸钾氧化得到两分子乙酸和一分子草酸。试写出该二烯烃的结构式及各步反应式。

7. 由指定的原料合成下列化合物（无机试剂任选）。

(1) $CH\equiv CH \longrightarrow \underset{\underset{H}{|}}{\overset{\overset{CH_3CH_2}{|}}{C}}=\underset{\underset{H}{|}}{\overset{\overset{CH_2CH_3}{|}}{C}}$

(2) $CH_3CH_2CH_2CH_2OH \longrightarrow CH_3CH_2\underset{\underset{Br}{|}}{\overset{\overset{Cl}{|}}{C}}CH_3$

(3) $CH\equiv CH \longrightarrow H_2C=CH-CH=CH_2$

(4) $CH\equiv CH \longrightarrow CH_3\overset{O}{\overset{\|}{C}}-CH_2CH_3$

(5) CH₂=⟨环己基⟩ → ⟨环己基⟩-CH₂CH₂CHO

(6) CH₃CH=CH₂ 和 CH₂=CH—CH=CH₂ → ⟨环己烷-1,2-二氯-4-氯甲基⟩

(7) CH≡CH 和 CH₂=CH—CH=CH₂ → ⟨环己烯-CN⟩

(8) CH₃CH=CH₂ 和 CH₂=CH—CH=CH₂ → ⟨环己烯-CH₂COCH₃⟩

(9) CH₃CH=CH₂ 和 CH₂=CH—CH=CH₂ → ⟨3,4-二溴环己基甲醛⟩

(10) CH₃CH=CH₂ 和 CH≡CH → ⟨环己基-CH₂C≡CH⟩

8. 试给出经臭氧化、锌粉水解后生成下列产物的烯烃的结构。
   (1) CH_3CH_2CHO 和 $HCHO$ (2) $CH_3CH_2COCH_3$ 和 CH_3CHO
   (3) CH_3CHO，CH_3COCH_3 和 $CHOCH_2CHO$
   这些烯烃如分别用酸性高锰酸钾溶液氧化将生成什么产物？

9. 某烯烃经催化加氢得到 2-甲基丁烷。加 HCl 可得 2-甲基-2-氯丁烷。如经臭氧化并在锌粉存在下水解，可得丙酮和乙醛，写出该烯烃的构造式以及各步反应式。

10. 某化合物催化加氢能吸收一分子氢，与过量酸性高锰酸钾溶液作用生成丙酸，写出该化合物可能的构造式。

11. 试用适当的化学方法将下列化合物中的少量杂质除去。
    (1) 除去粗乙烷气体中的少量乙炔   (2) 除去粗乙烯气体中少量的乙炔

12. 写出异丁烯与下列试剂的反应产物。
    (1) Br_2/CCl_4 (2) $KMnO_4$ 5% 碱性溶液   (3) 浓 H_2SO_4 作用后加热水解
    (4) HBr   (5) HBr/过氧化物   (6) ICl

13. 在下列各组化合物中，哪一个比较稳定？为什么？

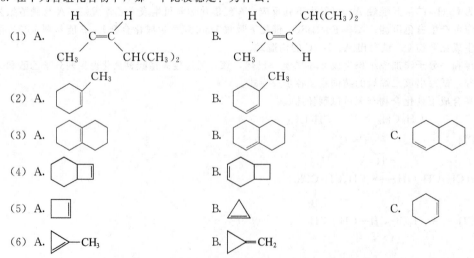

14. 下列碳正离子均倾向于重排成更稳定的碳正离子，试写出重排后碳正离子的结构。

(1) $CH_3CH_2\overset{+}{C}H_2$ (2) $(CH_3)_2\overset{+}{C}HCH_3$ (3) $(CH_3)_3\overset{+}{C}CH_3$ (4) 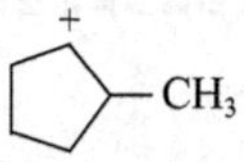 环戊基-$\overset{+}{C}H$-CH_3

15. 写出下列各反应的机理。

(1) 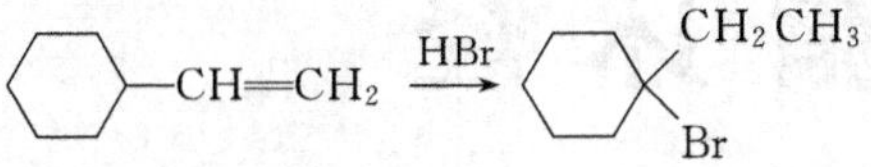 环己基-CH=CH$_2$ $\xrightarrow{HBr}$ 环己基上连 $-C(CH_2CH_3)(Br)-$

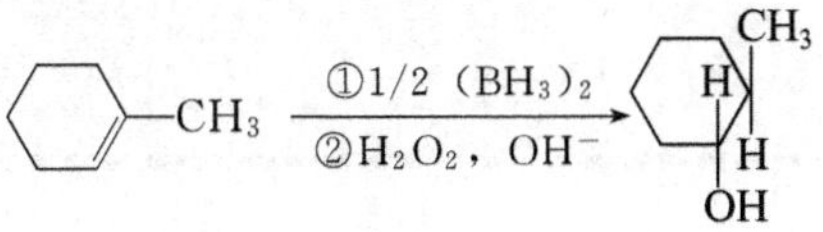

(2) 环己烯-CH$_3$ $\xrightarrow[\text{② H}_2\text{O}_2,\text{ OH}^-]{\text{① 1/2 (BH}_3)_2}$ 产物(CH$_3$, H, OH)

(3) 2-甲基八氢萘 $\xrightarrow{HBr, ROOR}$ 产物(CH$_3$, Br)

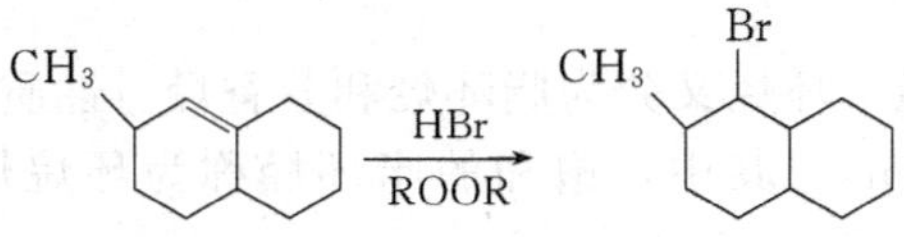

(4) 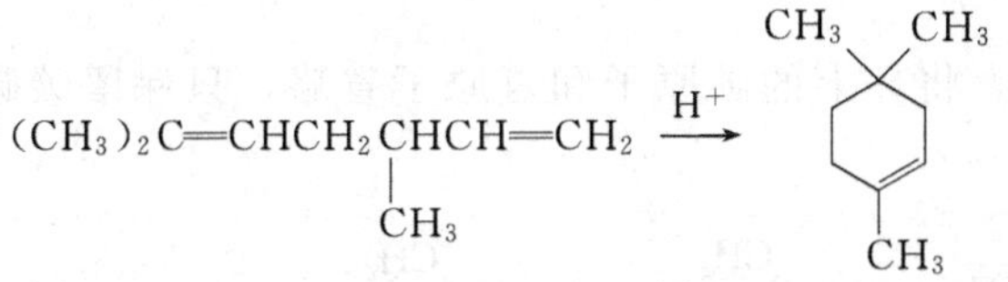 $(CH_3)_2C=CHCH_2CH(CH_3)CH=CH_2 \xrightarrow{H^+}$ 1,1-二甲基-4-甲基环己烯

16. (A) 和 (B) 两个化合物互为构造异构体，都能使溴的四氯化碳溶液褪色。(A) 与 Ag(NH$_3$)$_2$NO$_3$ 反应生成白色沉淀，用 KMnO$_4$ 溶液氧化生成丙酸 (CH$_3$CH$_2$COOH) 和二氧化碳；(B) 不与 Ag(NH$_3$)$_2$NO$_3$ 反应，且用 KMnO$_4$ 溶液氧化只生成一种羧酸。试写出 (A) 和 (B) 的构造式及各步反应式。

17. 某化合物 (A)，分子式为 C_5H_8，在液氨中与金属钠作用后，再与 1-溴丙烷作用，生成分子式为 C_8H_{14} 的化合物 (B)。用高锰酸钾氧化 (B) 得到分子式为 $C_4H_8O_2$ 的两种不同的羧酸 (C) 和 (D)。(A) 在硫酸汞存在下与稀硫酸作用，可得到分子式为 $C_5H_{10}O$ 的酮 (E)。试写出 (A) ～ (E) 的构造式及各步反应式。

18. 分子式相同的化合物 (A)、(B) 和 (C)，其分子式为 C_5H_8，它们都能使 Br$_2$/CCl$_4$ 溶液褪色，在催化下加氢都得到戊烷。(A) 与氯化亚铜碱性溶液作用生成棕红色沉淀，(B) 和 (C) 则不反应。(C) 可以与顺丁烯二酸酐反应生成固体沉淀物，(A) 和 (B) 则不能。试写出 (A)、(B) 和 (C) 的构造式以及各步反应式。

第 4 章　脂 环 烃

由碳氢两种元素组成的环状化合物称为环烃。环烃又分为脂环烃和芳香烃。性质与脂肪烃相似的环烃称为脂环烃（alicyclic hydrocarbon）。其中，饱和的脂环烃称为环烷烃（cycloalkane）。本章主要讨论环烷烃。

脂环烃化合物的结构常用简式表示，将环上的碳原子和氢原子省略，只保留碳碳骨架。例如：

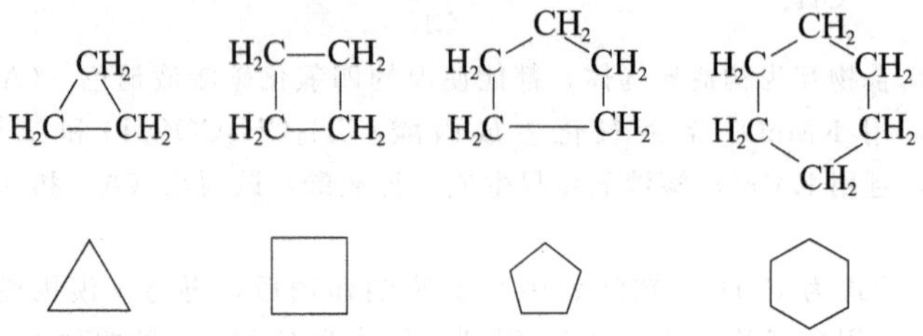

环丙烷　　环丁烷　　环戊烷　　环己烷

单环环烷烃的分子通式为 C_nH_{2n}，与碳原子数目相同的开链单烯烃互为同分异构体。此外，环烷烃还有环状同分异构体。例如，分子式为 C_4H_8 的异构体为：

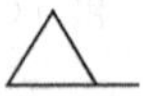

$CH_2=CH-CH_2-CH_3$ 　　 $CH_3-CH=CH-CH_3$ 　　 $CH_2=C(CH_3)-CH_3$

环烷烃 C_5H_{10} 有五个环状异构体：

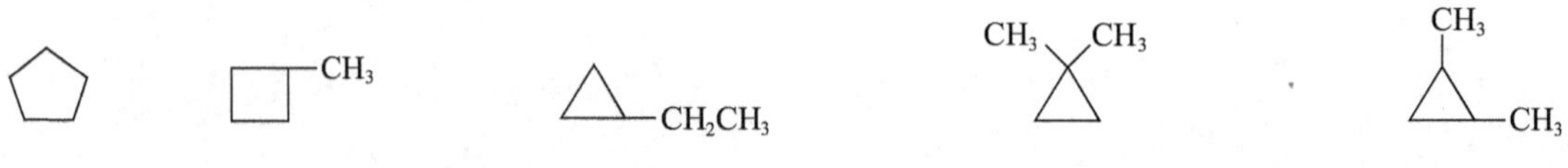

4.1　脂环烃的分类和命名

4.1.1　分类

脂环烃按分子中有无不饱和键可分为饱和脂环烃（alicyclic saturated hydrocarbon）和不饱和脂环烃（alicyclic unsaturated hydrocarbon），饱和脂环烃即环烷烃，如环己烷。不饱和脂环烃又分为环烯烃（cycloalkene）和环炔烃（cycloalkyne），如环己烯和环辛炔，环辛炔是最简单的环炔烃。按分子中碳环数目可分为单环脂环烃、二环脂环烃和多环脂环烃。单环脂环烃按环的大小又可分为小环，含三到四个碳原子；普通环，含五到七个碳原子；中环，含八到十一个碳原子；大环，含十二个以上碳原子，目前已知有三十碳环烷烃。二环脂环烃又可分为联环、螺环、稠环和桥环脂环烃。

4.1.2 命名
4.1.2.1 单环脂环烃

与烷烃类似，环烷烃分子从形式上去掉一个氢原子所剩下的基团叫做环烷基。

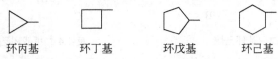

单环脂环烃的命名与开链脂肪烃相似，只是在开链脂肪烃名称前面加上"环"字，环烷烃就称为"环某烷"。例如：

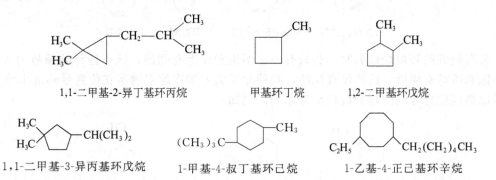

环上有支链时，一般作为取代基，将其名称放在前面。如果环上有多个取代基，就需要将取代基按照次序规则进行编号。

1,1-二甲基-2-异丁基环丙烷　　甲基环丁烷　　1,2-二甲基环戊烷

1,1-二甲基-3-异丙基环戊烷　　1-甲基-4-叔丁基环己烷　　1-乙基-4-正己基环辛烷

如果分子中有大环与小环，命名时一般以较大的环为母体，较小的环为取代基。对于比较复杂的化合物或环上带的支链不易命名时，则将环作为取代基来命名。例如：

环丙基环己烷　　1-甲基-3-环丁基环戊烷　　3-甲基-4-环丁基庚烷　　1,2-二环己基乙烷

由于环的存在限制了σ键的自由旋转，当环上有两个或两个以上碳原子均连有不同的取代基时，将产生顺反异构。两个相同原子或基团在环平面同侧者为顺式异构体，在异侧者为反式异构体。例如：

顺-1,2-二甲基环丙烷　　反-1,2-二甲基环丙烷

在书写环状化合物的结构式时，为了表示出环上碳原子的构型，可以把环表示为垂直于纸面（见 A、C），将朝向前面（即向着纸面外）的三个键用粗线或楔形线表示。把碳上的基团排布在环的上边和下边（若碳上没有取代基只有氢原子，也可省略不写）。或者把碳环表示为在纸面上（见 B、D），把碳上的基团排布在环的前方和后方，用实线表示伸向环平面前方的键，虚线表示伸向后方的键。

A　　B

顺-1,4-二甲基环己烷

C　　D

反-1,4-二甲基环己烷

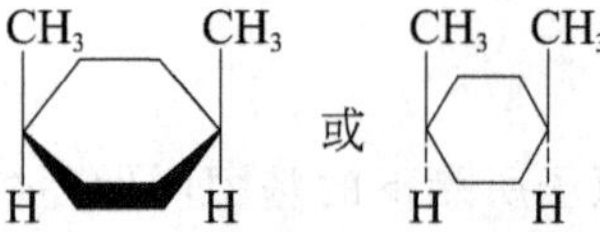

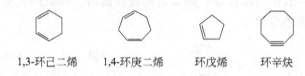

环烯烃和环炔烃的命名也与相应的开链不饱和烃相似，分别称为“环某烯”、“环某二烯”和“环某炔”。以不饱和碳环作为母体，环上碳原子的编号应使不饱和碳的位次最小。环上的支链作为取代基，其名称放在母体名称之前，如果环上不止一个取代基，按次序规则命名，且使所有取代基的编号尽可能小。对分子中只有一个不饱和键的环烯烃或环炔烃，因不饱和键位于 $C_1 \sim C_2$ 之间，故双键或叁键的位次也可以不标出来。例如：

1,3-环己二烯

1,4-环庚二烯

环戊烯

环辛炔

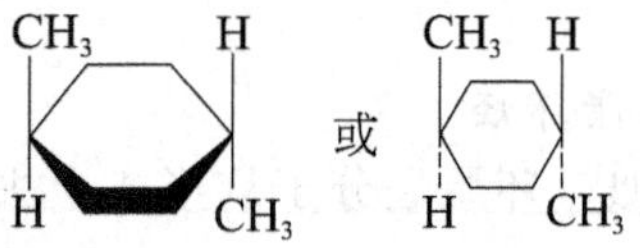

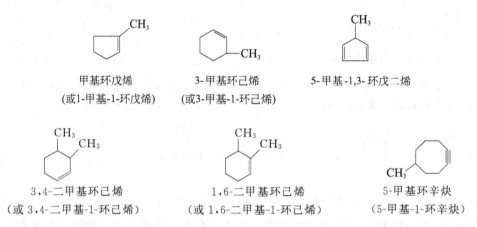

带有侧链的环烯烃命名时，若只有一个不饱和碳上有侧链，该不饱和碳编号为1；若两个不饱和碳都有侧链，或都没有侧链，则碳原子编号顺序除双键所在位置号码最小外，还要同时以侧链位置号码的加和数较小为原则。例如：

甲基环戊烯
(或1-甲基-1-环戊烯)

3-甲基环己烯
(或3-甲基-1-环己烯)

5-甲基-1,3-环戊二烯

3,4-二甲基环己烯
(或 3,4-二甲基-1-环己烯)

1,6-二甲基环己烯
(或 1,6-二甲基-1-环己烯)

5-甲基环辛炔
(5-甲基-1-环辛炔)

4.1.2.2　二环脂环烃

分子碳骨架中含有两个碳环的烃，称为二环脂环烃，简称二环烃。二环烃可以分为联环(calyx)、螺环（spiro）、稠环（fused ring）和桥环（bridge ring）四种类型。两个环以单键或双键直接相连的称为联环脂环烃，简称联环。两个环共用一个碳原子的称为螺环脂环烃，简称螺环，共用的碳原子为螺原子。两个环共用两个相邻碳原子的称为稠环脂环烃，简称稠环。两个环共用两个不相邻碳原子的称为桥环脂环烃，简称桥环，共用的碳原子为桥头碳原子或桥头碳。例如：

联二环己烷
联环

螺[4.4]壬烷
螺环

二环[4.4.0]癸烷
稠环

二环[2.2.1]庚烷
桥环

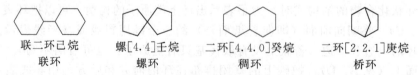

联环脂环烃最常见的是两个相同环以单键相连，称为联二环某烃，如联二环己烷。若两个环不同，其命名类似于单环脂环烃，前面已作介绍。下面主要介绍螺环和桥环脂环烃的

命名。

(1) 螺环脂环烃

螺环脂环烃命名时，称为"螺[a.b]某烃"，"某"为成环碳原子的总数。方括号中的数字 a 和 b 分别为螺原子以外的小环和大环碳原子数目，并用下角圆点分开。环的编号从小环中与螺原子相邻的碳原子开始，经由螺原子再到大环。如果环上有不饱和键，编号时应满足以上原则，且使不饱和碳原子的编号尽可能小。如果环上有取代基，除满足上述原则外，位次也应尽可能小。取代基的位次和名称放在"螺"之前。例如：

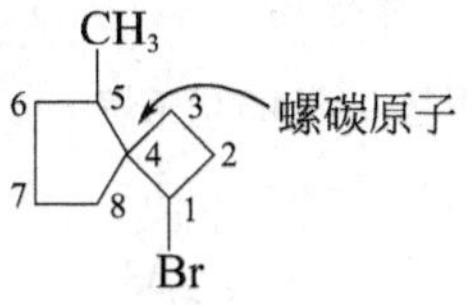

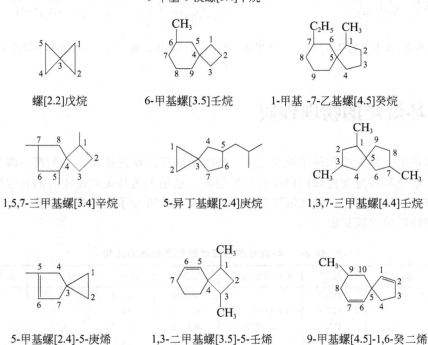

5-甲基-1-溴螺[3.4]辛烷

螺[2.2]戊烷　　6-甲基螺[3.5]壬烷　　1-甲基-7-乙基螺[4.5]癸烷

1,5,7-三甲基螺[3.4]辛烷　　5-异丁基螺[2.4]庚烷　　1,3,7-三甲基螺[4.4]壬烷

5-甲基螺[2.4]-5-庚烯　　1,3-二甲基螺[3.5]-5-壬烯　　9-甲基螺[4.5]-1,6-癸二烯

(2) 桥环脂环烃

桥环脂环烃命名时按两个环的成环碳原子总数命名为"二环[a.b.c]某烃"，有时也称为"双环[a.b.c]某烃"。方括号中的 a、b、c 分别为桥头碳原子以外的各桥上的碳原子数目，由大到小排列，并用下角圆点分开。环的编号从某一桥头碳原子开始，沿最长的桥到另一桥头碳原子，再经次长的桥回到第一个桥头碳原子，最短的桥上碳原子最后编号。如果环上有不饱和键，编号时应满足以上原则，且使不饱和碳原子的编号尽可能小。如果环上有取代基，除满足上述原则外，位次也应尽可能小。取代基的位次和名称放在"二环"之前。稠环脂环烃按此命名法命名。例如：

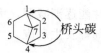

7,7-二甲基二环[2.2.1]庚烷

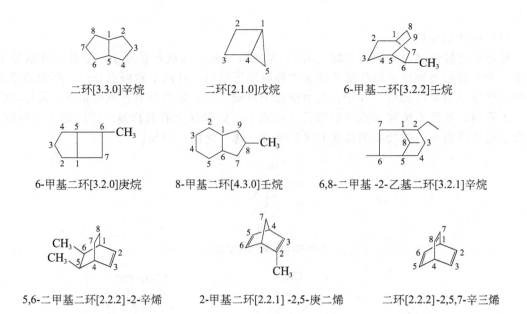

4.2 环烷烃的物理性质

常温常压下，环丙烷和环丁烷是气体，环戊烷和环己烷是液体，它们都不溶于水。环烷烃的沸点、熔点和相对密度都比同碳数的烷烃高。这是因为环烷烃比相应的开链烃的对称性高，因而排列得比较紧密，并且旋转受到较大限制，使得分子间的作用力较强。环烷烃和相应烷烃物理性质的比较见表 4-1。

表 4-1　环烷烃和相应烷烃物理性质的比较

化合物	沸点/℃	熔点/℃	相对密度(d_4^{20})	化合物	沸点/℃	熔点/℃	相对密度(d_4^{20})
丙烷	−42.2	−187.1	0.5824	环戊烷	49.3	−93.9	0.7457
环丙烷	−32.7	−127.6	0.720(−79/4℃)	正己烷	68.7	−94	0.6594
正丁烷	−0.5	−135.0	0.5788	环己烷	80.7	6.6	0.7786
环丁烷	12.5	−80	0.703(0/4℃)	正庚烷	98.4	−90.5	0.6837
正戊烷	36.1	−129.3	0.6246	环庚烷	118.5	−12	0.8098

4.3 脂环烃的化学性质

脂环烃的化学性质与开链烃相似，例如环烷烃可以发生自由基取代反应，环烯烃可以进行加成反应和氧化反应等，但因环状结构的存在而具有其特殊性。环烷烃的化学性质与组成环的碳原子数目有关，小环环烷烃不稳定，环容易破裂，其性质与烯烃相似，易发生加成反应而开环。但随着环的增大，其反应性能逐渐减弱，大环环烷烃的化学性质与烷烃相似，一般情况下，不与强酸、强碱、强氧化剂等发生反应。

4.3.1 取代反应

环烷烃与烷烃相似，主要发生自由基取代反应（radical substitution reaction）。例如：

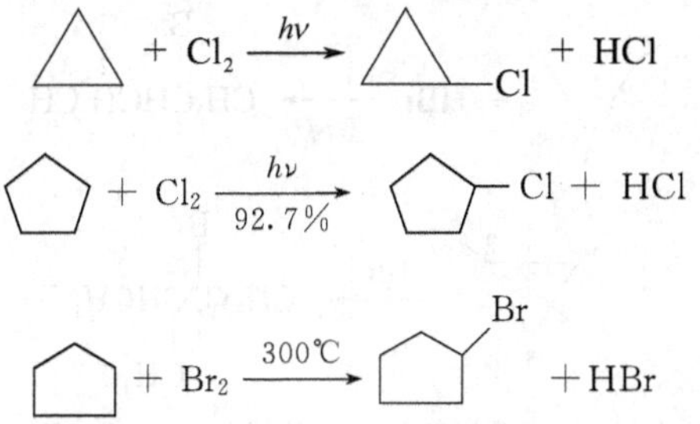

第 4 章 脂环烃

$$\triangle + Cl_2 \xrightarrow{h\nu} \triangle\!-\!Cl + HCl$$

$$\pentagon + Cl_2 \xrightarrow[92.7\%]{h\nu} \pentagon\!-\!Cl + HCl$$

$$\pentagon + Br_2 \xrightarrow{300℃} \underset{}{\pentagon}\!-\!Br + HBr$$

4.3.2 加成反应

三元环和四元环由于电子云重叠程度较差，碳碳键没有开链烃中碳碳键稳定，所以发生加成反应时环容易破裂，故也称为开环加成反应，而五元以上的环烷烃开环则比较困难。

4.3.2.1 催化加氢

小环环烷烃在催化剂作用下，发生催化加氢生成烷烃。由于环的大小不同，催化加氢（catalytic hydrogenation）的难易也不同。环丁烷比环丙烷开环困难，需要在较高的温度下进行加氢反应，而环戊烷则必须在更强烈的条件下（如 300℃、铂催化）才能加氢，高级环烷烃加氢则更为困难。

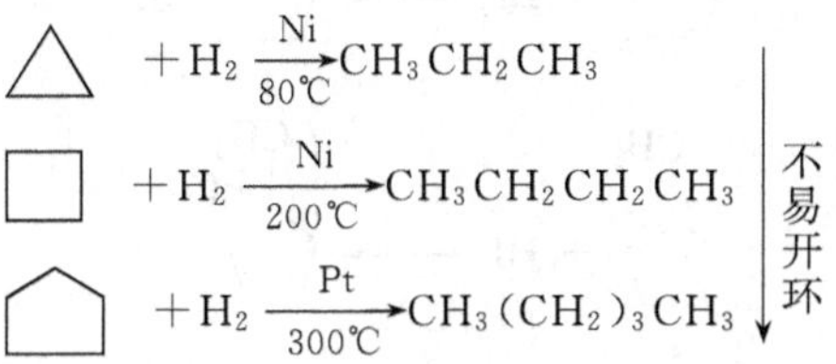

$$\triangle + H_2 \xrightarrow[80℃]{Ni} CH_3CH_2CH_3$$

$$\square + H_2 \xrightarrow[200℃]{Ni} CH_3CH_2CH_2CH_3$$

$$\pentagon + H_2 \xrightarrow[300℃]{Pt} CH_3(CH_2)_3CH_3$$

不易开环

从上述反应条件可以看出，环的稳定性顺序为：五元环＞四元环＞三元环。

4.3.2.2 加卤素

环丙烷在常温下与溴发生加成反应，生成 1,3-二溴丙烷。取代环丙烷发生加成反应时，环的破裂发生含氢最多和含氢最少的两个碳原子之间。用此反应可以区别环丙烷与取代环丙烷。

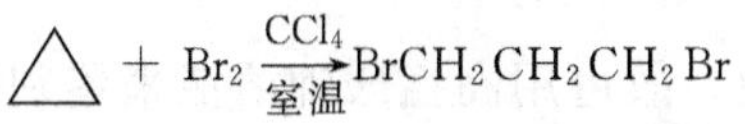

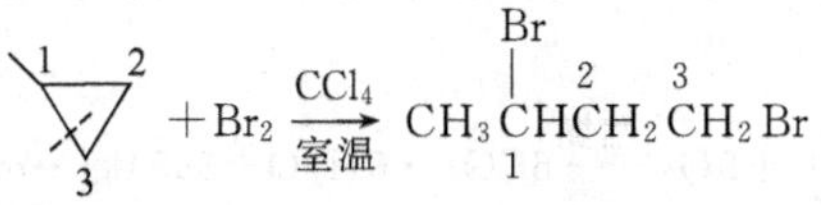

$$\triangle + Br_2 \xrightarrow[室温]{CCl_4} BrCH_2CH_2CH_2Br$$

$$\overset{1\ 2}{\underset{3}{\triangle}} + Br_2 \xrightarrow[室温]{CCl_4} CH_3\underset{1}{\overset{Br}{\underset{|}{C}H}}\overset{2}{C}H\overset{3}{C}H_2Br$$

在加热条件下，环丁烷与溴发生加成反应，生成 1,4-二溴丁烷。五元环和六元环则不发生加成反应，而发生取代反应。

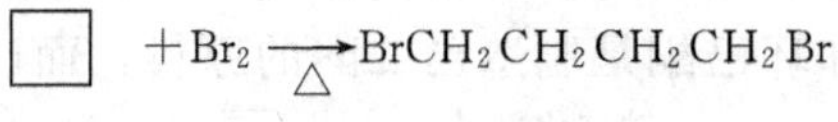

$$\square + Br_2 \xrightarrow{\triangle} BrCH_2CH_2CH_2CH_2Br$$

4.3.2.3 加卤化氢

卤化氢也能使环丙烷和取代环丙烷开环，产物为卤代烷。取代环丙烷与卤化氢反应时，容易在取代基最多和取代基最少的碳碳键之间发生断裂，加成符合 Markovnikov 规则，即环破裂后氢原子加到含氢最多的碳原子上，卤原子加到含氢最少的碳原子上。环丁烷以上的环烷烃在常温下则难以与卤化氢进行开环加成反应。

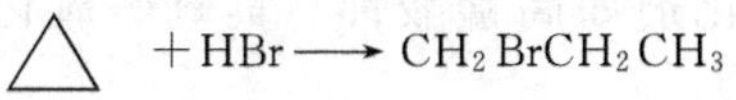

$$\triangle + HBr \longrightarrow CH_2BrCH_2CH_3$$

$$\overset{1\quad 2}{\underset{3}{\triangle}} + HBr \xrightarrow{室温} \underset{1}{CH_3}\underset{}{\overset{Br}{C}H}\underset{2\ 3}{CH_2CH_3}$$

$$\overset{1\quad 2}{\underset{3}{\triangle}}(CH_3)_2 + HBr \longrightarrow (CH_3)_3\underset{1}{\overset{Br}{C}}\underset{2\ 3}{CH_2CH_3}$$
（此处第二式中间为 $(CH_3)_2C(Br)CH_2CH_3$）

环丙烷及其衍生物还可以与硫酸开环加成，断键方式与和卤化氢的反应相同，加成符合 Markovnikov 规则。

$$\triangle(CH_3)_2 + H_2SO_4 \longrightarrow CH_3-\underset{OSO_3H}{\overset{CH_3}{\underset{|}{C}}}-\underset{}{\overset{CH_3}{\underset{|}{C}H}}-CH_3 \xrightarrow[\Delta]{H_2O} CH_3-\underset{OH}{\overset{CH_3}{\underset{|}{C}}}-\underset{}{\overset{CH_3}{\underset{|}{C}H}}-CH_3$$

环烯烃与烯烃相似，易与氢、卤素、卤化氢、硫酸等发生加成反应。例如：

环戊烯 $+ Br_2 \xrightarrow{CCl_4}$ 1,2-二溴环戊烷

1-甲基环戊烯 $+ HI \longrightarrow$ 1-甲基-1-碘环戊烷

4.3.3 氧化反应

常温下，环烷烃与一般氧化剂（如高锰酸钾溶液、臭氧等）不起作用，即使是环丙烷，常温下也不能使高锰酸钾溶液褪色。例如：

$$\triangle-CH=C(CH_3)_2 \xrightarrow{KMnO_4} \triangle-COOH + (CH_3)_2C=O$$

双键被氧化，而环不受影响。故可用高锰酸钾溶液来鉴别烯烃与环丙烷及其衍生物。

环烷烃可以在空气中燃烧，燃烧时如果氧气充分可以完全被氧化成二氧化碳和水，同时放出大量的热。

$$\bigcirc + 9O_2 \xrightarrow{燃烧} 6CO_2 + 6H_2O + 3954 kJ \cdot mol^{-1}$$

该反应是石油用作能源的基本原理。若在加热条件下用强氧化剂或在催化剂作用下用空气氧化，环烷烃也可以发生部分氧化反应。利用环烷烃的部分氧化反应制备化工产品，原料价廉、易得，但产物选择性差、副产物多、分离提纯困难。在工业生产中，可以控制条件使某一产物为主。例如环己醇和环己酮是制造己二酸的原料，而己二酸是合成尼龙的原料。

$$\underset{环己烷}{\bigcirc} + O_2 \xrightarrow[150\sim 160℃, 0.8\sim 1MPa]{钴催化剂} \underset{环己醇}{\bigcirc-OH} + \underset{环己酮}{\bigcirc=O}$$

$$\bigcirc + O_2 \xrightarrow[\Delta]{HNO_3} \underset{己二酸}{\overset{CH_2CH_2COOH}{\underset{CH_2CH_2COOH}{|}}}$$

环烯烃的双键也容易被氧化剂如高锰酸钾、臭氧等氧化而断裂生成开链的氧化产物。例如：

$$\text{环己烯} \xrightarrow{KMnO_4} H_3C-CHCH_2COOH \\ \qquad\qquad\qquad\; |\\ \qquad\qquad\qquad CH_2CH_2COOH$$

$$\text{环己烯} \xrightarrow{O_3}\xrightarrow{Zn,\ H_2O} \begin{array}{l} CH_2CH_2CHO \\ | \\ CH_2CH_2CHO \end{array}$$

4.3.4 异构化反应

化合物从一种异构体转变为另一种异构体的反应，称为异构化反应。在适当的条件下，多数环烷烃可以发生异构化反应。例如：

$$\text{乙基环戊烷} \underset{AlCl_3}{\overset{50℃}{\rightleftharpoons}} \text{甲基环戊烷} \underset{AlCl_3}{\overset{50℃}{\rightleftharpoons}} \text{1,2-二甲基环戊烷} + \text{1,3-二甲基环戊烷}$$

一些环烷烃经异构化和脱氢反应可以转变为芳烃，这是以石油为原料生产芳烃的方法。

4.3.5 裂化反应

与烷烃类似，环烷烃也可以发生裂化反应。环烷烃的裂化反应主要是发生开环分解成小分子的不饱和烃，以及脱氢生成环烯烃和芳烃等。例如：

$$\text{甲基环戊烷} \xrightarrow{\Delta} \begin{cases} \text{环戊烯}-CH_3 + H_2 \\ C_2H_4 + C_4H_6 + H_2 \\ C_2H_4 + C_4H_8 \\ 2C_3H_6 \end{cases}$$

4.4 环烷烃的结构和环的稳定性

环烷烃的稳定性与环的大小有关。环丙烷的稳定性最差，环丁烷次之，环戊烷、环己烷较稳定。随着环的增大，环烷烃的结构和性质逐渐趋近于链烷烃。这个事实可从如下两个方面来解释。

4.4.1 环烷烃的结构

根据物理方法测定，环丙烷分子中的 C—C—C 键角为 105.5°（链烷烃分子中 C—C—C 键角为 109.5°）；H—C—H 键角为 114°；C—C 键长为 0.151nm，C—H 键长为 0.108nm。如图 4-1 所示。

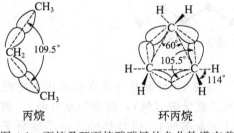

图 4-1 丙烷及环丙烷碳碳键的杂化轨道交盖

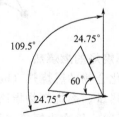

图 4-2 环丙烷的角张力

从图 4-1 可以看出，在环丙烷分子中，两个相邻碳原子以 sp³ 杂化轨道形成 C—C σ 键时，其轨道对称轴不在同一直线，为形成三元环必须将键角向内偏转至 105.5°，从而使环丙烷分子存在角张力（见图 4-2）；同时，在环丙烷分子中，相邻碳原子上的 C—H 键处于重叠式构象，又存在着扭转张力。形成的 σ 键外形似香蕉，称为弯曲键（bending bond）或香蕉键，其轨道交盖程度小，C—C 键能也较小，C—C 键不稳定，容易断裂。这些是环丙烷分子不稳定的主要原因。

电子衍射研究说明，环丁烷分子中四个碳原子不在同一平面上，呈折叠式构象，又称蝶式（见图 4-3），这种非平面型结构可以减少 C—H 键的重叠，使扭转张力减小；分子中的 C—C—C 键角为 111.5°，存在角张力，但比环丙烷小。形成的 C—C σ 键也是弯曲的，但弯曲程度较小。因此，环丁烷比环丙烷稳定。

环戊烷分子呈信封式和扭曲式构象（见图 4-4），C—C—C 键角为 108°，也存在角张力和扭转张力，但均很小，较稳定。

图 4-3　环丁烷的分子结构 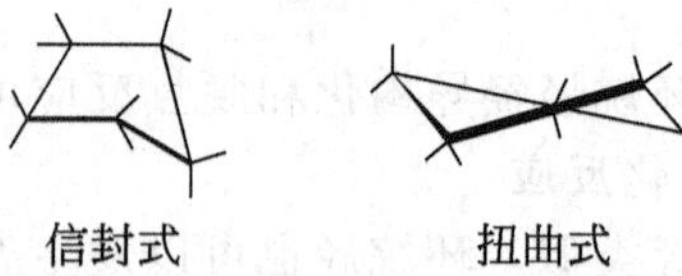　　　　图 4-4　环戊烷的分子结构

环己烷比环戊烷更稳定。在环己烷分子中，六个成环碳原子不在同一平面，C—C—C 键角为 109.5°，既无角张力，也无扭转张力，因此很稳定。

中级环环烷烃的成环碳原子都不在同一平面内，环是折叠的（见图 4-5），分子内由于氢原子较为拥挤，存在扭转张力，因此也不如环己烷稳定。大环环烷烃分子，例如环二十二烷呈皱折型，由两条平行碳链组成，C—C—C 键角接近正常键角，是无张力环（见图 4-6），但成环比较困难，所以在自然界中并不普遍存在，自然界中普遍存在的是五元环和六元环化合物，尤其是环己烷及其衍生物，因为它们稳定性好，在一定条件下容易形成。

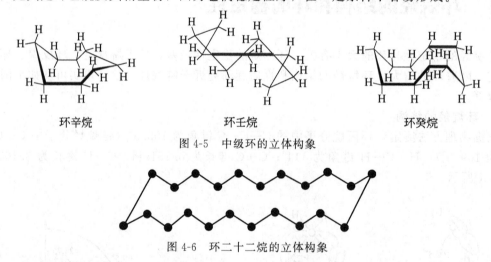

环辛烷　　　　　　　　　环壬烷　　　　　　　　　环癸烷

图 4-5　中级环的立体构象

图 4-6　环二十二烷的立体构象

4.4.2　环烷烃的燃烧热

有机化合物的燃烧热（heat of combustion）是指 1mol 某化合物在标准压力时完全燃烧所放出的热量。燃烧产物指该化合物中的碳变为二氧化碳（气），氢变为水（液），硫变为二氧化硫（气），氮变为氮气（气），氯变为氯化氢（水溶液）。燃烧热的大小反映分子内能的高低，从而可提供相对稳定性的依据。环烷烃都由 CH_2 构成，可由每摩尔环烷烃的燃烧热计算出 CH_2 的平均燃烧热（见表 4-2），而链烷烃的 CH_2 的平均燃烧热为 $659 kJ \cdot mol^{-1}$，

二者之间的能量差称为 CH_2 的张力能（strain energy），由此可比较环的稳定性。

表 4-2　一些环烷烃的燃烧热和张力能

环烷烃	成环碳数	分子燃烧热 /kJ·mol^{-1}	CH_2 的平均燃烧热 /kJ·mol^{-1}	CH_2 的张力能 /kJ·mol^{-1}	总张力能 /kJ·mol^{-1}
环丙烷	3	2091	697	697−659=38	114
环丁烷	4	2744	686	686−659=27	108
环戊烷	5	3320	664	664−659=5	25
环己烷	6	3952	659	659−659=0	0
环庚烷	7	4637	662	662−659=3	21
环辛烷	8	5310	664	665−659=5	40
环壬烷	9	5981	665	665−659=6	54
环癸烷	10	6636	664	664−659=5	50
环十五烷	15	9885	659	659−659=0	0
环十六烷	16	10560	660	660−659=1	16
开链烷烃			659		

由表 4-2 可知，多数环烷烃 CH_2 的平均燃烧热较链烷烃高，从表中的（总）张力能数据可以看出，环丙烷的张力能最大，环丁烷次之，环己烷无张力能。表明小环的能量最高，不稳定；普通环张力不大；中环和大环也有张力。

4.5　环己烷及其衍生物的构象

4.5.1　环己烷的构象

环己烷（cyclohexane）分子中碳原子是 sp^3 杂化的，六个碳原子不在同一平面内。环己烷分子可以通过环的扭动而产生构象异构，其中最典型的有两种极限构象：一种像椅子，称为椅式构象（chair conformation）；另一种像船，称为船式构象（boat conformation）。椅式和船式是环己烷能保持正常键角的两种极限构象，两种构象通过碳碳单键的旋转，可相互转变（见图 4-7）。

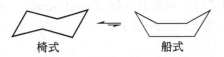

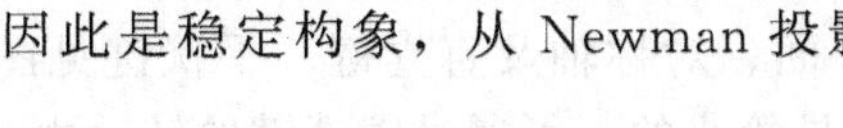

椅式　　　　　　船式
图 4-7　环己烷的两种极限构象

在环己烷的椅式构象中，所有的键角都接近正四面体键角，同时所有相邻碳原子上的氢原子都处于邻位交叉式。环上同方向的氢原子距离最大（约为 250pm），无非键张力。这些因素导致分子的内能较低，因此是稳定构象，从 Newman 投影式（见图 4-8）中会看得更清楚。

从图 4-8 中环己烷船式构象的 Newman 投影式中可以看出，C_2—C_3 及 C_5—C_6 间的碳氢键处于能量较高的重叠式位置，C_1 和 C_4（船头和船尾）上的两个 C—H 键（又称旗杆键）向内伸展，相距较近，约为 183pm，比较拥挤，存在非键张力，因而有较大的排斥作用，是一个不稳定的构象。

由此可见，船式构象不如椅式构象稳定，尽管两种构象可以相互转换，并组成动态平衡体系，但在室温时 99.9% 的环己烷是以内能低的椅式构象存在的。

椅式构象内能较小，转变为船式的能垒约为 37.7~46.0kJ·mol^{-1}。船式容易折成其它

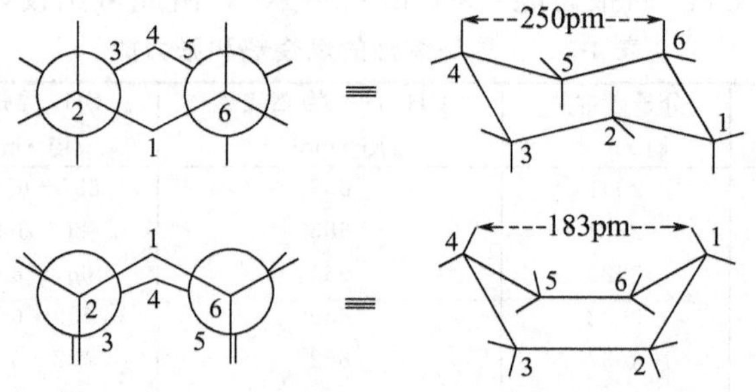

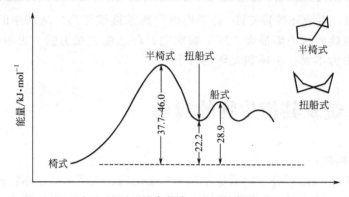

图 4-8 椅式构象和船式构象的 Newman 投影式

多种不同能量的构象以减少内在张力,其中有一种扭船式比椅式能量高 $22.2 kJ \cdot mol^{-1}$,与船式的能量差为 $6.7 kJ \cdot mol^{-1}$,比船式构象稳定。环己烷几种构象转换的能量变化见图4-9,其中半椅式的能量最高。

图 4-9 环己烷各构象之间的能量关系

观察环己烷的椅式构象,六个碳原子分布在相互平行的两个平面上,即 C_1、C_3、C_5 在一个平面上,C_2、C_4、C_6 在另一个平面上,穿过环平面中心并垂直于环平面的轴叫做对称轴。可以将环己烷分子在椅式构象中的十二个碳氢键分为两种类型:第一类的六个碳氢键与上述平面垂直,即与对称轴平行,叫做直立键(axial bond)(竖键),又叫 a 键。其中三个(与 C_1、C_3、C_5 相连)方向朝上,另外三个(与 C_2、C_4、C_6 相连)方向朝下,即"高则高,低则低"。

第二类的六个碳氢键略与环平面平行,实际上形成 $109°28'-90°=19.5°$ 的角度,叫做平伏键(equatorial bond)(横键),又叫 e 键。其中三个键(与 C_1、C_3、C_5 相连)方向朝下,另外三个(与 C_2、C_4、C_6 相连)方向朝上。每个碳原子上的 a 键和 e 键形成约为 $109.5°$ 的夹角,因此在同一个碳原子上的两碳氢键如果一个是 a 键,另一个一定是 e 键,并且方向相反。椅式环己烷的平面、对称轴及直立键、平伏键见图 4-10。

室温时,环己烷分子并不是静止的,可通过碳碳键的转动由一种椅式构象转变为另一种椅式构象,在互相转变过程中,两个平面上的碳原子互换,C_1、C_3、C_5 由上平面转移到下平面,C_2、C_4、C_6 由下平面转移到上平面。a、e 键也互换,原来的 a 键变成了 e 键,而原来的 e 键变成了 a 键,如图 4-11 所示。常温下,这种构象的翻转进行得非常快,因此环己烷实际上是两种构象互相转化的动态平衡形式,在平衡体系中两种构象各占一半,当六个碳原子上连的都是氢时,两种构象是同一构象,连有不同基团时,则构象不同。例如原来 a 键上连有甲基,翻转后甲基就连在了 e 键上,翻转前后是两种结构不同的分子,能量上也不相同,所以在平衡体系中,它们的含量是不相等的,例如 e-甲基构象

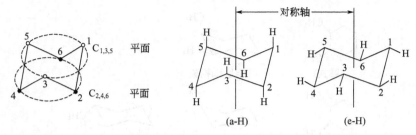

图 4-10 椅式环己烷的平面、对称轴及直立键、平伏键

占 93%、e-异丙基构象占 97%。

图 4-11 两种椅式构象 a、e 键的转换

4.5.2 环己烷衍生物的构象

4.5.2.1 一元取代环己烷

一元取代环己烷分子中，取代基可占据直立键 a 键，也可占据平伏键 e 键，但大多数取代基连在 e 键上，这时的体系能量最低，构象稳定，这是因为 a 键上取代基的非键原子间斥力比 e 键取代基的大。如图 4-12 所示，e 键取代时，取代基与所标 1 号 CH_2 基团处于对位交叉位置，体系能量较低；a 键取代时，取代基与所标 1 号 CH_2 基团处于邻位交叉位置，体系能量较高，因此在 e 键上取代含量较多，为优势构象，并且取代基越大 e 键型构象为主的趋势越明显。随着烷基取代基体积的增大，e 键型构象增加（见图 4-13），如室温时 e 键型叔丁基环己烷构象的含量已大于 99.99%。

图 4-12 取代基在 a、e 键上

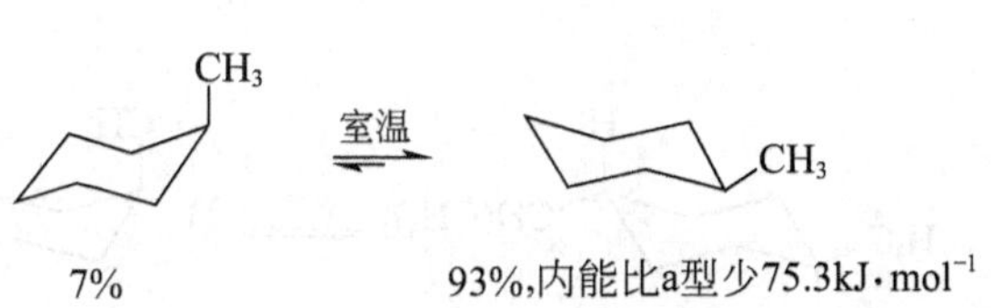

图 4-13 e 键型构象含量较多

4.5.2.2 二元取代环己烷

环己烷分子中，如果环上有两个或两个以上取代基时，就有可能存在几何异构现象，例如 1,2-二甲基环己烷就有顺式和反式两种异构体，因为同一个碳上 a 键和 e 键方向是相反的，所以如果是顺式异构体，两个甲基一个位于 a 键，那么另一个就在 e 键上，这种构象称为 ae 型，而反式异构体的两个甲基或者同时处于 a 键或者同时处于 e 键，因此可以分别称为 aa 型或 ee 型，其中都在 ee 键上的为优势构象。

(1) 1,2-二取代

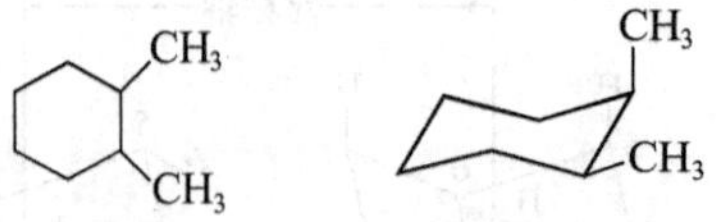

(顺式) 只能是e,a构象

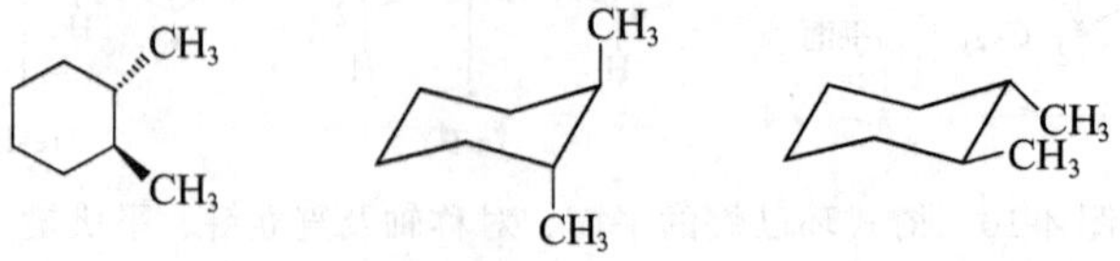

(反式) a,a构象 e,e构象(优势构象)

(2) 1,3-二取代

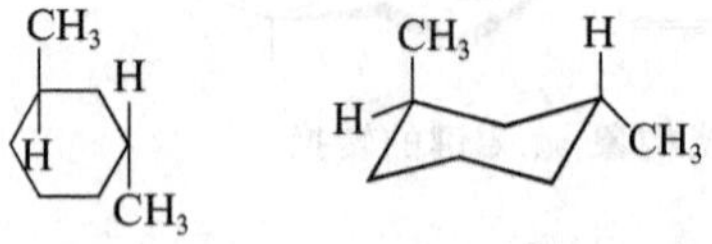

(反式) 只有e,a构象(其中有大的基团时,则大基团在e键上)

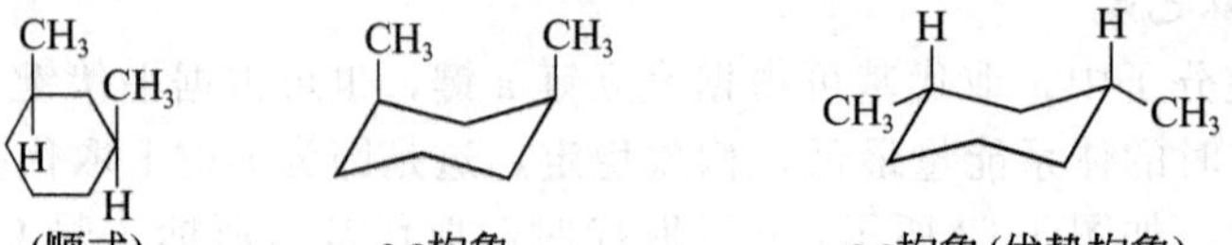

(顺式) a,a构象 e,e构象(优势构象)

例：

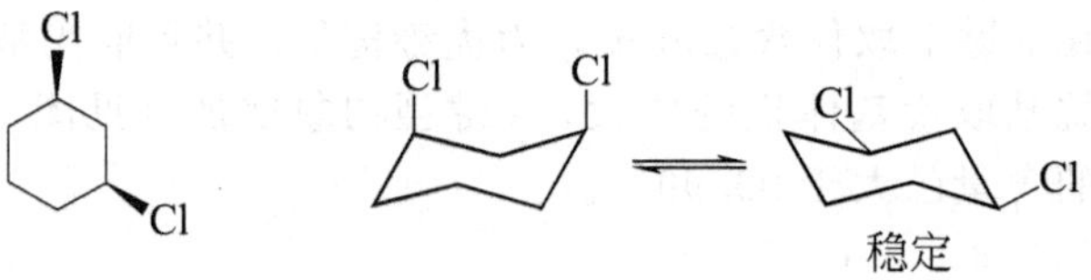

稳定

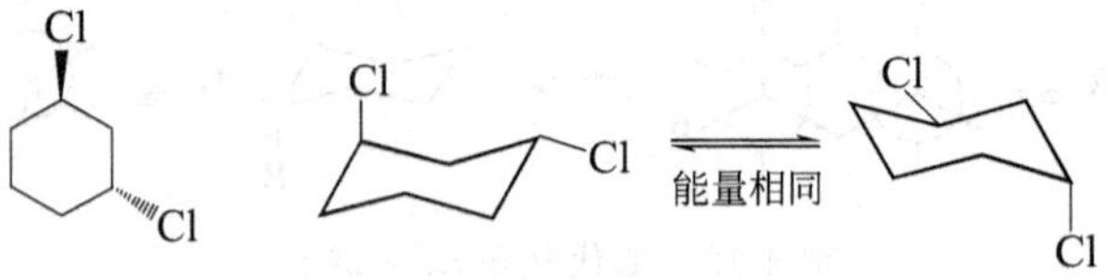

能量相同

(3) 1,4-二取代

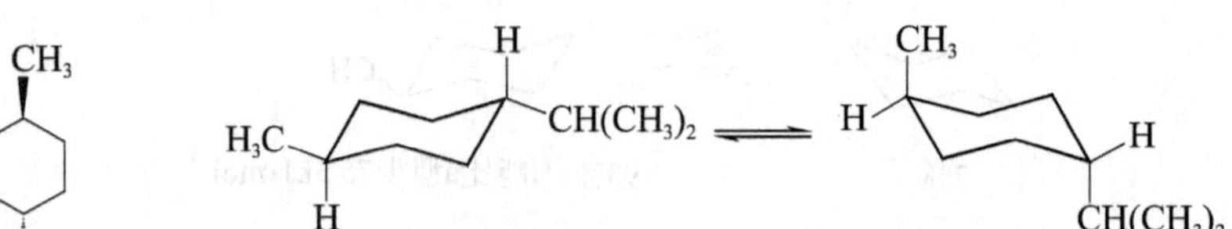

稳定　　不稳定

其它二元、三元等取代环己烷的稳定构象,可同样用上述方法得知。在多取代的环己烷中,取代基处于e键较多的构象比较稳定；处于a键较多的则不稳定。例如,在紫外线照射下,苯与氯加成产生六六六（benzene hexachloride）时,杀虫效能最强的γ-异构体产量较少,而杀虫效能差的β-异构体产量较多,这是因为β-异构体中六个氯原子都e键,能量较低,易于形成,而γ-异构体中有三个氯原子处于a键,能量较高,不易形成（见图4-14）。

取代环己烷的构象中,由于顺反构型的关系,有时不可能两个取代基都占在能量较低的

β-异构体 γ-异构体

图 4-14 六六六的两种异构体

平伏键 e 键上。因此从许多实验事实总结如下：
① 环己烷的稳定构象为椅式构象；
② 取代基在 e 键上的构象比较稳定，并且在 e 键上越多构象越稳定；
③ 环上有不同取代基时，体积较大的取代基在 e 键的构象最稳定。

4.6 脂环烃的来源和制法

4.6.1 脂环烃的来源

脂环烃及其衍生物广泛存在于自然界中，尤其在石油中。石油是复杂的混合物，含有成千上万种不同的烃分子，其主要成分是烷烃，不过不同油田石油的成分和外貌区别很大，有些地区所产的石油中含大量的环烷烃（多数是烷基环戊烷、烷基环己烷）。石油中难以对复杂混合物进行化学鉴别，根据烃的主要类型可分为链烷烃、环烷烃和芳香烃三大类，目前一般又按照原油的主要成分，将其分为中间基原油、石蜡基原油和环烷基原油。环烷基原油遍布全球，其分布从美国东海岸沿奥里诺科河到委内瑞拉、欧洲的北海、得克萨斯区域、中国、尼日利亚、俄罗斯、中东、澳大利亚和日本。环烷基原油是一类有着特殊性能的基础油，具有高溶解性、橡胶相容性好、低温性能优异、无毒、无害等特性，这些特性决定了其在诸多领域具有广泛的用途。

植物中也存在大量的脂环烃。由植物的花、叶、茎、根、果皮等提取出来的香精油，其成分大多是环烯烃及其含氧衍生物，香精油是中草药中重要的有效成分，有的可作香料。自然界广泛存在的甾族化合物都是脂环烃的衍生物，在人体中起重要作用，例如，激素、维生素、药物和毒素等甾族化合物是重要的生物调节剂。

4.6.2 脂环烃的制法

通过改变环状化合物的官能团可以制备脂环烃，如催化氢化，或者将链状化合物的两端连接使之成环，如 Wurtz 反应、由 Grignard 试剂制备、二元酸受热分解、Diels-Alder 反应、脂环烃之间的转化等。

(1) 催化氢化

环烯烃催化加氢可以生成环烷烃，这是脂环烃及其衍生物的工业制法。例如：

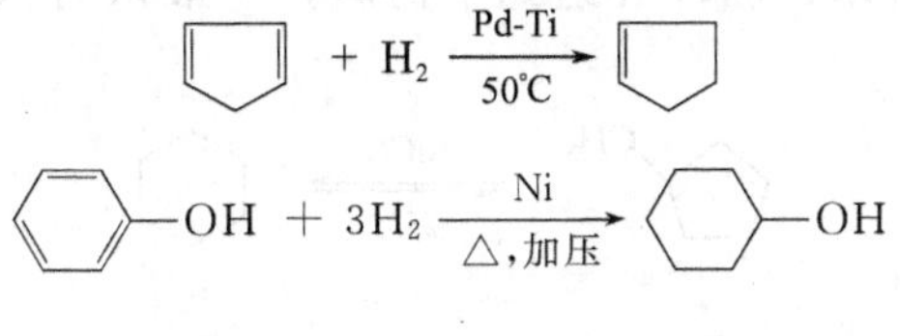

$$\text{环戊烯} + H_2 \xrightarrow[50^\circ C]{Pd\text{-}Ti} \text{环戊烷}$$

$$\text{C}_6\text{H}_5\text{OH} + 3H_2 \xrightarrow[\triangle, 加压]{Ni} \text{C}_6\text{H}_{11}\text{OH}$$

(2) Wurtz 反应

在实验室可用锌或钠等与二卤代烷发生 Wurtz 反应，合成三元或四元小环化合物，是制备环丙烷衍生物的重要方法之一。

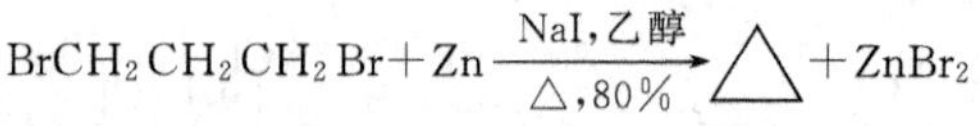

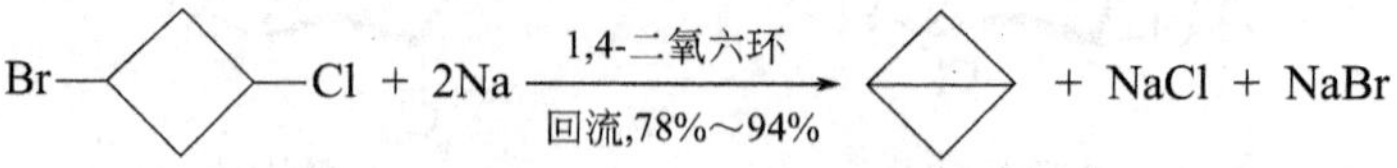

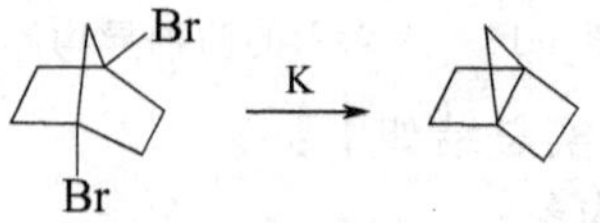

$$BrCH_2CH_2CH_2Br + Zn \xrightarrow[\triangle, 80\%]{NaI, 乙醇} \triangle + ZnBr_2$$

$$Br-\square-Cl + 2Na \xrightarrow[\text{回流},78\%\sim94\%]{1,4\text{-二氧六环}} \bowtie + NaCl + NaBr$$

$$\text{(二溴降冰片烷)} \xrightarrow{K} \text{(降冰片烷类)}$$

(3) 由 Grignard 试剂制备

G. M. Whiteside 发现利用 Grignard 试剂分子内偶联可制备四～七元环烷烃，并且产率很理想。

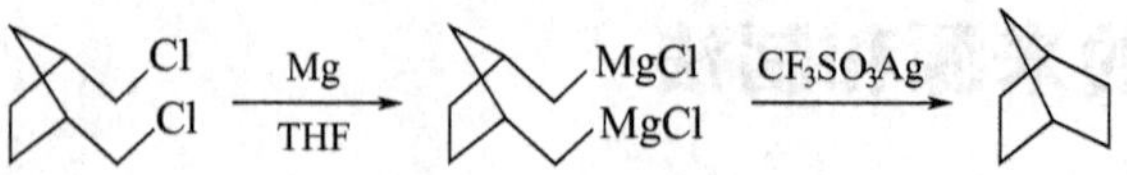

$$\text{Cl—Cl} \xrightarrow[THF]{Mg} \text{MgCl—MgCl} \xrightarrow{CF_3SO_3Ag} \text{降冰片烷}$$

(4) 二元酸受热分解

己二酸及庚二酸在氢氧化钡存在下加热，既脱羧又失水，生成环酮（见 11.3.4）。

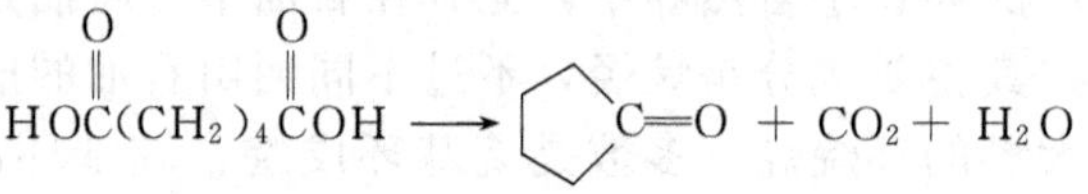

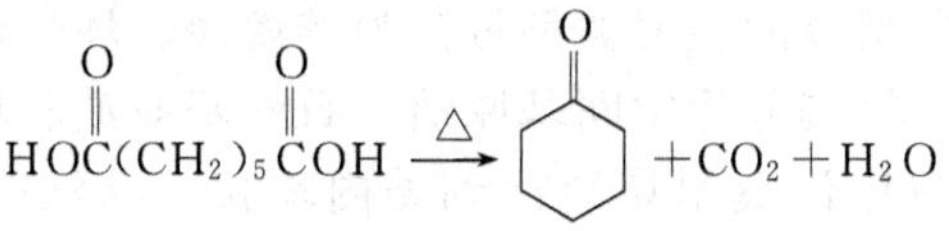

$$HOC(CH_2)_4COH \longrightarrow \text{环戊酮}=O + CO_2 + H_2O$$

$$HOC(CH_2)_5COH \xrightarrow{\triangle} \text{环己酮} + CO_2 + H_2O$$

(5) Diels-Alder 反应

在第三章已经介绍过 Diels-Alder 反应，这是合成六元环的重要方法。

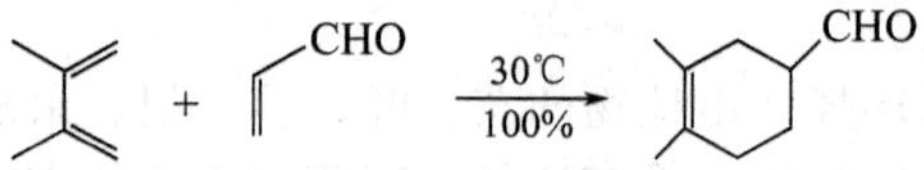

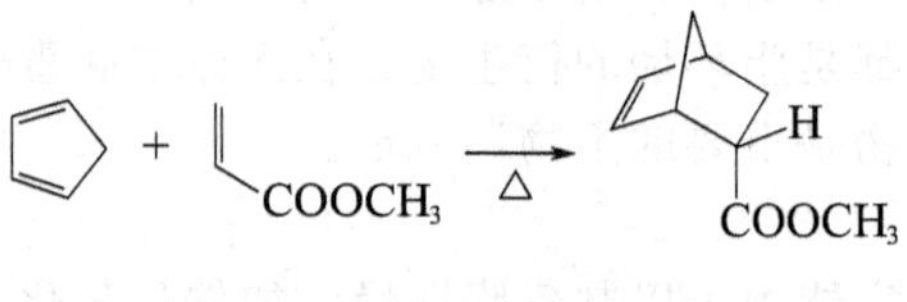

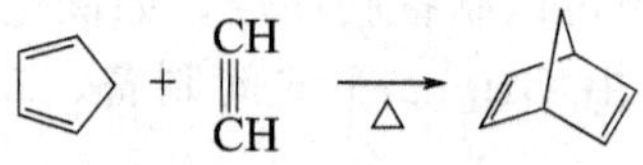

$$\text{二甲基丁二烯} + \text{丙烯醛} \xrightarrow[100\%]{30℃} \text{环己烯甲醛}$$

$$\text{环戊二烯} + \text{丙烯酸甲酯} \xrightarrow{\triangle} \text{降冰片烯甲酸甲酯}$$

$$\text{环戊二烯} + \text{乙炔} \xrightarrow{\triangle} \text{降冰片二烯}$$

(6) 脂环烃之间的转化

脂环烃在催化剂作用下能使环缩小或扩大。通常三元、四元环能扩大成五元、六元环；七元环能缩小成六元环。所以，脂环烃达到平衡时，一般认为只有五元、六元环，而没有三、四、七元环。

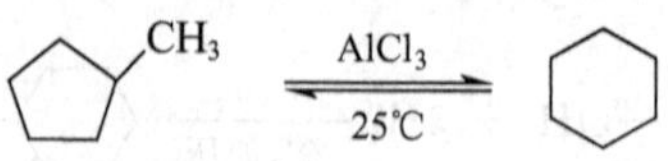

$$\text{甲基环戊烷} \xrightarrow[25℃]{AlCl_3} \text{环己烷}$$

阅读材料

一、脂环烃类环氧化合物的应用

脂环烃类环氧化合物以其自身的特殊结构，克服了双酚 A 型环氧树脂的缺陷，适应了各行业提高性能的要求。这类产品国外研制、开发较早，已成系列，国内目前仅天津市合成材料工业研究所能够系列生产，由于其工艺较为复杂，致使价格仍较昂贵，这阻碍了它的推广应用。但就它所具有的优良性能来看，其前景不可低估，应用非常广泛。

脂环烃类环氧化合物可用作活性稀释剂，即使是在 −60℃ 仍保持液体状态，是环氧树脂很好的稀释剂；由脂环烃类环氧化合物制造的有机绝缘体代替了户外高压装置中的陶瓷制品，与陶瓷相比，它具有质量轻、体积小、抗冲击性好等优点，而且可以较经济地制成大小、形状各异的产品，由于它具有优良的电气特性和颜色稳定性，还可用作发光二极管的封装材料；脂环烃类环氧化合物特别适用于湿法层压成型和缠绕成型制造高强度耐热复合材料，如可做成玻璃钢层压制品；还可作塑料模具中的树脂组分，所得的固化物耐热性好，精确度较高，适合做精密铸模和模具，与金属模具相比，它具有易加工、价格低、质量轻、利于模塑操作等优点；因其可与不洁表面甚至与油质金属表面形成高强度化学键而在粘接应用上独具特色，明显优于缩水甘油醚类环氧树脂。室温下粘接强度一般，但在逐步升温时，粘接强度有所提高；在涂料应用方面也很有特色。以这类树脂为基料制得的涂料可耐 300℃ 高温。脂环族结构有助于户外涂料颜色的保持和耐久。由脂环烃类环氧和含氨基的树脂混合交联得到性能优良的涂料，可用于罩面漆、汽车底漆以及需要相对高成膜性的工业涂装等。以脂环烃类环氧为主要成分制得的这类涂料耐候性强、硬度高、耐磨、抗冲击、耐化学腐蚀、粘接性好，可用于印刷线路板阻焊油墨、光盘的外涂料及金属、塑料的罩面保护等。

二、六氯环己烷（六六六）

六氯环己烷简称六六六，也可写作 666，白色晶体，英文简称 BHC，分子式为 $C_6H_6Cl_6$。因分子中含碳、氢、氯原子各六个，可以看作是苯与六个氯原子加成得到的产物，也有叫做六氯化苯的（这样叫其实从结构式上是错误的）。有八种同分异构体，分别称为 α、β、γ、δ、ε、η、θ 和 ξ。其中 α-异构体具有持久的辛辣气味，γ-异构体具有霉烂气味和挥发性。

六六六在工业上是由苯与氯气在紫外线照射下合成的，对昆虫有触杀、熏杀和胃毒作用，其中 γ-异构体杀虫效力最高，α-异构体次之，δ-异构体又次之，β-异构体效率极低。过去主要用于防治蝗虫、稻螟虫、小麦吸浆虫和蚊、蝇、臭虫等。由于对人和畜都有一定毒性，20 世纪 60 年代末停止生产或禁止使用。

六六六毒性为损伤神经及实质脏器，大剂量可造成中枢神经特别是肝脏与肾脏的严重损害。研究证明 α-六六六具有很高的致癌性。环境中的六六六在微生物的作用下会发生降解，不少微生物可分解六六六，一般情况下有机氯农药中的六六六在土壤中消失时间需六年半。

环境中的六六六可以通过食物链而发生生物富集作用。从日本对水稻的农药含量调查发现，水稻与一般水生植物有着共同性质，都具有富集作用。在稻草中六六六的残留量较高，为其种植土壤含量的 4~6 倍，豆类对 γ-六六六的吸收率特别高，其含量为土壤残留量的数 10 倍之多。六六六在环境和生态系中的污染已远及南极的企鹅、北极格陵兰的冰块和二千米以上高山顶的积雪。

由于六六六的潜在危害性，世界上众多国家已相继采取措施，停止生产和使用，我国也不例外。但是一定数量的六六六成品在局部区域还存在，甚至仍有使用的可能。当用高丙体六六六代替其它异构体时，既能保持六六六农药的良好杀虫作用，又能消除 α-和 β-六六六异构体的慢性残毒作用。因为 β-异构体是最稳定的，在环境中持久性最长，并是慢性毒性最严重的异构体，在脂肪组织中 β-异构体比 γ-异构体的积累能力高 10~30 倍。根据美国 EPA 提供的结果，几乎 100% 的美国人体中都有 β-六六六残留，所以饮食和环境接触是最主要的污染源，只有禁止六六六的使用，才能真正解决问题。

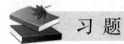

习题

1. 用系统命名法命名下列化合物。

(1) 　(2) 　(3) 　(4)

(5) 　(6) 　(7) 　(8)

(9) 　(10) 　(11) 　(12)

(13) 　(14) 　(15)

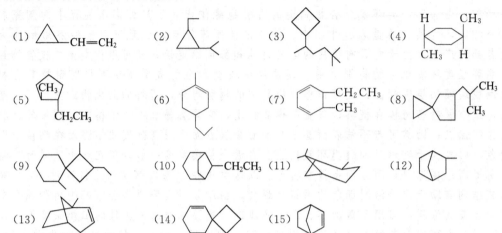

2. 写出下列化合物的结构式。

(1) 3-甲基-1-异丙基环庚烷　(2) 反-1-甲基-2-溴环戊烷

(3) 顺-1-甲基-2-乙基环丙烷　(4) 2,4-二甲基-3-乙基-5-环丙基-2-庚烯

(5) 二环[3.1.1]庚烷　(6) 2,2-二甲基螺[4.4]壬烷

(7) 1,7,7-三甲基二环 [2.2.1]庚烷　(8) 螺[3.5]-6-癸烯

(9) 5-甲基二环[2.2.2]-2-辛烯　(10) 二环[2.2.1]-2,5-庚二烯

3. 将下列化合物的沸点由高到低排列成序。

(1) 正庚烷　(2) 环己烷　(3) 甲基环己烷

(4) 己烷　(5) 环庚烷　(6) 1,1-二甲基环戊烷

4. 比较下列自由基的稳定性。

(1) 　(2) 　(3)

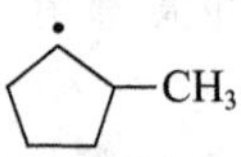

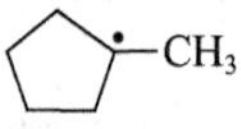

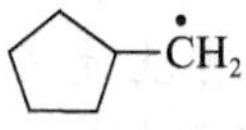

5. 用化学方法鉴别下列各组化合物。

(1) 乙基环丙烷、2-丁烯和 1-丁炔

(2) 环己烷、1,1-二甲基环丙烷和 1-环丙基丙烯

6. 下列化合物中，哪个张力较大，能量较高，最不稳定？

(1) 　(2) 　(3)

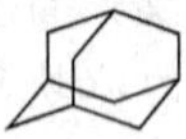

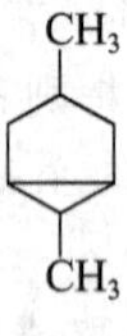

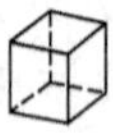

7. 比较下列化合物加成反应活性的大小。

(1) 　(2) 　(3)

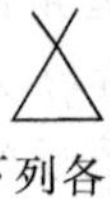

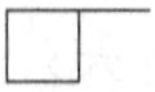

8. 将下列各组化合物按燃烧热由大到小进行排列：

(1) 环丁烷，环庚烷，环己烷　(2) ， ，

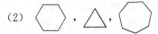

(3)  (4)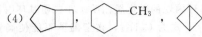

9. 画出环己烷的船式和椅式构象，解释为什么椅式比船式稳定。

10. 试写出下列化合物的最稳定的构象式。
   (1) 乙基环己烷 (2) 1-甲基-3-异丙基环己烷
   (3) 1,3,5-三甲基环己烷

11. 将下列构象按稳定性由大到小排列成序。

   A. 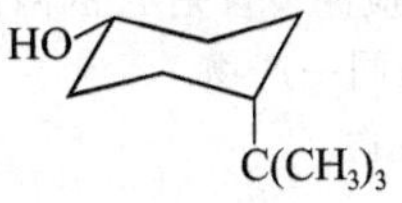 (HO, C(CH₃)₃ 椅式)   B. 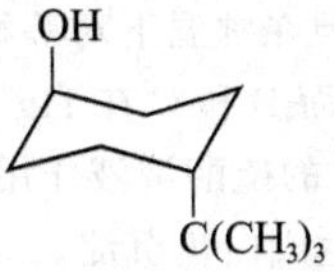 (OH, C(CH₃)₃ 椅式)
   C. 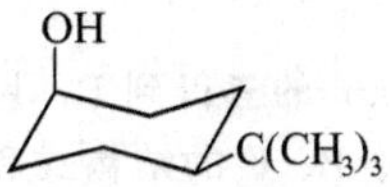 (OH, C(CH₃)₃ 椅式)   D. 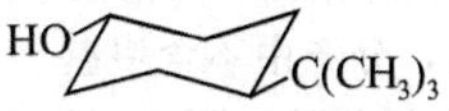 (HO, C(CH₃)₃ 椅式)

12. 试写出下列化合物的稳定构象。
   (1) 顺-1-甲基-2-异丙基环己烷 (2) 反-1-甲基-2-异丙基环己烷 (3) 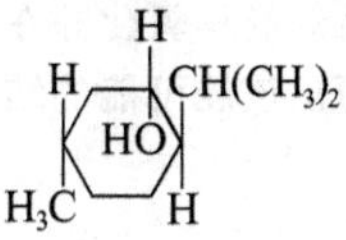 (纽曼投影式)

13. 比较下列构象的稳定性大小。
   A. 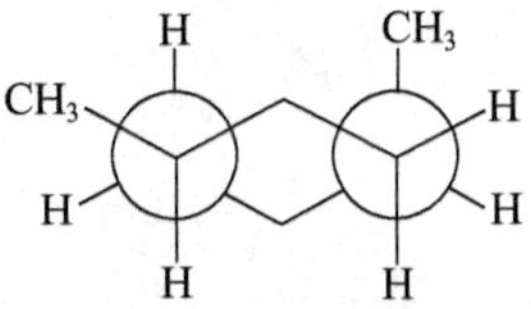 B. 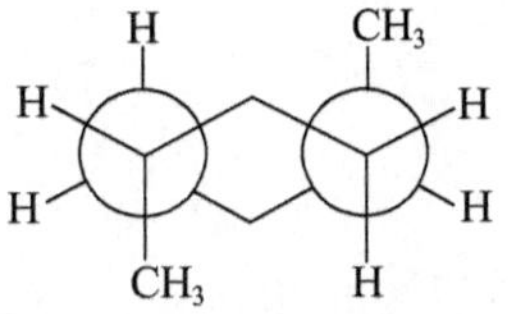 C.

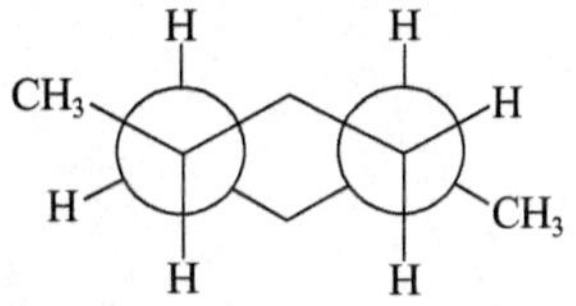

14. 写出下列反应的主产物。
   (1) 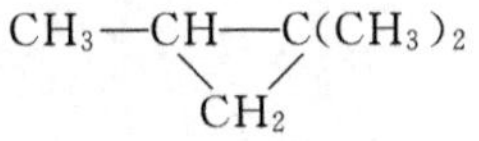 $CH_3-CH-C(CH_3)_2 + HBr \longrightarrow$
       $\quad\quad\;\; \overline{CH_2}$

   (2) 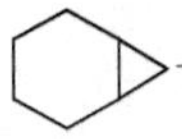 二环[2.1.0] + HBr ⟶

   (3) $C_2H_5CH-C(CH_3)-CH_3 + ICl \longrightarrow$
       $\quad\quad\quad\;\; \overline{CH_2-CH_3}$

   (4)  甲基环戊烷 + Cl_2 $\xrightarrow{光照}$

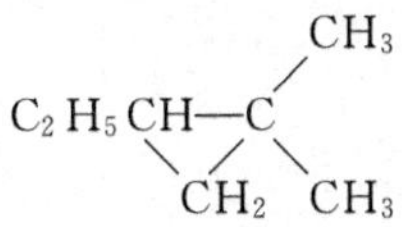

   (5) 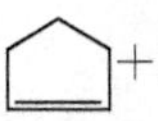 环戊烯 + $KMnO_4$ $\xrightarrow{H_2O}$

   (6)  环戊二烯 + 顺丁烯二酸酐 $\xrightarrow{\triangle}$

   (7) 环己烯 + $CH_2=CH_2$ $\xrightarrow{\triangle}$

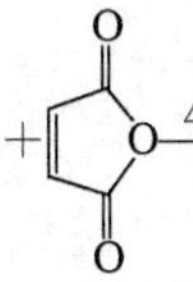

   (8) 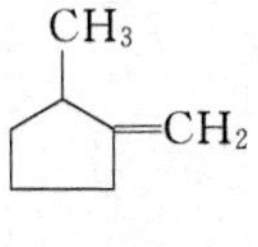 1-甲基-2-亚甲基环戊烷 $\xrightarrow{Cl_2}{500℃}$ $\xrightarrow{HBr}{ROOR}$

15. 顺-1,4-二甲基环丙烷的燃烧热比反-1,4-二甲基环丙烷的大,请问哪一个化合物更稳定,说明理由。
16. 化合物 A 的分子式为 C_6H_{12},在室温下不能使高锰酸钾水溶液褪色,与氢碘酸反应得到分子式为 $C_6H_{13}I$ 的 B。A 氢化后得 3-甲基戊烷,推测 A 和 B 的结构。
17. 化合物 A 的分子式为 C_4H_8,它能使溴水溶液褪色,但不能使稀的高锰酸钾溶液褪色。1mol A 与 1mol HBr 作用生成 B,B 也可以从 A 的同分异构体 C 与 HBr 作用得到。C 能使溴水溶液褪色,也能使稀的高锰酸钾溶液褪色。试推测 A、B 和 C 的构造式,并写出各步反应式。
18. 分子式为 C_4H_6 的三个异构体 A、B 和 C,可以发生如下的化学反应。
    (1) 三个异构体都能与溴反应,但在常温下对等物质的量的试样,与 B 和 C 反应的溴量是 A 的两倍。
    (2) 三者都能与 HCl 发生反应,而 B 和 C 在 Hg^{2+} 催化下与 HCl 作用得到的是同一产物。
    (3) B 和 C 能迅速地与含 $HgSO_4$ 的硫酸溶液作用,得到分子式为 C_4H_8 的化合物。
    (4) B 能与硝酸银的氨溶液反应生成白色沉淀。
    试写出 A、B 和 C 的构造式,并给出有关的反应式。
19. 某烃 A 的分子式为 $C_{10}H_{16}$,分子中不含甲基、乙基等其它取代基,能吸收 1mol 氢得到 B,用酸性高锰酸钾溶液氧化得到一个对称的二酮 C,其分子式为 $C_{10}H_{16}O_2$,试写出 A、B、C 的结构式和各步反应式。
20. 某烃经臭氧化并在锌粉存在下水解,只得到一种产物 2,6-庚二酮 ($CH_3COCH_2CH_2CH_2COCH_3$),试写出该烃可能的结构式。

第 5 章 芳 烃

芳香族碳氢化合物称为芳香烃（aromatic hydrocarbon，arene），简称芳烃。有机化学发展初期，人们从树脂、橡胶、香精油等天然产物中提取得到了一些化合物，它们多具有香气，因此称为芳香族化合物。这就是"芳香"二字的由来。

结构最简单的芳烃是苯（benzene）。苯及其衍生物不饱和度高，具有特殊的稳定性。在化学反应中，苯环很难进行氧化和加成反应，却容易发生取代反应，这一化学特性被称为芳香性（aromaticity）。芳烃具有环状结构，一般为平面或接近平面型分子，键长趋于平均化。从结构和性质的角度来说，芳烃是具有以上特性的一类化合物。

芳烃及其衍生物的应用十分广泛，在工业、农业、医疗卫生、国防建设等多个领域有着十分重要的作用。

5.1 芳烃的分类、构造异构和命名

5.1.1 分类

芳烃按照分子中含有苯环结构的数目或苯环间不同的连接方式，可分为以下各类。

（1）单环芳烃

分子中含有一个苯环的芳烃，称为单环芳烃。例如：

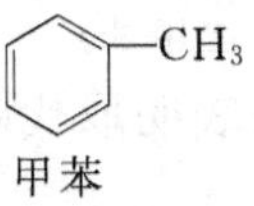

甲苯 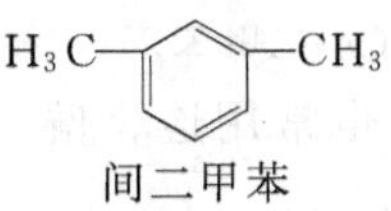　　　　　　　间二甲苯 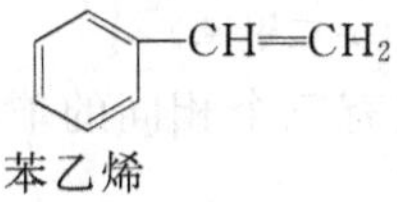　　　　　　苯乙烯

（2）多环芳烃

分子中含有两个或两个以上苯环的芳烃，称为多环芳烃。它们根据苯环间不同的连接方式，又可再分为两类。

① 联苯类　两个或多个苯环通过 σ 键相连接。例如：

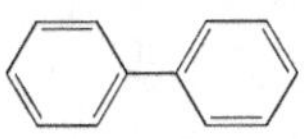

联苯 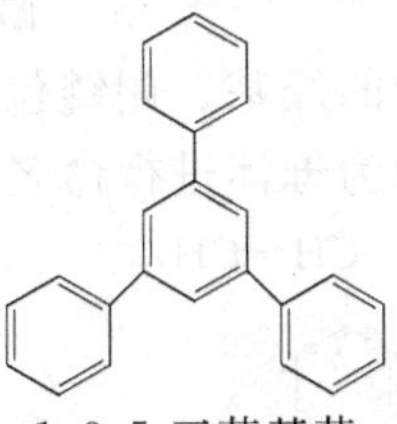　　　　　　1,3,5-三苯基苯

② 稠环芳烃　分子中含有两个或两个以上苯环，苯环之间通过共用两个碳原子稠合而

成。例如：

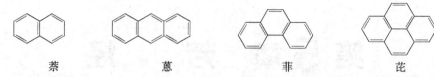

    萘   蒽   菲   芘

5.1.2 构造异构和命名

苯及其同系物的通式为 C_nH_{2n-6}，不饱和度是 4。由于苯分子结构的特殊性，其一取代产物只有一种，所以一取代苯的异构主要是其侧链烃基的构造异构。当苯环上的取代基含有三个或三个以上碳原子时，与脂肪烃相似，可以产生碳架的构造异构。例如：

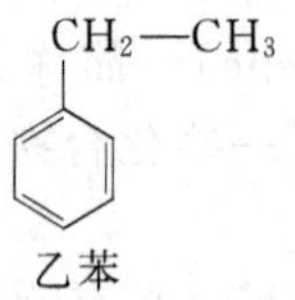

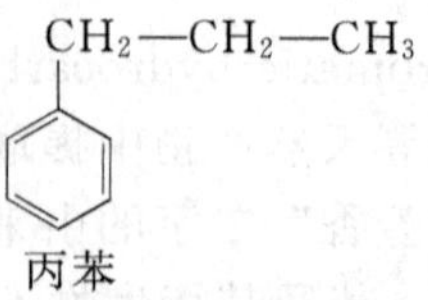

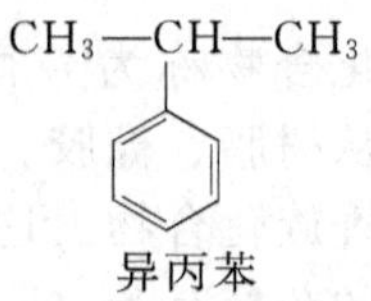

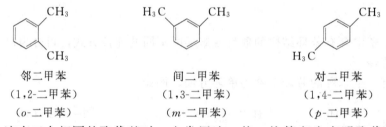

    乙苯   丙苯   异丙苯

苯的二元取代物，由于取代基在苯环上的相对位置不同而产生三种异构体。

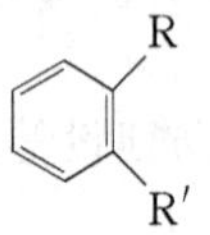

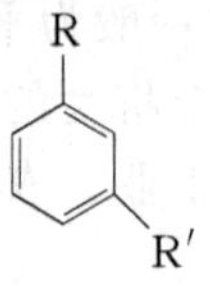

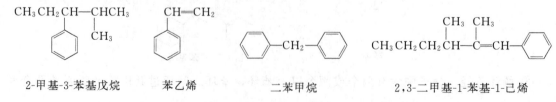

  邻位异构体   间位异构体   对位异构体

苯环上两个取代基的相对位置，常用邻、间、对或 o-(ortho)、m-(meta)、p-(para) 等字头表示。可采用标记取代基相对位置的方法，对苯的二元取代物命名。例如：

邻二甲苯   间二甲苯   对二甲苯
(1,2-二甲苯)   (1,3-二甲苯)   (1,4-二甲苯)
(o-二甲苯)   (m-二甲苯)   (p-二甲苯)

若苯环上连有三个相同的取代基时，也常用连、偏、均等字头表明取代基的相对位置。例如：

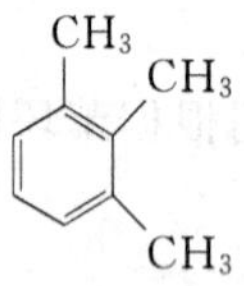

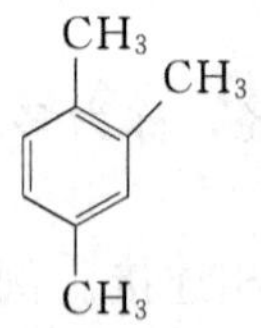

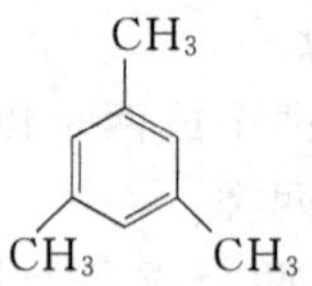

连三甲苯   偏三甲苯   均三甲苯

对于侧链是结构复杂的烃基、侧链包含官能团及侧链连接多个苯环的情况，一般将苯环视为取代基，以侧链结构为母体进行命名。例如：

2-甲基-3-苯基戊烷   苯乙烯   二苯甲烷   2,3-二甲基-1-苯基-1-己烯芳烃芳环上去掉一个氢原子余下的基团称为芳基（aryl），习惯用 Ar 表示。常见的芳基为 ⌬— 或 C_6H_5—，叫苯基（phenyl），常用 Ph 表示。另外还有邻甲苯基、间甲苯基和对甲苯基等。

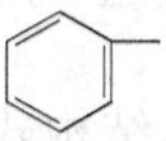

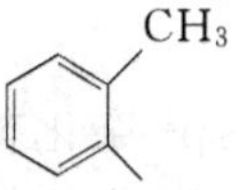

邻甲苯基 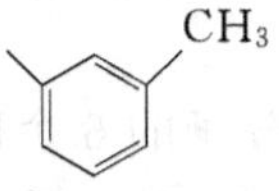　　　　　间甲苯基 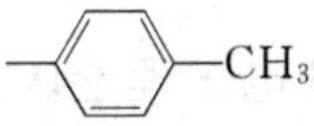　　　　　对甲苯基

芳香族化合物中一个常见的烃基是 ⌬—CH_2—（或 $C_6H_5CH_2$—），叫作苄基或苯甲基（benzyl），常用 Bz 表示。

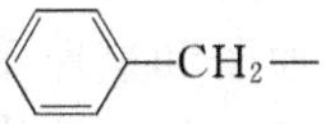

5.2 苯分子的结构

苯是芳烃中最典型的代表。人们最早在储运煤气桶内的残留物中发现了苯，但当时对于它的组成和结构都没有明确的认识。直到 1825 年 M. Faraday 测定出苯的经验式为 CH，Mitsherlich 于 1833 年进一步确定了苯的分子式是 C_6H_6。随着对苯的物理性质和化学性质研究的不断深入，1931 年左右终于提出了令人比较满意的苯分子结构。

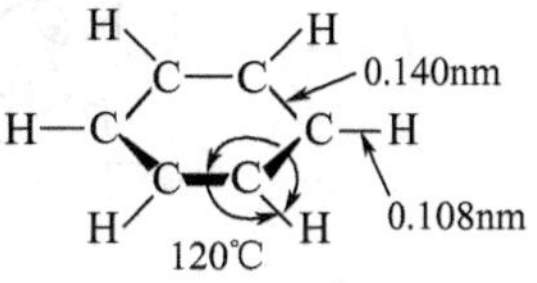

图 5-1　苯分子中的键长和键角

苯分子为无色液体，沸点为 80℃。从分子式来看，苯具有较高的不饱和度，其碳氢比为 1:1。但与烯烃和炔烃等不饱和烃比较，苯难于氧化和加成，却容易发生取代反应。其一取代物只有一种，说明苯具有对称结构。此外，苯的氢化热（208.5kJ·mol^{-1}）比环己烯氢化热的三倍（3×119.3kJ·mol^{-1}=357.9kJ·mol^{-1}）低很多，表明苯具有较大的稳定性。

通过现代物理测试手段证明了苯分子的六个碳原子和六个氢原子都在同一个平面上，其中六个碳原子构成平面正六边形，碳碳键键长均为 0.140nm，比碳碳单键 0.154 nm 短，比碳碳双键 0.134nm 长，各键角都是 120°，如图 5-1 所示。

对于苯分子结构的认识，伴随着人们认识水平的不断提高，从推测到逐步验证经历了漫长的过程。

5.2.1 苯的 Kekulé 结构式

1865 年 A. Kekulé 首先提出苯分子具有环状正六边形结构。即：⌬。该结构的提出主要基于苯的一取代物只有一种；苯催化加氢后，产物为环己烷等实验事实。

$$C_6H_6 + 3H_2 \xrightarrow[\text{加压}]{\text{Ni 催化}} \bigcirc$$

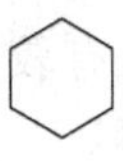

但该结构的邻位二取代物应有两种。如其二溴代物有 ⌬(Br,Br邻位) 和 ⌬(Br,Br邻位)，而实际苯的邻位二取代物只有一种。为解释这一现象，Kekulé 进一步提出苯分子可以看作是"能动"

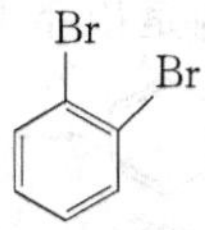

的。苯分子可用两个结构来描述，即 ⌬ ⇌ ⌬，苯分子在二者之间不断地更迭，所以 Kekulé 式又可表示为 ⌬。这种观点已具有了现代的电子离域概念。但 Kekulé 结构式对苯分子特殊的稳定性，无法予以解释。

5.2.2　价键理论

近代化学键的电子理论认为，构成苯分子的 6 个碳原子均为 sp^2 杂化态。每个碳原子以 sp^2 杂化轨道与一个氢原子的 1s 轨道形成 C—H σ 键，另两个 sp^2 杂化轨道与两个相邻碳原子的 sp^2 杂化轨道形成两个 C—C σ 键，如图 5-2(a) 所示。由 sp^2 杂化轨道的构型可知：所有 σ 键之间的键角均为 120°，所有的碳原子和氢原子处于同一平面上，这与实验测定结果相符。另外，每个碳原子还有一个未参加杂化的 p 轨道，其对称轴垂直于苯环所在平面，彼此相互平行，并于两侧相互交盖，形成一个闭合的 π 轨道，两片环形的 π 电子云分别处于苯环的上面和下面。该轨道中的 π 电子云完全平均化，π 电子在整个环形轨道上高度离域，如图 5-2(b) 所示。

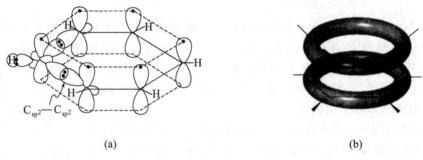

图 5-2　苯分子的轨道结构

苯分子的这种高度对称结构很难用经典的价键结构式描绘出来，但通常还是采用 Kekulé 结构式 ⌬（或 ⌬，⌬）来表示。

5.2.3　分子轨道模型

分子轨道理论认为，苯分子中六个 p 轨道线性组合成六个 π 分子轨道，其中三个为成键轨道 Ψ_1、Ψ_2、Ψ_3，三个为反键轨道 Ψ_4、Ψ_5、Ψ_6。这六个分子轨道如图 5-3 所示。

在这六个分子轨道中，有三个是成键轨道，其中一个为能量最低的 Ψ_1 轨道（没有节面），另两个为简并的能量相对较高的 Ψ_2 和 Ψ_3 轨道（各有一个节面）。三个反键轨道分别是两个简并的能量更高的 Ψ_4 和 Ψ_5 轨道（各有两个节面），再有一个能量最高的 Ψ_6 轨道（有三个节面）。在基态时，苯分子的六个 π 电子成对填入三个成键轨道，其能量比原子轨道低，所以苯分子体系能量较低，具有较好的稳定性。

5.2.4　共振论对苯分子结构的解释

共振论认为，苯的结构是以下几个经典结构的共振杂化体（resonance hybrid）。

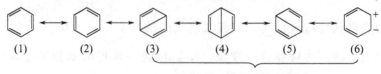

键长、键角不等，贡献小

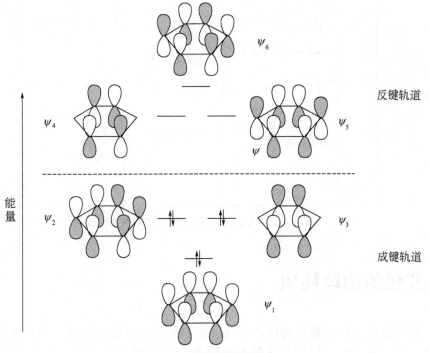

图 5-3 苯的分子轨道能级图

这些可能的经典结构又称为苯分子的共振极限结构式。苯的真实结构不是其中任何一个，而是它们的共振杂化体。其中（3）、（4）、（5）、（6）四个极限结构的键长和键角不等，贡献小。（1）和（2）是键长和键角完全相等的等价结构，贡献大，故苯分子的极限结构通常用（1）和（2）式表示。

分子的稳定程度可以用共振能表示，因为共振的结果是使体系的内能降低。共振能的估算通常把极限式的能量作对比得出。苯的共振能是将苯的氢化热与环己烯氢化热的三倍相比较，结果是苯较其低了 150.46kJ·mol^{-1}，这就是苯的共振能。

环己烯、1,3-环己二烯和苯加氢后都生成相同的产物——环己烷，它们的氢化热数值如下。

$$\bigcirc + H_2 \longrightarrow \bigcirc \quad \Delta H = -119 \text{kJ} \cdot \text{mol}^{-1}$$

$$\bigcirc + 2H_2 \longrightarrow \bigcirc \quad \Delta H = -231 \text{kJ} \cdot \text{mol}^{-1}$$

$$\bigcirc + 3H_2 \longrightarrow \bigcirc \quad \Delta H = -208 \text{kJ} \cdot \text{mol}^{-1}$$

从以上氢化热数据可以看到，1,3-环己二烯的氢化热（231kJ·mol^{-1}）略小于两倍环己烯的氢化热（119kJ·mol^{-1}×2＝238kJ·mol^{-1}）。这是因为 1,3-环己二烯分子中也有单双键间隔的 π，π-共轭体系。而苯的氢化热要比三倍环己烯的氢化热低约 150kJ·mol^{-1}，比 1,3-环己二烯的氢化热也低。氢化热小，说明其分子内能低，稳定性好。苯环可以看作闭合的 π,π-共轭体系，π 电子高度离域而使得苯环特别稳定。低于假想的化合物 1,3,5-环己三烯，数值约是 150kJ·mol^{-1}（3×119kJ·mol^{-1}－208kJ·mol^{-1}≈150kJ·mol^{-1}），这部分能量称为苯的共振能或离域能（见图 5-4）。

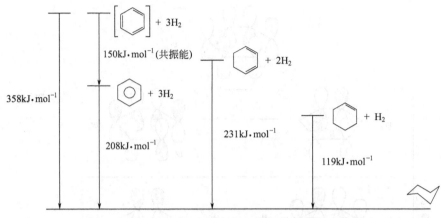

图 5-4 苯、1,3-环己二烯、环己烯氢化热数据比较图

5.3 芳烃的物理性质

芳烃一般为无色液体，相对密度小于1，大于分子量相近的烷烃、烯烃和脂环烃。芳烃不溶于水，可溶于乙醚、四氯化碳等有机溶剂。二甘醇、环丁砜、N,N-二甲基甲酰胺等溶剂，对芳烃有很好的选择性，常用它们来萃取芳烃。芳烃多具有特殊的香气，部分芳烃（如苯、二甲苯等）的蒸气有毒，会损坏造血器官和神经系统，大量和长期接触时须注意安全。

芳烃沸点随分子量的增大而升高。熔点除与分子量有关外，还与分子结构的对称性有关。通常对位异构体由于分子结构对称，熔点比邻位和间位异构体高（表 5-1）。工业生产中，常利用取代苯的上述熔、沸点差异分离异构体。如分离邻、间、对二甲苯混合物时，邻位异构体沸点（144.4℃）相对较高，采用高效分馏塔将其分离出来；再利用对二甲苯的熔点比间二甲苯高 61℃，通过冷冻、过滤将二者分离。

表 5-1 单环芳烃的物理常数

名 称	熔点/℃	沸点/℃	相对密度(d_4^{20})	名 称	熔点/℃	沸点/℃	相对密度(d_4^{20})
苯	5.5	80.1	0.879	异丙苯	−96	152.4	0.862
甲苯	−95	110.6	0.867	丁苯	−80	183	0.8601
邻二甲苯	−25.2	144.4	0.880	仲丁苯	−75	173	0.8621
间二甲苯	−47.9	139.1	0.864	叔丁苯	−57.8	169	0.8665
对二甲苯	13.2	138.4	0.861	连三甲苯	−25.5	176.1	0.894
乙苯	−95	136.1	0.867	偏三甲苯	−43.9	169.2	0.876
正丙苯	−99.6	159.3	0.862	均三甲苯	−44.7	164.6	0.865

通过化合物生成热的大小可以衡量它们的稳定性，化合物的生成热越小，其稳定性越大。与烯烃相似，苯环上的烷基取代基可使其稳定性增加；取代的烷基越多，芳烃的稳定性越大（表 5-2）。例如，丙苯比苯稳定，但比三甲苯的稳定性差。另外，邻位二取代比对位二取代异构体的稳定性稍差，这是由于两个邻位基团之间空间位阻大造成的。这种情况类似烯烃顺式和反式异构体之间的情况，反式异构体的分子空间位阻小，稳定性好于顺式。

表 5-2 一些芳烃的生成热

名称	生成热/kJ·mol^{-1}	名称	生成热/kJ·mol^{-1}
苯	82.85	邻二甲苯	-18.94
甲苯	49.95	间二甲苯	-21.82
邻二甲苯	19.98	对二甲苯	-22.24
间二甲苯	17.72	连三甲苯	-9.57
对二甲苯	17.93	偏三甲苯	-13.92
乙苯	29.76	均三甲苯	-16.05
丙苯	7.82	1,2,3-三乙苯	-70.1

5.4 单环芳烃的化学性质

苯分子虽具有高的不饱和度，却不易发生类似烯、炔等不饱和烃的加成和氧化反应。在一般条件下，很难破坏苯环闭合的 π 体系对其进行加成和氧化。但苯环上的 π 电子云处于分子所在平面的两侧，流动性大，易受到亲电试剂的进攻而发生取代反应。在强烈的条件下，苯也可以发生某些加成反应。

5.4.1 亲电取代反应

由于苯环上富有离域的 π 电子，易被缺电子的亲电试剂进攻，苯环上的氢原子被进攻试剂取代，称为亲电取代反应（electrophilic substitution）。

5.4.1.1 卤化反应

苯与卤素（主要是 Cl_2 或 Br_2）在 Lewis 酸如三氯化铁、三氯化铝等的催化作用下，反应生成卤苯，此反应称为卤化反应（halogenating reaction）。例如：

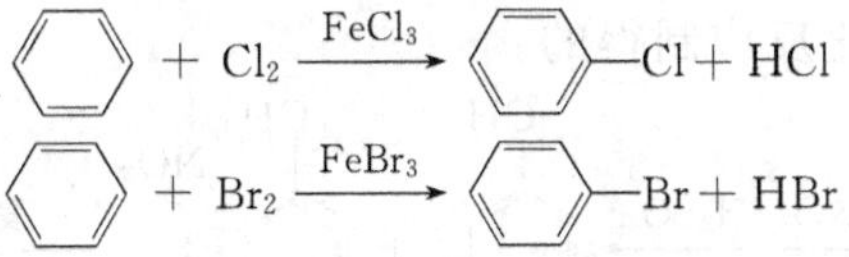

$$C_6H_6 + Cl_2 \xrightarrow{FeCl_3} C_6H_5-Cl + HCl$$

$$C_6H_6 + Br_2 \xrightarrow{FeBr_3} C_6H_5-Br + HBr$$

也可以用铁粉代替三卤化铁，铁粉与 Cl_2 或 Br_2 反应生成 $FeCl_3$ 或 $FeBr_3$，然后催化反应进行。对于不同的卤素，与苯环发生取代反应的活性次序是：氟＞氯＞溴＞碘。由于氟过于活泼，与苯直接反应将使苯环断裂。苯与二氟化氙在氟化氢催化下，可生成氟代苯。

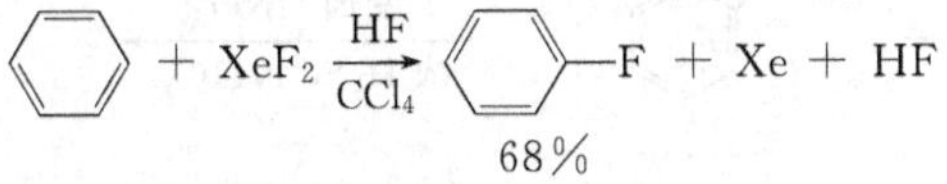

$$C_6H_6 + XeF_2 \xrightarrow[CCl_4]{HF} C_6H_5-F + Xe + HF$$
$$68\%$$

碘与苯的反应慢，同时生成的碘化氢是还原剂，使反应成为可逆反应，且以逆反应为主。

适当提高反应温度，卤苯可继续与卤素作用，生成二卤代苯，产物主要是邻位和对位取代物。

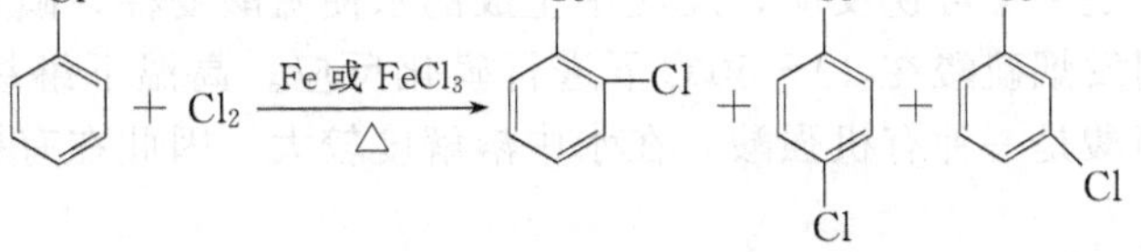

$$C_6H_5Cl + Cl_2 \xrightarrow[\triangle]{Fe \text{ 或 } FeCl_3} \text{邻-}C_6H_4Cl_2 + \text{对-}C_6H_4Cl_2 + \text{间-}C_6H_4Cl_2$$
$$39\% \quad 55\% \quad 6\%$$

烷基苯与卤素在相近的条件下作用，反应比苯更容易，也主要得到邻位和对位取代物。例如：

$$\text{CH}_3\text{-C}_6\text{H}_5 \xrightarrow[25\,^\circ\text{C}]{\text{Cl}_2,\text{FeCl}_3,\text{CH}_3\text{COOH}} \underset{60\%}{o\text{-ClC}_6\text{H}_4\text{CH}_3} + \underset{39\%}{p\text{-ClC}_6\text{H}_4\text{CH}_3} + \underset{1\%}{m\text{-ClC}_6\text{H}_4\text{CH}_3}$$

5.4.1.2 硝化反应

苯与浓硝酸和浓硫酸的混合物（通常称作混酸）反应，苯环上的氢原子被硝基取代，生成硝基苯，这类反应称为硝化（nitration）反应。

$$\text{C}_6\text{H}_6 + \text{浓 HO-NO}_2 \xrightarrow[50\sim60\,^\circ\text{C}]{\text{浓 H}_2\text{SO}_4} \text{C}_6\text{H}_5\text{-NO}_2 + \text{H}_2\text{O}$$

提高反应温度，硝基苯可继续与混酸作用，主要生成间二硝基苯。

$$\text{C}_6\text{H}_5\text{NO}_2 + \text{浓 HO-NO}_2 \xrightarrow[100\sim110\,^\circ\text{C}]{\text{浓 H}_2\text{SO}_4} \underset{93\%}{m\text{-(NO}_2)_2\text{C}_6\text{H}_4} + \underset{1\%}{p\text{-(NO}_2)_2\text{C}_6\text{H}_4} + \underset{6\%}{o\text{-(NO}_2)_2\text{C}_6\text{H}_4}$$

而烷基苯在混酸的作用下发生硝化反应比苯容易，主要生成邻、对位取代物。例如：

$$\text{CH}_3\text{-C}_6\text{H}_5 + \text{浓 HO-NO}_2 \xrightarrow[30\,^\circ\text{C}]{\text{浓 H}_2\text{SO}_4} \underset{59\%}{o\text{-O}_2\text{NC}_6\text{H}_4\text{CH}_3} + \underset{37\%}{p\text{-O}_2\text{NC}_6\text{H}_4\text{CH}_3} + \underset{4\%}{m\text{-O}_2\text{NC}_6\text{H}_4\text{CH}_3}$$

苯及其衍生物的硝化反应有广泛的用途，例如：烈性炸药 2,4,6-三硝基甲苯（TNT）就是由甲苯通过分阶段的硝化反应制得的。

$$\text{CH}_3\text{C}_6\text{H}_5 \xrightarrow[55\,^\circ\text{C}]{\text{HNO}_3/\text{H}_2\text{SO}_4} p\text{-O}_2\text{NC}_6\text{H}_4\text{CH}_3 + o\text{-O}_2\text{NC}_6\text{H}_4\text{CH}_3 \xrightarrow[\text{浓 H}_2\text{SO}_4,80\,^\circ\text{C}]{\text{发烟 HNO}_3}$$

$$2,4\text{-(NO}_2)_2\text{C}_6\text{H}_3\text{CH}_3 + 2,6\text{-(NO}_2)_2\text{C}_6\text{H}_3\text{CH}_3 \xrightarrow[\text{浓 H}_2\text{SO}_4,110\,^\circ\text{C}]{\text{发烟 HNO}_3} 2,4,6\text{-(NO}_2)_3\text{C}_6\text{H}_2\text{CH}_3$$

5.4.1.3 磺化反应

苯环上的氢原子被磺酸基（—SO₃H）取代的反应称作磺化反应（sulfonation reaction）。苯与浓硫酸发生反应后，苯环上的氢原子被磺酸基取代生成苯磺酸。磺化反应与卤化、硝化不同，它是一个可逆反应，反应中生成的水使硫酸变稀，磺化速率减慢，水解速度加快。因此，常用发烟硫酸在 30～50 ℃下进行磺化反应。高温下继续进行该反应，则得到间苯二磺酸。苯磺酸是一种有机强酸，在水中溶解度较大，因此在有机物中引入磺酸基能够提高其水溶性。

$$\text{C}_6\text{H}_6 \xrightarrow[30\sim50\,^\circ\text{C}]{\text{H}_2\text{SO}_4,\text{SO}_3} \text{C}_6\text{H}_5\text{-SO}_3\text{H} \xrightarrow[\text{SO}_3,90\,^\circ\text{C}]{\text{H}_2\text{SO}_4} m\text{-C}_6\text{H}_4(\text{SO}_3\text{H})_2$$

烷基苯比苯易于磺化，生成邻位和对位取代物。例如：

$$CH_3-C_6H_5 \xrightarrow[\text{回流}]{\text{浓 } H_2SO_4} \text{邻-}CH_3C_6H_4SO_3H + \text{对-}CH_3C_6H_4SO_3H$$

苯磺酸与过热水蒸气作用或与稀硫酸共热，会发生水解反应脱去磺酸基。

$$C_6H_5SO_3H + H_2O \xrightarrow{180℃} C_6H_6 + H_2SO_4$$

由于这种可逆性，烷基苯经磺化所得邻位和对位异构体的比例，随反应温度变化。0℃和100℃条件下，甲苯磺化所得邻、间和对位三种产物的比例如下。

磺化温度	0℃	100℃
邻位	43%	13%
间位	4%	8%
对位	53%	79%

高温条件下对位产物比例增大的原因是：磺酸基体积较大，取代邻位时空间位阻大，产物内能高；由于磺化反应可逆，高温条件下，邻位产物会逐渐转化为位阻小、稳定的对位产物。

苯及其同系物几乎均可以发生磺化反应，利用磺化反应的上述特点，在有机合成上通过引入—SO_3H，可增加化合物的酸性和水溶性；或作为占位基团使用。合成洗涤剂十二烷基苯磺酸钠的合成就应用到了磺化反应。

$$C_6H_5-C_{12}H_{25} \xrightarrow[\Delta]{H_2SO_4} HSO_3-C_6H_4-C_{12}H_{25} \xrightarrow{NaOH} C_{12}H_{25}-C_6H_4-SO_3Na$$

5.4.1.4 Friedel-Crafts 反应

1877年，巴黎大学法-美化学家小组的 C. Friedel 和 J. Crafts 发现了在 $AlCl_3$ 催化下，苯与卤代烷或酰氯等反应，可以合成烷基苯（PhR）和芳酮（ArCOR），该反应以二人的名字命名为 Friedel-Crafts 反应，又分为烷基化（alkylation）反应和酰基化（acylation）反应。

(1) 烷基化反应

苯与溴乙烷在无水三氯化铝的催化下反应生成乙苯。

$$C_6H_6 + C_2H_5Br \xrightarrow[74\%]{AlCl_3, 85℃} C_6H_5-C_2H_5 + HBr$$

无水三氯化铝是烷基化反应常用的催化剂。此外，如 $FeCl_3$、BF_3 等 Lewis 酸或硫酸、甲基磺酸等质子酸都有催化作用。常用的烷基化试剂有卤代烷、烯烃和醇等，其中以卤代烷最为常用。卤代烷的反应活性是：当烷基相同时，RF＞RCl＞RBr＞RI；当卤原子相同时，则是 3°RX＞2°RX＞1°RX。工业上常用的烷基化试剂是烯烃。

$$C_6H_6 + (CH_3)_2C=CH_2 \xrightarrow{HF+BF_3} C_6H_5-C(CH_3)_3$$

在烷基化反应中有以下几点需要注意。

① 当使用含三个或三个以上碳原子的烷基化试剂时，有时会发生异构化现象。例如，苯与1-氯丙烷反应，得到的主要产物是异丙苯而不是正丙苯。

$$C_6H_6 + CH_3CH_2CH_2Cl \xrightarrow[\Delta]{AlCl_3} \underset{65\%\sim69\%}{C_6H_5-CH(CH_3)_2} + \underset{35\%\sim31\%}{C_6H_5-CH_2CH_2CH_3}$$

② 烷基化反应不容易停留在一取代阶段，通常在反应中有多烷基苯生成。这是因为取

代的烷基使苯环上的电子云密度增大,增强了苯环的反应活性。

$$\text{benzene} \xrightarrow[\text{AlCl}_3]{\text{CH}_3\text{Cl}} \text{toluene} \xrightarrow[\text{AlCl}_3]{\text{CH}_3\text{Cl}} \left\{ \text{o-, p-xylene} \right\} \xrightarrow[\text{AlCl}_3]{\text{CH}_3\text{Cl}} \text{1,2,4-trimethylbenzene}$$

③ 由于烷基化反应是可逆的,故伴随有歧化反应,即一分子烷基苯脱烷基,另一分子则增加烷基。例如:

$$2\ \text{PhCH}_3 \xrightarrow{\text{AlCl}_3} \text{(CH}_3\text{)}_2\text{C}_6\text{H}_4\ (o\text{-},\ m\text{-},\ p\text{-}) + \text{C}_6\text{H}_6$$

④ 如果苯环上连有—NO_2、—$\overset{+}{N}(CH_3)_3$、—COOH、—COR、—CF_3、—SO_3H 等强吸电子基时,Friedel-Crafts 反应无法进行。可用硝基苯做此反应的溶剂。

(2) 酰基化反应

在 $AlCl_3$ 催化下,酰氯、酸酐或羧酸等与苯可以发生亲电取代反应,在苯环上引入酰基,称作 Friedel-Crafts 酰基化反应。这是合成芳酮的重要手段。例如:

$$\text{C}_6\text{H}_6 + \text{CH}_3\text{COCl} \xrightarrow{\text{AlCl}_3} \text{C}_6\text{H}_5\text{COCH}_3$$

常用的酰基化试剂有酰卤、酸酐和羧酸,它们的活性次序是:酰卤＞酸酐＞羧酸。

由于酰基化试剂和酰化反应产物会与 $AlCl_3$ 络合,所以进行酰基化反应时,催化剂的用量要比烷基化反应大。与烷基化反应相似,当苯环上含有吸电子基时,酰基化反应也无法进行。由于酰基是吸电子基团,同时酰基化反应是不可逆的,所以该反应无歧化现象;另外,酰基化反应也无异构化现象。

产物芳酮用锌汞齐的浓盐酸溶液还原,羰基会被还原为亚甲基。因此,酰基化反应是在芳环上引入直链烷基的一个重要方法。

$$\text{C}_6\text{H}_6 + \text{CH}_3\text{CH}_2\text{CH}_2\text{COCl} \xrightarrow[\triangle]{\text{AlCl}_3} \text{C}_6\text{H}_5\text{COCH}_2\text{CH}_2\text{CH}_3 \xrightarrow[\text{浓 HCl}]{\text{Zn/Hg}} \text{C}_6\text{H}_5\text{CH}_2\text{CH}_2\text{CH}_2\text{CH}_3$$

甲酰氯很不稳定,极易分解,不能直接与苯反应得到苯甲醛。制取苯甲醛可用 CO 和干燥的 HCl,在无水三氯化铝和氯化亚铜(与 CO 配位结合)催化作用下反应。

$$\text{C}_6\text{H}_6 + \text{CO} + \text{HCl} \xrightarrow[\triangle]{\text{AlCl}_3,\text{CuCl}} \text{C}_6\text{H}_5\text{CHO} + \text{HCl}$$

此反应称为 Gattermann-Koch 反应,主要用于苯或烷基苯的甲酰化。

5.4.1.5 氯甲基化反应

在无水氯化锌催化下,苯与甲醛和氯化氢作用,氯甲基(—CH_2Cl)将取代环上的氢原子,称为氯甲基化(chloromethylation)反应。在实际操作中,可用三聚甲醛代替甲醛。

$$3\ \text{C}_6\text{H}_6 + (\text{CH}_2\text{O})_3 + 3\text{HCl} \xrightarrow[70\text{℃},60\%\sim69\%]{\text{无水 ZnCl}_2} 3\ \text{C}_6\text{H}_5\text{CH}_2\text{Cl} + 3\text{H}_2\text{O}$$

如用其它脂肪醛代替甲醛，反应也可以进行，称为卤烷基化反应。例如：

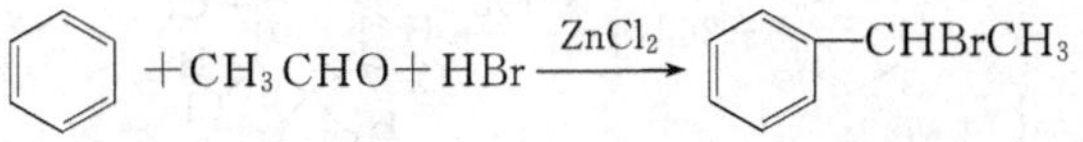

$$\text{C}_6\text{H}_6 + \text{CH}_3\text{CHO} + \text{HBr} \xrightarrow{\text{ZnCl}_2} \text{C}_6\text{H}_5\text{CHBrCH}_3$$

氯甲基化反应对于苯、烷基苯、烷氧基苯（烷基苯基醚）和稠环芳烃等都是成功的，但当环上有强吸电子基时，产率很低其至不反应。氯甲基化反应的用途广泛，因为—CH_2Cl可以经过还原、取代等反应转变成—CH_3、—CH_2OH、—CH_2CN、—CH_2CHO、—CH_2COOH、—$CH_2N(CH_3)_2$等。

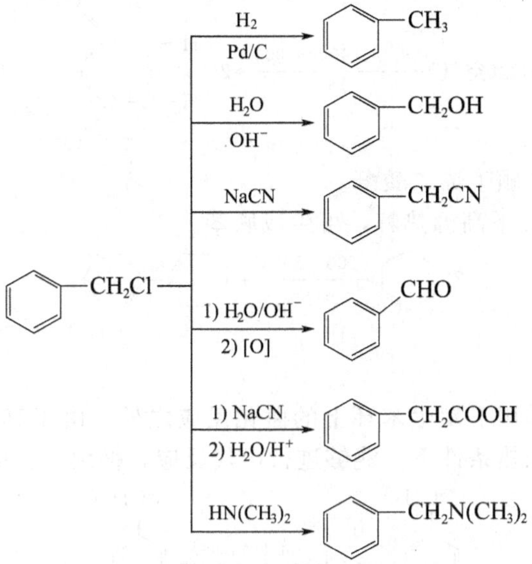

$$\text{PhCH}_2\text{Cl} \begin{cases} \xrightarrow{H_2,\ Pd/C} \text{PhCH}_3 \\ \xrightarrow{H_2O,\ OH^-} \text{PhCH}_2\text{OH} \\ \xrightarrow{NaCN} \text{PhCH}_2\text{CN} \\ \xrightarrow{1)\ H_2O/OH^-;\ 2)\ [O]} \text{PhCHO} \\ \xrightarrow{1)\ NaCN;\ 2)\ H_2O/H^+} \text{PhCH}_2\text{COOH} \\ \xrightarrow{HN(CH_3)_2} \text{PhCH}_2\text{N}(CH_3)_2 \end{cases}$$

5.4.2 加成反应

苯及其同系物不易加成，但在一定条件下可与氢或氯等反应，得到加成产物。

5.4.2.1 加氢

于180～250℃，加压，在镍催化下，苯加氢生成环己烷。

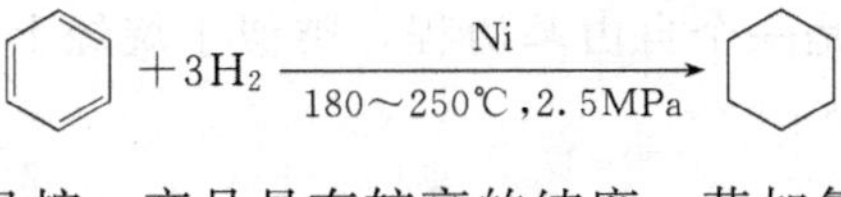

$$\text{C}_6\text{H}_6 + 3\text{H}_2 \xrightarrow[180\sim 250℃,\ 2.5\text{MPa}]{\text{Ni}} \text{C}_6\text{H}_{12}$$

工业上即采用该方法生产环己烷，产品具有较高的纯度。若加氢未进行到底，所得产物也只是苯和环己烷，而不会停留在环己烯或环己二烯阶段。

使用金属钠和醇在液氨中可以还原苯，产物为1,4-环己二烯，这种反应称为Birch还原法。反应相当于氢原子对苯环的1,4-加成。

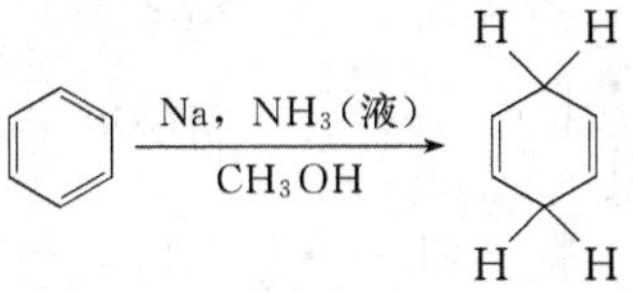

$$\text{C}_6\text{H}_6 \xrightarrow[\text{CH}_3\text{OH}]{\text{Na, NH}_3(液)} \text{1,4-环己二烯}$$

除金属钠外，也可使用金属锂或钾。使用的醇一般是甲醇和叔丁醇。该反应也可用于萘环的还原［见5.8.2.2（3）还原反应］。

5.4.2.2 加氯

在紫外线照射下，苯与氯加成生成六氯化苯。

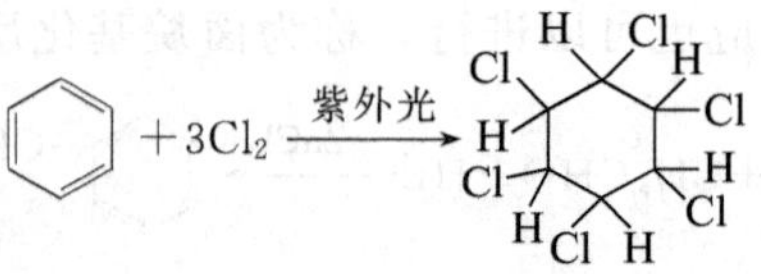

$$\text{苯} + 3Cl_2 \xrightarrow{\text{紫外光}} C_6H_6Cl_6\text{(六氯环己烷)}$$

六氯化苯分子式 $C_6H_6Cl_6$，俗称"六六六"，曾作为农药使用。由于其易残留、有毒、致畸，现已被世界大多数国家禁用。

5.4.3 氧化反应

苯在 V_2O_5 催化下，高温空气氧化，苯环被氧化断裂，生成顺丁烯二酸酐。

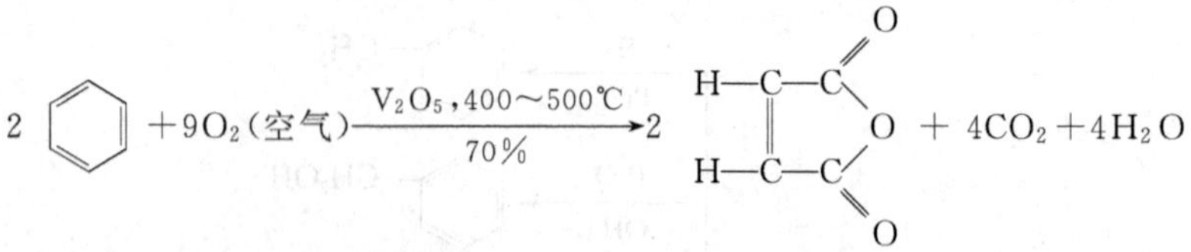

$$2\,\text{苯} + 9O_2\text{(空气)} \xrightarrow[70\%]{V_2O_5, 400\sim500℃} 2\,\text{顺丁烯二酸酐} + 4CO_2 + 4H_2O$$

工业上常采取该方法生产顺丁烯二酸酐。

苯蒸气在 700~800℃ 下高温热解，可生成联苯。

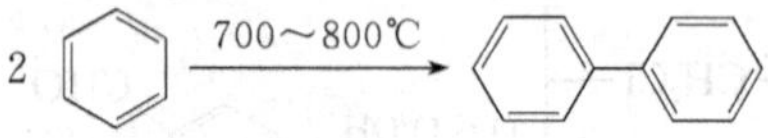

$$2\,\text{苯} \xrightarrow{700\sim800℃} \text{联苯}$$

5.4.4 芳烃侧链的反应

5.4.4.1 卤代反应

烷基苯除在催化剂作用下发生苯环上的卤化反应之外，由于其 α-H 受苯环影响而具有活性。此位置在光照或加热条件下，能够进行卤代反应，得到 α 位的卤代产物。例如：

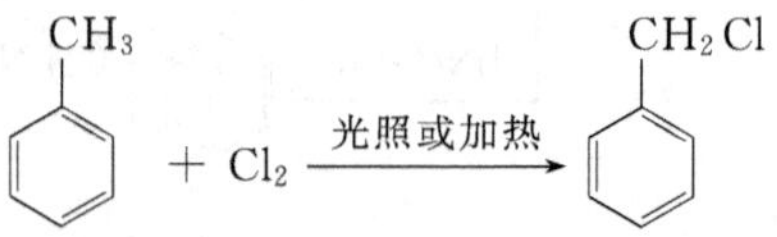

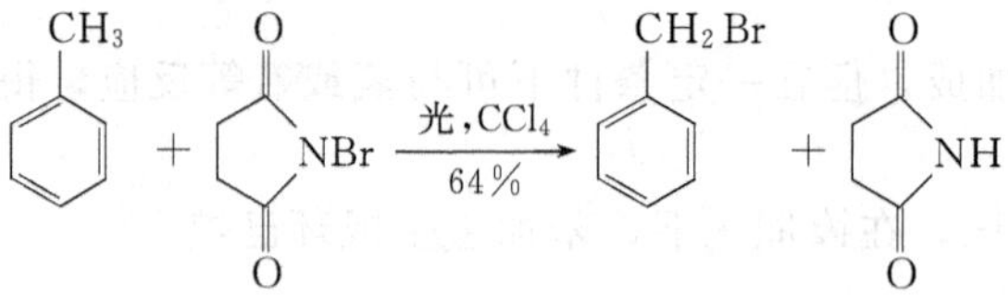

$$\text{甲苯} + Cl_2 \xrightarrow{\text{光照或加热}} \text{苄氯}(C_6H_5CH_2Cl)$$

$$\text{甲苯} + \text{NBS} \xrightarrow[64\%]{\text{光,}CCl_4} \text{苄溴}(C_6H_5CH_2Br) + \text{丁二酰亚胺}$$

烷基苯 α-H 的卤代反应是一个自由基历程，类似于烷烃上氢原子或烯烃 α-H 的自由基取代反应。其历程可表示如下：

$$Cl_2 \xrightarrow{\text{光或高温}} 2Cl\cdot$$

$$C_6H_5CH_3 + Cl\cdot \longrightarrow C_6H_5CH_2\cdot + HCl$$

$$C_6H_5CH_2\cdot + Cl_2 \longrightarrow C_6H_5CH_2Cl + Cl\cdot$$

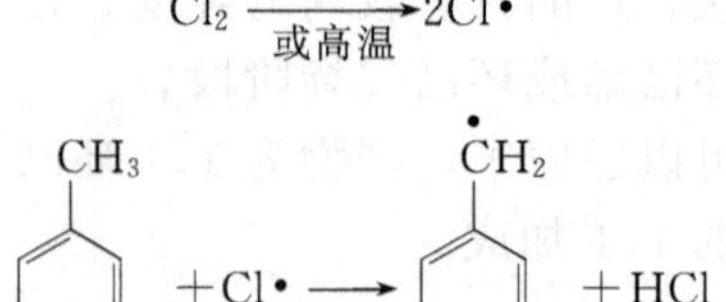

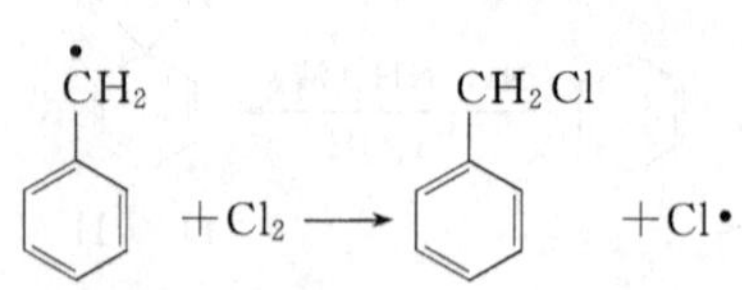

在氯过量条件下，可以发生多取代反应。例如：

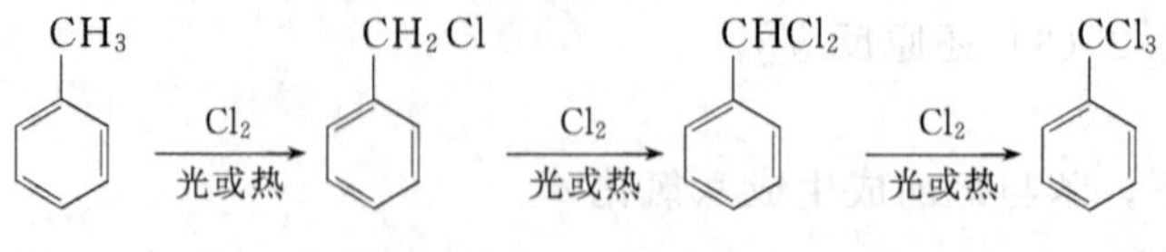

$$C_6H_5CH_3 \xrightarrow[\text{光或热}]{Cl_2} C_6H_5CH_2Cl \xrightarrow[\text{光或热}]{Cl_2} C_6H_5CHCl_2 \xrightarrow[\text{光或热}]{Cl_2} C_6H_5CCl_3$$

α位的多卤代苯易水解，这是制备苯甲醛、苯甲醇及其衍生物的常用方法。

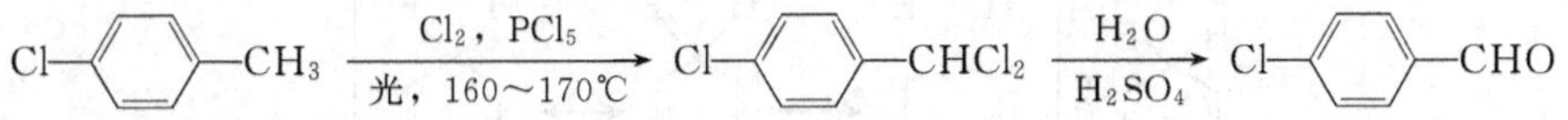

$$Cl-C_6H_4-CH_3 \xrightarrow[\text{光, 160～170℃}]{Cl_2, PCl_5} Cl-C_6H_4-CHCl_2 \xrightarrow[H_2SO_4]{H_2O} Cl-C_6H_4-CHO$$

烷基苯的卤代反应之所以主要发生在α位，是因为苄基自由基具有较高的稳定性。使用选择性好的溴对烷基苯进行卤化时，α位的取代产物可达到100%。

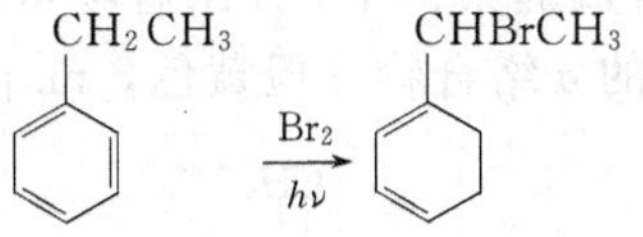

$$C_6H_5-CH_2CH_3 \xrightarrow[h\nu]{Br_2} C_6H_5-CHBrCH_3 \quad 100\%$$

5.4.4.2 氧化反应

烷烃和苯对氧化剂都比较稳定，难以氧化。但在烷基苯中，烷基中α-H受苯环的影响易被氧化。在氧化剂（如$KMnO_4$、$K_2Cr_2O_7$或HNO_3）或催化剂作用下，含有α-H的烷基能够被氧化成羧基。含有α-H的烷基苯，无论侧链长短，氧化后均生成苯甲酸。例如：

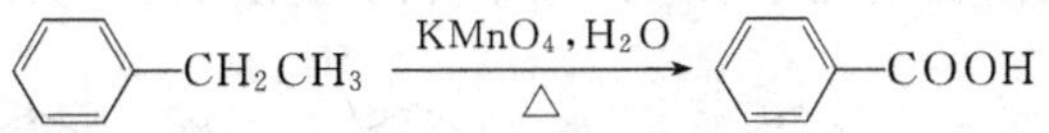

$$C_6H_5-CH_2CH_3 \xrightarrow[\triangle]{KMnO_4, H_2O} C_6H_5-COOH$$

如果烷基苯的侧链不含α-H（如叔丁基苯），则侧链难被氧化。强烈条件下反应，氧化将发生在苯环上。当苯环上连有多个烷基时，提高反应条件，可将多个烷基都氧化成羧基。例如，可由对二甲苯经氧化反应制备对苯二甲酸。对苯二甲酸是合成聚酯纤维（涤纶）的原料。

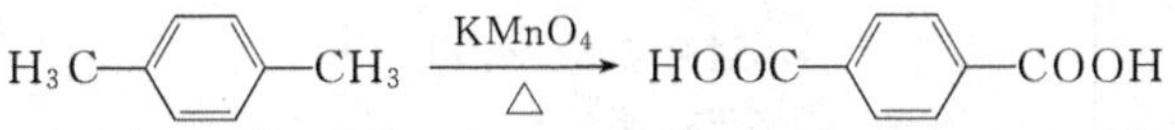

$$H_3C-C_6H_4-CH_3 \xrightarrow[\triangle]{KMnO_4} HOOC-C_6H_4-COOH$$

烷基苯在催化剂作用下，能够发生脱氢反应。工业上利用乙苯催化脱氢来生产苯乙烯（参见5.7.3）。

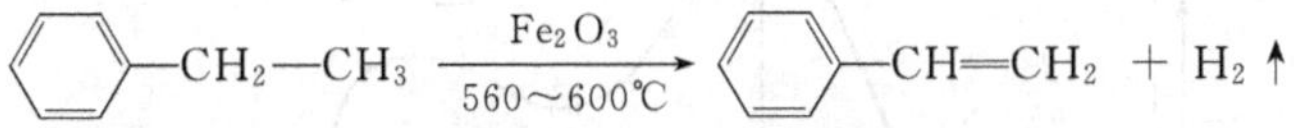

$$C_6H_5-CH_2-CH_3 \xrightarrow[560～600℃]{Fe_2O_3} C_6H_5-CH=CH_2 + H_2\uparrow$$

苯乙烯是生产丁苯橡胶、ABS树脂等高分子材料的重要单体。

5.5 苯环上亲电取代反应机理

由芳烃的化学性质可以看出：虽然苯环的不饱和程度很高，但很难发生加成反应，却容易在亲电试剂作用下进行取代反应。这一特性可从苯环的价电子结构及产物稳定性加以理解。苯分子所在平面两侧集中着受束缚较弱、流动性强的π电子云，非常利于亲电试剂的进攻。取代后苯环仍能够保持闭合的共轭体系，这将使取代产物也具有良好的稳定性。

一般亲电取代反应的过程是：亲电试剂先与苯分子中离域的π电子相互作用，生成π络合物，这时并无新的σ键生成。然后亲电试剂会从苯环的π体系中夺取两个电子形成σ键，该中间体被称为σ络合物。苯环上形成新键的碳原子由原来的sp^2杂化转变为sp^3杂化，闭合共轭体系被破坏了，剩余的四个π电子在五个碳原子上离域。

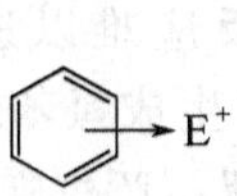

π络合物　　　　　　σ络合物

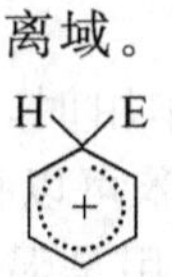

σ络合物从共振的观点来看是三个碳正离子的共振杂化体。

由于σ络合物中的共轭体系已非苯环的闭合结构,所以其能量比苯高,不稳定。一般情况下,σ络合物的寿命非常短。在合适的条件下,σ络合物可以分离出来,例如,间三甲苯在低温下与氟乙烷和BF_3作用生成的σ络合物(橙黄色,m.p. $-15℃$)已分离出来。

σ络合物倾向于从sp^3杂化碳原子上失去一个质子,使该碳原子恢复成sp^2杂化状态,再形成六个π电子离域的闭合共轭体系,回归苯环的稳定结构,从而生成取代苯。

反应过程的能量变化如图5-5所示。

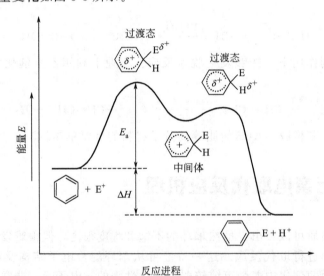

图 5-5 苯的亲电取代反应过程能量变化曲线

苯环上的取代反应如卤化、硝化、磺化等的反应进程与上述过程相同,都是由正离子或带有部分正电荷的试剂(即亲电试剂)进攻引起的,故将该类反应称为亲电取代反应。下面分别介绍具体的亲电取代反应机理。

5.5.1 卤化反应机理

苯与卤素如无催化剂作用时,它们之间的取代反应难以进行。而在催化剂如FeX_3、$AlCl_3$等Lewis酸作用下,苯可以很快与氯或溴反应,生成氯苯或溴苯。

催化剂在其中起到的作用是促使氯或溴分子的异裂,产生强的亲电试剂,然后亲电试剂再与苯发生取代反应。以溴与苯在$FeBr_3$催化下的反应为例,苯的卤化反应机理一般包含下面的过程。

① 溴分子受 FeBr$_3$ 的作用而发生异裂，产生亲电试剂 Br$^+$ 和四溴化铁络离子。

$$Br:Br + FeBr_3 \longrightarrow Br^+ + [FeBr_4]^-$$

② Br$^+$ 作为亲电试剂进攻苯环，形成 σ 络合物。

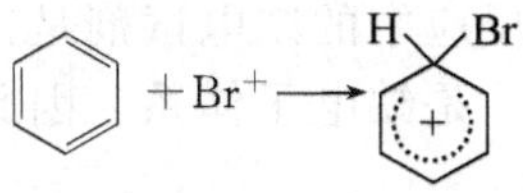

σ络合物中含有由五个碳原子和四个 π 电子构成的共轭体系，它用共振式又可以表示为：

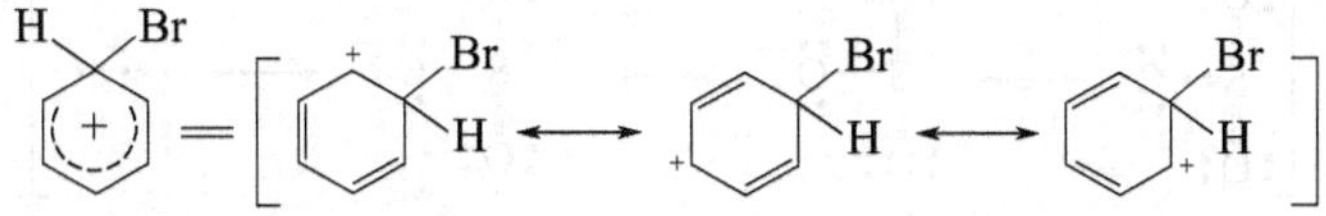

该步反应是取代过程中速率最慢的步骤，即整个反应的决速步骤。

③ 中间体 σ 络合物能量高，不稳定，很快会失去一个质子，使体系重新成为稳定的环状闭合共轭体系。分解出的质子与四溴化铁络离子反应，再生成催化剂三溴化铁和溴化氢。

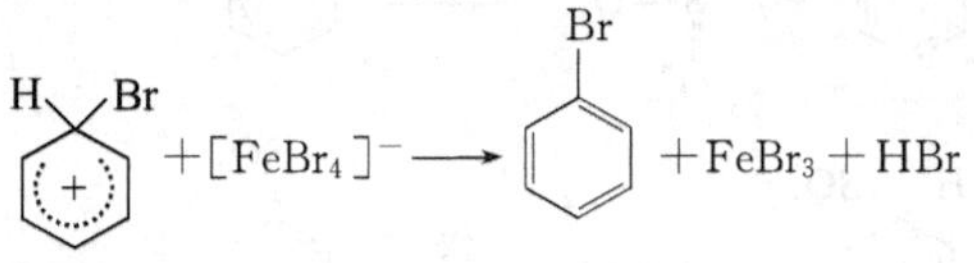

这是一步快反应。

5.5.2 硝化反应机理

硝化反应中，进攻苯环的亲电试剂是硝酰正离子，它呈线形结构，具有很强的亲电能力。

$$:\overset{..}{O}=\overset{+}{N}=\overset{..}{O}:$$

无水硝酸中即含有浓度很低的硝酰正离子。使用混酸作为硝化反应试剂的目的是：硝酸（作为碱）在强酸（浓硫酸）作用下，质子化后失水，产生硝酰正离子。

$$H-O-NO_2 + HOSO_3H \rightleftharpoons H-\overset{+}{\underset{H}{\overset{..}{O}}}-NO_2 + HSO_4^-$$

$$H-\overset{+}{\underset{H}{\overset{..}{O}}}-NO_2 + HOSO_3H \rightleftharpoons \overset{+}{N}O_2 + H_3\overset{+}{O} + HSO_4^-$$

$$\overline{HO-NO_2 + 2HOSO_3H \rightleftharpoons \overset{+}{N}O_2 + 2HSO_4^- + H_3O^+}$$

通过混酸溶液的冰点降低实验及拉曼光谱分析，已经证明了硝酰正离子的存在。反应过程中，首先是硝酰正离子进攻苯环的 π 电子云，形成 σ 络合物，然后失去一个质子得到硝基苯。

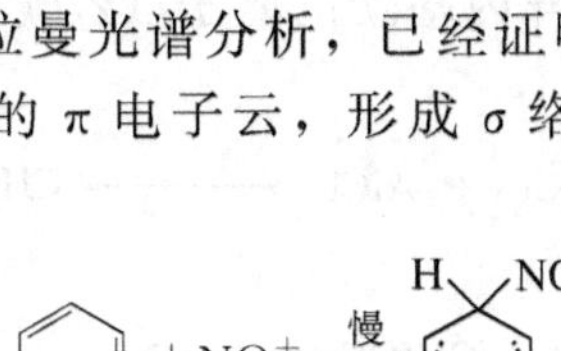

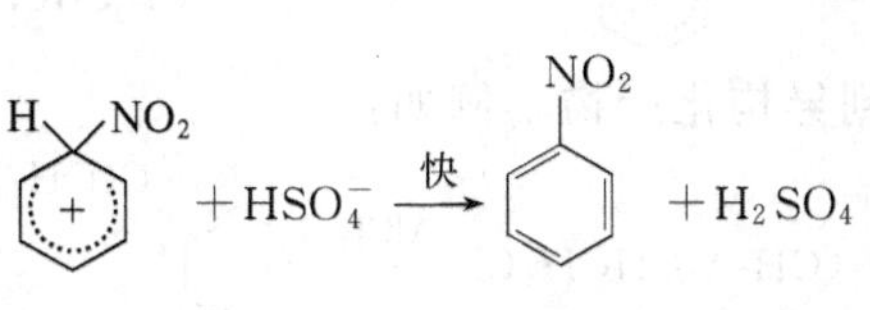

5.5.3 磺化反应机理

对于磺化反应机理的研究并不像卤化和硝化反应那样透彻，但可以大体确定它也经历一般芳烃亲电取代的过程。同时，已经知道磺化反应具有可逆性。苯用浓硫酸磺化，反应速率很慢。使用发烟硫酸对苯进行磺化，反应在室温下快速进行，反应速率与发烟硫酸中 SO_3 的含量有关。因此，一般认为磺化反应中的亲电试剂是三氧化硫。三氧化硫虽然不带有正电荷，但其硫原子周围只有六个电子，是缺电子体系，因此可以作为亲电试剂。它的结构用共振式可表示为：

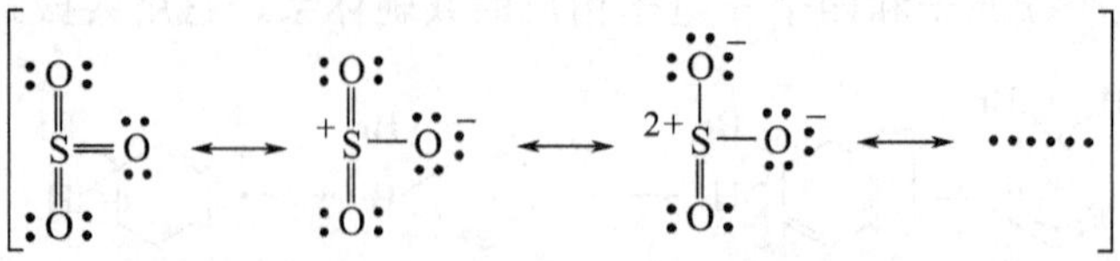

硫酸中可以产生三氧化硫，三氧化硫通过硫原子进攻苯环，反应机理如下：

$$2H_2SO_4 \rightleftharpoons SO_3 + H_3O^+ + HSO_4^-$$

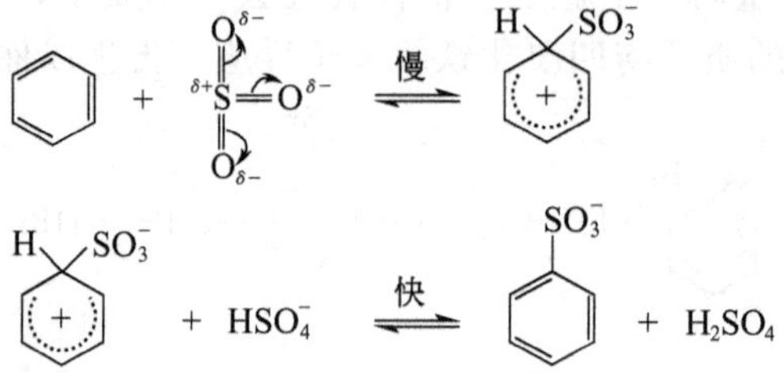

也有人认为含水硫酸对苯环的磺化反应是 $H_3SO_4^+$（$H_3O^+ + SO_3$）作为进攻试剂。

5.5.4 烷基化反应机理

芳烃烷基化反应需要 $AlCl_3$、$FeCl_3$、BF_3 等 Lewis 酸或 HF、H_2SO_4 等质子酸催化，烷基化试剂在催化剂作用下产生碳正离子，它作为亲电试剂进攻苯环上的 π 电子云。其过程与硝化、磺化机理类似，形成 σ 络合物后，失去一个质子得到烷基苯。

$$RCl + AlCl_3 \longrightarrow R^+ + AlCl_4^-$$

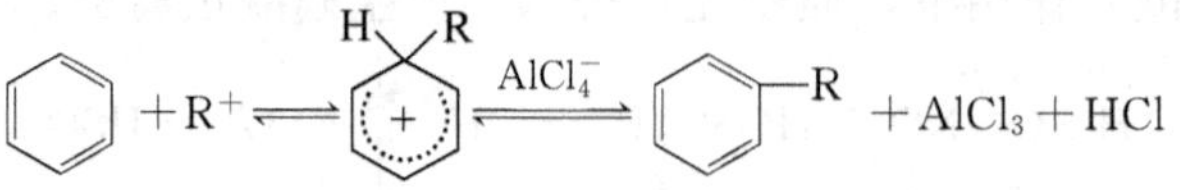

当烷基化试剂是具有三个以上碳原子的烷基时，烷基化反应存在异构化现象。例如：

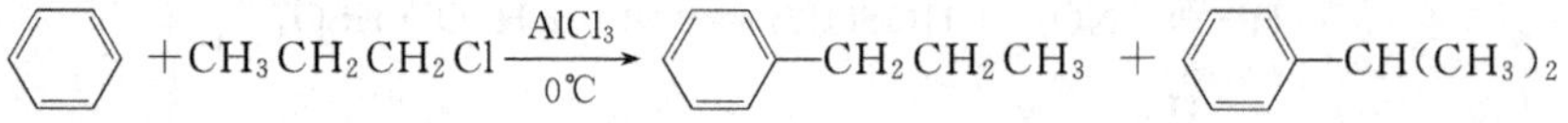

主要产物是异丙苯。这是因为反应过程中，首先产生的丙基碳正离子（1°碳正离子）稳定性差，更多地倾向于重排成较稳定的异丙基碳正离子（2°碳正离子），然后再进行与苯的亲电取代反应。即：

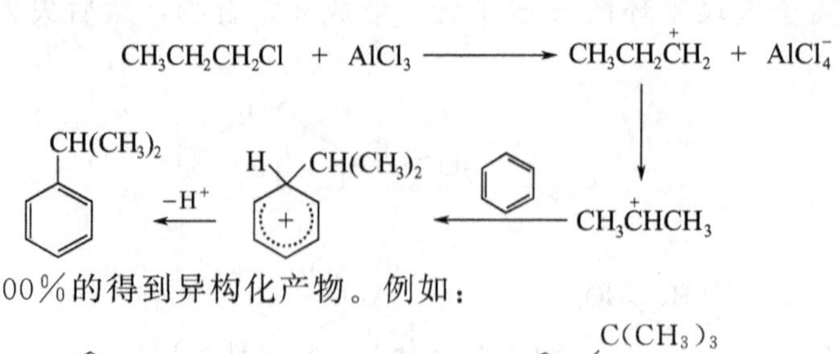

$$CH_3CH_2CH_2Cl + AlCl_3 \longrightarrow CH_3CH_2\overset{+}{C}H_2 + AlCl_4^-$$

$$\longrightarrow CH_3\overset{+}{C}HCH_3$$

某些烷基化反应 100% 的得到异构化产物。例如：

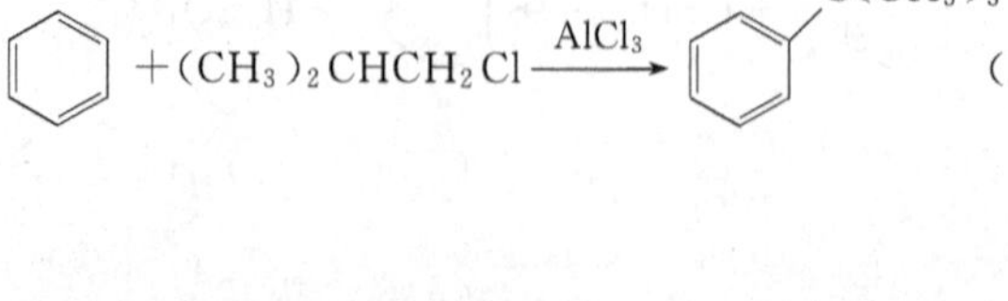

5.5.5 酰基化反应机理

酰基化试剂中的羰基能够与催化剂 $AlCl_3$ 按 1∶1 物质的量的比生成络合物，所以酰基化反应中，催化剂 $AlCl_3$ 的用量应依据酰基化试剂中羰基的数目相应增加。例如：使用乙酰氯时，催化剂用量应多于 1mol；使用乙酸酐时，催化剂用量应多于 2mol。

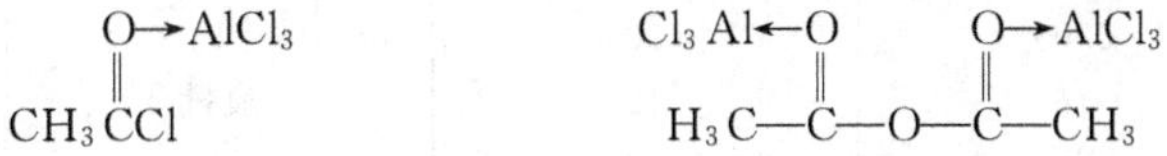

$$CH_3\overset{O \rightarrow AlCl_3}{\underset{}{C}}Cl \qquad H_3C\overset{Cl_3Al \leftarrow O}{\underset{}{C}}-O-\overset{O \rightarrow AlCl_3}{\underset{}{C}}CH_3$$

酰基化试剂在催化剂作用下，产生酰基正离子，它作为亲电试剂进攻苯环上的 π 电子云，形成 σ 络合物后，再失去一个质子得到产物芳酮。

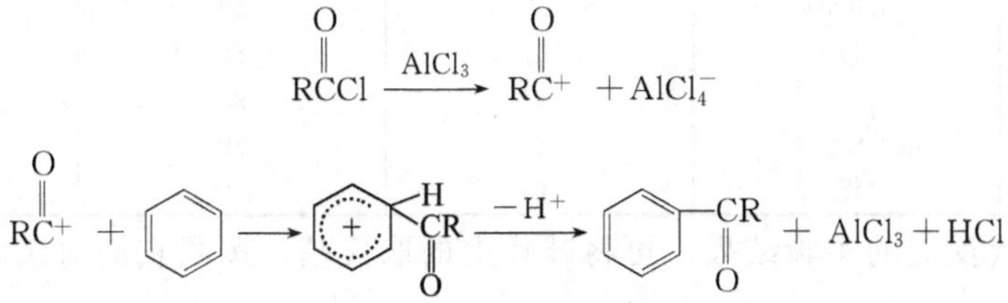

$$RCCl \xrightarrow{AlCl_3} RC^+ + AlCl_4^-$$

$$R\overset{O}{\underset{}{C}}{}^+ + C_6H_6 \longrightarrow [\text{σ络合物}] \xrightarrow{-H^+} Ph\overset{O}{\underset{}{C}}R + AlCl_3 + HCl$$

5.6 苯环上亲电取代反应的定位规则

5.6.1 定位基的分类

苯分子中六个氢原子是等同的，所以其一取代产物只有一种。与苯不同，当对苯的一取代物进行二次取代时，苯环上供取代的五个位置可划分为三类，即两个邻位、两个间位和一个对位。如果三个位置的氢原子被新取代基取代的概率相同，则会得到 40% 邻位产物、40% 间位产物和 20% 对位产物。即：

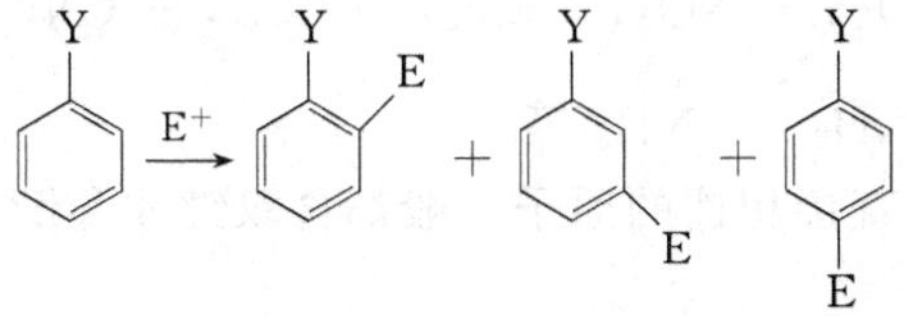

$$C_6H_5Y \xrightarrow{E^+} \text{邻}(40\%) + \text{间}(40\%) + \text{对}(20\%)$$

但在实际取代反应过程中，并未观察到上述取代现象。在研究苯及其衍生物的亲电取代反应中，可以看出主要产物只有一种或两种。在研究硝化反应时，能够发现下列现象：

① 在苯环上引入一个取代基，产物只有一种。
② 将甲苯硝化，比苯容易进行，硝基主要进入邻、对位。
③ 将硝基苯硝化，比苯难进行，新的硝基主要进入间位。
④ 将氯苯硝化，比苯难进行，但硝基主要进入邻、对位。

苯环上原有的取代基，或像甲基那样或像硝基那样，在进行亲电取代反应时，不仅影响着苯环的活性，同时决定着第二个取代基进入苯环的位置。这种苯环上原有取代基对二次取代位置的影响，称为定位作用 (orientation)，并将苯环上原有的取代基称作定位基 (orientating group)。大量的实验事实表明了上述作用的存在，由表 5-3 可以看出不同定位基对硝化反应相对速率及产物分布的影响。

表 5-3　一取代苯硝化反应相对速率及产物的分布

取代基	相对速率	产物分布/%		
		邻位	间位	对位
—H	1.0			
—Br	0.03	37	1	62
—Cl	0.03	30	1	69
—C(CH$_3$)$_3$	16	12	痕量	88
—CH$_3$	25	63	3	34
—NHCOCH$_3$	快	19	1	80
—OH	很快	55	痕量	45
—OCH$_3$	约 2×10^5	74	11	15
—COOC$_2$H$_5$	0.0037	28	68	4
—COOH	慢	19	80	1
—NO$_2$	6×10^{-8}	6	93	1
—$^+$N(CH$_3$)$_3$	1.2×10^{-8}	0	89	11
—CF$_3$	慢	0	100	0

根据更多取代反应的实验结果，可将苯环上的取代基，按照它们对亲电取代反应的定位作用分为两类。

① 邻、对位定位基（ortho-para directing group，又称第一类定位基）　一般都能够活化苯环（卤素除外），使新引入的取代基主要进入其邻位和对位（邻位加对位产物的产量大于60%）。常见的邻、对位定位基按定位能力由强到弱排序为：—O$^-$，—NR$_2$，—NHR，—NH$_2$，—OH，—OCH$_3$，—NHCOCH$_3$，—OCOCH$_3$，—R，—C$_6$H$_5$，—F，—Cl，—Br，—I 等。

特点：定位基上与苯环直接相连的原子一般不含双键或叁键，且多数带有负电荷或未共用电子对。

② 间位定位基（meta orientating group，又称第二类定位基）　它们均钝化苯环，使新引入的取代基主要进入其间位（间位产物的产量大于40%）。常见的间位定位基按定位能力由强到弱排序为：—$\overset{+}{\text{N}}$(CH$_3$)$_3$，—NO$_2$，—CF$_3$，—CCl$_3$，—CN，—SO$_3$H，—CHO，—COR，—COOH，—COOR，—COONH$_2$，—$\overset{+}{\text{NH}}_3$ 等。

特点：定位基上与苯环直接相连的原子一般都含双键或叁键，部分基团带有正电荷。

5.6.2　定位基的理论解释

取代基定位作用的不同，可以通过取代基与苯环及反应中间体的电子效应、空间效应等加以解释。

5.6.2.1　电子效应

有机物分子内重要的电子效应有两种，诱导效应和共轭效应。定位基与苯分子之间存在着这两种电子效应的作用。

定位基对苯分子的诱导效应与定位基上原子的电负性有关。电负性强于苯上碳原子的原子或基团使苯环上的电子沿 σ 键向定位基移动，即吸电子诱导效应（—I）；反之，则定位基上的电子沿 σ 键向苯环移动，即供电子诱导效应（+I）。

定位基与苯分子间的共轭效应将直接影响苯环上的 π 电子云。定位基上 p（或 π）轨道的电子云与苯环的 π 电子云重叠，从而引起 p（或 π）电子大范围的离域。如果离域造成定位基上的 p（或 π）电子向苯环偏移，则为供电子的共轭效应（+C）；反之则为吸电子的共轭效应（—C）。具有供电子共轭效应的定位基及其定位能力如下：

$-NR_2 > -OR > -F$，$-O^- > -OR$，$-F > -Cl > -Br > -I$

具有吸电子共轭效应的定位基及其定位能力如下：

$$-\overset{O}{\overset{\|}{C}}R > -\overset{NR}{\overset{\|}{C}}R > -\overset{O}{\overset{\|}{C}}H，-\overset{O}{\overset{\|}{C}}R > -\overset{O}{\overset{\|}{C}}OR > -\overset{O}{\overset{\|}{C}}NR_2 > -\overset{O}{\overset{\|}{C}}O^-$$

$$-\overset{O}{\underset{O^-}{\overset{\|}{N}}} > -\overset{O}{\underset{O}{\overset{\|}{S}}}OH > -\overset{O}{\underset{O}{\overset{\|}{S}}}R，-CN > -\overset{O}{\underset{O}{\overset{\|}{S}}}NH_2$$

定位基通过以上两种电子效应，对反应中间体的稳定性和苯环上电子云分布产生影响，从而起到不同的定位作用。

(1) 对苯环上电子云分布的影响

苯环上的取代反应是由亲电试剂进攻开始的，如取代基能使苯环上的电子云密度增大，亲电取代反应将更容易进行，也就是取代基活化了苯环；如取代基降低了苯环上电子云密度，将不利于亲电取代反应的进行，即钝化了苯环。此外，取代基通过电子效应还会造成苯环上电子云分布的不均匀，从而影响亲电取代反应发生的位置。

① 邻、对位定位基　邻、对位定位基对苯环的电子效应一般是供电子的（卤素除外），所以它们能够活化苯环，并使苯环上邻、对位电子云密度相对增加较大，亲电取代反应就主要发生在邻、对位上。

a. 甲基　甲基与苯环之间存在着供电子的诱导效应（+I）和供电子的超共轭效应（+C），两种电子效应的作用方向一致，均向苯环提供电子。这与丙烯中甲基和双键之间的作用相似。因此，甲基的存在增大了苯环上电子云的密度，也就使苯环活化了。另外，苯环上电子云的分布受电子效应影响，邻、对位电子云密度增加较多。苯环上各碳原子的电荷密度为 ⌬（0, 0），根据量子力学计算，得出甲苯上各碳原子的电荷密度为 -0.01⌬$-CH_3^{+0.04}_{-0.017}$，

(−)号表示电子云密度大于苯。甲基对苯环的电子效应可表示为 δ^-⌬$\overset{H}{\underset{H}{C}}$—H。因此，当苯环上连有甲基时，苯环的亲电取代反应活性增大，且反应主要发生在邻位和对位。

b. 酚羟基　酚羟基中氧原子的电负性大于苯的碳原子，从诱导效应的角度来看，酚羟基是吸电子基团（即—I效应）。而氧原子p轨道上未共用的电子对与苯环上的π电子存在p-π共轭效应，氧未共用电子对向苯环离域，产生供电子的共轭效应（+C）。由于共轭效应影响的是流动性大的π电子云，占主导作用，所以酚羟基总体的电子效应是向苯环提供电子，活化苯环，同时邻、对位电子云密度增大更多，亲电取代反应也主要发生在邻位和对位。⌬:OH

c. 氯原子　氯原子与苯环同样存在着吸电子诱导效应（−I）和供电子的p-π共轭效应（+C）。但氯原子中参加共轭的p轨道能级与苯环中的π电子能级不匹配，所以氯原子共轭效应向苯环提供的电子无法抵消其吸电子诱导的影响，即−I>+C。因此，氯苯亲电取代反应活性低于苯，氯原子钝化了苯环。氯苯苯环上的π电子云在电子效应影响下的分布是：

，这与量子化学计算的氯苯上碳原子的电荷密度情况一致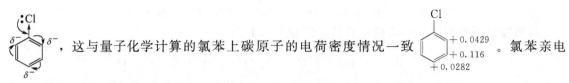。氯苯亲电取代反应的活性是由诱导效应决定的，定位作用则受共轭效应的控制。

② 间位定位基　间位定位基对苯环体现的是吸电子的诱导效应和共轭效应，两者的作用方向一致，都使苯环上的电子云密度降低，邻、对位的降低尤其显著。因此，连有间位定位基的取代苯亲电取代反应活性下降，取代的位置以间位为主。

硝基的结构是 $-N\begin{smallmatrix}O\\\\O\end{smallmatrix}$，氮原子的电负性大于苯环上的碳原子，对苯环的诱导效应是吸电子的。硝基中的氮氧双键与苯环存在 π，π-共轭效应，氧的电负性大于氮，所以共轭效应也是吸电子的。因此，硝基使苯环钝化，并且硝基苯的亲电取代反应主要在间位进行。

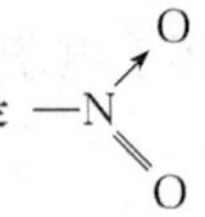

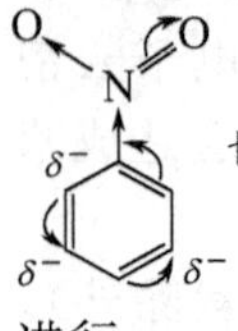

（2）对中间体稳定性的影响

定位基的电子效应对亲电取代反应中间体——σ络合物的稳定性也会产生影响。邻、对位定位基多为供电子基团，它使σ络合物上的正电荷更加分散，提高其稳定性，也就降低了反应的活化能，增大亲电取代反应活性，活化苯环。间位定位基是吸电子基团，它会使σ络合物中的正电荷更加集中，稳定性下降，反应活化能升高，所以它使苯环钝化。邻、间或对位被取代后，生成中间体的稳定性在上述影响下各不相同，所以各位置被取代的难易程度也不同。

① 邻、对位定位基

a. 甲基　由于甲基是供电基，可以部分中和σ络合物上的正电荷，而使自身也带有部分正电荷。即σ络合物因正电荷分散到甲基上而得到稳定。亲电试剂（E^+）无论进攻甲苯的邻位、对位还是间位，生成的三种σ络合物都比苯反应所生成的σ络合物稳定。因此，甲苯亲电取代反应活性高于苯。但亲电试剂进攻甲基的邻、对位与进攻间位相比，生成的中间体的稳定性不同。如下所示：

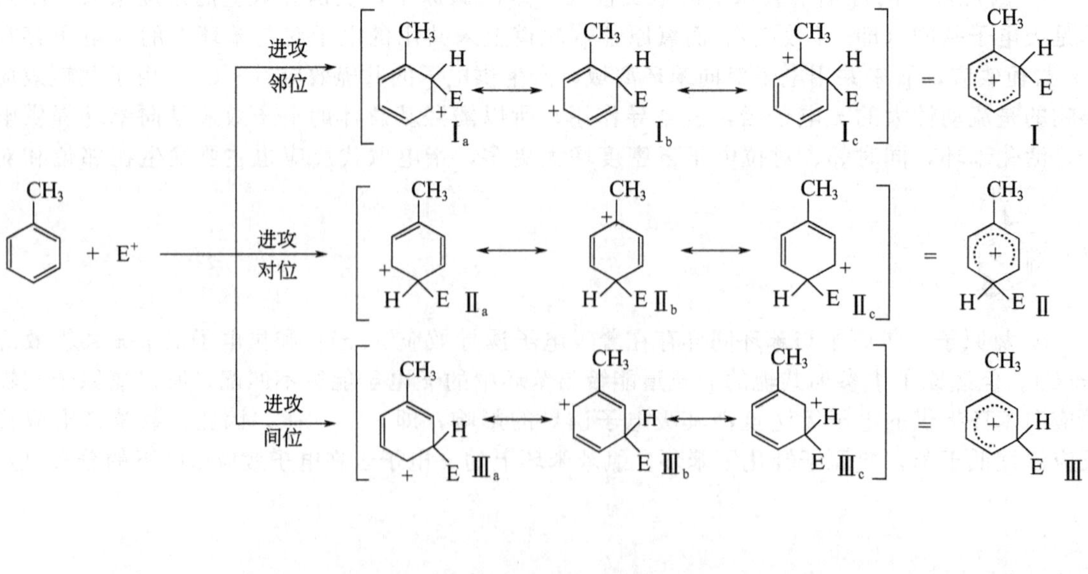

进攻邻、对位时，其中间体的共振极限结构式中各有一个是叔碳正离子（I_c和II_b），且带正电荷的碳原子与甲基直接相连，它们对中间体的稳定性贡献大。而进攻间位时，中间体的三种共振极限结构式都是仲碳正离子，并无与甲基直接相连的碳正离子。因此，进攻邻、对位能够生成正电荷更加分散、能量更低、更加稳定的中间体。所以，邻、对位比间位反应活性更高，亲电取代反应主要在邻、对位进行。反应过程中的能量变化如图 5-6 所示。

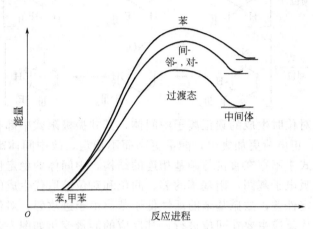

图 5-6　苯和甲苯的邻、对位和间位反应时的能量变化

b. 酚羟基　当亲电试剂分别进攻苯酚的邻、对位和间位时，各个中间体 σ 络合物的结构可用下列共振极限结构式表示：

其中 I_d 和 II_d 的稳定性最好，对中间体的稳定性贡献大。主要原因是两个极限结构中，每个原子的外层电子结构都是完整的。而进攻间位或苯亲电取代的中间体，无法得到以上稳定的极限结构式。所以，苯酚的活性高于苯，亲电取代反应主要发生在邻位和对位。氨基或烷氧基等定位基的情况与此相似。

② 间位定位基

硝基：当亲电试剂分别进攻硝基苯的邻、对位和间位时，各个中间体 σ 络合物的结构可用下列共振极限结构式表示：

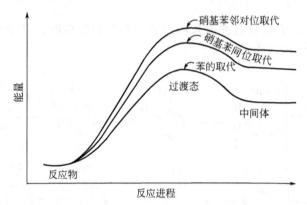

当亲电试剂进攻邻、对位时生成的碳正离子中间体，其共振极限式中都有直接与硝基相连的结构（如 I_c 和 II_b），正电荷更加集中，能量更高而不稳定，故中间体难以稳定存在。当进攻间位时，共振极限式中不存在直接与硝基相连的结构，中间体的稳定性相对比进攻邻、对位时高。由于硝基是吸电子基团，硝基苯的邻、间位和对位被取代生成的中间体，均比苯被取代所得中间体的稳定性差，故硝基苯的活性低于苯。由于进攻邻、对位时的能垒比进攻间位时高，所以亲电取代反应主要在间位进行。其反应的能量变化如图 5-7 所示。

图 5-7 苯和硝基苯的邻、对位和间位反应时的能量变化

5.6.2.2 定位作用的其它影响因素

苯环上取代基的定位作用除主要由其电子效应的影响决定外，还与原有取代基或新引入基团的空间效应、反应温度和催化剂等因素有关。例如，一取代的烷基苯发生硝化反应时，取代烷基的体积大小将影响产物异构体的分布，见表 5-4。

表 5-4 一烷基苯硝化时异构体的分布

烷基苯	原有取代基	异构体分布/%		
		邻位	对位	间位
甲苯	—CH_3	58.45	37.15	4.40
乙苯	—CH_2CH_3	45.0	48.5	6.5
叔丁苯	—$C(CH_3)_3$	15.8	72.7	11.5

甲基体积较小，甲苯硝化时邻位取代产物比例相对较高。当取代基为体积较大的叔丁基时，邻位取代产物明显减少，而对位取代产物增多。这说明苯环上原有取代基的体积大，反应时邻位

的空间位阻大，难以生成邻位异构体；而进行对位取代的空间位阻小，对位异构体数量将增加。

另外，新引入基团体积大小对产物异构体的分布也将产生影响。表 5-5 列出了甲苯分别进行溴化、硝化和叔丁基化反应后，产物异构体的分布情况。从中不难发现，随着新引进基团体积的不断增大，邻位异构体也相应减少，同时对位取代产物增多。

表 5-5 甲苯二次取代产物异构体的分布

二次取代反应	异构体分布/%		
	邻位	对位	间位
硝化	58.8	36.8	6.5
溴化	39.7	60.3	0
叔丁基化	0	93	7

除上面讨论的苯环上原有取代基或新引入取代基的空间效应会对取代位置产生影响外，催化剂和温度等因素对产物异构体的比例也有影响。例如，分别使用三氯化铝和三氯化铁催化溴苯的氯化反应时，产物异构体的比例也有不同。

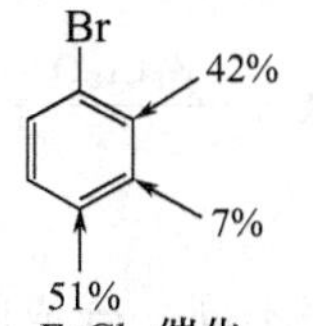

甲苯分别在低温和高温条件下进行磺化反应时，产物异构体的分布也会发生很大的变化（见 5.4.1）。这一现象的原因主要是：磺化反应在低温和高温条件下，分别受反应的动力学控制和热力学控制（见 5.8.2）。

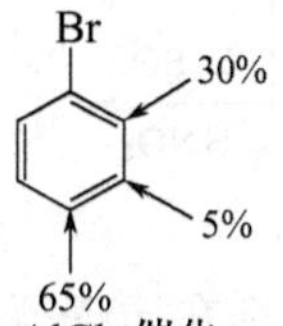

5.6.3 二取代苯亲电取代反应的定位规则

如果苯环上已经有了两个取代基时，第三个取代基进入苯环的位置，将取决于原来的两个取代基的性质和相对位置。

① 苯环上原有的两个取代基的定位作用一致时，仍由上述定位规则决定进入位置。例如：下列化合物进行取代反应时，取代基主要进入箭头所指位置。

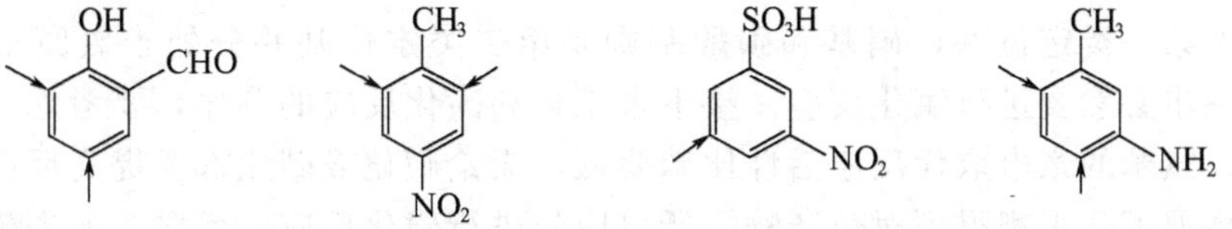

② 苯环上原有的两个取代基的定位作用不一致时，又可分为以下两种情况。

a. 两个取代基属于不同类型时，第三个取代基进入苯环的位置，一般由邻、对位定位基起主要定位作用。因为邻、对位定位基使苯环电子云密度增加，即活化苯环，而且进攻其邻、对位所生成的 σ 络合物也比较稳定。例如：

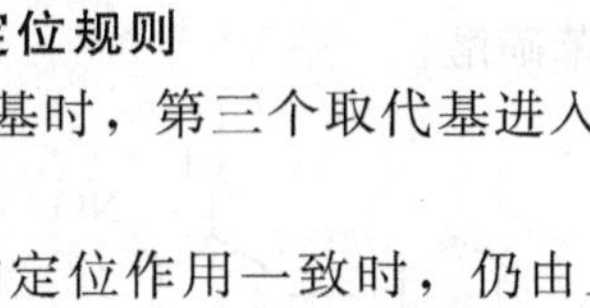

b. 两个取代基属于同一类定位基时，第三个取代基进入苯环的位置，主要由定位作用相对强的定位基决定。如果两个取代基的定位作用相差较小，则得到混合物。例如：

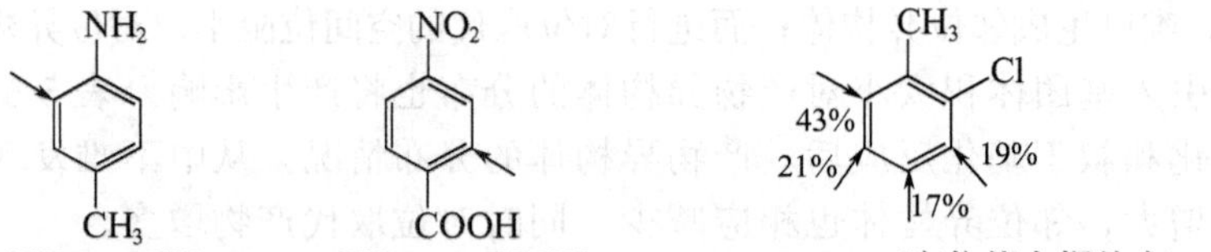

—NH₂ > —CH₃   —NO₂ > —COOH   —CH₃ > —Cl (定位能力相差小)

5.6.4 定位规则在合成中的应用

苯环上亲电取代反应的定位规则不仅可以解释或预测反应进行的位置，更重要的是掌握和应用这些规律，有助于在有机合成研究过程中设计出合理的反应路线。例如，由甲苯分别合成间硝基苯甲酸和对硝基苯甲酸。

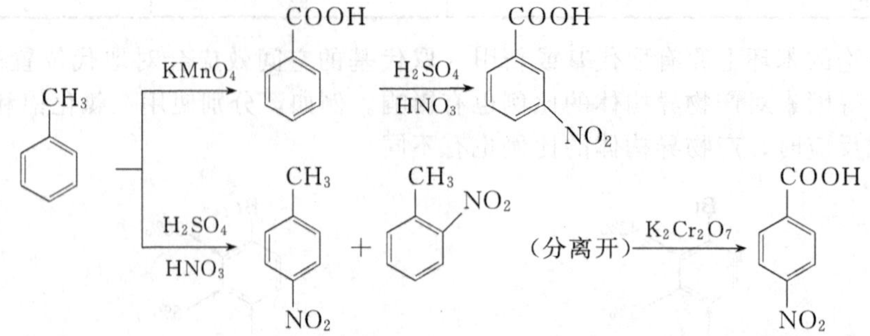

以上合成路线的差别在于进行硝化和氧化反应的次序不同。合成间硝基苯甲酸时，原料甲苯中的甲基为第一类定位基，考虑到目标产物中硝基与羧基的相对位置，先通过氧化反应将甲基转化为羧基，目的是使苯环上的定位基由第一类转变为第二类，从而保证下一步的硝化反应在苯环的间位进行。而对硝基苯甲酸的合成反应次序恰好相反，目的是要利用甲基的邻、对位定位作用使硝基进入苯环的对位。

再如，由苯合成间硝基对氯苯磺酸。

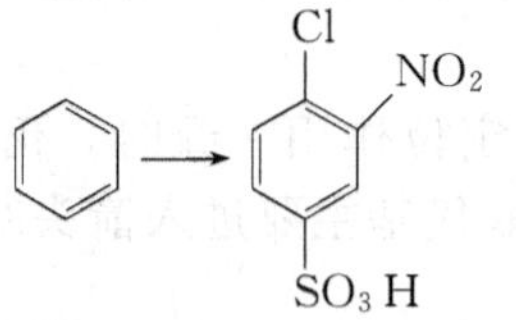

其中氯原子为第一类定位基，硝基和磺酸基则是第二类定位基并分处于氯原子的邻位和对位。因此第一步必然要进行氯化反应。接下来硝化和磺化反应的顺序，要考虑到反应条件和最终的产率。氯苯的亲电取代反应活性比苯要低，无论磺化或硝化都要提高反应的温度。而磺化反应在高温下几乎都得到对位产物，所以应先进行磺化反应。反之，如先硝化，会得到邻位和对位两种产物，影响最终的产率。最后硝化时，对氯苯磺酸中氯原子和磺酸基的定位作用一致，硝基进入氯原子的邻位（磺酸基的间位）。

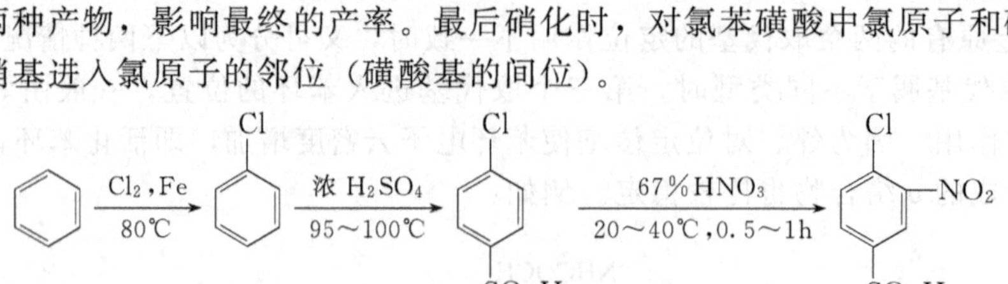

磺化反应的可逆性，在合成过程中可以利用来占位。如，由苯合成1-叔丁基-2-硝基苯。

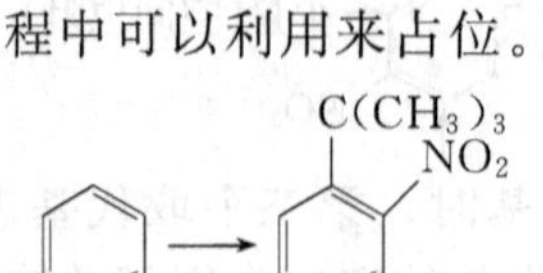

观察到两个取代基之间的邻位关系，应先进行烷基化反应（硝基苯也无法发生Friedel-Crafts烷基化反应）。而叔丁苯的硝化反应受到空间效应的影响，邻位取代产物相对较少，更多的是对位取代产物。而叔丁苯的磺化反应几乎100%地生成对位产物，因此可以用磺酸基先占据对位，最后再利用磺化反应的可逆性，脱去磺酸基。这种占位的方法能够使硝化反应集中在叔丁基的邻位进行。

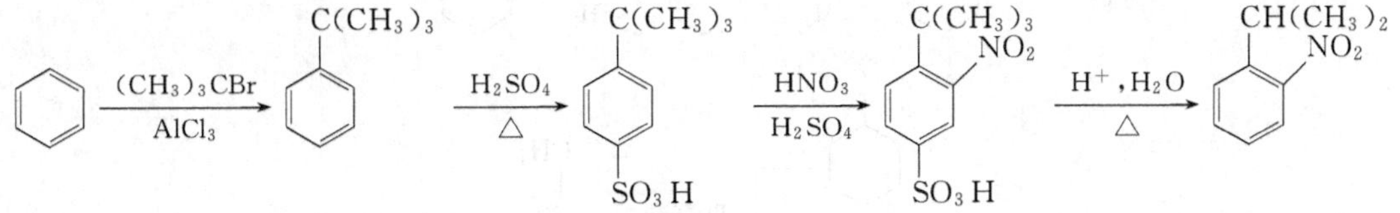

5.7 芳烃的来源

最初，芳烃主要依靠从煤焦油中提取。20世纪40年代后实现了石脑油（naphtha，一部分石油轻馏分的泛称）的催化重整（catalytic reforming），能够将石脑油中的非芳烃转化为芳烃。芳烃的主要来源渐渐从煤转为石油。

5.7.1 从煤焦油中分离

煤在炼焦炉内隔绝空气加热到1000~1300℃，使煤分解，除了得到焦炭之外，还能得到焦炉煤气和煤焦油。

煤
- 焦炉煤气
  - 焦炉气——氢气、甲烷、乙烯、一氧化碳——气体燃料、化工原料
  - 粗氨水——氨和铵盐——氮肥
  - 粗苯——苯、甲苯、二甲苯——炸药、燃料、医药、农药、合成燃料
- 煤焦油
  - 苯、甲苯、二甲苯
  - 酚类、萘——染料、农药、医药、合成材料
  - 沥青——筑路材料、电极
- 焦炭——冶金、电石、燃料等

煤经干馏后所得煤焦油是黑色黏稠状液体，约占装炉煤的3%~4%，其中有机物的种类高达一万余种。将煤焦油分成若干馏分，各馏分中所含的主要烃类见表5-6所列。各馏分常采用萃取法、磺化法或分子筛吸附法进行分离、精制，从而获得各种类型的芳烃。

表5-6 煤焦油分馏产品

馏分	馏分温度范围/℃	产率/%	馏分组成
轻油	<180	0.5~1.0	苯、甲苯、二甲苯
酚油	180~210	2~4	异丙苯、均四甲苯等
萘油	210~230	9~12	萘、甲基萘等
洗油	230~300	6~9	苊、芴、联苯等
蒽油	300~360	20~24	蒽、菲等
沥青（柏油）	>360	50~55	沥青、碳等

5.7.2 石油的芳构化

芳构化（aromatization）的原料是直馏汽油，所谓直馏汽油就是原油常压蒸馏后所得的油气混合物。它的主要成分是含碳数为4~12的烷烃和环烷烃，其辛烷值很低。在480~530℃、约2.5MPa下，通过铂或钯等催化剂作用，使链状烷烃和环烷烃转变成芳烃，称为

重整芳构化。重整芳构化可使直馏汽油中芳烃含量由 2% 提高到 50%～60%。

重整芳构化过程很复杂，主要包括如下反应：链烃裂解、异构化、关环、扩环、氢转移、烯烃吸氢等过程，这一过程也称作铂重整（platforming）。如己烷、环己烷脱氢生产苯，甲基环己烷脱氢生产甲苯。

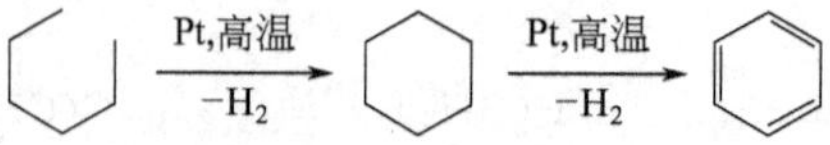

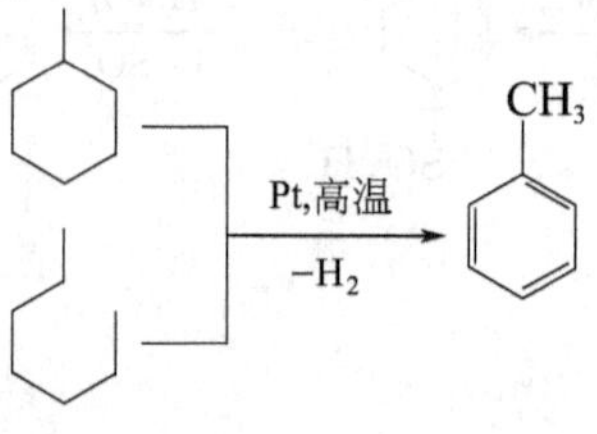

环烷烃经异构化、脱氢形成芳烃，例如：

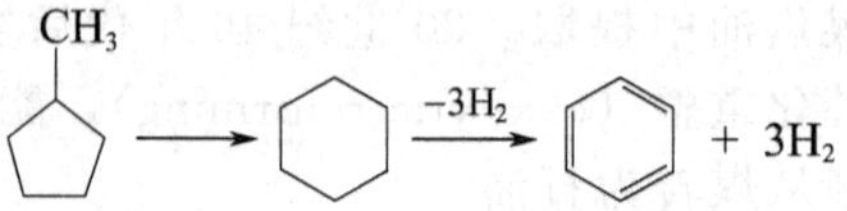

苯、甲苯、二甲苯是合成许多芳烃及其衍生物的重要和基础原料，在化学工业中占有重要地位。二甲苯也可由二甲基环己烷或辛烷来制取。

5.7.3　烷基苯制取苯乙烯

苯乙烯是生产丁苯橡胶、ABS 树脂等重要化工原料的单体。在工业上以乙苯和丙烯为原料，经催化脱氢或氧化等方法可以制取苯乙烯。

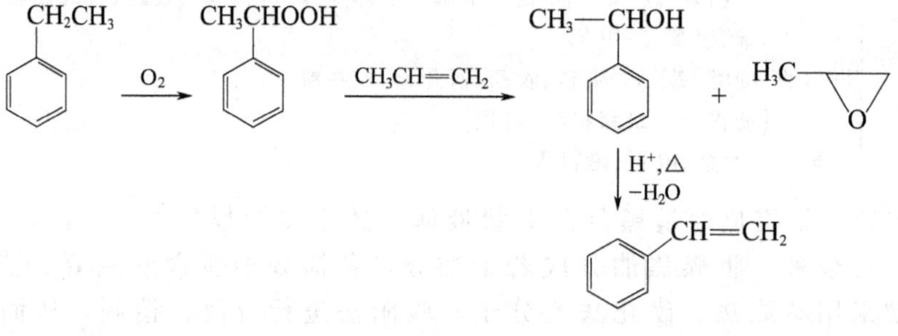

5.8　多环芳烃

5.8.1　联苯

两个苯分子通过 σ 键直接相连构成的化合物称为联苯（diphenyl）。联苯是最简单和典型的联苯类化合物。联苯为无色晶体，熔点 71℃，沸点 255.9℃，相对密度 0.992。不溶于水而易溶于有机溶剂。联苯环上碳原子的位置编号为$_4\overset{3\ 2}{\underset{5\ 6}{\bigcirc}}{-}\overset{2'\ 3'}{\underset{6'\ 5'}{\bigcirc}}4'$，例如：

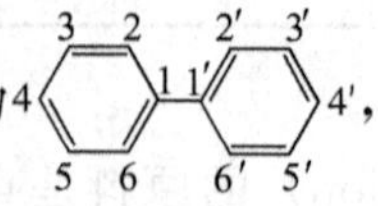

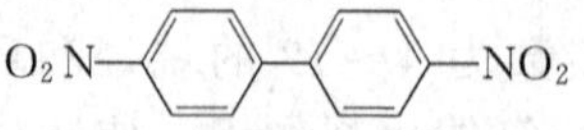

4,4′-二硝基联苯

联苯的热稳定性好，可做高温传热液体。工业上由苯蒸气通过 700～800℃ 红热的铁管，发生脱氢反应，生成联苯。

$$\text{C}_6\text{H}_5\text{—H} + \text{H—C}_6\text{H}_5 \xrightarrow[\text{Fe}]{700\sim 800℃} \text{C}_6\text{H}_5\text{—C}_6\text{H}_5 + \text{H}_2$$

实验室中可由碘苯与铜粉共热而制得联苯。

$$2\ \text{C}_6\text{H}_5\text{—I} + 2\text{Cu} \xrightarrow{\triangle} \text{C}_6\text{H}_5\text{—C}_6\text{H}_5 + 2\text{CuI}$$

联苯可看成是苯的一个氢原子被苯基所取代的产物，化学性质与苯相似。两个苯环上均可以发生磺化、硝化等取代反应。苯基是活化苯环的第一类定位基，因此联苯的亲电取代反应比苯要容易。苯基的体积大，空间位阻大，所以联苯的取代反应基本都发生在对位。在乙酸酐中硝化时可生成邻位硝化产物。

5.8.2 萘

萘是光亮的白色片状晶体，熔点 80.2℃，沸点 218℃，不溶于水，易溶于乙醇、乙醚和苯等有机溶剂。萘挥发性大，易升华，有特殊气味。萘是工业上最重要的稠环芳烃，主要用于生产邻苯二甲酸酐、合成染料和农药等。

5.8.2.1 萘的结构和命名

萘的分子式为 $C_{10}H_8$，是由两个苯环共用两个相邻碳原子稠合而成的。物理方法测定表明，两个苯环处于同一平面上。萘分子中每个碳原子均以 sp^2 杂化轨道与相邻的碳原子形成碳碳 σ 键；各个碳原子的 p 轨道互相平行，侧面重叠形成一个闭合共轭体系，其结构如图 5-8 所示。但萘和苯的结构不完全相同，萘分子中两个共用碳上的 p 轨道除了彼此重叠外，还分别与相邻的另外两个碳上的 p 轨道重叠，因此萘环上 π 电子云的分布是不均匀的。这导致了萘环上碳碳键长不完全相等，所以萘的芳香性比苯差。萘分子中碳碳键长数据如图 5-7。

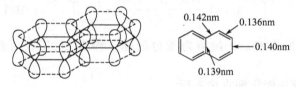

图 5-8 萘的 π 分子轨道

通过离域能数据也可以比较出萘与苯在芳香性上的差异。萘的离域能是 255kJ·mol^{-1}，相对比较稳定。但此数值比苯的离域能（150kJ·mol^{-1}）的 2 倍 301kJ·mol^{-1} 低，因此萘的稳定性弱于苯，比苯更容易发生取代、加成、氧化等反应。

由于萘环上各碳原子的位置并不完全等同，因此对萘的衍生物命名时，无论萘环上有几个取代基，都需要注明其位置。其中，1、4、5、8 位置相同，称为 α 位；2、3、6、7 位置相同，称为 β 位。因此萘的一元取代物有两种：α 取代物（1-取代物）和 β 取代物（2-取代物）。萘的衍生物命名时按照萘环上碳原子位置的编号方法，标记取代基或官能团的位置。例如：

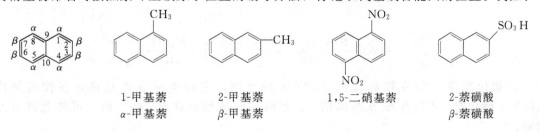

5.8.2.2 萘的化学性质

(1) 取代反应

萘可以发生卤化、硝化、磺化等亲电取代反应。萘 α 碳原子上的 π 电子云密度较 β 碳原子的高，故 α 位活性比 β 位大，所以萘的取代反应一般得到 α 位取代产物。

从亲电试剂进攻萘环形成中间体的稳定性来看，当取代发生在萘环的 α 位时，中间体的结构可用下列共振极限结构式来表示：

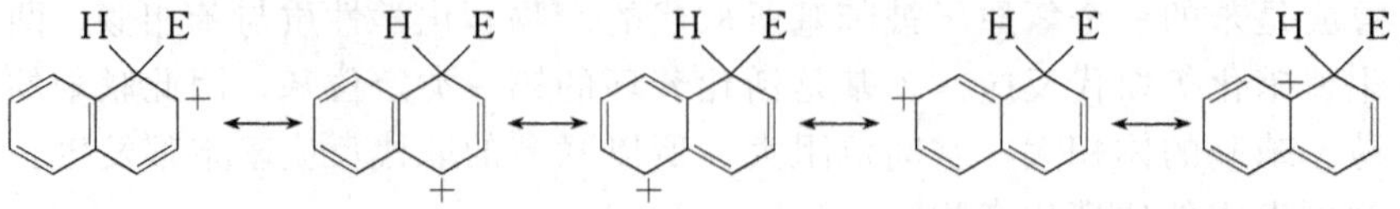

取代发生在 β 位时，中间体的结构可用下列共振极限结构式来表示：

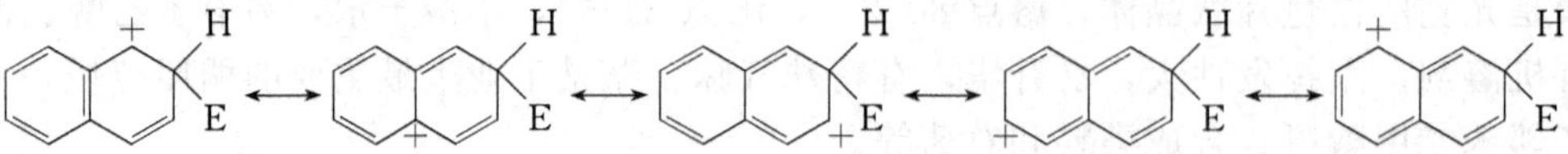

在进攻 α 位所形成的碳正离子中，前两个极限结构仍保留一个完整的苯环，能量较低，在共振杂化体中的贡献较大。进攻 β 位形成的碳正离子中，仅第一个极限结构具有完整的苯环，其余四个共振极限结构式能量都比较高，所以就整个共振杂化体来说，β 位取代中间体能量高，形成 β 位取代的中间体所需活化能高，因此萘的取代一般发生在 α 位。

① 卤化反应 使用 Fe、$FeCl_3$ 或 I_2 作为催化剂，将氯气通入熔融的萘中，主要得到 α-氯萘。

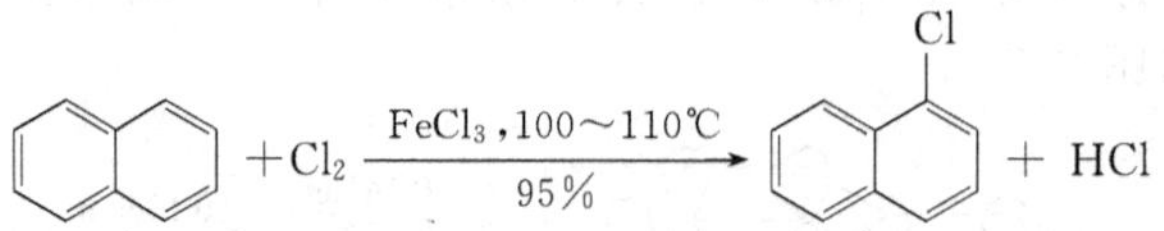

$$\text{萘} + Cl_2 \xrightarrow[95\%]{FeCl_3,100\sim110℃} \text{α-氯萘} + HCl$$

这是工业生产 α-氯萘的方法。α-氯萘为无色液体，沸点 259℃，可作为高沸点溶剂和增塑剂。

溴化反应可以不使用催化剂直接进行。

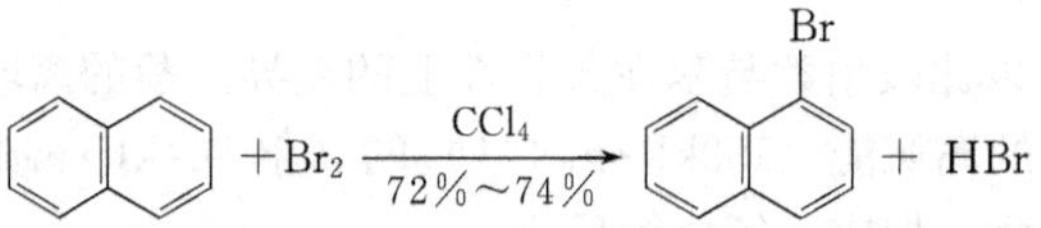

$$\text{萘} + Br_2 \xrightarrow[72\%\sim74\%]{CCl_4} \text{α-溴萘} + HBr$$

② 硝化反应 萘的取代活性高于苯，实验测定，萘环 α 位硝化的速度比苯快 750 倍，β 位比苯快 50 倍。因此，为了防止生成二元硝化产物，一般使用低浓度的混酸，在温热条件下进行反应。α-硝基萘是黄色结晶，熔点 61℃，不溶于水，而溶于有机溶剂，常用于制备 α-萘胺等。

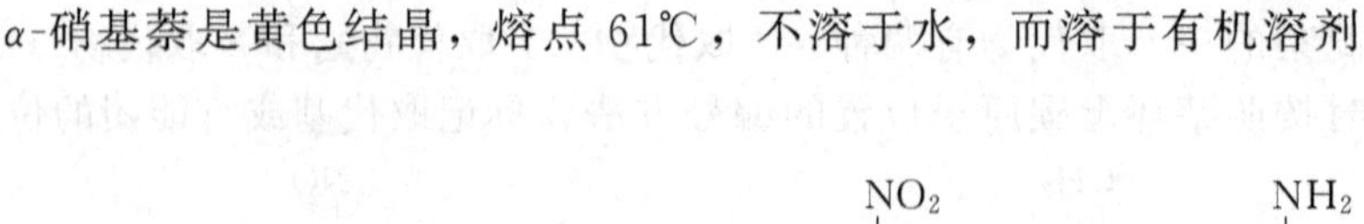

$$\text{萘} + HNO_3 \xrightarrow[95\%]{H_2SO_4,30\sim60℃} \text{α-硝基萘} \xrightarrow[[H]]{Fe,HCl} \text{α-萘胺}$$

③ 磺化反应 萘在较低温度（60℃）磺化时，主要生成 α-萘磺酸，在较高温度（165℃）磺化时，主要生成 β-萘磺酸。α-萘磺酸与硫酸共热至 165℃时，可转化成 β-萘磺酸。

$$\text{萘} + H_2SO_4 \begin{cases} \xrightarrow{60℃,96\%} \text{1-萘磺酸} \\ \xrightarrow{165℃,85\%} \text{2-萘磺酸} \end{cases}$$

出现上述现象是由于在 α-萘磺酸中，磺酸基体积较大，它与 8 位上的氢原子距离较近，空间位阻大。而在 β-萘磺酸中，这种空间斥力较小，因此 β-萘磺酸比 α-萘磺酸稳定。所以在高温下反应，β-萘磺酸是主要产物。

α-萘磺酸位阻大　　　β-萘磺酸位阻小

随着温度的不同磺化反应取代的位置不同，是由于低温和高温下的反应分别受反应速率和热力学控制。由于 α 位电子云密度较高，发生反应所需活化能较低，反应速率较快，因此在较低温下 α-萘磺酸是主要产物。有机化学中把反应活化能较低的，反应相对速率较快的反应产物叫做速率控制或动力学控制（kinetic control）产物。当温度升高，反应活化能较高的 β-取代反应速率加快，加速了 β-取代产物的生成。当加热到 165℃时，大部分 α-异构体转变成 β-异构体，反应达到了平衡。所以，β-萘磺酸是平衡控制产物，也称为热力学控制（thermodynamic control）产物。两种竞争反应进程能量曲线如图 5-9。

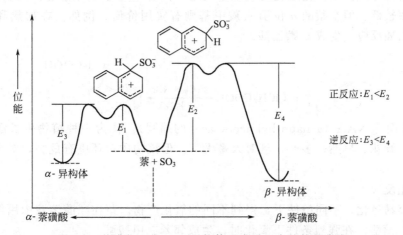

图 5-9　萘磺化生成 α、β 异构体反应进程中的能量曲线

萘的亲电取代反应一般发生在 α-位，只有高温下的磺化反应比较容易在 β-位进行，因此萘的 β-取代衍生物往往通过 β-萘磺酸转化生成。例如，将 β-萘磺酸与碱共热熔融来制备 β-萘酚。

$$\text{2-萘磺酸} \xrightarrow[300℃]{NaOH} \xrightarrow{H^+} \text{2-萘酚}$$

与苯酚不同，萘酚及其衍生物在亚硫酸或亚硫酸氢盐存在下和氨进行高温反应，可得萘胺。

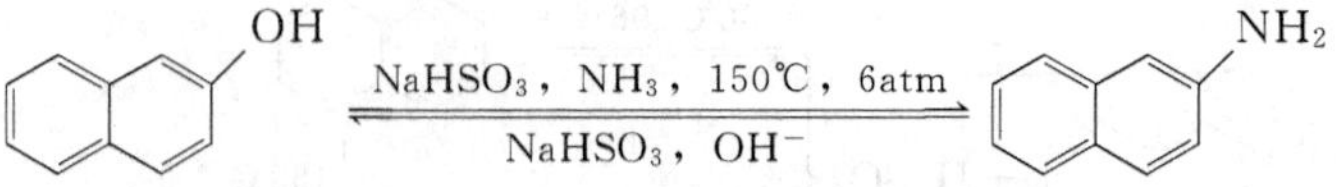

$$\text{2-萘酚} \underset{\text{NaHSO}_3, \text{OH}^-}{\overset{\text{NaHSO}_3, \text{NH}_3, 150℃, 6atm}{\rightleftharpoons}} \text{2-萘胺}$$

这一反应叫做 Bucherer 反应。如使用 1°胺或 2°胺与萘酚反应，则制得 2°或 3°萘胺。该反应是可逆的，应用其可逆性能够由萘胺制备萘酚。萘酚和萘胺是合成偶氮染料的重要中间体。因此萘的磺化反应，尤其是高温磺化，在合成染料上有着特别重要的应用。萘酚则是合成医药、染料、香料和合成橡胶抗氧剂等的重要原料。萘酚与皮肤接触可引起脱皮，甚至产生永久性色素沉着。萘胺经皮肤吸收，会造成血液中毒。

④ Friedel-Crafts 反应　萘的酰基化反应产物与反应温度和溶剂的极性有关。低温和非极性溶剂（如 CS_2）中主要生成 α-取代物，而在较高温度和极性溶剂（如硝基苯）中主要生成 β-取代物。

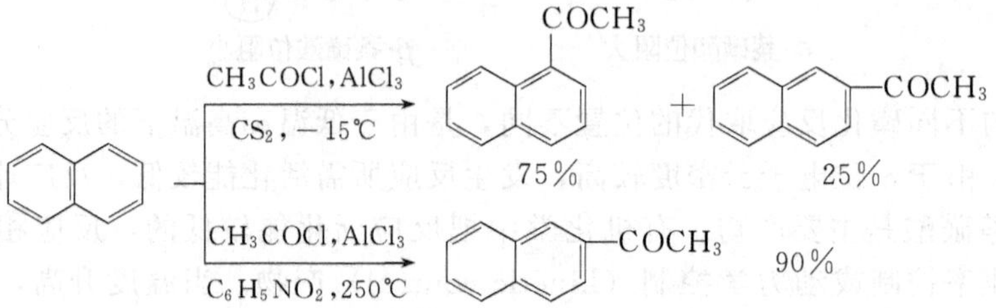

$$\text{萘} \begin{cases} \xrightarrow[CS_2, -15℃]{CH_3COCl, AlCl_3} \text{1-乙酰基萘 (75\%)} + \text{2-乙酰基萘 (25\%)} \\ \xrightarrow[C_6H_5NO_2, 250℃]{CH_3COCl, AlCl_3} \text{2-乙酰基萘 (90\%)} \end{cases}$$

这可能是由于在 $C_6H_5NO_2$ 这样的极性溶液中，酰基化试剂的正离子经溶剂化后体积较大，使其难于进攻 α 位；但在低温和非极性溶液中反应可发生在活泼的 α 位。

萘的活泼性导致其烷基化反应易生成多烷基取代物，同时反应过程中萘环易断裂，所以一烷基化产率较低。但在萘的 α 位引入羧甲基则有实用价值。例如，在加热和催化剂作用下，萘与氯乙酸反应，生成 α-萘乙酸。

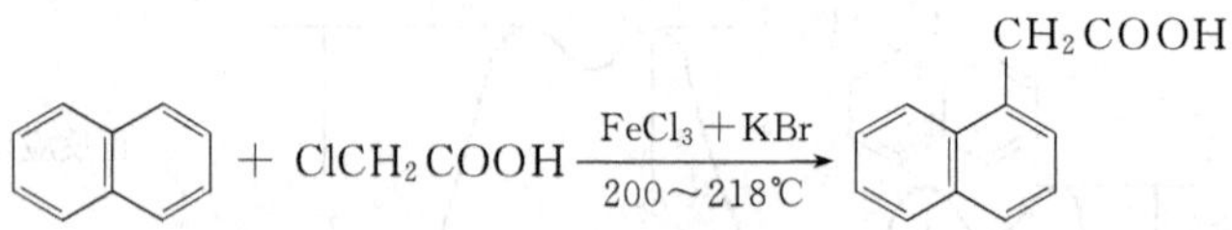

$$\text{萘} + ClCH_2COOH \xrightarrow[200\sim218℃]{FeCl_3 + KBr} \text{1-(羧甲基)萘}$$

α-萘乙酸简称 NAA（α-naphthyl acetic acid 的缩写）。作为一种植物生长激素，它能促使植物生根、开花、早熟、多产，且对人畜无害。但该物质对环境有危害，对水体和大气可造成污染。

(2) 氧化反应

萘比苯容易氧化，不同条件下，得到不同的氧化产物。萘在醋酸溶液中用氧化铬进行氧化，生成 1,4-萘醌。在强烈条件下氧化时，生成邻苯二甲酸酐。

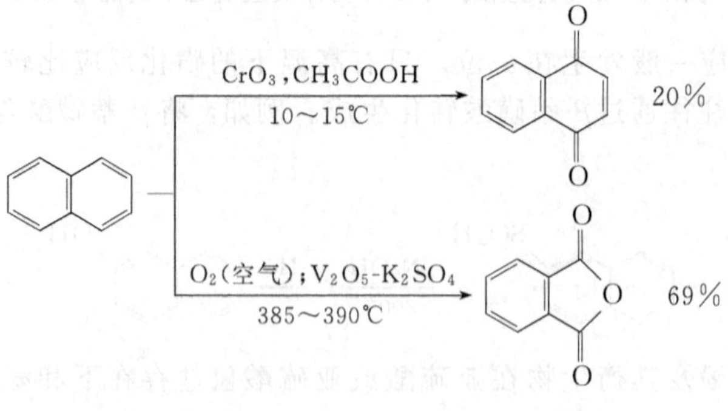

$$\text{萘} \begin{cases} \xrightarrow[10\sim15℃]{CrO_3, CH_3COOH} \text{1,4-萘醌 (20\%)} \\ \xrightarrow[385\sim390℃]{O_2(\text{空气}); V_2O_5\text{-}K_2SO_4} \text{邻苯二甲酸酐 (69\%)} \end{cases}$$

邻苯二甲酸酐在化学工业上有广泛的应用，它是合成树脂、增塑剂、染料等的原料。

当含有取代基的萘氧化时，哪一个苯环被氧化破裂，依赖于取代基的性质。例如：

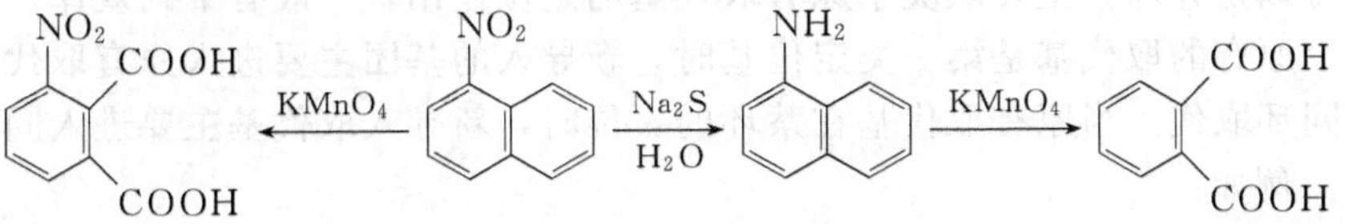

从中可以看出：连有第一类致活定位基的苯环，更容易被氧化。这是由于该类定位基对与其相连苯环的活化作用，使得此苯环上电子云密度增大，氧化反应活性也因此升高。可以推断出，当连接的是第二类定位基时，氧化反应的取向恰好相反。由于萘环易氧化，所以不能像单环芳烃那样通过氧化侧链烃基来制备萘甲酸。

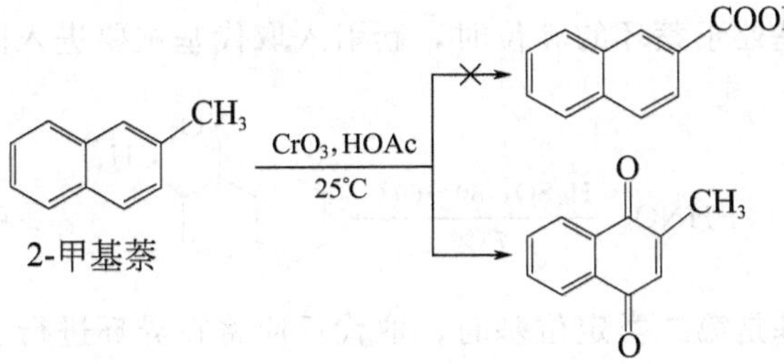

(3) 还原反应

萘的还原反应活性强于苯，弱于烯烃。将萘与金属钠在乙醇溶液中加热进行还原，在温度稍低时得到1,4-二氢萘。1,4-二氢萘与乙醇钠的乙醇溶液一起加热，容易异构成1,2-二氢萘。萘与金属钠在醇溶液中高温还原得到1,2,3,4-四氢萘。使用Birch还原反应，用金属钠、液氨和乙醇的混合物还原萘，产物为桥环轮烯。

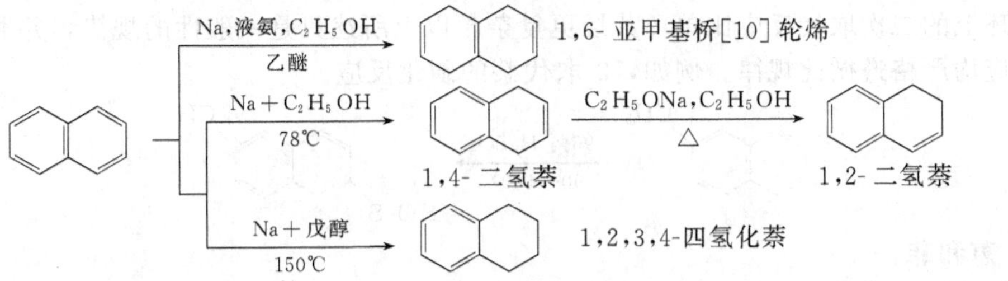

萘通过催化加氢还原时，使用不同的催化剂和反应条件，可分别得到不同的加氢产物。

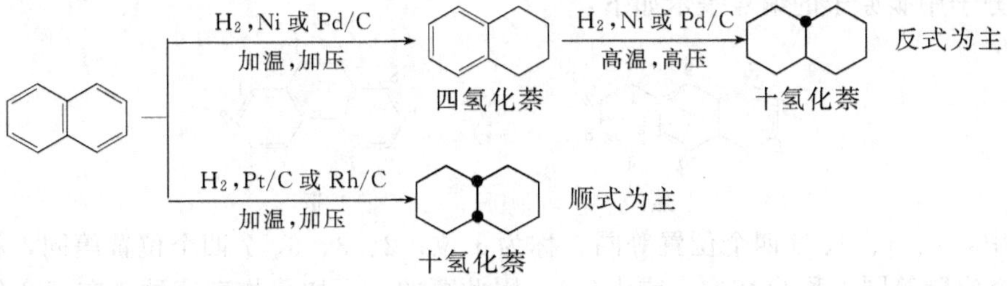

四氢化萘是高沸点（207℃）的无色液体，能溶解硫黄、脂肪等化合物，是优良的高沸点溶剂，常用于涂料工业。顺式十氢化萘的沸点是194℃，反式的沸点是185℃，但反式结构比顺式结构稳定，也可以作为一种高沸点的溶剂使用。

5.8.2.3 萘的亲电取代规律

萘分子有两个苯环,在一取代萘上引入第二个取代基时,第二个取代基进入的位置可以是同环,也可以是异环,主要取决于原有取代基的定位作用,一般有下列规律。

当萘环上原有的取代基是第一类定位基时,新导入的基团主要进入原有取代基所在的苯环,即发生同环取代。当原有取代基在萘环的 α 位时,新导入取代基主要进入同环的另一个 α 位（4 位）。例如：

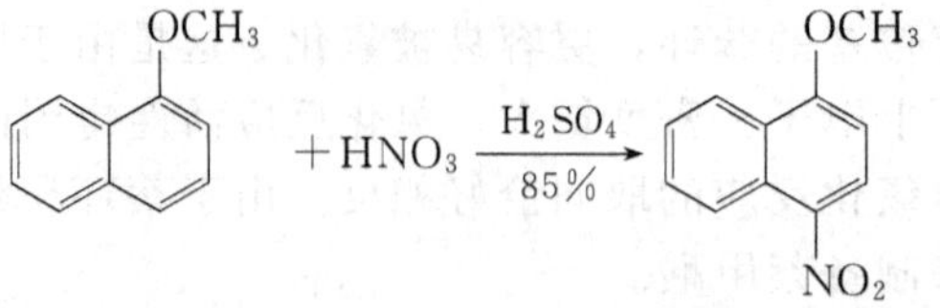

$$\text{1-甲氧基萘} + HNO_3 \xrightarrow[85\%]{H_2SO_4} \text{4-硝基-1-萘甲醚}$$

当原有第一类定位基处于萘环的 β 位时,新引入取代基主要进入同环的 1 位。例如：

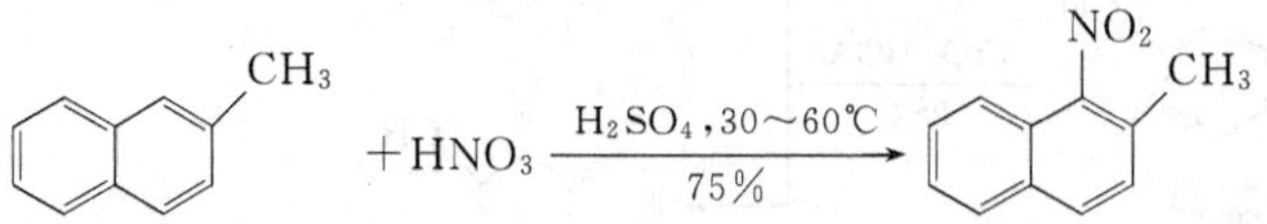

$$\text{2-甲基萘} + HNO_3 \xrightarrow[75\%]{H_2SO_4, 30\sim60℃} \text{2-甲基-1-硝基萘}$$

当萘环上原有取代基是第二类定位基时,取代反应将在异环进行。无论原取代基在萘环的 α 位还是 β 位,新引入的取代基一般都进入异环的 α 位（即 5、8 位）。例如：

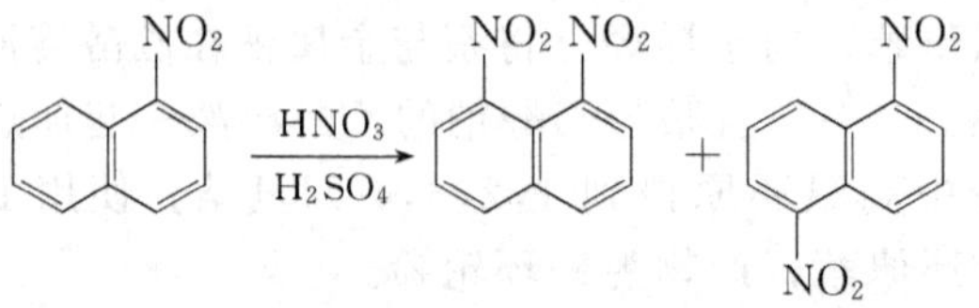

$$\text{1-硝基萘} \xrightarrow{HNO_3, H_2SO_4} \text{1,8-二硝基萘} + \text{1,5-二硝基萘}$$

萘环上的二次取代反应比单环芳烃更复杂,以上所述只是一般性的规律,并非所有二元取代反应均严格遵循此规律。例如,2-取代萘的磺化反应。

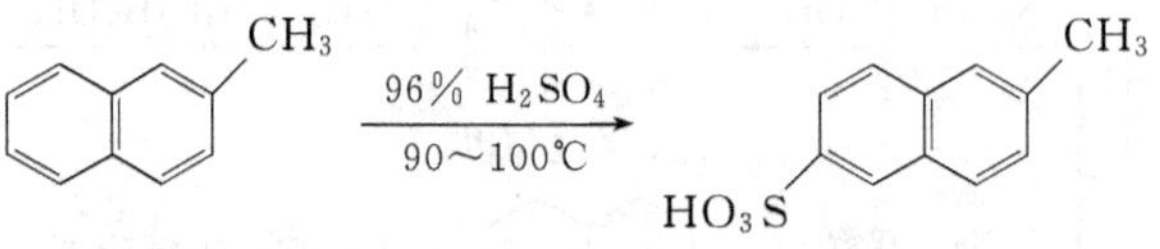

$$\text{2-甲基萘} \xrightarrow[90\sim100℃]{96\% H_2SO_4} \text{6-甲基-2-萘磺酸}$$

5.8.3 蒽和菲

蒽和菲的分子式都是 $C_{14}H_{10}$,互为构造异构体。它们均由三个稠合的苯环组成,且所有原子都在同一个平面上,其中蒽的三个苯环稠合成一条直线,而菲以角式稠合。蒽和菲的构造式和分子中碳原子的编号表示如下：

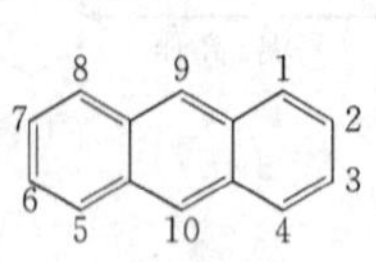

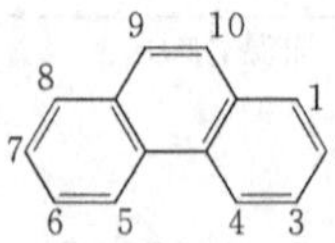

在蒽分子中,1、4、5、8 四个位置等同,称为 α 位；2、3、6、7 四个位置等同,称为 β 位；9、10 两个位置等同,称为 γ 位（或中位）。因此蒽的一元取代物有三种。在三个位置中,γ 位比 α 位和 β 位都活泼,所以反应通常发生在 γ 位。在菲分子中有五对等同的位置,即 1 与 8, 2 与 7, 3 与 6, 4 与 5, 9 与 10,因此菲的一元取代物有五种。化学性质也是 9,10 位比较活泼。

蒽和菲都存在于煤焦油中。蒽为无色晶体，在紫外光照射下能发出强烈的蓝色荧光。熔点 216℃，沸点 315℃。不溶于水，难溶于乙醇和乙醚，能溶于苯。菲是无色片状晶体，熔点 101℃，沸点 340℃，易溶于苯和乙醚，溶液可呈现蓝色荧光。

蒽和菲都具有芳香性，但比萘的芳香性差。其中蒽的离域能为 349kJ·mol^{-1}，菲的离域能为 381.63kJ·mol^{-1}，故菲的芳香性比蒽强。由离域能可知，苯、萘、菲、蒽的芳香性依次减弱。

	苯	萘	菲	蒽
离域能/kJ·mol^{-1}	150	255	381.6	349
每个环的离域能/kJ·mol^{-1}	150	128	127.2	117
化学活性		氧化、还原、加成活性递增，芳香性降低		

蒽的化学活性比萘强，且蒽的大部分反应都发生在 9、10 位。例如：

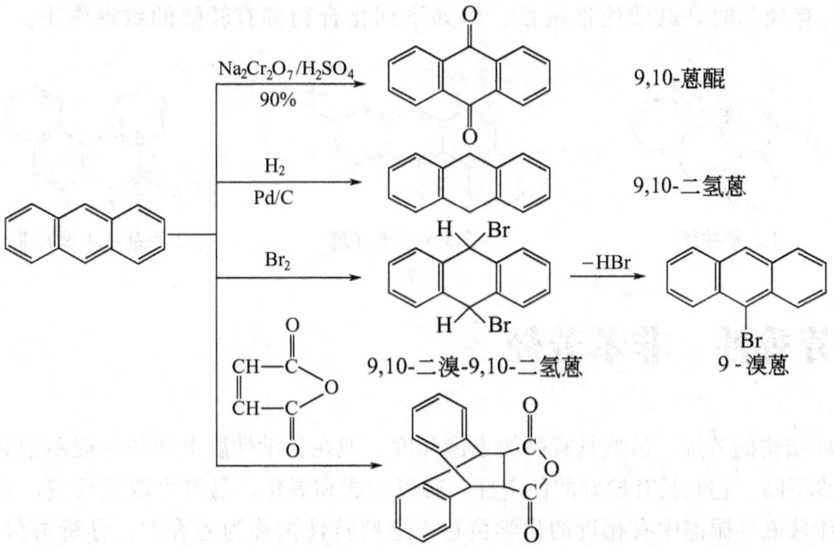

其中蒽醌是浅黄色晶体，熔点 275℃。蒽醌不溶于水，也难溶于多数有机溶剂，但易溶于浓硫酸。蒽醌和它的衍生物是许多蒽醌类染料的重要中间体。蒽容易发生取代反应，但取代产物往往都是混合物，在有机合成上没有实用价值。由于蒽的芳香性比较差，且在 9、10 位比较活泼，因此蒽能作为双烯体发生 Diels-Alder 反应。

菲的化学性质和蒽相似，反应也主要发生在 9、10 位，但总的来说不如蒽活泼。如：

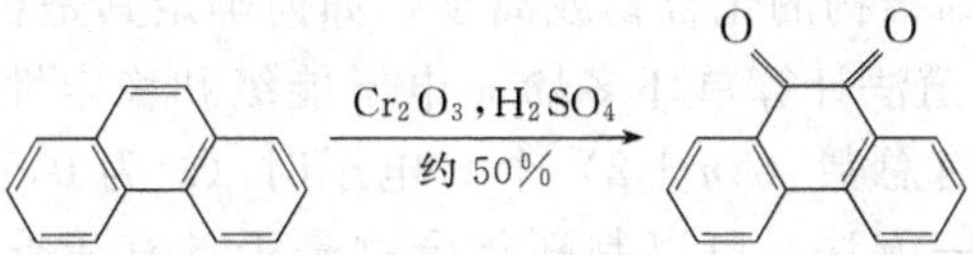

菲醌具有抑菌作用，用于拌种可防止谷物黑穗病、棉花苗期病，还可作为纸浆防腐剂。毒性低于六六六、滴滴涕。

5.8.4 其它稠环芳烃

稠环芳烃的种类繁多，且由于其具有某些优良的特性，是各研究领域的热点。例如：芴、并五苯等稠环芳烃具有优良的导电性、自发光性等优点，在有机光电材料研究中有着广泛而深刻的意义。

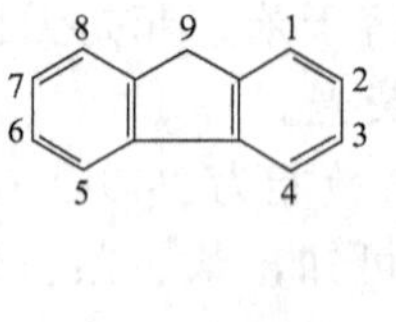

芴 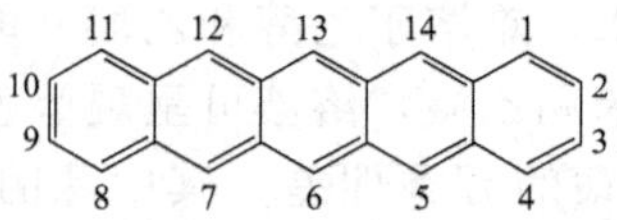　　　　　　并五苯 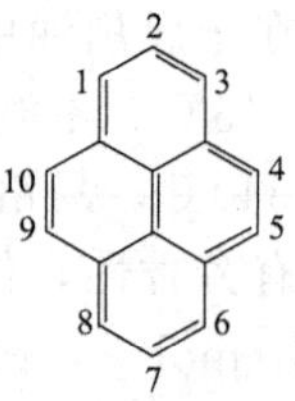　　　　　　芘

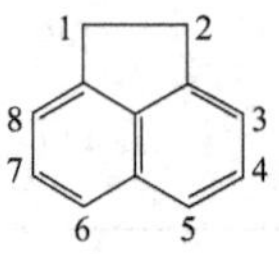

苊 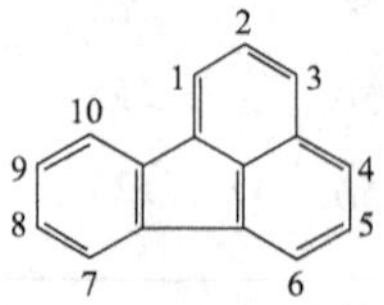　　　荧蒽 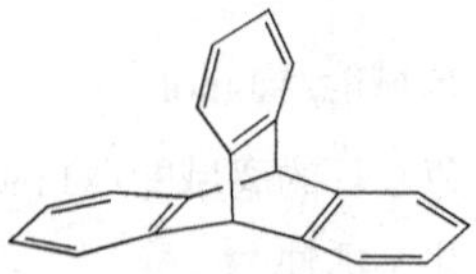　　三碟烯

在稠环芳烃中，有的具有致癌性，称为致癌烃。致癌烃多为蒽和菲的衍生物。当蒽的9位或10位上有烃基时，其致癌性增强。例如下列化合物都有较强的致癌作用。

1,2-苯并芘　　　1,2,5,6-二苯并蒽　　　2-甲基-3,4-苯并菲

5.9 芳香性　非苯芳烃

含有苯环结构的芳烃，虽然具有高的不饱和度，但在化学性质上却与一般不饱和烃（如烯烃或炔烃）截然不同。它们具有较好的稳定性，难以加成和氧化，易发生取代反应，芳环上的氢核与苯的氢核在核磁共振谱中有相近的化学位移，这些特性被称为芳香性。分析芳烃的结构，它们的分子一般都是平面（或接近平面）型的。环上碳原子为 sp^2 杂化状态（个别情况下也可以是 sp 杂化），同时具有高度离域的环状共轭体系（环状闭合 π 键）。由于苯可以看作是一个环状共轭多烯的结构，因而，Kekulé 在一百多年前预见应该存在不含有苯环结构、却具有芳香性的环状共轭多烯，即非苯芳烃。现在已经证明了该类芳烃的存在。

5.9.1　Hückel 规则和芳香性

对于具有环状共轭多烯结构的化合物或离子，如何确定其是否具有芳香性是一个重要的问题。Hückel 在用分子轨道法计算单环多烯 π 电子能级和稳定性的过程中发现，当这类化合物的离域 π 电子体系含有总数（4n+2）个 π 电子时（n 为 0，1，2，3…），化合物显现出特有的稳定性。利用这一方法，可以判断化合物是否具有芳香性，称之为 Hückel 规则。Hückel 规则已经得到许多事实的有力支持。

5.9.1.1　Hückel 规则

1931 年，Hückel 根据分子轨道理论计算提出了"4n+2"规则——单环平面共轭多烯烃分子含有"4n+2"个离域的 π 电子时，化合物具有芳香性（其中 n=0，1，2，3…整数），这就是 Hückel 规则。

当一个单环共轭多烯分子中所有的碳原子都处于（或接近）一个平面时，由于每个碳原

子都具有一个与平面垂直的 p 原子轨道，它们可以组成 n 个分子轨道。单环共轭多烯（C_nH_n）的 π 分子轨道能级和基态电子构型如图 5-10 所示。

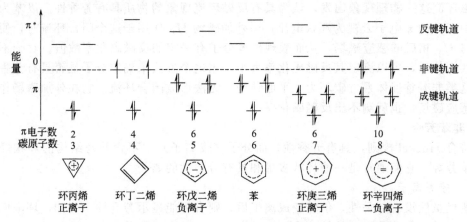

图 5-10　单环多烯（C_nH_n）的 π 分子轨道能级和基态电子构型

平面单环共轭体系的分子轨道能级图的特征是：具有一个最低能级的成键轨道，另外就是能级较高的一对简并轨道，直至最高能级的反键轨道。如果参加 π 体系的轨道数是偶数，则有单一的最高能级轨道；如果是奇数，则有一对简并的最高能级轨道。在基态时，它们的 π 电子占据并充满了能量低的成键轨道（有的还充满非键轨道）。

这种能级关系也可用图 5-11 所示顶角朝下的各种正多边形来表示。图中正多边形的每一个顶角的位置相当于一个分子轨道的能级，其中处在最下边的一个顶角位置，代表一个能量最低的成键轨道；正多边形中心的位置相当于未成键的原子轨道，即非键轨道的能级；中心水平线下面的顶角位置相当于成键轨道的能级，中心水平线上面的顶角位置相当于反键轨道的能级。

图 5-11　单环多烯的 π 分子轨道能级图

充满简并的成键轨道和非键轨道的电子数正好是 4 的倍数，而充满能量最低的成键轨道需要两个电子，这就是 $4n+2$ 这一数字的合理性所在。

5.9.1.2　芳香性化合物的特点、标志

具有芳香性的化合物在结构上通常具备以下四个特点：
① 它们是包括若干数目 π 键的环状体系；
② 环上的 π 电子高度离域；
③ 环上的每一个原子必须是 sp^2 杂化（个别情况是 sp 杂化）；
④ 它们具有平面结构，或至少非常接近于平面（平面扭转不大于 0.01nm）。

分子具有芳香特性的标志是：
① 该类化合物具有环状结构，稳定性比相应的链状化合物高，环不易被破坏；
② 该类化合物虽高度不饱和，但不易进行加成反应，而容易进行亲电取代反应；
③ 环状结构为平面的（或接近平面），其闭合的共轭体系能够形成抗磁环流，导致环外质子的核磁共振信号向低场移动。在核磁共振谱中，这类化合物的质子与苯及其衍生物的质

子一样，显示类似的化学位移（δ≈7），这是芳香性的重要标志。

对于芳香性的认识随着科学技术的进步也在不断深入。20世纪末，人们从芳香性物质具有反磁环流这一物理现象出发，认为具有反磁环流现象的物质具有芳香性。以苯为例，把苯分子中运动的π电子云视为环状电流，当外加磁场H_0作用于这个闭合环流时，便产生一个方向与H_0相反的感应磁场，从而表现出苯分子有一定的反磁磁化率数值。对于不同的大环闭合共轭体系，可以测定其反磁磁化率大小，用这个方法来确定分子是否具有芳香性。环辛四烯这类非芳香性体系，碳环为非平面结构，无法形成闭合环流。它在外加磁场作用下不会产生感应磁场，也就测不出反磁磁化率。

5.9.2 非苯芳烃

凡符合Hückel规则，具有芳香性，而分子（或离子）中不含苯环结构的环状烃类，统称为非苯芳烃。它们通常是一些环状多烯和具有芳香性的离子。

5.9.2.1 芳香离子

某些烃虽然没有芳香性，但转变成离子后，则有可能显示芳香性。例如，环辛四烯是淡黄色液体，没有像苯那样的特殊稳定性，易发生加成反应，无芳香性。分析其π电子数目为8，不符合Hückel规则。通过实验也证实了其分子为非平面的澡盆型结构。环辛四烯和金属钾在四氢呋喃溶液中转变成两价负离子，分子形状变为平面八边形，共有10个π电子，符合Hückel规则，具有芳香性。

另外，下列离子也都具有平面结构，且π电子数符合Hückel规则，具有芳香性。

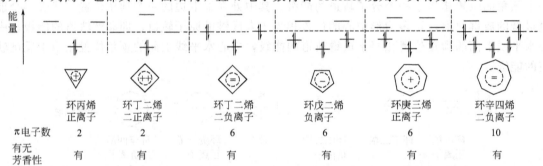

	环丙烯正离子	环丁二烯二正离子	环丁二烯二负离子	环戊二烯负离子	环庚三烯正离子	环辛四烯二负离子
π电子数	2	2	6	6	6	10
有无芳香性	有	有	有	有	有	有

如环戊二烯没有芳香性，但当用强碱（如叔丁醇钾）作用时，亚甲基上的一个氢原子被取代，形成环戊二烯金属化合物，原来的环戊二烯转变为环戊二烯负离子。

环戊二烯负离子

环戊二烯负离子的π电子数为6，它们在五个碳原子上离域分布。基态下三个成键轨道刚好被6个π电子填满，符合Hückel规则，因此具有芳香性，可以发生亲电取代反应。

5.9.2.2 薁

与萘、蒽等稠环芳烃相似，对于非苯系的稠环化合物，也可通过计算其外围π电子数目，依据Hückel规则来判断其芳香性。例如，薁（音yù，azulene）由一个五元环和一个七元环稠合而成，其成环原子的外围有10个π电子，符合Hückel规则（$n=2$），也具有芳香性，是典型的非苯芳烃。

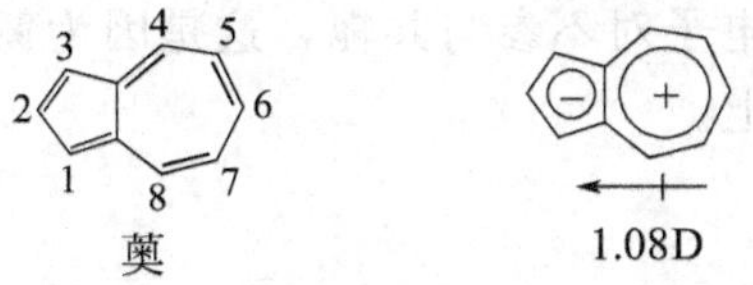

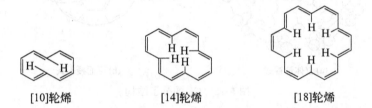

奥具有明显的极性，其中五元环是电负性的，七元环是电正性的，可以看成是由环庚三烯正离子和环戊二烯负离子稠合而成的。奥为极性分子，偶极矩1.08D。奥可以发生某些典型的芳烃亲电取代反应，如硝化、乙酰化等。

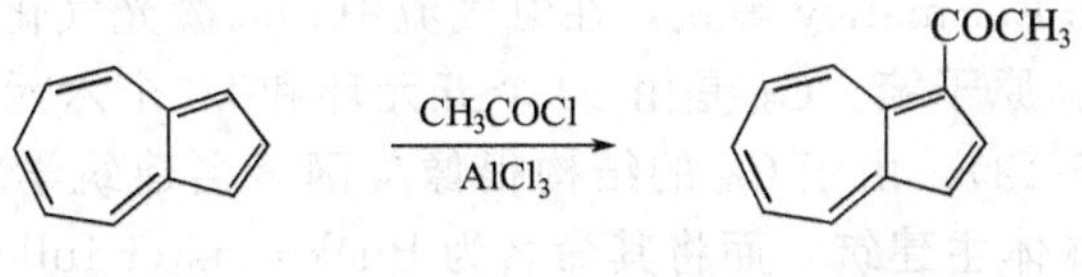

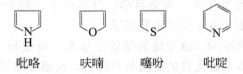

但其稳定性弱于同样含有10个π电子的萘，在隔绝空气的条件下将奥加热至350℃，会异构化成萘。

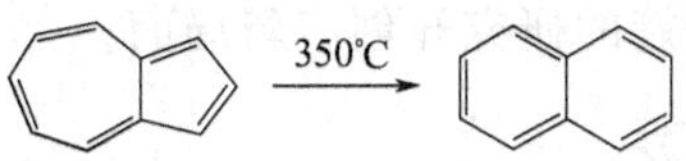

5.9.2.3 轮烯

通常将成环碳原子数大于或等于10的单环共轭多烯烃称为轮烯（annulene）。命名时把成环的碳原子数放在方括号中，叫做[n]轮烯（n为成环碳原子数）。例如：

[10]轮烯　　[14]轮烯　　[18]轮烯

[10]轮烯和[14]轮烯，它们的π电子数虽然符合Hückel规则（前者$n=2$，后者$n=3$），但其环内氢原子存在较强的空间位阻，这致使环上的碳原子不能处于同一平面内，故无芳香性。[18]轮烯环上碳原子基本在一个平面内，这是由于环内空间相对增大，减小了环内氢原子间的斥力，其π电子数为18（$n=4$时，$4n+2=18$），因此具有芳香性。[22]轮烯与[18]轮烯一样也具有芳香性。而[16]轮烯π电子数为16，不满足Hückel规则$4n+2$的要求，故不具有芳香性。

5.9.2.4 杂环化合物

环状化合物中，构成环的原子除碳原子外还有杂原子（如N、O、S等），并且具有芳香结构，这种环状化合物称为杂环化合物（见第14章）。例如：

吡咯　　呋喃　　噻吩　　吡啶

应用Hückel规则判断杂环化合物的芳香性，要注意的是杂原子是否有孤电子对。一般情况下，当杂原子上只形成了单键时，有一对电子参与共轭，如吡咯、噻吩、呋喃的氮原子。因而它的闭合共轭体系有6个π电子，具有芳香性。当杂原子上连有双键时，则只有一个电子参与共轭，如吡啶，也形成 6 个 π 电子的环状、平面、闭合共轭体系，也具有芳香性。吡啶分子中氮原子上的孤电子对不参与共轭，这是因为氮原子为不等性 sp^2 杂化，氮原子的孤电子对在 sp^2 杂化轨道上。

5.10 富勒烯

富勒烯（fullerene）是 C_{50}、C_{60}、C_{70} 等一类碳原子簇合物的总称。1985 年，英国的 H. W. Kroto 和美国的 R. E. Smalley 等人，在氦气流中，以激光气化蒸发石墨首次制得单纯由 60 个碳原子组成的 C_{60} 原子簇。C_{60} 是由 12 个五元环和 20 个六元环组成的球形 32 面体，具有很高的对称性（图 5-12）。由于 C_{60} 的结构很像美国著名建筑学家 B. Fuller 所设计的蒙特利尔世界博览会网格球体主建筑，而将其命名为 Buckminster fullene。此后，便将这一类由碳原子簇形成的具有笼形结构的特殊分子命名为 fullene。实际上，fullene 的形状也很像足球，故 fullene 亦称为足球烯（foot-ballene）。1990 年，Krätschmer 等人用电弧法宏观量合成富勒烯获得成功，为碳原子簇的研究开创了新局面。

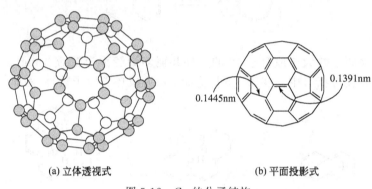

(a) 立体透视式　　　　　(b) 平面投影式

图 5-12　C_{60} 的分子结构

C_{60} 是除石墨、金刚石和无定形碳以外的第四种碳的同素异形体。其 60 个顶点为 60 个碳原子占据。每个碳原子均以 sp^2 或近似 sp^2 杂化轨道与相邻碳原子形成三个 σ 键，每个碳原子剩下的一个 p 轨道，在球形的 C_{60} 分子表面和内部形成一层离域的 π 键。C_{60} 在物理及化学性质上可看作三维的芳香族化合物。其碳碳键的键长不完全相同：由五边形和六边形共用的键长约为 0.1445nm；由两个六边形共用的键长约为 0.1391nm，键角约为 116°。其直径约为 0.8nm。分子中 12 个五边形最大限度地被 20 个六边形所分隔，其特殊的稳定性认为是来源于此结构中五边形从不相邻这一事实。

富勒烯及其相关的富勒烯金属包合物以其独特的空间结构和电子结构显示出优越的光、电、磁性能，在超导、磁性、光学、催化、材料及生物等方面有巨大的潜在应用空间。C_{60} 的研究已涉及有机化学、无机化学、生命科学、材料科学、高分子科学、催化化学、电化学、超导体与铁磁体等众多学科和应用研究领域。

基于富勒烯的特殊几何结构，富勒烯润滑油添加剂可以延长润滑油寿命高达 30%。富勒烯与碱金属形成的复合体系是优良的高温超导材料，其超导临界温度为 46K。富勒烯分子中存在的三维高度非定域电子共轭结构使得它具有良好的光学及非线性光学性能，已经在光计算、光记忆、光信号处理及控制等方面有所应用。目前基于 C_{60} 光电导性能的光电开关和光学玻璃已研制成功，以富勒烯为关键材料的有机太阳能电池光电转换效率达到 6.5%，已经突破了应用上要求的 5% 门槛。

由于富勒烯具有活泼的化学性质及很强的吸电子性和还原性，可以进行氧化、还原、加成（包括卤化、与叠氮化合物、碳烯、氢等反应）、周环（[2+2] 和 [2+4] 等）和聚合等反应，所以富勒烯极易修饰衍生化。富勒烯的这些性质为它在多领域的应用提供了巨大的想象空间，从而吸引科学家们不断深入探索，以求应用其造福人类。

阅读材料

魅力碳素

元素周期表中最具魅力的元素可能就是碳了。碳原子间不仅能够以 sp^3 杂化轨道形成单键，还能以 sp^2 及 sp 杂化轨道形成稳定的双键和叁键，因此它可形成各种结构的同素异形体。从维度上讲，既有三维材料（如金刚石、石墨和无定形碳等），也有一维材料（石墨晶须、碳纤维和碳纳米管）和零维材料（如富勒烯）。而 2004 年刚问世的新宠——石墨烯（graphene），则是理想的二维原子晶体，属于零带隙半导体材料，已成为继碳纳米管之后的又一个明星级新材料。这些新型碳材料的特性几乎可涵盖地球上所有物质的性质甚至相对立的两种性质，如从最硬到极软、全吸光-全透光、绝缘体-半导体-高导体、绝热-良导热、高铁磁体、高临界温度的超导体等。

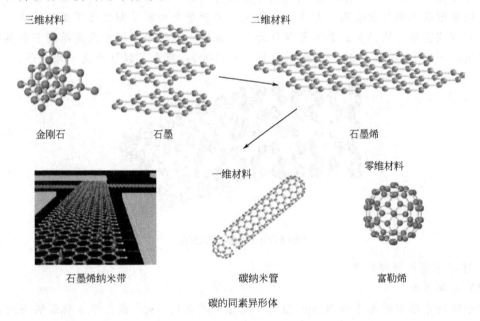

碳的同素异形体

下面重点介绍一下碳纳米管和石墨烯。

一、碳纳米管

1. 什么是碳纳米管

碳纳米管与金刚石、石墨、富勒烯一样，是碳的一种同素异形体。1991 年日本 NEC 公司的饭岛澄男（Sumio Iijima）首次利用电子显微镜观察到中空的碳纤维，直径一般在几纳米到几十个纳米之间，长度为数微米，甚至毫米，所以称它为"碳纳米管"。理论分析和实验观察认为它是一种由六角网状的石墨烯片卷成的具有螺旋周期管状结构。正是由于饭岛的发现才真正引发了碳纳米管研究的热潮和近十年来该领域的飞速发展。按照石墨烯片的层数，可分为单壁碳纳米管和多壁碳纳米管。

(1) 单壁碳纳米管　由一层石墨烯片组成。单壁管典型的直径和长度分别为 0.75～3nm 和 1～50μm，又称富勒管（Fullerenes tubes）。

(2) 多壁碳纳米管　含有多层石墨烯片，形状如同轴电缆。其层数从 2～50 不等，层间距为 0.34nm±0.01nm，与石墨层间距（0.34nm）相当。多壁管的典型直径和长度分别为 2～30nm 和 0.1～50μm。

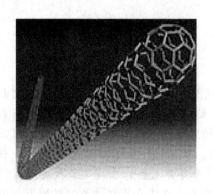

单壁碳纳米管

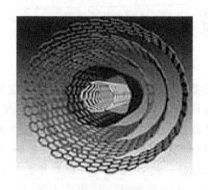

多壁碳纳米管

多壁管在开始形成时，层与层之间很容易成为陷阱中心而捕获各种缺陷，因而多壁管的管壁上通常布满小洞样的缺陷。与多壁管相比，单壁管是由单层圆柱形石墨层构成，其直径大小的分布范围窄，缺陷少，具有更高的均匀一致性。无论是多壁管还是单壁管都具有很高的长径比，一般为 100～1000，最高可达 1000～10000，完全可以认为是一维分子。

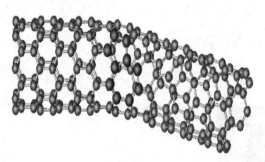

碳纳米管分子表面的凹凸现象

2. 碳纳米管的独特性质

(1) 力学性能

由于碳纳米管中碳原子采取 sp^2 杂化，相比 sp^3 杂化，sp^2 杂化中 s 轨道成分大，使碳纳米管具有高模量、高强度，被称为"超级纤维"。碳纳米管的抗拉强度达到 50～200GPa，是钢的 100 倍，密度却只有钢的 1/6。如果用碳纳米管做成绳索，是迄今唯一可从月球挂到地球表面而不会被自身重量拉断的绳索。

碳纳米管的结构虽然与高分子材料的结构相似，但却比高分子材料稳定得多。莫斯科大学的研究人员曾将碳纳米管置于 1011Pa 的水压下（相当于水下 18000km 深的压强），由于巨大的压力，碳纳米管被压扁。撤去压力后，碳纳米管像弹簧一样立即恢复了形状，表现出良好的韧性。这启示人们可以利用碳纳米管制造轻薄的弹簧，用在汽车、火车上作为减震装置，能够大大减轻质量。

(2) 电学性能

由于碳纳米管的结构与石墨的片层结构相同，碳原子上的p电子形成大范围的离域π键。由于共轭效应显著，所以具有很好的电学性能。理论预测其导电性能取决于其管径和管壁的螺旋角，在特殊的方向上碳纳米管表现出良好的导电性，电导率通常可达铜的1万倍。

3. 碳纳米管的应用前景

碳纳米管作为一种新兴的纳米材料，具有优异的物理、化学和机械性能，巨大的潜在应用价值得到了广泛的关注。碳纳米管应用研究主要集中在催化、复合材料、氢气存储、电子器件、太阳能电池、超级电容器、场发射显示器、量子导线模板、电子枪及传感器和显微镜探头等领域并已取得许多重要进展。

尽管目前其生产与应用还存在许多问题，例如：如何实现高质量碳纳米管的连续批量工业化生产，如何更深入研究碳纳米管实际应用等问题。但具有独特性能的碳纳米管作为一种最具市场潜力的新兴纳米技术已成为科技界关注的焦点。一旦其制备技术取得突破及其应用获得深入研究与市场开发，必将带动整个纳米技术的发展，同时也必将带动一系列相关高科技产业的兴起，引发一场新科技革命，那时肯定会在各个领域中产生重大而深远的影响，给整个社会带来巨大的效益。

二、石墨烯

石墨烯被认为是富勒烯、碳纳米管、石墨的基本结构单元。因其力学、量子和电学性质特殊，颇受物理和材料学界重视。自由态的二维晶体结构一直被认为热力学不稳定，不能在普通环境中独立存在。2004年，曼彻斯特大学安德烈·K·海姆（Andre K. Geim）等从石墨上剥下少量石墨烯单片并对其电学性质进行了研究。发现其具有特殊的电子特性，在开发新型电子组件方面有很大的潜力。2007年，实现了将单个的片状石墨烯在空气中或真空中悬挂于微型支架上，从而打破了传统理论和实验所得出的结论。除了电学性能优异外，石墨烯的拉伸模量（1.01TPa）和极限强度（116GPa）与单壁碳纳米管相当。与昂贵的富勒烯和碳纳米管相比，氧化石墨烯价格低廉，原料易得。

石墨烯

石墨烯是目前已知强度最高的物质，比钻石还坚硬，强度比世界上最好的钢铁还要高100倍。

石墨烯是一种禁带宽度几乎为零的半金属/半导体材料。它最大的特性是其电子的运动速度达到了光速的1/300，电子在石墨烯中的传导速度约比硅快100倍。石墨烯薄膜可能最终替代目前的半导体材料——硅。以前制造单电子晶体管的尝试更多地采用标准的半导体材料，需要冷却到接近热力学零度才能使用。但石墨烯单电子晶体管能在室温下工作，可用于制造未来的电子器件。

科学家们对石墨烯感兴趣的原因之一是受到碳纳米管科研成果的启发。石墨烯很有可能会成为硅的替代品。事实上，碳纳米管就是卷入柱面中的石墨烯微片。与碳纳米管一样，石墨烯具有优良的电子性能，可用来制成超高性能的电子产品。

与碳纳米管相比，石墨烯可以更好地与现行微加工工艺兼容。人们已经尝试将石墨烯用于单电子器件、超灵敏传感器、电极材料（包括透明电极）、有机太阳能电池的受体材料和阳极材料、复合功能材料以及药物载体等，展示了石墨烯的广阔应用前景。

习 题

1. 命名下列化合物。

（1）苯基异丙基 （2）邻二乙烯基苯 （3）苯磺酰氯 （4）对十二烷基苯磺酸钠

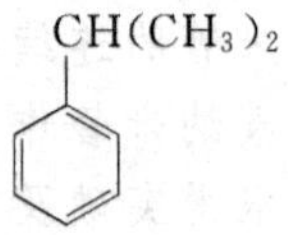

（5）4-羟基-3-甲基苯乙酮 （6）2-氯-4-硝基甲苯 （7）8-氯-1-萘甲酸 （8）4-氯-2-甲基苯胺

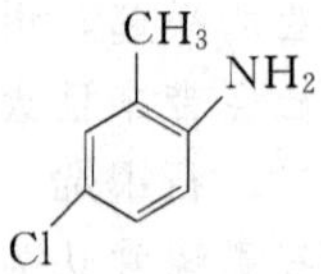

2. 完成下列各反应式。

(1) 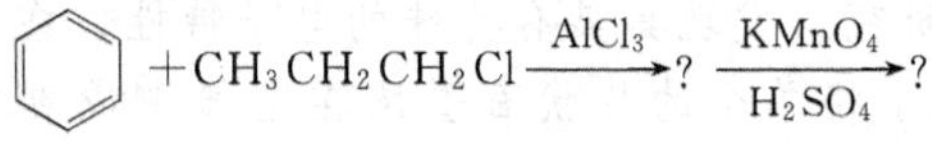 苯 + $CH_3CH_2CH_2Cl$ $\xrightarrow{AlCl_3}$? $\xrightarrow{KMnO_4, H_2SO_4}$?

(2) 苯 + 丁二酸酐 $\xrightarrow{AlCl_3}$

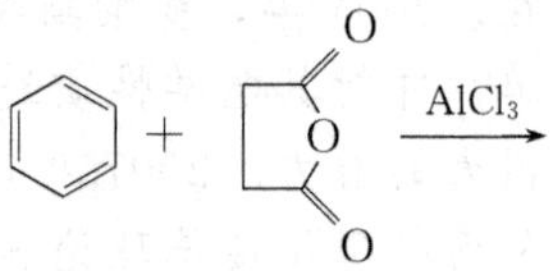

(3) 甲苯 $\xrightarrow{?}$ 氯化苄 $\xrightarrow{苯, AlCl_3}$?

(4) 1,2,3,4-四氢萘 $\xrightarrow{KMnO_4, \triangle}$

(5) 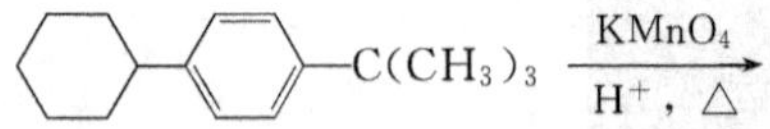 对环己基叔丁基苯 $\xrightarrow{KMnO_4, H^+, \triangle}$

(6) 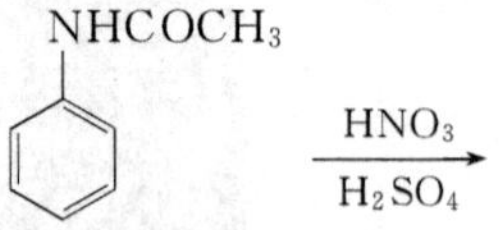 乙酰苯胺 $\xrightarrow{HNO_3, H_2SO_4}$

(7) 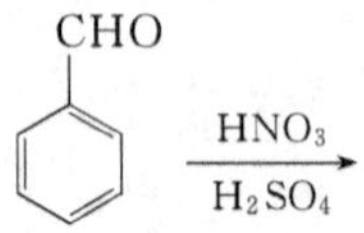 苯甲醛 $\xrightarrow{HNO_3, H_2SO_4}$

(8) 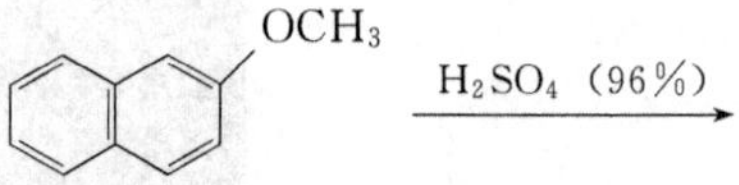 2-甲氧基萘 $\xrightarrow{H_2SO_4 (96\%)}$

(9) 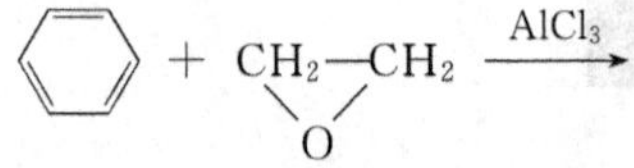 苯 + 环氧乙烷 $\xrightarrow{AlCl_3}$

(10) 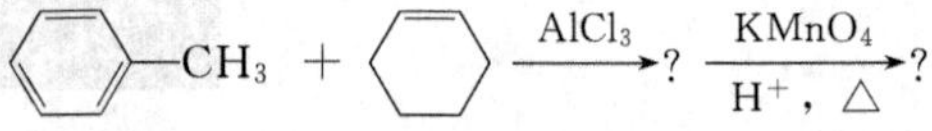 甲苯 + 环己烯 $\xrightarrow{AlCl_3}$? $\xrightarrow{KMnO_4, H^+, \triangle}$?

(11) 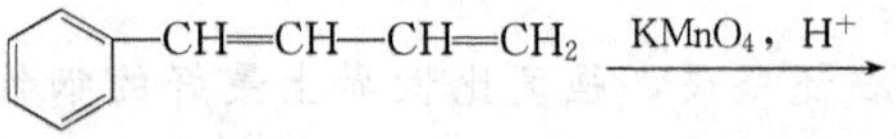 $C_6H_5-CH=CH-CH=CH_2$ $\xrightarrow{KMnO_4, H^+}$

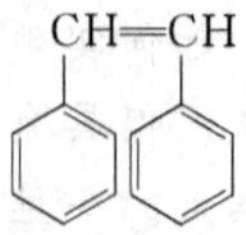

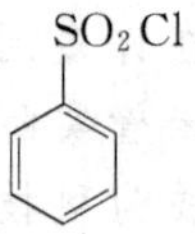

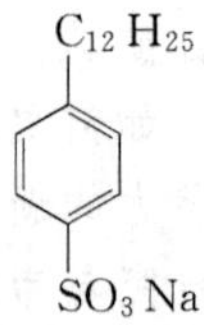

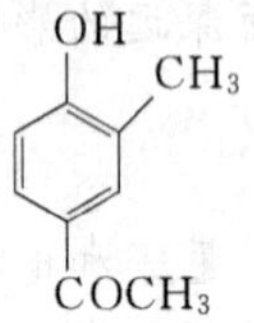

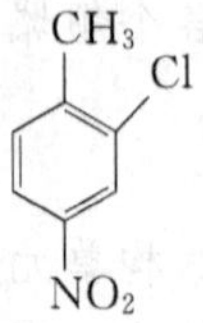

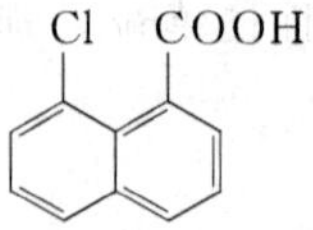

(12) 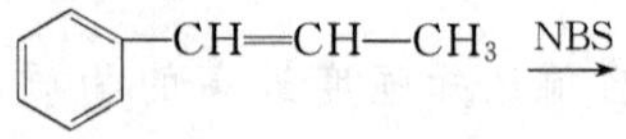 $C_6H_5-CH=CH-CH_3$ $\xrightarrow{NBS}$

(13) 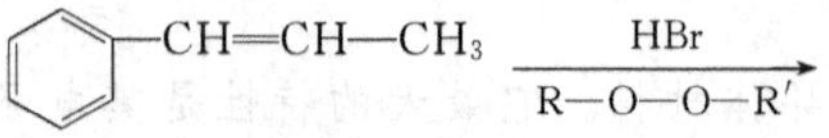 $C_6H_5-CH=CH-CH_3$ $\xrightarrow{HBr, R-O-O-R'}$

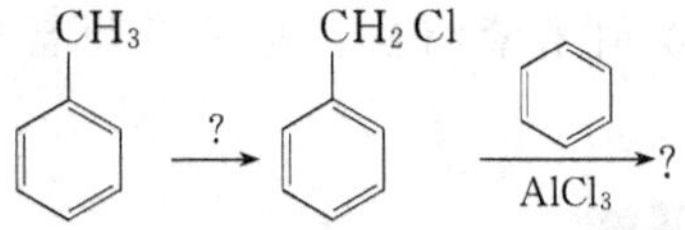

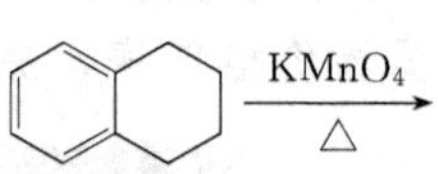

(14) 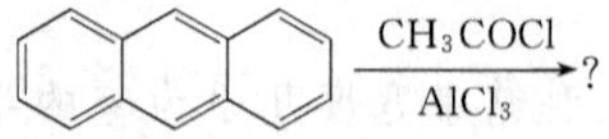 蒽 $\xrightarrow{CH_3COCl, AlCl_3}$?

3. 写出下列反应中反应物的构造式。

(1) 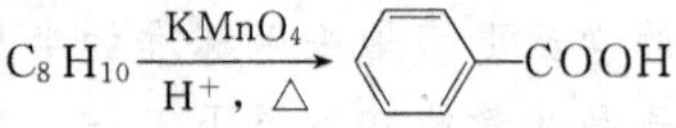 C_8H_{10} $\xrightarrow{KMnO_4, H^+, \triangle}$ 苯甲酸

(2)  C_8H_{10} $\xrightarrow{KMnO_4, H^+, \triangle}$ 对苯二甲酸

(3) 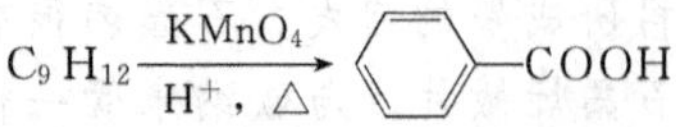 C_9H_{12} $\xrightarrow{KMnO_4, H^+, \triangle}$ 苯甲酸

(4) 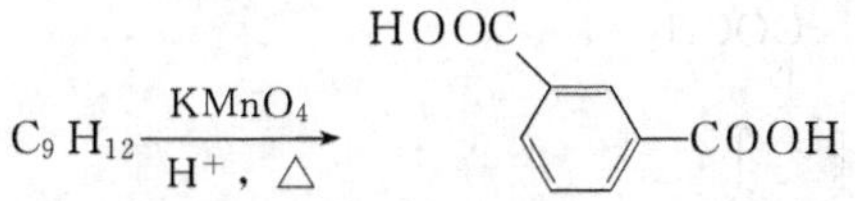 $C_9H_{12} \xrightarrow[H^+, \triangle]{KMnO_4}$ [间苯二甲酸结构: 苯环上3位-COOH, 5位-COOH(图示为HOOC和COOH在间位)]

4. 下列反应有无错误，若有错误，请指出错误之处。

(1) 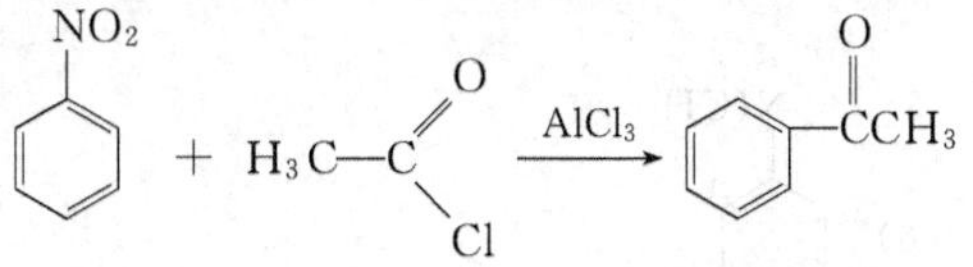 [硝基苯] + $H_3C-\overset{O}{\underset{}{C}}-Cl$ $\xrightarrow{AlCl_3}$ [苯乙酮]

(2) 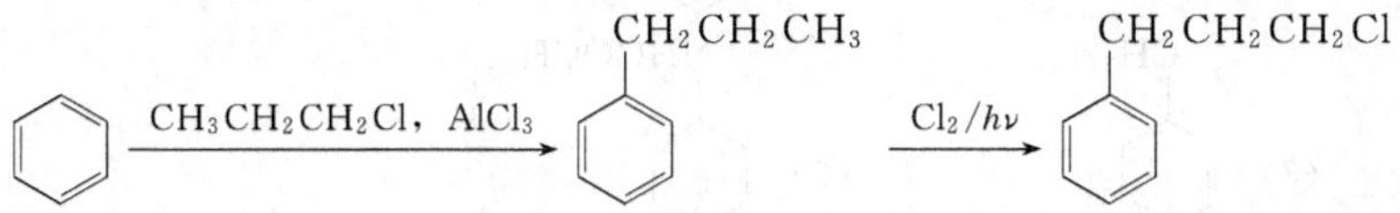 [苯] $\xrightarrow{CH_3CH_2CH_2Cl, AlCl_3}$ [正丙苯] $\xrightarrow{Cl_2/h\nu}$ [PhCH₂CH₂CH₂Cl]

5. 用 Friedel-Crafts 反应制备 [3-硝基二苯甲酮]，应选用哪一种酰氯？为什么？

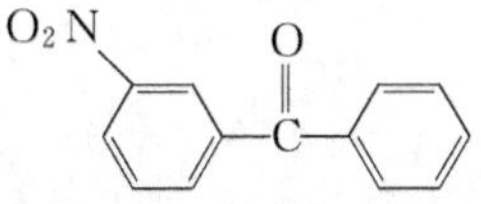

6. 甲苯在进行磺化反应时的热力学和动力学产物分别是什么？并分析其形成的原因。

7. 苯乙烯与稀硫酸共热，生成两种二聚物：

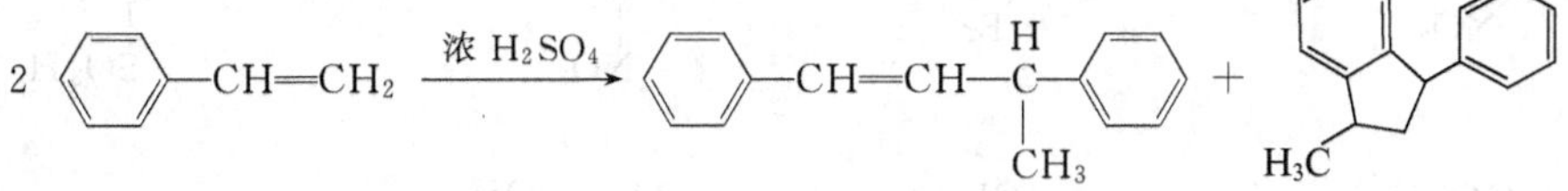

2 PhCH=CH₂ $\xrightarrow{\text{浓}H_2SO_4}$ PhCH=CH-CH(CH₃)-Ph + [1-甲基-3-苯基茚满]

试推测可能的反应机理。

8. 试解释以下事实。
   (1) 为什么邻二甲苯的沸点比间二甲苯和对二甲苯的沸点高？
   (2) 为什么对二甲苯的熔点比邻二甲苯、间二甲苯的熔点高？

9. 已知硝基苯（Ph—NO₂）进行亲电取代反应时，其活性比苯小，—NO₂ 是第二类定位基，试问亚硝基苯（Ph—NO）进行亲电取代反应时，其活性与苯相比是大还是小？—NO 是第几类定位基？

10. 解释：(1) 所有的间位定位基都是钝化的；(2) 大多数邻、对位定位基使苯环活化而卤素却使苯环钝化。

11. 已知硝基苯（Ph—NO₂）进行亲电取代反应时，其活性比苯小，—NO₂ 是第二类定位基，试问亚硝基苯（Ph—NO）进行亲电取代反应时，其活性与苯相比是大还是小？—NO 是第几类定位基？

12. 比较下列各组化合物进行亲电取代反应活性的大小。

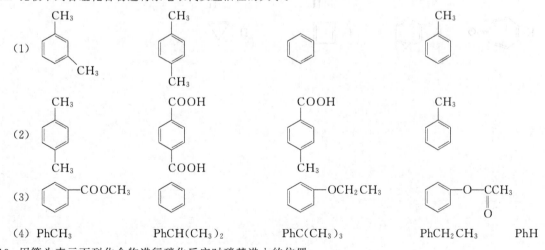

(4) PhCH₃   PhCH(CH₃)₂   PhC(CH₃)₃   PhCH₂CH₃   PhH

13. 用箭头表示下列化合物进行硝化反应时硝基进入的位置。

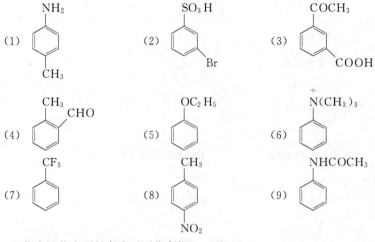

14. 以苯或甲苯为原料合成下列化合物。

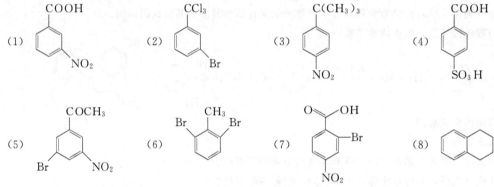

15. 不饱和烃 A 的分子式为 C_9H_8，A 能和氯化亚铜氨溶液反应产生红色沉淀。A 催化加氢可得到化合物 $B(C_9H_{12})$，将 B 用酸性重铬酸钾氧化则可得到酸性化合物 $C(C_8H_6O_4)$。将 C 加热得到化合物 $D(C_8H_4O_3)$。若将 A 和丁二烯作用则得到另一个不饱和化合物 E，将 E 催化脱氢得到 2-甲基联苯。写出 A～E 的构造式和各步反应方程式。

16. 下列化合物或离子哪些具有芳香性。

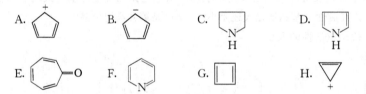

第 6 章　对映异构

同分异构现象在有机化学中极为普遍,在前几章中已讨论过几种异构现象,如烷烃的碳架异构;烯烃、炔烃的官能团位置异构;酮式和烯醇式的互变异构等;除此以外,还有烯烃和脂环烃的顺反异构以及烷烃和环烷烃的构象异构。顺反异构和构象异构涉及基团在三维空间的排布情况,这种有机分子在三维空间的结构称为**立体结构**(stereo structure),分子的构造相同,但原子在空间排列不同而产生的异构称为**立体异构**(stereo isomerization)。立体异构包括构型异构和构象异构,构型异构与构象异构的差别主要为构型异构间的转变必须断裂化学键,构象异构间的转变不需要断裂化学键,只需通过单键的旋转就可实现。而构型异构又包括顺反异构和**对映异构**(enantiotropic isomerization)。

将各种异构现象归纳总结,可概括如下:

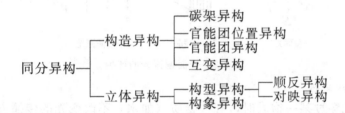

有机分子的立体结构对化合物的理化性质有一定的影响,研究有机分子的立体结构及其对有机分子的物理性质和化学反应的影响,称为**立体化学**(stereochemistry)。立体化学在有机化学中占有重要的地位,主要分为静态立体化学(static stereochemistry)和动态立体化学(dynamic stereochemistry)两部分。静态立体化学研究分子中各原子或原子团在空间位置的相互关系,也就是研究分子结构的立体形象——构型和构象以及由构型异构和构象异构导致的分子之间的性质不同等问题;动态立体化学研究构型异构体的制备及其在化学反应中的行为等问题。前者主要以不对称合成获得某一旋光异构体为目的,后者除包括构象分析外,还对各个经典反应类型,如加成反应、取代反应中的立体化学现象进行研究。

上述的立体异构中,构造异构和构象异构已在第 2 章中讨论,而顺反异构已在第 3 章中详细地阐述,本章主要讨论的是构型异构中的对映异构。

6.1　有机化合物的旋光性

旋光性又称光学活性。分子的旋光性最早于 19 世纪由 L. Pasteur 发现,他发现酒石酸的结晶有两种相对的晶型,形成溶液时会使平面偏振光向相反的方向旋转,因而确定分子有左旋与右旋的不同结构。

6.1.1 旋光性

6.1.1.1 平面偏振光（plane polarized light）

光是一种电磁波，光波振动的方向与光的传播方向垂直，如图6-1(a)。任一光源发出的光在各个振动方向上都有传播，如图6-1(b)。

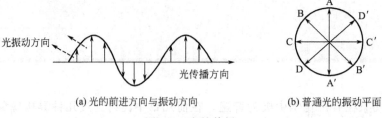

图6-1 光的传播

当普通光通过方解石片（$CaCO_3$ 的一种特殊晶型）所组成的 Nicol 棱镜时，一部分光就被挡住了，只有振动方向与棱镜晶轴平行的光才能通过。这种只在一个平面上振动的光称为平面偏振光，简称偏振光或偏光，如图6-2。

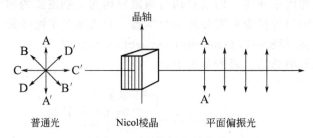

图6-2 平面偏振光的产生

6.1.1.2 物质的旋光性

当平面偏振光穿过某一物质时，有些物质（如水）不改变光的传播方向，但有些物质（如葡萄糖）却能够改变光的传播方向，这些能改变偏振光传播方向的物质称为旋光性物质（optically active substance）。不同的旋光性物质使偏振光偏转的角度和方向不同（见图6-3）。能使偏振光向右旋转的物质称右旋体（dextro isomer），能使偏振光向左旋转的物质称左旋体（levo isomer）。所有旋光性化合物不是右旋体，就是左旋体。

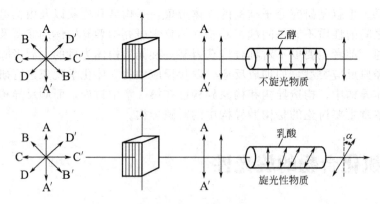

图6-3 物质的旋光性

6.1.2 旋光性与结构的关系

化合物使偏振光偏转的角度和方向可以用旋光仪来测定。旋光仪主要由一个单色光光源、两个 Nicol 棱镜（分别称起偏镜和检偏镜），一个盛液管和一个刻度盘组装而成，基本工作原理如图 6-4 所示。

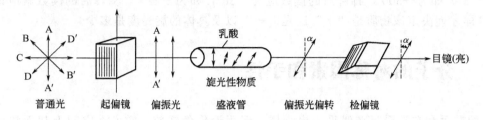

图 6-4　旋光仪工作原理

把两个 Nicol 棱镜平行放置，盛液管置于两个 Nicol 棱镜之间，第一个 Nicol 棱镜（起偏镜）是固定的，光通过第一个棱镜后变成偏振光，第二个棱镜（检偏镜）连着刻度盘，可以随着刻度盘一起转动，由刻度盘的读数显示出转动的角度和方向。如果在盛液管内装入水等非旋光性物质，偏振光的传播方向不改变，目镜处视野是明亮的；如果盛液管内放入葡萄糖等旋光性物质，则必须将检偏镜旋转一定的角度 α，目镜处视野才明亮。如果检偏镜向右旋转可以看到光，称为右旋（dextrorotatory），用（+）或 d 表示，如向左旋转则称为左旋（levorotatory），用（-）或 l 表示。例如（+）-2-丁醇表示右旋，（-）-2-丁醇表示左旋。

测其旋转的角度即为该物质的旋光度，用 α 表示。旋转的角度 α 不仅与物质本身的结构有关，而且与物质的浓度以及盛液管的长度都有关。如果消除其它外界因素的干扰，只考虑物质本身的结构对旋光度的影响，则用比旋光度来表示物质的旋光方向和旋光能力，它由分子结构本身决定。

在单位物质溶液的浓度、单位盛液管长度下测得的旋光度称为比旋光度（specific rotation），用 $[\alpha]_\lambda^t$ 表示，t 为测定时的温度，λ 为测定时所用的光源波长，一般采用钠光（波长为 589.3nm，用 D 表示）。比旋光度与在旋光仪中读到的旋光度的关系如下：

$$[\alpha]_\lambda^t = \frac{\alpha}{\rho_B l}$$

式中，α 是旋光仪上测得的旋光度；l 是盛液管长度，dm；ρ_B 是质量浓度，g·mL^{-1}。若所测旋光物质是纯液体，则把上式中的 ρ_B 换成被测液体的密度 d，即：

$$[\alpha]_\lambda^t = \frac{\alpha}{ld} \text{（溶剂）}$$

例如，将 10g 化合物溶于 100mL 甲醇中，在 25℃ 时用 10cm 长的盛液管，在旋光仪中观察到旋光度 α 为 +2.30°，则该物质的比旋光度为：

$$[\alpha]_D^{25} = \frac{+2.3°}{\frac{10\text{g}}{100\text{mL}} \times 1\text{dm}} = +23.0°$$

溶剂也会影响物质的旋光度，因此在不用水为溶剂时，需注明溶剂的名称。例如，右旋的酒石酸在 5% 的乙醇中其比旋光度表示为 $[\alpha]_D^{20} = +3.79°$（乙醇，5%）。

比旋光度是旋光性物质特有的物理常数，许多物质的比旋光度可以从手册中查找。如：葡萄糖 $[\alpha]_D^{25} = +52.5°$（水）；果糖 $[\alpha]_D^{25} = -93°$（水）。

值得注意的是，在旋光仪上测得的读数 α，实际上是 $\alpha \pm 180n°$。例如，旋光仪上 α 的读数为 +60°，也可能是 -300°，也可能是 +420°，或再多旋一周 2×180°，即为 +780°，因此测定某物质的旋光度仅测一次是无法确定该物质是右旋还是左旋以及旋光度数,必须测两次以上才能决定。比如,将上述溶液稀释十倍,再测一次,如原来的 α 为 +60°,则稀释后的 α 应为 +6°,如为 -300°,稀释后的读数应为 -30°,如为 +420°,稀释后的读数就应该是 +42°,这样才能决定该物质是"+"还是"-"以及具体的旋光度是多少。

6.2　分子的对称因素和手性

人的左手和右手看起来似乎一模一样,但无论你怎样放,它们在空间上却无法完全重合。如果把人的右手放在镜子前面,右手在镜中的像与左手可以完全重叠在一起,如图 6-5 所示。左、右手之间不能重合但互为镜像的这种特征称为手性（chirality）或手征性。借鉴手的特征,在有机化学中定义,凡不能与其镜像重叠的分子,称为手性分子（chiral molecule）。

手性分子的显著特征是具有旋光性。当分子与其镜像能重合时,该分子的结构是对称的,是非手性分子,没有旋光性;反之,分子和它的镜像不能重合时,该分子的结构是不对称的,是手性分子,具有旋光性。

左手　　右手的镜像　　右手

图 6-5　右手的镜像与左手完全一样

6.2.1　对称因素

判断分子是否具有手性,最直接的办法是看其镜像能否与实物重合,如果不能重合,则该分子为手性分子;如果能重合,则为非手性分子。但如果判断每个分子是否具有手性都将其镜像画出,再与实物相比,这样做很麻烦。实际上,可以通过对称因素来判断分子是否具有手性。一般对称因素（symmetry factor）有四种,即对称面、对称中心、对称轴和交替（或更迭）对称轴。基础有机化学中最常见的分子对称因素主要有对称面和对称中心。

6.2.1.1　对称面（symmetric plane）

对于大多数有机化合物来说,尤其是链状化合物,一般只需考察分子中是否具有对称面,就可以推断出该分子是否为手性分子。

如果一个平面能将分子分成互为镜像的两部分,那么这个平面就是这个分子的对称面,用 σ 表示。图 6-6 中的分子都有对称面。平面型分子所在的平面就是该分子的对称面,如图 6-7。

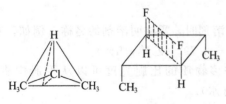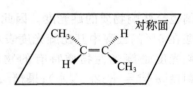

图 6-6　分子的对称面　　　　　　　图 6-7　平面型分子的对称面

6.2.1.2 对称中心（symmetric center）

如果分子内存在一点，通过该点作任意一条直线，在直线上距该点等距离的两端有相同的原子或基团，就称该点为分子的对称中心，用 i 表示（图6-8）。

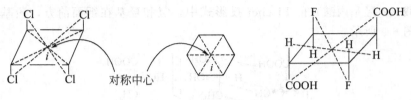

图 6-8 分子的对称中心

判断一个分子有无手性，主要看分子是否具有对称因素，如果一个分子存在任何一种对称因素（对称面或对称中心），则这个分子无手性；反之，一个分子没有对称因素（对称面和对称中心），这个分子就有手性。分子具有手性是存在对映异构体的必要条件。

6.2.2 手性和对映体

凡是手性分子，必有一个与之不能完全重叠的镜像。以 2-溴丁烷为例：

$$CH_3 - \overset{*}{C}H - CH_2 - CH_3$$
$$| \qquad\;\;\;\;$$
$$Br\;\;\;\;\;\;\;\;\;\;\;$$

左数第二个碳原子连有四个不同的原子或基团（$-CH_3$，$-H$，$-Br$，$-C_2H_5$），这种连有四个不同原子或基团的碳原子，称为手性碳原子（chiral carbon），也称为手性中心（chiral center），用"*"号标出。

2-溴丁烷分子中，与手性碳原子相连的四个原子或基团，在空间有两种不同的排列方式，它们互为实物与镜像的关系，是两种不同的化合物。这种互为实物与镜像的两个构型异构体称为对映异构体（enantiomer），简称对映体。对映异构体都有旋光性，因而又称为旋光异构体。

实物　　　镜子　　　镜像

对映体具有相同的物理性质如熔点、沸点、溶解度、折射率、酸性、密度等，热力学性质如自由能、焓、熵等和化学性质，只有在手性环境如手性试剂、手性溶剂中才表现出差异。

6.3 构型的表示和命名

6.3.1 构型的表示方法

表示对映体空间构型的方法主要有：立体透视式、锯架式、纽曼投影式及 Fischer 投影式。前三种表示方法在 2.4.2.1 中已经叙及，此处介绍 Fischer 投影式。

Fischer 投影式是把立体构型投影到平面上的一种常用的表示方法。

Fischer 投影式中位于纸平面上的"＋"交叉线表示分子中的四个键,交叉点代表手性碳原子(不写出手性碳原子)。横线上的基团表示指向纸平面的前方,离观察者比较近;竖线上的基团表示指向纸平面的后方,离观察者比较远。一般将含有碳原子的基团写在竖线上,编号最小的碳原子写在竖线的上端。但这只是人为规定,基团的位置可以改变。

如在乳酸(2-羟基丙酸)的 Fischer 投影式中,氢和羟基在纸面前方,羧基和甲基在纸面后方,如图 6-9 所示。

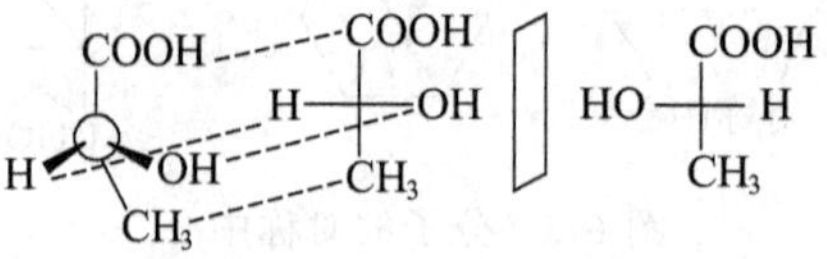

图 6-9 乳酸分子模型和 Fischer 投影式

Fischer 投影式虽用平面图形表示分子的结构,但却严格地表示了各基团的空间关系,即"横前竖后"。在使用 Fischer 投影式时要注意以下几点。

① Fischer 投影式在纸面内旋转 90°或 90°的奇数倍,构型变化,成为它的对映体。

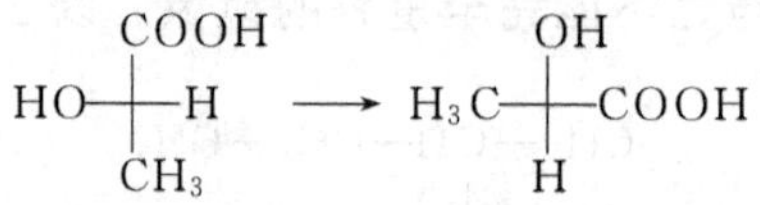

② Fischer 投影式在纸面内旋转 180°或 90°的偶数倍,构型保持不变。

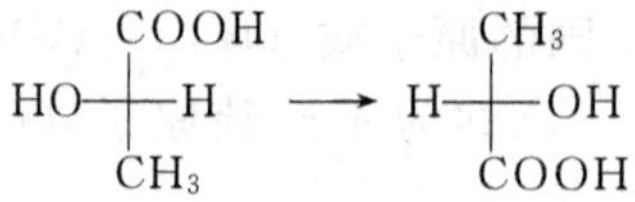

③ Fischer 投影式离开纸面翻转 180°,则构型改变,成为它的对映体。

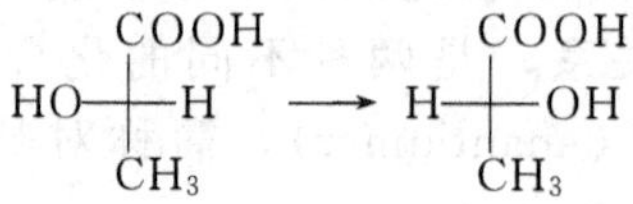

④ Fischer 投影式中任意两个基团的位置,如果对调偶数次构型不变,对调奇数次则为原构型的对映体。

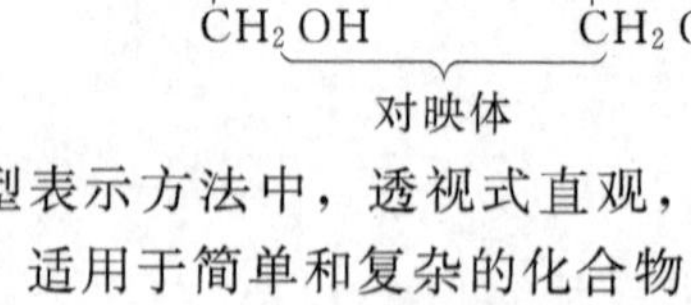

OH 与 H 对调一次
CHO 与 CH_2OH 对调一次
共对调两次

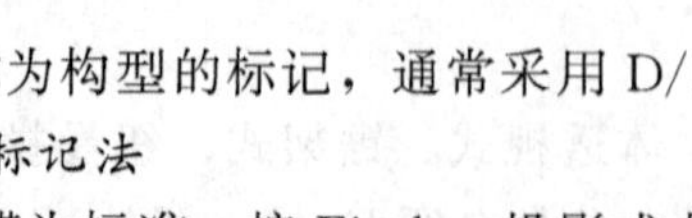

OH 与 H 对调一次

上述各种构型表示方法中,透视式直观,但书写麻烦,不适用于复杂化合物,Fischer 投影式使用方便,适用于简单和复杂的化合物。

6.3.2 构型的命名

构型的命名也称为构型的标记,通常采用 D/L 构型标记法和 R/S 构型标记法来命名。

6.3.2.1 D/L 构型标记法

Fischer 以甘油醛为标准,按 Fischer 投影式书写原则,把连在手性碳上的—OH 写在右边的甘油醛定为 D 型(D 是拉丁字 Dextro 字首,意为"右"),—OH 写在左边的甘油醛定为 L 型（L 是拉丁字 Leavo 字首，意为"左"）。

```
        CHO                    CHO
     H—|—OH              HO—|—H
        CH₂OH                  CH₂OH
      D-甘油醛                L-甘油醛
```

其它手性化合物与甘油醛相关联，不涉及手性碳的四条键断裂，如果通过 D-甘油醛衍生出来的，或者通过反应能生成 D-甘油醛的化合物均为 D 构型；反之，与 L 型甘油醛相关联的化合物为 L 型。

例如，下面最终得到的化合物皆为 D 型。

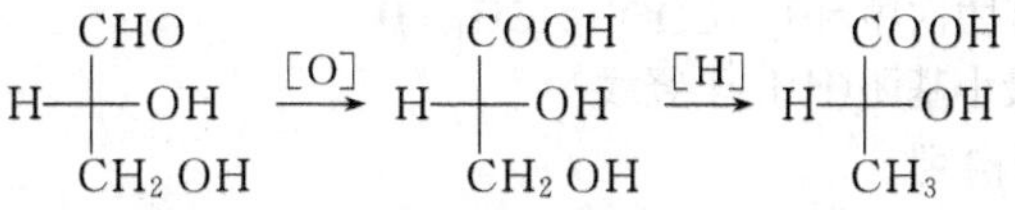

```
   CHO              COOH             COOH
H—|—OH   [O]    H—|—OH   [H]    H—|—OH
   CH₂OH   →        CH₂OH   →        CH₃
 D-甘油醛         D-甘油酸          D-乳酸
```

但是 D/L 构型的标记与旋光方向没有必然联系。

1951 年，J. M. Bijvoet 用 X 射线单晶衍射法成功地测定了右旋酒石酸铷钠的绝对构型，并由此推断出（＋）-甘油醛的绝对构型，有趣的是实验测得的绝对构型正好与 Fischer 任意指定的相对构型相同。从此与甘油醛相关联的其它化合物的 D/L 构型也都代表绝对构型了。D/L 命名在糖和氨基酸等天然化合物中使用较为广泛。

显然，D/L 标记法有其局限性，因为这种标记法只能准确知道与甘油醛相关联的手性碳的构型，对于含有多个手性碳的化合物，或不能与甘油醛相关联的一些化合物，这种标记法就无能为力了。

6.3.2.2 R/S 构型标记法

D/L 构型命名法有明显的局限性，因此，1970 年按 IUPAC 命名法建议，提出了 R/S 构型命名法

具体命名原则是：将与手性碳相连的四个原子或基团按"次序规则"（见 3.3.3）由大到小进行排列，如图 6-10 所示，设 a＞b＞c＞d，将最小的基团 d 放在离观察者最远的位置，其它三个基团按由大到小的顺序（a→b→c），若是顺时针排列，称为 R（Rectus 拉丁文"右"字的字首）构型；按逆时针排列，则称为 S（Sinister 拉丁文"左"字的字首）构型。

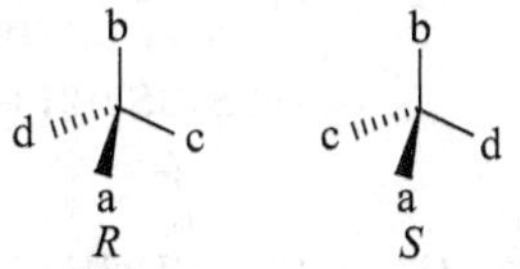

```
        b                    b
     d—|—c              c—|—d
        a                    a
        R                    S
```

图 6-10　R/S 构型命名

如果将 R/S 系统命名比喻为驾驶汽车的方向盘就很形象，也就容易理解了，以这个规则来观察前述的 D 型的甘油醛应为 R 构型。例如：

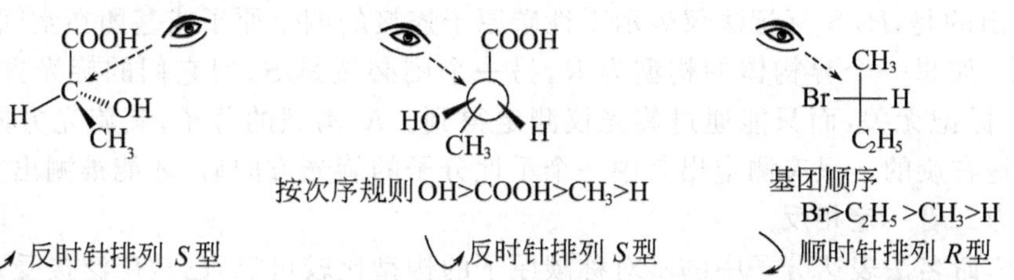

```
      COOH 👁              COOH 👁            CH₃ 👁
   H—C—OH              HO—C—H             Br—|—H
      CH₃                  CH₃                C₂H₅
                    按次序规则 OH＞COOH＞CH₃＞H    基团顺序
                                               Br＞C₂H₅＞CH₃＞H
   ↺ 反时针排列 S 型    ↺ 反时针排列 S 型    ↻ 顺时针排列 R 型
```

特别要注意，针对 Fischer 投影式中的 R/S 构型命名法有一定的规则（仅适用于

Fischer 投影式），即"横反竖同"（对最小基团所在的位置而言）：当最小基团位于横线时，若在纸平面上其余三个基团由大到小为顺时针方向，为 S 型；反时针方向则为 R 型。当最小基团位于竖线时，若在纸平面上其余三个基团由大到小顺时针方向，为 R 型，反时针方向为 S 型。例如：

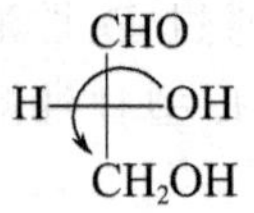

基团次序 $OH > CHO > CH_2OH$
最小基团(H)位于横线
R 构型

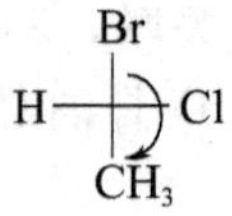

基团次序 $Br > Cl > CH_3 > H$
最小基团(H)位于横线
S 构型

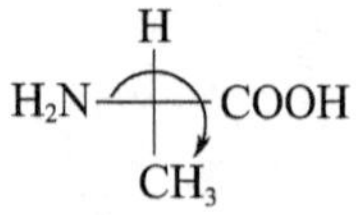

基团次序 $NH_2 > COOH > CH_3 > H$
最小基团(H)位于竖线
R 构型

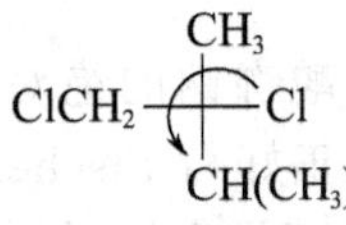

基团次序 $Cl > CH_2 > CH—CH_3 > CH_3$
最小基团(CH_3)位于竖线
S 构型

含两个以上 C^* 化合物的构型或投影式，也用同样方法对每一个 C^* 进行 R/S 标记，然后注明各标记的是哪一个手性碳原子。例如：

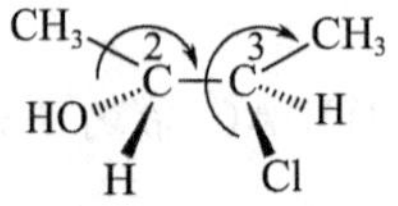

基团次序　C_2^*　$OH > CHCH_3 > CH_3 > H$
　　　　　C_3^*　$Cl > CHCH_3 > CH_3 > H$
　　　　　　　　　　　　OH

($2R,3R$)-3-氯-2-丁醇

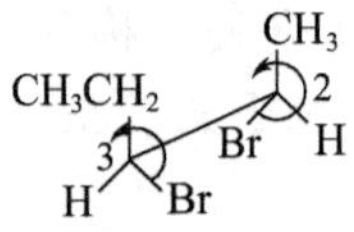

基团次序　C_2^*　$Br > CHCH_2CH_3 > CH_3 > H$
　　　　　C_3^*　$Br > CHCH_3 > CH_2CH_3 > H$

($2S,3S$)-2,3-二溴戊烷

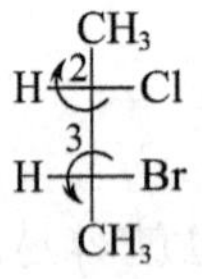

基团次序　C_2^*　$Cl > CHCH_3 > CH_3 > H$
　　　　　　　　　　　Br
　　　　　C_3^*　$Br > CHCH_3 > CH_3 > H$
　　　　　　　　　　　Cl

($2S,3R$)-2-氯-3-溴丁烷

需要指出的是，R/S 标记法仅表示手性碳原子连接的四个原子或基团在空间的相对位置。一对对映体，如果一个异构体的构型为 R，另一个则必然是 S，但它们的旋光方向（左旋或右旋）与 R/S 标记无关，而只能通过旋光仪测定得到。R 构型的分子，其旋光方向可能是左旋的，也可能是右旋的。只有测定出其中一个手性分子的旋光方向后，才能推测出其对映体的旋光方向，因为二者一定相反。

用 R/S 命名法表达分子中的不对称碳原子的构型比较可靠，已被广泛接受。

6.4 含一个手性碳原子的对映异构

含有一个手性碳原子的化合物一定是手性分子，必有两种对映异构体，其中一个是左旋体，一个是右旋体。它们的旋光度数值相同，但方向相反。例如乳酸分子：

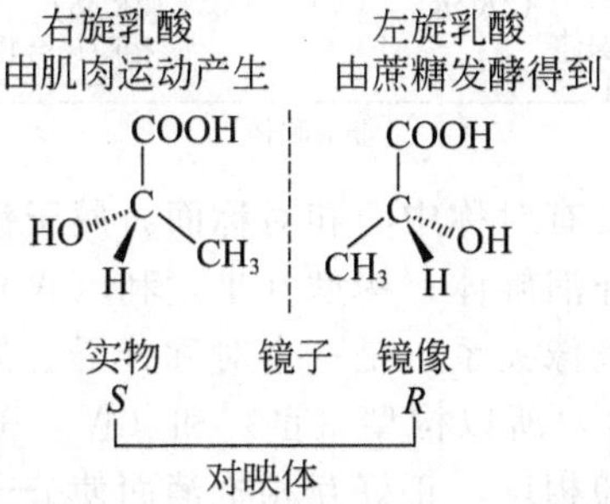

右旋乳酸　　　左旋乳酸
由肌肉运动产生　　由蔗糖发酵得到

实物　镜子　镜像
　S　　　　　R
　　　对映体

因肌肉运动而生成的乳酸使平面偏振光右旋，称为右旋乳酸；而葡萄糖在特种细菌作用下经过发酵产生的乳酸却使平面偏振光左旋，称为左旋乳酸，两者组成一对对映异构体。

左旋体与右旋体的分子组成相同，它们的熔点、沸点、相对密度、折射率、在一般溶剂中的溶解度，以及光谱图等物理性质都相同。并且在与非手性试剂作用时，它们的化学性质也一样。但是在手性环境，如偏振光、手性溶剂、手性试剂中，一对对映体表现出不同的性质。

等量的左旋体与右旋体的混合物构成外消旋体（racemic substance）。一般用（±）或（dl）来表示。由酸牛奶中得到的乳酸是外消旋体。外消旋体不具有旋光性，因为它是由旋光方向相反、旋光能力相同的一对对映体等量混合而成的，其旋光性相互抵消，而且物理性质与左旋体或右旋体也不同。例如：左旋或右旋乳酸的熔点是 26℃，外消旋乳酸的熔点是 18℃。

对映体除对偏振光的作用不同外，其生理活性也不相同。例如：右旋葡萄糖可被人或动物吸收，左旋葡萄糖则不能；$(CH_3)_2CHCH_2\overset{*}{C}H(NH_2)COOH$（亮氨酸）的一对对映体，其中一个有甜味，另一个却有苦味。

6.5 含两个手性碳原子的对映异构

前一节讨论了含有一个手性碳原子的化合物，它们存在一对对映体。在有机化合物中，尤其是那些在生物体中有重要作用的有机化合物，通常含有多个手性碳原子。如：葡萄糖中含有四个手性碳原子，胆固醇中含有八个手性碳原子。随着手性碳原子数目的增加，其对映异构现象也更加复杂。

6.5.1 含两个相同手性碳原子的对映异构

如果分子中的两个手性碳原子均连有同样的四个不同的原子或原子团，这两个手性碳原子就是两个相同手性碳原子，如酒石酸分子。

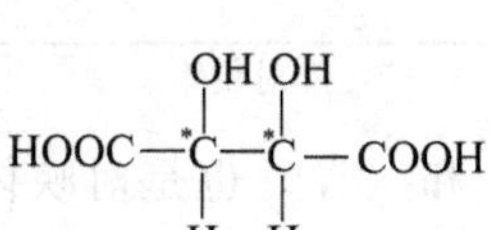

按照每一个手性碳原子有两种不同的构型，则可以写出以下四种 Fischer 投影式：

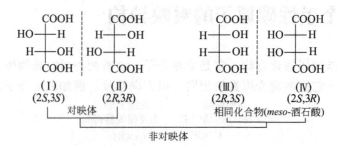

构型（Ⅰ）和（Ⅱ）中，没有对称中心和对称面，属于镜像关系，是一对对映体，等量的右旋体和左旋体混合可组成外消旋体；构型（Ⅲ）和（Ⅳ）中，C_2 和 C_3 之间有一个对称面，其上下两部分互为实物与镜像关系，是一个对称分子。如果将构型（Ⅲ）在平面内旋转 180°后，与构型（Ⅳ）完全重合，所以构型（Ⅲ）和（Ⅳ）是同一化合物，分子中两个手性碳原子的旋光度一样，但方向却相反，正好互相抵消而使分子失去旋光性。这类化合物称为"内消旋体"（mesomer），常用"meso"表示，所以又称 meso-酒石酸。因此，酒石酸的立体异构体实际上只有三种，即左旋体、右旋体和内消旋体。化合物（Ⅰ）或（Ⅱ）与其内消旋体（m-酒石酸）不是实物和镜像的关系，这种不互为实物和镜像关系的异构体叫做非对映体（diastereomer）。非对映体之间的物理性质不相同，旋光度也不同，旋光方向可能相同，也可能不同，而化学性质却相似。表 6-1 列出酒石酸的物理常数。

由上面的例子可以看出，含有两个或更多个手性碳原子的分子并不一定有手性。所以，决定一个分子是否有手性的根本原因是观察其是否有对称因素。

表 6-1 酒石酸的物理常数

酒石酸	熔点/℃	沸点/℃	溶解度/(g/100mL 水)	pK_{a1}	pK_{a2}
左旋体(−)	170	−12°	139	2.93	4.32
右旋体(+)	170	+12°	139	2.93	4.32
外消旋体(±)	206	0°	20.6	3.11	4.80
内消旋体(meso)	140	0°	125	2.96	4.24

6.5.2 含两个不同手性碳原子的对映异构

分子中含有两个不同手性碳原子的化合物，应该有四个旋光异构体。如氯代苹果酸（2-羟基-3-氯丁二酸）：

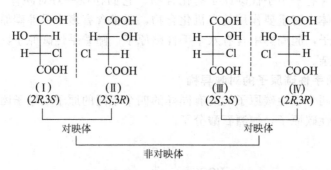

（Ⅰ）和（Ⅱ）是对映体，（Ⅲ）和（Ⅳ）也是对映体，等量对映体的混合物组成外消旋体，因此氯代苹果酸组成两对外消旋体。各异构体的物理性质列于表 6-2。

表 6-2 氯代苹果酸的物理性质

构 型	熔点/℃		$[\alpha]/(°)$
(2S,3S)	173		+31.3(乙酸乙酯)
(2R,3R)	173	外消旋体 146	−31.3(乙酸乙酯)
(2S,3R)	167		+9.4(水)
(2R,3S)	167	外消旋体 153	−9.4(水)

含有两个不同手性碳原子的化合物有四个构型异构体，它们组成两对对映体，四对非对映体。以此类推，当分子中含有三个不同的手性碳原子时，则有八个构型异构体，四对对映体。当分子中含有 n 个不同的手性碳原子时，其构型异构体的数目为 2^n 个，有 2^{n-1} 对对映体和 2^{n-1} 个外消旋体（n 为不同手性碳的数目）。

假设三个不同的手性碳原子是分别是 C_1、C_2 和 C_3，则其八个异构体和四对对映体是：

手性碳	构型	构型		构型	构型		构型	构型		构型	构型
C_1	R	S		S	R		R	S		S	R
C_2	R	S		R	S		S	R		S	R
C_3	R	S		R	S		R	S		S	R
	I	II		III	IV		V	VI		VII	VIII
	(±)			(±)			(±)			(±)	

总结上述内容，正确理解对映体、非对映体、内消旋体和外消旋体之间的关系和区别是非常必要的。对映体是指构造相同，旋光能力相同但方向相反的一对互为对映关系的化合物，分别为左旋体和右旋体，都是纯化合物；非对映体是指构造相同但没有对映关系的立体异构体，也是纯化合物；内消旋体则指含有两个相同手性碳原子，但因分子内对称面的存在而没有旋光性的纯化合物，不能拆分；而外消旋体是指等量的对映体混合而成的混合物，对映体的旋光性相互抵消而没有旋光性，可拆分成两个旋光异构体。

6.6 不含手性碳原子的对映异构

在有机化合物中，大部分旋光性物质含有手性碳原子，但是也有一些化合物分子并不含手性碳原子，而且分子中也没有对称面或对称中心，这些化合物的确存在对映异构体而且具有旋光性。最典型的是丙二烯型和联苯型化合物。

6.6.1 丙二烯型化合物

范特霍夫曾预言，不对称取代的丙二烯衍生物能够形成一对对映体。1935 年，W. H. Mills 首次合成了具有光学活性的 1,3-二苯基-1,3-二(α-萘基)丙二烯，证实了范特霍夫的预言。

在丙二烯分子中，中间的双键碳原子是 sp 杂化，而两端的双键碳原子则为 sp^2 杂化，如图 6-11 所示。中间的双键碳原子分别以两个相互垂直的 p 轨道，与两端的双键碳原子的 p 轨道重叠形成两个相互垂直的 π 键。而两端碳原子上基团所在的平面，又垂直于各自相邻的

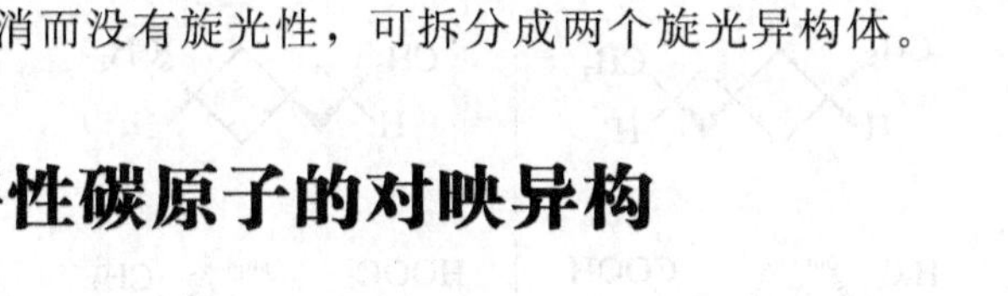

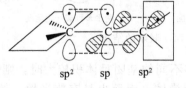

两个双键相互垂直，构成了手性轴

图 6-11 丙二烯的结构

π键，分别处在相互垂直的两个平面上。

当两端的双键碳原子上各连有不同的原子或基团时，则分子中既无对称面也无对称中心，因而分子具有手性，也具有旋光性。例如，如2,3-戊二烯（见图6-12）。

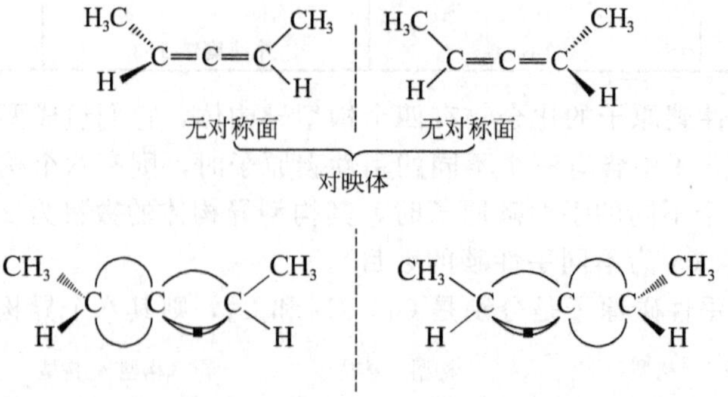

图6-12　2,3-戊二烯的对映异构体

但是如丙二烯两端的任何一个碳上连有两个相同的基团，整个分子就不具有手性。例如2-甲基-2,3-戊二烯为非手性分子，分子中有对称面（见图6-13）。

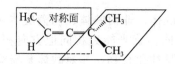

图6-13　2-甲基-2,3-戊二烯

螺环烃和脂环烯类化合物也有类似的情形，如以下两种化合物。

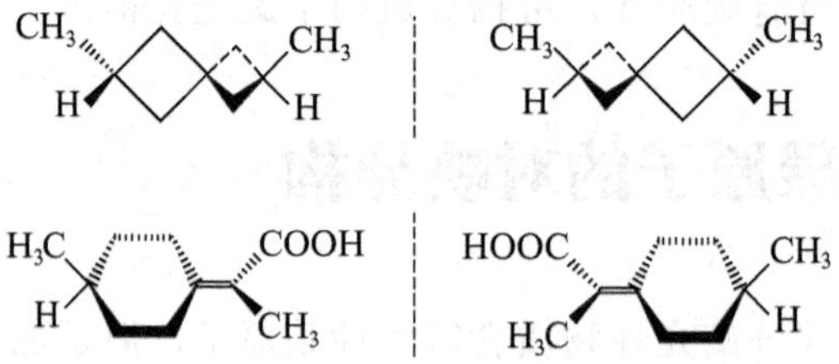

6.6.2　联苯型化合物

联苯型旋光异构体发现于1920年。在联苯型分子中，两个苯环通过碳碳单键相连，可以围绕着中间的单键自由旋转。但是，当两个苯环的邻位上都连有体积较大的基团时，两个苯环之间单键的自由旋转受到阻碍，使两个苯环不能在同一平面上，如图6-14。

两个苯环不能在同一平面　　两个苯环成一定角度

图6-14　联苯的结构

所以，当每一个苯环的邻位上各连有不同的基团且体积较大时，则分子中既无对称面又无对称中心，分子具有手性，存在对映异构体，因而也具有旋光性。例如，2,2'-二羧基-6,6'-二硝基联苯分子就有一对对映体。

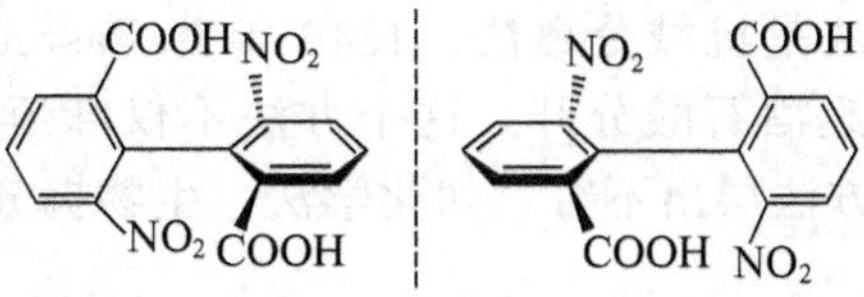

这类旋光异构体是由于基团的位阻太大，使旋转受阻而形成的，因此也称为位阻异构体。这种现象称为旋转异构现象（atropisomerism）。

如果两个基团相同，分子存在对称面；或者基团体积较小，如氟或氢原子时，不足以构成位阻来限制单键的自由旋转，这两种情况都没有对映体存在。如 2,2′-二氟联苯和 2,6-二甲基-2′-氟联苯分子就没有对映体。

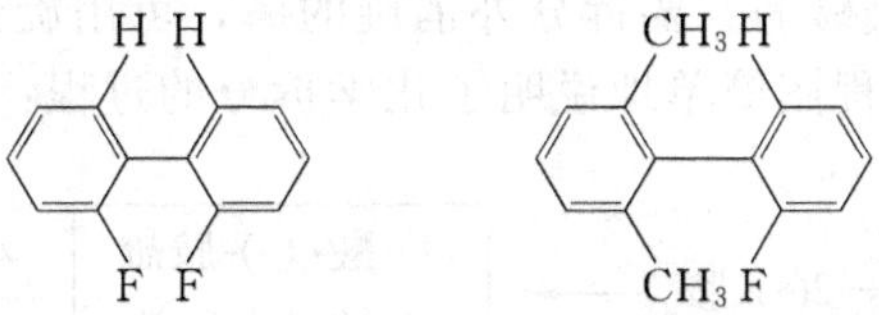

2,2′-二氟联苯　　2,6-二甲基-2′-氟联苯

6.7　手性有机化合物的合成

6.7.1　潜手性碳原子

分子的对称结构经过化学反应后失去其对称性而生成手性结构的性质称为分子的"潜手性（hidden chirality）"（也称"前手性"或"准手性"）。潜手性分子中的碳原子称为潜手性碳原子（或准手性中心）（hidden chiral carbon），反应过程中潜手性中心能变成手性中心。常见的潜手性碳原子可分为两种类型：

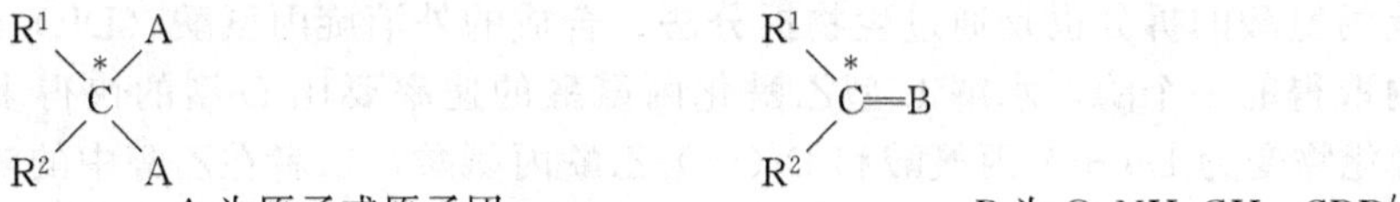

A 为原子或原子团　　　　　　　　　B 为 O、NH、CH$_2$、CRR′
（Ⅰ）　　　　　　　　　　　　　　　　（Ⅱ）

例如：

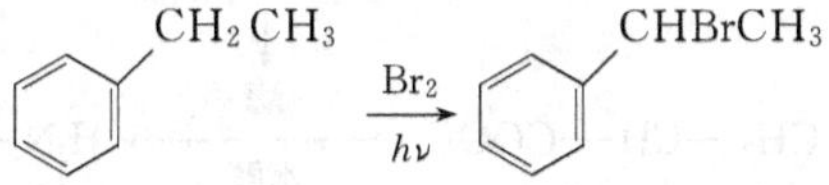

（±）-α-溴代乙苯

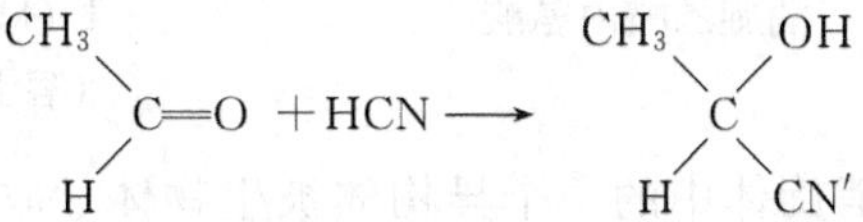

（±）-α-羟基丙腈

6.7.2　外消旋体的拆分

许多旋光性物质是从自然界生物体中获得的，而一般通过化学反应得到含有手性碳原子的产物却往往是外消旋体，即左旋体和右旋体各 50% 的混合物。因此，要获得纯的旋光性物质需要经过拆分。对映体除旋光方向相反外，其它物理性质都相同，很显然，一般的物理方法如蒸馏、重结晶等不能把一对对映体分离，必须运用特殊的方法才行。把外消旋体分离为两种对映体的过程叫做拆分（resolution）。

最早拆分外消旋体的方法是机械分离法。1846 年 L. Pasteur 根据晶体形状不同，在显微镜下慢慢地用镊子将左右旋酒石酸分开。这个方法不仅麻烦，而且不能用于液态的化合物，因此被淘汰。目前拆分方法层出不穷，如化学法、生物拆分法、色谱层析法及诱导结晶等方法。

(1) 化学拆分法

这种方法应用最广。此法是将对映体转变为非对映体，根据非对映体物理性质的不同，通过分步结晶或其它方法分开，最后再把分离得到的两种衍生物变回原来的旋光化合物。这个拆分过程需要一个手性试剂即拆分剂。选择拆分剂要根据外消旋体分子中的官能团而定，例如：要拆分外消旋酸，可用旋光性的碱。常用的碱主要是天然的生物碱，如（－）-奎宁、（－）-马钱子碱、（－）-番木鳖碱等。要拆分外消旋的碱，可用旋光性的酸，如酒石酸、苹果酸、10-樟脑磺酸等。下列流程图简单地说明了化学拆分的过程：

```
┌─────────┐                    ┌───────────────┐
│ (+)-酸  │                    │ (+)-酸·(-)-胺盐│
│ (-)-酸  │ + 2(-)-胺  ─────→  │ (-)-酸·(-)-胺盐│  分步结晶 ─────→
└─────────┘                    └───────────────┘
```

```
┌───────────────┐      HCl      ┌────────┐
│ (+)-酸·(-)-胺盐│ ─────────→   │ (+)-酸 │ + (-)-胺·HCl
└───────────────┘               └────────┘

┌───────────────┐      HCl      ┌────────┐
│ (-)-酸·(-)-胺盐│ ─────────→   │ (-)-酸 │ + (-)-胺·HCl
└───────────────┘               └────────┘
```

(2) 生物拆分法

酶都是旋光物质，而且具有很强的化学反应专一性。因此可选择某些酶与外消旋体中的某个异构体反应，将这个异构体消耗掉，只剩余另外一个旋光异构体，从而实现分离的目的。例如青霉素菌在含有外消旋体的酒石酸培养液中生长时，将右旋酒石酸消耗掉，只剩下左旋体；消旋丙氨酸的拆分也是通过生物拆分法。合成的外消旋丙氨酸（DL）经乙酰化后，通过由猪肾内取得的一个酶，水解 L 型乙酰化丙氨酸的速率要比 D 型的快得多。因此就可以把 DL 乙酰化物变为 L-(+)-丙氨酸和 D-(-)-乙酰丙氨酸，二者在乙醇中的溶解度差异很大，因此很容易分开。

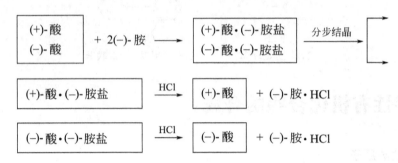

生物拆分法的缺点：外消旋体中的一个异构体被生物体"吃"掉，而只能保留另一个异构体，因而原料损失了一半；另外，适宜的酶比较难找，所谓"一把钥匙开一把锁"，在应用上受到一定的限制。

(3) 诱导结晶法（晶种结晶法）

工业上有些产品可以用最经济的拆分方法——诱导结晶法。这个方法是在外消旋体的过饱和溶液中，加入少量的其中一个纯对映体为晶种，使溶液中该种对映体含量较多，并且在晶种的诱导下优先结晶析出。过滤后，滤液中就含有过量的另一个对映体，再升温加入外消旋体制成过饱和溶液，冷却时过量的另一个对映体又会优先结晶析出。通过这种方法，只在第一次加入一个光活性对映体,就能交替地把外消旋体拆分开。这种拆分方法简单、易于操作、成本低。

例如,100g 的(±)-氯霉素和 1g 的(+)-氯霉素在 80℃时溶于 100mL 水中,冷却到 20℃,沉淀出 1.9g 的(+)-氯霉素;过滤后,再加入 2g 的(±)-氯霉素到滤液中,加热到 80℃,冷却后,2.1g 的(-)-氯霉素沉淀出来。如此不断地反复,实现拆分的目的。

$$O_2N-C_6H_4-\underset{OH}{\overset{H}{C}}-\underset{NH_2}{\overset{H}{C}}-CH_2OH \quad 氯霉素$$

（4）柱色谱法

利用对映异构体吸附能力的不同而进行分离的方法称为柱色谱法。选用某种旋光性物质作吸附剂,这种吸附剂对左旋体和右旋体的吸附能力不同,选择性地吸附某一对映体,使其留在柱子上的时间长一些,而另一对映体先冲洗下来,然后被吸附的对映体再被冲洗下来,达到分离的目的,这种方法也称为手性分离。相似的原理也用在其他色谱分离技术上,但色谱分离必须要选用手性柱才能达到分离的目的。

6.7.3 手性合成（不对称合成）

非旋光性物质在一般条件下合成旋光性物质时,通常得到的多是外消旋体,需要经过比较复杂的拆分,才能得到左旋体和右旋体。而在研究或实际应用中,可能只有其中的一个对映体有用。若能采用一定的方法,只合成某一个有用的旋光性异构体或使其收率较高,就可以避免这种不必要的浪费,这就是手性合成所要解决的问题。

手性合成（chiral synthesis）或不对称合成（asymmetric synthesis）是指在特殊的合成条件下直接得到具有旋光性物质的方法。需要指出的是,手性合成中得到的旋光性物质不一定是单纯的一种手性化合物,在绝大多数情况下都是某个对映体过量的混合物。

一个对映体超过另一个对映体的多少,用旋光纯度或对映体过量的百分数来表示,符号为 % ee（enantiomeric excess）。

$$\%ee = \frac{[\alpha]_{测定}}{[\alpha]_{纯物质}} \times 100\% = \frac{[R]-[S]}{[R]+[S]} \times 100\%$$

式中,%ee 为对映体过量百分数;$[\alpha]_{测定}$为旋光仪上测定得到的比旋光度;$[\alpha]_{纯物质}$为某一对映体的比旋光度;$[R]$ 和 $[S]$ 分别表示 R 型和 S 型异构体的含量。%ee 越高,说明产物的光学纯度越高,手性合成选择性越好。

例如：某旋光物质的比旋光度为 +1.64°,现有一该化合物的试样,经测定其比旋光度为 +0.82°,则该试样的旋光纯度和对映体的组成为：

$$\%ee = \frac{[\alpha]_{测定}}{[\alpha]_{纯物质}} \times 100\% = \frac{+0.82}{+1.64} \times 100\% = 50\%。$$

因为溶液显示出的旋光性是一个对映体抵消掉另一个对映体后剩余的对映体表现出来的,消旋部分中两种对映体的含量各占一半,因此,该试样中（+）-异构体含量为 $50\% + \frac{1}{2} \times 50\% = 75\%$,（-）-异构体的含量为 $\frac{1}{2} \times 50\% = 25\%$,即是说试样中（+）-异构体：（-）-异构体＝75:25。

手性合成是近代有机合成中一个很活跃的领域,研究工作方兴未艾。进行手性合成的方法一般有以下几种：偏振光照射法，生物化学法，手性溶剂法，手性催化剂法，反应物的手性中心诱导法。下面是手性合成的几个例子。

丙酮酸还原可得到乳酸，反应产物中含有一个手性碳，在非手性条件下得到的产物是外消旋乳酸。

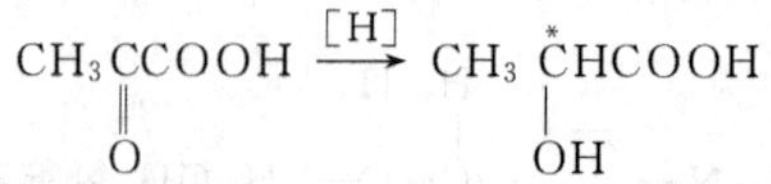

$$CH_3CCOOH \xrightarrow{[H]} CH_3\overset{*}{C}HCOOH$$
$$\quad\; \|\qquad\qquad\qquad\quad |$$
$$\quad\; O\qquad\qquad\qquad\quad OH$$
丙酮酸　　　　　　　（±）乳酸

如果把丙酮酸通过化学反应引入一个手性碳，这个手性碳可诱导新生成的手性碳的构型，最后可得到不等量的左旋体和右旋体。具体方法如下：

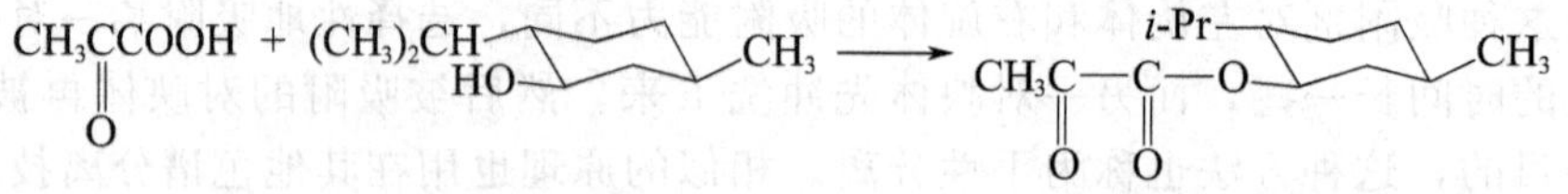

$$CH_3CCOOH + (CH_3)_2CH\text{-环己基-}OH\text{-CH}_3 \longrightarrow CH_3C(O)O\text{-环己基-}i\text{-Pr, CH}_3$$

I　　　　Ⅱ (−)-薄荷醇 ($C_{10}H_{20}O$)　　　Ⅲ (−)-薄荷醇丙酮酸酯

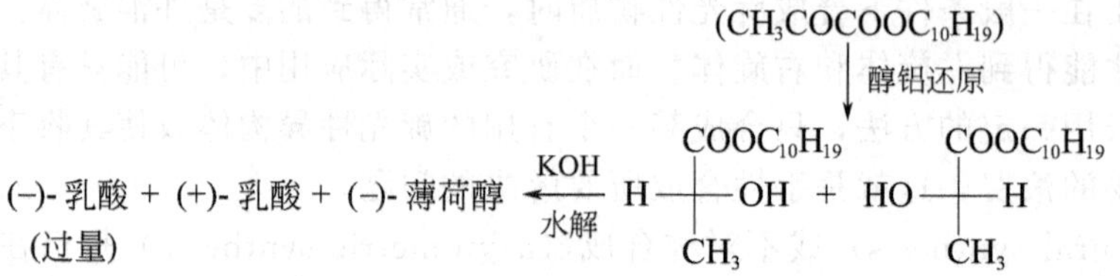

$$(CH_3COCOOC_{10}H_{19})$$
↓ 醇铝还原

COOC₁₀H₁₉　　　COOC₁₀H₁₉
H—OH　　＋　　HO—H
CH₃　　　　　　CH₃
Ⅳ　　　　　　　　Ⅴ
(−)-薄荷醇-(−)-乳酸酯　　(−)-薄荷醇-(+)-乳酸酯

↓ KOH 水解

(−)-乳酸 + (+)-乳酸 + (−)-薄荷醇
（过量）

丙酮酸与(−)-薄荷醇反应生成的酯(Ⅲ)分子内有三个手性碳。当还原剂还原羰基时，由于分子内薄荷醇手性碳的影响，使进攻试剂从空间位阻小的方向进攻，生成了不等量的非对映异构体Ⅳ和Ⅴ。它们水解后，除去光活性的薄荷醇，得到的左旋乳酸量超过右旋乳酸量，产物具有旋光性。

苯甲醛与氢氰酸加成，在一般条件下得到外消旋体；但在D-羟腈酶（苦杏仁酶）的作用下，则可得含97％的 R-(＋)苦杏仁腈和3％的 S-(−)-苦杏仁腈的-对映体。

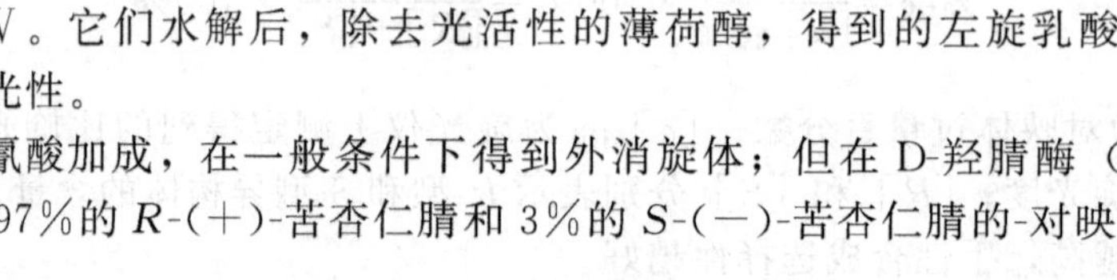

苯甲醛 + HCN $\xrightarrow{D\text{-羟腈酶}}$ R-(+)-苦杏仁腈 + S-(−)-苦杏仁腈

酶是具有催化活性的蛋白质，生物体内一切生命活动都是在酶的催化下进行的。酶催化反应有两个特点：一是速率快，比用一般的催化剂反应速率快 $10^6 \sim 10^{13}$ 倍；二是选择性高，一种酶通常只能催化一种构型底物的反应。因此，把酶用于有机合成中，将是一种很好的手性合成方法。目前，研究酶在有机合成中的应用是手性合成的重要内容之一。

手性合成在有机化学领域中占有相当重要的地位。因为许多生物活性物质与分子的构型有关。有些化合物的左旋体和右旋体有着截然不同的生理作用，例如：（−）-氯霉素具有抗菌疗效，而（＋）-氯霉素没有；（−）-尼古丁的毒性比（＋）-尼古丁大得多，等等。人们通过手性合成，使需要的旋光体产率提高，而另一种旋光体产率较低或不生成，这样既节省了原料、能源，又避免了拆分外消旋体的麻烦。

总之，非手性化合物在一般条件下进行反应，得到的是外消旋体，必须经过拆分才能得到具有旋光性的物质；而在某种手性条件下反应，则形成新的手性碳原子时，两种构型异构体的生成机会不一定相等，就可能得到具有旋光性的物质。

阅读材料

手性药物

手性药物是指只含单一对映体的药物，如左旋体或右旋体。而含有一对等量对映异构体的药物则称为消旋药物。作为生命活动重要基础的生物大分子，如核酸、蛋白质、多糖等分别由具有手性的 D-DNA、L-氨基酸和 D-单糖构成，载体、酶、受体等也都具有手性，它们一起构成了人体内高度复杂的手性环境。药物在进入体内后，其药理作用是通过与体内这些分子之间的严格手性匹配和分子识别能力而实现的。立体结构相匹配的药物通过与体内酶、核酸等大分子中固有的结合位点产生诱导契合，从而抑制（或激活）该大分子的生理活性，达到治疗的目的。

一般情况下，具有手性的药物，它的两个对映体在体内以不同的途径被吸收、活化或降解，所以在体内的药理活性、代谢过程及毒性存在着显著的差异。当一个有手性的化合物进入生命体时，它的两个对映异构体通常会表现出不同的生物活性。往往一种构型体具有较高的治病药效，而另一种构型体却有较弱或不具有同样的药效，甚至具有较高的毒性或致畸作用。以前由于对此缺少认识，人类曾经有过惨痛的教训。发生在欧洲震惊世界的"反应停"事件就是一例。20世纪50年代，德国一家制药公司开发出一种镇静催眠药反应停（沙利多胺），对于消除孕妇妊娠反应效果很好，但很快发现许多孕妇服用后，造成婴儿先天畸形。虽然各国当即停止了销售，但却造成一万多名"海豹儿"出生的灾难性后果。后来经过研究发现，反应停是包含一对对映异构体的消旋药物，它的一种构型 R-(＋) 对映体有镇静作用；另一种构型 S-(−) 对映体却对胚胎有很强的致畸作用。为了避免这类悲剧的再次发生，世界各国由此开始关注手性药物，加强了对手性药物药效差异性的研究，并相继开发研制出大量的手性药物。目前，手性药物在合成新药中已占据主导地位。

根据对映异构体的药理作用不同，手性药物可以分为以下几种类型。

1. 对映体的不同活性，可起到"取长补短、相辅相成"的作用

例如利尿药茚达立酮（Indaerinone），其 R-异构体具有利尿作用，但有增加血中尿酸的副作用；而 S-异构体有促进尿酸排泄的作用。进一步的研究表明，对映体达到一定比例能取得最佳疗效。

2. 对映体存在不同性质的活性，可开发成 2 个药物

丙氧芬（Pmpoxyphene）的右旋体（2S,3R）为镇痛药，但左旋体（2R,3S）具有镇咳作用，现在两者已分别作为镇痛药和镇咳药应用于临床。右旋四咪唑为抗抑郁药，其左旋体则是治疗癌症的辅助药物；曲托喹酚（速喘宁）的 S-异构体是支气管扩张剂，而 R-异构体则有抑制血小板凝聚的作用。右旋苯丙胺是精神兴奋药，其左旋体则具有抑制食欲作用。化合物（a）的 S-型对心脏病具有治疗作用，而 R-型则是一种避孕药。

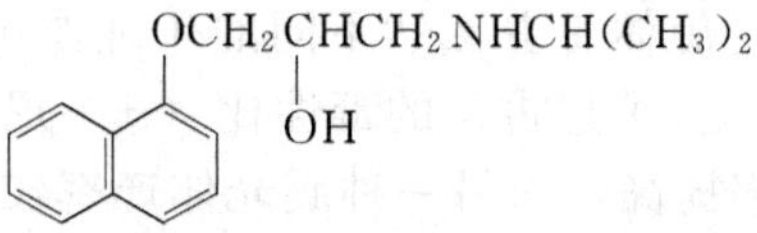

$$\text{OCH}_2\text{CHCH}_2\text{NHCH}(\text{CH}_3)_2$$
（萘基-OH位置）

化合物（a）的结构

3. 一个对映体具有疗效，而其对映体产生副作用或毒性

D-青霉胺（Penicillamine）是代谢性疾病和铅、汞等重金属中毒的良好治疗剂，但L-青霉胺会导致骨髓损伤、嗅觉和视觉衰退以及过敏反应等，临床上只能用D-青霉胺。生产该类药物时，应严格分离并清除有毒性的构型体，以确保用药安全。

4. 对映体具有相反的活性

巴比妥类药物的对映体对中枢神经系统发生相反的作用，如1-甲基-5-丙基-5-苯基巴比妥酸，其R-异构体有镇静、催眠活性，而S-异构体可引起惊厥。

5. 对映体的药理作用相似

有些药物的对映异构体具有类似的药理作用。例如，抗凝血药华法林（Warfarin）以外消旋体供药，研究发现其S-(−)异构体的抗凝血作用比R-(+)异构体强2～6倍，但S-(−)异构体在体内消除率亦比R-(+)异构体大2～5倍，所以，实际抗凝血效力相似。异丙嗪的两个异构体都具有抗组织胺活性，其毒副作用也相似。这类药物的对映异构体不必分离便可直接使用。

6. 单一对映体有药理作用

有些药物的对映异构体中，只有一个具有药理活性，而另一个则没有。一般认为若某一对映体只有外消旋体的1%的药理活性，则可以认为其无活性。例如氯苯吡胺（扑尔敏，Chlorphenamine）右旋体的抗组胺作用比左旋体强100倍。抗菌药氧氟沙星的S-(−)-异构体是抗菌活性体，而R-(+)-异构体则无活性。但也无毒副作用。左旋氯霉素是抗生素，但右旋氯霉素几乎无抗生作用。右旋的维生素C具有抗坏血病作用，而其对映体无效。下图中的化合物（1），其左旋体是抗震颤麻痹药物（称为左多巴），而右旋体则无治疗作用。化合物（2）是消炎镇痛药布洛芬，其一对对映体虽然都有消炎镇痛作用，但右旋体是左旋体活性的35倍。属于这一类的药物还有芬氟拉明、吲哚美辛等。生产该类手性药物时，要注意提高有药理活性的异构体的产量。

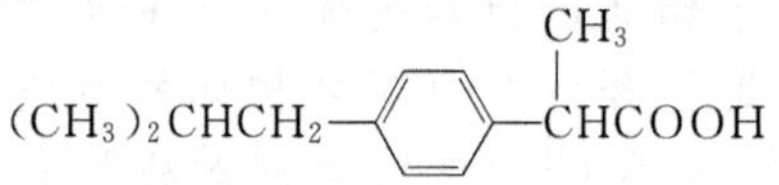

$$(\text{CH}_3)_2\text{CHCH}_2\text{—C}_6\text{H}_4\text{—CH}(\text{CH}_3)\text{COOH} \qquad \text{HO—C}_6\text{H}_3(\text{OH})\text{—CH}_2\text{—CH}(\text{NH}_2)\text{COOH}$$

(1) 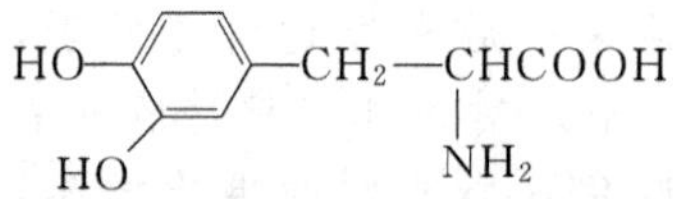　　　　　　　　　　　　　　(2)

左旋体和右旋体在生物体内的作用为什么有这么大的差别呢？由于生物体内的酶和受体都是手性的，它们对药物具有精确的手性识别能力，只有匹配时才能发挥药效，误配就不能产生预期药效。

怎样才能将非手性原料转变成手性单旋体呢？从化学角度而言，有手性拆分和手性合成两种方法。手性拆分在手性药物的开发中占据重要地位，高效液相色谱（HPLC）是手性化合物拆分的重要方法。而手性药物的合成方法主要有化学合成法和生物合成法两种。

手性药物不仅具有技术含量高、疗效好、副作用小的优点，而且与开发新药相比，开发手性药物风险相对小，周期短，耗资少，成果大，不仅具有重大的科学价值，同时也蕴藏着巨大的经济效益。手性药物的不断增加改变着化学药物的构成，成为制药工业的新亮点。

1. 某化合物溶于乙醇，所得溶液为100mL溶液中含该化合物14g。

(1) 取部分该溶液放在5cm长的盛液管中，在20℃用钠光作光源测得其旋光度为+2.1°，试计算该物质的比旋光度。

(2) 把同样的溶液放在10cm长的盛液管中，预测其旋光度。

(3) 如果把10mL上述溶液稀释到20mL，然后放在5cm长的盛液管中，预测其旋光度。

2. 某样品A配制成1g·mL^{-1}溶液，放在10cm长的盛液管中，在旋光仪上测得的读数为+120°，但把它放在5cm长的盛液管中，在旋光仪上测得的读数却是−120°，求样品A在10cm长的盛液管中测得的实际读数。

3. 用系统命名法命名下列化合物或写出结构式。

(1) 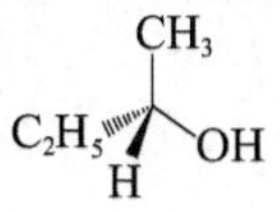 [structure] (2) 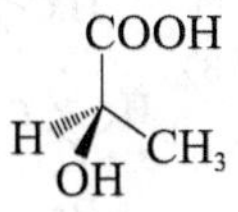 [structure] (3) 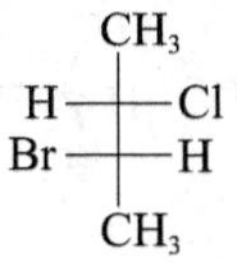 [structure]

(4) 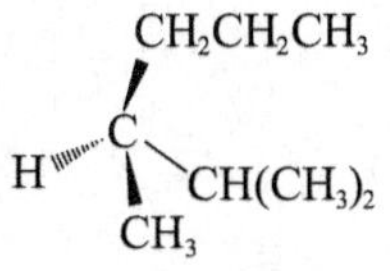 [structure] (5) 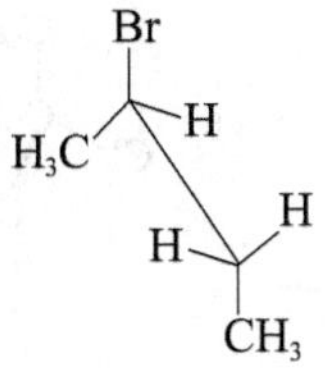 [structure]

(6) (R)-3-甲基己烷（透视式）   (7) (S)-CH$_3$CHDC$_6$H$_5$（Fischer投影式）

4. 完成下列反应式：（请注意产物的构型，1~3题产物的构型用Fischer投影式表示）

(1) 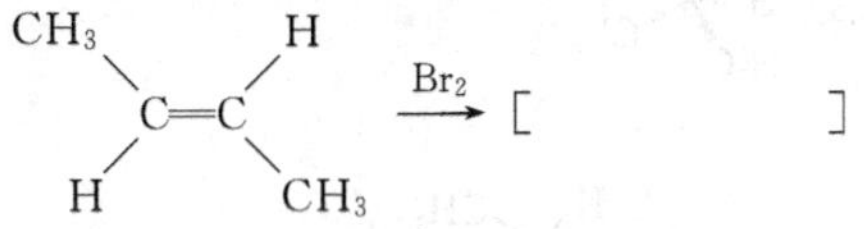 [structure] $\xrightarrow{Br_2}$ [   ]

(2) [structure] $\xrightarrow{Br_2}$ [   ] + [   ]

(3) 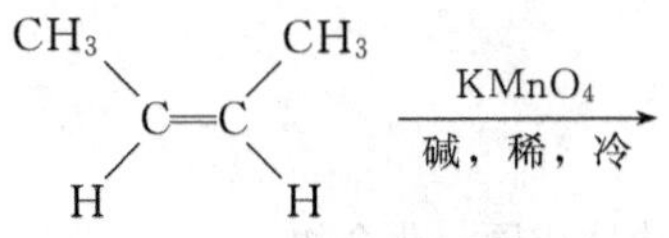 [structure] $\xrightarrow[\text{碱，稀，冷}]{KMnO_4}$

(4) [structure] $\xrightarrow[\text{2) }H_2O_2/OH^-]{\text{1) }B_2H_6}$
（写出产物的构型）

(5) [structure] + H$_2$ $\xrightarrow{Pd}$ [   ]

(6) [structure] + Br$_2$ ⟶ [   ] + [   ]
（写出产物的构型）

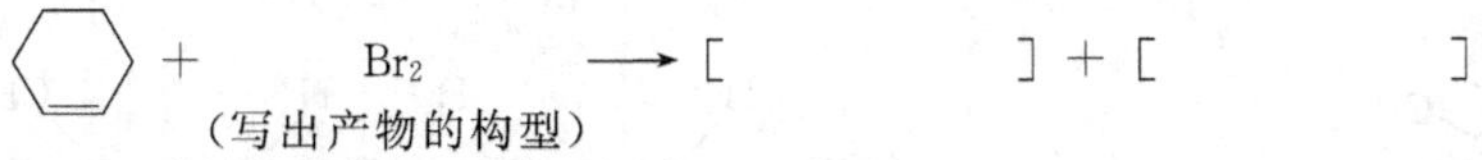

5. (1) 指出 H—$\overset{CH_3}{\underset{C_2H_5}{|}}$—OH 是R还是S构型。

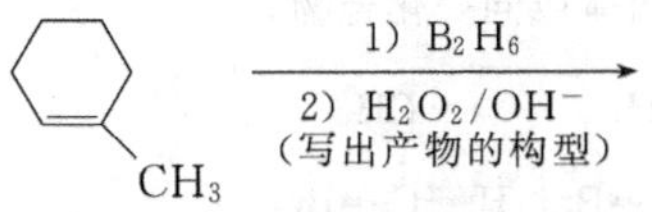

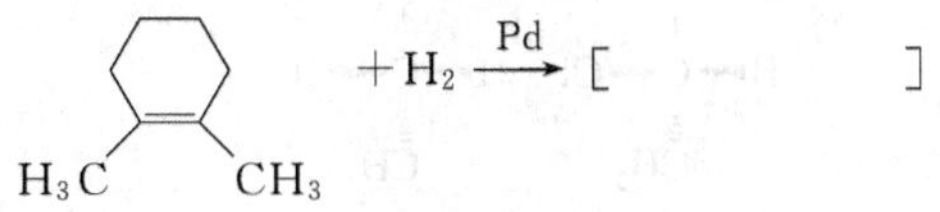

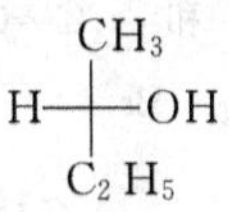

(2) 在下列各构型式中哪些是与上述化合物的构型相同？哪些是它的对映体？

(a) 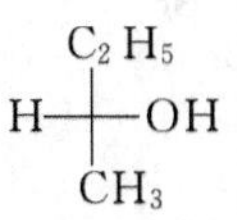 [structure]   (b) 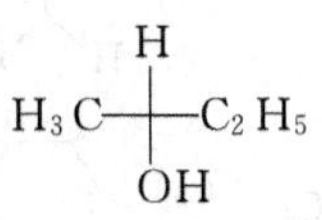 [structure]   (c) 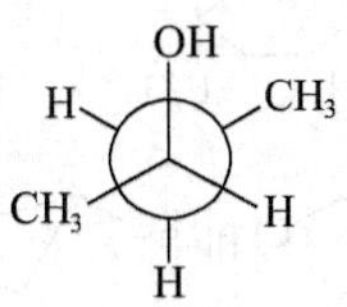 [structure]

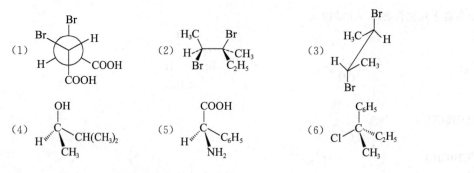

6. 写出下列化合物的 Fisher 投影式，并标出每个手性碳的 R/S 构型，判断每个化合物是否具有旋光性。

7. 用 R/S 法标记下列化合物中手性碳原子的构型。

8. 下列各对化合物哪些属于对映体，非对映体，顺反异构体，构造异构体或同一化合物。

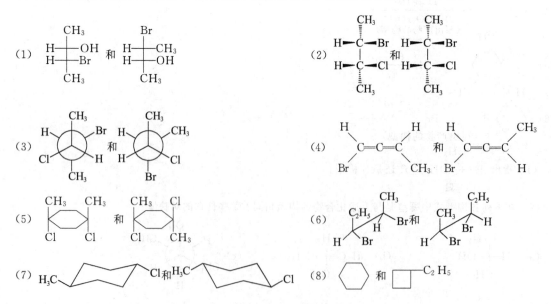

(9)
```
    CH₃      CH₃
     |        |
CH₃CH₂—C—H 和 H—C—CH₂CH₃
     |        |
     I        I
```
和

(10)
```
     COOH         COOH
      |            |
H₃C—C—OH  和  HO—C—C₆H₅
      |            |
     C₆H₅         CH₃
```

(11)
```
    C₂H₅         H
     |           |
H—C—Br  和  CH₃—C—C₂H₅
     |           |
    CH₃          Br
```

(12)
```
    CHO           CHO
     |             |
H—C—OH   和   HO—C—CH₂OH
     |             |
    CH₂OH          H
```

(13)
```
    CH₃          C₆H₅
     |            |
H₂N—C—C₆H₅ 和 H₃C—C—H
     |            |
     H           NH₂
```

9. 下列化合物中哪些能拆分成对映异构体？

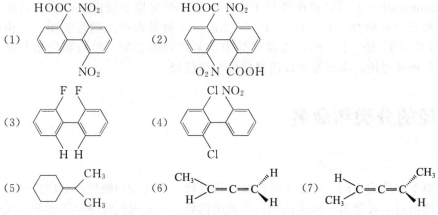

10. 画出下列各化合物所有可能的立体异构体数目，用 Fischer 投影式或立体透视式表示它们的立体结构，指出立体异构体之间的关系，以 R,S 标记手性碳原子的构型。

(1) C_6H_5—CHCl—$CH_2CH_2CH_3$ (2) C_2H_5—CHBr—CHOH—C_2H_5 (3) C_6H_5—CHCl—CHCl—C_6H_5

11. 某醇 $C_5H_{10}O$ (A) 具有旋光性。催化加氢后，生成的醇 $C_5H_{12}O$ (B) 没有旋光性。试写出 A 和 B 的结构式。

12. 开链化合物 A 和 B 的分子式都是 C_7H_{14}。它们都具有旋光性，分别催化加氢后得到 C，C 也有旋光性。试推测 A、B、C 的结构。

13. 用 $KMnO_4$ 与顺-2-丁烯反应，得到一个熔点为 32℃ 的邻二醇，而与反-2-丁烯反应得到熔点为 19℃ 的邻二醇。

$$CH_3CH\!=\!CHCH_3 + KMnO_4 + H_2O \longrightarrow CH_3\underset{\underset{OH}{|}}{C}H\underset{\underset{OH}{|}}{C}HCH_3$$

两个邻二醇都无旋光，将熔点为 19℃ 的进行拆分，可以得到两个旋光度绝对值相同、方向相反的一对对映体。试推测熔点为 19℃ 的及熔点为 32 的邻二醇各是什么构型？

第 7 章 卤 代 烃

卤代烃（halohydrocarbon）可以看作烃分子中一个或多个氢原子被卤原子取代后生成的化合物。其中卤原子（亦称卤基）—F、—Cl、—Br、—I 就是卤代烃的官能团。一卤代烃可表示为 R—X（X=Cl、Br、I、F）。在卤代烃中，氟代烃的制法、性质和用途与其它卤代烃相差较多，常单独讨论。本章重点讲述氯代烃和溴代烃。

7.1 卤代烃的分类和命名

7.1.1 分类

卤代烃按照卤原子种类的不同，可分为氟代烃、氯代烃、溴代烃和碘代烃。卤代烃按照分子中所含卤原子的数目，可分为一元卤代烃、二元卤代烃、三元卤代烃等，二元和二元以上的卤代烃统称为多元卤代烃。卤代烃按照烃基结构的不同，可分为饱和卤代烃、不饱和卤代烃、卤代芳烃。

饱和卤代烃
　　CH₃—CH—CH₃　　　　CH₃—C(CH₃)—CH₃　　　　环戊基-Br
　　　　　|　　　　　　　　　　|
　　　　 Br　　　　　　　　　　Cl
　　　异丙基溴　　　　　　　　叔丁基氯　　　　　　　　溴代环戊烷

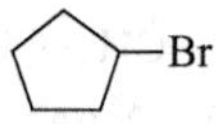

不饱和卤代烃
　　CH₂=CHCl　　　　　　CH₂=CHCH₂Br　　　　　CH₂=CH—CCl=CH₂
　　　氯乙烯　　　　　　　　烯丙基溴　　　　　　　2-氯-1,3-丁二烯

卤代芳烃 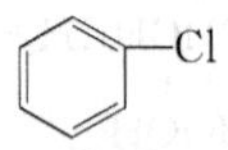 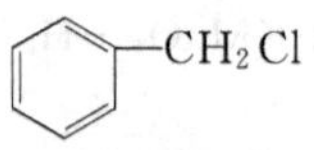 
　　苯-Cl　　　　　　　　苯-CH₂Cl　　　　　　　　间-Br,Br-苯
　　氯苯　　　　　　　　　苄基氯　　　　　　　　　　间二溴苯

烷烃分子中的一个或几个氢原子被卤原子取代后的化合物，称为卤代烷，简称卤烷。卤代烷烃可根据卤素所连的碳原子的不同来分类。当卤素原子分别与伯、仲或叔碳原子相连时，分别称为伯（1°）、仲（2°）或叔（3°）卤代烷。例如：

　　　　　　　　　　　　　　　　Br　　　　　　　　　　　Br
　　　　　　　　　　　　　　　　|　　　　　　　　　　　　|
　CH₃—CH₂—CH₂—Br　　　　　CH₃—CH—CH₃　　　　　CH₃—C(CH₃)₂
　　　伯卤代烃(1°)　　　　　　　仲卤代烃(2°)　　　　　　叔卤代烃(3°)

7.1.2 命名

结构简单的卤代烃可以按卤原子相连的烃基的名称来命名，称为卤代某烃或某基卤。这种命名法称为普通命名法或习惯命名法。一般用于比较常见的几个烃基与卤原子相连的简单卤代烃的命名。例如：

$(CH_3)_2CHBr$　　　　　　　　　$C_6H_5CH_2Cl$
溴代异丙烷(异丙基溴)　　　　　氯代苄(苄基氯)

较复杂的卤代烃按系统命名法命名。卤代烷的系统命名法是以烷烃或环烷烃为母体，卤原子作为取代基。母体的编号和取代基的位次及其列出次序仍然遵从选择最长碳链、最低系列原则和优先次序规则。例如：

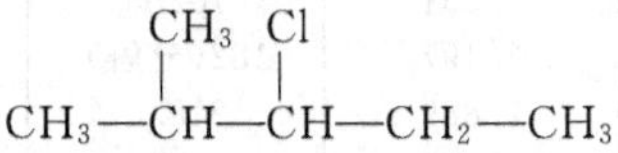

$$CH_3-CH(CH_3)-CH(Cl)-CH_2-CH_3$$
2-甲基-3-氯戊烷

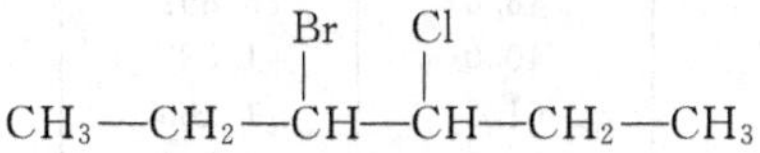

$$CH_3-CH_2-CH(Br)-CH(Cl)-CH_3$$
3-氯-4-溴己烷

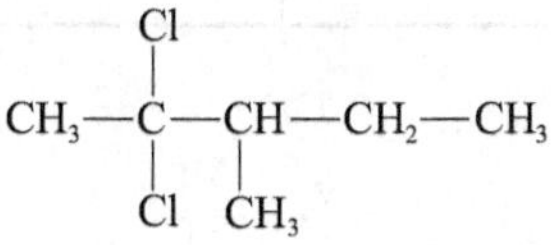

$$CH_3-C(Cl)(CH_3)-CH(CH_3)-CH_2-CH_3$$
3-甲基-2,2-二氯戊烷

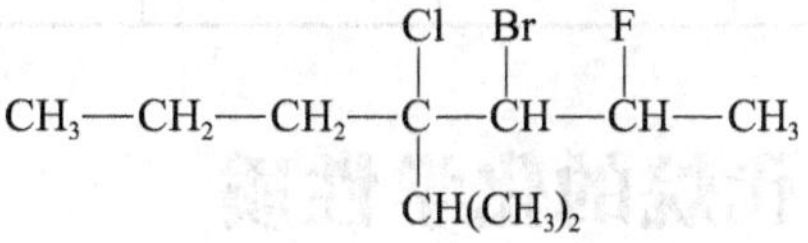

$$CH_3-CH_2-CH_2-C(Cl)(CH(CH_3)_2)-CH(Br)-CH(F)-CH_3$$
4-异丙基-2-氟-4-氯-3-溴庚烷

卤代环烷烃的命名，除以环烷烃为母体外，其它与卤代烷烃相同，例如：

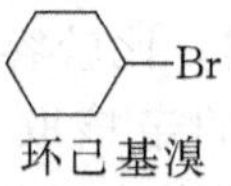

环己基溴 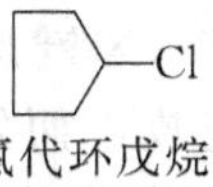　　　　　氯代环戊烷 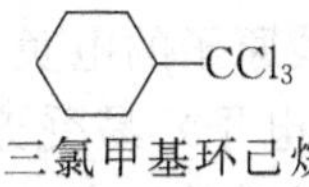　　　　　三氯甲基环己烷

7.2 卤代烃的物理性质

在卤代烃中（氟代烃除外），氯甲烷、氯乙烷、溴甲烷、氯乙烯和溴乙烯是气体，其余均为液体或固体。除溴代烷和碘代烷由于长期放置分解产生游离溴和碘而有颜色外，其它均无色。

一卤代烷有不愉快的气味，其蒸气有毒。氯乙烯对眼睛有刺激性，有毒，是一种致癌物（使用时应注意防护）。一卤代芳烃具有香味，但苄基卤则具有催泪性。

卤代烷的沸点随分子中碳原子数的增加而升高。烃基相同的的卤代烷，沸点则是：

$$RI > RBr > RCl > RF$$

异构体中，支链越多，沸点越低。由于碳卤键有一定的极性，故卤代烃的沸点比相应的烃高。卤代烷的熔点随分子中碳原子数增加而升高，分子的对称性增加，熔点也随之增加。

卤代烷的相对密度随分子中卤素原子数目的增加而增加。一卤代烷中一氟代烷、一氯代烷的相对密度小于1，一溴代烷和一碘代烷的相对密度大于1。在同系列中，卤代烷的相对密度随碳原子数的增加而下降。多卤代烷的相对密度大于1。

卤代烃不溶于水，但溶于弱极性或非极性的乙醚、苯、烃等有机溶剂。某些卤代烃可用作有机溶剂，如二氯甲烷、三氯甲烷（氯仿）和四氯化碳等。

在卤代烃分子中，随卤原子数目的增多，化合物的可燃性降低。例如，甲烷可作为燃料，氯甲烷有可燃性，二氯甲烷则不燃，而四氯化碳可作为灭火剂；氯乙烯、偏二氯乙烯可燃，而四氯乙烯则不燃。某些含氯和含溴的烃或其衍生物还可作为阻燃剂，可作为合成树脂、阻燃沥青、阻燃涂料等阻燃材料的添加剂。多卤代烷及多卤代烯对油污有很强的溶解能力，可用作干洗剂。一些常见卤代烃的物理常数如表7-1所示。

表 7-1 一些常见卤代烃的物理常数

结构式	氯代烃		溴代烃		碘代烃	
	沸点/℃	相对密度	沸点/℃	相对密度	沸点/℃	相对密度
$CH_2=CHX$	-13.4	0.911	16.0	1.493	56.0	2.037
$CH_2=CHCH_2X$	45.0	0.9376	70.0	1.398	102.0	1.849
XCH_2CH_2X	84.5	1.257	131	2.170	200	3.325
CH_3X	-24.2	0.920	3.6	1.732	42.5	2.297
CH_3CH_2X	12.2	0.897	38.4	1.450	72.2	1.936
$CH_3CH_2CH_2X$	46.6	0.892	71.0	1.351	102.5	1.748
CH_2X_2	40.0	1.327	97.0	2.497	182(分解)	3.325
CHX_3	61.5	1.483	150.0	2.889	218.0	4.008
CX_4	75.6	1.595	189.0	3.30	升华	4.23
C₆H₅—X	143	1.000	166.2	1.336	180(分解)	1.6244

7.3 卤代烷的化学性质

在卤代烷（RX）中，碳原子是 sp^3 杂化，它利用一个 sp^3 杂化轨道与卤原子的一个轨道（p、sp^3 或不等性 sp^3 杂化）在两个原子核连线之间相互交盖，形成 C—X σ 键。由于卤原子的电负性大于碳原子的电负性，所以 C—X 键是极性共价键，比较容易断裂，碳卤键上的碳原子（α-C，缺电子）易受亲核试剂进攻，而发生卤代烷的亲核取代反应。在卤代烷中，卤原子的吸电子诱导效应还可通过 α-C 传递到 β-C 上，进而影响到 β-H，使其有较明显的缺电子性。在强碱作用下，含有 β-H 的卤代烷可以发生消除 HX 而生成烯烃的反应。

7.4 卤代烷的亲核取代反应

带有负电荷或未共用电子对的试剂，称为亲核试剂（nucleophile reagent，常用 Nu 表示）。它们可以是离子、基团或中性分子，例如 RO^-、OH^-、CN^-、ROH、H_2O、NH_3 等。由亲核试剂进攻而发生的取代反应称为亲核取代反应（nucleophilic substitution，简写为 S_N），可用代表式表示如下：

$$Nu^- + \overset{|}{\underset{|}{C}}{}^{\delta+}\!\!-\!\!X^{\delta-} \longrightarrow Nu-\overset{|}{\underset{|}{C}}- + X^-$$

由上式可见，卤代烷（一卤代烷常用通式 RX 表示）分子中，卤原子的电负性大于碳原子的电负性，吸引电子的结果使 C—X 键之间的电子云偏向于卤原子，使其带部分负电荷，而碳原子带部分正电荷，因此与卤原子相连的碳原子容易受到亲核试剂（Nu）的进攻，卤原子则带着一对键合电子以 X^- 形式离去，卤离子称为离去基团（leaving group，常用 L 表示），最后生成取代产物。亲核取代反应举例如下。

7.4.1 水解反应

卤代烷与强碱水溶液共热，卤原子被羟基取代生成醇的反应，称为水解反应（hydrolysis）。

$$RX + HOH \rightleftharpoons ROH + HX$$

$$RX + NaOH \xrightarrow{HOH} ROH + NaX$$

例如，工业上氯化石油分馏的 C_5 馏分可得到一氯代戊烷 $C_5H_{11}Cl$（混合物），再碱性水解可以得到戊醇混合物（称杂油醇），后者为工业上的常用溶剂。

$$C_5H_{11}Cl + NaOH \xrightarrow[\triangle]{H_2O} C_5H_{11}OH + NaCl$$

但一般情况下，不以卤代烃制备醇，而是由醇制备卤代烃。当卤代烃原料易得或一些复杂分子引入羟基困难时，可通过先卤化再水解的方法来合成醇。例如：

$$CH_2=CH-CH_3 \xrightarrow[>500℃]{Cl_2} CH_2=CH-CH_2-Cl \xrightarrow[NaOH]{H_2O} CH_2=CH-CH_2-OH + NaCl$$

7.4.2 醇解反应

卤代烷与醇作用，分子中卤原子被烷氧基（—OR）取代生成醚的反应称为醇解反应。与上述水解反应一样，醇解反应也是可逆的。若以醇钠的醇溶液与卤代烷反应，烷氧基负离子为亲核试剂与卤代烷进行亲核取代反应则可顺利完成。

$$RX + R'ONa \longrightarrow R-O-R' + NaX$$

式中，若 R 与 R′ 相同，称为单醚；若 R 与 R′ 不同，称为混醚。例如：

$$CH_3CH_2CH_2CH_2ONa + CH_3CH_2I \xrightarrow[\triangle]{CH_3CH_2CH_2CH_2OH} CH_3CH_2CH_2CH_2OCH_2CH_3$$

这种方法是制备醚，特别是混醚的好方法，此方法称 Williamson 合成法。反应一般采用伯卤代烷，因为仲卤代烷产率较低，而叔卤代烷主要生成烯烃。对于不同的卤代烷，卤原子被取代的难易顺序为：RI＞RBr＞RCl≫RF。

例如，利用 Williamson 合成法合成乙基叔丁基醚 $CH_3CH_2-O-C(CH_3)_3$。从目标化合物乙基叔丁基醚的结构可以看出，有两种拆分方式①和②，如下式所示：

$$CH_3CH_2 \overset{①}{\underset{}{|}} O \overset{②}{\underset{}{|}} \overset{CH_3}{\underset{CH_3}{C}}-CH_3 \quad 乙基叔丁基醚$$

① ↓ ② ↘

$$CH_3CH_2X + CH_3-\overset{CH_3}{\underset{CH_3}{C}}-ONa \xrightarrow[\triangle]{醇} \quad CH_3CH_2ONa + CH_3-\overset{CH_3}{\underset{CH_3}{C}}-X$$

$$CH_3CH_2-O-\overset{CH_3}{\underset{CH_3}{C}}-CH_3 \qquad CH_3-\overset{}{\underset{CH_3}{C}}=CH_2$$

显然，采用方式①合成乙基叔丁基醚最合理，其原料为醇钠和伯卤代烷。路线②的优势反应为消除反应，在 7.6 节中介绍。

7.4.3 氰解反应

卤代烷与氰化钠或氰化钾反应，卤原子被氰基（—CN）取代，生成腈（R—CN）的反应称为卤代烷的氰解。例如：

$$CH_3CH_2CH_2Cl + NaCN \xrightarrow[\triangle]{乙醇} CH_3CH_2CH_2CN + NaCl$$

此反应在有机合成中非常有用，一方面卤代烷转变为腈后，分子增加一个碳原子，在有机合成中常用于增长碳链；另一方面，分子中引入氰基后，可以通过氰基的转变来制备其它化合物（如羧酸、酯、酰胺等）。但由于氰化钾和氰化钠有剧毒，其应用受到限制。

$$CH_3CH_2CH_2CN + 2H_2O \xrightarrow{H^+} CH_3CH_2CH_2COOH + NH_4^+$$

7.4.4 氨解反应

卤代烷与氨作用，卤原子被氨基（—NH$_2$）取代生成伯胺（RNH$_2$）的反应。例如：

$$CH_3CH_2CH_2Cl + NH_3 \longrightarrow CH_3CH_2CH_2NH_2 + HCl$$

伯胺是有机弱碱，它与卤化氢结合生成铵盐，因此反应中加入过量的氨作为碱中和铵盐，得到游离伯胺。叔卤代烷与 NaOH、RONa、NaCN 和 NH$_3$ 等试剂反应，主要是消除一分子卤化氢生成烯烃。例如：

$$CH_3-\underset{\underset{CH_3}{|}}{\overset{\overset{CH_3}{|}}{C}}-Cl \xrightarrow{NH_3} CH_3-\underset{\underset{CH_3}{|}}{C}=CH_2$$

7.4.5 与硝酸银作用

卤代烷与硝酸银的乙醇溶液作用，可生成硝酸酯和卤化银沉淀。

$$RX + AgNO_3 \xrightarrow{C_2H_5OH} RONO_2 + AgX\downarrow$$

当卤代烷中的卤原子相同，而烷基结构不同时，反应速率也不同。不同烃基结构的卤代烷的反应活性顺序是：3°RX＞2°RX＞1°RX，相同烃基结构不同卤素原子的卤代烷的反应活性顺序为：RI＞RBr＞RCl。

此反应可用来鉴别卤代烷，既可用来鉴别不同种类的卤代烷，如氯代烷（AgCl 白色沉淀）、溴代烷（AgBr 浅黄色沉淀）、碘代烷（AgI 黄色沉淀），又可按生成沉淀的速率鉴别不同结构的卤代烷，如伯、仲和叔卤代烷。例如：下列三种氯代丁烷的鉴别。

$$\left.\begin{array}{l}CH_3CH_2CH_2CH_2Cl \\ CH_3CH_2\underset{\underset{}{|}}{\overset{\overset{Cl}{|}}{C}}HCH_3 \\ CH_3-\underset{\underset{CH_3}{|}}{\overset{\overset{Cl}{|}}{C}}-CH_3\end{array}\right\} \xrightarrow[\text{醇}]{AgNO_3} \begin{array}{l}AgCl\downarrow \text{ 加热出现沉淀} \\ AgCl\downarrow \text{ 放置片刻出现沉淀} \\ AgCl\downarrow \text{ 立刻出现沉淀}\end{array}$$

7.4.6 与卤离子的交换反应

在丙酮或丁酮溶剂中，氯代烷和溴代烷分别与溶于其中的碘化钠反应，生成碘代烷和氯化钠或溴化钠，由于反应生成的氯化钠和溴化钠不溶于丙酮或丁酮，从而使反应能够顺利进行。例如：

$$CH_3-\underset{\underset{Cl}{|}}{CH}-CH_3 + NaI \xrightarrow{\text{丙酮}} CH_3-\underset{\underset{I}{|}}{CH}-CH_3 + NaCl\downarrow$$

氯代烷和溴代烷的反应活性顺序是：1°＞2°＞3°。此反应可用来检验氯代烷和溴代烷，还可用来在实验室制备碘代烷。

7.5 亲核取代反应机理及影响因素

卤代烷的亲核取代反应是指饱和碳原子上的一个卤原子或基团被另一个带负电荷或孤对电子的原子或基团取代的过程，可用通式表示：

$$Nu^- + R-X \longrightarrow R-Nu + X^-$$

在此反应中，旧键的断裂和新键的生成有两种情况，一种是旧键断裂后再生成新键，反应分两步进行：

$$R\overset{\frown}{-}X \xrightarrow{慢} R^+ + X^- \xrightarrow{快, :Nu^-} R-Nu$$

动力学研究发现，这类反应 $v = k_1[R-X]$，因其反应速率仅与反应物卤代烷的浓度有关，而与亲核试剂的浓度无关，所以称为单分子亲核取代反应（unimolecular nucleophilic substitution，简写为 S_N1）。

另一种是新键生成和旧键断裂同时进行，反应一步完成：

$$Nu^- \curvearrowright \overset{\delta^+}{R} \overset{\frown}{-} X \longrightarrow \left[\overset{\delta^-}{Nu}\cdots R\cdots \overset{\delta^-}{X}\right] \longrightarrow R-Nu + X^-$$

这类反应 $v = k_2[R-X][Nu^-]$，反应速率与反应物卤代烷的浓度和亲核试剂的浓度均有关，所以称双分子亲核取代反应（bimolecular nucleophilic substitution，简写为 S_N2）。

根据化学动力学和立体化学实验结果得出，卤代烷及其它脂肪族化合物的亲核取代反应，按两种反应机理进行，即双分子亲核取代和单分子亲核取代。

7.5.1 单分子亲核取代反应机理

7.5.1.1 S_N1 机理

实验证明，叔丁基溴在碱性水溶液中的水解反应主要生成叔丁醇。反应速率只与反应物的浓度变化有关，与亲核试剂的浓度无关，反应是分两步完成的。

第一步
$$CH_3-\underset{\underset{CH_3}{|}}{\overset{\overset{CH_3}{|}}{C}}-Br \xrightarrow{慢} \left[(CH_3)_3\overset{\delta^+}{C}-\overset{\delta^-}{Br}\right]^{\neq} \longrightarrow (CH_3)_3C^+ + Br^-$$
过渡态

首先是叔丁基溴解离成叔丁基正离子和溴离子，在解离过程中，C—Br 键逐渐拉长，电子云向溴偏移，使碳上的 δ^+ 和溴上的 δ^- 逐渐增加，经过过渡态继续解离成活泼中间体叔丁基正离子和溴负离子。由于 C—Br 共价键解离成离子需要能量较高，故这步反应是慢步骤，是控速步骤。

第二步
$$(CH_3)_3C^+ + OH^- \xrightarrow{快} \left[(CH_3)_3\overset{\delta^+}{C}-\overset{\delta^-}{OH}\right]^{\neq} \longrightarrow (CH_3)_3C-OH$$

第二步是活性中间体与 OH^- 作用，生成产物叔丁醇。由于叔丁基正离子的能量较高且有较大的活性，它与 OH^- 的结合只需较少的能量，因此，第二步反应速率较快。

7.5.1.2 S_N1 反应的能量变化

叔丁基溴 S_N1 反应机理的能量变化可用反应进程——位能曲线图表示，见图 7-1，从图中可见过渡态能量最高。

7.5.1.3 S_N1 反应的立体化学

S_N1 反应的活性中间体为碳正离子，呈平面构型，亲核试剂可从平面两侧进攻碳正离子。当中心碳原子为手性碳原子时，分别生成构型保持和构型翻转的产物，如果它们的概率相等，应该得到外消旋混合物。例如：

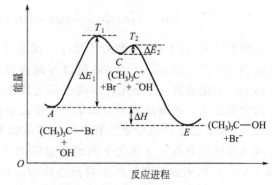

图 7-1 叔丁基溴水解反应 (S_N1) 的能量变化曲线

$$R^2\overset{R^1}{\underset{R^3}{C}}-Br \longrightarrow \overset{R^1}{\underset{HO^-}{C^+}}\overset{}{{}_{a\ R^2\ R^3\ b}} \longrightarrow HO-\overset{R^1}{\underset{R^3}{C}}R^2 + R^2\overset{R^1}{\underset{R^3}{C}}-OH$$

a 构型翻转   b 构型保持

外消旋体

但在多数情况下，S_N1 反应往往不能完全外消旋化，而是构型翻转产物过量。例如：

$$H\overset{n\text{-}C_6H_{13}}{\underset{CH_3}{C}}-Br \xrightarrow[S_N1\text{条件}]{60\%H_2O\text{-乙醇}} HO-\overset{n\text{-}C_6H_{13}}{\underset{CH_3}{C}}H + H\overset{n\text{-}C_6H_{13}}{\underset{CH_3}{C}}-OH$$

(−)-2-溴辛烷   (+)-2-辛醇, 67%   (−)-2-辛醇, 33%

左旋 2-溴辛烷在 S_N1 条件下水解，得到 67% 构型翻转的右旋 2-辛醇、33% 构型保持的左旋 2-辛醇，其中有 33% 构型翻转的右旋 2-辛醇与左旋 2-辛醇组成外消旋体，还剩余 34% 的右旋 2-辛醇，所以，其水解产物有旋光性。

7.5.1.4 S_N1 反应的特点

① 一级反应，$v=k_1[R-X]$。

② 反应分步进行，有碳正离子中间体生成，常发生重排。

$$\overset{CH_3}{\underset{CH_3}{CH_3-C}}-CH_2Cl \xrightarrow[H_2O]{NaOH} \overset{CH_3}{\underset{CH_3}{CH_3-C}}-CH_2^+ \longrightarrow CH_3-\overset{CH_3}{\underset{+}{C}}-CH_2-CH_3 \xrightarrow{OH^-} CH_3-\overset{CH_3}{\underset{OH}{C}}-CH_2-CH_3$$

③ 反应物中心碳原子是手性碳原子时，产物外消旋化（旋光性部分或全部消失）。例如：

$$H\overset{}{\underset{C_6H_5}{\overset{}{C}}}{-}Cl \xrightarrow[H_2O]{OH^-} \overset{H}{\underset{C_6H_5}{C^+}}\!\!CH_3 \xrightarrow[H_2O]{OH^-} \overset{H}{\underset{C_6H_5}{C}}-OH + HO-\overset{H}{\underset{CH_3}{C}}C_6H_5$$

(S)-α-氯代乙苯   平面构型   (S)-α-苯乙醇   (R)-α-苯乙醇

7.5.2 双分子亲核取代反应机理

7.5.2.1 S_N2 机理

实验表明，氯甲烷水解反应的反应速率与 CH_3Cl 和 OH^- 的浓度均成正比：

$$CH_3-Cl+OH^- \xrightarrow[H_2O]{60\text{℃}} CH_3-OH+Cl^- \qquad v=k[CH_3Cl][OH^-]$$

表明 CH_3Cl 和 OH^- 都参加了反应。反应时，由于碳原子与氯原子之间电负性的差异，亲核试剂（以 Nu^- 表示）OH^- 的进攻和离去基团（以 L^- 表示）Cl^- 的离去同时进行，碳原子由 sp^3 杂化变为 sp^2 杂化，形成平面过渡态。通常认为，亲核试剂 OH^- 从离去基团氯离子的背面进攻，沿着碳原子与卤素原子中心连线进攻中心碳原子，因为这样进攻，亲核试剂 OH^- 受卤素原子的电子效应和空间效应的影响较小。另外量子力学计算也指出，从此方向进攻所需能量较低。立体化学的研究也证明了这一点，因为从 CH_3Cl 的构型考虑，亲核试剂（Nu^-）从离去基团氯离子背面进攻中心碳原子，生成产物后，亲核试剂（Nu^-）处于原来氯原子的对面，所得产物甲醇的构型与氯甲烷的构型相比，整个分子的构型发生了转变，具有与原来相反的构型，这种转化称构型翻转或构型转化，亦称 Walden 转化。例如：

$$HO^- + \overset{H}{\underset{H}{\overset{|}{C}}}-Cl \longrightarrow HO\cdots\overset{H}{\underset{H}{\overset{|}{C}}}\cdots Cl \longrightarrow HO-\overset{H}{\underset{H}{\overset{|}{C}}}-H + Cl^-$$

但这种转化,只有当中心碳原子是手性碳原子时,才能观察出来。像氯甲烷的水解反应这样,反应物和亲核试剂两者都参加了反应速率的控制步骤的亲核取代反应,称为双分子亲核取代反应。

7.5.2.2 S_N2 反应的能量变化

S_N2 反应机理的能量变化可用反应进程——位能曲线图表示,从反应过程中能量的变化也可看出,双分子亲核取代反应只有一步,氯甲烷水解反应的能量变化见图 7-2。从图中可以看出,反应时,氯离子离开中心碳原子的同时,亲核试剂 OH^- 也与中心碳原子发生键合,而旧键断裂所需能量的一部分可由新键形成时放出的能量供给。当旧键断裂与新键形成处于均势时,体系的能量最高,反应处于过渡态,即图中能量的最高点($HO\cdots C\cdots Cl$)。反应继续进行,旧键完全断裂,新键逐渐形成,反应一步完成,生成了产物,体系的能量下降。

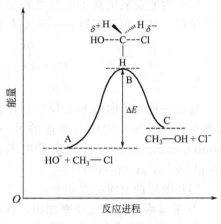

图 7-2 氯甲烷水解反应 (S_N2) 的能量变化曲线

7.5.2.3 S_N2 反应的立体化学

① 异面进攻反应(亲核试剂从离去基团 X 的背面进攻反应中心)。

② 构型翻转(产物的构型与底物的构型相反——Walden 转化)。例如:

$$OH^- + \underset{\underset{C_6H_{13}}{|}}{\overset{H_3C}{\underset{H}{\overset{|}{C}}}}\overset{\delta^+\ \ \delta^-}{-Br} \longrightarrow \left[HO\overset{\delta^-}{\cdots}\underset{\underset{C_6H_{13}}{|}}{\overset{CH_3}{\overset{|}{C}}}\overset{\delta^-}{\cdots}Br\right] \longrightarrow HO-\underset{\underset{C_6H_{13}}{|}}{\overset{CH_3}{\overset{|}{C}}}-H$$

R-(−)-2-溴辛烷   T S-(+)-2-辛醇
$[\alpha]=-34.6°$,光学纯度100% $[\alpha]=+9.9°$,光学纯度100%

7.5.2.4 S_N2 反应的特点

① 二级反应,$v=k_2[R{-}X][Nu^-]$。

② 旧键断裂和新键生成同时进行(一步反应、过渡态)。

③ 反应物中心碳原子是手性碳原子时,背面进攻,产物构型翻转,即 Walden 转化。

7.5.3 分子内亲核取代反应机理

从以上讨论的饱和碳原子的亲核取代反应可以看出,反应物和亲核试剂是两种不同的化合物,这种反应是分子间的反应。如果亲核试剂与被取代的离去基团处于同一分子内,也能发生亲核取代,称为分子内亲核取代(intermolecular nucleophilic substitution)。但是这种反应是有条件的。例如:

$$CH_3CH_2-Br \xrightarrow[H_2O,\triangle]{OH^-} CH_3CH_2-OH$$

$$\underset{\underset{OH}{|}}{CH_2}-\underset{\underset{Br}{|}}{CH_2} \xrightarrow[\text{或}Cu(OH)_2]{OH^-,H_2O,\triangle} \underset{\diagdown\underset{O}{}\diagup}{CH_2-CH_2}$$

2-溴乙醇与碱反应时，OH^- 既是亲核试剂又是强碱，它与醇羟基的活泼氢反应，比进攻溴原子所在的中心碳原子取代溴原子更容易，因此，此反应首先是乙醇分子中的羟基与强碱作用失去氢原子形成烷氧负离子，然后烷氧负离子进攻碳原子，发生分子内的亲核取代，生成环氧乙烷。

分子内的烷氧负离子比外界的 OH^- 进攻中心碳原子更有利，因为它在分子内距中心碳原子最近，且位置最有利——反式共平面，因此有利于从溴原子的背面进攻中心碳原子。

$$\underset{OH}{CH_2-CH_2}\overset{Br}{|} \xrightarrow[-H_2O]{OH^-} \underset{O^-}{CH_2-CH_2}\overset{Br}{|} \xrightarrow{-Br^-} \triangle$$

这是一种分子内的 S_N2 反应，比分子间的 S_N2 反应有利。像这种同一分子内，一个基团参与并制约和反应中心相连的另一个基团所发生的反应，称为邻基参与（neighboring group participation）。它是分子内基团之间的特殊作用所产生的影响，又称邻基效应（neighboring group effect）。

邻基效应的反应特点如下：

① 邻基参与使反应速率加快，这种现象又称邻助作用。

② 邻基参与反应后有时生成环状化合物。

③ 当卤代烷的中心碳原子是手性原子时，则生成 α-碳原子构型反转的三元环。若继续进行下一步反应，则生成 α-碳原子构型再次反转的产物，最终得到构型保持的产物。例如 α-溴代丙酸盐的水解反应。

$$\underset{H}{\overset{Br}{\underset{|}{CH_3-C-C=O}}}\overset{}{\underset{O^-}{|}} \xrightarrow{-Br^-} \underset{H}{\overset{OH}{\underset{|}{CH_3-C-C=O}}} \longrightarrow \underset{H}{\overset{OH}{\underset{|}{CH_3-C-C=O}}}\overset{}{\underset{O^-}{|}}$$

④ 能发生邻基参与的基团，一般为具有未共用电子对的杂原子，例如 O、N、S、X 等，这种参与称 n-参与；碳碳双键（C=C）和苯环 π 电子的参与称 π-参与；环丙基和碳碳 σ 键参与称 σ-参与。

邻基参与的结果，或生成环状化合物，或促进反应速率明显增加，或限制产物构型，或几种情况兼而有之。应该引起注意的是邻基参与不仅仅局限于亲核基团和离去基团在相邻的碳原子上，只要位置合适，且能形成反式共平面时，就能发生邻基参与。另外，邻基参与不限于亲核取代反应，在消除反应、重排反应、加成反应、氧化还原等反应中也普遍存在。

7.5.4 影响亲核取代反应的因素

由上可知，亲核取代反应既可按 S_N2 也可按 S_N1 机理进行，究竟按哪种机理进行与哪些因素有关呢？实验表明，影响亲核取代反应的因素有很多，但主要因素有卤代烷的结构、离去基团的离去能力、亲核试剂的进攻能力和溶剂的极性等。

7.5.4.1 卤代烷结构的影响

卤代烷的烷基结构对单分子和双分子亲核取代反应的影响不同，现就两种情况分别讨论。

(1) 对 S_N2 历程的影响

在卤代烷的 S_N2 反应中，决定反应速率的关键是其过渡态是否容易形成。从电子效应来看，α-碳原子上电子云密度低，不利于亲核试剂进攻。从空间效应看，α-碳原子上取代基越多，拥挤程度也将越大，对反应所表现的立体障碍也将越大，进攻试剂必须克服空间阻力，才能接近中心碳原子而形成过渡态。所以，从空间效应来说，随着 α-碳原子上烷基的增加，反应物和过渡态的拥挤程度增大，反应所需活化能增加，S_N2 反应速率降低，反应物所表现的反应活性下降。例如，四种不同的溴代烷与碘化钠在丙酮溶液中发生 S_N2 反应的相对速率为：

溴代烷	CH_3Br	CH_3CH_2Br	$(CH_3)_2CHBr$	$(CH_3)_3CBr$
相对速率	30	1.0	0.01	0.001

在卤代烷的 β-碳原子上连有支链烷基时，同样增加了过渡态的拥挤程度，S_N2 反应的速率也有明显下降。

所以，卤代烷进行 S_N2 反应的活性次序为 $CH_3X > CH_3CH_2X(1°) > (CH_3)_2CHX(2°) > (CH_3)_3CX(3°)$。

(2) 对 S_N1 历程的影响

在卤代烷的 S_N1 反应机理中，生成活性中间体碳正离子的第一步是决速步骤，由于烷基碳正离子的稳定性次序是 $(CH_3)_3C^+ > (CH_3)_2CH^+ > CH_3CH_2^+ > CH_3^+$，所以卤代烷进行 S_N1 反应的活性次序为 $(CH_3)_3CX(3°) > (CH_3)_2CHX(2°) > CH_3CH_2X(1°) > CH_3X$。例如，四种不同的溴代烷在甲酸水溶液（极性很强）中的水解反应是按 S_N1 机理进行的，相对速率为：

溴代烷	CH_3Br	CH_3CH_2Br	$(CH_3)_2CHBr$	$(CH_3)_3CBr$
相对速率	1.0	1.7	45	$>10^6$

7.5.4.2 离去基团的影响

离去基团（X^-）从碳卤键中解离的活性大小，对 S_N1 和 S_N2 反应都有影响，解离的活性越大，对反应越有利。由于 S_N2 反应中形成过渡态时还有亲核试剂 Nu^- 的影响，因此，离去基团对 S_N1 反应影响的程度更大一些。

一些易离去基团有利于 S_N1 反应，反之，难离去基团有利于 S_N2 反应。从碳卤键的解离能和可极化度来看，相同烷基不同卤离子的活性次序是：$RI > RBr > RCl \gg RF$。

C—X 键的极化度大小次序为：C—I > C—Br > C—Cl > C—F。

C—X 键的键能及电离能大小次序为：C—I < C—Br < C—Cl < C—F。

在卤负离子中，碘离子是最好的离去基团，氟离子的离去能力最差。因为碘的解离能最小，同时碘原子半径最大，受核束缚小，易断键而离去。

7.5.4.3 亲核试剂的影响

S_N1 反应机理中，卤代烷解离成碳正离子是控制反应速率的步骤，亲核试剂并不参与，故 S_N1 反应速率不受亲核试剂的影响。S_N2 反应机理中，反应速率不仅与卤代烷的浓度有关，而且与亲核试剂的浓度和亲核能力有关，强亲核试剂在碳卤键断裂前，就开始进攻带正电荷的中心碳原子，所以反应按 S_N2 机理进行。

通常，亲核试剂的亲核性和碱性是一致的。因为碱性指带负电荷或孤对电子的基团与质子的结合能力，卤代烷中的亲核性指带负电荷或孤对电子的基团与带正电荷的碳的结合能力，二者本质上都是正电中心对电子的吸引。按照定义，带负电荷或孤对电子的基团，既是碱，也是亲核试剂，容易与质子结合，也容易与带正电的碳结合。下面例子中，均是碱性的强弱等于亲核性的强弱。

① 当具有相同原子时，亲核试剂的亲核能力随碱性的增强而增强。例如亲核性顺序：
$C_2H_5O^- > OH^- > C_6H_5O^- > CH_3COO^- > H_2O$；$H_2N^- > H_3N$

② 当亲核试剂的亲核原子是元素周期表中同周期原子时，原子序数越大，其电负性越大，则给出电子能力越弱，即亲核性越弱。例如亲核性顺序：
$H_2N^- > HO^- > F^-$；$H_3N > H_2O$；$R_3P > R_2S$

③ 当亲核试剂的亲核原子是元素周期表中同族原子时，在极性非质子溶解中，碱性与亲核性一致。例如，卤素的亲核性顺序：

$$F^- > Cl^- > Br^- > I^-$$

此时，卤负离子基本是裸负离子，F^- 的体积最小，负电荷最集中，亲核能力最强。

但是碱性和亲核性毕竟是两个不同的概念，二者之间不是永远一致。这是因为质子的体积小，无需考虑碱的体积和空间位阻；而中心碳原子周围的基团多，体积大的亲核试剂，受空间位阻的影响，不易进攻中心碳原子。这会造成碱性虽然大，但是亲核能力弱的现象。

例如，下面两个例子，均可认为由于体积的影响，亲核试剂不易进攻中心碳原子，导致碱性和亲核性不一致。

① 当亲核试剂的亲核原子是元素周期表中同族原子时，在极性质子溶剂中，试剂极化度越大，亲核性越强。例如，亲核性顺序：$I^- \gg Br^- > Cl^- > F^-$；$RS^- > RO^-$；$R_3P > R_3N$。这是因为质子溶剂在卤负离子外形成了溶剂膜。碘离子的半径最大，所以膜最薄。另外，碘离子的极化度大，电子云容易变形，有利于突破溶剂膜，并与带正电的碳原子接触。

② 由于烷基是供电子基，所以碱性的顺序为：

$$(CH_3)_3CO^- > (CH_3)_2CHO^- > CH_3CH_2O^- > CH_3O^-$$

但是亲核性顺序为：$(CH_3)_3CO^- < (CH_3)_2CHO^- < CH_3CH_2O^- < CH_3O^-$。这是由于体积大的试剂，与中心碳原子的结合位阻大，反应时体系能量高的缘故。

7.5.4.4 溶剂的影响

当亲核取代反应在溶剂中进行时，溶剂的类型不同和极性的大小对卤代烷及亲核试剂的反应活性的影响也不同。通常极性溶剂有利于反应物的解离，因为 S_N1 反应的第一步是 R—X 的异裂，极性溶剂有利于 S_N1 反应，极性越强越有利；非极性溶剂或极性小的溶剂有利于 S_N2 反应。溶剂的分子或离子往往通过静电作用使溶剂分子围绕在周围，形成离子与溶剂分子的络合物并释放能量，这种作用称为溶剂化作用，极性溶剂的溶剂化作用更为显著。

$$RX \longrightarrow [\overset{\delta^+}{R}\cdots\overset{\delta^-}{X}] \longrightarrow R^+ + X^-$$
$$\text{过渡态}$$

由上式可知，S_N1 反应中过渡态的极性大于反应物，因此，极性大的溶剂对过渡态溶剂化的力量也大于反应物，这样溶剂化释放的能量也大，所以解离就能很快地进行。增加溶剂的极性能够加速卤代烷的解离，对 S_N1 历程有利。

$$Nu^- + RX \longrightarrow [\overset{\delta^-}{Nu}\cdots R\cdots\overset{\delta^-}{X}] \longrightarrow NuR + X^-$$
$$\text{负离子} \qquad\qquad \text{过渡态}$$

上式表明，S_N2 反应中亲核试剂电荷比较集中，而过渡态的电荷比较分散，也就是过渡态的极性不及亲核试剂，增加溶剂的极性，反而使极性大的亲核试剂溶剂化，而对 S_N2 过渡态的形成不利。因此，在 S_N2 反应中，增加溶剂的极性一般对反应不利，极性小的溶剂对 S_N2 有利。例如，$C_6H_5CH_2Br$ 的水解反应，在水中按 S_N1 历程进行，在极性较小的丙酮中则按 S_N2 历程进行。一般来说，在极性不太弱的溶剂（如含水乙醇）中，叔卤代烷的取代反应是按 S_N1 历程进行，在极性不太强的溶剂（乙醇）中，伯卤代烷的取代反应是按 S_N2 进行，仲卤代烷的取代反应则按两种历程进行，通常以 S_N2 为主。改变溶剂的极性和溶剂化的能力，常可改变反应历程。在极性很大的溶剂（甲酸）中，伯卤代烷也按 S_N1 进行，在极性小的非质子性溶剂中（无水丙酮，介电常数 21）中，叔卤代烷也可按 S_N2 进行。

总之，影响亲核取代反应的因素很多，也很复杂，这里只作简单讨论。

7.6 卤代烷的消除反应

在卤代烷分子中，由于卤原子吸引电子的结果，不仅使 α-碳原子携带部分正电荷，β-碳原子也受到一定的影响，从而使 β-碳带有更少量的正电荷，β-碳上的 C—H 之间的电子云密度偏向于碳原子，从而使 β-氢表现出一定的活性，即由于卤素的吸电诱导效应的影响，使 β-氢原子比较活泼，在强碱性试剂进攻下容易离去，脱出卤化氢生成烯烃。例如：

$$\begin{array}{c}|\ |\\-C-C-X\end{array} \xrightarrow[\substack{\text{取代反应}\\-X^-}]{\substack{\text{消除反应}\\-HX}} \begin{array}{c}|\ |\\-C-C-OH\\|\ \ H\\\\ -C=C-\end{array}$$

这种从一个分子中脱去两个原子或基团的反应称为消除反应（elimination reaction，简写作 E），亦称消去反应。由于卤代烷脱卤化氢是从相邻的两个碳原子各脱去一个原子或基团，即从 α-碳原子脱去卤素，而从 β-碳原子上脱去氢原子，形成不饱和 C=C 双键，这种脱除反应称为 α, β-消除反应，简称 β-消除，也称 1,2-消除。

7.6.1 脱卤化氢反应

卤代烷与强碱（如 NaOH、KOH）的浓醇溶液共热时，发生消除反应，脱去一分子卤化氢，生成烯烃。例如：

$$CH_3CH_2CH_2CH_2CH_2Br \xrightarrow[\text{乙醇溶液}]{NaOH, \triangle} CH_3CH_2CH_2CH=CH_2$$

7.6.2 Saytzeff 消除规则

当卤代烷发生消除反应时，如果有不止一个 β-碳原子的氢原子可供消除时，主要从含氢原子较少的 β-碳上消除氢原子，或者说卤代烷消除卤化氢时，主要生成双键碳原子上连有较多取代基的烯烃，这是一条经验规则，称 Saytzeff 消除规则。例如：

$$CH_3-CH_2-\underset{\underset{Br}{|}}{CH}-CH_3 \xrightarrow[\triangle]{KOH/CH_3CH_2OH} \begin{array}{l} CH_2=CH-CH_2CH_3 \quad 19\% \\ \quad\quad\quad \text{1-丁烯} \\ CH_3-CH=CH-CH_3 \quad 81\% \\ \quad\quad\quad \text{2-丁烯}\end{array}$$

主要原因是双键碳原子上连有的取代基越多，烯烃的稳定性越好。

$$\underset{R}{\overset{R}{>}}C=C\underset{R}{\overset{R}{<}} > \underset{R}{\overset{R}{>}}C=C\underset{H}{\overset{R}{<}} > \underset{R}{\overset{R}{>}}C=CH_2$$

另外，偕二卤代烷和连二卤代烷也可消除卤化氢生成乙烯型卤代烃，这是制备乙烯型卤代烃及其衍生物的方法，例如：

$$Cl-CH_2-CH_2-Cl \xrightarrow{\underset{C_2H_5OH}{NaOH}} Cl-CH=CH_2$$

$$\xrightarrow{500\sim 550℃} Cl-CH=CH_2 + HCl$$

但不饱和碳上卤原子不易发生消除反应，只有在强烈条件下才能消除卤化氢生成炔烃。如：

$$CH_3CH_2CH=CHBr \xrightarrow[\text{液 }NH_3]{NaNH_2} CH_3CH_2C\equiv CH + HBr$$

偕和连二卤代烷还可以消除二分子卤化氢，生成炔烃，可用于制备炔烃。例如：

$$CH_3CHBrCH_2Br \xrightarrow[C_4H_9OH, \triangle]{KOH} CH_3C\equiv CH$$

需要指出的是，Saytzeff 规则的本质是生成稳定的烯烃，所以如果消除其它 β-氢，可以生成更稳定的产物时，Saytzeff 规则会失效。例如：

① 当卤代烷分子中含有的不饱和键与新生成的双键形成共轭时，消除反应以生成稳定的共轭烯烃为主，而非累积二烯烃。例如：

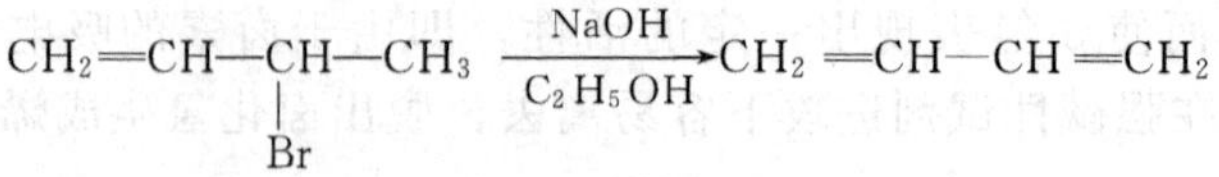

$$CH_2=CH-\underset{\underset{Br}{|}}{CH}-CH_3 \xrightarrow[C_2H_5OH]{NaOH} CH_2=CH-CH=CH_2$$

② 偕和连二卤代烷消除二分子卤化氢生成炔烃，而非累积二烯烃。例如：

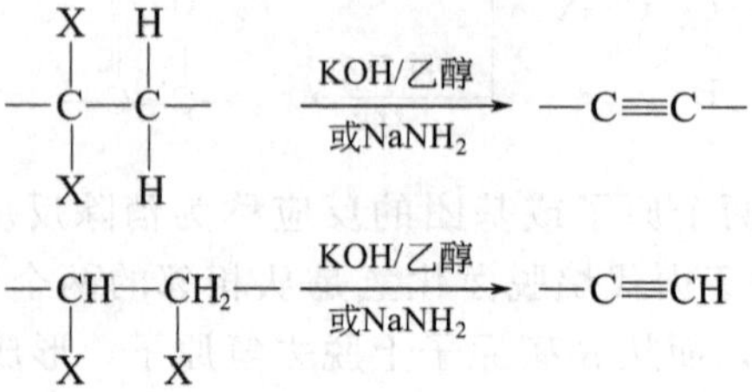

$$-\underset{\underset{X}{|}}{\overset{\overset{X}{|}}{C}}-\underset{\underset{H}{|}}{\overset{\overset{H}{|}}{C}}- \xrightarrow[\text{或}NaNH_2]{KOH/\text{乙醇}} -C\equiv C-$$

$$-\underset{\underset{X}{|}}{CH}-\underset{\underset{X}{|}}{CH_2}- \xrightarrow[\text{或}NaNH_2]{KOH/\text{乙醇}} -C\equiv CH$$

另外，Saytzeff 规则还受空间位阻的影响。

③ β-H 的空间位阻增加，则生成 Saytzeff 烯烃减少。

④ 碱的体积增大，生成 Saytzeff 烯烃也减少。

7.6.3 脱卤素

邻二卤代烷与锌粉在乙酸或乙醇中反应，或与 NaI/丙酮溶液反应，脱去卤素（dehalogenation）生成烯烃。该反应在合成中可用于碳碳双键的保护，或分离提纯烯烃。例如：

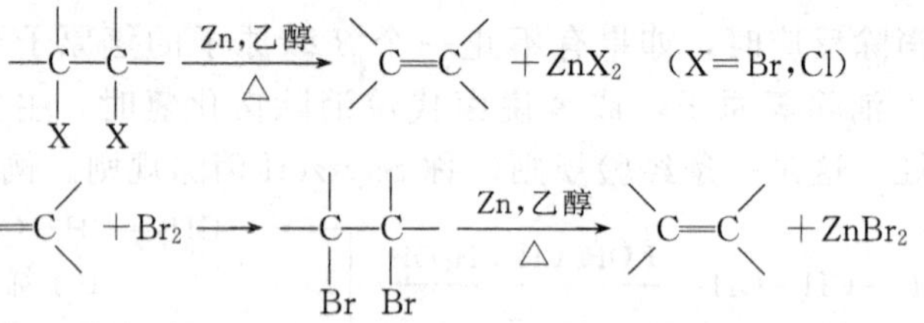

$$-\underset{\underset{X}{|}}{\overset{\overset{|}{}}{C}}-\underset{\underset{X}{|}}{\overset{\overset{|}{}}{C}}- \xrightarrow[\triangle]{Zn,\text{乙醇}} \overset{|}{\underset{|}{C}}=\overset{|}{\underset{|}{C}} + ZnX_2 \quad (X=Br,Cl)$$

$$\overset{|}{\underset{|}{C}}=\overset{|}{\underset{|}{C}} + Br_2 \longrightarrow -\underset{\underset{Br}{|}}{\overset{\overset{|}{}}{C}}-\underset{\underset{Br}{|}}{\overset{\overset{|}{}}{C}}- \xrightarrow[\triangle]{Zn,\text{乙醇}} \overset{|}{\underset{|}{C}}=\overset{|}{\underset{|}{C}} + ZnBr_2$$

$$BrCH_2CH_2Br + Mg \longrightarrow H_2C=CH_2 + MgBr_2$$

另外，1,3-二卤代烷在锌粉存在下，脱去卤素成环，可用来制备环丙烷及其衍生物，产率较好。例如：

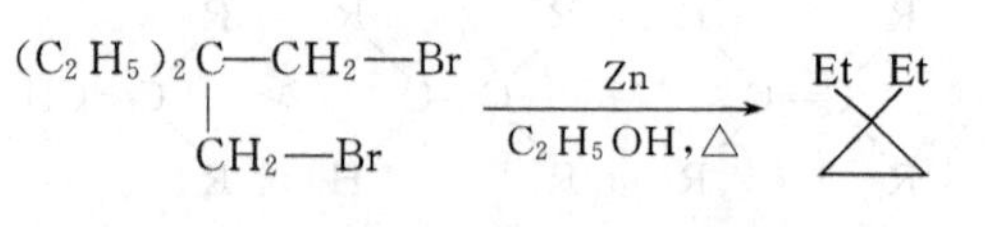

$$(C_2H_5)_2\overset{}{C}-CH_2-Br \atop CH_2-Br} \xrightarrow[C_2H_5OH,\triangle]{Zn} \overset{Et\quad Et}{\triangle}$$

7.7 卤代烷消除反应机理及影响因素

实验研究表明，一般情况下卤代烷的 β-消除反应机理也有两种。一种是双分子消除反应机理（bimolecular elimination，简写为 E2），指在碱的作用下 α-C—X 和 β-C—H 同时断裂，脱去 HX 生成烯烃。另一种称单分子消除反应机理（unimolecular elimination，简写为 E1），指 α-C—X 键首先断裂，生成碳正离子，然后在碱的作用下，β-C—H 键断裂生成烯烃。

7.7.1 单分子消除反应机理

7.7.1.1 E1 机理

E1 反应是分两步进行的，卤代烷在碱性溶液中解离为碳正离子，OH^- 进攻 β-氢发生消除反应生成烯烃。反应机理如下：

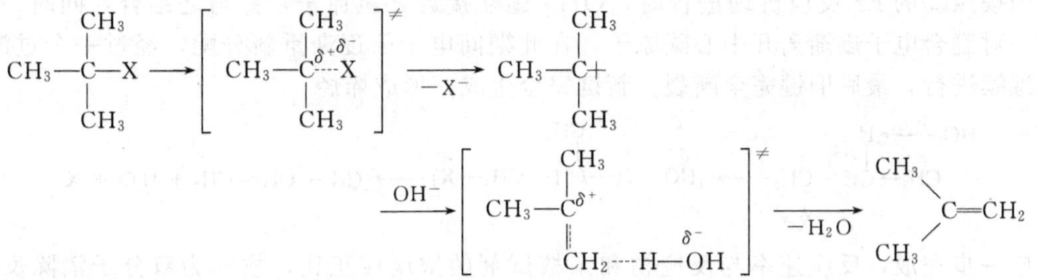

第一步是慢步骤，第二步是快步骤。即反应速率取决于卤代烷的浓度，故该反应称为单分子消除反应。与 S_N1 相似，也有重排反应发生。例如：

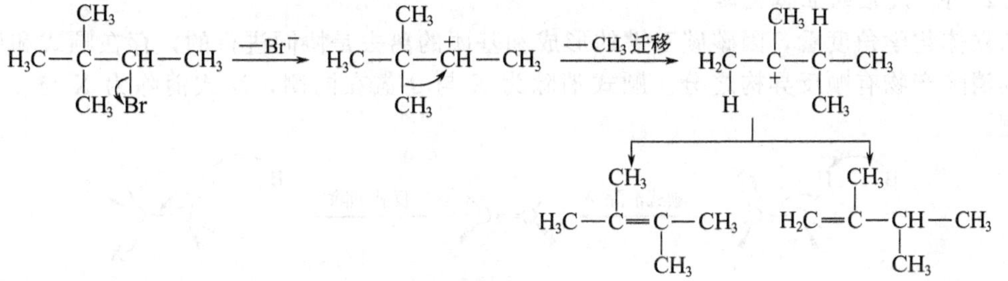

在 E1 反应过程中，卤代烷首先解离为碳正离子，因中心碳原子为 sp^2，呈平面构型，消除 β-氢时，无立体选择性，既可按顺式也可按反式进行，两种构型的烯烃几乎相等，其它情况下取决于卤代烷结构和溶剂等影响因素。

E1 和 S_N1 常相伴而生，当 OH^- 进攻正离子生成醇时，即为 S_N1 反应；若 OH^- 进攻 β-氢发生消除反应生成烯烃则为 E1 反应。例如：

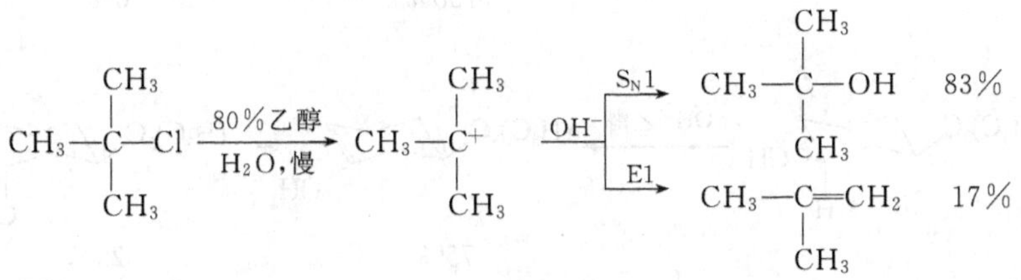

7.7.1.2 E1 反应的特点

① 两步反应，与 S_N1 互为竞争反应。
② 反应要在浓的强碱条件下进行，反应速率仅与卤代烷的浓度成正比。
③ 有碳正离子中间体生成，有重排反应发生。
④ 顺式或反式消除。

7.7.2 双分子消除反应机理

7.7.2.1 E2 机理

由于 OH^- 既是强碱又是亲核试剂，因此，与卤代烷反应时，它既可进攻 α-碳发生亲核取代反应，又可进攻 β-氢发生消除反应，因此，两反应常相伴而生，互相竞争。例如：

$$\text{CH}_3\text{-CH(H)-CH}_2\text{-X} \xrightarrow{\text{OH}^-} \begin{array}{l} \textcircled{1}\, S_N2,\ -X^- \to \text{CH}_3\text{CH}_2\text{CH}_2\text{OH} \\ \textcircled{2}\, E2,\ -HX \to \text{CH}_3\text{CH}=\text{CH}_2 \end{array}$$

当按照②的 E2 反应机理进行时，OH^- 逐渐接近 β-氢原子，并与之结合，同时，卤素带着一对键合电子逐渐离开中心碳原子，在此期间电子云逐渐重新分配，经过一个过渡态，反应继续进行，最后旧键完全断裂，新键完全生成，形成烯烃。

$$\text{HO}^- \to \text{H} \quad \text{CH}_3\text{-CH-CH}_2 \longrightarrow [\text{HO}\cdots\text{H}\cdots\overset{\text{CH}_3}{\text{CH}}\cdots\text{CH}_2\cdots\text{X}]^{\delta-} \longrightarrow \text{CH}_3\text{-CH=CH}_2 + \text{H}_2\text{O} + \text{X}^-$$

此反应一步完成，反应速率与反应物和亲核试剂的浓度成正比，故称为双分子消除反应机理。例如，在乙醇中，溴乙烷与乙醇钠反应除有取代产物外还有消除产物生成。

$$\text{CH}_3\text{CH}_2\text{O}^- + \text{H-CH}_2\text{-CH}_2\text{-Br} \xrightarrow{\text{EtOH}} \text{CH}_2=\text{CH}_2 + \text{Br}^- \quad v = k[\text{CH}_3\text{CH}_2\text{O}^-][\text{CH}_3\text{CH}_2\text{Br}]$$

7.7.2.2 E2 反应的立体化学

从立体化学角度看，因碳碳双键的形成和基团的离去是协同进行的，存在顺式和反式消除，其消除产物有顺反异构之分。顺式消除为 X 与 β-氢在同侧，反式消除为 X 与 β-氢在 σ 键异侧。

许多实验事实说明，大多数 E2 反应是反式消除（同平面-反式消除）。反式消除方式可用单键旋转受阻的卤代物的消除产物来证明。例如：

$$(\text{H}_3\text{C})_3\text{C}\text{-环己烷-X,CH}_3 \xrightarrow{\text{OH}^-/\text{乙醇}} (\text{H}_3\text{C})_3\text{C}\text{-环己烯-CH}_3\ (100\%) + (\text{H}_3\text{C})_3\text{C}\text{-环己烯-CH}_3\ (0\%)$$

$$(\text{H}_3\text{C})_3\text{C}\text{-环己烷-X,CH}_3 \xrightarrow{\text{OH}^-/\text{乙醇}} (\text{H}_3\text{C})_3\text{C}\text{-环己烯-CH}_3\ (75\%) + (\text{H}_3\text{C})_3\text{C}\text{-环己烯-CH}_3\ (25\%)$$

反式消除易进行，可以用 E2 历程来说明。

① 碱(B)与离去基团在空间相距最远，排斥力小，有利于碱进攻 β-氢。

B：与 L 的斥力小，有利于过渡态的形成　　　　B：与 L 的斥力大，不利于过渡态的形成

② 有利于形成 π 键时轨道有最大的电子云重叠。

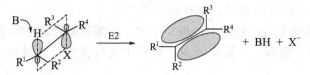

③ 反式构象的 van der Waals 力小，有利于碱（B）进攻 β-氢。

7.7.2.3　E2 反应的特点
① 一步反应，与 S_N2 互为竞争反应。
② 反应要在浓的强碱条件下进行，反应速率与卤代烷和强碱的浓度成正比。
③ 形成过渡态，无中间体生成。
④ 反式消除。

7.7.3　影响消除反应的因素

对于一个具体反应，按照哪种消除反应机理进行与许多因素有关，现仅对几种主要影响因素予以讨论。

（1）烷基结构的影响

烷基结构对 E1 和 E2 均有影响，而且无论按哪种机理进行反应，卤代烷的活性次序均为 3°RX＞2°RX＞1°RX。

因为 E1 生成碳正离子的稳定性次序是 3°＞2°＞1°。E2 生成的烯烃分子中，双键碳原子连接的烷基越多越稳定。一般情况下，只有叔卤代烷按 E1 机理进行，伯、仲卤代烷按 E2 机理进行。

（2）卤原子的影响

由于 E1 和 E2 反应的慢步骤都涉及 C—X 键的断裂，因此，离去基团离去的难易对 E1 和 E2 均有影响。由于 E1 反应只涉及 C—X 键的断裂，因此，卤原子作为离去基团离去的难易对 E1 影响比 E2 大，也就是说易离去基团（如碘原子）更有利于 E1 反应。

（3）试剂的影响

由于 E1 反应的控制步骤是 C—X 键的异裂，因此试剂对 E1 反应速率无影响，而对 E2 反应速率有影响，进攻试剂碱性越强或浓度越高，越有利于 E2 反应。

（4）溶剂极性的影响

溶剂的极性对于电荷比较集中的反应影响较大，由于 E1 反应首先是 C—X 键的异裂，生成电荷比较集中的碳正离子和卤负离子，因此，增加溶剂的极性，有利于 E1 反应。

7.8　亲核取代反应和消除反应的关系

消除反应与亲核取代反应是由同一亲核试剂的进攻而引起的。进攻碳原子引起取代，进攻 β-氢原子就引起消除，所以这两种反应常常是同时发生和相互竞争的。针对一个具体反应，究竟以哪个为主，与烃基结构、亲核试剂碱性强弱、溶剂极性以及反应温度有关，适当控制反应条件，而使反应生成某一主要产物，是有机合成的一个重要方面。

7.8.1　烷基结构的影响

烷基结构对消除反应和亲核取代反应的影响是：

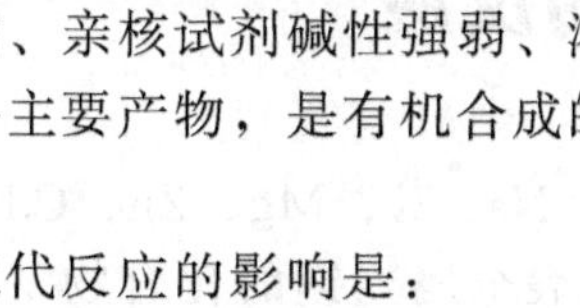

卤代烷中 α-碳原子的支链越多，越有利于 E 反应。

① 试剂进攻 α-碳原子有支链的中心碳原子时，空间阻碍大，不利于 S_N。

② α-碳原子烷基支链多，β-氢原子多，有利于进攻 β-氢；支链多，有利于生成稳定的烯烃。例如：

$$CH_3CH_2CH_2CH_2Br \xrightarrow[C_2H_5OH]{C_2H_5ONa} \begin{cases} \xrightarrow[55℃]{E2} CH_3CH_2CH=CH_2 \quad 9.8\% \\ \xrightarrow[55℃]{S_N2} CH_3CH_2CH_2CH_2OC_2H_5 \quad 90.2\% \end{cases}$$

$$(CH_3)_3C-Br \xrightarrow[C_2H_5OH]{C_2H_5ONa} \begin{cases} \xrightarrow[25℃]{E2} CH_3-\underset{CH_3}{\underset{|}{C}}=CH_2 \quad 93\% \\ \xrightarrow[25℃]{S_N2} (CH_3)_3C-OC_2H_5 \quad 7\% \end{cases}$$

一般来说，制备烯烃常以叔卤代烃为原料，制备醇则最好用伯卤代烃，因为伯卤代烃主要进行 S_N2 反应。

7.8.2 进攻试剂的影响

进攻试剂的碱性越强，浓度越大，对消除反应越有利。因为进攻试剂的碱性越强，β-氢越易以质子的形式离去。进攻试剂的碱性越弱，浓度越小，对亲核取代反应越有利。例如：

$$CH_3CH_2Br \begin{cases} \xrightarrow{NH_3} CH_3CH_2NH_2 \quad (取代) \\ \xrightarrow{NaNH_2} CH_2=CH_2 \quad (消除) \end{cases}$$

$$CH_3CH_2Br + C_2H_5ONa \xrightarrow{乙醇} \underset{91\%}{C_2H_5OC_2H_5} + \underset{9\%}{CH_2=CH_2}$$

$$CH_3CH_2Br + NaNH_2 \xrightarrow{液氨} \underset{10\%}{C_2H_5NH_2} + \underset{90\%}{CH_2=CH_2}$$

7.8.3 溶剂的影响

增大溶剂的极性有利于取代反应，不利于消除反应，故由卤代烃制备烯烃时采用 KOH 的醇溶液（醇的极性小），而由卤代烃水解制醇则用 KOH 的水溶液（因水的极性大）。

7.8.4 反应温度的影响

升高温度对消除反应和亲核取代反应都有利，但两者相比，低温更有利于亲核取代反应，高温更有利于消除反应。因为亲核取代反应需要拉长 C—X，而消除反应需要拉长 C—X 和 C—H 键，所需能量更大。根据 Arrhenius 方程 $[k=Ae^{-E_a/(RT)}]$ 可以看出，升高温度，有利于反应的进行。

7.9 卤代烷与金属的反应

卤代烷可与多种金属（如 Li、Na、K、Mg、Zn、Cd、Al、Hg 等）作用，生成一类分子中含有碳—金属（C—M，M 代表金属）键的化合物，这类含金属和有机部分的化合物，称为有机金属化合物（organometallic compounds），或金属有机化合物，可用 R—M 表示。

$$R-X + M \longrightarrow R-M-X \quad (M=Li, Na, K, Mg, Zn, Cd, Al, Hg)$$

由于金属的电负性一般比碳原子小，因此，C—M 键一般是极性共价键，金属原子带有部分正电荷，而与之相连的碳原子带部分负电荷（$C^{\delta-}-M^{\delta+}$），C—M 易断裂，而显示出活泼性。有机金属化合物分子中，金属元素越活泼，生成的碳金属键的极性就越强，碳上带有的负电荷就越多。因此，有机金属化合物能与多种化合物发生反应，可作有机试剂和催化剂等，已成为有机化学研究的一个分支。

7.9.1 与金属镁的反应——Grignard 试剂的生成

在无水乙醚（通常称干醚或纯醚）中，卤代烷与金属镁反应，生成烷基卤化镁。例如：

$$RX + Mg \xrightarrow{\text{干醚}} R-Mg-X$$

$$CH_3CH_2CH_2Br + Mg \xrightarrow[\text{或干醚}]{\text{纯醚，回流}} CH_3CH_2CH_2MgBr$$

$$CH_3-CH_2-\underset{\underset{CH_3}{|}}{\overset{\overset{CH_3}{|}}{C}}-Br + Mg \xrightarrow[\text{回流}]{\text{纯醚}} CH_3-CH_2-\underset{\underset{CH_3}{|}}{\overset{\overset{CH_3}{|}}{C}}-MgBr$$

烷基卤化镁又称 Grignard 试剂。在制备时，卤代烷的活性顺序是：RI＞RBr＞RCl（RI 由于太容易发生偶联不常用）。

Grignard 试剂的产率则是：1°RX＞2°RX＞3°RX。因为随着 β-氢原子的增加，空间效应增大，消除副反应增加。

反应溶剂起稳定作用，一般除了乙醚外，通常用四氢呋喃（THF）。因为 RMgX 在乙醚或 THF 中生成稳定的化合物，例如：

$$\underset{C_2H_5}{\overset{C_2H_5}{|}}O \rightarrow \underset{X}{\overset{R}{\underset{|}{Mg}}} \leftarrow O\underset{C_2H_5}{\overset{C_2H_5}{|}}$$

Grignard 试剂生成后一般不需要分离，可直接进行下一步的反应。

Grignard 试剂非常活泼，能与许多化合物反应，例如二氧化碳、环氧乙烷、醛、酮、酯等，因此在有机合成中具有广泛的用途。也正因为 Grignard 试剂的活泼性，使其在制备过程中需要注意许多问题。

(1) 与卤代烷的反应

卤代烷与金属镁反应生成 Grignard 试剂，而 Grignard 试剂又可以与卤代烷反应，生成高级烷烃，此反应在有机合成中常用来增长碳链。例如：

$$R-X + R'-Mg-X \longrightarrow R-R' + MgX_2$$

其中 R 与 R′可相同，可不同。

例如，由 1-溴丙烷制备己烷，碳链增长一倍。

$$CH_3CH_2CH_2Br + Mg \xrightarrow{\text{纯醚}} CH_3CH_2CH_2MgBr$$
$$CH_3CH_2CH_2MgBr + CH_3CH_2CH_2Br \longrightarrow CH_3(CH_2)_4CH_3$$

又如，由溴丙烷和环戊基氯制备丙基环戊烷。

$$CH_3CH_2CH_2MgBr + \underset{}{\bigcirc}-Cl \longrightarrow \underset{}{\bigcirc}-CH_2CH_2CH_3 + MgClBr$$

(2) 与含活泼氢的化合物反应

Grignard 试剂能与含有活泼氢的化合物（如酸、水、醇等）反应，生成相应的烷烃：

$$RMgX \begin{cases} \xrightarrow{HX} R-H + MgX_2 \\ \xrightarrow{HOH} R-H + Mg(OH)X \\ \xrightarrow{HOR'} R-H + Mg(OR')X \\ \xrightarrow{HNH_2} R-H + Mg(NH_2)X \\ \xrightarrow{HC\equiv CR'} R-H + R'C\equiv CMgX \\ \xrightarrow{\triangle\text{(环氧乙烷)}} RCH_2CH_2OH \end{cases}$$

(3) 与含有羰基的化合物反应

Grignard 试剂能与含羰基的化合物反应，如 CO_2、$RCOR'$、$RCOOR'$ 等。以 CO_2 为例：

$$RMgX + O=C=O \longrightarrow R-\overset{OMgX}{\underset{}{C}}=O \xrightarrow{H_2O} R-\overset{O}{\underset{}{C}}-OH$$

由于 Grignard 试剂的活泼性，因此在使用、制备时应注意：不能与含有活泼氢的化合物如 H_2O、ROH 等接触，不能与 CO_2、醛、酮、醇等接触；一般现用现制，不分离；不能接触空气，因为 Grignard 试剂能慢慢吸收空气中的氧，发生氧化经水解成为醇，必要时用 N_2 保护。例如：

$$RMgX + \tfrac{1}{2}O_2 \longrightarrow ROMgX \xrightarrow{H_2O} ROH + Mg(OH)X$$

7.9.2 与金属钠的反应

金属钠比较活泼，卤代烷与钠反应生成烷基钠时，会立即与另一分子卤代烷反应生成高级烷烃，此反应称为 Wurtz 反应。例如：

$$2RX + 2Na \longrightarrow R-R + 2NaX$$

此反应可用来从卤代烷制备含偶数碳原子、结构对称的烷烃，一般只适用于同伯卤代烷反应。

7.9.3 与金属锂的反应

卤代烷与金属锂在非极性溶剂（环己烷、苯等）中作用生成有机锂化合物。例如：

$$CH_3CH_2CH_2CH_2Br + 2Li \xrightarrow[N_2]{\text{石油醚}, -10\text{℃}} CH_3CH_2CH_2CH_2Li + LiBr$$

生成的烷基锂的性质与格氏试剂很相似，但由于锂原子的电负性比镁原子小，C—Li 键比 C—Mg 键的极性更强，与之相连的碳原子带有更多的负电荷，因此有机锂反应性能比 Grignard 更活泼，遇水、醇、酸等即分解，故制备和使用时都应注意避免。但是有机锂试剂反应时副反应较少，因此在有机合成中的应用越来越多，也逐渐受到人们的重视。

烷基锂在乙醚（或四氢呋喃）溶液中与卤化亚铜（如碘化亚铜）反应，生成二烷基铜锂（溶于醚），它是性能良好的亲核试剂，与伯卤代烷反应可得到收率较好的烷烃，而仲和叔卤代烷在反应中易发生消除反应。此反应称为 Corey-House 合成法。例如：

$$2RLi + CuI \xrightarrow{\text{乙醚}} R_2CuLi + LiI$$

$$R_2CuLi + R'X \longrightarrow R-R' + RCu + LiX$$

$$\underset{H}{\overset{Ph}{C}}=\underset{H}{\overset{Br}{C}} + (n\text{-}C_4H_9)_2CuLi \longrightarrow \underset{H}{\overset{Ph}{C}}=\underset{H}{\overset{C_4H_{9}\text{-}n}{C}} + n\text{-}C_4H_9Cu + LiBr$$

构型保持(71%)

卤代烷与二烷基铜锂反应的活性顺序为：$CH_3X > RCH_2X > R_2CHX > R_3CX$；$RI > RBr > RCl$。卤代烷的烃基除烷基外，还可以是苄基、烯丙基、烯基、芳基，分子中含有 C=O、COOH、COOR、$CONR_2$ 时均不受影响，且产率较好。

7.10 卤代烷的制法

7.10.1 由不饱和烃制备

卤代烷可由不饱和烃的加成反应制得。例如：

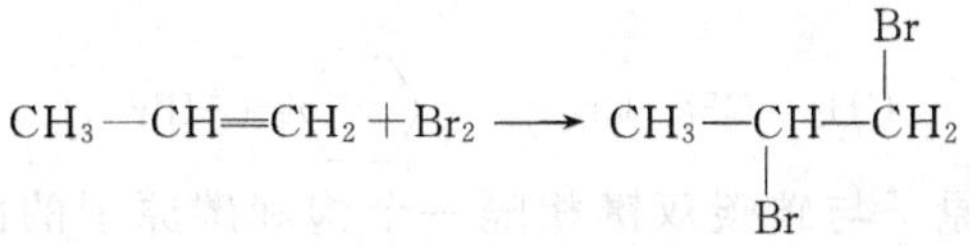

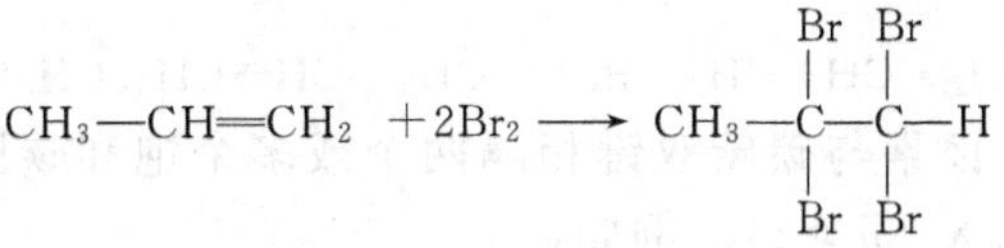

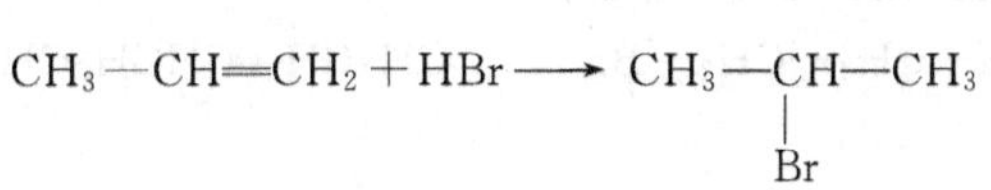

$$CH_3-CH=CH_2 + Br_2 \longrightarrow CH_3-CH(Br)-CH_2Br$$

$$CH_3-CH=CH_2 + 2Br_2 \longrightarrow CH_3-CBr_2-CBr_2H$$

$$CH_3-CH=CH_2 + HBr \longrightarrow CH_3-CHBr-CH_3$$

$$CH_3-CH=CH_2 + Cl_2 \xrightarrow{>500℃} ClCH_2-CH=CH_2 \xrightarrow{H_2} ClCH_2CH_2CH_3$$

7.10.2 由醇制备

(1) 醇与氢卤酸反应

$$ROH + HX \rightleftharpoons RX + H_2O$$

此反应为可逆反应，而且容易发生重排，可通过控制反应条件得到理想产物。例如：

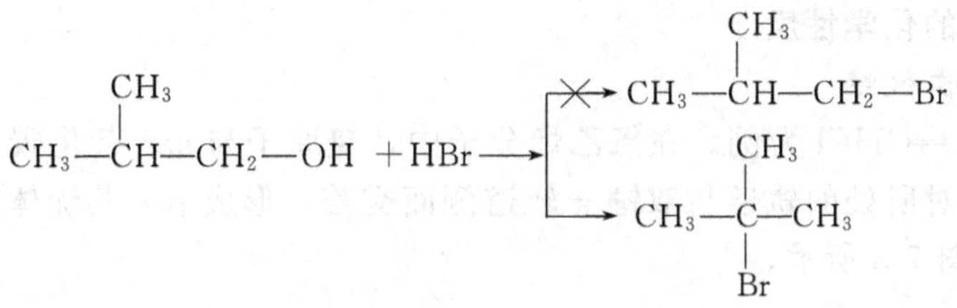

$$CH_3-CH(CH_3)-CH_2-OH + HBr \longrightarrow \begin{cases} \times \rightarrow CH_3-CH(CH_3)-CH_2-Br \\ \rightarrow CH_3-C(CH_3)_2-Br \end{cases}$$

(2) 醇与 PX_3 反应

$$ROH + PBr_3 \longrightarrow R-Br + HOPBr_2$$

此反应无重排，可以用于制备伯卤代烃。

(3) 醇与二氯亚砜（或亚硫酰氯）反应

$$ROH + SOCl_2 \longrightarrow RCl + SO_2\uparrow + HCl\uparrow$$

此种制备方法，由于产生的副产物为气体，容易分离，因此产物纯度高。

7.10.3 卤离子交换

见 7.4.6。例如：

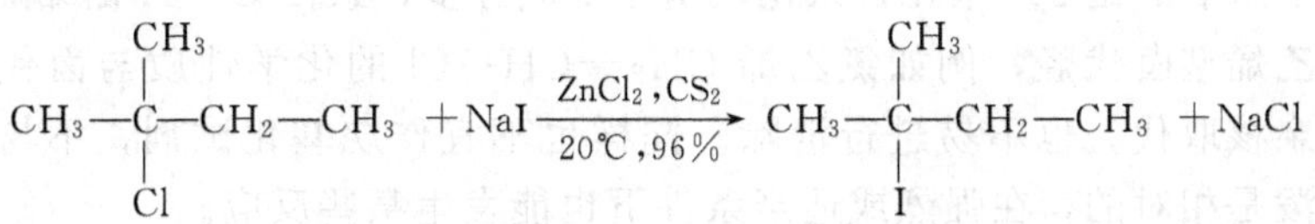

$$CH_3-C(CH_3)(Cl)-CH_2-CH_3 + NaI \xrightarrow[20℃, 96\%]{ZnCl_2, CS_2} CH_3-C(CH_3)(I)-CH_2-CH_3 + NaCl$$

7.11 卤代烯烃

7.11.1 卤代烯烃的分类和命名

烯烃分子中的一个或几个氢原子被卤素取代后的化合物，称卤代烯烃。

7.11.1.1 分类

卤代烯烃可按分子中卤素原子与碳碳双键的相对位置分为三种类型。

① 乙烯型卤代烃　卤原子直接与碳碳双键中的碳原子相连，可用通式表示为 RCH=CHX。例如：

$$CH_2=CH-Cl \qquad \text{（环己烯基）}-CHBr$$

② 烯丙型卤代烃　卤原子与碳碳双键相隔一个饱和碳原子的卤代烃，可用通式表示为 RCH=CHCH$_2$X。例如：

$$CH_2=CH-CH_2-Br \qquad CH_3-CH=CH-CH_2Cl$$

③ 隔离型卤代烯烃　卤素与碳碳双键相隔两个或多个饱和碳原子的卤代烃。可用通式表示为 RCH=CH(CH$_2$)$_n$X（$n>2$）。例如：

$$CH_2=CH-CH_2-CH_2-Br \qquad CH_3CH=CHCH_2CH_2CH_2Cl$$

7.11.1.2 命名

简单的卤代烯烃以普通或习惯性命名法命名，以卤素为母体，烃作为取代基。例如：

$$CH_2=CH-CH_2Br \quad \text{烯丙基溴}$$

复杂的卤代烯烃以烃为母体，以卤素为取代基，按照相应烯烃的命名原则命名。如：

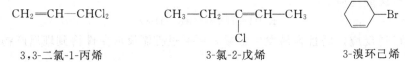

3,3-二氯-1-丙烯　　　　3-氯-2-戊烯　　　　3-溴环己烯

7.11.2 卤代烯烃的化学性质

7.11.2.1 乙烯型卤代烃

以氯乙烯 CH$_2$=CHCl 为例。在氯乙烯分子中，氯原子与 sp^2 杂化碳原子相连，而且氯原子的未共用电子对所处的轨道与双键 π 轨道侧面交盖，形成 p-π 共轭体系，而且是多电子 p-π 共轭体系，如图 7-3 所示。

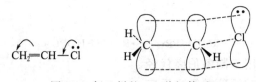

图 7-3　氯乙烯的 p-π 共轭体系

p-π 共轭的结果，使电子云离域，在原子周围的电子云均一化，氯原子上的电子云向碳原子方向偏移，导致 C—Cl 键有部分双键性质，C—Cl 键长为 0.172nm，比氯乙烷分子中 C—Cl 的键长 0.178nm 短。另外，由于氯乙烯 CH$_2$=CH—Cl 和氯乙烷 CH$_3$—CH$_2$—Cl 相比，前者碳原子采取的是 sp^2 杂化，杂化轨道中 s 成分多，致使 C—Cl 键缩短。因此，由上述两种原因，乙烯型卤代烃，例如氯乙烯 CH$_2$=CH—Cl 的化学性质与卤代烷烃相比较稳定，不易进行亲核取代，也不易进行消除。同样也不宜作烷基化试剂，不与硝酸银溶液反应。性质不活泼是相对的，在强烈或适当条件下也能发生某些反应。

① 亲核取代反应　由于在乙烯型卤代烃分子中，C—X 键短而强，卤素不易被亲核试剂取代，但在特殊条件下，也能发生反应。例如：

$$CH_2=CH-Br + AgOH \xrightarrow{-AgBr} [CH_2=CH-OH] \longrightarrow CH_3CHO$$

② 消除反应　乙烯型卤代烃难进行消除，但在强烈的条件下，能消除 HX 生成炔烃，此方法可用来制备炔烃。例如：

$$CH_3CH_2CH_2CH=CHBr \xrightarrow[\text{液氨}]{NaNH_2} CH_3CH_2CH_2C\equiv CH$$

$$C_6H_5CH=CHBr \xrightarrow{KOH, 215\sim230℃} C_6H_5C\equiv CH$$

③ 与金属的反应　乙烯型卤代烃能与金属镁反应，生成 Grignard 试剂。例如：

$$CH_2=CH-Cl + Mg \xrightarrow{THF, I_2} CH_2=CH-MgCl$$

④ 烃基的反应　乙烯型卤代烃与烯烃类似，也能发生亲电加成和聚合反应。但由于电子效应的影响，碳碳双键上电子云密度降低，比烯烃难进行，但亲电加成仍然符合 Markovnikov 规则。例如：

$$CH_2=CH-Cl + HI \longrightarrow CH_3-CHI-Cl$$

$$CH_2=CH-Br + HBr \xrightarrow{Hg^{2+}} CH_3-CHBr_2$$

氯乙烯在偶氮二异丁腈作用下发生聚合生成聚氯乙烯。例如：

$$n\ CH_2=CH\underset{Cl}{|} \xrightarrow[60℃, 1.2MPa]{偶氮二异丁腈} [CH_2-CH\underset{Cl}{|}]_n$$

这是工业生产聚氯乙烯的方法。

7.11.2.2　烯丙型卤代烃

以 $CH_2=CH-CH_2-Cl$ 为例。烯丙基氯在碱性水解反应（S_N1）中，首先失去 Cl^-，生成烯丙基碳正离子（$CH_2=CH-\overset{+}{C}H_2$），见图 7-4。

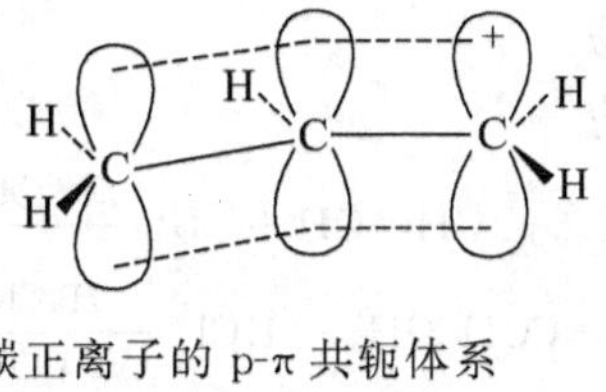

图 7-4　烯丙基碳正离子的 p-π 共轭体系

在碳正离子中，带正电荷的碳原子的 p 轨道与碳碳双键上的 π 轨道构成 p-π 共轭体系，电子发生离域，正电荷不再集中在原来的带电荷的碳原子上，而是分散在构成共轭体系的所有碳原子上，从而降低了碳正离子的能量，使之得到稳定。

因此，烯丙基氯中的氯比较活泼，容易发生亲核取代、消除反应，并能与硝酸银溶液反应，生成卤化银沉淀，可用来鉴别此类卤代烯烃。

① 亲核取代反应　烯丙型卤代烃可与亲核试剂（如 OH^-、OR^-、CN^-、NH_3 等）发生亲核取代反应。例如：

$$CH_2=CH-CH_2-Br \begin{array}{c} \xrightarrow[\triangle]{NaOH, H_2O} CH_2=CH-CH_2-OH \\ \xrightarrow[\triangle]{CN^-, C_6H_5NO_2} CH_2=CH-CH_2-CN \end{array}$$

值得注意的是，某些烯丙型卤代烃发生亲核取代反应时，由于形成的碳正离子中间体是一共轭体系，不仅有正常产物生成，还有重排产物。例如：

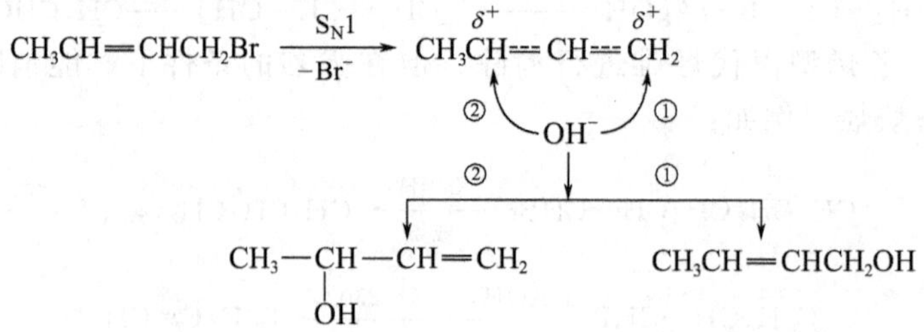

$$CH_3CH=CHCH_2Br \xrightarrow[-Br^-]{S_N1} CH_3CH \cdots\cdots CH \cdots\cdots CH_2^{\delta+}$$

重排产物：$CH_3-CH-CH=CH_2$
              $|$
              OH

正常产物：$CH_3CH=CHCH_2OH$

② 消除反应　与卤代烷烃相似，烯丙型卤代烃也能进行消除反应。

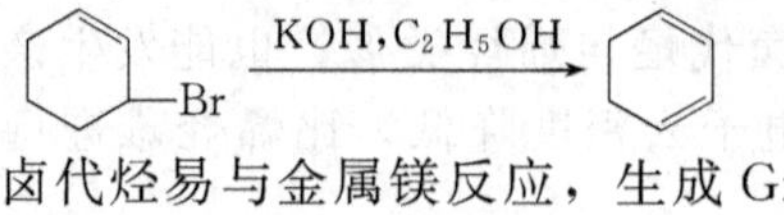

$$\text{环己烯基-Br} \xrightarrow{KOH, C_2H_5OH} \text{苯}$$

③ 与金属镁反应　烯丙型卤代烃易与金属镁反应，生成 Grignard 试剂。

$$CH_2=CHCH_2Br + Mg \xrightarrow{\text{纯醚},\ I_2} CH_2=CHCH_2MgBr$$

④ 鉴别　乙烯型卤代烃、烯丙型卤代烃、隔离型卤代烯烃，加入硝酸银的醇溶液，加热不反应为乙烯型卤代烃，立即生成沉淀为烯丙型卤代烃，过一会生成沉淀为隔离型卤代烯烃。隔离型卤代烯烃由于碳碳双键与卤素相离较远，相互影响小，其化学性质与卤代烷和烯烃相似。例如：

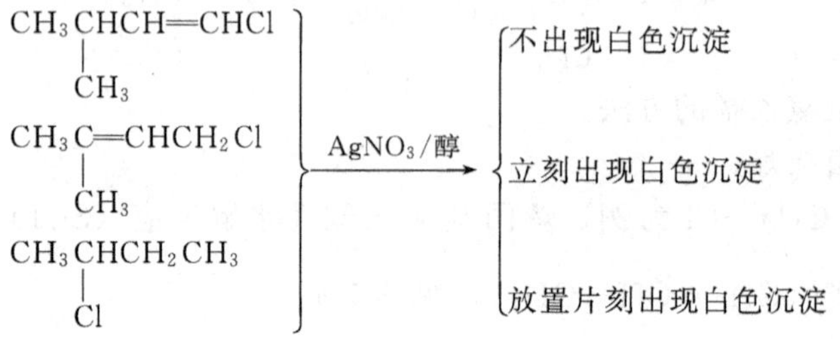

$CH_3CHCH=CHCl$
$|$
CH_3
$\xrightarrow{AgNO_3/\text{醇}}$ 不出现白色沉淀

$CH_3C=CHCH_2Cl$
$|$
CH_3
立刻出现白色沉淀

$CH_3CHCH_2CH_3$
$|$
Cl
放置片刻出现白色沉淀

7.11.3　卤代烯烃的制法

(1) 炔烃的加成反应

$$CH\equiv CH + Cl_2 \xrightarrow{\text{活性炭}} ClCH=CHCl$$

$$CH_3CH_2C\equiv CCH_2CH_3 + HCl \xrightarrow[CH_3COOH]{HgCl_2} CH_3CH_2CH=CClCH_2CH_3$$

(2) 偕二卤代烷消除卤化氢

见本章 7.3.2。例如：

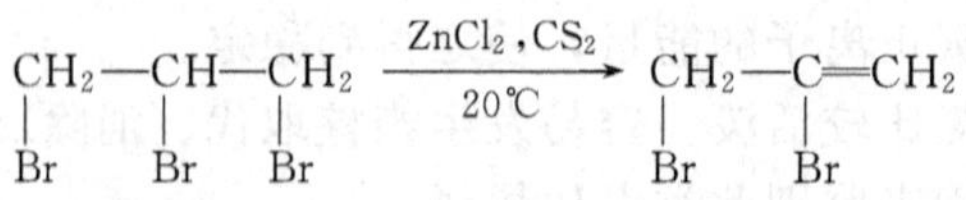

$$\underset{\underset{Br}{|}}{CH_2}-\underset{\underset{Br}{|}}{CH}-\underset{\underset{Br}{|}}{CH_2} \xrightarrow[20℃]{ZnCl_2, CS_2} \underset{\underset{Br}{|}}{CH_2}-C=\underset{\underset{Br}{|}}{CH_2}$$

(3) 烯烃的 α-H 取代

$$CH_3-CH=CH_2 \xrightarrow[>500℃]{Cl_2} ClCH_2-CH=CH_2$$

$$\text{环己烯} \xrightarrow[CCl_4\ \text{沸腾}]{NBS} \text{3-溴环己烯}\quad 85\%$$

7.12 卤代芳烃

芳烃分子中的一个或几个氢原子被卤素原子取代后的化合物，称为芳卤化合物或卤代芳烃。卤素原子可以取代芳环上的氢原子，也可以取代侧链上的氢原子。所以芳卤化合物分为卤原子连在芳环上和侧链上两类。例如：

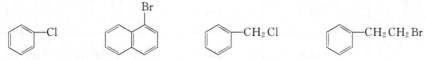

7.12.1 卤代芳烃的分类及命名

7.12.1.1 分类

卤代芳烃可根据卤素与苯环的相对位置分为三种类型。

① 苯基型卤代烃　卤原子直接与苯环相连的卤代烃称为苯基型卤代烃。例如：

② 苄基型卤代烃　卤素原子与苯环相隔一个饱和碳原子的卤代烃，称苄基型卤代烃。例如：

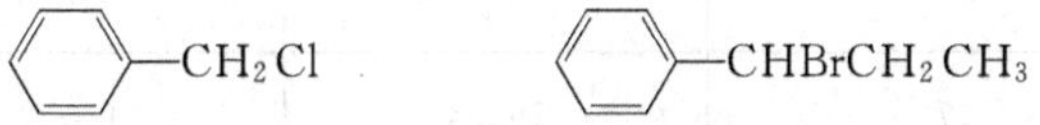

③ 隔离型卤代芳烃　卤素原子与苯环相隔两个或两个以上饱和碳原子的卤代芳烃。例如：

7.12.1.2 卤代芳烃的命名

芳卤化合物的命名与脂肪族（卤代烷、卤代烯烃）相似，卤原子直接与苯环相连时，以芳烃为母体，卤原子作为取代基，其位次可用数字或邻、对、间表示。卤原子连在侧链上时，通常以脂肪烃为母体，芳烃和卤原子为取代基。对于复杂化合物，依据最低系列原则、次序规则命名。例如：

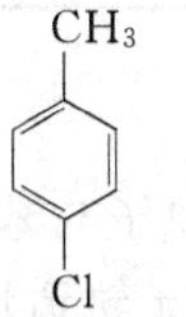

4-氯甲苯（对氯甲苯） 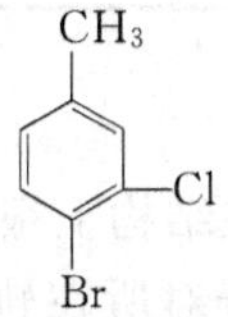　　3-氯-4-溴甲苯 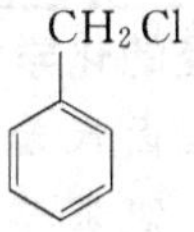　　苯氯甲烷或苄基氯

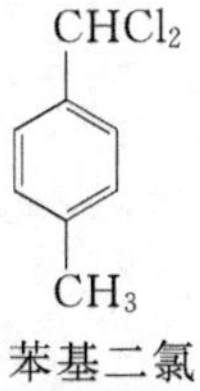

对甲苯基二氯甲烷 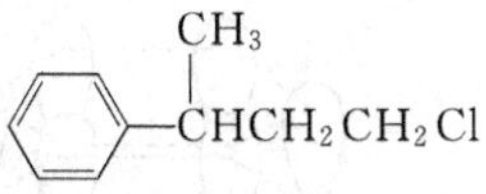　　3-苯基-1-氯丁烷　　β-溴代苯乙烯

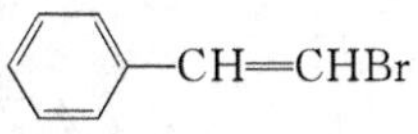

7.12.2 卤代芳烃的物理性质

一卤代芳烃为液体，苄基卤有催泪性，卤代芳烃的相对密度都大于1，不易溶于水，易溶于有机溶剂。在二卤代苯异构体中，其沸点相近，但熔点相差很大。熔点与分子的对称性有关，而沸点与分子间引力有关，因而对二卤苯的熔点最高，邻二卤苯的沸点最高。部分一卤代芳烃的物理性质见表7-2。

表 7-2 部分一卤代芳烃的物理性质

结 构 式	熔点/℃	沸点/℃	相对密度(d_4^{20})	折射率(n_D^{20})
C₆H₅—F	−41.9	85.0	1.025	1.4678
C₆H₅—Cl	−40.0	132.2	1.106	1.5245
C₆H₅—Br	−30.5	156.2	1.495	1.5596
C₆H₅—I	−31.5	188.6	1.831	1.6200
C₆H₅—CH₂—Cl	−39.0	179.3	1.002	1.5390
邻-CH₃C₆H₄Cl	−35.0	159.2	1.083	1.5266
间-CH₃C₆H₄Cl	−48.0	162.0	1.072	1.5215
对-Cl—C₆H₄—CH₃	7.5	162.4	1.070	1.5152
邻-NO₂C₆H₄Cl	34.0	246.0	1.305(80℃)	—
间-NO₂C₆H₄Cl	46.0	236.0	1.343(50℃)	1.5370(80℃)
对-O₂N—C₆H₄—Cl	83.6	239.0	1.298(90℃)	1.5375(100℃)

7.12.3 卤代芳烃的化学性质

7.12.3.1 苯基型卤代芳烃

以氯苯为例。氯苯与 CH₂=CHCl 在结构上很相似,其中氯原子与苯环上 sp² 杂化的碳原子直接相连,且氯原子上的未共用电子对所在轨道与苯环上的 π 轨道形成 p-π 共轭体系,如图 7-5 所示。

 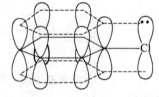

图 7-5 氯苯分子的 p-π 共轭体系

与氯原子相连的碳原子是 sp² 杂化,s 成分多于 sp³ 杂化,致使 C—Cl 键的键长缩短。另外,p-π 共轭使电子从氯原子离域到苯环上,使 C—Cl 键很难断裂形成苯基正离子;同时,苯环的电子效应和空间效应阻碍亲核试剂从背面进攻与卤原子相连的碳原子,使苯基型卤代芳烃不活泼，不易进行取代和消除反应，也不与硝酸银反应，但在适当的条件下也能发生某些反应。

(1) 亲核取代反应

在强烈的条件下，能与 NaOH、RONa、CuCN、NH_3 等发生亲核取代反应。例如：

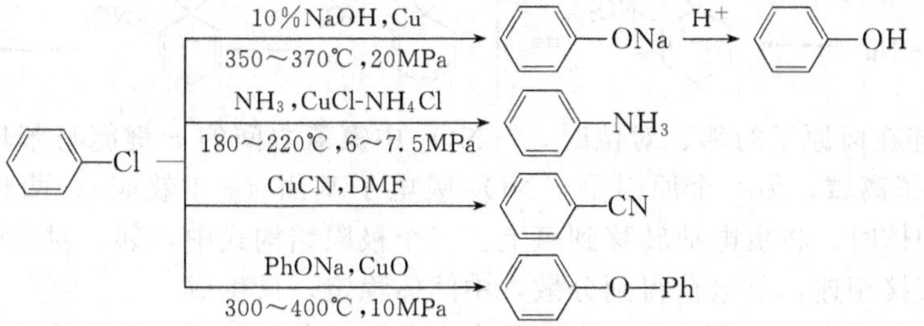

$$\text{PhCl} \xrightarrow[350\sim370℃,20\text{MPa}]{10\%\text{NaOH,Cu}} \text{PhONa} \xrightarrow{H^+} \text{PhOH}$$

$$\text{PhCl} \xrightarrow[180\sim220℃,6\sim7.5\text{MPa}]{NH_3,\text{CuCl-NH}_4\text{Cl}} \text{PhNH}_2$$

$$\text{PhCl} \xrightarrow{\text{CuCN,DMF}} \text{PhCN}$$

$$\text{PhCl} \xrightarrow[300\sim400℃,10\text{MPa}]{\text{PhONa,CuO}} \text{Ph-O-Ph}$$

然而，当苯环的邻、对位连有强吸电子基团时，苯基型芳卤的反应活性显著提高。例如氯苯的水解很难，但邻、对位连有吸电子基团，如$-NO_2$时，水解变得容易，且吸电子基越多，水解越容易。例如：

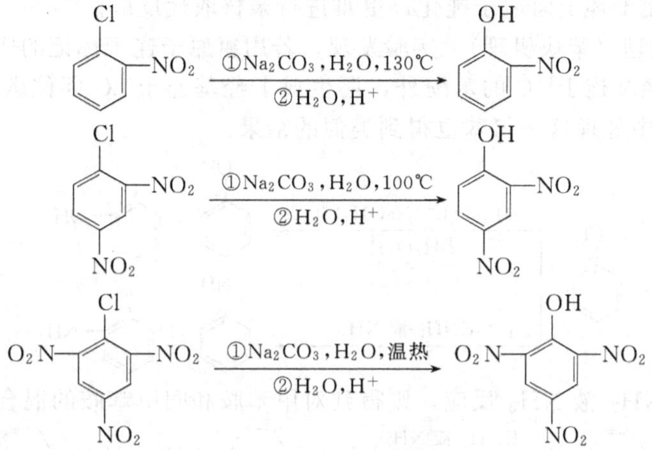

邻-氯硝基苯 $\xrightarrow[②H_2O,H^+]{①Na_2CO_3,H_2O,130℃}$ 邻-硝基苯酚

2,4-二硝基氯苯 $\xrightarrow[②H_2O,H^+]{①Na_2CO_3,H_2O,100℃}$ 2,4-二硝基苯酚

2,4,6-三硝基氯苯 $\xrightarrow[②H_2O,H^+]{①Na_2CO_3,H_2O,温热}$ 2,4,6-三硝基苯酚

当卤原子的邻、对位连$-\overset{+}{N}R_3$、$-CN$、$-SO_3H$、$-CHO$、$-COR$、$-COOH$等吸电子基团时，卤原子的活性增加；当吸电子基处于卤原子的间位时，对卤原子的影响较小；当苯环上连有$-NH_2$、$-OH$、$-OR$、$-R$等供电子基团时，则对卤原子的活性起钝化作用。

(2) 亲核取代反应机理

苯基型芳卤的亲核取代反应历程分两种类型，现分述如下。

① 加成-消除机理

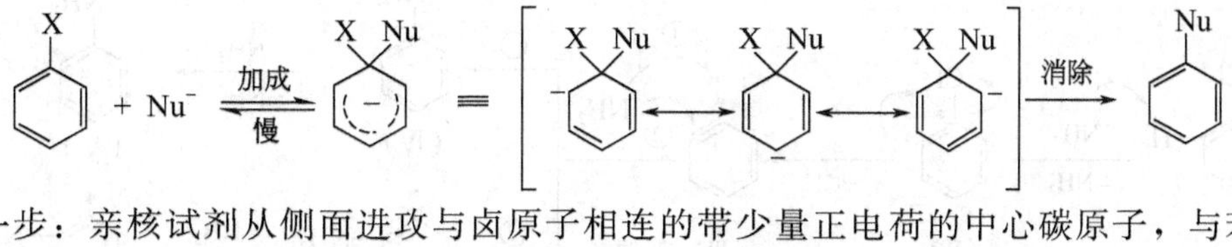

$$\text{ArX} + Nu^- \xrightarrow[\text{慢}]{\text{加成}} [\text{碳负离子中间体共振式}] \xrightarrow{\text{消除}} \text{ArNu}$$

第一步：亲核试剂从侧面进攻与卤原子相连的带少量正电荷的中心碳原子，与苯环发生亲核加成反应，生成环上带有负电荷的碳负离子中间体，碳原子由原来的 sp^2 杂化变为 sp^3 杂化，苯环闭合的共轭体系被破坏，能量较高而不稳定，因此，这是反应速率慢的一步，是控速步骤，相当于加成。

第二步：卤原子以卤素负离子 X^- 的形式带着一对键合电子离去而形成产物，恢复了苯环闭合的共轭体系，能量降低，故较稳定而较容易生成，这一步是反应中的快步骤。

因此，上述苯基型芳卤的取代反应分两步进行，第一步是加成，第二步是消除，这种机理称加成-消除机理，有时也称 S_NAr2 机理。

当卤原子邻、对位有强吸电子基团时，反应速率加快，而连在间位时，影响较小；当卤原子邻、对位有供电子基团时，反应速率减慢。以吸电基 $-NO_2$ 为例：

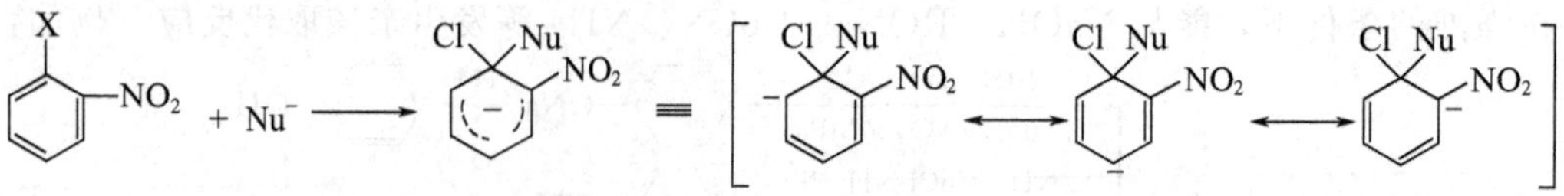

当 $-NO_2$ 连在卤原子的邻、对位时，$-NO_2$ 中氮氧之间的 π 键能与苯环上的 π 键形成 π-π 共轭，使电子离域；另一个原因是 $-NO_2$ 吸电子基团（$-I$ 效应）。两种原因使苯环形成负碳离子中间体时，将负电荷转移到氧上。三个极限结构式中，邻、对位时负电荷与三个极限结构式中直接相连，负电荷得到分散，中间体稳定，易生成。

如果在间位上，三种极限结构式中，没有一种负电荷与三个极限结构式中直接相连，不能形成共轭，只有静电诱导效应，因此影响不大。

如果连有 $-CH_3$ 等供电子基团，供电子的结果使苯环上负电荷更加集中，使负碳离子中间体更不稳定，使苯环上卤原子钝化，更难进行亲核取代反应。

② 消除-加成机理（苯炔机理） 实验发现，若用氯原子连于标记的 ^{14}C 上的氯苯进行水解，除生成预期的羟基连于 ^{14}C 的苯酚外，还生成了羟基连于 ^{14}C 邻位碳上的苯酚；用极强的碱 KNH_2 在液氨中处理这一氯苯也得到类似的结果：

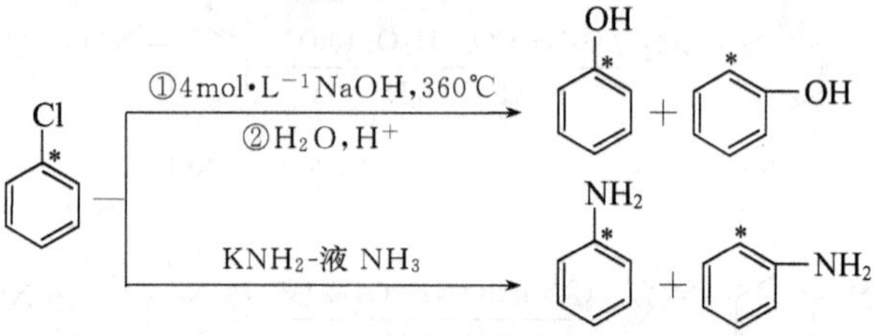

对氯甲苯与 KNH_2-液 NH_3 反应，则得到对甲苯胺和间甲苯胺的混合物：

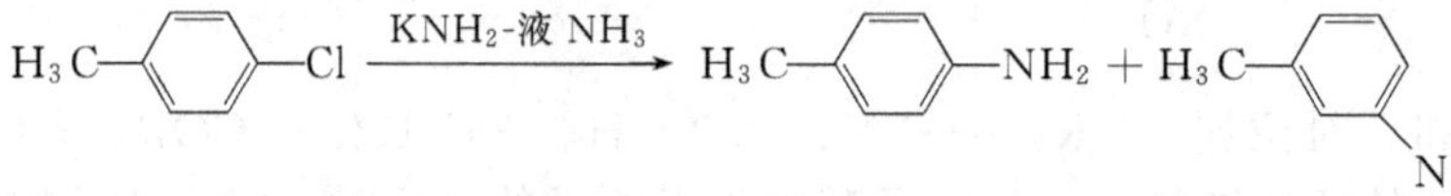

上述反应的显著特点是：取代基团不仅进入到原来卤原子的位置，而且还进入到卤原子的邻位。显然，这些实验现象用前面所述的加成-消除机理是难以解释的，然而用消除-加成机理（苯炔机理）却能很好解释上述的实验结果。现以氯苯的氨解为例说明消除-加成机理如下：

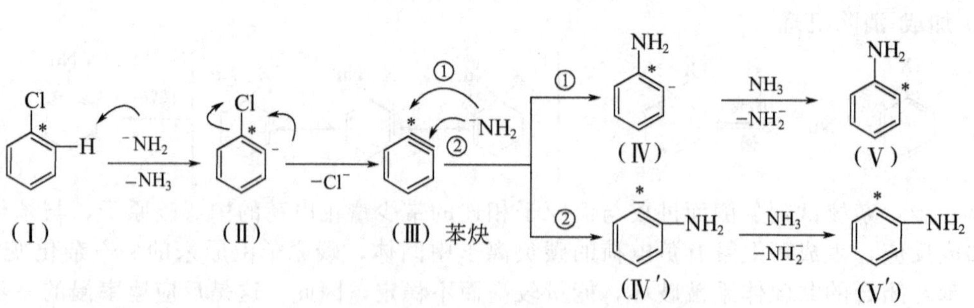

由于氯原子的吸电子诱导效应，使其邻位碳上氢原子的酸性较强，反应第一步是强碱 $^-NH_2$ 进攻氯原子邻位的 H 原子，生成碳负离子Ⅱ，然后Ⅱ脱去氯生成Ⅲ——苯炔活性中间体。这两步合起来相当于在强碱 $^-NH_2$ 作用下，氯苯失去一分子 HCl。苯炔是一高度活泼的中间体，立即与 $^-NH_2$ 加成生成Ⅳ和Ⅳ'，它们分别夺取 NH_3 中的 H 生成Ⅴ和Ⅴ'，后两步合起

来，相当于苯炔的碳碳叁键上加了一分子的 NH_3。所以这种机理称为消除-加成机理，又因为该类反应是经由苯炔活性中间体完成的，故又称苯炔机理。

苯炔含有一个碳碳叁键，比苯少两个氢原子，又称去氢苯。但苯炔中的碳碳叁键与乙炔中的碳碳叁键不同。构成苯炔的两个碳原子仍是 sp^2 杂化。"叁键"当中，一个是 σ 键，两个是 π 键，其中的一个 π 键参与苯环的共轭 π 键体系，第二个 π 键则是由苯环上相邻的两个不平行的 sp^2 杂化轨道从侧面交盖而成，如图 7-6 所示。

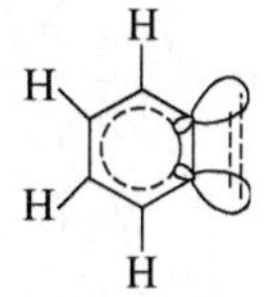

图 7-6 苯炔结构的轨道图

从图中可以看出，其一，由于两个 sp^2 杂化轨道相互不平行，侧面交盖很少，故所形成的这个 π 键很弱，导致了苯炔的活泼性，如苯炔除了容易与亲核试剂加成外，也可以与共轭二烯烃发生 Diels-Alder 反应。其二，由于第二个 π 键的两个 sp^2 杂化轨道与构成苯环的碳原子共处于同一平面上，即与苯环中的共轭 π 键体系相互垂直，故苯环上的所有取代基对苯炔的生成与稳定，只存在诱导效应，而不存在共轭效应。

(3) 消除反应

与亲核反应类似，苯基型卤代烃也很难进行消除反应。苯基型卤代烃在反应过程中可以生成很活泼的瞬间存在的苯炔中间体。

(4) 与金属的反应

① 苯基型卤代烃可与 Mg 反应生成 Grignard 试剂。对于烃基相同的卤代烃，反应的活性顺序是 RI>RBr>RCl。例如：

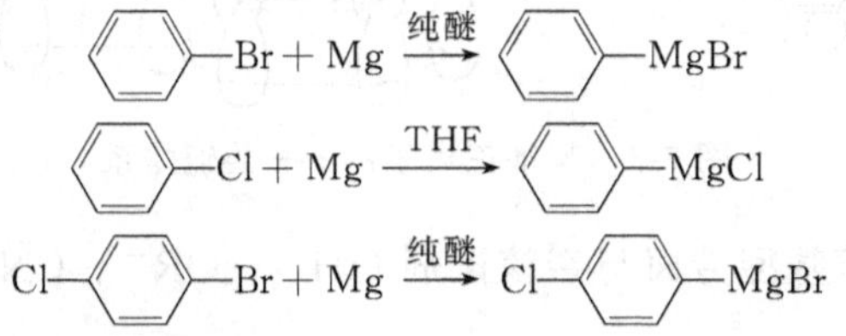

$$C_6H_5-Br + Mg \xrightarrow{纯醚} C_6H_5-MgBr$$

$$C_6H_5-Cl + Mg \xrightarrow{THF} C_6H_5-MgCl$$

$$Cl-C_6H_4-Br + Mg \xrightarrow{纯醚} Cl-C_6H_4-MgBr$$

注意：a. 芳环上不能有活泼基团，如 —COR、—COOH、—CHO、—CN、—SO_3H 等，因其能与格氏试剂反应。

b. 不能有硝基，硝基能氧化格氏试剂。

c. 不能有不饱和基团，例如：

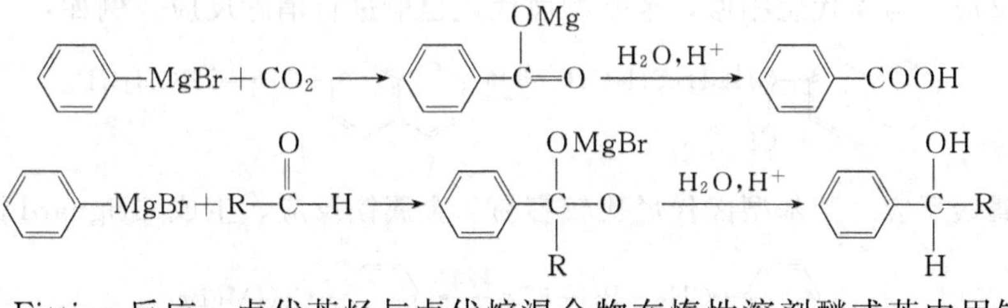

$$C_6H_5-MgBr + CO_2 \longrightarrow C_6H_5-C(OMg)=O \xrightarrow{H_2O, H^+} C_6H_5-COOH$$

$$C_6H_5-MgBr + R-CHO \longrightarrow C_6H_5-C(OMgBr)(R)H \xrightarrow{H_2O, H^+} C_6H_5-CH(OH)-R$$

② Wurtz-Fitting 反应 卤代芳烃与卤代烷混合物在惰性溶剂醚或苯中用钠处理，发生偶联生成烷基芳烃的反应。例如：

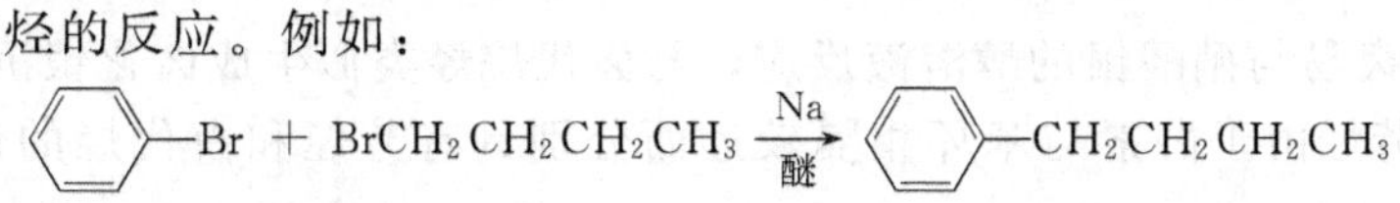

$$C_6H_5-Br + BrCH_2CH_2CH_2CH_3 \xrightarrow{Na}{醚} C_6H_5-CH_2CH_2CH_2CH_3$$

这类反应用来制备直链烷基苯产率较高，虽有两种副产物，但易分离，常用溴和碘（沸点不同）。

③ Ullmann 反应 卤代芳烃与铜粉共热，生成联苯芳基化合物。

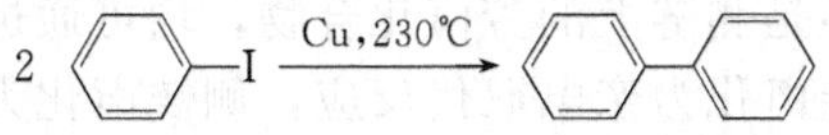

$$2\, C_6H_5-I \xrightarrow{Cu, 230℃} C_6H_5-C_6H_5$$

其中碘化物最活泼、也常用，溴和氯化物较难反应，但在卤原子的邻和对位有吸电子基时反应顺利进行。如：

$$2 \underset{NO_2}{\underset{|}{C_6H_4}}{-}Br \xrightarrow[\triangle]{Cu} \underset{NO_2\ NO_2}{联苯衍生物}$$

（5）苯环上的反应

苯基型芳卤与苯相似，苯环上也能发生卤化、硝化、磺化、Friedel-Crafts 反应等亲电取代反应。例如：

$$C_6H_5{-}Br + (CH_3CO)_2O \xrightarrow[\triangle]{AlCl_3,CS_2} Br{-}C_6H_4{-}COCH_3$$

7.12.3.2 苄基型芳卤

苄基型卤代烃与烯丙型卤代烃类似，卤原子很容易失去，生成苄基正离子。在苄基正离子中，带正电荷的碳原子的轨道与苯环的 π 轨道构成 p-π 共轭体系，电子离域使正电荷不再集中在原来的碳原子上，而是分散到构成共轭体系的所有碳原子上，从而降低碳正离子的能量，使之稳定，故苄基型芳卤性质活泼，如图 7-7 所示。

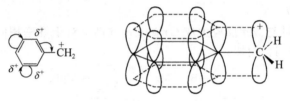

图 7-7 苄基正离子的 p-π 共轭体系

① 亲核取代反应 苄基型芳卤与亲核试剂 OH⁻、OR⁻、CN⁻、NH₃ 等容易发生亲核取代反应。例如：

$$C_6H_5{-}CH_2Br \begin{array}{c} \xrightarrow{Na_2CO_3, H_2O} C_6H_5{-}CH_2{-}OH \\ \xrightarrow{NaCN} C_6H_5{-}CH_2{-}CN \end{array}$$

② 消除反应 与卤代烷相似，苄基型卤代烃也能进行消除反应。例如：

$$\text{(萘基)}{-}CHCH_2CH_3 \xrightarrow{\text{喹啉}} \text{(萘基)}{-}CH{=}CHCH_3$$
$$|$$
$$Cl$$

③ 与金属镁反应 苄基型卤代烃比较容易与金属镁反应，生成 Grignard 试剂。例如：

$$C_6H_5{-}CH_2{-}Br + Mg \xrightarrow{\text{纯醚}} C_6H_5{-}CH_2MgBr$$

④ 苄基型芳卤易与硝酸银的醇溶液反应，与卤代烷烃类似生成卤化银沉淀。

隔离型卤代芳烃由于卤素与苯环相隔较远而分别具有芳烃和卤代烃的性质，在此不再赘述。

7.12.4 卤代芳烃的制法

（1）直接卤化

无论卤原子连在芳环上还是侧链上的芳卤化合物，均可通过芳烃直接卤化得到。反应条件不同机理也不同。芳环直接卤化为亲电取代反应，侧链卤化为自由基取代反应。例如：

$$\text{C}_6\text{H}_6 + \text{Cl}_2 \xrightarrow{\text{Fe}} \text{C}_6\text{H}_5\text{—Cl}$$

$$\text{C}_6\text{H}_5\text{—CH}_3 \xrightarrow[\text{光照}]{\text{Cl}_2} \text{C}_6\text{H}_5\text{—CH}_2\text{Cl}$$

$$\text{C}_6\text{H}_5\text{—CH}_2\text{CH}_3 \xrightarrow[\text{光照}]{\text{Br}_2} \text{C}_6\text{H}_5\text{—CHBrCH}_3$$

(2) 氯甲基化

在芳烃上直接引入—CH_2Cl 的常用方法。

$$\text{萘} + \text{HCHO} + \text{HCl} \xrightarrow{\text{浓 CH}_3\text{COOH}, \text{H}_3\text{PO}_4} \text{1-氯甲基萘}$$

(3) 由重氮盐制备

$$\text{间甲苯胺} \xrightarrow[\text{HBF}_4]{\text{NaNO}_2, \text{HCl}} \text{间甲基重氮氟硼酸盐} \xrightarrow[\text{过滤,干燥}]{\Delta} \text{间氟甲苯}$$

7.13 有机氟化物

氟代烃有氟代烷烃、氟代烯烃和氟代芳烃之分。由于氟原子的电负性大 (4.0)，原子半径小 (0.135nm)，C—F 键短 (0.138nm)，C—F 键的解离能高 ($452kJ \cdot mol^{-1}$)，氟代烃在性质上与其它卤代烃不同，制备也比较困难。由于烃直接氟代反应剧烈，产物复杂，因此，通常是由其它卤代烃与无机氟化物进行置换反应得到的。一氟代烃不太稳定，容易脱去 HF 而生成烯烃。但烃类分子中含有多个氟原子，尤其是一个碳原子上连有多个氟原子时，是非常稳定的。

$$CH_3\text{—}CHF\text{—}CH_3 \longrightarrow CH_3\text{—}CH\text{=}CH_2 + HF$$

7.13.1 重要的有机氟化物

7.13.1.1 氟利昂

分子内同时含有氟和氯的低碳多卤代烃称为氟氯代烃，商品名为氟利昂 (Freon)。氟利昂是一类甲烷和乙烷分子中含氟、氯、溴的烷烃。例如，$ClF_2C\text{—}CF_2Cl$ 称为 F-114，CCl_2F_2 称为 F-12。F 代表氟利昂，F 后的第一位数字代表碳原子数减 1，第二位数字代表氢原子数加 1，第三位数字代表氟原子数。$Cl_3C\text{—}CF_3$ 称为 F-113a，其中 a 表示异构体并放在数字最后，即 F-113a 是 F-113 的异构体。又如，$BrF_2C\text{—}CBrF_2$ 称为 F-114B2，$CBrF_3$ 称为 F-13B1，其中，溴原子用 B 表示，B 后的数字代表溴原子数，并放在整个名字后面。全氟环丁烷简写为 F-C318，其中 C 表示为环烷烃。

在常温下，氟利昂是无色气体或易挥发液体，略有香味，无毒，无腐蚀性（在 200℃ 以下对金属无腐蚀），不易燃烧，具有较高的化学稳定性。可用作制冷剂、气雾剂、发泡剂、清洗剂、灭火剂等，广泛用于家用电器、泡沫塑料、日用化学品、汽车、消防器材等领域。

由于氟利昂可能破坏大气臭氧层，已限制使用。目前地球上已出现很多臭氧层漏洞，有些已超过非洲面积，臭氧层的破坏会使过量紫外线到达地表，造成健康伤害，增加皮肤癌及白内障患病率，并影响植物生长，导致生态平衡破坏。氟利昂对大气臭氧层的破坏，是由于受紫外线辐射分解出氯原子而破坏臭氧层，而非氟原子引起的，其反应机理如下：

$$CF_2Cl_2 \xrightarrow{紫外线} CF_2Cl\cdot + Cl\cdot$$
$$O_3 + Cl\cdot \longrightarrow O_2 + ClO\cdot$$
$$O_3 + ClO\cdot \longrightarrow 2O_2 + Cl\cdot$$

为消除氟利昂破坏臭氧层给人类健康和生态环境带来的危害，近年来已签订有关国际协定，逐渐禁止使用和生产某些氟利昂。为解决某些氟利昂禁用而带来的问题，目前已有一些代用品出现，并仍在进一步开发。例如，在制冷方面可用 $CF_3—CFH_2$（F-134a）代替 CCl_2F；在气雾剂方面可用液化石油气代替等。

7.13.1.2 四氟乙烯

在常温下四氟乙烯是无色气体，沸点 $-76.3℃$，不溶于水，溶于有机溶剂。工业上四氟乙烯是以氯仿为主要原料来生产：

$$CHCl_3 + 2HF \xrightarrow[20\sim30℃]{SbCl_5} CHF_2Cl + 2HCl$$

$$2CHF_2Cl \xrightarrow{600\sim800℃} CF_2=CF_2 + 2HCl$$

四氟乙烯的双键容易发生聚合反应生成聚四氟乙烯：

$$nCF_2=CF_2 \xrightarrow[50℃, 490.5kPa]{(NH_4)_2S_2O_8, H_2O, HCl} \text{—}[CF_2—CF_2]_n\text{—}$$

聚四氟乙烯英文缩写为PTFE，商品名为"特氟隆"（Teflon），是白色或淡灰色的固体，其平均相对分子质量为（400~1000）万。聚四氟乙烯具有极为稳定的化学性质，不与浓的强酸、强碱作用，甚至在"王水"中煮沸也无变化。最大特点是耐化学药品腐蚀（除熔融的碱金属钠、钾和液氟外），对有机溶剂有很强的抗溶性，不燃烧，机械强度高，绝缘性能好；耐高温可达250℃，耐低温达 $-200℃$，素有"塑料王"之称。因此，聚四氟乙烯用作垫圈、管件、阀门、衬里以及耐热的电绝缘材料等，用于化工、机械、电子、国防、电器、航空、环保、桥梁、尖端科学技术等部门。

7.13.1.3 其它有机氟化物

氟代苯如2,4-二氯氟苯、2,6-二氟苯甲腈、二氟苯酮等主要用于制备医药和农药的中间体。含氟聚氨酯综合了聚氨酯和含氟聚合物的优点，如具有极好的耐紫外线和核辐射性、柔韧性、优良耐磨性、低表面能和高耐候性等，可用作耐低温涂料、胶黏剂、弹性体、复合材料、吸波涂层的树脂基料，如运载火箭、飞船、导弹液氢液氧推进系统低温静密封材料，南极科学考察住房材料和室外仪器材料，液化气运输船内壁涂料和复合材料，耐酸、耐碱、耐介质复合材料等。

7.13.2 有机氟化物的制法

7.13.2.1 直接氟化

氟与有机化合物作用强烈放热，放出的大量热可使反应底物分子结构遭到破坏，其至着火爆炸。为使反应缓和，常采取降低反应温度，用惰性气体（如氮气、二氧化碳、氦气等）稀释氟气，用惰性溶剂稀释反应底物等措施。控制反应条件，饱和烃中的氢原子都可被取代而生成全氟烃类，反应中的副产物二氟化钴可用氟气再生三氟化钴，循环使用。例如：

$$C_7H_{16} + 32CoF_3 \xrightarrow[91\%]{260\sim280℃} C_7F_{16} + 16HF + 32CoF_2$$

全氟化合物用全氟加相应化合物名称来命名。若名称易被误解时，则将相应化合物名称用括号括起来。例如：

$(CF_3)_3CBr$　　　　$CF_3—CF_2—OH$　　　　 ⬠F—CF_3

全氟叔丁基溴　　　　　全氟乙醇　　　　　全氟(甲基环戊烷)

7.13.2.2 重氮盐制备

氟代芳烃还可以由重氮盐制备,见本章 7.9.5。例如:

$$\text{3-CH}_3\text{-C}_6\text{H}_4\text{-N}_2^+\text{BF}_4^- \xrightarrow[89\%]{\Delta} \text{3-CH}_3\text{-C}_6\text{H}_4\text{-F}$$

7.13.2.3 氟化氢加成

无水氟化氢可与烯烃或炔烃加成得到氟化物,但不与芳环加成。加成反应遵守 Markovnikov 规律。烯烃加成有两种方式,低温有利加成,高温有利聚合。若双键碳上连有卤素,加成困难,需在三氟化硼催化下,才起加成反应,同时有取代反应发生。

环己烯 $\xrightarrow{HF, -78\sim-20℃}$ 氟代环己烷

环己烯 $\xrightarrow{HF, 100℃}$ 聚合物

$$\text{CHCl}=\text{CCl}_2 + \text{HF} \xrightarrow[120℃]{\text{BF}_3} \underset{\text{加成产物, 35\%}}{\text{CH}_2\text{Cl}-\text{CCl}_2\text{F}} + \underset{\text{加成及取代产物, 22\%}}{\text{CH}_2\text{Cl}-\text{CClF}_2}$$

炔烃与 HF 加成在常压、低温时即可进行,但乙炔非常特殊,常压时,300℃以下不与 HF 作用。在高压下乙炔与 HF 加成主要得到两分子加成产物,而在催化剂 $HgCl_2$ 和 $BaCl_2$ 下,主要发生一分子加成。

$$\text{CH}\equiv\text{CH} + \text{HF} \xrightarrow{20℃, 1.3\text{MPa}} \underset{35\%}{\text{CH}_2=\text{CHF}} + \underset{65\%}{\text{CH}_3-\text{CHF}_2}$$

$$\text{CH}\equiv\text{CH} + \text{HF} \xrightarrow[97\sim104℃]{\text{HgCl}_2, \text{BaCl}_2, \text{C}} \underset{82\%}{\text{CH}_2=\text{CHF}} + \underset{4\%}{\text{CH}_3-\text{CHF}_2}$$

另外,氟化氢和其它氟化物或气态分子也可以与某些不饱和烃生成单氟代或多氟代化合物。例如:

$$\text{CH}_3-\text{CH}=\text{CH}_2 + \text{HF} \xrightarrow{0℃, 0.3\text{MPa}} \text{CH}_3-\text{CHF}-\text{CH}_3$$

1-氯环己烯 $\xrightarrow[1h]{HF(气态)}$ 1-氯-1-氟环己烷 + 1,1-二氯环己烷

加成反应的取向符合 Markovnikov 规则。

7.13.2.4 以氟化钾中的氟取代卤素

氟代烃也可采用氯、溴或碘代烃与无机氟化物进行置换反应制备。例如:

$$\text{CH}_3(\text{CH}_2)_4\text{CH}_2\text{Br} + \text{KF} \xrightarrow[40\%\sim42\%]{120℃, 乙二醇} \text{CH}_3(\text{CH}_2)_4\text{CH}_2\text{F} + \text{KBr}$$

2,4-二硝基氯苯 $\xrightarrow[95\sim100℃, 77\%]{KF, DMF}$ 2,4-二硝基氟苯

在反应中加入相转移催化剂可以提高产率。例如:

$$\text{Ph}-\text{CH}_2\text{Br} + \text{KF} \xrightarrow{18\text{-冠-6, 水-甲苯}} \text{Ph}-\text{CH}_2\text{F} + \text{KBr}$$

卤代烃与 KF 反应,在乙二醇或二缩乙二醇为溶剂时产率较高。

$$\text{C}_6\text{H}_{13}\text{Cl} + \text{KF} \xrightarrow{200℃} \text{C}_6\text{H}_{13}\text{F}$$
1-氯己烷　　　　　　　　　1-氟己烷，20%

$$\xrightarrow[175\sim185℃]{\text{HOCH}_2\text{CH}_2\text{OH}} \text{C}_6\text{H}_{13}\text{F} \quad 64\%$$

KF 也可置换 2,4-二硝基氯苯分子中的氯：

$$O_2N\text{-}\underset{NO_2}{\text{C}_6\text{H}_3}\text{-Cl} + \text{KF} \xrightarrow[\substack{C_6H_5NO_2\\195\sim210℃\\DMF\\95\sim100℃\\DMSO\\95\sim100℃}]{} O_2N\text{-}\underset{NO_2}{\text{C}_6\text{H}_3}\text{-F}$$

7.13.2.5 以氟化锑的氟置换卤素

这是一个非常实用的实验室制氟化物的方法。五氟化锑的反应活性大于三氟化锑，但三氟化锑的活性可由添加氯、溴或五氯化锑，使三价锑转变为五价锑而得到提高。

$$\text{CHCl}_3 \xrightarrow[100℃, 高压]{\text{SbF}_3, \text{SbCl}_3} \text{CHClF}_2$$

$$\text{CHBr}_3 \xrightarrow[0.4\text{MPa}]{\text{SbF}_3, \text{Br}_2} \text{CHBrF}_2$$

$$\text{CCl}_4 \xrightarrow{\text{SbF}_3, \text{SbCl}_3} \text{CCl}_2\text{F}_2$$

这些反应有一个共同特点，同一碳原子上的卤原子最多只被氟取代两个。

7.13.2.6 电解氟化

电解氟化是把有机物溶解或分散于无水氟化氢中，在装有回流冷凝器的铁制或镍制电解槽中进行电解。

电解氟化适用于制备多氟和全氟有机化合物。

$$(\text{CH}_3)_3\text{N} \xrightarrow[4\sim8\text{V}, 2\text{A}\cdot\text{dm}^{-2}]{\text{HF}} (\text{CF}_3)_3\text{N} \quad \text{全氟三甲胺}$$

阅读材料

溴甲烷的困境：非常有用也非常有毒

溴甲烷（CH_3Br）是一种多用途的物质。溴甲烷的制备简单且廉价，主要用于仓库和铁路货车车厢等超大的储存空间的害虫熏蒸剂，它也能有效根除土壤及土豆和西红柿等主要农作物的虫害。溴甲烷可以发生 S_N2 反应，这是它灭虫和高毒性的原因。生命化学高度依赖几类含有亲核基团（如—NH_2 和—SH 及其相关的基团）的分子。这些亲核基团参与的生化作用，对生物的生存繁殖至关重要。但是，这些高活性的亲核基团，易于与溴甲烷发生 S_N2 反应，反应的结果是在生物分子上引入甲基，同时生成 HBr。反应的示意图如下所示：

$$R\text{-}\ddot{\underset{..}{S}}\text{-}H + H_3C\text{-}\ddot{\underset{..}{Br}}: \longrightarrow R\text{-}\overset{+}{\underset{..}{S}}\text{-}\underset{CH_3}{H} + :\ddot{\underset{..}{Br}}:^- \longrightarrow R\text{-}\ddot{\underset{..}{S}}\text{-}CH_3 + H\ddot{\underset{..}{Br}}:$$

该反应不仅破坏了生物分子的生物活性，生成的 HBr 也加大对生命体的危害。因此，溴甲烷不仅对害虫有毒，对人类和其它生命体也是如此。人们处在溴甲烷环境中，会引起大量健康问题：直接接触会灼伤皮肤；长期接触会损害肾、肝和中枢神经系统；吸入高浓度的溴甲烷导致肺组织的破坏、肺水肿，甚至死亡。工作场所的空气中，溴甲烷安全浓度的限定值为百万分之二十。在当今的社会中，已经有很多像溴甲烷一样物质被广泛应用，我们要负责任地控制和使用它们，以减低它们造成的危害。在实用性和安全性之间寻求解决办法并不是容易的，我们必须要认真地评估人类、环境和经济之间的关系。

习 题

1. 写出 1-溴丙烷与下列试剂反应得到的主要产物。
   (1) KOH（醇溶液）　　(2) Li+CuBr　　(3) CH_3NH_2　　(4) NaCN
   (5) CH_3COOAg　　(6) NaOH（水溶液）　　(7) Mg+乙醚　　(8) NaI（丙酮）
   (9) $CH_3C\equiv CNa$　　(10) $C_2H_5OH+C_2H_5ONa$　　(11) $AgNO_3+C_5H_5OH$

2. 完成下列反应。
   (1) $CH_3CH_2CH_2CH_2Cl + I^- \xrightarrow{\text{丙酮}}$

   (2) $(CH_3)_3CBr + KCN \xrightarrow{\text{乙醇}}$

   (3) $CH_3CH=CH_2 + Cl_2 \longrightarrow ? \xrightarrow[\triangle]{2KOH+\text{醇}}$

   (4) $(CH_3)_2CCH_2CH_3 + OH^- \xrightarrow{C_2H_5OH}$
       $\quad\quad\;\;|$
       $\quad\quad Br$

   (5) $CH_3CH=CH_2 + Cl_2 \xrightarrow{500℃} ? \xrightarrow{Cl_2+H_2O}$

   (6) $CH_3CHCH_3 \xrightarrow{KOH+\text{醇}} ? \xrightarrow{HBr/\text{过氧化物}}$
       $\quad\;\;|$
       $\quad\; Br$

   (7) ⬡—CH_2I + NaCN ⟶

   (8) $ClCH=CHCH_2Cl + CH_3\overset{\overset{O}{\|}}{C}-O^- \longrightarrow$

   (9) ⬡(带Cl和Br)$\xrightarrow[\text{乙醚}]{Mg(1分子)} ? \xrightarrow{D_2O}$

   (10) $\begin{array}{c} CH_3 \\ H{-}Br \\ H_3C{-}H \\ C_2H_5 \end{array} \xrightarrow[CH_3CH_2OH]{NaOH}$

3. 在下列每对反应中，哪一个更快，为什么？
   (1) $CH_3CH_2\underset{\underset{CH_3}{|}}{C}HCH_2Br + {}^-CN \longrightarrow CH_3CH_2\underset{\underset{CH_3}{|}}{C}HCH_2CN + Br^-$

   $CH_3CH_2CH_2CH_2CH_2Br + {}^-CN \longrightarrow CH_3CH_2CH_2CH_2CH_2CN + Br^-$

   (2) $CH_3CH=CHCH_2Cl + H_2O \xrightarrow{\triangle} CH_3CH=CHCH_2OH + Cl^-$

   $H_2C=CHCH_2CH_2Cl + H_2O \xrightarrow{\triangle} H_2C=CHCH_2CH_2OH + Cl^-$

   (3) $(CH_3)_2CHCH_2Cl + {}^-SH \longrightarrow (CH_3)_2CHCH_2SH + Cl^-$
   $(CH_3)_2CHCH_2I + {}^-SH \longrightarrow (CH_3)_2CHCH_2SH + I^-$

   (4) $CH_3CH_2Br + NaSH_2 \longrightarrow CH_3CH_2SH$
   $CH_3CH_2Br + NaOH_2 \longrightarrow CH_3CH_2OH$

(5) $CH_3CH_2I + CH_3S^-$ (1.0 mol·L^{-1}) $\longrightarrow$

$CH_3CH_2I + CH_3S^-$ (2.0 mol·L^{-1}) $\longrightarrow$

(6) $(CH_3)_3CBr + H_2O \xrightarrow{\Delta}$

$(CH_3)_2CHBr + H_2O \xrightarrow{\Delta}$

(7) $CH_3CH_2Br + CN^- \xrightarrow{乙醇}$

$CH_3CH_2Br + CN^- \xrightarrow{DMF}$

(8) $(CH_3)_2CHBr + NH_3 \xrightarrow{醇}$

$CH_3CH_2CH_2Br + NH_3 \xrightarrow{醇}$

(9) $CH_3I + NaOH \xrightarrow{H_2O}$

$CH_3I + CH_3COONa \xrightarrow{H_2O}$

(10) $CH_3Br + (CH_3)_3N \longrightarrow$

$CH_3Br + (CH_3)_3P \longrightarrow$

(11) $SCN^- + CH_3CH_2Br \longrightarrow CH_3CH_2SCN$

$SCN^- + CH_3CH_2Br \longrightarrow CH_3CH_2NCS$

(12) $^-OCH_2CH_2Cl \longrightarrow$ (环氧乙烷) $+ Cl^-$

$^-OCH_2CH_2CH_2Cl \longrightarrow$ (氧杂环丁烷) $+ Cl^-$

(13) $CH_3COO^- +$ (环丁基氯) $\longrightarrow$ (环丁基乙酸酯) $+ Cl^-$

$CH_3COO^- +$ (环戊基氯) $\longrightarrow$ (环戊基乙酸酯) $+ Cl^-$

4. 用化学方法鉴别下列各组化合物。

(1) $CH_2=CHCl$　　　$CH_3C\equiv CH$　　　$CH_3CH_2CH_2-Cl$

(2) $CH_3\underset{\underset{CH_3}{|}}{CH}CH=CHCl$　　　$CH_3\underset{\underset{CH_3}{|}}{C}=CHCH_2Cl$　　　$CH_3\underset{\underset{Cl}{|}}{CH}CH_2OH$

(3) 正氯丁烷　　正碘丁烷　　环己烯　　己烷

5. 下列各步反应中有无错误，指出错误在何处，并说明理由。

(1) $H_2C=C(CH_3)_2 + HCl \xrightarrow[A]{过氧化物} (CH_3)_3CCl \xrightarrow[B]{NaCN} (CH_3)_3CCN$

(2) $\text{环己烯基}-CH_2\underset{\underset{Br}{|}}{CH}CH_2CH_3 \xrightarrow[醇]{KOH} \text{环己烯基}-CH_2CH=CHCH_3$

(3) $HC\equiv CH \xrightarrow[A]{HCl/Hg^{2+}} CH_2=CHCl \xrightarrow[B]{NaOC_2H_5} CH_2=CHOC_2H_5$

(4) $(CH_3)_3CCl \xrightarrow{CH_3ONa} (CH_3)_3C-OCH_3$

(5) $CH_3CH_2MgCl + ClCH_2CH=CHCH_2CH_2OH \xrightarrow{乙醚} CH_3CH_2CH_2CH=CHCH_2CH_2OH$

(6) $CH_3\underset{\underset{Cl}{|}}{C}=CHCH_2Cl \xrightarrow[H_2O]{Na_2CO_3} CH_3\underset{\underset{OH}{|}}{C}=CHCH_2Cl$

6. 完成下列反应。

(1) 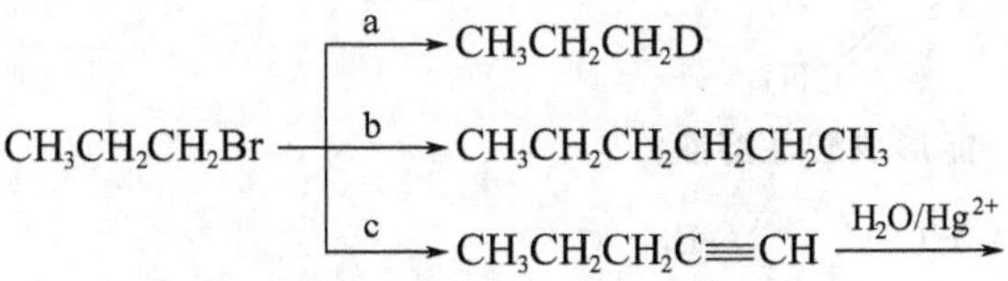 $CH_3CH_2CH_2Br$
   a → $CH_3CH_2CH_2D$
   b → $CH_3CH_2CH_2CH_2CH_2CH_3$
   c → $CH_3CH_2CH_2C\equiv CH$ $\xrightarrow{H_2O/Hg^{2+}}$

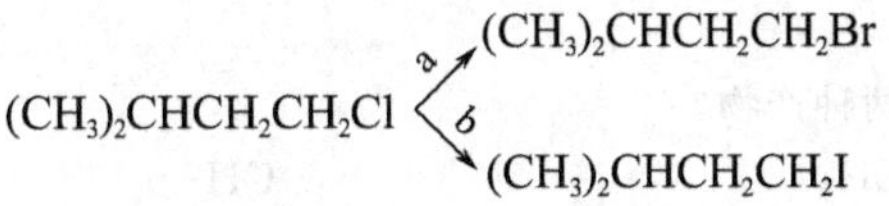

(2) $(CH_3)_2CHCH_2CH_2Cl$
   a → $(CH_3)_2CHCH_2CH_2Br$
   b → $(CH_3)_2CHCH_2CH_2I$

(3) $CH_3CH_2CH_2Cl$
   a → $CH_3CH(OH)CH_2Cl$
   b → $ClCH_2CH(OH)CH_2Cl$

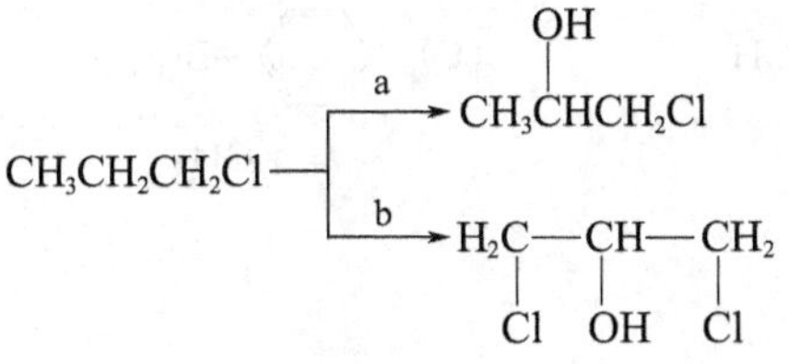

(4) 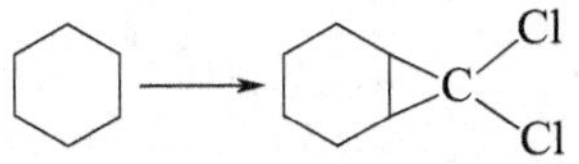 环己烷 → 双环化合物 + CCl_2

7. 写出下列反应产物生成的可能历程。

(1) 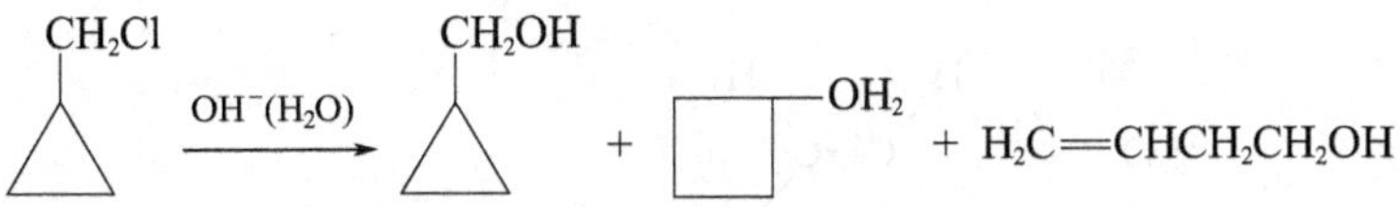 环丙基-CH_2Cl $\xrightarrow{OH^-(H_2O)}$ 环丙基-CH_2OH + 环丁醇(OH_2) + $H_2C=CHCH_2CH_2OH$

(2) 环丁基-CHH-CH_2Br $\xrightarrow{H^+(H_2O)}$ 环戊烯 + 环戊醇

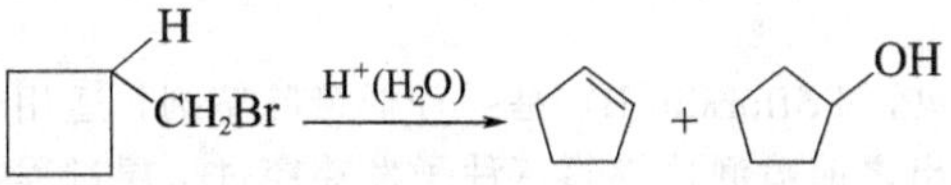

(3) 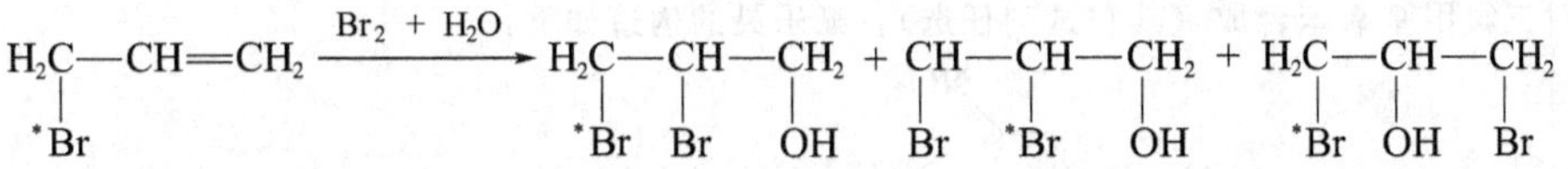 H_2C-$CH=CH_2$ $\xrightarrow{Br_2+H_2O}$ H_2C-CH-CH_2 + H_2C-CH-CH_2 + H_2C-CH-CH_2
        *Br   *Br Br OH   Br *Br OH   Br OH *Br

8. 邻二卤代物用 Zn 处理时所发生的脱卤反应是消除反应，试写出内消旋 2,3-二溴丁烷脱卤代产物。

9. 通常一级卤代烃 S_N1 溶解反应的活性很低，但 $ClCH_2OC_2H_5$ 在乙醇中可以观察到反应速率很快的 S_N1 反应，为什么？

10. 用构象分析来说明 2-氯丁烷脱氯化氢后生成的反式和顺式 2-丁烯比例为 6∶1。

11. 卤代烃与 NaOH 在水与乙醇混合物中进行反应，请指出下列现象哪些属于 S_N2 历程，哪些属于 S_N1 历程。
    (1) 产物的绝对构型完全转化。
    (2) 有重排产物。
    (3) 碱的浓度增加，反应速率加快。
    (4) 三级卤代烃速率大于二级卤代烃。
    (5) 增加溶剂的含水量，反应速率明显加快。
    (6) 反应只有一个过渡态。
    (7) 试剂的亲核性越强，反应速率越快。

12. 化合物 A 与 Br_2-CCl_4 溶液作用生成一个三溴化合物 B。A 很容易与 NaOH 水溶液作用，生成两种同分异构体的醇 C 和 D。A 与 KOH 醇溶液作用，生成一种共轭二烯烃 E。将 E 臭氧化还原水解后生成乙二醛（OHCCHO）和 4-氧代戊醛（OHCCH$_2$CH$_2$COCH$_3$），写出化合物 A～E 的构造式。

13. 下列各组化合物中，选择能满足各题具体要求者，并说明理由。
    (1) 下列哪一化合物与 KOH 醇溶液反应，释放出 F^-？

(A) 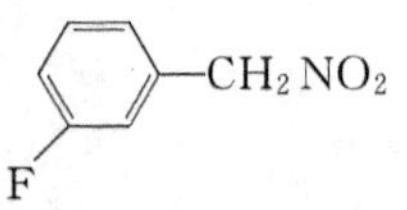 3-氟苄基硝基甲烷 (CH₂NO₂ 连在苯环，F 在间位)　　(B) 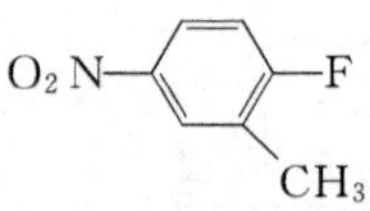 3-氟-4-甲基硝基苯 (O₂N—Ar—F，CH₃ 邻位)

(2) 下列哪一个化合物在乙醇水溶液中放置，能形成酸性溶液？

(A) 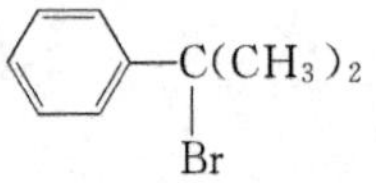 PhC(CH₃)₂Br　　(B) 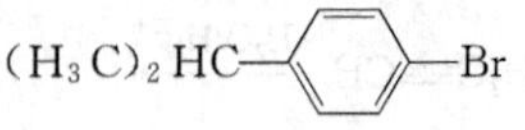 (H₃C)₂HC—C₆H₄—Br (对位)

(3) 下列哪一个化合物与 KNH₂ 在液氨中反应，生成两种产物？

(A) 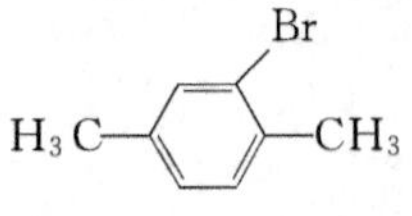 3,4-二甲基溴苯 (H₃C, CH₃ 邻位，Br 在另一位置)　　(B) 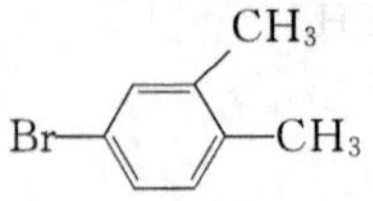 4-溴-2,3-二甲基苯 (Br 对某甲基)　　(C) 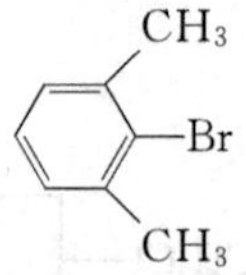 2,3-二甲基-1-溴苯

14. 由 2-溴丙烷制备下列化合物：
   (1) 异丙醇　(2) 1,1,2,2-四溴丙烷　(3) 2-溴丙烯
   (4) 2-丙炔　(5) 2-溴-2-碘丙烷

15. 由苯和/或甲苯为原料合成下列有机物（其它试剂任选）

   (1) 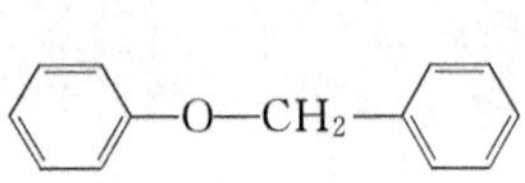 PhO—CH₂—Ph

   (2) 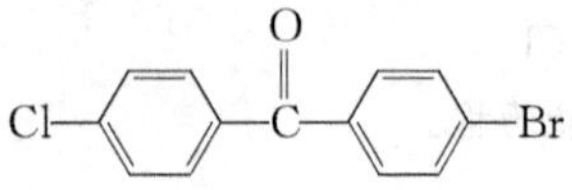 Cl—C₆H₄—CO—C₆H₄—Br (对,对')

   (3) 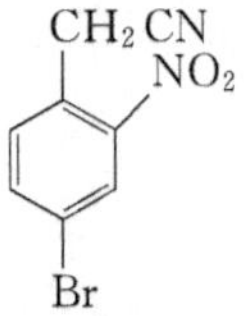 邻硝基对溴苯乙腈（CH₂CN, NO₂ 邻位, Br 对位于 CH₂CN）

   (4) 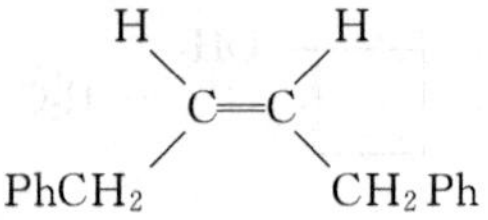 PhCH₂—CH=CH—CH₂Ph (顺式，H,H 同侧)

16. N,N-二丙基-4-三氟甲基-2,6-二硝基苯胺（又称氟乐灵，Trifluralin B）是一种低毒除草剂，适用于豆田除草，是用于莠草长出之前的除草剂，即在莠草长出之前喷洒，待莠草种子发芽穿过土层过程中被吸收。试由对三氟甲基氯苯合成（其它试剂任选）。氟乐灵的构造如下：

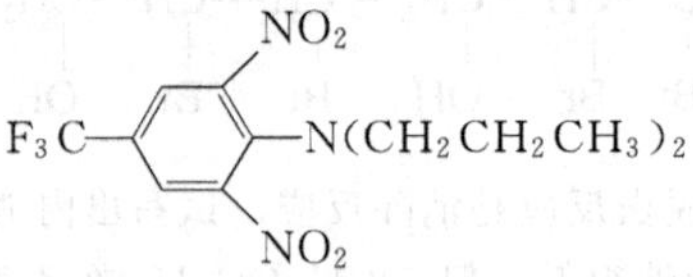

   F_3C—C₆H₂(NO₂)₂—$N(CH_2CH_2CH_3)_2$

17. 某化合物分子式为 C_5H_{12}(A)，(A)在其同分异构体中熔点和沸点差距最小，(A) 的一溴代物只有一种 (B)。(B) 进行 S_N1 或 S_N2 反应都很慢，但在 Ag^+ 的作用下，可以生成 Saytzeff 烯烃 (C)。写出化合物 (A)～(C) 的构造式。

18. 写出下列反应机理：

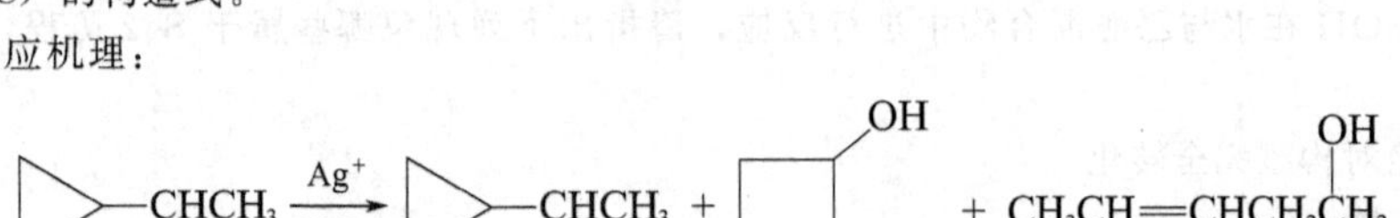

   环丙基—CHCH₃—Cl $\xrightarrow{Ag^+, H_2O}$ 环丙基—CHCH₃—OH + 2-甲基环丁醇 + CH₃CH=CHCH₂OH

化合物 (A) 的分子式为 $C_7H_{11}Br$，与 $Br_2\text{-}CCl_4$ 溶液作用生成一个三溴化合物 (B)。(A) 很容易与稀碱溶液作用，生成两种同分异构体的醇 (C) 和 (D)。(A) 与 KOH 乙醇溶液加热，生成一种共轭二烯烃 (E)。(E) 经臭氧氧化还原水解生成丁二醛 (OHCCH₂CH₂CHO) 和 2-氧代丙醛 (CH_3COCHO)。试推测 (A)～(E) 的构造式。

19. 回答下列问题：
   (1) CH_3Br 和 C_2H_5Br 分别在含水乙醇溶液中进行碱性水解和醇解时，若增加水的含量，则反应速率明显下降，而 $(CH_3)_3CCl$ 在乙醇溶液中醇解时，如含水量增加，则反应速率明显上升，为什么？
   (2) 无论实验条件如何，新戊基卤 $[(CH_3)_3CCH_2X]$ 的亲和取代反应速率都慢。为什么？
   (3) 将下列亲和试剂按其在 S_N2 反应中的亲核性由大到小排列，并简述理由。

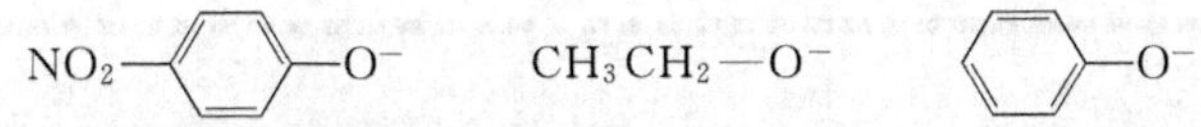

$NO_2-\underset{}{\bigcirc}-O^-$ $CH_3CH_2-O^-$ $\bigcirc-O^-$

(4) 1-氯丁烷与 NaOH 作用生成正丁醇的反应，往往加入少量的 KI 做催化剂。试解释 KI 的催化作用。

(5) 间溴苯甲醚和邻溴苯甲醚分别在液氨中用 NaNH$_2$ 处理，均得到同一产物——间甲氧基苯胺，为什么？

20. 完成下列转换（其它有机、无机试剂可任选）

(1) 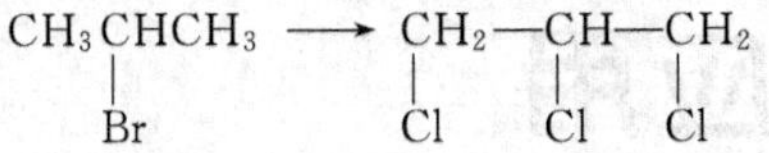 $CH_3CHCH_3 \; (Br) \longrightarrow CH_2-CH-CH_2 \; (Cl, Cl, Cl)$

(2) $C_6H_5-CH_3 \longrightarrow H_3C-C_6H_4-C(CH_3)=CH_2$

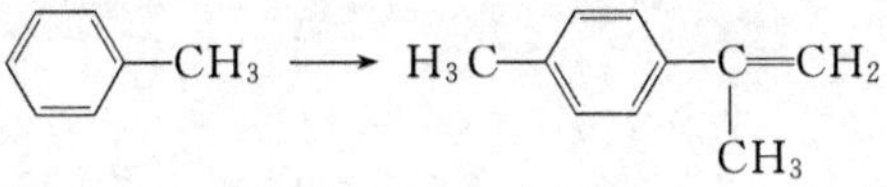

(3) 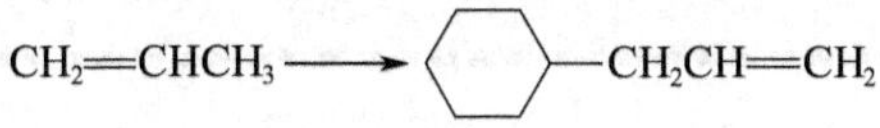 $CH_2=CHCH_3 \longrightarrow C_6H_{11}-CH_2CH=CH_2$

(4) $CH\equiv CH \longrightarrow C_2H_5-C\equiv C-CH=CH_2$

(5) 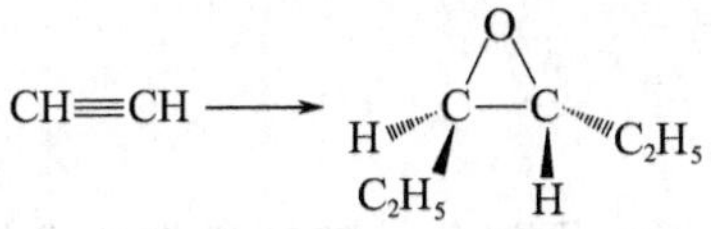 $CH\equiv CH \longrightarrow$ 环氧化合物 (H, C$_2$H$_5$ 和 H, C$_2$H$_5$ 取代的环氧乙烷)

(6)  环己烯 $=CH_2 \longrightarrow$ 环己烷-C(D)(CH$_3$)

21. 有一化合物分子式为 C$_8$H$_{10}$，在铁存在下与 1mol 溴作用，只生成一种化合物 A，A 在光照下与 1mol 氯作用，生成两种产物 B 和 C，试推断 A、B、C 的结构。

22. 化合物 M 的分子式为 C$_6$H$_{11}$Cl，M 和硝酸银乙醇溶液反应，很快出现白色沉淀。M 在 NaOH 水溶液作用下只得到一种水解产物 N，M 与 KI（丙酮）反应比氯代环己烷快。试写出 M、N 的可能结构。

23. 自 1,3-丁二烯制 1,4-丁二醇，有人设计了下面的路线，有什么错误？应如何修改？

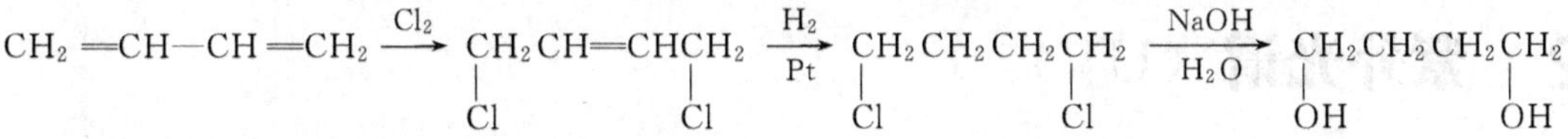

$CH_2=CH-CH=CH_2 \xrightarrow{Cl_2} CH_2CH=CHCH_2 (Cl, Cl) \xrightarrow{H_2/Pt} CH_2CH_2CH_2CH_2 (Cl, Cl) \xrightarrow{NaOH/H_2O} CH_2CH_2CH_2CH_2 (OH, OH)$

24. 完成下列反应式：

(1) 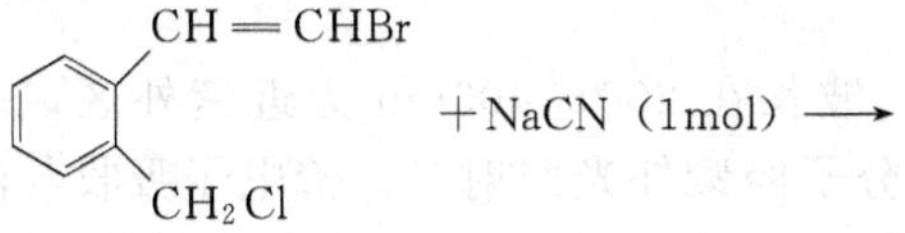 邻-(CH=CHBr)(CH$_2$Cl)-C$_6$H$_4$ + NaCN (1mol) ⟶

(2) Br-C$_6$H$_4$-Cl + Mg $\xrightarrow{乙醚}$

(3) C$_6$H$_5$-CH(CH$_3$)-环己基-CH$_3$ $\xrightarrow{Cl_2, h\nu}$

(4) $O_2N-C_6H_3(Br)-Cl$ + NH$_3$ ⟶

(5) $H_3C-\underset{C_2H_5}{\overset{CH_3}{C}}-\underset{H}{\overset{Br}{C}}-H$ $\xrightarrow{NaOH/乙醇}$

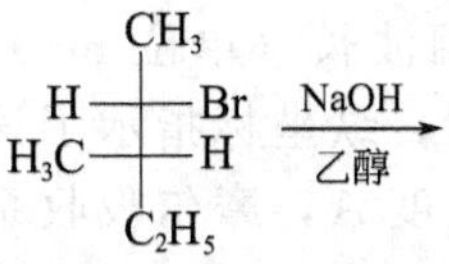

25. 比较下列各组化合物消除反应速率。

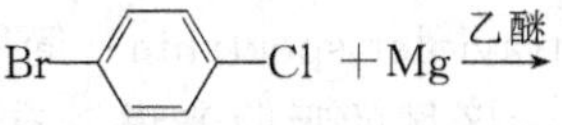

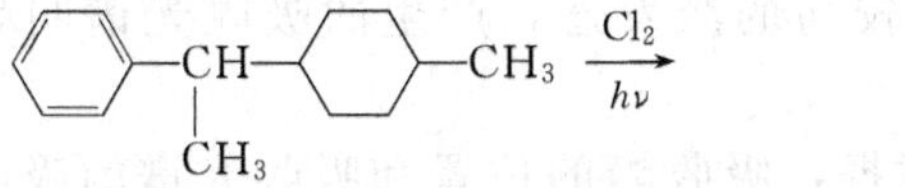

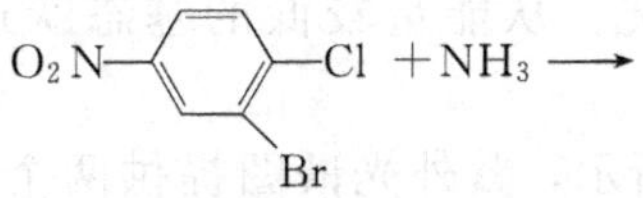

(1) 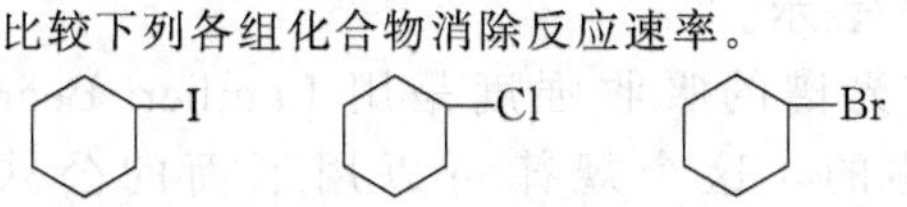 环己基-I，环己基-Cl，环己基-Br

(2) 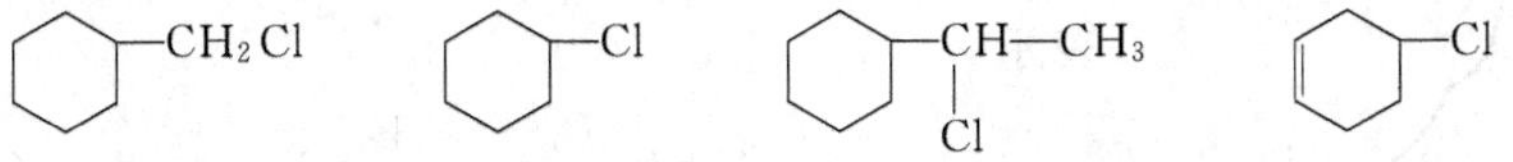 环己基-CH$_2$Cl，环己基-Cl，环己基-CH(Cl)CH$_3$，环己烯基-Cl

$CH_3CH_2CH_2CH_2Cl$

第 8 章 光波谱分析在有机化学中的应用

8.1 概述

有机化合物分子结构的鉴定是研究有机化合物的重要组成部分。随着科学技术的进步，运用物理方法来研究有机化合物的结构取得了巨大发展，使有机化合物的鉴定以及结构的确定都大大简化了。这些方法中特别重要的是波谱技术，它研究电磁辐射与分子的作用，为鉴定有机化合物和确定其结构提供了非常有价值的信息。波谱方法具有分析速度快、用量少等优点。本章将简要介绍常用的波谱方法，包括红外光谱、紫外光谱、核磁共振谱和质谱。

8.2 紫外光谱（UV）

8.2.1 紫外光谱

紫外光谱（ultraviolet spectrum）简写为 UV。波长在 200～400nm 为近紫外区，一般的紫外光谱是指这一区域的吸收光谱。有机化合物分子经紫外光照射时，价电子吸收与激发能相应波长的光，从能量较低的基态跃迁到能量较高的激发态，产生的吸收光谱叫紫外光谱。

如图 8-1 所示，紫外光谱图提供两个重要的数据：吸收峰的位置和吸收光谱的吸收强度。紫外光谱图的横坐标用波长（单位 nm）表示，它指示了吸收峰的位置；纵坐标指示了该吸收峰的吸收强度，多用吸光度 A，摩尔吸收系数 k，或 $\lg k$ 表示。

吸收光谱的吸收强度是用 Lambert-Beer 定律来描述的，这个规律可以用下面的公式来表示：

$$A = \lg \frac{I_0}{I} = \lg \frac{1}{T} = kcl \tag{8-1}$$

式中，A 称为吸光度；I_0 是入射光的强度；I 是透过光的强度；$T = I/I_0$ 为透光率，用百分

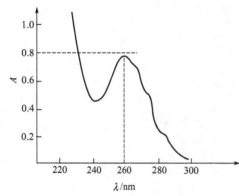

图 8-1 乙酸苯酯的紫外光谱

数来表示；l 是光在溶液中经过的距离（一般为吸收池的长度）；c 是吸收溶液的浓度；$k=A/cl$ 称为吸收系数。若 c 以 $mol \cdot L^{-1}$ 为单位，l 以 cm 为单位，则 k 为摩尔吸收系数，单位为 $cm^2 \cdot mol^{-1}$（通常可省略）。

最大吸收时的波长（λ_{max}）为紫外的吸收峰，紫外吸收的强度通常都用最大的吸收峰 k 值即 k_{max} 来衡量。在多数文献报告中，并不绘制出紫外光谱图，只是报道化合物的最大吸收峰的波长及与之相应的摩尔吸收系数。例如 CH_3I 的紫外吸收数据为 $\lambda_{max} 258nm$，相应的摩尔吸收系数为 365。

8.2.2 电子跃迁

有机化合物分子中主要有三种电子：形成单键的 σ 电子，形成不饱和键的 π 电子，杂原子（氧、硫、氮、卤素等）上未成键的孤对电子，也称 n 电子。基态时，σ 电子和 π 电子分别处在 σ 成键轨道和 π 成键轨道上，n 电子处于非键轨道上，当外层电子吸收紫外辐射后，就从基态向激发态（反键轨道）跃迁。它们可能发生的跃迁情况，可定性地用图 8-2 表示。

对于一个非共轭体系来讲，只有 n→π* 的跃迁的能量足够小，相应的吸收波长在 200～800nm 范围内，即落在近紫外-可见光区；其它跃迁所需能量都太大，吸收光波长均在 200nm 以下，无法观察到紫外光谱。但对于共轭体系的 π→π* 跃迁，它们的吸收光可以落在近紫外区。有机分子最常见的跃迁是 σ→σ*，π→π*，n→σ*，n→π*，下面分别进行讨论。

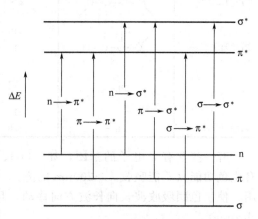

图 8-2 各种电子跃迁的相对能量

① σ→σ* 跃迁 是单键中 σ 电子在 σ 成键和 σ* 反键轨道间的跃迁，所需能量较大，σ 电子只有吸收远紫外光的能量才能发生跃迁。如甲烷的 λ_{max} 为 125nm，乙烷 λ_{max} 为 135nm。

② n→σ* 跃迁 当分子中含有 —NH_2、—OH、—SR、—X 等基团时，未成键 n 电子向 σ* 反键轨道发生的跃迁，所需能量较大。吸收波长为 150～250nm，大部分在远紫外区，近紫外区仍不易观察到。如一氯甲烷、甲醇和三甲基胺 n→σ* 跃迁的 λ_{max} 分别为 173nm、183nm 和 227nm。

③ π→π* 跃迁 是不饱和键中的 π 电子吸收能量跃迁到 π* 反键轨道。不饱和烃、共轭烯烃和芳烃类均可发生该类跃迁。π→π* 跃迁所需能量较小，吸收波长处于远紫外区的近紫外端或近紫外区，如乙烯和乙炔的 π→π* 跃迁，λ_{max} 分别为 165nm 和 173nm。但在共轭体系中，吸收带向长波方向移动，k 值较大，为强吸收，如 1,3-丁二烯的 π→π* 跃迁，λ_{max} 为 214nm。一般把共轭体系的吸收带称为 K 带（源于德文 konjugierte）。

④ n→π* 跃迁 当不饱和键上连有杂原子时，杂原子上的 n 电子能跃迁到 π* 轨道。n→π* 跃迁是四种跃迁中所需能量最低的，吸收波长 $\lambda > 200nm$，但属于禁阻跃迁，吸收谱带强度较弱。如丙酮 n→π* 跃迁的 λ_{max} 为 279nm。n→π* 的吸收亦称 R 吸收带（源于德文 radikalartig）。

8.2.3 谱图解析示例

8.2.3.1 生色团与助色团

吸收紫外光引起电子跃迁的基团称为生色团（chromophore）。含有 π 键的不饱和基团，如 C=C、C=O、N=N、C≡C 和 C≡N 等，主要发生 π→π* 和 n→π* 跃迁。一些有机分子的紫外吸收峰如表 8-1 所示。

表 8-1 简单有机分子的紫外吸收峰

化合物	生色团	λ_{max}/nm	跃迁类型	k_{max}	溶剂
乙烯	C=C	165	π→π*	15000	正己烷
乙炔	—C≡C—	173	π→π*	6000	气体
丙酮	C=O	279	n→π*	15	正己烷
乙酸	—COOH	204	n→π*	41	甲醇
乙酸乙酯	—C(=O)—O—	204	n→π*	60	水
乙酰胺	—CONH$_2$	214	n→π*	63	水
1,3-丁二烯	C=C—C=C	214	π→π*	20900	正己烷
丙烯醛	C=C—C=O	210	π→π*	25500	水
		315	n→π*	13.8	乙醇
苯	Ph—	204	π→π*	7900	正己烷
		256	π→π*	200	正己烷
苯酚	Ph—	210	π→π*	6200	水
		270	π→π*	1450	水

有一些含有 n 电子的基团，如—OH、—OR、—NH$_2$、—NHR、—X 等，它们本身没有生色功能（不能吸收 λ>200nm 的光），但当它们与生色团相连时，就会发生 p-π 共轭作用，使生色团吸收波长向长波方向移动，且吸收强度增加，这样的基团称为助色团（auxochrome）。

8.2.3.2 红移与蓝移

有机化合物的吸收谱带常常因引入取代基或改变溶剂使最大吸收波长 λ_{max} 和吸收强度发生变化，λ_{max} 向长波方向移动称为红移（red shift），向短波方向移动称为蓝移（blue shift）。

以紫外吸收光谱鉴定有机化合物时，通常是在相同的测定条件下，比较未知物与已知标准物的紫外光谱图，若两者的谱图相同，则可认为待测样品与已知化合物具有相同的生色团。如果没有标准物，也可借助于标准谱图或有关电子光谱数据表进行比较。

但应注意，紫外吸收光谱相同，两种化合物有时不一定相同，因为紫外吸收光谱常只有 2~3 个较宽的吸收峰，具有相同生色团的不同分子结构，有时在较大分子中不影响生色团的紫外吸收峰，导致不同分子结构产生相同的紫外吸收光谱，但它们的吸收系数是有差别的。所以在比较 λ_{max} 的同时，还要比较它们的吸收系数。如果待测物和标准物的吸收波长相同、吸收系数也相同，则可认为两者是同一物质。

8.2.3.3 谱图解析

紫外谱图提供的主要信息是有关该化合物的共轭体系或某些羰基存在的信息。解析谱图时应同时顾及吸收带的位置、强度和形状三个方面。例如，一个化合物在 220~800nm 无明显吸收，则它可能是脂肪族碳氢化合物或它们的简单衍生物（氯化物、醇、醚、羧酸等），甚至可能是非共轭的烯烃。如果在 220~250nm 具有强吸收带，可能是含有两个不饱和键的共轭体系，如共轭二烯或 α,β-不饱和醛、酮等。如果类似的强吸收带落在 300nm 以上，则说明该化合物具有较大的共轭体系；若高强度吸收具有明显的精细结构，说明稠环芳烃、稠环杂芳烃或其衍生物的存在。在 250～290nm 间存在中等强度吸收峰并常显示不同程度的精细结构，则表示有苯环或某些杂环芳烃的存在。在 250～350nm 有中、低强度的吸收，表示羰基的存在。若化合物有颜色，则分子中所含共轭的生色团和助色团的总数将大于 5。

8.3 红外光谱（IR）

介于可见与微波之间的电磁波称为红外光。红外光谱（infrared spectroscopy）简写为 IR，是一种吸收光谱，其在化学领域中的应用大体上可分为两个方面：分子结构的基础研究和化学组成的分析。应用红外光谱法可以根据光谱中吸收峰的位置和形状来推断未知物结构；依照特征吸收峰的强度来测定混合物中各组分的含量。红外光谱法具有快速、高灵敏度、试样用量少、能分析各种状态的试样等特点，因此，它已成为现代结构化学、分析化学最常用和不可缺少的工具。

8.3.1 红外光谱与分子振动

在波数为 $4000\sim400\mathrm{cm}^{-1}$（波长为 $2.5\sim25\mu\mathrm{m}$）的红外光照射分子时，如果分子中某个基团的振动频率和它一样，二者就会产生共振，此时光的能量通过分子偶极矩的变化而传递给分子，这个基团就吸收一定频率的红外光而产生振动跃迁。将分子吸收红外光的情况用仪器记录下来，就得到该试样的红外吸收光谱图（infrared absorption spectra），如图 8-3 所示。红外光谱通常以波数或波长为横坐标来表示吸收峰的位置；以透过率 T（用百分数表示）为纵坐标表示吸收强度。红外光谱的吸收强度常定性地用 s（强）、m（中等）、w（弱）、vw（极弱）来表示。

每一化合物都具有特定的红外吸收光谱，其谱带的数目、位置、形状和强度均随化合物及其聚集态的不同而不同。因此根据化合物的光谱，就可以确定该化合物或其官能团是否存在。

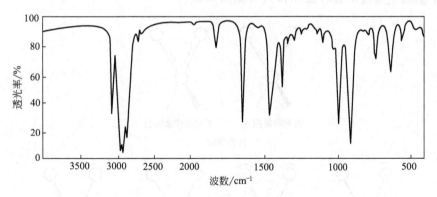

图 8-3 1-己烯的红外吸收光谱

8.3.1.1 振动方程式

分子中的原子以平衡点为中心，以非常小的振幅做周期性的振动，即所谓简谐振动。双原子分子可用一个弹簧两端连着两个小球来模拟，根据 Hooke 定律可导出公式：

$$\nu=\frac{1}{2\pi}\sqrt{k\left(\frac{1}{m_1}+\frac{1}{m_2}\right)} \qquad (8-2)$$

式中，m_1、m_2 分别为成键原子的质量，g；k 为化学键的力常数，N·cm^{-1}。

从式(8-2)可以看出以下两点。

第一，原子质量大的振动频率低。例如，—C—H 的伸缩振动频率出现在 3300～2700cm^{-1}，—C—O 的伸缩振动频率出现在 1300～1000cm^{-1}。弯曲振动也有类似的关系，例如，H—C—H 和 C—C—C 各自键角的变化频率分别出现在 1450cm^{-1} 和 400～300cm^{-1} 附近。

第二，原子间的化学键越强，振动频率越高。—C—C—、—C=C— 和 —C≡C— 伸缩振动的吸收频率分别在 1200～700cm^{-1}、1680～1620cm^{-1} 和 2200～2100cm^{-1}，这是由于重键比单键强，或者说重键的力常数 k 比单键的大。另外，由于伸缩振动力常数比弯曲振动的力常数大，所以伸缩振动的吸收出现在较高的频率区；而弯曲振动的吸收则在较低的频率区。

根据式(8-2)可以计算其基频峰的位置，而且某些计算与实测值很接近，如甲烷的 C—H 基频计算值为 2920cm^{-1}，而实测值为 2915cm^{-1}，但这种计算只适用于双原子分子或多原子分子中影响因素小的谐振子。实际上，在一个分子中，基团与基团的化学键之间都相互有影响，因此基本振动频率除取决于化学键两端的原子质量、化学键的力常数外，还与内部因素（结构因素）及外部因素（化学环境）有关。只有能引起分子偶极矩变化的振动，才能观察到红外吸收光谱。非极性分子在振动过程中无偶极矩变化，故观察不到红外光谱。同单质的双原子分子（如 O_2）只有伸缩振动，这类分子的伸缩振动过程不发生偶极矩变化没有红外吸收。对称性分子的对称伸缩振动（如 CO_2）也没有偶极矩变化，不产生红外吸收。

8.3.1.2 分子振动模式

有机化合物分子大都是多原子分子，振动形式比双原子分子要复杂得多，在红外光谱中分子的基本振动形式可分为两大类，一类是伸缩振动（ν），另一类为弯曲振动（δ）。伸缩振动是指沿键轴方向发生周期性的变化的振动；弯曲振动是指使键角发生周期性变化的振动。下面以亚甲基为例来说明各种振动模式（见图 8-4）。

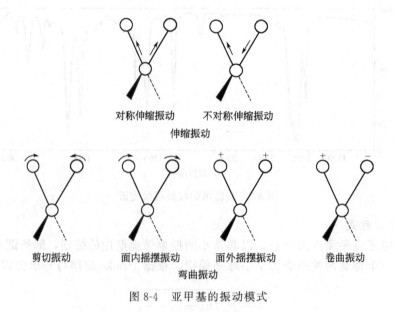

图 8-4 亚甲基的振动模式

8.3.2 各种基团的特征频率

化合物的红外光谱是分子结构的客观反映,谱图中每个吸收峰都对应于分子和分子中各种原子、键和官能团的振动形式。这种能代表某种基团存在并具有较高强度的吸收峰,称为该基团的特征吸收峰,简称特征峰。常见有机化合物的特征吸收频率如表 8-2 所示。

表 8-2 常见有机化合物的特征吸收频率

化合物类型	基团	键的振动类型	频率范围/cm^{-1}
烷烃	C—H	伸缩振动	2950~2850
		弯曲振动	1470~1430,1380~1360(甲基)
			1485~1445(亚甲基)
烯烃	=C—H	伸缩振动	3080~3020
		弯曲振动	995~985,915~905(单取代烯烃)
			980~960(反式二取代烯烃)
			690(顺式二取代烯烃)
			910~890(同碳二取代烯烃)
			840~790(三取代烯烃)
	C=C	伸缩振动	1680~1620
炔烃	≡C—H	伸缩振动	3320~3310
	C≡C	伸缩振动	2200~2100
芳烃	=C—H	伸缩振动	3100~3000
		弯曲振动	770~730,710~680(五个相邻氢)
			770~730(四个相邻氢)
			810~760(三个相邻氢)
			840~800(二个相邻氢)
			900~860(隔离氢)
	C=C	伸缩振动	1600,1500
醇、醚、羧酸、酯	C—O	伸缩振动	1300~1080
醛、酮、羧酸、酯	C=O	伸缩振动	1760~1690
醇、酚	O—H	伸缩振动	3600~3200
羧酸	O—H	伸缩振动	3600~2500
胺、酰胺	N—H	伸缩振动	3500~3300
		弯曲振动	1650~1590
	C—N	伸缩振动	1360~1180
腈	C≡N	伸缩振动	2280~2240
硝基化合物	—NO_2	伸缩振动	1550~1535
		弯曲振动	1370~1345

按照红外光谱与分子结构的特征,红外光谱可大致分为两个区域,特征频率区和指纹区。红外光谱波数在 $4000\sim1300cm^{-1}$,称为特征振动频率区,这一区间的吸收峰比较稀疏,容易辨认。特征振动频率区出现的吸收峰,一般用于鉴定官能团。在特征区内没有出现某些化学键和官能团的特征峰则否定该基团的存在。红外吸收光谱上 $1300\sim400cm^{-1}$ 的低频区称为指纹区,该区域出现的谱带主要是单键的伸缩振动和各种弯曲振动所引起的;同时,也有一些相邻键之间的振动偶合而形成的并与整个分子的骨架结构有关的吸收峰,所以这一区域的吸收峰比较密集,对于分子来说就犹如人的"指纹"。正如不同的人具有不同的指纹一样,不同的化合物在该区域具有不同的红外吸收光谱,各个化合物结构上的微小差异在指纹区都会得到反映,因此,在确定有机化合物时用处也特别大。

一个基团常有几种振动形式,每种红外活性的振动通常都相应产生一个吸收峰。习惯上把这些相互依存而又相互可以佐证的吸收峰叫相关峰。例如 $CH_3—(CH_2)_3—CH=CH_2$ 的红外光谱图中(图 8-3),由于有 —$CH=CH_2$ 基的存在,可观察到 $3080cm^{-1}$ 附近的不饱和

═C—H 伸缩振动、1642cm^{-1} 处的 C═C 伸缩振动和 990cm^{-1} 及 910cm^{-1} 处的═C—H 及═CH$_2$ 面外摇摆振动四个峰，这一组峰是因—CH═CH$_2$ 基而存在的相关峰。

8.3.3　谱图解析示例

【例 1】　某未知物分子式为 C_7H_8，试根据红外光谱（图 8-5）推测其结构。

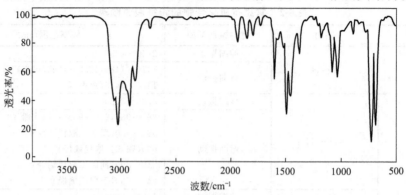

图 8-5　未知物的 IR 谱

解析： 在解析谱图之前，根据化合物的分子式计算它的不饱和度，这对于推断该未知化合物的结构是非常有帮助的。不饱和度表示有机分子中碳原子不饱和的程度。计算不饱和度的经验公式为：

$$\Omega = \frac{2n_4 + 2 + n_3 - n_1}{2} \tag{8-3}$$

式中，n_4 为四价元素（C）的原子个数，n_3 为三价元素（N）的原子个数，n_1 为一价元素（H、X）的原子个数。

由分子式计算该化合物的不饱和度为 4，由此推测该化合物可能含苯环。

谱图中 1600cm^{-1}、1500cm^{-1} 和 1460cm^{-1} 为苯环碳骨架伸缩振动的特征峰，3030cm^{-1} 的吸收峰是苯环 C—H 键的伸缩振动引起的。这些吸收峰以及不饱和度都证实了该未知物含有苯环。谱图中 725cm^{-1}、694cm^{-1} 的吸收峰以及 2000~1700cm^{-1} 间的一组吸收峰是苯环的 C—H 键面外弯曲振动以及倍频吸收所引起的，表明为单取代苯。

2960~2870cm^{-1} 的两个吸收峰为烷基的 C—H 键伸缩振动吸收峰，1380cm^{-1} 出现的一个吸收峰是 CH$_3$ 的对称弯曲振动。

综合以上分析，结合分子式，推测该化合物为甲苯，结构式为 ⌬—CH$_3$ 。

【例 2】　某化合物的分子式为 C_8H_{16}，IR 光谱见图 8-6，试通过解析光谱判断其结构。

解析： 由分子式计算该化合物的不饱和度为 1，推测该化合物可能有一个烯基或一个环。3023cm^{-1} 处有吸收峰，说明该化合物分子中存在与不饱和碳相连的氢，因此肯定该化合物为烯烃。3000~2800cm^{-1} 之间的吸收峰是—CH$_2$—和—CH$_3$ 的 C—H 伸缩振动产生的，1456cm^{-1} 的吸收峰是由—CH$_2$ 和—CH$_3$ 的 C—H 的弯曲振动产生的。1378cm^{-1} 是—CH$_3$ 的 C—H 弯曲振动产生的另外一个吸收峰，可以证明甲基的存在。964cm^{-1} 的吸收峰是反式烯烃中═C—H 弯曲振动产生的。726cm^{-1} 吸收峰为长链亚甲基的面外弯曲振动产生的，表明该化合物存在—CH$_2$CH$_2$CH$_2$CH$_2$—结构。

综上可知，未知物为反式 2-辛烯，结构式为 $\begin{array}{c}H_3C\\ \end{array}\!\!C\!=\!C\!\!\begin{array}{c}H\\ (CH_2)_4CH_3\end{array}$ 。

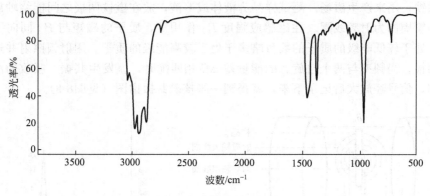

图 8-6 未知物的 IR 谱

8.4 核磁共振谱（NMR）

8.4.1 核磁共振

核磁共振（nuclear magnetic resonance）简写为 NMR，主要是由原子核的自旋运动引起的。不同的原子核自旋情况不同，其自旋情况在量子力学上用自旋量子数 I 表示，当 I 为 1/2 时，如 ^{1}H、^{13}C、^{15}N、^{19}F、^{29}Si、^{31}P 等，这类原子核可看作是电荷均匀分布的球体，原子核的磁共振容易测定，适用于核磁共振光谱分析。

原子核是带正电的粒子，当自旋量子数不为零的原子核发生自旋时会产生磁场，形成磁矩。将旋转的原子核放到一个均匀的磁场中，原子核能级分裂成 $2I+1$ 个。对于自旋量子数为 1/2 的核则裂分为

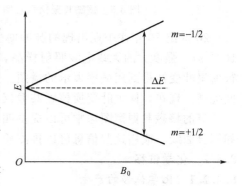

图 8-7 质子在外加磁场中两个能级与外加磁场的关系

两个能级，与外磁场方向相同的自旋核能量较低，称低能自旋态，用 +1/2 表示；与外磁场方向相反的自旋核能量较高，称高能自旋态，用 −1/2 表示。从低能自旋态跃迁到高能自旋态需吸收一定能量（ΔE），只有当具有辐射的频率和外界磁场达到一定关系才能产生吸收（见图 8-7），其关系式如下：

$$\Delta E = \gamma \frac{h}{2\pi} B_0 = h\nu$$

$$\nu = \frac{\gamma B_0}{2\pi} \tag{8-4}$$

式中，γ 为磁旋比，是核的特征常数；h 为 Planck 常量；ν 为无线电波的频率；B_0 为外加磁场的磁感应强度。

对于 ^{1}H 核而言，处于外磁场中的自旋核接受一定频率的电磁波辐射，当辐射的能量恰好等于氢核两种不同取向的能量差时，处于低能态的自旋核吸收电磁辐射能跃迁到高能态，发生核磁共振。从式(8-4)中可以看出，只有吸收频率为 ν 的电磁波才能产生核磁共振。有机化学中研究最多的是 ^{1}H 和 ^{13}C 的核磁共振。

目前使用的核磁共振仪有连续波和脉冲傅里叶变换两种形式。连续波核磁共振仪可以通过固定磁场改变频率，也可以固定频率改变磁场来进行测量（见图 8-8），其核心部件是一个强度

很大的电磁铁，用来产生磁场。测试样品为液体或溶液，放在磁铁两极之间能绕轴旋转的样品管内。样品管周围为射频线圈。在磁感应强度 B_0 作用下，质子的磁矩与 B_0 同向平行或反向平行排列，处于较低能级的质子的数目略多于处于较高能级的质子。用射频照射并连续改变其频率进行扫描，当频率与两个自旋态的能量差 ΔE 相匹配时，就发生共振。吸收的能量由射频接收器检测，信号经放大后记录下来，就得到一张核磁共振谱图（见图8-9）。

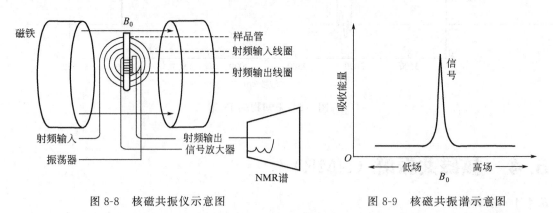

图8-8　核磁共振仪示意图　　　　　图8-9　核磁共振谱示意图

20世纪70年代中期出现的脉冲傅里叶变换核磁共振仪，则是固定磁场，用时间短（约 10^{-5} s）、强度大的无线电波照射样品，使在不同环境下的磁性核同时激发，信号经电脑进行傅里叶变换得到用频率表示的谱图。这种方法的优点是样品量减少，测量时间缩短，灵敏度提高。现在，傅里叶变换核磁共振仪已普遍应用。

氢的核磁共振谱图通常可以提供四类有用的结构信息：化学位移、自旋裂分、偶合常数和积分曲线。应用这些信息可以推测质子在碳骨架上的位置。

8.4.2　化学位移

8.4.2.1　化学位移的产生

从核磁共振条件式(8-4)看，质子的共振磁感应强度只与质子的磁旋比以及电磁波照射频率有关。符合共振条件时，样品中全部 ^{1}H 都会发生共振而只产生一个单峰。但这仅仅是对"裸露"的原子核，即理想化的状态而言。事实上原子核往往有核外电子云，其周围也存在其它原子，磁性核的共振频率不仅取决于外加磁场强度和磁旋比，还会受到化学环境的影响。处于磁场中的原子核，其核外电子运动（电流）会产生感应磁场，其方向与外加磁场相反，抵消了一部分外加磁场对原子核的作用，这种现象称屏蔽效应（shielding effect），也称抗磁屏蔽效应（diamagnetic effect）。

$$B_实 = B_0 - B' = B_0 - \sigma B_0 = B_0(1-\sigma) \tag{8-5}$$

式中，σ 为屏蔽常数，核外电子云密度越大，屏蔽效应也越大，共振所需的磁场强度越强。反之，若核外电子产生的感应磁场的方向与外加磁场的方向一致，就等于在外加磁场中再加一个小磁场，质子就可在较低的磁场发生共振吸收，这种作用称为去屏蔽效应（deshielding effect），也称为顺磁去屏蔽效应（paramagnetic effect）。

综上所述，化合物中的质子都不同于"孤立"的质子。大多数情况下，化合物中的质子，由于周围环境不同，它们感受到抗磁屏蔽效应或顺磁去屏蔽效应，而且程度不同。所以在核磁共振谱的不同位置出现吸收峰，这种峰位置上的差异叫化学位移（chemical shift）。由于上述位置差异很小，质子屏蔽效应只有外加磁场的百万分之几，测定共振位置的绝对值是难以精确的，因而采用一个标准物质作对比，常用的标准物质是四甲基硅烷（TMS）。化学位移一般表达为：

$$\delta = \frac{\nu_{样品} - \nu_{TMS}}{\nu_0} \times 10^6 \tag{8-6}$$

式中，$\nu_{样品}$及ν_{TMS}分别为样品及TMS中质子的共振频率；ν_0为仪器所采用的频率。

在样品中加入TMS，为化学位移的大小提供一个参比标准。TMS的屏蔽效应很大，其信号出现在高场，不会和常见有机化合物NMR信号相互重叠；而且TMS的同类质子有12个之多，共振吸收给出一个强的单峰；另外TMS较稳定，不易与样品发生作用，且能溶于有机物中。按IUPAC的建议将TMS的δ值定为零，一般化合物质子的吸收峰都在它的左边，δ为正值。多数有机物的质子信号发生在0～10处，零是高场，10是低场。

由于化学位移的大小和原子核所处的化学环境密切相关，因此，可根据化学位移的大小来了解原子核所处的化学环境，即有机化合物的分子结构。常见特征质子的化学位移值如表8-3所示。

表8-3 特征质子的化学位移值

质子类型	化学位移(δ)	质子类型	化学位移(δ)
RCH_3	0.9	$ArCH_3$	2.3
R_2CH_2	1.2	$RCH=CH_2$	4.5～5.0
R_3CH	1.5	$R_2C=CH_2$	4.6～5.0
R_2NCH_3	2.2	$R_2C=CHR$	5.0～5.7
RCH_2I	3.2	$RC\equiv CH$	2.0～3.0
RCH_2Br	3.5	ArH	6.5～8.5
RCH_2Cl	3.7	$RCHO$	9.5～10.1
RCH_2F	4.4	$RCOOH, RSO_3H$	10.0～13.0
$ROCH_3$	3.4	$ArOH$	4.0～6.0
RCH_2OH, RCH_2OR	3.6	ROH	0.5～6.0
$RCOOCH_3$	3.7	RNH_2, R_2NH	0.5～5.0
$RCOCH_3, R_2C=CRCH_3$	2.1	$RCONH_2$	6.0～7.5

8.4.2.2 影响化学位移的因素

化学位移取决于核外电子对核产生的屏蔽作用，因此影响电子云密度的各种因素都对化学位移有影响。影响最大的是电负性和磁各向异性效应。

(1) 电负性

电负性大的原子（或基团）吸电子能力强，^1H核附近的吸电子基团使质子共振信号移向低场（左移），δ值增大；相反，供电子基团使质子共振信号移向高场（右移），δ值减小。这是因为吸电子基团降低了氢核周围的电子云密度，屏蔽效应也就随之降低；供电子基团增加了氢核周围的电子云密度，屏蔽效应也就随之增加。

在CH_3X型化合物中，X的电负性越大，甲基碳原子上的电子云密度越小，甲基上质子所经受的屏蔽效应也越小，质子的信号在低磁场出现。例如：

CH_3X	$(CH_3)_4Si$	HCH_3	CH_3I	CH_3Br	CH_3Cl	CH_3F
X电负性	1.8	2.1	2.5	2.8	3.1	4.0
δ	0	0.2	2.2	2.7	3.1	4.3

吸电子的取代基对屏蔽效应的影响是有加和性的。例如，CH_4分子中随着H被Cl取代数增加，质子所受的屏蔽效应减小，质子信号移向低场。

	CH_3Cl	CH_2Cl_2	$CHCl_3$
δ	3.1	5.3	7.3

(2) 磁各向异性效应

在外加磁场作用下，构成化学键的电子能够产生一个各向异性的磁场，使处于化学键不同空间位置的质子受到不同的屏蔽作用,即磁各向异性(magnetic anisotropy)。这样使处于屏蔽区域的质子信号移向高场,δ值减小;而处于非屏蔽区域的质子信号则移向低场,δ值增大。

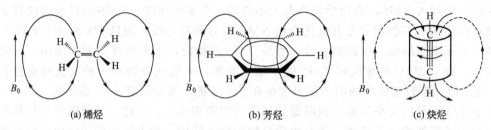

图 8-10　π电子产生的感应磁场

烯烃中双键碳原子上的质子和芳烃中芳环上的质子所经受的屏蔽效应比烷烃中的质子小得多。这是因为双键上π键电子在外加磁场中所产生的感应磁场是有方向性的,双键或芳环上的质子正好在感应磁场与外加磁场方向一致的区域存在去屏蔽效应,所以化学位移在较低场,见图 8-10(a) 和 (b)。烯烃双键上质子的δ值一般在 4.5~5.7;而芳烃中芳环上的质子的δ值一般在 6.5~8.5。

当炔烃受到与其分子平行的外加磁场作用时,炔烃筒形π电子环电流产生一个与外磁场对抗的感应磁场,由于碳碳叁键是直线形,而叁键碳上质子正好在叁键轴线上,处于屏蔽区,所以化学位移在较高场,见图 8-10(c),δ值一般在 2.0~3.0。

8.4.3　自旋偶合和裂分

在高分辨核磁共振谱中,质子的核磁共振吸收峰并不都是单峰,而常常出现二重峰、三重峰或多重峰,图 8-11 为乙醇的高分辨核磁共振谱。

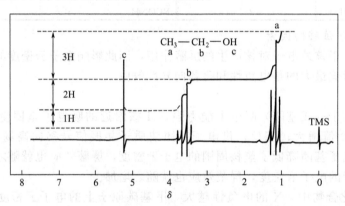

图 8-11　乙醇的 ^{1}H NMR 谱

8.4.3.1　自旋偶合与自旋分裂现象

从乙醇的高分辨 ^{1}H NMR 谱可看出,乙醇出现三组峰,它们分别代表—OH,—CH_2—和—CH_3,各组峰面积之比为 1∶2∶3。其中—CH_2—和—CH_3 分别分裂为四重峰和三重峰,而且多重峰面积比接近于整数比,—CH_3 的三重峰面积之比为 1∶2∶1,—CH_2 的四重峰面积之比为 1∶3∶3∶1。

在外加磁场的作用下,自旋的质子产生一个小的磁矩,并通过成键价电子的传递,对邻近的质子产生影响。质子的自旋有两种取向,假如外磁场感应强度为 B_0,自旋时与外磁场取顺向排列的质子,使受它作用的邻近质子感受到的总磁感应强度为 $B_0+\Delta B$;自旋时与外磁场取逆向排列的质子，使相邻的质子感受到的总磁感应强度为 $B_0 - \Delta B$。上述这种相邻核的自旋之间的相互干扰作用称为自旋-自旋偶合（spin-spin coupling），简称自旋偶合（spin coupling）。由于自旋偶合，引起谱峰增多，这种现象叫做自旋-自旋分裂（spin-spin splitting），简称自旋裂分（spin splitting）。一般只有相隔三个化学键之内的不等价的质子间才会发生自旋裂分现象。

8.4.3.2 偶合常数

自旋偶合产生峰的分裂后，两峰间的间距称为偶合常数（coupling constant），用 J 表示，单位是 Hz。J 的大小表示偶合作用的强弱，与两个作用核之间的相对位置有关。与化学位移不同，J 不因外磁场的变化而改变；同时，它受外界条件如溶剂、温度、浓度变化等的影响也很小。

由于偶合作用是通过成键电子传递的，因此，J 值的大小与两个（组）氢核之间的键数有关。随着键数的增加，J 值逐渐变小。对饱和体系而言，间隔 3 个单键以上时，J 趋近于零，即此时的偶合作用可以忽略不计。

8.4.3.3 化学等同核和磁等同核

在核磁共振谱中，化学环境相同的核具有相同的化学位移，这种有相同化学位移的核称为化学等同核（chemical equivalent nucleus）。例如，在乙醇分子中，甲基的三个质子是化学等同的，亚甲基的两个质子也是化学等同的。

分子中的一组氢核，若其化学位移相同，且对组外任何一个原子核的偶合常数也相同，则这组核称为磁等同核（magnetic equivalent nucleus）。例如，在二氟甲烷中，两个质子的化学位移相同，并且它们对每个 F 原子的偶合常数也相同，因此，这两个质子称为磁等同核。应该指出，它们之间虽有自旋干扰，但并不产生峰的分裂；而只有磁不等同的核之间发生偶合时，才会产生峰的分裂。

8.4.3.4 一级谱图和 $n+1$ 规律

当两组或几组磁等同核的化学位移差值与其偶合常数的比值大于或等于 6 时，相互之间的偶合较为简单，呈现为一级谱图。一级谱图特征如下。

① 一个峰被分裂成多重峰时，多重峰的数目将由相邻质子中磁等同的核数 n 来确定，其计算式为 $(n+1)$。如图 8-11 所示，在乙醇分子中，亚甲基峰的裂分数由邻近的甲基质子数目确定，即 $(3+1)=4$，为四重峰；甲基质子峰的裂分数由邻接的亚甲基质子数确定，即 $(2+1)=3$，为三重峰。

② 裂分峰的面积之比，为二项式 $(x+1)^n$ 展开式中各项系数之比。多重峰通过其中点

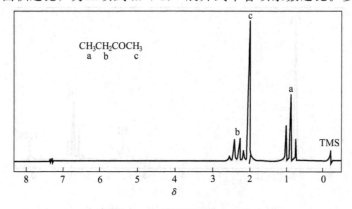

图 8-12 丁酮的 ^{1}H NMR 谱

作对称分布，其中心位置即为化学位移。例如，在化合物 $CH_3CH_2COCH_3$ 中（图 8-12），右侧的甲基质子与其它质子数被三个以上的键分开，因此只能观察到一个峰（c 峰）。中间的—CH_2—质子则具有 (3+1)=4 重峰（b 峰），且面积之比为 1∶3∶3∶1。左侧甲基质子则具有 (2+1)=3 重峰（a 峰），其面积之比为 1∶2∶1。

③ 各裂分峰等距，裂距即为偶合常数 J。

8.4.4 谱图解析示例

核磁共振谱能提供的参数主要有化学位移，质子的裂分峰数、偶合常数以及各组峰的积分高度等。这些参数与有机化合物的结构有着密切的关系。

【例 3】 已知某化合物分子式为 $C_3H_7NO_2$。测试 ^1H NMR 谱如图 8-13 所示，试推测其结构。

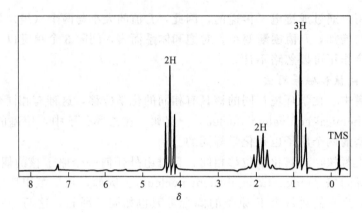

图 8-13　未知物 $C_3H_7NO_2$ 的 ^1H NMR 谱

解析：通过分子式计算可知该化合物不饱和度为 1，推测可能存在双键。经谱图可见有三种质子，从低场向高场各组峰的质子个数比为 2∶2∶3，可能有—CH_2—、—CH_2—、—CH_3 基团。各裂分峰数为 3∶6∶3，中间六重峰的质子为 2 个，所以使两边信号各裂分为三重峰，则该化合物具有 CH_3—CH_2—CH_2—结构单元。参考所给定的分子式应为 CH_3—CH_2—CH_2—NO_2，即 1-硝基丙烷。此外，中间亚甲基信号预计为 (3+1)(2+1)=12，即 12 重峰，但实际上 $J_{CH_3-CH_2}$ 和 $J_{CH_2-CH_2}$ 几乎相等，作一级谱图近似，可以认为有五个等价质子，符合 $n+1$ 规律，应为六重峰。

【例 4】 已知某化合物分子式为 C_8H_{10}，^1H NMR 谱如图 8-14 所示，试推测其结构。

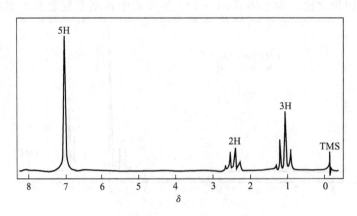

图 8-14　未知物 C_8H_{10} 的 ^1H NMR 谱

解析： 由分子式计算该化合物不饱和度为 4，推测可能含有苯环。从谱图可以看出该化合物有三种质子，个数比为 5∶2∶3。在低场发生共振（δ 为 7.0）的是苯环上的质子，该组峰含有 5 个质子，说明为一取代苯。δ 为 1～4 之间有明显 CH_3-CH_2- 的峰形，δ 为 1.2 的是 CH_3-CH_2- 中 CH_3-，被邻接 $-CH_2-$ 分裂为三重峰。δ 为 2.5 的应为 $-CH_2-$，被相邻 CH_3- 裂分为四重峰。结合化合物的分子式，得出该化合物为 ⌬$-CH_2CH_3$。

8.4.5 ^{13}C-NMR 简介

^{13}C 的天然丰度很低，在自然界中仅是 ^{12}C 的 1.1%，另外，^{13}C 的磁旋比约为 ^{1}H 核的 1/4。因此，^{13}C 谱的相对灵敏度仅是 ^{1}H 谱的 1/5700。随着傅里叶变换核磁共振仪的出现和发展，^{13}C 核磁共振技术才逐渐发展成为可进行常规测试的手段。^{13}C 核磁共振谱法和 ^{1}H 核磁共振谱法相比有其优越性，^{1}H 谱只能提供分子"外围"结构信息，而 ^{13}C 谱可以获得有机化合分子骨架物的结构信息。

^{13}C—^{1}H 之间的偶合常数很大，常达到几百赫兹。对于结构复杂的化合物，因偶合裂分峰太多，导致谱图复杂而难以解析，同时随着裂分峰数目的增多使信噪比降低。为了克服这一缺点，最大限度地得到 ^{13}C-NMR 谱的信息，通常采用双共振方法照射质子，以去掉 ^{1}H 对 ^{13}C 的偶合。质子去偶法是在测定 ^{13}C 核的同时，用在质子共振范围内的另一强频率照射质子，以除掉全部 ^{1}H 对 ^{13}C 的偶合。于是 ^{13}C—^{1}H 的偶合裂分全部重合，使每个磁性等价的 ^{13}C 核成为单峰，这样不仅谱图大为简化，容易对信号进行分别鉴定并确定其归属。同时去偶时伴随有核的 Overhauser 效应（NOE）也使吸收强度增大。质子去偶法的缺点是完全除去了与 ^{13}C 核直接相连的 ^{1}H 的偶合信息，因而也失去了对结构解析有用的有关碳原子类型的信息，这对分析谱图是不利的。为此又发展了偏共振去偶法，以作为质子去偶法的补充。偏共振去偶法是使用弱射频能照射 ^{1}H 核，减弱了直接与 ^{13}C 连接的 ^{1}H 核的偶合作用，使与 ^{13}C 核直接相连的 ^{1}H 和 ^{13}C 之间还留下部分自旋偶合作用，而长距离偶合则消失了。通常从偏共振去偶法测得的分裂峰数，可以得到与碳原子直接相连的质子数，甲基出现四重峰，亚甲基三重峰，次甲基二重峰。

^{13}C 化学位移所使用的内标化合物的要求与质子相同，近年来，也采用 TMS 作为 ^{13}C 化学位移的零点，其左边值大于零，右边值小于零。绝大多数有机化合物的碳核化学位移都为正值。大多数有机化合物 ^{13}C 谱的化学位移在 0～240，比 ^{1}H 大 10 倍以上，对于相对分子质量在 200～400 之间的化合物，往往可以观测到各个碳的共振峰。常见有机分子中 ^{13}C 的化学位移范围为：直链烷烃 δ 在 0～70，烯碳 δ 在 100～150，炔碳 δ 在 65～90，芳环碳 δ 在 120～160，羰基碳 $\delta > 170$。化学位移 δ 是 ^{13}C-NMR 谱图解析的最主要参数。

8.5 质谱（MS）

8.5.1 基本原理

质谱（mass spectrum）简称为 MS，是唯一可以确定分子式的方法，而分子式对推测结构是至关重要的。质谱法具有灵敏度高，测试样品用量少，分析速度快的特点，还可以同具有分离功能的色谱联用。

物质的分子在高真空下，经物理作用或化学反应等途径形成带电粒子，某些带电粒子可进一步断裂。有机化合物在高真空条件下气化后经电子轰击，失掉一个价电子而产生分子离子（molecular ion），分子离子进一步碎裂产生各级离子。每一离子的质量与所带电荷的比称为质荷比（m/z）。不同质荷比的离子经质量分离器分离后，由检测器测定每一离子的质荷比及相对强度，由此得出的谱图称为质谱。不带电荷或负电荷的质点不能到达收集器（见图 8-15）。

质谱中横坐标为质荷比，纵坐标为离子的相对强度称为丰度。丰度最高的峰为基峰（base peak），其值为 100，其它峰的强度则用它和基峰的相对值来表示（见图 8-16）。

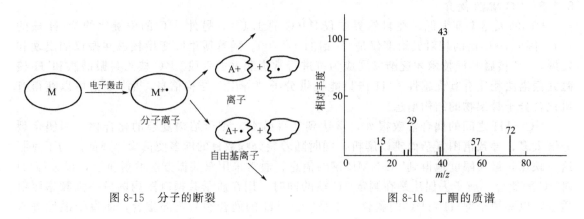

图 8-15 分子的断裂　　　　　　　　图 8-16 丁酮的质谱

8.5.2 质谱解析示例

8.5.2.1 质谱解析的一般步骤

① 分子离子峰的确定。一般在高质荷比区假定的分子离子峰与相邻碎片离子峰关系合理，即比分子离子少 4～13 个质量单位处不会出现碎片离子峰，且符合氮规律（nitrogen rule），即分子中不含氮原子或含有偶数个氮原子，则其质量数为偶数；若其分子中含有奇数个氮原子，则其质量数为奇数，可认为是分子离子峰。分子离子峰的强度依赖于分子离子的稳定性。通常分子离子峰丰度有以下次序：

芳香烃 ＞共轭烯烃＞烯烃＞脂环烃＞ 羰基化合物 ＞直链烷烃＞醚 ＞酯＞胺 ＞羧酸＞醇 ＞ 支链烷烃

② 推导分子式。由高分辨质谱仪测出未知物精确分子量从而得到分子式。当无高分辨质谱数据，可利用同位素丰度推出分子式。

③ 碎片离子分析。碎片离子（fragment ion）的相对丰度与分子结构有密切关系，高丰度的碎片峰代表分子中易于裂解的部分。分子离子的断裂方式主要有简单开裂和重排开裂两大类。

简单开裂主要有如下两种裂解机制。

α-开裂：分子离子中的游离基具有强烈的电子配对倾向，使单电子与邻近原子形成一个新键，同时伴随着邻近原子的另一个键开裂。

$$R-CR_2 \overset{\cdot+}{\frown} YR \longrightarrow R\cdot + CR_2=YR$$

β-开裂：指 α 与 β 碳原子之间的键发生的开裂。

$$CH_2=CH-CH_2-R \rceil^{\cdot+} \xrightarrow{-R\cdot} CH_2=CH-CH_2^+$$

$$R-O-CH_2-R \rceil^{\cdot+} \xrightarrow{-R\cdot} R-\overset{+}{O}=CH_2$$

重排开裂：当分子离子裂解为碎片离子时，不仅有简单的键的断裂，而且伴随着分子内原子或基团的重排，从而形成重排离子（rearrangement ion）。常见的重排开裂有 Mclafferty 重排（γ-H 通过六元环向不饱和体系迁移）和逆 Diels-Alder 开裂（一个六元环单烯可裂解成为一个共轭双烯和一个单烯碎片离子）。

Mclafferty 重排

逆 Diels-Alder 开裂

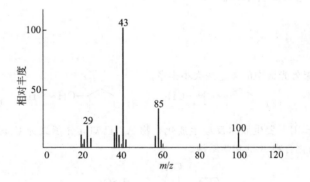

8.5.2.2 谱图解析示例

图 8-17 为 2-己酮的质谱，$m/z=100$ 的峰为分子离子峰。$m/z=43$ 的基峰和 $m/z=85$ 的峰分别是分子离子经 α-开裂失去丁基自由基形成的 $CH_3C\equiv O^+$ 峰和失去甲基形成的 $C_4H_9C\equiv O^+$ 峰。

图 8-17 2-己酮的质谱

阅读材料

核磁共振成像原理及应用

核磁共振分析技术是通过核磁共振谱线特征参数（如谱线宽度、谱线轮廓形状、谱线面积、谱线位置等）的测定来分析物质的分子结构与性质。它可以不破坏被测样品的内部结构，是一种完全无损的检测方法。同时，它具有非常高的分辨本领和精确度，而且可以用于测量的核也比较多，所有这些都优于其它测量方法。

核磁共振成像（nuclear magnetic resonance imaging，简称 NMRI）是利用核磁共振原理，依据所释放的能量在物质内部不同结构环境中不同的衰减，通过外加梯度磁场检测所发射出的电磁波，即可得知构成这一物体原子核的位置和种类，据此可以绘制成物体内部的结构图像。

人体各种组织含有大量的水和碳氢化合物，所以氢核的核磁共振灵敏度高、信号强。这样，氢核成为人体成像元素的首选。NMR信号强度与样品中氢核密度有关，人体中各种组织间含水比例不同，即含氢核数的数目不同，则NMR信号强度有差异，利用这种差异作为特征量，把各种组织分开，这就是氢核密度的核磁共振图像。当施加一射频脉冲信号时，氢核能态发生变化，射频过后，氢核返回初始能态，共振产生的电磁波便发射出来，原子核振动的微小差别可以被精确地检测到，经过计算机处理，即可能获得反应组织化学结构组成的三维图像，从中我们可以获得包括组织中水分差异以及水分子运动的信息。这样，很多疾病的病理过程会导致水分形态的变化，可由磁共振图像反映出来。

2003年诺贝尔生理学或医学奖授予美国化学家Paul C. Lauterbur和英国物理学家Peter Mansfield，以表彰他们在医学诊断和研究领域内所使用的核磁共振成像技术领域的突破性成就。Paul C. Lauterbur的贡献是，通过在磁场中加入磁力梯度而创造二维图像，而其它方式建立的图像是不可视的。1973年，Paul C. Lauterbur描述了怎样把梯度磁体添加到主磁体中，然后能看到沉浸在重水中的装有普通水的试管的交叉截面。除此之外，没有其它图像技术可以在普通水和重水之间区分图像。通过引进梯度磁场，可以逐点改变核磁共振电磁波频率，通过对发射出的电磁波的分析，可以确定其信号来源。Peter Mansfield进一步发展了有关在稳定磁场中使用附加的梯度磁场理论，推动了其实际应用。他发现磁共振信号的数学分析方法，为该方法从理论走向应用奠定了基础。这使得10年后磁共振成像成为临床诊断的一种现实可行的方法。利用磁场中的梯度更为精确地显示共振中的差异，可以有效而迅速地分析探测到的信号，并且把它们转化成图像。Peter Mansfield还提出了极快速的梯度变化可以获得瞬间即逝的图像，即平面回波扫描成像(echo-planar imaging, EPI)技术，其成为20世纪90年代开始蓬勃兴起的功能磁共振成像(functional MRI, fMRI)研究的主要手段。

习 题

1. 将下列四种化合物在紫外光谱中的 λ_{max} 按大小排序。

    (1) 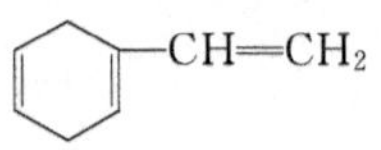 ⌬—CH=CH$_2$ (2) ⌬—CH—CH$_3$ (3) ⌬—CH=CH$_2$ (4) ⌬—CH=CH$_2$

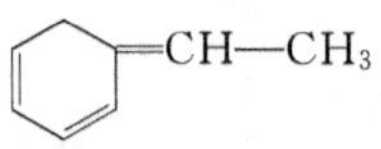

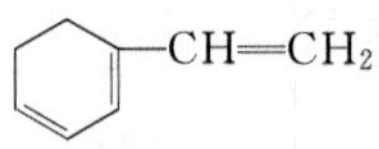

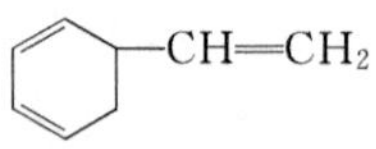

2. 某有机化合物在硫酸作用下发生脱水反应生成化合物 A，已知其分子式为 C_9H_{14}，观察其紫外光谱得 λ_{max} 为 242 nm。推断化合物 A 的化学结构。

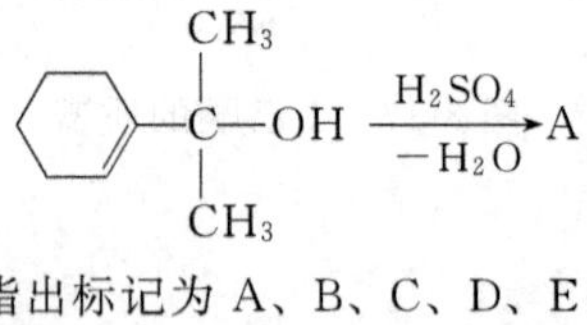

3. 下图是化合物苯乙炔的 IR 光谱，请指出标记为 A、B、C、D、E 的四个特征峰的归属。

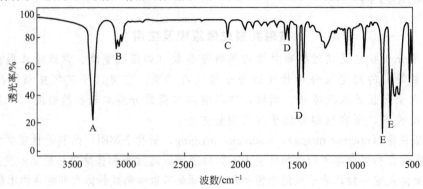

4. 下列化合物的 ^1H NMR 谱中，有无自旋-自旋偶合，若有偶合裂分，应产生几重峰？

(1) ClCH₂CH₂Cl (2) ClCH₂CH₂I (3) H₃C—C(CH₃)₂—CH₂Br

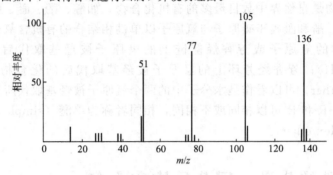

(4) (H)(Br)C=C(Cl)(H) (5) (H)(Br)C=C(H)(Br) (6) (H₃C)(H₃C)C=C(H)(H)

5. 某烃分子式为 C_6H_{12}，能使 Br_2/CCl_4 褪色，^1H NMR 谱测得 δ 为 1.0、1.7、2.25 和 4.7，各峰面积比为 6∶3∶1∶2。此烃经催化加氢得到 $(CH_3)_2CHCH(CH_3)_2$，推断该烃的构造式。

6. 苯甲酸甲酯的质谱图如下，试将各峰进行归属，并说明理由。

第 9 章 醇、酚和醚

有机含氧化合物是自然界中数目最多的有机化合物，如醇、酚、醚、醛、酮、羧酸、酯及酸酐等。其中醇、酚和醚属于碳原子与氧原子以单键相结合的有机含氧化合物。

脂肪烃分子中的氢原子或芳香烃侧链上的氢原子被羟基取代后的化合物称为醇 (alcohol) (R—OH)；芳香烃芳环上的氢原子被羟基取代后的化合物称为酚 (phenol) (Ar—OH)；醚 (ether) 可以看作是水分子中的两个氢原子被烃基取代所得到的产物，分子结构为 R—O—R′，R 和 R′ 可以相同或不相同，相同者称为单醚 (simple ether)，不相同者称为混合醚 (complex ether)。

9.1 醇和酚的分类、同分异构和命名

9.1.1 醇和酚的分类

醇可以分别按羟基的多少、与羟基相连的碳原子类型及烃基结构来分类。

根据醇中羟基的多少，可分为一元醇、二元醇和多元醇。例如：

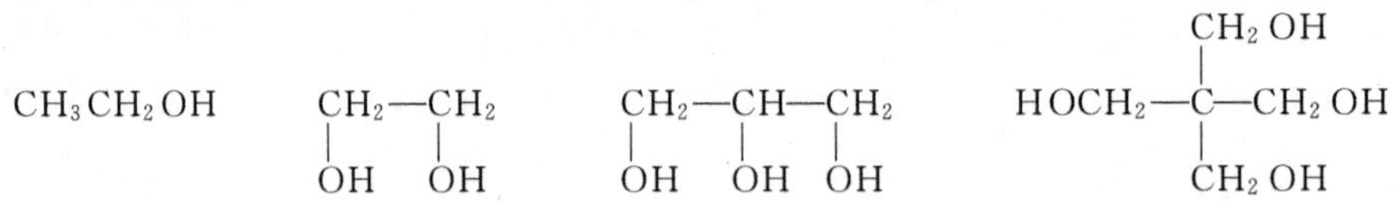

$$CH_3CH_2OH \qquad \underset{OH\ \ OH}{CH_2-CH_2} \qquad \underset{OH\ \ OH\ \ OH}{CH_2-CH-CH_2} \qquad HOCH_2-\underset{\underset{CH_2OH}{|}}{\overset{\overset{CH_2OH}{|}}{C}}-CH_2OH$$

乙醇　　　乙二醇(甘醇)　　　丙三醇(甘油)　　　季戊四醇
(一元醇)　　(二元醇)　　　　(三元醇)　　　　　(四元醇)

根据醇分子中羟基所连接碳原子的类型不同可以分为伯醇、仲醇和叔醇。例如：RCH_2OH，羟基连在伯碳上，所以叫伯醇（1°醇）；R_2CHOH，羟基连在仲碳上，所以叫仲醇（2°醇）；R_3COH，羟基连在叔碳上，所以叫叔醇（3°醇）。

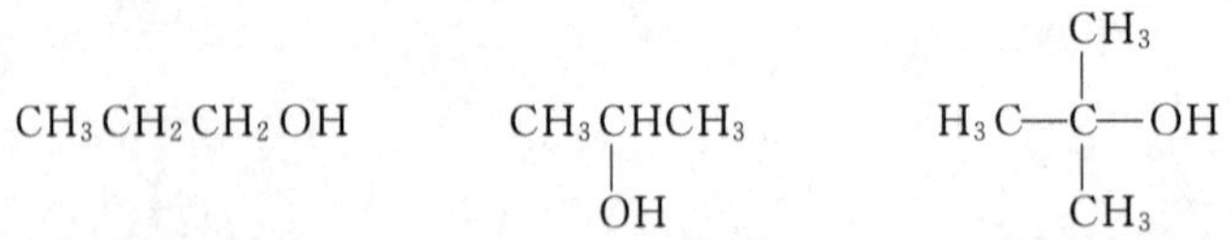

$$CH_3CH_2CH_2OH \qquad \underset{OH}{CH_3CHCH_3} \qquad H_3C-\underset{\underset{CH_3}{|}}{\overset{\overset{CH_3}{|}}{C}}-OH$$

正丙醇（1°醇）　　异丙醇（2°醇）　　叔丁醇（3°醇）

根据醇分子中羟基所连接的烃基不同，可分为饱和醇、不饱和醇和芳香醇。例如：

饱和醇：$CH_3CH_2CH_2CH_2OH$　正丁醇；⌬—OH　环己醇

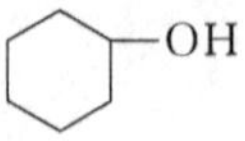

不饱和醇：$CH_2=CHCH_2OH$　烯丙醇

芳香醇：⌬—CH_2OH　苯甲醇（苄醇）

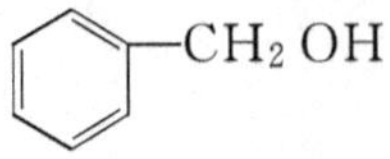

根据羟基所连芳环的不同，酚类可分为苯酚、萘酚、蒽酚等。根据羟基的数目，酚类又可分为一元酚、二元酚和多元酚等。例如：

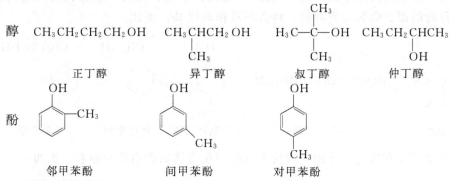

9.1.2 醇和酚的同分异构

醇的同分异构包括碳架异构和羟基位置的异构。酚的同分异构包括烃基的异构和烃基与羟基在芳环上的相对位置不同引起的异构。例如：

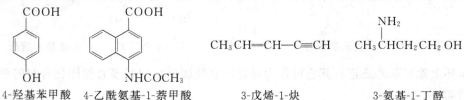

9.1.3 醇和酚的命名

9.1.3.1 多官能团化合物的命名原则

含有两个或两个以上不同官能团的化合物称为多官能团化合物。命名多官能团化合物时，通常按表 9-1 中官能团排列顺序确定化合物中的主官能团。在主要官能团的优先次序中，

表 9-1 主要官能团的优先次序[①] （按优先次序递降排列）

官能团名称	官能团	化合物类别	官能团名称	官能团	化合物类别
羧基	—COOH	羧酸	羟基	—OH	酚
磺基	—SO₃H	磺酸	巯基	—SH	硫醇、硫酚
烷氧基羰基	—COOR	羧酸酯	氨基	—NH₂	胺
卤甲酰基	—COX	酰卤	碳碳叁键	—C≡C—	炔烃
氨基甲酰基	—CONH₂	酰胺	碳碳双键	C=C	烯烃
氰基	—CN	腈			
甲酰基	—CHO	醛	烷基	—R	烷
羰基	C=O	酮	烷氧基	—OR	醚
			卤原子	—X	卤代烃
羟基	—OH	醇	硝基	—NO₂	硝基化合物

① 主要官能团的优先次序各书略有出入。

排在前面的官能团为主官能团，排在后面的官能团为取代基。命名时选择含有主官能团在内的、取代基数目最多的最长碳链为主链，根据主链碳原子的数目和主官能团确定母体化合物。例如：

4-羟基苯甲酸　　4-乙酰氨基-1-萘甲酸　　3-戊烯-1-炔　　3-氨基-1-丁醇

9.1.3.2 醇的命名

(1) 普通命名法

结构简单的醇可用普通命名法命名。命名时，在烃基名称后面加上"醇"字。例如：

CH₃CH₂CH₂CH₂CH₂OH   CH₃CHCH₂CH₂OH   CH₃—C—CH₂OH   环己醇结构   苄醇结构
                                                CH₃   CH₃

     正戊醇   异戊醇 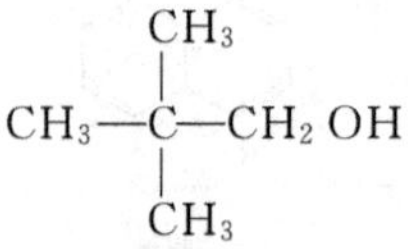   新戊醇 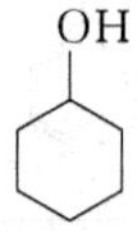   环己醇 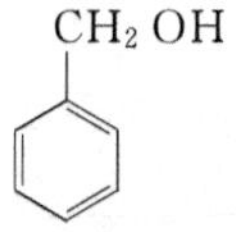   苄醇

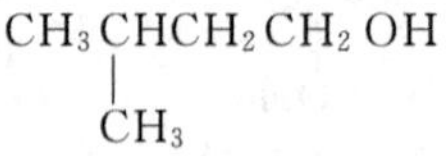

(2) 系统命名法

结构复杂的醇采用系统命名法命名。选含有羟基的最长碳链为主链，从距离羟基最近的一端给主链编号，按主链碳原子数称为"某醇"，支链的位次、数目、名称以及羟基的位次依次写在醇名称的前面。命名芳香醇时，将芳环看作取代基。例如：

CH₃CHCH₂CHCH₃   HOCH₂CH₂CH₂CH₂OH   4-甲基环己醇结构   环己甲醇结构   2-苯乙醇结构
   OH   CH₃

4-甲基-2-戊醇   1,4-丁二醇   4-甲基环己醇   环己甲醇   2-苯乙醇

如果醇分子中还含有其它官能团，应按多官能团化合物的命名原则命名。例如：

CH₂=CHCH₂OH   CH₂CH₂OH   CH₃CHCOOH   CH₃CHCH₂CH₂CH₂CHO
                              Cl   OH   OH

2-丙烯-1-醇   2-氯乙醇 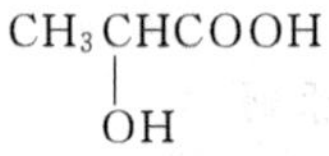   2-羟基丙酸 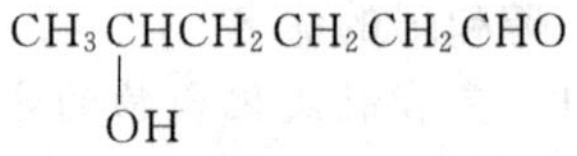   5-羟基己醛

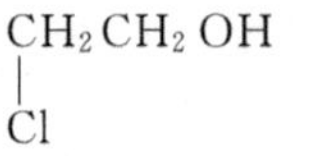

命名不饱和醇时，选择含有羟基和不饱和键在内的最长碳链作为主链，从距羟基最近的一端给主链编号，按主链所含碳原子的数目称为"某烯醇"或"某炔醇"，不饱和键的位次注于"某烯"或"某炔"前，羟基的位次在"醇"字前注明。例如：

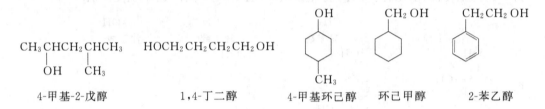

    (Z)-3,4-二甲基-3-己烯-2-醇 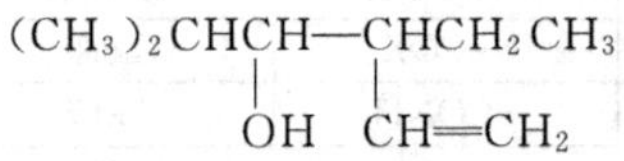   2-甲基-4-乙基-5-己烯-3-醇

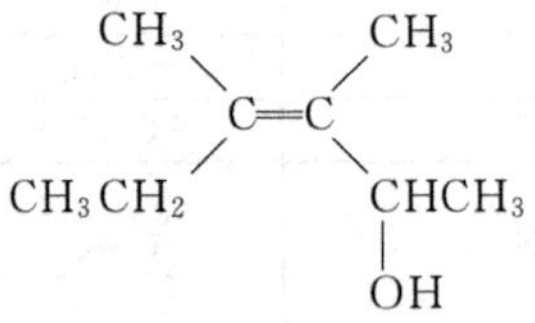

9.1.3.3 酚的命名

酚类的命名一般以苯酚和萘酚为母体，把芳环上连接的其它基团作为取代基。例如：

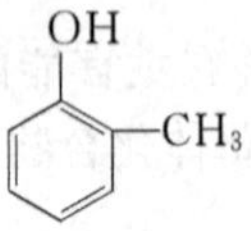

邻甲苯酚 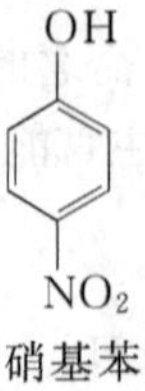   对硝基苯酚 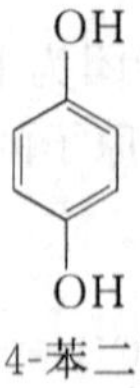   1,4-苯二酚 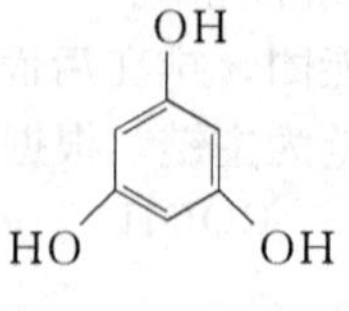   1,3,5-苯三酚 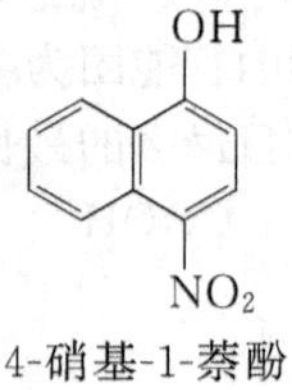   4-硝基-1-萘酚

当苯环上除羟基外还连有其它可作为母体的官能团时，应按多官能团化合物的命名原则命名。例如：

邻羟基苯甲酸　　　　对羟基苯甲醛　　　　4-羟基-2-萘磺酸

9.2　醇和酚的结构

醇羟基中的氧是 sp^3 杂化，它以两个 sp^3 杂化轨道分别和碳及氢结合，两对孤对电子分占另外两个 sp^3 杂化轨道。甲醇的结构如右图所示。

由于氧的电负性较强，因此，C—O 键和 O—H 键都呈现为强极性共价键，其中后者的极性较前者更强。醇为极性分子，一般情况下，醇的偶极矩为 6.667×10^{-30} C·m。醇羟基和醇本身的极性对醇的物理性质和化学性质有较大的影响。

在苯酚分子中，氧原子的价电子是以 sp^2 杂化轨道参与成键的，氧上两对孤对电子，一对占据 sp^2 杂化轨道，另一对占据未参与杂化的 p 轨道，p 电子云正好能与苯的大 π 键电子云发生侧面重叠，形成 p-π 共轭体系。p-π 共

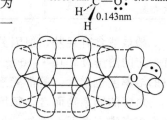

图 9-1　苯酚的 p-π 共轭体系

轭的结果导致氧上的电子云向苯环发生了部分转移，苯环上的电子云密度也因此而增大，从而更有利于芳环上进行亲电取代反应。p-π 共轭的另一个结果是 C—O 键得到了一定程度的加强，因此酚的 C—O 键一般很难断裂。另外，由于氧原子上的电子云密度降低，减弱了 O—H 键，有利于氢原子解离成为质子和苯氧负离子，因此酚的酸性比醇强。图 9-1 是苯酚的 p-π 共轭体系示意图。

9.3　醇和酚的物理性质

醇、酚中的 C—O 键和 O—H 键都是极性共价键，与水分子类似，O—H 键能够相互之间或与水分子形成氢键，因此，醇、酚具有较分子量相同或相近的烃和卤代烃更高的熔点、沸点和水溶性。一些常见醇的物理常数见表 9-2；一些常见酚的物理常数见表 9-3。

表 9-2　一些醇类化合物的物理常数

化合物名称	熔点/℃	沸点/℃	溶解度/g·(100g 水)$^{-1}$	化合物名称	熔点/℃	沸点/℃	溶解度/g·(100g 水)$^{-1}$
甲醇	-97.8	64.7	∞	正戊醇	-79	138	2.2
乙醇	-114.7	78.5	∞	异戊醇	-117	131.5	微溶
正丙醇	-126.5	97.4	∞	叔戊醇	-8.4	102	∞
异丙醇	-89.5	82.4	∞	新戊醇	53	114	∞
正丁醇	-89.5	117.3	8.0	环己醇	25.1	161.5	3.6
异丁醇	-108	107.9	11.1	乙二醇	-11.5	197	∞
仲丁醇	-114.7	99.5	12.5	丙三醇	18	290	∞
叔丁醇	25.5	82.2	∞	苯甲醇	-15	205	4

C_4 以下的一元醇与水能互溶。随着烃基的增大，一元醇在水中溶解度逐渐减小。C_{10} 以

上的一元醇基本上不溶于水。

表 9-3　一些酚类化合物的物理常数

化合物名称	熔点/℃	沸点/℃	溶解度/g·(100g 水)$^{-1}$	pK_a
苯酚	40.8	181.8	9.3	9.96
对甲苯酚	35.5	201	2.3	10.26
邻甲苯酚	30.5	191	2.5	10.29
间甲苯酚	11.9	202.2	2.6	10.09
对硝基苯酚	114	279/分解	1.7	7.15
邻硝基苯酚	44.5	214.5	0.2	7.22
间硝基苯酚	96	194/9.3×10^3 Pa	1.4	8.40
2,4-二硝基苯酚	113	—	0.6	4.09
2,4,6-三硝基苯酚	122	分解	1.40	0.25
α-萘酚	94	279	难	9.31
β-萘酚	123	286	0.1	9.55

　　酚虽然含有羟基，但因芳基在分子中占有较大比例，故仅微溶或不溶于水。苯酚在水中有一定的溶解度 [$1g \cdot (100g)^{-1}$]，加热时能无限溶解。多元酚中由于羟基增多，所以在水中的溶解度也增大，酚都能溶于乙醇、乙醚、苯等有机溶剂。

　　对醇的同系物而言，每增加一个 CH_2，沸点升高 18～20℃。碳原子数相同的醇，含支链愈多者沸点愈低。例如，正丁醇的沸点为 117.3℃，异丁醇的沸点为 107.9℃，叔丁醇的沸点为 82.2℃。

　　由于分子间可以形成氢键，因此酚的沸点都很高。邻位上有氟、羟基、羰基或硝基的酚，可形成分子内氢键，不发生分子间缔合，因此，能形成分子内氢键的酚的沸点低于其能形成分子间氢键的异构体。

　　低级饱和一元醇是无色液体，具有特殊的气味和辛辣的味道；高级醇是蜡状固体，无臭无味。常温下，除了少数烷基取代的酚为液体外，大多数酚为固体。

　　一些低级醇（如甲醇、乙醇等）能和某些无机盐（$MgCl_2$、$CaCl_2$、$CuSO_4$ 等）形成晶体状的分子化合物，称为结晶醇，如 $MgCl_2 \cdot 6CH_3OH$、$CaCl_2 \cdot 4CH_3OH$、$CaCl_2 \cdot 4CH_3CH_2OH$ 等。结晶醇不溶于有机溶剂而溶于水，因此不能用这些无水的无机盐来干燥醇类化合物，这样会引起醇的损失。但利用这一性质，可将醇与其它有机物分离开。实验室常利用此性质除去其它溶剂中少量乙醇或甲醇。如乙醚中夹杂少量的乙醇可利用此方法除去。

　　醇的光谱性质如下。

　　① 红外光谱　醇的游离 O—H 键的伸缩振动吸收峰出现在 3650～3590cm^{-1} 区域（尖锐、强度较弱）。在通常情况下，醇的羟基由于氢键的形成，分子处在缔合状态，使吸收峰往低波数移动，峰形变宽。分子间缔合的 O—H 键的伸缩振动吸收峰移向 3400～3200cm^{-1} 区域，峰强而宽，是醇的特征吸收峰。除了羟基的伸缩振动吸收峰外，在 1200～1000cm^{-1} 处还有醇的 C—O 键的伸缩振动吸收峰，这也是醇的一个特征吸收峰，有时可根据该吸收峰的位置确定伯醇、仲醇或叔醇。各种类型醇的 C—O 键的伸缩振动吸收范围如下：伯醇 C—O 键的伸缩振动吸收在 1085～1050cm^{-1}；仲醇 C—O 键的伸缩振动吸收在 1125～1100cm^{-1}；叔醇 C—O 键的伸缩振动吸收在 1200～1150cm^{-1}。

　　② 核磁共振谱　醇的羟基质子由于氢键的存在而移向低场，NMR 信号可在化学位移 δ 值 1～5.5 范围内出现，具体的位置取决于溶剂、浓度和温度等。在非极性溶剂的稀溶液中，氢键缔合程度减小，羟基质子吸收峰向高场移动。通常醇羟基的质子信号不与邻近质子信号发生自旋-自旋偶合，在核磁共振谱中产生一个单峰。由于氧原子的吸电子诱导效应，使邻

近碳质子所受电子云屏蔽作用减小，因此氧的邻近碳质子化学位移比一般烷基质子处于低场，化学位移一般在 3.4～4.0。

酚的光谱性质如下。

① 红外光谱　酚的红外光谱与醇类似，在极稀溶液中测定时，在 3611～3603 cm^{-1} 处出现游离羟基的 O—H 键的伸缩振动吸收峰，峰形尖锐；在浓溶液中测定时，酚羟基之间因形成氢键而呈缔合态，O—H 键的伸缩振动吸收峰移向 3500～3200 cm^{-1} 区域，峰形较宽。多数情况下，两个吸收峰并存。酚的 C—O 键的伸缩振动吸收峰在 1300～1200 cm^{-1} 处，为一宽而强的吸收峰。

② 核磁共振谱　酚羟基质子 Ar—OH 的化学位移 δ 值在 4～8 之间，随溶剂的性质、浓度和温度而不同；若分子内形成氢键，则移向低场。Ar—H 的化学位移 δ 值在 6～12 之间。

9.4　醇和酚的化学性质——共性

醇和酚分子中都含有羟基官能团，它们的化学性质有许多相似之处。但由于酚羟基和醇羟基在结构上的不同，它们的化学性质又有明显的差别。本节只讨论它们的共性，它们的个性将在下两节讨论。

9.4.1　弱酸性和弱碱性
9.4.1.1　弱酸性

羟基的 O—H 键是一个极性键，成键电子对靠近氧，氢能以正离子的形式解离，所以醇和酚都具有酸性。由于酚羟基与苯环之间 p-π 共轭效应使氧原子的电子云密度降低，结果导致了氧氢之间的电子云进一步向氧转移，从而使氢离子容易离去，故酚的酸性比醇更强。实验测定的 pK_a 数据表明，这两类化合物羟基上氢的酸性强弱次序为酚＞醇。

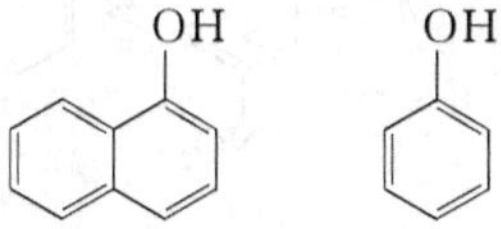

	H_2CO_3	萘酚	苯酚	H_2O	ROH
pK_a	6.35	9.65	10	15.7	16～18

由于烃基具有斥电子诱导效应（+I），因此，醇分子的 O—H 键的极性比水的小，醇的酸性也较水的酸性弱，但比炔烃和氨气的酸性强。醇可与活泼金属或其氢化物，如 Na、K、Mg、Al、NaH 等反应放出氢气生成醇盐，与格氏试剂、炔钠反应置换出酸性比醇还弱的烃。例如：

$$2CH_3CH_2OH + 2Na \longrightarrow 2C_2H_5ONa + H_2 \uparrow$$
$$2CH_3CH_2OH + Mg \longrightarrow (C_2H_5O)_2Mg + H_2 \uparrow$$
$$6(CH_3)_2CHOH + 2Al \longrightarrow 2[(CH_3)_2CHO]_3Al + 3H_2 \uparrow$$
$$CH_3OH + NaNH_2 \longrightarrow CH_3ONa + NH_3$$
$$CH_3OH + CH_3MgBr \longrightarrow CH_3OMgBr + CH_4$$

羟基 α-碳上的烷基越多，O—H 键的极性也就越小；同时烷基的增大，空间位阻增大，使得解离后的烷氧基负离子难于溶剂化，故伯、仲、叔醇的酸性由大到小的次序为：

水＞甲醇＞伯醇＞仲醇＞叔醇＞RC≡CH＞NH_3＞RH

由于醇的酸性比水弱，因此，醇与金属钠的反应要比水与金属钠的反应缓和得多。所以，可以用醇与活泼金属的反应除去未反应完的金属钠。另外，也可以利用 C_8 以下的醇与金属钠反应放出氢气来检验醇类。

醇钠为白色固体，能溶于过量的醇中，遇水迅速分解为醇和 NaOH。所以使用醇钠时必须采用无水操作。

$$RONa + H_2O \rightleftharpoons ROH + NaOH$$

在工业上，为了避免使用昂贵的金属钠制备醇钠，可利用上述反应制备醇钠。制备时，往体系中加入苯，使苯、醇和水形成三元共沸物不断蒸出，使反应混合物中的水分不断带出，破坏了平衡而使反应有利于生产醇钠。醇钠可以作为有机合成反应中的碱性催化剂，其碱性比氢氧化钠强，醇钠也常用作分子中引入烷氧基（RO—）的试剂及有机合成中的缩合剂。

由于 p-π 共轭作用，苯酚酸性（$pK_a = 10$）比环己醇（$pK_a = 18$）强很多。苯酚与 NaOH 作用生成酚钠，而醇与 NaOH 难反应，可以利用酸性来分离提纯酚。

酸性强弱：醇＜水＜酚＜碳酸

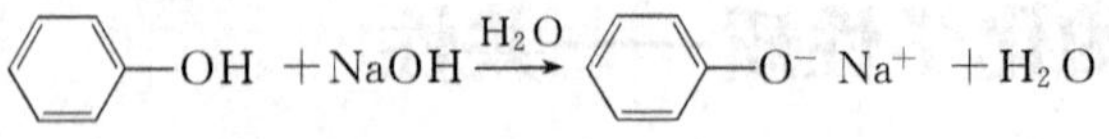

$$C_6H_5-OH + NaOH \xrightarrow{H_2O} C_6H_5-O^-Na^+ + H_2O$$

酚钠能溶于水，但在 CO_2 溶液中又变为苯酚。

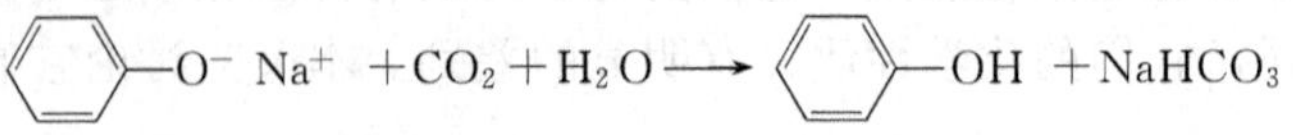

$$C_6H_5-O^-Na^+ + CO_2 + H_2O \longrightarrow C_6H_5-OH + NaHCO_3$$

酚的这种能被碱溶解、而又能用酸将它从碱溶液中游离出来的性质，可用来检验、鉴定及提纯酚。工业上利用此性质回收和处理含酚的废水。

取代酚酸性的强弱，与取代基的性质有关。吸电子基使取代酚的酸性进一步增强，供电子基使酸性减弱。例如，下列酚的酸性强弱顺序为：

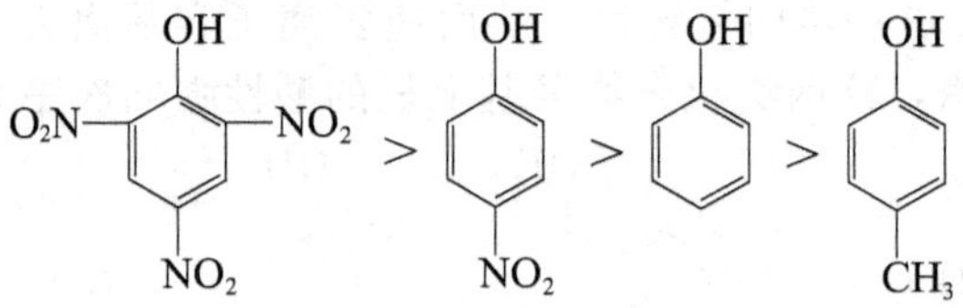

导致上述结果的电子效应可以从 PhOH 和 PhO⁻ 的解离平衡看出：

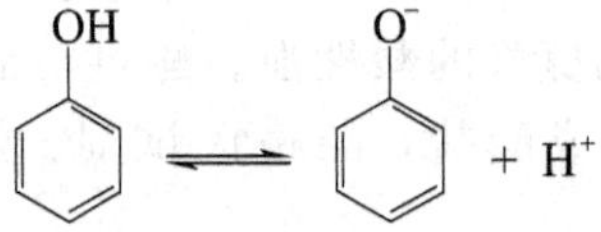

苯酚负离子的苯环上有吸电子基时，可以促使苯氧负离子氧上 p 电子向芳环离域，使负电荷得以充分分散，有利于负离子的稳定，因而促进了电离，增强酸性。反之，苯酚负离子稳定性降低，平衡向左移动，酸性减弱。一些取代酚的酸性如表 9-4 所示。

表 9-4 一些取代酚的酸性（pK_a，25℃）

取代基	邻位	间位	对位	取代基	邻位	间位	对位
—H	10	10	10	—OCH₃	9.98	9.65	10.21
—CH₃	10.29	10.09	10.26	—NO₂	7.22	8.39	7.15
—F	8.81	9.28	9.81	2,4-二硝基	4.09	—	—
—Cl	8.48	9.02	9.38	2,4,6-三硝基	0.25	—	—
—Br	8.42	8.87	9.26	—CN	—	—	7.95
—I	8.46	8.88	9.20				

9.4.1.2 弱碱性

醇羟基的氧原子上有孤对电子，能从强酸接受质子生成𨥬盐（oxonium salt）（质子化醇或烷氧𨥬离子），所以醇具有碱性。例如：

$$CH_3CH_2-\ddot{\underset{}{O}}-H + H_2SO_4 \rightleftharpoons [CH_3CH_2-\underset{H}{\overset{..}{O}}-H]^+ HSO_4^-$$

𨥬盐

醇的碱性与水相近，如 C_2H_5OH 的 $pK_b=16$。醇为弱碱，醇与硫酸生成的𨥬盐能溶于硫酸中，利用醇的这个性质，可以把不溶于水的醇与烷烃、卤代烷区别开来，也可以把烷烃、卤代烃中含有的少量的不溶于水的醇除掉。另外，𨥬盐的生成能显著增强醇分子中的 C—O 键的极性，有助于其发生异裂，有机合成上常用强质子酸或路易斯酸如 $ZnCl_2$ 等催化醇羟基的取代反应。

酚氧的碱性比醇氧要弱得多，这主要是由于酚氧与苯环之间 p-π 共轭效应降低了氧原子上的电子云密度。但难溶于水的酚仍能溶于浓 H_2SO_4 中，生成𨥬盐。

$$C_6H_5-\ddot{\underset{}{O}}-H + H_2SO_4 \rightleftharpoons [C_6H_5-\underset{H}{\overset{..}{O}}-H]^+ HSO_4^-$$

𨥬盐

9.4.2 醚的生成

两分子醇之间发生脱水反应可以生成单醚，但酚分子中的 C—O 键比较牢固，酚分子之间脱水生成二芳基醚的反应一般需要较为激烈的反应条件，例如：

$$C_6H_5-OH + HO-C_6H_5 \xrightarrow[500℃]{ThO_2} C_6H_5-O-C_6H_5$$

Williamson 合成法是制备混醚和双芳基醚最常用的方法。该方法是醇钠或酚钠与卤代烃或其衍生物或硫酸酯等经 S_N2 反应完成的。例如：

$$CH_3CH_2I + NaOCH_2CH_2CH_2CH_3 \longrightarrow CH_3CH_2-OCH_2CH_2CH_2CH_3$$
71%

$$C_6H_5ONa + CH_3O\underset{\underset{O}{\|}}{\overset{\overset{O}{\|}}{S}}OCH_3 \longrightarrow C_6H_5-OCH_3 + NaO\underset{\underset{O}{\|}}{\overset{\overset{O}{\|}}{S}}OCH_3$$

75%
苯甲醚（俗称茴香醚，b.p. 154℃）

2,4-二氯苯酚 + ClCH_2COOH —30% NaOH，回流 4~5h→ 中间钠盐 —30% HCl，pH 1~3，70℃→ 2,4-二氯苯氧乙酸

2,4-二氯苯氧乙酸又称 2,4-D（2,4-dichlorophenoxyacetic acid），是植物生长调节剂，也是一种除双子叶杂草的除草剂。

此类反应是以醇氧负离子或酚氧负离子与卤代烃进行 S_N2 反应，因此卤代烷最好为伯卤代烷。如果是仲卤代烷，则有部分发生消除反应生成烯烃；若采用叔卤代烷，则主要发生消除反应得到烯烃。另外，该类卤代烃不能是乙烯型或苯基型卤代烃；这两种卤代烃由于卤素与双键或苯环之间有给电子的 p-π 共轭效应，使得 C—Cl 键不易断裂，难与

亲核试剂发生反应。当卤代芳烃的苯环上含有较强吸电子基时，卤代芳烃可以发生此类反应，例如：

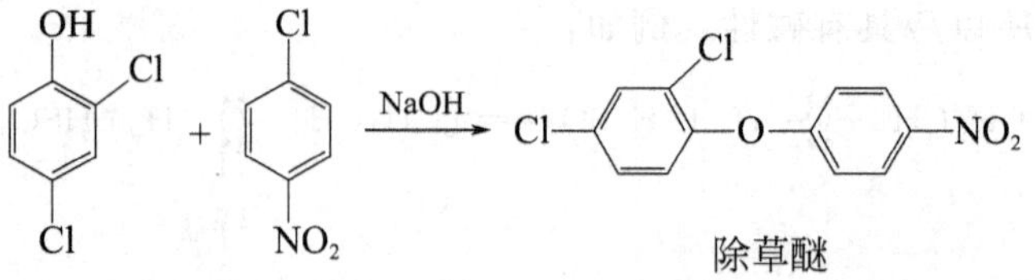

$$\text{2,4-二氯苯酚} + \text{4-氯硝基苯} \xrightarrow{\text{NaOH}} \text{除草醚}$$

芳基烯丙基醚在高温（200℃）的条件下可重排成邻烯丙基酚，这个反应称为 Claisen 重排。

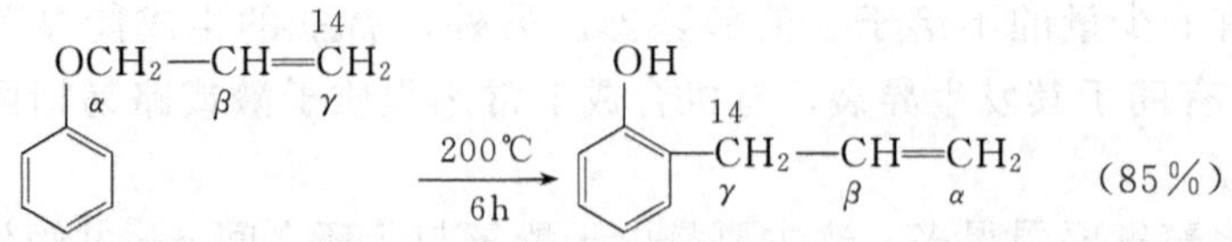

$$\text{PhOCH}_2\text{—CH==CH}_2 \xrightarrow[6h]{200℃} \text{邻烯丙基酚} \quad (85\%)$$

由于芳基烯丙基醚很容易从 Ph—ONa 和 BrCH$_2$CH==CH$_2$ 反应得到，因此该反应是在酚的苯环上导入烯丙基的好方法。

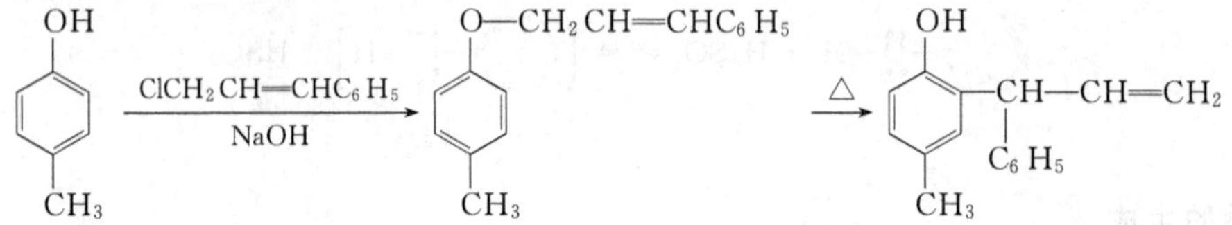

$$\text{对甲苯酚} \xrightarrow[\text{NaOH}]{\text{ClCH}_2\text{CH==CHC}_6\text{H}_5} \text{醚} \xrightarrow{\Delta} \text{邻位重排产物}$$

Claisen 重排反应是一个协同反应，在反应过程中通过电子迁移形成环状过渡态。反应机理如下：

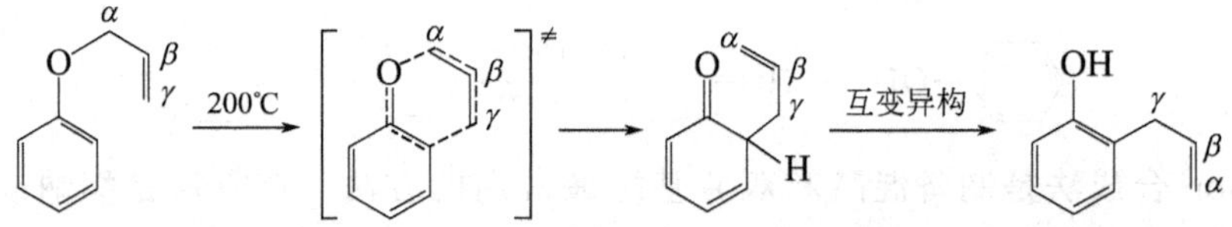

$$\text{ArO—CH}_2\text{—CH==CH}_2 \xrightarrow{200℃} [\text{环状过渡态}]^{\neq} \longrightarrow \text{酮式} \xrightarrow{\text{互变异构}} \text{邻烯丙基酚}$$

环状过渡态

若芳基烯丙基醚的两个邻位已有取代基，则重排发生在对位。例如：

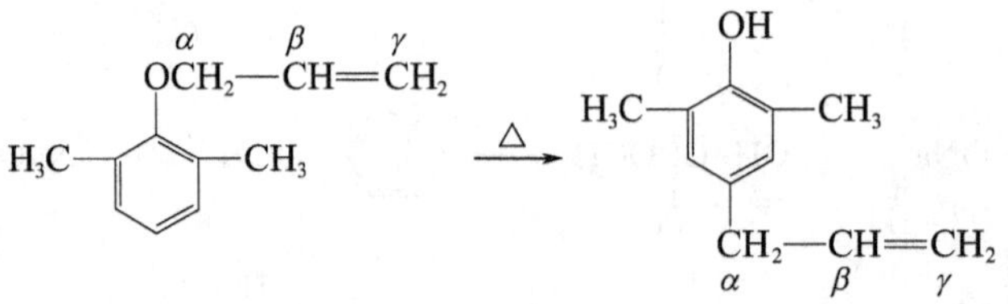

$$\text{2,6-二甲基苯基烯丙基醚} \xrightarrow{\Delta} \text{2,6-二甲基-4-烯丙基苯酚}$$

反应机理如下：

（反应经过环状过渡态，烯丙基先迁移至邻位形成二烯酮中间体，因邻位已被甲基占据，继续发生第二次 [3,3]-σ迁移至对位，最后互变异构得到对位烯丙基酚。）

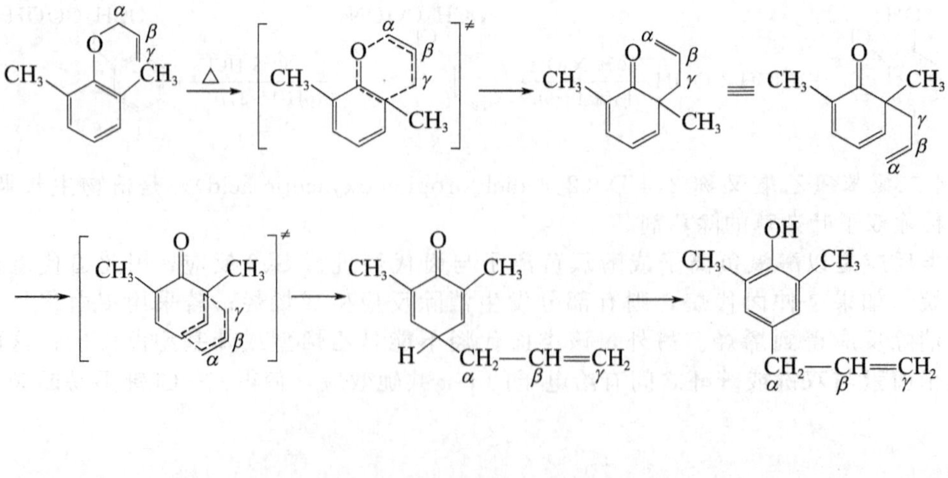

当芳基烯丙基醚的两个邻位和一个对位都有取代基时，不发生 Claisen 重排。

9.4.3 酯的生成

醇和酚与酸（包括无机酸和有机酸）失水所得的产物叫酯。

在强酸作用下，醇与有机酸形成酯反应通式如下：

$$RCOOH + R'OH \underset{}{\overset{H^+}{\rightleftharpoons}} RCOOR' + H_2O$$

浓硫酸、氯化氢、苯磺酸和对甲基苯磺酸是最常用的强酸催化剂，反应机理见第 11 章。另外，醇作为亲核试剂还可与酰卤、酸酐等羧酸衍生物进行酰基碳上的亲核取代反应生成酯（参见第 11 章 11.8.1）。此类反应具有反应条件温和、产率高等优点，在有机合成上较醇和羧酸的成酯反应应用更多。例如：

$$CH_3CH_2OH + CH_3COCl \longrightarrow CH_3COOCH_2CH_3 + HCl$$

由于 p-π 共轭作用，酚羟基氧上电子向芳环方向转移，降低了氧原子周围的电子密度，因此，酚的亲核性比醇差。酚与羧酸进行酯化反应的平衡常数较小。在酸的作用下，酚与羧酸虽然可以直接进行酯化反应，但比醇难。例如：

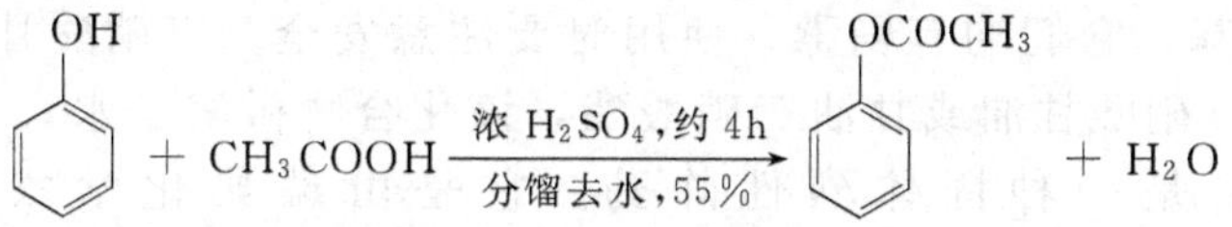

<chemical reaction: 苯酚 + CH₃COOH, 浓 H₂SO₄, 约 4h, 分馏去水, 55% → 乙酸苯酯 + H₂O>

但酚容易与酰氯、酸酐等酰基化试剂在碱（碳酸钾、吡啶）或酸（硫酸、磷酸）的催化下形成酯。例如：

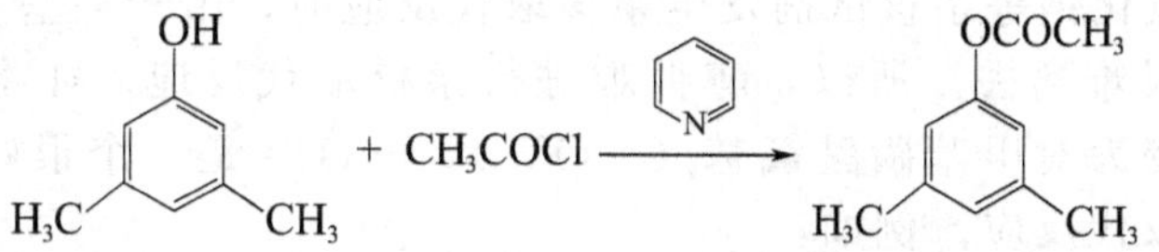

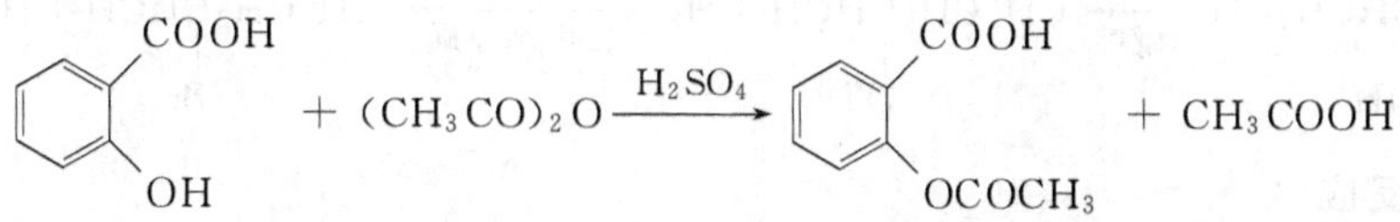

<chemical reaction: 3,5-二甲基苯酚 + CH₃COCl, 吡啶 → 3,5-二甲基苯酚乙酸酯, 75%>

<chemical reaction: 水杨酸 + (CH₃CO)₂O, H₂SO₄ → 乙酰水杨酸（阿司匹林） + CH₃COOH>

邻乙酰氧基苯甲酸亦称乙酰水杨酸或阿司匹林（aspirin），是一种退热祛痛药。

酚酯与路易斯酸如 $AlCl_3$、$ZnCl_2$、$FeCl_3$ 等一起加热，可以发生 Fries 重排反应，将酰基移到邻位或对位上，该反应常用来制备酚酮。在较低的温度下，主要得到对位异构体；而在较高的温度下，主要得到邻位异构体。

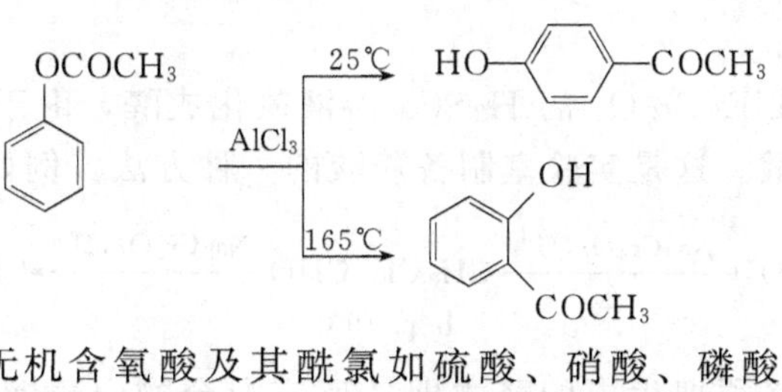

<chemical reaction: 苯酚乙酸酯, AlCl₃, 25℃ → 对羟基苯乙酮; 165℃ → 邻羟基苯乙酮>

此外，醇也可以与无机含氧酸及其酰氯如硫酸、硝酸、磷酸、磺酰氯、氯磺酸、三氯氧磷等反应，生成无机酸酯。磷酸的酸性较硫酸和硝酸弱，不易直接与醇酯化，常用其酰氯即三氯氧磷（$POCl_3$）与醇反应，形成磷酸酯。例如：

$$CH_3CH_2OH + H_2SO_4 \xrightarrow{<100℃} CH_3CH_2OSO_3H$$

$$2CH_3CH_2OSO_3H \xrightarrow{\text{减压蒸馏}} CH_3CH_2OSO_2OCH_2CH_3 + H_2SO_4$$

$$\begin{array}{c} CH_2OH \\ | \\ CHOH \\ | \\ CH_2OH \end{array} + 3HONO_2 \longrightarrow \begin{array}{c} CH_2ONO_2 \\ | \\ CHONO_2 \\ | \\ CH_2ONO_2 \end{array} \quad \text{三硝酸甘油酯}$$

$$3CH_3CH_2CH_2CH_2OH + POCl_3 \xrightarrow{\text{吡啶}} (CH_3CH_2CH_2CH_2O)_3PO + 3HCl$$

$$CH_3CH_2OH + ClSO_2\text{—}\bigcirc\text{—}CH_3 \xrightarrow{\text{吡啶}} CH_3CH_2OSO_2\text{—}\bigcirc\text{—}CH_3 \quad (72\%)$$

对甲苯磺酰氯   对甲苯磺酸乙酯

(缩写为 TsCl,Ts= $H_3C\text{—}\bigcirc\text{—}SO_2\text{—}$)

含氧无机酸酯的应用非常广泛。例如，硫酸氢甲酯或硫酸氢乙酯、硫酸二甲酯（dimethyl sulfate）或硫酸二乙酯是重要的甲基化试剂和乙基化试剂，在有机合成中可以向某些分子提供甲基和乙基，它们均有剧毒，使用时要注意安全。三硝酸甘油酯也叫做硝化甘油（oil of glonoin）、硝酸甘油或甘油三硝酸酯，该化合物微溶于水，与乙醇、苯等混溶，可燃，有爆炸性，是一种固体烈性炸药。它是由瑞典化学家艾尔弗·诺贝尔（A. B. Nobel）于1867年发明的。它也有扩张冠状动脉的作用，在医药上用来治疗心绞痛。磷酸三酯可用来制取农药、萃取剂、增塑剂等。

醇与卤化钠、氰化钠等亲核试剂发生亲核取代反应时，由于羟基（OH^-）碱性较强，羟基作为离去基团很难离去。所以，醇很难进行亲核取代反应。如将醇与对甲基苯磺酰氯反应，使羟基转变为对甲苯磺酰氧基（—OTs），—OTs 是一个很好的离去基团，有利于再发生其它亲核取代反应。例如：

$$CH_3CH_2\underset{|}{\overset{|}{C}}HCH_2CH_3 \xrightarrow[\text{吡啶}]{TsCl} CH_3CH_2\underset{OTs}{\overset{|}{C}}HCH_2CH_3 \xrightarrow[\text{二甲基亚砜}]{NaBr} CH_3CH_2\underset{Br}{\overset{|}{C}}HCH_2CH_3 + TsNa$$
(OH)

9.4.4 氧化反应

醇和酚均能被氧化，由于分子结构不同，氧化反应的难易和产物也不同。由于受到羟基的吸电子诱导作用，伯醇和仲醇的 α-氢酸性较大，容易离去，常发生的反应就是 α-碳被氧化，叔醇由于没有 α-氢，故一般不能被氧化。酚羟基所连的碳原子上没有氢，因此酚不能发生与醇类似的氧化反应。但酚类由于其芳环上的电子密度较高，很容易发生芳环碳原子的氧化。

9.4.4.1 一元醇的氧化

伯醇能被 $KMnO_4$ 或 $K_2Cr_2O_7$ 的 H_2SO_4 溶液氧化成醛，由于醛比醇更容易氧化，因此氧化的最终产物是羧酸。这是实验室制备羧酸的一种方法。例如：

$$CH_3CH_2CH_2OH \xrightarrow[\triangle]{Na_2Cr_2O_7,H^+} CH_3CH_2CHO \xrightarrow[\triangle]{Na_2Cr_2O_7,H^+} CH_3CH_2COOH$$
b. p. 97℃   b. p. 49℃

如果要得到醛，就必须把生成的醛立即从反应混合物中蒸馏出来，以防醛与氧化剂继续反应成为羧酸。也可以使用氧化醇但不能氧化醛的氧化剂，例如将吡啶溶解于略过量的盐酸中，再加入等物质的量的氧化铬，可得到橙黄色的氯铬酸吡啶盐 $[C_5H_5N^+H]ClCrO_3^-$，即 Corey 试剂，简写为 PCC（pyridinium chlorochromate）。PCC 氧化伯醇为醛及氧化仲醇为酮的反应产率高，操作较安全，氧化剂用量较小，且分子中的 C=C 和 C≡C 不受影响。例如：

$$CH_3(CH_2)_3CH=CHCH_2OH \xrightarrow[CH_2Cl_2, 25℃]{(C_5H_5N)_2 \cdot CrO_3} CH_3(CH_2)_3CH=CHCHO$$

$$\underset{\underset{CH_3}{|}}{CH_3CH_2CH(CH_2)_4CH_2OH} \xrightarrow[CH_2Cl_2]{CrO_3\text{-吡啶}} \underset{\underset{CH_3}{|}}{CH_3CH_2CH(CH_2)_4CHO} \quad 69\%$$

$$CH_2=CH-CH_2OH \xrightarrow{\text{新制 } MnO_2} CH_2=CH-CHO$$

仲醇被 $KMnO_4$ 或 $K_2Cr_2O_7$ 的 H_2SO_4 溶液等氧化剂氧化成酮，因为酮较难被氧化，故此法是合成酮的常用方法。例如：

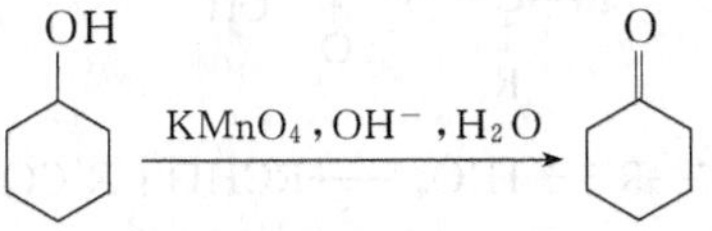

环己醇 $\xrightarrow{KMnO_4, OH^-, H_2O}$ 环己酮

$$CH_3(CH_2)_5\underset{\underset{OH}{|}}{C}HCH_3 \xrightarrow[\triangle]{K_2Cr_2O_7\text{-稀 }H_2SO_4} CH_3(CH_2)_5CCH_3 \quad (96\%)$$

$$\text{十氢萘醇} \xrightarrow[\text{丙酮}]{CrO_3, \text{稀}H_2SO_4} \text{十氢萘酮}$$

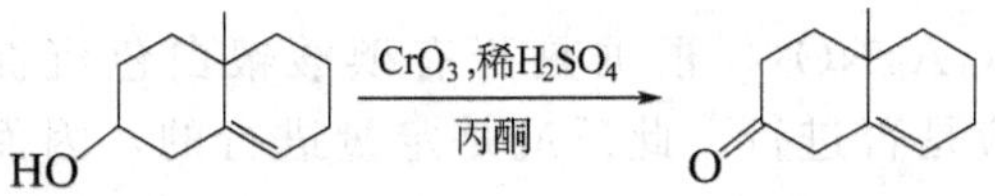

叔醇的 α-碳上没有氢，在碱性和中性条件下不易被氧化，但在酸性条件下，叔醇易脱水生成烯烃，然后形成的碳碳双键氧化断裂，得到小分子化合物。

9.4.4.2 一元醇的脱氢

伯醇和仲醇可以在脱氢试剂的作用下，失去氢形成羰基化合物，醇的脱氢一般常用于工业生产，常用铜或铜铬氧化物等作脱氢剂，在 300℃ 下使醇蒸气通过催化剂即可生成醛或酮。此外 Pd、Ag、Ni 等也可作脱氢试剂。例如：

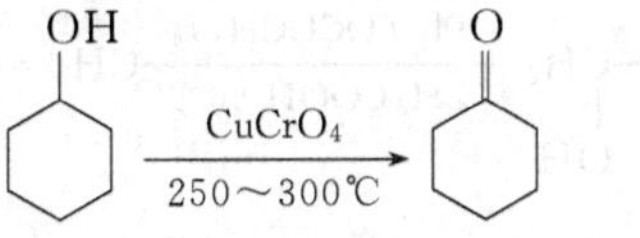

环己醇 $\xrightarrow[250\sim300℃]{CuCrO_4}$ 环己酮

$$CH_3CH_2OH \xrightarrow[300℃]{Cu} CH_3CHO + H_2$$

$$\underset{\underset{OH}{|}}{CH_3CHCH_3} \xrightleftharpoons[500℃, 0.3MPa]{Cu} CH_3COCH_3 + H_2$$

伯、仲醇脱氢（dehydrogenation），生成醛或酮。

该反应的优点是产品较纯，但脱氢过程是吸热的可逆反应，反应中要消耗热量。若将醇与适量的空气或氧气通过催化剂进行氧化脱氢，则氧和氢结合成水，那么反应可以进行到底。氧化脱氢时，氧和氢结合成水，放出大量的热，把脱氢的吸热过程转变为放热过程，这样可以节省热量。但氧化脱氢反应具有产品复杂，分离困难的缺点。

$$CH_3CH_2OH + \frac{1}{2}O_2 \xrightarrow[550℃]{Cu \text{ 或 } Ag} CH_3CHO + H_2O$$

叔醇的 α-碳上没有氢，不能发生催化脱氢反应，但可脱水生成烯烃。

9.4.4.3 α-二醇的氧化

(1) 高碘酸氧化

两个羟基连在相邻的碳原子上的二元醇叫做邻二醇,亦称 α-二醇。

高碘酸 HIO_4 可使邻二醇中连有羟基的相邻碳原子之间的键断裂,伯醇或仲醇的反应产物为醛,叔醇的反应产物为酮。邻羟基醛酮也可以被 HIO_4 氧化断裂,醇变成醛,醛、酮变成羧酸。如果连三醇与 HIO_4 反应,相邻两个羟基之间的 C—C 键都可以被氧化断裂,中间的碳原子被氧化为羧酸。非邻位二醇不起反应。例如:

$$R-\underset{OH}{CH}-\underset{OH}{CH}-R' + HIO_4 \longrightarrow RCHO + R'CHO + HIO_3 + H_2O$$

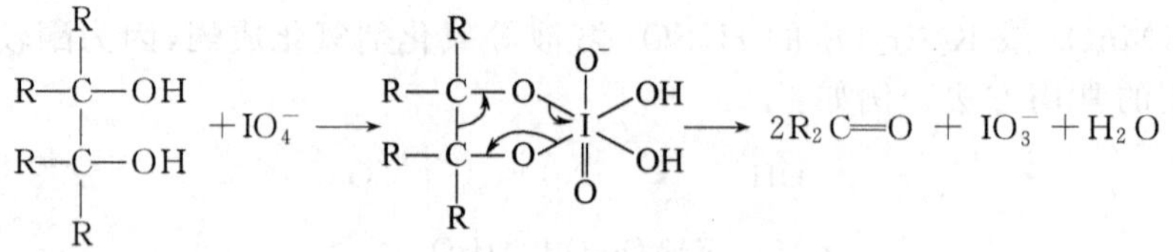

$$\underset{R}{\overset{R}{\underset{|}{R-C-OH}}}\underset{R}{\overset{|}{\underset{|}{R-C-OH}}} + IO_4^- \longrightarrow \cdots \longrightarrow 2R_2C=O + IO_3^- + H_2O$$

$$R-\underset{OH}{\overset{|}{C}}-\underset{O}{\overset{|}{C}}-R' + HIO_4 \longrightarrow RCHO + R'COOH + HIO_3$$

$$RCH-CH-CHR' \xrightarrow{HIO_4} RCHO + HCOOH + R'CHO$$
$$\quad | \quad | \quad |$$
$$\,\,OH\,\,OH\,\,OH$$

在反应混合物中加入 $AgNO_3$,根据是否有碘酸银白色沉淀生成($Ag^+ + IO_3^- \longrightarrow AgIO_3\downarrow$),可以判断反应是否进行。此反应是定量进行的,因而可以用于 α-二醇的定量测定。

(2) 四乙酸铅氧化

四乙酸铅 [$Pb(OCOCH_3)_4$] 在冰醋酸或苯等有机溶剂中也可氧化 α-二醇,生成羰基化合物。例如:

$$RCH-CHR' \xrightarrow{Pb(OCOCH_3)_4} RCHO + R'CHO + Pb(OCOCH_3)_2 + 2CH_3COOH$$
$$\,\,\,|\quad\,\,\,|$$
$$OH\,\,OH$$

$$CH_2=CH(CH_2)_8CH-CH_2 \xrightarrow[CH_3COOH\,\,50℃]{Pb(OCOCH_3)_4} CH_2=CH(CH_2)_8CHO + HCHO$$
$$\qquad\qquad\qquad\,\,\,|\quad\,\,\,|$$
$$\qquad\qquad\qquad OH\,\,OH$$

$Pb(OCOCH_3)_4$ 溶于有机溶剂,不溶于水,而 HIO_4 溶于水,不溶于有机溶剂,因此它们在应用中可以相互补充。

β-二醇和 γ-二醇等均不发生上述反应。

9.4.4.4 酚的氧化

酚很容易被氧化,空气中的氧也可能将苯酚氧化,因此市售酚通常是具有颜色的。酚的氧化产物随氧化方式不同而不同,在一般情况下,酚在氧化剂的作用下被氧化的最后产物是醌。

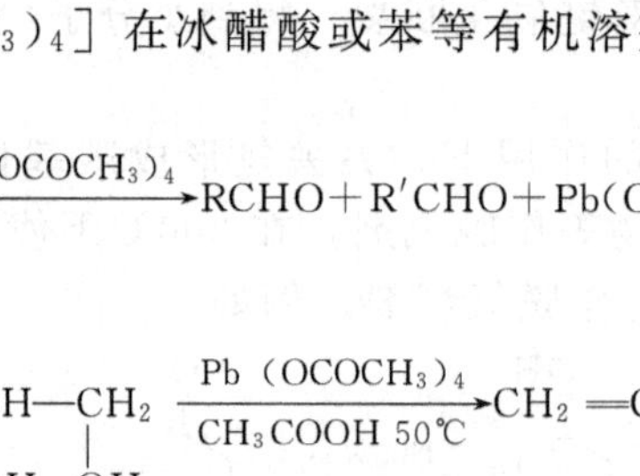

苯酚 $\xrightarrow[H_2O,0℃]{CrO_3/CH_3COOH}$ 对苯二醌,黄色

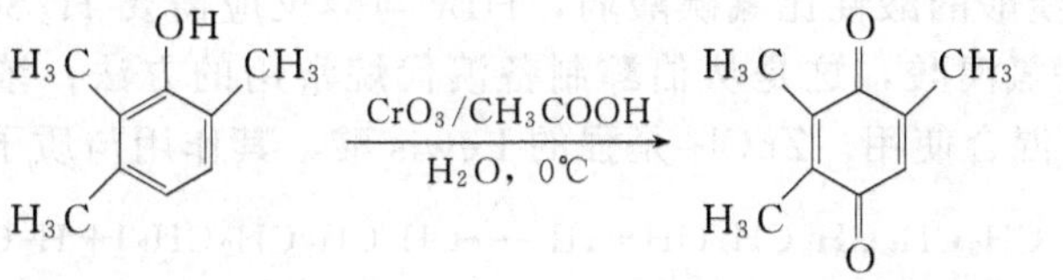

$$\underset{\text{}}{\begin{array}{c}\text{OH}\\\text{H}_3\text{C}\diagdown\diagup\text{CH}_3\\|\\\text{H}_3\text{C}\end{array}}\xrightarrow[\text{H}_2\text{O, 0°C}]{\text{CrO}_3/\text{CH}_3\text{COOH}}\underset{\text{2,3,6-三甲基对苯醌}}{\begin{array}{c}\text{O}\\\text{H}_3\text{C}\diagdown\diagup\text{CH}_3\\|\\\text{H}_3\text{C}\\\text{O}\end{array}}$$

当芳环上有两个羟基或一个羟基和一个氨基处于邻位或对位时，则很容易被氧化成醌，且产率较高。例如：

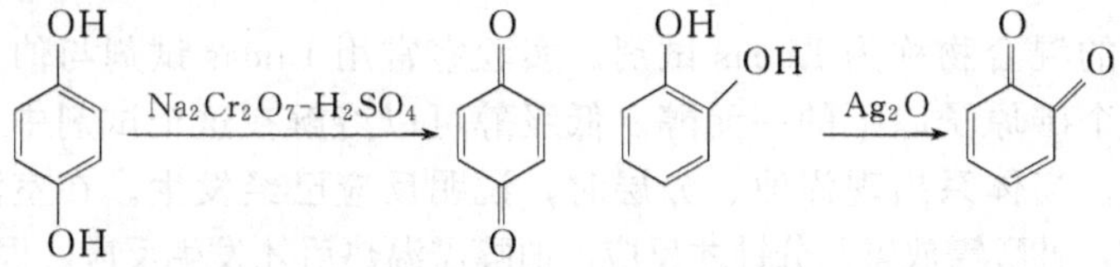

[对苯二酚 $\xrightarrow{\text{Na}_2\text{Cr}_2\text{O}_7-\text{H}_2\text{SO}_4}$ 对苯醌；邻苯二酚 $\xrightarrow{\text{Ag}_2\text{O}}$ 邻苯二醌，黄色]

[2,6-二氯-4-氨基苯酚 $\xrightarrow{\text{Na}_2\text{Cr}_2\text{O}_7-\text{H}_2\text{SO}_4}$ 2,6-二氯对苯醌；邻氨基苯酚 $\xrightarrow{\text{Ag}_2\text{O}}$ 邻苯醌]

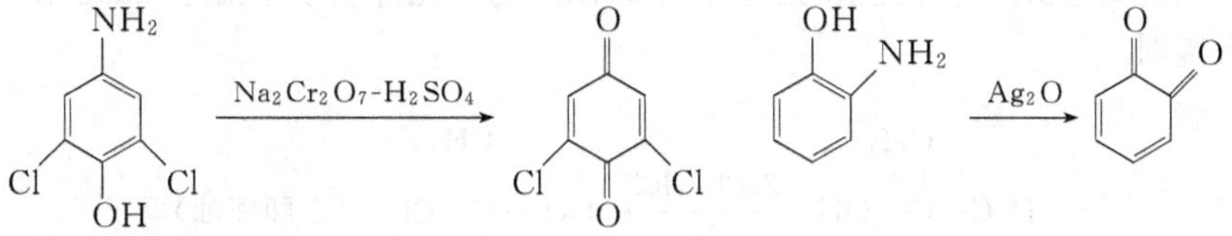

邻或对苯二酚在照相行业中用作显影剂，因为它们被氧化的同时能将底片中被感光活化的银离子还原为金属银粒。

9.4.5 与三氯化铁的显色反应

大多数酚及具有烯醇式（enol）构造 $\left(\begin{array}{c}\diagdown\diagup\\C=C\\\diagup\diagdown\text{OH}\end{array}\right)$ 的化合物能与 $FeCl_3$ 水溶液反应生成有颜色的络合物。

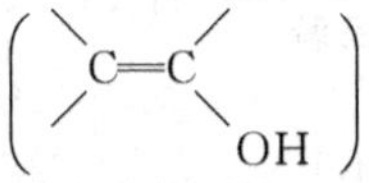

$$6C_6H_5OH + FeCl_3 \longrightarrow [Fe(OC_6H_5)_6]^{3-} + HCl + 3H^+$$

不同的酚与 $FeCl_3$ 反应产生的颜色不同。例如，苯酚一般为蓝紫色或紫红色，对甲苯酚呈蓝色，邻甲苯酚显绿色，对硝基苯酚显棕色，邻苯二酚和对苯二酚显深绿色，间苯二酚显淡红色，β-萘酚显黄～绿色，乙酰乙酸乙酯的烯醇式显红～紫色，戊二酮的烯醇式显红色等。实验室常利用此反应来鉴别酚类，称为显色反应（color-producing reaction）。但有些酚不与三氯化铁显色，例如，多数硝基酚、2,6-二叔丁基苯酚等。

9.5 醇的特性

9.5.1 与氢卤酸反应

醇与氢卤酸（或干燥的卤化氢）可发生亲核取代反应，生成卤代烃和水，其中卤素负离子是亲核试剂，OH^- 为离去基团。由于 OH^- 的离去能力很弱，因此反应要在强酸性溶液中进行，先生成锌盐，使羟基质子化后以 H_2O 的形式易于离去。氢卤酸的反应活性为 $HI>HBr>HCl\gg HF$。醇的反应活性为苯甲型醇、烯丙型醇＞叔醇＞仲醇＞伯醇。

$$R\!\!-\!\!\mid\!\!OH + HX \longrightarrow R\!-\!X + H_2O$$

对于卤化氢来说，由于 HI 的酸性最强，作为亲核试剂，I^- 的亲核性最强，所以伯醇很容易与 HI 反应；氢溴酸的酸性比氢碘酸弱，HBr 与醇反应需要 H_2SO_4 增强酸性，或者用 NaBr 和 H_2SO_4 代替氢溴酸，这是从伯醇制备溴代烷常用的方法；浓盐酸的酸性更弱，需要用无水氯化锌与其混合使用。$ZnCl_2$ 是强的 Lewis 酸，其作用与质子酸类似。

$$CH_3CH_2CH_2CH_2OH + HI \xrightarrow{\triangle} CH_3CH_2CH_2CH_2I + H_2O$$

$$CH_3CH_2CH_2CH_2OH + HBr \xrightarrow[\triangle]{H_2SO_4} CH_3CH_2CH_2CH_2Br + H_2O$$

$$CH_3CH_2CH_2CH_2OH + HCl \xrightarrow{ZnCl_2} CH_3CH_2CH_2CH_2Cl + H_2O$$

浓盐酸和无水氯化锌的混合物称为 Lucas 试剂。实验室常用 Lucas 试剂与伯、仲、叔醇的反应性能不同来鉴别六个碳原子以下的一元醇。低级醇可以溶解在这个试剂中，而生成的氯代烃不溶于 Lucas 试剂，当体系出现浑浊、分层时，说明反应已经发生。在室温下，烯丙型醇或叔醇立即出现浑浊，仲醇需放置几分钟才反应，伯醇需温热后才发生反应。根据反应速率和实验现象可判别反应物为何种类型的醇。六个碳以上的一元醇由于不溶于 Lucas 试剂，因此无法利用此法进行鉴别。

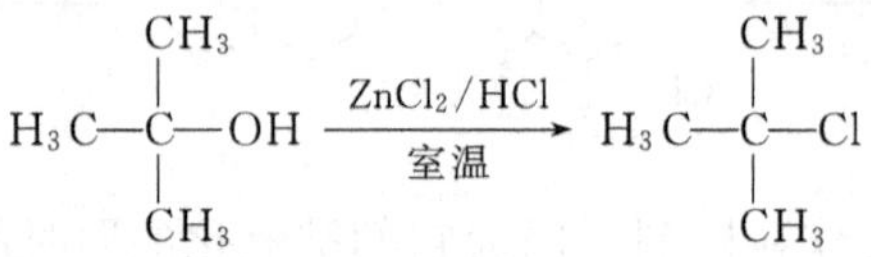

$$(CH_3)_3C-OH \xrightarrow[\text{室温}]{ZnCl_2/HCl} (CH_3)_3C-Cl \quad (\text{立即浑浊})$$

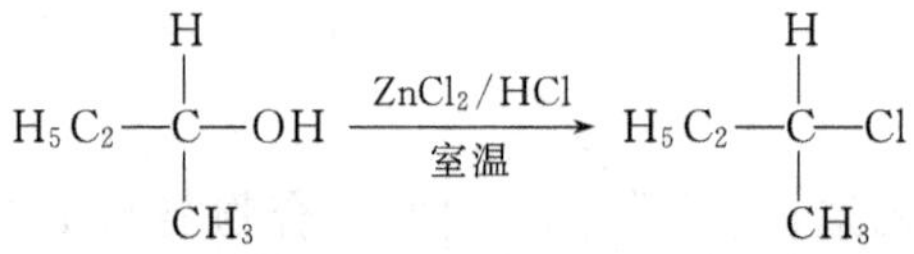

$$C_2H_5-CH(CH_3)-OH \xrightarrow[\text{室温}]{ZnCl_2/HCl} C_2H_5-CH(CH_3)-Cl \quad (\text{放置片刻才变浑浊})$$

$$CH_3CH_2CH_2CH_2OH \xrightarrow[\triangle]{ZnCl_2/HCl} CH_3CH_2CH_2CH_2Cl \quad (\text{室温下无变化，加热后反应})$$

醇与 HX 的反应是酸催化下的亲核取代反应。在酸的作用下醇的氧原子与酸中的氢离子结合成锌盐（$R\overset{+}{O}H_2$），离去基团由强碱（OH^-）转变为弱碱（H_2O），而容易进行亲核取代反应。不同结构的醇可按 S_N1 或 S_N2 历程进行。

醇与 HX 作用的 S_N1 反应机理如下：

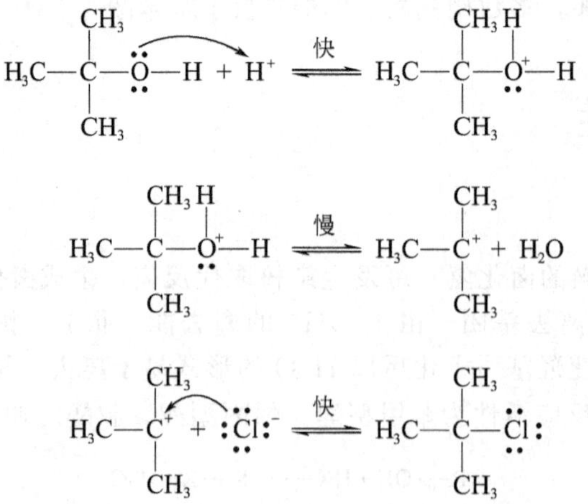

$$(CH_3)_3C-\ddot{O}H + H^+ \underset{}{\overset{\text{快}}{\rightleftharpoons}} (CH_3)_3C-\overset{+}{O}H_2$$

$$(CH_3)_3C-\overset{+}{O}H_2 \underset{}{\overset{\text{慢}}{\rightleftharpoons}} (CH_3)_3C^+ + H_2O$$

$$(CH_3)_3C^+ + :\ddot{C}l:^- \underset{}{\overset{\text{快}}{\rightleftharpoons}} (CH_3)_3C-\ddot{C}l:$$

醇与 HX 作用的 S_N2 反应机理如下：

$$:\overset{..}{\underset{..}{X}}{:}^- + R-\overset{+}{O}H_2 \longrightarrow [X\text{---}R\text{---}\overset{\delta+}{O}H_2]^{\delta-} \longrightarrow X-R + H_2O$$

一般烯丙型醇、苄基型醇、叔醇和仲醇按 S_N1 历程进行，伯醇按 S_N2 历程进行。醇与 HX 酸按 S_N1 历程进行反应时，由于有碳正离子中间体生成，因此，同样会发生重排反应，生成混合产物。例如：

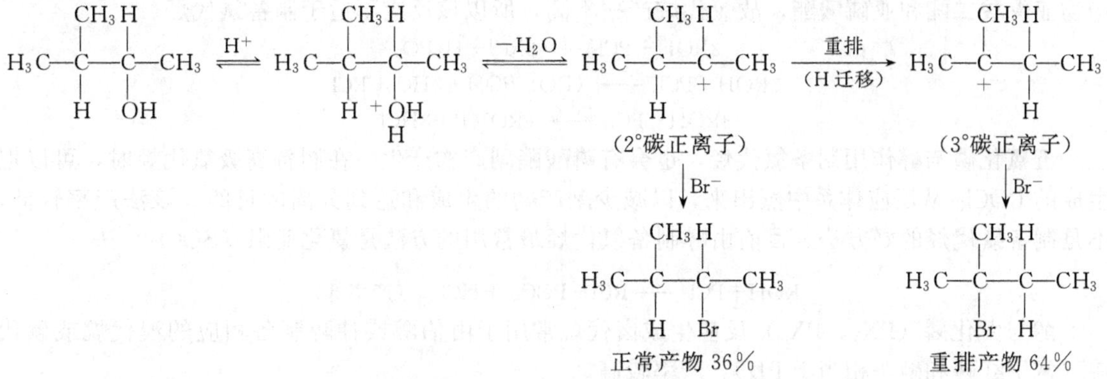

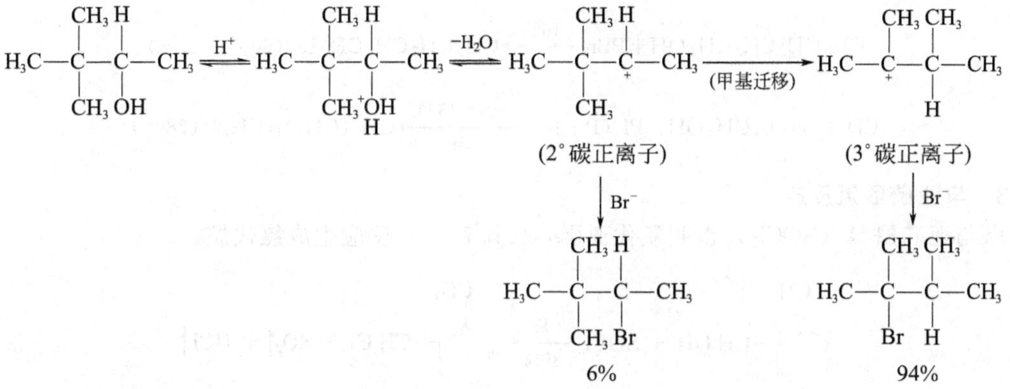

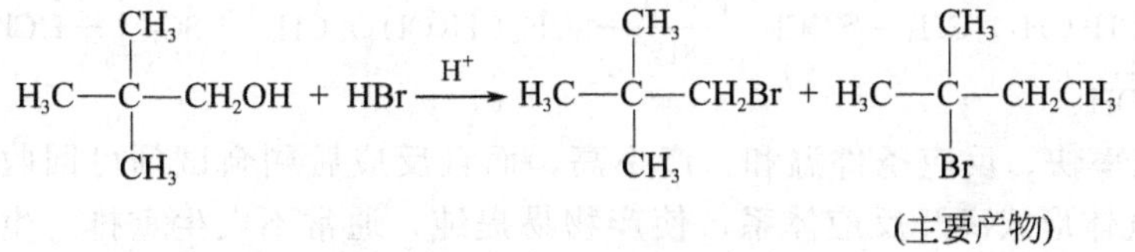

（2°碳正离子）　　　　（3°碳正离子）

正常产物 36%　　　　重排产物 64%

（2°碳正离子）　　　　（3°碳正离子）

6%　　　　94%

(主要产物)

$$R-CH=CHCH_2OH \xrightarrow{ZnCl_2/HCl} R-CH=CHCH_2Cl + R-\underset{\underset{Cl}{|}}{CH}-CH=CH_2$$

9.5.2 与卤化磷反应

醇与卤化磷（PX_3、PX_5）反应生成卤代烷。

$$3CH_3CH_2OH + PBr_3 \longrightarrow 3CH_3CH_2Br + H_3PO_3$$

反应机理如下：

$$CH_3CH_2OH + PBr_3 \longrightarrow CH_3CH_2OPBr_2 + HBr$$

$$Br^- + CH_3CH_2\text{—}OPBr_2 \longrightarrow CH_3CH_2Br + {}^-OPBr_2$$

醇羟基不是一个好的离去基团，与三溴化磷作用形成 $CH_3CH_2OPBr_2$，$^-OPBr_2$ 是一个较好的离去基团（其共轭酸为 $HOPBr_2$，是中强酸），Br^- 进攻烷基的碳原子，$^-OPBr_2$ 作为离去基团离去。由于反应是 S_N2 机理，反应中并不生成碳正离子中间体，故碳骨架一般不发生重排。
例如：

$$(CH_3)_2CHCH_2OH \xrightarrow[-HBr]{PBr_3} (CH_3)_2CHCH_2OPBr_2 \xrightarrow[S_N2]{Br^-} (CH_3)_2CHCH_2Br$$
$$50\%\sim60\%$$

三氯化磷与伯醇作用，由于 Cl^- 的亲核性较差，主要产物不是氯代烃，而是生成大量的副产物亚磷酸二酯和亚磷酸酯，故氯代烷产率不高，所以该反应不适于制备氯代烃。

$$3ROH+PCl_3 \longrightarrow 3RCl+H_3PO_3$$
$$3ROH+PCl_3 \longrightarrow (RO)_2POH+2HCl+RCl$$
$$3ROH+PCl_3 \longrightarrow (RO)_3P+3HCl$$

五氯化磷与醇作用制备氯代烃，也会有磷酸酯副产物产生。在制备高级氯代烃时，可以把生成的 $POCl_3$ 从反应体系中蒸出来，以减少副产物的生成和达到分离的目的。该法产率较低，不是制备氯代烃的好方法。目前由醇制备氯代烃最常用的方法是氯化亚砜（$SOCl_2$）法。

$$ROH+PCl_5 \longrightarrow RCl+POCl_3+HCl \quad （产率低）$$

醇与卤化磷（PX_3、PX_5）反应生成卤代烷常用于由伯醇或仲醇制备相应的溴代烷或碘代烷（常用红磷和碘，相当于 PI_3），产率较高。

$$CH_3CH_2CH_2CH_2OH+PBr_3 \xrightarrow{165℃} CH_3CH_2CH_2CH_2Br \;(90\%\sim93\%)$$

$$CH_3(CH_2)_{14}CH_2OH+PI_3\,(P+I_2) \xrightarrow[5h]{145\sim156℃} CH_3(CH_2)_{14}CH_2I \;(78\%)$$

9.5.3 与亚硫酰氯反应

醇与亚硫酰氯（$SOCl_2$，也叫氯化亚砜，b.p. 79℃）反应生成氯代烷。

$$\text{邻甲基苄醇} + SOCl_2 \xrightarrow[89\%]{苯} \text{邻甲基苄氯} + SO_2\uparrow + HCl\uparrow$$

$$\underset{\underset{OH}{|}}{CH_3CH(CH_2)_5CH_3} + SOCl_2 \xrightarrow[81\%]{Na_2CO_3} \underset{\underset{Cl}{|}}{CH_3CH(CH_2)_5CH_3} + SO_2\uparrow + HCl\uparrow$$

该反应不仅速率快、反应条件温和、产率高，而且反应后剩余试剂可回收，反应产生的 SO_2 和 HCl 都以气体形式离开反应体系，使产物易提纯，通常不发生重排。生成的酸性气体应加以吸收或利用，以避免造成环境污染。由于该方法对金属设备有很强的腐蚀，一般多用于实验室中制取氯代烃。醇与亚硫酰氯的反应机理如下：

$$RCH_2-\overset{..}{\underset{H}{O}} + \overset{Cl}{\underset{Cl}{S}}=O \longrightarrow RCH_2-O-\overset{Cl}{\underset{Cl}{S}}-OH \xrightarrow{-HCl} RCH_2\overset{O}{\underset{Cl}{S}}=O \longrightarrow R-Cl + SO_2\uparrow$$
（$1°$ 或 $2°$）

+醇与亚硫酰氯作用先生成氯代亚硫酸酯（RCH_2OSOCl）和氯化氢，接着氯代亚硫酸酯发生分解，在碳氧键发生异裂的同时，带有部分负电荷的氯原子恰好位于缺电子碳的前方并与之发生分子内的亲核取代反应。当碳氯键形成时，分解反应放出 SO_2，最后得到构型保持产物。这种取代反应犹如在分子内进行，所以叫做分子内亲核取代（substitution nucleophilic internal），用 S_Ni 表示。

当醇和亚硫酰氯的混合物中加入弱碱吡啶或叔胺，则不发生 S_Ni 反应，而是进行 S_N2 反应，结果是与羟基相连接的碳原子的构型发生转化：

$$Cl^- + \underset{\underset{H}{|}}{\overset{\overset{R}{|}}{C}}{-}OSOCl \xrightarrow{S_N2} \left[Cl{-}{-}{-}\overset{\overset{R}{|}}{\underset{\underset{H}{|}}{C}}{-}{-}{-}\overset{\delta^-}{O}{-}\overset{\overset{O}{\|}}{S}{-}Cl \right] \longrightarrow Cl{-}\underset{\underset{H}{|}}{\overset{\overset{R}{|}}{C}}{-}R' + SO_2 + Cl^- $$

醇和亚硫酰氯反应生成氯代亚硫酸酯（RCH_2OSOCl）和氯化氢时，形成的HCl被吡啶转化为 [吡啶$\cdot$HCl]⁺Cl⁻，而游离的Cl⁻是一个高效的亲核试剂，因而以正常的S_N2反应方式从氯代亚硫酸酯的背面进攻碳而反转了构型。

9.5.4 脱水反应

醇在催化剂如质子酸（浓硫酸、浓磷酸）或Lewis酸（Al_2O_3等）的作用下，加热可以进行分子内脱水得到烯烃，也可以发生分子间脱水得到醚。以哪种脱水方式为主，决定于醇的结构和反应条件。

9.5.4.1 分子内脱水生成烯烃

醇在较高温度（400～800℃），直接加热脱水生成烯烃。若有催化剂如H_2SO_4、Al_2O_3存在，则脱水可以在较低温度下进行。例如：

$$CH_3CH_2OH \xrightarrow[\text{或}Al_2O_3, 360℃]{\text{浓}H_2SO_4, 170℃} CH_2{=}CH_2 + H_2O$$

$$H_3C{-}\underset{\underset{OH}{|}}{\overset{\overset{CH_3}{|}}{C}}{-}\underset{\underset{OH}{|}}{\overset{\overset{CH_3}{|}}{C}}{-}CH_3 \xrightarrow[\triangle, 80\%]{Al_2O_3} H_2C{=}\underset{}{\overset{\overset{CH_3}{|}}{C}}{-}\underset{}{\overset{\overset{CH_3}{|}}{C}}{=}CH_2 + 2H_2O$$

$$\underset{}{\text{环己醇}}\text{-OH} \xrightarrow[170℃]{\text{浓}H_2SO_4} \underset{}{\text{环己烯}}$$

醇分子内脱水生成烯烃是一种消除（β-消除）反应。一般来说，在酸的作用下，仲醇和叔醇的分子内脱水按E_1机理进行。伯醇在浓H_2SO_4作用下发生的分子内脱水主要按E_2机理进行。β-碳上含有支链的伯醇有时按E_1机理脱水。

在酸催化下，按E_1机理进行反应的过程如下：

$$\underset{\underset{H\ OH}{|\ \ |}}{-\overset{|}{C}-\overset{|}{C}-} \underset{\text{（快）}}{\overset{H^+}{\rightleftharpoons}} \underset{\underset{H\ \overset{+}{O}H_2}{|\ \ \ |}}{-\overset{|}{C}-\overset{|}{C}-} \xrightarrow[-H_2O\text{（慢）}]{E_1} \underset{\underset{H}{|}}{-\overset{|}{C}-\overset{|}{\overset{+}{C}}-} \xrightarrow[\text{（快）}]{-H^+} \underset{}{\overset{|}{C}}{=}\underset{}{\overset{|}{C}}$$

在酸作用下醇的氧原子与酸中的氢离子结合成𬭩盐（$R\overset{+}{O}H_2$），离去基团由强碱（OH^-）转变为弱碱（H_2O），使得碳氧键易于断裂，离去基团H_2O易于离去。当H_2O离开中心碳原子后，碳正离子去掉一个β-质子而完成消除反应，得到烯烃。在上述过程中，碳氧键异裂形成碳正离子是速率控制步骤，由于碳正离子的稳定性是$3°C^+ > 2°C^+ > 1°C^+$，因此该反应的速率为$3°ROH > 2°ROH > 1°ROH$。例如：

$$CH_3CH_2CH_2CH_2OH \xrightarrow[140℃]{75\%H_2SO_4} CH_3CH_2CH{=}CH_2 + H_2O$$

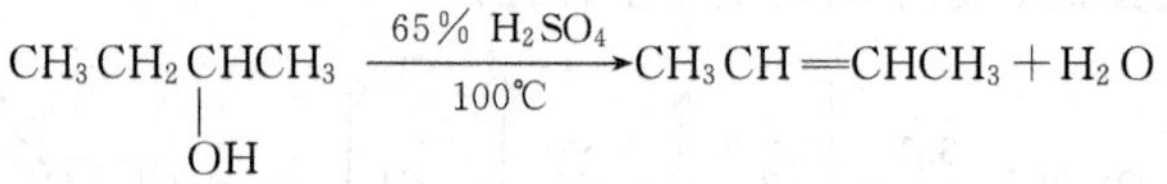

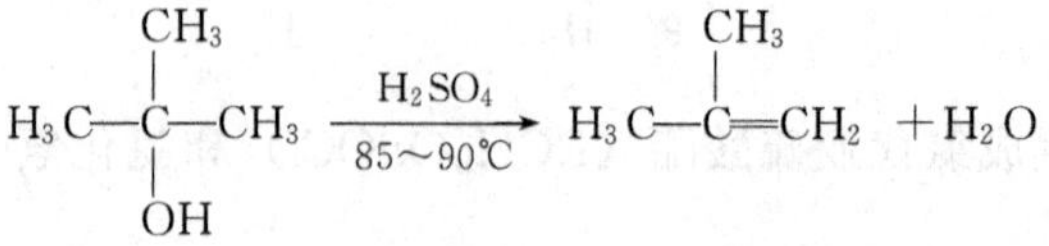

$$CH_3CH_2\underset{OH}{\overset{}{C}}HCH_3 \xrightarrow[100℃]{65\% \ H_2SO_4} CH_3CH=CHCH_3 + H_2O$$

$$H_3C\underset{OH}{\overset{CH_3}{\underset{|}{\overset{|}{C}}}}CH_3 \xrightarrow[85\sim90℃]{H_2SO_4} H_3C\overset{CH_3}{\underset{|}{C}}=CH_2 + H_2O$$

当醇有两种或三种 β-氢原子时，消除反应遵循 Saytzeff 规则。例如：

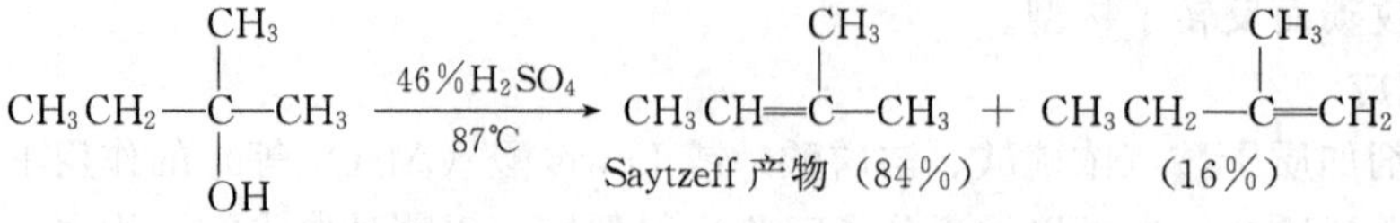

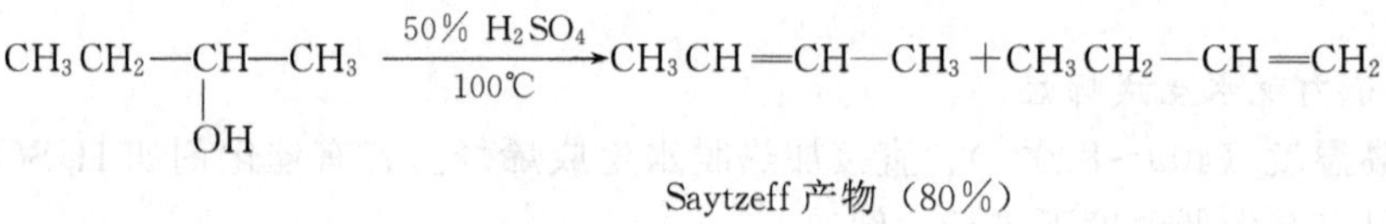

$$CH_3CH_2\underset{OH}{\overset{CH_3}{\underset{|}{\overset{|}{C}}}}CH_3 \xrightarrow[87℃]{46\% \ H_2SO_4} \underset{\text{Saytzeff 产物（84\%）}}{CH_3CH=\overset{CH_3}{\underset{|}{C}}CH_3} + \underset{(16\%)}{CH_3CH_2\overset{CH_3}{\underset{|}{C}}=CH_2}$$

$$CH_3CH_2-\underset{OH}{\overset{}{C}}H-CH_3 \xrightarrow[100℃]{50\% \ H_2SO_4} \underset{\text{Saytzeff 产物（80\%）}}{CH_3CH=CH-CH_3} + CH_3CH_2-CH=CH_2$$

醇在按 E_1 机理进行脱水反应时，由于有碳正离子中间体生成，有可能发生重排，形成更稳定的碳正离子，然后再按 Saytzeff 规则脱去一个 β-氢原子而形成烯烃。

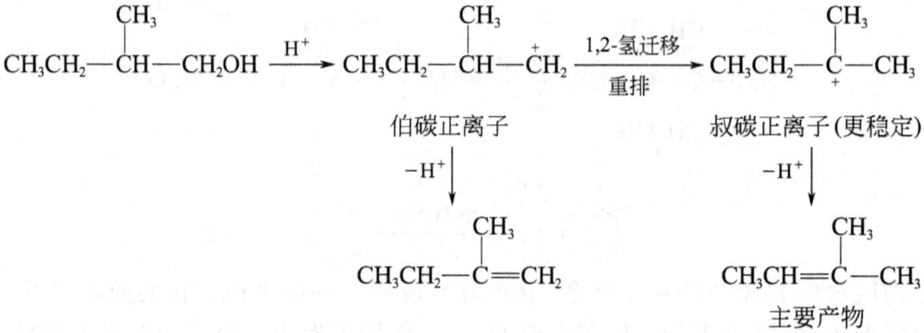

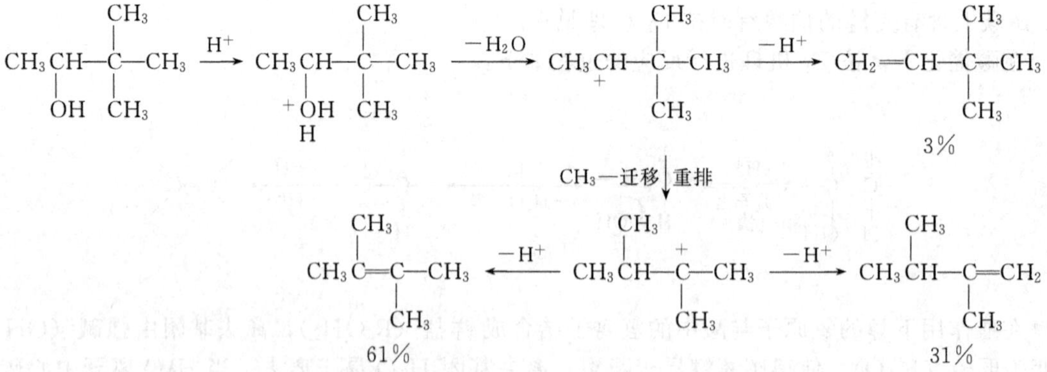

$$CH_3CH_2-\overset{CH_3}{\underset{|}{C}H}-CH_2OH \xrightarrow{H^+} \underset{\text{伯碳正离子}}{CH_3CH_2-\overset{CH_3}{\underset{|}{C}H}-\overset{+}{C}H_2} \xrightarrow[\text{重排}]{1,2-氢迁移} \underset{\text{叔碳正离子(更稳定)}}{CH_3CH_2-\overset{CH_3}{\underset{|}{\overset{+}{C}}}-CH_3}$$

$$\Big\downarrow -H^+ \qquad\qquad\qquad \Big\downarrow -H^+$$

$$CH_3CH_2-\overset{CH_3}{\underset{|}{C}}=CH_2 \qquad\qquad \underset{\text{主要产物}}{CH_3CH=\overset{CH_3}{\underset{|}{C}}-CH_3}$$

$$CH_3\underset{CH_3}{\overset{CH_3}{\underset{|}{\overset{|}{C}}}}-\underset{OH}{\overset{}{C}H}-CH_3 \xrightarrow{H^+} CH_3\underset{CH_3}{\overset{CH_3}{\underset{|}{\overset{|}{C}}}}-\underset{\overset{+}{O}H_2}{\overset{}{C}H}-CH_3 \xrightarrow{-H_2O} CH_3\underset{CH_3}{\overset{CH_3}{\underset{|}{\overset{|}{C}}}}-\overset{+}{C}H-CH_3 \xrightarrow{-H^+} \underset{3\%}{CH_2=\underset{CH_3}{\overset{CH_3}{\underset{|}{\overset{|}{C}}}}-CH_2-CH_3}$$

$$\Big\downarrow CH_3-迁移\ \text{重排}$$

$$\underset{61\%}{CH_3\overset{CH_3}{\underset{CH_3}{\underset{|}{\overset{|}{C}}}}=\overset{}{C}-CH_3} \xleftarrow{-H^+} CH_3\overset{CH_3}{\underset{CH_3}{\underset{|}{\overset{|}{C}}}}-\overset{+}{C}H-CH_3 \xrightarrow{-H^+} \underset{31\%}{CH_3CH=\overset{CH_3}{\underset{|}{C}}-CH_2}$$

（此处 CH_3 应为：$CH_3CH=\underset{CH_3}{\overset{CH_3}{\underset{|}{\overset{|}{C}}}}-CH_3$ 类结构）

工业上，醇脱水通常在氧化铝或硅酸盐的催化下于 350~400℃ 进行，此反应不发生重排，常用来制备共轭二烯烃。

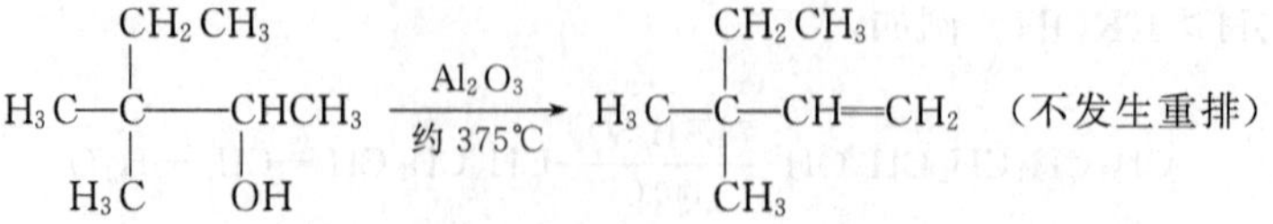

$$H_3C\underset{H_3C}{\overset{CH_2CH_3}{\underset{|}{\overset{|}{C}}}}-\underset{OH}{\overset{}{C}}HCH_3 \xrightarrow[\text{约}375℃]{Al_2O_3} H_3C\underset{CH_3}{\overset{CH_2CH_3}{\underset{|}{\overset{|}{C}}}}-CH=CH_2 \quad\text{（不发生重排）}$$

$$\underset{\underset{OH\ OH}{|\ \ \ |}}{\underset{|\ \ \ |}{H_3C-C-C-CH_3}} \xrightarrow[\text{约 400°C}]{Al_2O_3} \underset{\underset{}{|\ \ \ \ \ |}}{\underset{CH_3\ CH_3}{H_2C=C-C=CH_2}}$$

二个羟基都连在叔碳原子的 α-二醇称为频哪醇（pinacol），如上例中的 2,3-二甲基-2,3-丁二醇。在 Al_2O_3 作用下频哪醇发生分子内脱除两分子水的反应生成共轭二烯烃；但频哪醇在酸的催化下却脱去一分子水，并且碳架发生重排，生成产物俗称频哪酮（pinacolone），这个重排反应叫做频哪醇重排（pinacol rearrangement），该重排也即 Wagner-Meerwein 重排。

例如：

$$\underset{\substack{2,3\text{-二甲基-2,3-丁二醇} \\ \text{（频哪醇）}}}{\underset{\underset{OH\ OH}{|\ \ \ |}}{\underset{|\ \ \ |}{H_3C-C-C-CH_3}}} \underset{\Delta}{\overset{H^+}{\rightleftharpoons}} \underset{\substack{3,3\text{-二甲基-2-丁酮} \\ \text{（频哪酮）}}}{\underset{\underset{O\ CH_3}{\|\ \ \ |}}{\underset{|}{H_3C-C-C-CH_3}}}$$

频哪醇重排反应机理如下：

[反应机理示意图：经 H^+ 质子化，$-H_2O$ 脱水生成碳正离子 1，经重排生成 2，与共振结构 3 互变，最后 $-H^+$ 生成频哪酮]

在酸的作用下，频哪醇分子中的一个羟基质子化后形成𬭩盐，然后脱水生成碳正离子 1，1 立即重排生成 2，2 中氧原子一对电子转移到 C—O 间，形成共振结构 3，重排的动力是重排后生成的 2 由于共振获得了额外的稳定作用，能量比 1 还低，即便 1 是一个叔碳正离子。有证据表明，水分子的离去与烃基的迁移可能是同时进行的。

在不对称取代的 α-二醇中，可以生成两种碳正离子，哪一个羟基被质子化后离去，这与离去后形成的碳正离子的稳定性有关，一般形成比较稳定的碳正离子的碳原子上的羟基被质子化。若重排时有两种不同的基团可供选择时，通常能提供电子、稳定正电荷较多的基团优先迁移，因此芳基比烷基更易迁移，但通常得到两种重排产物。迁移基团与离去基团处于反式位置时，重排速率较快。例如：

$$\underset{\underset{OH\ OH}{|\ \ \ |}}{\underset{|\ \ \ |}{\underset{H\ CH_3}{H_3C-C-C-CH_3}}} \xrightarrow[-HSO_4^-]{H_2SO_4} \underset{\underset{OH\ OH_2^+}{|\ \ \ |}}{\underset{|\ \ \ |}{\underset{H\ CH_3}{H_3C-C-C-CH_3}}} \longrightarrow \underset{\underset{OH\ CH_3}{|\ \ \ |}}{\underset{|\ \ \ |}{\underset{H}{H_3C-C-C^+-CH_3}}} \longrightarrow$$

$$\underset{\underset{OH\ CH_3}{|\ \ \ |}}{\underset{|\ \ \ |}{\underset{H}{H_3C-C^+-C-CH_3}}} \xrightarrow{-H^+} \underset{\underset{O\ CH_3}{\|\ \ \ |}}{\underset{|}{\underset{H}{H_3C-C-C-CH_3}}}$$

考虑碳正离子稳定性

$$\underset{\underset{OH\ OH}{|\ \ |}}{\overset{\underset{|}{Ph}\ \underset{|}{Ph}}{H_3C-C-C-CH_3}} \xrightarrow{H^+} \underset{\underset{O\ Ph}{|\ \ |}}{\overset{\underset{|}{Ph}}{H_3C-C-C-CH_3}} + \underset{\underset{O\ CH_3}{|\ \ |}}{\overset{\underset{|}{Ph}}{Ph-C-C-CH_3}}$$

(主要产物)   (次要产物)

频哪醇重排反应常用于一般方法不易得到的化合物的制备，例如从环戊酮制备螺[4.5]-6-癸酮。

频哪醇可由酮进行双分子还原而得。还原剂一般是正电性的金属钠、镁等。

$$2H_3C-\underset{\underset{}{||}}{\overset{O}{C}}-CH_3 + 2[H] \xrightarrow{Mg(Hg)+H_2O} \underset{\underset{OH\ OH}{|\ \ |}}{\overset{\underset{|}{CH_3}\ \underset{|}{CH_3}}{H_3C-C-C-CH_3}}$$

9.5.4.2 分子间脱水生成醚

伯醇在较低的温度下主要发生分子间脱水，生成醚。例如：

$$CH_3CH_2-OH \xrightarrow[140℃]{浓 H_2SO_4} CH_3CH_2-O-CH_2CH_3$$

$$HOCH_2CH_2CH_2CH_2CH_2OH \xrightarrow[\Delta]{H_2SO_4} \text{(噁烷)} + H_2O$$

(1,5-戊二醇)   (噁烷)(76%)

反应中一分子醇在酸作用下，先形成质子化的醇，另一分子的醇作为亲核试剂进攻质子化的醇，失去一分子水，然后再失去质子，得到醚。在酸的作用下，两分子伯醇之间脱水生成醚的反应是按 S_N2 机理进行的，其过程如下：

$$CH_3CH_2-\ddot{O}H + H^+ \rightleftharpoons CH_3CH_2-\overset{+}{\underset{H}{O}}\underset{H}{\overset{H}{\cdots}}$$

$$CH_3CH_2-\ddot{O}H + CH_3CH_2-\overset{+}{\underset{H}{O}}\underset{H}{\overset{H}{}} \xrightarrow{S_N2} CH_3CH_2-\overset{+}{\underset{H}{O}}-CH_2CH_3 + H_2O$$

$$CH_3CH_2-\overset{+}{\underset{H}{O}}-CH_2CH_3 \rightleftharpoons CH_3CH_2-O-CH_2CH_3 + H^+$$

仲醇和叔醇在酸催化下加热，主要产物为烯。

该反应是制备醚的一种方法，一般用于制备简单醚。如果使用两种不同的醇进行反应，产物为三种醚的混合物，无制备意义。但用甲醇及叔丁醇来制备甲基叔丁基醚，却可以得到较高的收率，这是因为叔丁基正离子容易形成，使反应按如下 S_N1 历程进行：

$$(CH_3)_3COH + H^+ \longrightarrow (CH_3)_3\overset{+}{C}OH_2 \longrightarrow (CH_3)_3C^+ + H_2O$$

$$(CH_3)_3C^+ + HOCH_3 \longrightarrow (CH_3)_3C-\overset{+}{\underset{H}{O}}-CH_3 \longrightarrow (CH_3)_3C-O-CH_3 + H^+$$

甲基叔丁基醚具有优良的抗震性，对环境无污染，是一种无铅汽油抗震剂。

综上所述，醇分子间脱水和分子内脱水是两种互相竞争的反应，醇的脱水方式和反应温度有关，温度高发生分子内脱水，温度低是分子间脱水。而叔醇脱水只生成烯，不会生成醚，因为叔醇消除倾向大。

9.6 酚的特性

由于羟基是很强的第一类定位基，因此酚类化合物容易发生亲电取代反应。

9.6.1 卤化反应

酚很容易发生芳环上的卤化反应，并且不需要催化剂便可顺利进行，产物随反应条件不同而异。

在室温下，当苯酚与过量溴水作用时，立刻生成 2,4,6-三溴苯酚白色沉淀，且可定量完成。此反应可用于苯酚的定性和定量分析。

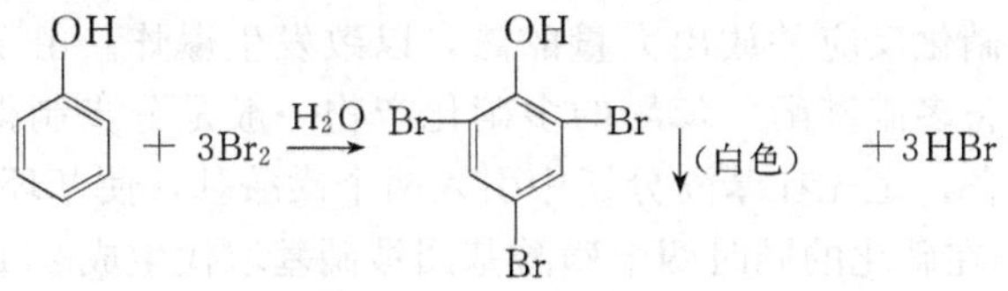

苯酚能迅速溴化生成三取代物的原因，一方面是溴水包含 $Br-\overset{+}{O}H_2$，溴水解离反应为 $Br_2+H_2O \rightleftharpoons Br-OH+HBr \rightleftharpoons Br-\overset{+}{O}H_2+Br^-$，$Br-\overset{+}{O}H_2$ 是一个比溴更好的亲电试剂；另一方面，苯酚在水溶液中部分解离生成苯氧负离子，氧负离子基是很强的第一类定位基，使得溴化反应更易进行。

在强酸溶液中，由于酸的存在抑制了苯氧负离子的生成，溴化反应可停留在二元溴化一步，得到 2,4-二溴苯酚。

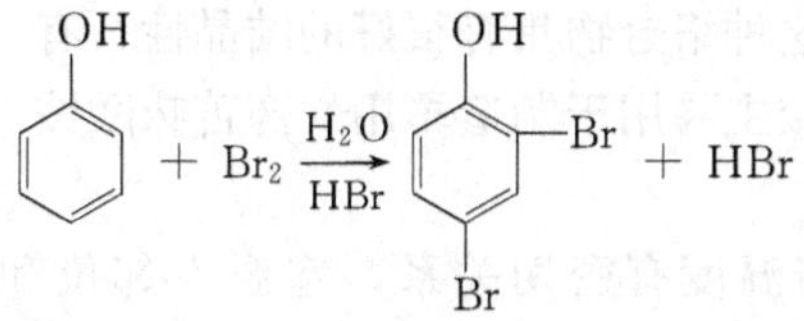

在低温和低极性溶剂如氯仿、二硫化碳或四氯化碳中，苯酚与溴反应可得到一溴代酚，且以对位产物为主。

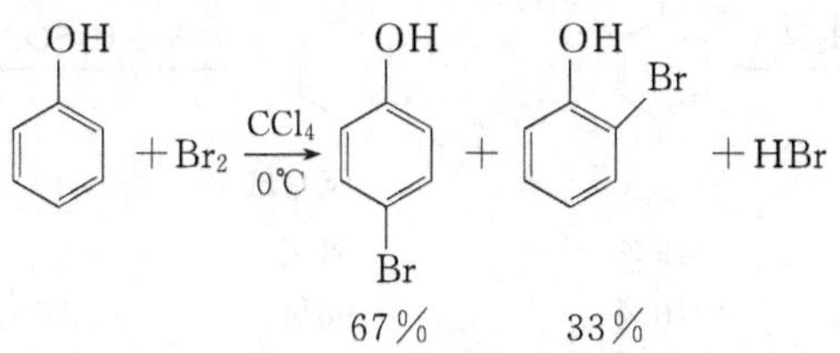

酚和氯在不同的反应条件下也可以生成各种多取代氯代酚化合物。各种卤代酚的酸性都比苯酚强，其中有不少化合物具有杀虫、杀菌和防腐作用，是制药工业的重要原料。

9.6.2 硝化反应

稀硝酸在室温即可使酚硝化，生成邻硝基苯酚和对硝基苯酚的混合物。因酚易被硝酸氧化而生成较多副产物，故产量较低。

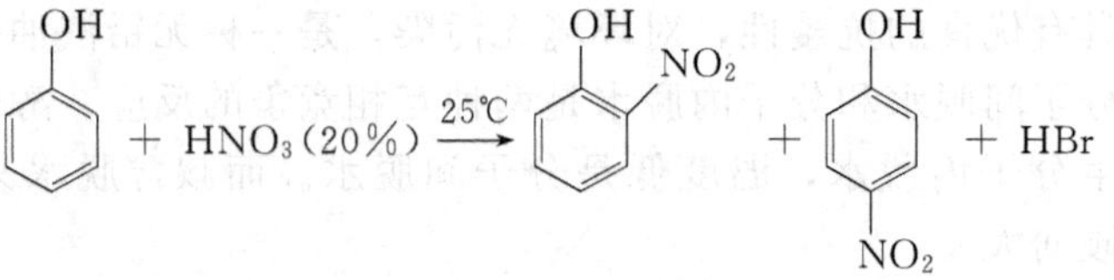

苯酚 + HNO₃(20%) —25℃→ 邻硝基苯酚 (30%~40%) + 对硝基苯酚 (15%) + HBr

邻硝基苯酚可形成分子内氢键，而对硝基苯酚则形成分子间氢键，故邻硝基苯酚的沸点比对硝基苯酚低。采用水蒸气蒸馏的方法分离此两种异构体时，邻硝基苯酚能随水蒸气一起被蒸馏出来，对硝基苯酚由于不易挥发而留在蒸馏器皿中。该反应可用于实验室制备邻硝基苯酚和对硝基苯酚。

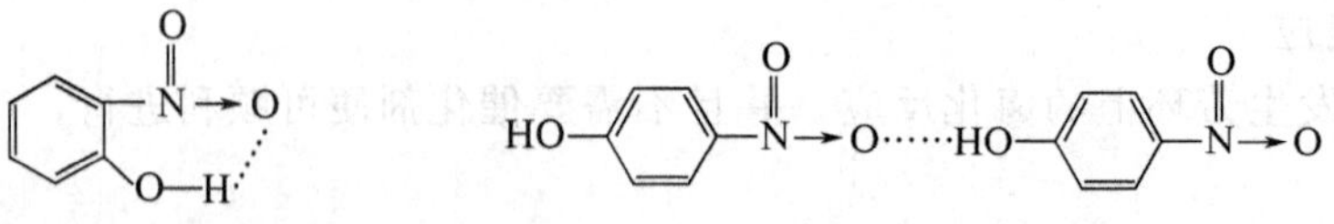

邻硝基苯酚(分子内氢键)　　　对硝基苯酚(分子间氢键)

在酚的硝化反应中，反应温度和硝化剂的浓度是需要严格控制的两个条件。温度过高、硝酸浓度过大都将引起多硝化反应并放出大量的热，以致发生爆炸。由于苯酚易被浓硝酸氧化，故不宜用直接硝化法制备多硝基酚。苯酚的多硝化产物一般是分步制得的。例如 2,4,6-三硝基苯酚（苦味酸）的制备，是先在苯酚分子中引入两个磺酸基，使苯环钝化，不易被氧化，然后再与浓 HNO₃ 反应，在硝化的同时两个磺酸基团被硝基取代生成 2,4,6-三硝基苯酚。

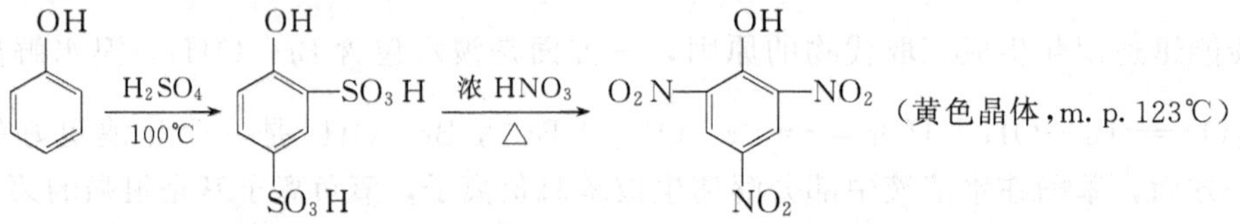

苯酚 —H₂SO₄/100℃→ 2,4-二磺酸基苯酚 —浓HNO₃/Δ→ 2,4,6-三硝基苯酚 (90%)（黄色晶体，m.p. 123℃）

苦味酸是具有苦味的酸，有毒。它与有机碱反应生成难溶的盐，熔点敏锐，故在有机分析中，常用于鉴别有机碱，根据熔点数据可以确定碱是什么化合物。此外，苦味酸与稠环芳烃可定量地形成带色的分子化合物，这种络合物具有很好的结晶性，有一定的熔点，在有机分析中，主要用于鉴定芳烃。高纯度苦味酸主要用于制造军用炸药苦味酸铵，苦味酸铅可用作起爆药。

9.6.3 磺化反应

苯酚磺化所生成的产物与温度有密切关系，室温下邻位和对位取代的产物产率很接近；100℃则主要得到对位产物。上述两种产品进一步磺化，都得到 4-羟基-1,3-二苯磺酸：

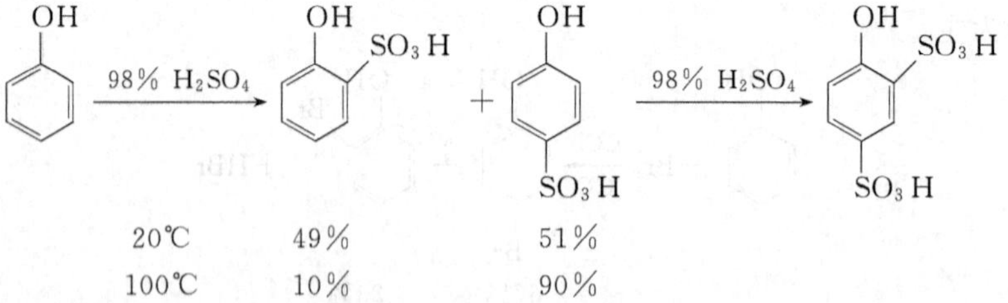

苯酚 —98% H₂SO₄→ 邻羟基苯磺酸 + 对羟基苯磺酸 —98% H₂SO₄→ 4-羟基-1,3-二苯磺酸

20℃　49%　　　51%
100℃　10%　　　90%

磺化反应是可逆的，在稀硫酸中回流即可除去磺酸基。

9.6.4 烷基化和酰基化反应

酚很容易进行 Friedel-Crafts 反应，一般不用 AlCl₃ 催化剂，因为 AlCl₃ 可与酚羟基形成铝的络盐，使 AlCl₃ 失去催化能力，影响产率。因此，酚的 Friedel-Crafts 反应常在较弱的催化剂 HF、BF₃、H₃PO₄、聚磷酸（PPA）等作用下进行。酚进行烷基化反应时产物以对位异构体为主,若对位有取代基则烷基进入邻位。

$$\text{C}_6\text{H}_5\text{OH} + (\text{CH}_3)_3\text{CCl} \xrightarrow{\text{HF}} \text{4-}(\text{CH}_3)_3\text{C-C}_6\text{H}_4\text{OH}$$

$$\text{C}_6\text{H}_5\text{OH} + \text{CH}_3\text{COOH} \xrightarrow{\text{BF}_3 \cdot \text{Et}_2\text{O}} \text{4-CH}_3\text{CO-C}_6\text{H}_4\text{OH} \quad (95\%)$$

$$\text{4-CH}_3\text{-C}_6\text{H}_4\text{OH} + 2(\text{CH}_3)_2\text{C}=\text{CH}_2 \xrightarrow{\text{H}_2\text{SO}_4} \text{2,6-}[(\text{CH}_3)_3\text{C}]_2\text{-4-CH}_3\text{-C}_6\text{H}_2\text{OH}$$

4-甲基-2,6-二叔丁基苯酚(简称二六四抗氧剂)

4-甲基-2,6-二叔丁基苯酚(butylated hydroxy toluene,简称 BHT)是白色晶体,熔点 70℃,可用作有机物的抗氧剂和食品防腐剂。

酚的 Friedel-Crafts 酰基化反应如果采用 $AlCl_3$ 作催化剂,反应发生很慢,但升高温度,此反应能成功进行。由于酚羟基和 $AlCl_3$ 作用能形成铝盐,因此反应需要较多的 $AlCl_3$ 来催化反应,得到对位和邻位酰基苯酚。邻酰基酚中酚羟基的氢与酰基氧原子之间可以形成氢键,这使得它在非极性溶剂中的溶解度较大,利用该特性采用重结晶的方法能分离这个异构体。

$$\text{C}_6\text{H}_5\text{OH} + \text{AlCl}_3 \longrightarrow [\text{C}_6\text{H}_5\text{O}-\text{AlCl}_2 \longleftrightarrow \text{C}_6\text{H}_5\text{O}=\text{AlCl}_2] + \text{HCl}$$

$$\text{C}_6\text{H}_5\text{OH} + \text{C}_6\text{H}_{13}\text{COCl} \xrightarrow[\text{② H}_2\text{O}]{\text{① AlCl}_3\text{ C}_6\text{H}_5\text{NO}_2,\ 140℃} \text{邻-HO-C}_6\text{H}_4\text{-COC}_6\text{H}_{13} + \text{对-HO-C}_6\text{H}_4\text{-COC}_6\text{H}_{13}$$

9.6.5 与二氧化碳的反应

干燥的酚钠或酚钾与 CO_2 在高温高压下作用生成羧酸盐,经酸化得酚酸,该反应称为 Kolbe-Schmitt 反应。这是一个亲电取代反应,也是在酚类化合物的芳环上直接引入羧基的一种方法。不同的酚盐和反应温度对羧基进入芳环的位置有影响。例如:

$$\text{C}_6\text{H}_5\text{ONa} + \text{CO}_2 \xrightarrow[\text{0.5 MPa}]{125 \sim 150℃} \text{邻-HO-C}_6\text{H}_4\text{-COONa} \xrightarrow{\text{H}^+} \text{邻-HO-C}_6\text{H}_4\text{-COOH} \quad \text{邻羟基苯甲酸(水杨酸)}$$

$$\text{C}_6\text{H}_5\text{OK} + \text{CO}_2 \xrightarrow[\text{加压}]{\text{约 } 200℃} \text{对-HO-C}_6\text{H}_4\text{-COOK} \xrightarrow{\text{H}^+} \text{对-HO-C}_6\text{H}_4\text{-COOH}$$

这是工业上生产水杨酸和对羟基苯甲酸的方法。显然,钠盐及较低温度有利于邻位异构体的生成,而钾盐和较高温度有利于生成对位产物。

水杨酸（salicylic acid）有多种用途，是制造染料、香料的重要原料，并可用做食物防腐剂，它和它的一些衍生物在医药中占有重要地位。例如常用的解热镇痛剂阿司匹林（aspirin）是水杨酸的乙酰基衍生物。

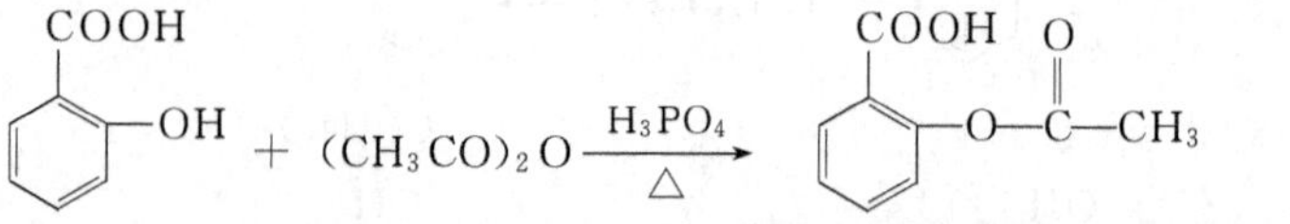

$$\text{水杨酸} + (CH_3CO)_2O \xrightarrow[\triangle]{H_3PO_4} \text{乙酰基水杨酸（阿司匹林）}$$

取代酚的盐在进行 Kolbe-Schmitt 反应时，取代基的性质对反应速率和产率都有影响，苯环上连有供电子基时，反应较容易进行，所需温度和压力降低，且产率较高；连有吸电子基（硝基、氰基和羧基等）时，反应较难进行，需要升高反应温度且产率较低。例如：

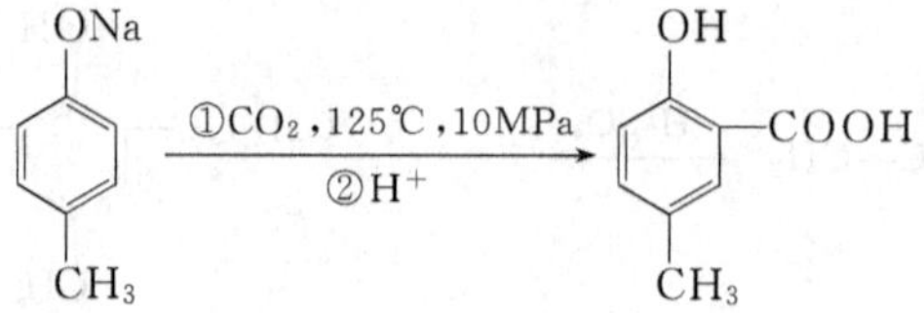

$$\text{对甲基苯酚钠} \xrightarrow[②H^+]{①CO_2,125℃,10MPa} \text{产物} \quad 78\%$$

$$\text{间羟基苯酚钠} \xrightarrow[②H^+]{①CO_2,NaHCO_3,\text{甘油},135℃} \text{产物} \quad 57\%\sim 60\%$$

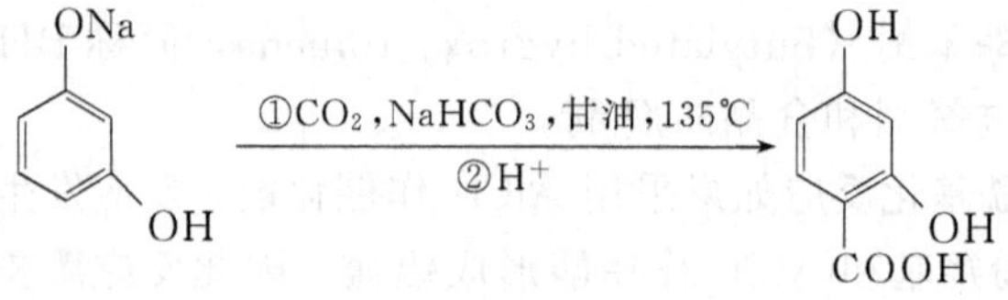

Kolbe-Schmitt 反应可能是按下面的过程进行的：

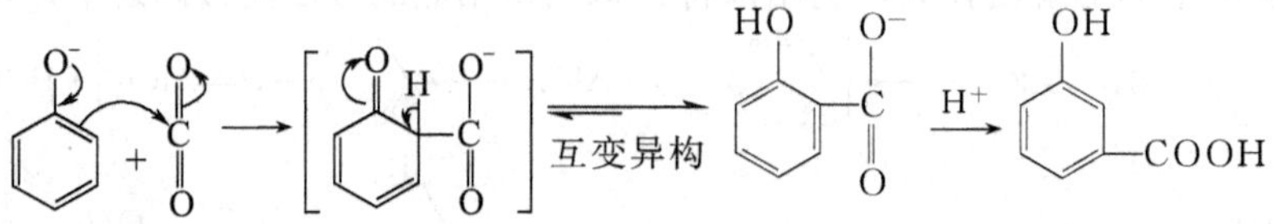

$$\text{苯酚负离子} + CO_2 \longrightarrow [\text{中间体}] \xrightarrow{\text{互变异构}} \text{水杨酸盐} \xrightarrow{H^+} \text{水杨酸}$$

9.6.6 与甲醛的反应

苯酚的邻位及对位上的氢原子特别活泼，在酸或碱（氨、氢氧化钠、碳酸钠）催化剂的作用下，易与甲醛发生缩合，生成高分子量的酚醛树脂（phenol-formaldehyde resin）。这类产品在塑料和油漆工业中占有重要地位。

苯酚与甲醛作用时，首先在苯酚的邻位或对位上引入羟甲基，这些产物具有与苄醇类似的性质，可以与酚进行烷基化反应。

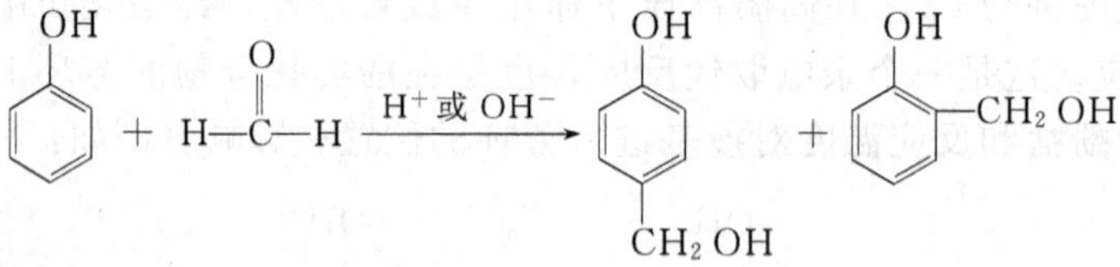

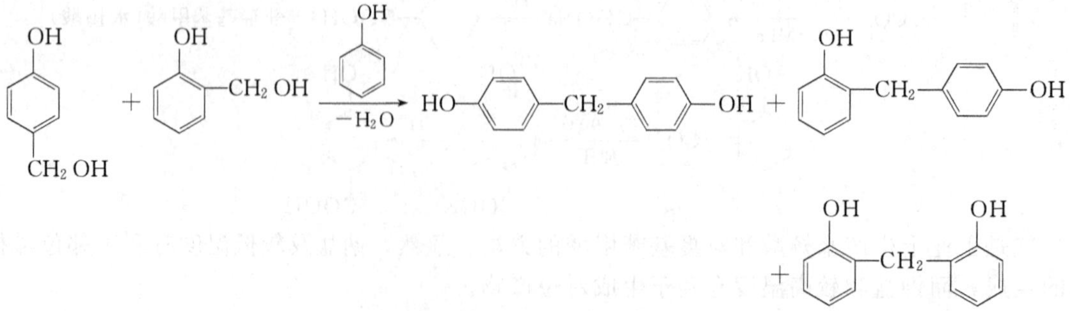

$$\text{苯酚} + HCHO \xrightarrow{H^+ \text{或} OH^-} \text{对羟甲基苯酚} + \text{邻羟甲基苯酚}$$

$$\text{对羟甲基苯酚} + \text{邻羟甲基苯酚} + \text{苯酚} \xrightarrow{-H_2O} \text{二羟二苯甲烷类产物}$$

这些产物分子之间可以脱水发生缩合反应。当所用原料的种类、酚与醛的配比以及催化剂的种类不同时，缩合产物在结构和性质上明显不同，适合于不同的用途。例如，过量的苯酚与甲醛在酸性介质中反应，最后得到线型缩合产物，它受热熔化，称为热塑性酚醛树脂，主要用作模塑粉。热塑性酚醛树脂的结构如下：

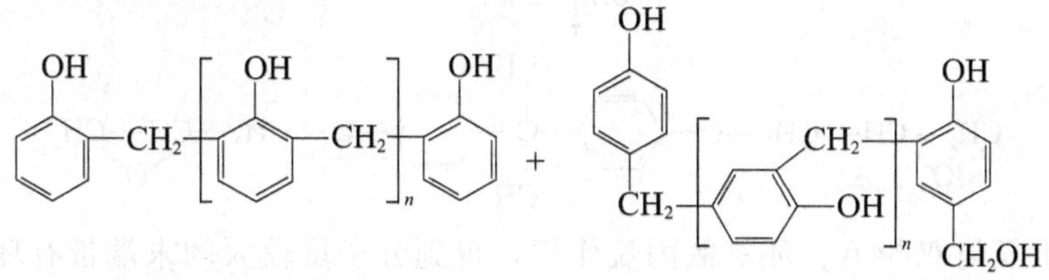

若苯酚与过量的甲醛在碱性介质中反应，则可得到线型直至体型结构缩合产物，称为热固性酚醛树脂。热固性酚醛树脂的结构如下：

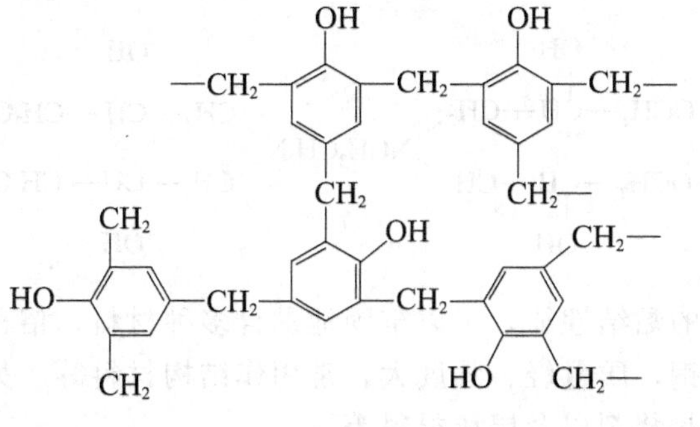

酚醛树脂具有良好的绝缘、耐温、耐老化及耐化学腐蚀等性能，广泛用于电子、电气、塑料、木材和纤维等工业，由酚醛树脂制成的增强塑料还是空间技术中使用的重要高分子材料。

9.6.7 与丙酮的反应

在酸的催化作用下，苯酚与丙酮反应，两分子苯酚可在羟基的对位与丙酮缩合，生成 2,2-二(对羟苯基)丙烷，俗称双酚 A（bisphenol A）。

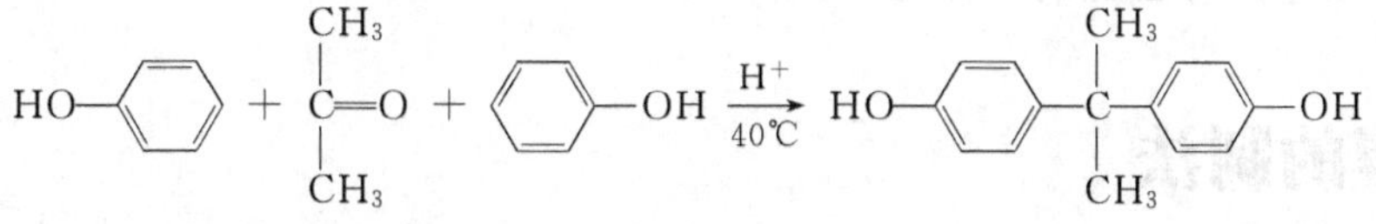

双酚 A 为无色针状结晶，熔点 153～156℃，沸点 250～252℃/1.7kPa，220℃/0.52kPa。双酚 A 不溶于水，溶于甲醇、乙醇、乙醚、丙酮和冰醋酸等有机溶剂。主要用于生产聚碳酸酯、环氧树脂、聚砜树脂、聚苯醚树脂、不饱和聚酯树脂等多种高分子材料，也可用于生产增塑剂、阻燃剂、抗氧剂、热稳定剂、橡胶防老剂、农药、涂料等精细化工产品。其反应过程如下：

首先双酚 A 与碱作用形成芳氧负离子，该负离子与环氧氯丙烷发生亲核取代反应，然后再脱去 Cl^- 使环氧环再生。反应如下：

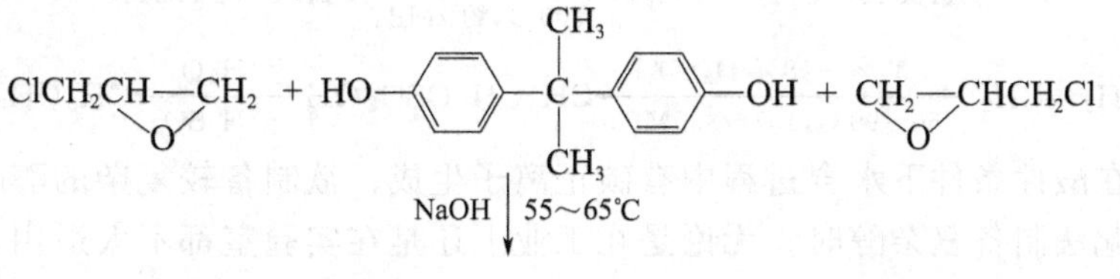

$$\text{ClCH}_2\underset{\text{OH}}{\text{CH}}\text{CH}_2-\text{O}-\text{C}_6\text{H}_4-\underset{\underset{\text{CH}_3}{|}}{\overset{\overset{\text{CH}_3}{|}}{\text{C}}}-\text{C}_6\text{H}_4-\text{O}-\text{CH}_2\underset{\text{OH}}{\text{CH}}\text{CH}_2\text{Cl}$$

$$\downarrow \text{NaOH} \quad -2\text{HCl}$$

$$\text{CH}_2-\text{CH}-\text{CH}_2-\text{O}-\text{C}_6\text{H}_4-\underset{\underset{\text{CH}_3}{|}}{\overset{\overset{\text{CH}_3}{|}}{\text{C}}}-\text{C}_6\text{H}_4-\text{O}-\text{CH}_2-\text{CH}-\text{CH}_2$$

此化合物重复与双酚 A、环氧氯丙烷作用，得到分子量较大的末端带有环氧基的线型高分子化合物，故叫做环氧树脂（epoxy resin）。这种线型结构的树脂用固化剂如乙二胺、间苯二胺、均苯四甲酸二酐等处理，可交联成体型（网状）结构的树脂。例如，环氧树脂与乙二胺作用可交联成体型结构的树脂，其结构如下：

$$\begin{array}{c}
-\text{OCH}_2\text{CH(OH)CH}_2 \\
-\text{OCH}_2\text{CH(OH)CH}_2
\end{array} \text{NCH}_2\text{CH}_2\text{N} \begin{array}{c}
\text{CH}_2\text{CH(OH)CH}_2\text{O}- \\
\text{CH}_2\text{CH(OH)CH}_2\text{O}-
\end{array}$$

环氧树脂具有很强的黏结性能，可以牢固地黏合多种材料，俗称万能胶。用环氧树脂浸渍玻璃纤维制得的玻璃钢，质量轻、强度大，常用作结构材料等。另外，环氧树脂还可用于表面涂层、电气设备的封装剂以及层压材料等。

9.6.8 还原反应

酚通过催化加氢，芳环被还原。例如：

$$\text{C}_6\text{H}_5\text{OH} \xrightarrow[1\sim 2\text{MPa}]{\text{H}_2,\text{Ni},120\sim 200\text{℃}} \text{C}_6\text{H}_{11}\text{OH}$$

这是工业上生产环己醇的方法之一。

9.7 醇的制法

9.7.1 由烯烃制备

9.7.1.1 烯烃水合

随着石油化工的发展，工业上一些较简单的醇如乙醇、异丙醇、叔丁醇等，多采用烯烃直接水合法及间接水合法来制备，即烯烃与水蒸气在加热、加压和催化剂存在下直接反应生成醇；或烯烃被 98% H_2SO_4 吸收生成烃基硫酸氢酯，然后水解得到醇。例如：

$$\text{CH}_3\text{CH}=\text{CH}_2 + \text{H}_2\text{O} \xrightarrow[300\text{℃},约7\text{MPa}]{\text{H}_3\text{PO}_4} \text{CH}_3\text{CHOHCH}_3$$

$$\text{CH}_2=\text{CH}_2 \xrightarrow[60\sim 90\text{℃},1.7\sim 3.5\text{MPa}]{94\%\sim 98\% \text{H}_2\text{SO}_4} \text{CH}_3\text{CH}_2\text{OSO}_2\text{OH} \xrightarrow[-\text{H}_2\text{SO}_4]{\text{H}_2\text{O}} \text{CH}_3\text{CH}_2\text{OH}$$

由于烯烃在酸性条件下水合过程中有碳正离子生成，欲制备较复杂的醇时，往往有重排产物，所以用此法制备复杂醇时，无论是在工业上还是在实验室都不太适用，例如：

$$CH_3CHCH=CH_2 + H_2O \xrightarrow{H_2SO_4} CH_3\underset{|}{\overset{CH_3}{C}}H-\underset{|}{\overset{}{C}}HCH_3 + CH_3\underset{|}{\overset{CH_3}{C}}-CH_2CH_3$$
$$\qquad\qquad\qquad\qquad\qquad\qquad\qquad\;\; OH\qquad\qquad\;\; OH$$
$$\qquad\qquad\qquad\qquad\qquad\qquad\quad 正常产物\qquad\quad 重排产物$$

9.7.1.2 羟汞化-脱汞反应

烯烃在汞盐存在下与 H_2O 反应生成有机汞化合物，然后经 $NaBH_4$ 还原脱汞得到符合 Markovnikov 规则的产物醇。此反应具有高度位置选择性，反应速率快、反应条件温和、产率高（通常 90%），且不发生重排反应，是实验室制备醇的一种有用的方法。例如：

$$RCH=CH_2 + H_2O + Hg(OCCH_3)_2 \longrightarrow RCH-CH_2\;\; O + CH_3COH$$
$$\qquad\qquad\qquad\qquad\qquad\qquad\qquad\;\; OH\;\; Hg-OCCH_3$$

$$RCH-CH_2\;\; O + HO^- + NaBH_4 \longrightarrow RCH-CH_2 + Hg + CH_3COO^-$$
$$OH\;\; Hg-OCCH_3 \qquad\qquad\qquad\qquad OH\;\; H$$

羟汞化相当于 OH 和 HgOAc 与碳碳双键加成；脱汞反应相当于 HgOAc 被 H 取代；总反应相当于烯烃与水按 Markovnikov 规则进行加成。

9.7.1.3 硼氢化-氧化反应

硼烷与烯烃加成，所生成的烷基硼不用分离，直接在碱的作用下，用 H_2O_2 氧化，硼原子部分被羟基取代而得到醇。硼氢化-氧化主要适用于制备加成方向反 Markovnikov 规则的醇，一般为伯醇或仲醇，同时还可以得到具有一定立体构型的醇（顺式加成）。硼氢化-氧化反应是不经过正碳离子中间体的，因此它没有重排产物生成。例如：

$$CH_3(CH_2)_7CH=CH_2 \xrightarrow[CH_3OCH_2CH_2OCH_3]{B_2H_6} \xrightarrow[OH^-]{H_2O_2} CH_3(CH_2)_7CH_2CH_2OH$$
$$\qquad\qquad\qquad\qquad\qquad\qquad\qquad\qquad\qquad\qquad\qquad 93\%$$

$$3\; H_3C-\underset{\underset{CH_3}{|}}{\overset{\overset{CH_3}{|}}{C}}-CH=CH_2 \xrightarrow{B_2H_6} \xrightarrow[OH^-]{H_2O_2} 3\; H_3C-\underset{\underset{CH_3}{|}}{\overset{\overset{CH_3}{|}}{C}}-CH_2CH_2OH + H_3BO_3$$

9.7.2 卤代烃的水解

卤代烃和稀氢氧化钠水溶液进行亲核取代反应，可以得到相应的醇。例如：

$$CH_2=CHCH_2Cl + NaOH \xrightarrow{\triangle} CH_2=CHCH_2OH + NaCl$$

$$C_6H_5CH_2Cl + NaOH \xrightarrow{\triangle} C_6H_5CH_2OH + NaCl$$

卤代烃在氢氧化钠碱性溶液中易发生消除反应，生成烯烃副产物，因此这种合成方法受到一定限制。另外，在一般情况下醇往往比相应的卤代烃容易得到，只是在卤代烃容易得到时才采用这种方法。

9.7.3 醛、酮、羧酸和羧酸衍生物的还原

含有羰基的化合物（醛、酮、羧酸和羧酸酯）都能被还原成醇。所用的还原方法有催化加氢和化学还原（见第 10 章 10.3.4、第 11 章 11.3.3 和 11.8.3）。例如：

$$\underset{}{\text{环己烯基-CH}_2\text{OH}} \xleftarrow[\text{②H}^+,\text{H}_2\text{O}]{\text{①LiAlH}_4,\text{乙醚}} \underset{}{\text{环己烯基-CHO}} \xrightarrow[\text{Pd-C}]{\text{H}_2} \underset{}{\text{环己烷基-CHO}} \xrightarrow[\text{Pd-C}]{\text{H}_2,\text{压力}} \underset{}{\text{环己烷基-CH}_2\text{OH}}$$

$$(\text{CH}_3)_3\text{CCOOH} \xrightarrow[\text{②H}^+,\text{H}_2\text{O}]{\text{①LiAlH}_4,\text{乙醚}} \underset{92\%}{(\text{CH}_3)_3\text{CCH}_2\text{OH}}$$

$$\text{H}_5\text{C}_2\text{OOC(CH}_2)_8\text{COOC}_2\text{H}_5 \xrightarrow{\text{Na},\text{C}_2\text{H}_5\text{OH}} \underset{73\%\sim 75\%}{\text{HOCH}_2(\text{CH}_2)_8\text{CH}_2\text{OH}}$$

9.7.4 由 Grignard 试剂制备

Grignard 试剂与环氧乙烷、不同的醛、酮或羧酸衍生物作用，可以分别生成伯醇、仲醇或叔醇（见第 10 章 10.3.2、第 11 章 11.8.2）。例如：

$$\text{o-CH}_3\text{C}_6\text{H}_4\text{MgBr} + \text{CH}_2\text{-CH}_2\text{(环氧)} \xrightarrow[\text{②H}_3\text{O}^+]{\text{①纯醚}} \underset{66\%}{\text{o-CH}_3\text{C}_6\text{H}_4\text{CH}_2\text{CH}_2\text{OH}}$$

$$\text{C}_6\text{H}_5\text{CHO} \xrightarrow[\text{②H}_3\text{O}^+]{\text{①}(\text{H}_3\text{C})_3\text{C-C}_6\text{H}_4\text{-MgBr}} \underset{66\%}{\text{C}_6\text{H}_5\text{CH(OH)C}_6\text{H}_4\text{C(CH}_3)_3}$$

$$\text{C}_2\text{H}_5\text{MgBr} + \text{C}_6\text{H}_5\text{COCH}_3 \xrightarrow[\text{②H}_3\text{O}^+]{\text{①纯醚}} \underset{80\%}{\text{C}_6\text{H}_5\text{C(C}_2\text{H}_5)(\text{CH}_3)\text{OH}}$$

$$\text{CH}_3\text{MgBr} + \text{CH}_3\text{CH}_2\text{COCH}_3 \xrightarrow{\text{纯醚}} [\text{CH}_3\text{CH}_2\text{C(CH}_3)(\text{O}^-)\text{OCH}_3] \xrightarrow{-\text{CH}_3\text{O}^-} \text{CH}_3\text{CH}_2\text{COCH}_3 \xrightarrow{\text{CH}_3\text{MgBr}}$$

$$\text{CH}_3\text{CH}_2\text{C(CH}_3)_2\text{OMgBr} \xrightarrow[\text{H}_2\text{O}]{\text{H}^+} \text{CH}_3\text{CH}_2\text{C(CH}_3)_2\text{OH}$$

9.8 酚的制法

9.8.1 卤代芳烃的水解

氯苯与 10% 氢氧化钠水溶液在高温高压和催化剂作用下，水解生成苯酚。

$$\text{C}_6\text{H}_5\text{-Cl} + \text{NaOH} \xrightarrow[\text{300°C},28\text{MPa}]{\text{Cu}} \text{C}_6\text{H}_5\text{-ONa} \xrightarrow{\text{H}^+} \text{C}_6\text{H}_5\text{-OH}$$

当卤原子的邻位和/或对位有强吸电子基时，上述水解反应较容易进行，不需要高压，甚至可用弱碱。工业上利用此法主要生产邻、对硝基酚和氯代酚。例如：

$$\underset{}{\text{2,4-二硝基氯苯}} \xrightarrow[\text{水溶液},100°\text{C}]{\text{Na}_2\text{CO}_3} \underset{}{\text{2,4-二硝基苯酚钠}} \xrightarrow{\text{H}^+} \underset{}{\text{2,4-二硝基苯酚}}$$

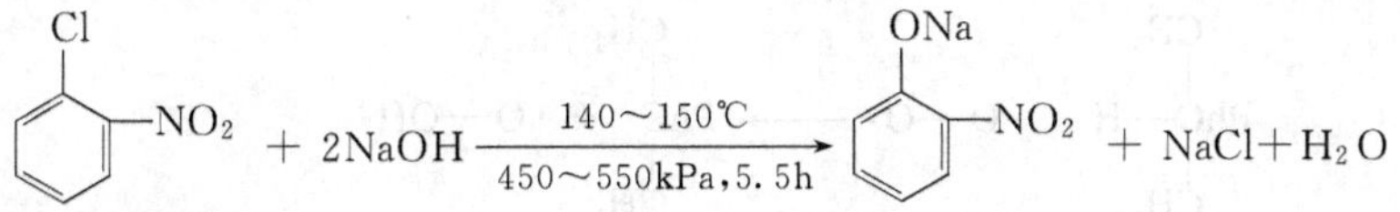

$$\text{o-Cl-C}_6\text{H}_4\text{-NO}_2 + 2\text{NaOH} \xrightarrow[450\sim550\text{kPa}, 5.5\text{h}]{140\sim150^\circ\text{C}} \text{o-NaO-C}_6\text{H}_4\text{-NO}_2 + \text{NaCl} + \text{H}_2\text{O}$$

9.8.2 芳磺酸盐的碱熔

芳磺酸钠和氢氧化钠在高温下共熔，生成酚钠，后者经酸化得到相应的酚。

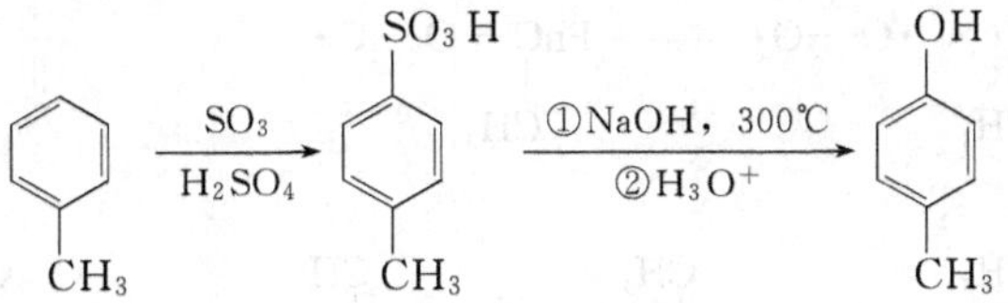

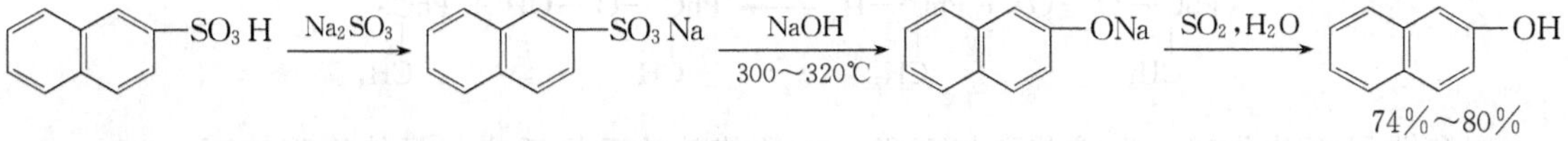

甲苯 $\xrightarrow[\text{H}_2\text{SO}_4]{\text{SO}_3}$ 对甲苯磺酸 $\xrightarrow[\text{②H}_3\text{O}^+]{\text{①NaOH, 300}^\circ\text{C}}$ 对甲酚

2-萘磺酸 $\xrightarrow{\text{Na}_2\text{SO}_3}$ 2-萘磺酸钠 $\xrightarrow[300\sim320^\circ\text{C}]{\text{NaOH}}$ 2-萘氧钠 $\xrightarrow{\text{SO}_2, \text{H}_2\text{O}}$ 2-萘酚 (74%~80%)

芳香族磺酸盐的碱熔是传统工业制备酚的方法，该法所要求的设备简单，产率比较高，但操作麻烦，生产不能连续化。

9.8.3 芳胺重氮盐的水解

将芳胺经重氮化制成硫酸重氮盐，后者在稀硫酸中进行水解即得相应的酚，见第 13 章 13.8.3。这是实验室制备酚的重要方法。例如：

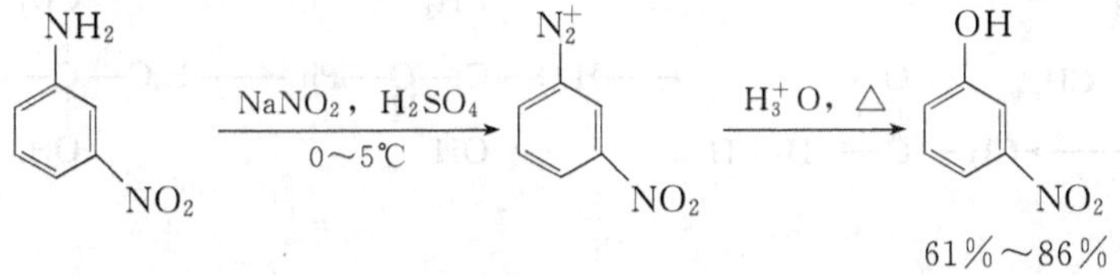

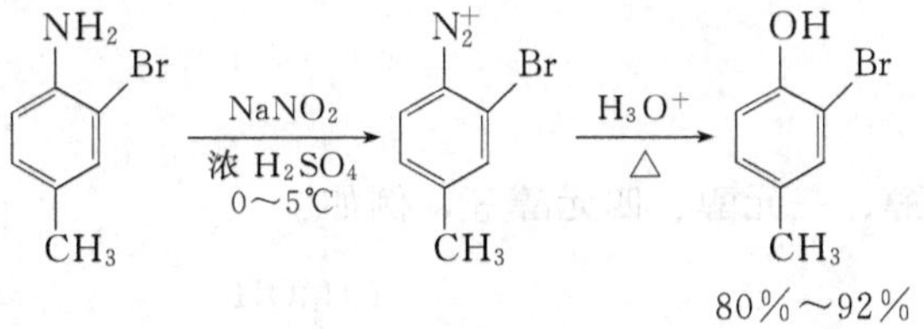

间硝基苯胺 $\xrightarrow[0\sim5^\circ\text{C}]{\text{NaNO}_2, \text{H}_2\text{SO}_4}$ 间硝基重氮盐 $\xrightarrow{\text{H}_3\text{O}^+, \triangle}$ 间硝基苯酚 (61%~86%)

2-溴-4-甲基苯胺 $\xrightarrow[0\sim5^\circ\text{C}]{\text{NaNO}_2, \text{浓 H}_2\text{SO}_4}$ 重氮盐 $\xrightarrow[\triangle]{\text{H}_3\text{O}^+}$ 2-溴-4-甲基苯酚 (80%~92%)

9.8.4 由异丙苯制备

由苯和丙烯为原料制备异丙苯。异丙苯在液相中于 100~120℃ 通入空气，经空气氧化生成过氧化异丙苯，后者在强酸或酸性离子交换树脂作用下，分解成苯酚和丙酮。

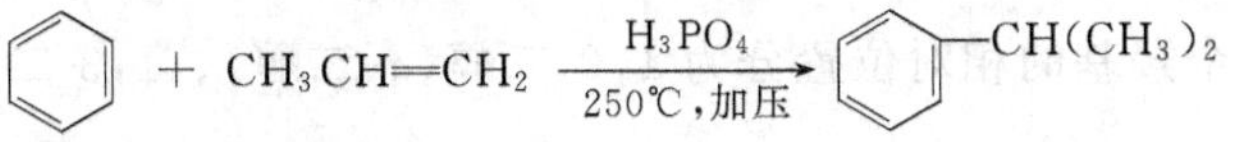

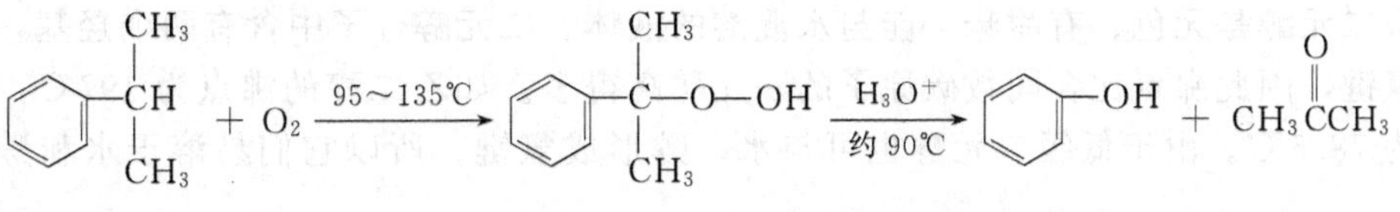

$$\text{C}_6\text{H}_6 + \text{CH}_3\text{CH=CH}_2 \xrightarrow[250^\circ\text{C}, \text{加压}]{\text{H}_3\text{PO}_4} \text{C}_6\text{H}_5\text{CH(CH}_3)_2$$

$$\text{C}_6\text{H}_5\text{CH(CH}_3)_2 + \text{O}_2 \xrightarrow{95\sim135^\circ\text{C}} \text{C}_6\text{H}_5\text{C(CH}_3)_2\text{-O-OH} \xrightarrow[\text{约 90}^\circ\text{C}]{\text{H}_3\text{O}^+} \text{C}_6\text{H}_5\text{OH} + \text{CH}_3\text{COCH}_3$$

此法是目前工业上合成苯酚的主要方法。原料价廉易得，且可连续化生产，产品纯度高，污染小，所得产物除苯酚外，还有重要有机原料丙酮。

过氧化异丙苯的生成历程为自由基链反应，过程如下：

$$\text{PhC(CH}_3)_2\text{—H} + \cdot\text{O—O}\cdot \longrightarrow \text{PhC(CH}_3)_2\cdot + \cdot\text{O—OH}$$

$$\text{PhC(CH}_3)_2\cdot + \cdot\text{O—O}\cdot \longrightarrow \text{PhC(CH}_3)_2\text{—O—O}\cdot$$

$$\text{PhC(CH}_3)_2\text{—O—O}\cdot + \text{PhC(CH}_3)_2\text{—H} \longrightarrow \text{PhC(CH}_3)_2\text{—O—OH} + \text{PhC(CH}_3)_2\cdot$$

过氧化异丙苯分解、生成苯酚与丙酮，涉及苯基的重排反应，具体历程如下：

$$\text{PhC(CH}_3)_2\text{—O—OH} \xrightarrow{H^+} H_3C-\overset{CH_3}{\underset{Ph}{C}}-\overset{+}{O}H_2 \xrightarrow{-H_2O} \left[H_3C-\overset{CH_3}{\underset{+}{C}}-O-Ph \longleftrightarrow H_3C-\overset{CH_3}{C}=\overset{+}{O}-Ph \right]$$

$$\downarrow H_2O$$

$$\text{PhOH} + CH_3-\overset{+OH}{\underset{}{C}}-CH_3 \longrightarrow CH_3-\overset{O}{\underset{}{C}}-CH_3 + H^+ \longleftarrow H_3C-\overset{CH_3}{\underset{OH}{\overset{+}{C}}}-Ph \longleftarrow H_3C-\overset{CH_3}{\underset{+OH_2}{C}}-O-Ph$$

9.9 多元醇

多元醇可分为二元醇、三元醇、四元醇等，例如：

$\begin{array}{c}CH_2-CH_2\\|\quad\quad|\\OH\quad OH\end{array}$	$\begin{array}{c}CH_2-CH_2-CH_2\\|\quad\quad|\quad\quad|\\OH\quad OH\quad OH\end{array}$	$\begin{array}{c}CH_2OH\\|\\HOCH_2-C-CH_2OH\\|\\CH_2OH\end{array}$	$\begin{array}{c}CH_3\;CH_3\\|\quad\;|\\H_3C-C-C-CH_3\\|\quad\;|\\OH\;OH\end{array}$
乙二醇（甘醇）（二元醇）	丙三醇（甘油）（三元醇）	季戊四醇（四元醇）	2,3-二甲基-2,3-丁二醇（频哪醇）

二元醇可根据两个羟基的相对位置分为 1,2-二醇（α-二醇）、1,3-二醇（β-二醇）、1,4-二醇（γ-二醇）等。

低级二元醇是无色、有甜味、能与水混溶的液体。二元醇分子中含有两个羟基，它们都能形成氢键，因此沸点比含同数碳原子的一元醇高得多。如乙二醇的沸点为 197℃，而乙醇的沸点为 78.5℃。由于低级二元醇也可与水、醇形成氢键，所以它们易溶于水和醇，而难溶于醚。

二元醇具有一元醇的一般化学性质。此外，1,2-二醇（α-二醇）还具有自己独特的化学性质。例如，α-二醇可以被高碘酸（HIO_4）和四乙酸铅［$Pb(OCOCH_3)_4$］氧化，见第 9 章 9.4.4。频哪醇在酸性试剂的作用下可以发生频哪醇重排，见第 9 章 9.5.4。例如：

$$\text{H}_3\text{C}-\underset{\underset{\text{OH}}{|}}{\text{CH}}-\underset{\underset{\text{OH}}{|}}{\text{CH}}_2 + \text{HIO}_4 \longrightarrow \text{CH}_3\text{CHO} + \text{H}-\overset{\overset{\text{O}}{\|}}{\text{C}}-\text{H}$$

$$\text{R}-\underset{\underset{\text{OH}}{|}}{\overset{\overset{\text{H}}{|}}{\text{C}}}-\underset{\underset{\text{OH}}{|}}{\overset{\overset{\text{H}}{|}}{\text{C}}}-\text{R} + \text{Pb}(\text{OAc})_4 \xrightarrow{\text{HOAc}} 2\text{RCHO} + \text{Pb}(\text{OAc})_2 + 2\text{HOAc}$$

$$\text{H}_3\text{C}-\underset{\underset{\text{OH}}{|}}{\overset{\overset{\text{CH}_3}{|}}{\text{C}}}-\underset{\underset{\text{OH}}{|}}{\overset{\overset{\text{CH}_3}{|}}{\text{C}}}-\text{CH}_3 \underset{\Delta}{\overset{\text{H}^+}{\rightleftharpoons}} \text{H}_3\text{C}-\underset{\underset{\text{O}}{\|}}{\overset{\overset{\text{CH}_3}{|}}{\text{C}}}-\underset{\underset{\text{CH}_3}{|}}{\overset{\overset{\text{CH}_3}{|}}{\text{C}}}-\text{CH}_3$$

乙二醇（ethylene glycol）俗称甘醇，是重要的化工原料，用于制造树脂、增塑剂、合成纤维等。乙二醇是常用的高沸点溶剂。50%乙二醇水溶液的凝固点为-34℃，因此可用作汽车冷却系统的抗冻剂。工业上乙二醇主要由乙烯制取：

$$\text{CH}_2=\text{CH}_2 \begin{array}{c} \xrightarrow[70\sim80℃]{\text{Cl}_2+\text{H}_2\text{O}} \underset{\underset{\text{Cl}}{|}}{\text{CH}_2}-\underset{\underset{\text{OH}}{|}}{\text{CH}_2} \\ \downarrow \text{Ca(OH)}_2 \\ \xrightarrow[250\sim280℃]{\text{O}_2,\text{Ag}} \underset{\text{O}}{\underset{\diagdown\diagup}{\text{CH}_2-\text{CH}_2}} \end{array} \begin{array}{c} \xrightarrow[105\sim110℃]{\text{NaHCO}_3/\text{H}_2\text{O}} \\ \\ \xrightarrow[\text{H}^+ \text{或} \text{HO}^-]{\text{H}_2\text{O}} \end{array} \underset{\underset{\text{OH}}{|}}{\text{CH}_2}-\underset{\underset{\text{OH}}{|}}{\text{CH}_2}$$

丙三醇（1,2,3-propanetriol）俗称甘油（glycerol），为无色有甜味的黏稠液体，沸点290℃，相对密度1.260。甘油能与水混溶，不溶于醚及氯仿等有机溶剂。甘油用途很广泛，甘油是食品加工业中通常使用的甜味剂和保湿剂，甘油还可用于制造硝化甘油、醇酸树脂等，也可用作飞机和汽车液体燃料的抗冻剂，玻璃、纸的增塑剂以及化妆品、皮革、烟草、纺织品等的吸湿剂。甘油最早由油脂水解作为肥皂工业的副产物而得到，也可由发酵法制取，目前工业上合成甘油主要用丙烯为原料得到，反应如下：

$$\text{CH}_2=\text{CHCH}_3 \xrightarrow[500℃]{\text{Cl}_2} \underset{\underset{\text{Cl}}{|}}{\text{CH}_2=\text{CHCH}_2} \xrightarrow[20\sim30℃]{\text{Cl}_2+\text{H}_2\text{O}} \underset{\underset{\text{Cl}}{|}}{\text{CH}_2}-\underset{\underset{\text{OH}}{|}}{\text{CH}}-\underset{\underset{\text{Cl}}{|}}{\text{CH}_2} + \underset{\underset{\text{OH}}{|}}{\text{CH}_2}-\underset{\underset{\text{Cl}}{|}}{\text{CH}}-\underset{\underset{\text{Cl}}{|}}{\text{CH}_2}$$

$$\xrightarrow[80\sim90℃]{\text{Ca(OH)}_2 \text{或} \text{NaOH}} \underset{\text{O}}{\underset{\diagdown\diagup}{\text{CH}_2-\text{CH}}}-\underset{\underset{\text{Cl}}{|}}{\text{CH}_2} \xrightarrow[100\sim150℃]{\text{Na}_2\text{CO}_3/\text{H}_2\text{O}} \underset{\underset{\text{OH}}{|}}{\text{CH}_2}-\underset{\underset{\text{OH}}{|}}{\text{CH}}-\underset{\underset{\text{OH}}{|}}{\text{CH}_2}$$

9.10 醚的结构和命名

9.10.1 醚的结构

醚是由氧原子通过单键和两个烃基结合的分子，它们的一般式可表示为R—O—R′、Ar—O—R或Ar—O—Ar，其中R代表烷基，Ar代表芳基。两个烃基相同的称为单醚，两个烃基不同的叫做混醚。含有芳烃基的称为芳香醚。醚分子中的C—O—C键俗称醚键。氧和碳形成环状结构的醚称为环醚（cyclic ether）；其中三元环的环醚称为环氧化合物（epoxy compound）。例如：

CH₃CH₂OCH₂CH₃　　CH₃OC(CH₃)₃　　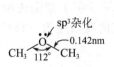　　C₆H₅—O—CH₃　　CH₂—CH₂（环氧）

乙醚　　　　　甲基叔丁基醚　　四氢呋喃　　苯甲醚(茴香醚)　　环氧乙烷
(单醚)　　　　(混醚)　　　　(环醚)　　　　(芳醚)　　　　(环氧化合物)

另外，也可以根据两个烃基的类别，将醚分为脂肪醚和芳香醚。脂肪醚中的氧原子为 sp^3 杂化，氧上两对孤电子分占两个 sp^3 杂化轨道，另外两个 sp^3 杂化轨道分别与两个烃基碳的 sp^3 杂化轨道形成 σ 键。在芳香醚中，醚键氧采用 sp^2 杂化状态，氧上两对孤电子一对占据 sp^2 杂化轨道，另一对占据 p 轨道，p 轨道上的一对电子与芳环上的 π 电子共轭，形成一个大共轭体系。氧上的另两个 sp^2 杂化轨道与碳的 sp^3 杂化轨道形成 σ 键。甲醚、乙醚和环氧乙烷的结构如图 9-2～图 9-5 所示。

图 9-2　甲醚的结构

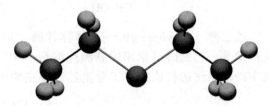

图 9-3　乙醚分子的球棍模型

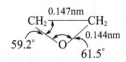

图 9-4　环氧乙烷的结构

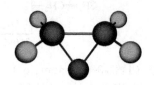

图 9-5　环氧乙烷的球棍模型

9.10.2　醚的命名

比较简单的醚通常都用普通命名法命名。普通命名法是在两个烃基名称后加"醚"字，"基"字可省略。两个烃基相同的单醚用二烃基醚命名，"二"字也可以省略；但不饱和烃基的单醚习惯保留"二"字。例如：

CH₃OCH₃　　　　CH₃CH₂OCH₂CH₃　　　　CH₂=CHOCH=CH₂　　　　C₆H₅—O—C₆H₅

二甲醚(简称甲醚)　　二乙醚(简称乙醚)　　　二乙烯基醚　　　　二苯醚

命名混醚时，把在次序规则中"较优"的烃基放在后面；但混醚中有一个烃基为芳烃基时，则将芳烃基放在前面。例如：

CH₃—O—C(CH₃)₃　　　CH₂=CHOCH₂CH₃　　　CH₃CH₂OCH₃　　　C₆H₅—O—CH₃

甲基叔丁基醚　　　　乙基乙烯基醚　　　　甲乙醚　　　　苯甲醚

结构较复杂的醚，则用 IUPAC 系统命名法命名。将较复杂的烃基作为母体，而将简单的烷氧基（RO—）作为取代基。例如：

CH₃CH₂CH₂CHCH₃　　　CH₃OCH₂CH₂OH　　　H₃C—C₆H₄—OCH₂CH₃　　　C₆H₁₁—OCH₂CH₃
　　　　|
　　　　OCH₃

2-甲氧基戊烷　　　2-甲氧基乙醇　　　1-甲基-4-乙氧基苯　　　乙氧基环己烷

　　　　CH₃OCH₂CH₂OCH₂CH₂OCH₃　　　　　CH₃OCH₂CH₂OCH₃
　　　　β,β'-二甲氧基乙醚(二甘醇二甲醚)　　　　1,2-二甲氧基乙烷

环醚一般称为环氧某烃,或按杂环命名。例如:

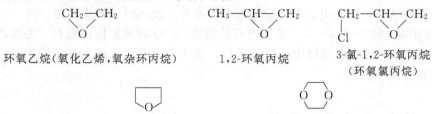

命名含多个氧原子的环醚时,需要标明成环总原子数、所含氧原子数及相应的位置。分子中具有$\!\!+\!OCH_2CH_2\!\!+\!\!_n\,(n\geqslant 3)$重复单位的多氧大环化合物,由于形状似皇冠,故统称冠醚(crown ethers)。它们的命名常常根据成环的总原子数 m 和其中所含的原子数 n 称为 m-冠-n,例如:

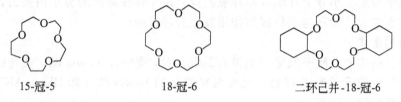

9.11 醚的物理性质

在常温下除甲醚、甲乙醚和甲基乙烯基醚为气体外,一般醚为易挥发、易燃的无色液体,有特殊气味。醚分子间不能形成氢键,所以醚的沸点与分子量相当的醇比低很多,但与分子量相当的烷烃相比却很接近。例如:乙醇沸点为78.4℃,甲醚的沸点为24.9℃,丙烷的沸点为-42℃。常见醚的物理常数如表9-5所示。

表9-5 一些醚类化合物的物理常数

化合物名称	熔点/℃	沸点/℃	化合物名称	熔点/℃	沸点/℃
甲醚	-138.5	-24.9	二乙烯基醚	—	35
乙醚	-116.6	34.6	二苯醚	26.8	257.9
正丙醚	-122	90.5	苯甲醚	-37.5	155
异丙醚	-86	68	四氢呋喃	-65	67
正丁醚	-95.3	143	环氧乙烷	-111.3	13.5
甲乙醚	—	7.9	1,4-二氧六环	11.8	101.3
乙二醇二甲醚	-58	83	β-萘甲醚	72.73	274

多数醚难溶于水,例如,在室温下,乙醚中可溶有1%~1.5%的水;水中可溶解7.5%乙醚。但常用的四氢呋喃和1,4-二氧六环却能与水完全互溶,这是由于环醚的氧和碳架共同形成环,氧原子突出在外,容易与水形成氢键。乙醚的碳原子数虽然和四氢呋喃的相同,但因乙醚中的氧原子"被包围"在分子内,难以与水形成氢键,所以乙醚在水中溶解度较低。此外,多元醚,如乙二醇二甲醚、丙三醇三甲醚也能与水互溶。

在醚分子中∠COC为110°,与H_2O相似,所以醚分子有一定的偶极矩,分子有弱的极性,如乙醚为1.18D。许多有机化合物都能溶于醚中,并且醚的化学性质相对稳定,因此醚常用作溶剂或萃取剂。常用作溶剂的醚有乙醚、四氢呋喃、1,4-二氧六环、乙二醇二甲醚等。分子量较低的醚具有麻醉作用,如乙醚、烯基醚。

乙醚是常用和重要的醚，沸点只有 34.6℃，极易挥发，容易着火，乙醚气体和空气可形成爆炸性混合气体，一个电火花即会引起剧烈爆炸，使用时要特别注意。

醚的 IR 谱在 1200～1050cm^{-1} 范围内有较强的 C—O 键伸缩振动吸收，是比较显著的特征峰。在醚的 NMR 谱中，醚键中的氧原子对 α-碳上的氢有明显的去屏蔽作用，α-碳上的质子化学位移在 3.4～4.0。

9.12 醚的化学性质

醚分子中氧原子与两个烷基相连，分子极性很小，所以，醚键（C—O—C）是相当稳定的。醚遇碱、氧化剂、还原剂一般不发生反应。在常温下，醚和金属钠也不起反应，因此常用金属钠来干燥醚。小分子环醚（如环氧乙烷）由于存在较大的分子内张力，其化学性质与一般的醚差别较大，如易与亲核试剂作用发生开环反应。

9.12.1 钅羊盐的生成

与水、醇、酚相似，醚中氧原子上带有孤电子对，是一个 Lewis 碱，能与强酸（如浓盐酸、浓硫酸等）中的质子形成钅羊盐，也可与缺电子的 Lewis 酸（如 BF$_3$、AlCl$_3$、Grignard 试剂等）形成络合物。例如：

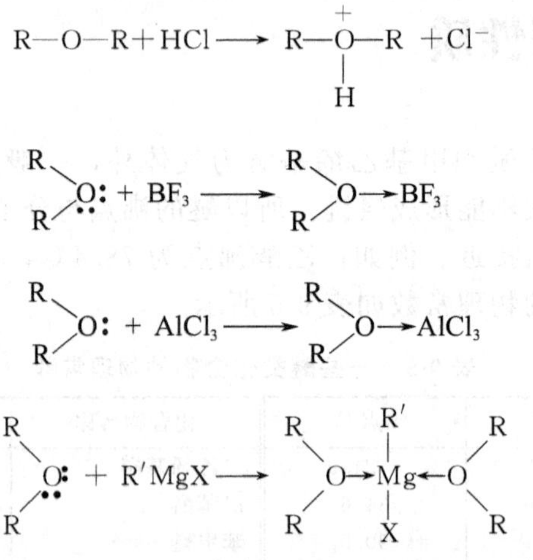

$$R-O-R + HCl \longrightarrow R-\overset{+}{\underset{H}{O}}-R + Cl^-$$

$$\underset{R}{\overset{R}{>}}\ddot{O}: + BF_3 \longrightarrow \underset{R}{\overset{R}{>}}O \rightarrow BF_3$$

$$\underset{R}{\overset{R}{>}}\ddot{O}: + AlCl_3 \longrightarrow \underset{R}{\overset{R}{>}}O \rightarrow AlCl_3$$

$$\underset{R}{\overset{R}{>}}\ddot{O}: + R'MgX \longrightarrow \underset{R}{\overset{R}{>}}O \rightarrow \underset{X}{\overset{R'}{Mg}} \leftarrow O\underset{R}{\overset{R}{<}}$$

钅羊盐是一种强酸弱碱盐，仅在浓酸中才稳定，遇水很快分解为原来的醚。利用此性质可以将醚从烷烃或卤代烃中分离出来。醚由于生成钅羊盐可溶于浓强酸中，利用此性质可区别醚与烷烃和卤代烷。

三氟化硼是有机反应中的一种常用催化剂，但它是气体（沸点 -101℃），直接使用不方便，故将它配成乙醚溶液。

9.12.2 醚键的断裂

钅羊盐或络合物的形成使醚分子中 C—O 键变弱，因此在酸性试剂作用下，醚键会断裂。醚与浓氢卤酸一起加热，醚键（C—O）会发生断裂而生成醇和卤代烃。在过量酸存在下，产生的醇也可转变为卤代烃。

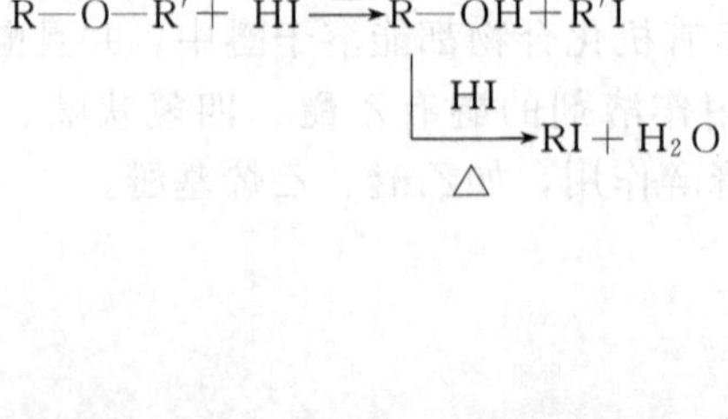

$$R-O-R' + HI \xrightarrow{\Delta} R-OH + R'I \xrightarrow[\Delta]{HI} RI + H_2O$$

最常用的强酸为 HI 和 HBr，对于较易断裂的醚键如叔烷基醚、烯丙基醚和苄基醚也可以用盐酸或硫酸。在质子溶剂中，这些强酸的活性顺序为 HI＞HBr＞HCl，H_2SO_4。

醚键断裂是一种亲核取代反应。醚先与强酸形成𬭩盐，增强了碳氧键的极性，使碳氧键变弱，把醚中较差的离去基团 $^-$OR（强碱）变成了较好的离去基团 HOR（弱碱），然后根据醚中烃基构造的不同而发生 S_N1 或 S_N2 反应。

伯烷基醚发生 S_N2 反应，叔烷基醚容易发生 S_N1 或 E1 反应。例如：

$$CH_3CHCH_2OCH_2CH_3 + HI \xrightarrow{\triangle} CH_3CHCH_2OH + CH_3CH_2I$$
$$\quad\quad\ |\qquad\qquad\qquad\qquad\qquad\qquad\ |$$
$$\quad CH_3\qquad\qquad\qquad\qquad\qquad\quad CH_3$$

$$CH_3CH_2CH_2OCH_3 + HI \longrightarrow CH_3CH_2CH_2\overset{+}{\underset{|}{O}}CH_3 + I^- \xrightarrow{S_N2} CH_3CH_2CH_2OH + CH_3I$$
$$\qquad\qquad\qquad\qquad\qquad\qquad H \qquad\qquad\qquad\qquad\ \ \downarrow HI$$
$$\qquad\qquad\qquad\qquad\qquad\qquad\qquad\qquad\qquad\qquad\qquad\xrightarrow{-H_2O} CH_3CH_2CH_2I$$

叔丁基甲醚在酸催化下经 S_N1 机理断裂为叔碳正离子和甲醇，再与 Br$^-$ 结合得到叔丁基溴。

在浓 H_2SO_4/△ 条件下，叔丁基甲醚消除得到异丁烯和甲醇。

伯烷基醚与 HI 作用时，按 S_N2 机理进行反应，亲核试剂 I$^-$ 优先进攻立体阻碍较小的烷基，如果控制 HI 与醚的用量（1∶1），总是得到较小烃基的卤代烷和较大烃基的醇。当混合醚中含有甲基时，显然，醚键应该在甲基一边优先断裂，生成碘甲烷。HI 与含有甲基的混合醚反应是定量完成的，在有机分析中把反应混合物中的 CH_3I 蒸出来，通入 $AgNO_3$ 的醇溶液中，可根据生成 AgI 的量来测定分子中甲氧基的含量，这种方法称为 Zeise 测定法。该法在测定某些含有甲氧基的天然产物的结构时很有用。

芳香混醚由于芳环与氧原子上的孤对电子共轭，不易断裂，因此含有芳基的混合醚与 HX 反应时，只发生烷氧键断裂，生成酚和碘代烷，不发生芳氧键断裂。二芳基醚与 HI 不反应。

$$C_6H_5\text{—}O\text{|—}CH_3 \xrightarrow[120\sim130\text{°C}]{57\%\ HI} C_6H_5\text{—}OH + CH_3I$$

p-π 共轭键牢固，不易断

酚的烷基化反应和芳基烷基醚被 HI 分解的反应结合使用，可以在反应中保护酚羟基。

含有叔丁基的混合醚与 HI 反应时，醚键优先在叔丁基一边断裂。因为这种断裂可生成较稳定的叔碳正离子（S_N1 或 E1 机理）。因此在有机合成中，可以利用异丁烯与醇反应生成叔丁基醚来保护醇羟基。例如：

$$HOCH_2CH_2Br + H_3C\text{—}\underset{\underset{CH_3}{|}}{C}\text{=}CH_2 \xrightarrow{H_2SO_4} H_3C\text{—}\underset{\underset{CH_3}{|}}{\overset{\overset{CH_3}{|}}{C}}\text{—}O\text{—}CH_2CH_2Br \xrightarrow[(2)\ CH_3CHO]{(1)\ Mg}$$

$$(CH_3)_3COCH_2CH_2\underset{\underset{OMgBr}{|}}{CH}CH_3 \xrightarrow{H_3O^+} HOCH_2CH_2\underset{\underset{OH}{|}}{CH}CH_3$$

9.12.3 过氧化物的生成

醚对一般氧化剂是稳定的，但与空气长期接触，则醚分子中与氧原子相连的 α-碳氢键可被氧化，先生成氢过氧化醚，然后再转变为结构更复杂的过氧化醚。过氧化醚的结构和生成过程为：

$$CH_3CH_2-O-CH_2CH_3 \xrightarrow{O_2} \underset{\underset{O-O-H}{|}}{CH_3CH}-O-CH_2CH_3 \quad \text{氢过氧化乙醚}$$

$$n\underset{\underset{O-O-H}{|}}{CH_3CH}-O-CH_2CH_3 \xrightarrow[-nC_2H_5OH]{} n\underset{\underset{OO\cdot}{|}}{CH_3CH} \longrightarrow \underset{\underset{CH_3}{|}}{[\overset{H}{\underset{|}{C}}-O-O]_n} \quad \text{过氧化醚}$$

过氧化醚是爆炸性极强的高聚物，蒸馏含有该化合物的醚时，过氧化醚残留在容器中，继续加热即会爆炸。因此，蒸馏乙醚时往往不能蒸干。为了避免意外，在蒸馏贮藏过久的乙醚或四氢呋喃等其它醚之前应进行检查，如含有过氧化物，加入等体积 2% 碘化钾醋酸溶液，会游离出碘，使淀粉溶液变紫色或蓝色。加入还原剂（新配制 $FeSO_4$ 溶液，约加入体积的 1/5）于醚中，并剧烈振荡，可破坏过氧化物。为了防止过氧化物的形成，醚类应尽量避免暴露在空气中，一般应放在棕色玻璃瓶中，避光保存。另外也可在醚中加入抗氧化剂（例如加入 $5 \times 10^{-8} g \cdot mL^{-1}$ 的二乙基氨基二硫代甲酸钠或对苯二酚）。

9.13 醚的制法

醚的制备主要有两种方法，一是醇分子间脱水反应，一是醇钠和卤代烃的作用。

9.13.1 由醇脱水

醇在酸性催化剂作用下，两分子醇之间脱水生成醚，该反应是制备单醚的通用方法。反应要适当控制温度以避免成烯的副反应。常用的酸性催化剂有浓硫酸、浓盐酸、磷酸、对甲基苯磺酸等无机、有机酸，也可以使用路易斯酸，如无水氯化锌、三氟化硼等及固体的硅胶、氧化铝等脱水剂。

$$R-O-H+H-O-R \xrightarrow[\triangle]{H_2SO_4} R-O-R+H_2O$$

例如：

$$2CH_3CH_2OH \xrightarrow[140℃]{浓 H_2SO_4} CH_3CH_2OCH_2CH_3 + H_2O$$

$$2CH_3CH_2OH \xrightarrow[300℃]{Al_2O_3} CH_3CH_2OCH_2CH_3 + H_2O$$

醇脱水只适用于制备简单的单醚，不适合用来制备混醚，因为使用不同醇进行脱水反应，副产物太多且不易分离。欲制备混醚，应采用 Williamson 合成法。但如果混合醚中的两个烃基一个是伯烷基，另一个是叔烷基或能生成较稳定的碳正离子的烃基，也可以用酸性脱水的方法制备，这时，伯醇应当过量。例如：

$$(CH_3)_3COH + C_2H_5OH \xrightarrow[70℃]{15\% H_2SO_4} \underset{95\%}{(CH_3)_3COCH_2CH_3} \quad \text{乙基叔丁基醚}$$

利用醇脱水制醚时，在控制温度等条件下，伯醇产量最高，仲醇次之，叔醇只能得到烯烃。

1,5-二醇、1,4-二醇在酸作用下，通过控制醇的浓度，可以在分子内失水成环，形成六元或五元环醚。例如：

$$\underset{OH\ OH}{\bigcirc} \xrightarrow[\triangle]{\text{少量 } H_2SO_4} \underset{90\%}{\bigcirc_O}$$

1,3-二醇不易在分子内失水形成四元氧环，因四元环张力大。

9.13.2 Williamson 合成法

用卤代烃和醇钠或酚钠作用制备醚的方法称为 Williamson 合成法。

$$R-X + NaO-R' \longrightarrow R-O-R' + NaX$$
$$RX + NaO-Ar \longrightarrow R-O-Ar + NaX$$

例如：

$$CH_2=CHCH_2Br + CH_3CH_2ONa \longrightarrow CH_2=CHCH_2OCH_2CH_3 + NaBr$$

$$CH_3CH_2Br + NaO-\underset{\underset{CH_3}{|}}{\overset{\overset{CH_3}{|}}{C}}-CH_3 \longrightarrow CH_3CH_2-O-\underset{\underset{CH_3}{|}}{\overset{\overset{CH_3}{|}}{C}}-CH_3 + NaBr$$

$$CH_3-I + NaO-C_6H_5 \longrightarrow \underset{95\%}{CH_3-O-C_6H_5} + NaI$$

Williamson 合成法中卤代烃和醇钠或酚钠是按 S_N2 历程进行反应的，烷氧或酚氧负离子作为强的亲核试剂从卤代烃中把卤离子置换下来。该法是合成混合醚的有效方法。

$$RO^- + R'-X \xrightarrow{S_N2} R-O-R' + X^-$$

卤代物的活性为 RI>RBr>RCl，由于碘代物价格昂贵而很少使用。对于同一卤原子的卤化物，烯丙型和苄基型卤化物活性高，乙烯型和苯基卤苯型大多难反应，卤代烷中伯卤代烷产率最高，仲卤代烷产率较低，叔卤代烷在强碱（醇钠或酚钠）的作用下主要得到消除产物。所以，在制备仲烷基和叔烷基取代的醚时，通常由仲醇和叔醇制备醇钠，再与伯卤代烷反应。例如：

$$CH_3-\underset{\underset{CH_3}{|}}{\overset{\overset{CH_3}{|}}{C}}-ONa + CH_3CH_2Cl \longrightarrow CH_3-\underset{\underset{CH_3}{|}}{\overset{\overset{CH_3}{|}}{C}}-OCH_2CH_3 + NaCl \quad 85\%$$

除了卤代烃外，底物也常用硫酸酯（硫酸二甲酯或硫酸二乙酯等）和磺酸酯（对甲基苯磺酸酯或甲磺酸酯）。例如：

$$(CH_3)_3CCH_2ONa + CH_3OSO_2-\bigcirc \longrightarrow (CH_3)_3CCH_2OCH_3 + NaOSO_2-\bigcirc$$

9.13.3 乙烯基醚的制取

由于乙烯醇不存在，乙烯基卤不活泼，所以不能用一般的 Williamson 合成法合成乙烯基醚。乙烯基醚通常用乙炔在醇钠或氢氧化钠的催化下与醇进行亲核加成反应制备。

$$HC\equiv CH + CH_3CH_2OH \xrightarrow[160\sim180℃]{KOH} CH_2=CH-OCH_2CH_3$$

9.14 环醚

脂环烃的环上碳原子被一个或多个氧原子取代后所形成的化合物，称为环醚，其中最重要的是 3～6 元环的环醚。例如：

$$\underset{\text{环氧乙烷}}{\underset{O}{CH_2-CH_2}} \quad \underset{\text{四氢呋喃 (THF)}}{\text{[五元环醚, O]}} \quad \underset{\text{1,4-二氧六环}}{\text{[六元环, 2个O]}} \quad \underset{\text{1,2-环氧丁烷}}{\underset{O}{CH_3CH_2CH-CH_2}}$$

9.14.1 环氧化合物的性质

环醚的性质随环的大小不同而异，其中五元环醚和六元环醚性质比较稳定，具有一般醚的性质。但具有环氧乙烷结构的化合物（环氧化合物）与一般醚完全不同。由于其三元环结构所固有的环张力及氧原子的强吸电子诱导作用，使得环氧化合物具有非常高的化学活性，与酸、碱、金属有机试剂、金属氢化物等都能很容易的发生开环反应。因此，环氧化合物在有机合成中是非常有用的化学试剂。例如：

$$CH_2-CH_2(O) + H_2O \xrightarrow{H^+} \underset{OH}{\underset{|}{CH_2}}-\underset{OH}{\underset{|}{CH_2}} \quad \text{乙二醇}$$

$$CH_2-CH_2(O) + CH_3CH_2OH \xrightarrow[\text{或}OH^-]{H^+} \underset{OCH_2CH_3}{\underset{|}{CH_2}}-\underset{OH}{\underset{|}{CH_2}} \quad \text{乙二醇单乙醚}$$

$$CH_2-CH_2(O) + \underset{OH}{\underset{|}{CH_2}}-\underset{OCH_3}{\underset{|}{CH_2}} \xrightarrow{H^+} \underset{OCH_2CH_2OCH_2CH_3}{\underset{|}{CH_2}}-\underset{OH}{\underset{|}{CH_2}} \quad \text{一缩二乙二醇单乙醚}$$

$$CH_2-CH_2(O) + HCl \longrightarrow \underset{Cl}{\underset{|}{CH_2}}-\underset{OH}{\underset{|}{CH_2}} \quad \text{2-氯乙醇}$$

$$CH_2-CH_2(O) + H-NH_2 \longrightarrow \underset{NH_2}{\underset{|}{CH_2}}-\underset{OH}{\underset{|}{CH_2}} \quad \text{2-氨基乙醇}$$

$$CH_2-CH_2(O) + H-CN \longrightarrow \underset{CN}{\underset{|}{CH_2}}-\underset{OH}{\underset{|}{CH_2}} \quad \beta\text{-羟基丙腈}$$

$$CH_2-CH_2(O) + RMgX \longrightarrow \underset{R}{\underset{|}{CH_2}}-\underset{OMgX}{\underset{|}{CH_2}} \xrightarrow[H_2O]{H^+} \underset{R}{\underset{|}{CH_2}}-\underset{OH}{\underset{|}{CH_2}} \quad \text{醇}$$

环氧乙烷(epoxy ethane)在酸性或碱性条件下的开环反应，可以得到乙二醇、乙二醇单乙醚、2-氯乙醇、β-羟基丙腈等一系列含有两个官能团的化合物，这些化合物在工业上都有重要的用途。例如环氧乙烷与水反应生成的乙二醇是良好的溶剂，它是汽车防冻剂的主要成分（60％乙二醇+40％水的溶液，在-49℃才凝冻）。乙二醇也是制造合成纤维涤纶的原料之一。乙二醇单乙醚又称乙基溶纤剂，兼有醇和醚的性质，溶解纤维素的性能特别优良，也是油漆的优良溶剂，它是常用的高沸点溶剂及有机合成中间体。氯乙醇是重要的有机合成中间体；2-氨基乙醇是湿润剂、防锈剂，另外还大量用于制造涂料的催干剂及黏合剂；β-羟基丙腈可用于制取 γ-羟基酸，也可以用于制备丙烯腈等。

由于环氧乙烷非常活泼,所以在制备乙二醇、乙二醇单乙醚、2-氨基乙醇等化合物时,必须控制原料配比。否则,生成多缩乙二醇、多缩乙二醇单醚和多乙醇胺,例如:

$$NH_3 \xrightarrow{\triangle O} HOCH_2CH_2NH_2 \xrightarrow{\triangle O} \begin{array}{c}HOCH_2CH_2\\HOCH_2CH_2\end{array}NH \xrightarrow{\triangle O} \begin{array}{c}HOCH_2CH_2\\HOCH_2CH_2\end{array}N-CH_2CH_2OH$$

　　　　　　　　　一乙醇胺　　　　　　　二乙醇胺　　　　　　　　三乙醇胺

$$HOCH_2CH_2OH \xrightarrow{\triangle O} HOCH_2CH_2OCH_2CH_2OH \xrightarrow{\triangle O} HOCH_2CH_2OCH_2CH_2OCH_2CH_2OH \xrightarrow{n \triangle O}$$

　　　　　　　　　　一缩二乙二醇(二甘醇)　　　　　　　二缩三乙二醇(三甘醇)

$$HO \mathord{-\!\!\!-}[CH_2CH_2O]_{n+2} H$$

多缩乙二醇醚(聚乙二醇,聚甘醇)

以上三种乙醇胺都是无色黏稠液体,与水混溶,具有一定的碱性,能吸收 SO_2 及 H_2S 等酸性气体,可净化酸性气体。它们还可以用作制造乳化剂及原油破乳剂的原料。聚乙二醇随着聚合度的不同而为黏稠状液体或蜡状固体,它们都可溶于水,可作溶剂、助剂、软化剂、乳化剂、分散剂、润湿剂和洗涤剂等。

环氧化合物可在酸或碱催化下发生开环反应,即碳氧键的断裂反应。环氧化合物开环反应的取向主要取决于是酸催化还是碱催化。例如:

$$\begin{array}{c}H_3C\\H_3C\end{array}\!\!\!\!>\!\!\!\!\overset{O}{\underset{}{\triangle}}\!\!\!\!<\!\!\!\!CH_2 + H_2O^{18} \xrightarrow{H^+} H_3C-\underset{{}^{18}OH}{\overset{CH_3}{\underset{|}{C}}}-CH_2OH$$

$$\begin{array}{c}H_3C\\H_3C\end{array}\!\!\!\!>\!\!\!\!\overset{O}{\underset{}{\triangle}}\!\!\!\!<\!\!\!\!CH_2 + CH_3\ddot{O}H \xrightarrow{CH_3ONa} H_3C-\underset{OH}{\overset{CH_3}{\underset{|}{C}}}-CH_2OCH_3$$

酸催化时,环氧化合物的氧原子首先与质子结合生成𬭩盐,𬭩盐的形成增强了碳氧键(C—O)的极性,使碳氧键变弱而容易断裂。随后以 S_N1 或 S_N2 反应机制进行反应。对于不对称环氧乙烷的酸催化开环反应,亲核试剂主要与含氢较少的碳原子结合。

碱催化时,首先亲核试剂从背面进攻空阻较小的碳原子,碳氧键异裂,生成氧负离子,然后氧负离子从体系中得到一个质子,生成产物。

酸催化(S_N1):

$$\begin{array}{c}CH_3\\H_3C-\overset{}{\underset{}{C}}\!\!-\!\!CH_2\\\diagdown\!\!O\!\!\diagup\end{array} \xrightarrow[CH_3OH]{H^+} \begin{array}{c}CH_3\\H_3C-\overset{}{\underset{}{C}}\!\!-\!\!CH_2\\\diagdown\!\!\overset{+}{O}\!\!\diagup\\H\end{array} \longrightarrow \begin{array}{c}CH_3\\H_3C-\overset{+}{\underset{}{C}}\quad CH_2\\\quad\quad OH\end{array} \xrightarrow{CH_3OH}$$

$$\begin{array}{c}CH_3\\H_3C-\overset{}{\underset{CH_3\overset{+}{O}H}{C}}\!\!-\!\!CH_2\\\quad\quad\quad OH\end{array} \xrightarrow{-H^+} \begin{array}{c}CH_3\\H_3C-\overset{}{\underset{CH_3O}{C}}\!\!-\!\!CH_2\\\quad\quad\quad OH\end{array}$$

碱催化(S_N2):

$$\begin{array}{c}H_3C-\overset{CH_3}{\underset{}{C}}\!\!-\!\!CH_2\\\diagdown\!\!O\!\!\diagup\end{array} \xrightarrow[CH_3OH]{CH_3O^-} \begin{array}{c}CH_3\\H_3C-\overset{}{\underset{O^-}{C}}\!\!-\!\!CH_2-OCH_3\end{array} \xrightarrow[-CH_3O^-]{CH_3OH} \begin{array}{c}CH_3\\H_3C-\overset{}{\underset{OH}{C}}\!\!-\!\!CH_2-OCH_3\end{array}$$

环氧丙烷（epoxy propane）又称氧化丙烯，是非常重要的有机化合物原料，是仅次于聚丙烯和丙烯腈的第三大丙烯类衍生物。环氧丙烷主要用于生产聚醚多元醇、丙二醇和各类非离子表面活性剂等，其中聚醚多元醇是生产聚氨酯泡沫、保温材料、弹性体、胶黏剂和涂料等的重要原料，各类非离子型表面活性剂在石油、化工、农药、纺织、日化等行业得到广泛应用。环氧丙烷与 Grignard 等各种试剂的开环反应如下：

$$\text{CH}_3-\underset{\underset{O}{\diagdown\diagup}}{\text{CH}-\text{CH}_2}\begin{cases}\xrightarrow{\text{① C}_2\text{H}_5\text{MgBr, ② H}_3\text{O}^-}\text{CH}_3-\underset{\text{OH}}{\text{CH}}-\text{CH}_2\text{C}_2\text{H}_5\\\xrightarrow{\text{H}^+/\text{CH}_3\text{OH}}\text{CH}_3-\underset{\text{OCH}_3}{\text{CH}}-\text{CH}_3\\\xrightarrow{\text{NaOCH}_3/\text{CH}_3\text{OH}}\text{CH}_3-\underset{\text{OH}}{\text{CH}}-\text{CH}_2\text{OCH}_3\\\xrightarrow{\text{NH}_3}\text{CH}_3-\underset{\text{OH}}{\text{CH}}-\text{CH}_2\text{NH}_2\\\xrightarrow{\text{① HC}\equiv\text{CNa, ② H}_3\text{O}^+}\text{CH}_3-\underset{\text{OH}}{\text{CH}}-\text{CH}_2\text{C}\equiv\text{CH}\end{cases}$$

9.14.2 环氧化合物的制备

环氧化合物的制备可由烯烃氧化或 β-卤醇消除制得。例如：

$$\text{CH}_2=\text{CH}_2+\frac{1}{2}\text{O}_2\xrightarrow[250℃]{\text{Ag}}\underset{O}{\text{CH}_2-\text{CH}_2}$$

$$\text{CH}_3\text{CH}=\text{CH}_2+\text{CH}_3\overset{O}{\overset{\|}{\text{C}}}-\text{O}-\text{OH}\longrightarrow\text{H}_3\text{C}-\underset{O}{\text{CH}-\text{CH}_2}+\text{CH}_3\text{COOH}$$

$$\underset{\text{H}}{\overset{\text{CH}_3}{\text{C}}}=\underset{\text{H}}{\overset{\text{CH}_3}{\text{C}}}\xrightarrow[\text{1,4-二氧六环,0℃,10h}]{\text{过氧间氯苯甲酸}}\underset{\text{H}\ \ \ \text{H}}{\overset{\text{CH}_3\ \text{CH}_3}{\underset{O}{\triangle}}}\quad 60\%$$

$$\underset{\text{H}}{\overset{\text{CH}_3}{\text{C}}}=\underset{\text{CH}_3}{\overset{\text{H}}{\text{C}}}\xrightarrow[\text{1,4-二氧六环,0℃,10h}]{\text{过氧间氯苯甲酸}}\underset{\text{H}\ \ \text{CH}_3}{\overset{\text{CH}_3\ \text{H}}{\underset{O}{\triangle}}}\quad 60\%$$

$$\text{CH}_2=\text{CH}_2+\text{HOCl}\longrightarrow\underset{\text{OH}\ \ \text{Cl}}{\text{CH}_2-\text{CH}_2}\xrightarrow{\text{Ca(OH)}_2}\underset{O}{\text{CH}_2-\text{CH}_2}+\text{CaCl}_2+\text{H}_2\text{O}$$

9.14.3 大环多醚——冠醚

冠醚（crown ether）属于环醚，是 20 世纪 60 年代由美国杜邦（Du Pont）公司的 Charles Pedersen 首先发现的一类大环多醚，由于形状似皇冠，故称冠醚。

冠醚一个最主要的特点是它有许多醚键，分子内有一个空腔，因而可与很多金属离子配合，且不同结构的冠醚，其分子中的空穴大小不同，因而对金属离子具有较高的络合选择性。例如，18-冠-6 中的空穴直径为 0.26～0.32nm，与钾离子的直径（0.266nm）相近，只有和空穴大小相当的金属离子才能进入空穴而被络合，因此 K^+ 可被 18-冠-6 的内层多个氧原子络合。同理，12-冠-4 与锂离子络合而不与钠、钾离子络合，15-冠-5 可与钠离子络合。

这种络合物都有一定的熔点，因此可以利用它分离金属正离子混合物。但更重要的用途是在有机合成中用作相转移催化剂。

冠醚能用作相转移催化剂是因为冠醚的内圈有很多氧原子，能与水形成氢键，具有亲水性；而它的外圈都是碳氢，具有憎水性，因此它能将水相中的试剂包在内圈带入有机相中，加大了非均相有机反应的速度。

$$KCN + RBr \longrightarrow RCN + KBr$$

卤代烷与氰化物的亲核取代反应中，卤代烷与 KCN 水溶液不相溶，成为两相，因而难于反应。如加入 18-冠-6，该冠醚进入晶格中与 K^+ 配合同时带出 CN^- 形成 ⓚCN^-，（○在此处表示冠醚）而可溶于有机相，与它成离子对的 CN^- 也同时随之溶入有机相，由于 CN^- 是游离的自由负离子，没有溶剂化的影响，可直接作为亲核试剂进攻溴代烷，因此可使反应速率加快。

在相转移催化反应中，冠醚是一种能使水相中的反应物转入有机相的试剂，被称为相转移催化剂（phase transfer catalyst）。相转移催化反应的选择性强、产品纯度高、分离容易，用途非常广泛。但冠醚的合成比较困难，价格也较昂贵，毒性较大，对皮肤和眼睛都有刺激性，因此使用受到一定的限制。

冠醚通常用 Williamson 法制备：

阅读材料

杯芳烃

杯芳烃（calixarene）是由对位取代的苯酚与甲醛经酚醛缩合反应而生成的一类环状低聚物。因其分子形状与希腊圣杯相似，且是由多个苯环构成的芳香族分子，由此得名为杯芳烃。例如，对叔丁基苯酚与甲醛水溶液在氢氧化钠存在下反应，生成环状四聚体化合物——对叔丁基杯[4]芳烃。

对叔丁基杯[4]芳烃

杯芳烃以"杯[n]芳烃"的形式命名，n 是芳环的数目。

杯芳烃起源于 20 世纪 50 年代，由奥地利化学家 Alois. Zinke 在研究酚醛树脂的过程中发现的。50～60 年代，Hayer 和 Hunter 首次提出了多步合成法，但因步骤长，收率很低；70 年代，Zinke 首次报道了有关杯芳烃的一步合成法；70 年代后期，杯芳烃引起了美国化学家 C. D. Gutsche 极大的兴趣，提出这类化合物具有大小可调的空腔，应是一类具有广泛适应性的模拟酶。至此，杯芳烃类化合物的合成及性能研究引起国内外的普遍关注。

绝大多数的杯芳烃熔点较高，在 250℃ 以上。在常用的有机溶剂中的溶解度很小，几乎不溶于水。杯芳烃是一类由苯酚单元通过亚甲基连接起来的环状低聚物，具有独特的空穴结构，是继冠醚和环糊精之后的第三代超分子化合物。在杯芳烃的环状结构底部紧密而有规律地排列着 n 个酚羟基，而杯状结构的上部具有疏水的空穴。前者能螯合和输送阳离子；后者能与中性分子形成配合物。

杯芳烃具有如下特点。

① 杯芳烃是由对位取代的苯酚与甲醛在碱催化下合成，根据反应条件不同可得到含 n（4～8）个苯环结构单元的缩聚物。合成路线较为简单，原料廉价易得。

② 杯芳烃中具有由亚甲基相连的苯酚单元，可自由旋转，有多种构象变化。而在其上、下缘引入较大基团，或将苯环进行分子内或分子间桥联，可限制苯环的旋转，得到相对固定的所需要的构象。

③ 杯芳烃的衍生化反应，可在杯芳烃下缘的酚羟基、上缘的苯环对位，连接苯环单元的亚甲基进行各种选择性功能化，这不仅能改善杯芳烃自身水溶性差的不足，而且还可以改善其分子络合能力和模拟酶活力。

④ 杯芳烃的热稳定性及化学稳定性好，可溶性虽较差，但通过衍生化后，某些衍生物具有很好的溶解性。

⑤ 杯芳烃是一类合成的低聚物，它的空穴结构大小的调节具有较大的自由度；兼冠醚和环糊精两者之长；它能与离子和中性分子形成主-客体包结物。

杯芳烃衍生物是以杯芳烃为"分子平台"，经过不同的衍生化反应而得到的。根据杯芳烃的空腔大小、构象及其衍生官能团与客体分子间的适应程度，杯芳烃衍生物可实现对金属离子及有机分子的选择性识别。杯芳烃衍生物在分析化学领域，包括萃取分离、液膜分离、色谱分析及光分析中应用十分广泛。

总之，杯芳烃及其衍生物的独特优点使得它们在识别金属离子、识别手性分子、分子开环、手性催化、基因治疗、离子选择性电极、金属离子选择性萃取、离子载体、离子交换剂、相转移催化剂、功能高分子材料、高分子改性及高分子序列结构选择、染料、涂料、黏合剂、光度分析、塑料和橡胶等的抗氧化剂以及光稳定等方面具有很强的应用价值，已成为研究的热点。

[1] 邢其毅，裴伟伟，徐瑞秋等. 基础有机化学 上册. 第 3 版. 北京：高等教育出版社，2005.
[2] 杨发福，陈远荫. 大环杯芳烃冠醚的研究现状与展望[J]. 合成化学，2003，11：203-208.
[3] 黄枢，袁立华. 杯芳烃——一类具有发展前景的大环化合物[J]. 化学研究与应用，1990，2(2)：8-25.

习 题

1. 用 IUPAC 法命名下列化合物。

(1) ClCH$_2$CH$_2$OH

(3) 3-甲基环戊醇 HO-环戊基-CH₃

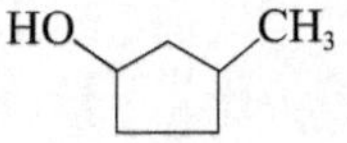

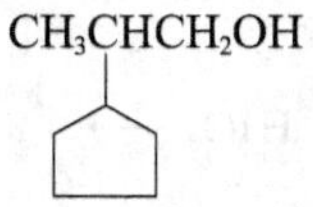

(4) 环戊基-CH(CH₃)CH₂OH

(5) CH₃CH₂CH₂OCH₂CH(CH₃)CH₂CH₂CH₃

(6) CH₃CH(CH₃)CH₂OCH₃

(7) BrCH₂CH₂CH(OH)C(CH₃)₃

(8) 2,3-二甲氧基苯酚 (CH₃O-, CH₃O-, -OH)

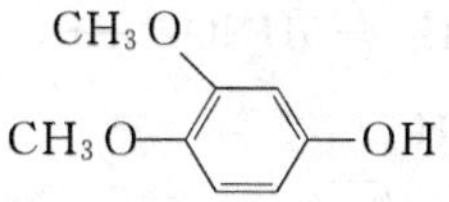

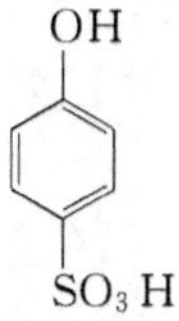

(9) 对羟基苯磺酸（HO-C₆H₄-SO₃H）

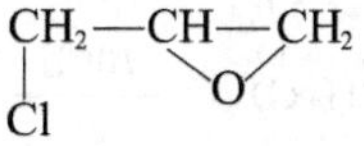

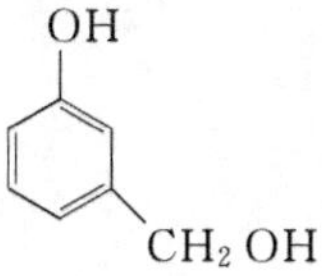

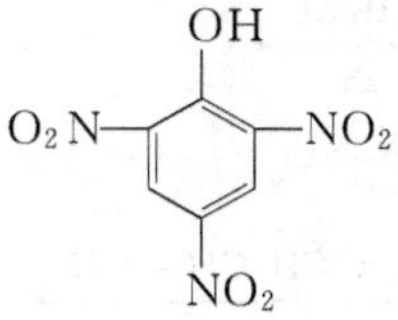

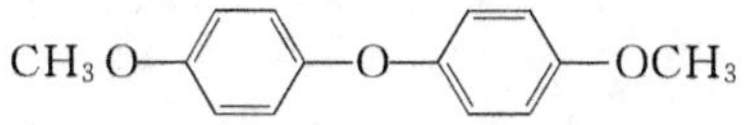

(10) ClCH₂—CH—CH₂ (环氧)

(11) 间羟基苄醇（HO-C₆H₄-CH₂OH）

(12) 2,4,6-三硝基苯酚

(13) CH₃O-C₆H₄-O-C₆H₄-OCH₃

(14) 2-甲基-2-环戊烯醇（HO-环戊烯-CH₃）

(15) CH₃CH₂CH(CH₃)CH(OH)CH₂CH(OH)CH₂OH

(16) 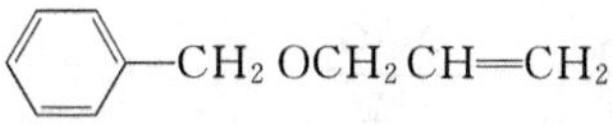 C₆H₅CH₂OCH₂CH=CH₂

(17) 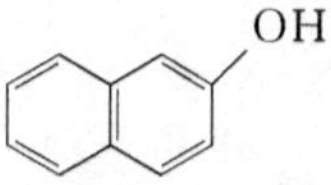 2-萘酚

(18) 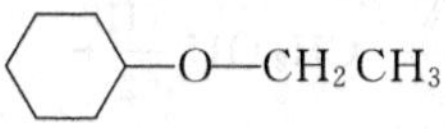 环己基—O—CH₂CH₃

2. 写出环己醇与下列试剂反应所得主要产物的结构。

(1) 冷的浓硫酸   (2) 浓硫酸，加热（≈170℃）   (3) CrO_3, H_2SO_4, 40℃
(4) Br_2/CCl_4 (5) 浓氢溴酸   (6) I_2/P
(7) $SOCl_2$ (8) Na   (9) CH_3CO_2H, H^+，加热
(10) H_2/Ni (11) CH_3MgBr (12) NaOH 水溶液
(13) 对甲基苯磺酰氯，吡啶 (14) 苄基氯，OH^- (15) CrO_3/吡啶复合物

3. 完成下列反应式。

(1) 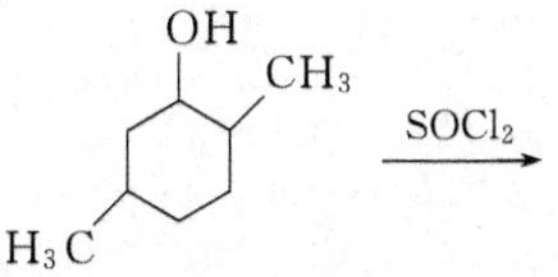 2,4-二甲基环己醇（OH, CH₃, H₃C-）$\xrightarrow{SOCl_2}$

(2) $CH_3CH_2CH_2ONa + (CH_3)_3CCl \longrightarrow$

(3) $(CH_3)_3COK + CH_3CH_2CH_2Br \longrightarrow$

(4) 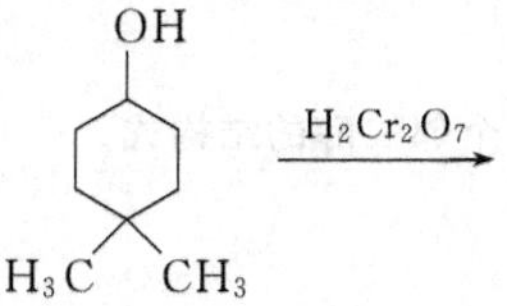 4,4-二甲基环己醇 $\xrightarrow{H_2Cr_2O_7}$

(5) $(CH_3CH_2)_3CCH_2OH \xrightarrow[H_2SO_4, \triangle]{HBr}$

(6) 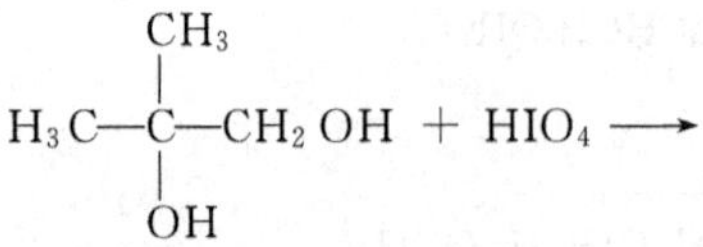 $\underset{\underset{OH}{|}}{\overset{\overset{CH_3}{|}}{H_3C-C-CH_2OH}} + HIO_4 \longrightarrow$

(7) 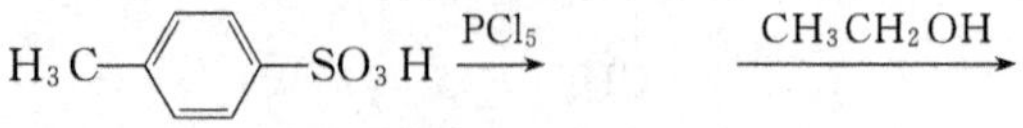 $H_3C-\underset{}{\underset{}{\bigcirc}}-SO_3H \xrightarrow{PCl_5} \xrightarrow{CH_3CH_2OH}$

(8) 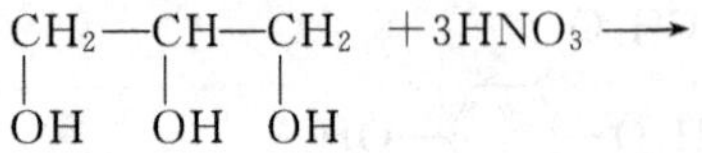 $\underset{OH}{CH_2}-\underset{OH}{CH}-\underset{OH}{CH_2} + 3HNO_3 \longrightarrow$

(9) 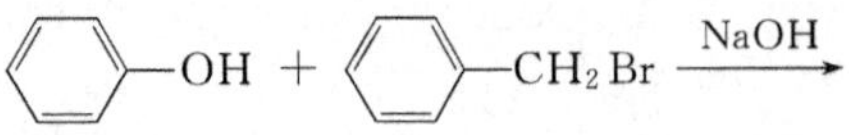 $\bigcirc-OH + \bigcirc-CH_2Br \xrightarrow{NaOH}$

(10) 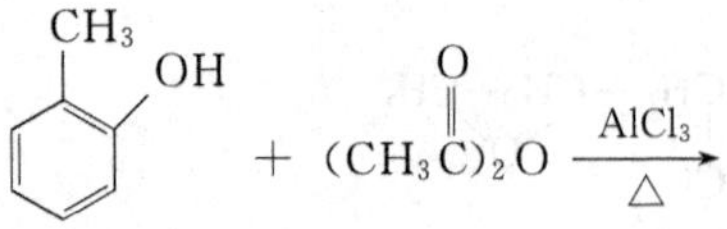 $\underset{}{\overset{CH_3}{\bigcirc}}-OH + (CH_3C)_2O \xrightarrow[\Delta]{AlCl_3}$

(11) 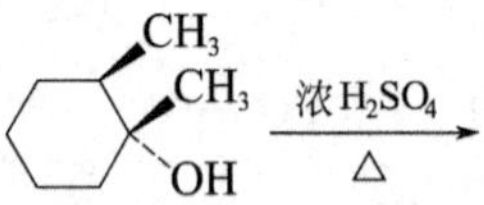 (cis-1,2-dimethylcyclohexanol) $\xrightarrow[\Delta]{浓 H_2SO_4}$

(12) 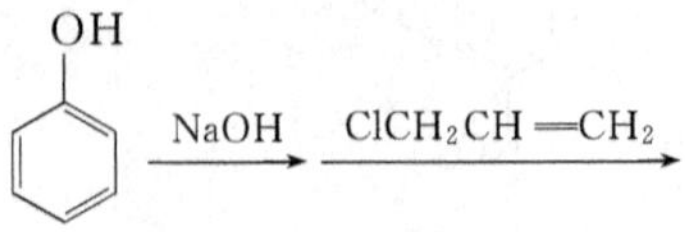 $\bigcirc-OH \xrightarrow{NaOH} \xrightarrow{ClCH_2CH=CH_2}$

(13) 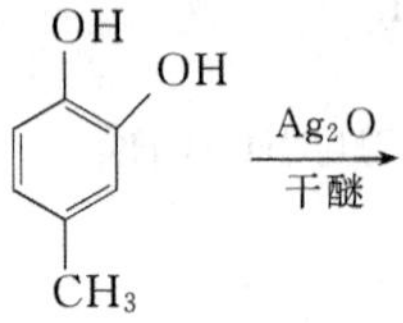 (3-methylcatechol) $\xrightarrow{Ag_2O}{干醚}$

(14) 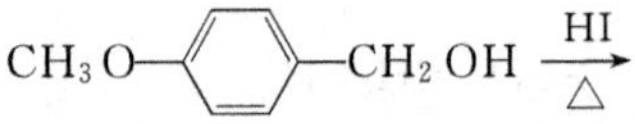 $CH_3O-\bigcirc-CH_2OH \xrightarrow[\Delta]{HI}$

(15) 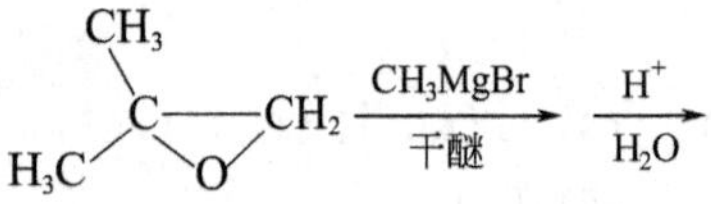 $\underset{H_3C}{\overset{CH_3}{>}}\underset{O}{\overset{}{C}-CH_2} \xrightarrow{CH_3MgBr}{干醚} \xrightarrow{H^+}{H_2O}$

(16) 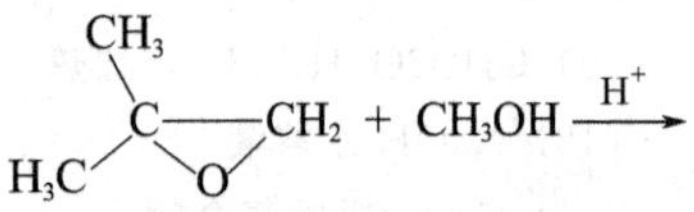 $\underset{H_3C}{\overset{CH_3}{>}}\underset{O}{\overset{}{C}-CH_2} + CH_3OH \xrightarrow{H^+}$

(17) 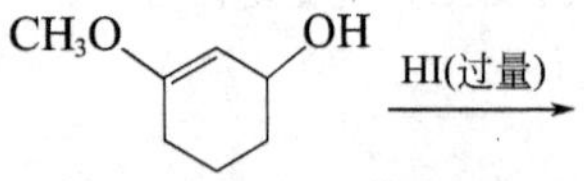 (3-methoxy-2-cyclohexen-1-ol) $\xrightarrow{HI(过量)}$

(18) 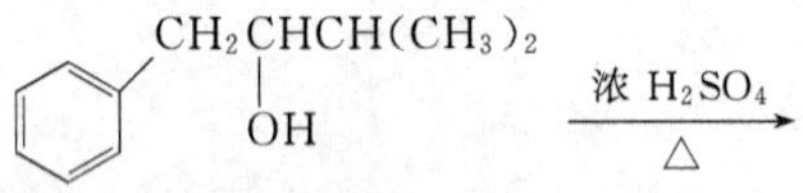 $\bigcirc-CH_2CH\underset{OH}{CH}(CH_3)_2 \xrightarrow[\Delta]{浓 H_2SO_4}$

4. 用化学方法鉴别下列各组化合物。
   (1) 苯甲醇、对甲苯酚和苯甲醚
   (2) 苯甲醚和甲基环己基醚
   (3) 3-戊烯-1-醇、2-甲基-2-丁醇、1-戊醇和2-戊醇

5. 用高碘酸分别氧化四个邻二醇，所得氧化产物为下面四种，分别写出四个邻二醇的结构式。
   (1) 只得到一个化合物 $CH_3COCH_2CH_3$
   (2) 得两个醛 CH_3CHO 和 CH_3CH_2CHO
   (3) 得一个醛 CH_3CHO 和一个酮 CH_3COCH_3
   (4) 得到己二醛 $OHCCH_2CH_2CH_2CH_2CHO$

第9章 醇、酚和醚

6. 用反应历程解释下列反应。

(1) $C_6H_5-\underset{OH}{CH}-\underset{OH}{CH}-CH_3 \xrightarrow{H^+} C_6H_5-CH_2-\underset{O}{\overset{}{C}}CH_3$

(2) 2,1-二甲基环己醇 $\xrightarrow{H^+}$ 1,2-二甲基环己烯 + H_2O

(3) $CH_3-\underset{C_6H_5}{\overset{}{CH}}-CH=CH_2 \xrightarrow[H_2O]{H^+} CH_3-\underset{C_6H_5}{\overset{OH}{\underset{}{C}}}-CH_2CH_3$

(4) $CH_3-\underset{CH_3}{\overset{CH_3}{\underset{}{C}}}-CH_2OH \xrightarrow{HBr} CH_3-\underset{Br}{\overset{CH_3}{\underset{}{C}}}-CH_2CH_3$

7. 将下列化合物按酸性强弱排列成序。

(1) A. 对甲氧基苯酚 B. 对甲基苯酚 C. 对氯苯酚 D. 对硝基苯酚 E. 间硝基苯酚

(2) A. 对硝基苯酚 B. 对甲氧基苯酚 C. 间硝基苯酚 D. 间甲氧基苯酚 E. 苯酚

(3) A. $CH_3CH_2CH_2OH$ B. $CH_3CH_2CHOH\!-\!CH_3$ C. $(CH_3)_3COH$

(4) A. $CH_3CH_2CH_2OH$ B. C_6H_5-OH   C. $CH_3C\equiv CH$ D. $CH_3CH=CH_2$
    E. H_2O F. NH_3 G. H_2CO_3 H. $CH_3CH_2CH_3$

8. 分离或提纯下列有机化合物或试剂。
   (1) 分离邻甲基苯酚与1,3,5-三甲苯的混合物
   (2) 分离乙酰水杨酸与乙酰水杨酸乙酯的混合物
   (3) 除去正戊烷中含有的少量乙醚
   (4) 除去乙醚中含有的少量乙醇和水

9. 写出邻甲基苯酚在下列条件下发生反应所得主要有机物的结构。
   (1) 氯化苄，NaOH   (2) 溴苯，NaOH   (3) 2,4-二硝基氯苯，KOH
   (4) 乙酸酐，三乙胺   (5) 苯甲酰氯，吡啶   (6) 对甲苯磺酰氯，NaOH
   (7) 稀硝酸，室温   (8) 浓硫酸，100℃   (9) 溴水
   (10) Br_2，CS_2 (11) 叔丁基氯，HF   (12) CrO_3，H_2SO_4

10. 用指定的原料和其它必要的有机和无机试剂合成下列化合物。

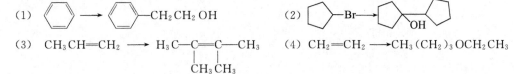

(1) 苯 → 苯乙醇

(2) 溴代环戊烷 → 1,1'-联环戊基-1-醇

(3) $CH_3CH=CH_2 \longrightarrow H_3C-\underset{CH_3\ CH_3}{\overset{}{C}}=\overset{}{C}-CH_3$

(4) $CH_2=CH_2 \longrightarrow CH_3(CH_2)_3OCH_2CH_3$

(5) $CH_3CH_2CH_2OH \longrightarrow CH_3CH_2CH_2OCH(CH_3)_2$

(6) $(CH_3)_2C=CH_2 \longrightarrow (CH_3)_3C-O-CH_2CH(CH_3)_2$

(7) 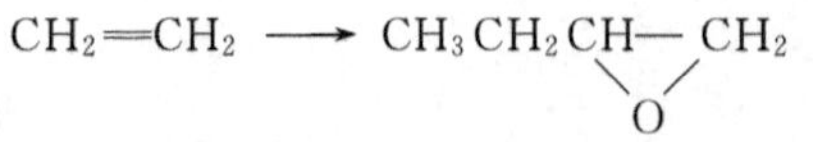 $CH_2=CH_2 \longrightarrow CH_3CH_2CH\underset{O}{-}CH_2$

(8) 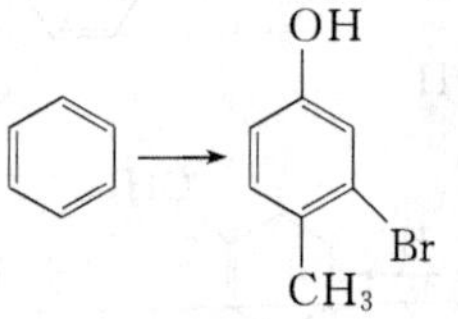 苯 $\longrightarrow$ 4-甲基-3-溴苯酚 (OH, Br, CH_3 取代苯)

(9) 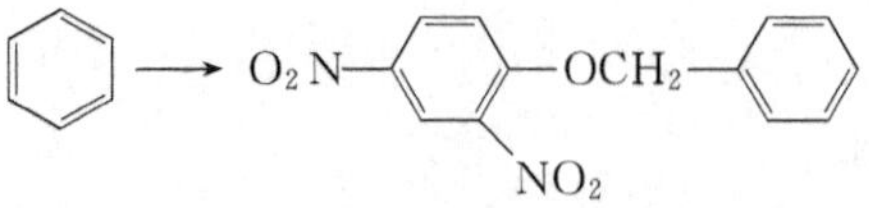 苯 $\longrightarrow$ 4-硝基-2-硝基苯基苄基醚 (O_2N-, NO_2, $OCH_2C_6H_5$)

(10) 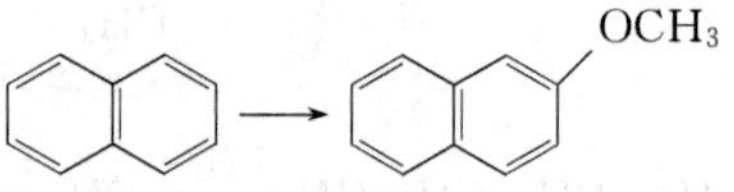 萘 $\longrightarrow$ 2-甲氧基萘 (OCH_3)

11. 化合物 A ($C_9H_{12}O$) 与 NaOH、$KMnO_4$ 均不反应，遇 HI 生成 B 和 C，B 遇溴水立即生成白色浑浊沉淀，C 经 NaOH 水解，与 $Na_2Cr_2O_7$ 的稀 H_2SO_4 溶液反应生成酮 D，试写出 A、B、C 和 D 的结构与相应的化学反应方程式。

12. 化合物 A 是液体，b.p. 为 220℃，分子式为 $C_8H_{10}O$。IR 在 3400cm^{-1} 和 1050cm^{-1} 有强吸收，在 1600cm^{-1}、1495cm^{-1} 和 1450cm^{-1} 有中等强度的吸收峰。^{1}H-NMR：δ 7.1(单峰)、δ 4.1(单峰)、δ 3.7(三重峰)、δ 2.65(三重峰)，峰面积之比 5∶1∶2∶2。推测 A 的结构。

13. 某化合物 $C_5H_{12}O$ (A) 很容易失水成 B，B 用冷稀 $KMnO_4$ 氧化得 $C_5H_{12}O_2$ (C)，C 与高碘酸作用得一分子乙醛和另一化合物，试写出 A 的可能结构和各步反应。

14. 化合物 A ($C_5H_{12}O$)，不与 Na 作用，溶于浓 H_2SO_4，与 HI 加热生成 B 和 CH_3I，B 能起碘仿反应，试推测 A 和 B 的结构。

15. 化合物 A ($C_6H_{10}O$)，能与 PCl_3 作用，也能被 $KMnO_4$ 氧化，A 在 CCl_4 中能与 Br_2 反应，将 A 催化加氢得 B，B 氧化得 C ($C_6H_{10}O$)，A 脱水后完全催化加氢得环己烷，试推测 A、B、C 的结构。

16. 化合物 A 的组成为 $C_5H_{10}O$；用 $KMnO_4$ 小心氧化 A 得到组成为 C_5H_8O 的化合物 B。A 与无水 $ZnCl_2$ 的浓盐酸溶液作用时，生成化合物 C，其组成为 C_5H_9Cl；C 在 KOH 的乙醇溶液中加热得到唯一的产物 D，组成为 C_5H_8；D 再用 $KMnO_4$ 的硫酸溶液氧化，得到一个直链二羧酸。试写出 A、B、C 和 D 的结构式，并写出各步反应式。

第 10 章 醛、酮和醌

由碳原子与一个氧原子通过双键相结合而成的有机官能团（$\diagdown$C=O）称为羰基（carbonyl group）。醛和酮中都含有羰基官能团，因此二者统称为羰基化合物（carbonyl compound）。羰基上连接一个氢原子和一个烃基的化合物称作醛（aldehyde，甲醛是羰基与两个氢原子相连接），—CHO 叫做醛基（aldehyde group）。羰基与两个烃基相连的化合物称作酮（ketone），酮分子中的羰基也称作酮基（ketone group）。

醌（quinone）是一种特殊的环状酮，它是具有 α,β-不饱和双羰基环状结构单元的一类化合物。醌可由芳香族化合物制得，但已不具有芳环的结构（如 O=⟨⟩=O 或

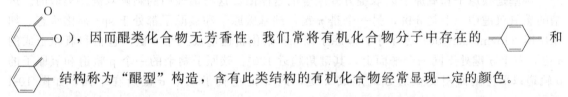

），因而醌类化合物无芳香性。我们常将有机化合物分子中存在的 —⟨⟩— 和

—⟨⟩— 结构称为"醌型"构造，含有此类结构的有机化合物经常显现一定的颜色。

醛和酮依据烃基结构及羰基数目的不同，可以分为以下几种类型。

脂肪族醛、酮（aliphatic aldehyde and ketone）：羰基直接与脂肪族烃基相连接的醛和酮，根据烃基的饱和程度，分为饱和（saturated）醛、酮与不饱和（unsaturated）醛、酮。

芳香族醛、酮（aromatic aldehyde and ketone）：羰基直接与芳环相连接的醛、酮。

一元醛、酮：分子结构中只含有一个羰基的醛或酮。

多元醛、酮：分子结构中含有两个或两个以上羰基的醛或酮。

脂环酮：脂环中的一个或多个 CH_2 被 C=O 置换，称之为脂环酮，但无脂环醛。

从生产实践和理论研究的角度来看，醛和酮在有机化合物中占有极为重要的地位。有一些是重要的工业生产原料，还有一些是香料和不可或缺的药物。表 10-1 列举了几个最重要的醛、酮和它们的用途。

本章重点学习一元醛、酮及 α,β-不饱和醛酮的性质，简单介绍醌类化合物。

表 10-1 重要的醛酮及其用途

名称	结构式	主要用途
甲醛	HCHO	消毒、杀菌、防腐剂、有机合成、合成材料、涂料、橡胶、农药
乙醛	CH_3CHO	醋酸、合成中间体
丙烯醛	CH_2=CHCHO	甘油、甘油醛等
苯甲醛	C_6H_5CHO	香料、合成中间体
糠醛	⟨O⟩—CHO	塑料、药物

续表

名称	结构式	主要用途
丙酮	CH₃COCH₃	溶剂、有机玻璃、合成中间体
环己酮	(环己酮结构式)	塑料、己二酸、尼龙-66
苯乙酮	(苯乙酮结构式)	香料、合成药物原料
β-紫罗兰酮	(β-紫罗兰酮结构式)	香料、合成维生素 A 原料

10.1 醛、酮的结构和命名

10.1.1 醛和酮的结构

羰基是碳原子和氧原子以双键方式结合的官能团，这与烯烃中的碳碳双键是类似的。羰基的碳氧双键中一个是 σ 键，另一个是 π 键，羰基碳原子和氧原子都处于 sp^2 杂化状态。如在甲醛（formaldehyde）分子中，碳原子以 sp^2 杂化轨道形成三个 σ 键，包括和氧原子成的 σ 键，三个 σ 键处于同一个平面上，其键角趋近 120°。碳原子剩余的一个 p 轨道和氧原子的 p 轨道以平行侧面相交盖的方式形成 π 键，此 π 键垂直于三个 σ 键所在平面，如图 10-1 所示。

羰基的双键结构与烯烃双键的差别在于，构成羰基双键的是电负性不同的两种元素。因此，流动性较强的 π 电子云不再平均分布于成键的两原子之间，而是更多地为电负性较强的氧原子所吸引。氧原子周围的 π 电子云密度比碳原子的高，这就使羰基成为一个极性基团，从而使羰基化合物具有了偶极矩，如图 10-2 所示。

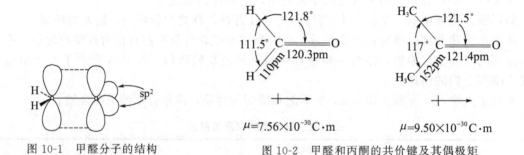

图 10-1　甲醛分子的结构　　　　图 10-2　甲醛和丙酮的共价键及其偶极矩

10.1.2 醛和酮的命名

对于结构简单的醛、酮可采用普通命名法命名，结构相对复杂的醛、酮以系统命名法进行命名。

10.1.2.1 普通命名法

醛的普通命名法是"烃基（包含醛基碳）名称＋醛"即可。例如：

CH₃CHO　　　CH₃CH₂CH₂CHO　　(CH₃)₂CHCHO　　C₆H₅—CHO
乙醛　　　　　正丁醛　　　　　　异丁醛　　　　苯甲醛

酮的普通命名法是将羰基 C=O 视作母体，称为"甲酮"，然后依照羰基所连接烃基的数目和名称加"甲酮"即可，"甲"字常可省略。例如：

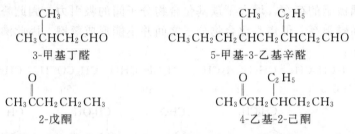

甲基乙基(甲)酮(简称甲乙酮)　　二乙基(甲)酮(简称二乙酮)　　二苯甲酮

10.1.2.2　系统命名法

脂肪族一元醛、酮的系统命名法是：选择包含羰基碳的最长碳链，将其作为主链，从醛基一端或靠近酮羰基的一端对主链进行编号。醛基处于链端，故不必标记其位置；而酮类化合物则需标明其羰基的位置。例如：

$$\begin{array}{cc} & CH_3 \\ & | \\ CH_3CHCH_2CHO & \end{array} \qquad \begin{array}{cc} CH_3 & C_2H_5 \\ | & | \\ CH_3CH_2CH_2CHCH_2CHCH_2CHO & \end{array}$$

3-甲基丁醛　　　　　　　　　5-甲基-3-乙基辛醛

$$\begin{array}{c} O \\ \| \\ CH_3CCH_2CH_2CH_3 \end{array} \qquad \begin{array}{cc} O & C_2H_5 \\ \| & | \\ CH_3CCH_2CHCH_2CH_3 \end{array}$$

2-戊酮　　　　　　　　　　　4-乙基-2-己酮

不饱和醛、酮的命名应从靠近羰基一端对主链编号，写名称的方法与烯炔、烯醇的命名相似：根据主链碳原子的数目称"某烯"(或某炔)，母体叫做"醛"(或酮)即可。例如：

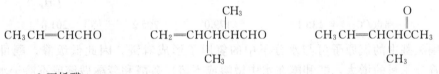

2-丁烯醛
巴豆醛(crotonaldehyde)　　　2,3-二甲基-4-戊烯醛　　　3-甲基-4-己烯-2-酮

含有脂环烃基醛、酮的命名方法是：如羰基在环上，则称为环某酮；羰基处于侧链上，则将碳环视作取代基，然后按照脂肪族醛、酮进行命名。例如：

4-甲基环己酮　　　　　3-甲基环己基甲醛

对含有芳环的醛、酮，将芳环视为取代基，按脂肪族醛、酮的命名原则命名。例如：

苯甲醛　　　　　邻羟基苯甲醛　　　　邻硝基苯乙酮
　　　　　　　水杨醛(salicylaldehyde)

二元酮从更靠近某一羰基的一端对主链编号，相应地标记出羰基位置；也可用 α (相邻)、β (间隔一个碳原子)、γ (间隔两个碳原子)来标明两个羰基的相对位置。例如：

$$\begin{array}{cc} O & O \\ \| & \| \\ CH_3C-CCH_2CH_3 \end{array} \qquad \begin{array}{cc} O & O \\ \| & \| \\ CH_3CCH_2CCH_3 \end{array}$$

α-戊二酮(2,3-戊二酮)　　　　　β-戊二酮(2,4-戊二酮)

既含酮羰基，又含有醛基的化合物叫做醛酮。命名时以醛为母体，酮羰基的氧原子作为取代基，用"氧代"来表示；或以酮的名称说明分子中碳骨架的构造，母体称作醛。例如：

$$\mathrm{H_3CCCH_2CH_2CHO} \atop \mathrm{O}$$

γ-氧代戊醛（4-氧代戊醛或 4-戊酮醛）

10.2 醛和酮的物理性质

常温下，除甲醛是气体外，C_{12} 以下的脂肪醛、酮均为液体，更高级的醛、酮为固体。芳醛、芳酮为液态或固态。低级脂肪醛具有强烈的刺激性气味，如众所周知的甲醛；C_9 和 C_{10} 的醛或酮有花果香味，因此常将其用于香料工业。

由于羰基中偶极矩的存在，增大了羰基化合物分子间的吸引力，因此醛、酮的沸点比分子量相近的烃类和醚类高。但羰基化合物分子之间并不能形成氢键，因此沸点低于相同碳原子数目的醇。例如：

	$CH_3CH_2CH_2CH_3$	$CH_3OCH_2CH_3$	CH_3CH_2CHO	CH_3COCH_3	CH_3CH_2OH
沸点/℃	−0.5	8	49	56	97

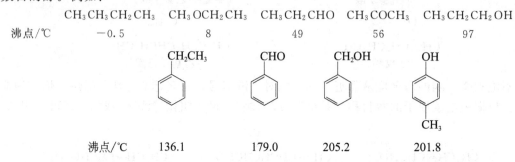

| 沸点/℃ | 136.1 | 179.0 | 205.2 | 201.8 |

醛、酮羰基中的氧原子可与水分子中的氢原子形成氢键，因此低级醛、酮可以与水混溶。但随着分子量的增大，醛和酮在水中微溶或不溶。芳醛和芳酮微溶或不溶于水。

脂肪族醛、酮相对密度小于 1，芳香族醛、酮相对密度大于 1。表 10-2 为一些常见醛、酮的物理常数。

醛、酮羰基的红外光谱在 1760~1690 cm^{-1} 之间有一个非常强的伸缩振动吸收峰，这是鉴别羰基最迅速的一个方法。醛、酮羰基的邻近基团会影响吸收峰的位置，当羰基与毗邻双键发生共轭时，其吸收峰位置会向低波数区移动。例如：

RCHO 1740~1720cm^{-1}（强吸收）   〉C=CH—CHO 1705~1680cm^{-1}（强吸收）

表 10-2　一些醛、酮的物理常数

化合物名称	熔点/℃	沸点/℃	相对密度(d_4^{20})
甲醛	−92	−19.5	0.815
乙醛	−123	20.8	0.781
丙醛	−81	48.8	0.807
苯甲醛	−26	178.1	1.046
丙烯醛	−87.7	53	0.841
丙酮	−94.8	56.1	0.792
丁酮	−86	79.6	0.805
环己酮	−16.4	156	0.942
苯乙酮	19.7	202	1.026
丁二酮	−2.4	88	0.980

羰基与芳环共轭时,芳环在 1600cm^{-1} 区域附近的吸收峰分裂成双峰,即在 1580cm^{-1} 附近出现一个新吸收峰,被称为环振动吸收峰。图 10-3 为丁醛的红外吸收光谱图。

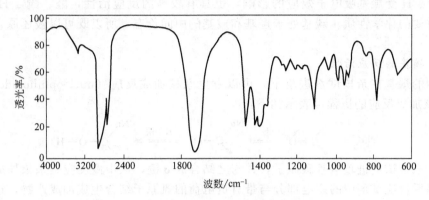

图 10-3　丁醛的红外吸收光谱图

在核磁共振谱中,由于醛基中的氢原子受到氧原子的吸电子作用,以及羰基 π 电子环流对其的去屏蔽作用,醛基氢原子在核磁共振谱中的吸收峰强烈地向低场移动,化学位移 $\delta = 9 \sim 10$。这一区域 ($\delta = 9 \sim 10$) 鲜有其它类型氢核的吸收峰出现,故可以此吸收峰来证实醛基(—CHO)的存在。同样,羰基 α-碳原子上的氢核也会受到一定的去屏蔽效应,使它的化学位移也向低场移动。图 10-4 为 3-甲基丁酮的 ^{1}H 核磁共振谱图。

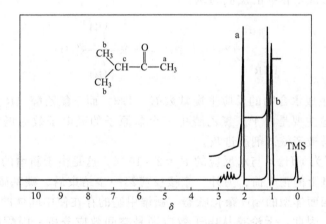

图 10-4　3-甲基丁酮的 ^{1}H 核磁共振谱图

10.3　醛和酮的化学性质

10.3.1　醛、酮的反应类型及羰基的反应活性
10.3.1.1　醛、酮的反应类型

有机化合物的反应类型及反应活性与其官能团的结构直接相关。羰基是一个活性较强的基团,原因有二:首先,羰基的结构从空间角度分析是平面型的,当试剂进攻羰基时受到的阻碍较小;其次,由于羰基 π 电子云分布是不均匀的,π 电子云更多地向电负性大的氧原子靠近,从而使羰基的碳原子成为具有正电的反应中心。这一正电中心很容易被多余电子的亲核试剂所进攻,发生亲核加成反应。

另外，α-H 受羰基吸电子效应的影响，也具有较高的反应活性，醛、酮 α-H 的反应是其另一个重要的化学性质。羰基处于羟基和羧基的中间价态，所以既可以被还原，也能够被氧化。

10.3.1.2 羰基的反应活性

醛、酮的羰基在亲核试剂进攻下，可以发生亲核加成反应（nucleophilic addition reaction）。亲核加成反应的历程可表示如下：

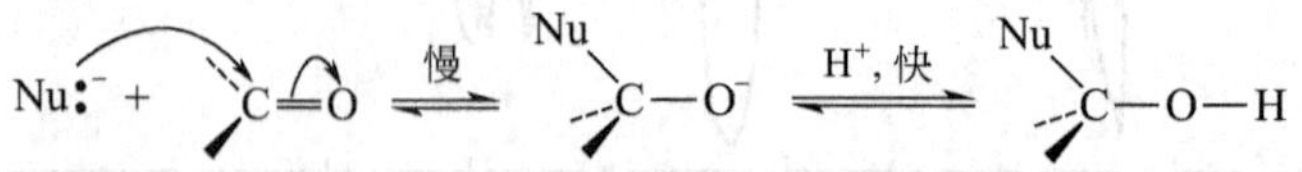

首先，亲核试剂进攻羰基碳原子，并与之结合成 σ 键，该步慢反应是亲核加成反应的决速步骤。然后反应试剂中的亲电部分与带有负电荷的氧原子结合生成加成产物，这是一步快反应。反应过程中，带负电的亲核试剂先进攻羰基中的正电中心碳原子，原因在于这样反应后生成的氧负离子是比较稳定的八隅体结构；反之，若进攻试剂中的亲电部分先与带负电的羰基氧原子反应，生成的碳正离子周围只有 6 个电子，这样的结构是不稳定的。

醛、酮进行亲核加成反应的速率能够充分体现其羰基的反应活性大小。分子结构不同的羰基化合物，在进行亲核加成反应时速率是有差别的，这说明不同的分子结构对羰基的反应活性产生了影响。这种影响主要是由分子中的电子效应和空间效应两个因素综合造成的。

以醛、酮与水形成水合物的反应为例：

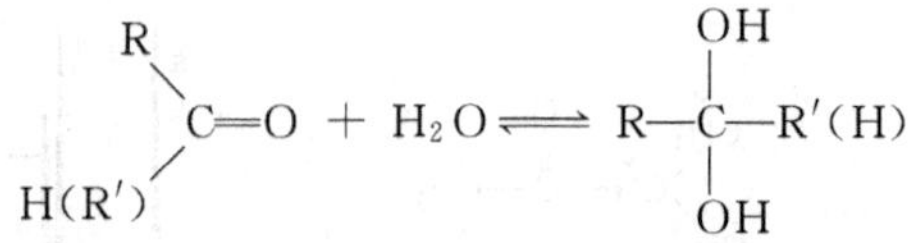

乙醛（R 为 CH_3）生成水合物的反应平衡常数 $K=1.3$，而三氯乙醛（R 为 CCl_3）与水反应的 $K=2.8\times10^4$。这主要是由于三氯乙醛中三个氯原子的吸电子效应增大了羰基碳原子的电正性，使其更容易被亲核试剂所进攻。

而丙酮（R，R′ 为 CH_3）与水反应的 $K=2\times10^{-3}$，这是由于新增的甲基（R′）通过超共轭作用分散了羰基上的正电荷；另外，亲核反应第一步结束后，羰基碳原子由平面型 sp^2 杂化状态转化为正四面体型的 sp^3 杂化状态，新增甲基的存在使中间体的内部更加拥挤，中间体的稳定性下降。因此，无论是从电子效应还是空间效应分析，丙酮的反应活性都小于甲醛。

根据电子效应和空间效应的综合作用，不同结构的醛或酮在发生亲核加成反应时，按由易到难的次序可排列如下。

$HCHO>RCHO>ArCHO>CH_3COCH_3>CH_3COR>RCOR>ArCOAr$

一般情况下，芳香族醛、酮的加成活性小于脂肪族醛、酮，但也有特例。例如：

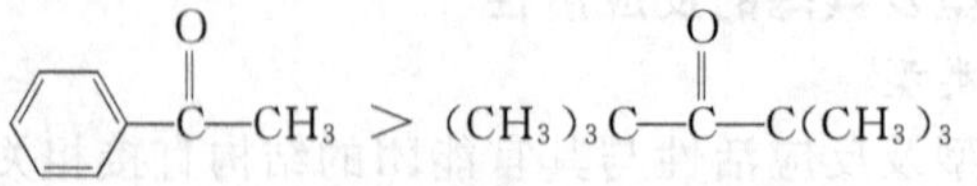

$C_6H_5COCH_3 > (CH_3)_3C-CO-C(CH_3)_3$

芳香族醛、酮芳环上连接的其它基团，通过电子效应对羰基的反应活性也会产生影响。吸电子基团的存在可以增大羰基的反应活性，而供电子基团使羰基反应活性降低。例如：

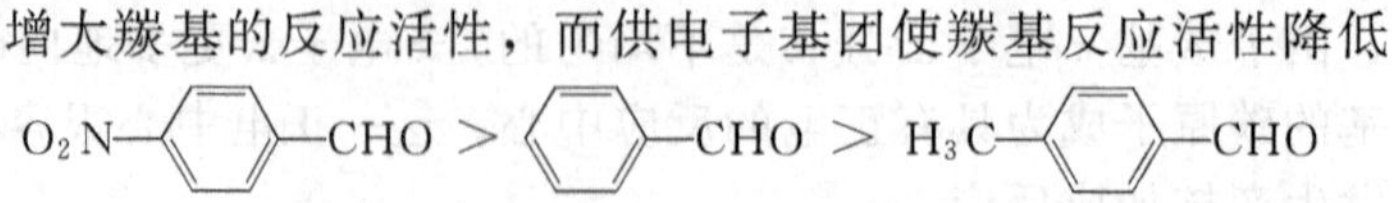

$O_2N-C_6H_4-CHO > C_6H_5-CHO > H_3C-C_6H_4-CHO$

第10章 醛、酮和醌

羰基化合物的亲核加成反应一般都是可逆的，反应的平衡常数除与醛、酮的结构有关外，还要受到亲核试剂的影响。所以，不同的亲核试剂与羰基化合物反应的具体范围是有差别的，在学习具体反应的过程中需要注意这一点。

10.3.2 羰基的亲核加成反应

能够与醛、酮进行加成反应的亲核试剂种类较多，含有 C、O、S 和 N 等原子的亲核试剂都可以与羰基发生这一反应。

10.3.2.1 与氢氰酸的加成

氢氰酸中的氰基负离子可与醛、脂肪族甲基酮和少于 8 个碳的环酮发生亲核加成反应，生成的产物是 α-羟基腈，亦称 α-氰醇（cyanohydrin）。

$$\underset{(CH_3)H}{\overset{R}{>}}C=O + H-CN \rightleftharpoons R-\underset{H(CH_3)}{\overset{OH}{\underset{|}{C}}}-CN$$

在研究该反应机理的过程中，观察到以下实验现象：氢氰酸与丙酮反应，无任何催化剂时，三四个小时后只有一半的原料发生反应。在碱性催化剂条件下，反应速度很快，收率也很高。如向反应体系中加入大量的酸，放置多天也没有反应发生。

以上实验事实表明，进攻羰基化合物促使加成反应进行的是 CN^-。碱可以促进氢氰酸的电离，增大 CN^- 的浓度，进而提高反应速度；酸的加入则会使 CN^- 浓度降低，反应速度下降。

$$HCN \underset{H^+}{\overset{OH^-}{\rightleftharpoons}} H^+ + CN^-$$

醛、酮与氢氰酸加成反应的历程可以表示为：

$$\underset{R'}{\overset{R}{>}}\overset{\delta^+}{C}=\overset{\delta^-}{O} + CN^- \underset{}{\overset{慢}{\rightleftharpoons}} R-\underset{R'}{\overset{O^-}{\underset{|}{C}}}-CN \underset{}{\overset{HCN}{\underset{快}{\rightleftharpoons}}} R-\underset{R'}{\overset{OH}{\underset{|}{C}}}-CN + CN^-$$

用无水的液体氢氰酸进行该反应时，反应的效果很好。但氢氰酸是一种挥发性强酸（沸点 26.5℃），有剧毒，使用过程中易发生危险。因此，在实验室操作时，常将醛、酮与 NaCN（或 KCN）的水溶液混合，然后向混合物中缓慢滴加无机酸，使生成的氢氰酸立刻与羰基化合物发生反应。滴加无机酸时，需注意控制溶液的 pH，让溶液呈弱碱性（pH ≈ 8）。

羰基与氢氰酸反应生成了新的 C—C 键，此反应是有机合成中增长碳链的一种方法。另外，产物 α-羟基腈还可以进一步水解成 α-羟基酸，α-羟基酸再失水生成 α,β-不饱和羧酸及其酯。例如：

$$CH_3CH_2\overset{O}{\underset{\|}{C}}CH_3 \xrightarrow{HCN} CH_3CH_2\underset{CH_3}{\overset{OH}{\underset{|}{\underset{|}{C}}}}-CN \xrightarrow{H_2SO_4} CH_3CH=\underset{CH_3}{\overset{|}{\underset{|}{C}}}-COOH$$

有机玻璃聚甲基丙烯酸甲酯 [poly(methyl methacrylate)] $\overset{COOCH_3}{\underset{CH_3}{\underset{|}{\left(CH_2-\underset{|}{C}\right)_n}}}$ 的单体甲基丙烯酸甲酯（methyl methacrylate），可以用氢氰酸与丙酮的亲核加成反应制得。产物丙酮氰醇在硫酸存在下，与甲醇经水解、酯化、脱水等反应后，—CN 即转化为 $-\overset{O}{\underset{\|}{C}}OCH_3$。

10.3.2.2 与金属有机试剂的加成

可以与羰基发生加成反应的常用金属有机试剂有 Grignard 试剂、有机锂试剂、炔钠和有机锌试剂等。其中与Grignard试剂的加成应用最广泛，也是最重要的。

Grignard试剂中碳镁键的极化程度高，碳原子电负性大于镁，因而带有部分负电荷。反应过程中，Grignard试剂的碳镁键异裂，烃基负离子作为亲核试剂带着C—Mg键的一对键合电子进攻羰基的碳原子，形成新的C—C键。然后，—MgX与生成的氧负离子结合，这是一步快反应。生成的加成产物不需分离，可直接进行水解反应生成醇。

$$\overset{\delta^+\ \delta^-}{C=O} + \overset{\delta^-\ \delta^+}{R-Mg-X} \xrightarrow{\text{纯醚}} \underset{R}{\overset{OMgX}{C}} \xrightarrow{HOH} R-\underset{|}{\overset{|}{C}}-OH + Mg\underset{OH}{\overset{X}{}}$$

Grignard试剂与甲醛反应后水解生成伯醇；与其它醛反应后水解生成仲醇；与酮或酯反应得到的是叔醇。例如：

$$HCHO + \text{C}_6\text{H}_{11}-MgCl \xrightarrow[\text{②}H_2O, H_2SO_4]{\text{①纯醚}} \text{C}_6\text{H}_{11}-CH_2OH$$

$$(CH_3)_2CHCOCH(CH_3)_2 + C_2H_5MgBr \longrightarrow (CH_3)_2CH\underset{OH}{\overset{C_2H_5}{\underset{|}{C}}}CH(CH_3)_2$$

$$2CH_3MgBr + (CH_3)_2CHC(=O)OCH_3 \xrightarrow[\text{②}H_2O, H^+]{\text{①纯醚}} (CH_3)_2CH-\underset{OH}{\overset{CH_3}{\underset{|}{C}}}-CH_3$$

叔醇很容易脱水生成烯烃，Grignard试剂与酮反应后的混合物用稀盐酸分解，生成的叔醇会立刻发生脱水反应，得到烯烃。例如：

$$\text{环己酮} \xrightarrow[\text{②HCl-H}_2O]{\text{①CH}_3\text{MgI}} \text{甲基环己烯}$$

用酸性的磷酸盐缓冲溶液，将反应体系的pH控制在5左右，可以避免脱水反应的发生。

Grignard试剂的亲核能力很强，并且与大多数羰基化合物的反应是不可逆的。采用Grignard试剂可以制备多种类型的醇，反应的产率高，产物容易分离。而醇可以转变成很多种化合物，所以该反应有重要而广泛的用途。但是，当羰基所连接的烃基或Grignard试剂的烃基体积较大时，空间位阻大，导致反应的产率降低，甚至使反应无法进行，如Grignard试剂很难与二叔丁基酮反应。

有机锂试剂体积较小，具有较高的反应活性。当Grignard试剂反应效果不好时，可选用有机锂试剂进行反应。例如：二叔丁基酮与叔丁基锂反应，仍然可以生成叔醇。

$$(CH_3)_3C-\underset{O}{\overset{\|}{C}}-C(CH_3)_3 + (CH_3)_3CLi \xrightarrow[-70℃]{\text{醚}} [(CH_3)_3C]_3COH$$

醛、酮也可以与炔钠发生反应，产物经水解后转化为含有炔基的醇。

$$\text{环己酮} + NaC\equiv CH \xrightarrow[-33℃]{\text{液 NH}_3} \underset{ONa}{\overset{C\equiv CH}{\underset{|}{C_6H_{10}}}} \xrightarrow[H^+]{H_2O} \underset{OH}{\overset{C\equiv CH}{\underset{|}{C_6H_{10}}}}$$

α-卤代（氯或溴）羧酸酯与金属锌反应，生成有机锌试剂。它的性质与Grignard试剂类似，但活性较Grignard试剂小，也能与醛、酮进行加成反应，但不能与酯的羰基发生反应。反应的产物为β-羟基酸酯，产物也可以经水解、脱水等反应得到α,β-不饱和羧酸，此反应称为Reformatsky反应。

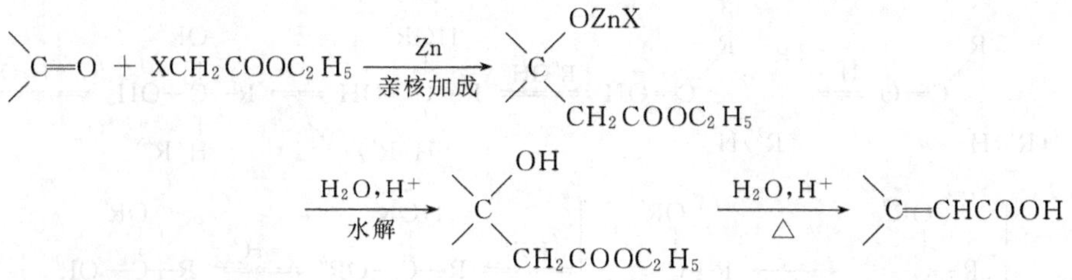

$$\diagup C=O + XCH_2COOC_2H_5 \xrightarrow[\text{亲核加成}]{Zn} \diagup C \diagdown \begin{matrix} OZnX \\ CH_2COOC_2H_5 \end{matrix}$$

$$\xrightarrow[\text{水解}]{H_2O, H^+} \diagup C \diagdown \begin{matrix} OH \\ CH_2COOC_2H_5 \end{matrix} \xrightarrow[\triangle]{H_2O, H^+} \diagup C=CHCOOH$$

10.3.2.3 与醇的加成

醇羟基氧原子上的孤电子对使其具有亲核能力，所以醇可作为亲核试剂与醛、酮进行亲核加成反应。在干燥的氯化氢、无水强酸（如浓硫酸）或对甲基苯磺酸的催化下，醛、酮与一分子醇反应生成半缩醛或半缩酮。例如：

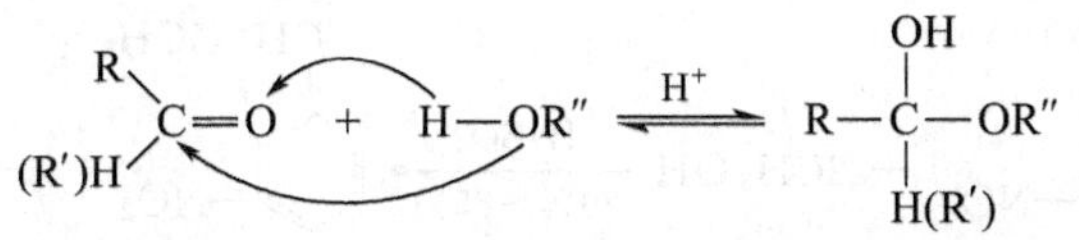

$$\begin{matrix} R \\ (R')H \end{matrix} C=O + H-OR'' \rightleftharpoons R-\underset{H(R')}{\overset{OH}{C}}-OR''$$

半缩醛（hemiacetal）或半缩酮（hemiketal）稳定性较差，容易分解为原来的醛、酮，很难从反应体系中分离出来。但三氯乙醛、三溴乙醛可以生成稳定的半缩醛。另外，带有羟基的醛进行分子内的加成反应，生成环状的半缩醛，稳定性较好，产物能够分离出来。例如：

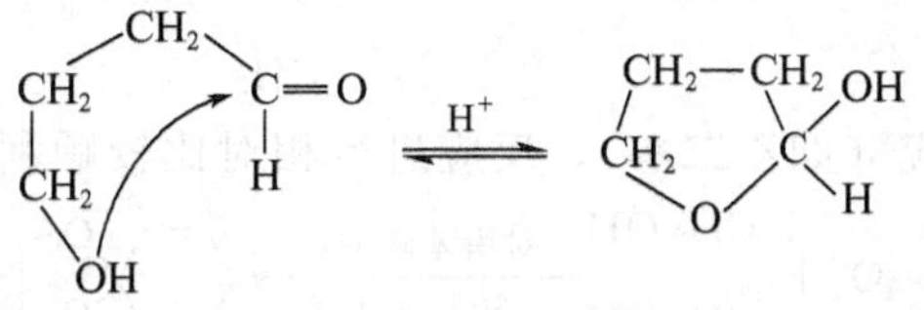

环状半缩醛的稳定性在糖类化学中极为重要，例如：葡萄糖就含有半缩醛结构。

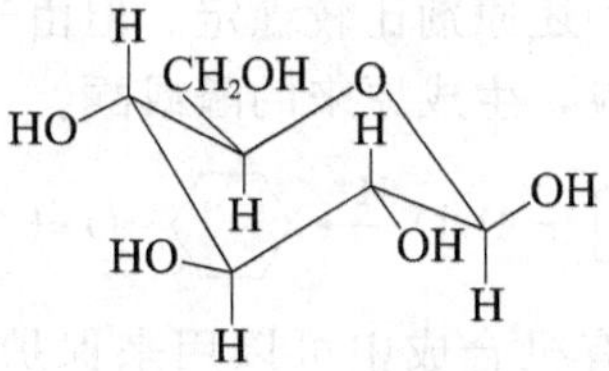

半缩醛或半缩酮在酸催化下进一步与一分子醇反应，失去一分子水，生成的产物称为缩醛（acetal）或缩酮（ketal）。缩醛（酮）是稳定的化合物，可以从醇过量的反应体系中分离出来。

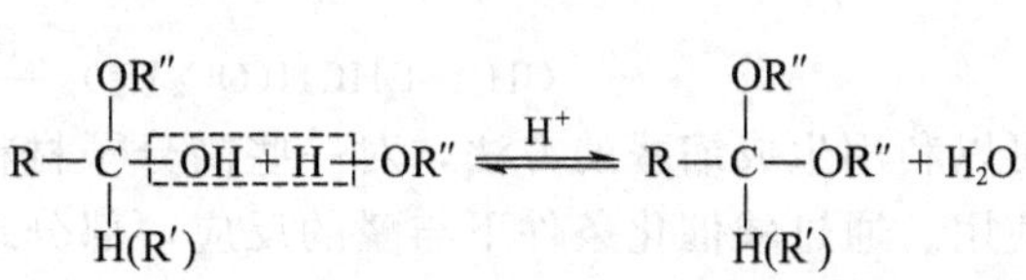

$$R-\underset{H(R')}{\overset{OR''}{C}}-[OH+H]-OR'' \rightleftharpoons R-\underset{H(R')}{\overset{OR''}{C}}-OR'' + H_2O$$

生成缩醛（酮）的总反应，相当于在酸催化下，醛或酮与醇以 1∶2 的配比进行的加成反应。例如：

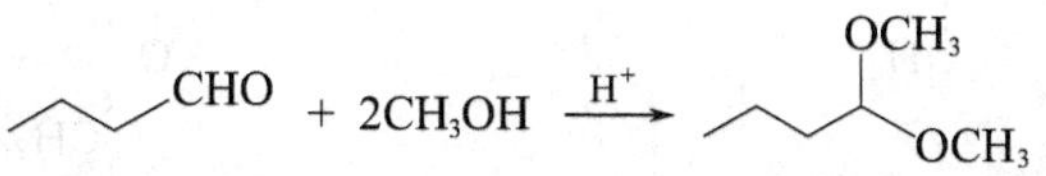

$$\diagup CHO + 2CH_3OH \xrightarrow{H^+} \diagup \underset{OCH_3}{\overset{OCH_3}{C}}$$

醛、酮与醇发生亲核加成反应，生成缩醛（酮）的历程可表示如下：

$$\underset{(R')H}{\overset{R}{C}}=O \underset{\rightleftharpoons}{\overset{H^+}{\rightleftharpoons}} \underset{(R')H}{\overset{R}{\overset{+}{C}}-OH} \underset{\rightleftharpoons}{\overset{R''OH}{\rightleftharpoons}} \underset{H(R')}{\overset{R}{\underset{|}{C}}-OH} \underset{\rightleftharpoons}{\rightleftharpoons} \underset{H(R')}{\overset{R}{\underset{|}{C}}-\overset{+}{O}H_2} \overset{-H_2O}{\rightleftharpoons}$$

$$\left[\underset{H(R')}{\overset{R}{\underset{|}{\overset{+}{C}}}}-OR'' \leftrightarrow \underset{H(R')}{\overset{R}{\underset{|}{C}}=\overset{+}{O}R''}\right] \overset{HOR''}{\rightleftharpoons} \underset{H(R')}{\overset{R}{\underset{|}{C}}-OR''} \overset{-H^+}{\rightleftharpoons} \underset{H(R')}{\overset{R}{\underset{|}{C}}-OR''}$$

在酸性催化剂条件下，烃基结构简单的醛与过量的醇容易反应生成缩醛；分子量大的醛进行此反应时，需向反应体系中加入苯一同进行蒸馏，通过形成苯-水-醇三元共沸物，将产生的水带出反应体系，使反应向着生成缩醛的方向进行。

$$\underset{NO_2}{C_6H_4}-CHO + 2CH_3OH \xrightarrow[70\%\sim85\%]{H_2SO_4} \underset{NO_2}{C_6H_4}-CH(OCH_3)_2 + H_2O$$

酮较难与醇反应生成缩酮，所以需要一些特殊的方法或试剂。在酸催化下，使用原甲酸酯与酮反应，反应没有水生成，收率较高。

$$(CH_3)_2C=O + HC(OC_2H_5)_3 \xrightarrow{H^+} (CH_3)_2C(OC_2H_5)_2 + HCOOC_2H_5$$

酮在酸催化下与二元醇反应（如乙二醇），反应进行相对比较顺利，生成环状的缩酮。

$$\text{环己酮} + \underset{CH_2OH}{\overset{CH_2OH}{|}} \xrightarrow[80\%\sim85\%]{\text{对甲苯磺酸}, \triangle} \text{环己基缩酮} + H_2O$$

缩醛（酮）中含有两个 C—O—C 键，所以缩醛（酮）可以看作是一个同碳二元醚。它的性质与醚相近，对碱、氧化剂和还原剂比较稳定。但由于反应的可逆性，缩醛（酮）对稀酸敏感，在稀酸中会发生水解反应，生成原来的醛或酮。

$$\text{环状缩酮} + H_2O \xrightarrow{H^+} \text{环己酮} + \underset{CH_2OH}{\overset{CH_2OH}{|}}$$

缩醛（酮）的以上性质，在有机合成中可以用来保护羰基。例如以 3-溴丙醛为原料合成丙烯醛的过程中，为脱去 HBr 需采用碱性条件，但丙烯醛在碱性条件下容易发生缩聚反应，这时可以采用保护羰基的办法来解决。

$$BrCH_2CH_2CHO \xrightarrow{C_2H_5OH, H^+} BrCH_2CH_2CH(OC_2H_5)_2 \xrightarrow{OH^-}$$

$$CH_2=CHCH(OC_2H_5)_2 \xrightarrow{H_2O, H^+} CH_2=CHCHO$$

在工业生产中，也可以利用生成缩醛的方法，对一些高分子材料进行改性。如聚乙烯醇溶于水，无法作为纤维使用。通过酸催化化条件下与醛的反应，部分地将亲水的羟基转化为疏水的缩醛，提高其耐水性，得到性能优良的纤维——维纶（vinylon，又称维尼纶）。例如：

$$\{CH_2CH-CH_2-CH\}_n + nHCHO \xrightarrow{H_2SO_4} \{CH_2CH\underset{O}{\overset{O}{\diagdown}}\underset{CH_2}{\overset{CH_2}{\diagup}}CH\}_n + nH_2O$$

10.3.2.4 与亚硫酸氢钠的加成

醛、脂肪族甲基酮和少于 8 个碳的环酮与过量的饱和亚硫酸氢钠（sodium bisulphite）

水溶液发生加成反应生成α-羟基磺酸钠,该产物不溶于饱和亚硫酸氢钠溶液,以白色晶体的形式析出。

$$\underset{H}{\overset{R}{C}}=O + HO\overset{\ddot{S}}{\underset{O}{\parallel}}O^-Na^+ \rightleftharpoons \underset{H}{\overset{R}{\underset{|}{C}}}\overset{O^-Na^+}{\underset{SO_3H}{|}} \longrightarrow \underset{H}{\overset{R}{\underset{|}{C}}}\overset{OH}{\underset{SO_3Na}{|}}$$

羰基化合物与亚硫酸氢钠的加成反应历程为:

$$\underset{(CH_3)H}{\overset{R}{C}}=O + {}^-SO_3H \rightleftharpoons \underset{(CH_3)H}{\overset{R}{\underset{|}{C}}}\overset{SO_3H}{\underset{O^-}{|}} \rightleftharpoons \underset{(CH_3)H}{\overset{R}{\underset{|}{C}}}\overset{SO_3^-}{\underset{OH}{|}} \xrightarrow{Na^+} \underset{(CH_3)H}{\overset{R}{\underset{|}{C}}}\overset{SO_3Na}{\underset{OH}{|}}$$

反应过程中,作为亲核试剂进攻羰基的是亚硫酸根负离子。硫原子的亲核能力强于同周期的氧原子,因而亚硫酸根是较强的亲核试剂,故反应不需要催化剂。但由于亚硫酸根体积较大,所以反应过程中的空间位阻也大。当它与连接有较大烃基的羰基化合物反应时,反应进程会受到明显的影响。下面列出的是几种羰基化合物与浓度为 1mol·L^{-1} 的亚硫酸氢钠溶液反应 1h 后的产率,可以清楚看出随着烃基体积的增大,反应的产率不断下降。

$$\underset{H}{\overset{CH_3}{C}}=O \quad \underset{CH_3}{\overset{CH_3}{C}}=O \quad \underset{CH_3}{\overset{C_2H_5}{C}}=O \quad \underset{}{\overset{}{\bigcirc}}=O$$
$$89\% \qquad 56\% \qquad 36\% \qquad 35\%$$

$$\underset{CH_3}{\overset{(CH_3)_2CH}{C}}=O \quad \underset{CH_3}{\overset{(CH_3)_3C}{C}}=O \quad \underset{C_2H_5}{\overset{C_2H_5}{C}}=O \quad \underset{CH_3}{\overset{Ph}{C}}=O$$
$$12\% \qquad 6\% \qquad 2\% \qquad 1\%$$

由此结果可以确定实际能与亚硫酸氢钠发生加成反应的醛、酮有:所有的醛、脂肪族甲基酮和碳原子数在八以下的环酮。

醛、酮与亚硫酸氢钠的亲核加成反应也是一个可逆反应,当采用酸或碱分解体系中的亚硫酸氢钠,反应即逆向进行,产物α-羟基磺酸钠分解为原来的醛或酮。利用加成产物在反应体系中析出及反应可逆的特点,可以对醛、酮进行分离和提纯。

$$\underset{H}{\overset{R}{\underset{|}{C}}}\overset{OH}{\underset{SO_3H}{|}} \rightleftharpoons \underset{H}{\overset{R}{C}}=O + NaHSO_3 \begin{array}{c} \xrightarrow{HCl} NaCl + SO_2 + H_2O \\ \xrightarrow{1/2Na_2CO_3} Na_2SO_3 + 1/2CO_2 + H_2O \end{array}$$

前面介绍了由 HCN 与醛、酮反应可以制备α-羟基腈。但由于 HCN 易挥发,并且有剧毒,使其应用受到一定的限制。利用亚硫酸氢钠与醛、酮反应可以间接的制备α-羟基腈,从而避免使用剧毒的 HCN。先将醛、酮与饱和的亚硫酸氢钠溶液反应,然后加入等物质的量的 NaCN;由于 NaCN 与亚硫酸氢钠反应,反应平衡向左移动,同时产生的 HCN 与羰基反应,从而制得α-羟基腈。

$$\underset{H_3C}{\overset{HO\quad CN}{\underset{|}{C}}}\overset{}{\underset{CH_3}{|}} \xleftarrow{NaCN} \underset{H_3C}{\overset{O}{\underset{\parallel}{C}}}\overset{}{\underset{CH_3}{}} \xrightleftharpoons[]{NaHSO_3 (饱和)} \underset{H_3C}{\overset{OH}{\underset{|}{C}}}\overset{}{\underset{CH_3}{\underset{|}{SO_3Na}}}$$

2-甲基-2-羟基丙腈 　　　　　　　　　　　丙酮亚硫酸氢钠加成物

10.3.2.5　与氨及其衍生物的加成

(1) 与氨或胺的加成

醛、酮与氨的反应比较困难,只有甲醛较容易,但其生成的亚胺类似物(CH$_2$=NH)

稳定性较差，很快聚合生成六亚甲基四胺，俗称乌洛托品（urotropine）。该化合物可被用作有机合成中的氨化试剂，也可用作酚醛树脂的固化剂及消毒剂等。

$$H_2C=O + NH_3 \longrightarrow [H_2C=NH] \xrightarrow{聚合} \text{(三嗪环)} \xrightarrow[NH_3]{3HCHO} \text{(六亚甲基四胺)}$$

醛、酮与伯胺（RNH_2）反应生成亚胺（含有 C=N 结构的化合物，又称 Schiff 碱）。

$$R_2C=O + R'NH_2 \rightleftharpoons R_2C=NR' + H_2O$$

该反应需在酸催化下进行，但酸度过高会导致伯胺质子化而失去亲核活性，故一般控制 pH=4~5。R 和 R′ 都是脂肪烃基的亚胺不稳定，而其中有一个为芳基的亚胺是稳定的晶体。这类化合物叫做 Schiff 碱。它的稳定性促进反应平衡向右进行，所以该类亚胺的制备比较容易。例如：

$$Ph\text{-}CH=O + H_2NCH_3 \longrightarrow Ph\text{-}CH=NCH_3$$

Schiff 碱是一种用途广泛的试剂，它极易被稀酸水解，重新生成醛、酮及 1°胺，因此可以用来保护羰基。此外，Schiff 碱还是一个重要的中间体，将 Schiff 碱加氢还原，则可得到 2°胺，这是制备 2°胺的好方法。

$$\underset{R'}{\overset{R}{>}}C=N\text{-}R(Ar) \xrightarrow{Pt, H_2} \underset{R'}{\overset{R}{>}}\overset{H}{C}\text{-}NH\text{-}R(Ar)$$

醛、酮与仲胺也能发生亲核加成反应，生成醇胺，醇胺经脱水转化为烯胺。该反应一般需要利用溶剂（甲苯或苯等）共沸，或者使用干燥剂以除去生成的水。反应需要用痕量的酸催化。例如：

$$\text{环戊酮} + \text{吡咯烷} \xrightarrow[80\%\sim 90\%]{\text{苯, 加热}} \text{烯胺} + H_2O$$

（2）与氨的衍生物加成

氨的衍生物（$H_2N\text{-}Y$）主要有羟胺（oxyammonia）、肼（hydrazine）、苯肼（phenylhydrazine）、氨基脲（semicarbazide）等，其结构如下：

—Y	—OH	—NH$_2$	—NHPh	—NH(2,4-二硝基苯基)	—NHCONH$_2$
H$_2$NY	羟胺	肼	苯肼	2,4-二硝基苯肼	氨基脲

氨的衍生物中氮原子上具有孤电子对，所以它们可以作为亲核试剂与醛、酮进行亲核加成反应。反应可用通式表示为：

$$\underset{(R')H}{\overset{R}{>}}C=O + H_2\ddot{N}Y \rightleftharpoons \underset{(R')H}{\overset{R}{>}}\underset{OH}{\overset{|}{C}}\text{-}NHY$$

但生成的产物非常不稳定，会进一步脱去一分子水，生成含 C=N 双键的化合物。

$$\underset{(R')H}{\overset{R}{>}}\underset{\boxed{OH\ H}}{\overset{|}{C}}\text{-}NY \xrightarrow{-H_2O} \underset{(R')H}{\overset{R}{>}}C=NY$$

以上反应过程，相当于由羰基化合物提供氧原子，氨的衍生物提供氢原子，在两分子间脱去一分子水,所以也称为缩合反应。

$$\underset{(R')H}{\overset{R}{C}}=O + H_2NY \longrightarrow \underset{(R')H}{\overset{R}{C}}=NY$$

氨的各种衍生物（如羟胺、肼、苯肼和氨基脲）与醛、酮反应生成的产物分别是肟（oxime）、腙（hydrazone）、苯腙（phenylhydrazone）和缩氨基脲（semicarbazone）。氨的衍生物亲核能力较弱,反应需由酸催化（pH=4~5）进行。

$$\underset{R'}{\overset{R}{C}}=O + \begin{cases} NH_2-OH \longrightarrow \underset{R'}{\overset{R}{C}}=N-OH \quad \text{肟(oxime)} \\ \text{羟胺} \\ NH_2NH_2 \longrightarrow \underset{R'}{\overset{R}{C}}=N-NH_2 \quad \text{腙(hydrazone)} \\ \text{肼} \\ H_2N-NHPh \longrightarrow \underset{R'}{\overset{R}{C}}=N-NHPh \quad \text{苯腙} \\ \text{苯肼} \\ H_2N-NH-\overset{O}{\overset{\|}{C}}-NH_2 \longrightarrow \underset{R'}{\overset{R}{C}}=N-NH-\overset{O}{\overset{\|}{C}}-NH_2 \quad \text{缩氨基脲} \\ \text{氨基脲} \end{cases}$$

这些产物一般都是棕黄色固体,很容易结晶,具有一定的熔点,因此可用以上反应生成棕黄色固体的现象鉴别有机化合物中是否有羰基存在。氨的衍生物中2,4-二硝基苯肼（2,4-dinitrophenylhydrazine）分子量较大,与羰基化合物反应生成的2,4-二硝基苯腙熔点较高,非常容易结晶析出,利用它来鉴别羰基比较灵敏称为羰基试剂（carbonyl reagent）。

$$CH_3(CH_2)_9\overset{O}{\overset{\|}{C}}CH_3 + O_2N-\underset{NO_2}{\overset{}{\bigcirc}}-NHNH_2 \xrightarrow{93\%} \underset{CH_3(CH_2)_9\overset{}{C}CH_3}{\overset{}{\underset{\|}{N}NH}}-\underset{NO_2}{\overset{O_2N}{\bigcirc}}-NO_2$$

缺点是有些醛、酮的2,4-二硝基苯腙熔点相差不大,不利于鉴定。例如,丙烯醛、甲醛和乙醛的2,4-二硝基苯腙的熔点分别为165℃、166℃和168℃。

(3) Beckmann重排

酮与羟胺反应生成的产物酮肟（ketoxime）,在酸性催化剂（如硫酸、多聚磷酸以及可以产生强酸的五氯化磷、三氯化磷和亚硫酰氯等）作用下,重排成酰胺,该反应称为Beckmann重排。其特点是不对称的酮肟分子中与羟基处于反位的基团重排到氮原子上。

$$\underset{R'}{\overset{R}{C}}=N-OH \xrightarrow{H^+} R'-NH\overset{O}{\overset{\|}{C}}-R$$

反应历程如下:

$$\underset{R'}{\overset{R}{C}}=N-OH + H^+ \rightleftharpoons \underset{R'}{\overset{R}{C}}=N-\overset{+}{O}H_2 \longrightarrow [R'-N=\overset{+}{C}-R \longleftrightarrow R'-\overset{+}{N}\equiv C-R]$$

$$\xrightarrow{H_2O} R'-N=\underset{\overset{+}{O}H_2}{\overset{}{C}}-R \xrightarrow{-H^+} R'-N=\underset{OH}{\overset{}{C}}-R \rightleftharpoons R'-NH\overset{O}{\overset{\|}{C}}-R$$

酮肟在酸性催化剂作用下形成锌盐，然后失去一分子水形成氮正离子。实验结果表明羟基反位的 R′ 基团带着一对电子转移到氮原子上，从而生成一个碳正离子，碳正离子再经与水结合成锌盐，失去质子变为酰胺的烯醇式衍生物，最后异构化为取代酰胺。

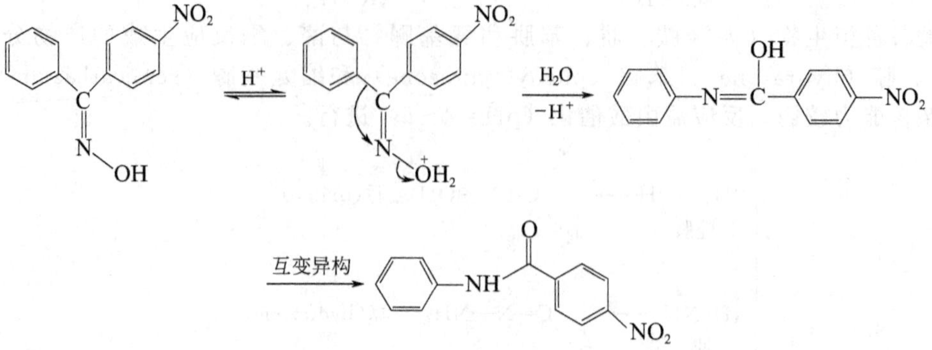

通过 Beckmann 重排反应，可以由环己酮肟重排生成己内酰胺（caprolactam）。己内酰胺在硫酸或三氯化磷等作用下可开环聚合得到尼龙-6（Nylon 6），又称锦纶，这是一种优良的合成纤维。

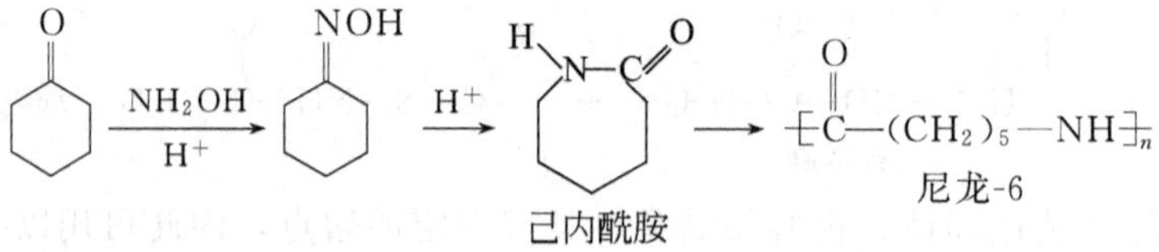

10.3.2.6 与 Wittig 试剂的加成

（1）Wittig 试剂的制备

由三苯基膦❶（triphenylphosphine）与卤代烷反应可以制得 Wittig 试剂。三苯基膦（$Ph_3P:$）的磷原子上有孤电子对，所以它能作为亲核试剂进攻卤代烷，生成季鏻盐❷（quaternary phosphonium salt）。它在强碱（如 n-BuLi、PhLi）作用下，被夺走一个 α-H ，即可生成 Wittig 试剂。Wittig 试剂以内鎓盐的形式存在，内鎓盐也叫做叶立德（ylide，yl-指 P-C 结构，lide 表示两原子间的离子键），所以 Wittig 试剂又称磷叶立德（phosphorus ylide）。

$$Ph_3P: + CH_3Br \longrightarrow Ph_3\overset{+}{P}CH_3Br^-$$

$$Ph_3\overset{+}{P}CH_3Br^- + PhLi \longrightarrow Ph-H + Ph_3\overset{+}{P}-\overset{-}{C}H_2$$

三苯基膦是固体结晶，熔点 80℃，可由 Grignard 试剂与三氯化磷反应制得：

$$3C_6H_5MgBr + PCl_3 \longrightarrow (C_6H_5)_3P + 3MgClBr$$

（2）Wittig 反应

醛或酮的羰基与 Wittig 试剂的反应过程一般认为是：Wittig 试剂作为亲核试剂进攻羰基碳原子，形成内鎓盐后，消除氧化三苯基膦 $[(C_6H_5)_3PO]$，生成产物烯烃。

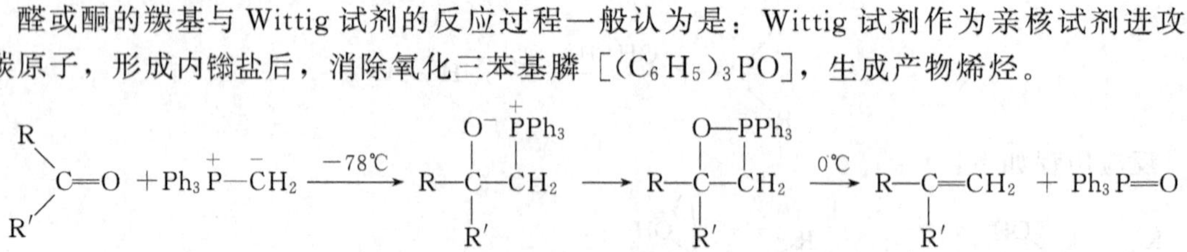

在乙醚溶液中，氮气保护下，制备 Wittig 试剂；然后加入二苯甲酮，反应产物为 1,1-二苯

---
❶ 膦：磷化氢分子中的氢原子部分或全部被烃基取代的有机化合物。
❷ 鏻：具有 $R_4P^+X^-$ 通式的含磷有机化合物。

乙烯。

$$Ph_3P + CH_3Br \longrightarrow Ph_3\overset{+}{P}-CH_3Br^- \xrightarrow[\text{干燥乙醚}]{C_6H_5Li} Ph_3\overset{+}{P}-\overset{-}{C}H_2$$

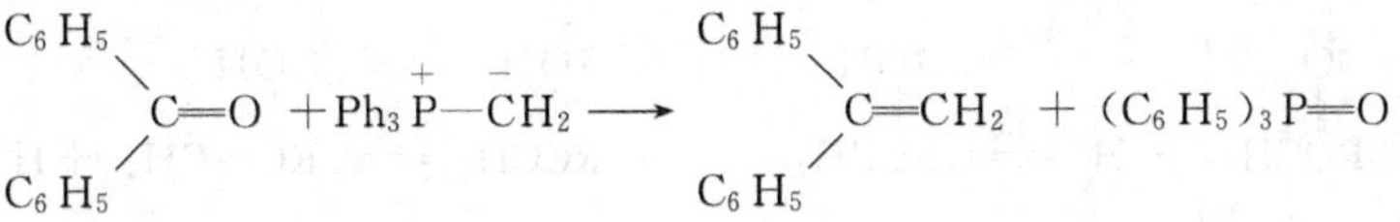

$$\underset{C_6H_5}{\overset{C_6H_5}{\C}}=O + Ph_3\overset{+}{P}-\overset{-}{C}H_2 \longrightarrow \underset{C_6H_5}{\overset{C_6H_5}{\C}}=CH_2 + (C_6H_5)_3P=O$$

Wittig 反应条件温和，收率较高。除合成一般烯烃外，更适用于合成其它反应难以制备的烯烃，因而该反应具有广泛的用途。例如在合成番茄红素中的应用。

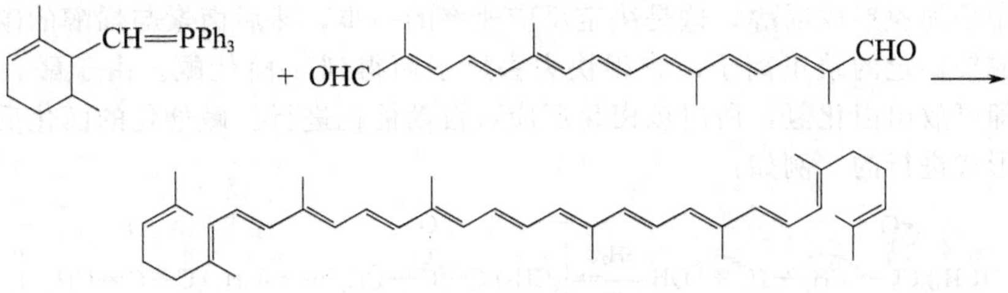

番茄红素(lycopene)

Wittig 试剂是 G. Wittig 于 1954 年发现的，他因在此方面的突出贡献获得 1979 年诺贝尔化学奖。

10.3.3 α-氢原子的反应

醛、酮分子中与羰基相邻碳上的氢原子称为 α-氢原子。受羰基吸电子效应的影响，α-氢原子具有一定的活性，并由此可发生一系列化学反应。

10.3.3.1 α-氢原子的活性

羰基通过吸电子的诱导效应和超共轭效应对 α-氢原子产生影响。两种电子效应都是使 α-C—H σ 键电子云偏离氢原子，所以 α-氢原子易于解离，显示出一定的酸性。例如：

	乙醛(α-H)	丙酮(α-H)	甲烷	乙烷
pK_a	约 17	约 20	49	50

从共振论的角度分析，也可以得到同样的结果。以乙醛为例，α-H 解离后形成的负离子是（Ⅰ）、（Ⅱ）两种极限结构式的共振杂化体，其中（Ⅱ）对共振杂化体的贡献更大。羰基的吸电子效应对增强负离子的稳定性也是有利的。

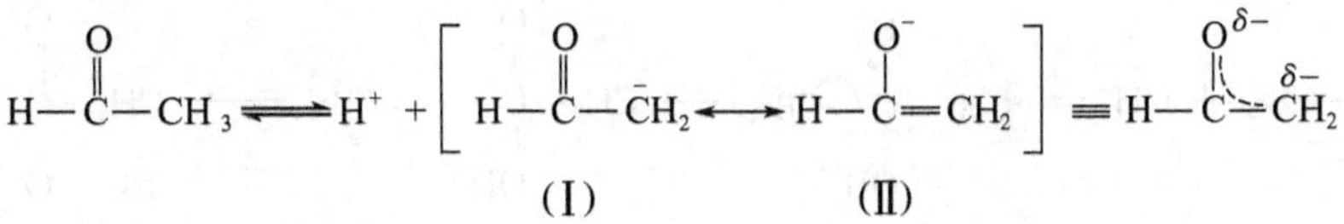

$$H-\underset{\overset{\|}{O}}{C}-CH_3 \rightleftharpoons H^+ + \left[H-\underset{\overset{\|}{O}}{C}-\overset{-}{C}H_2 \longleftrightarrow H-\underset{\overset{|}{O^-}}{C}=CH_2 \right] \equiv H-\underset{\overset{\|}{O^{\delta-}}}{C}\cdots CH_2^{\delta-}$$

(Ⅰ) (Ⅱ)

10.3.3.2 卤化反应

醛、酮分子中的 α-氢原子，在碱或酸的催化下容易被卤素取代，生成 α-卤代醛、酮。例如：

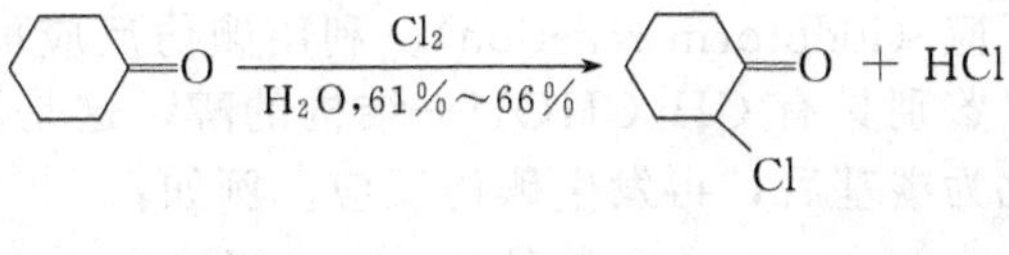

环己酮 $\xrightarrow[H_2O, 61\% \sim 66\%]{Cl_2}$ 2-氯环己酮 + HCl

酸、碱对卤化反应有催化作用。例如，在溴化反应中，加溴后并没有明显的反应迹象。但经过一段时间后，反应迅猛进行，并很快完成。这是因为在第一阶段中，卤化是在没有催化剂存在的条件下进行的,因此速率很慢,反应开始后生成的溴化氢对继续溴化起催化作用,使反应快速完成,这种现象称为自动催化。自动催化反应一般都有一个诱导期。

酸催化的卤化反应机理是:

$$RC(=\ddot{O})CH_3 + H^+ \underset{快}{\rightleftharpoons} RC(=\overset{+}{O}H)CH_3 \quad RC(=\overset{+}{O}H)CH_3 \underset{慢}{\rightleftharpoons} RC(OH)=CH_2 + H^+$$

$$RC(\ddot{O}-H)=CH_2 + X-X \underset{快}{\rightleftharpoons} RC(\overset{+}{O}H)CH_2X + X^- \quad RC(\overset{+}{O}H)CH_2X \underset{快}{\rightleftharpoons} RC(=O)CH_2X + H^+$$

酸的催化作用是加速形成烯醇,这是决定反应速率的一步,然后卤素与烯醇的碳碳双键进行亲电加成形成较稳定的碳正离子,它很快失去质子而得到 α-卤代酮。由于醛、酮直接与卤素反应时,即可放出卤化氢,所以该卤化反应可自动催化进行。碱催化的卤化反应是通过烯醇负离子的形式进行的。例如:

$$(CH_3)_3CC(=O)CH_2-H + \bar{O}H \underset{慢}{\overset{-H_2O}{\rightleftharpoons}} [(CH_3)_3C-C(=O)-\bar{C}H_2 \leftrightarrow (CH_3)_3C-C(-\bar{O})=CH_2]$$

$$(CH_3)_3C-C(=O)-\bar{C}H_2 + Br-Br \xrightarrow{快} (CH_3)_3C-C(-\bar{O})=CH_2Br + Br^-$$

由于卤素具有较强的吸电子能力,醛、酮中的一个 α-氢原子被卤素取代后,剩余 α-氢原子的酸性被进一步增强,更易被卤素取代。用酸催化时,通过控制反应条件,如卤素的用量等,可以控制主要生成一卤、二卤或三卤代物。而用碱催化时,卤化反应速率很大,一般不易控制生成一卤或二卤代物。

碱性条件下,当卤素与具有 CH_3CO- 结构的醛、酮反应时,三个 α-氢原子均会被卤素取代。例如:

$$CH_3-C(=O)-CH_3 \xrightarrow[慢]{Br_2,OH^-} CH_3-C(=O)-CH_2Br \xrightarrow[快]{Br_2} CH_3-C(=O)-CHBr_2 \xrightarrow[快]{Br_2} CH_3-C(=O)-CBr_3$$

产物三卤代醛、酮在碱性条件下不稳定,立刻分解为三卤甲烷(卤仿)和羧酸(碱溶液中为羧酸盐):

$$CH_3-C(=O)-CBr_3 + OH^- \rightleftharpoons CH_3-C(OH)(O^-)-CBr_3 \rightarrow CH_3-C(=O)-OH + :CBr_3^- \rightleftharpoons CH_3-C(=O)-O^- + HCBr_3$$

例如: $(CH_3)_3CCOCH_3 + 3NaOCl \xrightarrow[74\%]{\triangle} (CH_3)_3CCOONa + CHCl_3 + 2NaOH$

因此,把次卤酸钠的碱溶液与醛或酮作用生成三卤甲烷的反应称为卤仿反应(haloform reaction)。如果用次碘酸钠(碘加氢氧化钠)作试剂,可生成具有特殊气味的黄色结晶碘仿,这个反应称为碘仿反应(iodoform reaction)。利用碘仿反应可以鉴别具有 CH_3CO- 结构的醛、酮;另外还可以鉴别具有 CH_3CHOH- 结构的醇,这是因为碘的碱性溶液具有氧化能力,能够将羟基氧化为羰基后,再发生碘仿反应。例如:

$$CH_3CH_2OH \xrightarrow[OH^-]{I_2} CH_3CHO \xrightarrow[OH^-]{I_2} HC(=O)-O^- + CHI_3$$

10.3.3.3 缩合反应

两个或多个分子结合形成新的 C—C 键，生成较大分子的反应（可能失去小分子，如 H_2O，也可以不失去），叫做缩合反应。具有 α-氢原子的醛或酮，可以发生类似的缩合反应。

(1) 羟醛缩合

在稀酸或稀碱催化下，含有 α-氢原子的醛、酮分子间发生缩合反应生成 β-羟基醛（酮），该反应称为羟醛缩合或醇醛缩合（aldol condensation）。产物受热失去一分子 H_2O，转化为 α,β-不饱和醛酮。

$$2CH_3CH_2CH_2CHO \xrightarrow[6\sim 8\text{°C}]{KOH, H_2O} CH_3CH_2CH_2\underset{CH_2CH_3}{CH}\underset{}{CHCHO} \xrightarrow{\Delta} CH_3CH_2CH_2CH=\underset{CH_2CH_3}{C}CHO$$

$$75\%$$

碱催化条件下，羟醛缩合的反应历程以乙醛为例表示如下：

$$HO^- + H-\underset{R}{CH}-CH=\ddot{O}: \underset{\text{快}}{\rightleftharpoons} H_2O + [\underset{R}{\ddot{C}H}-CH=\ddot{O}: \leftrightarrow \underset{R}{CH}=CH-\ddot{O}:^-]$$

$$RCH_2\overset{:\ddot{O}:}{CH} + :\underset{R}{\ddot{C}H}-CH=\ddot{O}: \underset{\text{慢}}{\rightleftharpoons} RCH_2\underset{}{\overset{:\ddot{O}:^-}{CH}}-\underset{R}{CHCH}=\ddot{O}:$$

$$RCH_2\underset{}{\overset{:\ddot{O}:^-}{CH}}-\underset{R}{CHCH}=\ddot{O}: + H_2O \underset{}{\overset{\text{快}}{\rightleftharpoons}} RCH_2\overset{HO}{CH}\underset{R}{CHCH}=O$$

从上述反应机理可以看出，羟醛缩合实际上就是羰基化合物分子间的亲核加成反应。利用这一反应可以合成碳原子数较原来醛、酮增加一倍的醇。醇羟基通过氧化、还原等反应可转化为醇、酸等化合物，所以该反应用途较多。除乙醛外，其它醛发生羟醛缩合得到的产物都不是直链的，而是原 α-碳原子上带有支链的化合物。

含有 α-氢原子的两种不同的醛，在稀碱作用下，发生交叉的羟醛缩合，可以生成四种不同的产物，但分离很困难，因此实际应用意义不大。若用甲醛或其它不含 α-氢原子的醛，与含有 α-氢原子的醛进行交叉的羟醛缩合，则有一定应用价值。例如：

$$3HCHO + H-\underset{H}{\overset{H}{C}}-CHO \xrightarrow[53\sim 56\text{°C}]{Ca(OH)_2} HOCH_2-\underset{CH_2OH}{\overset{CH_2OH}{C}}-CHO$$

三羟甲基乙醛

乙醛的三个 α-氢原子均可与甲醛发生反应。实际操作是将乙醛和碱溶液缓慢向过量的甲醛中滴加，以便使乙醛的三个 α-氢原子与甲醛充分反应，避免副产物的出现。

酮进行羟醛缩合反应时，平衡常数较小，只能得到少量 β-羟基酮。采用特殊的方法或设法使产物生成后立刻离开反应体系，破坏平衡使反应向右移动，也可得到较高的产率。例如，丙酮可在索氏（Soxhlet）提取器中用不溶性的碱［如 $Ba(OH)_2$］催化进行羟醛缩合反应。

$$2CH_3\underset{O}{\overset{}{C}}CH_3 \xrightarrow[\text{索氏提取器},70\%]{Ba(OH)_2} CH_3-\underset{OH}{\overset{CH_3}{C}}-CH_2\underset{O}{\overset{}{C}}CH_3$$

二元酮可以发生分子内的羟酮缩合反应,这是合成环状化合物的重要方法。

$$\text{环癸-1,6-二酮} \xrightarrow[\text{H}_2\text{O}]{\text{Na}_2\text{CO}_3} \text{双环酮}$$

(2) Claisen-Schmidt 反应

含有 α-氢原子的醛、酮与不含 α-氢原子的芳醛反应,产物受热而失水,生成 α,β-不饱和醛酮,此反应称为 Claisen-Schmidt 反应,亦称 Claisen 反应。

$$\text{C}_6\text{H}_5\text{—CHO} + \text{CH}_3\text{CHO} \xrightarrow[50℃, 90\%]{\text{NaOH}} \xrightarrow{-\text{H}_2\text{O}} \text{C}_6\text{H}_5\text{—CH}\!=\!\text{CHCHO} \quad \beta\text{-苯丙烯醛(肉桂醛)}$$

$$\text{C}_6\text{H}_5\text{—CHO} + \text{CH}_3\text{CO—C}_6\text{H}_5 \xrightarrow[20℃, 85\%]{\text{OH}^-} \text{C}_6\text{H}_5\text{—CH}\!=\!\text{CH—CO—C}_6\text{H}_5$$

为生成单一的产物,先将不含 α-氢原子的反应物与催化剂混合,然后慢慢地把含有 α-氢原子的羰基化合物加到混合物中去。这样操作的目的是:将反应过程中含 α-氢原子的羰基化合物的浓度控制得很低,使它生成的碳负离子几乎完全参加反应,从而得到单一的产物。

(3) Perkin 反应

芳醛与脂肪族酸酐,在相应羧酸的碱金属盐存在下共热,可以发生缩合反应,称为 Perkin 反应。当酸酐包含两个 α-氢原子时,通常生成 α,β-不饱和羧酸。这是制备 α,β-不饱和羧酸的一种方法。例如:

$$\text{C}_6\text{H}_5\text{CHO} + (\text{CH}_3\text{CO})_2\text{O} \xrightarrow[170\sim180℃]{\text{CH}_3\text{COOK}} \text{C}_6\text{H}_5\text{CH}\!=\!\text{CHCO}_2\text{K} + \text{CH}_3\text{COOH}$$
$$\xrightarrow{\text{H}^+} \text{C}_6\text{H}_5\text{CH}\!=\!\text{CHCO}_2\text{H}$$

此反应是碱催化的缩合反应。因羧酸的碱金属盐遇水分解,使其失去催化活性,所以反应需在无水条件下进行。有时也可使用三乙胺或碳酸钾作为碱催化此反应。脂肪醛不易发生 Perkin 反应。

(4) Mannich 反应

含有 α-氢原子的醛、酮等,与醛和氨(或伯、仲胺)之间发生的缩合反应,生成 β-氨基酮(Mannich 碱)盐酸盐,该反应称为 Mannich 反应。

$$\text{RCOCH}_3 + \text{HCHO} + \text{HNR}_2' \cdot \text{HCl} \longrightarrow \text{RCOCH}_2\text{CH}_2\text{NR}_2' \cdot \text{HCl} + \text{H}_2\text{O}$$

这是一种氨甲基化反应,例如苯乙酮分子中甲基上的 α-氢原子被二甲氨甲基取代。由于 β-氨基酮容易分解为氨(或胺)和 α,β-不饱和酮,所以 Mannich 反应提供了一个间接合成 α,β-不饱和酮的方法。用碱中和得到的游离 β-氨基酮与 KCN 或 NaCN 水溶液加热可生成氰化物,再水解可制得 γ-酮酸。

$$\text{C}_6\text{H}_5\text{—C(=O)—CH}_3 + \text{HCHO} + \text{HN(CH}_3)_2 \xrightarrow[70\%]{\text{HCl}} \text{C}_6\text{H}_5\text{—C(=O)—CH}_2\text{—CH}_2\text{—N(CH}_3)_2 \cdot \text{HCl}$$

$$\downarrow \Delta \qquad\qquad\qquad\qquad \downarrow \text{OH}^-$$

$$(\text{CH}_3)_2\text{NH} \cdot \text{HCl} + \text{C}_6\text{H}_5\text{COCH}\!=\!\text{CH}_2 \qquad \text{C}_6\text{H}_5\text{COCH}_2\text{CH}_2\text{N(CH}_3)_2$$

$$\qquad\qquad\qquad\qquad\qquad\qquad\qquad\qquad \downarrow \text{KCN}$$

$$\text{C}_6\text{H}_5\text{COCH}_2\text{CH}_2\text{CO}_2\text{H} \xleftarrow{\text{H}_3\text{O}^+} \text{C}_6\text{H}_5\text{COCH}_2\text{CH}_2\text{CN}$$

反应机理可能如下：

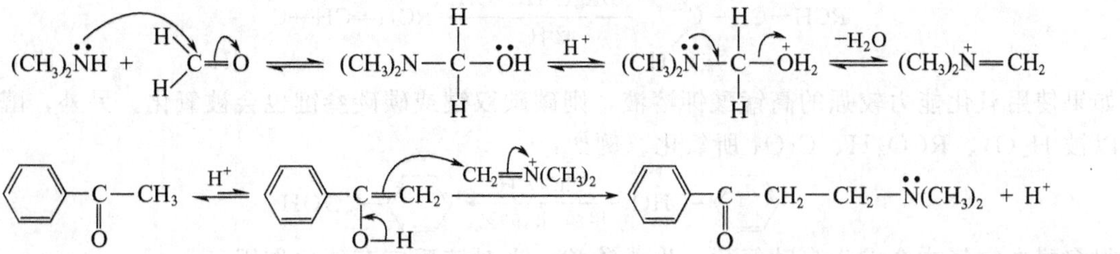

$(CH_3)_2\ddot{N}H + H_2C=O \rightleftharpoons (CH_3)_2N-\underset{H}{\underset{|}{C}}-\ddot{O}H \overset{H^+}{\rightleftharpoons} (CH_3)_2\ddot{N}-\underset{H}{\underset{|}{C}}-\overset{+}{O}H_2 \overset{-H_2O}{\rightleftharpoons} (CH_3)_2\overset{+}{N}=CH_2$

$Ph-\underset{O}{\underset{\|}{C}}-CH_3 \overset{H^+}{\rightleftharpoons} Ph-\underset{OH}{\underset{|}{C}}=CH_2 \xrightarrow{CH_2=\overset{+}{N}(CH_3)_2} Ph-\underset{O}{\underset{\|}{C}}-CH_2-CH_2-\ddot{N}(CH_3)_2 + H^+$

托品酮（tropinone）的合成是应用 Mannich 反应的经典例子。1917 年，Robert Robinson（获 1927 年诺贝尔化学奖）以丁二醛、甲胺和 3-氧代戊二酸为原料，利用 Mannich 反应，在仿生条件下，仅通过一步反应便得到了托品酮。反应的初始产率为 17%，改进后产率可达到 90%。

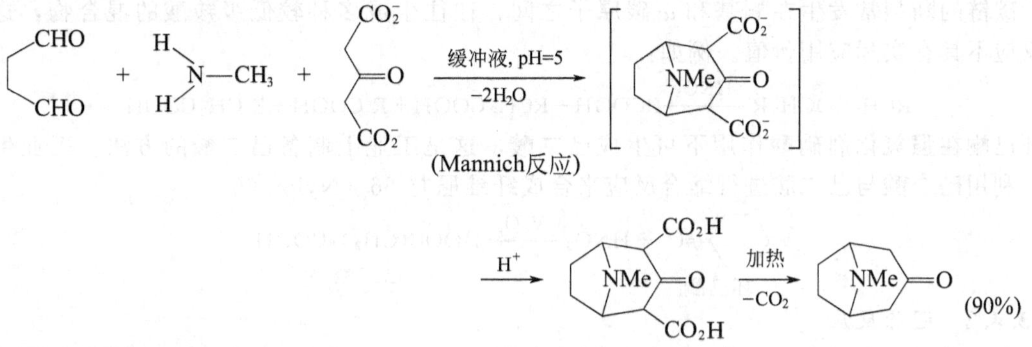

(Mannich反应)

10.3.4 羰基的氧化和还原

10.3.4.1 氧化反应

醛和酮在化学性质上最主要的区别是对氧化剂的敏感性。由于醛的羰基上连有氢原子，非常容易被氧化，即使氧化能力很弱的氧化剂也能和醛发生反应。而酮羰基上没有氢原子，所以对一般的氧化剂都比较稳定，只有在剧烈的氧化条件下，酮分子中的碳链可以被氧化断裂，生成的产物比较复杂。

常用的弱氧化剂有 Tollens 试剂和 Fehling 试剂，它们只能氧化醛而不能氧化酮，所以可用它们来区分醛和酮这两种羰基化合物。例如：

$$RCHO + 2Ag(NH_3)_2OH \xrightarrow{\triangle} RCOONH_4 + 2Ag\downarrow + H_2O + 3NH_3$$

Tollens 试剂是氢氧化银的氨溶液，醛被氧化成为羧酸（实际上得到的是羧酸的铵盐），本身则被还原为金属银。如果反应在很干净的试管中进行，析出的金属银将均匀附着在容器的内壁，形成银镜，所以这个反应常称为银镜反应（silver mirror reaction）。

Fehling 试剂由硫酸铜溶液与酒石酸钾钠碱溶液混合而成，Cu^{2+} 作为氧化剂。醛与 Fehling 试剂反应时，二价铜离子（Cu^{2+}）被还原成砖红色的氧化亚铜（Cu_2O）沉淀。但 Fehling 试剂不能氧化芳醛，因而可以使用它进一步区分脂肪族和芳香族醛。

$$RCHO + 2Cu(OH)_2 + NaOH \xrightarrow{\triangle} RCOONa + Cu_2O\downarrow + 3H_2O$$

$$ArCHO + Cu(OH)_2 + NaOH \xrightarrow{\quad\quad} \times$$

这两种试剂氧化能力较弱，对碳碳双键和碳碳叁键不具有氧化能力。采用这两种氧化剂，可以从 α,β-不饱和醛来制备 α,β-不饱和羧酸。例如：

$$RCH=CH-\underset{\underset{O}{\parallel}}{C}-OH \xrightarrow[\text{②}H^+]{\text{①}Ag(NH_3)_2OH} RCH=CH-\underset{\underset{O}{\parallel}}{C}-OH$$

如果使用氧化能力较强的高锰酸钾溶液，则碳碳双键或碳碳叁键也会被氧化。另外，醛还可以被 H_2O_2、RCO_3H、CrO_3 所氧化。例如：

$$\text{Ph-CHO} \xrightarrow[\text{甲醇-水,90\%}]{PhCO_3H} \text{Ph-COOH}$$

很多醛在空气中会发生自动氧化，生成羧酸，光对该反应有催化作用。

$$R-\underset{\underset{}{}}{C}H + O_2 \longrightarrow R-\underset{\underset{O}{\parallel}}{C}-OOH \xrightarrow{RCHO} R-\underset{\underset{O}{\parallel}}{C}-OH$$

所以，醛必须保存在棕色试剂瓶中，并置于阴暗处。

弱氧化剂不能氧化酮，但强氧化剂如高锰酸钾、硝酸等则可将酮氧化，发生碳链的断裂。碳链的断裂常发生在酮基和 α-碳原子之间，往往生成多种较低级羧酸的混合物，这样的反应不具有实际应用价值。例如：

$$RCH_2COCH_2R' \xrightarrow{HNO_3} RCOOH + RCH_2COOH + R'COOH + R'CH_2COOH$$

但环己酮在强氧化剂硝酸作用下可生成己二酸，这是工业上制备己二酸的方法。工业生产中，利用己二酸与己二胺进行缩合反应来合成纤维尼龙-66（Nylon 66）。

$$\underset{\text{环己酮}}{\bigcirc=O} + HNO_3 \xrightarrow{V_2O_5} \underset{\text{己二酸}}{HOOC(CH_2)_4COOH}$$

10.3.4.2 还原反应

羰基发生还原反应时，除可以被还原为醇羟基，生成醇类化合物外；还可以被还原成亚甲基，得到烃类化合物。

（1）还原成醇

醛、酮的羰基在铂、镍等作为催化剂的条件下，进行加氢反应，羰基被还原为羟基，分别生成伯醇和仲醇。

$$RCHO + H_2 \xrightarrow{Ni} RCH_2OH \quad \text{伯醇}$$

$$\underset{R}{\overset{R'}{>}}C=O + H_2 \xrightarrow{Pt} \underset{R}{\overset{R'}{>}}CHOH \quad \text{仲醇}$$

反应一般在较高的温度和压力下进行，产率较高。相对于烯烃的碳碳双键，羰基催化加氢的活性是：

醛的羰基 ＞ C=C ＞ 酮的羰基

对于 α,β-不饱和醛酮催化加氢，如果不控制催化反应条件，羰基和碳碳双键都会被氢原子饱和。例如：

$$RCH=CH\text{-}(CH_2)_n\text{-}\underset{\underset{O}{\parallel}}{C}R' \xrightarrow{H_2,Ni} RCH_2CH_2\text{-}(CH_2)_n\text{-}\underset{\underset{OH}{|}}{C}HR'$$

除催化加氢外，使用 $LiAlH_4$、$NaBH_4$ 等化学试剂也可将醛、酮还原成醇。氢化铝锂（lithium aluminium hydride）的还原能力强于硼氢化钠（sodium borohydride），对羧酸、羧酸酯、酰胺、腈等也有还原作用，并且有较高的产率。但这两个试剂对于碳碳双键都没有还原能力，因此可以作为选择性的还原试剂，把带有不饱和烃基的醛、酮还原成不饱和的醇。例如：

$$CH_2CH=CH-\underset{H}{\overset{O}{\|}}C \xrightarrow{LiAlH_4} \xrightarrow{H_3^+O} CH_3CH=CHCH_2OH$$
$$\phantom{CH_2CH=CH-\overset{O}{\|}C-H\xrightarrow{LiAlH_4}\xrightarrow{H_3^+O}} 90\%$$

氢化铝锂能与质子溶剂反应，因而要在乙醚等非质子溶剂中使用，然后水解得到醇，例如：

$$(C_6H_5)_2CH\overset{O}{\overset{\|}{C}}CH_3 \xrightarrow[\text{②}H_2O, H^+, 84\%]{\text{①}LiAlH_4, 乙醚} (C_6H_5)_2CH\overset{OH}{\overset{|}{C}}HCH_3$$

这种还原的过程一般认为是氢负离子转移到羰基的碳上，这与 Grignard 试剂中烃基对羰基的加成类似。

$$\overset{\curvearrowleft}{C}=O + H-AlH_3 \longrightarrow -\overset{H}{\overset{|}{C}}-OAlH_3 \xrightarrow{3\overset{}{C}=O} \left[-\overset{H}{\overset{|}{C}}-O\right]_4 Al^- \xrightarrow{H_2O} 4 -\overset{H}{\overset{|}{C}}-OH + Al(OH)_3$$

$LiAlH_4$ 和 $NaBH_4$ 中的每个氢原子都可以还原一个羰基。硼氢化钠在碱性水溶液或醇溶液中是一种温和的还原剂，例如：

$$\underset{}{\overset{O_2N}{\bigcirc}}-CHO + NaBH_4 \xrightarrow[82\%]{C_2H_5OH} \underset{}{\overset{O_2N}{\bigcirc}}-CH_2OH$$

另外一个具有较强选择性的还原试剂是异丙醇铝（aluminium *iso*-propoxide），它也是只还原醛、酮羰基到羟基，自身被氧化成丙酮，对碳碳不饱和键不反应。反应在苯或甲苯溶液中进行，不断把丙酮蒸出，促使反应向右进行，这个反应称为 Meerwein-Ponndrof 反应。

$$\overset{O}{\underset{}{\bigcirc}} + CH_3\overset{OH}{\overset{|}{C}}HCH_3 \xrightarrow{异丙醇铝} \overset{OH}{\underset{}{\bigcirc}} + CH_3\overset{O}{\overset{\|}{C}}CH_3$$

（2）还原成烃

应用特殊的化学试剂，可以将羰基还原成亚甲基，从而将醛、酮还原成烃类化合物。酸性条件下的 Clemmensen 反应和碱性条件下的 Wolff-Kishner 反应，是最典型的两种反应。

将酮与锌汞齐在浓盐酸溶液中回流，可将羰基直接还原成亚甲基，这就是 Clemmensen 反应。有机合成中常用此方法合成直链烷基苯。例如：

$$C_6H_5CO(CH_2)_{16}CH_3 \xrightarrow[\text{浓 }HCl, \triangle]{Zn-Hg} C_6H_5(CH_2)_{17}CH_3$$

但是，当羰基化合物中存在对酸敏感的基团，如 C=C、—OH 等，这一方法就不再适用了。而 Wolff-Kishner 反应是对 Clemmensen 反应的重要补充。将醛或酮与纯肼作用转变成腙，然后将腙和乙醇钠及无水乙醇在高压釜中加热到 180℃ 左右得到烃。反应有氮气产生，此方法称为 Wolff-Kishner 还原法。

$$\underset{(R')H}{\overset{R}{\diagdown}}C=O \xrightarrow{NH_2NH_2} \underset{(R')H}{\overset{R}{\diagdown}}C=NNH_2 \xrightarrow{NaOC_2H_5} \underset{(R')H}{\overset{R}{\diagdown}}CH_2 + N_2\uparrow$$

我国著名的有机化学家黄鸣龙（Huang Minlon）于 1946 年对此反应的条件做了重要改进。他将醛或酮、氢氧化钠、水合肼和高沸点的水溶性溶剂（如二甘醇、三甘醇）共热，使醛、酮变成腙，再蒸出过量的水和未反应的肼，待温度达到腙的分解温度（约 200℃），继续回流至反应完成。这样改进后，反应在常压下进行，避免了使用价格昂贵、有毒的纯肼，并且缩短了反应时间，产率也得到很大的提高。这种方法称为黄鸣龙改良的 Wolff-Kishner 还原法，也称为 Wolff-Kishner-Huang Minlon 反应。例如：

$$\text{环癸酮} \xrightarrow[\text{三甘醇},\Delta,47\%]{H_2NNH_2\cdot H_2O,\ NaOH} \text{环癸烷} + N_2\uparrow + H_2O$$

10.3.4.3 歧化反应（Cannizzaro 反应）

不含 α-氢原子的脂肪醛或芳醛在浓碱条件下加热，分子间可以进行氧化和还原两种性质相反的反应，即一分子醛被氧化成酸，另一分子醛被还原成醇，该反应称为歧化反应 (disproportionation)，这一反应是 1853 年 Cannizzaro 首先发现的，因而又称为 Cannizzaro 反应。例如：

$$2HCHO \xrightarrow{\text{浓 NaOH}} HCOONa + CH_3OH$$

$$2\ C_6H_5\text{—CHO} \xrightarrow{\text{浓 NaOH}} C_6H_5\text{—COONa} + C_6H_5\text{—CH}_2OH$$

其反应机理如下：

$$H-\overset{O}{\underset{}{C}}-H + OH^- \longrightarrow H-\overset{O^-}{\underset{OH}{C}}-H$$

$$H-\overset{O^-}{\underset{OH}{C}}-H + \overset{H}{\underset{H}{C}}=O \longrightarrow H-\overset{O}{\underset{OH}{C}} + CH_3O^- \longrightarrow H-\overset{O}{\underset{O^-}{C}} + CH_3OH$$

两种不同的不含 α-氢原子醛之间也能发生歧化反应，该反应称为交错的 Cannizzaro 反应。例如，三羟甲基乙醛与甲醛都是不含 α-氢原子的醛，在碱作用下发生交错的 Cannizzaro 反应。由于甲醛的还原性更强，三羟甲基乙醛被还原成季戊四醇（pentaerythritol），甲醛则被氧化为甲酸。

$$3HCHO + CH_3CHO \xrightarrow{Ca(OH)_2} HOCH_2-\underset{CH_2OH}{\overset{CH_2OH}{C}}-CHO$$

$$HOCH_2-\underset{CH_2OH}{\overset{CH_2OH}{C}}-CHO + HCHO \xrightarrow{Ca(OH)_2}_{55\sim 65℃} HOCH_2-\underset{CH_2OH}{\overset{CH_2OH}{C}}-CH_2OH + \frac{1}{2}(HCOO)_2Ca$$

这是实验室和工业生产中制备季戊四醇的方法。

10.4 醛和酮的制法

10.4.1 烯烃和炔烃的氧化

烯烃经臭氧氧化、还原可制得醛或酮。例如：

$$\text{(CH}_3\text{)}_2\text{CHCH}_2\text{CH}_2\text{CH=CH}_2 \xrightarrow[CH_2Cl_2]{O_3} \xrightarrow[HOAc]{Zn} \text{(CH}_3\text{)}_2\text{CHCH}_2\text{CH}_2\text{CHO} + HCHO$$

工业生产中，乙醛是由乙烯经空气催化氧化制得，丙酮也可由丙烯以相同方式反应生成。

$$CH_2=CH_2 + \frac{1}{2}O_2 \xrightarrow[125\sim130℃, 0.4MPa]{PdCl_2-CuCl_2, H_2O} CH_3-CHO$$

炔烃经硼氢化-氧化反应，可以将端位炔烃制备为醛，其它炔烃转化成酮。例如：

$$R-C\equiv CH \xrightarrow{B_2H_6} \xrightarrow[OH^-]{H_2O} RCH_2CHO$$

炔烃在 $HgSO_4$-H_2SO_4 催化下发生 Kucherov 反应生成醛或酮。除乙炔得到乙醛外，其它炔烃只能得到酮，一元取代乙炔则为甲基酮（$RCOCH_3$）（见第3章3.5.2）。例如：

$$R-C\equiv C-R + H_2O \xrightarrow[H_2SO_4]{Hg^{2+}} [R-C=CH-R] \xrightarrow{重排} R-\underset{O}{\underset{\|}{C}}-CH_2R$$
$$\phantom{R-C\equiv C-R + H_2O \xrightarrow[H_2SO_4]{Hg^{2+}} [R-C}\underset{OH}{}$$

10.4.2 同碳二卤代物水解

在酸或碱的催化下，同碳二卤化物水解生成相应的醛或酮。因为芳环侧链上的 α-氢原子容易被卤化，故经常采用这个方法制备芳香族醛、酮。例如：

$$\text{Ph-}CHCl_2 + H_2O \xrightarrow{H^+} \text{Ph-}CHO + 2HCl$$

$$\text{3-Br-C}_6H_4\text{-}CH_2CH_3 \xrightarrow[光]{Cl_2} \text{3-Br-C}_6H_4\text{-}C(CH_3)Cl_2 \xrightarrow[H_2O]{OH^-} \text{3-Br-C}_6H_4\text{-}COCH_3$$

脂肪族同碳二卤化物由于较难制备，一般不用此法制备脂肪醛、酮。

10.4.3 醇氧化或脱氢

醇高温条件下通过催化剂（常用 Cu、Ag、Ni 等），则伯醇脱氢生成醛，仲醇脱氢生成酮。例如：

$$CH_3-\underset{H}{\overset{H}{\underset{|}{\overset{|}{C}}}}-OH \xrightarrow[260\sim290℃]{Cu} CH_3-\underset{H}{\overset{O}{\underset{}{\overset{\|}{C}}}}-H + H_2\uparrow$$

$$\underset{CH_3}{\overset{CH_3}{\underset{|}{\overset{|}{CH}}}}-OH \xrightarrow[380℃]{Zn} CH_3\underset{}{\overset{O}{\underset{}{\overset{\|}{C}}}}CH_3 + H_2\uparrow$$

这个反应也可用来制备芳香族醛、酮。

$$\text{Ph-}CH_2OH \xrightarrow[300℃]{Cu} \text{Ph-}CHO$$

伯醇和仲醇通过氧化反应，也可得到相应的醛或酮，常用的氧化剂是酸性的重铬酸钾溶液。叔醇分子中没有 α-H，在一般条件下不被氧化，也不能脱氢，不能通过此方法转变为羰基化合物。

$$CH_3(CH_2)_5\underset{OH}{\overset{}{\underset{|}{CH}}}CH_3 \xrightarrow[100℃]{K_2Cr_2O_7, H_2SO_4} CH_3(CH_2)_5\overset{O}{\underset{}{\overset{\|}{C}}}CH_3$$

将不饱和醇氧化成不饱和醛或酮，需采用特殊的选择性氧化剂。例如，用过量丙酮作氧化剂，在碱性（异丙醇铝）条件下，醇羟基被氧化成羰基，分子中的碳碳双键保留下来。

$$(CH_3)_2C=CH(CH_2)_2CH_2OH + CH_3\overset{O}{\overset{\|}{C}}CH_3 \xrightleftharpoons{Al(OC_3H_7\text{-}i)_3} (CH_3)_2C=CH(CH_2)_2CHO + CH_3\underset{OH}{\overset{}{\underset{|}{CH}}}CH_3$$

这种选择性氧化醇羟基的方法叫 Oppenauer 氧化法，它的逆反应就是选择性还原醛的 Meerwein-Ponndrof 反应。

10.4.4 羰基合成

烯烃与一氧化碳和氢气在某些金属羰基化合物如八羰基二钴（cobalt octacarbonyl）$[Co(CO)_4]_2$ 的催化作用下，经加热、加压，可以发生反应，产物为增加了一个碳原子的醛，这种方法叫做羰基合成，也称为氢甲酰化反应（hydroformylation）。例如：

$$CH_3CH=CH_2 + CO + H_2 \xrightarrow[100\sim200℃, 20\sim30MPa]{[Co(CO)_4]_2} CH_3CH_2CH_2CHO + CH_3\underset{CH_3}{CH}CHO$$
$$\qquad\qquad\qquad\qquad\qquad\qquad\qquad\quad 75\% \qquad\qquad 25\%$$

羰基合成大多使用双键在链端的 α-烯烃，其产物以正构的醛为主。实际应用中，该方法对设备的要求较高。通过使用不同的催化剂，可以进一步提高用途较大的正构醛的生成比例。这是工业生产中合成低级伯醇的一种重要方法。

10.4.5 酰氯和酯的还原

羧酸衍生物可以经还原反应生成醛或酮，其中常用的是酰氯和羧酸酯的还原反应。使用被喹啉等部分毒化的钯催化剂，加氢还原酰氯，可将其还原为醛。毒化催化剂的目的是避免醛进一步被还原成醇，该反应称为 Rosenmund 还原。

$$R-\underset{O}{\overset{\|}{C}}-Cl + H_2 \xrightarrow[\text{喹啉-硫}]{Pd/BaSO_4} R-\underset{O}{\overset{\|}{C}}-H$$

用化学试剂氢化三叔丁氧基铝锂（lithium tri-t-butoxyaluminium hydride）也可将酰氯还原为醛。该试剂是 $LiAlH_4$ 的三个氢原子被叔丁氧基取代得到的，它的还原能力相对降低，不能够还原羰基、氰基等，只能够还原酰氯。例如：

$$NC-\bigcirc\!\!\!\!\!\!-\underset{O}{\overset{\|}{C}}-Cl \xrightarrow[\text{乙醚}]{LiAlH(t\text{-}C_4H_9O)_3} \xrightarrow{H_2O} NC-\bigcirc\!\!\!\!\!\!-\underset{O}{\overset{\|}{C}}-H \quad (80\%)$$

羧酸酯和金属钠加入到醇（常用的醇有乙醇、丁醇和戊醇等）溶液中进行回流，酯能够被还原成相应的伯醇。此反应被称为 Bouveault-Blanc 反应。例如：

$$CH_3(CH_2)_7CH=CH(CH_2)_7COOC_2H_5 \xrightarrow[49\%\sim51\%]{Na, C_2H_5OH} CH_3(CH_2)_7CH=CH(CH_2)_7CH_2OH$$
$$\qquad\qquad\text{油酸乙酯} \qquad\qquad\qquad\qquad\qquad\qquad\qquad\qquad\qquad \text{油醇}$$

在未发现氢化铝锂这一选择性的还原试剂前，Bouveault-Blanc 反应一直是从不饱和羧酸还原制取不饱和醇的常用方法。

10.4.6 由芳烃制备

芳烃在无水三氯化铝催化下与酰氯或酸酐发生 Friedel-Crafts 反应可制得芳香酮。例如：

$$\bigcirc\!\!\!\!\!\! + CH_3CH_2CH_2CH_2COCl \xrightarrow{AlCl_3} \bigcirc\!\!\!\!\!\!-COCH_2CH_2CH_2CH_3 + HCl$$

环上带有活化基团（如甲基、甲氧基等）的芳烃在无水三氯化铝和氯化亚铜催化下，与一氧化碳和氯化氢反应可制得相应的芳醛，该反应称为 Gattermann-Koch 反应。

$$\bigcirc\!\!\!\!\!\!-CH_3 + CO + HCl \xrightarrow[20℃]{AlCl_3\text{-}CuCl} H_3C-\bigcirc\!\!\!\!\!\!-CHO \quad 50\%\sim55\%$$

芳烃侧链上的 α-H 受芳环的影响而具有一定的活性，容易被氧化。通过控制反应条件，可以将芳烃氧化成相应的醛或酮。但生成的醛易被进一步氧化成羧酸，所以由芳烃直接氧化制备芳醛时，必须选用适当的氧化剂，或将生成的醛立即蒸出。

$$\text{C}_6\text{H}_5\text{CH}_3 \xrightarrow{\begin{array}{c}\text{O}_2, \text{V}_2\text{O}_5\\ 350\sim360℃\end{array}} \begin{array}{c}\text{2CrO}_2\text{Cl}_2 \longrightarrow \text{C}_6\text{H}_5\text{CH(OCrCl}_2\text{OH)}_2\\ \text{CrO}_3 \atop (\text{CH}_3\text{CO})_2\text{O} \longrightarrow \text{C}_6\text{H}_5\text{CH(OCOCH}_3)_2\end{array} \xrightarrow{\text{H}_2\text{O}} \text{C}_6\text{H}_5\text{CHO}$$

乙苯用空气氧化可得苯乙酮，这是工业上生产苯乙酮的方法。

$$\text{C}_6\text{H}_5\text{CH}_2\text{CH}_3 + \text{O}_2 \xrightarrow[120\sim130℃]{\text{硬脂酸钴}} \text{C}_6\text{H}_5\text{COCH}_3$$

10.5　α,β-不饱和醛酮的特性

碳碳双键位于 α 和 β 碳原子之间的不饱和醛酮称为 α,β-不饱和醛酮（α,β-unsaturated aldehyde and ketone），可由羟醛缩合反应的产物受热后失水制得。α,β-不饱和醛酮中羰基与碳碳双键构成共轭体系。

$$\underset{4}{\text{C}}=\underset{3}{\text{C}}-\underset{2}{\text{C}}=\underset{1}{\text{O}}$$

其中羰基氧原子编号为 1，羰基碳原子编号为 2，处于羰基 α,β 位的不饱和碳原子分别编号为 3 和 4。α,β-不饱和醛酮除具有羰基和碳碳双键两种官能团各自的性质外，由于两个基团之间的相互影响，还具有一些独特的性质。它的特性主要体现在加成反应上：既可以进行亲电加成反应，也可以进行亲核加成反应，且均存在 1,2-加成和 1,4-加成两种方式。

10.5.1　亲电加成

α,β-不饱和醛酮共轭体系的结构与共轭二烯烃相似，但 π 电子云的分布情况不同。由于羰基的吸电子作用，使 α,β-不饱和醛酮中碳碳双键 π 电子云密度降低，羰基氧原子（1 位）的电子云密度相对较高。

$$\underset{4}{\overset{\delta+}{\text{CH}_2}}=\underset{3}{\overset{\delta-}{\text{CH}}}-\underset{2}{\overset{\delta+}{\text{CH}}}=\overset{\delta-}{\text{O}}$$

可用共振结构式表示如下：

$$\left[\text{CH}_2=\text{CH}-\overset{..}{\underset{..}{\text{CH}}}=\overset{..}{\underset{..}{\text{O}}}: \longleftrightarrow \text{CH}_2-\text{CH}=\text{CH}-\overset{..}{\underset{..}{\text{O}}}:^{-} \longleftrightarrow \overset{+}{\text{CH}_2}-\text{CH}=\text{CH}-\overset{..}{\underset{..}{\text{O}}}:^{-}\right]$$

所以亲电试剂首先加到 1 位氧原子上，且有 1,2-或 1,4-加成两种方式，但一般都发生 1,4-加成反应。例如：

$$\text{CH}_3\text{CH}=\text{CHCCH}_3 + \text{HCl} \xrightarrow[\text{(气)}]{1,4 \text{加成}} \text{CH}_3\text{CHCH}=\text{C}-\text{CH}_3 \longrightarrow \text{CH}_3\text{CHCH}_2\text{C}-\text{CH}_3$$
$$\underset{\text{O}}{\|} \qquad\qquad\qquad\qquad \underset{\text{Cl}}{|}\ \underset{\text{OH}}{|} \qquad\qquad \underset{\text{Cl}}{|}\ \underset{\text{O}}{\|}$$

以丙烯醛与氯化氢的加成为例说明该反应的历程：

$$CH_2=CH-\underset{O}{\overset{\parallel}{C}}H \underset{}{\overset{H^+}{\rightleftharpoons}} \left[CH_2=CH-\overset{+}{\underset{}{C}}H \leftrightarrow \overset{+}{C}H_2-CH=\underset{}{\overset{OH}{C}}H \leftrightarrow CH_2-\overset{+}{C}H=\underset{}{\overset{OH}{C}}H \right]$$

$$\left[\overset{+}{C}H_2-CH=\underset{}{\overset{OH}{C}}H \right] + Cl^- \rightarrow \left[ClCH_2-CH=\underset{}{\overset{OH}{C}}H \right] \rightleftharpoons ClCH_2-CH_2-\overset{O}{\overset{\parallel}{C}}H$$

与共轭二烯烃类似，α,β-不饱和醛酮也可以发生 1,2-加成，但因 1,2-加成产物不稳定，会马上分解，所以一般以 1,4-加成反应为主。加成产物为不稳定的烯醇式结构，经重排得到稳定的酮式产物。最终反应相当于一个 3,4-加成，即 α,β-不饱和醛酮进行 1,4-亲电加成时，亲电试剂中的正性基团加在 α-碳原子（3 位）上，负性基团加在 β-碳原子（4 位）上。例如：

[环己烯酮] + HBr(气) → [3-溴环己酮]

$$C_6H_5CH=CHCCH_3 + Br_2 \xrightarrow[10\sim 20℃]{CCl_4} C_6H_5\underset{Br}{\overset{}{C}}H\underset{Br}{\overset{}{C}}H\underset{O}{\overset{\parallel}{C}}CH_3$$

10.5.2 亲核加成

由于共轭体系的存在，α,β-不饱和醛酮中羰基碳原子的电正性有所下降，而 β-碳原子受羰基的吸电作用显示电正性。亲核试剂与 α,β-不饱和醛酮的加成反应随着试剂性质及反应物结构的不同也会出现 1,2-和 1,4-两种加成方式。例如：

$$CH_2=CH-\overset{O}{\overset{\parallel}{C}}-CH_3 \xrightarrow{HCN} CH_2=CH-\underset{CN}{\overset{OH}{\underset{|}{C}}}-CH_3 \quad 或 \quad CH_2-CH_2-\overset{O}{\overset{\parallel}{C}}-CH_3$$
$$\qquad\qquad\qquad\qquad\qquad\qquad (I) \qquad\qquad\qquad (II)$$

其中（I）为 1,2-亲核加成产物，（II）是由 1,4-亲核加成产物经重排得到的。即：

$$\left[CH_2=\underset{CN}{\overset{OH}{\underset{|}{C}}}-CH_3 \right] \rightleftharpoons CH_2-CH_2-\overset{O}{\overset{\parallel}{C}}-CH_3$$

空间位阻的大小可以影响亲核试剂进攻的方向。亲核试剂更易进攻空间阻碍小的位置，醛的羰基碳原子空间阻碍比酮的要小，因此更容易受到亲核试剂进攻，而发生 1,2-加成反应；酮由于羰基碳原子的空间阻碍大，亲核试剂更倾向于进攻 β-碳原子（4 位），而发生 1,4-加成反应。

亲核试剂进攻的方向与试剂自身的性质密切相关，强碱性的亲核试剂（如 RMgX、RLi 或 LiAlH$_4$）更易进攻羰基碳原子，得到 1,2-加成产物。例如：

$$C_6H_5CH=CHCHO \xrightarrow{C_6H_5MgBr} \xrightarrow{H_3^+O} C_6H_5CH=CH\underset{C_6H_5}{\overset{}{C}}HOH$$

$$C_6H_5CH=CHCC_6H_5 \xrightarrow{C_6H_5Li} \xrightarrow{H_2O} C_6H_5CH=CHC(OH)C_6H_5$$
$$\underset{O}{} \qquad \qquad \qquad \underset{C_6H_5}{}$$

$$\underset{4}{CH_2}=\underset{3}{CH}-\underset{2}{\overset{O}{\overset{\|}{C}}}-\underset{1}{CH_3} + AlH_4^- \xrightarrow{H^+}{H_2O} CH_2=CH-\overset{OH}{\underset{|}{CH}}-CH_3$$

而弱碱性的亲核试剂（如 CN^- 或 RNH_2）倾向于进攻 β-碳原子，生成 1,4-加成产物。例如：

$$C_6H_5CH=CHCOC_6H_5 \xrightarrow[C_2H_5OH]{KCN, CH_3COOH} \underset{\underset{CN}{|}}{C_6H_5CHCH_2COC_6H_5}$$
$$93\% \sim 96\%$$

$$CH_2=CH-\overset{O}{\overset{\|}{C}}-CH_3 + CH_3\overset{..}{N}H_2 \longrightarrow \underset{\underset{CH_3NH}{|}}{CH_2}-CH_2-\overset{O}{\overset{\|}{C}}-CH_3$$

10.5.3 氧化

α,β-不饱和醛在温和条件下，可用弱氧化剂（如 Tollens 试剂或 Fehling 试剂）氧化，生成 α,β-不饱和羧酸（见 10.3.4 氧化反应）。

$$CH_2=CHCHO \xrightarrow{Ag(NH_3)_2^+OH^-} \xrightarrow{H_3^+O} CH_2=CHCOOH + Ag\downarrow$$

10.5.4 还原

使用不同的还原条件，可以分别还原 α,β-不饱和醛酮的羰基或碳碳双键，也可将二者同时还原。

采用 Meerwein-Ponndrof 反应（见 10.3.4 还原反应）即可对 α,β-不饱和醛酮进行选择性还原。

该反应只还原羰基，而保留碳碳双键，可以将其还原为不饱和醇。这一反应具有很高的选择性，是由 α,β-不饱和醛酮制备相应不饱和醇的常用方法。

$$\underset{\underset{O}{\|}}{RCH=CHCR'} \xrightarrow[\text{异丙醇}]{\text{异丙醇铝}} \underset{\underset{OH}{|}}{RCH=CHCHR'}$$

α,β-不饱和羰基化合物用金属氢化物（如 $LiAlH_4$ 或 $NaBH_4$ 等）还原时，相当于金属氢化物中的氢负离子（H^-）对羰基的 1,2-亲核加成。采用 $LiAlH_4$ 为还原试剂，反应的产率较好；使用 $NaBH_4$ 做还原剂时，除生成不饱和醇外，还有一定数量的饱和醇生成。

（环己烯酮）$\xrightarrow[\text{乙醚}]{LiAlH_4}$ $\xrightarrow{H_2O}$ （环己烯醇）97%

（环己烯酮）$\xrightarrow[C_2H_5OH]{NaBH_4}$ （环己烯醇）59% + （环己醇）41%

使用选择性较好的 Pd-C 作催化剂控制催化加氢，可以优先还原碳碳双键并保留羰基，得到饱和的羰基化合物。例如：

$$\text{(3-methylcyclohex-2-enone)} + H_2 \xrightarrow{Pd-C} \text{(3-methylcyclohexanone)}$$

用金属锂-液氨还原 α,β-不饱和醛酮，也可得到相同的结果。

$$\text{(decalone enone)} + Li \xrightarrow[-33℃]{NH_3} \xrightarrow{H_2O} \text{(decalone)}$$

选用活性较高的雷尼镍（Raney Ni）作催化剂，进行催化加氢，反应不具有选择性，直接生成饱和醇。例如：

$$CH_3-CH=CH-CHO \xrightarrow{H_2}{Ni} CH_3CH_2CH_2CH_2OH$$

10.6 醌的结构和命名

含有共轭环己二烯二酮结构，即 [para-quinone] 或 [ortho-quinone] 结构单元的化合物称为醌（quinone）。醌类可以由芳烃或其衍生物得到，但醌分子中的六元碳环已无芳香性。常见的醌有邻苯醌和对苯醌；但是没有间苯醌，原因是间苯醌不符合有机化合物中碳原子四价的原则。

1,4-苯醌(对苯醌)   1,2-苯醌(邻苯醌)

X 射线晶体分析证明：对苯醌中 C—C 键键长为 149pm 和 132pm，这与 C—C 单键（154pm）及 C=C 双键（134pm）的键长非常接近，表明醌的结构可以看作是环状的 α,β-不饱和醛酮，这是一个高度共轭的结构。醌类化合物都显示颜色，邻苯醌（o-benzoquinone）为红色晶体，对苯醌（p-benzoquinone）为黄色晶体。

醌类化合物按照碳环的结构可以分为苯醌、萘醌、蒽醌和菲醌等。

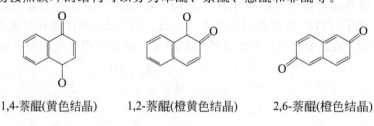

1,4-萘醌(黄色结晶)   1,2-萘醌(橙黄色结晶)   2,6-萘醌(橙色结晶)

1,2-蒽醌   1,4-蒽醌   9,10-蒽醌   9,10-菲醌

10.7 醌的化学性质

醌类化合物中的两个羰基和双键是共轭的，因而它具有烯烃和羰基化合物的典型化学性质，如烯烃的亲电加成反应，以及羰基化合物的还原反应和亲核加成反应等。

10.7.1 还原反应

对苯醌能够被还原为氢醌（quinhydrone，即对苯二酚），这是对苯二酚氧化成对苯醌的逆反应，二者可以构成一个可逆的电化学氧化还原体系。

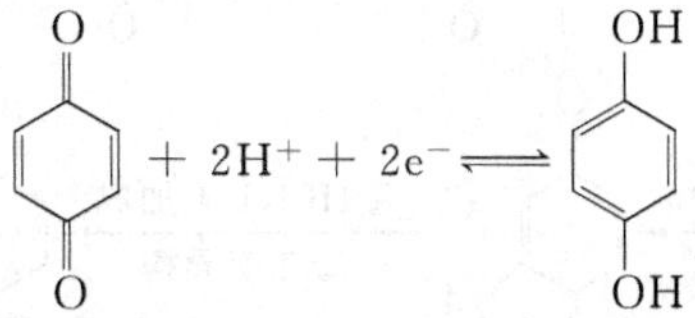

该反应是经过两次单电子转移完成的，反应的中间体是一个稳定的负离子自由基，称为半醌（semiquinone）。

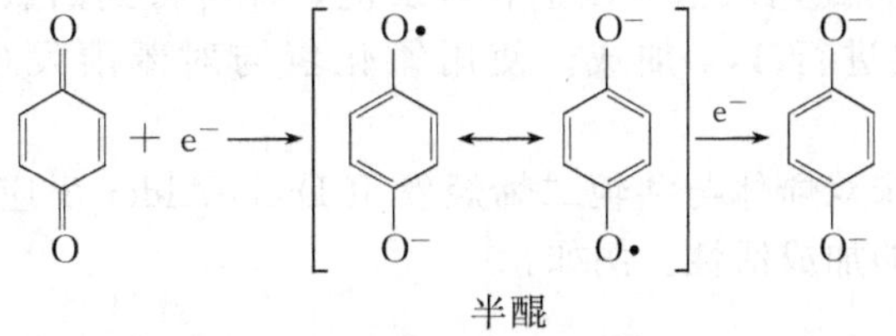

在对苯醌被还原成氢醌或氢醌被氧化成对苯醌的反应过程中，生成一种稳定的中间产物——醌氢醌（quinhydrone）。醌氢醌为深绿色晶体，熔点191℃。把等物质的量的对苯醌和氢醌溶液混合在一起也可以制得醌氢醌。这个化合物的形成实际是两种分子中 π-电子体系相互作用的结果。由氢醌作为电子给体，醌作为电子受体，经静电吸引结合形成电荷转移络合物。

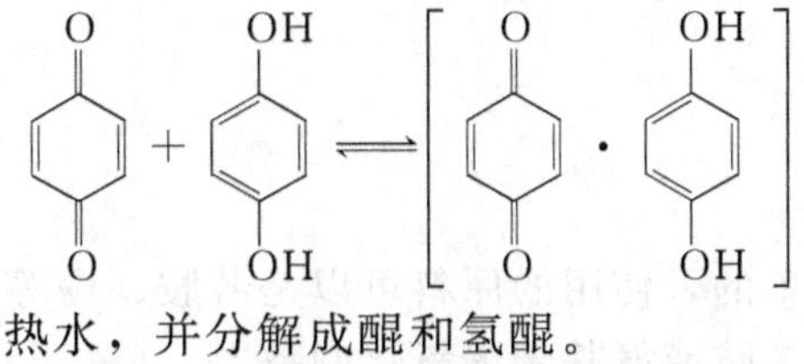

醌氢醌难溶于冷水，易溶于热水，并分解成醌和氢醌。

取代对苯醌还原的难易与取代基的性质有关，带有强吸电子基团的对苯醌是强氧化剂，易被还原；带有给电子基团的恰与此相反，比未被取代的醌稳定，不易被还原。因此，在有机合成中，常用二氰二氯对苯醌（2,3-dichloro-5,6-dicyano-1,4-benzoquinone，简称DDQ）或四氯-1,4-苯醌（3,4,5,6-tetraohloro-1,2-benzoquinore）做氧化剂，进行脱氢反应。该反应可以用于进行芳构化，例如：

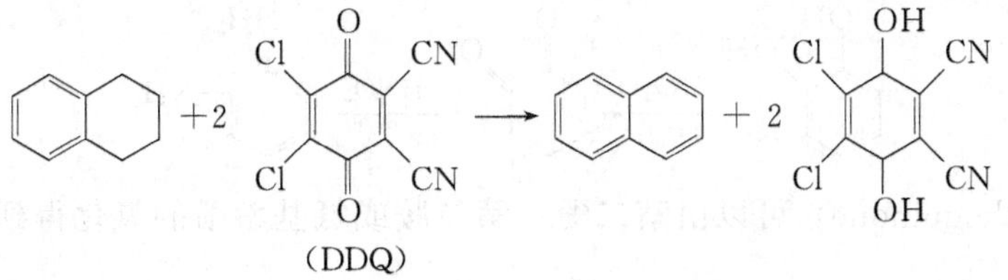

DDQ是强的脱氢试剂，从20世纪60年代开始DDQ在甾族化合物的研究工作中，成为一个很有用的脱氢试剂，并且在其它类型化合物的研究中，应用范围也不断地在扩展。

10.7.2 加成反应

醌分子中的α,β-不饱和醛酮的构造使其容易发生加成反应，如亲电加成、亲核加成。醌类化合物可以进行1,4-加成反应，四氯-1,4-苯醌的合成就是应用该反应的典型例子。

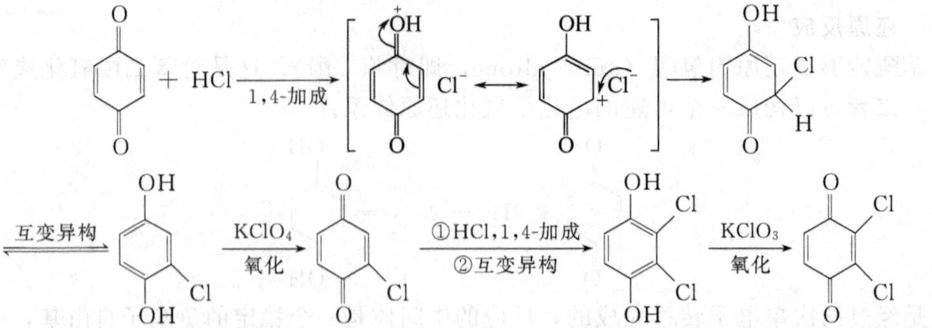

产物2,3-二氯-1,4-苯醌再经两次重复以上各步反应，即可得到四氯-1,4-苯醌。反应相当于两分子氯化氢和对苯醌进行1,4-加成。使用氰化氢与对苯醌发生同样的反应，即可制得DDQ。

对苯醌还可以作为亲双烯体与共轭二烯烃发生Diels-Alder反应，羰基的吸电子作用使醌的碳碳双键具有较好的加成活性。例如：

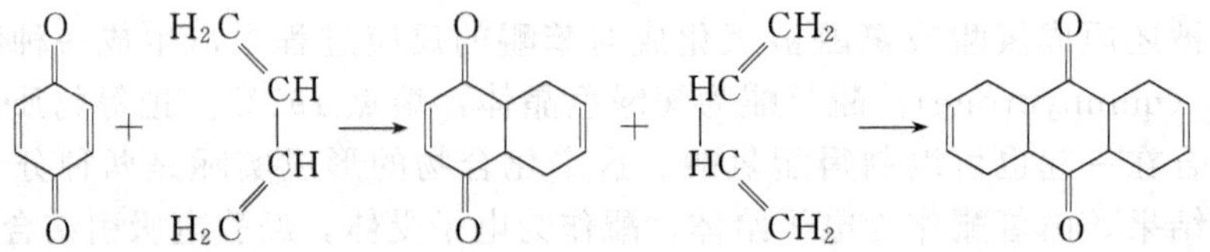

10.8 醌的制法

醌一般是由氧化法来制备的，使用的原料可以是芳胺、酚等。邻苯醌和对苯醌可由相应的邻位或对位的苯二酚、苯二胺或氨基苯酚氧化制备。

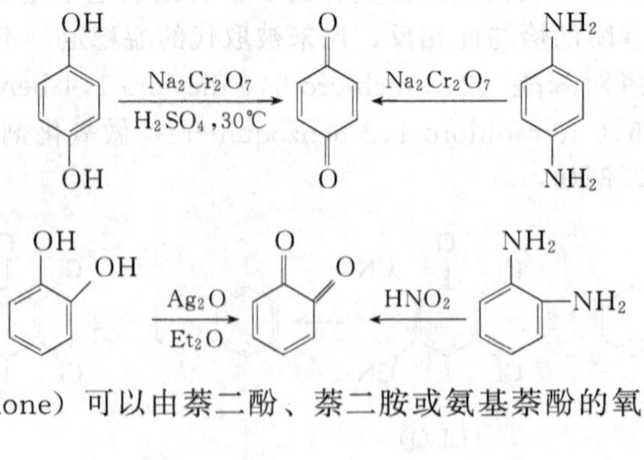

萘醌（naphthoquinone）可以由萘二酚、萘二胺或氨基萘酚的氧化得到。

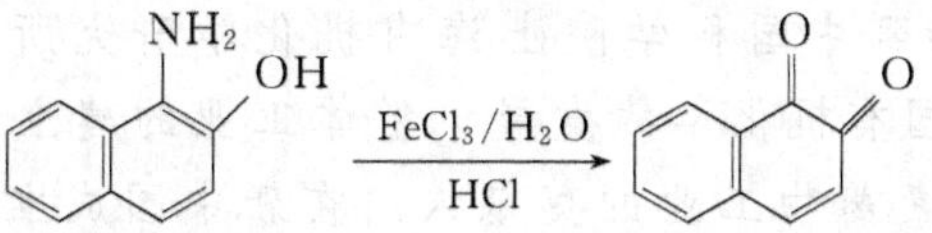

[反应式：1-氨基-2-萘酚 在 FeCl₃/H₂O, HCl 作用下生成 1,2-萘醌]

蒽和菲 9,10 位的氢原子有较高的反应活性，可用氧化剂直接将其氧化成蒽醌（anthraquinone）和菲醌（phenanthraquinone）。

[反应式：菲 $\xrightarrow{O_2/V_2O_5, \triangle}$ 菲醌]

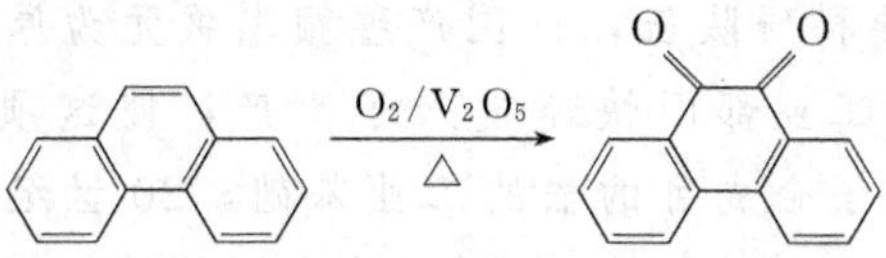

蒽醌除了可以用蒽直接氧化制得，也可用苯和邻苯二甲酸酐通过 Friedel-Crafts 酰基化反应及脱水闭环反应制备，目前工业生产蒽醌及其衍生物就采用此方法。

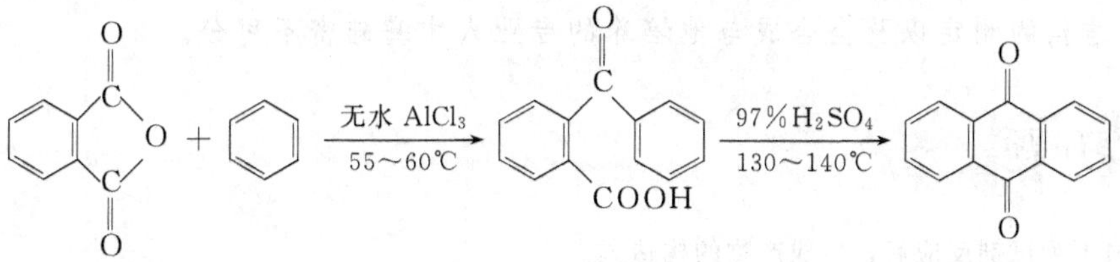

[反应式：邻苯二甲酸酐 + 苯 $\xrightarrow{\text{无水 AlCl}_3, 55\sim60℃}$ 邻苯甲酰苯甲酸 $\xrightarrow{97\% H_2SO_4, 130\sim140℃}$ 蒽醌]

阅读材料

杰出的有机化学家——黄鸣龙

黄鸣龙（1898—1979），江苏扬州人，杰出的有机化学家。1920年，浙江医药专科学校毕业，即赴瑞士苏黎世大学学习。1922年到德国柏林大学深造，并于1924年获哲学博士学位，同年回国。1934年再度赴德国，先在柏林继续学习有机合成和分析方面有关的新技术，后于1935年进入德国维尔茨堡大学化学研究所进修，研究中药延胡索、细辛的有效化学成分。1938～1940年，先在德国先灵药厂研究甾体化学，后又在英国密德塞斯医院生物化学研究所研究激素类药物。1940～1945年回国，任中央研究院化学研究所（昆明）研究员兼西南联合大学教授。其间进行了药物山道年的立体异构研究，并为国内外相关的后续研究奠定了理论基础。1945年，应美国著名的甾体化学家 L. F. Fieser 教授的邀请到哈佛大学化学系做研究工作，创造性地改进 Wolff-Kishner 反应的工作即在此完成。1949～1952年在美国默克药厂从事副肾皮激素人工合成的研究。

黄鸣龙教授所改良的 Wolff-Kishner 还原法已被称为黄鸣龙还原法，并写入各国有机化学教科书中。这是首例以我国科学家名字命名的重要的有机化学反应，并在世界各国广泛应用于生产。他在做 Wolff-Kishner 还原反应时，出现了预料之外的现象，得到了非常好的产率。他仔细分析原因，又通过一系列改变反应条件的试验，实现了对此反应的改良。通过他的改进，该反应无需再使用昂贵的原料，并极大地提高了产率，使改进后的反应可以直接应用于生产实践。由此可见，黄鸣龙还原法的发现有偶然因素，但更主要的原因在于他实事求是的科学态度和严谨的治学精神。

黄鸣龙教授是一位爱国的科学家。他曾先后三次出国，最终却于1952年毅然放弃美国优越的工作和生活条件，带着妻女和一些仪器，以讲学为名绕道欧洲回到祖国。他回国后先在军事医学科学院任化学系主任，继续从事甾体激素的合成研究和甾体植物资源的调查。1956年转到中国科学院上海有机化学研究所工作。黄鸣龙教授一生为科学事业艰苦奋斗，为我国有机化学的发展、甾体工业的建立和科技人才的培养做出了重要贡献，是我国甾体激素药物工业的奠基人。在新中国成立前，我国的甾体激素药物工业一直是空白。虽然黄鸣龙教授早在1940年代已开始这方面的研究，但多数工作是在国外进行的。他回国后即带领青年科技人员，开展了甾体植物资源的调查和甾体激素的合成研究。1958年，他领导科研队伍，以国产薯蓣皂甙元为原料，用微生物氧化等方法，七步合成了可的松；并协助工业部门快速投入了生产，使这项国家安排在第三个五年计划的项目提前数年完成。有了合成可的松的工业基础，20世纪60年代初期，许多重要的甾体激素如黄体素、强的松和地塞米松等，先后生产出来。中国的甾体激素药物也从进口一跃而为出口。

与此同时，他还亲自开课系统地讲授甾体化学，培养出一批该领域的专门人才，抗疟疾药物青蒿素结构的测定以及全合成与他培养的专业人才基础密不可分。

习 题

1. 写出乙醛与下列试剂反应后，生成产物的构造式。
   (1) HCN (2) 乙二醇，H$^+$ (3) NaHSO$_3$，然后加 NaCN (4) 2,4-二硝基苯肼
   (5) 稀碱（5%NaOH），H$_2$O，然后加热 (6) 硼氢化钠 (7) LiAlH$_4$，然后加 H$_2$O
   (8) Ag(NH$_3$)$_2$OH (9) n-C$_4$H$_9$MgBr，H$_2$O (10) 过量的 HCHO，OH$^-$

2. 写出苯甲醛与上题中各试剂反应后产物的构造式，如不发生反应请标明。

3. 将下列各组化合物与 HCN 反应的活性顺序由大到小排列。

   (1) $CH_3\overset{O}{\overset{\|}{C}}H$, $CH_3\overset{O}{\overset{\|}{C}}CHO$, $CH_3\overset{O}{\overset{\|}{C}}CH_2CH_3$, $(CH_3)_3C\overset{O}{\overset{\|}{C}}C(CH_3)_3$

   (2) $C_2H_5\overset{O}{\overset{\|}{C}}CH_3$, $CH_3\overset{O}{\overset{\|}{C}}CCl_3$

4. 用化学方法鉴别下列各组化合物。

   (1) 环己烯，环己酮，环己醇

   (2) 对甲基苯甲醛，对甲基苯乙醛，对甲基苯乙酮，对甲基苯酚，对甲基苄醇

5. 甲基烷基酮和芳醛在碱催化时的羟醛缩合是在甲基处，而在酸催化时是在亚甲基处，例如：

   PhCHO + CH$_3$COCH$_2$CH$_3$ $\xrightarrow[H_2O]{OH^-}$ PhCH=CH—COCH$_2$CH$_3$

   PhCHO + CH$_3$COCH$_2$CH$_3$ $\xrightarrow[HOAc]{H_2SO_4}$ PhCH=C(CH$_3$)COCH$_3$

   试解释这一现象。

6. 由乙醛和丙酮及必要的试剂制备下列化合物。

(1) 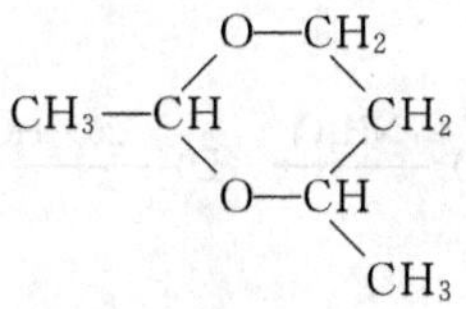 CH₃—CH
     $\begin{array}{c}O-CH_2\\ |CH_2\\ O-CH\\ |\\ CH_3\end{array}$

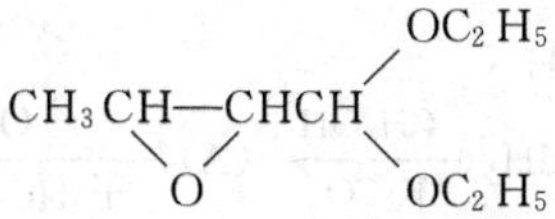

(2) CH₃CH—CHCH
    $\backslash O /$ OC₂H₅, OC₂H₅

(3) [cyclohexyl-CH₃]—C(O-CH₂-O)(O-CH₂-O)C—[cyclohexyl-CH₃] (spiro diketal)

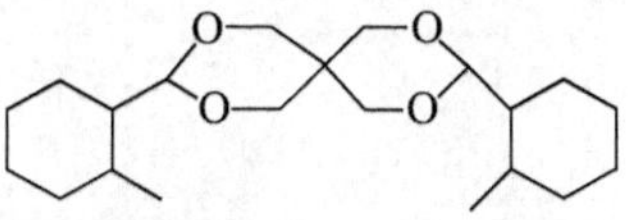

(4) (CH₃)₂CHCH₂COOH

7. 由指定的原料合成下列化合物（必要的无机及有机试剂任选）。

(1) 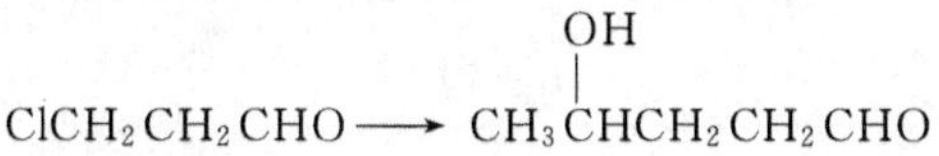 ClCH₂CH₂CHO ⟶ CH₃CH(OH)CH₂CH₂CHO

(2) 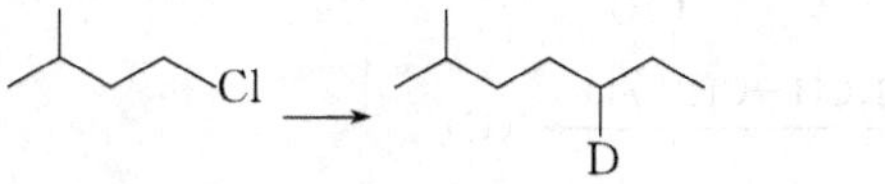 (CH₃)₂CHCH₂CH₂Cl ⟶ (CH₃)₂CHCH₂CH₂CH(D)CH₂CH₃

(3) 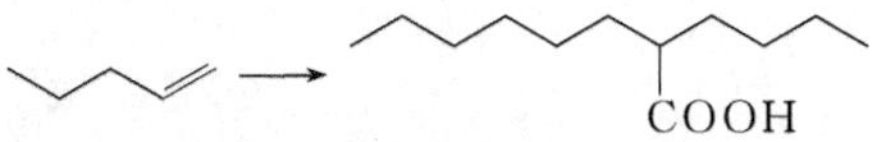 CH₂=CHCH₂CH₃ ⟶ CH₃(CH₂)₆CH(COOH)CH₂CH₂CH₂CH₃ (支链羧酸)

(4) 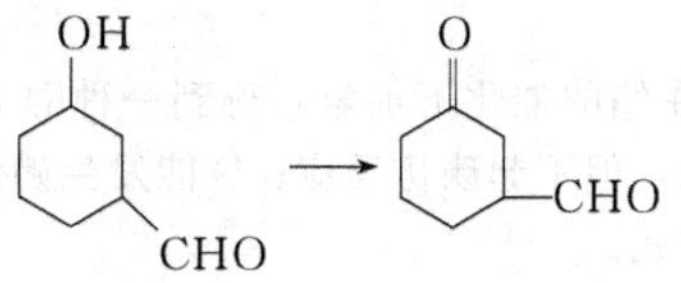 3-羟基环己基甲醛 ⟶ 3-氧代环己基甲醛

(5) 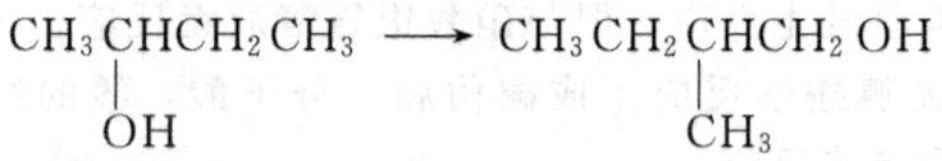 CH₃CH(OH)CH₂CH₃ ⟶ CH₃CH₂CH(CH₃)CH₂OH

(6) 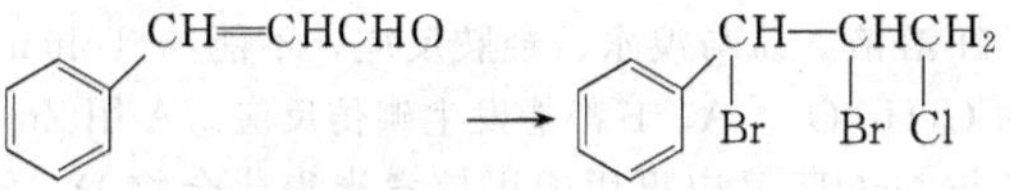 C₆H₅—CH=CHCHO ⟶ C₆H₅—CH(Br)CH(Br)CH₂Cl

(7) 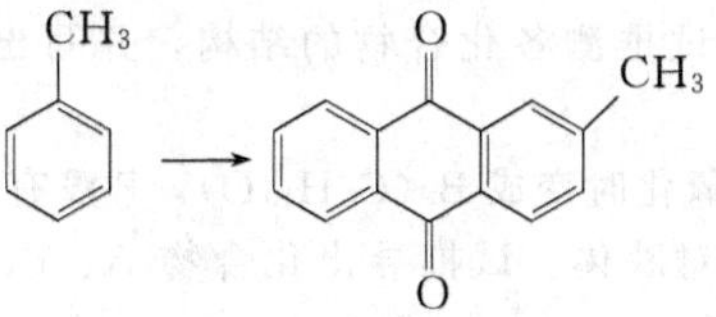 甲苯 ⟶ 2-甲基蒽醌

(8) 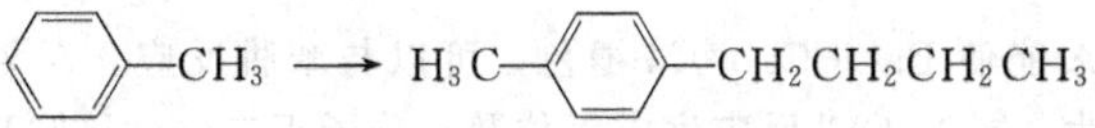 C₆H₅CH₃ ⟶ H₃C—C₆H₄—CH₂CH₂CH₂CH₃ (对位)

8. 完成下列反应。

(1) 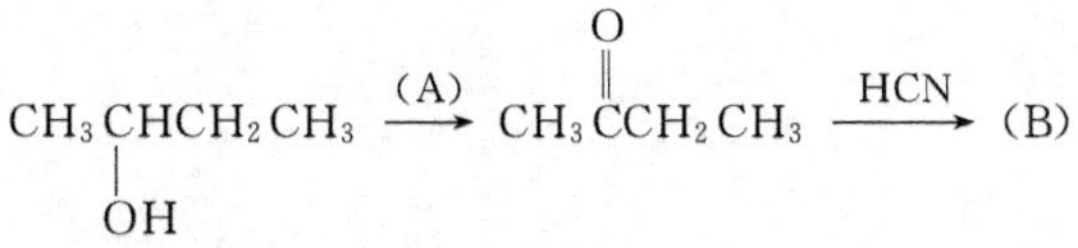 CH₃CH(OH)CH₂CH₃ $\xrightarrow{(A)}$ CH₃COCH₂CH₃ $\xrightarrow{HCN}$ (B)

(2) 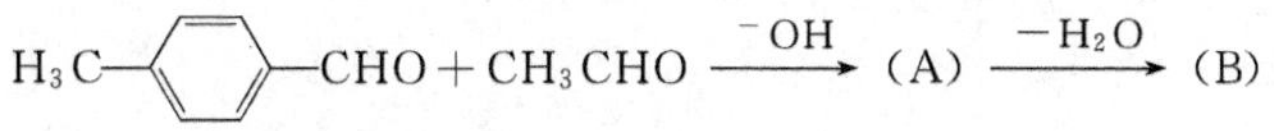 H₃C—C₆H₄—CHO + CH₃CHO $\xrightarrow{^-OH}$ (A) $\xrightarrow{-H_2O}$ (B)

(3) (CH₃)₃CCHO + HCHO $\xrightarrow{浓 NaOH}$ (A) + (B)

(4) 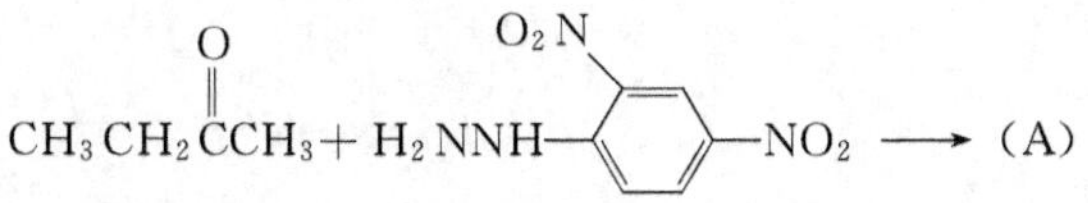 CH₃CH₂COCH₃ + H₂NNH—C₆H₃(O₂N)(NO₂) ⟶ (A)

(5) 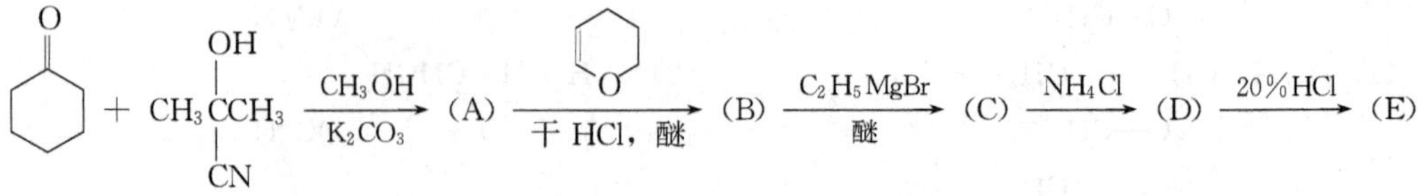 环己酮 + $CH_3\underset{CN}{\underset{|}{C}}(OH)CH_3$ $\xrightarrow[K_2CO_3]{CH_3OH}$ (A) $\xrightarrow[\text{干 HCl, 醚}]{\text{⟨二氢吡喃⟩}}$ (B) $\xrightarrow[\text{醚}]{C_2H_5MgBr}$ (C) $\xrightarrow{NH_4Cl}$ (D) $\xrightarrow{20\% HCl}$ (E)

(6) 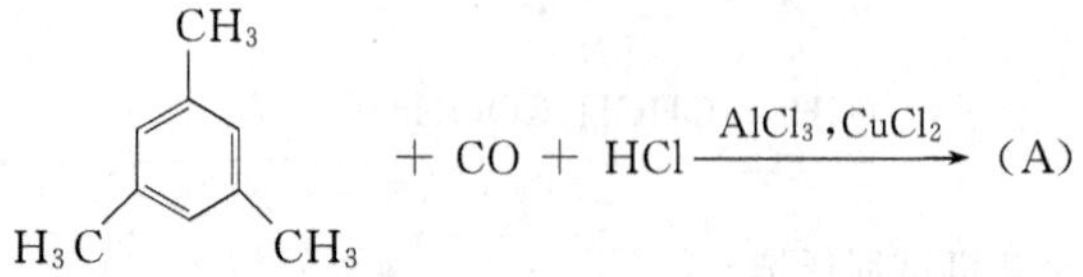 1,3,5-三甲苯 + CO + HCl $\xrightarrow{AlCl_3, CuCl_2}$ (A)

(7) $CH_3CH=CHCOC_6H_5$ + HCN ⟶ (A)

(8) $C_6H_5CHO + HOCH_2CH_2OH$ ⟶ (A)

(9) $Ph_3P + CH_3CH_2Br$ ⟶ (A) $\xrightarrow{C_4H_9Li}$ (B) $\xrightarrow{CH_3CH=C(CH_3)CHO}$ (C)

(10) 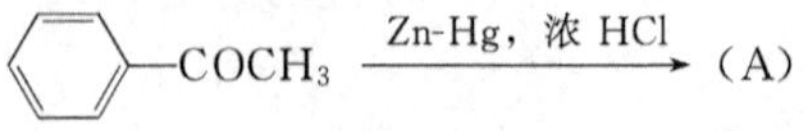 $C_6H_5COCH_3$ $\xrightarrow{Zn-Hg, \text{浓 HCl}}$ (A)

(11) 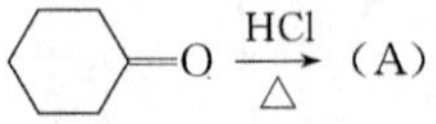 环己酮环氧化物 $\xrightarrow[\Delta]{HCl}$ (A)

9. 有一化合物（A）$C_6H_{12}O$，能与羟胺作用，但不起银镜反应，在铂的催化下加氢，得到一种醇 B，B 经溴氧化、水解等反应后，得到两种液体 C 和 D，C 能起银镜反应，但不起碘仿反应；D 能发生碘仿反应，但不能使 Fehling 试剂还原，试推测 A 的结构，并写出主要反应式。

10. 有一化合物 A，A 可以很快使溴水褪色，可以和苯肼发生反应，但与硝酸银氨溶液无反应。A 氧化后得到一分子丙酮和另一化合物 B。B 有酸性，和次碘酸钠反应生成碘仿和一分子酸，酸的结构式是 HOOC—CH_2CH_2—COOH。试写出 A 的结构式和各步反应。

11. 某化合物 A，分子式为 $C_9H_{10}O_2$，能溶于 NaOH 溶液，易与溴水、羟胺反应，不能与 Tollens 试剂反应。A 经 $LiAlH_4$ 还原后得化合物 B，分子式为 $C_9H_{12}O_2$。A、B 都能发生碘仿反应。A 用 Zn-Hg 在浓盐酸中还原得化合物 C，分子式为 $C_9H_{12}O$，C 与 NaOH 反应再用碘甲烷煮沸得化合物 D，分子式为 $C_{10}H_{14}O$。D 用高锰酸钾溶液氧化后得对甲氧基苯甲酸，试推测各化合物的结构，并写出有关反应式。

12. 化合物 A（$C_5H_{12}O$）有旋光性，当它用碱性高锰酸钾剧烈氧化时变成 B（$C_5H_{10}O$）。B 没有旋光性，B 与正丙基溴化镁作用后水解生成 C，然后能拆分出两个对映体。试推导出化合物 A、B、C 的构造式。

13. 有一个化合物 A，其分子式为 $C_8H_{14}O$，A 能使 Br_2/CCl_4 溶液褪色，可以与苯肼反应。A 氧化生成一分子丙酮及两一个化合物 B，B 具有酸性，同 NaOCl 反应生成氯仿及一分子丁二酸。试写出 A 和 B 可能的构造式以及各步反应式。

第 11 章 羧酸及其衍生物

羧酸（carboxylic acids）是指分子中含有羧基（—COOH，carboxyl group）的一类化合物，除甲酸和乙二酸之外，它们都可以看作是烃分子中的氢原子被羧基取代的衍生物，通式表示为 RCOOH。羧酸分子中羧基上的羟基被其它原子或原子团取代后的化合物称为羧酸衍生物（carboxylic acid derivatives）。羧酸分子中烃基上的氢原子被其它原子或原子团取代后的产物叫作取代酸（substituted carboxylic acids）。

羧酸、某些羧酸衍生物和取代酸广泛存在于自然界，有些羧酸是常用的工业原料，如乙酸是常用的溶剂和原料，苯甲酸钠是常用的防腐剂；许多羧酸及其衍生物是动植物代谢的重要产物，比如氨基酸缩合形成的酰胺称为肽，蛋白质就是多肽的一种，因此羧酸是一类非常重要的有机化合物。

11.1 羧酸的分类和命名

羧酸主要有两种分类方法。按照分子中烃基的结构可以分为脂肪酸（fatty acids）和芳香酸（aromatic acids），脂肪酸还可以分为饱和脂肪酸（saturated fatty acids）和不饱和脂肪酸（unsaturated fatty acids）。例如：

$$CH_3CH_2CH_2COOH \qquad CH_3CH=CHCOOH \qquad \text{苯甲酸} \qquad \alpha\text{-萘乙酸}$$

丁酸　　　　　2-丁烯酸　　　　苯甲酸 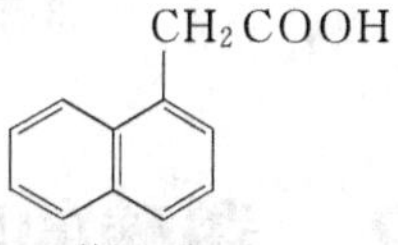　　　　α-萘乙酸

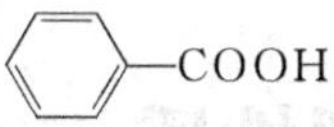

按照分子中所含羧基的数目又可以分为一元酸（monocarboxylic acids）、二元酸（dicarboxylic acids）及多元酸（polycarboxylic acids）等。例如：

$$CH_3CH_2COOH \qquad HOOC-\text{环己基}-COOH \qquad \text{均三苯甲酸}$$

丙酸　　　　1,4-环己基二甲酸 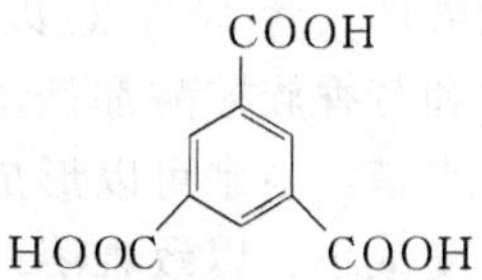　　　均三苯甲酸

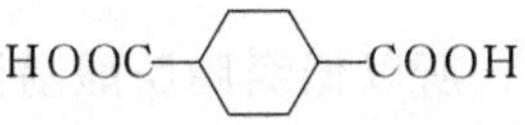

羧酸有两类命名法：俗名和系统命名法。

许多羧酸最初是从天然产物中得到的，因此根据其来源而有俗名，如甲酸又称蚁酸，因为蚂蚁会分泌出甲酸；乙酸又称醋酸，它最早是由醋中获得的；丁酸俗称酪酸，奶酪中的特殊臭味就是丁酸的气味。苹果酸、柠檬酸、酒石酸各来自于苹果、柠檬和酿制葡萄酒时所得到的羧酸。软脂酸、硬脂酸和油酸则是从油脂水解得到并根据它们的性状而

分别加以命名的。

羧酸的系统命名法是选取含有羧基的最长碳链为主链，根据主链的碳原子数目称其为"某酸"，取代基的位次和名称写在"某酸"之前。如果用阿拉伯数字标明主链碳原子的位次时，编号自羧基的碳原子开始；如果用希腊字母 α、β、γ、δ 等来标明主链碳原子的位次时，编号自羧基相邻的碳原子开始，距羧基最远的为 ω 位。例如：

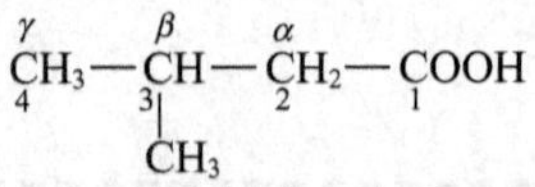

$$\overset{\gamma}{\underset{4}{CH_3}}-\overset{\beta}{\underset{3}{CH}}-\overset{\alpha}{\underset{2}{CH_2}}-\overset{}{\underset{1}{COOH}}$$
$$|$$
$$CH_3$$

3-甲基丁酸或 β-甲基丁酸

脂肪族二元羧酸的系统命名法是选择包含两个羧基的最长碳链为主链，根据主链的碳原子数目称为"某二酸"，把取代基的位置和名称写在"某二酸"之前。例如：

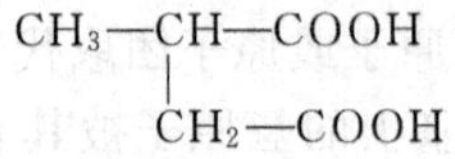

$$CH_3-CH-COOH \qquad HOOCCH-CHCH_2COOH$$
$$| | |$$
$$CH_2-COOH CH_3 CH_2CH_3$$

2-甲基丁二酸 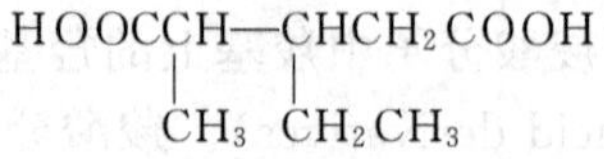　　　　　　2-甲基-3-乙基戊二酸

不饱和脂肪羧酸的系统命名法是选择含有重键和羧基的最长碳链为主链，根据主链的碳原子数目称为"某烯酸"或"某炔酸"，把重键的位置写在"某"字之前。例如：

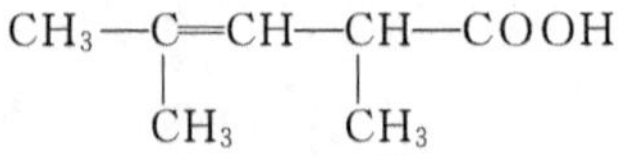

$$CH_3-C=CH-CH-COOH \qquad \overset{HOOC}{\underset{H}{}}C=C\overset{H}{\underset{COOH}{}}$$
$$| |$$
$$CH_3 CH_3$$

2,4-二甲基-3-戊烯酸 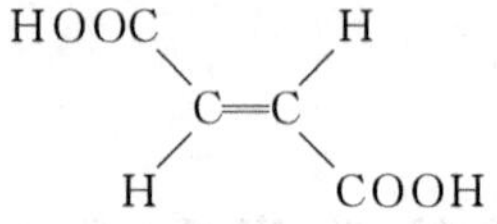　　　　（E）-丁烯二酸

芳香酸和含有脂环的脂肪酸的系统命名法一般是把环作为取代基。例如：

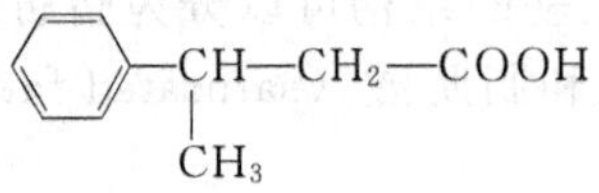

3-苯基丁酸或 β-苯基丁酸 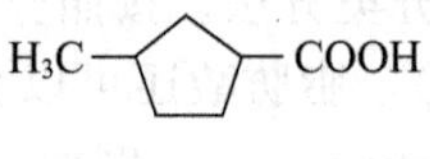　　　3-甲基环戊基甲酸

11.2 羧酸的物理性质

低级脂肪酸 $C_1 \sim C_3$ 是液体，具有强烈酸味和刺激性。中级脂肪酸 $C_4 \sim C_{10}$ 是带有不愉快气味的油状液体。含 10 个 C 以上的高级脂肪酸是蜡状固体，挥发性很低，没有气味。脂肪族二元羧酸和芳香族羧酸都是固体。

羧基是亲水基，与水可以形成氢键，所以低级脂肪酸易溶于水，但随着分子量的增加，在水中的溶解度减小，以致难溶或不溶于水，而溶于有机溶剂。

羧酸的沸点比分子量相近的醇的沸点还要高。例如，甲酸和乙醇的分子量相同，但乙醇的沸点为 78.5℃，而甲酸为 100.5℃。这是因为羧酸分子间能以氢键缔合成二聚体，羧酸分子间的氢键比醇分子间的氢键更稳定。甲酸分子间氢键键能为 30kJ·mol^{-1}，而乙醇分子间氢键键能为 25kJ·mol^{-1}。根据电子衍射等方法测得，低级的酸甚至在蒸气中也以二聚体的形式存在。

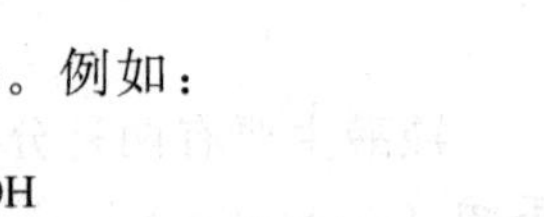

直链饱和一元羧酸的熔点随分子中 C 原子数目的增加呈锯齿形变化，含偶数 C 原子酸的熔点比相邻两个奇数 C 原子酸的熔点高，如图 11-1 所示。这是由于偶数 C 原子羧酸分子比奇数 C 原子羧酸分子较为对称，在晶体中排列更紧密的缘故。

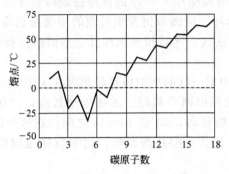

图 11-1　直链饱和一元羧酸的熔点

一些羧酸的物理常数见表 11-1。

表 11-1　一些羧酸的物理常数

化合物名称(俗名)	沸点/℃	熔点/℃	溶解度 /g·(100mL 水)$^{-1}$	相对密度(d_4^{20})
甲酸(蚁酸)	100.5	8.4	∞	1.220
乙酸(醋酸)	118	16.6	∞	1.0492
丙酸(初油酸)	141	−22	∞	0.9934
正丁酸(酪酸)	162.5	−4.7	∞	0.9577
正戊酸(缬酸)	186~187	−34.5	4.97	0.9391
正己酸(羊油酸)	205	−1.5~2	0.968	0.9274
正辛酸(羊脂酸)	239.3	16.5	0.068	0.9088
正癸酸(天竺癸酸)	270	31.52	0.015	0.8858(40℃)
正十二碳酸(月桂酸)	225/13.3 kPa	44	0.0055	0.8679(50℃)
正十四碳酸(豆蔻酸)	326.2	58.5	0.0020	0.8439(60℃)
正十六碳酸(软脂酸)	351.5	63	0.00072	0.853(62℃)
正十八碳酸(硬脂酸)	383	71.2	0.00029	0.9408
丙烯酸	141.6	13.5	溶	1.0511
乙二酸(草酸)	157(升华)	189.5	9	1.650
丙二酸(缩苹果酸)	140(分解)	135	74	1.619(16℃)
丁二酸(琥珀酸)	235(失水)	185	5.8	1.572(25℃)
戊二酸(胶酸)	302~304	97.5	63.9	1.424(25℃)
己二酸(肥酸)	265/13.3 kPa	151	1.5	1.360(25℃)
顺丁烯二酸(马来酸)	160(失水)	138~140	78.8	1.590
反丁烯二酸(富马酸)	200(升华)	287	0.7	1.635
苯甲酸(安息香酸)	249	121.7	0.21(17.5℃)	1.2659(15℃)
苯乙酸(苯醋酸)	265	78	溶于热水	
邻苯二甲酸(邻酞酸)	191(分解)		0.7	1.593
对苯二甲酸(对酞酸)	300(分解)		0.002	1.510

羧酸的光谱性质如下。

① 红外光谱　羧酸的官能团由 C═O 和 —OH 两个结构单元组成，包括三类键：O—H、C—O、C═O，其红外光谱的特征峰也体现了这三类键的振动吸收。由于羧酸中含有羟基，分子间很容易形成氢键，并缔合成二聚体。只有在气态或者非极性溶剂的稀溶液中，才能观察到单体的谱图。

O—H 的振动峰：单体的羧酸中 O—H 的伸缩振动峰在 3560~3500cm^{-1}，是一个弱的锐峰；二聚体的峰在 3000~2500cm^{-1}，为强的宽峰。在 1400cm^{-1} 和 920cm^{-1} 左右处还显示出 O—H 较强的弯曲振动谱带，可以进一步证明羧基的存在。

C=O 的振动峰：单体的羧酸中 C=O 的伸缩振动峰在 1750~1770cm^{-1}，为强的吸收峰；二聚体或者 C=O 与苯环、碳碳双键发生共轭的伸缩振动峰则在 1680~1700cm^{-1} 之间出现，为强的宽谱带。由于在这一区域很少出现其它基团的强吸收，所以这些吸收峰可以作为判断羧酸结构的依据。

C—O 的振动峰：羧酸中 C—O 的伸缩振动峰出现在 1210~1320cm^{-1} 之间。

② 核磁共振谱 由于羧基中两个氧原子的吸电子效应，产生较高的去屏蔽效应，羧酸中羟基质子的化学位移向低场移动，δ_H 在 10~13 之间。在这个区域，其它质子的信号很少出现，很容易确认。α-氢原子受到羧基的影响，化学位移也向低场移动，$\delta_{\alpha-H}$ 在 2.2~2.5 之间。

11.3 羧酸的化学性质

羧基是羧酸的官能团，由羰基和羟基两部分组成，决定了羧酸的主要性质。但是，羧酸不具有醛（酮）和醇的典型性质，这是羰基和羟基之间相互影响和相互制约的结果。作为一个整体，羧基的性质并不是羰基和羟基性质的简单加合。现代价键理论认为：羧基上的碳原子处于 sp^2 杂化状态，这三个杂化轨道分别与两个氧原子和另外一个氢原子或碳原子形成了三个共平面的 σ 键，键角大约 120°。羰基上碳原子未杂化的 p 轨道与羰基上氧原子的 p 轨道在侧面交盖后形成 π 键，并组成了 C=O 双键。同时，羟基中的氧原子中未杂化的 p 轨道上未共用电子对与 C=O 双键的 π 键形成了 p-π 共轭体系，如图 11-2 所示。

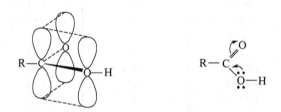

图 11-2 羧基上 p-π 共轭示意图

由于 p-π 共轭效应的结果，羧基中的碳氧键的键长趋于平均化。X 射线衍射表明，甲酸分子中 C=O 双键的键长比其它羰基中的 C=O 双键略长一些，而 C—O 键的键长比醇分子中 C—O 键略短一些。当甲酸分子羟基中的氢原子电离之后，负电荷平均分布在两个氧原子上，两个碳氧键的键长完全平均化。

羧酸的分子结构决定了羧酸的化学性质，根据其结构特点，羧酸的反应可在分子的四个部位发生：①羟基中氢原子发生解离，表现出羧酸的酸性；②羟基中的碳氧键断裂，羟基被其它原子或原子团取代，发生亲核取代反应；③羧基和烷基连接的碳碳单键断裂，失去 CO_2，发生脱羧反应（decarboxylic reaction）；④α-氢原子或苯环上的氢原子可被其它原子或原子团取代。

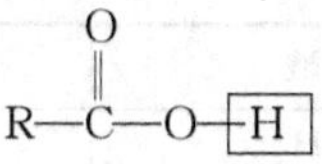

$$\underset{①}{R-\overset{O}{\underset{\|}{C}}-O-\boxed{H}} \qquad \underset{②}{R-\overset{O}{\underset{\|}{C}}-\boxed{O-H}} \qquad \underset{③}{R-\boxed{\overset{O}{\underset{\|}{C}}-O-H}}$$

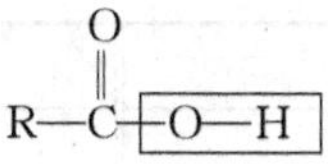

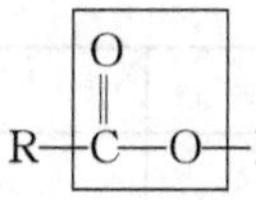

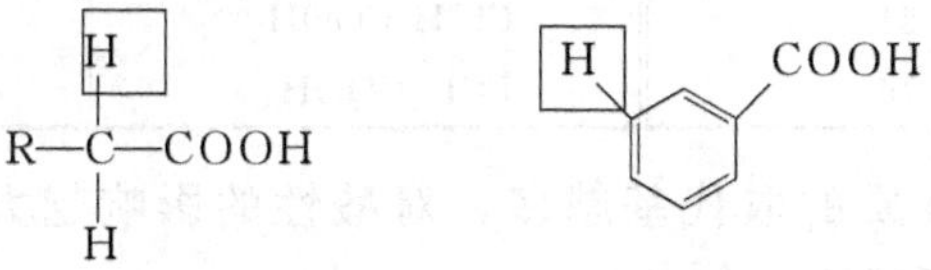

$$\underset{④}{\underset{H}{\overset{\boxed{H}}{R-C-COOH}}} \qquad \underset{}{\boxed{H} \text{—} \begin{array}{c}\text{COOH}\\ \end{array}}$$

11.3.1 酸性

11.3.1.1 羧酸的酸性

羧基中存在的 p-π 共轭效应，导致 O—H 键的极性增大，更容易断裂而使 H^+ 解离，呈现酸性。大多数无取代基的羧酸的 pK_a 在 4～5 之间，酸性较弱。但是当羧酸上含有吸电子基团（如卤素、硝基等）时酸性较强，如三氟乙酸的酸性很强，pK_a 值达到 0.23。羧酸在水溶液中可以建立如下的平衡：

$$RCOOH \rightleftharpoons RCOO^- + H^+$$

羧酸能与氢氧化钠、碳酸钠、碳酸氢钠等作用生成羧酸钠盐。当向羧酸盐溶液中加入无机酸后，羧酸又可以游离出来。

$$RCOOH + NaOH \longrightarrow RCOONa + H_2O$$

$$RCOOH + NaHCO_3 \longrightarrow RCOONa + CO_2\uparrow + H_2O$$

$$RCOONa + HCl \longrightarrow RCOOH + NaCl$$

酚的酸性比羧酸的酸性小，但又强于醇，利用这一性质，可以鉴别羧酸、酚类和醇类：羧酸既溶于氢氧化钠溶液又溶于碳酸氢钠溶液；酚则溶于氢氧化钠溶液而不溶于碳酸氢钠溶液；醇则在氢氧化钠和碳酸氢钠溶液中都不溶解。这种性质在生产中也有应用，例如，植物生长刺激素 α-萘乙酸不溶水，为了便于施用，加入适量的碳酸钠将其转变为可溶于水的钠盐。

羧酸盐具有盐类的一般性质，是离子化合物，不能挥发。高级脂肪酸盐在工业和生活上有很大用处，例如，高级脂肪酸盐的钠盐和钾盐是肥皂的主要成分，镁盐用于医药工业，钙盐用于油墨工业，苯甲酸钠和山梨酸钾可以用于食品的防腐。

11.3.1.2 影响因素

羧酸的酸性强弱除了与羧基的结构有关之外，还与烃基上的取代基有关。取代基对脂肪酸的影响主要是诱导效应，对芳香酸的影响还有共轭效应和场效应等，情况比较复杂。

当烃基上连有吸电子基团时，有利于分散羧酸根离子上的负电荷，增加其稳定性，酸性增强；当烃基上连有给电子基团时，不利于分散羧酸根离子上的负电荷，其稳定性降低，酸性减弱。表示如下：

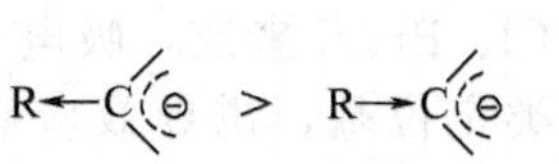

$$R \leftarrow \overset{\ominus}{C} \quad > \quad R \rightarrow \overset{\ominus}{C}$$

一些取代乙酸的 pK_a 值列于表 11-2 中，从中可以看出，吸电子基团的电负性越大，其吸电子能力越强，相应羧酸的酸性也越强，反之亦然。

表 11-2　一些取代乙酸的 pK_a 值

取代乙酸	pK_a	取代乙酸	pK_a
$(CH_3)_3CCOOH$	5.05	ICH_2COOH	3.18
$(CH_3)_2CHCOOH$	4.86	$BrCH_2COOH$	2.94
CH_3CH_2COOH	4.84	$ClCH_2COOH$	2.86
CH_3COOH	4.76	FCH_2COOH	2.59

诱导效应具有累积性，相同性质的取代基越多，对酸性的影响越大。如乙酸中 α-氢原子逐步被氯原子取代，酸性也逐渐增强。例如：

$$ClCH_2COOH \; > \; Cl_2CHCOOH \; > \; Cl_3CCOOH$$

pK_a 值　　　2.86　　　　　　　1.29　　　　　　　0.65

取代基的诱导效应是通过 σ 键传递，其特点是随着距离的增加而迅速减弱，一般不超过三个碳原子。这一特点对酸性的影响也是相同的，随着吸电子基团与羧基距离的增加，酸性相应降低，例如：

$$\underset{\underset{Cl}{|}}{CH_3CH_2CHCOOH} > \underset{\underset{Cl}{|}}{CH_3CHCH_2COOH} > \underset{\underset{Cl}{|}}{CH_2CH_2CH_2COOH} > \underset{\underset{H}{|}}{CH_2CH_2CH_2COOH}$$

pK_a 值　　2.86　　　　　　4.41　　　　　　　4.70　　　　　　　4.82

由于苯环是一个共轭体系，苯环上取代基对羧基的影响不同于在脂肪酸中的影响，不仅取决于吸电子基团的强弱，还取决于取代位置，表 11-3 列出了一些取代苯甲酸的 pK_a 值。

表 11-3　取代苯甲酸的 pK_a 值

取代基	邻(o)	间(m)	对(p)	取代基	邻(o)	间(m)	对(p)
H	4.20	4.20	4.20	Br	2.85	3.81	3.97
CH_3	3.91	4.27	4.38	I	2.86	3.85	4.02
CH_2CH_3	3.79	4.27	4.35	OH	2.98	4.08	4.57
C_6H_5	3.46	4.14	4.21	OCH_3	4.09	4.09	4.47
F	3.27	3.86	4.14	CN	3.14	3.64	3.55
Cl	2.92	3.83	3.97	NO_2	2.21	3.49	3.42

取代苯甲酸的酸性与取代基的位置、共轭效应及诱导效应的同时存在和影响有关，还有场效应的影响，情况比较复杂。可大致归纳如下。

① 当取代基处于邻位时，不论是第一类取代基（氨基除外）还是第二类取代基，都使苯甲酸的酸性增强。这种特殊的性质总称为邻位效应，邻位效应包括取代基之间的空间阻碍、诱导效应、场效应、分子内氢键和成键能力等因素。

② 当取代基处于间位时，取代基、苯环和羧基三者不处于一个共轭体系中，取代基不会通过共轭效应影响羧基。另外，取代基距羧基较远，诱导效应较弱，仍对碳原子的极化程度有所作用。吸电子效应使羧酸根离子的稳定性增加，酸性增强。给电子效应则相反。

③ 当取代基处于对位时，取代基为第一类定位基（除了 F、Cl、Br、I 之外），给电子的共轭效应大于吸电子的诱导效应或者给电子的共轭效应和给电子的诱导效应共同作用，使取代苯甲酸的酸性减弱。对于 Cl、Br、I 来说，吸电子的诱导效应大于给电子的共轭效应，使酸性增强。取代基为第二类定位基，诱导效应和共轭效应都是吸电子，结果使酸性增强。

总体来说，羧酸酸性的强弱与其羧基负离子的稳定性是一致的。酸性越强，羧基负离子的稳定性越高。同样，羧基负离子越稳定，相应羧酸的酸性越强，这与无机化学中共轭酸碱的关系类似。正如上面提到的羧酸的电离过程：

$$RCOOH \rightleftharpoons RCOO^- + H^+$$

上述提到的所有的增加羧酸酸性的影响因素，都可以用稳定羧基负离子加以解释，这是判断羧酸酸性的根本和基础。

二元羧酸的酸性一般比同碳原子数的一元酸的酸性强，分子中有两个可以电离的氢原子，其解离常数 $K_{a1} > K_{a2}$，即 $pK_{a1} < pK_{a2}$。这是因为在未解离第一氢原子时，羧基（COOH）是一个强的吸电子基团，解离之后，羧基变成了羧酸根（COO⁻），则成为一个给电子基团，使得第二个羧基解离比较困难。表 11-4 列出了部分二元羧酸的 pK_a 值，可以看出，如果两个羧基离得比较远时，K_{a1} 和 K_{a2} 相差不大。因此，二元羧酸的酸性增强和酸性减弱效应，与两个羧基中间碳链的距离有关。

$$HOOC(CH_2)_n COOH \xrightleftharpoons{K_{a1}} HOOC(CH_2)_n COO^- + H^+$$

$$\updownarrow K_{a2}$$

$$^-OOC(CH_2)_n COO^- + H^+$$

表 11-4 二元羧酸的 pK_{a1} 和 pK_{a2} 值

二元羧酸	pK_{a1}	pK_{a2}	二元羧酸	pK_{a1}	pK_{a2}
HOOCCOOH	1.27	4.27	HOOC(CH$_2$)$_3$COOH	4.34	5.42
HOOCCH$_2$COOH	2.85	5.70	HOOC(CH$_2$)$_4$COOH	4.43	5.41
HOOC(CH$_2$)$_2$COOH	4.21	5.64			

11.3.2 羧酸衍生物的生成

在一定条件下，羧酸分子中羧基上的羟基可被卤原子、羧酸根、烷氧基、氨基或取代氨基取代，分别生酰卤、酸酐、酯及酰胺，这些化合物统称为羧酸衍生物。

11.3.2.1 酰卤的生成

羧酸（除甲酸外）与 PX$_3$、PX$_5$、SOCl$_2$ 作用，羟基被卤素取代生成酰卤。

$$R-\overset{O}{\underset{}{C}}-OH + \begin{matrix}PCl_3\\ PCl_5\\ SOCl_2\end{matrix} \longrightarrow R-\overset{O}{\underset{}{C}}-Cl + \begin{matrix}H_3PO_3(200℃分解)\\ POCl_3(沸点107℃)\\ SO_2 + HCl\end{matrix}$$

酰卤非常活泼，易发生水解，通常采用蒸馏法将产物分离。如果生成的酰卤沸点比较低，采用的试剂为 PX$_3$；生成的酰卤沸点比较高，采用的试剂为 PX$_5$。由于副产物是 HCl 和 SO$_2$，不存在液体副产物，有利于分离，SOCl$_2$ 是制备酰卤最方便的试剂，且酰氯的产率比较高。例如：

$$\text{o-NO}_2\text{-C}_6\text{H}_4\text{-COOH} + SOCl_2 \xrightarrow{90\%\sim 98\%} \text{o-NO}_2\text{-C}_6\text{H}_4\text{-COCl} + SO_2\uparrow + HCl$$

有些时候，也采用酰氯交换的方式合成，常用草酰氯、乙酰氯等为原料合成相应低沸点的酰氯，例如：

PhCO$_2$—CH(—)—CH(OH)—CH$_2$OH （带 PhCO$_2$ 取代） $\xrightarrow[\text{DMF, CH}_2\text{Cl}_2]{\text{草酰氯，室温搅拌}}$ PhCO$_2$—C(=O)—CH(—)—CH$_2$Cl（带 PhCO$_2$ 取代，Cl 取代）

11.3.2.2 酸酐的生成

在脱水剂的作用下，两分子的羧酸（除甲酸外）加热脱去一分子的水，生成酸酐。常用的脱水剂有五氧化二磷等。甲酸不适合此类方法，它在脱水时生成一氧化碳。

$$R-\underset{\underset{O}{\|}}{C}-OH + HO-\underset{\underset{O}{\|}}{C}-R \xrightarrow[\Delta]{P_2O_5} R-\underset{\underset{O}{\|}}{C}-O-\underset{\underset{O}{\|}}{C}-R + H_2O$$

某些二元酸在加热条件下，即可发生分子内脱水生成五元环或六元环的酸酐。例如：

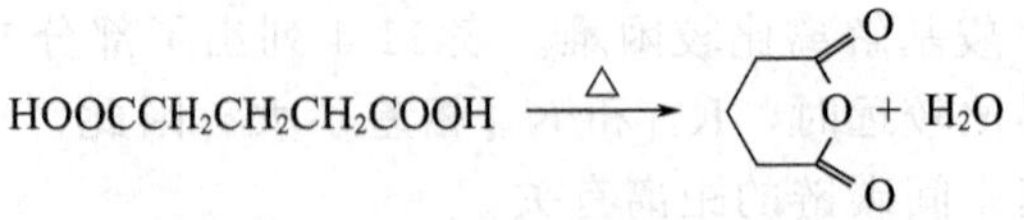

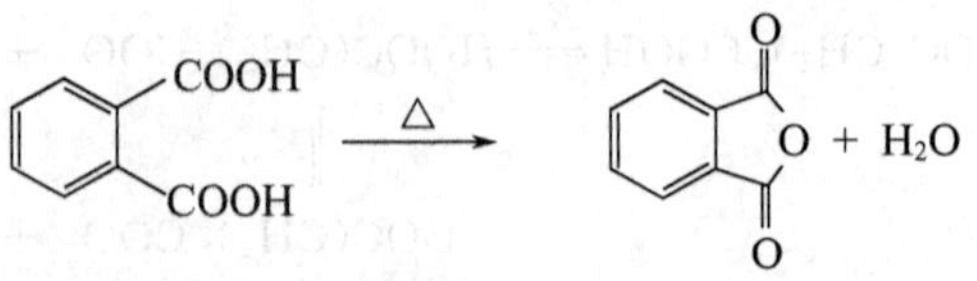

$$HOOCCH_2CH_2CH_2COOH \xrightarrow{\Delta} \text{(丁二酸酐)} + H_2O$$

$$\text{(邻苯二甲酸)} \xrightarrow{\Delta} \text{(邻苯二甲酸酐)} + H_2O$$

高级脂肪酸的酸酐通过乙酸酐与高级酸的交换反应得到，乙酸酐能较迅速的与水反应，且价格便宜，生成的乙酸非常容易除去。

$$2RCOOH + (CH_3CO)_2O \rightleftharpoons (RCO)_2O + 2CH_3COOH$$

不同结构的羧酸发生分子间脱水反应，则得到混合物，在合成上没有什么意义，混合酸酐一般用酰卤和无水羧酸盐共热来制备。例如：

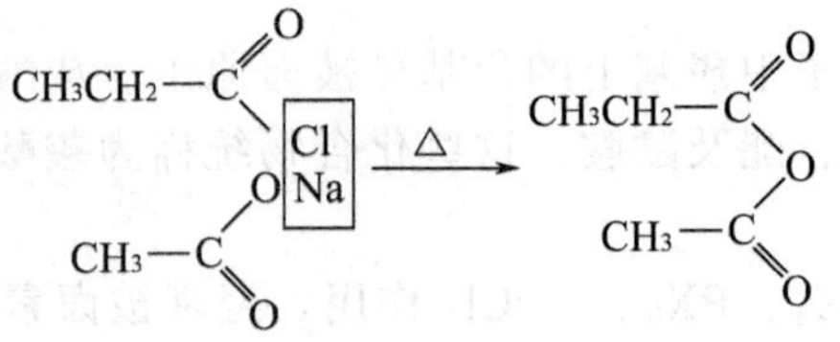

$$\begin{array}{c} CH_3CH_2-C(=O)-Cl \\ CH_3-C(=O)-ONa \end{array} \xrightarrow{\Delta} CH_3CH_2-C(=O)-O-C(=O)-CH_3$$

11.3.2.3 酯的生成和反应机理

（1）酯的生成

羧酸与醇在无机酸催化作用下生成酯和水的反应，称为酯化反应（esterification reaction），常用的催化剂有硫酸、氯化氢、苯磺酸等。

$$R-\underset{\underset{O}{\|}}{C}-OH + HO-R' \rightleftharpoons R-\underset{\underset{O}{\|}}{C}-O-R' + H_2O$$

酯化反应是可逆反应，其逆反应称为酯的水解反应，如逆反应用碱催化，则称为皂化反应。根据平衡移动原理，通常采用加入过量的廉价的原料或者在反应中除去产物，促进反应向右进行，来提高反应的转化率。例如：在工业上生产乙酸乙酯，加入过量的乙酸，并在反应过程中不断蒸出乙酸乙酯和水的共沸物，同时不断加入乙酸和乙醇，实现连续化生产。

由于上述催化剂在生产中产生大量的废酸，造成严重的环境问题，工业上逐渐使用强酸性阳离子交换树脂代替以上的催化剂。例如：

$$CH_3COOH + CH_3(CH_2)_3OH \xrightarrow[\text{室温, 100\%}]{\text{树脂-}SO_3H, CaSO_4\text{（干燥剂）}} CH_3COO(CH_2)_3CH_3 + H_2O$$

酯的制备也可以用羧酸盐和活泼的卤代烃反应进行。例如：

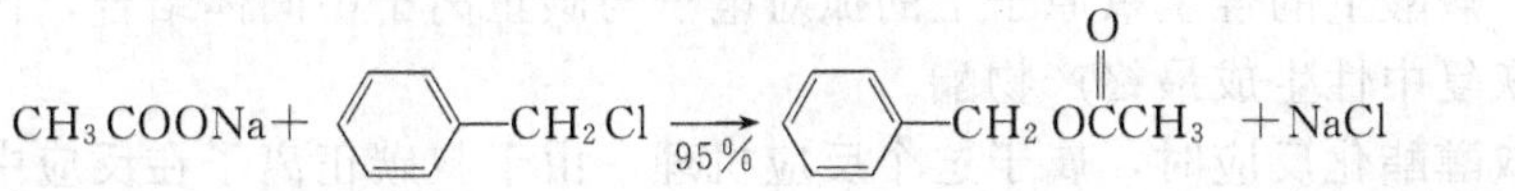

$$CH_3COONa + \underset{}{C_6H_5-CH_2Cl} \xrightarrow{95\%} \underset{}{C_6H_5-CH_2OCCH_3} + NaCl$$

(2) 反应机理

在酯分子中，C—O—C键中的氧原子是来源于羧酸，还是醇？经过对醇分子的氧原子进行同位素标定的酯化反应实验，发现当醇为伯醇或仲醇时，反应生成的水中不含有被标定的氧原子，而醇为叔醇时，有些反应生成的水中含有被标定的氧原子。这说明酯化反应中，羧酸和醇之间的脱水有两个不同的方式。

方式（Ⅰ） $R-\overset{O}{\underset{}{C}}-\boxed{OH\quad H}-O-R$

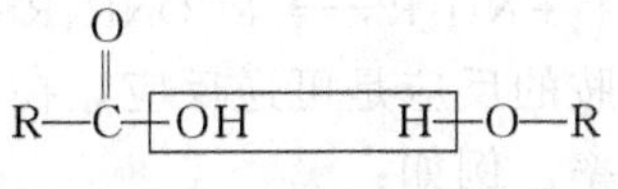

该方式生成的水是由羧酸中的羟基和醇中的氢结合而成的，其余部分结合成酯。由于羧酸分子失去羟基后剩余的为酰基，故该方式被称为酰氧键断裂。其反应机理表示如下：

[反应机理示意图]

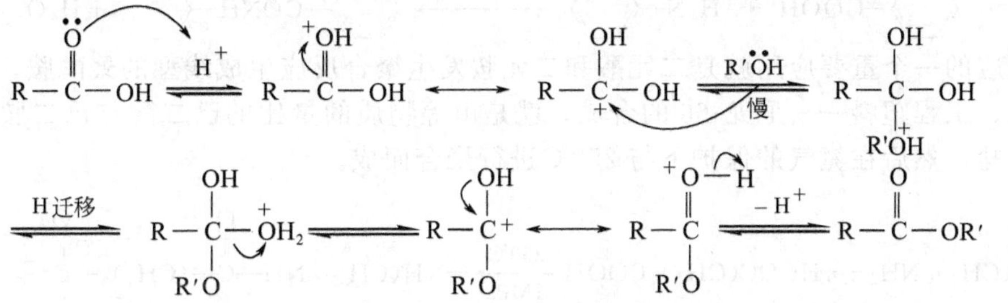

氢离子首先与羧酸中的羰基发生质子化，使羰基带有更多的正电荷，以利于醇进行亲核进攻。此进攻是酯化反应的决速步骤，形成了一个四面体结构的反应中间体，中间体通过质子转移，然后失去一个水分子，再脱去质子，形成酯。该机理是羰基发生亲核加成，再消除，所以也称为加成-消除机理（addition-elimination mechanism）。

羧酸与伯、仲醇发生酯化反应时，绝大多数属于这个反应机理。反应速率取决于具有四面体结构的中间体的稳定性。羧酸或者醇的烃基体积增大，则中间体的空间位阻相应增大，能量升高而稳定性下降，导致反应速率降低。因此，不同结构的羧酸和醇进行酯化反应的活性顺序如下。

ROH：$CH_3OH > RCH_2OH > R_2CHOH > R_3COH$

RCOOH：$HCOOH > CH_3COOH > RCH_2COOH > R_2CHCOOH > R_3CCOOH$

方式（Ⅱ） $R-\overset{O}{\underset{}{C}}-O\boxed{-H\quad HO}-R$

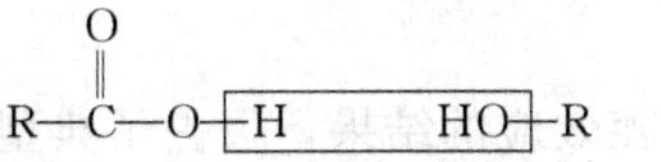

该方式生成的水是由羧酸中的氢和醇中的羟基结合而成的，其余部分结合成酯。由于醇分子失去羟基后剩余的为烷基，故该方式被称为烷氧键断裂。其反应机理表示如下：

$$R_3'C-\ddot{O}H \xrightleftharpoons{H^+} R_3'C-\overset{+}{O}H_2 \xrightarrow{-H_2O} R_3'C^+$$

$$R-\overset{O}{\underset{}{C}}-\ddot{O}H + R_3'C^+ \rightleftharpoons R-\overset{O}{\underset{}{C}}-\overset{+}{O}-CR_3' \xrightleftharpoons{-H^+} R-\overset{O}{\underset{}{C}}-O-CR_3'$$

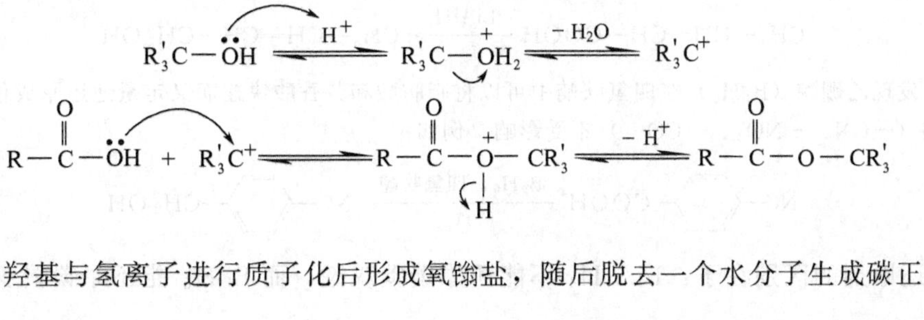

醇上的羟基与氢离子进行质子化后形成氧鎓盐，随后脱去一个水分子生成碳正离子作为

反应中间体。羧酸上的羟基氧原子上的孤对电子与碳正离子中间体结合,再次生成氧鎓盐并脱去质子,恢复中性生成最终产物酯。

羧酸与叔醇酯化反应时,属于这个反应机理。由于叔碳正离子在反应中易与碱性较强的水结合,不易和羟基的氧结合,因此叔醇的酯化反应产率较低。

11.3.2.4 酰胺的生成

羧酸与氨或胺反应,生成羧酸的铵盐,这是一个可逆反应,在低温下有利于铵盐的形成。铵盐受强热或在脱水剂的作用下加热,可在分子内失去一分子水形成酰胺。

$$R-\underset{\underset{O}{\|}}{C}-OH + NH_2R' \rightleftharpoons RCONH_3^-\overset{+}{R'} \xrightarrow{\triangle} RCONHR' + H_2O$$

羧酸铵盐高温分解生成酰胺的反应是可逆反应,在反应过程中不断将水除去,促进反应向右进行,可以得到较好的产率。例如:

$$CH_3COOH + NH_3 \xrightarrow{100℃} CH_3CONH_2 + H_2O$$

$$C_6H_5COOH + H_2NC_6H_5 \xrightarrow{180\sim190℃} C_6H_5CONHC_6H_5 + H_2O$$

该反应的一个重要应用就是二元酸和二元胺发生聚合反应生成线型的聚酰胺。如重要的合成纤维、工程塑料——尼龙-66 的合成,就是由等物质的量比的己二酸与己二胺生成己二酸己二胺盐,然后在氮气的保护下与 250℃进行聚合而成。

$$n\,H_2N(CH_2)_6NH_2 + n\,HOOC(CH_2)_4COOH \xrightarrow[1MPa]{250℃} \left[NH(CH_2)_6NH-\underset{\underset{O}{\|}}{C}-(CH_2)_4-\underset{\underset{O}{\|}}{C}\right]_n + n\,H_2O$$

作为替代铜和其它金属的高分子材料——尼龙-1010 则是由癸二酸和癸二胺聚合而成的,它的特点是良好的力学性能、优异的稳定性和广泛的耐寒性,可在-60℃下保持一定的机械强度。

反应也可以由单体的氨基羧酸进行,如尼龙-6 的合成,就是采用己内酰胺的开环-聚合获得的:

己内酰胺 $\xrightarrow[\text{浓磷酸催化}]{\text{加热水解}}$ $H_3\overset{\oplus}{N}$—(CH_2)_5—COOH $\xrightarrow[\text{减压}]{\text{加热除水}}$ $\left[\underset{H}{N}-(CH_2)_5-\underset{\underset{O}{\|}}{C}\right]_n$

尼龙-6

11.3.3 羧基的还原反应

羧基中的羰基由于 p-π 共轭效应的结果,失去了典型羰基的特性,所以羧基很难用催化氢化或一般的还原剂还原,只有特殊的还原剂如 $LiAlH_4$ 能将其直接还原成伯醇。$LiAlH_4$是选择性的还原剂,只还原羧基,不还原碳碳双键。例如:

$$CH_3-CH=CH-COOH \xrightarrow{LiAlH_4} CH_3-CH=CH-CH_2OH$$

Brown 发现乙硼烷(B_2H_6)在四氢呋喃中可以将脂肪酸和芳香酸快速而又定量地还原成伯醇,而其它活泼的基团(—CN、—NO_2、—CO—)不受影响。例如:

$$NC-C_6H_4-COOH \xrightarrow[0℃]{B_2H_6,\text{四氢呋喃}} NC-C_6H_4-CH_2OH$$

两个还原剂的区别在于:$LiAlH_4$ 不能还原碳碳双键,而 B_2H_6 能还原碳碳双键。

11.3.4 脱羧反应

一般情况下,羧酸中的羧基是比较稳定的,但在一些特殊条件下也可以发生脱去羧基放出二氧化碳的反应,称为脱羧反应(decarboxylic reaction)。

11.3.4.1 一元羧酸的脱羧反应

一元饱和羧酸的钠盐与强碱共热,脱羧生成比原来羧酸少一个碳原子的烃。由于副反应多,只能用于低级羧酸盐。例如:无水醋酸钠和碱石灰混合加热,发生脱羧反应生成甲烷:

$$CH_3COONa + NaOH \xrightarrow[\triangle]{CaO} CH_4 + Na_2CO_3$$

这是实验室制备少量较纯甲烷的方法。

但若—COOH 的 α-碳上有吸电子基团时,脱羧反应容易发生,在合成上有非常重要的用途。例如:

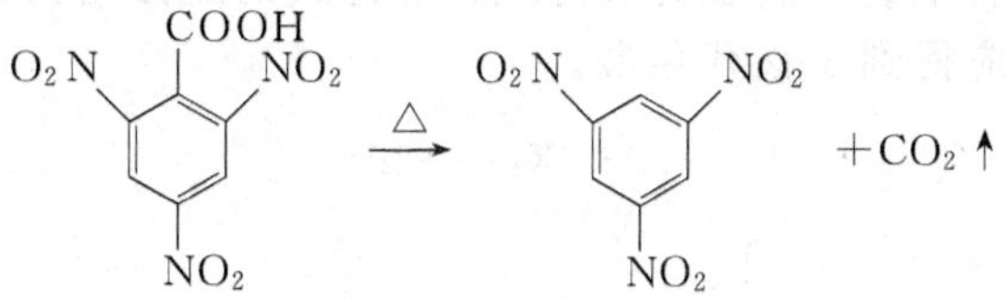

[2,4,6-三硝基苯甲酸 $\xrightarrow{\triangle}$ 1,3,5-三硝基苯 $+ CO_2 \uparrow$]

$$CH_3-\underset{\underset{O}{\|}}{C}-CH_2-\underset{\underset{O}{\|}}{C}-OH \xrightarrow{\triangle} CH_3-\underset{\underset{O}{\|}}{C}-CH_3 + CO_2 \uparrow$$

Kolbe 合成法是指羧酸的钠盐或钾盐发生电解反应,羧酸脱去羧基后在阳极发生烷基的偶联,生成烃,是应用电解法制备有机化合物的一个例子。反应在水或甲醇溶液中进行。例如:

$$2CH_3(CH_2)_{12}COONa + H_2O \xrightarrow{\text{电解}} \boxed{\underset{\text{阳极}}{CH_3(CH_2)_{12}-(CH_2)_{12}CH_3 + 2CO_2}} + \boxed{\underset{\text{阴极}}{H_2 + NaOH}}$$

11.3.4.2 二元羧酸的受热反应

二元羧酸受热反应的产物和两个羧基之间的碳原子数目有关,如乙二酸和丙二酸加热,由于羧基是吸电子基团,在两个羧基的相互影响下,受热也容易发生脱羧反应,脱去二氧化碳,生成比原来羧酸少一个碳原子的一元羧酸。

$$HOOC-CH_2-COOH \xrightarrow{\triangle} CH_3COOH + CO_2 \uparrow$$

丁二酸及戊二酸加热至熔点以上不发生脱羧反应,而是发生分子内脱水生成稳定的酸酐。己二酸及庚二酸在氢氧化钡存在下加热,既脱羧又失水,生成环酮。例如:

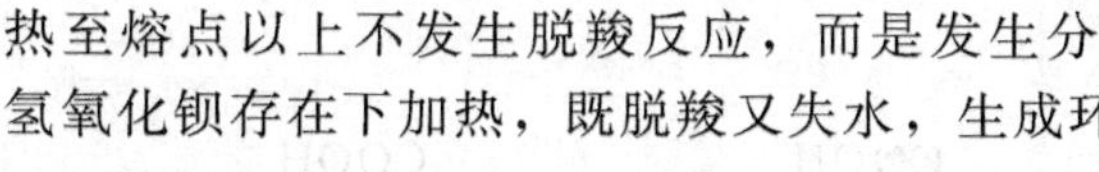

$$\begin{matrix} CH_2CH_2COOH \\ | \\ CH_2CH_2COOH \end{matrix} \xrightarrow[\triangle]{Ba(OH)_2} \text{环戊酮} + CO_2\uparrow + H_2O$$

Blanc 研究发现,当反应有可能生成五元或六元的环状化合物时,很容易形成这类化合物,被称为 Blanc 规律。

庚二酸以上的二元羧酸在加热时发生分子间脱水反应生成高分子的聚酐。

脱羧反应是生物体内重要的生物化学反应,呼吸作用所生成的二氧化碳就是羧酸脱羧的结果。生物体内的脱羧是在脱羧酶的作用下完成的。例如:

$$CH_3COOH \xrightarrow{\text{脱羧酶}} CH_4 + CO_2$$

11.3.5 α-氢原子的卤化反应

由于羧基是较强的吸电子基团，它可通过诱导效应和σ-π超共轭效应使α-氢活化。但羧基的致活能力比羰基小得多，所以羧酸的α-氢被卤素取代的反应比醛、酮困难。但在碘、红磷、硫等的催化下，取代反应可顺利发生在羧酸的α位上，生成α-卤代羧酸，该反应称为 Hell-Volhard-Zelinsky 反应。例如：

$$CH_3CH_2CH_2CH_2COOH + Br_2 \xrightarrow[70℃]{P} CH_3CH_2CH_2CHBrCOOH + HBr$$

由于一元取代产物的α-氢更加活泼，因此取代反应可继续发生下去生成二元、三元取代产物，但通过控制反应条件可以使某一种产物为主。

$$CH_3COOH \xrightarrow{Cl_2,P} ClCH_2COOH \xrightarrow{Cl_2,P} Cl_2CHCOOH \xrightarrow{Cl_2,P} Cl_3CCOOH$$

该反应的历程是这样的，磷和卤素作用生成三卤化磷，三卤化磷将羧酸转化为酰卤，酰卤的α-氢具有较高的活性而易于转变为烯醇式，烯醇式的酰卤与卤素反应生成α-卤代酰卤，后者与羧酸进行交换反应得到α-卤代羧酸。

$$2P + 3X_2 \longrightarrow 2PX_3$$

$$3RCH_2\overset{O}{\underset{}{C}}-OH \xrightarrow{PX_3} 3RCH_2\overset{O}{\underset{}{C}}-X + H_3PO_3$$

$$RCH_2\overset{O}{\underset{}{C}}-X \rightleftharpoons RCH=\overset{OH}{\underset{}{C}}-X$$

$$RCH=\overset{OH}{\underset{}{C}}-X + X-X \longrightarrow RCH(X)\overset{O}{\underset{}{C}}-X + HX$$

$$RCH(X)\overset{O}{\underset{}{C}}-X + RCH_2COOH \longrightarrow RCH(X)\overset{O}{\underset{}{C}}-OH + RCH_2COX$$

α-卤代酸中的卤原子与卤代烃中的卤原子具有相似的化学性质，可以进行亲核取代和消除反应。卤代酸在合成农药、药物等方面有着重要的用途，如 2,2-二氯丙酸（又称达拉明）是一种有效的除草剂，能杀死多年生杂草。

芳香酸的苯环上氢原子可被亲电试剂取代，由于羧基是一个间位定位基，取代反应发生在羧基的间位。例如：

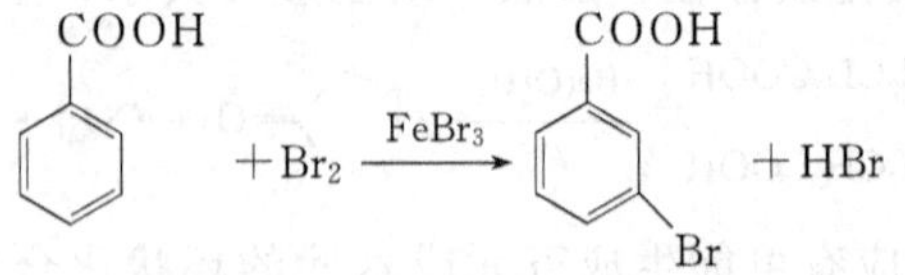

$$C_6H_5COOH + Br_2 \xrightarrow{FeBr_3} m\text{-}BrC_6H_4COOH + HBr$$

11.4 羧酸的制法

羧酸广泛存在于自然界中，自然界的羧酸大都以酯的形式存在于油、脂、蜡中，油、脂、蜡水解后可以得到多种脂肪酸混合物。现在高级脂肪酸仍主要由自然界的油、脂、蜡水解得到。

另外一个从自然界中得到羧酸的重要方法是发酵法，乙酸是最早利用发酵法制取的食醋中提取的，目前还有不少羧酸通过该方法生产。例如：苹果酸、酒石酸、柠檬酸等。

以石油（或煤）为原料通过氧化法生产羧酸已经成为羧酸的主要工业生产方法，一些重要的工业原料，例如：乙酸、丁烯二酸、己二酸等，都是通过该方法生成的。以石油为原料生产羧酸在工业上已占有重要的地位。

11.4.1 氧化法

11.4.1.1 烃的氧化

烃的氧化主要包括饱和正构烷烃和烷基苯的氧化，用于制备不同的脂肪羧酸和芳香酸。

石蜡（$C_{20}\sim C_{30}$）在高锰酸钾的催化下，在 120~150℃通入空气，发生碳碳键的断裂，生成一系列的混合物，产物可用于生产肥皂、增塑剂等。工业上生产乙酸的方法之一是以轻油为原料，在乙酸钴的催化作用下氧化得到。例如：

$$CH_3CH_2CH_2CH_3 \xrightarrow[90\sim100℃,\ 1.01\sim5.47MPa]{O_2,Co(OAc)_2}$$

$$CH_3COOH + HCOOH + CH_3CH_2COOH + \boxed{CO+CO_2} + 酯和酮$$
$$\quad\ 57\% \qquad 1\%\sim2\% \quad\ 2\%\sim3\% \qquad\quad 17\% \qquad\quad 22\%$$

工业上生产乙酸的方法还有乙醛氧化法和甲醇法。以乙酸锰作为催化剂，用氧气或空气可以将乙醛氧化生成乙酸：

$$CH_3CHO + \frac{1}{2}O_2 \xrightarrow[0.5\sim1.0MPa,\ 95\%\sim97\%]{Mn(OAc)_2,70\sim80℃} CH_3COOH$$

甲醇在铑的催化作用下，可与一氧化碳直接合成乙酸。该方法被誉为有机化学工业中的第三个发展里程碑：

$$CH_3OH + CO \xrightarrow[0.5\sim1.0MPa,\ 90\%\sim99\%]{Rh\text{-}I_2,150\sim200℃} CH_3COOH$$

甲酸在工业上采用一氧化碳和氢氧化钠溶液在高温、高压下作用合成：

$$CO + NaOH \xrightarrow[0.6\sim1.0MPa]{约210℃} HCOONa \xrightarrow{H^+} HCOOH$$

在高锰酸钾、铬酸或硝酸的氧化作用下，有苯甲基氢的烷基苯可被氧化成苯甲酸。例如叔丁基苯甲酸的合成：

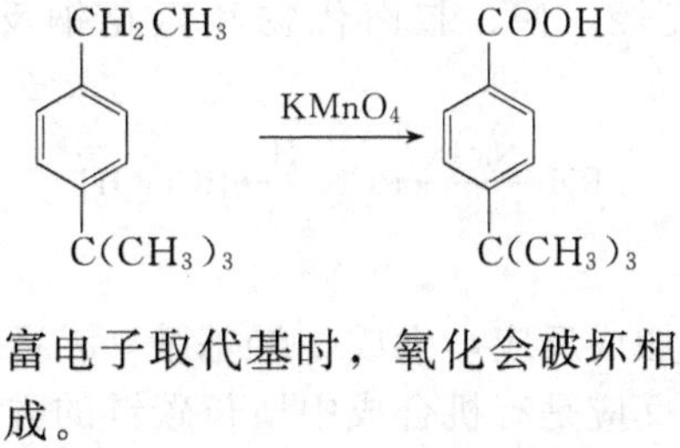

<chemical structure: 1-ethyl-4-tert-butylbenzene $\xrightarrow{KMnO_4}$ 4-tert-butylbenzoic acid>

当苯环上有羟基、氨基等富电子取代基时，氧化会破坏相关富电子基团，因此有这些基团的苯甲酸不宜使用此方法合成。

11.4.1.2 伯醇和醛的氧化

伯醇和醛氧化后可以得到羧酸，羧酸不会继续氧化，又比较容易分离提纯，在实验室常用来制备羧酸。

醛在高锰酸钾的酸性或碱性水溶液中被氧化成羧酸。例如：

$$n\text{-}C_6H_{13}CHO \xrightarrow[H^+,\ 20℃]{KMnO_4,\ H_2O} n\text{-}C_6H_{13}COOH$$
$$76\% \sim 78\%$$

当不饱和醇、醛发生氧化反应生成不饱和羧酸时，要避免双键被氧化，需要采用氧化性能温和的弱氧化剂，如湿润的氧化银或硝酸银的氨溶液等。这是制备不饱和羧酸的方法之一，例如：

$$Ar\text{—}CH=CH\text{—}CHO \xrightarrow{AgNO_3,\ NH_3} Ar\text{—}CH=CH\text{—}COOH$$

11.4.1.3 酮的氧化

酮氧化生成羧酸过程中要使碳碳键断裂，因此比伯醇和醛的氧化困难。普通的直链酮的氧化产物是一个比较复杂的混合物而无实用价值。结构简单的环酮氧化后可以生成同碳原子数的二元酸，如工业上通过环己酮合成己二酸，后者是制备尼龙-66的原料，反应如下：

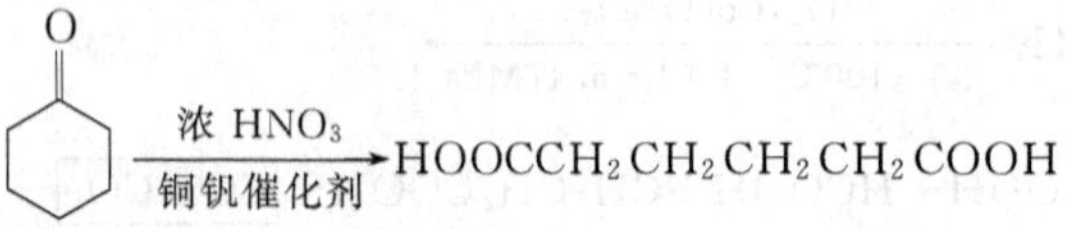

环己酮 $\xrightarrow[\text{铜钒催化剂}]{\text{浓 }HNO_3}$ $HOOCCH_2CH_2CH_2CH_2COOH$

甲基酮或者含有可氧化成此结构的化合物在碱性溶液中和次卤酸发生卤仿反应（haloform reaction），可以得到比反应物少一个碳原子的羧酸，该反应主要用于合成不易得到的羧酸类化合物。例如：

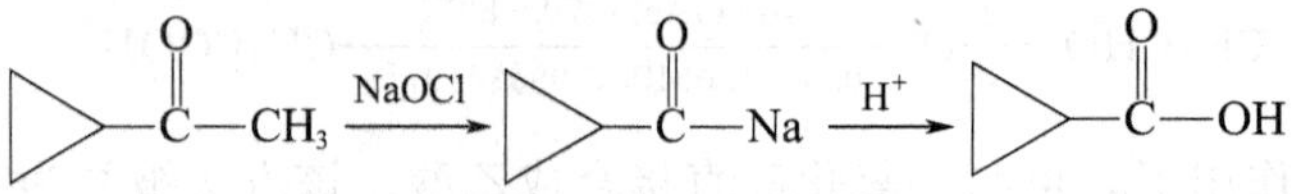

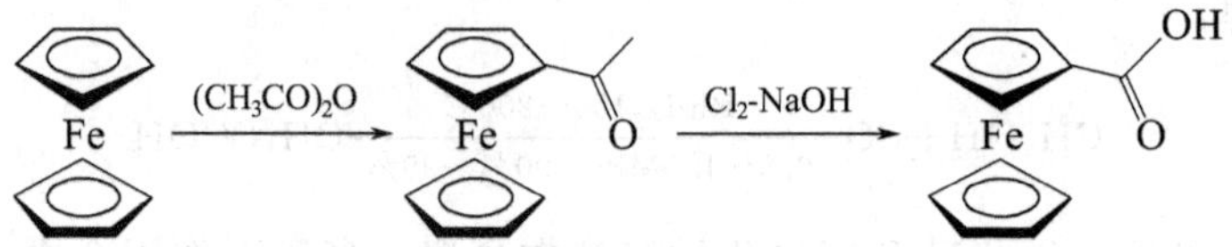

环丙基甲基酮 $\xrightarrow{NaOCl}$ 环丙基羰基ONa $\xrightarrow{H^+}$ 环丙基甲酸

二茂铁 $\xrightarrow{(CH_3CO)_2O}$ 乙酰二茂铁 $\xrightarrow{Cl_2\text{-}NaOH}$ 二茂铁甲酸

11.4.2 水解法

水解法是制备羧酸的传统方法，由腈化物水解是制备比反应物多一个碳原子的羧酸的重要方法。腈化物来源主要有两种方法。

（1）由卤代烷制备

卤代烷和氰化钠（钾）等进行亲核取代反应可以得到腈，在酸性或碱性条件下水解后得到羧酸。此方法适合于伯卤代烃，仲、叔卤代物和氰化钠反应，易发生消除反应而产率不高。

$$RX \xrightarrow{NaCN} RCN \xrightarrow{H^+} RCOOH$$

（2）由醛和酮制备

醛、酮与氢氰酸进行亲核加成反应，生成α-羟基腈，α-羟基腈可进一步水解成α-羟基酸或者脱水生成不饱和羧酸。该反应是有机合成中增长碳链的方法。例如：

$$CH_3\text{—}\overset{O}{\overset{\|}{C}}\text{—}H + HCN \xrightarrow{OH^-} CH_3\text{—}\overset{OH}{\overset{|}{C}H}\text{—}CN \xrightarrow{H^+} CH_3\text{—}\overset{OH}{\overset{|}{C}H}\text{—}COOH$$

11.4.3 Grignard试剂与CO_2作用

Grignard试剂和二氧化碳进行亲核加成后经水解得到羧酸，利用这个方法可以从卤代烷出发，制备多一个碳原子的羧酸，适合伯、仲、叔卤代烷，以及丙烯基和苯基卤代烃。烯丙基和苄基卤代烃在生成 Grignard 试剂的时候容易产生偶联而导致产率下降，因此需要特别小心地操作。反应时将干燥的二氧化碳气体通入 Grignard 试剂溶液或将 Grignard 试剂溶液倒入过量的干冰固体上，而后用稀酸水解。例如：

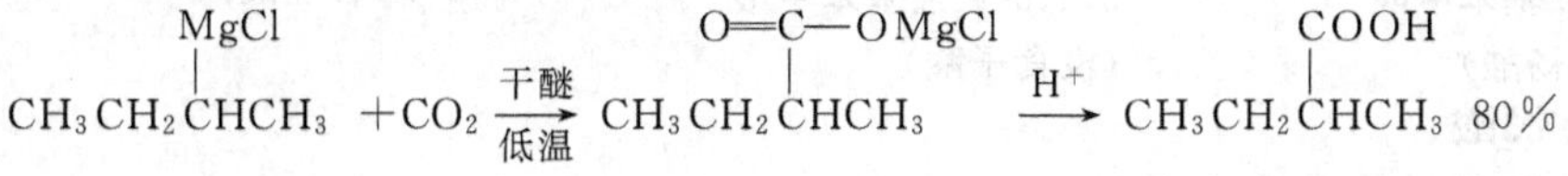

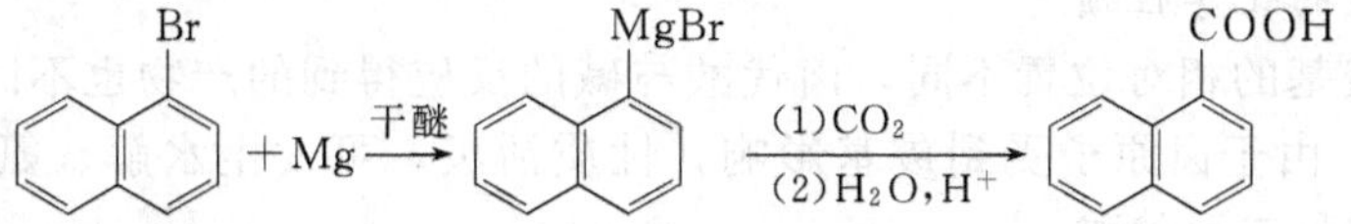

$$CH_3CH_2CHCH_3(MgCl) + CO_2 \xrightarrow[\text{低温}]{\text{干醚}} CH_3CH_2CHCH_3(O=C-OMgCl) \xrightarrow{H^+} CH_3CH_2CHCH_3(COOH) \quad 80\%$$

$$\text{1-溴萘} + Mg \xrightarrow{\text{干醚}} \text{1-萘基MgBr} \xrightarrow[(2)H_2O,H^+]{(1)CO_2} \text{1-萘甲酸}$$

11.4.4 酚酸的合成

工业上，在加热加压的条件下，苯酚钠与二氧化碳作用生成邻羟基苯甲酸。

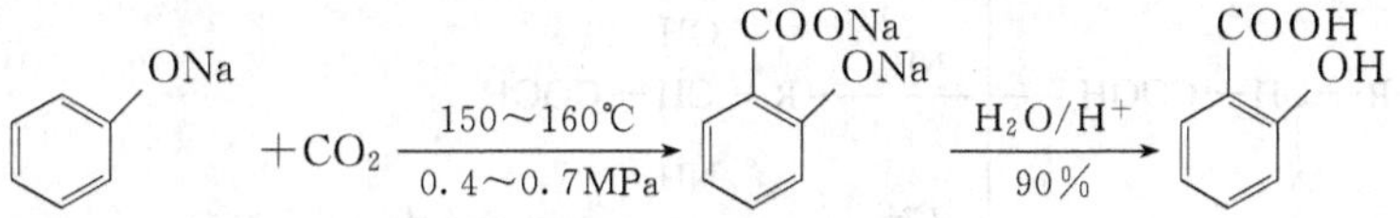

$$C_6H_5ONa + CO_2 \xrightarrow[0.4\sim 0.7\text{MPa}]{150\sim 160℃} \text{邻-COONa, ONa-苯} \xrightarrow{H_2O/H^+} \text{邻-COOH, OH-苯} \quad 90\%$$

苯酚钾与二氧化碳作用，几乎定量得到对羟基苯甲酸。

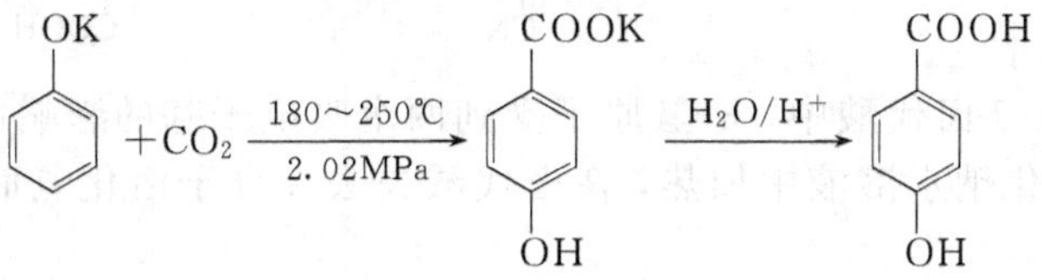

$$C_6H_5OK + CO_2 \xrightarrow[2.02\text{MPa}]{180\sim 250℃} \text{对-COOK, OH-苯} \xrightarrow{H_2O/H^+} \text{对-COOH, OH-苯}$$

以上反应称为 Kolbe-Schmitt 反应。

11.5 取代酸

取代酸指羧酸分子中的烃基上含有其它官能团的化合物，常见的有卤代酸、羟基酸、羰基酸和氨基酸等。这里只讨论卤代酸 (halogenated acids) 和羟基酸 (alcohol acids)。

取代羧酸的命名通常以羧酸作为母体，分子中的卤素、羟基、氨基、羰基等官能团作为取代基。用阿拉伯数字或希腊字母表示取代基在分子主链上的位次，ω 是希腊字母的最后一个，常用它表示长的主链末端上取代基的位置。许多取代酸是天然产物，所以有根据其来源命名的俗名。

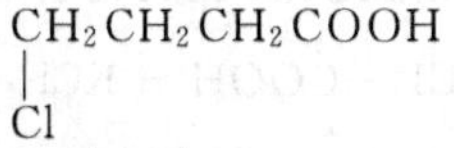

$CH_2CH_2CH_2COOH$
$|$
Cl

4-氯丁酸
(γ-氯丁酸，ω-氯丁酸)

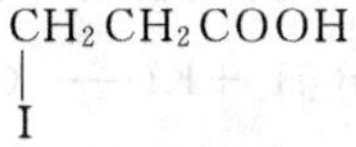

CH_2CH_2COOH
$|$
I

3-碘丙酸
(β-碘丙酸)

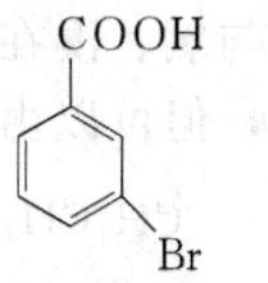

间溴苯甲酸
(3-溴苯甲酸)

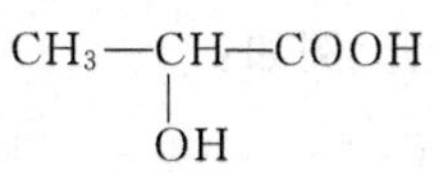

$CH_3-CH-COOH$
$|$
OH

2-羟基丙酸
(α-羟基丙酸，乳酸)

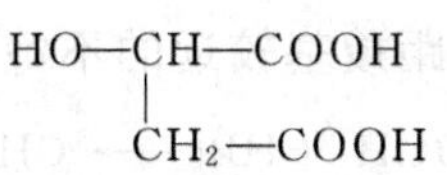

$HO-CH-COOH$
$|$
CH_2-COOH

2-羟基丁二酸
(α-羟基丁二酸，苹果酸)

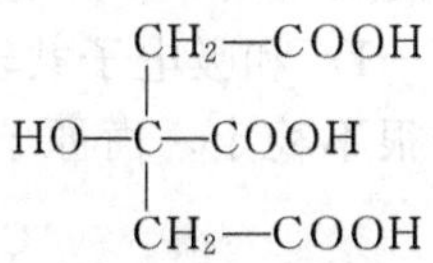

CH_2-COOH
$|$
$HO-C-COOH$
$|$
CH_2-COOH

3-羟基-3-羧基戊二酸
(柠檬酸)

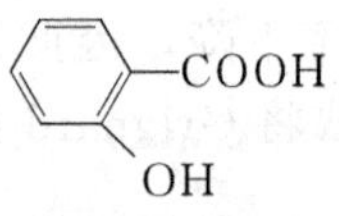

邻羟基苯甲酸
（水杨酸）

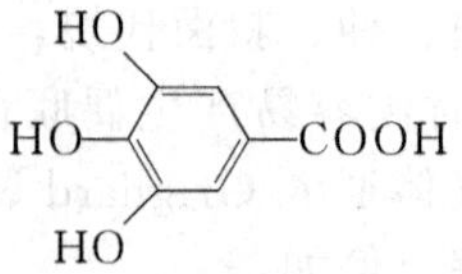

3,4,5-三羟基苯甲酸
（没食子酸）

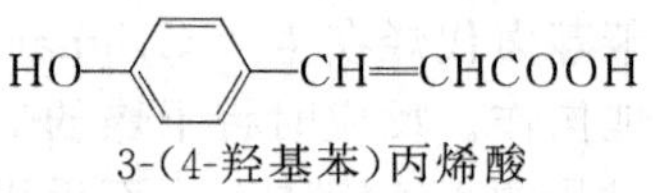

3-(4-羟基苯)丙烯酸
（香豆酸）

11.5.1 卤代酸

11.5.1.1 卤代酸的化学性质

由于卤素和羧基的相对位置不同，卤代酸与碱的反应得到的产物也不同。

① α-卤代酸　由于卤原子受到羧基影响，性质活泼，可发生水解、氨解和腈解制备 α-羟基酸、α-氨基酸和二元羧酸。

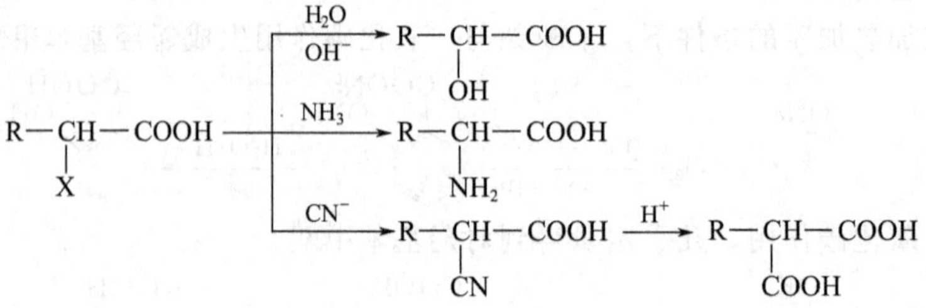

$$R-\underset{X}{CH}-COOH \xrightarrow{\begin{array}{c}H_2O/OH^-\\NH_3\\CN^-\end{array}} \begin{array}{c}R-\underset{OH}{CH}-COOH\\R-\underset{NH_2}{CH}-COOH\\R-\underset{CN}{CH}-COOH\end{array} \xrightarrow{H^+} R-\underset{COOH}{CH}-COOH$$

② β-卤代酸　在 β-卤代酸中，α-氢原子受到两个吸电子基的影响而比较活泼，容易进行消除反应。在氢氧化钠水溶液中加热，β-卤代酸失去一分子卤化氢而生成 α,β-不饱和羧酸。例如：

$$\underset{Cl\ \ H}{CH_2-CH}-COOH + NaOH \longrightarrow CH_2=CHCOOH + NaCl + H_2O$$

③ γ-与 δ-卤代酸　在水或碳酸钠溶液中加热时，首先生成不稳定的 γ-或 δ-羟基酸，之后羟基酸中的羧基和羟基立即发生分子内的酯化作用，生成稳定的五元环或六元环内酯。例如：

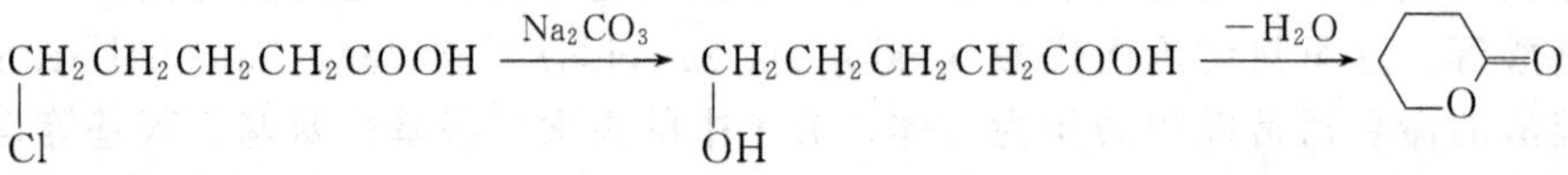

$$\underset{Cl}{CH_2}CH_2CH_2CH_2COOH \xrightarrow{Na_2CO_3} \underset{OH}{CH_2}CH_2CH_2CH_2COOH \xrightarrow{-H_2O} \text{（六元环内酯）}$$

11.5.1.2 卤代酸的制备

卤代酸通常都是人工合成，它可由卤素取代羧酸烃基上的氢原子而制得，也可以从卤素衍生物中引入羧基而制得。按照卤素和羧基的相对位置不同，它们的制法也各有不同。

一元羧酸与氯、溴在磷的作用下可以制得 α-氯代酸和 α-溴代酸，α-碘代酸一般不能用直接碘化法制备，但可以由碘化钾与 α-氯代酸或 α-溴代酸通过置换反应制得。例如：

$$CH_3CH_2-\underset{Cl}{CH}-COOH + KI \longrightarrow CH_3CH_2-\underset{I}{CH}-COOH + KCl$$

β-卤代酸则由 α,β-不饱和酸和卤化氢加成制得，这是由于羧基（—COOH）的吸电子诱导效应（−I）和吸电子共轭效应（−C），使 α-碳原子上的电子云密度降低很多，从而使 α-碳正离子很不稳定，卤原子总是加在距羧基较远的不饱和碳原子上。例如：

$$CH_2=CHCOOH + HBr \longrightarrow \underset{Br}{CH_2}CH_2COOH$$

β-卤代酸也用 β-羟基酸与氢卤酸或卤化磷反应制得。

11.5.2 羟基酸

由于羟基酸中烃基不同，羟基酸可分为醇酸和酚酸两类，羟基连在碳链上的称为醇酸，羟基连在苯环上的称为酚酸。它们都是生物化学过程的中间产物，广泛存在于动植物界。

醇酸一般是结晶固体或黏稠液体。由于分子中同时含有羟基和羧基，这两个官能团都能与水形成分子间氢键，所以醇酸易溶于水，其溶解度通常都大于相应的脂肪酸。羟基酸的熔点一般高于相应的羧酸。

酚酸大多为晶体，其熔点比相应的芳香酸高。有些酚酸易溶于水，如没食子酸；有的微溶于水，如水杨酸。酚酸多以盐、酯或苷的形式存在于自然界中。

11.5.2.1 醇酸的化学性质

醇酸具有醇和酸的典型化学性质，但由于两个官能团的相互影响而具有一些特殊的性质，主要表现在受热反应规律上。

(1) 酸性

由于羟基是一个吸电子基团，可通过诱导效应使羧基的解离度增加，所以醇酸的酸性比相应的羧酸强，但羟基对酸性的影响不如卤素大。羟基距离羧基越近，对酸性的影响越大，酸性越强。

	CH_3CH_2COOH	$\underset{OH}{CH_2CH_2COOH}$	$\underset{Cl}{CH_2CH_2COOH}$	$\underset{OH}{CH_3CHCOOH}$	$\underset{Cl}{CH_3CHCOOH}$
pK_a	4.87	4.51	4.06	3.86	2.84

(2) 脱水反应

羧基和羟基的相对位置不同，醇酸受热后发生脱水反应也会得到不同的产物。

α-醇酸受热时，发生两个分子间脱水反应而生成交酯。交酯是由一分子醇酸中羟基的氢原子和另一分子醇酸中羧基上的羟基失水而形成的环状酯。例如：

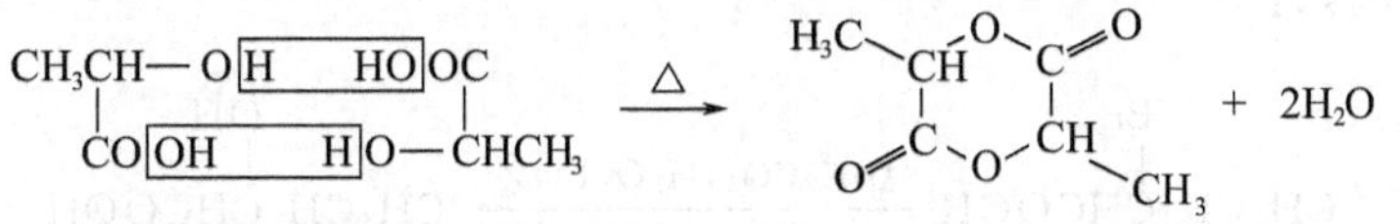

$$CH_3CH-OH \quad HOOC \xrightarrow{\Delta} \text{环状交酯} + 2H_2O$$

和其它酯类一样，当交酯与酸或碱共热时，容易水解而生成原来的醇酸。

β-醇酸受热时，发生分子内的脱水而生成 α,β-不饱和酸。例如：

$$CH_3CHOHCH_2COOH \xrightarrow{\Delta} CH_3CH=CHCOOH + H_2O$$

这是由于分子中的 α-氢同时受羧基和羟基的影响，比较活泼，受热时容易和相邻碳原子上的羟基失去一分子的水。

γ- 或 δ-羟基酸受热时，发生分子内的酯化反应，生成五元或六元的环状内酯。γ-内酯比 δ-内酯容易生成，在室温时就能自动在分子内脱水生成五元环的内酯。

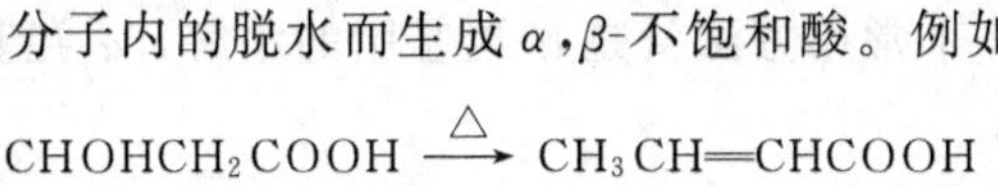

$$HOCH_2CH_2CH_2COOH \xrightarrow{\text{室温}} \text{γ-丁内酯} + H_2O$$

γ-羟基丁酸 　　　　　γ-丁内酯

$$HOCH_2CH_2CH_2CH_2COOH \xrightarrow{\Delta} \text{δ-戊内酯} + H_2O$$

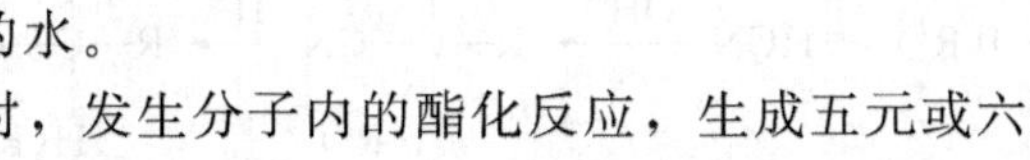

δ-羟基戊酸 　　　　　δ-戊内酯

羟基与羧基间的距离大于四个碳原子时，受热则生成长链的高分子聚酯。

(3) α-醇酸的分解

α-醇酸与稀硫酸共热，羧基与α-碳之间的碳碳键断裂，生成一分子醛（酮）和一分子的甲酸。这是α-醇酸的特性，可以用来制备比羧酸少一个碳原子的醛或酮。

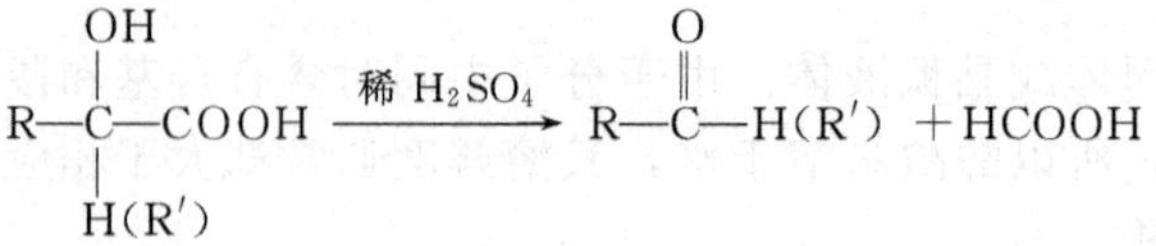

$$R-\underset{H(R')}{\overset{OH}{\underset{|}{C}}}-COOH \xrightarrow{稀 H_2SO_4} R-\overset{O}{\underset{\|}{C}}-H(R') + HCOOH$$

11.5.2.2 酚酸的化学性质

酚酸具有酚和芳酸的典型反应。例如与三氯化铁溶液反应时能显色（酚的特性），羧基和醇作用成酯（羧酸的特性）等。酚酸的羧基处于羟基的邻位或对位时，受热后易脱羧。例如：

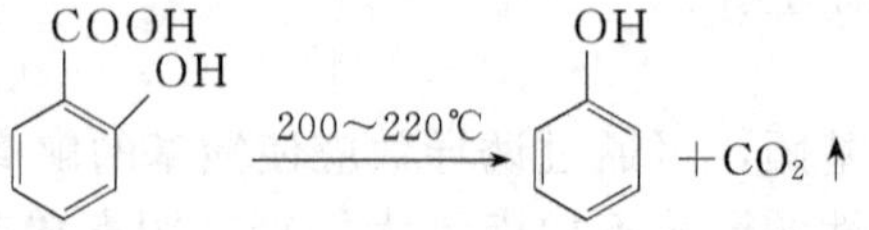

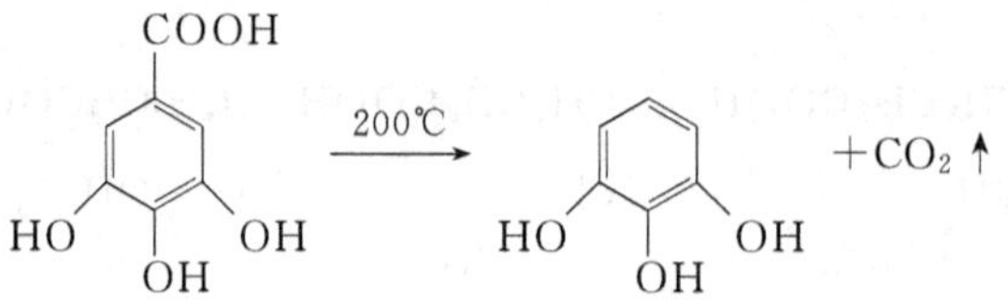

邻羟基苯甲酸 $\xrightarrow{200\sim 220℃}$ 苯酚 $+CO_2\uparrow$

3,4,5-三羟基苯甲酸 $\xrightarrow{200℃}$ 邻苯二酚（焦性没食子酸）$+CO_2\uparrow$

11.5.2.3 羟基酸的制备

醇酸主要通过卤代酸和羟基腈的水解制备。卤代酸的水解在卤代酸的性质中已介绍过，只有α-卤代酸的水解生成α-羟基酸，且产率也高。其它卤代酸水解后的主要产物通常不是相应的羟基酸。例如：

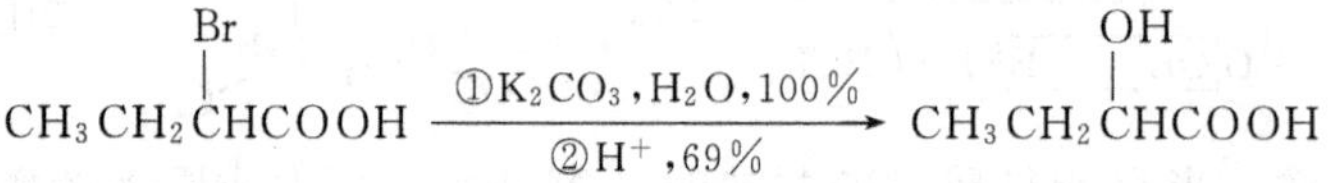

$$CH_3CH_2\underset{Br}{\overset{|}{C}}HCOOH \xrightarrow[②H^+,69\%]{①K_2CO_3,H_2O,100\%} CH_3CH_2\underset{}{\overset{OH}{\overset{|}{C}}}HCOOH$$

α-羟基酸制备的另外一个常用方法就是α-羟基腈的水解，α-羟基腈可以由醛或酮与氢氰酸进行亲核加成反应生成。

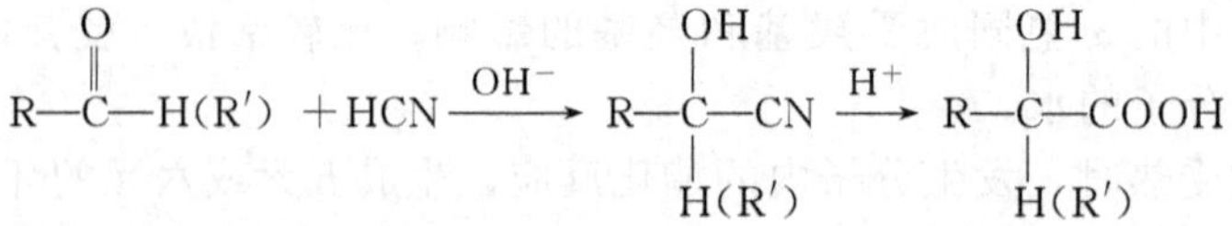

$$R-\overset{O}{\underset{\|}{C}}-H(R') + HCN \xrightarrow{OH^-} R-\underset{H(R')}{\overset{OH}{\underset{|}{C}}}-CN \xrightarrow{H^+} R-\underset{H(R')}{\overset{OH}{\underset{|}{C}}}-COOH$$

β-羟基酸则由β-羟基腈水解得到，β-羟基腈可用烯烃与次氯酸发生亲电加成后，再与氰化钾进行亲核取代反应制得。例如：

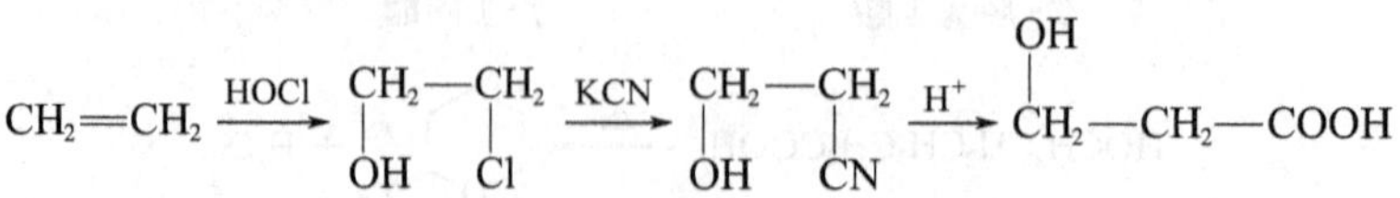

$$CH_2=CH_2 \xrightarrow{HOCl} \underset{OH}{CH_2}-\underset{Cl}{CH_2} \xrightarrow{KCN} \underset{OH}{CH_2}-\underset{CN}{CH_2} \xrightarrow{H^+} \underset{OH}{CH_2}-CH_2-COOH$$

酚酸的合成一般采用 Kolbe-Schmidt 反应（见 11.4.4）。

11.6 羧酸衍生物的分类和命名

羧酸衍生物主要包括酰卤（acylhalide）、酸酐（anhydride）、酯（ester）和酰胺（amide），是指羧酸分子中羧基上的羟基分别相应地被卤原子、酰氧基、烷氧基和氨（胺）基所取代的化合物，它们都是含有酰基的化合物。羧酸衍生物反应活性很高，可以转变成多种其它化合物，是十分重要的有机合成中间体。本章还将讨论碳酸衍生物。

羧酸从形式上去掉羧基中羟基后，剩余部分称为酰基，名称由"某酸"变为"某酰基"。

酰卤和酰胺通常根据相应的酰基命名，在酰基的后面加上卤素的名称或"胺"字。酰胺的氮上如果连有取代基，在取代基的前面加上"N"来表示该取代基连在氮原子上，并且放在其它取代基的前面。例如：

$$
\begin{array}{ccc}
CH_3\text{-}CH(CH_3)\text{-}CO\text{-}Cl & \text{环己基}\text{-}CO\text{-}Cl & HO\text{-}C_6H_4\text{-}CO\text{-}Br \\
\text{2-甲基丙酰氯} & \text{环己烷甲酰氯} & \text{对羟基苯甲酰溴}
\end{array}
$$

$$
\begin{array}{ccc}
CH_3\text{-}CO\text{-}NH\text{-}C_6H_5 & O_2N\text{-}C_6H_4\text{-}CO\text{-}NH_2 & H\text{-}CO\text{-}N(CH_3)_2 \\
\text{乙酰苯胺} & \text{间硝基苯甲酰胺} & N,N\text{-二甲基甲酰胺（DMF）}
\end{array}
$$

酸酐是根据相应酸进行命名的。由两分子相同的一元羧酸脱水形成的酸酐称为单酐，在原来的羧酸名称之后加一"酐"字表示它的名称，"酸"字可省略。由两分子不相同的一元羧酸脱水形成的酸酐称为混酐，通常把简单的或低级的羧酸名称放在前面，复杂的或高级的羧酸名称放在后面，再加一"酐"字表示它的名称。例如：

$$
\begin{array}{ccc}
CH_3\text{-}CO\text{-}O\text{-}CO\text{-}CH_3 & CH_3\text{-}CO\text{-}O\text{-}CO\text{-}CH_2CH_3 & C_6H_5\text{-}CO\text{-}O\text{-}CO\text{-}C_6H_5 \\
\text{乙酸酐} & \text{乙丙酸酐} & \text{苯甲酸酐}
\end{array}
$$

酯用相应的酸和醇的名称来命名，称为"某酸某酯"。例如：

$$
\begin{array}{ccc}
CH_2=CH\text{-}CO\text{-}OCH_3 & C_2H_5O\text{-}CO\text{-}CH_2\text{-}CO\text{-}OC_2H_5 & HO\text{-}C_6H_4\text{-}COOCH_3 \\
\text{丙烯酸甲酯} & \text{丙二酸二乙酯} & \text{对羟基苯甲酸甲酯}
\end{array}
$$

11.7 羧酸衍生物的物理性质

低级的酰卤和酸酐都是有刺激性气味的液体，高级的酰卤和酸酐为固体。低级的羧酸酯是具有香味的液体，例如乙酸异戊酯有香蕉的香味，戊酸异戊酯有苹果香味。十四碳酸以下的甲酯和乙酯都为液体，高级脂肪酸的高级脂肪醇酯为固体，俗称"蜡"。许多花和水果的香味都与酯有关，因此酯多用于香料工业。酰胺除甲酰胺为液体外，其余都为固体，没有气味。

低级的酰卤、酸酐遇水即分解,但高级酰卤、酸酐不溶于水。酯在水中溶解度较小。低级的酰胺可溶于水,N,N-二甲基甲酰胺(DMF)、N,N-二甲基乙酰胺都是很好的非质子性溶剂,能与水无限混溶。酰卤、酸酐、酯、酰胺一般都溶于有机溶剂如乙醚、氯仿、苯等。一些衍生物如乙酸的乙酯、丁酯、戊酯等可以大量用作溶剂。

酰卤、酸酐和羧酸酯由于它们分子中没有羟基,不能产生氢键,也就没有缔合现象,所以酰卤和酯的沸点比相应的羧酸要低;酸酐的沸点比分子量相当的羧酸低,但是比相应的羧酸高。酰胺由于分子间可通过氨基上的氢原子形成氢键而缔合,所以其熔点和沸点都比相应的羧酸高,但是当酰胺氮上氢原子被烷基逐步取代后,则氢键缔合减少,因此熔点和沸点都降低。表 11-5 给出了一些羧酸衍生物的物理常数。

羧酸衍生物的光谱性质如下。

① 红外光谱 羧酸衍生物分子中含有羰基 C=O,其红外光谱反映了该结构,并且羰基的伸缩振动吸收峰的位置与其相连的官能团有密切的关系。官能团的吸电子能力越强,羰基中碳原子的缺电子性越强,吸收波数越高。

酰卤中 C=O 的伸缩振动峰出现在 $1815 \sim 1770 cm^{-1}$ 范围内,为一强吸收峰;C—X 的面内弯曲振动峰在 $645 cm^{-1}$ 附近出现。

酸酐中有两个 C=O,故其红外光谱中有两个 C=O 的伸缩振动强吸收峰,位置分别在 $1850 \sim 1780 cm^{-1}$ 和 $1790 \sim 1740 cm^{-1}$ 区域内,并且两个峰相距约 $60 cm^{-1}$。这个特征可以作为酸酐的判定依据。线型酸酐与环状酸酐的 C=O 伸缩振动峰也有明显的区别:前者的高频峰的吸收强度大于低频峰的,而后者则相反。酸酐中 C—O—C 的伸缩振动在 $1300 \sim 1050 cm^{-1}$ 范围内产生一个强的宽峰。

酯中 C=O 的伸缩振动峰出现 $1750 \sim 1735 cm^{-1}$ 区域中,也是一个强峰。在 $1300 \sim 1000 cm^{-1}$ 区域中出现两个强的 C—O 伸缩振动峰,区别于酸酐和酮,可用于确认酯。

酰胺中 C=O 的强伸缩振动峰显示于 $1650 \sim 1690 cm^{-1}$ 区域内。N 未取代的酰胺中,有两个 N—H 的伸缩振动峰,分别约在 $3400 cm^{-1}$ 和 $3500 cm^{-1}$ 处;N—H 的面内弯曲振动峰出现在 $1600 cm^{-1}$ 附近;C—N 的伸缩振动峰则在 $1400 cm^{-1}$ 左右出现。N 单取代的酰胺中,N—H 的伸缩振动峰在 $3320 \sim 3060 cm^{-1}$ 区域内出现,为一单峰;N—H 的面内弯曲振动峰在 $1550 \sim 1510 cm^{-1}$ 区域内出现;C—N 的伸缩振动峰则在 $1300 cm^{-1}$ 左右出现。N,N-二取代的酰胺中,N—H 和 C—N 的吸收峰均不出现。

表 11-5 一些羧酸衍生物的物理常数

类别	化合物名称	沸点/℃	熔点/℃	相对密度(d_4^{20})
酰卤	乙酰氯	52	−112	1.104
	乙酰溴	76.7	−96.5	1.52
	丙酰氯	80	−94	1.065
	正丁酰氯	101~102	−89	1.028
	苯甲酰氯	197.2	−1	1.212
酸酐	乙酸酐	139.6	−73	1.082
	丙酸酐	169	−45	1.012
	丁二酸酐	261	119.6	1.503
	顺丁烯二酸酐	202	60	1.500
	苯甲酸酐	360	42	1.199
	邻苯二甲酸酐	284.5	132	1.527

续表

类别	化合物名称	沸点/℃	熔点/℃	相对密度(d_4^{20})
酯	甲酸甲酯	30	-100	0.974
	甲酸乙酯	54.2	-79.4	0.923
	乙酸甲酯	57.3	-98.7	0.933
	乙酸乙酯	77.2	-83.6	0.901
	乙酸正丙酯	101.7	-92.5	0.886
	乙酸正丁酯	126.1	-73.5	0.882
	乙酸异戊酯	142	-78	0.876
	甲基丙烯酸甲酯	100	-50	0.936
	苯甲酸乙酯	212.4	-34.7	1.052
	苯甲酸苄酯	324	21	1.114(18℃)
酰胺	甲酰胺	200(分解)	3	1.134
	乙酰胺	222	82	1.159
	丙酰胺	213	79	1.03
	正丁酰胺	216	116	1.03
	苯甲酰胺	290	130	1.341
	N,N-二甲基甲酰胺	153	-61	0.948(22.4℃)
	邻苯二甲酰亚胺	升华	238	
	乙酰苯胺	305	114	1.21(4℃)

② 核磁共振谱 羧酸衍生物分子羰基一端的 α-碳上的氢原子受到羰基的去屏蔽作用,化学位移向低场移动,$\delta_{\alpha-H}$ 在 2~3 之间。酯分子烷氧基中与氧相连的碳原子上氢原子的化学位移一般在 3.7~4.1 之间。酰胺中氮上氢质子的吸收峰形宽而矮,其峰位于 5~9.4 区域内。

11.8 羧酸衍生物的化学性质

酰卤、酸酐、酯和酰胺在分子结构上有相似之处,因而它们具有一些相似的化学性质,如在酰基上发生亲核取代反应、还原反应及与有机金属化合物的加成反应等。但羧酸衍生物不是同一种化合物,各自会有一些特殊的性质。

11.8.1 酰基上的亲核取代反应

羧酸衍生物分子中含有酰基,酰基的结构特征决定了这些化合物的化学性质,这是了解羧酸衍生物化学性质的关键。在羰基中,由于氧的电负性大于碳的,碳原子带有部分正电荷,有利于亲核试剂对碳原子的进攻,易发生亲核取代反应,包括水解、醇解、氨解等反应。并且,碳原子的正电荷密度越大,被亲核试剂加成就越容易,反应更容易发生。

11.8.1.1 反应历程

羧酸衍生物的亲核取代反应是羰基上的一个基团被另外一个亲核试剂取代,一般分两步进行。首先是亲核试剂在羰基碳上加成,形成四面体中间体,然后再消除一个负离子,总的结果是取代。这种亲核取代反应可以在碱或酸催化下进行,反应机理稍有不同。

(1) 碱催化的反应历程(L 代表 Cl、RCOO、R'O、NH_2)

$$R-\overset{O}{\underset{}{C}}-L + Nu^- \xrightarrow{加成} R-\overset{O^-}{\underset{Nu}{\overset{|}{C}}}-L \xrightarrow{消除} R-\overset{O}{\underset{}{C}}-Nu + L^-$$

在碱性介质中，亲核试剂（HNu）首先发生解离，生成带负电荷的亲核试剂（Nu⁻），进攻羰基上的碳原子，发生亲核加成反应，形成带负电荷的四面体结构的中间体，然后，中间体再消除一个负离子，得到另一种羧酸的衍生物。

(2) 酸催化的反应历程

$$R-\underset{\underset{}{\overset{O}{\|}}}{C}-L + H^+ \rightleftharpoons R-\underset{\underset{}{\overset{+OH}{\|}}}{C}-L \xrightarrow{HNu} R-\underset{\underset{HNu^+}{}}{\overset{OH}{\underset{|}{C}}}-L \xrightleftharpoons{-HL} R-\underset{\underset{}{\overset{+OH}{\|}}}{C}-Nu \xrightleftharpoons{-H^+} R-\underset{\underset{}{\overset{O}{\|}}}{C}-Nu$$

在酸性介质中，羰基上的氧首先质子化，使氧上带正电荷，从而吸引羰基碳上的电子，增加了羰基碳的正电荷，有利于亲核试剂的进攻。因此，碱性较弱的亲核试剂也能发生加成反应形成四面体结构的中间体，之后再发生消除反应。

11.8.1.2 羧酸衍生物的亲核取代反应活性比较

无论何种历程，亲核加成的反应速率最慢，是决定整个反应速率的一步。而亲核加成的反应活性取决于羰基碳原子的正电荷，正电荷越多，反应活性就越大。羰基碳所连接的基团具有吸电子性能时，将使羰基碳的正电荷增加，从而有利于亲核试剂的进攻。基团的吸电子能力强弱由基团的诱导效应和共轭效应决定，氯原子具有较强的吸电子诱导效应和较弱的给电子共轭效应，表现出较强的吸电子能力；氮原子具有较强的给电子共轭效应和较弱的吸电子诱导效应，表现出给电子能力。因此，羧酸衍生物上基团的吸电子能力强弱顺序为：

$$Cl^- > RCOO^- > R'O^- > NH_2^-$$

消除反应的难易，取决于离去基团本身的结构。离去基团越稳定，也就越容易离去，则消除反应越容易进行。离去基团的稳定性又取决于离去基团的碱性，碱性越弱，越易离去。若羧酸衍生物的酰基部分相同，它们反应活性的差异，主要取决于离去基团的性质。离去基团碱性强弱顺序为：

$$Cl^- < RCOO^- < R'O^- < NH_2^-$$

综上所述，羧酸衍生物的亲核取代（加成-消去）反应活性次序为：

$$RCOCl > (RCO)_2O > RCO_2R' > RCONH_2$$

11.8.1.3 水解反应

酰卤、酸酐、酯和酰胺均可以在酸或碱的催化下水解（hydrolysis）生成相应的羧酸。酰卤在室温下即可水解；酸酐在热水中可以水解；酯比较稳定，需要在碱或酸催化才能进行反应；酰胺比酯更稳定，需要在浓度较大的强碱或强酸作用下并长时间加热才能反应。例如：

$$(C_6H_5)_2CHCH_2\underset{\underset{}{\overset{O}{\|}}}{C}Cl \xrightarrow[0℃, 95\%]{H_2O, Na_2CO_3} (C_6H_5)_2CHCH_2\underset{\underset{}{\overset{O}{\|}}}{C}OH$$

3,3-二苯基丙酰氯　　　　　　　　3,3-二苯基丙酸

顺-2-甲基丁烯二酸酐 $\xrightarrow[94\%]{H_2O, \Delta}$ 顺-2-甲基丁烯二酸

（HOOC—CH=C(CH₃)—COOH 顺式）

$$\text{C}_6\text{H}_5\text{-COOC}_2\text{H}_5 + \text{H}_2\text{O} \rightleftharpoons \text{C}_6\text{H}_5\text{-COOH} + \text{C}_2\text{H}_5\text{OH}$$

苯甲酸乙酯　　　　　　　　　苯甲酸

$$\text{H}_3\text{CO-C}_6\text{H}_3(\text{NO}_2)\text{-NHCOCH}_3 \xrightarrow[\text{回流}]{\text{KOH, H}_2\text{O}} \text{H}_3\text{CO-C}_6\text{H}_3(\text{NO}_2)\text{-NH}_2 + \text{CH}_3\text{COOK}$$

2-硝基-4-甲氧基乙酰苯胺　　　　　　2-硝基-4-甲氧基苯胺

酯的水解在工业生产上有重要意义，如在油脂工业上，许多天然存在的脂肪、油或蜡水解反应后得到相应的羧酸。酸催化下的水解是酯化反应的逆反应，水解不能完全进行。碱催化下的水解生成的羧酸可与碱生成盐而从平衡体系中除去，水解反应可以完全进行，被称为酯的皂化反应（saponification reaction）。工业上利用皂化反应，使油脂与氢氧化钠或氢氧化钾混合，得到高级脂肪酸的钠/钾盐和甘油，高级脂肪酸的钠/钾盐是制造肥皂的原料。

11.8.1.4　醇解反应

羧酸衍生物与醇发生醇解（alcoholysis）反应生成酯，是合成酯的重要方法。

酰卤与醇很快反应生成酯，用羧酸经过酰氯再与醇反应成酯，虽然经过两步，但有些结果比直接酯化好，利用这个反应来制备某些醇或酚不与羧酸直接生成的酯。例如：

$$\text{C}_6\text{H}_5\text{-OH} + \text{CH}_3\text{COCl} \xrightarrow{20\text{℃}, 95\%} \text{C}_6\text{H}_5\text{-OOCCH}_3 + \text{HCl}$$

酸酐和酰卤一样，容易发生醇解反应，可以与所有的醇或酚反应，生成一分子酯和一分子羧酸。例如：阿司匹林（Aspirin），化学名称是乙酰水杨酸，可由乙酐与水杨酸作用得到。

$$\text{o-HOC}_6\text{H}_4\text{COOH} + (\text{CH}_3\text{CO})_2\text{O} \longrightarrow \text{o-CH}_3\text{COO-C}_6\text{H}_4\text{COOH} + \text{CH}_3\text{COOH}$$

酯的醇解需要在强酸（如无水氯化氢、浓硫酸）或碱（如醇钠）催化下进行，反应生成新的酯和醇，所以酯的醇解又称为酯交换反应（ester exchange）。该反应也是可逆反应，通常采用加入过量的醇或者将生成的醇除去的方法，使平衡向所需要的方向移动。有机合成中常利用酯交换反应从低级酯制备高级酯。例如：

$$\text{CH}_2\text{=CH-CO-OCH}_3 + \text{CH}_3\text{CH}_2\text{CH}_2\text{CH}_2\text{OH} \xrightarrow[94\%]{\text{H}^+} \text{CH}_2\text{=CH-CO-OCH}_2\text{CH}_2\text{CH}_2\text{CH}_3 + \text{CH}_3\text{OH}$$

工业上，合成纤维"涤纶"的生产就是利用了酯交换反应，对苯二甲酸二甲酯和乙二醇首先发生酯交换反应生成对苯二甲酸二乙二醇酯，再聚合反应合成涤纶。

$$n\text{H}_3\text{CO-CO-C}_6\text{H}_4\text{-CO-OCH}_3 + n\text{HOCH}_2\text{CH}_2\text{OH} \xrightarrow{\text{Sb}_2\text{S}_3, \Delta} \text{[-CO-C}_6\text{H}_4\text{-CO-OCH}_2\text{CH}_2\text{O-]}_n + \text{CH}_3\text{OH}$$

涤纶

在生物体内也存在类似的酯交换反应。例如乙酰辅酶A与胆碱形成乙酰胆碱，此反应是在相邻的神经细胞之间传导神经刺激的重要过程。

$$\text{CH}_3\text{-CO-SCoA} + [\text{HOCH}_2\text{CH}_2\overset{+}{\text{N}}(\text{CH}_3)_3]\text{OH}^- \longrightarrow \text{CH}_3\text{-CO-OCH}_2\text{CH}_2\overset{+}{\text{N}}(\text{CH}_3)_3\text{OH}^- + \text{HSCoA}$$

乙酰辅酶A　　　　胆碱　　　　　　　　乙酰胆碱　　　　　　　辅酶A

酰胺的醇解为可逆反应，在有过量醇并且有酸或碱的催化下才能生成酯。如果强酸作用下醇解，生成酯和铵盐，由于生成稳定的铵盐，这时的醇解反应为不可逆的。例如：

$$C_6H_5CONH_2 + C_2H_5OH \xrightarrow[75℃,52\%]{HCl} C_6H_5COOC_2H_5 + NH_4Cl$$

11.8.1.5 氨解反应

酰卤、酸酐、酯、酰胺均能与氨或胺作用并氨解（ammonolysis）成酰胺。由于氨有碱性，其亲核性比水强，故氨解反应比水解容易些。

酰氯和酸酐与氨的反应都很剧烈，在冷却或稀释的条件下缓慢混合进行反应，可氨解成酰胺；酯的氨解需要在无水条件下进行，一般只需加热就能生成酰胺；酰胺的氨解是一个可逆反应，必须用过量且亲核性更强的胺。NH_3 的碱性比 NH_2R 或 NHR_2 低，因此由酰胺和伯或仲胺盐置换制备 N-烷基酰胺是较有利的。例如：

$$CH_3-\underset{CH_3}{\underset{|}{CH}}-\overset{O}{\overset{\|}{C}}-Cl + NH_3 \xrightarrow{78\%\sim83\%} CH_3-\underset{CH_3}{\underset{|}{CH}}-\overset{O}{\overset{\|}{C}}-NH_2 + HCl$$

$$(CH_3CO)_2O + H_2NCH_2COOH \xrightarrow[89\%\sim92\%]{H_2O} CH_3CONHCH_2COOH + CH_3COOH$$

（邻羟基苯甲酸乙酯 + 邻甲基苯胺 → 邻羟基-邻'-甲基苯甲酰苯胺 + C_2H_5OH，77%）

$$CH_3CONH_2 + CH_3NH_2 \cdot HCl \longrightarrow CH_3CONHCH_3 + NH_4Cl$$

羧酸衍生物水解、醇解、氨解的结果是在 HOH、HOR、HNH_2 等分子中引入酰基，因而酰氯、酸酐是常用的酰基化试剂，而酯的酰化能力较弱，酰胺的酰化能力最弱，一般不用作酰基化试剂。

羧酸与其衍生物之间可相互转化，由羧酸可制备各种羧酸的衍生物，由羧酸衍生物也可制备羧酸，而且羧酸的各种衍生物之间也可相互转化。但是一般只能由反应活性高的羧酸衍生物转化成反应活性低的羧酸衍生物。

11.8.2 与 Grignard 试剂的反应

羧酸衍生物都能与 Grignard 试剂发生反应，其实质是碳负离子对羰基的亲核加成反应，反应过程经历一个生成酮的中间阶段。反应历程如下：

$$R-\overset{O}{\overset{\|}{C}}-L + R'MgX \longrightarrow R-\underset{R'}{\underset{|}{\overset{OMgX}{\overset{|}{C}}}}-L \xrightarrow{-MgXL} R-\overset{O}{\overset{\|}{C}}-R' \xrightarrow[②H_2O,H^+]{①R'MgX} R-\underset{R'}{\underset{|}{\overset{OH}{\overset{|}{C}}}}-R'$$

酰卤与 Grignard 试剂的反应较酮容易，反应条件控制在低温，反应物摩尔比保持 1∶1，无水 $FeCl_3$ 作催化剂，反应能停留在酮阶段。否则，生成的酮易于与 Grignard 试剂继续反应而得到叔醇。例如：

$$CH_3COCl + CH_3(CH_2)_3MgCl \xrightarrow[-70℃]{乙醚，FeCl_3} CH_3CO(CH_2)_3CH_3 \quad (72\%)$$

酸酐与 Grignard 试剂的反应与酰卤相似，只要控制条件得当，也能停留在酮阶段。例如：

$$(CH_3CO)_2O + CH_3CH_2MgCl \xrightarrow[-70℃]{乙醚} CH_3COCH_2CH_3$$

酯分子中的羰基不如酮活泼，反应难以停留在酮阶段，生成的酮继续与 Grignard 试剂反应得到叔醇，这是制备叔醇的一个很好的方法。若用甲酸酯与 Grignard 试剂反应，则得到对称的仲醇。例如：

$$HCOOCH_2CH_3 + 2CH_3MgCl \xrightarrow[\text{②}H_2O, H^+]{\text{①乙醚}} (CH_3)_2CHOH$$

$$C_6H_5-\underset{O}{\underset{\|}{C}}-OC_2H_5 + 2CH_3MgI \xrightarrow[\text{②}H_2O, H^+]{\text{①乙醚}} C_6H_5-\underset{CH_3}{\underset{|}{\overset{OH}{\overset{|}{C}}}}-CH_3$$

酰胺分子中含活性 H，可使 Grignard 试剂分解。N,N-二烃基酰胺与 Grignard 试剂作用能得到酮，但在有机合成上价值不大。

11.8.3 还原反应

羧酸衍生物一般比羧酸容易还原，酰氯、酸酐、酯、羧酸还原成为伯醇，酰胺还原成为胺。

11.8.3.1 催化加氢还原

在工业上，铜铬氧化物（$CuO \cdot CuCrO_4$）是应用最广泛的催化剂，主要用于催化氢解植物油和脂肪，以制取长链的醇类，如硬脂酸、软脂酸等，用来合成洗涤产品、化学试剂等。

$$RCOOR' + H_2 \xrightarrow[200\sim300℃, 20\sim30MPa]{CuO \cdot CuCrO_4} RCH_2OH + R'OH$$

如果脂肪酸分子中具有不饱和烃基或烃基上连有其它不饱和基团时，在反应过程中将同时被加氢还原，但苯环在催化氢解过程中不受影响。

$$C_6H_5-COOC_2H_5 + H_2 \xrightarrow[125℃, 30MPa]{CuO \cdot CuCrO_4} C_6H_5-CH_2OH + C_2H_5OH$$

酰胺不易还原，需要特殊的催化剂并在高温高压下进行。例如：

$$CH_3(CH_2)_9CH_2-\underset{O}{\underset{\|}{C}}-NH_2 + H_2 \xrightarrow[250℃, 30MPa]{CuCrO_4} CH_3(CH_2)_{10}CH_2NH_2$$

酰氯经催化氢化还原为伯醇，若采用 Rosenmund 还原，可使酰氯还原为醛。该方法是将钯沉积在硫酸钡上（$Pd-BaSO_4$）作催化剂，并加入喹啉-硫或硫脲作为"抑制剂"，常压下加氢使酰氯还原成相应的醛，称为 Rosenmund 还原法。这是制备醛的一种方法，这种方法不能还原硝基、卤素及酯基。例如：

$$H_3CO-\underset{O}{\underset{\|}{C}}-CH_2CH_2-\underset{O}{\underset{\|}{C}}-Cl \xrightarrow[\text{喹啉-硫}]{Pd-BaSO_4} H_3CO-\underset{O}{\underset{\|}{C}}-CH_2CH_2-\underset{O}{\underset{\|}{C}}-H$$

11.8.3.2 用金属氢化物还原

金属氢化物（metal hydride）包括氢化铝锂、硼氢化锂、硼氢化钠等，还原能力依次为：氢化铝锂＞硼氢化锂＞硼氢化钠。

酰卤、酸酐和酯的还原产物是醇。

$$\left.\begin{array}{l} R-\underset{O}{\underset{\|}{C}}-Cl \\ R-\underset{O}{\underset{\|}{C}}-O-\underset{O}{\underset{\|}{C}}-R' \\ R-\underset{O}{\underset{\|}{C}}-OR' \end{array}\right\} + LiAlH_4 \xrightarrow[\text{②}H^+]{\text{①乙醚}} \left\{\begin{array}{l} RCH_2OH + HCl \\ \\ RCH_2OH + R'CH_2OH \\ \\ RCH_2OH + R'OH \end{array}\right.$$

酰胺的还原需要过量的氢化铝锂，还原产物可以是不同类型的胺。例如：

$$\text{C}_6\text{H}_{11}\text{CON}(\text{CH}_3)_2 \xrightarrow[\text{回流，88\%}]{\text{LiAlH}_4,\text{乙醚}} \text{C}_6\text{H}_{11}\text{CH}_2-\text{N}(\text{CH}_3)_2$$

当氢化铝锂中的氢原子被烷氧基取代后，其还原能力减低，可以进行选择性还原。例如：三叔丁氧基氢化铝锂将酰卤还原至相应的醛，二乙氧基氢化铝锂或三乙氧基氢化铝锂可将酰胺还原成相应的醛。例如：

$$\text{NC-C}_6\text{H}_4\text{-COCl} \xrightarrow{\text{LiAlH[OC(CH}_3)_3]_3} \xrightarrow[80\%]{\text{H}_2\text{O}} \text{NC-C}_6\text{H}_4\text{-CHO}$$

$$\text{CH}_3(\text{CH}_2)_2\text{CON}(\text{CH}_3)_2 \xrightarrow{\text{LiAlH}(\text{OC}_2\text{H}_5)_3} \xrightarrow{\text{H}_2\text{O}} \text{CH}_3(\text{CH}_2)_2\text{CHO} + (\text{CH}_3)_2\text{NH}$$

11.8.3.3 用金属钠还原

酯可以用钠还原，还原的方式和产物与所使用的溶剂有关。

(1) 酯的单分子还原——Bouveault-Blanc 还原

在醇（乙醇、丁醇或戊醇等）溶液中加热回流，一分子的脂肪酸酯被钠还原成相应的伯醇，称为 Bouveault-Blanc 还原。其特点是分子中碳碳双键或叁键不受影响，可用于不饱和脂肪酸酯的选择性还原。例如：

$$\text{CH}_3(\text{CH}_2)_6\text{CH}=\text{CH}(\text{CH}_2)_6\text{COOC}_2\text{H}_5 \xrightarrow[\text{C}_2\text{H}_5\text{OH}]{\text{Na}} \text{CH}_3(\text{CH}_2)_6\text{CH}=\text{CH}(\text{CH}_2)_6\text{CH}_2\text{OH} + \text{C}_2\text{H}_5\text{OH}$$

在没有使用氢化铝锂之前，这个方法是工业上生产不饱和醇的唯一途径。

(2) 酯的双分子还原——酮醇缩合（偶姻反应）

在乙醚、甲苯或二甲苯溶液中，纯氮气的保护下，通过搅拌和回流，两分子的脂肪酸酯被钠还原，得到α-羟基酮，称为酮醇缩合（acyloin condensation）。例如：

$$2(\text{CH}_3)_2\text{CHCOOCH}_3 \xrightarrow[\text{甲苯,}\triangle]{\text{Na,N}_2} \xrightarrow{\text{H}_2\text{O}} (\text{CH}_3)_2\text{CH}-\overset{\text{OH}}{\underset{}{\text{CH}}}-\overset{\text{O}}{\underset{}{\text{C}}}-\text{CH}(\text{CH}_3)_2$$

脂肪二酸酯在同样的条件下，生成α-羟基环酮。例如：

$$\begin{array}{c}\text{COOC}_2\text{H}_5\\\text{COOC}_2\text{H}_5\end{array} \xrightarrow[\text{甲苯,}\triangle]{\text{Na,N}_2} \xrightarrow{\text{H}_2\text{O}} \text{环己酮-OH}$$

11.8.4 Hofmann 降解反应

酰胺与氯或溴的碱溶液作用时，脱去羰基生成伯胺，在反应中使碳链减少一个碳原子，这是由 A. W. Hofmann 首先发现制备伯胺的重要方法，通常称为 Hofmann 降解反应，也称作 Hofmann 降级反应。

$$\text{R}-\overset{\text{O}}{\underset{}{\text{C}}}-\text{NH}_2 + \text{Br}_2 + 4\text{NaOH} \longrightarrow \text{R}-\text{NH}_2 + 2\text{NaBr} + \text{Na}_2\text{CO}_3 + 2\text{H}_2\text{O}$$

这个反应的过程比较复杂，经过以下步骤。

① 在碱催化下，酰胺上的氮原子发生溴代反应，得到 N-溴代酰胺的中间体。

$$\text{R}-\overset{\text{O}}{\underset{}{\text{C}}}-\text{NH}_2 + \text{Br}_2 + \text{OH}^- \longrightarrow \text{R}-\overset{\text{O}}{\underset{}{\text{C}}}-\text{NHBr} + \text{Br}^- + \text{H}_2\text{O}$$

② 还在碱作用下，氮原子上的氢原子被消除，生成 N-溴代酰胺负离子，烷基转移到氮原子上，同时脱去溴负离子，生成异氰酸酯。

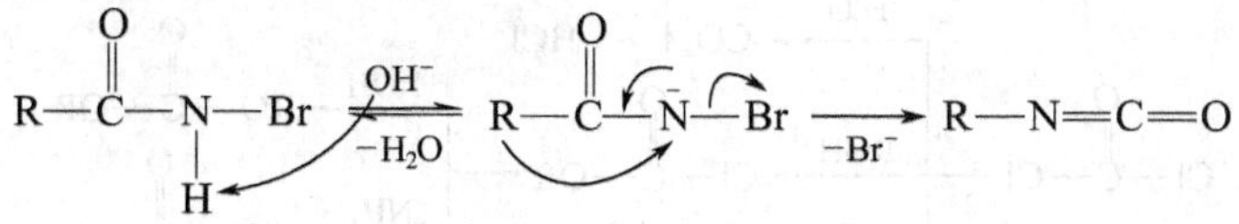

$$R-\overset{O}{\underset{H}{C}}-N-Br \xrightarrow[-H_2O]{OH^-} R-\overset{O}{C}-N-Br \xrightarrow{-Br^-} R-N=C=O$$

③ 异氰酸酯中含有累积双键，很容易与水发生加成反应，然后在碱液中很快脱去二氧化碳生成伯胺。

$$R-N=C=O \xrightarrow{H_2O} R-\underset{H}{N}-\overset{O}{C}-OH \xrightarrow{OH^-} RNH_2 + CO_2 + H_2O$$

在反应过程中由于发生了重排，所以又称为 Hofmann 重排反应。该反应过程虽然很复杂，但其反应产率较高，产品较纯。例如：

$$(CH_3)_3CCH_2-\overset{O}{C}-NH_2 + Br_2 + 4NaOH \xrightarrow{94\%} (CH_3)_3CCH_2-NH_2 + 2NaBr + Na_2CO_3 + 2H_2O$$

11.9 碳酸衍生物

在结构上可以把碳酸看成是两个羟基共用一个羰基的二元羧酸，也可以看成是羟基甲酸。碳酸分子中的羟基被其它基团取代后的生成物叫做碳酸衍生物（carbonic acid derivatives）。碳酸和含一个羟基的酸性碳酸衍生物不稳定，易分解并放出二氧化碳，故最常见的碳酸衍生物是两个羟基都被其它基团取代的中性衍生物，这两个取代基团可以是相同的或不同的。

$$HO-\overset{O}{C}-OH \qquad Y-\overset{O}{C}-OH \qquad Y-\overset{O}{C}-Y' \qquad Y(Y')=Cl, OR, NH_2 \text{ 等}$$

碳酸在动物体中非常重要，利用它溶解后的电离和二氧化碳的溶解平衡可以维持人体血液中的 pH 值。碳酸的中性衍生物及氨基甲酸盐或酯是有机合成、医药和农药合成的重要中间体。

11.9.1 碳酰氯

碳酰氯（phosgene）是指碳酸中的两个羟基被氯原子取代的化合物，俗称光气。最初由一氧化碳和氯气在日光照射下作用而得，目前工业上采用活性炭为催化剂，在 200℃ 时，等体积的一氧化碳和氯气作用制取。

$$CO + Cl_2 \xrightarrow[200℃]{\text{活性炭}} Cl-\overset{O}{C}-Cl$$

室温下，碳酰氯为带有甜味的无色气体，沸点 8.2℃，熔点 -118℃，相对密度 1.432，易溶于苯及甲苯。

碳酰氯具有酰氯的一般特性，可发生水解、醇解、氨解等反应。

$$Cl-\overset{O}{\underset{}{C}}-Cl \xrightarrow[\text{NH}_3]{\text{H}_2\text{O}, \text{ROH}} \begin{matrix} CO_2\uparrow + HCl \\ Cl-\overset{O}{\underset{}{C}}-OR \\ H_2N-\overset{O}{\underset{}{C}}-NH_2 \end{matrix} \xrightarrow[\text{NH}_3]{\text{ROH}} \begin{matrix} RO-\overset{O}{\underset{}{C}}-OR \\ H_2N-\overset{O}{\underset{}{C}}-OR \end{matrix}$$

碳酰氯是重要的有机合成中间体，特别在合成染料中占有重要的位置。它可以和苯环进行 Friedel-Crafts 反应，生成芳酰氯，之后水解生成芳香酸或者继续和另一分子的苯环反应得到二芳基酮。例如：

$$Cl-\overset{O}{\underset{}{C}}-Cl + C_6H_6 \xrightarrow{\text{AlCl}_3} C_6H_5-\overset{O}{\underset{}{C}}-Cl \xrightarrow[\text{AlCl}_3]{\text{H}_2\text{O}, C_6H_6} \begin{matrix} C_6H_5COOH \\ C_6H_5-\overset{O}{\underset{}{C}}-C_6H_5 \end{matrix}$$

碳酰氯具有很强的毒性，对人和动物的黏膜及呼吸道有强烈刺激作用，具有窒息性，侵入组织则产生盐酸。在第一次世界大战时曾被用作毒气。由于碳酰氯的物理性质和强毒性，化工行业的碳酰氯生产实行许可证制度，国家对化工企业进行严格的审查，只允许获得资质的企业进行光气的生产和使用，其它企业不能随意生产和采购。

11.9.2　碳酰胺

碳酰胺（urea），也称为脲或者尿素，是指碳酸中的两个羟基被氨基取代的化合物。工业上用二氧化碳和过量的氨气在高温（180～200℃）、高压（14～20 MPa）下合成尿素，按照尿素合成时二氧化碳的来源，尿素可分为煤头尿素（煤炭为原料）和气头尿素（天然气或石油裂解气为原料）。例如：

$$CO_2 + NH_3 \rightleftharpoons H_2NCOONH_4 \rightleftharpoons H_2N-\overset{O}{\underset{}{C}}-NH_2$$

碳酰胺因最早从尿中获得，故俗称尿素。它是哺乳动物体内蛋白质代谢的最终产物，白色结晶，熔点 132.7℃，易溶于水和乙醇。

碳酰胺具有酰胺的结构片段，所以具有酰胺的一般化学性质，同时它还有一些特性。

11.9.2.1　弱碱性

碳酰胺是碳酸的二酰胺，由于含两个氨基而显碱性，但因共轭效应的影响碱性很弱，不能用石蕊试纸检测，能和强酸作用生成盐。例如：尿素能与硝酸、草酸分别生成不溶性的硝酸脲和草酸脲盐。

$$H_2N-\overset{O}{\underset{}{C}}-NH_2 + HNO_3 \longrightarrow H_2N-\overset{O}{\underset{}{C}}-NH_2\cdot NHO_3\downarrow$$

$$2H_2N-\overset{O}{\underset{}{C}}-NH_2 + HOOCCOOH \longrightarrow (H_2N-\overset{O}{\underset{}{C}}-NH_2)_2\cdot(COOH)_2\downarrow$$

11.9.2.2　水解

与酰胺相同，碳酰胺可在酸或碱的溶液中水解，也可在尿素酶的作用下水解。植物及许多微生物中都含有尿素酶，利用该反应将碳酰胺用作氮肥。例如：

$$H_2N-\overset{\overset{O}{\|}}{C}-NH_2 \xrightarrow{H_2O} \begin{array}{l} \xrightarrow{H^+} NH_4^+ + CO_2 \\ \xrightarrow{OH^-} NH_3\uparrow + CO_3^{2-} \\ \xrightarrow{\text{尿素酶}} NH_3\uparrow + CO_2 \end{array}$$

11.9.2.3 与亚硝酸反应

与其它伯酰胺一样，碳酰胺也能与亚硝酸作用并放出氮气。该反应是定量完成的，通过测定氮气的量，可求得尿素的含量。利用该反应可以用碳酰胺除去亚硝酸，这一反应目前应用于治理大型运输车的尾气排放超标问题。将尿素水溶液喷入尾气排放管，发生反应后可以降低氮氧化物的含量，从而使其尾气氮氧化物含量达标。反应式如下：

$$H_2N-\overset{\overset{O}{\|}}{C}-NH_2 + 2HNO_2 \longrightarrow CO_2\uparrow + 2N_2\uparrow + 3H_2O$$

11.9.2.4 加热反应

将碳酰胺缓慢加热至熔点以上（150～160℃）时，两分子尿素间失去一分子氨，缩合生成二缩脲。例如：

$$2H_2N-\overset{\overset{O}{\|}}{C}-NH_2 \xrightarrow{150\sim160℃} H_2N-\overset{\overset{O}{\|}}{C}-NH-\overset{\overset{O}{\|}}{C}-NH_2 + NH_3\uparrow$$

二缩脲为无色针状结晶，难溶于水，易溶于碱液中。在碱性溶液中，二缩脲和硫酸铜反应呈现紫红色，称为二缩脲反应。凡分子中含有两个或两个以上酰胺键（—CONH—）的化合物，如多肽、蛋白质等，都能发生二缩脲反应。因此该反应可用于多肽和蛋白质分子的鉴定。

11.9.2.5 酰基化

碳酰胺和酰氯、酸酐或酯作用，生成相应的酰脲。例如，在醇钠的催化作用下，碳酰胺和丙二酸酯反应，生成环状的丙二酰脲。

$$\begin{array}{c} COOC_2H_5 \\ CH_2 \\ COOC_2H_5 \end{array} + \begin{array}{c} H_2N \\ C=O \\ H_2N \end{array} \xrightarrow{C_2H_5ONa} \begin{array}{c} CONH \\ CH_2 C=O \\ CONH \end{array} + 2C_2H_5OH$$

碳酰胺的用途很广，在农业上是重要的氮肥，在工业上是有机合成的重要原料，用于制造塑料及药物。它和甲醛缩合形成俗称为"电玉"的高分子化合物脲醛树脂。

11.9.3 胍

胍（carbamidine）可看做是脲分子中的氧原子被亚氨基（=NH）取代而生成的化合物。胍存在于萝卜、蘑菇、米糠、某些贝类及蚯蚓等动植物中。工业上，胍是由双氰胺（由氰氨化钙和水作用得到）和过量的氨加热来制备的。例如：

$$H_2N-\overset{\overset{NH}{\|}}{C}-NHCN + 2NH_3 \xrightarrow{\Delta} H_2N-\overset{\overset{NH}{\|}}{C}-NH_2$$

胍的吸湿性很强，为无色结晶，熔点 50℃，易溶于水。

胍是一个有机强碱，$pK_b = 0.52$，与氢氧化钠的碱性相近。它能吸收空气中的二氧化碳和水生成碳酸盐。例如：

$$2H_2N-\overset{\overset{NH}{\|}}{C}-NH_2 + H_2O + CO_2 \longrightarrow (H_2N-\overset{\overset{NH}{\|}}{C}-NH_2)_2 \cdot H_2CO_3$$

胍在碱性条件下不稳定，易水解为氨和尿素，在酸性条件下比较稳定，故一般制成其盐保存。例如：在氢氧化钡溶液中，胍缓和发生水解反应。

$$\underset{\substack{|\\ NH}}{H_2N-C-NH_2} + H_2O \xrightarrow{Ba(OH)_2} \underset{\substack{\|\\ O}}{H_2N-C-NH_2} + NH_3$$

胍的许多衍生物都是重要的药物。例如：对氨基苯磺酰胍可用于消炎；吗啉双胍可预防流感；苯乙双胍可治疗糖尿病等。

对氨基苯磺酰胍　　　　　　　　吗啉双胍

苯乙双胍

阅读材料

解热镇痛药

感冒时身体的一个症状是发烧，体温的升高会导致身体的敏感性，出现疼痛感。目前，使用较多的感冒药中大多都有解热镇痛成分，比如历史悠久的阿司匹林、扑热息痛，后来居上的布洛芬等，这些化合物多数都是羧酸或羧酸衍生物，如阿司匹林为乙酰水杨酸，属于酚酯类化合物，扑热息痛为对乙酰氨基酚，属于乙酰胺类化合物，而布洛芬则为 4-异丁基-α-甲基苯乙酸，属于苯丙酸类化合物。

阿司匹林，CAS 号：50-78-2，又称乙酰水杨酸，是水杨酸的酚羟基与乙酰化试剂反应得到的乙酸酯类化合物，1853 年首次合成，1898 年拜耳公司将其作为药物上市，1899 年由德莱赛命名为阿司匹林（Aspirin），是最为广泛使用的解热、镇痛和抗炎药。但是，阿司匹林抑制血小板释放反应的功能，使其具有胃肠道反应及出血反应，虽然这一副作用使其作为感冒药存在一定风险，但在降低心血管疾病危害方面得到了新的应用，临床上用于冠心病的二级预防。

扑热息痛，CAS 号：103-90-2，N-(4-羟基苯基)乙酰苯胺，又称对乙酰氨基酚，1893 年上市，是在乙酰苯胺（退热冰，1886）的基础上发展而来的药物，目前是乙酰苯胺类药物中最好的品种，特别适合于不能应用羧酸类药物的病人。该化合物通过抑制前列腺素等化合物的合成和释放提高痛阈值，属于外周性镇痛药，作用较阿司匹林弱。但是，该药物无抗炎抗风湿作用，虽然一般情况下无明显副作用，但具有积累性，当超过限量时极易引起肝脏损伤，尤其对于婴幼儿，超量更容易造成严重的问题。因为目前感冒药多为复方制剂，大多含有扑热息痛，因此不能同时吃多种感冒药，防止扑热息痛高剂量摄入。同时，服用扑热息痛时应避免饮用含酒精饮料，防止酒精诱导下加速扑热息痛的吸收，造成肝脏中毒甚至猝死。

布洛芬，CAS 号：15687-27-1，又称芬必得，异丁洛芬，异丁苯丙酸，1966 年首先在英国上市，1983 年成为英国批准的第一个可通过非处方药（OTC）形式销售的非类固醇类抗炎药。布洛芬的最大好处是体内半衰期短，2~4h。与扑热息痛相比，布洛芬不仅抑制前列腺素的产生，也同时具有抗炎性，解热消炎镇痛作用强。同时，该化合物的毒性较低，不良反应很低，在疗效和不良反应方面均优于阿司匹林和扑热息痛，是小儿常用的退烧药。

双氯芬酸钠，CAS 号：15307-79-6，2-(2,6-二氯苯基)氨基苯乙酸钠，又称阿米雷尔，1976 年日本藤泽公司最先发明使用。双氯芬酸钠是非甾体消炎药中作用较强的一种，它对前列腺素合成的抑制作用强于阿司匹林和吲哚美辛等。其临床解热镇痛抗炎疗效确切，强镇痛作用是其最主要特点，因此一般不用于感冒药中，而是用于抗风湿药物以及各种疼痛的抑制。其作用机制与阿司匹林等药物类似，均通过抑制环氧化酶的活性抑制花生四烯酸转化为前列腺素。

常见的一些解热镇痛药结构如下：

阿司匹林　　扑热息痛　　布洛芬　　双氯芬酸钠

目前使用的感冒药大多为复合制剂，如布洛伪麻片即以布洛芬和盐酸伪麻黄碱为主要成分；复方氨酚烷胺胶囊即以对乙酰氨基酚和盐酸金刚烷胺为主要成分；酚麻美敏片为对乙酰氨基酚、盐酸伪麻黄碱、氢溴酸右美沙芬和马来酸氯苯那敏（扑尔敏）的组合；氨酚黄那敏颗粒为乙酰氨基酚、人工牛黄和马来酸氯苯那敏的组合；氨咖黄敏则为对乙酰氨基酚、咖啡因、人工牛黄和马来酸氯苯那敏的组合。这其中马来酸氯苯那敏（扑尔敏）为缓解鼻痒、喷嚏的药物，但是具有嗜睡副作用，因此使用含此类药物的感冒药时需要减少驾驶等活动，防止出现意外。

习 题

1. 命名下列化合物。

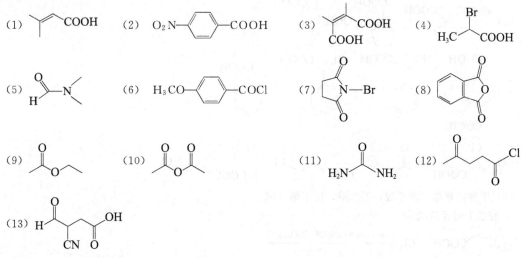

2. 写出下列化合物的构造式。
(1) 3,4-二甲基戊酸　(2) (2E,5E)-2,5-庚二烯酸　(3) 2-氯丙酸　(4) 4-甲基-2-溴戊酸
(5) β-羟基丙酸　(6) 对硝基苯乙酸乙酯　(7) 丁酸酐　(8) 苯甲酰胺　(9) 丙烯酰溴
(10) 4-甲基-5-戊内酯　(11) 硝酸甘油酯　(12) 乙酰苯胺　(13) N-甲基乙酰胺

3. 比较下列各组化合物酸性的大小，并解释：
(1) 乙二酸，丙二酸，丁二酸，戊二酸

(2) 2-羟基丁酸，3-羟基丁酸，4-羟基丁酸
(3) 2-氯丙酸，2-羟基丙酸，2-甲基丙酸
(4) 对硝基苯甲酸，对甲基苯甲酸，苯甲酸，间硝基苯甲酸

4. 比较下列各组化合物水解活性的大小。
(1) 对甲基苯甲酸甲酯，对甲基苯甲酰氯，对甲基苯甲酰胺
(2) 乙酸甲酯，乙酸异丙酯，乙酸环己酯，乙酸乙酯
(3) 对硝基苯甲酸甲酯，对甲氧基苯甲酸甲酯，苯甲酸甲酯，对氯苯甲酸甲酯

5. 把下列各组化合物按碱性强弱排序。
(1) 乙氧基负离子，乙酸负离子，硝基乙酸负离子，丙酸负离子
(2) 乙酰胺，氨，N,N-二甲基丙酰胺，丁二酰亚胺，尿素

6. 按要求排列以下各组化合物的次序。
(1) 氨解的反应速率
    对甲氧基苯甲酰氯，对硝基苯甲酰氯，苯甲酸甲酯，苯甲酸酐
(2) 酯化的反应速率
    2,2-二甲基丙酸甲酯，乙酸甲酯，甲酸甲酯，丙酸甲酯，2-甲基丙酸甲酯
(3) 羰基亲核加成的反应活性
    苯甲酸乙酯，苯甲酰氯，苯甲酸酐，苯甲酰胺
(4) α-氢原子的活性
    丙酰氯，丙酸乙酯，丙酰胺，乙酰丙酮

7. 用化学方法鉴别下列各组化合物。

(1) 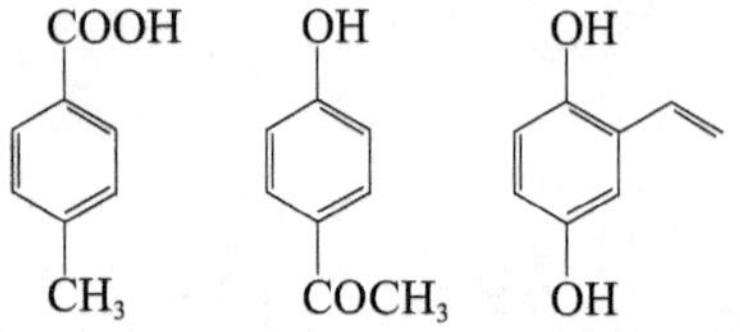 对甲基苯甲酸，对羟基苯乙酮，2-乙烯基-1,4-苯二酚

(2) 1,1-环戊烷二甲酸，1,2-环戊烷二甲酸，3-环戊烯甲酸

(3) 对乙酰基苯甲酸，扁桃酸，苯甲酰甲酸，苯甲酸

(4) 2-氯丙酸，1-氯丙酮，3-氯丙醛，3-氯丙酸甲酯

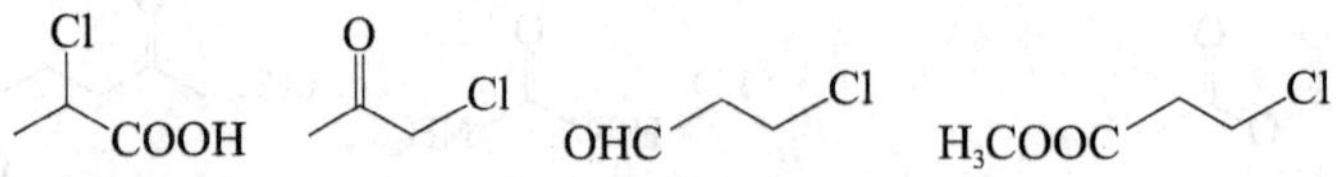

(5) 甲酸，草酸，丙二酸，丁二酸，反丁烯二酸

8. 完成下列反应式。

(1) 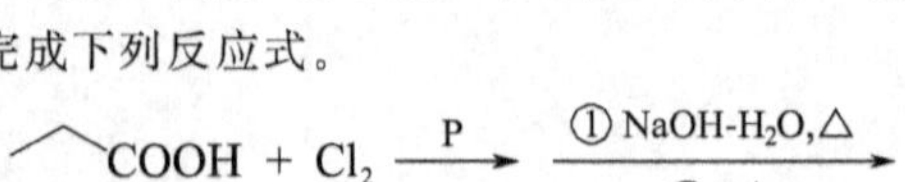 $CH_3CH_2COOH + Cl_2 \xrightarrow{P} \xrightarrow[② H^+]{① NaOH-H_2O, \Delta}$

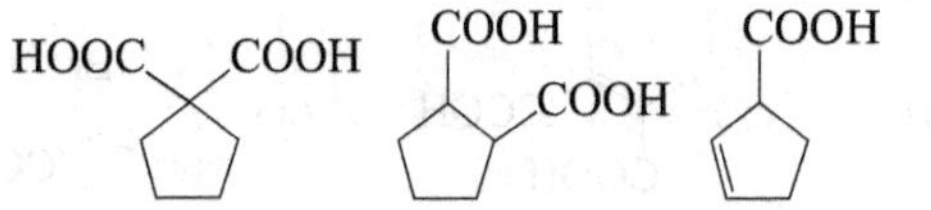

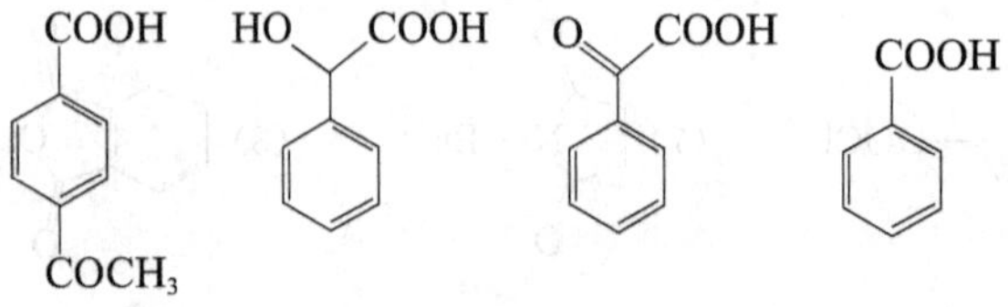

(2) 邻羟基苯乙酸 $\xrightarrow{\Delta}$

(3) 甲基丙二酸 $\xrightarrow{\Delta}$

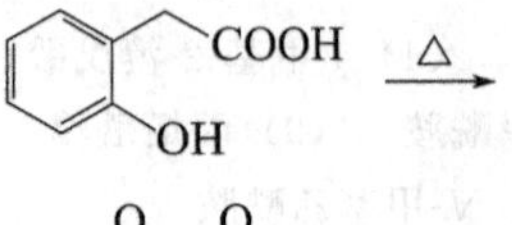

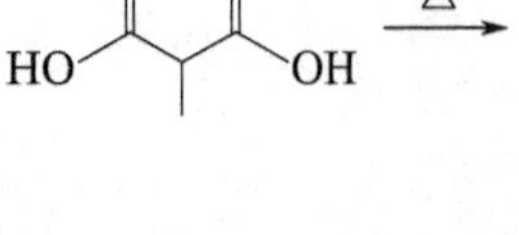

(4) PhCOOH $\xrightarrow[\text{痕量 P}]{Br_2}$ $\xrightarrow[\triangle]{KOH/EtOH}$ $\xrightarrow[\triangle]{KMnO_4/H^+}$ $\xrightarrow[\triangle]{浓硫酸}$ $\xrightarrow{\triangle}$

(5) PhCOOH + HOCH₂CH₂OH (2:1) $\xrightarrow[\triangle]{浓硫酸}$ $\xrightarrow{CH_3MgBr}$ 两倍乙二醇的量

(6) PhCOOH + HOCH₂CH₂OH (1:1) $\xrightarrow[\triangle]{浓硫酸}$ $\xrightarrow{CH_3MgBr}$ 与乙二醇等量

(7) PhBr $\xrightarrow[\text{四氢呋喃}]{Mg}$ $\xrightarrow[2) H_3O^+]{1) CO_2}$ $\xrightarrow[\text{浓硫酸/加热}]{MeOH}$ $\xrightarrow{LiAlH_4}$

(8) (CH₃)₂CHCH(OH)COOH $\xrightarrow{稀硫酸}$ $\xrightarrow[\text{加热}]{草酰氯}$

(9) PhCOOH $\xrightarrow{SOCl_2}$ $\xrightarrow{NH_3}$ $\xrightarrow{Br_2/OH^-}$

(10) PhC(CH₃)₃ + CH₃CH₂CH₂Cl $\xrightarrow{AlCl_3}$ $\xrightarrow[H_3O^+]{KMnO_4}$ $\xrightarrow{SOCl_2}$ $\xrightarrow[\text{喹啉-硫}]{H_2/Pd-BaSO_4}$

(11) 水杨酸 $\xleftarrow[H^+]{(CH_3CO)_2O}$ ... $\xrightarrow[H_2SO_4]{MeOH}$

(12) 邻苯二甲酸酐 $\xrightarrow[1:1]{C_2H_5OH}$ $\xrightarrow{PCl_3}$ $\xrightarrow{苯酚}$

(13) PhCH₂Cl $\xrightarrow{NaCN}$ $\xrightarrow[\triangle]{H_3O^+}$ $\xrightarrow[H_2SO_4]{CH_3OH}$

(14) PhCO₂Me $\xrightarrow[\text{过量}]{EtOH}$ $\xrightarrow[EtOH]{H_2N-CH_3}$

(15) 环己烷 $\xrightarrow[H_3O^+]{KMnO_4}$ $\xrightarrow[\text{浓硫酸}]{C_2H_5OH}$ $\xrightarrow[2) H_2O]{1) Na/N_2,甲苯\triangle}$

(16) CH(COOC₂H₅)₂ (环己基) $\xrightarrow[C_2H_5OH]{Na}$

(17) PhCH₂CH₂COOH $\xrightarrow{SOCl_2}$ $\xrightarrow{AlCl_3}$ $\xrightarrow[HCl]{Zn-Hg}$

9. 怎样将苯甲醇、环己甲酸和对甲苯酚的混合物分离得到各种纯的组分？

10. 完成下列转化。

(1) 以苯为原料合成对正戊基苯甲酸

(2) 以 1-丙酸制备 1-丁酸

(3) 以环己酮制备 α-羟基环己甲酸

(4) 以异丙醇制备 2-甲基丙酰胺
(5) 以甲苯为原料合成 3,5-二溴苯乙酸
(6) 以异丙醇制备 2-甲基-2-羟基丙酸
(7) 使用苯为原料合成苯甲酸乙酯
(8) 以乙烯为原料合成丁二酸酐
(9) 以对甲苯基甲醛为原料合成对甲酰基苯甲酸
(10) 以 2-甲基戊酸制备 2-戊酮
(11) 以环戊酮制备环戊交酯（注：环戊交酯结构式为 ）
(12) 以苯为原料制备 NBS（N-溴代丁二酰亚胺）

11. 完成下列反应机理。
(1) 写出乙酸和 $CH_3^{18}OH$ 酯化反应，生成 H_2O 的机理。
(2) 写出乙酸和 $(CH_3)_3C-^{18}OH$ 酯化反应，生成 $H_2^{18}O$ 的机理。
(3) 写出邻苯二甲酰亚胺在溴-氢氧化钠体系中变为邻氨基苯甲酸钠的反应历程。

12. 按指定原料合成下列化合物，无机试剂任选：
(1) 由 $CH_3CH_2CH=CH_2$ 合成 $CH_3CH_2CH-CHCOOH$ 带 CH_3 和 NH_2 取代基
(2) 以苯酚为原料合成 3-氨基-4-羟基苯甲酸甲酯
(3) 以 3-甲基丁酸为原料合成 （结构式：α,β-不饱和酯 OC_2H_5）
(4) 以甲苯和不超过三个碳的醇合成 （含苯酮、NO_2、CH_3 取代的结构）
(5) 以丙酮合成特戊酸 (2,2-二甲基丙酸)
(6) 由乙醛合成 2-丁烯酰胺
(7) 由 C_4 以下的有机物为原料合成 N-正丁基-2-甲基丁酰胺

13. 化合物 A 的分子式为 $C_4H_6O_4$，加热后得到分子式为 $C_4H_4O_3$ 的 B，将 A 与过量甲醇及少量硫酸一起加热得分子式为 $C_6H_{10}O_4$ 的 C。B 与过量甲醇作用也得到 C。A 与 $LiAlH_4$ 作用后分子式为 $C_4H_{10}O_2$ 的 D。写出 A，B，C，D 的结构式以及它们相互转化的反应式。按指定原料合成下列化合物，无机试剂任选：

14. 某化合物 $C_3H_6O_2$ 的核磁共振谱如下：$\delta=1.14$（三重峰，3H），$\delta=2.39$（四重峰，2H），$\delta=10.49$（单峰，1H），试推断该化合物的构造。

15. 化合物 A 的分子式为 $C_6H_{12}O$，它与浓硫酸共热生成化合物 B（C_6H_{10}）。B 与 $KMnO_4/H^+$ 作用得到 C（$C_6H_{10}O_4$）。C 可溶于碱，当 C 与脱水剂共热时则得到化合物 D。D 与苯肼作用生成黄色沉淀物；D 用 Zn-Hg 及 HCl 处理得化合物 E（C_5H_{10}）。推断出 A、B、C、D 和 E 的结构式。

16. 某化合物 $C_7H_{13}O_2Br$，不能形成肟及苯腙，其 IR 谱在 2850～2950 cm^{-1} 有吸收峰，但 3000 cm^{-1} 以上无吸收峰，在 1740 cm^{-1} 有强吸收峰，δ_H: 1.0 (3H, 三重峰)，4.6 (1H, 多重峰)，4.2 (1H, 三重峰)，1.3 (6H, 双峰)，2.1 (2H, 多重峰)，推断该化合物的结构式，并指出谱图上各峰的归属。

17. 有两个酯类化合物 A 和 B，分子式均为 $C_4H_6O_2$。A 在酸性条件下水解成甲醇和另一个化合物 C（$C_3H_4O_2$），C 可使 Br_2-CCl_4 溶液褪色。B 在酸性条件下水解成一分子羧酸和化合物 D，D 可发生碘仿反应，也可与 Tollens 试剂作用。试推测 A～D 的构造式。

18. 一脂肪酸甲酯 A（$C_5H_{10}O_3$）具有光学活性；加热得到 B（$C_5H_8O_2$），无光学活性，但能使溴水褪色。A 能被重铬酸钾氧化得到 C（$C_5H_8O_3$），C 经皂化反应后，在酸性条件下加热，可得到丙酮。试推

测 A、B、C 的结构。

19. 化合物 A 的分子式为 $C_4H_6O_2$，它不溶于 NaOH 溶液，和 Na_2CO_3 没有作用，可使溴水褪色，有类似乙酸乙酯的香味。A 和 NaOH 溶液共热后变成 CH_3CO_2Na 和 CH_3CHO。另外一化合物 B 的分子式和 A 相同。它和 A 一样，不溶于 NaOH，和 Na_2CO_3 没有作用，可使溴水褪色，香味和 A 类似。但 B 与 NaOH 溶液共热后生成醇和一个羧酸钠盐，这钠盐用硫酸中和后蒸馏出的有机物可使溴水褪色。问 A 和 B 各为何物？

20. 化合物 A 的分子式为 $C_6H_{12}O$，A 可与 NaOI 在碱中反应产生大量黄色沉淀，母液酸化后得到一个酸 B。B 在红磷存在下加入溴时，只形成一个单溴化合物 C。C 用 NaOH/乙醇溶液处理时生成 D。D 可使溴水褪色，D 与 $KMnO_4/H_2SO_4$ 作用后蒸馏，只得到一个一元酸 E，E 的分子量为 60。试写出 A～E 的结构式。

21. 油脂是长链酸的甘油酯，请根据酯的碱性水解机理解释为什么在清洗餐具时加入纯碱洗涤效果好？请解释其原因。

22. 为什么不能用回收标记为 1 的塑料饮料瓶盛装 NaOH 溶液？（回收标记 1 是 PET，即对苯二甲酸聚乙二醇酯）

23. 两个化合物的分子式均为 $C_4H_8O_2$，核磁图如下，请指出各自对应的结构式。

A，从右往左其化学位移分别为：1.26，2.04，4.12。

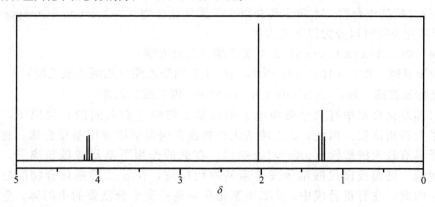

B，从右往左其化学位移分别为：1.21，2.41，3.61。

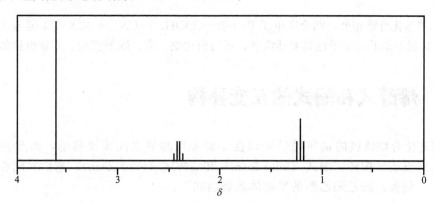

第 12 章 β-二羰基化合物

12.1 概述

分子中含有两个羰基的化合物统称为二羰基化合物。这两个羰基可以是醛或酮羰基,也可以是羧酸或酯中的羰基。如按两个羰基之间相对位置的不同,二羰基化合物可以分为 α-、β-、γ-、δ- 等二羰基化合物。本章主要介绍 β-二羰基化合物（β-dicarbonyl compound）。

β-二羰基化合物可以分为以下几大类：

β-二酮　　如：$CH_3COCH_2COCH_3$　2,4-戊二酮（乙酰丙酮）

β-酮酸及其酯　　如：$CH_3COCH_2COOC_2H_5$　3-丁酮酸乙酯（乙酰乙酸乙酯）

β-二元酸及其酯　　如：$C_2H_5OOCCH_2COOC_2H_5$　丙二酸二乙酯

在 β-二羰基化合物中有两个强吸电子的羰基去影响它们共同的 α-氢原子,使得 α-碳上的氢原子变得很活泼。因此,β-二羰基化合物也常叫做活泼亚甲基化合物。这个亚甲基上的氢原子具有较大的酸性（$pK_a \approx 10 \sim 14$）,在碱的作用下易形成碳负离子。该碳负离子可与卤代烷、酰卤或卤代酸酯等发生亲核取代反应,在 β-二羰基化合物的分子中引入新的基团。因此,在有机合成中,β-二羰基化合物是一类十分重要的中间体,它们有多方面的用途。本章主要讨论乙酰乙酸乙酯和丙二酸二乙酯的合成、性质及其在有机合成中的应用。

与 β-二羰基化合物相似,两个吸电子基（如—COOH、—CN、—NO_2 等）连接在同一个碳原子上时,其亚甲基的氢原子也具有活泼性,可与卤代烷、醛、酮等反应,本章也将加以讨论。

12.2 烯醇式和酮式的互变异构

β-二羰基化合物活泼的 α-氢原子可以在 α-碳和羰基氧之间来回移动,因此 β-二羰基化合物存在一对互变异构体：酮式（keto form）和烯醇式（enol form）,它们共同存在于一个平衡体系中。例如乙酰乙酸乙酯的平衡体系表达如下：

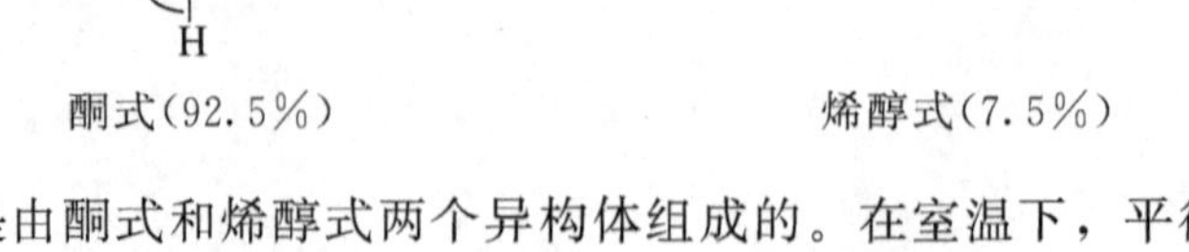

$$CH_3\overset{O}{\overset{\|}{C}}-\overset{H}{\underset{H}{C}}H-COCH_2CH_3 \rightleftharpoons CH_3\overset{OH}{\overset{|}{C}}=CH-COCH_2CH_3$$

酮式(92.5%)　　　　　　　　烯醇式(7.5%)

乙酰乙酸乙酯是由酮式和烯醇式两个异构体组成的。在室温下,平衡体系中的酮式和烯醇式彼此转变很快,达到平衡时,酮式含量为 92.5%,烯醇式含量为 7.5%。这种能够互相转变的两种异构体之间存在的动态平衡现象称为互变异构现象。酮式和烯醇式这两个异构体叫做互变异构体。在室温下，这个平衡体系彼此转变得很快，难以将它们分离，所以表现为一个化合物。但在低温（-78℃）时，乙酰乙酸乙酯酮式和烯醇式二者互变的速率很慢，在适当的条件下，可以把两者分开。如把乙酰乙酸乙酯放在石英瓶内（因普通玻璃是碱性的，能催化互变异构），在低温下进行分馏，可将酮式和烯醇式分开。烯醇式由于有分子内氢键，沸点（33℃/280Pa）比酮式（41℃/280Pa）低。

简单的烯醇式是不稳定的，且不能游离存在。例如乙炔水合时，第一步生成的乙烯醇由于不稳定立即重排生成乙醛（参见第 3 章 3.5.2），但乙酰乙酸乙酯烯醇式能比较稳定地存在。这是因为乙酰乙酸乙酯烯醇式羟基氧原子上的未共用电子对与碳碳双键和碳氧双键形成了共轭体系，发生了电子离域作用，降低了分子的能量，同时烯醇式可通过分子内氢键形成一个较稳定的六元环，所以比一般的烯醇式要稳定。

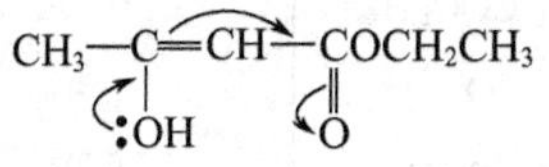

p-π 和 π-π 共轭体系 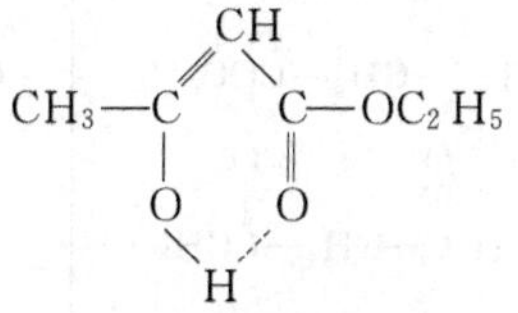　　　　　六元环分子内氢键

乙酰乙酸乙酯烯醇式含量随溶剂、浓度、温度的不同而不同。表 12-1 中列出了 18℃ 时乙酰乙酸乙酯在不同溶剂的稀溶液中烯醇式异构体的含量。

表 12-1　乙酰乙酸乙酯烯醇式在各种溶剂中的含量

溶剂	烯醇式含量/%	溶剂	烯醇式含量/%
水	0.40	乙酸乙酯	12.9
甲醇	6.87	苯	16.2
乙醇	10.52	乙醚	27.1
丙酮	7.3	二硫化碳	32.4
三氯甲烷	8.2	己烷	46.4

由表 12-1 可以看出，烯醇式的含量和溶剂的极性密切相关。非质子溶剂对烯醇式有利，因为在非质子溶剂中有利于形成分子内氢键。质子溶剂对酮式有利，这可能是由于质子溶剂能与酮式的羰基氧原子形成氢键，分子内氢键就难以形成，因而降低了烯醇式的含量。如乙酰乙酸乙酯的烯醇式含量在己烷中为 46.4%，而在乙醇中只有 10.52%。

当乙酰乙酸乙酯的亚甲基上连有烷基时，在水中的平衡体系中，烯醇式含量将下降，酸性也下降。一些亚甲基取代的乙酰乙酸乙酯的烯醇式含量和 pK_a 值见表 12-2。

表 12-2　一些亚甲基取代的乙酰乙酸乙酯的烯醇式含量和 pK_a 值

化合物	烯醇式含量/%	pK_a	化合物	烯醇式含量/%	pK_a
$CH_3COCH_2CO_2CH_2CH_3$	0.40	11.0	C_2H_5 $CH_3COCHCO_2CH_2CH_3$	0.17	12.50
CH_3 $CH_3COCHCO_2CH_2CH_3$	0.30	12.25	$CH(CH_3)_2$ $CH_3COCHCO_2CH_2CH_3$	0.04	13.50

酮式和烯醇式共存于一个平衡体系中，但在绝大多数情况下，酮式是主要的存在形式。烯醇式含量与分子的整个结构有关，随着活泼氢活性的增强，分子内氢键共轭体系的增大，它的含量将增加。表 12-3 列出了某些化合物中烯醇式的含量，可以大体看出结构对形成烯醇式的影响。

表 12-3　一些化合物的烯醇式含量和 pK_a 值

化合物名称	酮式	烯醇式	烯醇式含量/%	pK_a
乙酸乙酯	$CH_3\text{—}\overset{O}{\overset{\|}{C}}\text{—}OCH_2CH_3$	$CH_2\text{=}\overset{OH}{\overset{\|}{C}}\text{—}OCH_2CH_3$	0	25
乙醛	$CH_3\text{—}\overset{O}{\overset{\|}{C}}\text{—}H$	$CH_2\text{=}\overset{OH}{\overset{\|}{C}}\text{—}H$	0	17
丙酮	$CH_3\text{—}\overset{O}{\overset{\|}{C}}\text{—}CH_3$	$CH_3\text{—}\overset{OH}{\overset{\|}{C}}\text{=}CH_2$	0.00015	20
丙二酸二乙酯	$C_2H_5O\overset{O}{\overset{\|}{C}}\text{—}CH_2\text{—}\overset{O}{\overset{\|}{C}}OC_2H_5$	$C_2H_5O\overset{OH}{\overset{\|}{C}}\text{=}CH\text{—}\overset{O}{\overset{\|}{C}}OC_2H_5$	0.1	13.3
乙酰乙酸乙酯	$CH_3\overset{O}{\overset{\|}{C}}\text{—}CH_2\text{—}\overset{O}{\overset{\|}{C}}OC_2H_5$	$CH_3\overset{OH}{\overset{\|}{C}}\text{=}CH\text{—}\overset{O}{\overset{\|}{C}}OC_2H_5$	7.5	10.3
2,4-戊二酮	$CH_3\overset{O}{\overset{\|}{C}}\text{—}CH_2\text{—}\overset{O}{\overset{\|}{C}}CH_3$	$CH_3\overset{OH}{\overset{\|}{C}}\text{=}CH\text{—}\overset{O}{\overset{\|}{C}}CH_3$	76.0	9
苯甲酰丙酮	$C_6H_5\overset{O}{\overset{\|}{C}}\text{—}CH_2\text{—}\overset{O}{\overset{\|}{C}}CH_3$	$C_6H_5\overset{OH}{\overset{\|}{C}}\text{=}CH\text{—}\overset{O}{\overset{\|}{C}}CH_3$	90.0	—

在书写酮-烯醇互变异构体时，要特别注意区分互变异构体与同一化合物的不同极限结构。例如：

$$CH_3\text{—}\overset{O^-}{\overset{\|}{C}}\text{—}CH\text{—}\overset{O}{\overset{\|}{C}}\text{—}OCH_2CH_3 \rightleftharpoons CH_3\text{—}\overset{O}{\overset{\|}{C}}\text{—}\bar{C}H\text{—}\overset{O}{\overset{\|}{C}}\text{—}OCH_2CH_3 \tag{1}$$

$$CH_3\text{—}\overset{O}{\overset{\|}{C}}\text{—}\underset{H}{\overset{\|}{C}H}\text{—}\overset{O}{\overset{\|}{C}}OC_2H_3 \rightleftharpoons CH_3\overset{OH}{\overset{\|}{C}}\text{=}CH\text{—}\overset{O}{\overset{\|}{C}}OC_2H_5 \tag{2}$$

式(1) 中的两个结构只是电子排布的不同，它们是共振杂化体的极限结构，而不是互变异构。式(2) 中的两个化合物为互变异构。

乙酰乙酸乙酯中的酮式和烯醇式结构可以通过以下实验得到证实：

$$
\begin{array}{l}
CH_3COCH_2COC_2H_5 \\
\quad \xrightarrow{H_2N\text{—}OH} CH_3\overset{N\text{—}OH}{\overset{\|}{C}}CH_2COOC_2H_5 \\
\quad \xrightarrow{H_2N\text{—}NHC_6H_5} CH_3\overset{N\text{—}NHC_6H_5}{\overset{\|}{C}}CH_2COOC_2H_5
\end{array}
$$

$$
CH_3\overset{OH}{\overset{\|}{C}}\text{=}CHCOC_2H_5 \begin{cases}
\xrightarrow{PCl_5} CH_3\overset{Cl}{\overset{\|}{C}}\text{=}CH\text{—}COC_2H_5 \\
\xrightarrow{CH_3COCl} CH_3\overset{OCOCH_3}{\overset{\|}{C}}\text{=}CH\text{—}COC_2H_5 \\
\xrightarrow{Br_2/CCl_4} CH_3\underset{Br}{\overset{OH}{\overset{\|}{C}}}\text{—}\underset{Br}{\overset{\|}{C}H}\text{—}COC_2H_5 \\
\xrightarrow{FeCl_3} 紫红色
\end{cases}
$$

在常态下，乙酰乙酸乙酯能与羰基试剂（如羟胺、苯肼等）发生反应，说明分子中有酮式构造；另外，乙酰乙酸乙酯能与五氯化磷、乙酰氯、溴的四氯化碳溶液及三氯化铁作用，说明分子中有烯醇式结构。

12.3 乙酰乙酸乙酯

12.3.1 合成

乙酰乙酸乙酯（acetoacetic ester）（俗称"三乙"）在工业上是由乙烯酮的二聚体经醇解得到的。

$$CH_2=C-CH_2 \atop O-C=O} + C_2H_5OH \xrightarrow{H_2SO_4} \left[CH_2=\underset{OH}{C}CH_2COC_2H_5 \atop O \right] \xrightarrow{重排} CH_3\underset{O}{C}CH_2\underset{O}{C}OC_2H_5$$

乙烯酮是不饱和酮，容易发生聚合，控制反应条件可得到二聚体——二乙烯酮。二乙烯酮实际上是个内酯，在酸催化作用下首先与乙醇反应，生成一个烯醇式中间体，然后经重排，制得乙酰乙酸乙酯。

乙酰乙酸乙酯在实验室中是利用 Claisen 酯缩合反应制备的。例如：

$$CH_3COOC_2H_5 + CH_3COOC_2H_5 \xrightarrow[②H^+]{①C_2H_5ONa} CH_3\underset{O}{C}CH_2COOC_2H_5 + C_2H_5OH$$

乙酰乙酸乙酯（75%）

酯分子中的 α-氢由于受羰基影响（σ-π 超共轭和吸电子诱导效应）极为活泼，在强碱（如醇钠、金属钠等）的催化下可与另一分子酯发生缩合反应，失去一分子醇，得到 β-酮基酯。这是合成 β-酮基酯的主要方法，称为 Claisen 酯缩合反应。

酯缩合反应相当于一个酯的 α-氢被另一个酯的酰基所取代。凡含有 α-氢的酯都有类似的反应。另外，酯也可以与含有活泼亚甲基的其它化合物（醛、酮、腈）在碱的作用下进行类似的缩合反应。Claisen 酯缩合反应的机理如下：

$$CH_3\underset{O}{C}OC_2H_5 + C_2H_5O^- \rightleftharpoons \left[^-CH_2\underset{O}{C}OC_2H_5 \leftrightarrow CH_2=\underset{O^-}{C}-OC_2H_5 \right] + C_2H_5OH$$

$$CH_3\underset{O}{C}OC_2H_5 + {}^-CH_2\underset{O}{C}OC_2H_5 \rightleftharpoons CH_3-\underset{\underset{OC_2H_5}{|}}{\overset{\overset{O^-}{|}}{C}}-CH_2\underset{O}{C}OC_2H_5 \rightleftharpoons CH_3-\underset{\underset{H}{|}}{\overset{\overset{O}{\|}}{C}}-CH-\underset{O}{C}OC_2H_5 + {}^-OC_2H_5$$

$$CH_3-\overset{O}{\underset{\|}{C}}-\underset{\underset{H}{|}}{CH}-\underset{O}{C}OC_2H_5 \xrightarrow{C_2H_5O^-} \left[CH_3-\overset{O}{\underset{\|}{C}}-\overset{-}{C}H-\underset{O}{C}OC_2H_5 \leftrightarrow CH_3\underset{O^-}{C}=CH-\underset{O}{C}OC_2H_5 \right] + C_2H_5OH$$

$$\left[CH_3-\overset{O}{\underset{\|}{C}}-\overset{-}{C}H-\underset{O}{C}OC_2H_5 \leftrightarrow CH_3\underset{O^-}{C}=CH-\underset{O}{C}OC_2H_5 \right] \xrightarrow{H^+} CH_3-\overset{O}{\underset{\|}{C}}-\underset{\underset{H}{|}}{CH}-\underset{O}{C}OC_2H_5$$

以上历程类似于羧酸衍生物的加成-消去历程。首先，酯在碱的作用下失去 α-氢，生成烯醇负离子，烯醇负离子与另一分子酯发生亲核加成，形成四面体中间体负离子，再消去乙氧负离子生成乙酰乙酸乙酯。生成的乙酰乙酸乙酯立即与体系中的碱发生酸碱反应生成钠盐。将钠盐酸化即得到乙酰乙酸乙酯。

在上述一系列平衡反应中，只有最后一步平衡反应（乙酰乙酸乙酯立即与体系中的碱发生酸碱反应生成钠盐）对反应是有利的。原因是乙醇的酸性（$pK_a \approx 16$）比乙酸乙酯的 α-氢的酸性（$pK_a \approx 25$）强，乙醇钠要使酯形成烯醇负离子是比较困难的，反应体系中烯醇负离子的浓度也很低。但产物乙酰乙酸乙酯的 α-氢的酸性（$pK_a \approx 11$）较强，乙醇钠能与乙酰乙酸乙酯很容易地发生酸碱反应生成钠盐，从而使上述反应平衡被打破，并使反应不断地向产物方向移动。正因如此，酯缩合反应需要较多的醇钠而不是催化量的。

由于酯的 α-氢酸性小于醛、酮，也小于酰氯（但大于酰胺），所以酯缩合用的碱是醇钠或其它碱性催化剂（如氨基钠）而不是氢氧化钠的水溶液。

一般只含有一个 α-氢的酯因 α-氢的酸性更加弱而较难进行酯缩合反应，需要在比 C_2H_5ONa 更强的碱（如氢化钠，氨基钠或三苯甲基钠等）作用下才能进行。例如：

$$2(CH_3)_2CHCOC_2H_5 \xrightarrow{(C_6H_5)_3CNa} \xrightarrow{H_3O^+} (CH_3)_2CH-\overset{O}{\underset{}{C}}-\overset{CH_3}{\underset{CH_3}{C}}-\overset{O}{\underset{}{C}}-OC_2H_5$$

当用两种不同的含有 α-氢的酯进行 Claisen 酯缩合时，除了两种酯本身缩合外，两种酯还将交叉地进行缩合，得到四种缩合产物，由于分离的困难，这样所得的产物没有多大用途。如果两个酯中有一种没有 α-氢，只能提供羰基，进行交叉 Claisen 酯缩合反应时，得到两种产物，由于它们的性质一般相差较大，易于分离而有应用价值。无 α-氢的酯有甲酸酯、草酸酯、苯甲酸酯、碳酸酯等。芳香酸酯的酯基一般不够活泼，缩合时需要较强的碱，有足够浓度的碳负离子，才能保证反应进行。例如：

$$C_6H_5-COOCH_3 + CH_3CH_2COOC_2H_5 \xrightarrow{NaH}$$

$$C_6H_5-\overset{O}{\underset{}{C}}-\overset{CH_3}{\underset{}{C}}-COOC_2H_5 \xrightarrow{H^+} C_6H_5-\overset{O}{\underset{}{C}}-\overset{CH_3}{\underset{}{CH}}-COOC_2H_5 \quad 56\%$$

草酸酯由于一个酯基的吸电子诱导作用，增加了另一羰基的亲电作用，所以比较容易和其它的酯发生缩合作用。

$$\begin{matrix}COOC_2H_5\\|\\COOC_2H_5\end{matrix} + CH_3CH_2COOC_2H_5 \xrightarrow[60\sim 70℃]{C_2H_5ONa} \begin{matrix}CH_3CH-\overset{O}{\underset{}{C}}-COOC_2H_5\\|\\COOC_2H_5\end{matrix}$$

用等物质的量的酯起交叉酯缩合反应，可以使交叉缩合产物成为主要产物。例如：

$$H-\overset{O}{\underset{}{C}}-OC_2H_5 + CH_3-\overset{O}{\underset{}{C}}-OC_2H_5 \xrightarrow[②H^+]{①CH_3CH_2ONa,\ CH_3CH_2OH} H-\overset{O}{\underset{}{C}}-CH_2-\overset{O}{\underset{}{C}}-OC_2H_5 \quad 79\%$$

己二酸酯和庚二酸酯在醇钠作用下主要发生分子内的酯缩合反应，称为 Dieckmann 缩合反应，也称 Dieckmann 闭环反应，生成五元和六元环状的 β-酮酸酯。

$$\begin{array}{c}\text{CH}_2-\text{CH}_2-\text{COOC}_2\text{H}_5\\|\\\text{CH}_2-\text{CH}_2-\text{COOC}_2\text{H}_5\end{array}\xrightarrow[\text{②H}^+,\ 80\%]{\text{①C}_2\text{H}_5\text{ONa, 苯, 80℃}}\begin{array}{c}\text{COOC}_2\text{H}_5\\|\\\text{CH}_2-\text{CH}\\|\quad\quad\ \ \text{C=O}\\\text{CH}_2-\text{CH}_2\end{array}+\text{C}_2\text{H}_5\text{OH}$$

$$\begin{array}{c}\text{CH}_2-\text{CH}_2-\text{COOC}_2\text{H}_5\\|\\\text{CH}_2\\|\\\text{CH}_2-\text{CH}_2-\text{COOC}_2\text{H}_5\end{array}\xrightarrow{\text{C}_2\text{H}_5\text{ONa}}\begin{array}{c}\text{COOC}_2\text{H}_5\\|\\\text{CH}_2-\text{CH}\\|\quad\quad\quad\ \ \text{C=O}\\\text{CH}_2-\text{CH}_2\end{array}+\text{C}_2\text{H}_5\text{OH}$$

Dieckmann 缩合反应是合成五、六元碳环的重要方法。

12.3.2 性质

乙酰乙酸乙酯是无色有水果香味的液体，沸点 180.4℃（稍有分解），微溶于水，易溶于乙醇、乙醚等多种有机溶剂。乙酰乙酸乙酯对石蕊呈中性，但能溶于稀的氢氧化钠溶液，不发生碘仿反应。它在有机合成上是一个非常重要的合成原料。

乙酰乙酸乙酯在稀碱或浓碱作用下，分别发生 α-碳原子与两个不同羰基之间的碳碳键断裂而形成产物酮或羧酸。

乙酰乙酸乙酯在稀碱（5%NaOH）或稀酸中首先发生酯的水解反应，生成乙酰乙酸。乙酰乙酸 α-碳上连有一个吸电子基团，加热时易脱羧放出 CO_2，生成丙酮，这个过程称为乙酰乙酸乙酯的酮式分解（keto form decomposition），可用反应式表示为：

$$\text{CH}_3\overset{O}{\text{C}}\text{CH}_2-\overset{O}{\text{C}}\text{OC}_2\text{H}_5\xrightarrow{5\%\text{NaOH}}\text{CH}_3\overset{O}{\text{C}}\text{CH}_2\overset{O}{\text{C}}\text{ONa}\xrightarrow{\text{H}^+}\text{CH}_3\overset{O}{\text{C}}\text{CH}_2\overset{O}{\text{C}}\text{OH}\xrightarrow{\Delta}\text{CH}_3\overset{O}{\text{C}}\text{CH}_3+CO_2$$

其中，乙酰乙酸受热分解的脱羧反应机理一般认为是经过一个六元环的过渡态。

$$\begin{array}{c}\overset{O}{\underset{\text{CH}_3}{\text{C}}}\overset{\curvearrowleft}{\underset{\text{CH}_2}{\text{C}}}\overset{H}{\underset{O}{\text{O}}}\end{array}\longrightarrow\left[\begin{array}{c}\overset{O\cdots H}{\underset{\text{CH}_3}{\text{C}}}\overset{\cdots}{\underset{\text{CH}_2}{\text{C}}}\overset{\cdots}{\underset{O}{\text{C}}}\end{array}\right]\longrightarrow\begin{array}{c}\overset{OH}{\underset{\text{CH}_3}{\text{C}}}\overset{}{\underset{\text{CH}_2}{\text{C}}}\end{array}+\overset{O}{\underset{}{\text{C}}}\\\quad\quad\quad\quad\quad\quad\quad\quad\quad\quad\quad\quad\downarrow\\\quad\quad\quad\quad\quad\quad\quad\quad\quad\text{CH}_3\text{COCH}_3\end{array}$$

乙酰乙酸乙酯在浓碱（40%NaOH）中加热，则 α-碳和 β-碳原子之间的键发生断裂，生成两分子乙酸盐，酸化后得到乙酸，这个过程称为乙酰乙酸乙酯的酸式分解（acid form decomposition）。一般 β-羰基酯都发生此反应。

$$\text{CH}_3\overset{O}{\text{C}}\text{CH}_2-\overset{O}{\text{C}}\text{OC}_2\text{H}_5\xrightarrow[-\text{C}_2\text{H}_5\text{OH}]{40\%\text{NaOH}}2\text{CH}_3\text{COONa}\xrightarrow{\text{H}^+}2\text{CH}_3\text{COOH}$$

反应过程中带有部分正电荷的较活泼的 β-羰基碳原子受到亲核试剂 OH^- 的进攻，发生亲核加成，并引起 C—C 键的断裂，生成一个羧酸（盐）和一个酯，在碱的存在下，酯继续水解，转变成羧酸盐，再经酸化最后生成两分子酸。

乙酰乙酸乙酯的酸式分解反应机理如下：

$$H_3C-\overset{O}{\underset{}{C}}-CH_2-\overset{O}{\underset{}{C}}-OC_2H_5 \xrightarrow{\text{浓 OH}^-} H_3C-\underset{OH}{\overset{\overset{-}{O}}{\underset{|}{C}}}-CH_2-\overset{O}{\underset{}{C}}-OC_2H_5 \longrightarrow H_3C-\overset{O}{\underset{}{C}}-OH + \overset{-}{C}H_2-\overset{O}{\underset{}{C}}-OC_2H_5$$

$$\longrightarrow CH_3CO_2^- + H_3C-\overset{O}{\underset{}{C}}-OC_2H_5 \xrightarrow[H_2O]{\overset{-}{O}H} CH_3CO_2^- + H_3C-\overset{O}{\underset{}{C}}-O^- + C_2H_5OH$$

$$\downarrow H_3O^+$$

$$CH_3CO_2H + CH_3CO_2H$$

乙酰乙酸乙酯在酸式分解的同时常伴有酮式分解的副反应发生。酸式分解实际上是 OH^- 作为亲核试剂首先对 β-羰基进行加成，然后消除完成反应。

乙酰乙酸乙酯分子中亚甲基上的氢原子具有明显的酸性，在醇钠等强碱作用下容易生成碳负离子，由于负电荷可以离域在两个羰基之间，所以比较稳定。

$$\underset{pK_a \approx 11}{CH_3\overset{O}{\overset{\|}{C}}-CH_2-\overset{O}{\overset{\|}{C}}-OC_2H_5} + C_2H_5ONa \longrightarrow CH_3\overset{O^-}{\overset{|}{C}}=CH-\overset{O}{\overset{\|}{C}}-OC_2H_5 \longleftrightarrow CH_3\overset{O}{\overset{\|}{C}}-\overset{-}{C}H-\overset{O}{\overset{\|}{C}}-OC_2H_5$$

$$\longleftrightarrow CH_3\overset{O}{\overset{\|}{C}}=CH-\overset{O^-}{\overset{|}{C}}-OC_2H_5 \Longleftrightarrow \underset{pK_a \approx 16}{CH_3\overset{O^{\delta-}}{\overset{\|}{\overset{\|}{C}}}=CH=\overset{O^{\delta-}}{\overset{\|}{\overset{\|}{C}}}-OC_2H_5} + C_2H_5OH$$

该碳负离子是良好的亲核试剂，能与伯卤代烃、苄卤、烯丙基卤、酰卤、卤代酮以及卤代酸酯等发生亲核取代反应（S_N2），在亚甲基碳原子上引入烃基或酰基等，生成烃基或酰基等基团取代的乙酰乙酸乙酯。

$$CH_3\overset{O}{\overset{\|}{C}}CH_2\overset{O}{\overset{\|}{C}}OC_2H_5 \xrightarrow{C_2H_5ONa} \left[CH_3\overset{O}{\overset{\|}{C}}\overset{-}{C}H\overset{O}{\overset{\|}{C}}OC_2H_5\right]^- Na^+ \xrightarrow{RX} CH_3\overset{O}{\overset{\|}{C}}\underset{R}{\overset{|}{C}H}\overset{O}{\overset{\|}{C}}OC_2H_5$$

$$CH_3\overset{O}{\overset{\|}{C}}CH_2\overset{O}{\overset{\|}{C}}OC_2H_5 \xrightarrow[DMF]{NaH} \left[CH_3\overset{O}{\overset{\|}{C}}\overset{-}{C}H\overset{O}{\overset{\|}{C}}OC_2H_5\right]^- Na^+ \xrightarrow{RCCl} CH_3\overset{O}{\overset{\|}{C}}\underset{\underset{R-C=O}{|}}{\overset{|}{C}H}\overset{O}{\overset{\|}{C}}OC_2H_5$$

烃基乙酰乙酸乙酯分子中还有一个活泼氢，可重复上述反应，得到二烃基乙酰乙酸乙酯。但一般需要使用更强的碱如叔丁醇钾代替乙醇钠进行反应。例如：

$$CH_3COCH_2COOC_2H_5 \xrightarrow{C_2H_5ONa} [CH_3COCHCOOC_2H_5]^- Na^+ \xrightarrow{RX} CH_3COCHCOOC_2H_5 \atop \underset{R}{|}$$

$$\xrightarrow{(CH_3)_3COK} [CH_3CO\underset{R}{\overset{|}{C}}COOC_2H_5]^- Na^+ \xrightarrow{R'X} CH_3CO\underset{R}{\overset{R'}{\overset{|}{\underset{|}{C}}}}COOC_2H_5$$

值得注意的是，上述反应中卤代烷采用伯卤代烷、苄基卤、烯丙基卤时产率较高，仲卤代烷产率较低，叔卤代烷主要发生消除反应得到烯烃。乙烯型和苯基型卤代烃由于卤素不活泼，不发生上述反应。另外，卤代烃分子中不能含有羧基和酚羟基一类的酸性基团，因其会分解乙酰乙酸乙酯的钠盐，使反应难以进行。

当乙酰乙酸乙酯负离子与酰卤或酸酐反应时，为了避免酰卤或酸酐被醇解，常用非质子极性溶剂如 DMF、DMSO 而不用醇，强碱用 NaH 而不是用醇钠。

12.3.3 应用

烃基或酰基取代的乙酰乙酸乙酯也可以发生酮式或酸式分解，可以合成甲基酮、二酮、一元羧酸、二元酸和酮酸等一系列化合物。

12.3.3.1 一烷基取代丙酮或一烷基取代乙酸的合成

$$CH_3COCH_2COOC_2H_5 \xrightarrow{C_2H_5ONa} [CH_3COCHCOOC_2H_5]^- Na^+ \xrightarrow{RX} CH_3COCH(R)COOC_2H_5 \xrightarrow{\text{①}5\%NaOH}_{\text{②}H^+, \text{③}\triangle} CH_3COCH_2R$$

$$CH_3COCH_2COOC_2H_5 \xrightarrow{C_2H_5ONa} [CH_3COCHCOOC_2H_5]^- Na^+ \xrightarrow{RX} CH_3COCH(R)COOC_2H_5 \xrightarrow{\text{①}40\%NaOH}_{\text{②}H^+} RCH_2COOH$$

12.3.3.2 二烷基取代丙酮或二烷基取代乙酸的合成

$$CH_3COCH_2COOC_2H_5 \xrightarrow[\text{②}CH_3CH_2CH_2Br]{\text{①}C_2H_5ONa} CH_3COCH(CH_2CH_2CH_3)COOC_2H_5 \xrightarrow[\text{②}CH_3I]{\text{①}C_2H_5ONa} CH_3COC(CH_3)(CH_2CH_2CH_3)COOC_2H_5$$

$$CH_3COC(CH_3)(CH_2CH_2CH_3)COOC_2H_5 \begin{cases} \xrightarrow[\text{酮式分解}]{\text{①稀}OH^-, \text{②}H^+, \text{③}\triangle} CH_3COCH(CH_3)CH_2CH_2CH_3 \\ \xrightarrow[\text{酸式分解}]{\text{①}40\%OH^-, \text{②}H^+, \text{③}\triangle} CH_3CH_2CH_2CH(CH_3)COOH \end{cases}$$

利用烃基乙酰乙酸乙酯酸式分解可以合成各种羧酸。但由于酸式分解时常伴有酮式分解的副产物生成，产率低，因此一般不采用乙酰乙酸乙酯合成法制取各种羧酸，后者通常采用丙二酸酯合成法。

乙酰乙酸乙酯负离子与二卤代烃进行亲核取代反应可以得到环状甲基酮，例如：

$$CH_3COCH_2COOC_2H_5 \xrightarrow[\text{②}BrCH_2(CH_2)_2CH_2Br]{\text{①}C_2H_5ONa} CH_3COCH(CH_2(CH_2)_2CH_2Br)COOC_2H_5$$

$$\xrightarrow{C_2H_5ONa} CH_3CO-C(\text{环戊基})-COOC_2H_5 \xrightarrow[\text{②}H^+, \text{③}\triangle]{\text{①}5\%NaOH} CH_3CO-\text{环戊基}$$

在往乙酰乙酸乙酯的 α-碳上引烷基时，乙酰乙酸乙酯的两个亚甲基氢都可以被取代，但第二个取代基的引入稍困难一些。当用乙酰乙酸乙酯合成二烷基取代丙酮时，若两个烷基都是伯烷基，应该先引入较大的，后引入较小的。若有仲烷基取代，则应先引入伯烷基，后引入仲烷基。这主要是由于仲烷基取代后，乙酰乙酸乙酯 α-氢的酸性要比伯烷基取代物的小，而且立体位阻又大，使第二个卤代烷烷基化较困难。

12.3.3.3 二酮的合成

用酰卤、酸酐或卤代酮与乙酰乙酸乙酯反应，再经过酮式分解可得到 β-二酮。

$$CH_3COCH_2COOC_2H_5 + NaH \longrightarrow [CH_3COCHCOOC_2H_5]^-Na^+ + H_2$$

$$[CH_3COCHCOOC_2H_5]^-Na^+ + C_6H_5COCl \longrightarrow \underset{\underset{COC_6H_5}{|}}{CH_3COCHCOOC_2H_5}$$

$$\underset{\underset{COC_6H_5}{|}}{CH_3COCHCOOC_2H_5} \xrightarrow[\text{酮式分解}]{①稀 OH^-,②H^+,③\triangle} CH_3COCH_2COC_6H_5$$

1-苯基-1,3-丁二酮

用 α-卤代酮与乙酰乙酸乙酯反应，再经过酮式分解可得到 γ-二酮。

$$CH_3\overset{O}{\overset{\|}{C}}CH_2\overset{O}{\overset{\|}{C}}OC_2H_5 \xrightarrow[②BrCH_2COR]{①C_2H_5ONa/C_2H_5OH} \underset{\underset{CH_2COR}{|}}{CH_3\overset{O}{\overset{\|}{C}}CHCOC_2H_5} \xrightarrow[②H^+,③\triangle]{①5\%NaOH} CH_3\overset{O}{\overset{\|}{C}}CH_2CH_2\overset{O}{\overset{\|}{C}}R$$

用一分子二卤代烃与二分子乙酰乙酸乙酯反应，再经酮式分解可以合成其它二酮。

$$2[CH_3COCHCOOC_2H_5]^-Na^+ \xrightarrow[-2NaI]{I_2} \underset{\underset{CH_3COCHCOOC_2H_5}{|}}{CH_3COCHCOOC_2H_5}$$

$$\xrightarrow[\text{酮式分解}]{①稀 OH^-,②H^+,③\triangle} CH_3COCH_2CH_2COCH_3$$

2,5-己二酮

$$2CH_3\overset{O}{\overset{\|}{C}}-CH_2-\overset{O}{\overset{\|}{C}}-OC_2H_5 \xrightarrow{NaOC_2H_5} \xrightarrow{\underset{CH_2}{\overset{Br}{|}}\underset{CH_2}{\overset{Br}{|}}} \begin{array}{c}CH_3-\overset{O}{\overset{\|}{C}}-\overset{|}{CH}-\overset{O}{\overset{\|}{C}}-OC_2H_5 \\ | \\ CH_2 \\ | \\ CH_2 \\ | \\ CH_3-\overset{|}{\underset{O}{\overset{\|}{C}}}-\overset{|}{CH}-\overset{|}{\underset{O}{\overset{\|}{C}}}-OC_2H_5\end{array}$$

$$\xrightarrow{5\%NaOH} \xrightarrow[\triangle]{H^+} CH_3-\overset{O}{\overset{\|}{C}}-CH_2-CH_2-CH_2-\overset{O}{\overset{\|}{C}}-CH_3$$

12.3.3.4 酮酸的合成

用卤代酸酯与乙酰乙酸乙酯反应，再经酮式分解可以合成酮酸。

$$[CH_3COCHCOOC_2H_5]^-Na^+ + Br(CH_2)_nCOOC_2H_5 \longrightarrow \underset{\underset{(CH_2)_nCOOC_2H_5}{|}}{CH_3COCHCOOC_2H_5}$$

$$\xrightarrow[\text{酮式分解}]{①稀 OH^-,②H^+,③\triangle} CH_3COCH_2(CH_2)_nCOOH$$

注意，在制备酮酸时不可引入卤代酸，因为卤代酸中的羧基是酸性基团，它会分解乙酰乙酸乙酯的钠盐，使反应难以进行。

12.4 丙二酸二乙酯

12.4.1 合成

由于丙二酸分子中两个羧基间的诱导效应较强，使丙二酸不稳定，加热后容易脱羧生成乙酸。因此，丙二酸二乙酯（malonic ester）不从丙二酸直接酯化而得，而是通过 α-卤代乙酸与 NaCN 发生亲核取代反应后水解酯化来制取：

$$CH_3COOH \xrightarrow[P]{Cl_2} \underset{Cl}{CH_2COOH} \xrightarrow{NaOH} \underset{Cl}{CH_2COONa} \xrightarrow{KCN} \underset{CN}{CH_2COONa} \xrightarrow[H_2SO_4]{C_2H_5OH} CH_2\begin{matrix}COOC_2H_5\\COOC_2H_5\end{matrix}$$

12.4.2 性质

丙二酸二乙酯简称丙二酸酯，是无色有香味的液体，沸点 199℃，微溶于水。它在有机合成中应用很广，是一个重要的合成中间体。

丙二酸二乙酯在稀碱的溶液中发生酯的水解反应，再酸化，生成丙二酸。丙二酸在加热情况下易脱羧，放出 CO_2，生成乙酸，这个过程可用反应式表示为：

$$C_2H_5OCCH_2-COC_2H_5 \xrightarrow{5\% NaOH} CH_2(COONa)_2 \xrightarrow{H^+} HOCCH_2COH \xrightarrow{\triangle} CH_3COOH+CO_2$$

12.4.3 应用

与乙酰乙酸乙酯类似，丙二酸二乙酯的 α-亚甲基上的氢同样具有酸性，其酸性（$pK_a \approx 13$）强于一般的醇（$pK_a \approx 16$）。因此，丙二酸二乙酯与醇钠作用，可以生成丙二酸二乙酯的钠盐，它作为亲核试剂与卤代物、酰卤、酸酐等反应后，可以在活泼亚甲基上引入各种基团。取代后的丙二酸二乙酯经碱性条件下水解、酸化、脱羧反应后，可得到取代乙酸。例如：

$$CH_2\begin{matrix}COOC_2H_5\\COOC_2H_5\end{matrix} \xrightarrow{C_2H_5ONa} \left[CH\begin{matrix}COOC_2H_5\\COOC_2H_5\end{matrix}\right]^- Na^+ + C_2H_5OH$$

$$\left[CH\begin{matrix}COOC_2H_5\\COOC_2H_5\end{matrix}\right]^- Na^+ \xrightarrow{RX} \underset{H}{\overset{R}{C}}\begin{matrix}COOC_2H_5\\COOC_2H_5\end{matrix} \xrightarrow[\text{②}H^+, H_2O]{\text{①}OH^-} \underset{H}{\overset{R}{C}}\begin{matrix}COOH\\COOH\end{matrix} \xrightarrow[-CO_2]{\triangle} RCH_2COOH$$

一烃基取代乙酸

与乙酰乙酸乙酯合成法类似，如果醇钠足够多，一烃基取代的丙二酸二乙酯还可以再次形成碳负离子，并继续与卤代烷发生亲核取代反应，生成二烃基取代的丙二酸二乙酯。该化合物水解、脱羧后生成二烃基取代乙酸。当需要引入两个不同的烃基时，S_N2 反应考虑空间效应，一般是先引入较大的烃基。第二次所用的卤代烃也要更活泼一点。

$$RCH\begin{matrix}COOC_2H_5\\COOC_2H_5\end{matrix} \xrightarrow{C_2H_5ONa} \left[R-C\begin{matrix}COOC_2H_5\\COOC_2H_5\end{matrix}\right]^- Na^+ \xrightarrow{R'X} \underset{R'}{\overset{R}{C}}\begin{matrix}COOC_2H_5\\COOC_2H_5\end{matrix} \xrightarrow[H_2O]{H^+}$$

$$\underset{R'}{\overset{R}{C}}\begin{matrix}COOH\\COOH\end{matrix} \xrightarrow[-CO_2]{\triangle} \underset{R'}{\overset{R}{CH}}COOH$$

二烃基取代乙酸

$$CH_2(COOC_2H_5)_2 \xrightarrow{C_2H_5ONa} Na^+[CH(COOC_2H_5)_2]^- \xrightarrow{CH_3CH_2Br} CH_3CH_2CH(COOC_2H_5)_2$$

$$\xrightarrow[\text{②}CH_3I]{\text{①}C_2H_5ONa} \underset{CH_3}{CH_3CH_2C}(COOC_2H_5)_2 \xrightarrow[\text{②}H^+]{\text{①}NaOH, H_2O} \underset{CH_3}{\overset{CH_3CH_2}{C}}\begin{matrix}COOH\\COOH\end{matrix} \xrightarrow[-CO_2]{\triangle} CH_3CH_2-\underset{CH_3}{CH}COOH$$

丙二酸二乙酯的 α-碳上的烃基化反应是制备 α-烃基取代乙酸的最有效方法。如果烷基化试剂是二元卤代烃，通过控制丙二酸和二元卤代烃的用量比，可以合成二元羧酸和脂环酸。例如：

$2[CH(COOC_2H_5)_2]^-Na^+$ 经过不同试剂：

- $I_2 \longrightarrow CH(COOC_2H_5)_2\text{-}CH(COOC_2H_5)_2 \xrightarrow[\text{② }H^+]{\text{① }OH^-,H_2O} \xrightarrow[-CO_2]{\Delta} CH_2COOH\text{-}CH_2COOH$（丁二酸）

- $CH_2Br\text{-}CH_2Br \longrightarrow CH_2CH(COOC_2H_5)_2\text{-}CH_2CH(COOC_2H_5)_2 \xrightarrow[\text{② }H^+]{\text{① }OH^-,H_2O} \xrightarrow[-CO_2]{\Delta} CH_2CH_2COOH\text{-}CH_2CH_2COOH$（己二酸）

- $CH_2COOC_2H_5\text{-}Br \longrightarrow C_2H_5OOCCH_2CH(COOC_2H_5)_2 \xrightarrow[\text{② }H^+]{\text{① }NaOH, H_2O} HOOCCH_2CH(COOH)_2 \xleftarrow[-CO_2]{\Delta} CH_2COOH\text{-}CH_2COOH$

$H_5C_2OOC\text{-}CH_2\text{-}COOC_2H_5 \xrightarrow[\text{② }Br(CH_2)_4Br]{\text{① }C_2H_5O^-Na^+} H_5C_2OOC\text{-}CH(CH_2)_4Br\text{-}COOC_2H_5 \xrightarrow{C_2H_5ONa} BrCH_2CH_2CH_2CH_2C(COOC_2H_5)_2$

$\xrightarrow[-Br^-]{\text{分子内}S_N2}$ 环戊烷-1,1-二甲酸二乙酯 $\xrightarrow[\text{② }H^+, \text{③ }\Delta]{\text{① }NaOH, H_2O}$ 环戊烷甲酸

丙二酸二乙酯的烃基化及其产物的脱羧反应在合成羧酸上有重要的应用价值。利用丙二酸二乙酯为原料的合成方法，常称为丙二酸二乙酯合成法（malonic ester synthesis）。

12.5 其它含有活泼亚甲基的化合物

12.5.1 含活泼亚甲基的化合物

与乙酰乙酸乙酯和丙二酸二乙酯类似，两个吸电子基（如—COOH、—CONR$_2$、—CN、—NO$_2$、—COOR、—SO$_2$R 等）连在同一个碳原子上时，其亚甲基的氢原子也具有活泼性，这类化合物常称为活泼氢化合物或活泼亚甲基化合物。该类化合物可在碱的作用下生成稳定的碳负离子，该碳负离子可以作为亲核试剂与卤代烷发生亲核取代反应。

$NCCH_2COOC_2H_5 + BrCH_2CH_2Br \xrightarrow[C_6H_5CH_2N^+(C_2H_5)_3Cl^-]{NaOH, H_2O}$ 环丙烷-COOC$_2$H$_5$/CN （86%）

$(CH_3)_2CHI + CN\text{-}CH_2\text{-}COOC_2H_5 \xrightarrow[C_2H_5OH]{C_2H_5ONa} (CH_3)_2CH\text{-}CH(CN)(COOC_2H_5)$

$\xrightarrow[(CH_3)_2CHI]{C_2H_5ONa/C_2H_5OH} (CH_3)_2CH\text{-}C(CN)(COOC_2H_5)\text{-}CH(CH_3)_2$

12.5.2 Knoevenagel 反应

在弱碱（胺、吡啶、六氢吡啶等）的催化作用下，醛和酮与具有活泼亚甲基的化合物发生失水缩合的反应，称为 Knoevenagel 反应。反应一般在苯和甲苯中进行，同时将产生的水分离出去。由于活泼亚甲基化合物优先与弱碱反应生成碳负离子，降低了醛或酮分子间发生羟醛缩合的可能性，因而该反应产率较高，常用于 α,β-不饱和化合物的合成。例如：

$$\text{Ph-CHO} + \text{CH}_2(\text{COOH})_2 \xrightarrow[-\text{H}_2\text{O}]{\text{哌啶,95}\sim100\degree\text{C}} [\text{Ph-CH=C(COOH)}_2]$$

$$\xrightarrow{-\text{CO}_2} \text{Ph-CH=CHCOOH} \quad (80\%\sim95\%)$$

$$\text{C}_2\text{H}_5\text{C(CH}_3\text{)=O} + \text{CH}_2(\text{COOC}_2\text{H}_5)(\text{CN}) \xrightarrow[\text{C}_6\text{H}_6]{\text{乙酸铵-乙酸}} \underset{\text{C}_2\text{H}_5}{\overset{\text{CH}_3}{\text{C}}}=\text{C}\underset{\text{CN}}{\overset{\text{COOC}_2\text{H}_5}{}} \quad 85\%$$

$$\text{环己酮} + \text{CN-CH}_2\text{-COOC}_2\text{H}_5 \xrightarrow{\text{CH}_3\text{COONH}_4} \text{环己叉=C(CN)(COOC}_2\text{H}_5\text{)} \quad (100\%)$$

12.5.3 Michael 反应

活泼亚甲基化合物在碱催化下与 α,β-不饱和醛、酮、酯、腈、硝基化合物等可以进行 1,4-共轭加成反应，叫做 Michael 加成反应。反应的结果总是碳负离子加到 α,β-不饱和化合物的 β-碳原子上，而 α-碳原子上则加上一个氢。反应中常用的碱为醇钠、氢氧化钠、氢氧化钾、氢化钠、吡啶和季铵碱等。

$$\text{2-环己烯酮} + \text{CH}_2(\text{COOC}_2\text{H}_5)_2 \xrightarrow[\text{C}_2\text{H}_5\text{OH}]{\text{C}_2\text{H}_5\text{ONa}} \text{3-[CH(COOC}_2\text{H}_5)_2\text{]环己酮} \quad (90\%)$$

$$\text{CH}_2=\text{CHCOCH}_2\text{CH}_3 + \text{CH}_3\text{CH}_2\text{COOC}_2\text{H}_5 \xrightarrow[\text{C}_2\text{H}_5\text{OH}]{\text{C}_2\text{H}_5\text{ONa}} \text{CH}_2\text{CH}_2\text{COCH}_2\text{CH}_3\text{-CH(CH}_3\text{)COOCH}_2\text{CH}_3$$

$$\text{CH}_2=\text{CHCCH}_3 + \text{CH}_3\text{CCH}_2\text{COOC}_2\text{H}_5 \xrightarrow[\text{C}_2\text{H}_5\text{OH}]{\text{C}_2\text{H}_5\text{ONa}} \text{CH}_3\text{COCH(COOC}_2\text{H}_5\text{)CH}_2\text{CH}_2\text{COCH}_3$$

其反应机理如下：

$$\text{H}_3\text{C-CO-CH}_2\text{-COOC}_2\text{H}_5 \xrightarrow{\text{C}_2\text{H}_5\text{ONa}} \text{H}_3\text{C-CO-CH}^{-}\text{-COOC}_2\text{H}_5 \xrightarrow{\text{CH}_2=\text{CH-CO-CH}_3}$$

$$\text{H}_3\text{C-CO-CH(COOC}_2\text{H}_5\text{)-CH}_2\text{-CH}^{-}\text{-CH}_3 \text{(O}^-\text{)} \xrightarrow{\text{C}_2\text{H}_5\text{OH}}$$

$$\underset{\text{烯醇式}}{\text{H}_3\text{C-CO-CH(COOC}_2\text{H}_5\text{)-CH}_2\text{-CH=C(OH)CH}_3} \rightleftharpoons \underset{\text{酮式}}{\text{H}_3\text{C-CO-CH(COOC}_2\text{H}_5\text{)-CH}_2\text{-CH}_2\text{-CO-CH}_3}$$

乙酰乙酸乙酯或丙二酸二乙酯和 α,β-不饱和羰基化合物进行 Michael 加成反应，加成产物经水解和加热脱羧，最后得到1,5-二羰基化合物。因此，Michael 加成反应是合成1,5-二羰基化合物最好的方法。例如：

$$\underset{\substack{|\\COOC_2H_5}}{H_3C-\overset{O}{\overset{\|}{C}}-CH-CH_2CH_2-\overset{O}{\overset{\|}{C}}-CH_3} \xrightarrow{H_3O^+} \underset{\substack{|\\COOH}}{H_3C-\overset{O}{\overset{\|}{C}}-CH-CH_2CH_2-\overset{O}{\overset{\|}{C}}-CH_3}$$

$$\xrightarrow{\Delta} H_3C-\overset{O}{\overset{\|}{C}}-CH_2-CH_2CH_2-\overset{O}{\overset{\|}{C}}-CH_3$$

$$\xrightarrow[\Delta]{H_3O^+}$$

其它 α,β-不饱和化合物也可以进行类似的 Michael 加成反应。例如：

$$HC\equiv C-COOC_2H_5 + CH_3COCH_2COOC_2H_5 \xrightarrow{C_2H_5ONa} \underset{CH_3COCHCOOC_2H_5}{H-C=CH-COOC_2H_5}$$

$$CH_3COCH_2COCH_3 + CH_2=CHCN \xrightarrow[25℃]{(C_2H_5)_3N, 叔丁醇} \underset{\substack{|\\CH_2CH_2CN\\71\%}}{CH_3COCHCOCH_3}$$

另外，Michael 加成反应可与 Claisen 缩合或羟醛缩合等反应联用，合成环状化合物，也称为 Robinson 关环，往往是在一个六元环上，再加上四个碳原子，形成一个二并六元环。例如：

（反应式）

阅读材料

逆合成分析

逆合成分析（retrosynthetic analysis），也称逆合成法、反合成分析，它是进行有机合成路线设计最简单、最基本的一种逆向思维方法。1967 年，美国化学家科瑞（E. J. Corey）首次提出了合成设计的通用方法——逆合成分析原理，使有机合成方案系统化并符合逻辑。1989 年，科瑞和他的合作者出版了"The Logical of Chemical Synthesis"的专著，将有机合成设计提高到了逻辑推理的高度。他根据逆合成分析理论编制了第一个计算机辅助有机合成路线的设计程序，于 1990 年获诺贝尔化学奖。

逆合成分析法实际上就是通过分析目标分子的结构，通过官能团引入、转换或消除，碳碳键的连接、切断或碳架重组，推出目标分子的前体和原料。如果前体中的一种或几种仍较复杂，则把它们当作新的目标化合物，继续推导其可能的前体，到所有的前体都是市售商品为止。再根据逆合成分析写出合成路线及反应条件。

在一般情况下容易得到的原料有：①低级烃类，如三烯一炔（乙烯、丙烯、丁烯和乙炔）；②小于六个碳原子的脂肪族单官能团化合物，如小于六个碳原子的醛、酮、羧酸及其衍生物、醇、醚、胺、溴代烷和氯代烷等；③脂环族化合物中环戊烷、环己烷及其单官能团衍生物，如环己烯、环己醇、环己酮和环戊二烯等；④简单的一取代苯、萘及其直接取代衍生物以及由取代基转化成的化合物，如苯、甲苯、二甲苯、苯酚、苯甲酸、苯甲醛、苯乙酮等；⑤含六个以下碳原子的直链羧酸及其甲酯和乙酯；⑥五元环及六元环的杂环化合物及其取代衍生物；⑦一些脂肪族多官能团化合物，如环氧乙烷、丙二酸酯、卤代酸酯、丙烯腈、1,3-丁二烯、乙二醇、丙三醇、己二胺、乙二酸、乙酰乙酸乙酯等。

逆合成分析法常用的有以下几个术语。

目标分子：要合成的最终化合物的分子称为目标分子（target molecule），通常用 TM 表示。

起始原料：在整个合成路线中，最开始使用的原料称为起始原料（starting material）。通常用 SM 表示。

切断：通过合适的方法将分子中的一个化学键切开称为切断，在反应式中切断用虚线表示。

合成子：通过切断而产生的一种概念性的分子碎片，通常为正离子或负离子，也可能是相应反应中的一个中间体。

注意，在有机合成中表示合成步骤时，每步常用箭头 $\longrightarrow$；而表示逆合成时，用符号 $\Longrightarrow$。例如：

合成步骤：SM $\longrightarrow$ A $\longrightarrow$ B $\longrightarrow$ C $\longrightarrow$ D $\longrightarrow$ E $\longrightarrow$ TM

逆合成步骤：TM $\Longrightarrow$ E $\Longrightarrow$ D $\Longrightarrow$ C $\Longrightarrow$ B $\Longrightarrow$ A $\Longrightarrow$ SM

【例1】 试用 Williamson 合成法合成异丙基正丁基醚。

解：Williamson 合成法合成醚的通式为：RONa + R'X $\longrightarrow$ ROR' + NaX

所以目标分子有两种切断法：

$$CH_3CH_2CH_2CH_2 \dotplus O \dotplus CH(CH_3)_2 \overset{a}{\Longrightarrow} CH_3CH_2CH_2CH_2ONa + H_3C-\underset{Cl}{CH}-CH_3$$

$$\Downarrow b$$

$$H_3C-\underset{ONa}{CH}-CH_3 + CH_3CH_2CH_2CH_2Cl$$

由于醇钠是一种强碱，醇钠与卤代烷进行亲核取代反应制备混醚时，卤代烷最好用伯卤烷，如用仲卤代烷，有可能有部分消除产物产生。为了减少副反应，宜选择在 b 处切断。

【例2】 用四个或四个碳原子以下的有机原料及必要的无机试剂合成如下化合物。

$$H_3C-\underset{\underset{CH_3}{|}}{\overset{\overset{OH}{|}}{C}}-CH_2CH_2CH_3$$

解：应在支化点处进行切断。这样更有可能切断为直链碎片，而这些直链碎片更有可能是易得到的化合物。

$$H_3C-\underset{\underset{CH_3}{|}}{\overset{\overset{OH}{|}}{C}}\dotplus CH_2CH_2CH_3 \Longrightarrow CH_3COCH_3 + CH_3CH_2CH_2MgBr$$

$$CH_3CH_2CH_2CH_2Br \xrightarrow[\text{纯醚}]{Mg} CH_3CH_2CH_2CH_2MgBr \xrightarrow[\text{② }H_2O]{\text{① }CH_3\overset{O}{\overset{\|}{C}}CH_3} H_3C-\underset{\underset{CH_3}{|}}{\overset{\overset{OH}{|}}{C}}-CH_2CH_2CH_3$$

【例3】 用指定的有机原料和不超过三个碳的化合物及必要的试剂合成下列化合物。

$$CH \equiv CH \longrightarrow \underset{H}{\overset{CH_3CH_2}{\diagdown}} C = C \underset{H}{\overset{CH_2CH_3}{\diagup}}$$

解：本题应利用分子的对称性进行切断，使之切断为简单的原料。

$$\underset{H}{\overset{CH_3CH_2}{\diagdown}} C = C \underset{H}{\overset{CH_2CH_3}{\diagup}} \Longrightarrow CH_3CH_2 + C \equiv C + CH_2CH_3 \Longrightarrow NaC \equiv CNa + CH_3CH_2Cl$$

合成：
$$CH \equiv CH \xrightarrow{H_2}_{P-2} CH_2 = CH_2 \xrightarrow{HCl} CH_3CH_2Cl$$

注：上一步骤可以省略。

$$CH \equiv CH \xrightarrow[\text{液}\ NH_3]{Na} NaC \equiv CNa \xrightarrow{CH_3CH_2Cl} CH_3CH_2C \equiv CCH_2CH_3$$

$$CH_3CH_2C \equiv CCH_2CH_3 \xrightarrow{H_2}_{Pd-BaSO_4/\text{喹啉}} \underset{H}{\overset{CH_3CH_2}{\diagdown}} C = C \underset{H}{\overset{CH_2CH_3}{\diagup}}$$

【例4】 用指定的有机原料和不超过三个碳的化合物及必要的试剂合成下列化合物。
$$CH_3CH_2CHO \longrightarrow CH_3CH_2CH = C(CH_3)COOH$$

解：在接近分子的中央处进行切断，使其断裂成合理的两部分。

$$CH_3CH_2CH = C(CH_3)COOH \Longrightarrow CH_3CH_2CH = C(CH_3)CHO \Longrightarrow$$

$$CH_3CH_2\overset{OH}{\underset{|}{C}H} \vdots CH(CH_3)CHO \Longrightarrow CH_3CH_2CHO$$

合成：

$$2\ CH_3CH_2CHO \xrightarrow{\text{稀碱}} CH_3CH_2\overset{OH}{\underset{|}{C}H} - CH(CH_3)CHO \xrightarrow{\triangle}$$

$$CH_3CH_2CH = C(CH_3)CHO \xrightarrow{Ag(NH_3)_2OH} CH_3CH_2CH = C(CH_3)COOH$$

【例5】 用适当的有机原料和无机试剂完成下列转换：

$$CH_3COCH_2COOC_2H_5 \longrightarrow CH_3COC\underset{}{\overset{CH_3}{\underset{|}{H}}}COC_6H_5$$

解：本题为由乙酰乙酸乙酯合成二烃基取代的丙酮，所以要往乙酰乙酸乙酯活泼氢上引两次取代基，再经酮式分解得到产物。取代基应该先引入较大的，后引入较小的。在引酰卤时使用的强碱为 NaH，而不能用醇钠。

$$CH_3COC\overset{CH_3}{\underset{|}{H}} \vdots COC_6H_5 \Longrightarrow CH_3CO\overset{CH_3}{\underset{|}{C}} \overset{|}{\underset{COC_6H_5}{-}} COOC_2H_5 \Longrightarrow CH_3COCHCOOC_2H_5 + CH_3Br$$
$$\phantom{CH_3COC\overset{CH_3}{\underset{|}{H}} \vdots COC_6H_5 \Longrightarrow CH_3CO\overset{CH_3}{\underset{|}{C}} \overset{|}{\underset{COC_6H_5}{-}} COOC_2H_5 \Longrightarrow}\underset{COC_6H_5}{|}$$

$$CH_3CO\underset{|}{C}HCOOC_2H_5 \Longrightarrow CH_3COCH_2COOC_2H_5 + C_6H_5COCl$$
$$\underset{COC_6H_5}{|}$$

合成：

$$CH_3COCH_2COOC_2H_5 \xrightarrow[C_6H_5COCl]{NaH} CH_3CO\underset{\underset{COC_6H_5}{|}}{C}HCOOC_2H_5 \xrightarrow[CH_3Br]{NaOC_2H_5} CH_3CO\underset{\underset{COC_6H_5}{|}}{\overset{\overset{CH_3}{|}}{C}}COOC_2H_5$$

第12章 β-二羰基化合物

$$\xrightarrow{OH^-} \xrightarrow{H^+} \xrightarrow{\triangle} CH_3COCH(CH(CH_3)_2)COC_6H_5$$

【例6】 由苯和不多于四个碳原子的有机物为原料合成 $O_2N-C_6H_4-CH(CH_3)-C_6H_4-NO_2$。

解：

$O_2N-C_6H_4-CH(CH_3)-C_6H_4-NO_2 \Longrightarrow C_6H_5-CH(CH_3)-C_6H_5 \Longrightarrow C_6H_5-CHCl-CH_3 + C_6H_6$

$C_6H_5-CHCl-CH_3 \Longrightarrow C_6H_5-CH_2CH_3 \Longrightarrow C_6H_6 + CH_3CH_2Cl$

合成：$C_6H_6 + CH_3CH_2Cl \xrightarrow{AlCl_3} C_6H_5-CH_2CH_3 \xrightarrow[\text{光照}]{Cl_2} C_6H_5-CHCl-CH_3 \xrightarrow{C_6H_6, AlCl_3}$

$C_6H_5-CH(CH_3)-C_6H_5 \xrightarrow[H_2SO_4]{HNO_3} O_2N-C_6H_4-CH(CH_3)-C_6H_4-NO_2$

逆合成分析在有机合成设计中应用十分广泛，它在许多复杂天然产物的合成中也起了十分重要的作用。任何一个目标分子，其逆合成分析的途径有可能不是唯一的，因此合成路线的设计也不是唯一的，选择正确的合成路线对设计者来说是极为重要的。要从若干条合成路线中选择一条途径简单、步骤少、原料便宜易得、产率高、操作简便、容易提纯的合成路线。设计者要善于分析目标分子的结构，应熟悉并能灵活运用和组合各种反应，在不断思考和不断训练中逐渐提高自身的逆向思维能力。

[1] 伍越寰，李伟昶，沈晓明. 有机化学. 第2版. 合肥：中国科学技术大学出版社，2005.
[2] 巨勇，赵国辉，席婵等. 有机合成化学与路线设计. 北京：清华大学出版社，2002.
[3] 邢其毅，裴伟伟，徐瑞秋等. 基础有机化学 上册. 第3版. 北京：高等教育出版社，2005.

习 题

1. 命名下列化合物。

(1) $C_6H_5COCH_2CH_2COOH$ (2) $CH_3COCH_2CH(CH_3)COOH$

(3) $(CH_3)_2CHCOCH_2COOCH_3$ (4) $CH_3CH_2COCH_2CHO$

(5) $ClCOCH_2COOH$ (6) CH_3OCH_2COOH

(7) $CH_3COCH=CHCOOH$ (8) $NC-CH_2COOCH_3$

(9) 3-甲酰基苯甲酸 (间-COOH, -CHO 苯环)

(10) 邻-COOH, -OCOCH_3 苯环

2. 下列羧酸酯中，哪些能进行 Claisen 酯缩合反应？写出其反应方程式。

(1) 甲酸乙酯   (2) 乙酸正丁酯   (3) 丙酸乙酯

(4) 2,2-二甲基丙酸乙酯   (5) 苯甲酸乙酯   (6) 苯乙酸乙酯

3. 比较下列化合物烯醇化程度的大小，并按酸性由大到小排列。

(1) CH₃CH₂$\overset{O}{\overset{\|}{C}}$CH₃ (2) CH₃$\overset{O}{\overset{\|}{C}}$CH₂$\overset{O}{\overset{\|}{C}}$OCH₃ (3) CH₃CH₂$\overset{O}{\overset{\|}{C}}$CF₃ (4) CH₃$\overset{O}{\overset{\|}{C}}$CH₂$\overset{O}{\overset{\|}{C}}$CH₃

4. 写出下列反应的主要产物。

(1) H₃C—$\overset{O}{\overset{\|}{C}}$—CH(CH₃)—COOCH₂CH₃ $\xrightarrow[\text{②H}^+,\text{③}\triangle]{\text{①稀 NaOH}}$

(2) H₃C—$\overset{O}{\overset{\|}{C}}$—CH(CH₂COOC₂H₅)—COOCH₂CH₃ $\xrightarrow[\text{②H}^+]{\text{①浓 NaOH}}$

(3) 2CH₃CH₂COOC₂H₅ $\xrightarrow[\text{②H}^+]{\text{①C}_2\text{H}_5\text{ONa}}$

(4) CH₃CH₂—CO—CH(CH₃)—COOCH₂CH₃ $\xrightarrow[\text{②H}^+]{\text{①C}_2\text{H}_5\text{ONa}}$

(5) CH₃$\overset{O}{\overset{\|}{C}}$(CH₂)₄$\overset{O}{\overset{\|}{C}}$OC₂H₅ $\xrightarrow[\text{②H}^+]{\text{①C}_2\text{H}_5\text{ONa}}$

(6) CH₃$\overset{O}{\overset{\|}{C}}$(CH₂)₃$\overset{O}{\overset{\|}{C}}$OC₂H₅ $\xrightarrow[\text{②H}^+]{\text{①C}_2\text{H}_5\text{ONa}}$

(7) CH₂(CH₂CH₂COOC₂H₅)₂ $\xrightarrow[\text{②H}^+]{\text{①C}_2\text{H}_5\text{ONa}}$

(8) CH₃CH₂COOC₂H₅ + CH(COOC₂H₅)₂ $\xrightarrow[\text{②H}^+]{\text{①C}_2\text{H}_5\text{ONa}}$

(9) CH₃CH₂COOC₂H₅ + C₆H₅—COOC₂H₅ $\xrightarrow[\text{②H}^+]{\text{①C}_2\text{H}_5\text{ONa}}$

(10) CH₃CH(CN)COOC₂H₅ + CH₃$\overset{O}{\overset{\|}{C}}$CH=CH₂ $\xrightarrow[\text{CH}_3\text{CH}_2\text{OH}]{\text{C}_2\text{H}_5\text{ONa}}$

5. 用化学方法鉴别下列化合物。

(1) H₃C—$\overset{O}{\overset{\|}{C}}$—CH₂—COOCH₂CH₃, 邻羟基苯甲酸(C₆H₄(COOH)(OH)), CH₃CH(OH)COOH

(2) CH₃$\overset{O}{\overset{\|}{C}}$CH₃, CH₃$\overset{O}{\overset{\|}{C}}$CH₂$\overset{O}{\overset{\|}{C}}$CH₃, (CH₃)₃CCOOC₂H₅

6. 用乙酰乙酸乙酯法合成下列化合物。

(1) 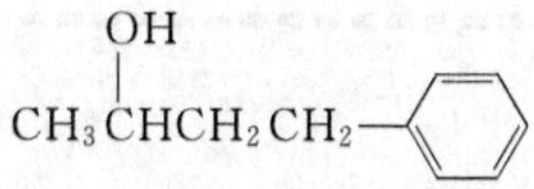 CH₃CH(OH)CH₂CH₂—C₆H₅

(2) 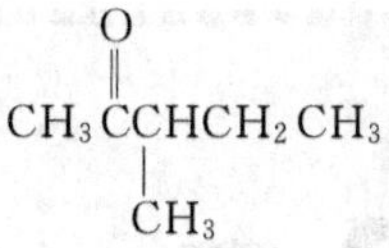 CH₃COCH(CH₃)CH₂CH₃

(3) 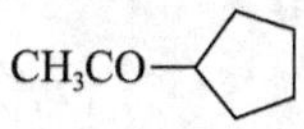 CH₃CO—cyclopentyl

(4) 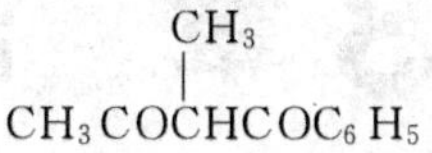 CH₃COCH(CH₃)COC₆H₅

(5) 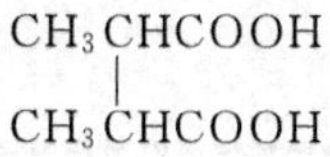 CH₃CH(COOH)CH(CH₃)COOH

(6) CH₃COCH₂CH₂COOH

(7) 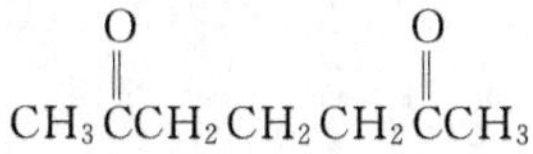 CH₃COCH₂CH₂COCH₃

(8) 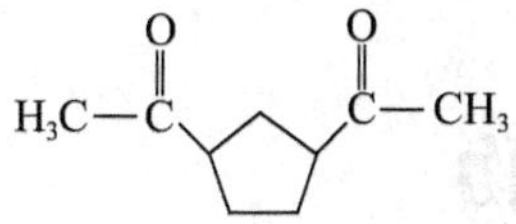 H₃C—CO—(cyclopentane-1,3-diyl)—CO—CH₃

(9) 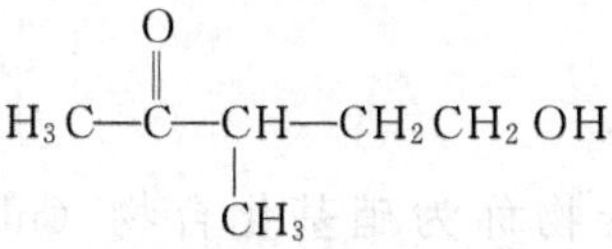 H₃C—CO—CH(CH₃)—CH₂CH₂OH

(10) 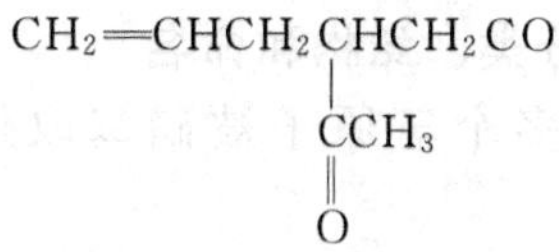 CH₂=CHCH₂CH(COCH₃)COOH

7. 用丙二酸二乙酯法合成下列化合物。

(1) 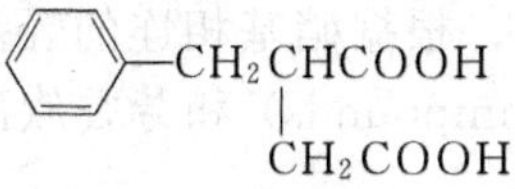 C₆H₅CH₂CH(COOH)CH₂COOH

(2) CH₂=CHCH₂CH₂COOH

(3) 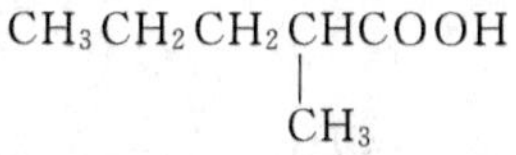 CH₃CH₂CH₂CH(CH₃)COOH

(4) 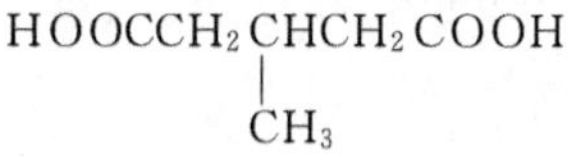 HOOCCH₂CH(CH₃)CH₂COOH

(5) 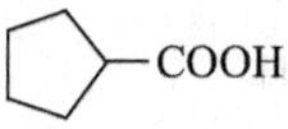 环戊基-COOH

(6) 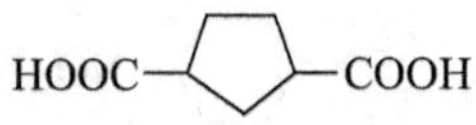 HOOC—(环戊烷-1,3-二基)—COOH

(7) 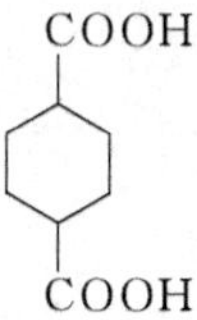 1,4-环己二甲酸

(8) 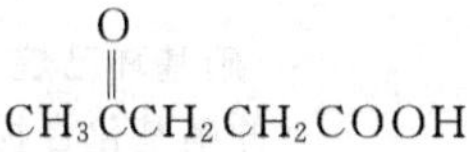 CH₃COCH₂CH₂COOH

8. 写出下列反应的反应机理。

(1) 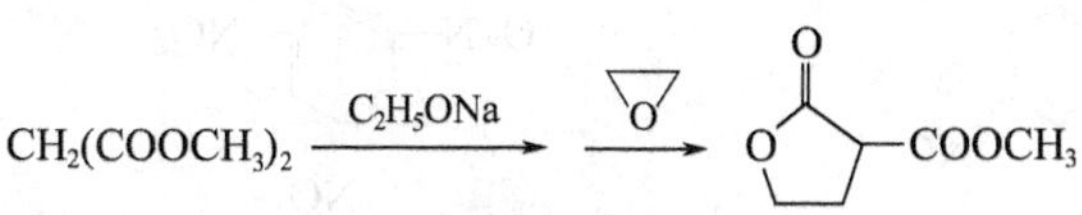 CH₂(COOCH₃)₂ $\xrightarrow{C_2H_5ONa}$ + 环氧乙烷 → γ-丁内酯-α-COOCH₃

(2) CH₂(CH₂CH₂COOCH₂CH₃)₂ $\xrightarrow[②H^+]{①C_2H_5ONa}$ 2-氧代环己烷甲酸乙酯

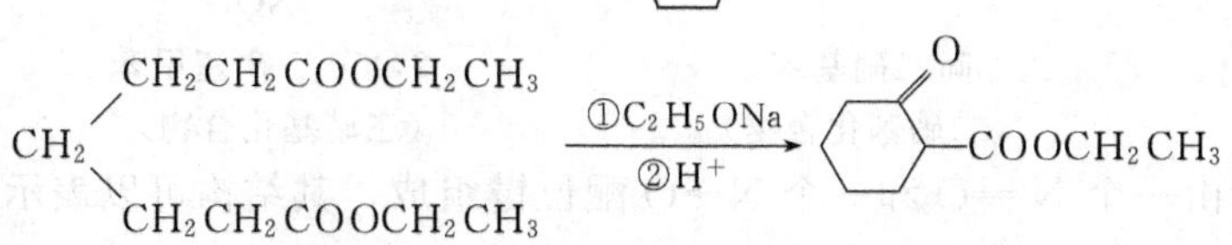

9. 一个酯 A（C₅H₁₀O₂）用乙醇钠/乙醇溶液处理后得 B（C₈H₁₄O₃）。B 能使溴水迅速褪色，B 与乙醇钠/乙醇溶液反应再与碘乙烷反应得 C（C₁₀H₁₈O₃）。C 不能使溴水褪色。用稀碱溶液处理后酸化，加热，得到一个酮 D（C₇H₁₄O）。D 不能发生碘仿反应，经 Clemmensen 还原生成 3-甲基己烷。试确定 A→D 的结构。

10. 由 3-丁烯-2-酮与丙二酸酯进行 Michael 加成反应，在生成 CH₃COCH₂CH₂CH(COOC₂H₅)₂ 的同时，还发现有一种环状产物，为什么？这种环状产物是什么？

第 13 章　含氮化合物

13.1　硝基化合物

13.1.1　硝基化合物的分类、结构和命名

烃分子中的一个或多个氢原子被硝基取代后的化合物称为硝基化合物（nitro compound）。

根据硝基的数目不同，可将硝基化合物分为一硝基化合物和多硝基化合物；根据硝基连接的碳原子不同，可将硝基化合物分为伯、仲、叔硝基化合物；根据硝基相连的烃基结构不同，可将硝基化合物分为脂肪族硝基化合物（aliphatic nitro compounds）和芳香族硝基化合物（aromatic nitro compounds）。

脂肪族硝基化合物：

CH_3NO_2　　　　　　　环己基-NO_2　　　　　　$CH_3-\underset{\underset{NO_2}{|}}{\overset{\overset{CH_3}{|}}{C}}-CH_3$

硝基甲烷　　　　　　硝基环己烷　　　　　　2-甲基-2-硝基丙烷
（伯硝基化合物）　　（仲硝基化合物）　　　（叔硝基化合物）

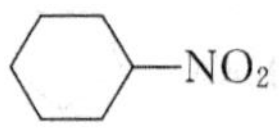

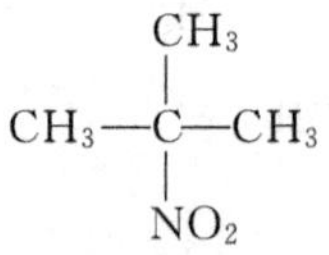

芳香族硝基化合物：

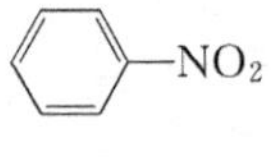

苯-NO_2　　　　　　间-二(NO_2)苯　　　　　2,4,6-三硝基甲苯(CH_3,O_2N,NO_2,NO_2)

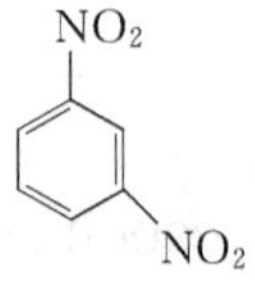

硝基苯　　　　　　　间二硝基苯　　　　　　2,4,6-三硝基甲苯
（一硝基化合物）　　（二硝基化合物）　　　（三硝基化合物）

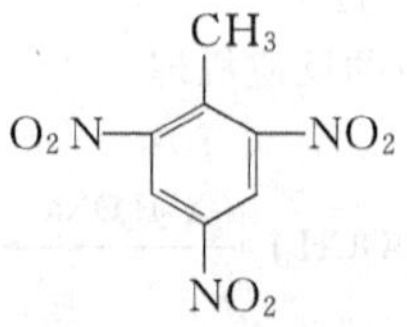

硝基的结构一般认为由一个 N＝O 和一个 N→O 配位键组成，其结构可以表示如下：

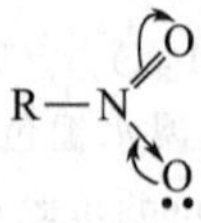

$$R-N\underset{O}{\overset{O}{\Big\langle}} \qquad R-\overset{+}{N}\underset{O^-}{\overset{O}{\Big\langle}}$$
　　　　（Ⅰ） 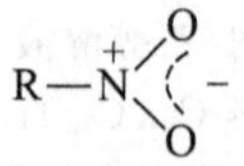　　　　　　　　　（Ⅱ）

上式（Ⅰ）中氮原子与一个氧原子以共价键结合，与另一个氧原子则以配位键结合，这两种键的键长应该是不同的。但电子衍射法测试表明，两个氮氧键键长相等，硝基具有对称结构。因此，硝基中的两个氮氧键是等同的，既不是一般的氮氧双键，也不是一般的氮氧单键。这说明硝基为 p-π 共轭体系，N 原子以 sp^2 杂化成键，所以硝基的结构也可用式（Ⅱ）表示。

硝基化合物的命名原则与卤代烃相似，是以烃作为母体，硝基作为取代基。如：

$CH_3CH_2NO_2$　　　　　$(CH_3)_2CHNO_2$

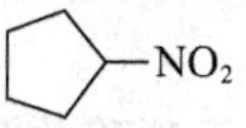

　硝基乙烷　　　　　　　2-硝基丙烷　　　　　　　硝基环戊烷

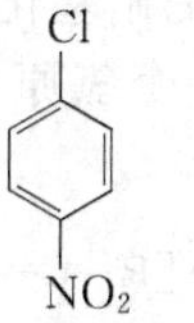

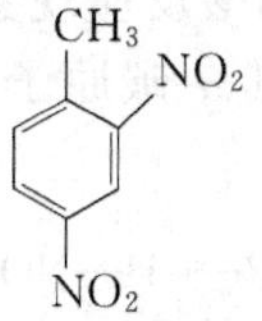

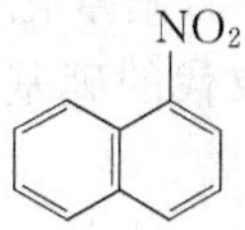

对硝基氯苯　　　　2,4-二硝基甲苯　　　　α-硝基萘

13.1.2 脂肪族硝基化合物

脂肪族硝基化合物是无色、有香味的液体，难溶于水而易溶于醇、醚等有机溶剂。硝基烷（nitroalkane）因为该性质而常用作溶剂。硝基甲烷（nitromethane）、硝基乙烷（nitroethane）、硝基丙烷（nitropropane）等是染料（dye）、涂料（paint）、蜡（wax）、醋酸纤维（acetate fiber）等的良好溶剂。

由于硝基 N→O 配位共价键的特征，硝基化合物具有较大的偶极矩和分子间作用力，因此它们的沸点比分子量相近的烃高。

硝基化合物的红外特征光谱：氮氧键的对称伸缩振动和不对称伸缩振动，分别在 1660～1500 cm^{-1} 和 1390～1260 cm^{-1} 处。硝基烷烃的特征峰为 1372 cm^{-1} 和 1550 cm^{-1} 左右。

脂肪族硝基化合物的化学性质如下。

13.1.2.1 酸性

在脂肪族硝基化合物中，含有 α-H 原子的（脂肪族伯或仲硝基化合物）能逐渐溶于氢氧化钠溶液而生成钠盐，说明它们具有一定的酸性。这是因为 α-H 受到硝基吸电子作用的影响，使得化合物能产生如下假酸式（也称为硝基式）-酸式互变异构。酸式可以逐渐异构成为假酸式，达到平衡时，就成为主要含有假酸式的硝基化合物。

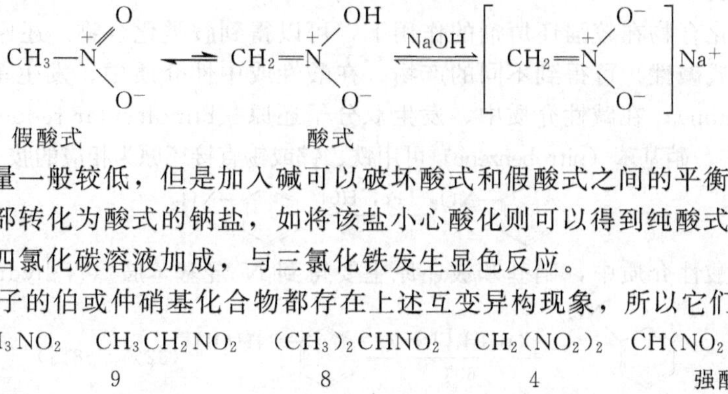

虽然酸式含量一般较低，但是加入碱可以破坏酸式和假酸式之间的平衡，假酸式不断转变为酸式直至全部转化为酸式的钠盐，如将该盐小心酸化则可以得到纯酸式结构的产物。酸式分子可与溴的四氯化碳溶液加成，与三氯化铁发生显色反应。

具有 α-H 原子的伯或仲硝基化合物都存在上述互变异构现象，所以它们都呈酸性。如：

　　　　　CH_3NO_2　　$CH_3CH_2NO_2$　　$(CH_3)_2CHNO_2$　　$CH_2(NO_2)_2$　　$CH(NO_2)_3$

pK_a　　　11　　　　　　9　　　　　　　　8　　　　　　　　4　　　　　　强酸

叔硝基化合物没有这种氢原子，所以不能异构成为酸式，也就不能与碱反应。

13.1.2.2 与羰基化合物缩合

含 α-H 的硝基化合物在碱作用下可脱去 α-H 形成碳负离子，因此含 α-H 的硝基化合物可以在碱性条件下与某些羰基化合物起缩合反应。

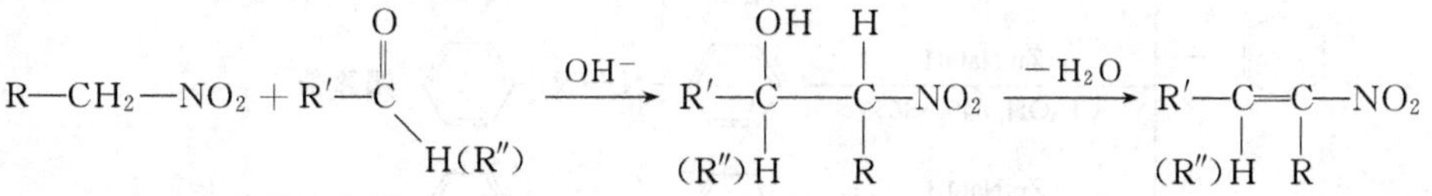

$$R-CH_2-NO_2 + R'-\overset{O}{\underset{H(R'')}{C}} \xrightarrow{OH^-} R'-\underset{(R'')H}{\overset{OH}{C}}-\underset{R}{\overset{H}{C}}-NO_2 \xrightarrow{-H_2O} R'-\underset{(R'')H}{C}=\underset{R}{C}-NO_2$$

13.1.2.3 还原

脂肪族硝基化合物可催化氢化或在酸性条件下（Fe、Zn、Sn 和盐酸）被还原为胺。如：

$$RNO_2 + 3H_2 \xrightarrow{Ni} RNH_2 + 2H_2O$$

13.1.2.4 与亚硝酸的反应

脂肪族伯、仲、叔硝基化合物与亚硝酸反应现象不同。伯硝基化合物与亚硝酸反应后得到蓝色的 α-亚硝基取代的硝基化合物，其 α-碳原子上还有一个氢原子，在碱作用下变为红色的硝肟酸的钠盐：

$$R-CH_2-NO_2 + HONO \longrightarrow R-\underset{NO}{CH}-NO_2 \xrightarrow{NaOH} [R-\underset{NO}{C}-NO_2]^- Na^+$$

蓝色结晶　　　　　　溶于 NaOH，呈红色溶液

仲硝基化合物与亚硝酸反应也生成 α-亚硝基取代的硝基化合物，但无 α-H，不溶于碱。

$$R_2CHNO_2 + HONO \longrightarrow R_2\underset{NO}{C}-NO_2 \xrightarrow{NaOH} \text{不溶于 NaOH，蓝色不变}$$

叔硝基化合物因为没有 α-H，所以不与亚硝酸反应。因此，根据以上性质可以区别伯、仲、叔三类脂肪族硝基化合物。

13.1.3 芳香族硝基化合物

芳香族一元硝基化合物是无色或淡黄色的液体或固体，一般有苦杏仁味；多硝基化合物都是黄色固体，多数具有很强的爆炸性，有些有类似天然麝香（musk）的气味，因此可用作香水、化妆品等的定香剂。

芳香族硝基化合物的红外光谱特征和脂肪族硝基化合物类似，也有硝基氮氧键的不对称伸缩振动和对称伸缩振动，但是芳香族化合物由于共轭作用使得这两个谱带向低频方向移动，相应的振动峰出现在 $1340cm^{-1}$ 和 $1530cm^{-1}$ 左右。

芳香族硝基化合物的化学性质主要表现为以下几点。

13.1.3.1 还原反应

芳香族硝基化合物在较强还原剂的作用下，可以得到胺类化合物。还原时，在不同介质中（酸性、中性或碱性）可得到不同的产物。在酸性或中性介质中，发生单分子还原（unimolecular reduction）；在碱性介质中，发生双分子还原（bimolecular reduction）。

在酸性介质中，硝基苯（nitrobenzene）可用铁、锌或锡直接还原为相应的胺（amine）。如：

$$\text{C}_6\text{H}_5\text{NO}_2 \xrightarrow{Fe, HCl} \text{C}_6\text{H}_5\text{NH}_2$$

在中性或弱酸性介质中，硝基苯被还原主要得到 N-羟基苯胺（N-hydroxyaniline）。如：

$$\text{C}_6\text{H}_5\text{NO}_2 \xrightarrow[65℃]{Zn, NH_4Cl, H_2O} \text{C}_6\text{H}_5\text{NHOH} \quad (62\% \sim 68\%)$$

硝基苯在不同的碱性介质中还原时，可分别得到氧化偶氮苯（azoxybenzene）、偶氮苯（azobenzene）或氢化偶氮苯（hydrazobenzene）等不同的还原产物。如：

$$\text{C}_6\text{H}_5\text{NO}_2 \begin{cases} \xrightarrow[100℃, 79\%]{\text{葡萄糖, NaOH}} \text{C}_6\text{H}_5-N=\overset{O}{\underset{}{N}}-\text{C}_6\text{H}_5 & \text{氧化偶氮苯} \\ \xrightarrow[CH_3OH, 84\%\sim86\%]{Zn, NaOH} \text{C}_6\text{H}_5-N=N-\text{C}_6\text{H}_5 & \text{偶氮苯} \\ \xrightarrow[C_2H_5OH, 81\%]{Zn, NaOH} \text{C}_6\text{H}_5-\underset{H}{N}-\underset{H}{N}-\text{C}_6\text{H}_5 & \text{氢化偶氮苯} \end{cases}$$

氧化偶氮苯如果进一步还原也得到偶氮苯或氢化偶氮苯。这些产物如经强烈还原条件下进一步还原，最终都可得到苯胺（aniline）。

当芳环上还连有可被还原的羰基时，用氯化亚锡和盐酸可只还原硝基为氨基。如：

$$\text{3-NO}_2\text{-C}_6\text{H}_4\text{-CHO} \xrightarrow[<100℃, 90\%]{\text{SnCl}_2, \text{浓 HCl}} \text{3-NH}_2\text{-C}_6\text{H}_4\text{-CHO}$$

芳香族多硝基化合物用碱金属的硫化物（sulfide）或多硫化物（multi-sulfide）、硫氢化铵（ammonium hydrosulfide）、硫化铵（ammonium sulfide）或多硫化铵（ammonium multi-sulfide）为还原剂还原，可选择性地将其中的一个硝基还原为氨基。如：

$$\text{1,3-(NO}_2\text{)}_2\text{-C}_6\text{H}_4 \xrightarrow[\triangle, 79\%\sim 85\%]{\text{NaSH, CH}_3\text{OH}} \text{3-NO}_2\text{-C}_6\text{H}_4\text{-NH}_2$$

$$\text{2,4-(NO}_2\text{)}_2\text{-C}_6\text{H}_3\text{-OH} \xrightarrow[80\sim 85℃, 64\%\sim 67\%]{\text{Na}_2\text{S, NH}_4\text{Cl}} \text{2-NH}_2\text{-4-NO}_2\text{-C}_6\text{H}_3\text{-OH}$$

芳香族硝基化合物的还原，是制备芳香族伯胺的方法之一。当用铁、锌、硫化物等作为还原剂时，具有工艺简单、操作方便、投资少等优点，但是由于催化加氢在产品质量和收率等方面都优于化学还原，而且化学还原的"三废"排放量大，对环境会造成严重污染，因而工业生产中更多采用催化加氢来制备胺。催化加氢反应要在中性条件中进行，因此对于那些带有酸性或碱性条件下易水解基团的化合物可用此法还原。如：

$$\text{2-NO}_2\text{-C}_6\text{H}_4\text{-NHCOCH}_3 \xrightarrow[\text{C}_2\text{H}_5\text{OH}, 90\%]{\text{Pt, H}_2} \text{2-NH}_2\text{-C}_6\text{H}_4\text{-NHCOCH}_3$$

13.1.3.2 芳环上的亲电取代反应

硝基是间位定位基，对苯环呈现出强的吸电子诱导效应和吸电子共轭效应，使苯环上的电子云密度大大降低，因此钝化苯环，亲电取代反应变得困难。如：

$$\text{C}_6\text{H}_5\text{-NO}_2 \xrightarrow[135\sim 145℃]{\text{Br}_2, \text{Fe}} \text{3-Br-C}_6\text{H}_4\text{-NO}_2$$

$$\text{C}_6\text{H}_5\text{-NO}_2 \xrightarrow[95℃]{\text{发烟 HNO}_3, \text{浓 H}_2\text{SO}_4} \text{1,3-(NO}_2\text{)}_2\text{-C}_6\text{H}_4$$

$$\text{C}_6\text{H}_5\text{-NO}_2 \xrightarrow[110℃]{\text{发烟 H}_2\text{SO}_4} \text{3-HO}_3\text{S-C}_6\text{H}_4\text{-NO}_2$$

由反应可见，芳香族硝基化合物的卤化、硝化和磺化反应比苯困难。硝基苯甚至不发生 Friedel-Crafts 反应，而且可以用硝基苯作为这类反应的溶剂。

13.1.3.3 芳环上的亲核取代反应

虽然亲电取代反应困难，但是硝基可以使邻位基团的亲核取代反应活性增强。通常情况下，氯苯分子中的氯原子很不活泼，只有在高温、高压和催化剂存在下，才会发生水解，生成苯酚。而在氯苯的邻位或对位有硝基时，氯原子就比较活泼。

如果硝基在氯原子的间位，硝基所引起负电荷分散的作用相应减小，此时它对卤素活性的影响不明显（见 7.9.3）。

除了羟基外，其它亲核试剂如 H^-、HS^-、RO^-、CN^-、SCN^-、OH^-、CH_2^-、$\overset{|}{\underset{|}{-}}CH^-$、$\overset{+}{-}N:$、$^-RCH_2M$（金属有机化合物）等也能进行芳环的亲核取代反应。如：

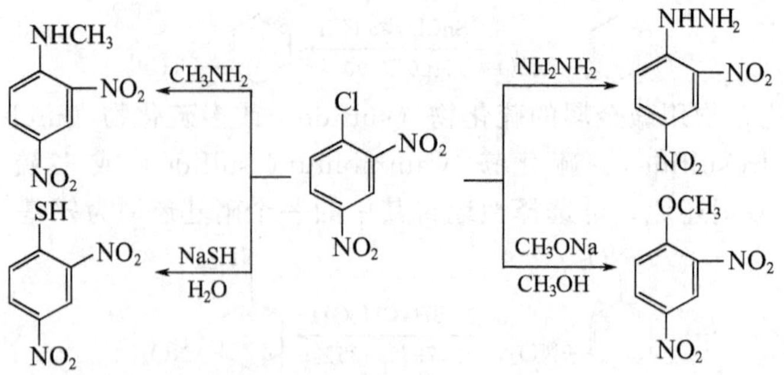

13.1.3.4 硝基对酚类酸性强弱的影响

苯酚呈弱酸性，其酸性比醇强，但是比羧酸要弱很多。当在苯环上连有硝基时，酚的酸性会明显增强，而当硝基在酚羟基的邻位或对位时，酸性增强就更加显著。例如，2,4-二硝基苯酚酸性接近甲酸，而 2,4,6-三硝基苯酚的酸性则接近强无机酸。表 13-1 为苯酚及硝基酚类的 pK_a 值。

表 13-1 苯酚及硝基酚类的 pK_a 值

酚	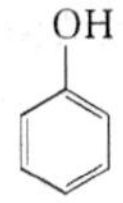 苯酚	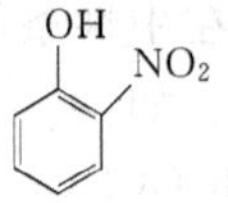 邻硝基苯酚	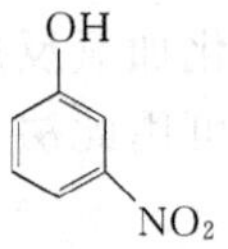 间硝基苯酚	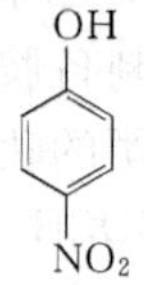 对硝基苯酚	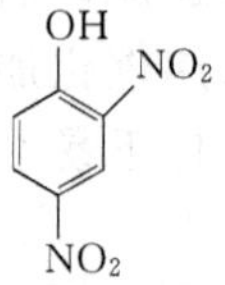 2,4-二硝基苯酚	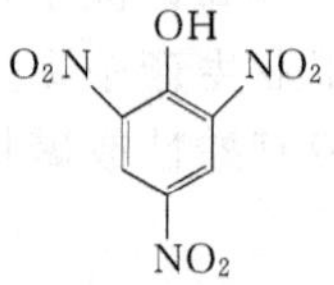 2,4,6-三硝基苯酚
pK_a 值(25℃)	9.98	7.23	8.40	7.15	4.0	0.71

13.2 胺的分类和命名

氨分子中的氢原子被烃基取代后的衍生物，称为胺（amine）。胺是一类最重要的有机含氮化合物，常在有机合成反应中出现，还广泛存在于生物界。如构成多种蛋白质的氨基酸，一些重要的生物碱类药物等。以下列出了一些具有高度生物活性的胺的衍生物。

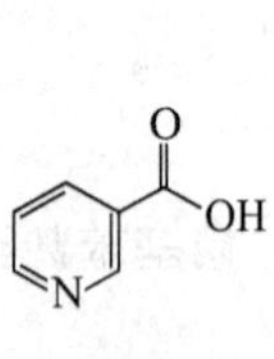

烟酸 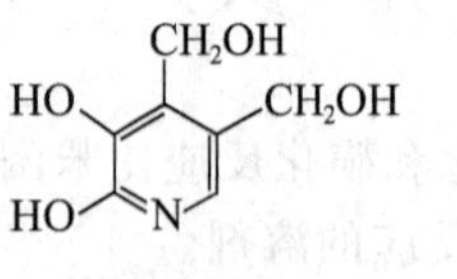　　　　维生素B_6　　　　阿托品 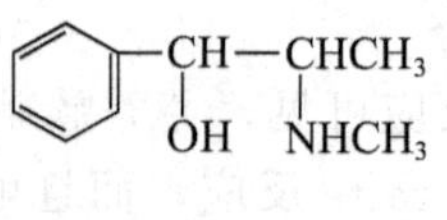　　　　麻黄碱

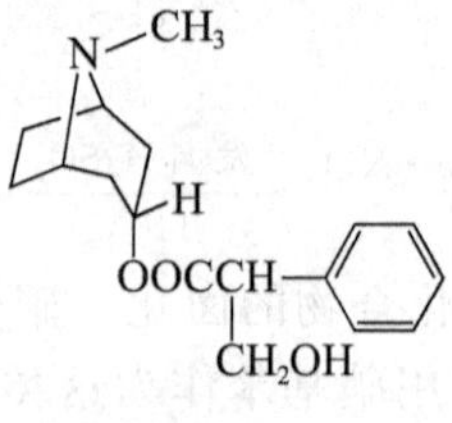

根据氮原子上连有的烃基数目，可以将胺分为伯（1°）胺（primary amine）、仲（2°）胺（secondary amine）和叔（3°）胺（tertiary amine）。

NH_3　　　　RNH_2　　　　RR^1NH　　　　RR^1R^2N
氨　　　　　伯胺　　　　　仲胺　　　　　叔胺

这里的 R、R¹、R² 可以为相同烃基，也可以为不同烃基。值得注意的是伯、仲、叔胺和伯、仲、叔醇具有不同涵义。伯、仲、叔胺是按照与氮原子相连的烃基个数而定的，和烃基自身结构无关；而伯、仲、叔醇是指羟基直接连在伯、仲、叔碳原子上，是根据烃基结构而定的。如，叔丁胺与叔丁醇，分子中同样含有叔丁基，但前者为伯胺，后者为叔醇。

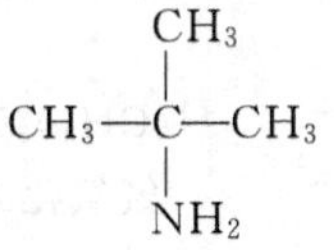

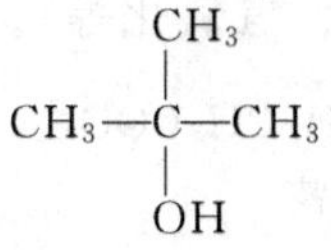

根据氮原子上连有的烃基不同，可以将胺分为脂肪族胺（aliphatic amine）和芳香族胺（aromatic amine）。当 R、R¹、R² 都为脂肪族烷基时，为脂肪胺；而当 R、R¹、R² 其中有一个或多个芳基时，为芳香族胺，常简称芳胺。如：

脂肪胺　　　　　　 ⌬—CH₂NH₂　　　　　　　⌬N—H　　　　　　（CH₃CH₂)₃N

　　　　　　 苯甲胺（伯胺）　　　　　六氢吡啶（仲胺）　　　 三乙胺（叔胺）

芳胺　　　α-萘胺（伯胺）　　　N-甲基苯胺（仲胺）　　　N,N-二甲基苯胺（叔胺）

根据分子中氨基（—NH₂）个数不同，可以将胺分为一元胺、二元胺和多元胺。如：

CH₃CH₂CH₂NH₂　　　　　H₂N—⌬—NH₂　　　　　H₂NCH₂CH₂NHCH₂CH₂NH₂

丙胺（一元胺）　　　　　对苯二胺（二元胺）　　　　　二亚乙基三胺（多元胺）

和无机铵（H₄N⁺X⁻、H₄N⁺OH⁻）相似，四个烃基和氮原子相连的化合物，称为四级（季）铵盐（quaternary ammonium salt）或四级（季）铵碱（quaternary ammonium hydroxide）。如：

　　氯化甲乙铵（季铵盐）　　　　氢氧化四甲铵（季铵碱）

命名简单的脂肪胺，习惯上以胺为母体，烃基为取代基，将烃基的名称和数目列在前面，后面加上"胺"字，称为某胺。烃基相同时，要在前面以"二"或"三"表明相同烃基的数目；烃基不同时要按次序规则将"较优"基团后列出。"基"字也可省略。如：

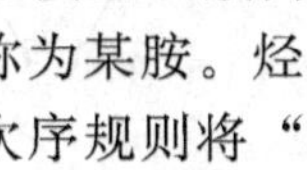

⌬—NH₂　　　　　　　　　　⌬—NH₂

环己胺 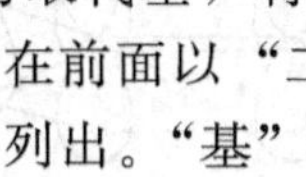　　　　　　　　　　苯胺

CH₃CH₂NHCH₃　　　　　　　（CH₃CH₂CH₂)₃N

甲乙胺　　　　　　　　　三丙胺

命名复杂的脂肪族胺，将烃看作母体，氨基作为取代基。如：

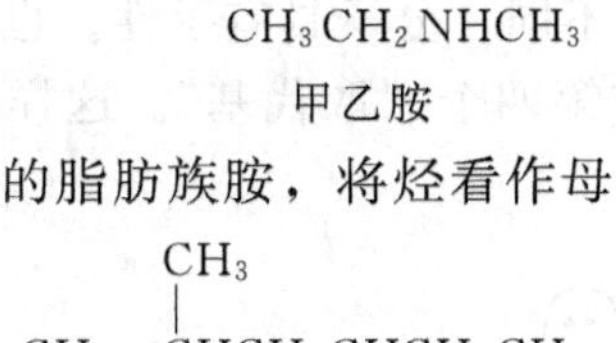

　　　CH₃　　　　　　　　　　　　　　NH₂
　　　 |　　　　　　　　　　　　　　　|
CH₃—CHCH₂CHCH₂CH₃　　　　⌬—CH₂CH₂CH—CH₃
　　　　　　　|
　　　　　　NH₂

2-甲基-4-氨基己烷　　　　　　1-苯基-3-氨基丁烷

命名芳香族胺与脂肪族胺相似，但是需注意的是，当氮原子上同时连有脂肪烃基和芳基时，为了明确取代基所在的位置，命名时要在与氮原子相连的烃基前加"N-"。如：

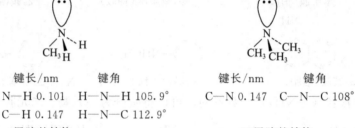

命名铵盐、季铵盐或季铵碱与无机铵盐类似，用"铵"字而不用"胺"字，而且要在前面加上负离子名称（氯化、氢氧化等）。如：

$$CH_3CH_2CH_2\overset{+}{N}H_3CH_3COO^- \qquad C_6H_5\overset{+}{N}H_3Cl^- \qquad (CH_3)_3\overset{+}{N}CH_2CH_3OH^-$$
$$\text{醋酸丙铵} \qquad\qquad \text{氯化苯铵} \qquad \text{氢氧化三甲(基)乙(基)铵}$$

13.3　胺的结构

胺与氨的结构相似，氮原子为 sp^3 杂化，形成四个 sp^3 杂化轨道。这四个轨道中有三个与氢或碳原子形成 σ 键，未共用电子对则占有另一个轨道，因此胺也具有棱锥形结构。如：

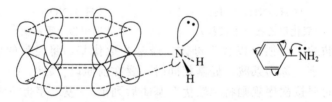

芳胺分子中的氮虽然也是棱锥形结构，但此时氮原子上未共用电子对所占的 sp^3 杂化轨道可以和苯环中的 π 电子轨道形成共轭。当这两种轨道接近平行时重叠程度最大，共轭最有效。苯胺分子结构如下（图 13-1）：

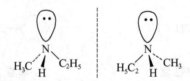

图 13-1　苯胺的分子结构

其中，氨基的两个 N—H 键之间夹角为 113.9°，该平面与苯环之间夹角为 39.4°。

在仲胺和叔胺中，如果与氮原子相连的三个基团不同，分子具有手性。也就是说，胺中氮原子上的未共用电子对处于棱锥体的顶端，可看作第四个"取代基"。这样，胺的空间排布近似碳的四面体结构。如：

但是人们没能拆分得到这种胺的对映体，因为简单胺的构型转化所需活化能很低（一般为 6～37.6 kJ·mol^{-1}），室温条件即可迅速地相互转化。转化时经一平面过渡态，氮原子为

sp² 杂化，如下所示：

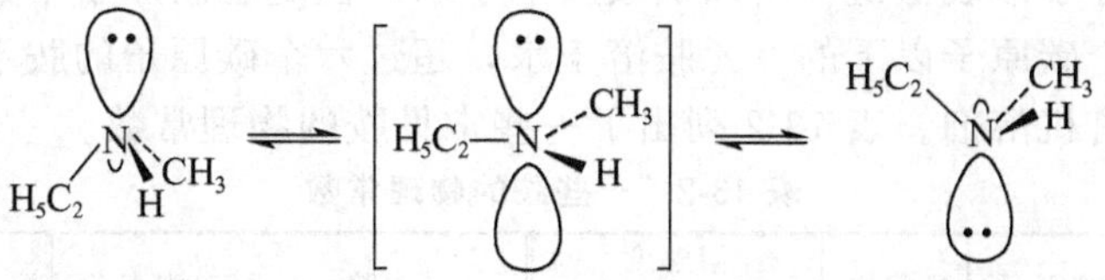

然而，氮原子所连三个基团不同，并且对映体间不能相互转化时，对映体是可以被拆分的。如具有刚性结构的叔胺 Tröger 碱（氮原子为桥原子），已成功分离得到。

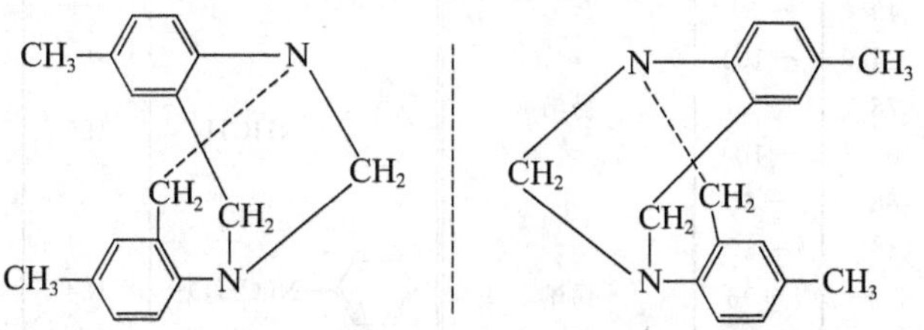

还有一种情况，对映体间也不容易发生构型转化，那就是含有四个不同烃基的季铵盐、氧化胺等分子，这也与碳的四面体结构相似。下列对映体已成功拆分。

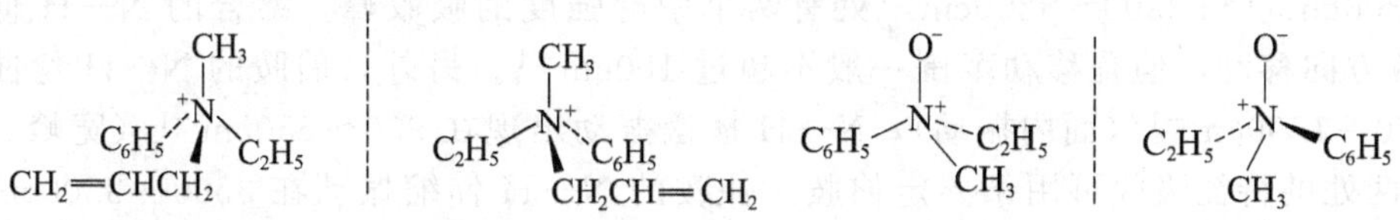

13.4 胺的物理性质

胺除易燃外，其它物理性质与氨相似。室温下，甲胺、二甲胺、三甲胺和乙胺是气体，丙胺以上是液体或固体。低级脂肪胺有氨的气味或鱼腥味；高级脂肪胺气味淡得多。芳胺有特殊气味，为高沸点液体或固体。大多数芳胺有毒，液态芳胺还可通过皮肤吸收中毒，所以应避免接触皮肤或经口鼻等食入或吸入。

和醇相似，胺也具有极性。低级伯胺和仲胺分子间能形成氢键，但由于 N—H 键的极化程度比 O—H 键弱，分子间氢键 N—H⋯N 比醇的氢键 O—H⋯O 弱，所以胺的沸点比分子量相近的非极性化合物高，比醇或羧酸低。由于叔胺分子中氮原子上没有氢原子，不能形成氢键，所以叔胺的沸点低于分子量相似的伯胺和仲胺，与相应的烷烃相近。

邻硝基苯胺的熔点和沸点（71.5℃，284℃）都比间硝基苯胺（114℃，306℃）和对硝基苯胺（148℃，332℃）低。这是因为邻位异构体形成分子内氢键，而间位和对位异构体则形成分子间氢键，分子间氢键在晶体熔化时部分断裂，在气相中几乎完全断裂，所以间位和对位异构体在相变的过程中所需能量高于邻位异构体。

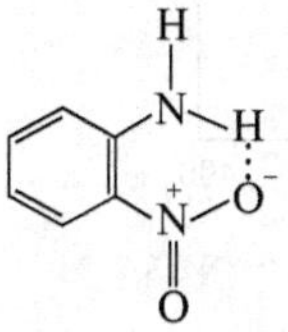

邻硝基苯胺 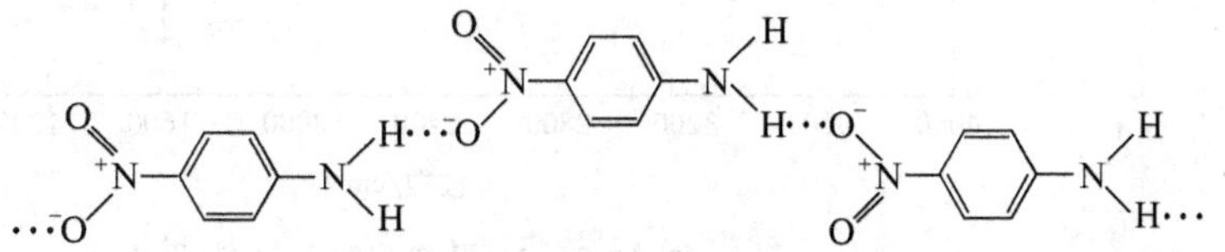　　　　　　　　　　　　对硝基苯胺

胺也可以和水分子形成氢键，所以低级胺溶于水，但随着碳原子个数的增多在水中的溶解度逐渐降低，六个碳原子以下的一元胺溶于水，超过六个碳原子的胺不溶于水。胺也溶于醇、醚、苯等常用有机溶剂。表 13-2 列出了一些常见胺的物理常数。

表 13-2 一些胺的物理常数

胺	沸点/℃	熔点/℃	溶解度 /g·(100g 水)$^{-1}$	胺	沸点/℃	熔点/℃	溶解度 /g·(100g 水)$^{-1}$
CH_3NH_2	−7.5	−92	易溶				
$CH_3CH_2NH_2$	17	−80	∞	C$_6$H$_5$—NH$_2$	184	−6	3.7
$CH_3CH_2CH_2NH_2$	49	−83	∞				
$(CH_3)_2CHNH_2$	34	−101	∞				
$CH_3CH_2CH_2CH_2NH_2$	78	−50	易溶	C$_6$H$_5$—NHCH$_3$	196	−5.7	难溶
$CH_3CH_2CH(CH_3)NH_2$	63	−104	∞				
$(CH_3)_2CHCH_2NH_2$	68	−85	∞				
$(CH_3)_3CNH_2$	46	−67	∞				
$(CH_3)_2NH$	7.5	−96	易溶	C$_6$H$_5$—N(CH$_3$)$_2$	194	3	1.4
$(CH_3CH_2)_2NH$	55	−39	易溶				

胺的特征红外吸收主要和 N—H 和 C—N 键有关。游离伯胺的 N—H 伸缩振动在 3400～3300cm^{-1} 和 3300～3200cm^{-1} 处有两个中等强度的吸收峰。缔合的 N—H 伸缩振动向低波数方向移动，但是移动范围一般不超过 100cm^{-1}。另外，伯胺的 N—H 弯曲振动吸收在 1650～1590cm^{-1}（面内振动），N—H 摇摆振动出现在 900～650cm^{-1}（宽峰，面外振动），这两处的特征吸收可用于鉴定伯胺。仲胺的 N—H 伸缩振动在 3500～3300cm^{-1} 处出现一个吸收峰，脂肪族仲胺该峰的吸收强度一般很弱，芳香族仲胺则要强很多，并且峰形尖锐对称。脂肪族仲胺的 N—H 面外变形振动在 750～700cm^{-1} 处有强吸收，但是 N—H 的面内变形振动吸收很弱。芳香族仲胺在 1600cm^{-1} 处有较强吸收，该峰常与芳环的骨架振动偶合，出现峰强增加和峰裂分现象。叔胺因为不含氢，故无 N—H 吸收。

脂肪族胺的 C—N 伸缩振动吸收峰出现在 1100cm^{-1} 附近，芳香族胺在 1340～1250cm^{-1} 处。这些吸收均在指纹区，与碳和氮上取代基有关，因此不易区别，对于鉴别而言，只有参考意义。

N-甲基苯胺的红外光谱如图 13-2 所示。

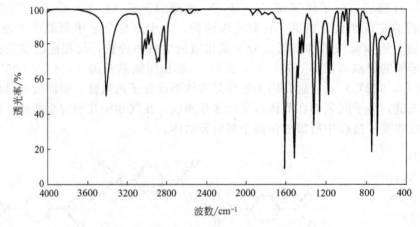

图 13-2 N-甲基苯胺的红外光谱

胺的 ^1H NMR 谱与醇和醚类似。氮上质子由于氢键的缔合，化学位移随测定的温度、浓度和溶剂不同而在一定范围内变化，一般在 0.5~5 范围内，峰形较宽。其中脂肪伯、仲胺在 0.5~4.0 范围内，芳香族胺在 2.5~5.0 范围内。该峰通常不被邻近的质子偶合裂分，也常常不在谱图中出现，这时只能通过计算质子数方能被检出。

在脂肪族胺中，和氨基相连的甲基、亚甲基、次甲基的化学位移分别为 2.2、2.4 和 2.5 附近；β-碳上质子的化学位移一般在 1.1~1.7 之间。如果 α-碳原子上连有苯环，则 α-氢的化学位移移向低场，在 4 左右。对甲基苯胺的核磁共振谱如图 13-3 所示。

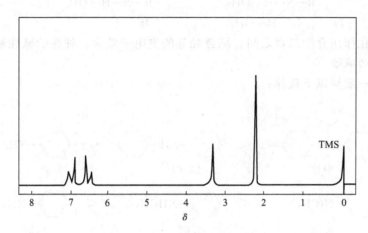

图 13-3　对甲基苯胺的核磁共振谱

13.5　胺的化学性质

13.5.1　碱性

与氨相似，胺分子中氮原子上也有未共用电子对，能接受一个质子，因此胺有碱性。胺可以和大多数酸反应生成盐。

$$RNH_2 + H_2O \longrightarrow R\overset{+}{N}H_3 OH^-$$

$$RNH_2 + HCl \longrightarrow R\overset{+}{N}H_3 Cl^-$$

胺的碱性强弱用解离常数 K_b 或其负对数 pK_b 表示，K_b 愈大或 pK_b 愈小，碱性愈强。结构不同，胺类的碱性呈现不同的规律。

13.5.1.1　脂肪胺的碱性

脂肪胺在非水溶液中的碱性通常为：

$$叔胺 > 仲胺 > 伯胺 > 氨$$

脂肪胺的碱性一般大于氨，这是由于烷基的供电子诱导效应，使氨基上的电子云密度升高，有利于与 H^+ 结合；另外，烷基也使生成的铵离子（$R\overset{+}{N}H_3$）中的正电荷得到分散，从而得以稳定。氮原子上连接的烷基越多，供电子诱导效应越大，氮原子上的电子云密度越大，越有利于与质子结合，即胺的碱性增强。

而脂肪胺在水溶液中的 pK_b 值如表 13-3 所示。

表 13-3 氨及某些常见胺的 pK_b 值

氨及某些常见胺	$(CH_3)_2NH$	CH_3NH_2	$(CH_3)_3N$	NH_3
pK_b	3.27	3.38	4.21	4.76

这是因为在水溶液中，胺碱性的强弱除受电子效应影响外，还受溶剂化作用的影响。氮上连接的氢越多，溶剂化程度越大，铵正离子越稳定，胺的碱性也越强，因此伯胺的碱性强于叔胺。

仲胺的溶剂化作用介于二者之间，综合烃基的供电子效应，仲胺的碱性最强。

13.5.1.2 芳胺的碱性

芳胺的碱性一般呈以下规律：

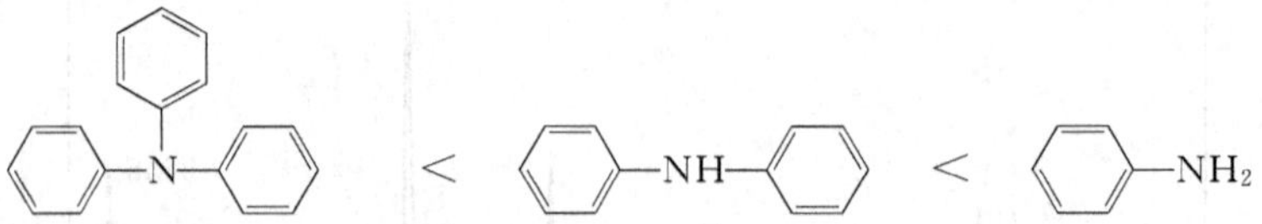

$(C_6H_5)_3N$ < $(C_6H_5)_2NH$ < $C_6H_5NH_2$

pK_b 中性   13.80   9.30

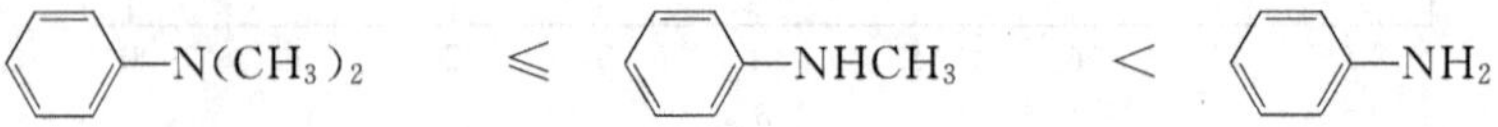

$C_6H_5N(CH_3)_2$ ≤ $C_6H_5NHCH_3$ < $C_6H_5NH_2$

pK_b 9.62   9.60   9.30

由于氨基的未共用电子对与芳环的大 π 键形成 p-π 共轭体系，使氨基上的电子云密度降低，接受质子的能力减弱，因此碱性比氨弱。以上顺序中前者有电子效应，同时有空间效应；而后者主要是空间效应的影响，氮上连有的取代基越多，空间位阻越大，质子越不容易与氮原子接近，胺的碱性也就越弱。

取代苯胺的碱性强弱主要与取代基的性质有关，取代基为供电子基团时，碱性增强；取代基为吸电子基团时，碱性减弱。

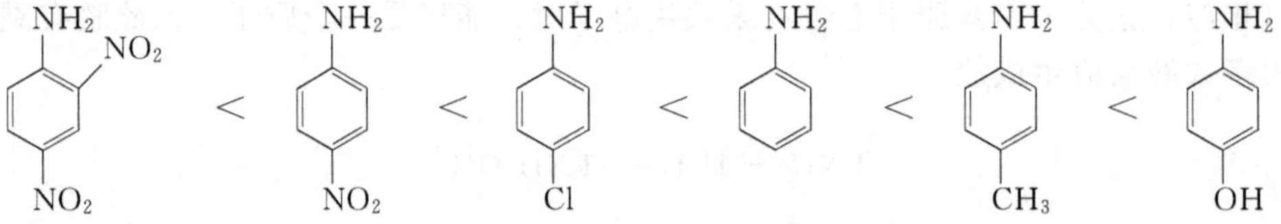

2,4-二硝基苯胺 < 对硝基苯胺 < 对氯苯胺 < 苯胺 < 对甲基苯胺 < 对羟基苯胺

pK_b 13.8   13.0   10.0   9.30   8.90   8.50

胺的盐通常为无色固体，易溶于水，不溶于非极性的有机溶剂，当其与强碱（如 NaOH 或 KOH）溶液作用时会释放出原来的胺。

$$RN^+H_3Cl^- + NaOH \longrightarrow RNH_2 + NaCl + H_2O$$

可以利用这一性质进行胺的分离、提纯。如将不溶于水的胺溶于稀酸形成盐，经分离后，再用强碱将胺由铵盐中释放出来。

13.5.2 烃基化

胺是亲核试剂，因此胺可与卤代烃发生亲核取代反应，得到仲胺、叔胺，直至季铵盐。

$$R-NH_2 + RX \longrightarrow [R_2\overset{+}{N}H_2]X^- \xrightarrow{OH^-} R-NH-R \xrightarrow{RX} R-NR_2 \xrightarrow{RX} R_4\overset{+}{N}X$$
                                                       （仲胺）   （叔胺） （季铵盐）

一般情况下，难以使反应停留在只生成仲胺或叔胺的一步。如用过量的伯卤代烷，可得到季铵盐：

$$C_6H_{11}\text{—}CH_2NH_2 + 3CH_3I \xrightarrow[\triangle]{CH_3OH} C_6H_{11}\text{—}CH_2\overset{+}{N}(CH_3)_3 I^- \quad (99\%)$$

有时在位阻因素的影响下，可使主要产物为某一种胺：

$$(CH_3)_2CHNH_2 + \text{2-Cl-C}_6H_4\text{-CH}_2Cl \longrightarrow (CH_3)_2CHNHCH_2\text{-C}_6H_4\text{-Cl} \quad (71\%)$$

胺与叔卤代烷主要生成消去产物。仲卤代烷、α-卤代酸、环氧化物也可以用来使胺烷化。某些情况下，也可用醇或酚代替卤代烷作为烃基化试剂。如：

$$C_6H_5\text{—}NH_2 + 2CH_3OH \xrightarrow[\text{或 Al}_2O_3, \triangle]{H_2SO_4, 220℃} C_6H_5\text{—}N(CH_3)_2 + 2H_2O$$

$$C_6H_5\text{—}NH_2 + C_6H_5\text{—}OH \xrightarrow{ZnCl_2, \text{约} 260℃} C_6H_5\text{—}NH\text{—}C_6H_5 + 2H_2O$$

伯胺和仲胺还可与 α,β-不饱和羰基化合物发生 Michael 加成反应，得到烷基化产物。如：

$$CH_2\text{=}CH\text{—}\overset{O}{\underset{\|}{C}}\text{—}OC_2H_5 + n\text{-}C_4H_9NH_2 \xrightarrow{\text{苯,室温}} n\text{-}C_4H_9\text{—}NH\text{—}CH_2CH_2\text{—}\overset{O}{\underset{\|}{C}}\text{—}OC_2H_5$$

$$\xrightarrow{CH_3COCl} CH_3\text{—}\overset{O}{\underset{\|}{C}}\text{—}\underset{\underset{C_4H_9\text{-}n}{|}}{N}\text{—}CH_2\text{—}CH_2\text{—}\overset{O}{\underset{\|}{C}}\text{—}O\text{—}CH_2CH_3 \quad \text{（伊默宁）}$$

伊默宁是一种高效的昆虫驱避剂，对苍蝇、蚂蚁、蟑螂等有良好的驱避效果。且驱避作用时间长，能在不同气候条件下使用并具有高热稳定性和高耐汗性。它可制成溶液、油膏、蚊香等专用驱避药剂，也可添加到其它制品中（如花露水），使之兼具驱避作用。

13.5.3 酰基化

脂肪族或芳香族伯胺和仲胺作为亲核试剂，可与酰卤、酸酐和酯等酰基化试剂反应，生成 N-烃基或 N,N-二烃基酰胺。因为叔胺的氮原子上没有氢，所以不发生此反应。

$$RNH_2 + R'COL \longrightarrow RNHCOR' + HL$$

$$R_2NH + R'COL \longrightarrow R_2NCOR' + HL$$

$$(L\text{=}X, \text{—OOCR}, \text{—OR})$$

除甲酰胺外，其它酰胺在常温下大多为固体，有固定的熔点，它们在酸或碱的水溶液中加热易水解生成原来的胺。因此利用酰基化反应，不但可以分离、提纯胺，还可以用来进行胺的鉴定。如：

$$C_6H_5NH_2 + (CH_3CO)_2O \xrightarrow{\triangle} C_6H_5NHCOCH_3 + CH_3COOH$$
$$\text{熔点 114℃}$$

$$CH_3CH_2CH_2NH_2 + C_6H_5COCl \xrightarrow{\text{碱}} CH_3CH_2CH_2NHCOC_6H_5$$
$$\text{熔点 84℃}$$

羧酸也可以作为酰基化试剂，但是其酰化能力较弱，在反应过程中需要加热并不断除去生成的水。工业上制备乙酰苯胺就是由苯胺和乙酸反应制得的。

$$C_6H_5\text{—}NH_2 + CH_3COOH \xrightarrow[-H_2O]{160℃} C_6H_5\text{—}NHCOCH_3$$

在芳胺的氮原子上引入酰基，在有机合成上具有重要意义。其目的有二：一是利用酰胺在酸或碱的作用下水解除去酰基的性质，在有机合成中利用酰基化反应来保护氨基。例如，要对苯胺进行硝化时，可先对苯胺进行酰基化，把氨基"保护"起来再硝化，既可避免苯胺被硝酸氧化，又可适当降低苯环的反应活性，以制备一硝化产物对硝基苯胺。

$$\text{C}_6\text{H}_5\text{NH}_2 + \text{CH}_3\text{COCl} \longrightarrow \text{C}_6\text{H}_5\text{NHCOCH}_3 \xrightarrow{\text{HNO}_3} \text{4-NO}_2\text{-C}_6\text{H}_4\text{-NHCOCH}_3 \xrightarrow[\text{OH}^-]{\text{H}_2\text{O}} \text{4-NO}_2\text{-C}_6\text{H}_4\text{-NH}_2$$

酰基化反应的另一个目的是引入永久性的酰基，这是合成许多药物时常用的反应。如扑热息痛（paracetamol），化学名为对羟基乙酰苯胺，是一种解热镇痛的药物，它的制备就经过乙酰基化反应。

$$\text{Cl-C}_6\text{H}_4\text{-NO}_2 \xrightarrow[\text{②H}_2\text{O, H}^+]{\text{①NaOH, H}_2\text{O}} \text{HO-C}_6\text{H}_4\text{-NO}_2 \xrightarrow{\text{H}_2, \text{Ni}} \text{HO-C}_6\text{H}_4\text{-NH}_2 \xrightarrow{(\text{CH}_3\text{CO})_2\text{O}} \text{HO-C}_6\text{H}_4\text{-NHCOCH}_3$$

13.5.4 磺酰化

胺可以进行类似酰基化反应的磺酰化反应，磺酰化反应又称 Hinsberg 反应。在氢氧化钠存在下，伯、仲胺能与苯磺酰氯或对甲苯磺酰氯反应生成磺酰胺。因为叔胺氮原子上无氢原子，所以不能发生磺酰化反应。

$$\text{RNH}_2 + \text{ArSO}_2\text{Cl} \longrightarrow \underset{(\text{白色固体})}{\text{ArSO}_2\text{NHR}} \xrightarrow{\text{NaOH}} \underset{(\text{水溶性盐})}{[\text{ArSO}_2\text{N}^-\text{R}]\text{Na}^+}$$

$$\text{R}_2\text{NH} + \text{ArSO}_2\text{Cl} \longrightarrow \text{ArSO}_2\text{NR}_2 \xrightarrow{\text{NaOH}} \text{不溶于碱，仍为固体（白色固体）}$$

$$\text{R}_3\text{N} + \text{ArSO}_2\text{Cl} \longrightarrow \text{不反应（可溶于酸）}$$

伯胺生成的磺酰胺中，氮原子上还有一个氢原子，由于受到磺酰基强吸电子效应的影响而具有一定的酸性，能与氢氧化钠溶液作用生成水溶性钠盐，酸化后又析出不溶于水的磺酰胺。仲胺生成的磺酰胺中，氮原子上没有氢原子，不能与碱作用成盐，因而不能溶于氢氧化钠溶液而呈固体析出。叔胺不发生磺酰化反应，也不溶于氢氧化钠溶液而出现分层现象。因此，这些性质上的差异，可用于鉴别或分离伯、仲、叔胺。例如，将三种胺的混合物与对甲苯磺酰氯的碱性溶液反应后再进行蒸馏，因叔胺不反应，先被蒸出；将剩余液体过滤，固体为仲胺形成的磺酰胺，加酸水解后可得到仲胺；滤液酸化后，水解可得到伯胺。

磺酰胺类化合物可用作重要的抗生素药物——磺胺药（sulfonamide）。1936 年，对氨基苯磺酰胺被发现能有效抵抗链球菌的感染。该化合物可由乙酰苯胺经以下路线合成：

$$\text{C}_6\text{H}_5\text{NHCOCH}_3 \xrightarrow{2\text{Cl-SO}_3\text{H}} \underset{\text{SO}_2\text{Cl}}{\text{4-NHCOCH}_3\text{-C}_6\text{H}_4} \xrightarrow[\text{H}_2\text{O}]{\text{NH}_3} \underset{\text{SO}_2\text{NH}_2}{\text{4-NHCOCH}_3\text{-C}_6\text{H}_4} \xrightarrow{\text{H}_3\text{O}^+} \underset{\text{SO}_2\text{NH}_2}{\text{4-NH}_2\text{-C}_6\text{H}_4}$$

13.5.5 氧化

脂肪族胺和芳香族胺都容易被氧化。脂肪族伯胺的氧化产物很复杂，以至无实际意义；仲胺可用过氧化氢（hydrogen peroxide）氧化生成羟胺（hydroxylamine），但因为产率很低也无合成价值；叔胺可用过氧化氢或过氧酸等氧化剂氧化得到氧化胺（amine oxide），如：

$$\text{C}_6\text{H}_{11}\text{CH}_2\text{N}(\text{CH}_3)_2 \xrightarrow{\text{H}_2\text{O}_2} \text{C}_6\text{H}_{11}\text{CH}_2\overset{+}{\text{N}}(\text{CH}_3)_2\text{O}^-$$

N,N-二甲基环己基甲胺-N-氧化物

氧化胺中氮原子上的孤对电子和氧原子以配位键结合，具有四面体结构。与季铵盐相

似，当氮原子上连接的三个烃基不同时，有一对光活性的对映体。如：

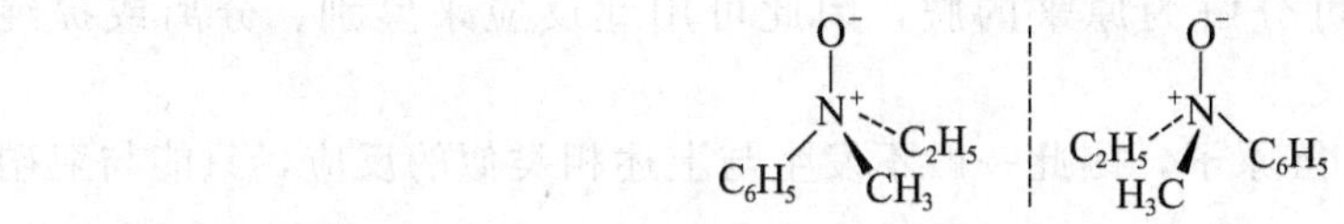

氧化胺的偶极矩很大，因此这类化合物极性大、熔点高，易溶于水而不溶于苯、醚等非极性的有机溶剂。具有一个长链烷基的氧化胺是性能优异的表面活性剂。

芳香族胺，尤其是伯芳胺，极易氧化，甚至在空气中也能被氧化。苯胺放置时，就能因空气氧化而使颜色加深，由无色透明液体逐渐变为黄色、浅棕色以致红棕色。苯胺的氧化反应也很复杂。例如，苯胺遇漂白粉溶液会呈现明显紫色（含醌型结构的化合物），利用此法可检验苯胺。其反应可能如下：

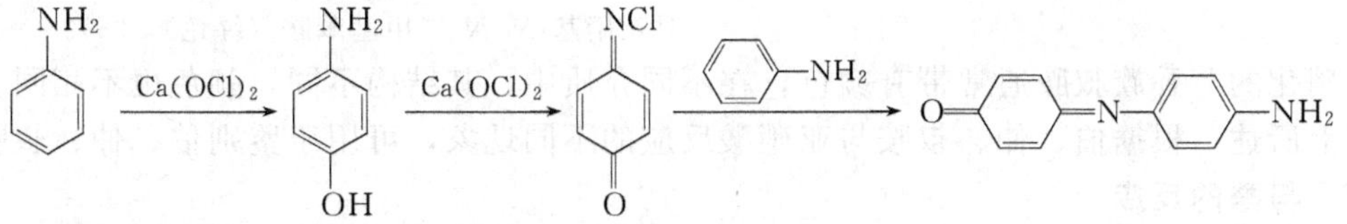

用二氧化锰和硫酸可将苯胺氧化为对苯醌：

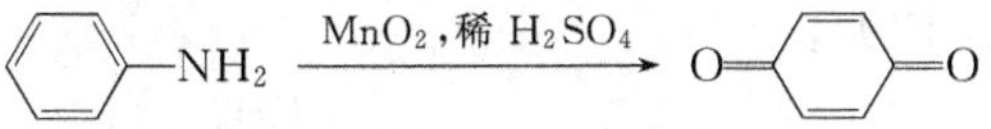

这是实验室和工业上生产对苯醌的主要方法。

13.5.6 与亚硝酸的反应

不同的胺与亚硝酸（nitrous acid）反应，产物各不相同，取决于胺的结构。由于亚硝酸不稳定，在反应时实际使用的是亚硝酸钠与盐酸或硫酸的混合物。

$$NaNO_2 + HCl \longrightarrow HNO_2 + NaCl$$

脂肪族伯胺与亚硝酸反应，生成极不稳定的脂肪族重氮盐（aliphatic diazonium salt）。脂肪族重氮盐即使在低温下也会自动分解生成碳正离子和氮气。碳正离子可发生各种反应，最终得到醇、烯烃、卤代烃等混合物，在合成上没有价值。但放出的氮气是定量的，可用于氨基的定性和定量分析。

$$CH_3CH_2CH_2NH_2 \xrightarrow{NaNO_2, HCl} CH_3CH_2CH_2N_2^+Cl^- \longrightarrow CH_3CH_2\overset{+}{C}H_2 + Cl^- + N_2\uparrow$$

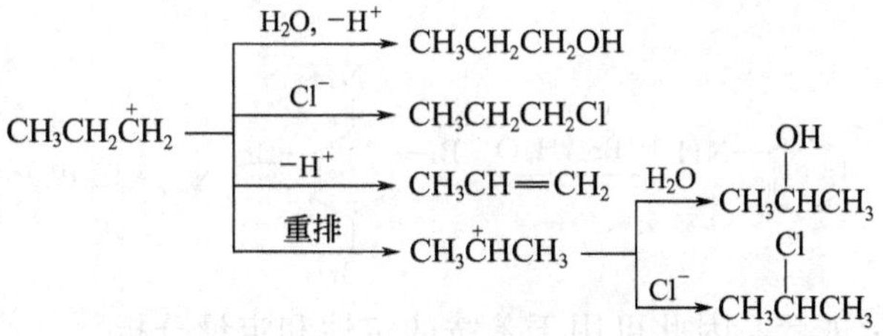

芳香族伯胺与亚硝酸在低温（5℃以下）及强酸水溶液中反应，生成重氮盐，此反应称为重氮化反应。芳香族重氮盐在低温和强酸水溶液中稳定，升高温度则分解成酚和氮气。

$$ArNH_2 + NaNO_2 + HCl \xrightarrow{0\sim5℃} ArN_2^+Cl^- \xrightarrow[\triangle]{H_2O} ArOH + N_2\uparrow$$

正因为具有低温稳定性，使得芳香族重氮盐在有机合成上是很有用的化合物。有关重氮化反应及重氮盐的性质和应用，将在本章13.8.2和13.8.3中详细讨论。

脂肪族和芳香族仲胺与亚硝酸反应，都生成 N-亚硝基胺。N-亚硝基胺为不溶于水的黄色油状液体或固体，有强烈的致癌作用，能引发多种器官或组织的肿瘤。

$$R_2NH + HNO_2 \longrightarrow R_2N-NO$$

$$Ar_2NH + HNO_2 \longrightarrow Ar_2N—NO$$

N-亚硝基胺与稀酸共热，可分解为原来的胺，因此可用此反应来鉴别、分离或提纯仲胺。

脂肪族叔胺因氮原子上没有氢原子，因此一般不发生与上述相类似的反应，只能与亚硝酸形成不稳定的盐。

$$R_3N + HNO_2 \longrightarrow R_3N \cdot HNO_2$$

生成的盐很容易水解，加碱后可重新得到游离的叔胺。

芳香族叔胺与亚硝酸作用，在芳环上发生亲电取代反应导入亚硝基，称为亚硝化反应。例如：

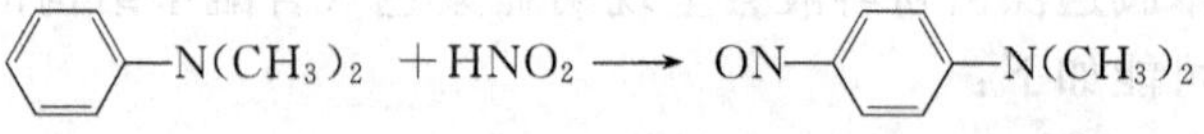
N(CH₃)₂
+HNO₂
ON
N(CH₃)₂

对亚硝基-*N*,*N*-二甲基苯胺（绿色），95%

亚硝化的芳香族叔胺通常带有颜色，在不同介质中，其结构不同，颜色也不相同。

综上所述，根据伯、仲、叔胺与亚硝酸反应的不同现象，可用于鉴别伯、仲、叔胺。

13.5.7 与醛的反应

伯胺与醛的缩合反应产物称为 Schiff 碱（见 10.3.2.5）。该反应可用来保护氨基，也可用于鉴别某些胺类和醛类。例如：

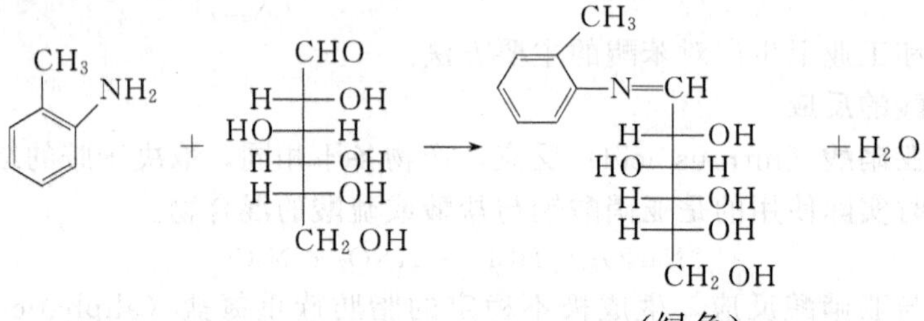
CH₃
NH₂
CHO
H—OH
HO—H
H—OH
H—OH
CH₂OH
CH₃
N═CH
H—OH
HO—H
H—OH
H—OH
CH₂OH
+H₂O

（绿色）

13.5.8 芳胺环上的亲电取代反应

芳香族胺中，氨基的未共用电子对与芳环的 π 电子形成 p-π 共轭体系，使芳环的电子云密度增大，因此—NH_2、—NHR、—NR_2 都是较强的邻、对位定位基，芳香胺特别容易在芳环的邻、对位发生亲电取代反应。例如，苯胺就非常容易进行卤代反应，而且常生成多卤代产物：

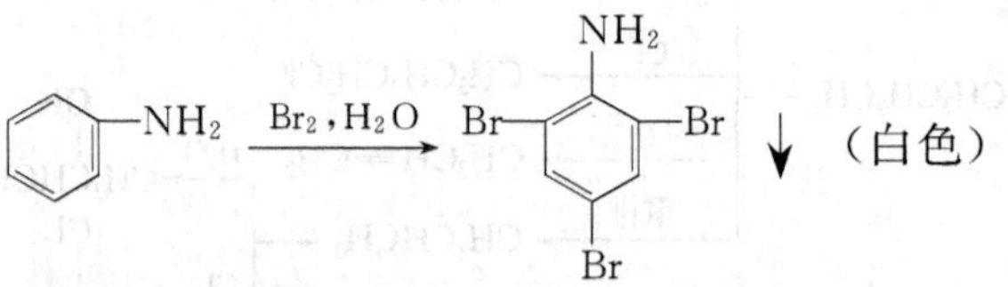
NH₂
Br₂,H₂O
NH₂
Br
Br
Br
(白色)

该反应灵敏且定量进行，因此可用于苯胺的定性和定量分析。

如果要制备苯胺的一元溴化物，则必须降低氨基的致活能力。通常先进行乙酰化，将氨基变为乙酰氨基，这样氮原子上的孤对电子受到乙酰基的影响对苯环的活化能力大大降低，再进行卤代反应可得到一卤代产物。例如：

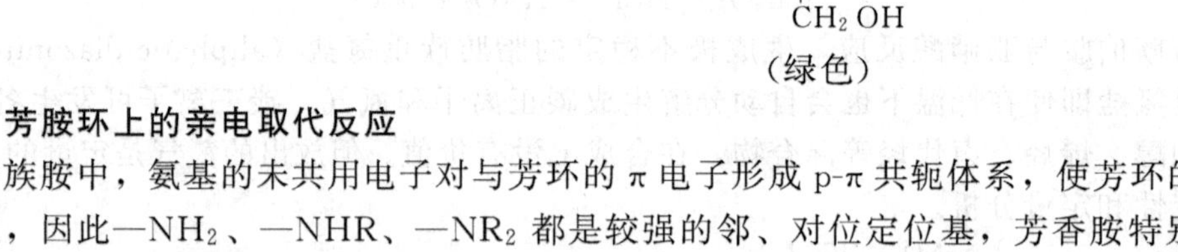
NH₂
(CH₃CO)₂O
NHCOCH₃
Br₂,△
NHCOCH₃
Br
H₂O,OH⁻,△
或 H⁺
NH₂
Br

苯胺硝化时，因为硝酸有氧化作用，所以氧化反应相伴发生。为了避免这一副反应的发生，可将苯胺溶于浓硫酸，使之成为硫酸氢盐，然后再进行硝化。因为苯胺与酸首先形成铵盐，铵基正离子—N^+H_3 是吸电子的间位定位基，并能使苯环钝化，所以不至于被硝酸氧化，硝化的主要产物是间位取代物。取代产物最后与碱作用得到间硝基苯胺。

$$\text{C}_6\text{H}_5\text{NH}_2 \xrightarrow{\text{浓 H}_2\text{SO}_4} \text{C}_6\text{H}_5\text{N}^+\text{H}_3\text{HSO}_4^- \xrightarrow{\text{HNO}_3, \Delta} m\text{-O}_2\text{N-C}_6\text{H}_4\text{-N}^+\text{H}_3\text{HSO}_4^- \xrightarrow{\text{H}_2\text{O, OH}^-} m\text{-O}_2\text{N-C}_6\text{H}_4\text{-NH}_2$$

还可采用乙酰化"保护氨基"来避免苯胺被氧化，然后依次硝化、水解，主要生成对位异构体。如：

$$\text{C}_6\text{H}_5\text{NH}_2 \xrightarrow{(\text{CH}_3\text{CO})_2\text{O}} \text{C}_6\text{H}_5\text{NHCOCH}_3 \xrightarrow{\text{HNO}_3, \Delta} p\text{-O}_2\text{N-C}_6\text{H}_4\text{-NHCOCH}_3 \xrightarrow{\text{H}_2\text{O, H}^+(\text{OH}^-)} p\text{-O}_2\text{N-C}_6\text{H}_4\text{-NH}_2$$

若制备邻硝基化合物，则需将酰化后的芳胺先磺化，然后再依次硝化、水解。如：

$$\text{C}_6\text{H}_5\text{NH}_2 \xrightarrow{(\text{CH}_3\text{CO})_2\text{O}} \text{C}_6\text{H}_5\text{NHCOCH}_3 \xrightarrow{\text{H}_2\text{SO}_4, \Delta} p\text{-HO}_3\text{S-C}_6\text{H}_4\text{-NHCOCH}_3 \xrightarrow[\text{H}_2\text{SO}_4]{\text{HNO}_3} \text{2-NO}_2\text{-4-SO}_3\text{H-C}_6\text{H}_3\text{-NHCOCH}_3 \xrightarrow{\text{H}_2\text{O, H}^+} o\text{-O}_2\text{N-C}_6\text{H}_4\text{-NH}_2$$

苯胺用浓硫酸磺化时，首先生成盐，在加热下（180～190℃）失水生成对氨基苯磺酸：

$$\text{C}_6\text{H}_5\text{NH}_2 \xrightarrow{\text{浓 H}_2\text{SO}_4} \text{C}_6\text{H}_5\text{N}^+\text{H}_3\text{HSO}_4^- \xrightarrow{180\sim190℃} p\text{-HO}_3\text{S-C}_6\text{H}_4\text{-NH}_2 \longrightarrow p\text{-}^-\text{O}_3\text{S-C}_6\text{H}_4\text{-N}^+\text{H}_3 \text{（内盐）}$$

13.6 胺的制法

13.6.1 氨或胺的烃基化

氨或胺都是亲核试剂，能和卤代烷或含活泼卤原子的芳卤化合物发生烃基化反应（alkylation）——卤代烃的氨（或胺）解（见 7.3.1，13.5.2）。

醇和氨的混合蒸气通过加热的催化剂（氧化铝、氧化钍等）也可生成伯胺、仲胺和叔胺的混合物。工业上生产甲胺、二甲胺、三甲胺就是利用这个方法制得的。

$$\text{CH}_3\text{OH} + \text{NH}_3 \xrightarrow[380\sim450℃, 5\text{MPa}]{\text{Al}_2\text{O}_3} \text{CH}_3\text{NH}_2 \xrightarrow[380\sim450℃, 5\text{MPa}]{\text{CH}_3\text{OH, Al}_2\text{O}_3} (\text{CH}_3)_2\text{NH} \xrightarrow[380\sim450℃, 5\text{MPa}]{\text{CH}_3\text{OH, Al}_2\text{O}_3} (\text{CH}_3)_3\text{N}$$

得到的产物是混合物，其中以二甲胺和三甲胺为主。所得混合物经分离精制可得到较高纯度的甲胺、二甲胺和三甲胺。这三种胺在常温下都为气体，一般使用它们的水溶液、醇溶液或它们的固体盐酸盐。它们都是很重要的有机合成原料。

13.6.2 醛或酮的还原胺化

氨或胺可以与醛或酮缩合，所得的亚胺很不稳定，难以分离得到。经催化加氢或化学还原则生成相应的胺，这一过程称为还原胺化。

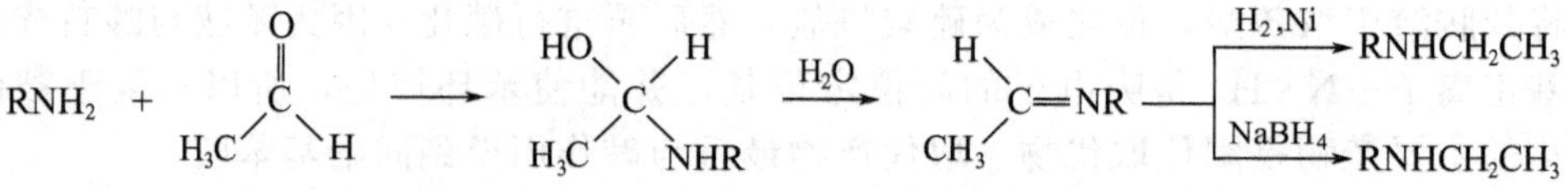

$$RNH_2 + \underset{H_3C}{\overset{O}{\underset{\|}{C}}}-H \longrightarrow \underset{H_3C}{\overset{HO}{\underset{NHR}{\overset{|}{C}}}}-H \xrightarrow{H_2O} \underset{CH_3}{\overset{H}{\underset{}{C}}}=NR \xrightarrow[NaBH_4]{H_2,Ni} RNHCH_2CH_3$$

$$RNHCH_2CH_3$$

如：$Ph-CO-H + NH_3 \xrightarrow[60℃,加压]{H_2,Ni} Ph-CH_2NH_2$

环己酮 $+ H_2NCH_2CH_3 \xrightarrow[加压]{H_2,Ni}$ 环己基$-NHCH_2CH_3$

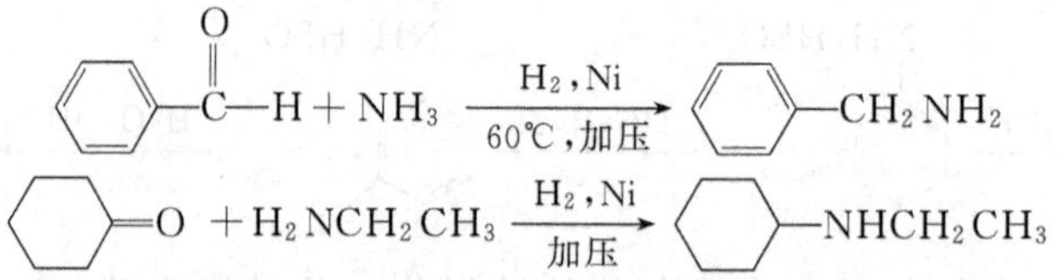

还原胺化是制备仲胺及 R_2CHNH_2 型伯胺的好方法，因为仲卤代烷氨（胺）解易发生消除副反应。另外，氨制备伯胺时，所用的氨需过量，这是因为生成的伯胺与醛或酮反应可生成仲胺副产物。

13.6.3 腈和酰胺的还原

腈催化加氢可生成伯胺，如：

$$NC-CH_2CH_2CH_2CH_2-CN \xrightarrow{H_2,Ni} H_2N-CH_2(CH_2)_4CH_2-NH_2$$
　　　　　己二腈　　　　　　　　　　　　　　己二胺

己二胺是无色晶体，微溶于水，溶于乙醇、乙醚等有机溶剂。它是制备尼龙-66 的原料，是重要的二元胺之一。等量的己二酸和己二胺制得己二酸己二胺盐（尼龙-66 盐），而后缩聚得到尼龙-66（聚己二酰己二胺）。尼龙-66 耐磨、耐碱、抗有机溶剂，可制成降落伞、渔网、衣袜等物品，制成品弹性足、拉力强且比天然纤维经久耐用。

工业上由高级脂肪酸经过腈催化加氢来制备具有重要用途的高级脂肪伯胺。如：

$$C_{15}H_{31}COOH \xrightarrow[-H_2O]{NH_3,\triangle} C_{15}H_{31}CONH_2 \xrightarrow[-H_2O]{\triangle} C_{15}H_{31}C\equiv N \xrightarrow{H_2,Ni} C_{15}H_{31}CH_2NH_2$$

酰胺可用氢化铝锂还原为胺（见 11.8.3），该法特别适用于制备仲胺和叔胺。如：

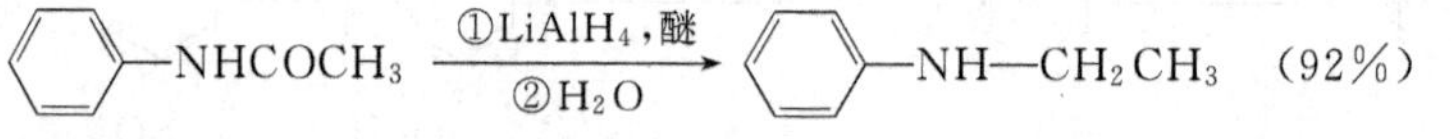

Ph$-$NHCOCH$_3$ $\xrightarrow[②H_2O]{①LiAlH_4,醚}$ Ph$-$NH$-$CH$_2$CH$_3$　（92%）

13.6.4 Gabriel 合成法

该法是合成伯胺的方法。邻苯二甲酰亚胺的钾盐和卤代烃发生亲核取代反应，生成的 N-取代亚胺在酸或碱存在下水解可得伯胺：

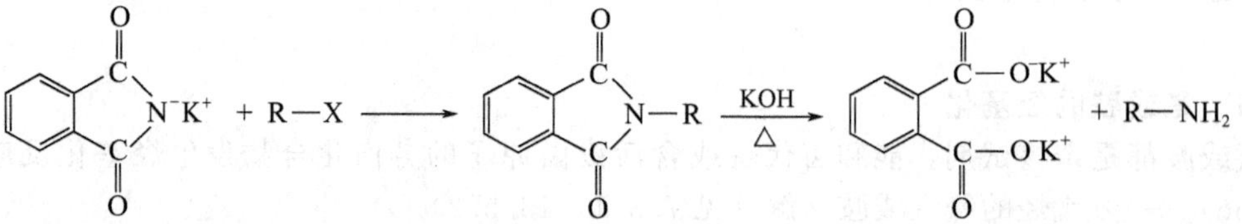

邻苯二甲酰亚胺钾盐 $+ R-X \longrightarrow$ N-R 取代邻苯二甲酰亚胺 $\xrightarrow[\triangle]{KOH}$ 邻苯二甲酸钾盐 $+ R-NH_2$

邻苯二甲酰亚胺的钾盐可以经以下方法得到：

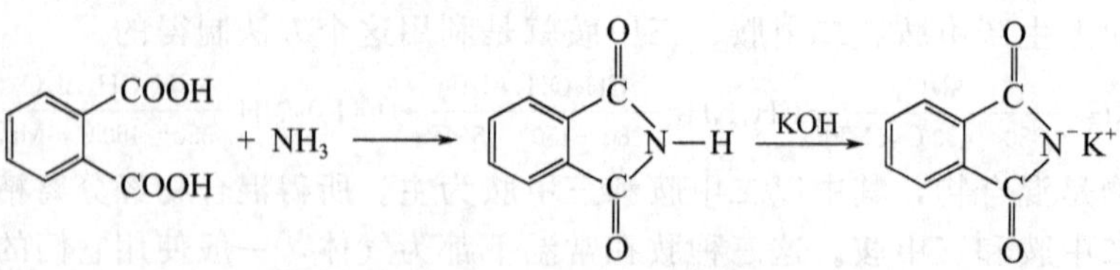

邻苯二甲酸 $+ NH_3 \longrightarrow$ 邻苯二甲酰亚胺 $\xrightarrow{KOH}$ 邻苯二甲酰亚胺钾盐

邻苯二甲酰亚胺氮上的氢原子受到羰基吸电效应的影响而具有弱酸性（$pK_a = 8.3$），可以与强碱溶液作用成盐。该盐的负离子是一亲核试剂，与卤代烷发生 S_N2 反应。而邻苯二甲酰亚胺氮上只有一个氢原子，引入一个烷基后，就不再具有亲核性，不能生成季铵盐，因而最终产物为较纯伯胺，不含有仲胺、叔胺等杂质。而且这样得到的伯胺产率一般较高，但由于叔卤代烷在该条件下容易发生消除反应，而不使用，可以使用叔烷基脲来代替。

烃化反应在 DMF 溶液中更容易进行，N-烃基邻苯二甲酰亚胺的水解有困难时，可用水合肼进行肼解，使酰胺键更有效地断裂。

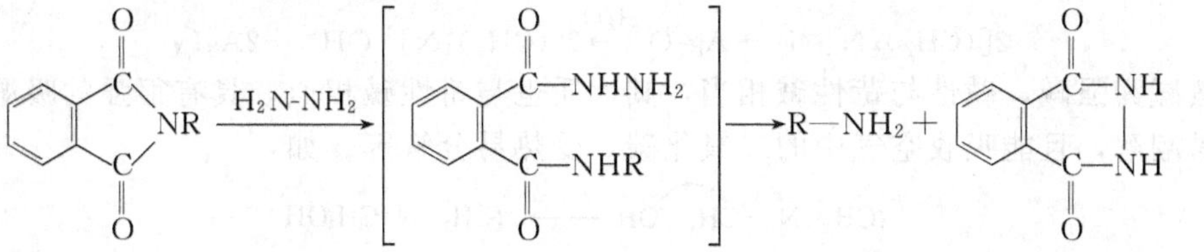

N-烃基邻苯二甲酰亚胺　　　　　　　　　　　　　　　　　　　　　伯胺　　邻苯二甲酰肼

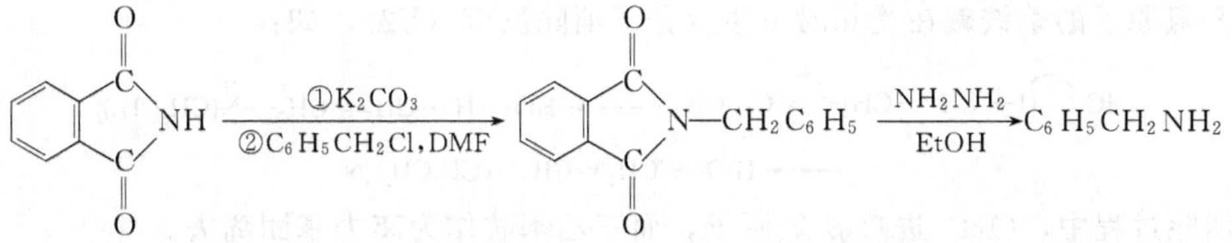

邻苯二甲酰亚胺　　　　N-苄基邻苯二甲酰亚胺（74%～77%）　　　苄胺（90%～98%）

13.6.5　Hofmann 降解反应

酰胺与氯或溴在碱溶液中反应，可生成少一个碳原子（羰基碳原子）的伯胺，称为 Hofmann 降解反应（见 11.8.4）。如：

$$RCONH_2 + 4OH^- + Br_2 \longrightarrow RNH_2 + 2Br^- + CO_3^{2-} + 2H_2O$$

13.6.6　硝基化合物的部分还原

将硝基化合物还原可得到伯胺。由于脂肪烃的硝化比较困难，所以这不是脂肪胺类的主要合成方法。相反，芳香硝基化合物较易得到，因此该方法特别适用于芳香胺的制备（见 13.1.3.1）。

13.7　季铵盐和季铵碱

叔胺和卤代烷发生 S_N2 反应生成季铵盐。

$$R_3N + RX \longrightarrow [R_4N]^+ X^-$$

含有支链烷基的叔胺不易和卤代烷发生取代反应，因为位阻对反应影响显著。这种情况下，可用高活性的三氟甲基磺酸酯作为烷基化试剂，在乙腈、DMF 等溶剂中进行反应。

季铵盐是氨彻底烃基化的产物，其结构和性质与胺有很大的差别。它具有盐的性质，是离子化合物，为白色晶体，溶于水，而不溶于非极性的有机溶剂。具有长碳链的季铵盐是阳离子表面活性剂，可用作消毒剂和浮选剂，一些季铵盐在有机合成中还可用作相转移催化剂。季铵盐具有较高的熔点：

	$(CH_3)_4\overset{+}{N}Cl^-$	$(CH_3CH_2)_4\overset{+}{N}I^-$	$(CH_3CH_2CH_2)_4\overset{+}{N}Br^-$	$(CH_3CH_2CH_2CH_2)_4\overset{+}{N}I^-$
熔点/℃	420	200	252	145～148

季铵盐常常在加热到熔点时即发生分解，生成叔胺和卤代烷。

$$[R_4N]^+ X^- \xrightarrow{\triangle} R_3N + RX$$

季铵盐与伯、仲、叔胺形成的盐不同，与强碱作用时，不能使胺游离出来，而是得到含季铵碱的平衡混合物。

$$[R_4N]^+ X^- + KOH \rightleftharpoons [R_4N]^+ OH^- + KX$$

该反应若在醇溶液中进行,则因为碱金属卤化物不溶于醇,以沉淀析出,使平衡破坏,反应向正向进行到底。

若用湿的氧化银代替强碱,因生成卤化银沉淀,则可顺利转变为季铵碱。如:

$$2[(CH_3)_4N]^+I^- + Ag_2O \xrightarrow{H_2O} 2[(CH_3)_4N]^+OH^- + 2AgI\downarrow$$

季铵碱为强碱,碱性与苛性碱相当,其性质也与苛性碱相似,具有很强的吸湿性,易溶于水,易潮解,且能吸收空气中的二氧化碳,受热易分解等。如:

$$(CH_3)_3N-CH_3 \quad OH^- \longrightarrow (CH_3)_3N + CH_3OH$$

该反应为 S_N2 反应,这类烃基上没有 β-氢原子的季铵碱加热时都生成叔胺和醇。

有 β-氢原子的季铵碱在受热时发生双分子消除反应(E2),如:

$$HO^- \quad H-CH_2-CH_2-\overset{+}{N}(CH_2CH_3)_3 \longrightarrow HO^{\delta-}\cdots H\cdots CH_2=CH_2\cdots N^{\delta+}(CH_3CH_2)_3$$
$$\longrightarrow H_2O + CH_2=CH_2 + (CH_3CH_2)_3N$$

在消除过程中,OH^- 进攻 β-氢原子,而三乙基胺作为离去基团离去。

当季铵碱分子中可被消除的 β-氢原子不止一个时,反应主要是从含氢较多的 β-碳原子上消去氢原子,也就是得到的主要产物为双键上烷基最少的烯烃。这是季铵碱特有的规律,称为 Hofmann 规则,该规则正好与 Saytzefff 规则相反。如:

$$\underset{|}{\overset{\beta^1}{CH_3CH_2}}-\underset{+N(CH_3)_3}{\overset{\alpha}{CH}}-\overset{\beta^2}{CH_3} \quad OH^- \xrightarrow{\triangle} \underset{(95\%)}{CH_3CH_2CH=CH_2} + \underset{(5\%)}{CH_3CH=CHCH_3} + N(CH_3)_3 + H_2O$$

该季铵碱中两个 β-氢原子受到 $-N^+(CH_3)_3$ 强吸电子诱导效应的影响均显示出一定的酸性,但是 β^1-氢原子还受到烷基($-CH_3$)供电子效应的影响,因此酸性比 β^2-氢原子要小。而且 $-N^+(CH_3)_3$ 是不易离去的离去基团,在 $C-N^+$ 断裂前碱对两个 β-氢原子的进攻已经进行到一定的程度,在过渡态中,β-碳原子已经显示出一定的碳负离子的特征,其中 β^1-氢原子形成的"碳负离子"受到烷基的供电子诱导效应,使负电荷更加集中而不稳定,但是 β^2-碳原子形成的"碳负离子"因不与供电子基相连而比较稳定,因此碱进攻 β^2-氢原子比进攻 β^1-氢原子所形成的过渡态更为稳定。另外,β^1-碳原子连接一个甲基,对碱进攻 β^1-氢原子也有一定的阻碍作用(空间效应的影响)。上述诸多因素影响的结果导致季铵碱消除反应遵循 Hofmann 规则。

构象分析也可得到相同的结论。季铵盐受热分解时,要求被消除的氢和含氮基团处在同一平面上,且为对位交叉。能形成对位交叉的氢越多,且与铵基处于邻位交叉的基团体积越小,则越有利于消除反应的发生。下图为氢氧化三甲基仲丁铵分子的构象。

（Ⅰ） （Ⅱ） （Ⅲ） （Ⅳ）

在(Ⅰ)式中 C_1 上的三个氢均可与 $-\overset{+}{N}(CH_3)_3$ 成对位交叉构象,有利于进行反式消除,得 Hofmann 消除产物;在(Ⅱ)式中大基团 $-CH_3$ 和 $-\overset{+}{N}(CH_3)_3$ 处于对位交叉,构象比较稳定,但是因为没有与 $-\overset{+}{N}(CH_3)_3$ 处于反式的氢,所以不能发生消除反应。(Ⅲ)和(Ⅳ)式中,虽然都有与三甲铵基处于反式的氢,但是三甲铵基与甲基处于邻位交叉,能量较高，不稳定，所以不易生成。

综上所述，氢氧化三甲基仲丁铵的消除产物主要是 1-丁烯。

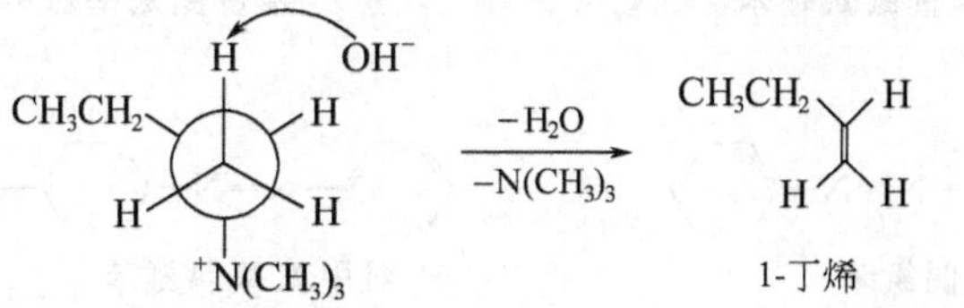

Hofmann 规则适用于 β-碳原子上的取代基是烷基，如果 β-碳原子上连有苯基、乙烯基、羰基、氰基等取代基时，这些取代基因为强吸电子诱导及共轭效应，使得 β-碳原子上氢的酸性比未取代的 β-碳上的氢强，而且消除产物分子中形成了共轭体系，产物较稳定，所以反应也就不服从 Hofmann 规则，而服从 Saytzeff 规则。如：

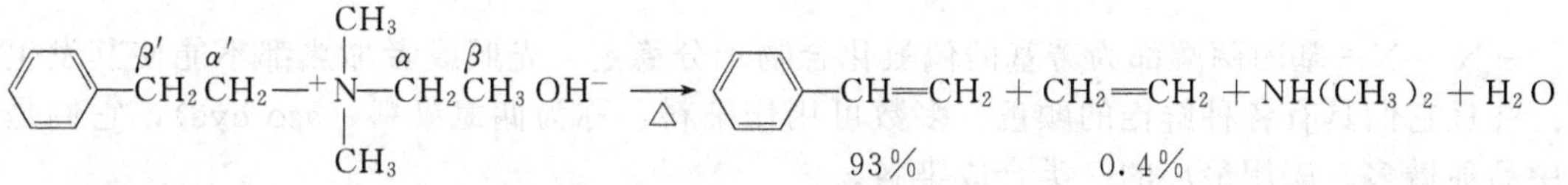

$$\text{C}_6\text{H}_5\text{—CH}_2\text{CH}_2\text{—}\overset{+}{\text{N}}(\text{CH}_3)_2\text{CH}_2\text{CH}_3\ \text{OH}^- \xrightarrow{\Delta} \text{C}_6\text{H}_5\text{—CH=CH}_2 + \text{CH}_2\text{=CH}_2 + \text{NH}(\text{CH}_3)_2 + \text{H}_2\text{O}$$

$$93\% \qquad 0.4\%$$

Hofmann 消除反应转变为烯烃具有一定的取向，因此可以利用该反应来推测胺的结构和制备烯烃。向一未知胺中加入足量的碘甲烷进行彻底甲基化反应，生成季铵盐。不同胺所需碘甲烷的量不同，伯胺需要最多，其次是仲胺，再次是叔胺。然后将季铵盐转化为季铵碱，加热分解干燥的季铵碱，由分解得到的烯烃结构即可推测出原胺分子的结构。如：

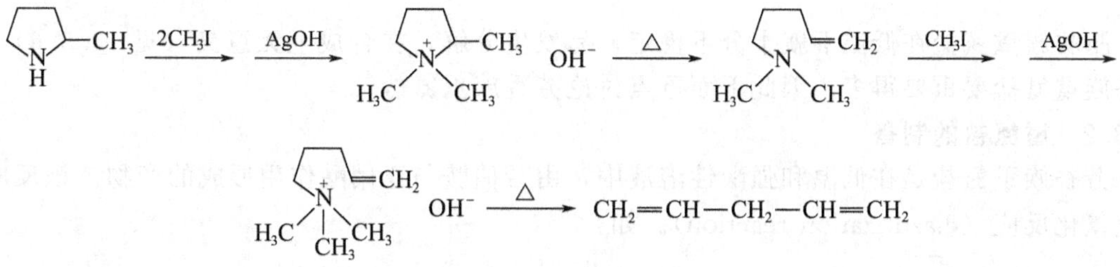

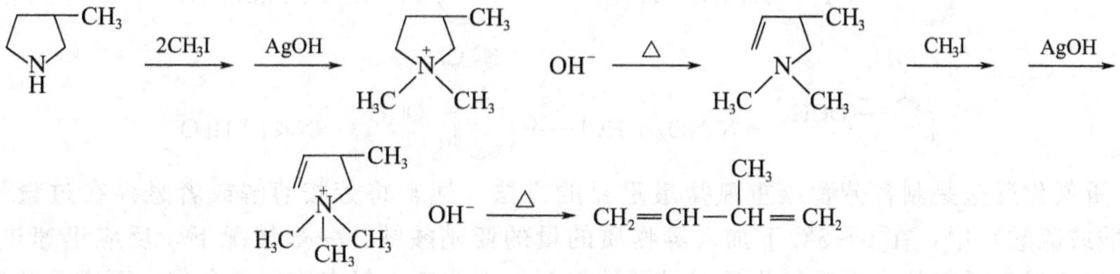

13.8 重氮化合物和偶氮化合物

13.8.1 概述

重氮化合物和偶氮化合物分子中都含有—N=N—基团，该基团只有一端与烃基相连时叫做重氮化合物（diazonium compound），两端都与烃基相连时叫做偶氮化合物（azoic compound）。

重氮化合物

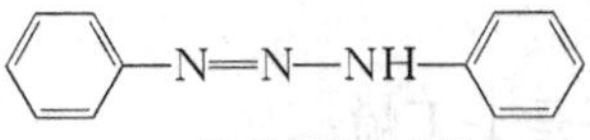

苯重氮氨基苯 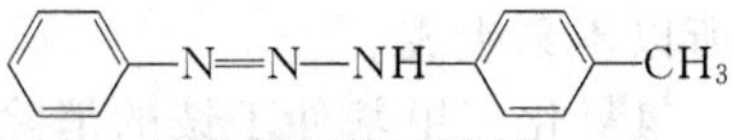　　　　　　　　　　苯重氮氨基对甲苯

偶氮化合物

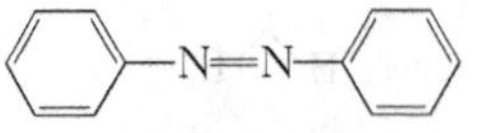

偶氮苯 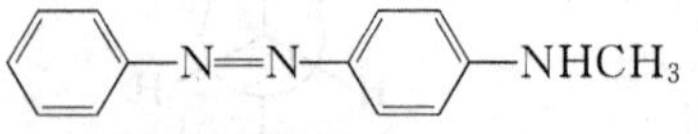　　　　　　　　　　对甲氨基偶氮苯

—N=N—基团两端都为脂肪烃基的偶氮化合物，在光照或加热时易分解，释放氮气和自由基。因为此类偶氮化合物是自由基的重要来源之一，所以常用作自由基引发剂。如：

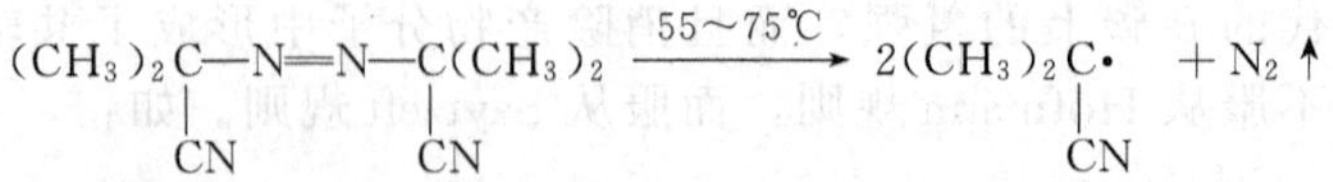

$$(CH_3)_2C-N=N-C(CH_3)_2 \xrightarrow{55\sim75℃} 2(CH_3)_2C\cdot + N_2\uparrow$$
$$\quad\quad |\quad\quad\quad\quad\quad | \quad\quad\quad\quad\quad\quad\quad\quad |$$
$$\quad\quad CN\quad\quad\quad\quad CN\quad\quad\quad\quad\quad\quad\quad\quad CN$$

—N=N—基团两端都为芳基的偶氮化合物十分稳定，光照或者加热都不能使其发生分解。并且它们具有各种鲜艳的颜色，多数可用作染料，称为偶氮染料（azo dye），它们是染料中品种最多、应用最广的一类合成染料。

另外一种重氮化合物，称为重氮盐（diazonium salt），如：

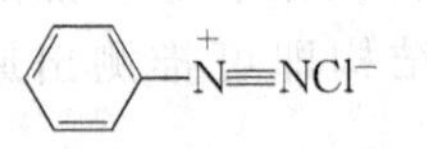

氯化重氮苯（苯重氮盐酸盐） 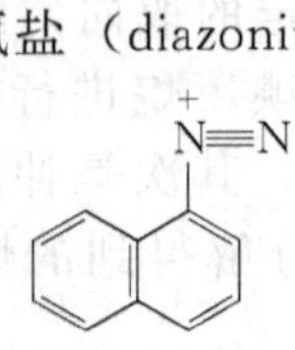　　　α-萘基重氮硫酸盐 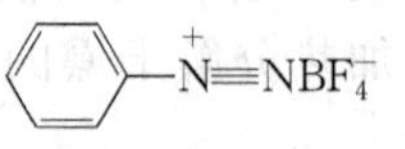　　　　苯重氮氟硼酸盐

脂肪族重氮盐在低温下就十分不稳定，易发生分解，在合成上无意义（见13.5.6），而芳香族重氮盐要重要得多，因此下面重点讨论芳香族重氮盐。

13.8.2　重氮盐的制备

芳香族重氮盐是在低温和强酸性溶液中，由芳伯胺与亚硝酸作用形成的产物。该反应称为重氮化反应（diazotization reaction）。如：

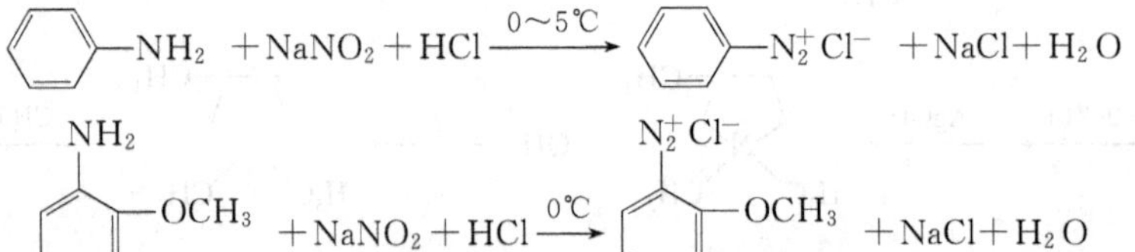

$$\text{Ph-NH}_2 + \text{NaNO}_2 + \text{HCl} \xrightarrow{0\sim5℃} \text{Ph-N}_2^+\text{Cl}^- + \text{NaCl} + \text{H}_2\text{O}$$

$$\text{o-CH}_3\text{O-C}_6\text{H}_4\text{-NH}_2 + \text{NaNO}_2 + \text{HCl} \xrightarrow{0℃} \text{o-CH}_3\text{O-C}_6\text{H}_4\text{-N}_2^+\text{Cl}^- + \text{NaCl} + \text{H}_2\text{O}$$

重氮化反应是制备芳香族重氮盐最重要的方法。通常将芳胺溶解或者悬浮在过量强酸（盐酸或硫酸）中，在0～5℃下加入等物质的量的亚硝酸钠。一般情况下，反应迅速进行，可定量地得到重氮盐。由重氮化反应得到的重氮盐水溶液一般直接用于合成，不需要分离重氮盐。

重氮盐具有盐的性质，一般是无色晶体，在空气中颜色变深。绝大多数重氮盐溶于水，不溶于乙醚等有机溶剂，其水溶液可导电。芳香族重氮盐之所以具有低温稳定性是因为在芳香族重氮盐正离子中，C—N—N键呈线形结构，其π轨道和芳环中的π轨道共轭，从而使其得以稳定。苯重氮正离子的结构如图13-4所示。

重氮盐在干燥时不稳定，易分解甚至有的有爆炸性，必须仔细操作。重氮盐水溶液在升高温度时放出氮气，光也能促进重氮盐的分解，即使在0℃时一般的重氮盐水溶液也只能保存几个小时，所以大多是现制现用。然而，可以制备出相当稳定的高纯度的、干燥的氟硼酸重氮盐。因为其固体在室温下也不分解，在水中的溶解度也很小。

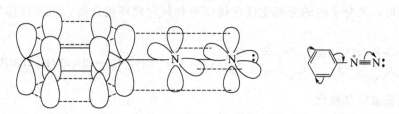

图 13-4 苯重氮正离子的结构

13.8.3 重氮盐的反应

重氮盐化学性质十分活泼，能发生许多反应，一般分为取代反应和偶合反应两大类。

13.8.3.1 取代反应

重氮基团可以被—H、—Ar、—OH、—X、—CN 等基团取代。

（1）重氮基被氢原子取代

重氮盐在乙醇或次磷酸等还原剂存在下，重氮基被氢原子取代。因为重氮基来自氨基，所以该反应也被称为去氨基反应。如：

$$\text{CH}_3\text{-C}_6\text{H}_3(\text{NO}_2)\text{N}_2^+\text{HSO}_4^- \xrightarrow[62\%\sim72\%]{\text{CH}_3\text{CH}_2\text{OH,温热}} \text{CH}_3\text{-C}_6\text{H}_4\text{-NO}_2$$

$$\text{2,4,6-三溴-3-甲基苯重氮盐} \xrightarrow[91\%]{\text{H}_3\text{PO}_2} \text{2,4-二溴-3-甲基苯}$$

用醇作还原剂去氨基化的过程还会产生一个副产物醚，用次磷酸则可避免这类副产物，产率也相对较高，它们都是在重氮盐水溶液中使用的。

这一类反应在有机合成上非常有用。氨基是较强的邻对位定位基，可以借助它的定位效应将某一所需基团引入芳环上某一特定位置，再通过重氮化反应将氨基除去。这样可以合成用其它方法难得到的一些化合物。如 1,3,5-三溴苯，由苯直接卤化无法得到，但由苯胺经溴化、重氮化和去氨基反应则可得到。

$$\text{C}_6\text{H}_5\text{NH}_2 \xrightarrow{3\text{Br}_2} \text{2,4,6-三溴苯胺} \xrightarrow[0\sim5℃]{\text{NaNO}_2,\text{HCl}} \text{重氮盐} \xrightarrow{\text{H}_3\text{PO}_2\cdot\text{H}_2\text{O}} \text{1,3,5-三溴苯}$$

（2）重氮基被芳基取代

碱性溶液中重氮盐和其它芳基化合物反应生成联苯类化合物，相当于重氮基被芳基所取代，该反应称为 Gomberg-Bachmann 反应。如：

$$\text{C}_6\text{H}_5\text{N}_2^+\text{Cl}^- + \text{C}_6\text{H}_6 \xrightarrow{\text{NaOH}} \text{C}_6\text{H}_5\text{-C}_6\text{H}_5$$

这个反应虽然收率不高，但为合成不对称联苯衍生物的有效方法。

$$\text{Br-C}_6\text{H}_4\text{-N}_2^+\text{Cl}^- + \text{C}_6\text{H}_6 \xrightarrow{\text{NaOH}} \text{Br-C}_6\text{H}_4\text{-C}_6\text{H}_5$$

$$\text{C}_6\text{H}_5\text{-N}_2^+\text{Cl}^- + \text{C}_6\text{H}_5\text{NO}_2 \xrightarrow{\text{NaOH}} \text{C}_6\text{H}_5\text{-C}_6\text{H}_4\text{-NO}_2$$

重氮盐还可以经分子内的芳基化反应得到菲和其它稠环化合物，该反应称为 Pschorr 反应，如：

$$\text{邻-}Z\text{-苯基重氮盐} \xrightarrow{\text{碱}} \text{稠环产物} \quad (Z = CH=CH, CH_2-CH_2, NH, CO, CH_2)$$

（3）重氮基被羟基取代

重氮盐的酸性水溶液一般并不稳定，受热有氮气放出，同时重氮基被羟基取代得到酚，因此该反应又称为重氮盐的水解。通过该反应制酚路线较长，产率也不高。但是当环上存在卤素或硝基等取代基，不能用碱熔法制酚时，则可以通过本法制得酚。

$$\text{对二氯苯} \xrightarrow[\Delta]{HNO_3, H_2SO_4} \text{2,5-二氯硝基苯} \xrightarrow[\Delta]{Fe, HCl} \text{2,5-二氯苯胺} \xrightarrow[0\sim 5℃]{NaNO_2, H_2SO_4}$$

$$\text{2,5-二氯苯重氮硫酸氢盐} \xrightarrow[\Delta]{\text{稀} H_2SO_4} \text{2,5-二氯苯酚}$$

重氮盐水解制酚最好使用硫酸盐，在强酸性的热硫酸溶液中进行。这是因为硫酸氢根的亲核性很弱，而其它重氮盐如盐酸盐或硝酸盐等还容易生成重氮基被卤素或硝基取代的副反应。同时，强酸性条件也很重要，因为如果酸性不够，产生的酚会和未反应的重氮盐发生偶合反应而得到偶联产物（见本节 13.8.3.3）。强酸性的硫酸溶液不仅可最大限度地避免偶合反应的发生，而且还可以提高分解反应的温度，使水解进行得更为迅速、彻底。

（4）重氮基被卤原子取代

亚铜盐对芳香族重氮盐的分解有催化作用，重氮盐溶液在氯化亚铜、溴化亚铜作用下，放出氮气，同时重氮基分别被氯、溴所取代，该反应称为 Sandmeyer 反应。如：

$$H_3C-\text{C}_6H_4-NH_2 \xrightarrow[0℃]{NaNO_2, HCl} H_3C-\text{C}_6H_4-N_2^+Cl^- \xrightarrow[HCl]{CuCl} H_3C-\text{C}_6H_4-Cl \quad (70\%\sim 79\%)$$

$$\text{邻-氯苯胺} \xrightarrow[10℃]{NaNO_2, HBr} \text{邻-氯苯重氮溴化物} \xrightarrow[HBr]{CuBr} \text{邻-氯溴苯} \quad (89\%\sim 95\%)$$

制溴化物时，也可用硫酸代替氢溴酸来进行重氮化反应，它对溴化物的产率只有轻微的影响，而且价格便宜。但是不宜使用盐酸代替，否则会得到氯化物和溴化物的混合物。如将碘和氟的亚铜盐用于 Sandmeyer 反应，则不能得到相应的碘化物和氟化物。

有时，可以用细铜粉作催化剂代替卤化亚铜来进行反应，所用铜粉量少，操作方便，但收率较低，称为 Gattermann 反应。如：

$$\text{邻-甲苯胺} \xrightarrow{NaNO_2, HBr} \text{邻-甲苯重氮溴化物} \xrightarrow{Cu \text{粉}, \Delta} \text{邻-溴甲苯}$$

芳香族重氮氟硼酸盐在加热时分解而生成芳基氟，该反应称为 Schiemann 反应。该反应是一个制备芳香族氟化物的好方法，一般先将氟硼酸（或氟硼酸钠）加入到重氮盐溶液中，反应完毕后重氮氟硼酸盐直接沉淀出来，过滤、干燥后，缓和加热，或在惰性溶剂中加热，即得到相应的氟化物。如：

$$\underset{\text{CH}_3}{\underset{\bigcirc}{\text{N}_2^+\text{Cl}^-}} \xrightarrow[\text{或 NaBF}_4]{\text{HBF}_4} \underset{\underset{76\%\sim84\%}{\text{CH}_3}}{\underset{\bigcirc}{\text{N}_2^+\text{BF}_4^-}} \xrightarrow[\text{②}\triangle]{\text{①过滤,干燥}} \underset{\underset{89\%}{\text{CH}_3}}{\underset{\bigcirc}{\text{F}}} + \text{N}_2 + \text{BF}_3$$

还可以利用重氮氟磷酸盐,其溶解度较小,且由它制得的氟化物产率还较高。

芳环上直接进行碘代反应很困难,但重氮盐与碘化钾反应生成碘代芳烃,产率尚好。如:

$$\underset{\bigcirc}{\text{NH}_2} \xrightarrow[0\sim7℃]{\text{NaNO}_2,\text{HCl}} \underset{\bigcirc}{\text{N}_2^+\text{Cl}^-} \xrightarrow[74\%\sim76\%]{\text{KI,温热}} \underset{\bigcirc}{\text{I}}$$

该反应是制备碘代苯衍生物的好方法。

在有机合成中,重氮基被卤原子取代的反应很重要,利用这些反应可制备某些不易或不能用直接卤化法得到的卤代芳烃及其衍生物。

(5) 重氮基被氰基取代

直接用氰基取代苯是不可能的,但是上述 Sandmeyer 和 Gattermann 反应适用于重氮盐被氰基取代。重氮盐与氰化亚铜的氰化钾水溶液反应,重氮基被氰基取代,该反应属于 Sandmeyer 反应;重氮盐在铜粉存在下,与氰化钾溶液反应,重氮基同样被氰基取代,该反应属于 Gattermann 反应。如:

$$\underset{\underset{\text{NO}_2}{\bigcirc}}{\text{NH}_2} \xrightarrow[5\sim10℃]{\text{NaNO}_2,\text{H}_2\text{SO}_4} \underset{\underset{\text{NO}_2}{\bigcirc}}{\text{N}_2^+\text{HSO}_4^-} \xrightarrow[60\sim70℃]{\text{CuCN,KCN}} \underset{\underset{\text{NO}_2}{\bigcirc}}{\text{CN}} \quad (75\%)$$

由重氮盐引入氰基是非常重要的,在有机合成中很有意义,这是因为氰基可通过水解生成酰胺或羧酸,也可通过还原生成伯胺,所以通过这一反应可以合成许多芳香族化合物。如:

$$\underset{\bigcirc}{\text{CH}_3} \xrightarrow[\text{②}\text{H}_2,\text{Ni}]{\text{①HNO}_3,\text{H}_2\text{SO}_4} \underset{\underset{\text{NH}_2}{\bigcirc}}{\text{CH}_3} \xrightarrow[0\sim5℃]{\text{NaNO}_2,\text{HCl}} \underset{\underset{\text{N}_2^+\text{Cl}^-}{\bigcirc}}{\text{CH}_3} \xrightarrow[\triangle]{\text{CaCN,KCN}} \underset{\underset{\text{CN}}{\bigcirc}}{\text{CH}_3} \xrightarrow[\triangle]{\text{H}_2\text{O,H}^+} \underset{\underset{\text{COOH}}{\bigcirc}}{\text{CH}_3}$$

13.8.3.2 还原反应

芳香族重氮盐的以上反应,都是重氮基被其它的原子或基团所取代。重氮盐的另一类反应是保留氮的反应。

芳香族重氮盐用锌和盐酸、氯化亚锡和盐酸等还原,保留氮原子而生成芳基肼(hydrazine):

$$\underset{\bigcirc}{\text{N}_2^+\text{Cl}^-} \xrightarrow{\text{SnCl}_2 + \text{HCl}} \underset{\bigcirc}{\text{NH}-\text{NH}_2} \quad 苯肼$$

苯肼(phenylhydrazine)为无色油状液体,不溶于水,有毒,是常用的羰基化试剂,也是合成药物和染料的原料。苯肼具有碱性,在酸性溶液中还原时得到盐。

氯化亚锡能将硝基还原为偶氮基,所以含有硝基的重氮盐通常用亚硫酸钠还原使之成为肼的硝基衍生物。如:

$$\text{O}_2\text{N}-\underset{\bigcirc}{}-\text{N}_2^+\text{HSO}_4^- \xrightarrow[\text{H}_2\text{O}]{\text{Na}_2\text{SO}_3} \text{O}_2\text{N}-\underset{\bigcirc}{}-\text{NH}-\text{NH}_2$$

13.8.3.3 偶合反应

重氮盐正离子的结构与酰基正离子相似，可以作为亲电试剂使用，但其亲电性很弱，只能与活泼的芳香化合物如酚和胺进行芳香亲电取代反应生成偶氮化合物。该反应称为重氮盐的偶合反应或偶联反应（coupling reaction）。

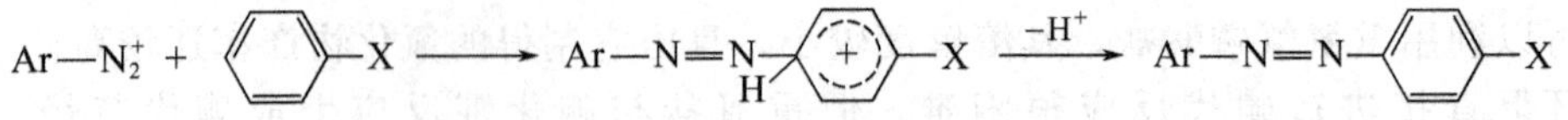

$$Ar-N_2^+ + \phi-X \longrightarrow Ar-N=N-\overset{+}{\underset{H}{\phi}}-X \xrightarrow{-H^+} Ar-N=N-\phi-X$$

$$X=OH, NH_2, NHR, NR_2$$

参与反应的酚或芳胺等称为偶合组分，重氮盐称为重氮组分。电子效应和空间效应的影响使反应主要在羟基或氨基对位进行。若对位已被占据，则在邻位偶合，但绝不发生在间位。如：

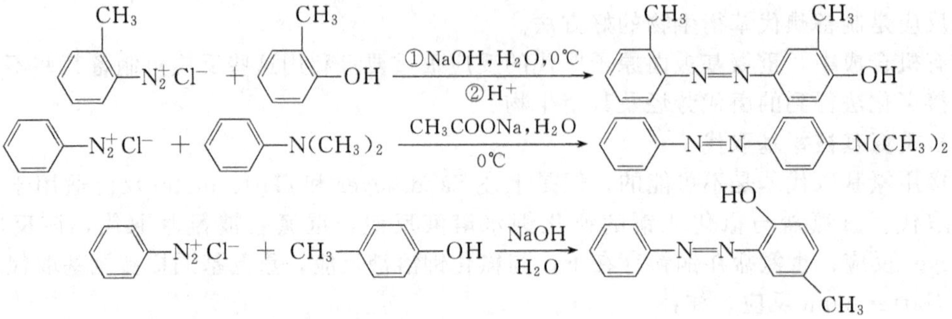

[反应式：邻甲基苯重氮盐 + 邻甲基苯酚 在 ①NaOH, H_2O, 0℃ ②H^+ 条件下生成偶氮化合物]

[反应式：苯重氮盐 + N,N-二甲基苯胺 在 CH_3COONa, H_2O, 0℃ 条件下生成偶氮化合物]

[反应式：苯重氮盐 + 对甲基苯酚 在 NaOH/H_2O 条件下生成邻位偶合产物]

酚是弱酸性物质，在碱性条件下以酚盐负离子的形式存在，该结构有利于重氮正离子的进攻。但是，如果碱性太强（pH>10），重氮盐会因受到碱的进攻而变成重氮酸或重氮酸盐离子致使偶合反应不能发生。因此，通常重氮盐和酚的偶合在弱碱性（pH=8~10）溶液中进行。

$$Ar-N_2^+ \xrightarrow{NaOH} Ar-N=N-OH \xrightarrow{NaOH} Ar-N=N-O^- Na^+$$

重氮盐，能偶合　　　　重氮酸，不能偶合　　　　重氮酸盐，不能偶合

重氮盐与芳香族胺的偶合反应则要在弱酸性（pH=5~7）溶液中进行，这是因为胺在碱性溶液中不溶解，而在弱酸性条件下重氮正离子的浓度最大，且胺可以形成铵盐，使其溶解度增加，有利于偶合反应的发生。

$$ArNH_2 \xrightleftharpoons[OH^-]{H^+} Ar\overset{+}{N}H_3$$

但是酸性也不能太强，因为胺在强酸性溶液中会成盐，而铵基是吸电子基，使苯环失去活性，从而不利于重氮离子的进攻。

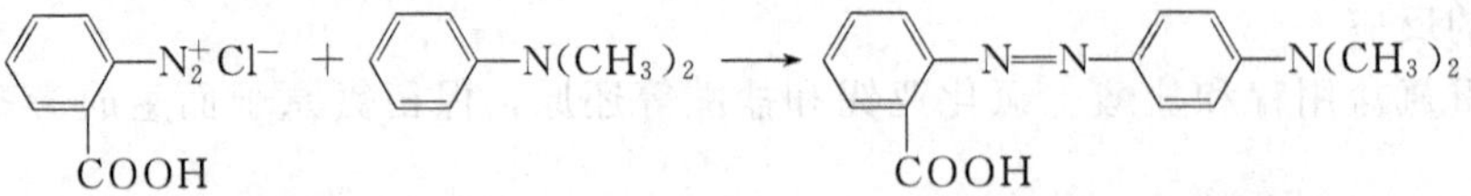

[反应式：邻羧基苯重氮盐 + N,N-二甲基苯胺 → 偶氮化合物]

当重氮盐与萘酚或萘胺类化合物发生反应时，羟基或氨基会使所在的苯环活化，因而偶合反应在同环发生。α-萘酚或α-萘胺，偶合反应在4位发生，如果4位被占据，则在2位发生。而β-萘酚或β-萘胺，偶合反应在1位发生，如果1位被占据，则不发生。如：

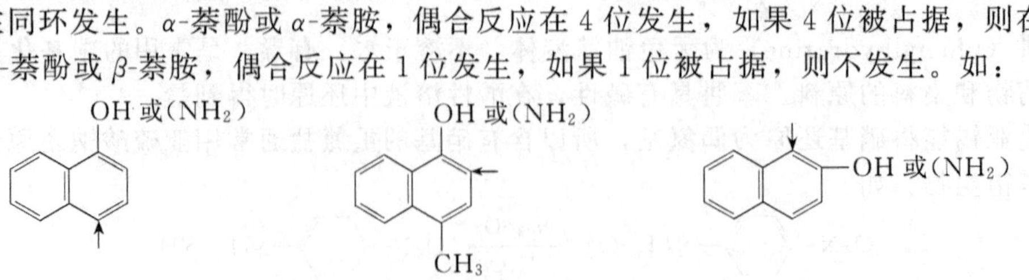

[结构式：α-萘酚/α-萘胺，4位标箭头；α-萘酚/α-萘胺4位被甲基占据，2位标箭头；β-萘酚/β-萘胺，1位标箭头]

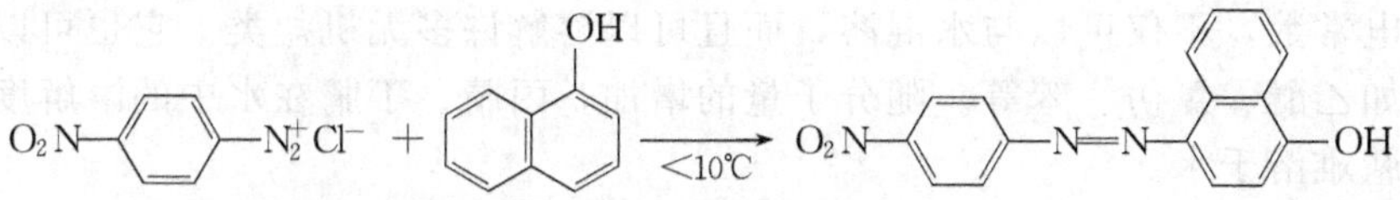

$O_2N-C_6H_4-N_2^+Cl^- +$ 萘酚 $\xrightarrow{<10℃}$ $O_2N-C_6H_4-N=N-$萘酚-OH 对位红(或红颜料 PR-1)

偶合反应最重要的用途是合成偶氮染料。例如，用作酸碱指示剂的甲基橙可通过偶合反应得到：

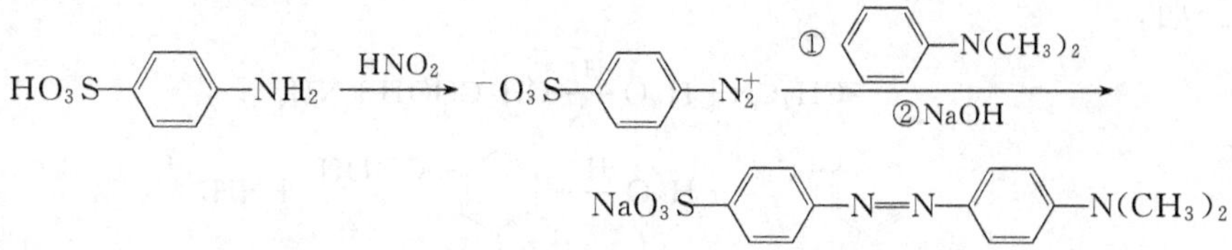

$HO_3S-C_6H_4-NH_2 \xrightarrow{HNO_2} {}^-O_3S-C_6H_4-N_2^+ \xrightarrow[②NaOH]{①C_6H_5N(CH_3)_2}$

$NaO_3S-C_6H_4-N=N-C_6H_4-N(CH_3)_2$ 甲基橙

偶氮染料分子中含有一个或多个磺酸基或羧基，可提高其在水中的溶解度，有利于染料结合到棉、毛等纤维的极性表面。例如，用于染棉、毛等的萘酚蓝黑 B 就是经过重氮盐偶合制得的：

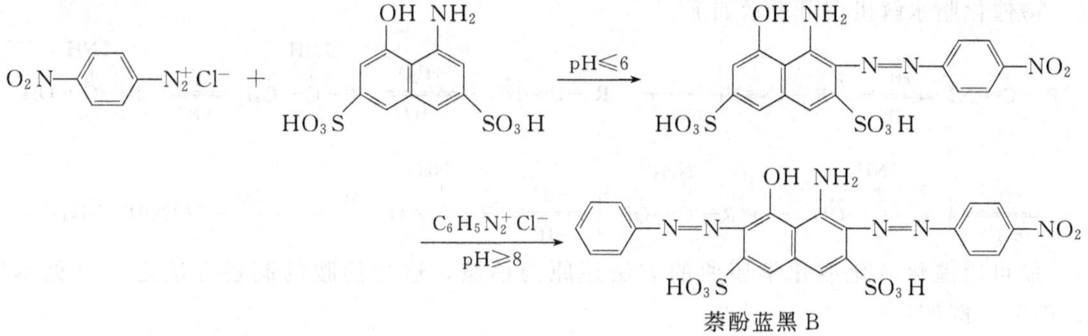

$O_2N-C_6H_4-N_2^+Cl^- +$ (萘二磺酸氨基酚) $\xrightarrow{pH\leqslant 6}$ (中间产物)

$\xrightarrow[pH\geqslant 8]{C_6H_5N_2^+Cl^-}$ 萘酚蓝黑 B

13.9 腈

腈（nitrile）可以看成氢氰酸中的氢原子被烃基取代的产物。通式为 RCN（或 ArCN）。氰基中碳和氮都是 sp 杂化，碳氮之间除了 $C_{sp}—N_{sp}$ σ 键外，还有两个由 p 轨道交盖而成的 $C_p—N_p$ π 键。氮原子还有一对未共用电子在 sp 轨道上。氰基（—CN）是腈的官能团。

13.9.1 腈的命名

腈的命名常按照腈分子中所含碳原子数目而称为某腈。注意，氰基中的碳原子包括在内，并因为氰基在端位而常将氰基碳原子编号为 1。如：

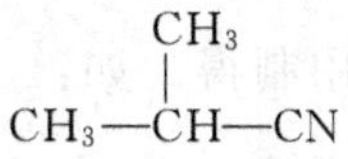

$CH_3—CN$　　$CH_3—CH(CH_3)—CN$　　$NC—CH_2—CH_2—CN$
乙腈　　　　　异丁腈　　　　　　1,4-丁二腈

$CH_2=CH—CN$　　$C_6H_5—CN$　　$O_2N—C_6H_4—CH_2CN$
丙烯腈　　　　　苯甲腈 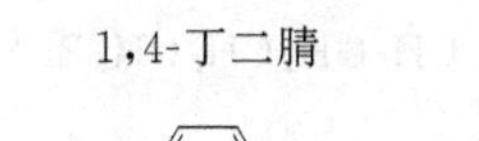　　　　　对硝基苯乙腈

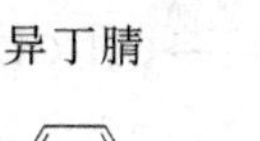

13.9.2 腈的性质

低级腈是无色液体，高级腈是固体。纯净的腈无毒，但往往混有异腈而有毒。氰基中氮原子电负性比碳大，因而氰基是吸电基，腈分子中碳氮键有较大极性，是极性分子，分子间作用力较大，所以沸点比分子量相近的烃、醚、醛、酮和胺都要高，但比羧酸低。

乙腈具有较大的介电常数，不仅可以与水混溶，而且可以溶解许多无机盐类。它也可以溶于一般的有机溶剂，如乙醚、氯仿、苯等。随分子量的增加，丙腈、丁腈在水中的溶解度迅速减小，丁腈以上的腈难溶于水。

腈分子中，由于 C≡N 叁键的存在，腈所发生的反应主要在氰基上。

腈在酸或碱催化下，在较高温度（100～200℃）和较长时间（数小时）加热下，水解生成羧酸。如：

$$CH_3CN + H_2O \xrightleftharpoons[\triangle]{H^+} CH_3COOH + NH_4^+$$

$$C_6H_5CN + H_2O \xrightleftharpoons[\triangle]{H^+} C_6H_5COOH + NH_4^+$$

酸催化下，得到羧酸和铵盐；碱催化下，得到羧酸盐和氨。一般认为这个反应先生成酰胺。有时可以控制合适的反应条件使腈的水解停留在酰胺阶段，如反应条件为：浓硫酸（室温下）、氢氧化钠溶液或含有6%～12%过氧化氢的氢氧化钠溶液。

酸催化腈水解机理可表示如下：

$$R-C\equiv N: \xrightleftharpoons[-H^+]{+H^+} [R-C\equiv \overset{+}{N}H \leftrightarrow R-\overset{+}{C}=\ddot{N}H] \xrightleftharpoons[-H_2O]{+H_2O} R-\underset{\overset{|}{O}H_2}{\overset{:NH}{\underset{|}{C}}}-OH_2 \xrightleftharpoons[+H^+]{-H^+} R-\underset{|}{\overset{:NH}{\underset{|}{C}}}-OH$$

$$\xrightleftharpoons[-H^+]{+H^+} [R-\underset{\overset{|}{O}H}{\overset{+NH_2}{\underset{|}{C}}}-\ddot{O}H \leftrightarrow R-\underset{\overset{|}{O}H}{\overset{NH_2}{\underset{|}{C}}}-\overset{+}{O}H] \xrightleftharpoons[+H^+]{-H^+} R-\underset{\overset{|}{C}}{\overset{NH_2}{\underset{\|}{C}}}=O \xrightarrow{H^+} \xrightarrow{H_2O} RCOOH + NH_4^+$$

腈可用催化氢化或化学还原的方法还原为伯胺，这是伯胺的制备方法之一（见本章13.6.3）。例如：

$$CH_3CH_2CN + H_2 \xrightarrow{Ni} CH_3CH_2CH_2NH_2$$

$$CH_3CH_2CN \xrightarrow{Na, C_2H_5OH} CH_3CH_2CH_2NH_2$$

腈还可与 Grignard 试剂反应，得到的产物在酸存在下水解生成酮。如：

$$CH_3-CN \xrightarrow[\text{②}H_2O, H^+]{\text{①}CH_3(CH_2)_4MgBr, THF} CH_3CO(CH_2)_4CH_3 \quad (44\%)$$

$$F_3C-C_6H_4-CN \xrightarrow[\text{②}H_2O, H^+, \triangle]{\text{①}CH_3MgI, 乙醚} F_3C-C_6H_4-CO-CH_3 \quad (79\%)$$

有机锂试剂也可用来代替 Grignard 试剂与腈反应，也得到酮。如：

$$C_6H_5CN \xrightarrow[\text{②}H_2O, H^+]{\text{①}CH_3(CH_2)_3Li, 乙醚} C_6H_5-CO-(CH_2)_3CH_3$$

13.9.3 腈的制备

腈可由卤代烷和氰化钠（或氰化钾）作用制得。如：

$$CH_3CH_2CH_2CH_2Br + NaCN \xrightarrow{乙醇} CH_3CH_2CH_2CH_2CN + NaBr$$
正戊腈

$$C_6H_5CH_2Cl + NaCN \xrightarrow{乙醇} C_6H_5CH_2CN + NaCl$$
苯基乙腈（苄腈）

该反应常在有机合成中用来增长碳链。二元腈则由二卤代烷和氰化钠（或氰化钾）作用制得，如：

$$ClCH_2CH_2CH_2CH_2Cl + 2NaCN \longrightarrow NCCH_2CH_2CH_2CH_2CN + 2NaCl$$

酰胺或羧酸的铵盐和五氧化二磷共热，可失水得到腈，如：

$$RCONH_2 \xrightarrow[\triangle]{P_2O_5} RCN + H_2O$$

重氮化合物的发明人——Gries

人们都知道 19 世纪以前的染料是天然产物。从 1856 年英国人 W. H. Perkin 制造出第一种合成染料，命名为苯胺紫（mauvein）之后，染料很快变成大量由人工合成，这是化学发展史上的大事。和 Perkin 同时代的另一位杰出化学家 J. P. Gries 在合成染料方面也做出了重大贡献，可是却未受到人们应有的关注。我们在这里扼要地介绍 Gries 这位化学家的生平和贡献，以增加学习化学的青年对于染料发展早期历史的了解。

Gries 于 1829 年 9 月 6 日生于德国一个农民家庭。他父亲本来希望他学农业，可他对农业没有兴趣。1855 年 26 岁的 Gries 进入马尔堡大学，该校化学教授 H. Kolbe 很有名，他就到 Kolbe 的化学实验室去做了研究生。但他的老师认为 Gries 没有发展前途，所以未让他正式毕业。Gries 不得不到一个小工厂去工作，不久这个工厂被火烧毁，Gries 失业了。

19 世纪中期，德国的有机化学发展得比较快，英国在这方面落后了，所以请了一些德国的化学家去任教。例如，负有盛名的 A. W. Hofmann 就被聘请去担任皇家化学院的教授，他对于英国有机化学的发展，起了很重要的推动作用。

Hofmann 曾经看过 Gries 在德文期刊上写的一篇论文，相当重视，约他到英国工作，担任助教。1858 年 Gries 在他 29 岁时去了英国，在那里做了三年的助教，同时发表了几篇重要论文。这期间他制得了一类新的化合物，他给这类化合物命名为重氮化合物。

1862 年他离开 Hofmann 的实验室，到一所酿酒厂任化学工程师。在工厂里，他一直用业余时间进行重氮化合物的研究。1865 年他通过重氮盐的偶合反应制得了一种偶氮染料，至今还在被人们使用。它的名称是曼彻斯特棕（Bismarck brown），构造式如下：

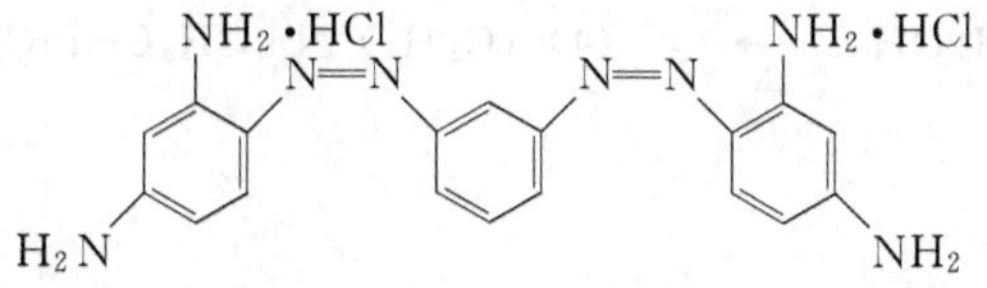

在这时，Gries 发现有些偶氮化合物并不是染料。受他这种想法的启发，另一位化学家在 1876 年提出了生色团和助色团的理论。这种理论现在已很普遍地被人们接受了。

Gries 在英国和德国申请过几个专利，德国染料制造业采用了他的原理，申请了更多的专利。据统计：到 1884 年为止，德国工厂申请的偶氮染料专利就有 9000 种之多。事实上，这些专利的原理全部使用重氮化作用，可以说，都是靠 Gries 首先发现的重要有机反应。

Gries 后来一直在酿酒厂里工作。一生发表了近一百篇的化学论文。尽管他并没有得到博士学位，可是至今许多有机化学书中仍把重氮化反应命名为 Gries 反应。

他在英国同一个医生的女儿结了婚，生活美满；1888 年 8 月 30 日，他与儿子在海滨游泳的时候，不幸突然因心脏病去世，当时年仅 59 岁。

后人提起 Gries 的时候常说："染料工业是因为有 Gries 发明重氮化合物才大大丰富了起来"。这是不可磨灭的历史事实。

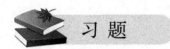

1. 写出下列化合物的构造式。
   (1) 对甲苯胺
   (2) 碘化三甲基己基铵
   (3) 3-甲基-N-甲基苯胺
   (4) β-硝基萘
   (5) 对羟基偶氮苯
   (6) 2-氨基丙烷

2. 命名下列化合物。

   (1) $C_2H_5NHCH_3$

   (2) 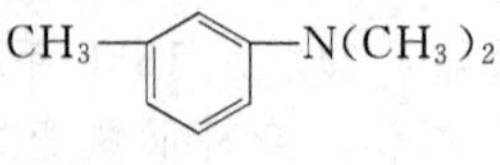 3-甲基-N,N-二甲基苯胺

   (3) $CH_3CH_2\overset{+}{N}(CH_3)_3 CH_3Cl^-$ (三甲基乙基氯化铵结构)

   (4) $(CH_3)_4N^+OH^-$

   (5) 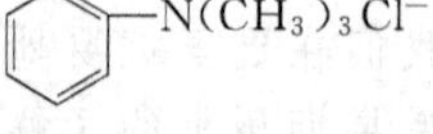 苯基三甲基氯化铵

   (6) 二苯胺

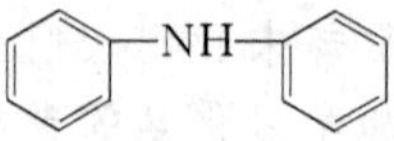

3. 比较下列各组化合物或离子的碱性强弱。

   (1) 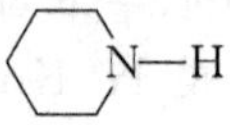 哌啶, NH_3, 苯胺, 二苯胺

   (2) 苯胺, 间硝基苯胺, 间甲基苯胺

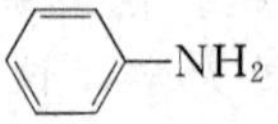

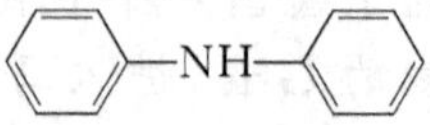

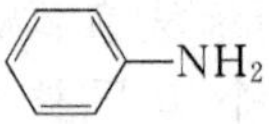

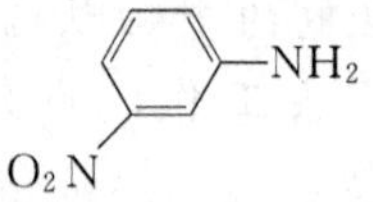

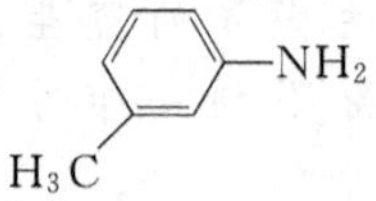

   (3) $FCH_2CH_2NH_2$, $F_2CHCH_2NH_2$, $F_3CCH_2NH_2$

4. 比较下列分子中氯原子在碱性条件下的水解反应活性。

   A. 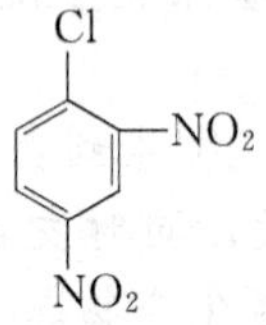 2,4-二硝基氯苯
   B. 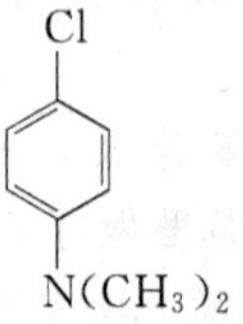 对-(二甲氨基)氯苯
   C. 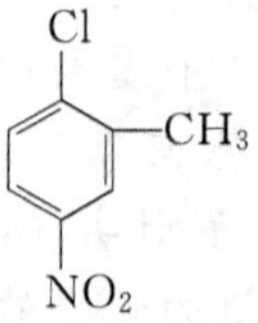 2-甲基-5-硝基氯苯
   D. 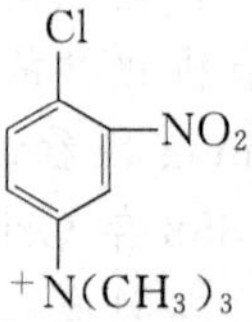 4-三甲铵基-2-硝基氯苯

5. 完成下列反应式。

   (1) 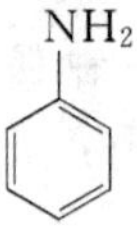 苯胺 $+ 3Br_2 \xrightarrow{H_2O}$

   (2) 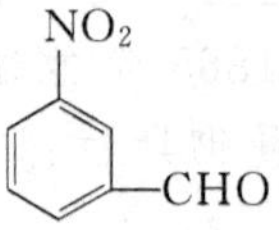 间硝基苯甲醛 $\xrightarrow[<100℃, 90\%]{SnCl_2, 浓HCl}$

   (3) $CH_3CH_2-\underset{\underset{N^+(CH_3)_3}{|}}{CH}-CH_3 \xrightarrow{OH^-}{\Delta}$

   (4) $(C_2H_5)_3N + CH_3CHBrCH_3 \longrightarrow$

   (5) 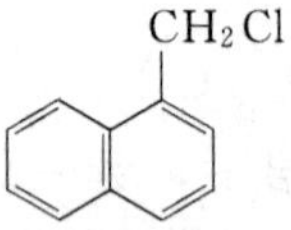 1-萘甲基氯 $\xrightarrow{NaCN} \xrightarrow{LiAlH_4} \xrightarrow{(CH_3CO)_2O}$

   (6) $CH_3(CH_2)_3CH=CH_2 \xrightarrow[过氧化物]{HBr}$ 邻苯二甲酰亚胺钠 $\xrightarrow{H_2O, HO^-}$

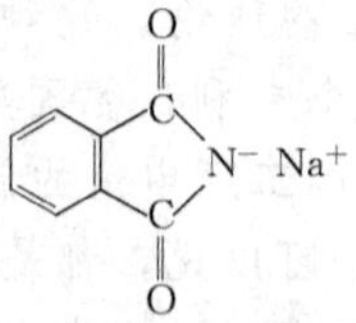

6. 用化学方法鉴别下列各组化合物。
   (1) 苯酚，苯胺，硝基苯
   (2) 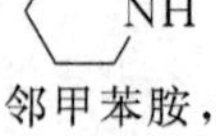 哌啶, 苯胺, N,N-二甲基环己胺
   (3) 邻甲苯胺，N-甲基苯胺，苯甲酸，邻羟基苯甲酸
   (4) 对甲基苯胺，N-甲基苯胺，N,N-二甲基苯胺

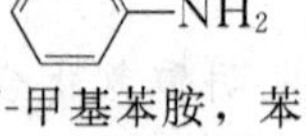

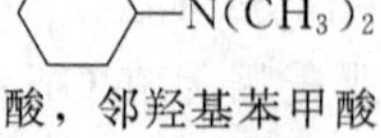

7. 某芳香族化合物分子式为 $C_7H_7NO_2$，试根据下列反应确定其结构。

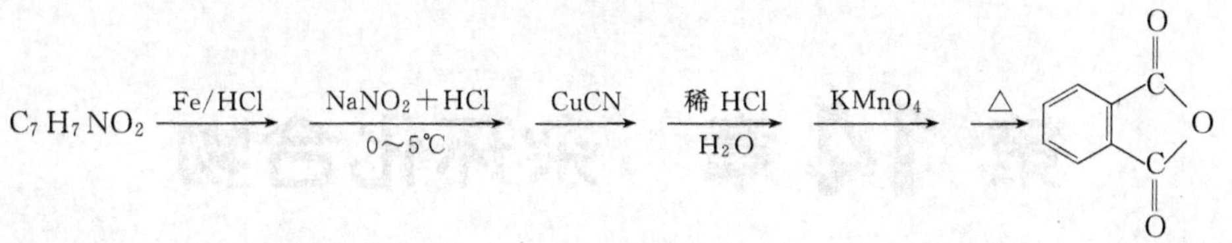

$$C_7H_7NO_2 \xrightarrow{Fe/HCl} \xrightarrow[0\sim 5℃]{NaNO_2+HCl} \xrightarrow{CuCN} \xrightarrow[H_2O]{稀\ HCl} \xrightarrow{KMnO_4} \xrightarrow{\Delta} \text{邻苯二甲酸酐}$$

8. 化合物 A 是一个胺，分子式为 C_7H_9N。A 与对甲苯磺酰氯在 KOH 溶液中作用，生成清亮液体，酸化后得白色沉淀。A 用 $NaNO_2$ 和 HCl 在 0～5℃ 处理后再与 α-萘酚作用，生成深颜色的化合物 B。A 的 IR 谱表明在 $815 cm^{-1}$ 处有一强的单峰。试推测 A、B 的结构式。

9. 两种异构体 A 和 B，分子式都是 $C_7H_6N_2O_4$，用发烟硝酸分别使它们硝化，得到同样产物。把 A 和 B 分别氧化得到两种酸，它们分别与碱石灰加热，得到同样产物 $C_6H_4N_2O_4$，后者用 Na_2S 还原，则得间硝基苯胺。写出 A 和 B 的构造式。

10. 指出下列化合物在偶合反应中哪个活性最大，哪个活性最小？

    (1) 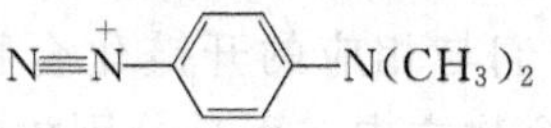 N_2^+—C_6H_4—$N(CH_3)_2$ (2) N_2^+—C_6H_4—NO_2 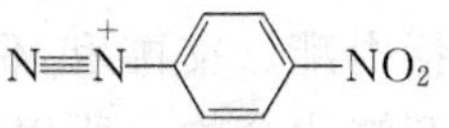
    (3) 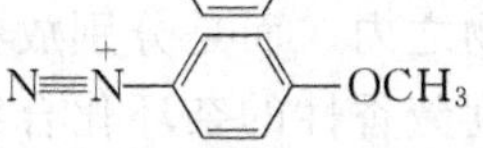 N_2^+—C_6H_4—OCH_3 (4) N_2^+—C_6H_4—SO_3H

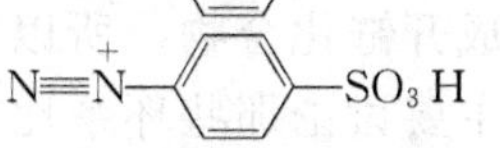

11. 写出对甲基盐酸重氮苯与下列试剂作用后生成的产物。

    (1) H_3PO_2 (2) KI   (3) HBr/Cu_2Br_2
    (4) HBF_4，加热 (5) HCl/Cu_2Cl_2 (6) C_6H_5OH（弱碱性溶液）
    (7) 对甲基苯酚   (8) N,N-二甲基苯胺

12. 某化合物 A 分子式为 $C_6H_{15}N$，能溶于稀盐酸，在室温下与亚硝酸作用放出氮气并得到化合物 B。B 能进行碘仿反应。B 与浓硫酸共热得到 C，C 的分子式为 C_6H_{12}。C 能使 $KMnO_4$ 褪色，且反应产物是乙酸和 2-甲基丙酸。试推导 A 的结构。

13. 写出分子式为 $C_8H_{11}N$ 的芳胺的所有同分异构体并命名。

14. 由指定的原料合成下列化合物（无机试剂任选）。

    (1) 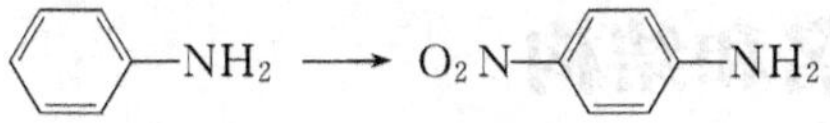 苯胺 ⟶ 对硝基苯胺
    (2) 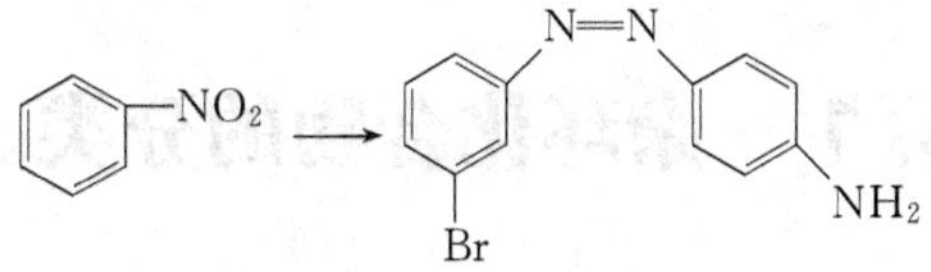 硝基苯 ⟶ 3-溴-4'-氨基偶氮苯
    (3) 苯 ⟶ 1,3,5-三溴苯
    (4) 以不超过 4 个碳的有机物为原料制备环己基甲胺
    (5) 由苯酚和必要的有机试剂合成 3,5-二溴苯酚
    (6) 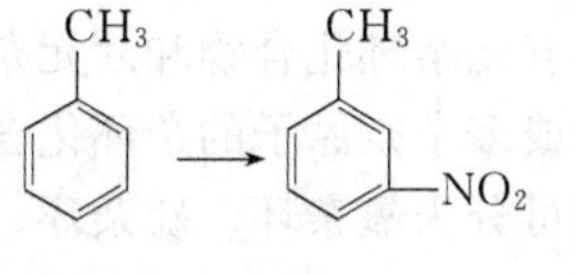 甲苯 ⟶ 间硝基甲苯
    (7) 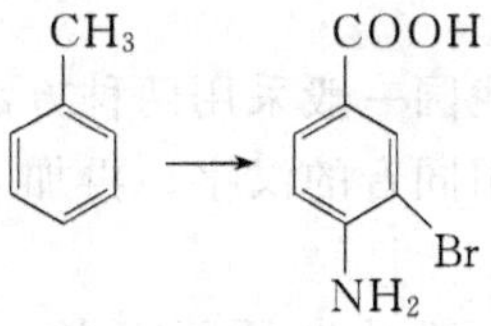 甲苯 ⟶ 3-溴-4-氨基苯甲酸
    (8) 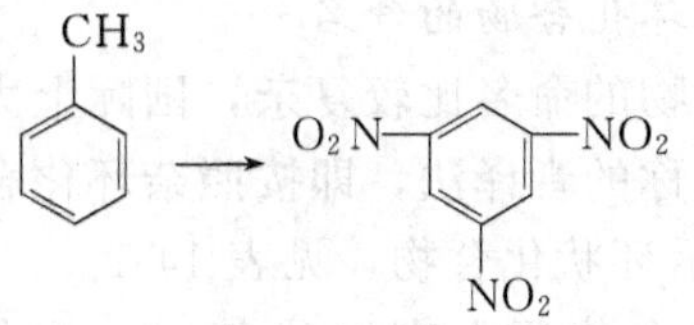 甲苯 ⟶ 2,4,6-三硝基甲苯
    (9) 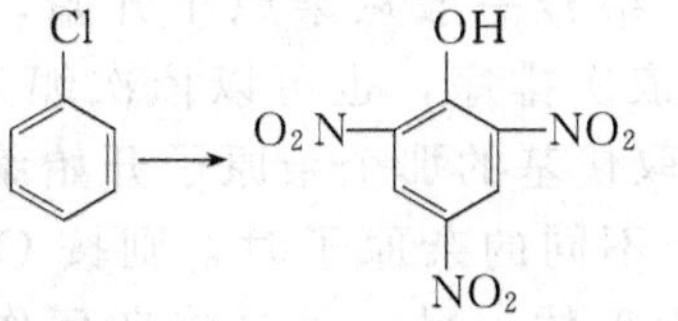 氯苯 ⟶ 2,4,6-三硝基苯酚
    (10) 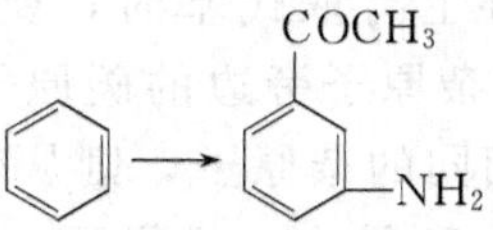 苯 ⟶ 间氨基苯乙酮

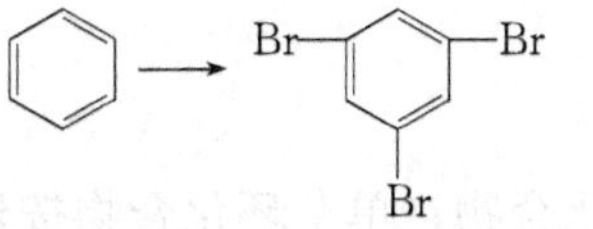

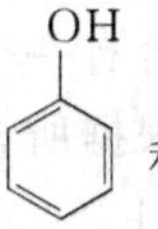

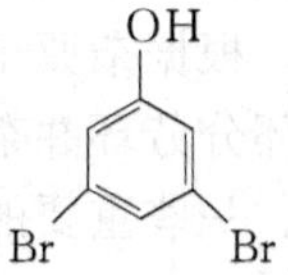

第 14 章 杂环化合物

当组成环的原子除碳原子外还有其它原子时，这类化合物称为杂环化合物 (heterocyclic compound)。这些非碳原子叫做杂原子，常见的杂原子有氧、硫、氮等。

杂环化合物应包括内酯、交酯和环状酸酐等，但由于它们与相应的开链化合物性质相似，又容易开环变成开链化合物，所以一般不包括在杂环化合物之内，而是分别放在相关的章节中讨论。本章主要讨论那些环系比较稳定，并且有不同程度芳香性的杂环化合物，这类化合物不易开环，而且它们的结构和反应活性与苯有相似之处，即有保留芳香结构闭合共轭体系的杂环，所以称为芳杂环化合物。

杂环化合物广泛存在于自然界中，其数量几乎占已知有机化合物的三分之一以上，用途也很多。与生物学有关的重要化合物，例如核酸、某些维生素、抗生素、激素、色素和生物碱以及临床应用的一些有显著疗效的天然药物和合成药物等，都含有杂环化合物的结构。此外，人工合成了多种多样具有各种性能的杂环化合物，其中有些可用作药物、杀虫剂、除草剂、染料、塑料等。

14.1 杂环化合物的分类、命名和结构

14.1.1 杂环化合物的分类和命名

14.1.1.1 杂环化合物的分类

杂环化合物可按杂环的骨架分为单杂环化合物和稠杂环化合物；单杂环化合物按环的大小又可分为五元杂环化合物和六元杂环化合物；根据杂原子数目的多少可分为含有一个杂原子和含有两个或多个杂原子的杂环化合物；稠杂环分芳环并杂环和杂环并杂环；根据所含杂原子的种类不同可分为氧杂环、硫杂环、氮杂环等。一些重要的杂环化合物见表 14-1。

14.1.1.2 杂环化合物的命名

杂环化合物的命名比较复杂，国际上大多采用习惯名称。我国一般采用两种方法。一种是采用外文名称的音译法，即按照杂环化合物的英文译音，选用同音的汉字，再加"口"字旁，"口"表示环状化合物，见表 14-1。

当杂环化合物环上有取代基时，要给杂环编号，编号一般从杂原子开始，依次用 1，2，3，…编号，杂原子旁边的碳原子可以按数字依次排序，也可以依次编为 α，β，γ 等。如果环中有相同的杂原子，则从带有氢原子或取代基的那个杂原子开始编号，并使各杂原子的位次之和最小。如果环中有两个或几个不同的杂原子时，则按 O、S、N 顺序依次编号。命名时分两种情况，一种是以杂环为母体，另一种是将杂环作为取代基。例如：

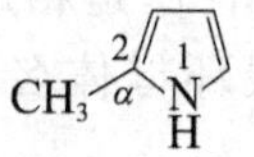

2-甲基吡咯 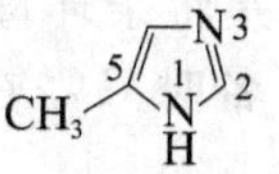　　5-甲基咪唑 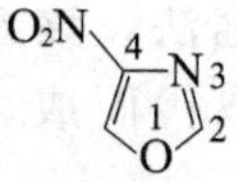　　4-硝基噁唑 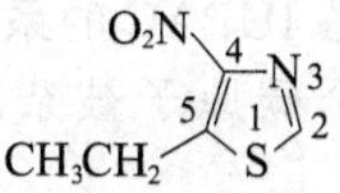　　5-乙基-4-硝基噻唑

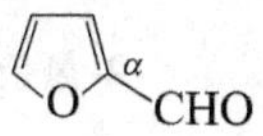

2-呋喃甲醛　　3-噻吩甲酸　　2,3-吡啶二甲酸
α-呋喃甲醛　　β-噻吩甲酸　　α,β-吡啶二甲酸

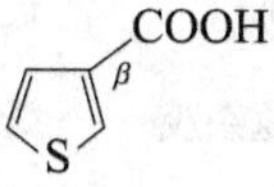

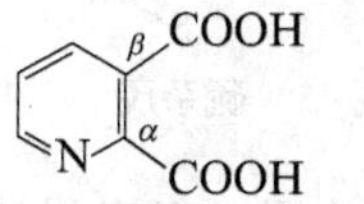

稠杂环的编号一般和稠环芳烃相同，但有少数稠杂环有特殊的编号顺序。

表 14-1　杂环的分类和名称

单杂环	五元杂环	 环戊二烯	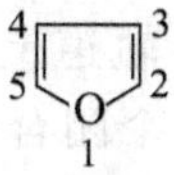 呋喃 (furan) 	噻吩 (thiophene) 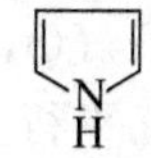	吡咯 (pyrrole) 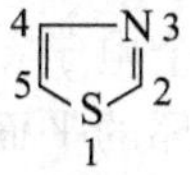	噻唑 (thiazole) 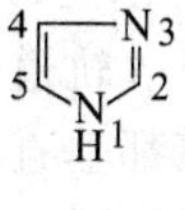	咪唑 (imidaxole)
	六元杂环	 苯	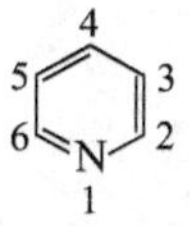 吡啶 (pyridine) 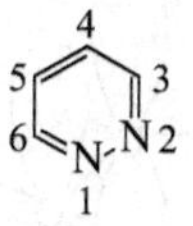	哒嗪 (pyridazine) 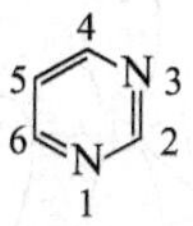	嘧啶 (pyrimidine) 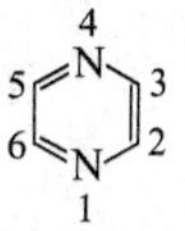	吡嗪 (pyraxine)	
稠杂环		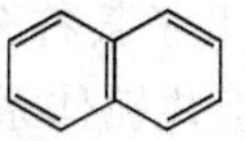 萘	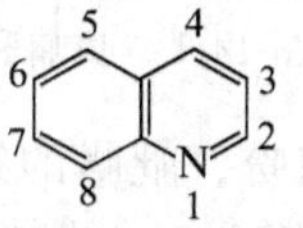 喹啉 (quinoline) 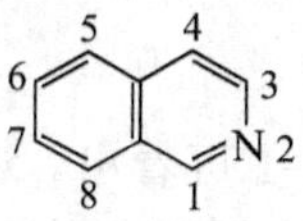	异喹啉 (isoquinoline)			
		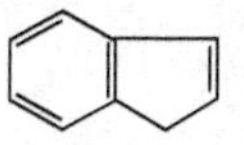 茚	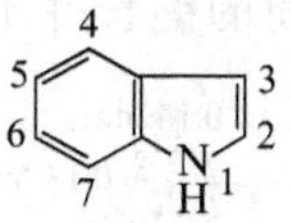 吲哚 (indole) 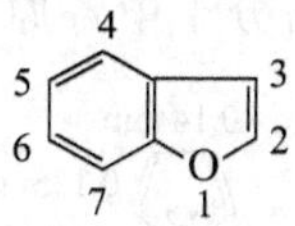	苯并呋喃 (benzofuran) 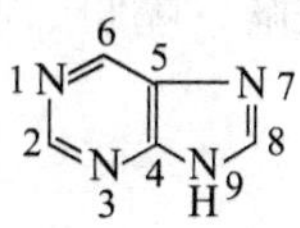	嘌呤 (purine)		
		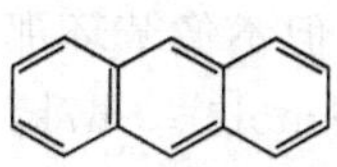 蒽	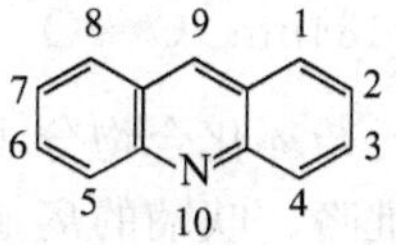 吖啶 (acridine)				

另一种方法是 IUPAC 的系统命名法，该方法是将杂环母核看作是相应碳环母核中的一个碳原子或多个碳原子被杂原子取代而成，命名时只需在碳环母体名称前加上某杂。例如。

氧杂茂　　硫杂茂　　1-硫-3-氮杂茂　　氮杂苯　　2-氮杂萘

两种命名方法虽然并用，但音译法在文献中更为普遍。

14.1.2 结构和芳香性

14.1.2.1 五元单杂环

五元杂环化合物呋喃、噻吩、吡咯的结构和苯相类似。构成环的四个碳原子和杂原子（O、S、N）均为 sp² 杂化状态，它们以 σ 键相连形成一个五元环平面。每个碳原子余下的一个 p 轨道上有一个电子，杂原子（O、S、N）的 p 轨道上有一对未共用电子对。这五个 p 轨道都垂直于五元环的平面，相互平行重叠，构成一个闭合共轭体系，即组成杂环的原子都在同一平面内，而 p 电子云则分布在环平面的上下方。图 14-1 所示是呋喃和吡咯的轨道结构图，噻吩与呋喃的结构相似。

图 14-1　呋喃和吡咯的轨道结构

从图 14-1 可看出，呋喃、噻吩、吡咯的结构和苯结构相似，其 π 电子数符合 Hückel 规则，都是 6 电子闭合共轭体系，因此，它们都具有一定的芳香性。由于共轭体系中的 6 个 π 电子分散在 5 个原子上，使整个环的 π 电子云密度较苯大，比苯容易发生亲电取代，相当于苯环上连接—OH、—SH、—NH₂ 时的活性。

呋喃、噻吩、吡咯分子中各原子间的键长并不完全相等。

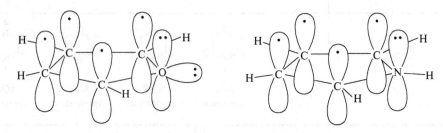

已知典型的键长数据为：

C—C　0.154nm　C—O　0.143nm　C—S　0.182nm　C—N　0.147nm
C=C　0.134nm　C=O　0.122nm　C=S　0.160nm　C=N　0.128nm

由此可见，五元杂环化合物分子中的键长有一定程度的平均化，但不像苯环那样完全平均化，苯、噻吩、吡咯、呋喃的离域能分别为 150kJ·mol⁻¹、88kJ·mol⁻¹、67kJ·mol⁻¹，因此五元杂环化合物的稳定性较苯环差，有一定程度的不饱和性和不稳定性。如呋喃就表现出某些共轭二烯烃的性质，可以进行双烯合成。稳定性由大到小的次序为：苯＞噻吩＞吡咯

>呋喃。

核磁共振谱的测定表明，五元杂环上氢的核磁共振信号都出现在低场，这也标志着它们具有芳香性。

呋喃　　　α-H　$\delta=7.42$　　　β-H　$\delta=6.37$
噻吩　　　α-H　$\delta=7.30$　　　β-H　$\delta=7.10$
吡咯　　　α-H　$\delta=6.68$　　　β-H　$\delta=6.22$

14.1.2.2　六元单杂环

六元单杂环的结构以吡啶为例来说明。吡啶在结构上可看作是苯环中的—CH＝被—NH＝取代而成。5个碳原子和一个氮原子都是 sp^2 杂化状态，处于同一平面上，相互以 σ 键连接成环状结构。环上每一个原子各有一个电子在 p 轨道上，p 轨道与环平面垂直，彼此"肩并肩"重叠形成一个6原子6电子的、与苯相似的闭合共轭体系。所以，吡啶环也有芳香性，如图14-2所示。

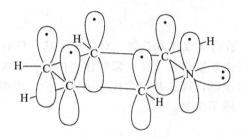

图 14-2　吡啶的轨道结构

在核磁共振谱中，环上氢的 δ 值位于低场也标志着吡啶环具有芳香性。

α-H　$\delta=8.50$　　　β-H　$\delta=6.98$　　　γ-H　$\delta=7.36$

氮原子上的一对未共用电子对，占据在 sp^2 杂化轨道上，它与环平面共平面，因而不参与环的共轭体系，不是6电子大 π 键体系的组成部分，而是以未共用电子对形式存在。

吡啶分子中的 C—C 键长（0.139nm）与苯分子中的 C—C 键长（0.140nm）相似；C—N 键长（0.134nm）较一般的 C—N 键长（0.147nm）短，但比一般的 C＝N 双键（0.128nm）长。这说明吡啶的键长发生平均化，但并不像苯一样是完全平均化的。

14.2　五元杂环化合物

14.2.1　五元杂环化合物的性质

14.2.1.1　亲电取代反应

呋喃、噻吩、吡咯都是五原子六电子的共轭体系，π 电子云密度均高于苯，所以它们比苯容易发生亲电取代反应。反应活性：吡咯＞呋喃＞噻吩＞苯。三种杂环化合物的亲电取代活性由于杂原子的不同而不同，因为从吸电子的诱导效应看，O（3.5）＞N（3.0）＞S（2.6），从共轭效应看，它们均有给电子的共轭效应，其给电子能力为 N＞O＞S（因为硫的 3p 轨道与碳的 2p 轨道共轭相对较差），两种电子效应共同作用的结果是 N 对环的给电子能力最大，S 最小。

五元杂环化合物的 α 位和 β 位的亲电取代活性不同，α 位＞β 位。因为亲电试剂进攻 α

位形成中间体的共振杂化体比进攻 β 位的稳定；进攻 α 位，中间体的正电荷可在三个原子上离域，电子离域范围广；而进攻 β 位，中间体的正电荷只能在两个原子上离域。

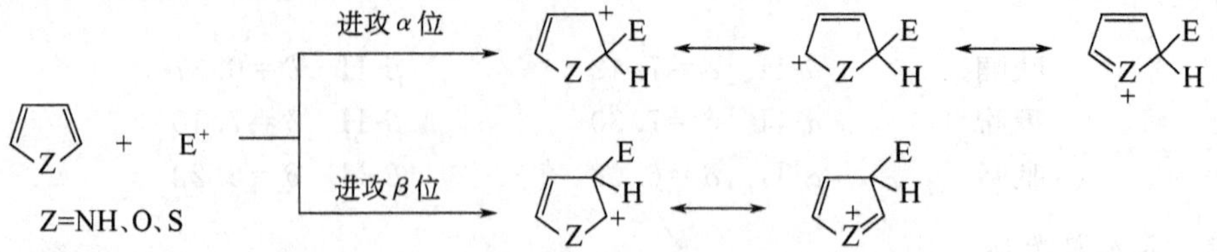

14.2.1.2 五元杂环化合物亲电取代反应的定位规律

(1) α-位上有取代基

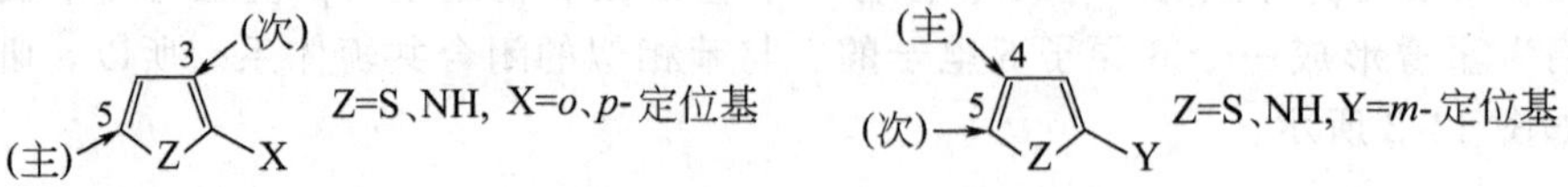

Z=S、NH, X=o、p-定位基

Z=S、NH, Y=m-定位基

2-取代的噻吩、吡咯，若已有取代基是邻、对位定位基，反应主要发生在 5 位；若已有取代基是间位定位基，反应主要发生在 4 位。需要注意的是：2-取代呋喃一般不管取代基是邻、对位定位基还是间位定位基，第二基团均优先进入 5 位，说明呋喃 α 位的反应性强于噻吩、吡咯。为什么是这样，还不清楚。

(2) β-位上有取代基

X=o、p-定位基

Y=m-定位基

Z=S、NH、O

3-取代的噻吩、吡咯、呋喃，第二基团进入 α 位，若已有取代基是邻、对位定位基，反应主要发生在 2 位；若已有取代基是间位定位基，反应主要发生在 5 位。

14.2.1.3 亲电取代反应的实例

(1) 卤化反应

呋喃、噻吩在室温下与氯或溴反应很强烈，得到多卤代的产物，如希望得到一卤代的产物，需要在温和的条件如用溶剂稀释及低温下进行反应。碘不活泼，须在催化剂作用下才能进行反应。

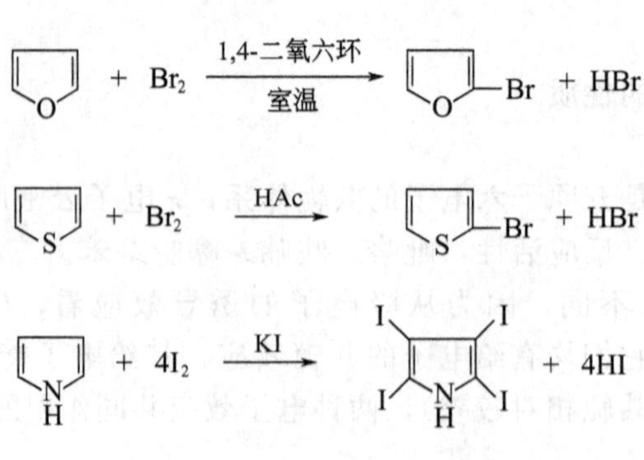

$$\text{呋喃} + Br_2 \xrightarrow[\text{室温}]{\text{1,4-二氧六环}} \text{2-溴呋喃} + HBr$$

$$\text{噻吩} + Br_2 \xrightarrow{HAc} \text{2-溴噻吩} + HBr$$

$$\text{吡咯} + 4I_2 \xrightarrow{KI} \text{四碘吡咯} + 4HI$$

(2) 硝化反应

呋喃、噻吩、吡咯很容易被氧化，甚至被空气氧化。此外，呋喃、吡咯在强酸性条件下，容易质子化而发生开环或聚合反应。噻吩用混酸硝化时反应剧烈。所以，五元杂环化合物一般不用硝酸直接硝化。一般采用比较温和的非质子硝化剂——乙酰基硝酸酯在低温下进行。乙酰基硝酸酯是一个比较温和的硝化剂。它是易吸潮的无色发烟液体，易爆炸。

$$(CH_3COO)_2O + HONO_2 \longrightarrow CH_3COONO_2 + CH_3COOH$$
乙酰基硝酸酯

呋喃 + CH_3COONO_2 $\xrightarrow[-30\sim-5℃]{\text{吡啶}}$ 2-硝基呋喃 + CH_3COOH

噻吩 + CH_3COONO_2 $\xrightarrow[-10℃]{(CH_3CO)_2O}$ 2-硝基噻吩 + CH_3COOH

吡咯 + CH_3COONO_2 $\xrightarrow[5℃]{(CH_3CO)_2O}$ 2-硝基吡咯 + CH_3COOH

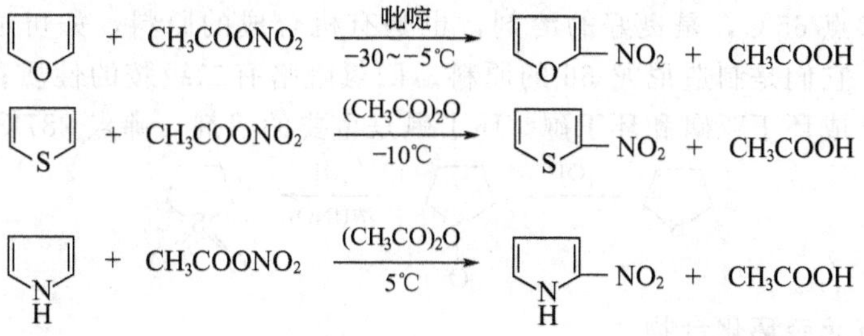

（3）磺化反应

呋喃和吡咯也应避免直接用硫酸进行磺化，通常采用温和的磺化试剂，如吡啶与三氧化硫的加合化合物。噻吩比较稳定，可以直接用硫酸进行磺化。煤焦油中的苯通常含有少量噻吩，可在室温下反复用硫酸提取，由于噻吩比苯容易磺化，磺化的噻吩溶于浓硫酸，可与苯分离，然后水解，将磺酸基去掉，可得噻吩。常用此法去除苯中少量噻吩。

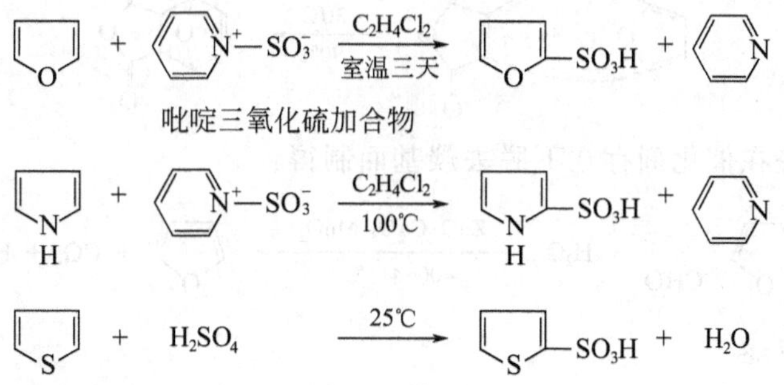

呋喃 + 吡啶-SO_3^- $\xrightarrow[\text{室温三天}]{C_2H_4Cl_2}$ 2-呋喃磺酸 + 吡啶
吡啶三氧化硫加合物

吡咯 + 吡啶-SO_3^- $\xrightarrow[100℃]{C_2H_4Cl_2}$ 2-吡咯磺酸 + 吡啶

噻吩 + H_2SO_4 $\xrightarrow{25℃}$ 2-噻吩磺酸 + H_2O

（4）Friedel-Crafts 反应

呋喃、噻吩、吡咯的烷基化反应很难得到一烷基取代的产物，常得到混合的多烷基取代物，因此应用不多。而酰基化反应在 Friedel-Crafts 催化剂作用下可顺利进行。

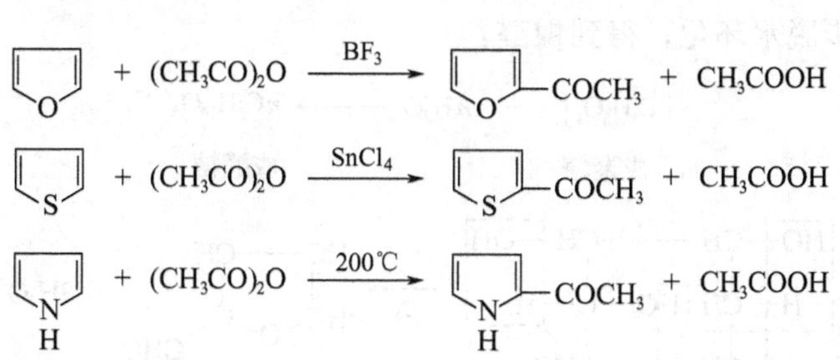

呋喃 + $(CH_3CO)_2O$ $\xrightarrow{BF_3}$ 2-乙酰基呋喃 + CH_3COOH

噻吩 + $(CH_3CO)_2O$ $\xrightarrow{SnCl_4}$ 2-乙酰基噻吩 + CH_3COOH

吡咯 + $(CH_3CO)_2O$ $\xrightarrow{200℃}$ 2-乙酰基吡咯 + CH_3COOH

14.2.1.4 加氢反应

呋喃、吡咯、噻吩均可进行催化氢化反应，呋喃和吡咯可用一般催化剂还原，噻吩能使一般的催化剂中毒，需使用特殊的催化剂。

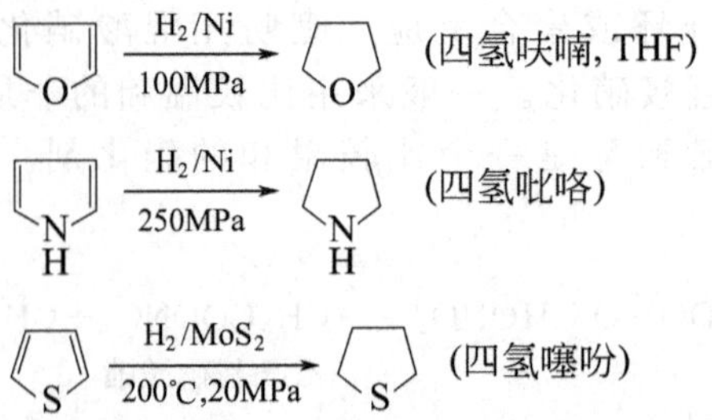

$$\underset{O}{\boxed{}} \xrightarrow[100\text{MPa}]{H_2/Ni} \underset{O}{\boxed{}} \quad (\text{四氢呋喃, THF})$$

$$\underset{N\,H}{\boxed{}} \xrightarrow[250\text{MPa}]{H_2/Ni} \underset{N\,H}{\boxed{}} \quad (\text{四氢吡咯})$$

$$\underset{S}{\boxed{}} \xrightarrow[200\text{℃},20\text{MPa}]{H_2/MoS_2} \underset{S}{\boxed{}} \quad (\text{四氢噻吩})$$

四氢呋喃的沸点 65℃，是良好的溶剂，也是有机合成的原料，如可通过开环反应制备己二胺和己二酸，它们是制造尼龙-66 的原料。四氢吡咯有二级胺的性质；四氢噻吩具有硫醚的性质，可氧化成环丁亚砜和环丁砜。环丁砜是重要的溶剂，沸点 287℃，熔点 28℃。

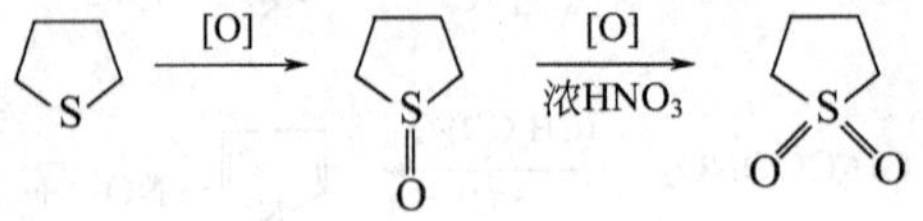

$$\underset{S}{\boxed{}} \xrightarrow{[O]} \underset{S=O}{\boxed{}} \xrightarrow[\text{浓HNO}_3]{[O]} \underset{O=S=O}{\boxed{}}$$

14.2.2 重要的五元杂环化合物

14.2.2.1 呋喃

呋喃（furan）是无色液体，沸点 31℃，难溶于水，易溶于有机溶剂。呋喃存在于松木焦油中，它的蒸气能使浸过盐酸的松木片显绿色，这个现象可用来检验呋喃的存在。呋喃除能进行亲电取代反应外，还可以进行加成反应，如 Diels-Alder 反应。

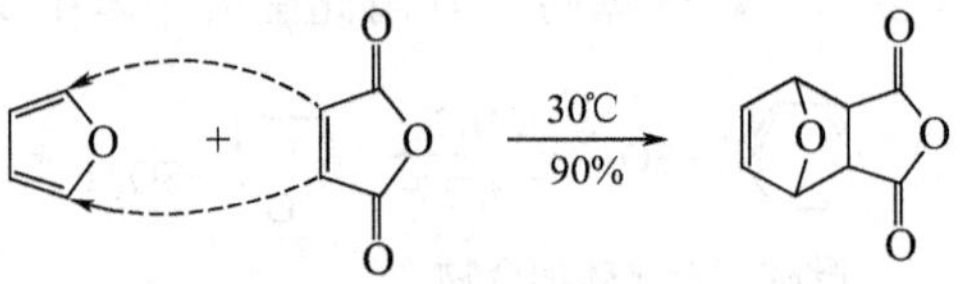

呋喃由呋喃甲醛在催化剂存在下脱去羰基而制得：

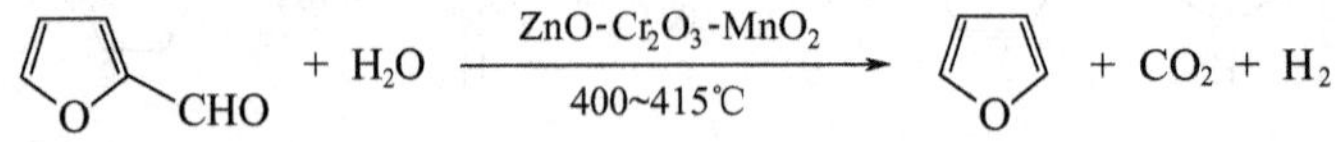

$$\underset{CHO}{\boxed{}} + H_2O \xrightarrow[400\sim 415\text{℃}]{ZnO\text{-}Cr_2O_3\text{-}MnO_2} \underset{O}{\boxed{}} + CO_2 + H_2$$

14.2.2.2 α-呋喃甲醛

α-呋喃甲醛（2-furaldehyde）为无色液体，沸点 162℃，可溶于水，也能溶于许多有机溶剂如乙醇、乙醚、丙酮、苯、四氯化碳等，因此 α-呋喃甲醛是良好的溶剂。α-呋喃甲醛最初从米糠中得来，故俗称糠醛，实际上很多农副产品如麦秆、玉米芯、棉籽壳、甘蔗渣、花生壳、高粱秆等都可用来制取糠醛。因为这些农副产品中都含有戊聚糖，在稀酸作用下水解成戊醛糖，再进一步脱水环化，得到糠醛：

$$[C_5H_8O_4]_n + nH_2O \longrightarrow nC_5H_{10}O_5$$

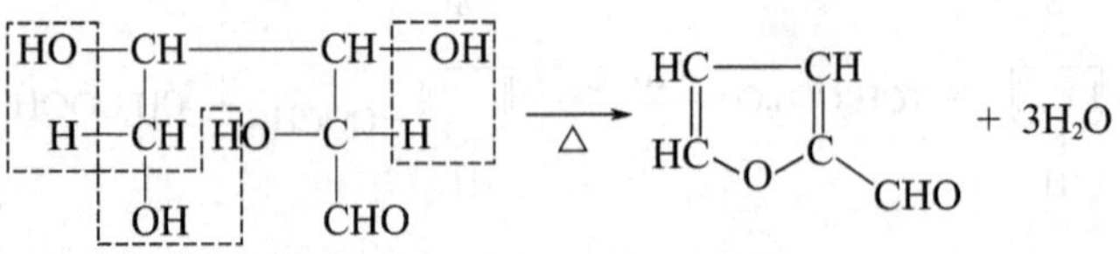

戊聚糖　　　　　　　　戊醛糖

戊醛糖 $\xrightarrow{\Delta}$ 糠醛 + $3H_2O$

糠醛是有机合成原料，其性质与苯甲醛相似，能发生 Cannizzaro 反应、Perkin 反应、氧化反应和还原反应等。例如：

$$2 \underset{O}{\fbox{furan}}\text{-CHO} + \text{NaOH} \longrightarrow \underset{O}{\fbox{furan}}\text{-CH}_2\text{OH} + \underset{O}{\fbox{furan}}\text{-COONa}$$

$$\underset{O}{\fbox{furan}}\text{-CHO} + (\text{CH}_3\text{CO})_2\text{O} \xrightarrow{\text{CH}_3\text{COONa}} \underset{O}{\fbox{furan}}\text{-CH}=\text{CHCOOH} + \text{CH}_3\text{COOH}$$

$$\underset{O}{\fbox{furan}}\text{-CHO} \xrightarrow[\text{中性或碱性}]{\text{KMnO}_4} \underset{O}{\fbox{furan}}\text{-COOH}$$

$$\underset{O}{\fbox{furan}}\text{-CHO} + \text{H}_2 \xrightarrow[150℃, 10\text{MPa}]{\text{CuO, Cr}_2\text{O}_3} \underset{O}{\fbox{furan}}\text{-CH}_2\text{OH}$$

$$\underset{O}{\fbox{furan}}\text{-CHO} + \text{H}_2 \xrightarrow[170\sim180℃, 7\sim10\text{MPa}]{\text{骨架镍}} \underset{O}{\fbox{THF}}\text{-CH}_2\text{OH}$$

14.2.2.3 噻吩

噻吩 (thiophene) 是无色液体，沸点 84℃，熔点 −38.2℃，不溶于水，溶于有机溶剂。主要存在于煤焦油的粗苯中，粗苯中约含 0.5% 的噻吩。在浓 H_2SO_4 存在下，噻吩与靛红一同加热即发生靛吩咛反应，显出蓝色，反应很灵敏，可用来检验噻吩的存在。

[靛红 + 噻吩 $\xrightarrow{H_2SO_4}$ 靛吩咛染料结构式]

14.2.2.4 吡咯

吡咯 (pyrrole) 及其同系物主要存在于煤焦油、骨油中，是无色油状液体，沸点 131℃，微溶于水，而溶于有机溶剂。吡咯的蒸气或其醇溶液能使浸过浓盐酸的松木片显红色，这是鉴别吡咯及其低级同系物的方法。

吡咯分子中氮上的电子对参与共轭，所以不易与 H^+ 结合，基本上无碱性 ($pK_b = 13.6$)，而氮上的氢显弱酸性，如在强碱作用下，可以被取代：

$$\underset{H}{\fbox{pyrrole-NH}} + \text{KOH(固)} \longrightarrow \underset{K^+}{\fbox{pyrrole-N}^-}$$

$$\underset{H}{\fbox{pyrrole-NH}} + \text{NaNH}_2 \longrightarrow \underset{Na^+}{\fbox{pyrrole-N}^-}$$

吡咯很容易发生亲电取代反应，其活性与苯胺相似。如与重氮盐能发生偶合反应，生成有色的偶氮化合物。

$$\underset{H}{\fbox{pyrrole-NH}} + \text{C}_6\text{H}_5\text{N}_2^+\text{Cl}^- \xrightarrow{\text{NaOAc}} \underset{H}{\fbox{pyrrole-NH}}\text{-N}=\text{N-C}_6\text{H}_5 + \text{HCl}$$

14.2.2.5 吲哚

吲哚 (indole) 由苯环和吡咯环稠并而成，故又称苯并吡咯。吲哚仍具有芳香性，其亲电取代反应的活性比苯高，但比吡咯低。

吲哚是白色结晶，熔点 52.5℃。极稀溶液有香味，可用作香料，浓的吲哚溶液有粪臭味。素馨花、柑橘花中含有吲哚。吲哚环的衍生物广泛存在于动植物体内，与人类的生命、生活有密切的关系。如：

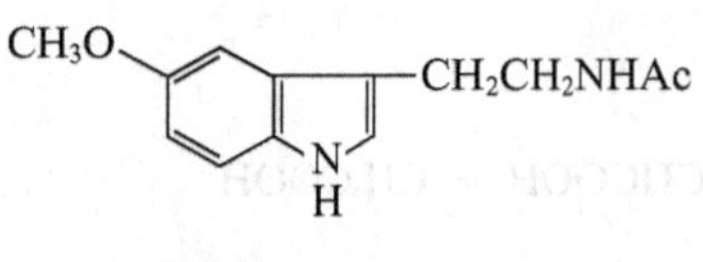

脑白金 Melatonine

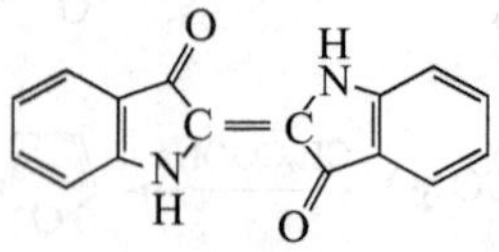

靛蓝
一种染料

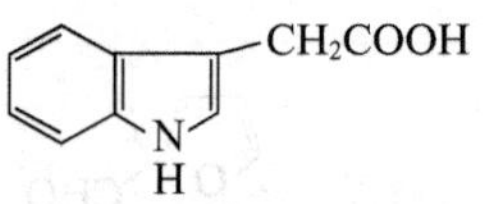

β-吲哚乙酸
一种植物生长促进剂

吲哚的性质与吡咯相似，也可发生亲电取代反应，取代基进入 3 位即 β-位。如：

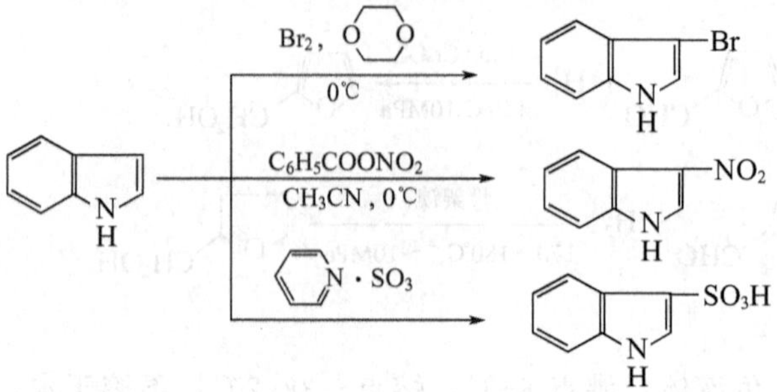

3-溴吲哚 70%

3-硝基吲哚 35%

β-吲哚磺酸

14.3 六元杂环化合物

14.3.1 吡啶

吡啶（pyridine）存在于煤焦油、页岩油和骨焦油中，是具有特殊臭味的无色液体，沸点 115.5℃，熔点 42℃，相对密度 0.982。许多重要的天然化合物，如维生素 B_6、生物碱等都含有吡啶环。

吡啶与水能以任意比例混溶，同时又能溶解大多数极性及非极性有机化合物和无机物，是一个良好的溶剂。吡啶具有高水溶性的原因除分子极性外，还由于其氮原子上一对未参与环共轭体系的未共用电子对与水分子易形成氢键。而吡咯、呋喃和噻吩杂原子的未共用电子对是 6 电子闭合共轭体系的组成部分，失去形成氢键的条件，因此难溶于水。

14.3.1.1 碱性和亲核性

吡啶环上的氮原子有一对未共用电子对没有参与 6 电子共轭体系，可与质子结合，故其碱性（$pK_b=8.8$）较吡咯（$pK_b=13.6$）强，也比苯胺（$pK_b=9.3$）强，能与强酸作用生成较稳定的盐。

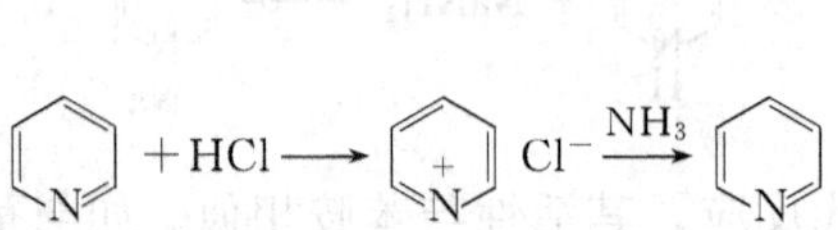

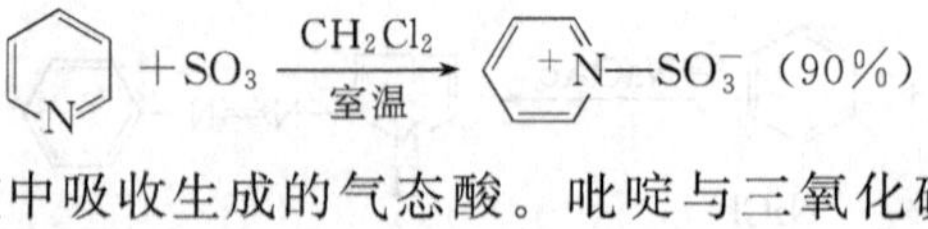

此类反应常用于在反应中吸收生成的气态酸。吡啶与三氧化硫作用，生成的 N-磺酸吡啶是常用的缓和磺化剂。

吡啶的碱性比氨（$pK_b=4.75$）弱，也比脂肪叔胺（三甲胺的 $pK_b=4.22$）弱。原因在于吡啶环上未参与共轭体系的这一对未共用电子对处于 sp^2 杂化轨道上，其 s 成分较 sp^3 杂化轨道多，受原子核束缚强，与 H^+ 质子结合能力差。

由于吡啶环上氮原子的未共用电子对没有参与共轭，因此，吡啶也具有亲核性。吡啶与叔胺相似，也可与卤代烷结合生成相当于季铵盐的产物，该产物是良好的烷基化试剂。例如：

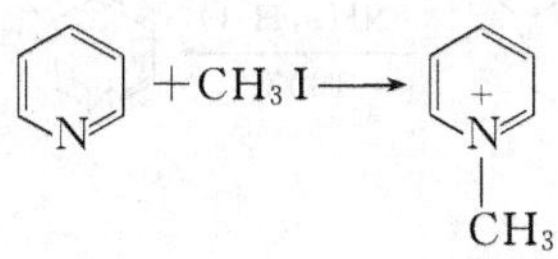

$$\text{吡啶} + CH_3I \longrightarrow \text{N-甲基吡啶鎓碘}$$

吡啶与酰氯作用也能生成盐，产物是良好的酰化剂。例如：

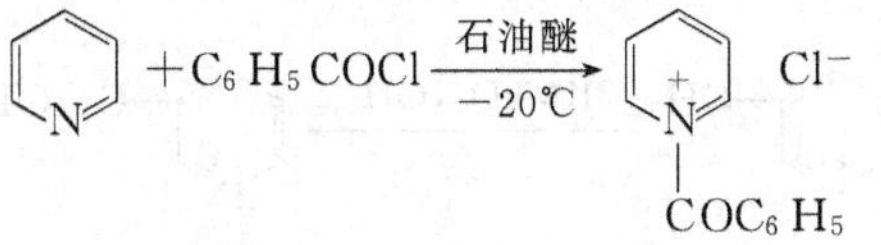

$$\text{吡啶} + C_6H_5COCl \xrightarrow[-20℃]{\text{石油醚}} \text{N-苯甲酰基吡啶鎓氯}$$

14.3.1.2 取代反应

(1) 亲电取代反应

由于氮原子的电负性比碳原子大，所以氮原子附近电子云密度较高，环上碳原子的电子云密度有所降低。因此，吡啶与硝基苯相似，亲电取代比苯困难，并且主要发生在 β-位上，反应条件要求较高。另外，吡啶也像硝基苯一样，不能发生 Friedel-Crafts 反应。例如：

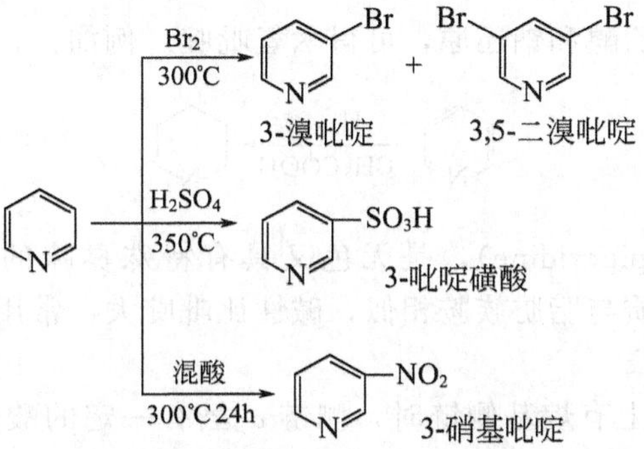

吡啶 $\xrightarrow[300℃]{Br_2}$ 3-溴吡啶 + 3,5-二溴吡啶

吡啶 $\xrightarrow[350℃]{H_2SO_4}$ 3-吡啶磺酸

吡啶 $\xrightarrow[300℃\ 24h]{\text{混酸}}$ 3-硝基吡啶

当吡啶环上连有供电子基团时，将有利于亲电取代反应的发生；反之，就更加难以进行亲电取代反应。

(2) 亲核取代反应

吡啶难于发生亲电取代反应，却比较容易发生亲核取代反应。亲核试剂主要进攻电子云较低的 α 位和 γ 位。因为吡啶发生亲核取代反应时，H^- 较难离去，所以需要使用强的亲核试剂如 $NaNH_2$、PhLi 等。一般情况下，进攻几乎都发生在 α 位上，α 位选择性超过 γ 位，可能与相邻氮的吸电子诱导效应有关。

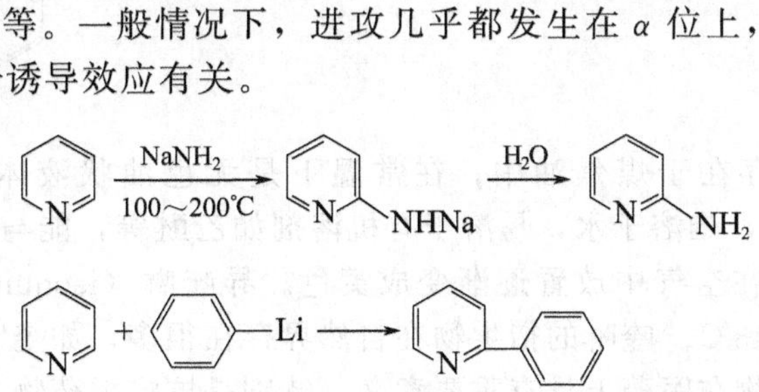

吡啶 $\xrightarrow[100\sim200℃]{NaNH_2}$ 2-(NHNa)吡啶 $\xrightarrow{H_2O}$ 2-氨基吡啶

吡啶 + PhLi $\longrightarrow$ 2-苯基吡啶

当 α 位和 γ 位有卤素时，由于它们是较好的离去基团，用较弱的亲核试剂，反应也很容易进行。

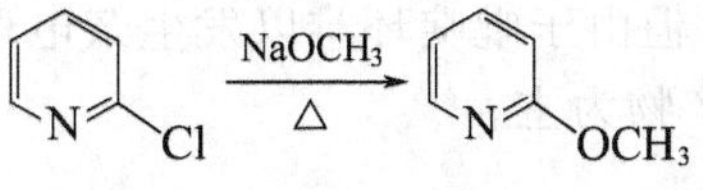

2-氯吡啶 $\xrightarrow[\triangle]{NaOCH_3}$ 2-甲氧基吡啶

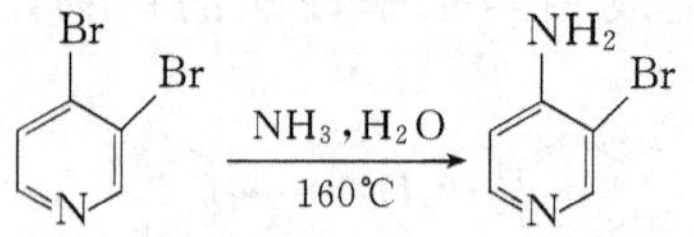

$$\underset{\text{N}}{\overset{\text{Br}}{\bigcirc}}\overset{\text{Br}}{\underset{}{}} \xrightarrow[160℃]{NH_3, H_2O} \underset{\text{N}}{\overset{NH_2}{\bigcirc}}\overset{\text{Br}}{\underset{}{}}$$

14.3.1.3 氧化和还原反应

吡啶比苯稳定，不易被氧化，例如铬酸或硝酸都不能使它氧化。吡啶的同系物氧化时，总是侧链先氧化，而芳杂环不被破坏，结果生成相应的吡啶甲酸。例如：

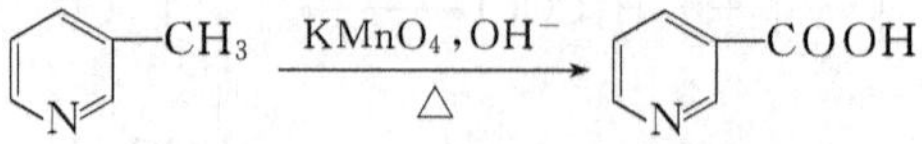

$$\underset{\text{N}}{\bigcirc}-CH_3 \xrightarrow[\triangle]{KMnO_4, OH^-} \underset{\text{N}}{\bigcirc}-COOH$$

3-吡啶甲酸（烟酸）

吡啶与30%的H_2O_2冰乙酸作用时，生成N-氧化吡啶。

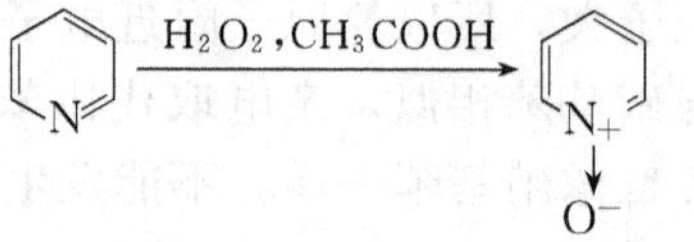

$$\underset{\text{N}}{\bigcirc} \xrightarrow{H_2O_2, CH_3COOH} \underset{\underset{O^-}{\overset{+}{N}}}{\bigcirc}$$

吡啶经催化氢化或用乙醇和钠还原，可得六氢吡啶。例如：

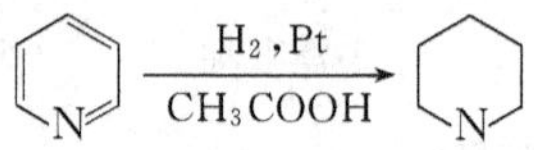

$$\underset{\text{N}}{\bigcirc} \xrightarrow[CH_3COOH]{H_2, Pt} \underset{\text{N}}{\bigcirc}$$

六氢吡啶又称哌啶（piperidine），是无色又具有特殊臭味的液体，沸点106℃，熔点-7℃，易溶于水。它的性质与脂肪族胺相似，碱性比吡啶大，常用作溶剂和有机合成原料。

14.3.1.4 吡啶的侧链反应

当吡啶的α-位和γ-位上有烷基侧链时，侧链α-氢有一定的酸性，可以和强碱反应生成碳负离子，发生类似醛、酮的α-H 的反应。

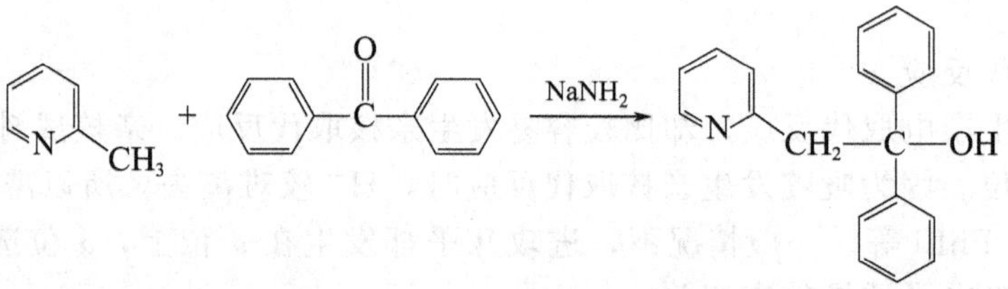

$$\underset{\text{N}}{\bigcirc}-CH_3 + \underset{}{Ph-\overset{O}{\overset{\|}{C}}-Ph} \xrightarrow{NaNH_2} \underset{\text{N}}{\bigcirc}-CH_2-\underset{\underset{Ph}{\overset{Ph}{|}}}{\overset{}{C}}-OH$$

14.3.2 喹啉和异喹啉

喹啉（quinoline）存在于煤焦油中，在常温下是无色油状液体，有特殊气味，沸点238℃，相对密度1.095，难溶于水，易溶于有机溶剂如乙醚等，能与大多数有机溶剂混溶，是一种高沸点溶剂，它在空气中放置逐渐变成黄色。异喹啉（isoquinoline）为低熔点的固体，熔点26℃，沸点243℃。喹啉的衍生物在自然界存在很多，如奎宁、氯喹、罂粟碱、吗啡等。喹啉的许多衍生物在医药上具有重要意义，特别是抗疟类药物。

喹啉、异喹啉是三级胺，具有碱性。喹啉的碱性（$pK_b=9.15$）比吡啶的碱性（$pK_b=8.8$）弱。异喹啉的碱性（$pK_b=8.6$）比吡啶稍强。

喹啉可发生亲电取代反应，但由于吡啶环难以发生亲电取代反应，所以取代基多进入苯环（5或8位）。异喹啉以5位产物为主。

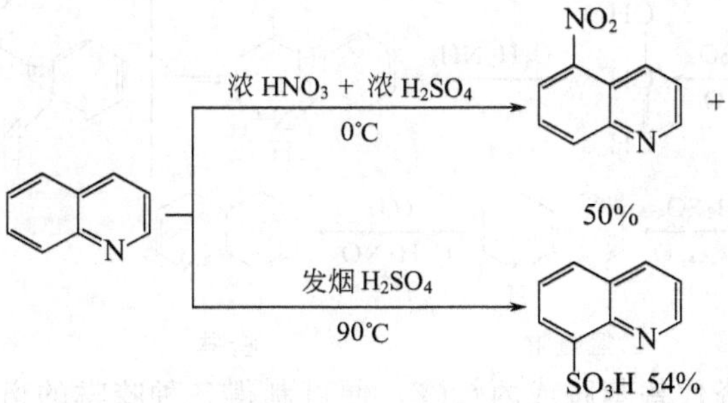

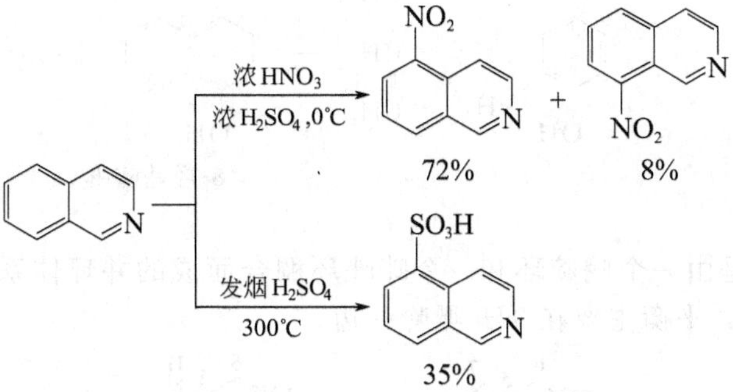

喹啉与吡啶一样，也能发生亲核取代反应，取代基则进入吡啶环 2 或 4 位（2 位为主），异喹啉在 1 位。

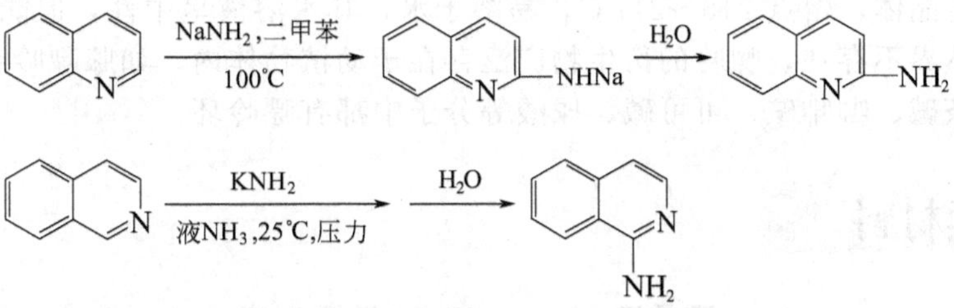

喹啉和异喹啉与绝大多数氧化剂不发生反应，与高锰酸钾能发生反应：

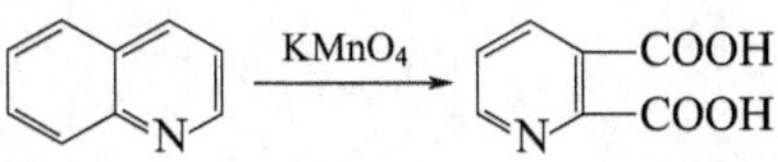

喹啉和异喹啉均可被还原，反应条件不同，产物亦不同：

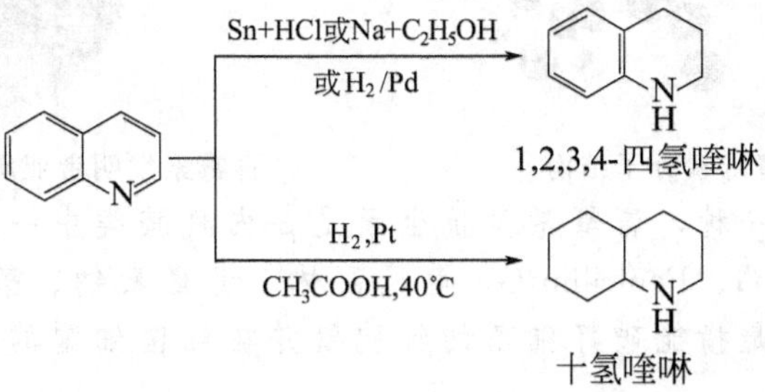

喹啉存在于煤焦油和骨焦油中，可用稀硫酸提取，也可用合成方法制得。合成喹啉及其衍生物常用的方法是 Skraup 合成法，用苯胺、甘油、浓硫酸和硝基苯共热制备。

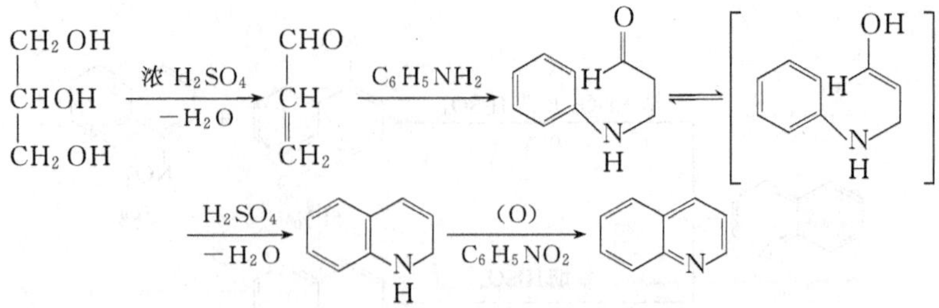

$$\begin{CD} \begin{matrix}CH_2OH\\CHOH\\CH_2OH\end{matrix} @>\text{浓}H_2SO_4>-H_2O> \begin{matrix}CHO\\CH\\\parallel\\CH_2\end{matrix} @>C_6H_5NH_2>> \end{CD}$$

（图：苯胺与丙烯醛缩合生成的中间体 ⇌ 烯醇式）

$$\xrightarrow[-H_2O]{H_2SO_4} \text{二氢喹啉} \xrightarrow[C_6H_5NO_2]{(O)} \text{喹啉}$$

二氢喹啉　　　　　　喹啉

若用其它芳胺或不饱和醛代替苯胺或丙烯醛，便可制得各种喹啉的衍生物。例如：

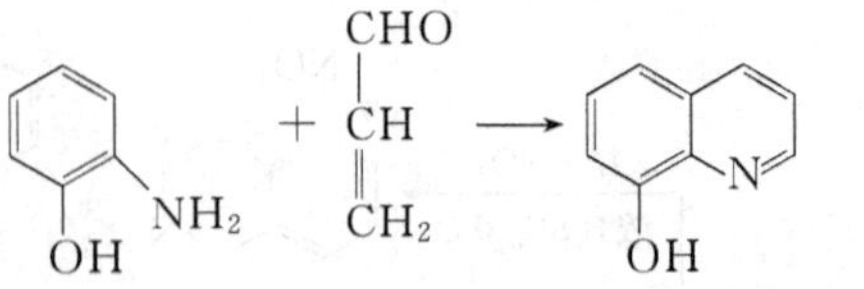

 + （丙烯醛） ⟶ 8-羟基喹啉

14.3.3 嘌呤

嘌呤（purine）是由一个嘧啶环和一个咪唑环稠合而成的并环体系。嘌呤是一对互变异构体形成的平衡体系，平衡主要在 $9H$-嘌呤一边。

$9H$-嘌呤　　　　$7H$-嘌呤

嘌呤为无色晶体，熔点 216～217℃，易溶于水，其水溶液呈中性，但能与酸或碱成盐。纯嘌呤环在自然界不存在，嘌呤的衍生物广泛存在于动植物体内。如腺嘌呤和鸟嘌呤是核酸的组成部分；茶碱、咖啡碱、可可碱、尿酸等分子中都有嘌呤环。

阅读材料

青霉素（Penicillin）类抗生素

青霉素分子结构 　　　　　　青霉素发明者亚历山大·弗莱明

青霉素是抗生素的一种，青霉素类抗生素是 β-内酰胺类中一大类抗生素的总称。青霉素又常被称为青霉素G、Penicillin G、盘尼西林、青霉素钠、苄青霉素钠、青霉素钾、苄青霉素钾等。青霉素是指能破坏细菌的细胞壁并在细菌细胞的繁殖期起杀菌作用的一类抗生素。

青霉素类抗生素的毒性很小，由于 β-内酰胺类作用于细菌的细胞壁，而人类只有细胞膜无细胞壁，故对人类的毒性较小，除能引起严重的过敏反应外，在一般用量下，其毒性不甚明显，是化疗指数最大的抗生素。但青霉素类抗生素常见的过敏反应在各种药物中居首位，发生率最高可达 5%～10%。

20世纪40年代以前，人类一直未能掌握一种能高效治疗细菌性感染且副作用小的药物。1929 年英国的微生物家 Fleming A（弗莱明）注意到青霉有阻止链球菌生长的效能。

亚历山大·弗莱明由于一次幸运的过失而发现了青霉素。1928 年夏弗莱明外出度假时，把实验室里在培养皿中正生长着细菌这件事给忘了。三周后当他回实验室时，注意到一个与空气意外接触过的金黄色葡萄球菌培养皿中长出了一团青绿色霉菌。在用显微镜观察这只培养皿时发现，霉菌周围的葡萄球菌菌落已被溶解。这意味着霉菌的某种分泌物能抑制葡萄球菌。此后的鉴定表明，上述霉菌为点青霉菌，因此弗莱明将其分泌的抑菌物质称为青霉素。然而遗憾的是，弗莱明一直未能找到提取高纯度青霉素的方法，于是他将点青霉菌菌株一代代地培养，并于 1939 年将菌种提供给准备系统研究青霉素的澳大利亚病理学家弗洛里（Howard Walter Florey）和生物化学家钱恩（Chain E）。经过长期观察，弗洛里和钱恩终于在 1940 年由青霉的培养液中取得了有效的成分，即为青霉素。

弗洛里、钱恩一系列临床实验证实了青霉素对链球菌、白喉杆菌等多种细菌感染的疗效。在这些研究成果的推动下，美国制药企业于 1942 年开始对青霉素进行大批量生产。到了 1943 年，制药公司已经发现了批量生产青霉素的方法。当时英国和美国正在和纳粹德国交战。这种新的药物对控制伤口感染非常有效。到了 1944 年，药物的供应已经足够治疗第二次世界大战期间所有参战的盟军士兵。1945 年，弗莱明、弗洛里和钱恩因"发现青霉素及其临床效用"而共同荣获了诺贝尔生理学或医学奖。1953 年 5 月，中国第一批国产青霉素诞生，揭开了中国生产抗生素的历史。

青霉素（penicillin）内含四氢噻唑与 β-内酰胺环系。不同种类的青霉素差别在于 R 不同，下面是 R 为苄基时青霉素 G 的结构：

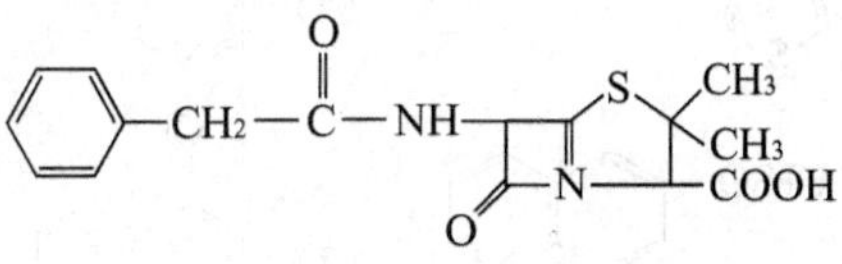

青霉素 G

青霉素可制成钠盐或钾盐。如：

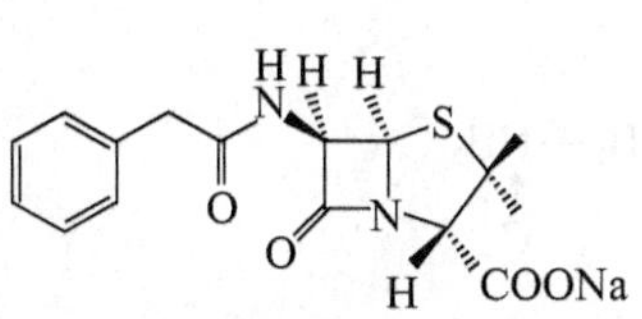

青霉素钠 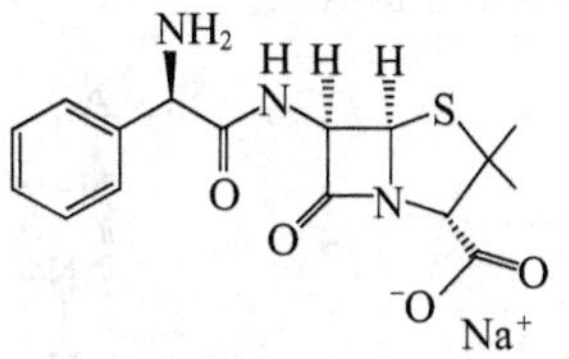　　　　**氨苄西林钠**

青霉素结构的测定，主要争论的一点就是有关分子中的四元环内酰胺的结构，Woodward R B 首先提出了正确的结构，最后用 X 射线衍射方法测定，确定了青霉素 G 的结构。

青霉素能治疗由于葡萄球菌、链球菌所引起的疾病，如肺炎、脑炎等，它毒性极小，远胜于磺胺药。工业生产的青霉素是青霉素 G，是由青霉素培养液分离得到的。青霉素的杀菌作用是它能阻止细菌的细胞壁的合成，因它能与进行生物合成细胞壁的主要酶的氨基进行反应，使酶失去活性。

Sheehan J C（席恩）于 1957 年合成了青霉素 V（R=$CH_2OC_6H_5$）。这是第一个合成的青霉素，但合成的青霉素的生理效能，只有天然的 51.4%，说明立体异构体中只有一种有生理效能。

青霉素 G 只能注射，不能口服，因 β-内酰胺很不稳定，对酸对碱均很敏感，特别容易被酸水解而将 β-内酰胺环打开失去活性。青霉素经水解后，得青霉氨基酸，它虽也是个氨基酸，但是和蛋白质水解所得的氨基酸不同，它是属于 D 型的。

常用青霉素会使细菌产生耐药性，因此需要寻找另外的药物来替代，后来发现，头孢霉素具有青霉素的活性，但疗效不到青霉素的百分之一。

青霉素是一种高效、低毒、临床应用广泛的重要抗生素。它的研制成功大大增强了人类抵抗细菌性感染的能力，带动了抗生素家族的发展，它的出现开创了用抗生素治疗疾病的新纪元。通过数十年的完善，青霉素针剂和口服青霉素已能分别治疗肺炎、肺结核、脑膜炎、心内膜炎、白喉、炭疽等病。继青霉素之后，链霉素、氯霉素、土霉素、四环素等抗生素不断产生，增强了人类治疗传染性疾病的能力。但与此同时，部分病菌的抗药性也在逐渐增强。为了解决这一问题，科研人员目前正在开发药效更强的抗生素，探索如何阻止病菌获得抵抗基因，并以植物为原料开发抗菌类药物。

邢其毅，裴伟伟，徐瑞秋等．基础有机化学．第三版．北京：高等教育出版社，2005．

习 题

1. 写出下列化合物的构造式。
   (1) 3-甲基吡咯；　　　　(2) α-噻吩磺酸；　　　　(3) γ-吡啶甲酸；
   (4) β-氯代呋喃；　　　　(5) β-吲哚乙酸；　　　　(6) 碘化 N,N-二甲基四氢吡咯；
   (7) 四氢呋喃；　　　　　(8) 四氢吡咯；　　　　　(9) 8-羟基喹啉

2. 命名下列化合物。

3. 比较 A、B、C 不同氮原子的碱性。

4. 比较下列化合物的碱性强弱。
   (1) 吡咯　(2) 吡啶　(3) 六氢吡啶　(4) 苯胺　(5) 苄胺　(6) 氨

5. 下列化合物哪个可溶于酸，哪个可溶于碱，哪个既溶于酸又溶于碱。

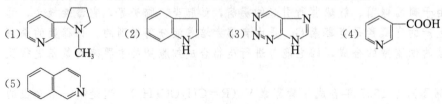

6. 下列化合物哪些具有芳香性？

(1) [1,3-噻唑] (2) H₃C-N◯N-CH₃ (3) H₃C-[1,3,4-噁二唑]-CH₃

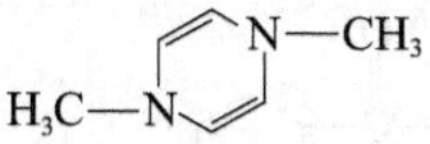

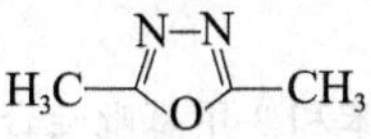

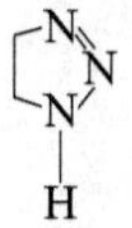

(4) [1,2,3-三唑, NH] (5) 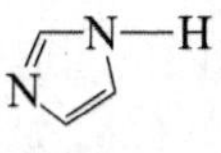 [咪唑-NH] (6) 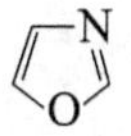 [噁唑]

7. 比较下列化合物亲电取代反应活性的强弱。
(1) 呋喃 (2) 吡咯 (3) 噻吩 (4) 吡啶 (5) 苯

8. 写出下列各反应的主产物

(1) 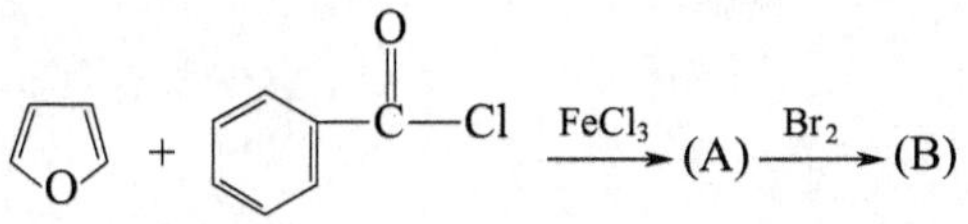 呋喃 + C₆H₅COCl $\xrightarrow{FeCl_3}$ (A) $\xrightarrow{Br_2}$ (B)

(2) 吡咯 + CH₃MgI ⟶ (A) $\xrightarrow{CH_3I}$ (B)

(3) 噻吩 + CH₂(CN)₂ (亚甲基丙二腈) ⟶ (A)

(4) 呋喃-2-CHO + CH₃CHO $\xrightarrow[②\triangle]{①稀NaOH}$ (A)

(5) 3-甲基噻吩 $\xrightarrow[AlCl_3]{CH_3CH_2COCl}$ (A)

(6) 3-硝基噻吩 $\xrightarrow[HOAc]{Br_2}$ (A)

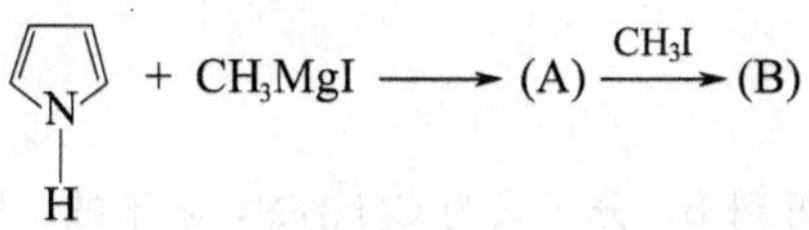

(7) 呋喃-2-CHO $\xrightarrow{Cl_2}$ (A)

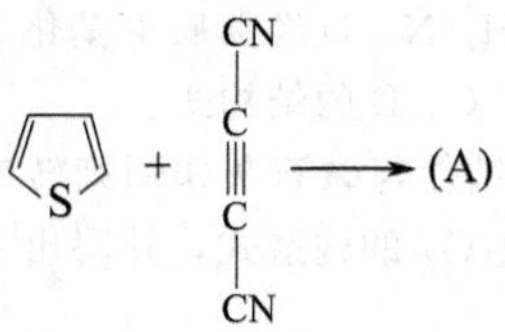

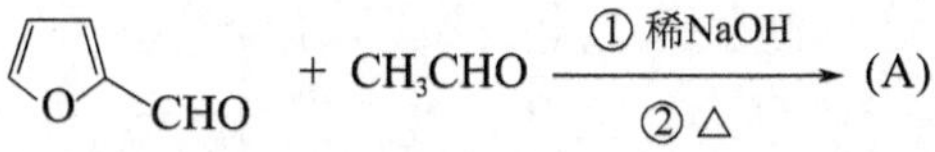

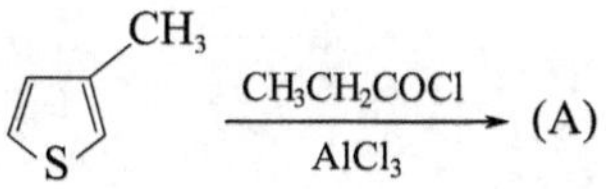

(8) [1,2,3-三唑, NH] (A)

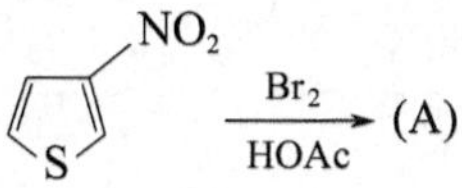

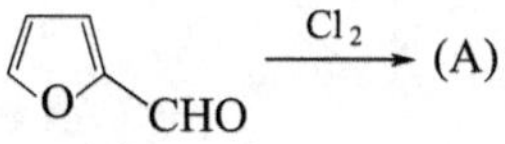

(9) 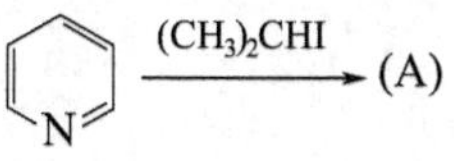 吡啶 $\xrightarrow{(CH_3)_2CHI}$ (A)

(10) 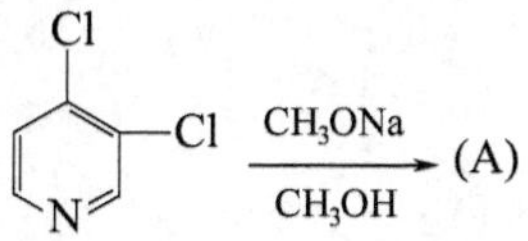 3,4-二氯吡啶 $\xrightarrow[CH_3OH]{CH_3ONa}$ (A)

(11) 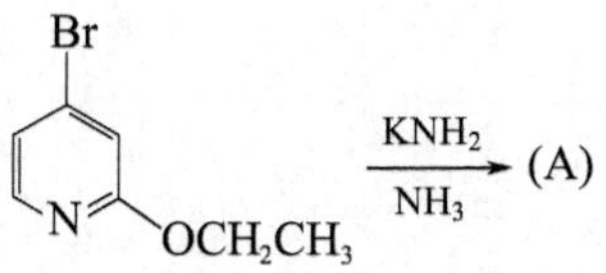 4-溴-2-乙氧基吡啶 $\xrightarrow[NH_3]{KNH_2}$ (A)

9. 由指定原料合成化合物

(1) 由呋喃合成 5-硝基糠酸　　(2) 由苯和 3-甲基吡啶合成

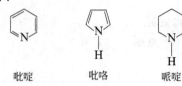

10. 用化学方法区别下列化合物：苯、噻吩、苯酚。
11. 如何用 IR 谱和 ^{1}H NMR 谱区分：

吡啶　　吡咯　　哌啶

12. 用化学方法除去下列化合物中的少量杂质。
(1) 吡啶中混有少量六氢吡啶
(2) 甲苯中混有少量吡啶
(3) β-吡啶乙酸乙酯中混有少量 β-吡啶乙酸
(4) 苯中混有少量噻吩
13. 化合物 A，分子式为 C_6H_9N，不溶于酸，A 经 H_2/Pd 加氢得到 B，分子式为 $C_6H_{13}N$，溶于酸，B 与等物质的量的 CH_3I 反应得到 C，C 与 Ag_2O 水溶液共热得到 D，分子式为 $C_7H_{15}N$，D 经彻底甲基化、再与湿的 Ag_2O 反应，然后进行热消除，得到 2-甲基-1,3-丁二烯。试推出 A、B、C、D 的结构式。
14. 某杂环化合物 $C_5H_4O_2$，经氧化生成分子式 $C_5H_4O_3$ 的羧酸，这个羧酸的钠盐与碱石灰作用则转变为 C_4H_4O。后者不和金属钠作用，也没有醛和酮的反应。试推测原来化合物 $C_5H_4O_2$ 的构造式，并写出有关反应式。

第15章 元素有机化合物

15.1 元素有机化合物的分类和命名

15.1.1 元素有机化合物的定义及分类

有机化合物中除含有 C、H 外，还通常有 O、N、S、Cl、Br、I 等，除了这八种元素外，化合物中所含有的其它元素称为异元素。异元素直接与碳原子相连的有机化合物称为元素有机化合物（elementary organic compound）。有些异元素通过 O、S、N 原子与 C 原子间接相连，习惯上也划入广义的元素有机化合物范畴。按照异元素的种类，可将元素有机化合物粗略地分成金属有机化合物和非金属有机化合物。如果按异元素的名称则可将元素有机化合物分成有机硅化合物、有机锂化合物、有机磷化合物、有机铝化合物等。

元素有机化合物在理论和实际应用上都具有重大意义。元素有机化合物的研究，丰富和发展了结构化学的理论。比如，对四甲基铅的研究，证明了脂肪族游离基的存在。而且，元素有机化合物由于其特殊的性能，已经广泛应用于工农业、医药卫生以及科学实验等各个方面。

15.1.2 元素有机化合物的命名

① 以异元素的取代衍生物命名，也就是以异元素为主，烃基作为前缀写在前面。

$CH_3CH_2CH_2CH_2Li$　　　$(CH_3CH_2)_2Mg$　　　$(C_6H_5)_3P$　　　$(CH_3)_4Si$

丁基锂　　　　　　　二乙基镁　　　　　　三苯基膦　　　　　四甲基硅

② 当异元素连有碳以外的基团时，此基团可看做阴离子。

CH_3MgCl　　　　　　$(CH_3CH_2)_2AlCl$　　　　　　$SiCl_4$

甲基氯化镁　　　　　　二乙基氯化铝　　　　　　　四氯化硅

15.2 有机硅化合物

硅是元素周期表中ⅣA元素，紧接在碳下面。在通常情况下，硅的化合价为 4，采取 sp^3 杂化，具有四面体结构。硅具有较大的供电性，因而它的电负性较小，与 C、H 相比显正电性。因此，硅易受亲核试剂的进攻，这对硅化合物的化学性质有深刻影响。

烃基卤硅烷（$RSiX_3$、R_2SiX_2、R_3SiX）是有机硅化合物（organic silicon compound）中最为重要的一类，以它作为单体可以合成一系列耐热、耐寒、防潮、绝缘的有机硅油（silicone oil）、硅树脂（silicone resin）、硅橡胶（silicone rubber）。

15.2.1 烃基卤硅烷的制法

烃基卤硅烷的制法主要有直接合成法、Grignard 试剂法和加成法三种，工业上主要采用直接合成法。

15.2.1.1 直接合成法

在催化剂作用下，卤代烃与硅粉直接作用，生成烃基硅卤烷的混合物。

$$CH_3Cl + Si \xrightarrow[265\sim285℃]{Cu,Zn} CH_3SiCl_3 (10\%) + (CH_3)_2SiCl_2 (70\%) + (CH_3)_3SiCl (5\%)$$

$$C_6H_5Cl + Si \xrightarrow[400\sim500℃]{Cu,Zn} C_6H_5SiCl_3 (65\%) + (C_6H_5)_2SiCl_2$$

15.2.1.2 Grignard 试剂法

Grignard 试剂与四卤化硅反应，生成烃基卤硅烷，取代反应逐级进行。

$$RMgX + SiCl_4 \longrightarrow RSiCl_3 + MgXCl$$
$$\xrightarrow{RMgX} R_2SiCl_2 + MgXCl$$
$$\xrightarrow{RMgX} R_3SiCl + MgXCl$$
$$\xrightarrow{RMgX} R_4Si + MgXCl$$

通过控制反应原料的比例，可使其中一种烃基氯硅烷成为主要产物。

$$2C_2H_5MgI + SiCl_4 \xrightarrow{醚} (C_2H_5)_2SiCl_2$$

另外，可以通过逐级加入不同烃基的 Grignard 试剂，制备混合烃基卤硅烷。

$$CH_3MgCl + SiCl_4 \xrightarrow{-MgCl_2} CH_3SiCl_3 \begin{array}{c} \xrightarrow[-MgXCl]{C_6H_5MgX} C_6H_5(H_3C)SiCl_2 \\ \xrightarrow[-MgXCl]{C_2H_5MgX} C_2H_5(H_3C)SiCl_2 \end{array}$$

15.2.1.3 加成法

烃基卤硅烷也可用含 Si—H 键的化合物与不饱和烃类起加成反应得到。

$$CH_2=CH_2 + HSiCl_3 \xrightarrow{紫外线或\gamma射线} CH_3CH_2SiCl_3$$

反应按自由基加成反应历程进行，所以，当与 α-烯烃加成时，硅几乎都是与末端碳相连。

$$(CH_3)_2C=CH_2 + HSiCl_3 \xrightarrow{紫外线或\gamma射线} (CH_3)_2CHCH_2SiCl_3$$

在铂催化下，三氯硅烷与乙炔起加成反应生成乙烯基氯硅烷。

$$CH\equiv CH + HSiCl_3 \xrightarrow{Pt} CH_2=CH-SiCl_3$$

15.2.2 烃基卤硅烷的性质与应用

烃基卤硅烷在空气中很快吸水发烟，这是由于 Si—X 键水解后生成硅醇（silanol）。

$$(CH_3)_3SiCl + H_2O \xrightarrow[-HCl]{水解} (CH_3)_3SiOH \quad 三甲基硅醇$$

$$(CH_3)_2SiCl_2 + 2H_2O \xrightarrow[-2HCl]{水解} (CH_3)_2Si(OH)_2 \quad 二甲基硅醇$$

$$CH_3SiCl_3 + 3H_2O \xrightarrow[-3HCl]{水解} CH_3Si(OH)_3 \quad 甲基硅醇$$

在酸或碱的存在下，大多数硅醇不稳定，容易进一步缩合形成相应的硅氧链。硅原子上连有的羟基越多，脱水缩合倾向越大。

三甲基硅醇进行分子间脱水缩合生成六甲基二硅氧烷。

$$2(CH_3)_3SiOH \xrightarrow{-H_2O} (CH_3)_3Si-O-Si(CH_3)_3$$

同样，二甲基硅醇易发生分子间脱水生成线型的或环状的聚硅氧烷。

$$n(CH_3)_2Si(OH)_2 \xrightarrow{-(n-1)H_2O} \left[\begin{array}{c} CH_3 \\ | \\ Si-O \\ | \\ CH_3 \end{array}\right]_n$$

产物线型聚二甲基硅氧烷聚合度在 2000 以上时，相对分子质量在 40 万～70 万之间，就是二甲基硅橡胶，为无色透明软糖状的弹性物质。如果聚合度在 10 左右，分子量在几百至几千之间时，缩聚物为液体，称为有机硅油。硅油是无色透明的油状液体，不易燃烧，对金属没有腐蚀性，绝缘性及化学稳定性良好，用于尖端技术如超音速喷气飞机、火箭、导弹、空间飞行器、原子能反应堆，以及用于军工、民用作为润滑油、液压油和其它工作液。

硅三醇脱水缩合则形成体型结构的硅树脂。硅树脂在结构上与硅油和硅橡胶明显不同，硅树脂是由 $(CH_3)_2SiCl_2$ 与一定量的 CH_3SiCl_3 一起进行水解缩聚来合成的，CH_3SiCl_3 是一个三官能团单体，提供分子链间进行 Si—O—Si 交联，所以缩聚产物具有网状或体型结构。有机硅树脂通常以树脂粉和树脂漆两种形式供使用。树脂粉是有机硅树脂与玻璃纤维、二氧化硅、云母粉等的混合物，经加热加压成型后，可制成各种复杂形状的绝缘零件，耐高、低温性能良好。有机硅树脂已成为电子、电器及国防尖端各部门不可缺少的重要材料。树脂漆应用最广，它是有机硅树脂的中间缩聚物溶在甲苯或二甲苯等溶剂中制成，主要用作电绝缘漆、耐热涂料、脱模和黏结等。

15.3 有机磷化合物

有机磷化合物（organic phosphorous compound）在生命科学和工农业生产中都具有重要用途。有机磷化合物可作为农药，具有高效而低残毒的特点。一些有机磷化合物可作为有机合成试剂（Wittig 试剂），合成一系列用普通反应难以得到的化合物。此外，有机磷化合物还可以作为增塑剂、萃取剂、防燃剂、添加剂和药物等。

氮和磷同在周期表的第 V 主族，化合价相同，性质相近，所以，磷也能生成类似氮化合物结构的化合物。磷化氢分子中的氢原子部分或全部被烃基取代的衍生物称为膦。与胺类结构相似，也可分为伯膦、仲膦、叔膦和季鏻化合物。

NH_3	RNH_2	R_2NH	R_3N	$R_4N^+X^-$
氨	伯胺	仲胺	叔胺	季铵盐
PH_3	RPH_2	R_2PH	R_3P	$R_4P^+X^-$
磷化氢	伯膦	仲膦	叔膦	季鏻盐

15.3.1 膦的制法

15.3.1.1 卤代烃与磷化钠、烷基或芳基膦及取代膦化钠作用

卤代烃与磷化钠、烷基或芳基膦以及取代膦化钠作用，可以制备伯、仲、叔膦。

$$PCl_3 + LiAlH_4 \xrightarrow{THF} PH_3 \xrightarrow[乙醚]{Na} H_2PNa$$

$$H_2PNa + RX \longrightarrow RPH_2 + NaX$$
伯膦

$$RPH_2 + Na \longrightarrow RHPNa \xrightarrow{R'X} RR'PH + NaX$$
仲膦

$$RPH_2 + 2R'X \longrightarrow R'_2RP + 2HX$$
叔膦

15.3.1.2 磷化氢与 α-烯烃的反应

磷化氢与 α-烯烃在过氧化物存在或在紫外光照射下加压反应，可生成伯、仲、叔膦。产物随原料的摩尔比不同而异，当 α-烯烃：磷化氢＝1：1时，产物为伯膦；当 α-烯烃：磷化氢＝2：1时，产物为仲膦；当 α-烯烃：磷化氢＝3：1时，产物为叔膦。

$$R-CH=CH_2 + PH_3 \xrightarrow[\text{(或紫外线)}]{\text{过氧化物}} RCH_2CH_2PH_2$$

$$2R-CH=CH_2 + PH_3 \xrightarrow[\text{(或紫外线)}]{\text{过氧化物}} (RCH_2CH_2)_2PH$$

$$3R-CH=CH_2 + PH_3 \xrightarrow[\text{(或紫外线)}]{\text{过氧化物}} (RCH_2CH_2)_3P$$

15.3.1.3 Friedel-Crafts 反应

三氯化磷和苯在三氯化铝存在下进行 Friedel-Crafts 反应，生成三苯基膦，产率为 69%。这是合成三苯基膦的常用方法之一。三苯基膦是一个重要的有机合成试剂。

$$C_6H_6 + PCl_3 \xrightarrow[20\text{atm}, 200^\circ C]{AlCl_3} (C_6H_5)_3P$$

15.3.1.4 与 Grignard 试剂的反应

Grignard 试剂和三氯化磷反应生成叔膦。

$$3CH_3MgI + PCl_3 \xrightarrow{\text{乙醚}} (CH_3)_3P + 3MgClI$$

15.3.2 膦的性质

15.3.2.1 氧化反应

膦非常容易被氧化，较低级的膦在空气中迅速氧化而引起自燃。当以空气或硝酸为氧化剂时，则伯、仲、叔膦分别被氧化成烷基膦酸、二烷基次膦酸和氧化叔膦。

$$RPH_2 + 3[O] \longrightarrow R-\overset{\overset{\displaystyle O}{\|}}{\underset{\underset{\displaystyle OH}{|}}{P}}-OH \quad \text{烷基膦酸}$$

$$R_2PH + 2[O] \longrightarrow R-\overset{\overset{\displaystyle O}{\|}}{\underset{\underset{\displaystyle R}{|}}{P}}-OH \quad \text{二烷基次膦酸}$$

$$R_3P + [O] \longrightarrow R_3P \rightarrow O \quad \text{氧化叔膦}$$

15.3.2.2 Wittig 试剂及其反应

三苯基膦与卤代烃反应得到季鏻盐。季鏻盐用强碱处理，能使连接磷的一个 α-碳原子上的质子分离而成亚甲基膦烷式的化合物，这个化合物的磷碳键具有很强的极性，因此具有内盐的性质。

$$(C_6H_5)_3P: + CH_3-Br \longrightarrow (C_6H_5)_3P^+-CH_3Br^-$$

$$(C_6H_5)_3P^+-CH_3Br^- + C_6H_5Li \longrightarrow (C_6H_5)_3P=CH_2 + C_6H_6 + LiBr$$
Wittig 试剂

Wittig 试剂通常为黄红色结晶物,对空气和水极敏感,加热易分解。利用 Wittig 试剂可以进行一系列的合成反应,制备用普通反应难以得到的化合物,应用 Wittig 试剂进行的合成反应叫做 Wittig 反应。Wittig 试剂作为强亲核试剂与醛或酮加成,将羰基上的氧原子转换成亚甲基,主要用于从醛、酮直接合成烯烃,该反应条件温和,产率较高。产物烯烃分子中双键的位置可以由醛、酮分子中羰基的位置确定下来,反应具有高度的位置选择性。

$$\text{C}=O + R_2C=P(C_6H_5)_3 \longrightarrow \text{C}=CR_2 + O=P(C_6H_5)_3$$

Wittig 试剂与醛、酮等羰基化合物反应的反应机理:

$$CH_3\overset{O}{\overset{\|}{C}}CH_3 + (C_6H_5)_3P=CHCH_3 \longrightarrow \left[CH_3-\underset{CH_3}{\overset{O^-}{\underset{|}{C}}}-\overset{P^+(C_6H_5)_3}{\underset{|}{CHCH_3}} \right]$$

$$\longrightarrow \left[CH_3-\underset{CH_3}{\overset{O-P(C_6H_5)_3}{\underset{|}{C}}}-CHCH_3 \right] \xrightarrow{0℃} CH_3-\underset{CH_3}{\overset{}{\underset{|}{C}}}=CHCH_3 + (C_6H_5)_3P=O$$

由于 Wittig 试剂是很强的亲核试剂,当它与醛、酮反应时,Wittig 试剂首先对醛、酮分子中羰基上的碳原子进行亲核进攻(亲核加成)生成磷内盐,然后经过四元环过渡态,最后 P 与 O 结合成为氧化三苯膦,亚甲基与羰基碳结合形成烯烃。

利用 Wittig 试剂可以合成维生素 A。

15.3.2.3 Arbuzov 重排反应

亚磷酸三烃基酯作为亲核试剂与卤代烃作用,生成烃基膦酸二烃基酯和一个新的卤代烃。该反应简易且产率高,广泛用于有机磷化合物的合成。

$$\underset{RO}{\overset{RO}{\underset{|}{}}}\!\!\!P + R'X \xrightarrow[\triangle]{\text{重排}} \underset{RO}{\overset{RO}{\underset{|}{}}}\!\!\!\overset{O}{\overset{\|}{P}}-R' + RX$$

反应机理:反应时,首先形成不稳定的季鏻盐形式的中间体化合物,然后分解脱去卤代烃,同时生成烃基膦酸酯。

$$RO-\underset{OR}{\overset{OR}{\underset{|}{P:}}} + R'-X \xrightarrow{S_N2} RO-\underset{OR}{\overset{OR}{\underset{|}{P^+}}}-R' + X^- \xrightarrow{S_N2} RO-\underset{O}{\overset{OR}{\underset{\|}{P}}}-R' + RX$$

15.4 有机锂化合物

有机锂化合物（organolithium compound）是最重要的碱金属有机化合物之一。近年来在有机合成、高分子合成的理论与实践方面起着重要的作用，而且有机锂化合物也作为催化剂而被广泛使用。

15.4.1 有机锂的制法

15.4.1.1 直接合成法

卤代烃与金属锂作用生成有机锂化合物。反应在惰性溶剂（乙醚、苯、石油醚或环己烷）、并在氮气保护下进行（有机锂化合物在空气中能自燃），而且需要绝对无水条件（有机锂化合物强烈地被水分解）。

$$2Li + CH_3CH_2CH_2CH_2Br \xrightarrow[-20\sim-10℃]{乙醚} CH_3CH_2CH_2CH_2Li + LiBr$$

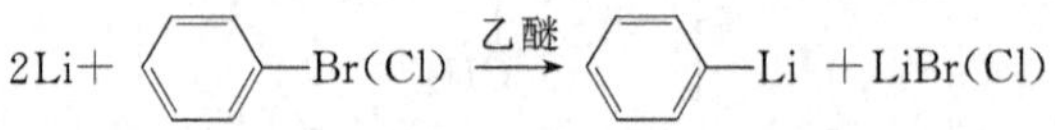

$$2Li + C_6H_5-Br(Cl) \xrightarrow{乙醚} C_6H_5-Li + LiBr(Cl)$$

原料卤代烃一般用氯代烷，少用溴代烷或碘代烷。因为生成的烷基锂很活泼，易与未反应的溴代烷或碘代烷作用，反应剧烈。有机锂化合物作合成中间体时，一般不用分离，可直接使用它的溶液。

15.4.1.2 金属锂与烯烃加成

金属锂和烯烃发生加成反应，得到有机锂化合物。如果烯烃分子中存在共轭体系，反应更容易进行。

$$C_6H_5CH=CHC_6H_5 + 2Li \longrightarrow C_6H_5-\underset{Li}{CH}-\underset{Li}{CH}-C_6H_5$$

15.4.2 有机锂的性质

有机锂的性质与 RMgX 相似，但比 RMgX 更活泼，能够参与 RMgX 不易进行的反应。

15.4.2.1 与碳碳双键加成

烃基锂与烯烃加成，生成碳链增长的烃基锂。反应生成的烃基锂可以和烯烃继续加成，生成高分子化合物。

$$CH_2=CH_2 + (CH_3)_3CLi \xrightarrow{-60℃} (CH_3)_3C-CH_2CH_2Li$$

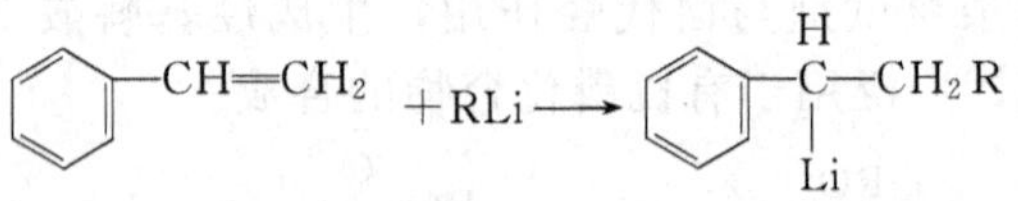

$$C_6H_5-CH=CH_2 + RLi \longrightarrow C_6H_5-\underset{Li}{\overset{H}{C}}-CH_2R$$

烃基锂能与共轭二烯烃发生 1,4-加成反应，生成的烃基锂化合物可以继续加成，得到高分子化合物。

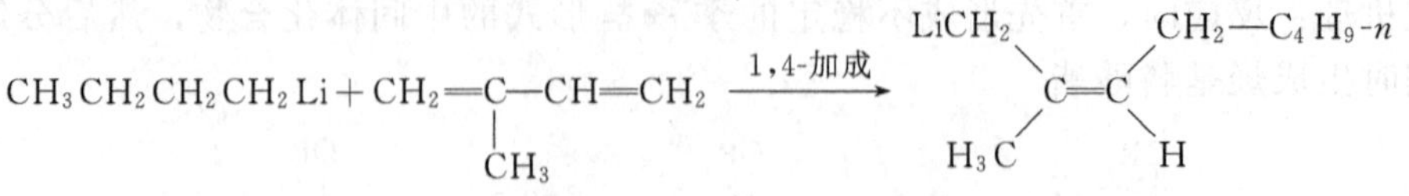

$$CH_3CH_2CH_2CH_2Li + CH_2=CH-CH=CH_2 \xrightarrow{1,4-加成} \underset{H_3C}{\overset{LiCH_2}{C}}=\underset{H}{\overset{CH_2-C_4H_9-n}{C}}$$

15.4.2.2 与碳氧双键的加成

有机锂化合物与二氧化碳作用生成羧酸锂盐。如果与过量有机锂作用，再经水解则生成酮。

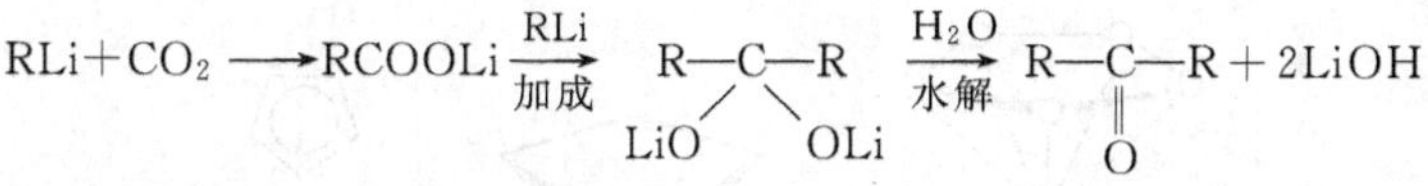

$$RLi + CO_2 \longrightarrow RCOOLi \xrightarrow[\text{加成}]{RLi} \underset{\underset{OLi}{LiO}}{R-C-R} \xrightarrow[\text{水解}]{H_2O} \underset{\underset{O}{\|}}{R-C-R} + 2LiOH$$

有机锂化合物与醛、酮反应分别得到仲醇和叔醇，这和 Grignard 试剂类似，但是优于 Grignard 试剂之处在于反应产量高，产物易于分离。而且，有机锂化合物还可以和空间位阻大且难与 Grignard 试剂加成的酮反应。

$$(CH_3)_2CHCOCH(CH_3)_2 + (CH_3)_2CHLi \longrightarrow [(CH_3)_2CH]_3COLi \xrightarrow{H_2O} [(CH_3)_2CH]_3COH$$

$$(C_6H_5)_2C=O + C_6H_5Li \xrightarrow[\text{②}H_3O^+]{\text{①乙醚}} (C_6H_5)_3COH$$

15.4.2.3 交换反应

有机锂化合物可与卤代烃或与含活泼碳氢的化合物发生交换反应，生成结构更加复杂的有机锂化合物。

$$RLi + R'X \longrightarrow RX + R'Li$$

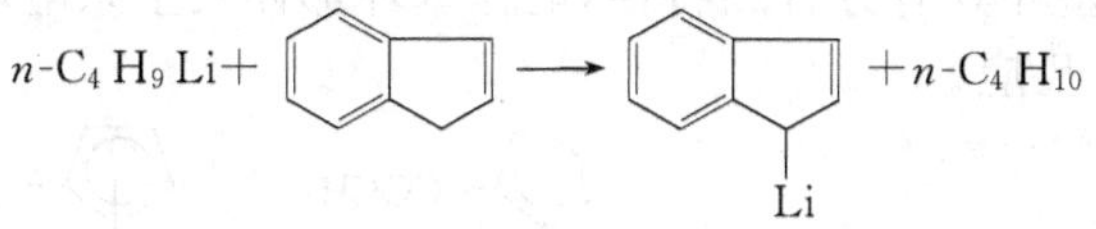

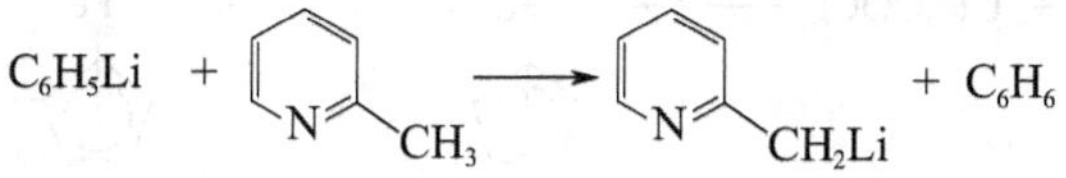

$n\text{-}C_4H_9Li +$ 茚 $\longrightarrow$ 茚-Li $+ n\text{-}C_4H_{10}$

$C_6H_5Li + $ 2-甲基吡啶 $\longrightarrow$ 2-(CH$_2$Li)吡啶 $+ C_6H_6$

15.5 有机铁化合物

20 世纪 50 年代初，人们发现一种新型的有机铁化合物——双环戊二烯基铁，俗称二茂铁（ferrocene）。这种物质具有结构特殊，性质稳定，制备容易等特点。

15.5.1 二茂铁的制法

二茂铁 $(\pi\text{-}C_5H_5)_2Fe$ 可由环戊二烯基钠与二氯化铁反应制取，或者直接用环戊二烯与二氯化铁在乙二胺或 KOH 存在下反应制取。

$$2C_5H_5^-Na^+ + FeCl_2 \xrightarrow{THF} (\pi\text{-}C_5H_5)_2Fe + 2NaCl$$

$$2C_5H_6 + FeCl_2 \xrightarrow{KOH} (\pi\text{-}C_5H_5)_2Fe + 2HCl$$

15.5.2 二茂铁的结构和性质

二茂铁具有夹心结构，铁原子"夹在"两个平行的环戊二烯基环之间。X 射线衍射实验证明，二茂铁具有图 15-1 所示的交叉构象。两个环戊二烯负离子与亚铁络合后，分子的正负电荷相抵消，即两个环戊二烯环的 π 轨道与铁的 3d 轨道相互交盖，形成与 σ 键相似的共价键，具有轴对称性。

纯净的二茂铁是橙色晶体，熔点为 173℃，沸点为 249℃，可加热升华。二茂铁可溶于各种有机溶剂如苯、乙醚或石油醚中，但不溶于水。它对空气、水和热都很稳定，二茂铁蒸气在 470℃高温下也不分解，且能耐酸、碱及紫外线，化学性质稳定，具有比较典型的芳香族性质。

二茂铁在溶液中易被卤素、硝酸等氧化成为二茂铁阳离子，在还原剂作用下，又可以转变成原来的二茂铁。

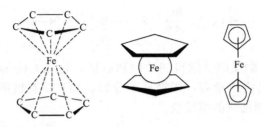

图 15-1 二茂铁结构的几种表示方式

二茂铁的环戊二烯基环具有芳香族特性，能像苯环那样发生亲电取代反应，如在 $AlCl_3$ 存在下发生 Friedel-Crafts 反应。

二茂铁也可以和有机锂化合物发生亲电取代反应。

反应生成的二茂铁单锂和双锂衍生物是一个有机锂化合物，可以发生有机锂化合物的一些典型反应。

二茂铁可以发生聚合反应，由熔融二茂铁经自由基聚合，聚合度可达 7000。

15.6 有机铝化合物

有机铝化合物(organoaluminium compound)包括烷基铝、烷基卤化铝、烷基氢化铝、烷基烷氧基铝、芳基铝等。烷基铝在工业上的应用日益扩大，除作催化剂外，还用作有机合成中间体，合成一系列重要的有机化合物以及其它元素有机化合物。

15.6.1 烷基铝的制法

15.6.1.1 由卤代烷和金属铝制得

铝与卤代烷反应先生成烷基二卤化铝及二烷基卤化铝,烷基卤化铝继续与金属钠反应即得烷基铝。

$$2Al + 3RX \xrightarrow{I_2} RAlX_2 + R_2AlX \quad (R=CH_3, C_2H_5)$$

$$2C_2H_5AlCl_2 + 3Na \longrightarrow (C_2H_5)_2AlCl + Al + 3NaCl$$

$$3(C_2H_5)_2AlCl + 3Na \xrightarrow{120\sim130℃} 2(C_2H_5)_3Al + Al + 3NaCl$$

15.6.1.2 烯烃与氢化铝的作用

氢化铝与烯烃发生加成反应,生成三烷基铝。

$$AlH_3 + 3RCH=CH_2 \longrightarrow Al(CH_2CH_2R)_3$$

$$6(CH_3)_2C=CH_2 + 3H_2 + 2Al \xrightarrow[I_2]{160℃, 3MPa} 2Al[CH_2CH(CH_3)_2]_3$$

15.6.1.3 三氯化铝与 Grignard 试剂反应

三氯化铝分子中的氯逐步被 Grignard 试剂中的烷基取代,最后产物为三烷基铝。

$$AlX_3 \xrightarrow{RMgX} RAlX_2 \xrightarrow{RMgX} R_2AlX \xrightarrow{RMgX} R_3Al$$

15.6.1.4 铝与烷基汞作用

$$2Al + 3R_2Hg \longrightarrow 2R_3Al + 3Hg$$

烷基汞可由以下方法制备:

$$2RX + Na_2Hg \longrightarrow R_2Hg + 2NaX$$

$$2RMgX + HgX_2 \longrightarrow R_2Hg + 2MgX_2$$

15.6.2 烷基铝的性质

低级烷基铝通常以两或三分子缔合形式存在,一般为无色液体,与空气接触迅速氧化甚至自燃;随着分子量增大,缔合程度减小。烷基铝与水发生强烈反应,生成 $Al(OH)_3$ 和 RH,故通常把烷基铝溶于烃类溶剂中。烷基铝具有 Grignard 试剂的许多反应特性,但与羰基的反应能力较低。

15.6.2.1 络合物的生成

烷基铝分子中,铝原子的价电子层是未充满的,它具有路易斯酸的性质,可以与乙醚、叔胺等路易斯碱生成稳定的络合物。

$$[(CH_3)_3\overset{-}{Al}\overset{+}{N}(CH_3)_3] \quad (CH_3)_3Al \cdot O(C_2H_5)_2$$

15.6.2.2 与卤化物的反应

烷基铝与卤化物反应可制备其它元素有机化合物。

$$2R_3Al + AlX_3 \longrightarrow 3R_2AlX$$

$$R_3Al + 2AlX_3 \longrightarrow 3RAlX_2$$

$$2R_3Al + ZnCl_2 \longrightarrow R_2Zn + 2R_2AlCl$$

$$4R_3Al + SnCl_4 \longrightarrow R_2Sn + 4R_2AlCl$$

15.6.2.3 与烯烃的反应

烷基铝与 α-烯烃能发生加成反应。

$$Al\begin{matrix}C_2H_5\\-C_2H_5\\C_2H_5\end{matrix} + mCH_2=CH_2 \xrightarrow[100\sim200\text{atm}]{100\sim200℃} Al\begin{matrix}(CH_2CH_2)_nC_2H_5\\-(CH_2CH_2)_pC_2H_5\\(CH_2CH_2)_qC_2H_5\end{matrix}$$

$$\xrightarrow[\text{水解}]{H_2O} CH_3(CH_2CH_2)_nCH_3 + CH_3(CH_2CH_2)_pCH_3 + CH_3(CH_2CH_2)_qCH_3 + Al(OH)_3$$

反应方程式中 $\frac{n+p+q}{3}=m$。这一反应又叫"生长反应"或"插入反应",即乙烯在烷基-铝键间逐一插入。利用这一反应可以从低级有机铝化合物制备高级有机铝化合物。有机铝进行水解,可得到三个链长不等的烷烃的混合物。

如果在加成反应中加入四氯化钛、三乙基铝与四氯化钛形成络合催化剂,即 Ziegler-Natta 催化剂,可使乙烯在较低温度(50℃)和低压(1~5atm)下加成,生成结晶度很高的高分子量烷烃——聚乙烯。

生成的加成产物用空气或氧进行氧化,可得到相应的醇铝,醇铝经水解反应生成醇。应用这一反应可用来制备高级伯醇。

$$Al{\Big\langle}^{R}_{R}{}^{R} \xrightarrow{[O]} Al{\Big\langle}^{OR}_{R}{}^{R} \xrightarrow{[O]} Al{\Big\langle}^{OR}_{OR}{}^{R} \xrightarrow{[O]} Al{\Big\langle}^{OR}_{OR}{}^{OR}$$

$$Al{\Big\langle}^{OR}_{OR}{}^{OR} + 3H_2O \longrightarrow 3ROH + Al(OH)_3$$

阅读材料

金属有机化学是无机化学和有机化学相互交叉渗透的学科,它的发展打破了传统有机化学和无机化学的界限,与理论化学、合成化学、催化、结构化学、生物无机化学、高分子科学等交织在一起,目前已成为近代化学前沿领域之一。

金属有机化学的研究对象一般是指其结构中含金属—碳键的化合物。到目前为止,人类发现的 110 多种化学元素中,金属元素占绝大部分,而碳元素所衍生出的有机物不仅数量庞大,而且增长速度也很快,将这两类以前人们认为互不相干的物质组合起来形成的金属有机化合物不仅仅是两者简单的加和关系,而应是乘积倍数关系。其中的许多金属有机化合物已经为人类进步和国民生产做出了特殊贡献,更重要的是,金属有机化学是一门年轻的科学,是一座刚刚开始发掘的宝藏,发展及应用潜力不可估量。

1950 年以前,是金属有机化学的产生与基本形成阶段。这一阶段奠定了金属有机化学发展的基石。社会需要的强大推动力,使得偶然发现的具有实用价值的金属有机化合物迅速的工业化并广泛应用。

金属有机化学的发展历史可以追溯到 1827 年,丹麦药剂师 W. C. Zeise 在加热 $PtCl_2$/KCl 的乙醇溶液时无意中得到一种黄色沉淀。由于当时条件所限,他未能表征出这种黄色物质的结构。直至 1952 年,才确定这种化合物的结构是 $K[(C_2H_4)PtCl_3]$,称为 Zeise 盐。第一个系统研究金属有机化学的是英国化学家 E. Frankland。1837 年,他把制得的化合物错误地认为是他想要"捕捉"的自由基$[(CH_3)_2As\cdot]$,但实际上得到的是金属有机化合物 Cacodyl$(CH_3)_2As\text{-}As(CH_3)_2$。金属有机化合物大多很不稳定,遇到空气和水汽就分解,有的只能在低温下存在。1849 年,E. Frankland 在研究 CH_3CH_2I 与锌粉的反应时,发展了一整套处理空气敏感化合物的技术,总结出了金属有机化学的定义,并为金属有机化学的发展奠定了技术基础。

1899 年,法国化学家 V. Grignard 在老师 P. Barbier 的引导下,在前人研究基础上发现了有机镁试剂 RMgX 并将它用于有机合成,这是本阶段金属有机化学发展最为重要的一页。他所开创的新的有机合成方法至今仍被广泛应用。由于 V. Grignard 的卓越贡献,他获得了 1912 年诺贝尔化学奖,这也是第一个获得诺贝尔奖的金属有机化学家。

1921 年,美国的 T. Midgley 发现了四乙基铅 $Pb(C_2H_5)_4$ 及其优良的汽油抗震性,将四乙基铅添加至汽油中,可以大大地提高汽油的辛烷值。1923 年开始在工业上大规模生产用作汽油抗震剂,全世界每年产量达几十万吨,这是第一个工业化生产的金属有机化合物。但是由于四乙基铅有毒,燃烧后污染环境,现在已基本上被淘汰。1938 年,德国 Ruhrchemie 公司的 O. Rölen 发现了羰基钴可以催化丙烯发生氢甲酰化反应,并于 1947 年建成了羰基钴作为催化剂生产丁醛的装置。这是工业上第一次采用金属有机化合物作为催化剂的配位催化过程。此后,R. Reppe 又发现了炔烃与 CO 反应生成不饱和羧酸,从此开创了羰基合成化学及配位催化学科。

1951 年～20 世纪 90 年代初,是金属有机化学飞速发展阶段。这一时期的金属有机化学作为化学的热点学科之一,在理论和实践上都有了长足的发展和完善。50 年代后的 20 多年期间,共有 8 位金属有机化学家获得诺贝尔化学奖。另外,1981 年诺贝尔化学奖获得者量子化学家 R. Hoffmann 和 1990 年的有机合成化学家 E. J. Corey 也有很多有关金属有机化学的工作。

1951 年,美国的 T. J. Kealy 和 P. L. Pauson 合成了二茂铁。1952 年,由于 G. Wilkinson 和 R. B. Woodward 的智慧以及 F. O. Fisher 的辛勤工作,借助当时的 X 射线、核磁共振、红外光谱等先进的检测技术,二茂铁的结构得以确认为三明治夹心结构,并由此开拓出了茂金属化学。1953 年,G. Wittig 发现了后来以他名字命名的 Wittig 反应——磷叶立德与羰基化合物的反应。1955 年,E. O. Fisher 合成了具有三明治夹心结构的二苯铬 $(C_6H_6)_2Cr$。同年,德国化学家 K. Ziegler 和意大利化学家 G. Natta 发现了烯烃定向聚合催化剂,它能使得乙烯在较低压力下得到高密度聚乙烯。高密度聚乙烯的硬度、强度、抗环境压力开裂性等性能上都比原有的在高压力下聚合得到的低密度聚乙烯好,较适合生产结构工业制品和生活用品。加上低压法生产相对高压法生产聚乙烯容易得多,因此聚乙烯工业得到了突飞猛进的发展,聚乙烯很快成为产量最大的塑料品种。随后在此基础上发展起来的定向聚合技术,不仅使高分子材料的生产上了一个台阶,而且也为配位催化作用开辟了广阔的研究领域,为现代合成材料工业奠定了基础。Ziegler-Natta 催化剂对金属有机化学的研究带来了巨大的推动力。1956 年,美国 Purdue 大学 H. C. Brown 教授发展了著名的烯烃、炔烃的硼氢化反应。1958 年,德国 Wacker Chemie 化学公司的 J. Smidt 实现了在钯催化下乙烯氧化合成乙醛的 Wacker 流程。Wacker 流程的工业化代表了均相催化剂的发展。Wacker 流程使价廉的乙烯得以取代价格昂贵的乙炔,并消除了汞催化剂的公害。因此,可以说 Wacker 流程的发展结束了以乙炔为原料的化学工业。

20 世纪 60 年代末期,大量新的、不同类型金属有机化合物被合成出来。同时物理学的发展为其提供了更为先进的检测手段,使得通过对它们结构的测定而发现了许多新的结构类型。典型的代表就是 1965 年 G. Wilkinson 合成了铑膦配合物 $RhCl(PPh_3)_3$,在氢甲酰化和羰基化反应上特别有效。说明了膦配位体可使催化活性的铑稳定化,这种催化剂在 70 年代化学工业中广泛地得到应用。1968 年,美国 Monsanto 公司的 F. E. Paulik 实现了甲醇羰化制乙酸,这是典型的绿色化学反应过程。进入 70 年代后,金属有机化学继续发展,结构的研究和反应机理的研究又比前 10 年推进了一步。科学家们逐渐归纳形成了一些金属有机化学反应的基元反应,从这些基元反应又发展成一些合成上有应用价值的反应。可以这样说,60 年代有机化学的合成技术、结构以及 X 射线晶体结构的研究是

70 年代金属有机化合物在催化和合成应用中的前奏。这些反应往往是温和的，具有选择性的。1971 年，美国的 W. S. Knowles 使用手性双膦配体铑络合物催化剂合成了治疗帕金森病的特效药 L-Dopa，这是第一个利用不对称过渡金属催化剂进行催化手性合成的工业技术，开创了不对称催化的新纪元。这一学科经过 20 世纪 80 年代的经验积累，到了 20 世纪 90 年代有了飞速发展。对其做出卓越贡献的三位科学家 W. S. Knowles、K. B. Sharpless 和野依良治也于 2001 年获得了诺贝尔化学奖。1973 年，由 R. B. Woodward 领导下的含有过渡金属钴的生物活性物质 B_{12} 合成的成功，宣告人类可以合成任何自然界存在的物质。1977 年，W. Keim 发现了镍配合物催化乙烯齐聚合成 α-烯烃的 SHOP（Shell Higher Olefin Process）工艺，开创了均相催化复相化的成功先例，解决了催化剂与产物分离的难题。1978 年，E. G. Kunts 等在氢甲酰化反应中利用水溶性膦配体制成的催化剂，也在工业上实现了均相催化复相化。

我国金属有机化学工作起步于 20 世纪 60 年代初，至 80 年代得到迅速发展。1988 年 6 月，由中国科学院上海有机化学研究所黄耀曾院士和南开大学王积涛教授为项目负责人的"金属有机化合物的合成及其在高选择性反应中的应用"作为国家自然科学基金委员会的重大基金项目得以立项。经过几年的努力，其中一些成果已达到国际领先水平。于是，由中国科学院上海有机化学研究所陆熙炎院士为项目负责人的，"金属有机化合物的反应化学"列入基金委"八五"重大项目，参加单位有中科院上海有机所、南开大学、杭州大学。该项目于 1999 年 4 月通过专家验收，项目总评为特优。目前，我国金属有机化学的研究已经处于国际前沿。

[1] 黄耀曾. 漫谈金属有机化学. 大学化学，1990 (5)：1-9.
[2] 麻生明. 金属参与的现代有机合成反应. 广州：广东科技出版社，2001.
[3] 何仁. 配位催化与金属有机化学. 北京：化学工业出版社，2002.
[4] 杜灿屏，唐晋. 我国金属有机化学的研究已进入世界前沿. 化学进展，1999 (11)：441-445.

习 题

1. 命名下列化合物。

   (1)    (2) $Al(CH_2CH_2CH_3)_3$ (3) $(C_2H_5)_2Si(OC_2H_5)_2$

   (4) $(C_2H_5)_2PH$ (5) CH_3SiH_2Cl (6) $(C_2H_5)_4PI$

2. 完成下列反应方程式。

   (1) $CH_3CH_2CH_2CH_2Li +$![1-溴萘] $\longrightarrow$

   (2) $CH_3CH_2CH_2CH_2Li + H_2O \longrightarrow$

   (3) $CH_3CH_2CH_2CH_2Li + CH_3CHO \xrightarrow{\quad} \xrightarrow{H_2O}{H^+}$

   (4) [环己烯甲醛结构] $+ CH_2 = P(C_6H_5)_3 \longrightarrow$

   (5) [含 CH(CH_3)CHO 和 OH 的双环结构] $+ (C_6H_5)_3P = CHCH_2CH(CH_3)_2 \longrightarrow \xrightarrow{H_2}{Pt}$

3. 完成下列转变。

(1) $(CH_3)_3CH \longrightarrow (CH_3)_3CCH_2COOH$

(2) 二茂铁 $\longrightarrow$ 乙烯基二茂铁

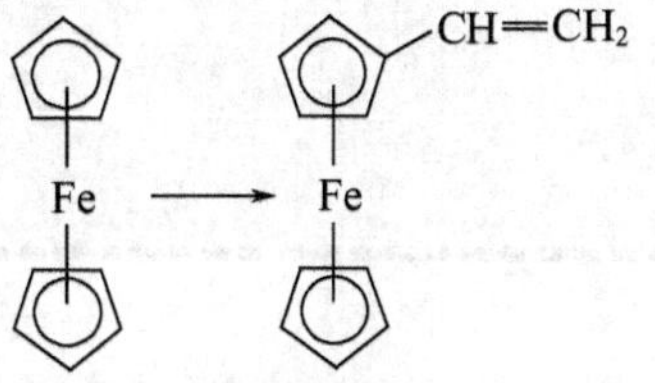

(3) $CH_3CH_2CH_2CH_2Li \longrightarrow CH_3CH_2CH_2CH_2COCH_2CH_2CH_3$

4. 对下列化合物，你能提出哪几种合理的合成步骤。

(1) $C_6H_{11}\text{—}CH_2\text{—}\underset{\underset{O}{\parallel}}{C}\text{—}CH_3$

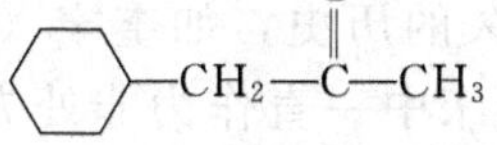

(2) $C_6H_5CH\text{=}CH\text{—}\underset{\underset{O}{\parallel}}{C}\text{—}C_6H_5$

第 16 章　天然有机化合物

从天然植物或动物资源衍生出来的有机物称天然有机化合物（natural organic compound），如碳水化合物、类脂化合物、氨基酸、蛋白质、核酸、萜类和甾体化合物及生物碱等。人类对自然界存在的天然有机化合物的利用具有悠久的历史，如奎宁（quinine）曾经拯救了千百万疟疾患者的生命，黄连素（berberine）在临床中一直作为非处方药用于治疗腹泻，吗啡碱（morphine base）是一个最早使用的镇痛剂；一些植物能产生有价值的调味品、香料和染料，如苍术除能用作香料外，还是很好的防腐剂。寻求具有特殊结构和性能并用于人类健康的天然有机化合物一直是人们十分关注的课题。天然有机化学（natural organic chemistry）研究天然有机化合物的组成、结构、性质和合成，如单糖、氨基酸、核苷酸、胆固醇、蛋白质、抗生素的结构测定，昆虫信息素的合成，核酸结构的确定和合成。

本章主要介绍碳水化合物、类脂化合物、氨基酸、蛋白质、核酸、萜类和甾体化合物的基本知识。

碳水化合物（carbohydrate）是由碳、氢和氧三种元素组成的，又称糖类化合物（saccharide）。很早以前，人们就发现葡萄糖、果糖、淀粉和纤维素等化合物分子中，除碳原子以外，氢和氧原子数之比与水相同，都是 2∶1，例如葡萄糖 $C_6H_{12}O_6$，可用通式 $C_m(H_2O)_n$（m 和 n 为正整数）表示，于是就认为这类化合物是碳和水化合而成的，并把这类化合物称为碳水化合物。

实际上，这类化合物不是由碳和水直接化合而成，有些化合物按其结构和性质应属于碳水化合物，但其组成并不符合 $C_m(H_2O)_n$ 通式，例如鼠李糖 $C_5H_{12}O_5$、脱氧核糖（$C_5H_{10}O_4$）。有些化合物虽组成上符合上述式子，但从结构和性质来看，则不属于碳水化合物，例如甲醛（CH_2O）、乙酸（$C_2H_4O_2$）、乳酸（$C_3H_6O_3$）。可见碳水化合物这一名称并不确切，但沿用已久，至今仍采用。

从分子结构和性质上讲，碳水化合物是多羟基醛和多羟基酮及其缩合物，或水解后能产生多羟基醛、酮的一类有机化合物。

碳水化合物常根据它能否水解和水解以后产生的物质的多少分为单糖、低聚糖和多糖三类。

① 单糖（monosaccharide）　不能水解的多羟基醛或多羟基酮称为单糖，如葡萄糖、果糖、核糖等。

② 低聚糖（oligosaccharide）　由 2～10 个单糖分子失水缩合而成，即能水解成两个、三个或几个单糖分子的碳水化合物称为低聚糖或寡糖。按照水解后生成单糖的数目，又可分为二糖、三糖等，如麦芽糖、蔗糖等。

③ 多糖（polysaccharide）　由很多个单糖分子失水缩合而成的碳水化合物称为多糖或高

聚糖，属于天然高分子化合物。每一个多糖分子可水解成许多个单糖分子，如淀粉、纤维素等。

碳水化合物广泛存在于自然界中，是绿色植物进行光合作用（photosynthesis）的产物。植物利用叶绿素在日光的作用下，将空气中的二氧化碳和水转化成葡萄糖，并释放出氧气。

$$6CO_2 + 6H_2O \xrightarrow[\text{叶绿素}]{\text{日光}} C_6H_{12}O_6 + 6O_2$$

在植物体内，葡萄糖进一步转化成多糖——淀粉及纤维素。地球上每年由绿色植物经光合作用合成的糖类物质达数千亿吨，它是人类、动物以及许多微生物赖以生存的物质基础，也为人类提供如粮、棉、麻、竹、木等众多的有机原料。

16.1 单糖

16.1.1 单糖的分类

单糖分为醛糖（aldose）和酮糖（ketose）。分子中含有醛基的叫醛糖，含有酮基的叫酮糖。按分子中所含碳原子的数目分为丙醛（酮）糖、丁醛（酮）糖、戊醛（酮）糖、己醛（酮）糖和庚醛（酮）糖等。碳原子数相同的醛糖和酮糖互为同分异构体。自然界存在最广的是戊醛糖、己醛糖和己酮糖。最重要的戊糖是核糖，己糖是葡萄糖和果糖。

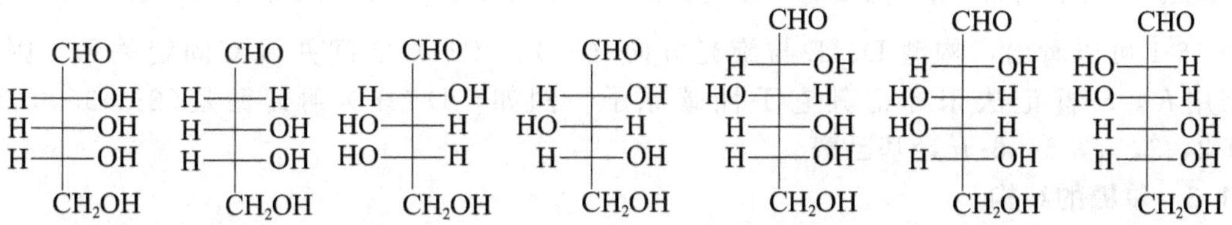

核糖　　脱氧核糖　　阿拉伯糖　　木糖　　葡萄糖　　半乳糖　　甘露糖

16.1.2 单糖的构型

除丙酮糖外，单糖分子都含有手性碳原子，因此都有旋光异构体。例如葡萄糖分子中有四个手性碳原子，因此，它有 $2^4 = 16$ 个立体异构体。所以，只测定糖的构造式是不够的，还必须确定它的构型。

单糖的构型可用 R、S 法标记，但常见的是 D、L 标记法。即以 D-(+)-甘油醛和 L-(−)-甘油醛作为标准，凡由 D-(+)-甘油醛通过化学反应而得到的醛糖称为 D 型，由 L-(−)-甘油醛通过化学反应而得到的醛糖称为 L 型。自然界存在的单糖大部分是 D 型。

在使用 D、L 标记法时，只考虑距羰基最远的手性碳原子的构型，若此手性碳原子的羟基处于右侧的为 D 型糖，处于左侧的为 L 型糖。

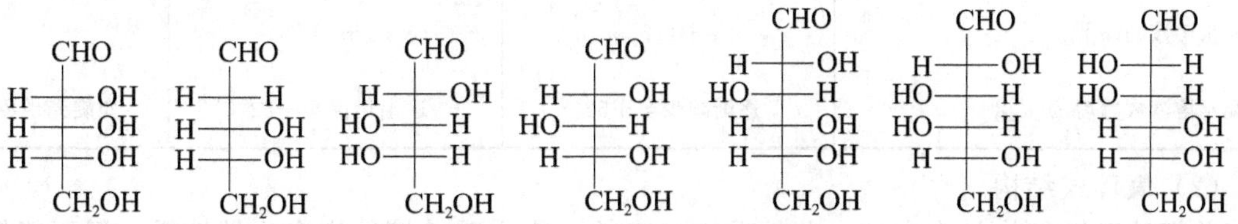

D-核糖　　D-脱氧核糖　　L-阿拉伯糖　　D-木糖　　D-葡萄糖　　D-半乳糖　　D-甘露糖

表 16-1 列出了由 D-(+)-甘油醛导出的含 3～6 个碳原子的 D 型醛糖及其普通名称。

表 16-1 D 型醛糖和普通名称

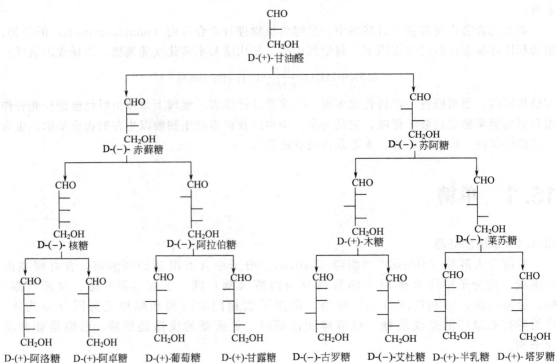

从表 16-1 可以看出，构型 D、L 与旋光方向（+）、（−）之间并没有固定关系。因此，还需用 R，S-标记法来标记其它手性碳原子。例如，D-(+)-葡萄糖是 $(2R, 3S, 4R, 5R)$-2, 3, 4, 5, 6-五羟基己醛。

16.1.3 单糖的结构

（1）变旋光现象

由表 16-1 可见，新配制葡萄糖水溶液的比旋光度 $[\alpha]_D^{20}$ 随时间而变化，或逐渐增大或逐渐减小，最后达到恒定值，这种现象称为变旋光现象。

变旋光现象说明，单糖并不是仅以开链式存在，还有其它的存在形式。1925~1930 年，X 射线等现代物理方法证明，葡萄糖主要以氧环式（环状半缩醛结构）存在。

表 16-2 不同条件下得到的两种 D-葡萄糖结晶及变旋光现象

葡萄糖晶体	α 型（乙醇结晶）	β 型（醋酸结晶）	备注
熔点(m.p.)/℃	146	150	
水中的溶解度/g·(100mL)$^{-1}$	82	154	
新配水溶液的 $[\alpha]_D^{20}$	+112°	+19°	
新配水溶液放置后的 $[\alpha]_D^{20}$	逐渐减少至 +52°	逐渐增高至 +52°	变旋光现象

（2）氧环式结构

单糖的开链结构是由它的一些性质推出来的，能说明单糖的许多化学性质，但不能解释单糖的所有性质，如红外光谱中没有羰基的特征吸收峰、不与品红醛试剂反应、与 $NaHSO_3$ 反应非常迟缓（说明单糖分子内无典型的醛基）、单糖只能与一分子醇生成缩醛（说明单糖是一个分子内半缩醛结构）和变旋光现象。研究表明，单糖可能以五或六元环状半缩醛的形式存在。实际上 D-(+)-葡萄糖主要以 δ-氧环式存在。

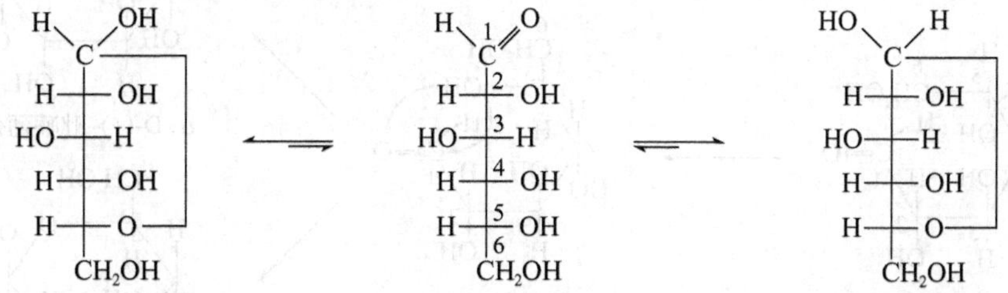

α-D-(+)-葡萄糖（环形半缩醛式） 36.4% ⇌ D-(+)-葡萄糖（开链式） 约 0.01% ⇌ β-D-(+)-葡萄糖（环形半缩醛式） 63.6%

葡萄糖的环状结构如上所示。其它单糖如核糖、脱氧核糖、果糖、甘露糖和半乳糖等也有环状结构，有变旋光现象。

如果糖：

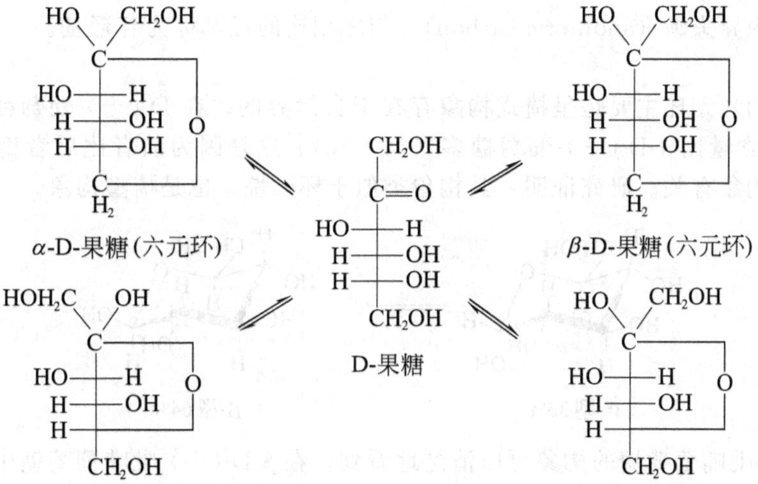

α-D-果糖（六元环）　　D-果糖　　β-D-果糖（六元环）

α-D-果糖　　　　　　　　　　　β-D-果糖（六元环）

此种环状结构的表示方法基于 Fischer 投影式，但它不能表示各原子的空间取向，通常用 Haworth 透视式来表示。

(3) Haworth 透视式

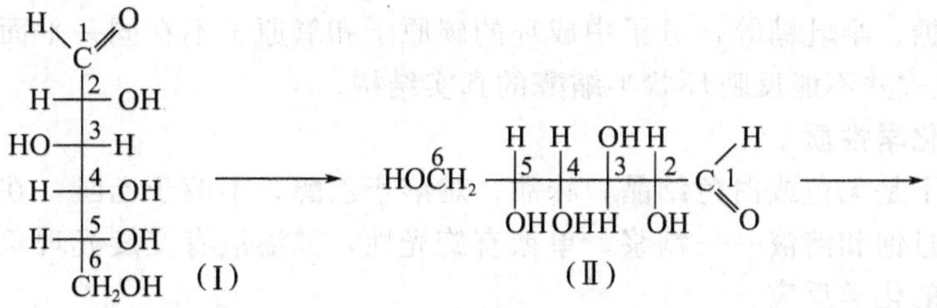

(Ⅰ) → (Ⅱ) →

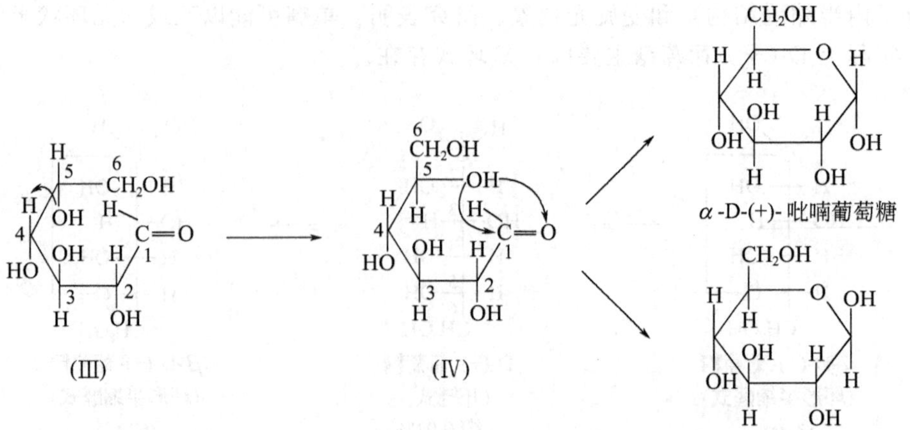

(Ⅲ)　　(Ⅳ)

α-D-(+)-吡喃葡萄糖

β-D-(+)-吡喃葡萄糖

如果 Haworth 式表示的氧环式中碳原子的编号按顺时针方向排列，那么编号最大的末端羟甲基和半缩醛碳原子相连的羟基分别在环平面上下方的为 α 型，均在环平面上方的为 β 型。因半缩醛碳原子为手性原子，且构型不同，而其它手性原子的构型完全相同，故 α 和 β-D-(＋)-葡萄糖互为差向异构体，又称为异头物（anomer）。其分子中的半缩醛碳原子称为苷原子，或称为异头碳（anomeric carbon），与之相连的羟基称为苷羟基。

（4）构象

吡喃型糖的六元环主要是呈椅式构象存在于自然界的。在 D-(＋)-葡萄糖水溶液中，β-D-(＋)-葡萄糖含量比 α-D-(＋)-葡萄糖多（64∶36）。这是因为前者比后者稳定，而这种稳定性与它们的构象有关。研究证明，其构象类似于环己烷，也是椅型构象。

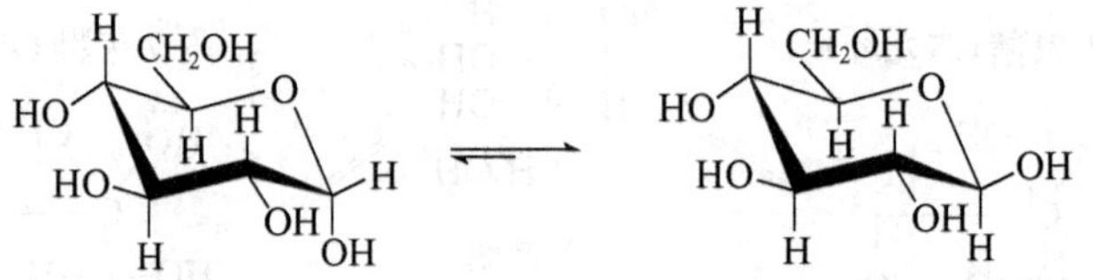

α-型 36%　　β-型 64%

从 D-(＋)-吡喃葡萄糖的构象可以清楚地看到，在 β-D-(＋)-吡喃葡萄糖中，体积大的取代基—OH 和—CH_2OH，都在 e 键上；而在 α-D-(＋)-吡喃葡萄糖中有一个—OH 在 a 键上。故 β 型是比较稳定的构象，因而在平衡体系中的含量也较多。

天然存在的单糖大都是 D 型的，在 D 型的己醛糖中，仅有 D-(＋)-葡萄糖五个取代基均在 e 键上，具有很稳定的构象，由此可见，单糖中葡萄糖在自然界存在量最多、分布也最广是有原因的。

五元环单糖如果糖、核糖等，分子中成环的碳原子和氧原子都处于一个平面。而六元环的单糖，如葡萄糖、半乳糖等，分子中成环的碳原子和氧原子不在同一平面内，上述吡喃糖的 Haworth 透视式并不能反映环状半缩醛的真实结构。

16.1.4　单糖的化学性质

单糖在常温下是无色或白色结晶，味甜，难溶于乙醇，不溶于乙醚，在水中的溶解度非常大，常可形成过饱和溶液——糖浆。单糖有旋光性，其溶液有变旋光现象。单糖可以进行一般羰基和羟基的化学反应。

（1）氧化反应

单糖可被多种氧化剂氧化，氧化产物与氧化剂的种类及溶液的酸碱度等有关。

在碱性溶液中，单糖（醛糖和酮糖）都可以被 Tollens 试剂（氢氧化银的氨溶液）、Fehling 试剂（由硫酸铜溶液和酒石酸钾钠碱溶液混合而成）、Benedict 试剂（由硫酸铜、碳酸钠和柠檬酸钠配制而成，溶液呈蓝色）氧化，分别生成银镜或氧化亚铜砖红色沉淀。

$$\begin{array}{c}\text{CHO}\\ \text{H}-\text{OH}\\ \text{HO}-\text{H}\\ \text{H}-\text{OH}\\ \text{H}-\text{OH}\\ \text{CH}_2\text{OH}\end{array} + 2\text{Ag}^+ + 2\text{OH}^- \longrightarrow \begin{array}{c}\text{COOH}\\ \text{H}-\text{OH}\\ \text{HO}-\text{H}\\ \text{H}-\text{OH}\\ \text{H}-\text{OH}\\ \text{CH}_2\text{OH}\end{array} + 2\text{Ag}\downarrow + \text{H}_2\text{O}$$

$$\begin{array}{c}\text{CHO}\\ \text{H}-\text{OH}\\ \text{HO}-\text{H}\\ \text{H}-\text{OH}\\ \text{H}-\text{OH}\\ \text{CH}_2\text{OH}\end{array} + 2\text{Cu}^{2+} + 4\text{OH}^- \longrightarrow \begin{array}{c}\text{COOH}\\ \text{H}-\text{OH}\\ \text{HO}-\text{H}\\ \text{H}-\text{OH}\\ \text{H}-\text{OH}\\ \text{CH}_2\text{OH}\end{array} + \text{Cu}_2\text{O}\downarrow + 2\text{H}_2\text{O}$$

在有机化学和生物化学中，特别把能还原 Tollens 试剂、Fehling 试剂或 Benedict 试剂等弱氧化剂的性质，称为还原性。具有还原性的糖称为还原糖，不具有还原性的糖称为非还原糖。单糖都是还原糖。

酮糖也可以被 Tollens 试剂、Fehling 试剂和 Benedict 试剂所氧化，这是由于酮糖的 α-碳原子上连有羟基，在碱的作用下，酮糖经酮-烯醇的互变异构而转变成醛糖。

$$\begin{array}{c}\text{CH}_2\text{OH}\\ \text{C}=\text{O}\\ \text{HO}-\text{H}\\ \text{H}-\text{OH}\\ \text{H}-\text{OH}\\ \text{CH}_2\text{OH}\end{array} \rightleftharpoons \begin{array}{c}\text{CHOH}\\ \parallel\\ \text{C}-\text{OH}\\ \text{HO}-\text{H}\\ \text{H}-\text{OH}\\ \text{H}-\text{OH}\\ \text{CH}_2\text{OH}\end{array} \rightleftharpoons \begin{array}{c}\text{CHO}\\ \text{H}-\text{OH}\\ \text{HO}-\text{H}\\ \text{H}-\text{OH}\\ \text{H}-\text{OH}\\ \text{CH}_2\text{OH}\end{array}$$

在酸性溶液中，单糖不产生异构化，醛糖和酮糖的反应不同，醛糖比酮糖易于被氧化。醛糖被溴水氧化时，分子中的醛基被氧化成羧基，产物是糖酸，而酮糖不能被溴水氧化，以此可区别醛糖和酮糖。

$$\begin{array}{c}\text{CHO}\\ \text{H}-\text{OH}\\ \text{HO}-\text{H}\\ \text{H}-\text{OH}\\ \text{H}-\text{OH}\\ \text{CH}_2\text{OH}\end{array} \xrightarrow{\text{Br}_2,\text{H}_2\text{O}} \begin{array}{c}\text{COOH}\\ \text{H}-\text{OH}\\ \text{HO}-\text{H}\\ \text{H}-\text{OH}\\ \text{H}-\text{OH}\\ \text{CH}_2\text{OH}\end{array}$$

D-葡萄糖　　　　　　　D-葡萄糖酸

醛糖被强氧化剂硝酸氧化时，醛糖的醛基和伯醇基都可以被氧化，生成糖二酸。

$$\begin{array}{c}\text{CHO}\\ \text{H}-\text{OH}\\ \text{HO}-\text{H}\\ \text{H}-\text{OH}\\ \text{H}-\text{OH}\\ \text{CH}_2\text{OH}\end{array} \xrightarrow{\text{HNO}_3} \begin{array}{c}\text{COOH}\\ \text{H}-\text{OH}\\ \text{HO}-\text{H}\\ \text{H}-\text{OH}\\ \text{H}-\text{OH}\\ \text{COOH}\end{array}$$

D-葡萄糖　　　　　　　D-葡萄糖二酸

与 α-二醇相似，高碘酸也能使单糖氧化，相邻的两个羟基所在的碳原子之间发生断裂，这种反应常是定量进行的，每破裂一个碳碳键消耗 1mol 高碘酸，是研究糖结构最有用的方法之一。

$$\begin{array}{c} CHO \\ H\!\!-\!\!\!-\!\!OH \\ HO\!\!-\!\!\!-\!\!H \\ H\!\!-\!\!\!-\!\!OH \\ H\!\!-\!\!\!-\!\!OH \\ CH_2OH \end{array} + 5HIO_4 \longrightarrow 5HCOOH + HCHO$$

（2）还原反应

糖分子中的羰基可以被还原生成多元醇（称为糖醇）。实验室中可使用 Na/C_2H_5OH 或 $NaBH_4$ 为还原剂；工业上则以铂、Raney 镍为催化剂进行催化加氢。例如，D-葡萄糖用催化氢化还原生成山梨糖醇，山梨糖醇是无色、无臭、无毒晶体，稍有甜味和吸湿性，是合成树脂、维生素 C、炸药和表面活性剂等的原料。

$$\begin{array}{c} CHO \\ H\!\!-\!\!\!-\!\!OH \\ HO\!\!-\!\!\!-\!\!H \\ H\!\!-\!\!\!-\!\!OH \\ H\!\!-\!\!\!-\!\!OH \\ CH_2OH \end{array} \xrightarrow[\text{加压},\triangle]{H_2,Ni} \begin{array}{c} CH_2OH \\ H\!\!-\!\!\!-\!\!OH \\ HO\!\!-\!\!\!-\!\!H \\ H\!\!-\!\!\!-\!\!OH \\ H\!\!-\!\!\!-\!\!OH \\ CH_2OH \end{array}$$

D-葡萄糖　　　　　　　D-葡萄糖醇

D-甘露糖则还原生成甘露醇，D-果糖还原生成甘露醇和山梨醇的混合物。山梨醇、甘露醇等多元醇存在于植物中。

（3）脎的生成

单糖与苯肼反应生成的产物叫做脎。醛糖或酮糖与醛酮羰基化合物类似，分子中的羰基与一分子苯肼反应生成苯腙，当苯肼过量时，能与三分子苯肼反应，生成的产物为不溶于水的黄色结晶，称为糖脎。不同的糖脎结晶形状不同，且熔点也不一样，可以通过此反应对糖进行定性鉴定。

$$\begin{array}{c} CHO \\ H\!\!-\!\!\!-\!\!OH \\ HO\!\!-\!\!\!-\!\!H \\ H\!\!-\!\!\!-\!\!OH \\ H\!\!-\!\!\!-\!\!OH \\ CH_2OH \end{array} \xrightarrow{C_6H_5NHNH_2} \begin{array}{c} CH=NNHC_6H_5 \\ H\!\!-\!\!\!-\!\!OH \\ HO\!\!-\!\!\!-\!\!H \\ H\!\!-\!\!\!-\!\!OH \\ H\!\!-\!\!\!-\!\!OH \\ CH_2OH \end{array} \xrightarrow{\text{过量}C_6H_5NHNH_2} \begin{array}{c} CH=NNHC_6H_5 \\ C=NNHC_6H_5 \\ HO\!\!-\!\!\!-\!\!H \\ H\!\!-\!\!\!-\!\!OH \\ H\!\!-\!\!\!-\!\!OH \\ CH_2OH \end{array}$$

D-葡萄糖　　　　　　　D-葡萄糖苯腙　　　　　　　D-葡萄糖脎

醛糖或酮糖的成脎反应都只发生在 C_1 及 C_2 上，因此，碳原子数相同的单糖，仅 C_1 和 C_2 不同，而其它碳原子的构型完全相同时，与过量苯肼反应都将得到相同的脎。也就是说，凡是生成相同脎的己糖，C_3、C_4 和 C_5 的构型是相同的。如 D-葡萄糖和 D-果糖，经成脎反应后得到的 D-葡萄糖脎和 D-果糖脎实际上是同一个脎。

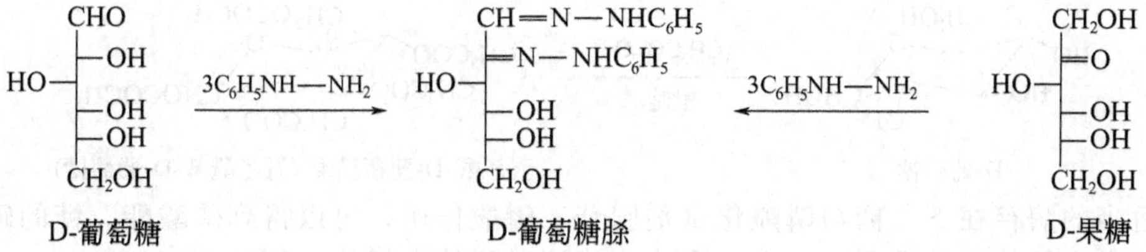

$$\text{D-葡萄糖} \xrightarrow{3C_6H_5NH-NH_2} \text{D-葡萄糖脎} \xleftarrow{3C_6H_5NH-NH_2} \text{D-果糖}$$

(4) 苷的生成

单糖的氧环式结构中的半缩醛羟基（苷羟基）较分子内的其它羟基活泼，与其它羟基化合物（如醇、酚）、含氮杂环化合物作用，脱水形成缩醛型物质，这种苷羟基上的氢原子被其它基团取代后生成的化合物称为配糖体或（糖）苷，此反应称为成苷反应。例如，在氯化氢存在下，D-(+)-葡萄糖与热的甲醇反应生成 D-(+)-甲基葡萄糖苷。

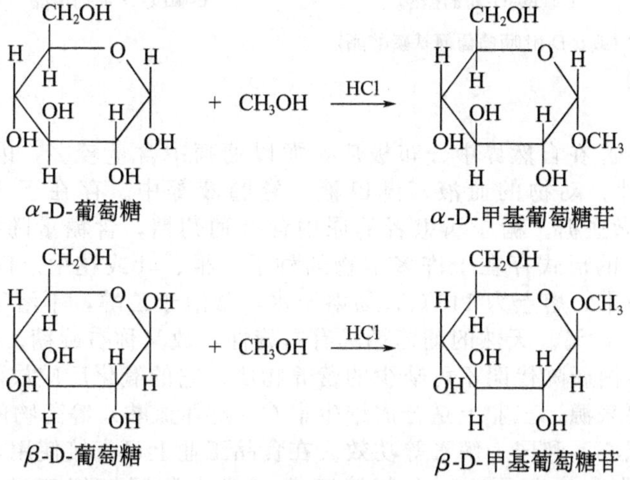

$$\alpha\text{-D-葡萄糖} + CH_3OH \xrightarrow{HCl} \alpha\text{-D-甲基葡萄糖苷}$$

$$\beta\text{-D-葡萄糖} + CH_3OH \xrightarrow{HCl} \beta\text{-D-甲基葡萄糖苷}$$

（糖）苷是一种缩醛或缩酮，分子中无苷羟基，不能再转变成开链式结构，不能被 Tollens 试剂、Fehling 试剂和 Benedict 试剂等氧化，不与过量苯肼成脎，也无变旋光现象。对碱稳定，但在酶或稀酸的存在时，糖苷又可水解成原来的糖，并恢复了苷羟基和氧环式半缩醛结构，可通过开链式进行互变，从而具有还原糖的反应。

糖苷在自然界的分布极广，与人类的生命和生活密切相关，天然染料靛蓝和茜素就是两个例子。

(5) 醚的生成

单糖的羟基除苷羟基外，都是醇羟基。这些醇羟基不如苷羟基活泼，在氯化氢存在下，不能转化成醚，但与适当的试剂作用，也可成醚。例如，在氧化银存在下，D-(+)-葡萄糖与碘甲烷作用，或在碱的存在下，与硫酸二甲酯作用都生成五甲基-D-(+)-葡萄糖。

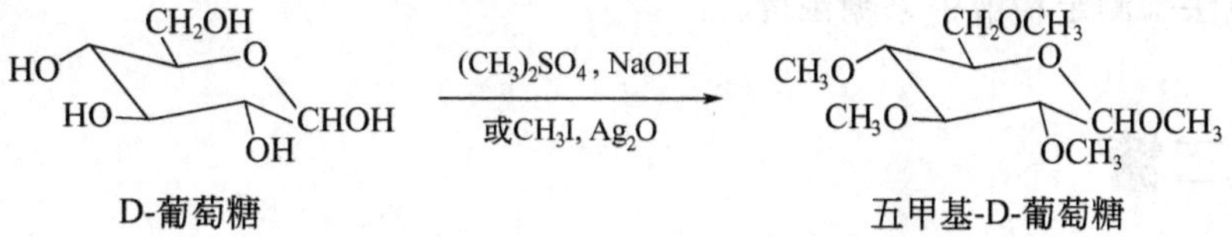

$$\text{D-葡萄糖} \xrightarrow[\text{或} CH_3I, Ag_2O]{(CH_3)_2SO_4, NaOH} \text{五甲基-D-葡萄糖}$$

醇羟基醚的性质比苷羟基醚稳定。在酸催化下，苷羟基的醚（苷）能被水解成半缩醛（或酮），醇羟基的醚则不然。利用糖的彻底甲基化再部分水解，可以证明糖苷环的大小。

(6) 酯的生成

糖分子中的羟基在弱碱（如乙酸钠、吡啶等）存在下，与乙酸（或乙酸酐、乙酰氯）作用，发生酯化反应生成糖酯。例如，

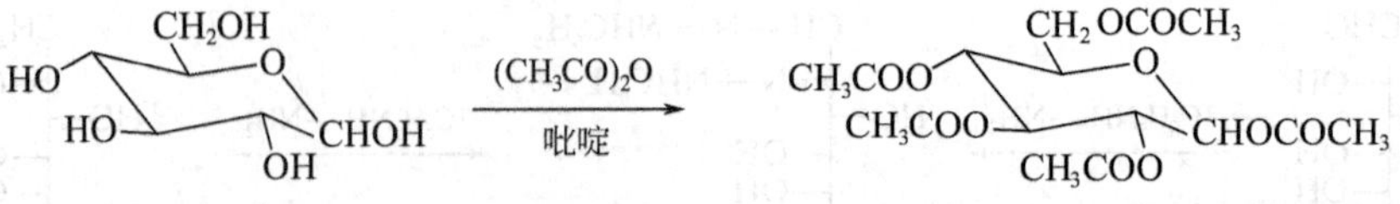

D-葡萄糖　→(CH₃CO)₂O / 吡啶→　五乙酸-D-葡萄糖酯 (五乙酰基-D-葡萄糖)

在适当的酶存在下,糖与磷酰化试剂腺苷三磷酸作用,可以得到磷酸酯。糖的磷酸酯在生命活动中有其特殊的重要性,它们是许多代谢过程的中间体,例如:

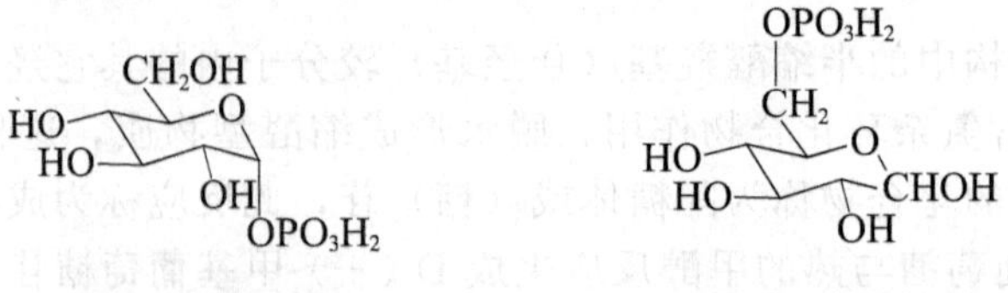

1-磷酸-D-葡萄糖酯
(或 α-D-吡喃葡萄糖基磷酸酯)

6-磷酸-D-葡萄糖酯

16.1.5 重要的单糖

(1) 葡萄糖

葡萄糖 (glucose) 在自然界中分布极广,尤以葡萄中含量较多,因此叫葡萄糖,也存在于其它种类的果汁、动物的血液、淋巴液、脊髓液等中。存在于人的血液中(389～555 μmol·L^{-1})叫做血糖。糖尿病患者的尿中含有葡萄糖,含糖量随病情的轻重而不同。葡萄糖以多糖或糖苷的形式存在于许多植物的种子、根、叶或花中。D-葡萄糖是一种无色晶体或白色结晶性粉末,熔点为 146℃,易溶于水,微溶于乙醇,不溶于乙醚和烃类,有甜味,其甜度是蔗糖的 70%。天然的葡萄糖具有右旋性,故又称右旋糖。

葡萄糖是生物体内新陈代谢不可缺少的营养物质。它的氧化反应放出的热量是人类生命活动所需能量的重要来源。工业上是合成维生素 C (抗坏血酸) 等药物的重要原料,医药上作为营养剂,具有强心、利尿、解毒等功效。在食品工业上可直接使用,如生产糖浆、糖果等。在印染制革工业中作还原剂。在制镜工业和热水瓶胆镀银工艺中常用葡萄糖作还原剂。

(2) 果糖

果糖 (fructose) 以游离状态存在于水果和蜂蜜中,在动物的前列腺和精液中也含有相当量的果糖。果糖为白色晶体,熔点 102～104℃,易溶于水、热丙酮,溶于吡啶、乙胺和甲胺,微溶于冷丙酮,也可溶于乙醇和乙醚中,是糖类中最甜的糖。天然果糖都是 D-型的左旋体,故又称左旋糖。也有变旋现象,平衡时的比旋光度为 −92°。这种平衡体系是开链式和环式果糖的混合物。D-果糖常用作生化试剂,糖尿病患者食用及食品添加剂等的工业原料。

果糖 (酮糖) 能够与间苯二酚的稀盐酸溶液发生颜色反应,呈现鲜红色,但醛糖呈很浅的颜色,这是酮糖共有的反应。所以,可以利用此颜色反应来区别醛糖和酮糖。临床上常用间苯二酚显色法来测定精液中果糖浓度。

16.2 二糖

一个单糖分子中的苷羟基 (半缩醛羟基) 与另一分子单糖中的苷羟基或醇羟基之间脱水而形成的糖苷称为二糖 (disaccharide)。根据不同的脱水方式可将二糖分为还原性二糖和非还原性二糖两大类。还原性二糖是由一分子单糖的苷羟基与另一分子糖的醇羟基 (常是 C$_4$ 上的羟基) 缩合而成的。非还原性二糖则是由一分子单糖的苷羟基与另一分子糖的苷羟基缩合而成的。

16.2.1　还原性二糖

在还原性二糖分子中，有一个单糖单位形成苷，而另一个单糖单位仍然保留有苷羟基，存在着氧环式与开链式的互变平衡。这类二糖的开链式结构中，由于有羰基的存在，故有一般单糖的性质。最常见的有麦芽糖、纤维二糖、乳糖等。

（1）麦芽糖

麦芽糖（maltose）在自然界中并不以游离状态存在，它是淀粉在β-淀粉酶的存在下部分水解的产物，β-淀粉酶通常存在于大麦芽中。麦芽糖为无色结晶，熔点 160～165℃，其甜度是蔗糖的 40%左右，是饴糖的主要成分。用作营养剂，也供配制培养基用。

麦芽糖的分子式是 $C_{12}H_{22}O_{11}$，在无机酸或麦芽糖酶存在下，1mol 麦芽糖可水解生成 2mol D-葡萄糖，表明麦芽糖是两个 D-葡萄糖分子间的脱水缩合产物。许多事实说明，麦芽糖分子是由一分子 D-葡萄糖的苷羟基与另一分子 D-葡萄糖 4 位上的醇羟基脱水缩合而成的，一般把分子中形成的 C—O—C 键称为糖苷键，又称为 α-1,4-苷键。由于麦芽糖分子中还存在苷羟基，故存在 α-和 β-两种构型，即 α-和 β-差向异构体，其结构式分别如下：

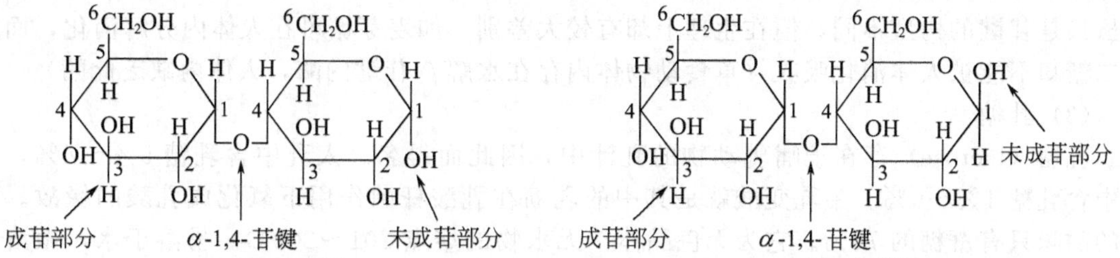

α-(+)-麦芽糖　　　　β-(+)-麦芽糖

麦芽糖是一种还原性二糖、右旋糖，能被 Tollens 试剂、Fehling 试剂和 Benedict 试剂等氧化，也可被溴水氧化成糖酸，与过量苯肼成糖脎，有变旋光现象，D-麦芽糖的 α-型和 β-型的比旋光度分别是 +168° 和 +112°，经变旋光达到平衡状态后，其比旋光度恒定在 +136°。在水溶液中的构象平衡如下：

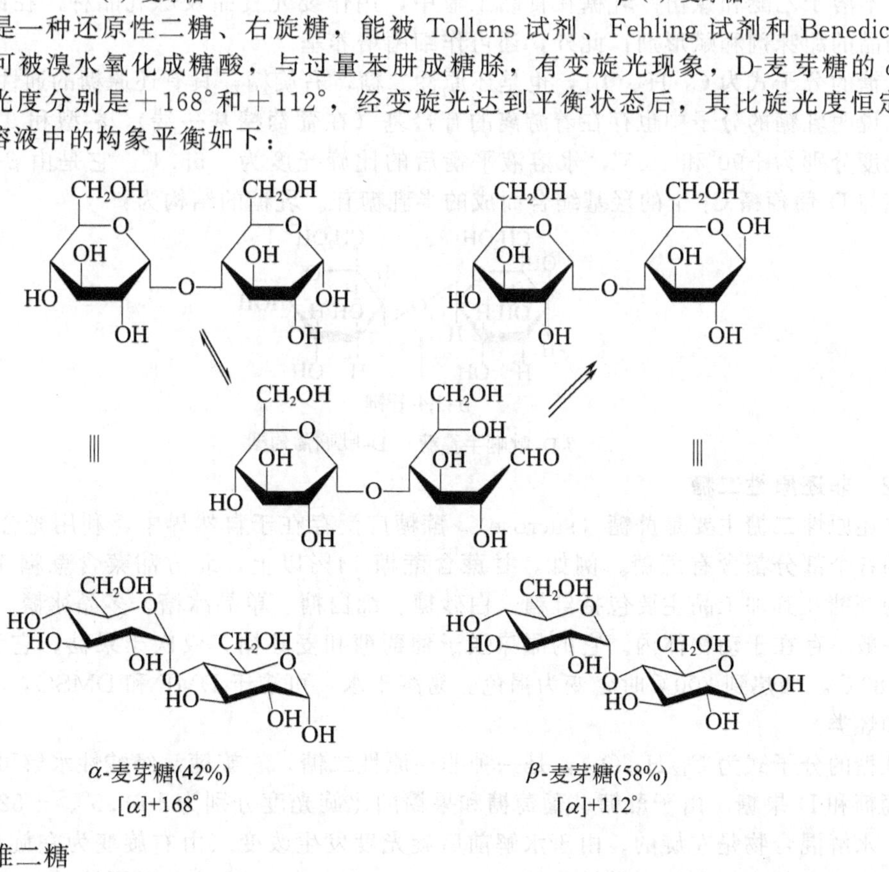
α-麦芽糖(42%)　[α]+168°　　　　β-麦芽糖(58%)　[α]+112°

（2）纤维二糖

纤维二糖（cellobiose）在自然界中也不是以游离状态存在，它是纤维素水解过程的中间产物（见本章16.3.2），为无色晶体，熔点225℃，右旋糖。

纤维二糖的分子式为 $C_{12}H_{22}O_{11}$，也是还原性二糖，它与纤维素的关系如同麦芽糖与淀粉的关系一样，经酸水解也可得到两分子D-葡萄糖。其化学性质与麦芽糖相似，纤维二糖与麦芽糖的唯一区别是苷键的构型不同，麦芽糖为 α-1,4-苷键，而纤维二糖为 β-1,4-苷键。其结构为：

β-1,4-苷键

同样由于纤维二糖分子中还留有苷羟基，故也有 α-和 β-两种差向异构体，纤维二糖与麦芽糖虽只是苷键的构型不同，但在生理上却有较大差别。如麦芽糖可在人体内分解消化，而纤维二糖却不能被人体消化吸收（草食动物体内存在水解 β-苷键的酶，人体内缺乏此酶）。

（3）乳糖

乳糖（lactose）存在于哺乳动物的乳汁中，因此而得名。人乳中含乳糖5%～8%，牛乳中含乳糖4%～6%。牛乳变酸就是其中的乳糖在乳酸杆菌作用下氧化成乳酸的缘故。乳糖的甜味只有蔗糖的70%。它为无色晶体，无水物的熔点201～202℃。易溶于水，微溶于乙醇，不溶于乙醚和氯仿。乳糖在食品工业中，用作婴儿食品及炼乳品种。在医药工业中，用于药品的甜味剂和赋形剂；此外，还可作细菌培养基。

乳糖的分子式为 $C_{12}H_{22}O_{11}$，也是还原性二糖，右旋糖，具有还原糖的通性，有变旋光现象，说明乳糖的分子中也存在着游离的苷羟基（在葡萄糖基一端），α-型和 β-型异构体的比旋光度分别为 $+90°$ 和 $+35°$，水溶液平衡后的比旋光度为 $+55.4°$。它是由 β-D-半乳糖的苷羟基与D-葡萄糖 C_4 上的羟基缩合而成的半乳糖苷。乳糖的结构为：

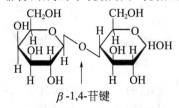

β-1,4-苷键

β-D-吡喃半乳糖　　D-吡喃葡萄糖

16.2.2　非还原性二糖

非还原性二糖主要是蔗糖（sucrose），蔗糖广泛存在于自然界中，利用光合作用合成的植物的各个部分都含有蔗糖。例如，甘蔗含蔗糖14%以上，北方甜菜含蔗糖16%～20%，常见的蔗糖及其加工品主要包括红糖、白砂糖、绵白糖、单晶冰糖、多晶冰糖、方糖等。但蔗糖一般不存在于动物体内。它的甜味强于葡萄糖和麦芽糖，仅次于果糖。它为无色晶体，熔点180℃，加热到200℃时会变为褐色。易溶于水，可溶于DMF和DMSO，不溶于乙醇、乙醚和烃类。

蔗糖的分子式为 $C_{12}H_{22}O_{11}$，是一种非还原性二糖，右旋糖。经酸性水解可得到等量的D-葡萄糖和D-果糖。由于蔗糖、葡萄糖和果糖的比旋光度分别为 $+65.5°$、$+52.7°$ 和 $-92°$，因此，水解混合物是左旋的。由于水解前后旋光度发生改变（由右旋变为左旋），该水解过程称为转化，其水解产物叫做转化糖（invert sugar），转化糖具有还原糖的一切性质。蔗糖

的结构为:

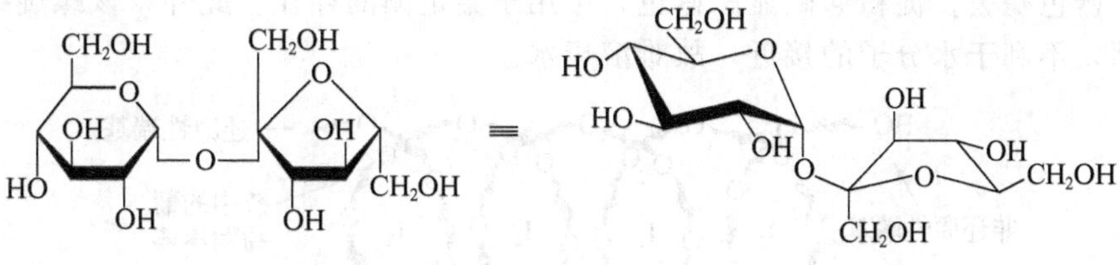

16.3 多糖

多糖(polysaccharides)是重要的天然高分子化合物,是由单糖通过苷键连接而成的高聚体,其水解的最终产物是单糖。其通式为$(C_6H_{10}O_5)_x$。多糖与单糖的区别是无还原性、无变旋光现象、无甜味、大多难溶于水、有的能和水形成胶体溶液。

多糖在自然界中广泛存在,它是动植物骨干的组成部分或养料。自然界中分布最广、最重要的多糖是淀粉和纤维素。

16.3.1 淀粉

淀粉(starch)大量存在于植物的种子和地下块茎中,在米、麦、红薯、玉米和土豆等农作物中含量丰富。它是绿色植物光合作用的产品,是人类的三大食物之一。淀粉经淀粉酶水解得麦芽糖,在酸作用下首先生成分子量较小的糊精,继续水解得到麦芽糖和异麦芽糖,最终水解成D-(+)-葡萄糖,故淀粉是麦芽糖或葡萄糖的高聚物。

$$(C_6H_{10}O_5)_n \xrightarrow[H^+]{H_2O} (C_6H_{10}O_5)_m \xrightarrow[H^+]{H_2O} C_{12}H_{22}O_{11} \xrightarrow[H^+]{H_2O} C_6H_{12}O_6$$
$$(n>m)$$

淀粉 $\xrightarrow{水解}$ 糊精 $\xrightarrow{水解}$ 麦芽糖 $\xrightarrow{水解}$ 葡萄糖

淀粉是一种无色、无味、无定形固体粉末,没有还原性,不溶于一般的有机溶剂。其分子式为$(C_6H_{10}O_5)_n$,是一种混合物,由可溶性淀粉(称为直链淀粉)和不溶性淀粉(称为支链淀粉)两部分构成,二者的分子在结构和性质上都有一定的不同,在淀粉中所占的比例也随植物的种类而异。一般淀粉中10%~30%为直链淀粉,70%~90%为支链淀粉。

(1) 直链淀粉

直链淀粉(amylose)在稀酸中水解可得到一种二糖(即麦芽糖)和一种单糖D-(+)-葡萄糖,说明它是由α-D-(+)-葡萄糖通过α-1,4-苷键连接而成的链状高聚物,其分子量一般比支链淀粉要小。其结构可用Haworth透视式表示如下:

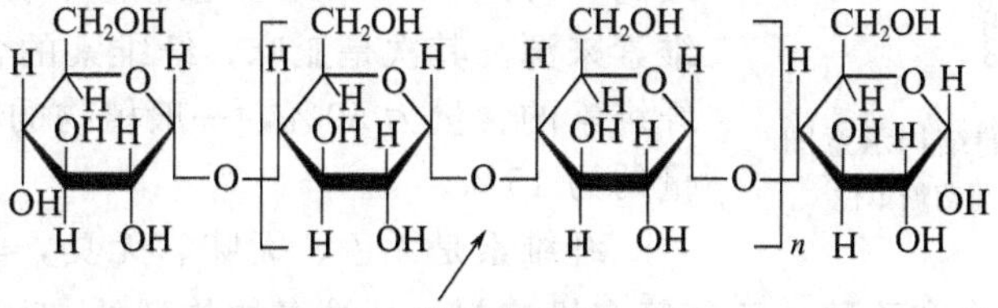

聚α-1,4-苷键葡萄糖
相对分子质量在2万~200万之间,即含120~1200个葡萄糖单位

直链淀粉的结构不是伸开的一条直链,而是在分子内氢键的作用下,卷曲成螺旋状结构,该结构每盘旋一周约需六个葡萄糖单位。螺旋状空穴正好与碘的直径相匹配,允许碘分

子进入空穴中,借助于 van der Waals 力吸引形成深蓝色淀粉-碘络合物(图 16-1),加热时解除吸附,蓝色褪去。淀粉遇碘显深蓝色,可用于鉴定碘的存在。此外,该螺旋结构似紧密堆集的线圈,不利于水分子的接近,故难溶于水。

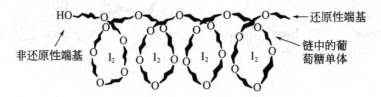

图 16-1　直链淀粉的螺旋形状

(2) 支链淀粉

支链淀粉(amylopectin)在稀酸中部分水解时,产物除 D-(+)-葡萄糖外,还有麦芽糖和异麦芽糖,最终水解得到 D-(+)-葡萄糖。其中,异麦芽糖是两个 D-(+)-葡萄糖单位通过 α-1,6 苷键相连而成,所以支链淀粉在结构上除了由 D-(+)-葡萄糖分子以 α-1,4-苷键连接成主链外,还有以 α-1,6-苷键相连而形成的支链(每个支链大约 20 个葡萄糖单位)。其结构可用 Haworth 透视式表示如下:

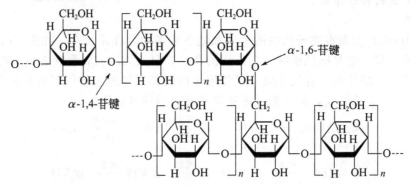

由此可见,支链淀粉与直链淀粉相比,不但含有更多的葡萄糖单位,而且具有高度分支(图 16-2),不像直链淀粉那样结构紧密,有利于与水分子接近,能溶于水。支链淀粉遇碘呈红紫色,可用于区别直链淀粉。

16.3.2　纤维素

纤维素(cellulose)是由葡萄糖组成的大分子多糖,是构成植物细胞壁的主要成分,构成植物骨骼的物质基础。纤维素是自然界中分布最广、含量最多的一种多糖,占植物界碳含量的 50% 以上。棉花中纤维素的含量最高,可达 98%,几乎是纯的纤维素,为天然的最纯纤维素来源。其次是亚麻,纤维素的含量是 80%,木材中纤维素的含量为 50%,一般植物的茎和叶中的纤维素含量约为 15%。

图 16-2　支链淀粉的结构示意图
每一圆圈代表一个葡萄糖单位

纤维素是无色、无味、无臭,具有不同形态的固体纤维状物质,不溶于水和乙醇、乙醚等有机溶剂,纤维素加热到约 150℃ 时不发生显著变化,超过此温度会由于脱水而逐渐焦化。与淀粉一样,纤维素也不具有还原性,其分子式为 $(C_6H_{10}O_5)_n$。纤维素的分子量要比淀粉大很多,水解比淀粉困难,一般在浓酸中或用稀酸在加压下进行,部分水解得到纤维四糖、纤维三糖、纤维二糖等,最终产物是 D-(+)-葡萄糖。

$$(C_6H_{10}O_5)_n \xrightarrow[H^+]{H_2O} (C_6H_{10}O_5)_4 \xrightarrow[H^+]{H_2O} (C_6H_{10}O_5)_3 \xrightarrow[H^+]{H_2O} C_{12}H_{22}O_{11} \xrightarrow[H^+]{H_2O} C_6H_{12}O_6$$

因纤维二糖是 β-1,4-苷，且将纤维素用纤维素酶（β-糖苷酶）水解可生成 D-(+)-葡萄糖。由此推断，纤维素是由许多葡萄糖结构单位以 β-1,4-苷键互相连接而成的。其结构可用 Haworth 透视式表示如下：

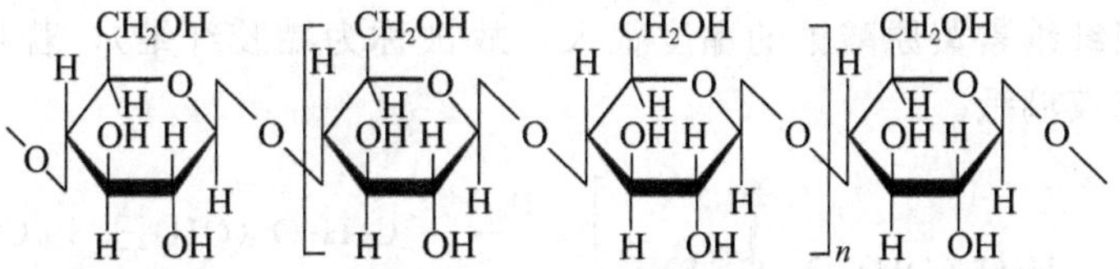

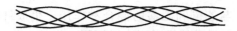

纤维素虽然与直链淀粉一样，是没有分支的链状分子，X 射线和电子显微镜分析表明，这些长链并不卷曲成螺旋状，而是并排成束的，借助分子间氢键缠绕形成像绳索一样的结构，后者再聚集起来，形成坚硬的、不溶于水的纤维，如图 16-3 所示。

图 16-3　缠绕在一起的纤维素链

纤维素和淀粉的共同点是其最终水解产物都是 D-(+)-葡萄糖，不同的是连接各葡萄糖分子间的糖苷键，在纤维素分子中以 β-1,4-苷键相连，而淀粉分子中以 α-1,4-苷键相连。

淀粉酶或人体内的酶（如唾液酶）只能水解 α-1,4-苷键，人体内没有能水解 β-1,4-葡萄糖苷键的纤维素的酶，所以人不能消化纤维素，但纤维素对人体又是必不可少的，因为纤维素可帮助肠胃蠕动，以提高消化和排泄能力。而食草类动物（如马、牛、羊等）的消化道中存在一些能水解 β-1,4-苷键的酶或微生物，可使纤维素水解成 D-葡萄糖，因而这类动物能够以纤维素作为食物取得营养。

纤维素是很重要的工业原料，具有广泛的应用。纤维素本身可直接用于造纸和纺织品。将植物用碱溶液在 120～160℃ 温度下处理，溶解掉木质素、半纤维素（即多缩戊糖）等，剩下纯的木纤维素可做滤纸，加入其它填充剂可作为书写用纸张。

纤维素分子中的每一个葡萄糖结构单元上都含有三个羟基，能与某些试剂作用得到纤维素的衍生物，如纤维素醚和纤维素酯。

(1) 纤维素醚

纤维素用浓碱处理生成纤维素钠盐，再与卤代烷反应生成纤维素醚（cellulose ether）。

纤维素用氯乙烷醚化可得到乙基纤维素（ethyl cellulose，简称 EC）。乙基纤维素用于制造塑料、涂料和橡胶的代用品等，也用作纺织品整理剂。甲基纤维素（methyl cellulose，简称 MC）常用作分散剂、乳化剂、上浆剂等，并可作为灌肠剂应用于医药行业。

若用氯乙酸钠代替氯乙烷与纤维素进行醚化，则得到羧甲基纤维素钠（简称 CMC）。

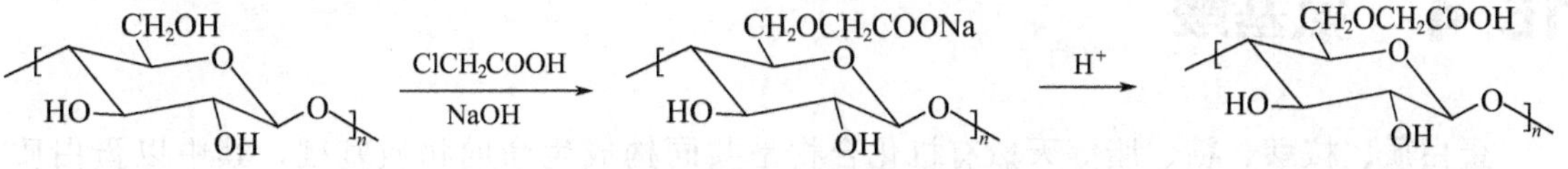

羧甲基纤维素钠是一种水溶性的高分子化合物，大量用作油田钻井泥浆处理剂，还广泛用作纺织品浆料、造纸增强剂等。

将纤维素先用碱处理以增加其反应活性，再与二硫化碳反应，则生成纤维素黄原酸钠。

$$[C_6H_7O_2(OH)_3]_n \xrightarrow{NaOH} [C_6H_7O_2(OH)_2ONa]_n \xrightarrow[NaOH]{nCS_2} \left[C_6H_7O_2(OH)_2O-\underset{\underset{S}{\parallel}}{C}-SNa \right]_n$$

碱纤维素　　　　　　纤维素黄原酸钠

将纤维素黄原酸钠与水混合成为黏稠溶液，再通过细孔压入稀硫酸中进行水解凝固成型还原出纤维素（因纤维素黄原酸钠的黏度很大，故被称为黏胶纤维），若将其通过狭缝压入稀酸中，则可制成玻璃纸。

$$\left[C_6H_7O_2(OH)_2O-\underset{\underset{S}{\parallel}}{C}-SNa \right]_n \xrightarrow{H_3O^+} [C_6H_7O_2(OH)_3]_n + nCS_2$$

黏胶纤维（再生）

纤维素经上述处理后的再生纤维素的结构与未经化学处理前的纤维结构相同，其长纤维称为人造丝，供纺织、针织等用。短纤维称为人造棉、人造毛，供纯纺、混纺用。

（2）纤维素酯

纤维素在硫酸存在下，与乙酐和乙酸的混合物作用，生成纤维素乙酸酯（或称醋酸纤维）（cellulose acetate）。因三醋酸纤维素不溶于丙酮，将其部分水解为二醋酸纤维素，后者溶于丙酮和乙醇，不易燃，可用于制造人造丝、塑料和胶片等。

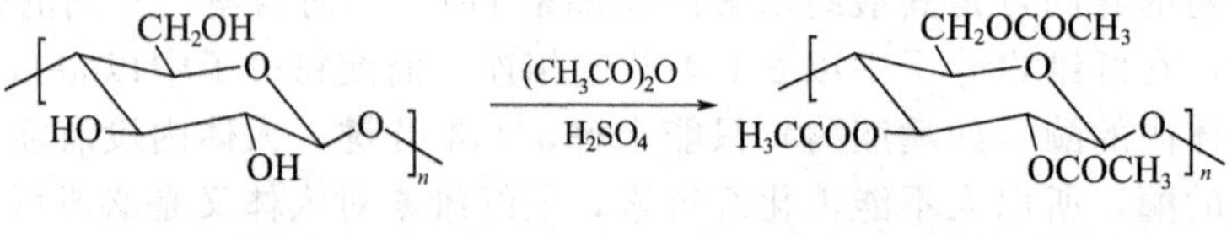

纤维素　　　　　　　　　三醋酸纤维素

纤维素在硫酸存在下，与硝酸作用生成纤维素硝酸酯（或称硝酸纤维）（cellulose nitrate）。酯化时，若硝酸浓度和其它反应条件不同，酯化程度也不同，产物酯含氮量、性质就不同。当分子中葡萄糖结构中的三个羟基全部被酯化时的产物称为三硝酸纤维素（或称火棉、硝棉），其中酯的含氮量大约在13%，易燃、有爆炸性，是制造无烟火药的原料。

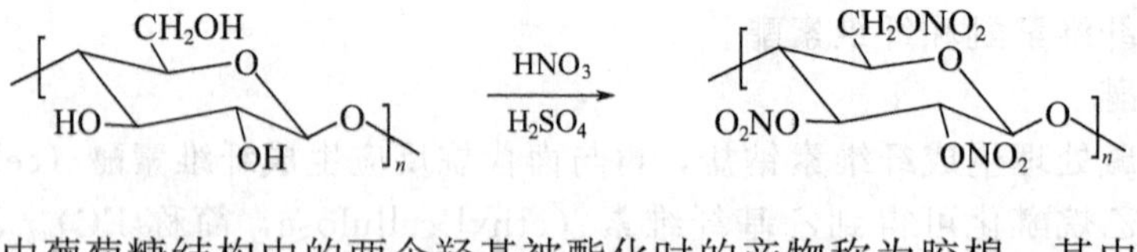

纤维素分子中葡萄糖结构中的两个羟基被酯化时的产物称为胶棉，其中酯的含氮量大约在11%，易燃、但无爆炸性，是制造喷漆、赛璐珞的原料。

16.4　氨基酸

蛋白质、核酸、糖、脂等天然有机化合物是共同构成生命的物质基础，其中以蛋白质、核酸最为重要。生命活动的基本特征就是蛋白质的不断自我更新。而蛋白质是由 α-氨基酸构成的，因此，在讨论蛋白质的结构和性质之前，有必要研究 α-氨基酸化学。

分子中既含有氨基又含有羧基的双官能团化合物称为氨基酸（amino acid）。它是蛋白质水解的最终产物：

$$\text{蛋白质} \longrightarrow \text{肽} \longrightarrow \alpha\text{-氨基酸}$$

由此可见，α-氨基酸是组成蛋白质的基本结构单位，通过酰胺键（肽键）连接而形成蛋白质。

氨基酸目前已知的已超过 100 种以上，组成各种蛋白质的氨基酸种类和数量也不尽相同，但生物体内作为合成蛋白质的原料只有二十几种，如表 16-3 所示。

表 16-3 常见的 α-氨基酸

极性状况	名称	英文缩写	字母代号	中文缩写	结构式	等电点 pI	熔点/℃
非极性氨基酸	甘氨酸	Gly	G	甘	$\text{H—CH(NH}_2\text{)—COOH}$	5.97	292（分解）
	丙氨酸	Ala	A	丙	$\text{CH}_3\text{—CH(NH}_2\text{)—COOH}$	6.00	297（分解）
	缬氨酸①	Val	V	缬	$(\text{CH}_3)_2\text{CH—CH(NH}_2\text{)—COOH}$	5.96	315（分解）
	亮氨酸①	Leu	L	亮	$(\text{CH}_3)_2\text{CH—CH}_2\text{—CH(NH}_2\text{)—COOH}$	6.02	337（分解）
	异亮氨酸①	Ile	I	异亮	$\text{CH}_3\text{—CH}_2\text{—CH(CH}_3\text{)—CH(NH}_2\text{)—COOH}$	5.98	285（分解）
	苯丙氨酸①	Phe	F	苯丙	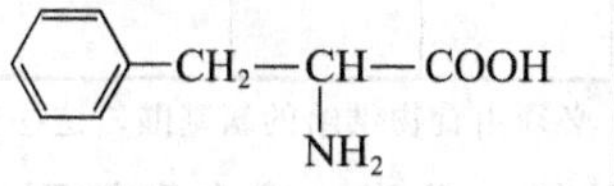 $\text{C}_6\text{H}_5\text{—CH}_2\text{—CH(NH}_2\text{)—COOH}$	5.48	283（分解）
	蛋氨酸①	Met	M	蛋	$\text{CH}_3\text{SCH}_2\text{CH}_2\text{CH(NH}_2\text{)COOH}$	5.74	283
	色氨酸①	Trp	W	色	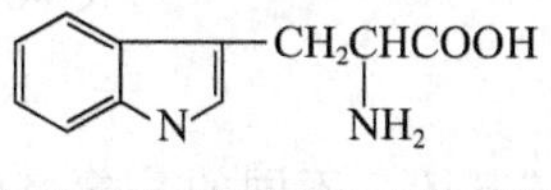 吲哚-3-基-$\text{CH}_2\text{CH(NH}_2\text{)COOH}$	5.89	283
	脯氨酸	Pro	P	脯	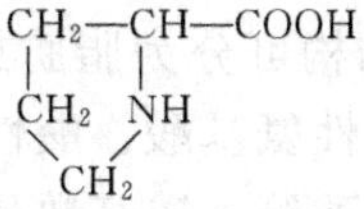 吡咯烷-2-羧酸	6.30	220
极性氨基酸	丝氨酸	Ser	S	丝	$\text{HO—CH}_2\text{—CH(NH}_2\text{)—COOH}$	5.68	228（分解）
	苏氨酸①	Thr	T	苏	$\text{HO—CH(CH}_3\text{)—CH(NH}_2\text{)—COOH}$	6.53	253（分解）

续表

极性状况	名称	英文缩写	字母代号	中文缩写	结构式	等电点 pI	熔点/℃
极性氨基酸	酪氨酸	Tyr	Y	酪	HO—C$_6$H$_4$—CH$_2$CHCOOH | NH$_2$	5.66	342
	半胱氨酸	Cys	C	半胱	HS—CH$_2$—CH—COOH | NH$_2$	5.05	—
	赖氨酸①	Lys	K	赖	H$_2$NCH$_2$—(CH$_2$)$_3$—CHCOOH | NH$_2$	9.74	224
	精氨酸	Ary	R	精	H$_2$N—C(=NH)—NH—(CH$_2$)$_3$—CHCOOH | NH$_2$	10.76	230~244 分解
	组氨酸	His	H	组	(咪唑环)—CH$_2$CHCOOH | NH$_2$	7.59	287
	天门冬氨酸	Asp	D	天冬(门)	HOOC—CH$_2$—CH—COOH | NH$_2$	2.77	269
	谷氨酸	Glu	E	谷	HOOCCH$_2$CH$_2$CHCOOH | NH$_2$	3.22	247
	天门冬酰胺	Asn	N	门—NH$_2$	H$_2$NCOCH$_2$CHCOOH | NH$_2$	5.41	236
	谷氨酰胺	Gln	Q	谷—NH$_2$	H$_2$NCOCH$_2$CH$_2$CHCOOH | NH$_2$	5.65	184

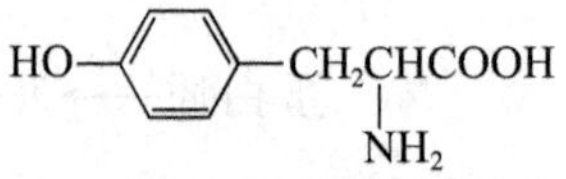

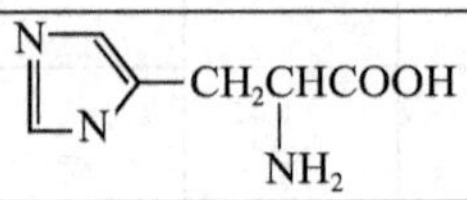

① 为人体不能合成，必须由食物供给的氨基酸，这些氨基酸称为必需氨基酸。

16.4.1 氨基酸的结构、分类、命名和构型

由蛋白质水解得到的氨基酸均为 α-氨基酸，其通式如下式表示：

$$\begin{array}{c} H \\ | \\ R—C—COOH \\ | \\ NH_2 \end{array}$$

式中，R 代表侧链基团，不同的 α-氨基酸只是 R 基团的不同。

氨基酸按 R 基团的结构可分为脂肪族氨基酸、芳香族氨基酸和杂环氨基酸。按分子中氨基和羧基的数目分为中性氨基酸、酸性氨基酸和碱性氨基酸。分子中氨基和羧基数目相等的为中性氨基酸，如亮氨酸等；羧基数目多于氨基的为酸性氨基酸，如谷氨酸等；氨基数目多于羧基的为碱性氨基酸，如赖氨酸等。

氨基酸的命名虽可采用系统命名法，但多按其来源或某些特性而采用俗名。国际上有通用的符号（见表 16-2）。如天冬氨酸源于天门冬植物，甘氨酸因具有甜味而得名。

α-氨基酸的构型用 Fischer 投影式表示时，氨基位于横线右边的为 D 型，位于左边的为 L 型。例如：

$$\begin{array}{cc} \text{COOH} & \text{COOH} \\ | & | \\ \text{H—C—NH}_2 & \text{NH}_2\text{—C—H} \\ | & | \\ \text{R} & \text{R} \\ \text{D-氨基酸} & \text{L-氨基酸} \end{array}$$

蛋白质水解的最终产物 α-氨基酸，除氨基乙酸（甘氨酸）外，其它分子中的 α-碳原子都是手性碳原子，都具有旋光性，而且发现主要是 L 型的（也有 D 型的，但很少）。如果用 R、S 法标记，α-氨基酸除半胱氨酸为 R-构型外，其余都是 S-构型。

$$\text{H}_2\text{N—C—H} \quad \text{或} \quad \text{H}_2\text{N}\cdots\text{C}\cdots\text{COOH}$$
(COOH上，R下) (R上，NH₂左，COOH右)

16.4.2 氨基酸的性质

氨基酸是没有挥发性的黏稠液体或无色晶体，固体氨基酸的熔点较高，一般在 200℃ 以上，多数加热到熔点温度时分解成胺和二氧化碳。α-氨基酸能溶于水，其中甘氨酸、丙氨酸、赖氨酸和精氨酸易溶于强酸、强碱，不溶于乙醚、丙酮和氯仿等非极性有机溶剂。

16.4.2.1 氨基酸的酸碱性——两性和等电点

(1) 两性

氨基酸分子中含有氨基和羧基，所以既能与酸反应，也能与碱反应，既是碱也是酸，即两性化合物。

$$\text{R—CH—COOH} \xleftarrow{\text{H}^+} \text{R—CH—COOH} \xrightarrow{\text{OH}^-} \text{R—CH—COO}^-$$
$$\quad |\text{ }^+\text{NH}_3 \qquad\qquad |\text{ NH}_2 \qquad\qquad |\text{ NH}_2$$

在氨基酸分子内，因同时含有碱性氨基和酸性羧基，故分子内能生成盐，叫内盐（也称两性离子或偶极离子，dipole ion）。在一般情况下，氨基酸并不是以游离的氨基或羧基存在的，而是两性电离，在固态或水溶液中形成内盐。

$$\text{R—CH—COOH} \rightleftharpoons \text{R—CH—COO}^-$$
$$\quad |\text{ NH}_2 \qquad\qquad |\text{ }^+\text{NH}_3$$

(2) 等电点

在氨基酸水溶液中加入酸或碱，致使氨基和羧基的离子化程度相同，正离子和负离子浓度相等（即氨基酸分子所带电荷呈中性——处于等电状态），这时溶液的 pH 值称为氨基酸的等电点，常以 pI (isoelectric point) 表示。不同的氨基酸具有不同的等电点（见表 16-3）。

$$\text{R—CH—COO}^- \xleftarrow[\text{H}^+]{\text{OH}^-} \text{R—CH—COO}^- \xrightleftharpoons[\text{OH}^-]{\text{H}^+} \text{R—CH—COOH}$$
$$\quad |\text{ NH}_2 \qquad\qquad\qquad |\text{ NH}_3^+ \qquad\qquad\qquad |\text{ NH}_3^+$$
溶液pH>等电点　　　　　等电点(pI)　　　　　溶液pH<等电点

等电点为电中性而不是中性（即 pH＝7），在溶液中加入电极时其电荷迁移为零。一般中性氨基酸的等电点 $pI = 4.8 \sim 6.3$，酸性氨基酸的等电点 $pI = 2.7 \sim 3.2$，碱性氨基酸的等电点 $pI = 7.6 \sim 10.8$。等电点时，氨基酸主要以偶极离子存在，偶极离子的浓度最大，偶极离子在水中的溶解度最小，所以氨基酸的溶解度最小，易结晶析出。因此，利用调节等电点的方法可以分离氨基酸的混合物。

16.4.2.2 氨基酸氨基的反应

α-氨基酸分子中的氨基具有典型氨基的性质，能与酸、亚硝酸、烃基化试剂、酰基化试剂、甲醛、过氧化氢等反应。

（1）氨基的烃基化

氨基酸与 RX 作用则烃基化成 N-烃基氨基酸。氨基酸的伯氨基与 2,4-二硝基氟苯（2,4-dinitrofluorobenzene，DNFB，也称为 Sanger's 试剂）反应生成黄色的 DNP-氨基酸：

$$\underset{\text{(Sanger's 试剂)}}{O_2N\text{-}C_6H_3(NO_2)\text{-}F} + NH_2\text{-}\underset{R}{CH}\text{-}COOH \longrightarrow \underset{\text{DNP-氨基酸}}{O_2N\text{-}C_6H_3(NO_2)\text{-}NH\text{-}\underset{R}{CH}\text{-}COOH}$$

（2）氨基的酰基化

氨基酸分子中的氨基能与乙酸酐、邻苯二甲酸酐、乙酰氯、苯甲酰氯等酰化剂发生酰基化反应生成酰胺。

$$R'\text{-}COCl + NH_2\text{-}\underset{R}{CH}\text{-}COOH \longrightarrow R'\text{-}\underset{O}{C}\text{-}NH\text{-}\underset{R}{CH}\text{-}COOH + HCl$$

在蛋白质的合成过程中，常选苄氧甲酰氯为酰化剂，用于保护氨基酸分子中的氨基。

$$C_6H_5\text{-}CH_2\text{-}O\text{-}\underset{O}{C}\text{-}Cl + NH_2\text{-}\underset{R}{CH}\text{-}COOH \longrightarrow C_6H_5\text{-}CH_2\text{-}O\text{-}\underset{O}{C}\text{-}NH\text{-}\underset{R}{CH}\text{-}COOH$$

苄氧甲酰氯（benzyl chloroformate）是一种特殊的酰基化试剂，不仅暂时性的酰基引入容易，酰化产物对其它试剂较稳定，而且可以用多种方法将其脱去。

（3）与亚硝酸反应

$$R\text{-}\underset{NH_2}{CH}\text{-}COOH + HNO_2 \longrightarrow R\text{-}\underset{OH}{CH}\text{-}COOH + N_2\uparrow + H_2O$$

该反应是定量完成的，通过测定放出 N_2 的体积，便可计算出氨基酸中伯氨基的含量，用于氨基酸、多肽、蛋白质的测定。

（4）与醛酮反应

氨基酸分子中的氨基与甲醛反应则生成 N-亚甲基氨基酸，因后者不干扰酸碱滴定，该反应可用于标准碱溶液滴定羧基以测定氨基酸的含量。

$$R\text{-}\underset{NH_2}{CH}\text{-}COOH + HCHO \longrightarrow R\text{-}\underset{N=CH_2}{CH}\text{-}COOH + H_2O \quad N\text{-亚甲基氨基酸}$$

$$R'\text{-}CHO + H_2N\text{-}\underset{R}{CH}\text{-}COOH \longrightarrow R'\text{-}CH=N\text{-}\underset{R}{CH}\text{-}COOH + H_2O \quad \text{希夫碱}$$

氨基酸分子中的氨基也能与其它醛酮反应，生成希夫碱（Schiff base）。希夫碱是植物体中氨基酸合成生物碱的重要中间体。

(5) 与茚三酮反应

α-氨基酸的水溶液与水合茚三酮反应时生成显蓝色或紫红色的有色物质，是鉴别 α-氨基酸的灵敏的定性和定量分析方法。用色谱法分离氨基酸时，毫无例外地用水合茚三酮为显色剂，若在溶液中进行反应，则得到的紫色溶液在 570nm 有强吸收峰。但脯氨酸分子中只有亚氨基，与水合茚三酮反应时呈现橙黄色。

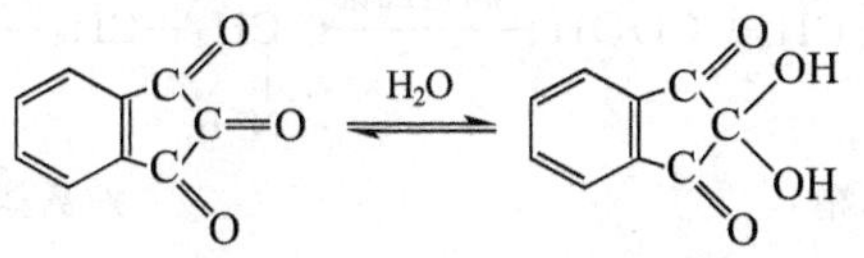

$$\text{茚三酮} \xrightleftharpoons{H_2O} \text{水合茚三酮}$$

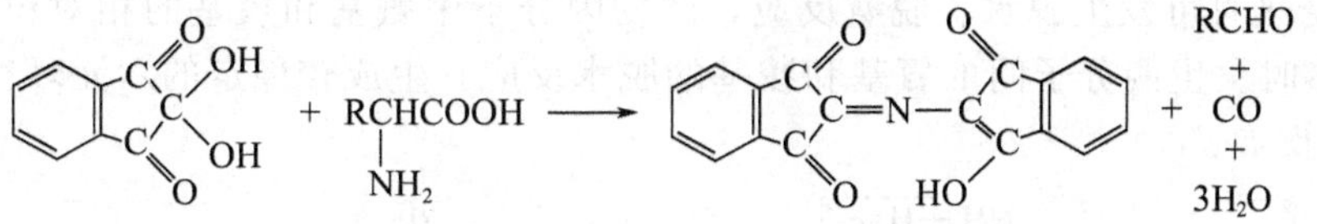

$$\text{水合茚三酮} + RCHCOOH(NH_2) \longrightarrow \text{中间体} + RCHO + CO + 3H_2O$$

反应过程可能如下：

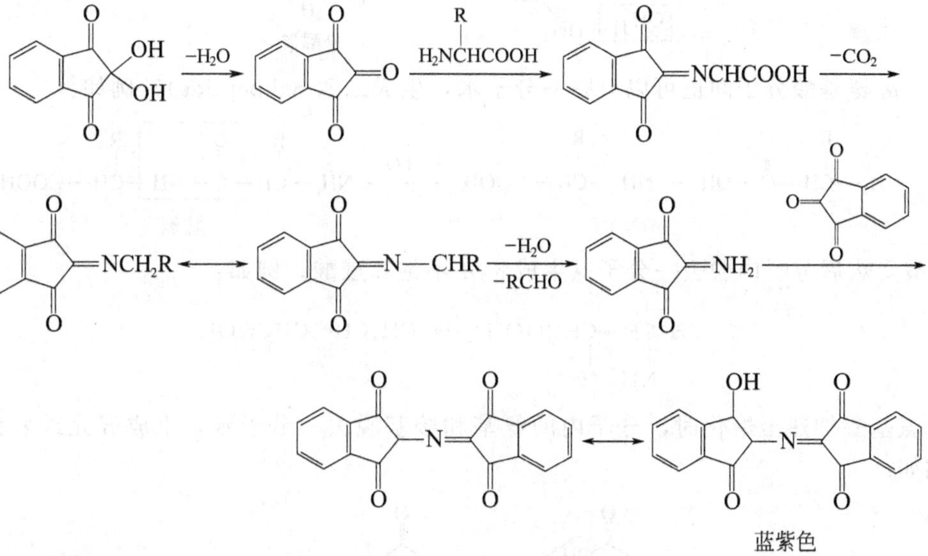

（中间产物经一系列反应最终生成蓝紫色物质）

(6) 氧化脱氨反应

氨基酸分子中的氨基可被氧化剂（如 H_2O_2、$KMnO_4$ 等）氧化生成亚氨酸，后者水解得酮酸。若在酶的作用下，氨基酸也能发生氧化脱氨反应，该反应是生物体内氨基酸分解代谢的重要反应之一。

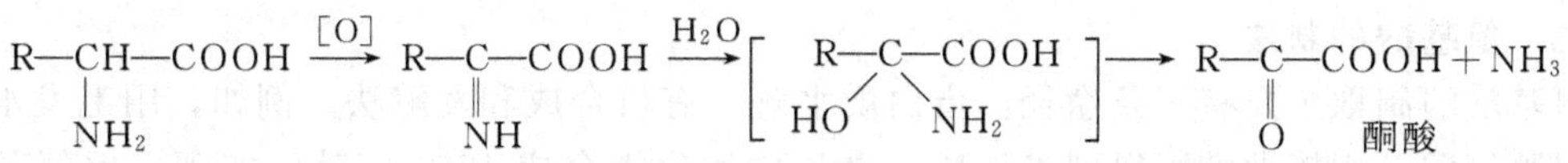

$$R-\underset{NH_2}{\underset{|}{CH}}-COOH \xrightarrow{[O]} R-\underset{NH}{\underset{\|}{C}}-COOH \xrightarrow{H_2O} \left[R-\underset{\underset{NH_2}{|}}{\overset{\overset{OH}{|}}{C}}-COOH\right] \longrightarrow R-\underset{O}{\underset{\|}{C}}-COOH + NH_3$$

亚氨基酸　　　　　　　　　　　酮酸

16.4.2.3　氨基酸羧基的反应

氨基酸分子中羧基的反应主要利用它能形成酯、酐、酰胺的性质。这里值得特别提出的是将氨基酸转化为叠氮化合物的方法（氨基酸酯与肼作用生成酰肼，酰肼与亚硝酸作用则生成叠氮化合物）。叠氮化合物与另一氨基酸酯作用即能缩合成二肽（用此法能合成光学纯的肽）。

(1) 羧基的脱羧反应

氨基酸在一定的条件下，如高沸点溶剂中回流或在动物体内受细菌作用，发生脱羧生成胺。该反应也是人体代谢的一种过程。如：

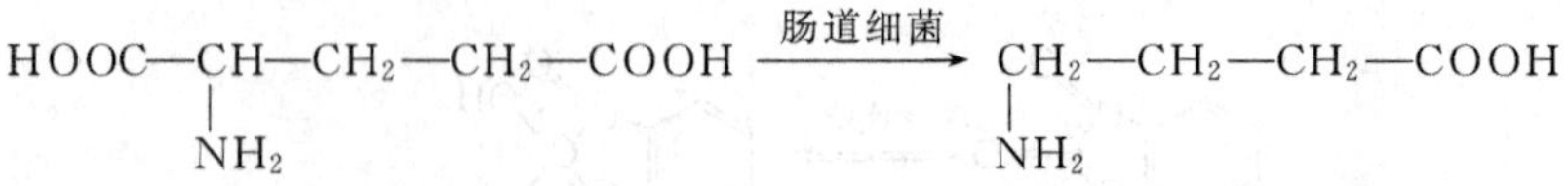

$$HOOC-CH(NH_2)-CH_2-CH_2-COOH \xrightarrow{\text{肠道细菌}} CH_2(NH_2)-CH_2-CH_2-COOH$$

谷氨酸（味精）　　　　　　　　　　　　　　γ-氨基丁酸

(2) 羧基的脱水、脱氨反应

氨基酸受热时可发生脱水、脱氨反应，产物因分子中氨基和羧基的相对位置不同而异。α-氨基酸受热时发生两分子间的氨基和羧基的脱水反应，生成较稳定的六元环交酰胺（也称二酮吡嗪）。例如：

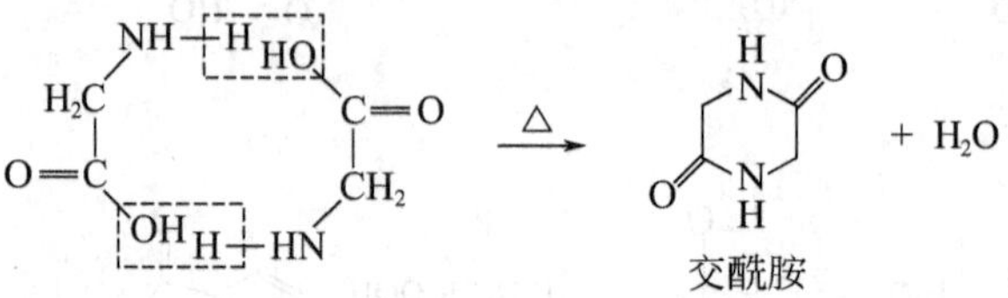

交酰胺

加热时，α-氨基酸分子间也可以只脱一分子水，生成二肽（dipeptide）。例如：

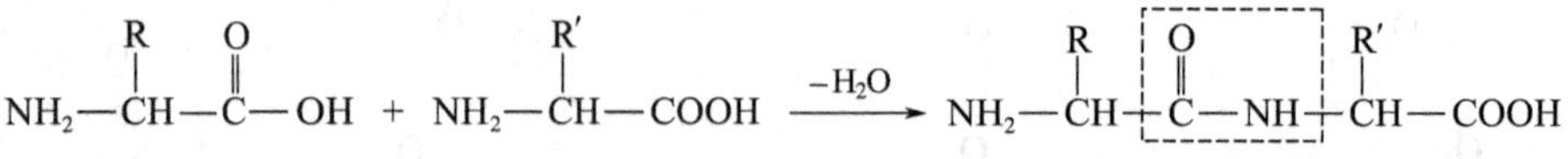

$$NH_2-CH(R)-C(O)-OH + NH_2-CH(R')-COOH \xrightarrow{-H_2O} NH_2-CH(R)-\boxed{C(O)-NH}-CH(R')-COOH$$

肽键

β-氨基酸受热后分子内脱去一分子氨生成α,β-不饱和羧酸。例如：

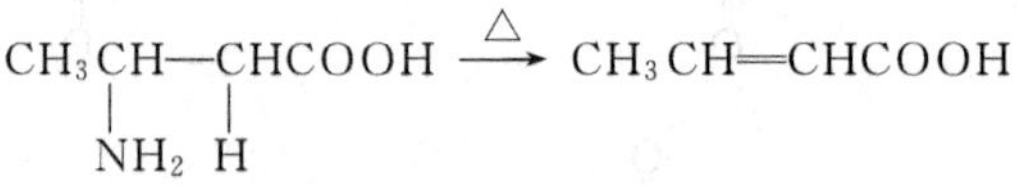

$$CH_3CH(NH_2)-CH(H)COOH \xrightarrow{\Delta} CH_3CH=CHCOOH$$

γ-或δ-氨基酸加热至熔化时，分子内的氨基和羧基脱去一分子水，生成五元或六元环内酰胺。例如：

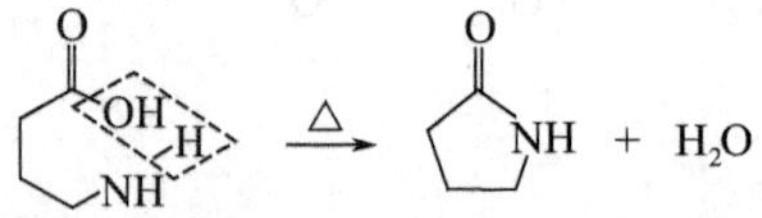

氨基酸分子中氨基和羧基相隔距离较远时，受热后多个分子间脱水，发生缩聚反应而生成链状的聚酰胺。聚酰胺常用作合成纤维或工程塑料。例如：

$$nNH_2(CH_2)_xCOOH \xrightarrow{\Delta} NH_2(CH_2)_xCO[NH(CH_2)_xCO]_{n-2}NH(CH_2)_xCOOH + (n-1)H_2O$$

16.4.3 氨基酸的制法

氨基酸的制取主要有三条途径：蛋白质水解、有机合成和发酵法。例如，用毛发水解可以制取胱氨酸，用糖发酵可得到谷氨酸。氨基酸的化学合成 1850 年就已实现，但氨基酸的发酵法生产则在其一百年后的 1957 年才得以实现，如糖类（淀粉）发酵生产谷氨酸。氨基酸的合成方法主要有三种。

(1) Strecker 合成法

醛在氨存在下与氢氰酸反应生成 α-氨基腈，后者水解时分子中的氰基转变成羧基，生成 α-氨基酸。例如：

$$C_6H_5CH_2CHO \xrightarrow{NH_3, HCN} C_6H_5CH_2\underset{NH_2}{CH}CN \xrightarrow[(2)\ H_3O^+]{(1)\ NaOH,\ H_2O} C_6H_5CH_2\underset{{}^+NH_3}{CH}CO_2^-\quad \text{苯丙氨酸 74\%}$$

(2) α-卤代酸的氨化

$$R-\underset{X}{CH}-COOH + NH_3 \longrightarrow R-\underset{NH_2}{CH}-COOH + HX$$

与卤代烃和氨的反应相似，此法有副产物仲胺和叔胺生成，不易纯化。因此，常用 Gabriel 合成法代替此法。

(3) Gabriel 合成法

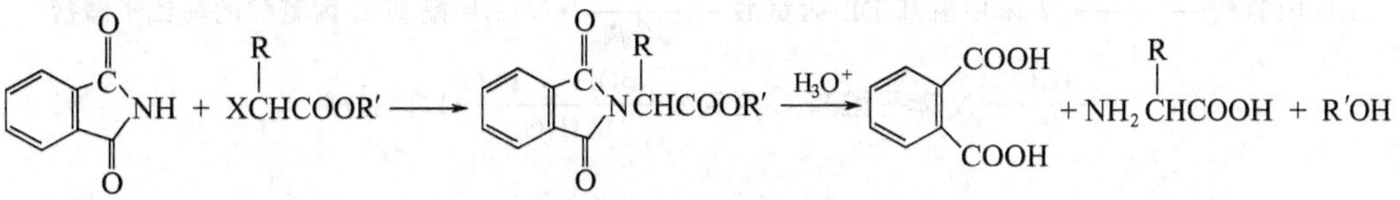

此法可以得到较纯的 α-氨基酸，适用于实验室合成氨基酸。

(4) 由丙二酸酯法合成

此法应用的方式多种多样，现举例说明。例如：

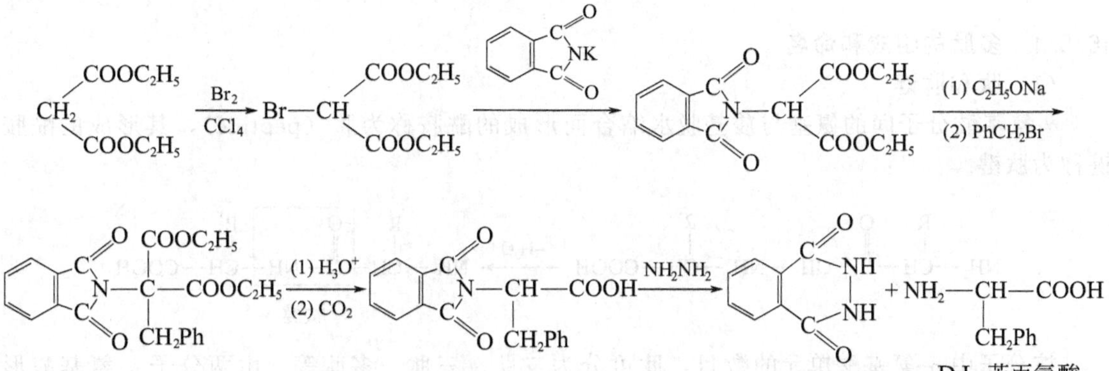

D,L-苯丙氨酸

$$CH_2(COOEt)_2 + HNO_2 \longrightarrow O=N-CH(COOEt)_2 \rightleftharpoons HO-N=C(COOEt)_2$$

$$\xrightarrow[Pt]{H_2} H_2NCH(COOEt)_2 \xrightarrow{Ac_2O} CH_3CONHCH(COOEt)_2$$

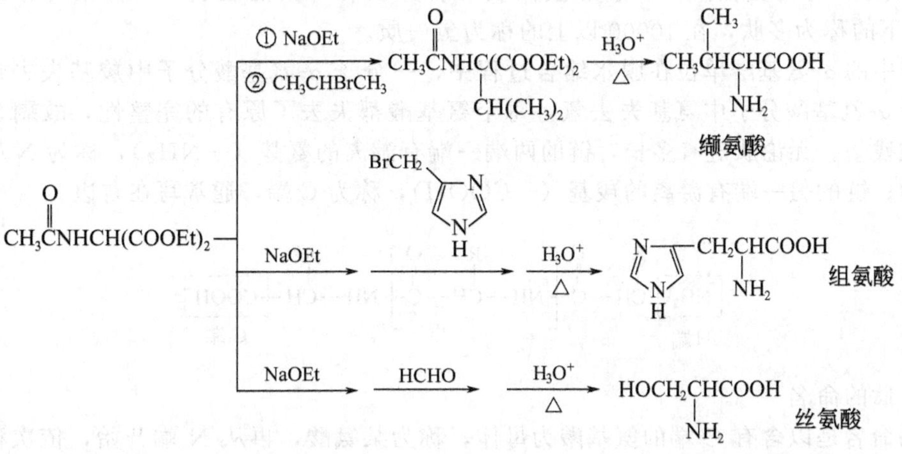

缬氨酸

组氨酸

丝氨酸

(5) DL 氨基酸的拆分

采用合成法合成的氨基酸是外消旋体，拆分后才能得到 D- 和 L- 氨基酸。将（DL）-α- 氨基酸酰化生成 N-乙酰化或 N-氯乙酰化后，在脱酰酶（deacylases）的作用下，N-酰基-L-氨基酸分解脱去酰基，得到游离的 L-α-氨基酸，很容易与 D-乙酰氨基酸分离。

$$(DL)\text{-R-CH(NH}_2)\text{-COO}^- \xrightarrow{(CH_3CO)_2O} (DL)\text{-R-CH(NHCOCH}_3)\text{-COO}^- \xrightarrow{\text{脱酰酶}} (L)\text{-R-CH(NH}_2)\text{-COO}^- + (D)\text{-R-CH(NHCOCH}_3)\text{-COO}^-$$

二者容易分离

外消旋 α-氨基酸的拆分还可以用结晶法。将 DL-α-氨基酸酰化生成 N-酰基-DL-α-氨基酸，后者与一种旋光碱作用生成互为非对映体的两种盐，然后选择适当的溶剂进行重结晶，结晶析出物加酸分解即可得到具有旋光的 N-酰基-α-氨基酸。例如：

$$\text{DL-丙氨酸} \xrightarrow{\text{苯甲酸酐}} N\text{-苯甲酰基-DL-丙氨酸} \xrightarrow[\text{②分离}]{\text{①马钱子碱}} N\text{-苯甲酰基-L-丙氨酸的马钱子碱盐}$$

$$\xrightarrow{H_3O^+} N\text{-苯甲酰基-L-丙氨酸} \xrightarrow[\text{②}H_3O^+]{\text{①}OH^-, H_2O} \text{L-丙氨酸}$$

16.5 多肽

16.5.1 多肽的组成和命名

(1) 肽和肽键

α-氨基酸分子间的氨基与羧基脱水缩合而形成的酰胺称为肽（peptide），其形成的酰胺键称为肽键。

$$\underset{}{NH_2\text{-CH(R)-C(O)-OH}} + NH_2\text{-CH(R')-COOH} \xrightarrow{-H_2O} NH_2\text{-CH(R)-}\underbrace{C(O)\text{-NH}}_{\text{肽键}}\text{-CH(R')-COOH}$$

按分子中 α-氨基酸单元的数目，肽可分为二肽、三肽、多肽等。由两分子 α-氨基酸形成的肽称为二肽（dipeptide），由三分子 α-氨基酸形成的肽称为三肽（tripeptide），由多分子 α-氨基酸形成的肽称为多肽（polypeptide）。一般把含 100 个以上氨基酸的多肽（有时是含 50 个以上）称为蛋白质。多肽和蛋白质两者并没有严格的区别，或将相对分子质量在 10000 以下的称为多肽，在 10000 以上的称为蛋白质。

肽链中的 α-氨基酸单位在脱水缩合过程中，一分子 α-氨基酸分子中羧基失去羟基，则另一分子 α-氨基酸分子中氨基失去氢，每个氨基酸都失去了原有的完整性，故剩余部分称为氨基酸残基。无论肽链有多长，链的两端一端有游离的氨基（—NH$_2$），称为 N 端，通常写在左边；链的另一端有游离的羧基（—COOH），称为 C 端，通常写在右边。

$$\underset{\text{N 端}}{[NH_2]}\text{-CH(R)-C(O)-NH-CH(R')-C(O)}\underset{n}{]}\text{-NH-CH(R'')-}\underset{\text{C 端}}{[COOH]}$$

(2) 肽的命名

肽的命名是以含有 C 端的氨基酸为母体，称为某氨酸，再从 N 端开始，依次称为某氨酰，放在母体名称的前面。也即按组成肽的氨基酸的顺序称为某氨酰某氨酰……某氨酸（简写为某-某-某）。例如：

$$NH_2-CH(CH_3)-CO-NH-CH(CH_2OH)-CO-NH-CH(CH_2C_6H_5)-COOH$$

丙氨酰丝氨酰苯丙氨酸（丙-丝-苯丙）

上式的三肽也可称为丙-丝-苯丙肽或丙-丝-苯丙，也常用缩写符号命名为 Ala-Ser-Phe。很多多肽都采用俗名，如催产素、胰岛素等。

16.5.2 多肽结构的测定

多肽是蛋白质部分水解的产物，一些肽以游离状态存在于生物体，它们在生物体中起着各种不同的作用，有些作为生物化学反应的催化剂，有些具有抗生素的性质，有些则是激素等。例如，谷-半胱-甘肽存在于大多数细胞中，参加细胞的氧化还原过程。

$$HOOC-CH(NH_2)-CH_2-CH_2-C(O)-NH-CH(HSCH_2)-C(O)-NH-CH_2-COOH$$

N端　　　　　　　　　　　　　　　　　　　　　　　　　　　　C端
谷氨酰-半胱氨酰-甘氨酸（谷胱甘肽）

胰岛素（51肽）是人体胰腺 β 细胞分泌的身体内唯一的降血糖激素。人体缺少胰岛素会使血糖值升高，引起糖尿病。它是碳水化合物正常代谢所必需的一种激素。胰岛素含有 2 条多肽链，A 链含有 21 个氨基酸，B 链含有 30 个氨基酸，A 链和 B 链通过两个双硫键连接起来，在 A 链上也形成一个双硫键，其结构如下：

```
   1    2    3    4      5       6    7    8    9    10   11   12
  Gly—Ile—Val—Glu—Glu(NH2)—Cys—Cys—Ala—Ser—Val—Cys—Ser ┐
                                                         │ A链
   21       20    19    18       17       16          15       14   13
 Asp(NH2)—Cys—Tyr—Asp(NH2)—Glu—Leu(NH2)—Leu(NH2)—Tyr—Leu ┘

   1    2    3        4        5    6    7    8    9    10   11
  Phe—Val—Asp(NH2)—Glu(NH2)—His—Leu—Cys—Gly—Ser—His—Leu ┐
                                                         │
   23   22   21   20   19   18   17   16   15   14   13   12      │ B链
  Gly—Arg—Glu—Gly—Cys—Val—Leu—Tyr—Leu—Ala—Glu—Val       │
                                                         │
   24   25   26   27   28   29   30                      │
  Phe—Phe—Tyr—Thr—Pro—Lys—Ala                           ┘
```

A 链和 B 链通过两个双硫键连接起来，形成胰岛素分子：

```
              ┌─S────S─┐
A链  1-2-3-4-5-6-7────11────20-21
              │        │
              S        S
              │        │
              S        S
              │        │
B链       1────7────────19───────30
```

后叶催产素（九肽）存在于垂体后叶腺中，是一个能使子宫收缩的垂体后叶激素。若将其 8 位的亮氨酸换成异亮氨酸，所形成的多肽对于刺激乳汁分泌和引产能力大大降低。

```
Cys—Tyr—Ile—Clu—Arg—Cys—Pro—Leu—Gly—NH2
 └────────S─S────────┘
```

由此可见，多肽都具有特殊的生理功能，其结构和生理功能之间关系密切。研究和测定肽的结构，将有利于对天然多肽结构的改性、多肽化合物的人工合成及其应用研究，以满足人体的需要。

如何测定多肽的结构？首先确定组成多肽分子的氨基酸种类，然后确定各种氨基酸的数目或相对比例，再确定这些氨基酸在多肽分子中的排序，最后推测其结构。具体步骤如下。

① 多肽分子量的测定　用渗透压、X 射线衍射等方法测定多肽的分子量。

② 氨基酸的定量分析。

$$\text{多肽} \xrightarrow[H_2O]{HCl} \text{氨基酸} \xrightarrow{\text{色谱法分离}} \text{各种氨基酸} \longrightarrow \text{各种氨基酸的含量}$$

多肽的水解：在酸、碱或酶催化下，多肽分子肽键断裂生成氨基酸混合物。一般采用酸性水解，碱性水解时会引起氨基酸结构的外消旋化，而酶水解具有选择性且不完全。

氨基酸种类和数目的确定：用电泳、离子交换色谱或氨基酸分析仪分离水解得到的氨基酸混合物，确定氨基酸的种类和相对含量，然后根据测定的多肽的分子量，计算出多肽中所含各种氨基酸分子的数目。

③ 氨基酸排列顺序的测定　由氨基酸组成的多肽数目惊人，情况十分复杂。例如，由甘氨酸和丙氨酸组成的二肽有两种，分别为甘-丙、丙-甘，它们的结构不同、性质也不同。假定 100 个氨基酸聚合成线型分子，就可能有 20^{100} 种多肽。因此，要确定多肽分子中氨基酸的排列顺序（sequence）是一项非常复杂的工作。1952 年，英国生物化学家 Sanger 等完成了对含有 51 个氨基酸残基的胰岛素一级序列的测定，为此他获得了 1958 年的诺贝尔化学奖。此后，有几百种多肽和蛋白质的氨基酸顺序被测定出来，其中包括含 333 个氨基酸单位的甘油醛-3-磷酸酯脱氢酶。1980 年，他又发明测定 DNA 碱基排列的方法，再次荣获诺贝尔化学奖（与美国人 Berg、Gilbert 共享）。

测定多肽分子中氨基酸顺序的方法通常有部分水解法和端基分析法两种。

(1) 部分水解法

多肽化合物在某些蛋白酶催化作用下，分子中的肽链水解成较小的片段，然后测定各片段的氨基酸组分，该方法称为"部分水解法"。但蛋白酶对多肽的水解是具有选择性的，也就是说，某种蛋白酶仅用来水解特定类型的肽键。例如：胃蛋白酶主要水解酪氨酸、苯丙氨酸和色氨酸残基中氨基上的肽键；糜蛋白酶主要水解酪氨酸、苯丙氨酸和色氨酸残基中羧基上的肽键；胰蛋白酶只能水解赖氨酸和精氨酸残基中羧基上的肽键。再如：由半胱氨酸、赖氨酸和色氨酸等组成的三肽可能有六种结构，若用胃蛋白酶对其进行部分水解，则得到一个游离色氨酸和一个二肽，那么，原三肽的结构可能为如下两种：

$$H_2N\text{-半胱-酪-色-}COOH \text{ 和 } H_2N\text{-酪-半胱-色-}COOH$$

除上述特性蛋白酶外，溴化氰也能断裂蛋氨酸残基中羧基上的肽键。例如：

<chemical reaction showing peptide cleavage by BrCN, with -CH₃SCN eliminated, producing a C-terminal serine-like residue (CH₂CH₂OH) and an N-terminal amine fragment>

但上述哪种结构正确呢？那就要进行下一步工作——氨基酸的端基分析。

(2) 端基分析法

测定原肽中 C 端和 N 端氨基酸和酶水解所得片段中 C 端和 N 端氨基酸，称为"端基分析"。然后将碎片按顺序连接，推测出氨基酸排列的完整顺序。

① 测定 N 端　肽链中 N 端的分析方法有如下两种。

方法一　2,4-二硝基氟苯法——Sanger 法。

2,4-二硝基氟苯与氨基酸的 N 端氨基反应后生成 DNP（二硝基苯基）衍生物，经水解、分离出 DNP-N 端氨基酸，用色谱法分析，即可知道 N 端为何氨基酸。

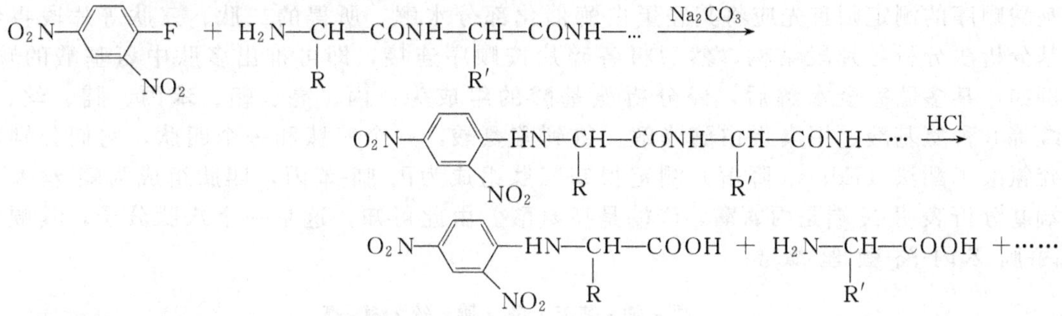

$$O_2N\text{-}C_6H_3(NO_2)\text{-}F + H_2N\text{-}CHR\text{-}CONH\text{-}CHR'\text{-}CONH\text{-}\cdots \xrightarrow{Na_2CO_3}$$

$$O_2N\text{-}C_6H_3(NO_2)\text{-}HN\text{-}CHR\text{-}CONH\text{-}CHR'\text{-}CONH\text{-}\cdots \xrightarrow{HCl}$$

$$O_2N\text{-}C_6H_3(NO_2)\text{-}HN\text{-}CHR\text{-}COOH + H_2N\text{-}CHR'\text{-}COOH + \cdots\cdots$$

此法的缺点是所有的肽键都被水解掉了。

方法二　异硫氰酸苯酯法——Edman 降解法。

异硫氰酸苯酯（PTC）与氨基酸的 N 端氨基反应后生成苯基硫脲衍生物（PTC 衍生物），再经酸处理、分离出 N 端氨基酸的苯乙内酰硫脲衍生物（PTC 衍生物，也为咪唑衍生物），测定咪唑衍生物分子中的 R，即可知是哪种氨基酸。如此重复上述反应过程，即可测定氨基酸的排序。

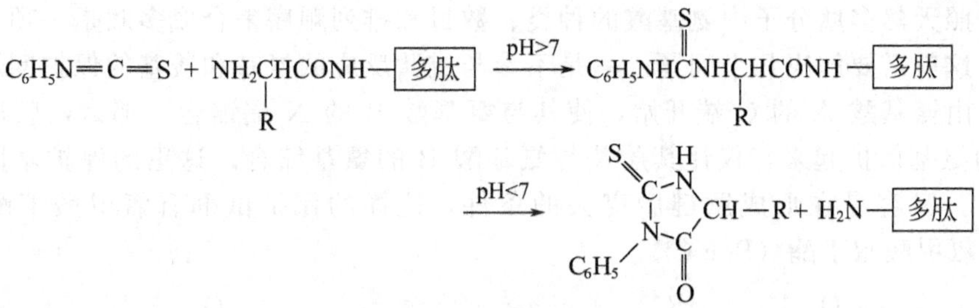

$$C_6H_5N\text{=}C\text{=}S + NH_2CHRCONH\text{-}\boxed{多肽} \xrightarrow{pH>7} C_6H_5NHC(S)NHCHRCONH\text{-}\boxed{多肽}$$

$$\xrightarrow{pH<7} \text{（苯乙内酰硫脲衍生物）} + H_2N\text{-}\boxed{多肽}$$

该方法的特点是，除多肽 N 端的氨基酸外，其余多肽链会保留下来。这样就可以继续不断的测定其 N 端。

② 测定 C 端　肽链中 C 端的分析方法也有如下两种。

方法一　羧肽酶水解法

在羧肽酶催化下，水解仅发生在 C 端，得到游离的氨基酸和 C 端少一个氨基酸的多肽，即多肽链中 C 端的氨基酸逐个断裂下来。分离鉴定游离氨基酸，从而测定出多肽中氨基酸的排列顺序。

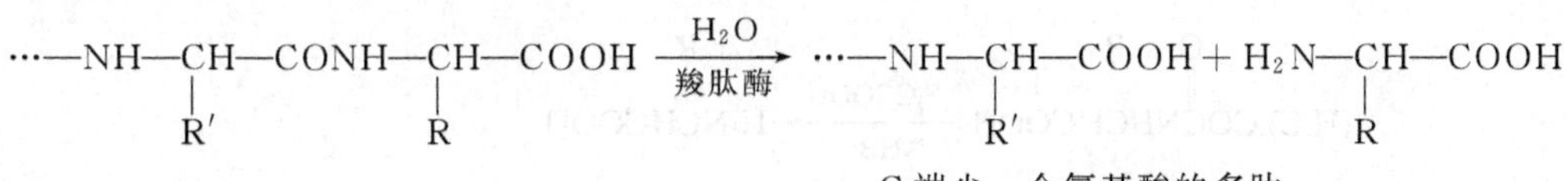

$$\cdots\text{-}NH\text{-}CHR'\text{-}CONH\text{-}CHR\text{-}COOH \xrightarrow[\text{羧肽酶}]{H_2O} \cdots\text{-}NH\text{-}CHR'\text{-}COOH + H_2N\text{-}CHR\text{-}COOH$$

C 端少一个氨基酸的多肽

方法二　肼解法

所有的肽键（酰胺）都与肼反应而断裂成酰肼，只有 C 端的氨基酸有游离的羧基，不与肼反应。这就是说，与肼反应后仍具有游离羧基的氨基酸就是多肽 C 端的氨基酸。多肽和无水肼在 150℃反应，非 C 端的氨基酸都生成相应的酰基肼化合物，后者转化成苯腙衍生物而不溶于水，游离出 C 端的氨基酸用于鉴定。

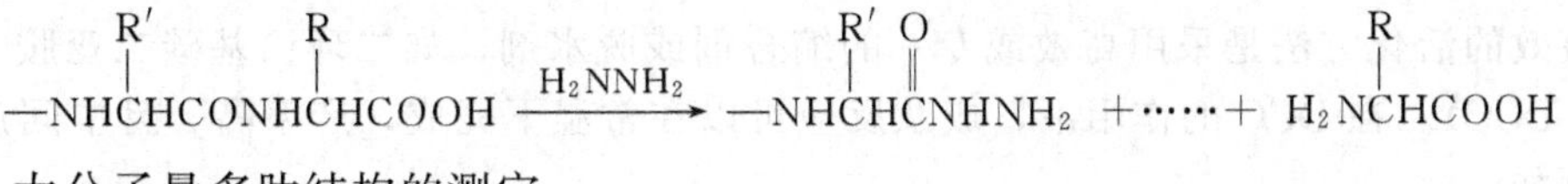

$$\text{-}NHCHR'CONHCHRCOOH \xrightarrow{H_2NNH_2} \text{-}NHCHR'C(O)NHNH_2 + \cdots\cdots + H_2NCHRCOOH$$

（3）大分子量多肽结构的测定

端基分析较适用于二肽、三肽等小分子量肽的氨基酸顺序测定，而大分子量多肽氨基酸顺序的测定则首先应将其经蛋白酶催化部分水解，所得的二肽、三肽等片段再经端基分析法分析各片段结构，然后将各碎片按顺序连接，即可推出多肽中氨基酸的顺序。例如，某多肽完全水解后，经分析氨基酸的组成为：丙、亮、赖、苯丙、脯、丝、酪、缬等 8 种氨基酸。用糜蛋白酶降解，得到酪氨酸，一个三肽和一个四肽，它们分别用异硫氰酸苯酯法（Edman 降解）测定得知三肽组成为丙-脯-苯丙，四肽组成为赖-丝-缬-亮；端基分析表明 N 端是丙氨酸，C 端是亮氨酸。由此可知，这是一个八肽分子，其顺序为丙-脯-苯丙-酪-赖-丝-缬-亮。

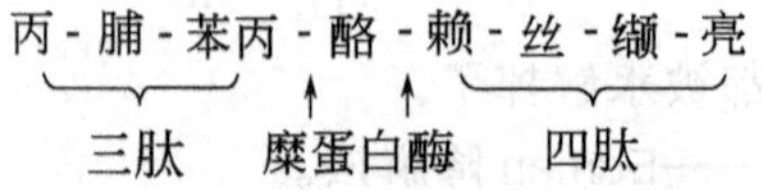

丙 - 脯 - 苯丙 - 酪 - 赖 - 丝 - 缬 - 亮
　　三肽　　糜蛋白酶　　四肽

16.5.3 多肽的合成

许多天然多肽和蛋白质具有十分重要的生理作用，而二者又有着密切的关系。研究天然多肽的结构测定和合成方法，对探索蛋白质的结构及其合成具有十分重要的意义。

多肽结构的测定工作复杂而艰巨，它的合成则更加困难。因为氨基酸是一类双官能团化合物，要按照天然多肽分子中氨基酸的种类、数目和排列顺序来合成多肽是一项十分复杂的化学工程，这就需要解决几个问题。一是不参与成肽反应的氨基和羧基的保护问题。例如合成二肽时，由氨基酸 A 的 C 端开始，使其与氨基酸 B 的 N 端缩合，那么，就应将氨基酸 A 分子中的氨基保护起来，仅让其羧基与氨基酸 B 的氨基缩合。这里的保护基团应该满足既容易引入，又容易在形成肽键后离去的条件，这样的保护试剂有氯甲酸苄酯（Z-Cl 或 Cbz-Cl）和氯甲酸叔丁酯（Boc-Cl）。

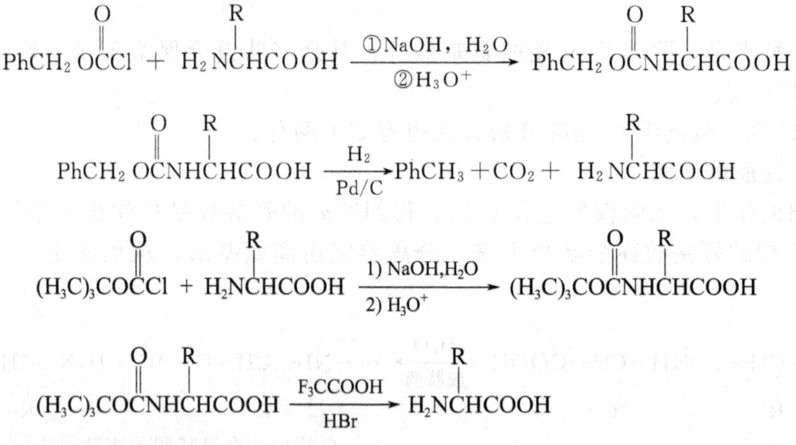

$$PhCH_2OCOCl + H_2NCHRCOOH \xrightarrow[\text{② }H_3O^+]{\text{① NaOH, }H_2O} PhCH_2OCONHCHRCOOH$$

$$PhCH_2OCONHCHRCOOH \xrightarrow{H_2, Pd/C} PhCH_3 + CO_2 + H_2NCHRCOOH$$

$$(H_3C)_3COCOCl + H_2NCHRCOOH \xrightarrow[\text{2) }H_3O^+]{\text{1) NaOH, }H_2O} (H_3C)_3COCONHCHRCOOH$$

$$(H_3C)_3COCONHCHRCOOH \xrightarrow[HBr]{F_3CCOOH} H_2NCHRCOOH$$

氨基酸 B 羧基的保护常通过生成甲酯、乙酯或苄酯来实现，因酯比酰胺容易水解，故可以通过碱性水解脱去保护基团。

另一个就是参与成肽反应的氨基酸中羧基的活化问题。虽然氨基酸 A 的氨基和氨基酸 B 的羧基分别被保护，但它们之间的反应还难以直接进行，通常是将被保护的氨基酸 A 的羧基活化，再与被保护的氨基酸 B 缩合形成肽，反应可在温和的条件下完成。活化的方法通常是使羧基转化成酸酐或酯，因酰氯活性太大，易产生副反应，故一般不将羧基转化成酰氯。最有效的活化方法是采用高效或专一的缩合剂或脱水剂，如二环己基碳二亚胺（简写为 DCCI 或 DCC）。在 DCC 的作用下，成肽反应可以在常温下完成，产率高，且中间产物不需分离。例如：

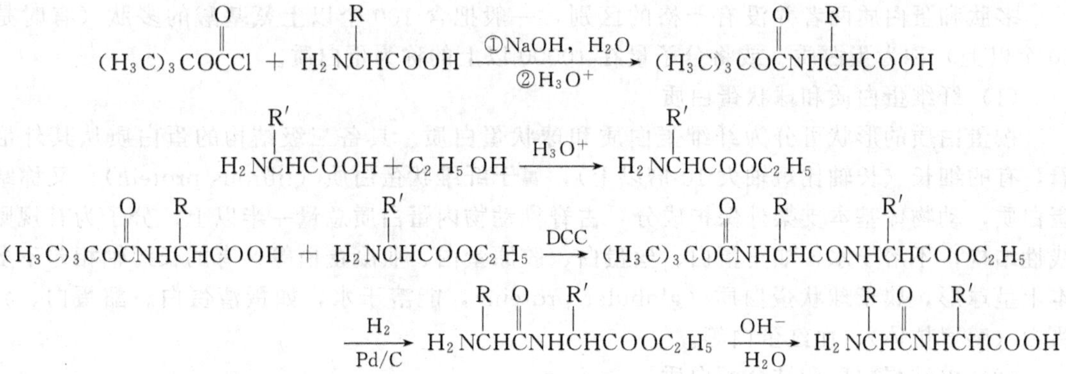

$$(H_3C)_3COCOCl + H_2NCHRCOOH \xrightarrow[\text{②}H_3O^+]{\text{①}NaOH, H_2O} (H_3C)_3COCONHCHRCOOH$$

$$H_2NCHR'COOH + C_2H_5OH \xrightarrow{H_3O^+} H_2NCHR'COOC_2H_5$$

$$(H_3C)_3COCONHCHRCOOH + H_2NCHR'COOC_2H_5 \xrightarrow{DCC} (H_3C)_3COCONHCHRCONHCHR'COOC_2H_5$$

$$\xrightarrow[\text{Pd/C}]{H_2} H_2NCHRCONHCHR'COOC_2H_5 \xrightarrow[H_2O]{OH^-} H_2NCHRCONHCHR'COOH$$

DCC 活化氨基酸羧基的机理如下：

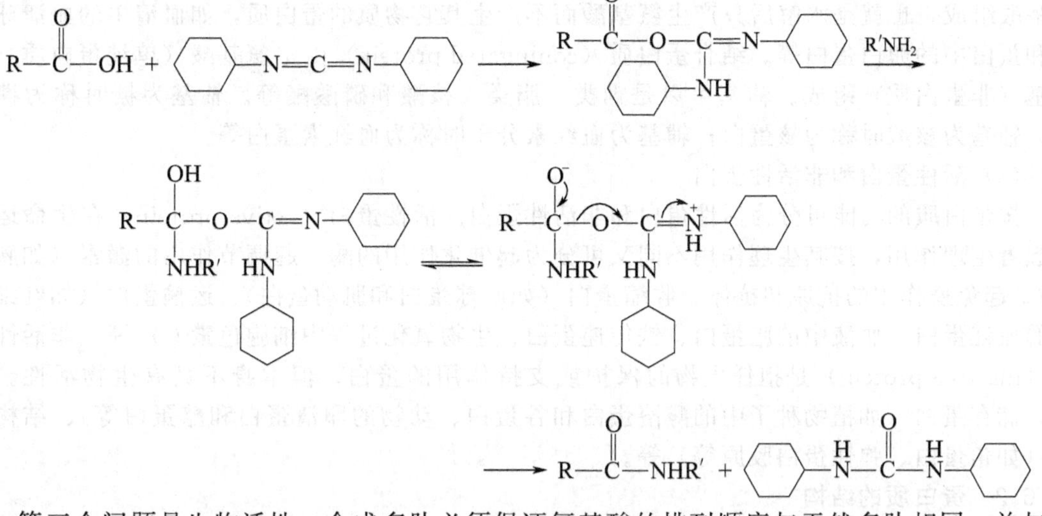

[反应机理图]

第三个问题是生物活性。合成多肽必须保证氨基酸的排列顺序与天然多肽相同，并与天然多肽不论在物理、化学性质和生物活性各方面都一样，才具有意义。因为天然多肽中的氨基酸除甘氨酸外都有光学活性，所以在氨基酸缩合时要特别注意其分子侧链上的官能团免受影响，任何一步反应发生外消旋化副反应都会给产物的分离和提纯带来很多困难。

1965 年 6 月，我国科学工作者发表了成功合成牛胰岛素的文章，牛胰岛素的生物活性为 1.2%～70%。同年 7 月，德国科学家发表成功合成羊胰岛素的文章，羊胰岛素的生物活性为 0.5%～10%。美国和前苏联分别于 1967 年和 1972 年相继发表了胰岛素合成方法改进的相关文章。随着科学技术的发展，合成方法和测试手段的不断改进，将合成出更为复杂的多肽和蛋白质分子。

16.6 蛋白质

16.6.1 蛋白质的分类

蛋白质（protein）存在于细胞中，它是由碳、氢、氧、氮为基本元素组成的生物高分子化合物。构成蛋白质的基本单位是氨基酸。这样的氨基酸有 20 多种，它们将按不同数量、比例组成千变万化的蛋白质。食物中的各种蛋白质被消化为各种氨基酸吸收，在人体内再重新组合成人体不同的体蛋白，以满足人体生命活动及生长发育的需要。

多肽和蛋白质两者并没有严格的区别，一般把含100个以上氨基酸的多肽（有时是含50个以上）称为蛋白质。或将分子量在10000以上的称为蛋白质。

(1) 纤维蛋白质和球状蛋白质

按蛋白质的形状可分为纤维蛋白质和球状蛋白质。具备三级结构的蛋白质从其外形上看，有的细长（长轴比短轴大10倍以上），属于纤维状蛋白质（fibrous protein），又称结构蛋白质，动物体基本支架外保护成分，占脊椎动物内蛋白质总量一半以上，分子为有规则的线性结构，不溶于水，如角蛋白、丝蛋白、胶原蛋白、肌凝蛋白等。有的长短轴相差不多基本上呈球形，属于球状蛋白质（globular protein），能溶于水，如蛋清蛋白、酪蛋白、γ-球蛋白（感冒抗体）、血红蛋白等。

(2) 单纯蛋白质和结合蛋白质

按蛋白质的组成分为单纯蛋白质和结合蛋白质。单纯蛋白质（simple protein）仅由α-氨基酸组成，也就是水解后只产生氨基酸而不产生其它物质的蛋白质，如血清中的血清球蛋白和蛋白中的卵白蛋白等。结合蛋白质（conjugated protein）由α-氨基酸（单纯蛋白质）和辅基（非蛋白质）组成。辅基可以是糖类、脂类、核酸和磷酸酯等。辅基为糖时称为糖蛋白；辅基为核酸时称为核蛋白；辅基为血红素分子时称为血红素蛋白等。

(3) 活性蛋白和非活性蛋白

按蛋白质的功能可分为活性蛋白和非活性蛋白。活性蛋白（active protein）在生命运动中起着生理作用，按其生理作用不同又可分为起催化作用的酶、起调节作用的激素（如胰岛素）、起免疫作用的抗原和抗体、收缩蛋白（如肌球蛋白和肌动蛋白）、运输蛋白（如红细胞中的血红蛋白、血液中的脂蛋白、铁传递蛋白、生物氧化过程中细胞色素C）等。非活性蛋白（inactive protein）是担任生物的保护或支持作用的蛋白，但本身不具有生物活性。例如，储存蛋白（如植物种子中的醇溶蛋白和谷蛋白、动物的卵清蛋白和酪蛋白等）、结构蛋白（如角蛋白、弹性蛋白胶原等）等。

16.6.2 蛋白质的结构

蛋白质种类繁多，结构复杂，其结构可分为一级结构、二级结构、三级结构和四级结构。蛋白质的一级结构又称为初级结构，二级结构、三级结构和四级结构统称为蛋白质的高级结构（也称为蛋白质的空间结构或构象）。蛋白质的一级结构是空间结构的基础，蛋白质的生理作用及其性质与结构之间的关系非常密切，不仅与其一级结构相关，更主要的是与它们的高级结构有关。

(1) 一级结构

蛋白质的一级结构（primary structure）是指通过多肽键组成蛋白质分子的氨基酸的种类、数目和排列顺序等。对某一蛋白质来说，若分子的一级结构发生改变，则可引起疾病或死亡。例如，血红蛋白分子中有两条α-肽链（各为141肽）和两条β-肽链（各为146肽），若β链中N-6的谷氨酸被换成缬氨酸，则造成红细胞附聚，由球状变成镰刀状，堵塞血管，体内免疫系统要清除它们，就导致了贫血，即镰刀形贫血症。

(2) 二级结构

蛋白质分子的多肽链不是直线型的，而是按照某些方式折叠盘绕成特有的空间结构。二级结构（secondary structure）是指蛋白质分子的多肽链中互相靠近的氨基酸残基通过氢键的作用而形成的多肽在空间的排列（构象），包括α-螺旋、β-折叠层、β-转角的结构等。

① α-螺旋 多肽链中互相靠近的氨基酸通过氢键作用而形成的多肽在空间排列（构象）称为蛋白质的二级结构。

蛋白质分子的多肽链中某个肽键的氧可以与另一个肽键中氨基的氢形成氢键，通过氢键多肽链而盘绕成螺旋形,即为蛋白质的一种二级结构,称为 α-螺旋,如图 16-4 所示。在 α-螺旋体中,氨基酸残基侧链伸向外侧,相邻的螺旋之间形成氢键的取向几乎与中心轴平行。每相隔 3.6 个氨基酸残基上升 1 圈,此时每个氨基酸残基沿轴上升 0.15nm,螺距约为 0.54nm。螺旋上升时,每个残基沿轴旋转 100°。影响 α-螺旋结构的形成及其稳定性的因素较多,例如氨基酸残基侧链 R 基团较大时,由于空间位阻会妨碍 α-螺旋的形成。又例如多肽链中若有脯氨酸出现,由于脯氨酸是亚氨基酸,N 原子上没有 H 原子,不能形成链内氢键,而阻断了 α-螺旋,使多肽链发生转折。

② β-折叠和 β-转角 蛋白质的另一种二级结构称为 β-折叠层,它是由不同的多肽链之间或一条肽链的两个肽段之间的氢键作用而产生的。为了在相邻的主链骨架之间能形成最多的氢键,避免相邻侧链 R 基团之间的空间阻碍,各条主链骨架须同时作一定程度的折叠,从而产生一个折叠片层,称为 β-折叠层,如图 16-5 所示。

β-转角是由于蛋白质分子中的多肽链常出现 180°回折的发夹状结构,这种回折的结构称为 β-转角。β-转角一般由 4 个连续的氨基酸残基构成,其特征是起稳定作用的氢键由第一个氨基酸残基的羰基和第四个氨基酸残基的氨基之间形成。

③ 无规卷曲 由于氨基酸残基的相互影响,一些多肽链的某些片段中的肽键平面排列并不规则,导致其构象无一定的规律,称为无规卷曲。

由此可见,蛋白质分子的二级结构主要有 α-螺旋、β-折叠和 β-转角、无规卷曲等。在蛋白质分子中,可以其中一种二级结构为主的结构形式存在,也可以上述几种二级结构同时存在,这取决于各种氨基酸残基在形成二级结构时具有的不同倾向或能力。例如,谷氨酸、

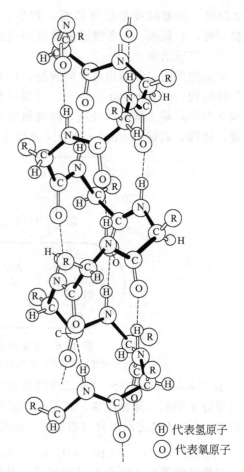

Ⓗ 代表氢原子
Ⓞ 代表氧原子

图 16-4 α-螺旋结构示意图

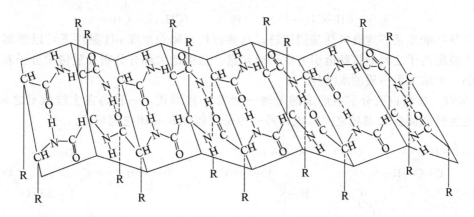

图 16-5 反平行的 β-折叠结构(分子间氢键)

甲硫氨酸、丙氨酸残基最易形成 α-螺旋；缬氨酸、异亮氨酸残基最有可能形成 β-折叠层；而脯氨酸、甘氨酸、天冬酰胺和丝氨酸残基在 β-转角的构象中最常见。

(3) 三级结构

由蛋白质的二级结构在空间盘绕、折叠、卷曲而形成的更为复杂的空间构象称为蛋白质的三级结构（tertiary structure）。三级结构的形成和稳定主要依靠侧链 R 基团（如，氨基酸残基中的羟基、巯基、烃基、游离氨基和羧基等）的相互作用，这种相互作用力分别为二硫键、盐键、氢键、van der Waals 力和疏水作用力等，如图 16-6 所示。

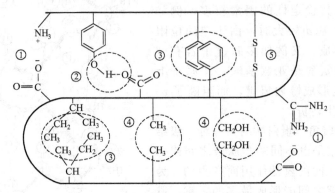

图 16-6　稳定蛋白质三维结构的各种作用力
①盐键；②氢键；③疏水作用；④van der Waals 力；⑤二硫键

① 二硫键（—S—S—）　二硫键又称二硫桥或硫硫键，为共价键，键能大，且较牢固，蛋白质分子中的二硫键越多，其稳定性就越高。它是由两个同肽链或不同肽链的半胱氨酸残基的两个—SH 基之间氧化（或脱氢）形成的。例如：

$$—CH_2—SH + HS—CH_2— \xrightarrow{-2H} —CH_2—S—S—CH_2—$$

核糖核酸酶由 124 个氨基酸组成，肽链中第 26、40、58、65、72、84、95 及 110 号氨基酸都是半胱氨酸，它们通过—S—S—键相连。

生物体内具有保护功能的毛发、鳞甲、角、爪中的主要蛋白质是角蛋白，其所含二硫键数量最多，因而抵抗外界理化因素的能力也较大。同时，二硫键也是一种保持蛋白质生物活性的重要价键，如胰岛素分子中的链间二硫键断裂，则其生物活性也丧失。

② 盐键　盐键为离子键，它是由同一肽链或不同肽链氨基酸残基中的游离氨基和游离羧基之间相互作用而形成的。例如：

$$—CH—CH_2—COO^- \cdot H_3N^+—(CH_2)_4—CH—$$

部分氨基酸残基还含有极性基团侧链，这些极性基团在生理 pH 条件下可以解离，形成的阳离子或阴离子之间通过静电引力也形成盐键。盐键绝大部分分布在蛋白质分子表面，其亲水性强，可增加蛋白质的水溶性。

③ 氢键　在蛋白质分子中形成的氢键一般有 3 种形式，一种是在主链肽键之间形成，第二种是主链和侧链 R 基团之间形成，另一种是在侧链 R 基团之间形成。

主链上肽键之间　　　　主链与侧链之间　　　　侧链与侧链之间

如丝氨酸中的醇羟基、酪氨酸侧链中的酚羟基都可与谷氨酸、天冬氨酸侧链中的羧基以及组氨酸中的咪唑基形成氢键。

④ van der Waals 力　分子间存在着一种只有化学键键能 1/100～1/10 的弱作用力，它最早由荷兰物理学家 van der Waals 提出，故称为 van der Waals 力。蛋白质分子表面上的 van der Waals 力一般有 3 种情况，分别发生在氨基酸残基中的极性基团之间、非极性基团之间、极性基团与非极性基团之间。

⑤ 疏水作用力　疏水作用力是由肽链氨基酸残基上的疏水基团（如苯环、大的脂肪烃基等）为了避开水相而聚积在一起的作用。

例如：

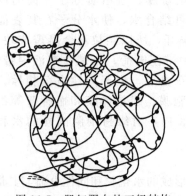 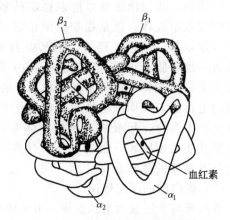

绝大多数蛋白质分子中 30%～50% 的氨基酸残基含有带疏水基团侧链，这些疏水基团趋向分子内部而远离分子表面的水环境互相聚集在一起而将水分子从接触面排挤出去。这是一种能量效应，而不是非极性基团间固有的吸引力。因此，疏水作用力是维持蛋白质空间结构最主要的稳定力量。

盐键、氢键、van der Waals 力和疏水作用力等分子间作用力比共价键的二硫键弱得多，总称为副键（或次级键）。因其数量众多而在维持蛋白质空间构象中起着重要作用。

具备三级结构的蛋白质分子一般都是球蛋白分子，例如存在于哺乳动物中的肌红蛋白（见图 16-7），亲水基团在结构外，憎水基团在结构内，故球状蛋白溶于水。

图 16-7　肌红蛋白的三级结构　　　　图 16-8　血红蛋白的四级结构

（4）四级结构

蛋白质是由两条或两条以上具有三级结构的多肽链构成的，这种构成蛋白质的最小单位称为蛋白质亚基，也就是说，构成蛋白质的每一个具有三级结构的多肽链称为一个亚基。由几个亚基借助各种次级键的作用而构成的一定空间结构称为蛋白质的四级结构（quaternary structure），但不包括亚基内部的空间结构。同一蛋白质分子中的亚基种类可以相同，也可以不同，不同蛋白质分子中的亚基数目往往差别很大。如血红蛋白是由 4 个亚基组成，其中两条 α-链、两条 β-链，α-链含有 141 个氨基酸残基，β-链含有 146 个氨基酸残基。每条肽链都卷曲成球状，都有一个空穴容纳 1 个血红素，4 个亚基通过侧链间次级键两两交叉紧密相嵌形成一个具有四级结构的球状血红蛋白分子（见图 16-8）。

16.6.3 蛋白质的性质

蛋白质分子是由氨基酸残基组成的，两者具有类似的理化性质，如两性解离和等电点等；但是蛋白质是高分子化合物，还具有其特性。

(1) 两性及等电点

蛋白质分子多肽链中氨基酸残基含有游离的氨基和羧基等酸碱基团，具有两性及等电点，在不同的 pH 时可解离为正离子或负离子，在水溶液中存在下列解离平衡：

$$P\!\!\begin{array}{c}COOH\\NH_3^+\end{array} \underset{H^+}{\overset{OH^-}{\rightleftharpoons}} P\!\!\begin{array}{c}COO^-\\NH_3^+\end{array} \underset{H^+}{\overset{OH^-}{\rightleftharpoons}} P\!\!\begin{array}{c}COO^-\\NH_2\end{array} \quad [P=\text{Protein（蛋白质）}]$$

$$\text{pH}<\text{p}I \qquad \text{pH}=\text{p}I \qquad \text{pH}>\text{p}I$$

由上可见，改变溶液的 pH，蛋白质的荷电状态也发生变化。当蛋白质以等电状态存在时，溶液的 pH 称为该蛋白质的等电点，用 pI 表示。不同的蛋白质有不同的等电点。等电点时的蛋白质所带净电荷为零，在电场中不迁移，也不存在电荷相互排斥作用，其颗粒易聚积而沉淀析出，此时蛋白质的黏度、溶解度、导电能力、渗透压及膨胀性等都最小。若溶液的 pH>pI，蛋白质主要以负离子形式存在，在电场中向正极泳动；反之，若溶液的 pH<pI，蛋白质主要以正离子形式存在，在电场中向负极泳动，由此而产生电泳现象。不同的蛋白质其颗粒形状和大小、荷电性质和数量不同，它们在电场中泳动的速率也不同，因此，利用蛋白质的两性及等电点，可以分离提纯蛋白质。

(2) 蛋白质的胶体性质

蛋白质是生物大分子化合物，分子颗粒的直径在胶粒幅度之内（1~100nm），具有胶体溶液的特征，如布朗（Brown）运动、丁铎尔（Tyndall）效应以及不能透过半透膜、具有吸附性质等。蛋白质之所以能以稳定的胶体形式存在其原因有二，其一是在水溶液中蛋白质形成亲水胶体，就是在胶体颗粒之外包含有一层水膜，蛋白质分子表面的许多亲水基团（如氨基、羧基、羟基、巯基以及酰胺基等）可结合水，使水分子在其表面定向排列形成一层水膜。水膜可以把各个蛋白质颗粒相互隔开，所以颗粒不会凝聚成块而下沉。其二是蛋白质颗粒表面都带同性电荷，在酸性溶液中带正电荷，在碱性溶液中带负电荷，相同的电荷还与其周围电性相反的离子构成稳定的双电层，由于同性电荷相斥，颗粒互相隔绝而不黏合，形成稳定的胶体体系。人体的细胞膜、线粒体膜和血管壁等都是具有半透膜性质的生物膜，蛋白质分子有规律的分布在膜内，对维持细胞内外的水和电解质平衡具有重要的生理意义。

(3) 蛋白质的沉淀作用

蛋白质与水形成的亲水胶体，由于胶体颗粒表面形成的水化膜和同性电荷与其周围电性相反离子构成稳定的双电层等原因而稳定，但其稳定也是相对的，一旦外界条件发生改变，稳定因素遭到破坏，蛋白质容易析出而沉淀。例如，在蛋白质溶液中加入适当的脱水剂破坏水化膜，或加入电解质破坏双电层，或改变蛋白质溶液 pH 达到其等电点使蛋白质颗粒表面失去同性电荷等,都会导致蛋白质分子聚集而从溶液中析出。沉淀蛋白质的方法有以下几种。

① 可逆沉淀(盐析)

$$\text{蛋白质溶液} \xrightarrow{\text{碱金属盐或铵盐}} \text{沉淀} \xrightarrow{H_2O} \text{溶解}$$
$$\text{(蛋白质)}$$

向蛋白质溶液中加入高浓度的中性盐(如硫酸铵、硫酸钠、氯化钠和硫酸镁等)溶液后,蛋白质沉淀析出的现象称为盐析。盐析作用是破坏蛋白质分子表面的水化膜并中和其所带的电荷,从而使蛋白质产生沉淀。这一过程是可逆的,盐析出来的蛋白质仍保持生物活性并不变性,经过透析法或凝胶层析法除掉盐后的蛋白质还可再溶于水,并不影响其性质。所有蛋白质在高浓度中性盐溶液中都可以析出,但不同的蛋白质其水化程度和所带电荷也不相同,因而所需的各种中性盐的最低浓度是不同的,所以使用不同浓度的无机盐分段盐析不同的蛋白质,达到分离目的。例如,在血清中加入硫酸铵至浓度为 $2.0 \text{mol} \cdot L^{-1}$ 时,则球蛋白首先析出;滤去球蛋白,再加入硫酸铵至浓度为 $3.3 \sim 3.5 \text{mol} \cdot L^{-1}$,则清蛋白析出。

② 不可逆沉淀 在蛋白质溶液中加入有机溶剂(如丙酮、乙醇和甲醇等)时,由于这些极性较大的有机溶剂与水的亲和力较大,能破坏蛋白质颗粒的水化膜,使蛋白质沉淀出来,而发生不可逆沉淀,若使用浓度较稀的有机溶剂在低温下操作则是可逆的。如 70%～75%酒精可破坏细菌水化膜,使细菌发生沉淀和变性,起到消毒的作用。

当加入重金属盐时,重金属离子如 Hg^{2+}、Pb^{2+}、Cu^{2+}、Ag^+ 等(用 M^+ 表示)能与氨基酸残基中羧基负离子反应生成不溶性蛋白质,而发生不可逆沉淀。例如:

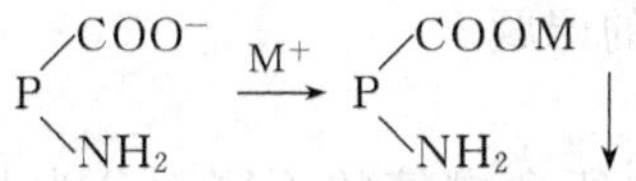

$$P\begin{cases}COO^- \\ NH_2\end{cases} \xrightarrow{M^+} P\begin{cases}COOM \\ NH_2\end{cases} \downarrow$$

临床上利用生蛋清和牛奶作为重金属中毒的解毒剂,就是根据这个原理。

当在蛋白质溶液中加入某些生物碱试剂(如钨酸、鞣酸、苦味酸等)或某些酸类(如磺基水杨酸、三氯乙酸等)(用 X 表示)时,较为复杂的酸根离子能与氨基酸残基中氨基正离子反应生成沉淀析出。例如:

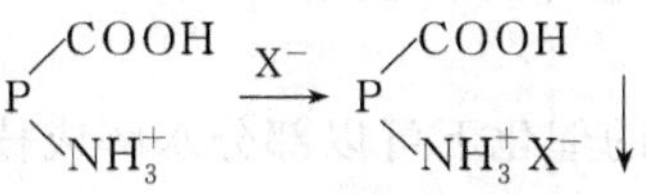

$$P\begin{cases}COOH \\ NH_3^+\end{cases} \xrightarrow{X^-} P\begin{cases}COOH \\ NH_3^+ X^-\end{cases} \downarrow$$

在临床检验和生化实验中,常用这类试剂去除血液中有干扰的蛋白质,还可用于尿中蛋白质的检验。

(4) 蛋白质的变性作用

蛋白质在一定条件下,共价键不变,但构象发生变化而丧失生物活性的过程称为蛋白质的变性作用。

许多蛋白质在物理因素(如干燥、加热、高压、振荡或搅拌、紫外线、X射线、超声等)和化学因素(强酸、强碱、尿素、重金属盐、有机溶剂、生物碱试剂等)的作用下,蛋白质二、三、四级结构受到破坏,致使其一些理化性质和生物化学性质发生改变而丧失生物活性、溶解度降低,甚至凝固而变性。在日常生活中常用到蛋白质的变性作用,如消毒、杀菌、点豆腐；排毒（重金属盐中毒的急救）；肿瘤的治疗（放疗杀死癌细胞）等。变性作用又是可以防治的，如种子的储存、人体抗衰老（缓慢变性）、防止紫外线灼伤皮肤等。

(5) 蛋白质的颜色反应

① 茚三酮反应 蛋白质与稀的茚三酮溶液共热，即呈现蓝紫色。

② 缩二脲反应 蛋白质与新配制碱性硫酸铜溶液的反应，呈紫色或粉红色。

③ 蛋白质黄色反应 蛋白质中含有苯环的氨基酸，遇浓硝酸发生硝化反应而生成黄色硝基化合物的反应称为蛋白质黄色反应。例如，皮肤、指甲遇浓硝酸变成黄色就是这个原因。

④ 米勒（Millon）反应 蛋白质中酪氨酸的酚羟基遇到硝酸亚汞、硝酸汞和硝酸混合液，呈红色，称为米勒（Millon）反应。

⑤ 亚硝酰铁氰化钠反应 蛋白质中半胱氨酸的巯基遇到亚硝酰铁氰化钠溶液，呈红色。

16.7 核酸

核酸（nucleic acid）最早由瑞士年轻的外科医生 F. Miescher 于 1869 年在脓细胞中首先发现和分离出来。他从绷带上的脓细胞中提取到一种富含磷元素的酸性化合物，因存在于细胞核中而将它命名为"核质"（nuclein）。但核酸这一名词于这一发现 20 年后才被正式启用。核酸广泛存在于所有动物、植物细胞、微生物内、生物体内，核酸常与蛋白质结合形成核蛋白。不同的核酸，其化学组成、核苷酸排列顺序等不同。核酸是控制生物遗传和支配蛋白质合成的模型。没有核酸，就没有蛋白质。因此，核酸是最根本的生命物质基础。对核酸的研究是现代科学研究领域最吸引人的课题。

16.7.1 核酸的组成

天然存在的核酸因其分子中所含戊糖的不同而分为脱氧核糖核酸（deoxyribo nucleic acid，缩写为 DNA）和核糖核酸（ribo nucleic acid，缩写为 RNA）两大类。DNA 存在于细胞核中，由腺嘌呤、鸟嘌呤、胞嘧啶和胸腺嘧啶四种碱基与脱氧核糖构成，水解生成的糖是 β-D-2-脱氧核糖。RNA 主要存在于细胞质中，主要由腺嘌呤、鸟嘌呤、胞嘧啶和尿嘧啶四种碱基与核糖构成，水解生成的糖是 β-D-核糖。二者的性质和生物功能不同，DNA 携带遗传信息是遗传的物质基础，RNA 参与细胞内遗传信息的表达，指导蛋白质的生物合成。

核酸在稀酸、稀碱或核酸酶的催化下可以部分水解成核苷酸，进一步水解则核苷酸释放出磷酸和核苷，核苷再水解（即完全水解）生成戊糖（核糖或脱氧核糖）和碱基（含嘌呤环及嘧啶环的杂环碱）。也就是说，核酸是由许多核苷酸聚合而成的生物大分子化合物，核苷酸是由磷酸、核糖及碱基组成的。

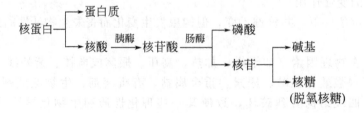

(1) 碱基

核苷酸中的碱基（base）主要有五种，它们是胞嘧啶（C）、尿嘧啶（U）、胸腺嘧啶（T）、腺嘌呤（A）、鸟嘌呤（G），都是嘧啶或嘌呤的衍生物，其结构式如下：

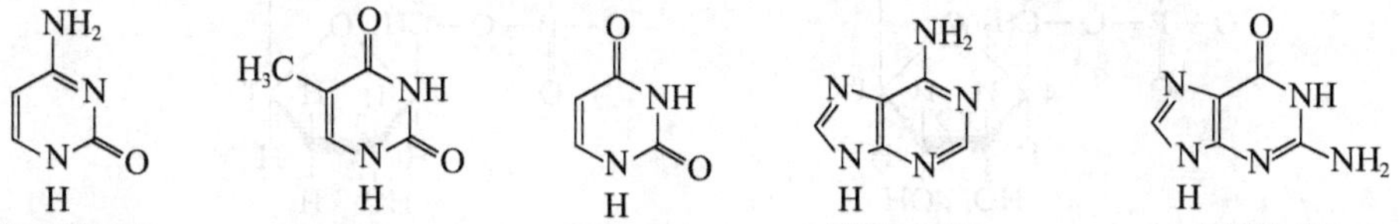

胞嘧啶(C)　　胸腺嘧啶(T)　　尿嘧啶(U)　　腺嘌呤(A)　　鸟嘌呤(G)

DAN 和 RNA 中都含有胞嘧啶，胸腺嘧啶仅存在于 DNA 中，而尿嘧啶只存在于 RNA 中。

(2) 核糖和 2-脱氧核糖

核糖（ribose）是一种戊醛糖，分子式 $C_5H_{10}O_5$，具有醛糖的通性，是在细胞中发现的，为细胞核的重要组成部分，是人类生命活动中不可缺少的物质。β-D-核糖是核糖核酸（RNA）的重要组成部分。

2-脱氧核糖（deoxyribose），是核糖的一个 2 位羟基被氢取代的衍生物，分子式 $C_5H_{10}O_4$，是分子中氢原子数和氧原子数不符合 2∶1 的一种戊醛糖，β-D-2-脱氧核糖在细胞中是脱氧核糖核酸（DNA）的重要组成部分。

二者的结构式如下：

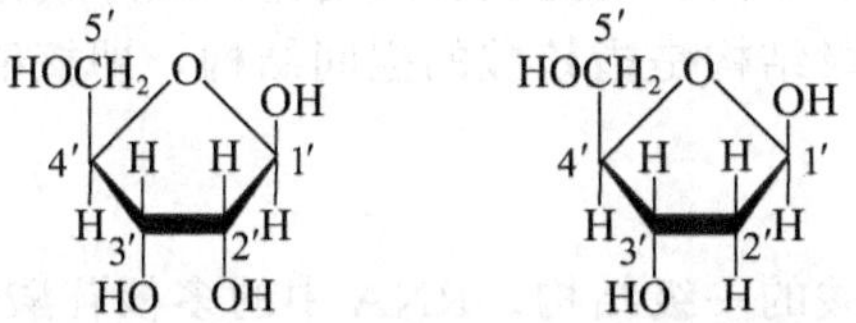

核糖　　脱氧核糖

(3) 核苷

核苷（nucleoside）由碱基通过糖苷键与戊糖缩合而成。根据戊糖的不同，又分为核苷和 2-脱氧核苷两类，它们分别是核糖和 2-脱氧核糖的 β-苷羟基（糖分子 $1'$ 位上的羟基，糖分子的碳原子用 $1'$、$2'$、$3'$、$4'$、$5'$ 等编号）与碱基氮原子（嘧啶环 1 位或嘌呤环 9 位氮原子）上的氢之间脱去一分子水而形成的苷，该 C—N 键一般称为 N-糖苷键。例如：

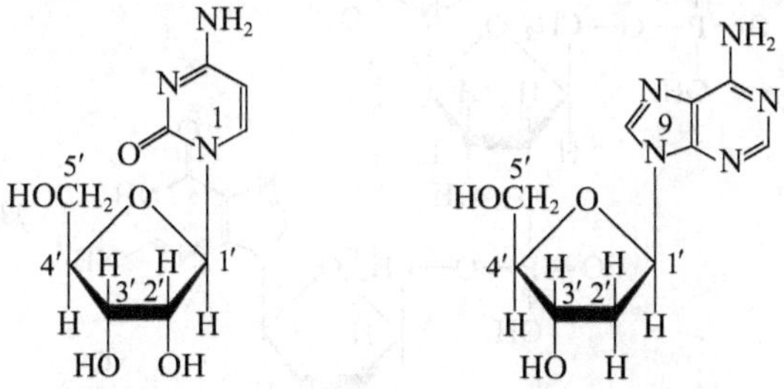

胞嘧啶核苷　　腺嘌呤脱氧核苷
（胞苷）　　　（脱氧腺苷）

(4) 核苷酸

核苷酸（nucleotide）是一类由嘌呤碱或嘧啶碱、核糖以及磷酸三种物质组成的化合物，是核苷分子中核糖的 $5'$ 位上的羟基与磷酸酯化得到的磷酸酯，也称为单核苷酸，多个单核苷酸聚合即形成的多核苷酸也称为核酸。同样，由脱氧核苷与磷酸酯化得到的磷酸酯称为脱氧核苷酸。通常把核苷酸和脱氧核苷酸统称为核苷酸。例如：

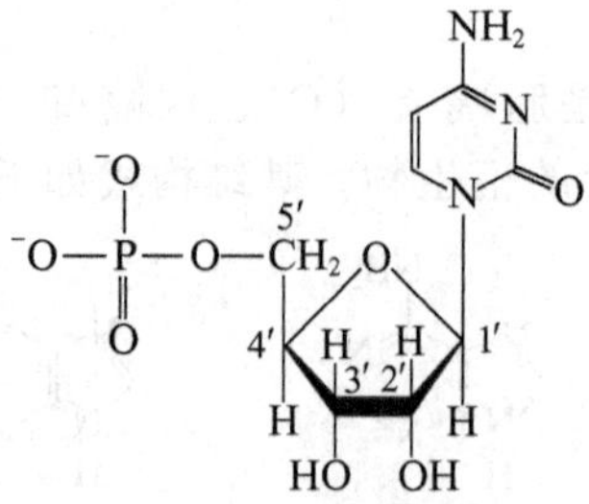

胞嘧啶核苷酸
(胞苷酸)

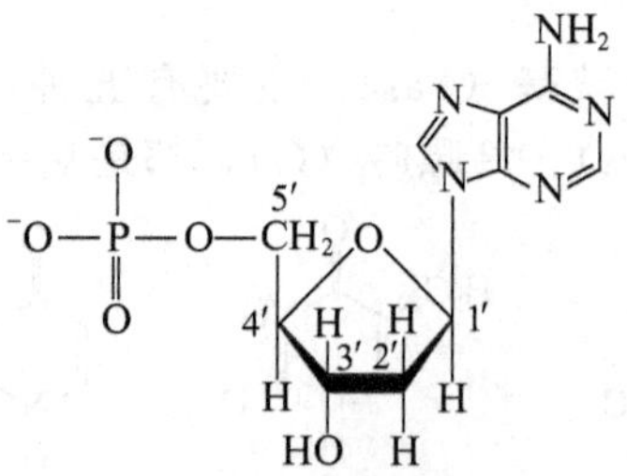

腺嘌呤脱氧核苷酸
(脱氧腺苷酸)

核苷酸是核糖核酸及脱氧核糖核酸的基本组成单位，是体内合成核酸的前身物。以游离形式存在的核苷酸不参与遗传信息的储存与表达，DNA 和 RNA 对遗传信息的携带和传递是依靠核酸中碱基排列顺序的变化而实现的。

16.7.2 核酸的结构

核酸是一个核苷酸单体中核糖的 3′ 位羟基和另一个核苷酸单体中核糖 5′ 位上的磷酸基酯化而成的高分子化合物，在两个核苷酸之间有一个磷酸二酯键。核酸和蛋白质一样，也有单体排列顺序和空间关系问题，因此，核酸也有一级结构、二级结构和三级结构的问题。

核酸的一级结构是指其分子中核苷酸的排列顺序，称为核苷酸序列。核苷酸的排列顺序因戊糖上所连接碱基的不同而不同，因此核苷酸的排列顺序就是碱基的排列顺序，称为碱基序列。核酸的二级结构和三级结构是指核酸的空间结构，即核酸中链内或链间通过氢键折叠卷曲而形成的构象。

（1）核酸一级结构

核苷酸的顺序组成了核酸的一级结构。RNA 中的多核苷酸链如图 16-9 所示。

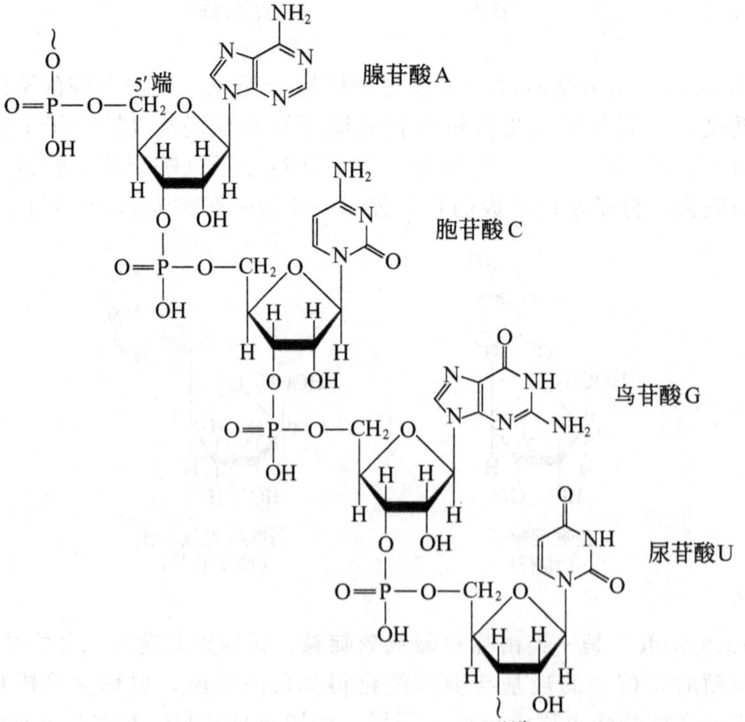

腺苷酸 A

胞苷酸 C

鸟苷酸 G

尿苷酸 U

上式可简化为：

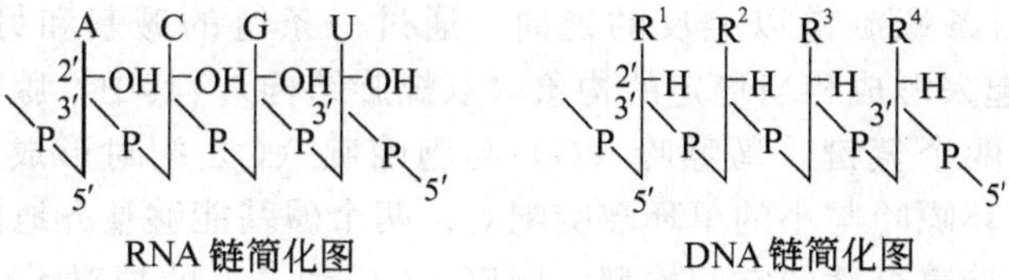

图 16-9 核酸的一级结构

其中 R^1、R^2、R^3、R^4 表示碱基，P 表示磷酸基，一竖表示糖分子，
$2'$、$3'$、$5'$表示糖中碳原子编号。还可以进一步简化成 PA-C-G-UP

RNA 与 DNA 的区别是：①RNA 中为核糖，DNA 中为 2-脱氧核糖；②RNA 中碱基顺序为 A、C、G、U，DNA 中碱基顺序为 A、C、G、T。

（2）核酸的二级结构

1953 年，核酸的研究取得了历史性的突破。美国遗传学家和生物物理学家 James Watson 和英国生物物理学家 Francis Crick 发表了《核酸的分子结构——脱氧核糖核酸的一个结构模型》论文，首先建立了 DNA 的双螺旋结构模型，并提出了 DNA 的复制机制，为此，James Watson J D 和 Crick F H C、Wilkins M H F（英国分子生物学家）共同获得了 1962 年诺贝尔生理学或医学奖。

DNA 的二级结构——双螺旋结构具有如下特点。

① 双螺旋结构　DNA 分子立体结构是规则的双螺旋结构，是由两条平行且反向的多核苷酸链构成，两条链上的脱氧核苷酸数目相等，长度一样，排列反向。每条链亲水的脱氧核糖基和磷酸基骨架位于链的外侧，而碱基位于内侧。两条链中的碱基之间以氢键相结合，如图 16-10。

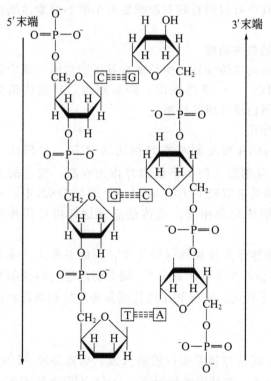

图 16-10　DNA 的双链结构示意图

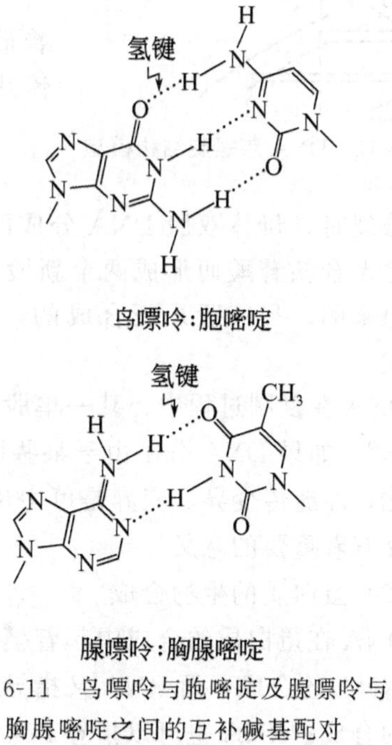

图 16-11　鸟嘌呤与胞嘧啶及腺嘌呤与胸腺嘧啶之间的互补碱基配对

② 碱基配对　两条螺旋链以相反的走向，通过一条链的碱基和另一条链的碱基配对（以氢键结合）交织起来形成相当稳定的构象（双螺旋结构）。其中，腺嘌呤（A）与胸腺嘧啶（T）配对，形成两个氢键，鸟嘌呤（G）与胞嘧啶（C）配对形成三个氢键，如图 16-11。由于总是大的双环嘌呤与小的单环嘧啶配对，两个碱基能够整齐地插入脱氧核糖基和磷酸基链间的空隙，维持着合适的空间构型。所以，GC 和 AT 的配对无论是从形成最多的氢键考虑，还是从空间效应考虑都是最稳定的构型。也就是说，只有当一个嘌呤环和一个嘧啶环成对排列时，碱基的连接才吻合；只有鸟嘌呤与胞嘧啶成对、腺嘌呤与胸腺嘧啶成对才能吻合。

③ 右手螺旋结构　DNA 分子由两条平行的脱氧核糖核酸彼此盘绕成右手螺旋，两条链通过嘧啶碱基和嘌呤碱基的氢键固定下来（图 16-12）。其中每圈螺旋含 10 个核苷酸残基，螺距 3.4nm，直径 2nm。

④ DNA 双螺旋结构的稳定因素　DNA 双螺旋结构在生理条件下是很稳定的。维持这种稳定性的主要因素包括：DNA 双链中互补的碱基配对形成的氢键和碱基堆积力，后者是使 DNA 双螺旋结构稳定的主要作用力。另外，存在于 DNA 分子中的一些弱键在维持双螺旋结构的稳定性上也起一定的作用，即磷酸基团上的负电荷与介质中的阳离子间形成的离子键及范德华力等。

RNA 的二级结构一般不如 DNA 分子那样有规律性。有些 RNA 的多核苷酸链，可以形成螺旋结构，其二级结构是和 DNA 相似的双螺旋。但多数 RNA 的分子是一条弯曲的多核苷酸链，其中有间隔着的双股螺旋与单股非螺旋体结构部分。

16.7.3　核酸的生物功能

核酸在生物的遗传变异、生长发育及蛋白质的合成中起着重要作用。DNA——遗传基因，转录副本，将遗传信息传到子代，是蛋白质合成的模板。

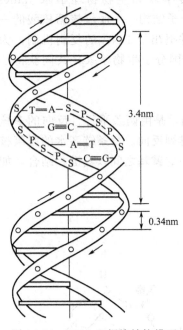

图 16-12　DNA 双螺旋结构模型

(1) 遗传作用

在细胞内 DNA 可复制与原来相同的 DNA。一般认为细胞分裂时，母体双股 DNA 分成两个单股，分别进入两个子细胞并作为模板，按它的互补顺序聚合核苷酸而形成两个新股，从而得到两个双股 DNA。在每一个双股 DNA 中，一股是原来的，另一股是新合成的，它们碱基顺序完全相同。遗传信息就这样由母代传到了子代。

DNA 在复制过程中，某一单股的多核苷酸链作为模板而保留下来，因此亦称为"半保留复制"。如果 DNA 分子由于某些因素的作用而产生某些"缺陷"，则会引起遗传特性的异常变化，即遗传变异。变异是可由母代遗传给子代的，正确利用遗传变异将对生物进化和医学研究有着重要的意义。

(2) 蛋白质的生物合成

DNA 在蛋白质的合成中起着模板的作用，间接控制着蛋白质的合成。也就是说，DNA 指导 RNA 的合成，而 RNA 又指导蛋白质的合成。在特定的情况下，DNA 可以直接控制蛋白质的合成；RNA 也可以指导 DNA 和 RNA 的合成，即发生 RNA 的反向转录及互补 DNA

的生成。但这两种情况出现的概率相对都很小。

根据在蛋白质合成中所起的作用，RNA 又分为信使核酸（mRNA）、核糖体核酸（rRNA）和转移核糖核酸（tRNA）三种类型。

① 信使核酸（mRNA） mRNA 的含量最少，呈小颗粒状，也存在于细胞质之中，约占细胞总 RNA 的 5%～10%。mRNA 的生物功能是传递 DNA 的遗传信息、蛋白质生物合成的模板，相当于是 DNA 的副本。

② 核糖体核糖核酸（rRNA） rRNA 是细胞中含量最多的一类 RNA，占细胞总 RNA 的 80%左右，它的分子量较大。与多种蛋白质聚合成复合体，称为核糖体（ribosome）。蛋白质生物合成在该复合体上进行，故又称它为"装配机"。

③ 转移核糖核酸（tRNA） tRNA 由大约 80～100 个核苷酸单位组成，分子量较 mRNA 和 rRNA 小得多，占细胞总 RNA 的 10%～15%，以游离态或者与氨基酸相结合后存在于细胞中。在蛋白质的合成中，tRNA 作为氨基酸的搬运工具，按照 mRNA 传递的指令，将某一氨基酸搬运到核糖体上去进行蛋白质的合成。tRNA 的专一性很高，一种 tRNA 只能搬运一种氨基酸。

16.8 类脂

类脂类化合物（lipids）是指水解能生成脂肪酸的天然产物，包括油脂和类似油脂，例如油脂、磷脂和蜡。

16.8.1 油脂

油脂是油和脂（肪）的总称，室温下为液态的油脂称为油，通常来源于植物，例如花生油、豆油；室温下为固态或半固态的油脂称为脂（肪），通常来源于动物，例如猪油、牛油。天然油脂是含各种高级脂肪酸的混甘油酯的混合物，此外还含有少量游离脂肪酸、高级醇、高级烃、维生素和色素等。

(1) 油脂的组成、结构

油脂的主要成分是直链高级脂肪酸和甘油所生成的酯。甘油是三元醇，与同一种脂肪酸生成的甘油三羧酸酯称为单甘油酯，与不同羧酸生成的甘油三羧酸酯，称为混甘油酯。天然油脂主要为混甘油酯。油脂的结构可表示如下：

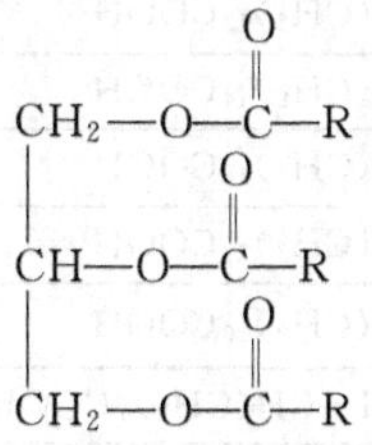

$$\begin{array}{l} CH_2-O-\overset{O}{\underset{\|}{C}}-R \\ CH-O-\overset{O}{\underset{\|}{C}}-R \\ CH_2-O-\overset{O}{\underset{\|}{C}}-R \end{array} \qquad \begin{array}{l} CH_2-O-\overset{O}{\underset{\|}{C}}-R \\ CH-O-\overset{O}{\underset{\|}{C}}-R' \\ CH_2-O-\overset{O}{\underset{\|}{C}}-R'' \end{array}$$

单甘油酯 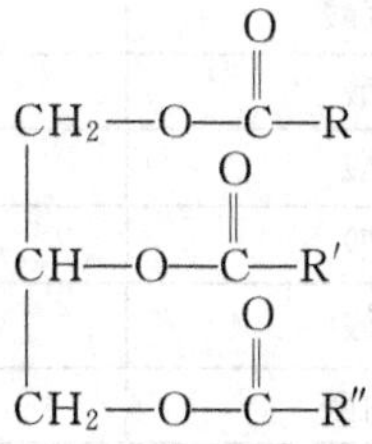　　　　　　　混甘油酯（$R \neq R' \neq R''$）

组成油脂的脂肪酸绝大多数是含 16～22 个偶数碳原子的直链羧酸，它们可以分为饱和与不饱和脂肪酸两大类，见表 16-4。其中不饱和脂肪酸再按不饱和程度分为单不饱和脂肪酸与多不饱和脂肪酸。单不饱和脂肪酸，在分子结构中仅有一个双键；多不饱和脂肪酸，在分子结构中含两个或两个以上双键。

多数脂肪酸在体内都可以通过代谢合成，但亚油酸、亚麻酸、花生四烯酸等多双键不饱和脂肪酸，哺乳动物自身不能合成，必须由食物供给，而对人体的健康是必不可少的，故称为营养必需脂肪酸。又如，EPA（eicosapentaenioc acid）和 DHA（docosahexaenoic acid）都是鱼油的主要成分，因其化学结构中的第一个双键位于自尾端算起第三个碳的位置，属于 omega-3（ω-3 或称 n-3）系列的多元不饱和脂肪酸，也是人体自身不能合成但又不可缺少的重要营养素。虽然亚麻酸在人体内可以转化为 EPA、DHA，但此反应在人体中的代谢速度很慢且转化量很少，远远不能满足人体对 EPA、DHA 的需要，因此必须从食物中直接补充。

已发现一些多双键不饱和脂肪酸具有广泛而重要的生物活性，对于稳定细胞膜、调控基因表达、维持细胞因子和脂蛋白平衡、促进生长发育和抗心脑血管疾病有着重要的意义。例如，含有 EPA 和 DHA 的鱼油具有健脑促智、降血脂、降血压、抗血栓和抗炎作用。

(2) 油脂的性质

油脂不溶于水，溶于弱极性或非极性有机溶剂，如石油醚、乙醚、氯仿、四氯化碳、苯及热乙醇等，相对密度都小于1，由于天然油脂都是含各种高级脂肪酸混甘油酯的混合物，所以无恒定的熔、沸点，且其熔点随分子中不饱和脂肪酸的含量增加而降低。

① 水解反应　油脂和氢氧化钠水溶液起皂化反应生成高级脂肪酸钠盐，并生成副产品丙三醇（甘油）。高级脂肪酸的钠盐经加工成型即为肥皂。例如：

$$\begin{array}{c} CH_2-O-\overset{O}{\underset{\|}{C}}-R \\ CH-O-\overset{O}{\underset{\|}{C}}-R' \\ CH_2-O-\overset{O}{\underset{\|}{C}}-R'' \end{array} + 3NaOH \xrightarrow{\Delta} \begin{array}{c} CH_2-OH \\ CH-OH \\ CH_2-OH \end{array} + \begin{array}{c} RCOONa \\ R'COONa \\ R''COONa \end{array}$$

肥皂

工业上将1g油脂完全皂化时所需氢氧化钾的质量（单位为mg）称为皂化值。油脂的平均分子量与皂化值成反比，皂化值越大，其平均分子量越小，也表示油脂中分子量小的脂肪酸越多。

表16-4　常见的饱和脂肪酸和不饱和脂肪酸

脂肪酸分类	脂肪酸名称	结构式	熔点/℃
饱和脂肪酸	月桂酸	$CH_3(CH_2)_{10}COOH$	44
	肉豆蔻酸	$CH_3(CH_2)_{12}COOH$	58
	软脂酸	$CH_3(CH_2)_{14}COOH$	63
	硬脂酸	$CH_3(CH_2)_{16}COOH$	71.2
	花生酸	$CH_3(CH_2)_{18}COOH$	77
	山嵛酸	$CH_3(CH_2)_{20}COOH$	87.5
不饱和脂肪酸	棕榈油酸	$CH_3(CH_2)_5CH=CH(CH_2)_7COOH$（顺）	0.5
	油酸	$CH_3(CH_2)_7CH=CH(CH_2)_7COOH$（顺）	16.3
	亚油酸	$CH_3(CH_2)_4CH=CHCH_2CH=CH(CH_2)_7COOH$（顺）	-0.5
	花生四烯酸	$CH_3(CH_2)_4(CH=CHCH_2)_4CH_2CH_2COOH$（全顺）	-49.5
	EPA（二十碳五烯酸）	$CH_3CH_2(CH=CHCH_2)_5CH_2CH_2COOH$（全顺）	-54～-53
	DHA（二十二碳六烯酸）	$CH_3CH_2(CH=CHCH_2)_6CH_2COOH$（全顺）	-44

② 加成反应　含不饱和脂肪酸的油脂，分子中的不饱和双键可与氢进行加成反应。通

过催化加氢可将含不饱和脂肪酸的油脂转化为饱和脂肪酸油脂,使液态的油变为半固态或固态的脂肪,这一过程称为油脂的氢化或油脂的硬化。油脂硬化后熔点升高且不易氧化变质(酸败),便于储存和运输。工业上利用这一反应将液态植物油转变为人造脂肪等。

含不饱和脂肪酸的油脂,分子中的不饱和双键还可与卤素进行加成反应。例如通过与碘的加成反应可以测定油脂的不饱和程度。油脂的不饱和程度用"碘值"来衡量。碘值是指100g油脂所能吸收的碘的质量(单位为g)。油脂的不饱和程度与碘值成正比,碘值越大,油脂的不饱和程度越高。测定碘值时,由于单质碘与碳碳双键的加成反应较为困难,可用氯化碘或溴化碘与油脂反应。研究表明,长期食用低碘值的油脂(含饱和脂肪酸较多的油脂),可导致动脉硬化等疾病,对人体健康有害,所以科学家建议人们多食用含不饱和脂肪酸多的油脂(植物油、鱼油等)。

③ 氧化 油脂在空气中放置时间过长,因受到空气、微生物或酶催化的氧化分解作用,生成了低级的羧酸、醛、酮等物质,而产生难闻的气味,这种变化称为油脂的酸败。其结果是油脂中游离脂肪酸含量增加,通常酸值大于 6.0 的油脂不宜食用。油脂的酸值是指中和1g 油脂中的游离脂肪酸所需要氢氧化钾的质量(单位为 mg)。光和热对油脂的酸败具有促进作用,所以将油脂储存于密闭的容器、放置在阴凉处或添加适当的抗氧化剂均可防止油脂的氧化而酸败。

16.8.2 磷脂和蜡

(1) 磷脂

磷脂(phosphatide)广泛存在于植物和动物体内,如动物的脑、肝和蛋黄以及大豆等植物的种子中,具有重要的生理作用。

甘油和磷酸生成的单酯称为甘油磷酸(GPA),再与两分子脂肪酸生成磷脂酸(phosphatidic acid,简称 PA),磷脂酸与另外一种醇生成的磷酸二酯称磷脂。其中两分子脂肪酸主要是软脂酸、硬脂酸、亚油酸和油酸等,通常是不相同的;另一分子醇一般是指胆碱、乙醇胺及其衍生物、丝氨酸和肌醇等。常见的磷脂有动物脑中的脑磷脂和禽蛋的卵黄中的卵磷脂,其构造式如下:

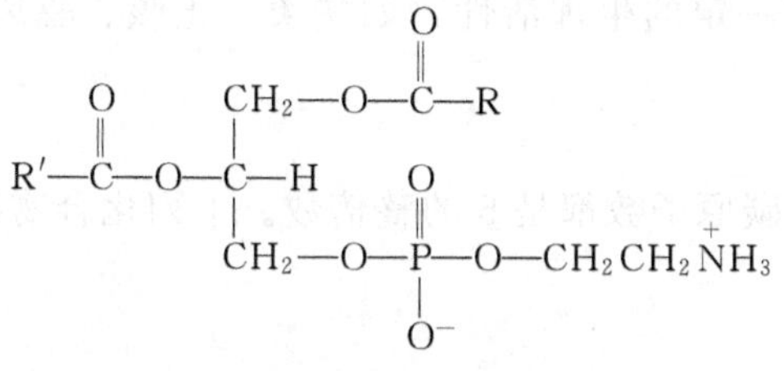

$$
\begin{array}{cc}
\text{脑磷脂 (PE)} & \text{卵磷脂 (PC)}
\end{array}
$$

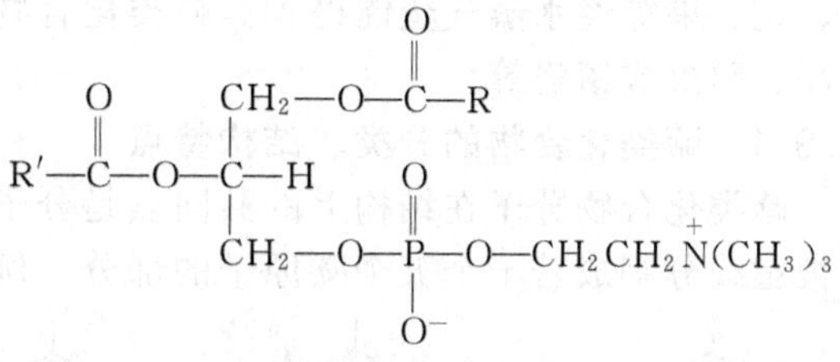

研究表明,卵磷脂通过食补对防止肝硬化、动脉粥样硬化、大脑功能缺陷和记忆障碍等多种疾病有奇特的效果。脑磷脂与血液凝固有关,血小板内能促使血液凝固的凝血激酶就是脑磷脂和蛋白质的组成。

在磷脂分子中,既有亲水的偶极离子,又有疏水的脂肪酸长链烃基,所以磷脂类化合物是一类具有生理活性的表面活性剂。将磷脂置于水中可以形成稳定的类脂双分子层结构(如图16-13),所以磷脂是构成生物膜的主要成分,在生物膜中起着重要的生理作用。

(2) 蜡

蜡(wax)在常温下多为固体,少数为液体,不溶于水,能溶于乙醚、苯和氯仿等有机溶剂,其性质较为稳定,不能被脂肪酶水解,也不容易发生皂化。蜡是由长链脂肪酸和长链醇所生成的酯。其原料羧酸和醇分子中多含有 16 个以上偶数碳原子的直链烃基,且醇一般

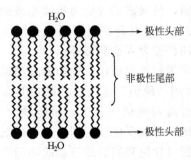

图 16-13 磷脂双分子层

为伯醇。

蜡按来源可分为三类。

① 植物蜡 如巴西棕榈蜡、米糠蜡等，存在于植物的茎叶和果实的外部，像一层蜡薄膜，既可以保持植物体内水分，又可以防止外界水分聚集浸蚀。

巴西棕榈蜡（或称巴西蜡）的主要成分是由 C_{26} 酸（蜡酸）和 C_{30} 醇（蜂花醇）形成的蜡酸蜂花酯（$C_{25}H_{51}COOC_{30}H_{61}$）；米糠蜡的主要成分是蜡酸蜂酯（$C_{25}H_{51}COOC_{30}H_{61}$）。其中，蜡酸是正二十六酸，鲸蜡醇是正十六醇，蜡醇是正二十六醇，蜂花醇是正三十醇。

② 动物蜡，如虫蜡、鲸蜡等，存在于昆虫的外壳和动物的皮毛，以及鸟类的羽毛中。蜂蜡的主要成分是软脂酸（棕榈酸）与 C_{30} 醇（蜂花醇）所形成的软脂酸蜂酯（$C_{15}H_{31}COOC_{30}H_{61}$），而由蜂房制得的蜡则是 $C_{26}\sim C_{28}$ 酸和 $C_{30}\sim C_{32}$ 醇形成的酯；鲸蜡的主要成分是软脂酸与顺-9-十八碳烯-1-醇和 C_{16} 醇（鲸蜡醇）所形成的软脂酸鲸蜡酯（$C_{15}H_{31}COOC_{16}H_{23}$）。我国盛产的白蜡（又称虫蜡、川蜡和中国蜡）的主要成分是蜡酸蜡酯（$C_{25}H_{51}COOC_{26}H_{53}$）。

③ 矿物蜡 如石蜡、地蜡等，则是含 $C_{20}\sim C_{30}$ 的高级烷烃的混合物。石油和页岩油中含有石蜡；地蜡则由地蜡矿加工得到。

蜡不但可用于化工原料、造纸、防水剂、光泽剂及高级脂肪醇和脂肪酸的生产，还可以用于水果涂层，达到长期保鲜。

16.9 萜类化合物

萜类化合物（terpenes）是香精油（又称挥发油）的主要成分，后者可从某些植物的叶、花、果等经水蒸气蒸馏得到。萜类化合物都有一定的生理活性，如祛痰、止咳、驱风、发汗、驱虫或镇痛等。

16.9.1 萜类化合物的分类、结构特点

萜类化合物分子在结构上的共同点是分子中的碳原子数都是 5 的整倍数。下列化合物都可被虚线分割成若干个五个碳原子的部分，例如：

月桂烯　　　　　对薄荷烯　　　　　姜烯　　　　松节油（α-蒎烯）　　　异樟烯
(存在于月桂籽油等中)(存在于柠檬、橘子中)(存在于姜油中)(存在于松节油等中)(存在于姜油、冷杉等中)

由上可看出，萜类化合物是由若干个异戊二烯分子以首尾相连而成的，这种结构特点叫做萜类化合物的异戊二烯规律。

$$CH_2=\overset{\overset{\displaystyle CH_3}{|}}{C}-CH=CH_2 \qquad \overset{头}{C}-\overset{\overset{\displaystyle C}{|}}{C}-C-\overset{尾}{C}$$

异戊二烯　　　　　　异戊二烯单位

各种异戊二烯的低聚体、氢化物及其含氧衍生物都称为萜类化合物。萜类化合物分子中若干个异戊二烯单位既可连成链状化合物，也可连成环状化合物。根据分子中所含异戊二烯的单位数，将萜类可以分为单萜、倍半萜、二萜、三萜、四萜及多萜类，它们的分子中所含异戊二烯单位数目分别为二、三、四、六、八个异戊二烯单位。

16.9.2 重要的萜类化合物

（1）单萜

单萜类是由 2 个异戊二烯单位组成的，它包含开链单萜、单环单萜、二环单萜三种。

开链单萜类主要有柠檬醛、香叶烯、香叶醇、罗勒烯等。天然的柠檬醛有顺反异构体（a 和 b）。

柠檬醛在碱的存在下与丙酮缩合生成假紫罗酮，再在酸催化下环合得到 α- 和 β-紫罗酮的混合物，其中，β-紫罗酮是合成维生素 A 的重要原料。

单环单萜类中比较重要的有苧烯和薄荷醇等。薄荷醇又称薄荷脑或 3-萜醇，主要存在于薄荷油中。其分子中有 3 个不同的手性碳原子，有 4 对对映异构体，即（±）-薄荷醇、（±）-新薄荷醇、（±）-异薄荷醇、（±）-新异薄荷醇。天然的薄荷醇是左旋的薄荷醇。

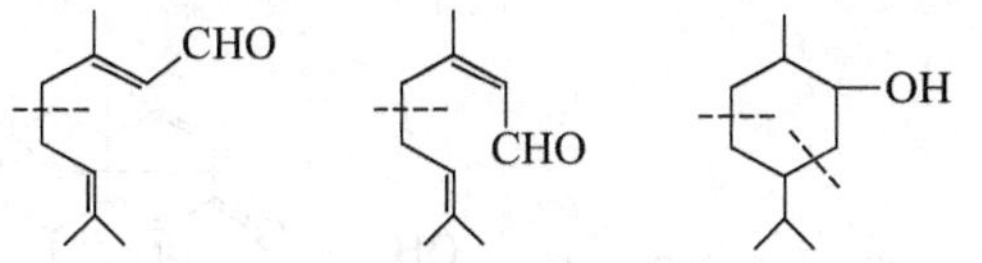

柠檬醛 a　　　柠檬醛 b　　　薄荷醇
牻牛儿苗醛或香叶醛　　橙花醛

（一）-薄荷醇是无色针状或棱柱状结晶，难溶于水，易溶于乙醇、乙醚、氯仿等有机溶剂。临床上用作清凉剂、祛风剂及防腐剂，是清凉油等药的主要成分之一。

双环单萜类中主要有松节烯、龙脑和樟脑等。

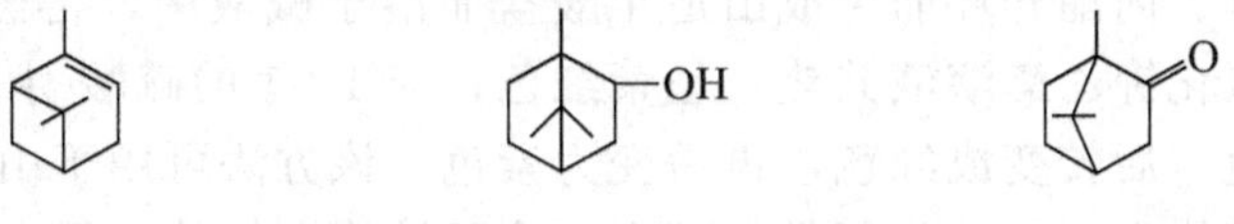

α-松节烯（α-蒎烯）　　龙脑（莰醇、冰片、2-樟醇）　　樟脑（2-樟酮）

α-松节烯（α-pinene）又名 α-蒎烯，不溶于水，溶于乙醇、乙醚、醋酸等有机溶剂，易溶于松香。它是松节油的主要成分，含量约为 70%～80%。松节油有局部止痛作用。α-松节烯用作漆、蜡等的溶剂和制莰烯、松油醇、龙脑、合成樟脑、合成树脂等的原料。

龙脑（borneol）又名莰醇、冰片、2-樟醇，不溶于水，易溶于乙醇、乙醚、氯仿等有机溶剂，龙脑具有发汗、兴奋、镇痉、止痛和驱虫等作用。在香料工业中通常用于药草樟脑的香型，以及薰衣草、古龙和松针等香型香精中。龙脑主要有 d-、l-、dl-三种旋光异构体，商用主要是右旋的结构。右旋龙脑天然存在于薰衣草油、香紫苏油、迷迭香油以及某些品种的樟脑中。左旋龙脑存在于香茅油、松针油等精油中。工业上可以樟脑为原料，先溶于乙醇中，再在金属钠存在下，进行还原反应而得。

樟脑（camphor）又名 2-樟酮，分子式为 $C_{10}H_{16}O$，能溶于多种有机溶剂，如二硫化碳、苯、甲苯、二甲苯、丙酮等，极易溶于氯仿、乙醚和乙醇，微溶于水。主要存在于樟树中，为樟树木片经水蒸气蒸馏所得的精油，系白色晶体。根据原料和加工方法不同又分为天然樟脑和合成樟脑两种。天然樟脑大多为右旋体。罕见左旋体和外消旋体，合成樟脑一般为外消旋体。樟脑分子中含有羰基，与酮相似，可与盐酸羟胺作用生成樟脑肟，并释放出相应量的盐酸，与 2,4-二硝基苯肼的醇溶液作用则生成不溶性的 2,4-二硝基苯腙。这两个反应均可用于樟脑的含量测定。樟脑用于制造赛璐珞和摄影胶片；无烟火药制造中用作稳定剂；

医药方面用于制备中枢神经兴奋剂（如十滴水、人丹）和复方樟脑酊等。能防虫、防腐、除臭，具馨香气息，是衣物、书籍、标本、档案的防护珍品。但由于水溶性低，使用上受到了限制。若在其分子中引进磺酸基，制成磺酸盐，则可溶于水。如15%的樟脑磺酸钠水溶液可供皮下、肌肉或静脉注射，它在体内吸收快且毒性小。

(2) 倍半萜

倍半萜是三个异戊二烯单位的聚合体，它也有链状和环状之分。如金合欢醇（法尼醇）、山道年等均属于倍半萜。

金合欢醇又名法尼醇，分子式为 $C_{15}H_{26}O$，为无色黏稠液体，沸点 125℃/66.5Pa，不溶于水，溶于大多数有机溶剂，以 1∶3 溶于 70% 乙醇中。有铃兰气味，存在于玫瑰油、茉莉油、合金欢油及橙花油中。它是一种珍贵的香料，用于配制高级香精，主要用作铃兰、丁香、玫瑰、紫罗兰、橙花、仙客来等具有花香韵香精的调和料，也可用作东方香型、素心兰香型香精的调和香料。有保幼激素活性，用于抑制昆虫的变态和性成熟，即幼虫不能成蛹，蛹不能成蛾，蛾不产卵。其十万分之一浓度的水溶液即可阻止蚊的成虫出现，对虱子也有致死作用。

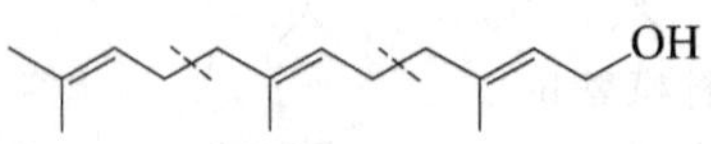

金合欢醇 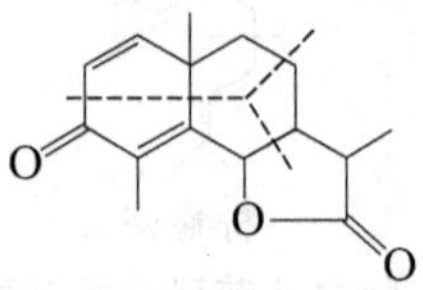　　　　　　　山道年

山道年（santonin），分子式为 $C_{15}H_{18}O_3$，是由山道年花蕾中提取出的无色结晶，熔点 170℃，不溶于水，易溶于有机溶剂，如氯仿、苯和乙醇等。山道年是一种含有两个双键的酮内酯，被碱水解、内酯开环而生成山道年酸盐而溶于碱液中，再经酸化后又得到山道年。微量山道年与氢氧化钾乙醇溶液共热，呈紫红色；与1∶1的硫酸-水溶液共热，再加一滴三氯化铁，先呈黄色，后转变成红色，再后变为紫色，该方法可用于山道年的检出。山道年主要用作驱蛔虫和驱蛲虫剂，其作用是使蛔虫麻痹而被排出体外，但对人也有相当的毒性。

(3) 二萜

双萜是由四个异戊二烯单位连接而成的一类萜化合物，广泛分布于动植物体内。二萜类中有叶绿醇、维生素A、松香酸等。

叶绿醇（phytol）又名植物醇，分子式为 $C_{20}H_{40}O$，无色或浅黄色油状液体。沸点 203～204℃（1.33kPa），相对密度（25/4℃）0.8497，折射率（n_D^{25}）1.4595。能与有机溶剂混溶，不溶于水。叶绿醇是一个亲脂的脂肪链，是叶绿素的一个组成部分，它决定了叶绿素的脂溶性。用碱水解叶绿素即可得到。叶绿醇是合成维生素K及维生素E的原料。它是叶绿素的一个组成部分，用碱水解叶绿素即可得到。叶绿醇是合成维生素K及维生素E的原料。

维生素A（vitamin A）又称视黄醇，是一个具有酯环的不饱和一元醇，包括维生素 A_1、A_2 两种。维生素 A_1 和 A_2 结构相似，但 A_2 的生理活性只有 A_1 的 40%，所以通常 A_1 就叫做维生素 A。

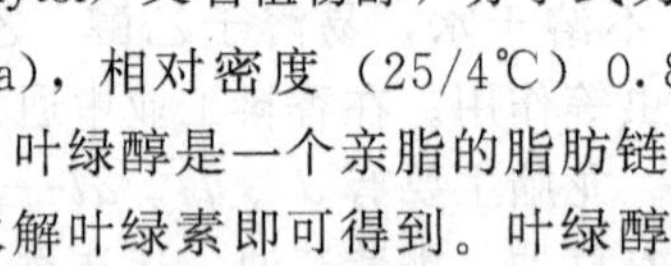

叶绿醇 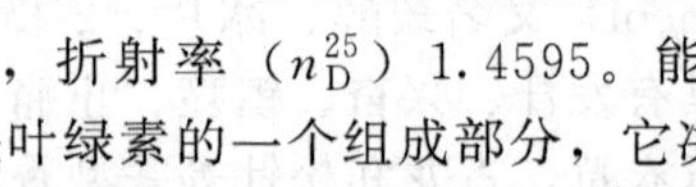　　　　　　　维生素A（A_1）

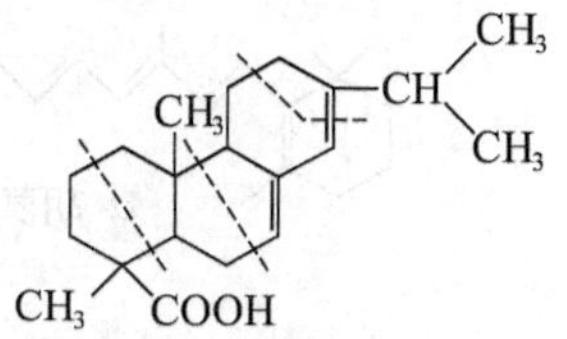

维生素 A 主要存在于奶油、蛋黄及鱼肝油中，为黄色结晶，熔点 64℃，不溶于水，溶于无水乙醇、甲醇、氯仿及乙醚等有机溶剂中。维生素 A 易被空气氧化，遇紫外线或高温也易被破坏，应贮存于棕色瓶中。

维生素 A 为哺乳动物正常生长和发育所必需的物质，人体缺乏维生素 A 则发育不健全，如儿童发育不良、皮肤干燥、干眼病、夜盲症等。

松香酸（abietic acid），分子式为 $C_{20}H_{30}O_2$，一种三环二萜类含氧化合物，是最重要的树脂酸之一。不溶于水，溶于醇、苯、氯仿、丙酮、醚和二硫化碳等有机溶剂和稀氢氧化钠溶液。工业用的松香酸是黄色玻璃状固体，熔点有时可低至 85℃。存在于松脂中，是松香的主要成分。松香是广泛用于造纸、制皂、制涂料等工业上的原料。

(4) 三萜

三萜是由六个异戊二烯单位连接而成的化合物，如角鲨烯。

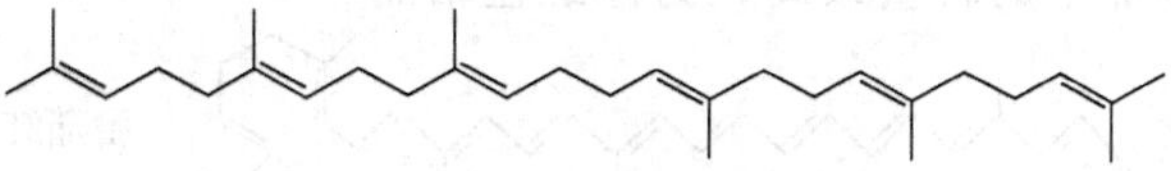

角鲨烯 (squalene)

角鲨烯属开链三萜，又称鱼肝油萜，具有提高体内超氧化物歧化酶（SOD）活性、增强机体免疫能力、改善性功能、抗衰老、抗疲劳、抗肿瘤等多种生理功能，是一种无毒性的具有防病治病作用的海洋生物活性物质。

角鲨烯是一种脂质不皂化物，最初是从鲨鱼的肝油中发现的。在自然界分布很广，各种鲨鱼的肝脏中都含有角鲨烯，一般认为深海鲨鱼肝中含量高。也存在于人体内膜、皮肤、皮下脂肪、肝脏、指甲、脑等器官内，在人体脂肪细胞中浓度很高。在植物中分布很广，但含量不高，多低于植物油中不皂化物的 5%。

角鲨烯是羊毛甾醇生物合成的前身，而羊毛甾醇又是其它甾体化合物的前身。

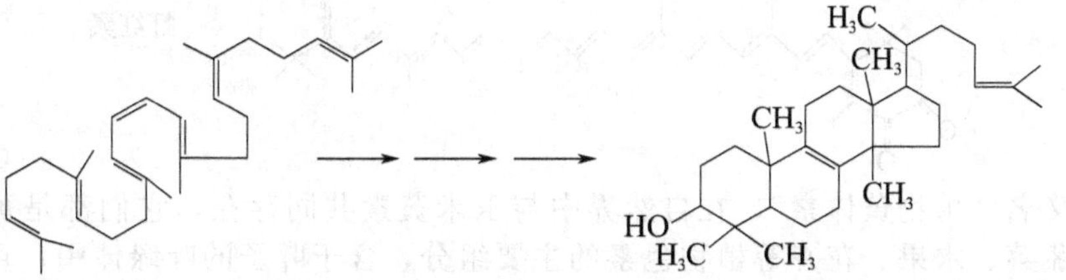

角鲨烯 → 羊毛甾醇

(5) 四萜

四萜是由八个异戊二烯单位连接而构成的，在自然界广泛存在。四萜类化合物的分子中都含有一个较长的碳碳双键的共轭体系，所以四萜都是有颜色的物质，多带有由黄至红的颜色，因此也常把四萜称为多烯色素。最早发现的四萜多烯色素是从胡萝卜素中来的，后来又发现很多结构与胡萝卜素相类似的色素，所以通常把四萜称为胡萝卜类色素。

常见四萜有胡萝卜素、番茄红素、虾青素和叶黄素等。胡萝卜素最常见的是 α-、β-、γ- 3 种异构体。

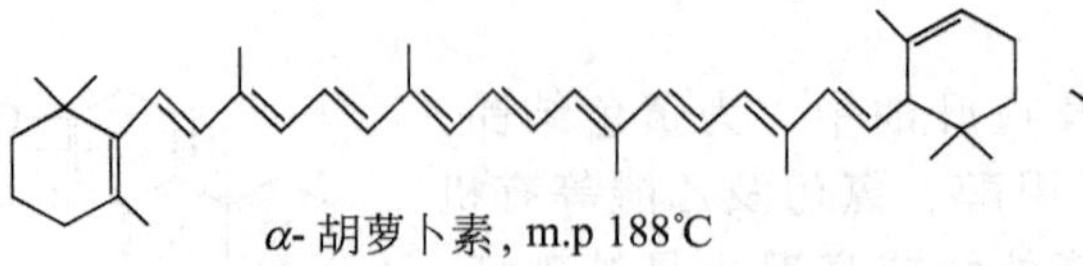

α-胡萝卜素, m.p 188℃ 15%

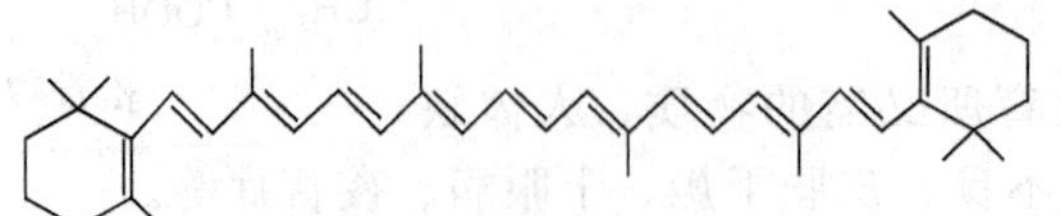

β-胡萝卜素, m.p 184℃ 85%   广泛存在于植物的叶、茎、果实及动物的乳汁和脂肪中，β-体最重要(生理活性最强)

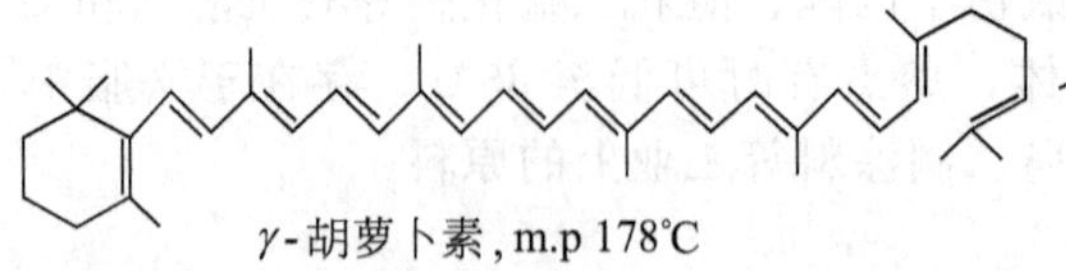

γ-胡萝卜素, m.p 178℃ 0.1%

番茄红素是胡萝卜素的异构体，是开链萜，主要存在于番茄、西瓜、红色葡萄柚以及红色棕榈油中，其中在番茄中的含量最高，为洋红色结晶。

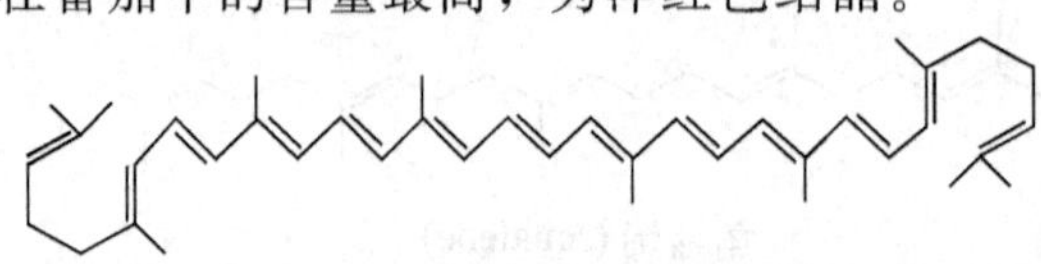

番茄红素

虾青素（astaxanthin）是发现于某些水生动物体内的一种类胡萝卜素，又名虾黄素。广泛存在于甲壳类动物和空肠动物体中的一种多烯色素，最初是从龙虾壳中发现的，虾青素在动物体内与蛋白质结合存在，能因氧化作用而成虾红素。

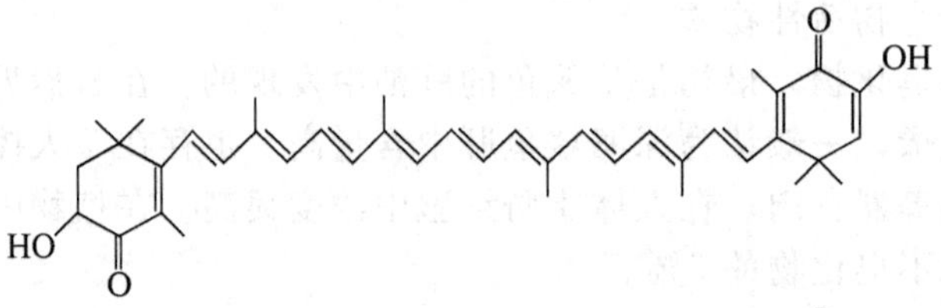

虾青素

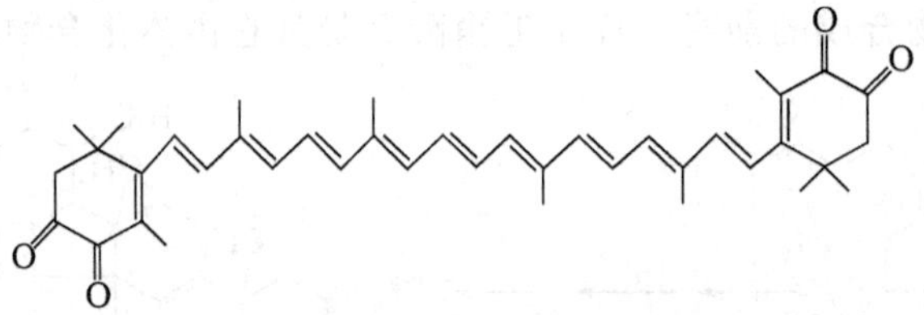

虾红素

叶黄素又名"植物黄体素"，在自然界中与玉米黄素共同存在，它们都是黄色色素。是构成玉米、蔬菜、水果、花卉等植物色素的主要组分，含于叶子的叶绿体中，可将吸收的光能传递给叶绿素，也是构成人眼视网膜黄斑区域的主要色素。叶黄素是与叶绿素共存，只有在秋天叶绿素破坏后，方显其黄色。

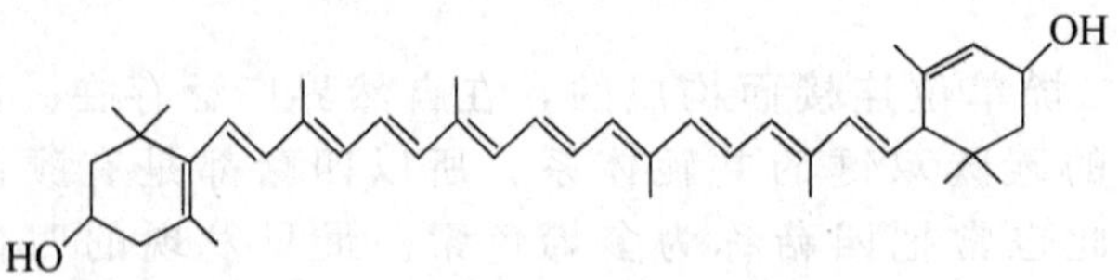

叶黄素

16.10　甾族化合物

甾族化合物（steroid）又称类固醇、类甾醇化合物，广泛存在于自然界中。很多甾族化合物具有特殊生理效能。例如，激素、维生素、毒素和药物等是重要的生物调节剂。

16.10.1 甾族化合物结构特征

甾族化合物的结构特点是分子中都含有一个环戊烷并多氢化菲（称为甾核或甾体）的环系结构，四个环分别用 A、B、C、D 表示，17 个成环碳原子的编号如下。

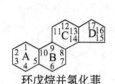

环戊烷并氢化菲 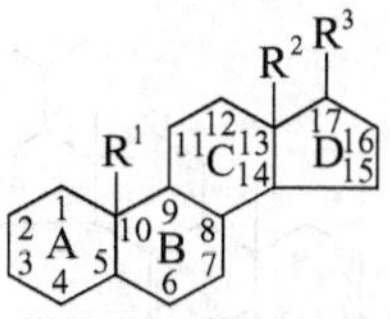　　　　　　　　甾族化合物基本骨架

分子中 C_{10} 和 C_{13} 都各连有一个称为角甲基的 R^1 和 R^2，C_{17} 则连有另一个含碳原子数较多的取代基 R^3。甾族化合物的"甾"字中的"田"表示 A、B、C、D 四个环，"巛"表示 C_{10}、C_{13} 和 C_{17} 连接的 3 个取代基 R^1、R^2 和 R^3。

甾族化合物分子中的四个环之间可以顺式或反式相稠合。此外，环上有多个手性碳原子，其立体化学十分复杂。但天然存在的甾族化合物 A、B 环之间可以顺式或反式相稠合，B、C 环之间都以反式相稠合，C、D 环之间也多以反式相稠合，从而限制了它们的空间构型，使实际存在的异构体数目大为减少。

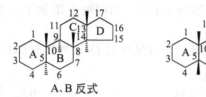

A、B 反式 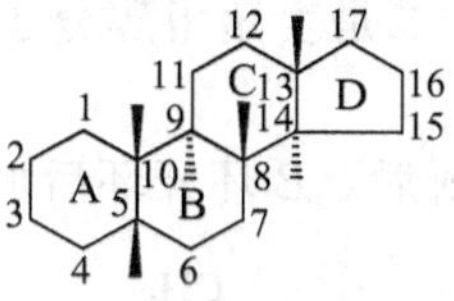　　　　　　　　A、B 顺式

16.10.2 重要的甾类化合物

甾族化合物按其化学结构和存在，主要分为甾醇、胆甾酸和甾类激素等。

（1）甾醇

甾醇（sterol）是饱和或不饱和的仲醇，因为固体化合物，又称为固醇，根据来源不同，甾醇分为动物甾醇和植物甾醇两类。常以游离态或胆脂肪酸酯的形式广泛存在于动植物组织中。

① 胆甾醇　又名胆固醇，是最早发现的一个甾体化合物，人体内发现的胆结石几乎是由胆甾醇所组成的，胆固醇的名称也是由此而来的。胆甾醇存在于人及动物的血液、脂肪、脑髓及神经组织中。其结构如下：

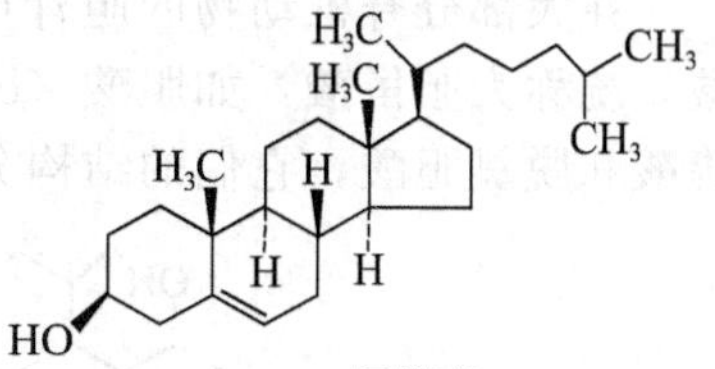

胆甾醇为无色或略带黄色的结晶，熔点 148.5℃，微溶于水，溶于乙醇、乙醚、氯仿等有机溶剂。在高真空度下可升华。于胆甾醇的氯仿溶液中加入乙酸酐和少量浓硫酸，溶液则产生红→紫→褐→绿色的颜色变化，含甾类母核的化合物都具有这个特征反应，常用于胆石类及强心苷、甾体皂苷等的定性检验，该反应称为 Liebermann-Burchard（李伯曼-布查）反应。

胆甾醇是动物组织细胞所不可缺少的重要物质，它不仅参与形成细胞膜，而且是合成胆汁酸、维生素 D 以及甾体激素的原料。人体内胆甾醇的来源，一是从膳食（如动物内脏、脑、蛋黄和奶油等）中摄取；另一是人体组织细胞自己合成。但人体中胆甾醇含量过高是有害的，它可以引起胆结石、动脉硬化等症。

② 7-脱氢胆甾醇　7-脱氢胆甾醇也是一种动物固醇，胆甾醇在体内酶催化氧化后，产生

7-脱氢胆甾醇。与胆甾醇在分子结构上的不同是，7-脱氢胆甾醇分子的 B 环 C_7、C_8 之间有一个双键，且与 C_5、C_6 双键共轭。

7-脱氢胆甾醇存在于皮肤组织中，在日晒或紫外线照射下，能引起分子中 B 环的 C_9 和 C_{10} 之间开环，再重排生成维生素 D_3（又称胆钙化醇）。

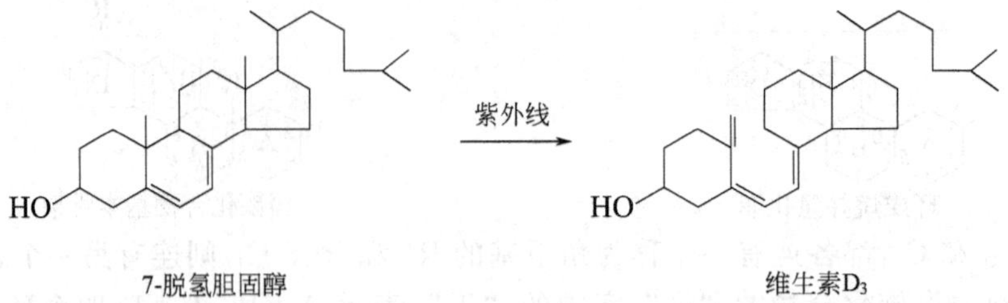

7-脱氢胆固醇 → 紫外线 → 维生素D_3

1936 年，人们从鳕鱼中发现了维生素 D_3。以后发现了维生素 D_3 的生理功能是促进肠道钙吸收，诱导骨质钙鳞沉着和防止佝偻病。维生素 D_3 属于 D 族维生素，也称为抗佝偻病维生素。维生素 D_3 多存在于奶、肝脏和蛋黄中，尤其是海产鱼肝油中含量丰富。

③ 麦角甾醇　麦角甾醇是一种植物甾醇，最初是从麦角中得到的，但在酵母中更易得到。其结构上与胆甾醇的不同有两处，一是麦角甾醇分子的 B 环 C_7、C_8 之间多一个双键，且与 C_5、C_6 双键共轭；二是麦角甾醇分子在 C_{17} 的侧链上增加了一个甲基和一个双键。所以分子中含有三个双键。

麦角甾醇经日光照射后，B 环开环后形成维生素 D_2（即钙化醇）。

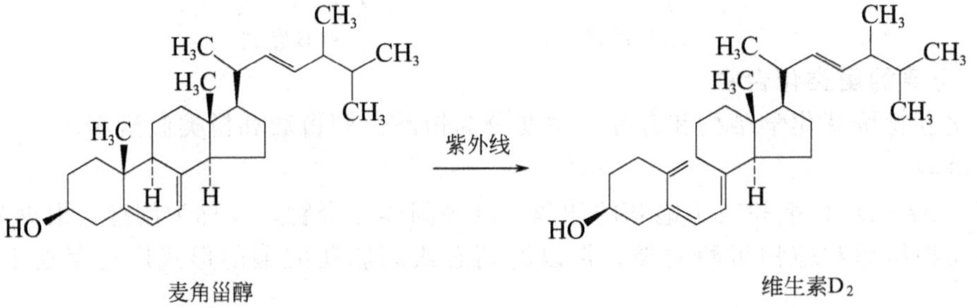

麦角甾醇 → 紫外线 → 维生素D_2

维生素 D_2 同维生素 D_3 一样，也能抗软骨病，因此，可以将麦角甾醇用紫外线照射后加入牛奶和其它食品中，以保证儿童能得到足够的维生素 D。

(2) 胆甾酸

在大部分脊椎动物的胆汁中除含胆甾醇外，还含有几种结构与胆甾醇类似的饱和羟基酸，统称为胆甾酸，如胆酸（cholic acid）、脱氧胆酸、鹅胆酸和石胆酸等，其中最重要的是胆酸和脱氧胆酸，它们的结构分别如下：

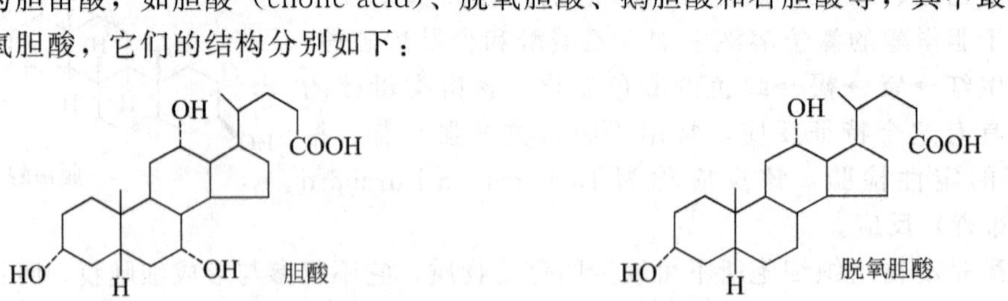

胆酸　　脱氧胆酸

在胆汁中，胆甾酸一般不以游离态存在，而是以其羧基与甘氨酸（H_2NCH_2COOH）或牛磺酸（$H_2NCH_2CH_2SO_3H$）成酰胺的形式存在。这些结合的各种胆甾酸类物质总称为胆汁酸（bile acid），在胆汁中常以钾盐或钠盐形式存在。例如：

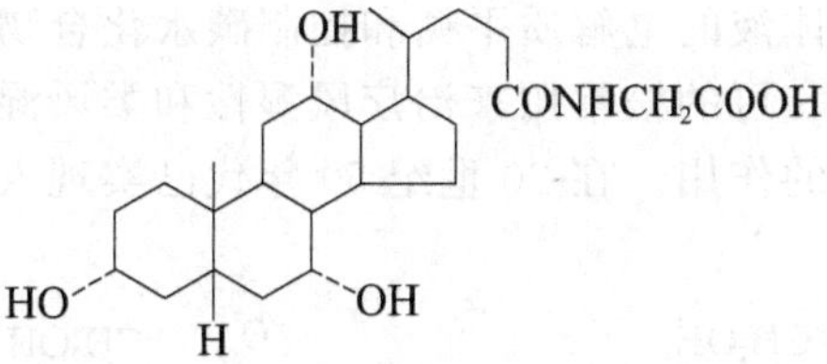

甘氨胆酸 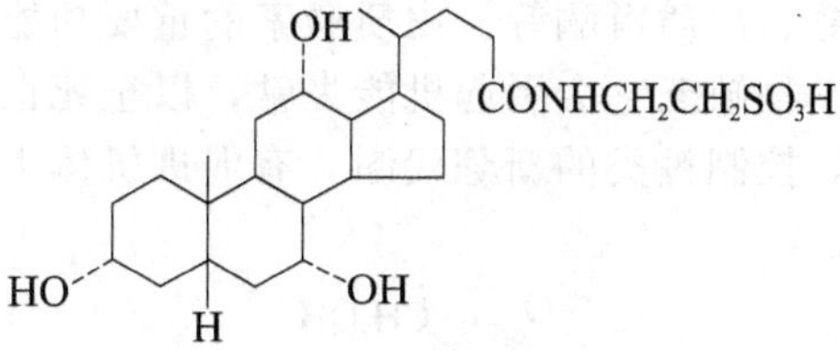　　　　　　　　　　　　　牛磺胆酸

研究表明，胆汁酸在机体内的是由胆固醇形成的。它具有多种生理功能，首先是促进脂类的消化吸收。胆汁酸分子内既含亲水性的羟基和羧基或磺酸基，又含疏水性的甲基及烃核，使分子具有表面活性剂分子的特征，能降低油和水两相之间的表面张力，促进脂类乳化，而易于运输、水解、消化和吸收。临床上常用于治疗胆汁分泌不足所引起疾病的利胆药，就是甘氨胆酸钠和牛磺胆酸钠的混合物。其次是抑制胆甾醇在胆汁中析出沉淀（结石）。胆甾醇难溶于水，随胆汁排入胆囊贮存时，胆汁在胆囊中被浓缩，胆固醇易沉淀，但因胆汁中含胆汁酸盐与卵磷脂，可使胆甾醇分散形成可溶性微团而不易沉淀形成结石。

(3) 甾类激素

激素，俗称荷尔蒙，是由动物体内各种内分泌腺体分泌的一类具有生理活性的有机化合物，它们直接进入血液或淋巴液中循环至体内不同组织和器官，起着调节控制各种物质的代谢或生理功能的作用。根据化学结构的不同，激素可分为含氮激素和甾族激素两大类。前者包括胺、氨基酸、多肽和蛋白质。后者根据来源又分为性激素和肾上腺皮质激素，结构特点是在 C_{17} 上没有长的碳链（R_3）。

① 性激素　控制性生理活动的激素叫做性激素（sex hormone），是指由动物体的性腺，以及胎盘、肾上腺皮质网状带等组织合成的甾体激素，具有促进性器官成熟、副性征发育及维持性功能等作用。它们的生理作用很强，很少量就能产生极大的影响。

性激素又分为雄性激素和雌性激素两大类，两类性激素都有很多种，在生理上各有特定的生理功能。雄性动物睾丸主要分泌以睾酮为主的雄性激素。睾酮素有促进肌肉生长，声音变低沉等第二性征的作用，由胆甾醇合成，又是雌二醇生物合成的前体。

雌性动物卵巢主要分泌两种性激素——雌激素（如雌二醇）与孕激素（如孕甾酮）。雌二醇对雌性的第二性征的发育起主要作用。孕甾酮的生理功能是在月经期的某一阶段及妊娠中抑制排卵。临床上用于治疗习惯性子宫功能性出血、痛经及月经失调等。孕激素和雌激素在机体内的联合作用，保证了月经与妊娠过程的正常进行。

炔诺酮是一种人工合成的女用口服避孕药。

它们的结构如下：

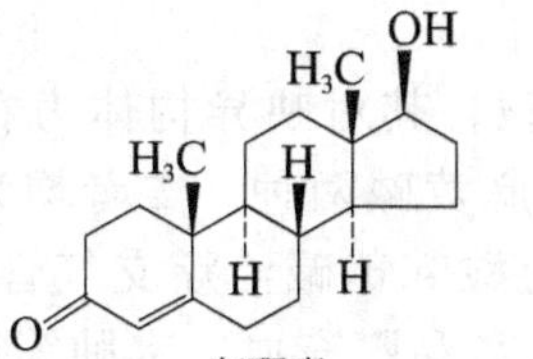

睾酮素 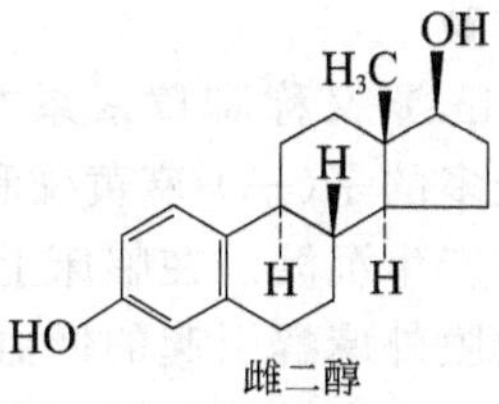　　　　　　　　　　　　　雌二醇

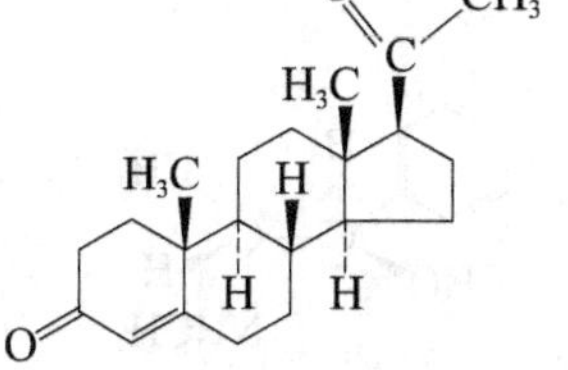

孕甾酮 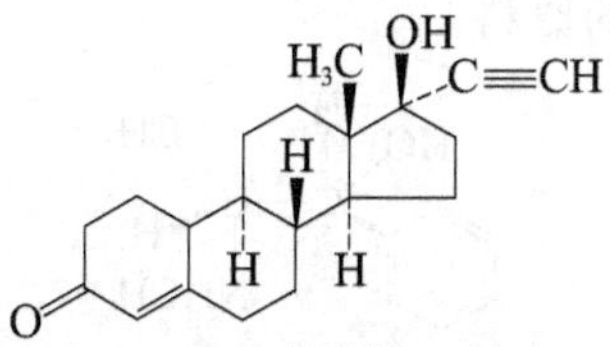　　　　　　　　　　　　　炔诺酮

② 肾上腺皮质激素　肾上腺皮质激素是哺乳动物肾上腺皮质分泌的激素，如可的松、

皮质醇、皮质甾酮等。皮质激素的重要功能是维持体液的电解质平衡和控制碳水化合物的代谢。动物缺乏它会引起机能失常，以至死亡。例如，可的松常用来治疗风湿性和类风湿性关节炎，控制糖类的新陈代谢，有促进机体生理机能的作用。在20世纪50年代已实现人工全合成。

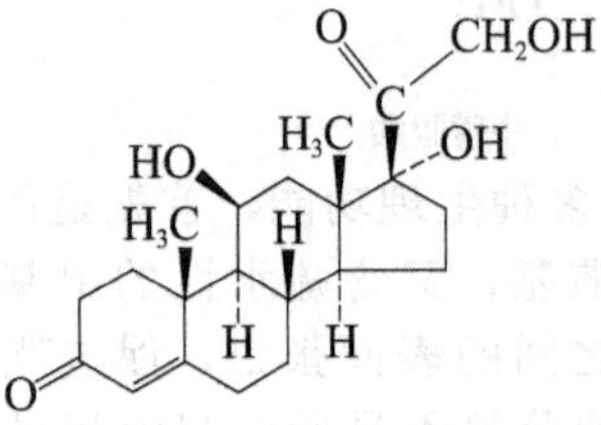

皮质醇 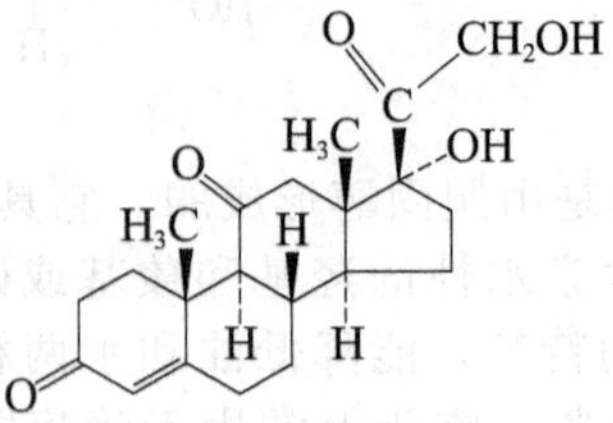　　　　　　　可的松 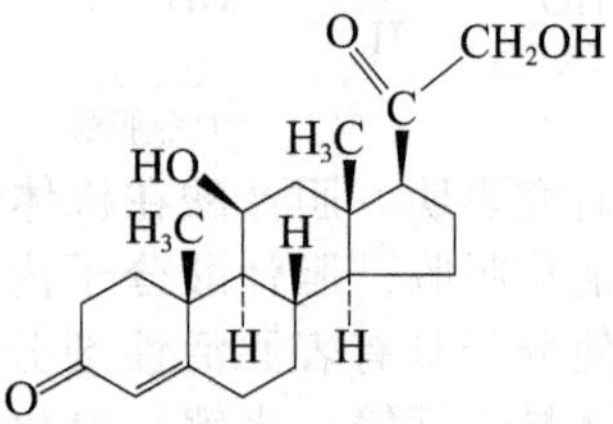　　　　　　　皮质甾酮

16.11 生物碱

生物碱（alkaloid）是指生物体内得到的一类有强烈生理效能的含氮有机碱性化合物，但不包含氨基酸、多肽、蛋白质和B族维生素等。多数生物碱是从植物体内取得的，故又称植物碱。天然的生物碱多半是有左旋光的手性化合物。

16.11.1 生物碱的性质

生物碱绝大多数是固体，难溶于水，能溶于氯仿、乙醚、乙醇、丙酮等有机溶剂中。生物碱分子多属于仲胺、叔胺或季铵，少数为伯胺，常含氮杂环，能溶于稀酸溶液生成盐。生物碱盐的溶解性能与游离生物碱恰好相反，大多易溶于水及醇，难溶于氯仿、乙醚、苯等有机溶剂中，当其与强碱溶液作用时，则可使生物碱重新游离出来。利用这一性质，可以提取、分离、精制生物碱。即样品在酸性条件下成盐，用水提取，再调节至碱性，用有机溶剂提取。

某些试剂能与生物碱反应生成不溶性沉淀或发生颜色反应，这些试剂称为生物碱试剂，与生物碱能生成沉淀的有丹宁、苦味酸（黄色结晶或非结晶形沉淀）、磷钼酸（白色或淡黄色沉淀）、碘化铋钾（橘红色沉淀）、碘-碘化钾（浅棕或暗棕色沉淀）、碘化汞钾（白色或浅黄色沉淀）等，能与生物碱产生颜色反应的有硫酸、硝酸、甲醛及氨水等。它们可用于检出生物碱的存在。但由于易受杂质的干扰，一般用于纯化的生物碱反应才较灵敏、准确。

16.11.2 重要的生物碱

（1）芳香族生物碱

麻黄碱（ephedrine）又称麻黄素系左旋麻黄碱，其对映异构体为右旋的伪麻黄碱，中药麻黄植物中含有较多的是(−)-麻黄碱和(＋)-伪麻黄碱两种。二者均为芳香族仲胺，与一般生物碱沉淀剂不易产生沉淀。在临床上，常用盐酸麻黄碱治疗支气管哮喘、过敏性反应、蛛网膜下腔麻醉或硬膜外麻醉引起的低血压和解除鼻黏膜充血、水肿等病症。盐酸麻黄碱对中枢神经有兴奋作用，也有散瞳作用。麻黄碱是合成苯丙胺类毒品，也就是制作脱氧麻黄碱（冰毒）最主要的原料。

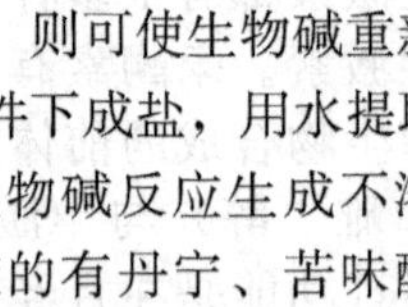

(−)-麻黄碱 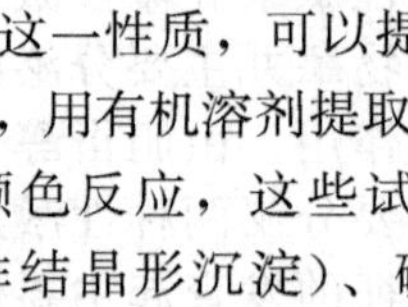　　　　　　　　　(＋)-伪麻黄碱

(2) 四氢吡咯和六氢吡啶环系生物碱

莨菪碱（hyoscyamine）又称天仙子碱，存在于许多重要中草药中，如颠茄、北洋金花和曼陀罗。它是由莨菪酸和莨菪醇所形成的酯，结构式如下。其中莨菪醇是由四氢吡咯环和六氢吡啶环稠合而成的双环结构。

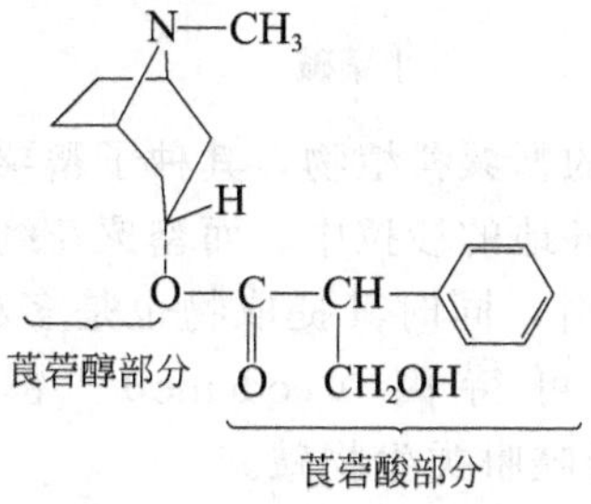

$$\underbrace{\text{莨菪醇部分}} \quad \underbrace{\text{莨菪酸部分}}$$

莨菪碱

莨菪碱为左旋体，当用碱处理或受热时，能使其光学活性逐渐消失，形成外消旋的莨菪碱，即阿托品（或称颠茄碱）。因为在碱的催化下可缓慢地转变成无手性的烯醇式异构体，然后转变成两个等量的对映体（酮式异构体），故而发生了外消旋化。

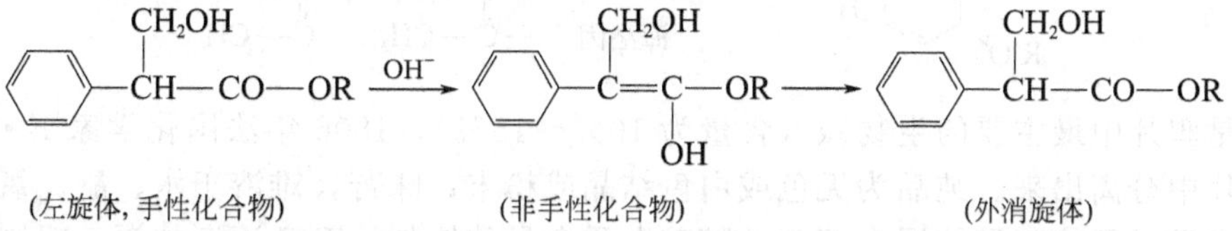

$$\text{Ph-CH(CH}_2\text{OH)-CO-OR} \xrightarrow{\text{OH}^-} \text{Ph-C(CH}_2\text{OH)=C(OH)-OR} \longrightarrow \text{Ph-CH(CH}_2\text{OH)-CO-OR}$$

（左旋体，手性化合物）　　（非手性化合物）　　（外消旋体）

临床上常用阿托品做抗胆碱药，能抑制唾液、泪腺、汗腺、胃液等多种腺体的分泌，并能扩散瞳孔；还用于平滑肌痉挛、胃和十二指肠溃疡病，也可做有机磷农药中毒的解毒剂。

(3) 吲哚环系生物碱

长春新碱（vincristine）是一种双吲哚型生物碱，为片状结晶，结构式如下：

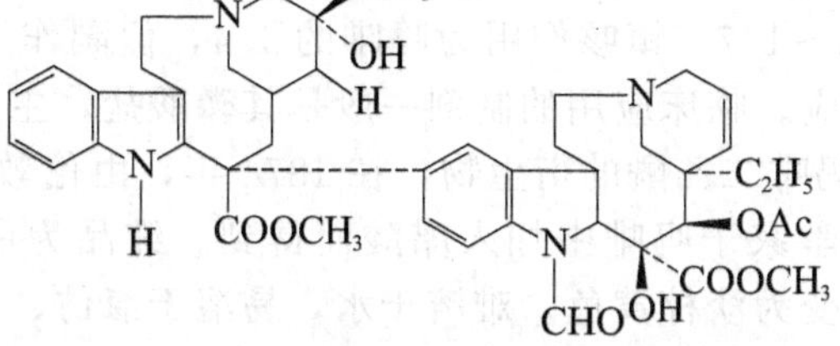

长春新碱

长春新碱是夹竹桃科植物长春花中提取出的生物碱，因抗肿瘤作用良好，目前其制剂作为临床抗肿瘤药物。可用于治疗急性淋巴细胞性白血病，疗效较好，对其它急性白血病、何杰金氏病、淋巴肉瘤、网状细胞肉瘤和乳腺癌也有疗效。

(4) 喹啉和异喹啉环系生物碱

小檗碱（berberine）又称黄连素，是从黄连、黄柏或三棵针等小檗属植物中提取的一种异喹啉类生物碱，现多来源于人工合成。它为黄色结晶，味苦，微溶于水，不溶于乙醚、氯仿或醇等有机溶剂中。游离态主要以季铵碱的形式存在。小檗碱为广谱抗菌剂，对痢疾杆菌、伤寒杆菌、金黄色葡萄球菌以及阿米巴原虫都有抑制作用。同时有温和的镇静、降压和健胃作用，临床上用于治疗肠道感染、痢疾，外用于眼结膜炎、化脓性中耳炎等症。

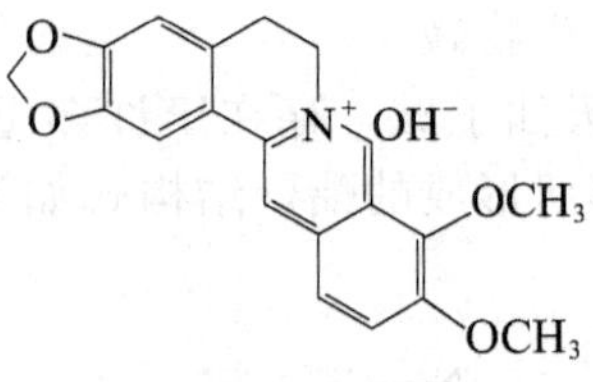

小檗碱

罂粟是一种一年生或两年生的罂粟科植物,其种子罂粟籽是重要的食物产品,含有对健康有益的油脂,广泛应用于世界各地的沙拉中。而罂粟花绚烂华美,是一种很有价值的观赏植物。罂粟是制取鸦片的主要原料,同时其提取物也是多种镇静剂的来源,如吗啡(morphine)、蒂巴因(thebaine)、可待因(codeine)、罂粟碱(papaverine)、那可丁(noscapine)等异喹啉或还原型异喹啉类生物碱。

吗啡及其重要衍生物的结构通式如下:

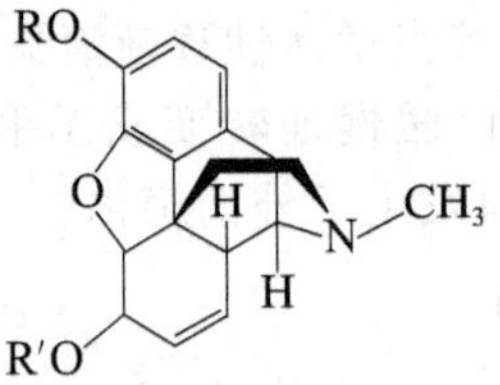

	R	R'
吗啡	—H	—H
可待因	—CH$_3$	—H
海洛因	—C(=O)CH$_3$	—C(=O)CH$_3$

吗啡是鸦片中最主要的生物碱(含量为10%～15%),1806年法国化学家F·泽尔蒂纳首次从鸦片中分离出来。纯品为无色或白色结晶或粉末,味苦,难溶于水、醚、氯仿等,较易溶于热戊醇及氯仿与醇的混合溶剂。随着杂质含量的增加,颜色逐渐加深,粗制吗啡则为咖啡似的棕褐色粉末。临床用药一般为吗啡的盐酸盐及其制剂,具有镇痛、镇静、镇咳、抑制呼吸及肠蠕动作用,用于剧烈疼痛及麻醉前给药,能持续6h,连续使用可成瘾,一般只为解除晚期癌症病人的痛苦而使用。正常的大手术病人在三天内用小剂量止痛。

可待因为无色斜方锥状结晶、味苦、无臭。微溶于水和四氯化碳,稍溶于苯、乙醚,易溶于氯仿、乙醇、丙酮、戊醇等。可待因的药理作用与吗啡相似,有镇痛、镇咳作用,其镇痛作用相当于吗啡的1/10～1/7,镇咳作用为吗啡的1/4,但副作用小,抑制呼吸作用比吗啡轻,对胃肠道几乎无反应。临床应用的制剂一般是其磷酸盐,主要作为镇咳剂。

海洛因(heroin)是吗啡二乙酰的衍生物,在1874年,由伦敦圣·玛丽医院一位大不列颠及北爱尔兰联合王国化学家于吗啡中加入醋酸而得到。纯品为白色柱状结晶或结晶性粉末,味苦,光照或久置易变为淡棕黄色。难溶于水,易溶于氯仿、乙醇和苯等有机溶剂。据测定,海洛因对人体的毒性是吗啡的五倍以上,吸食海洛因两次后,大多数情况下都会使人上瘾,产生生理和心理依赖,是对人类危害最大的毒品之一。

阅读材料

酶

酶(enzyme)是活细胞内产生的具有高度专一性和催化效率的蛋白质,又称为生物催化剂(biological catalyst),生物体在新陈代谢过程中,几乎所有的化学反应都是在酶的催化下进行的。绿色植物和某些细菌能够利用太阳能,通过光合作用,二氧化碳和少量的硝酸盐、磷酸盐等极简单的原料合成复杂的有机物质,都是靠酶的催化完成的。可以说,酶在复杂的生物合成中的作用是无法用其它方法替代的。

酶学知识来源于生产生活实践（如发酵和酿造）和对疾病的治疗等。几千年以前我国劳动人民就开始制作发酵饮料及食品。夏禹时代酿酒已经出现，周代已能制作饴糖、酱和醋，春秋战国时期已知用曲治疗消化不良。酶的系统研究始于19世纪中期对发酵本质的研究。葡萄酒科学之父法国化学家 Pasteur 提出发酵离不了酵母细胞。1877年，德国化学家 Buchner 发现碾碎的酵母菌细胞能将糖转化为二氧化碳和乙醇。首次证明了破裂细胞的细胞质可以将一种化合物转化为另一种化合物。现在我们知道破碎细胞中的活性成分就是酶。为此他被授予1907年度的诺贝尔化学奖。1897年他又成功地用不含细胞的酵母液实现发酵，说明具有发酵作用的物质存在于细胞内，并不依赖活细胞。1926年 Sumner 首次从刀豆中纯化出结晶脲酶，提出酶的本质是蛋白质，也因此获得1964年的诺贝尔化学奖。现已有二千余种酶被鉴定出来，其中二百余种得到结晶，特别是近三十年来，随着蛋白质分离技术的进步，酶的分子结构和作用机理的研究得到发展，有些酶的结构和作用机理已被阐明。

酶按催化反应的类型，可分为氧化还原酶、转移酶、水解酶、裂解酶、异构酶和连接酶（合成酶）六大类。根据酶的组成成分，又可分为单纯酶和结合酶两类。单纯酶（simple enzyme）是基本组成单位仅为氨基酸的一类酶，如淀粉酶、酯酶、消化道蛋白酶、脲酶、核糖核酸酶等。其催化活性仅由蛋白质的结构决定。结合酶（conjugated enzyme）除含有蛋白质部分（酶蛋白，apoenzyme）外，还含有非蛋白质物质（辅酶），即所谓酶的辅助因子（cofactors），它们共同作用才会表现出酶的催化活性，如果除去辅酶，单独的酶蛋白就会失去活性。两者结合成的复合物称作全酶（holoenzyme），如氧化酶。酶的辅助因子可以是金属离子，也可以是分子量低的有机化合物。常见酶含有的金属离子有 K^+、Na^+、Mg^{2+}、Cu^{2+}、（或 Cu^+）、Zn^{2+} 和 Fe^{2+}（或 Fe^{3+}）等。它们或者是酶活性的组成部分，或者是连接底物和酶分子的桥梁，或者在稳定酶蛋白分子构象方面所必需。分子量低的有机化合物，如血红素、叶绿素、肌醇、烟酰胺、维生素 B_1、维生素 B_2、维生素 B_6、维生素 B_{12} 等。其主要作用是在反应中传递电子、质子或一些基团，常可按其与酶蛋白结合的紧密程度不同分成辅酶和辅基两大类。辅酶（coenzyme）与酶蛋白结合疏松，可以用透析或超滤方法除去；辅基（prosthetic group）与酶蛋白结合紧密，不易用透析或超滤方法除去，辅酶和辅基的差别仅仅是它们与酶蛋白结合的牢固程度不同，而无严格的界限。

酶是生物催化剂，具有两方面的特性，既有与一般催化剂相同的催化性质，又具有一般催化剂所没有的生物大分子的特征。

(1) 催化效率高

酶的催化效率比一般无机或有机催化剂要高出 $10^8 \sim 10^{10}$ 倍。

(2) 高度的化学选择性和立体专一性

酶对它所催化的反应以及底物结构有严格的选择性，一种酶只能用于一种物质（或一类物质）或一定的化学键，产生一定的产物。这种现象称为酶的特异性或专一性（specificity）。酶较一般催化剂特异性强，因酶为一种蛋白质，结构复杂，在其精细的空间构象中，存在一个特殊部分"活性部位"，能专一地与对应的底物结合，体现酶的特异性。受酶催化的化合物称为该酶的底物或作用物（substrate）。

酶对底物的专一性通常分为以下几种。

① 绝对特异性（absolute specificity）　一种酶只催化一种底物进行反应的称绝对特异性，如脲酶只能水解尿素，使其分解为二氧化碳和氨，而不能催化甲基尿素水解。

② 相对特异性（relative specificity）　若一种酶能催化一类化合物或一类化学键进行反应的称为相对特异性。如脂肪酶（lipase）不仅催化脂肪水解，也能水解简单的酯类；磷酸酶（phosphatase）对一般的磷酸酯都有作用，无论是甘油的还是一元醇或酚的磷酸酯均可

被其水解。

③ 立体异构特异性（stereospecificity） 酶作用的底物应具有特定的立体结构才能被催化，称为立体异构专一性或特异性。这种异构性包括光学异构性和几何异构性。光学异构性是指一种酶只能催化一对对映异构体中的一种，而对另一种不起作用。几何异构性是指立体异构中的顺、反式，α-、β-构型等。如 L-乳酸脱氢酶（L-lactic acid dehydrogenase）的底物只能是 L 型乳酸，而不能是 D 型乳酸；α-淀粉酶（α-amylase）只能水解淀粉中 α-1,4-糖苷键，不能水解纤维素中的 β-1,4-糖苷键。

(3) 反应条件温和

酶一般都是在常温常压下、pH 近于 7 的条件下起催化作用，若在高温、高压、强酸、强碱以及非自然条件下都可能使酶变性而失去其催化活性。

人体内如果缺少某种酶，就会引起疾病或死亡。例如，有的人体内红细胞缺乏一种 6-磷酸葡萄糖脱氢酶，食用鲜蚕豆后会引起过敏性溶血综合征，即全身乏力、贫血、黄疸、肝肿大、呕吐、发热等，若不及时抢救，会因极度贫血死亡。又例如，胆碱酯酶的作用是水解乙酰胆碱，有机磷农药中毒的主要机理是抑制动物体内胆碱酯酶的活性。有机磷与胆碱酯酶结合，形成磷酰化胆碱酯酶，使胆碱酯酶失去催化乙酰胆碱水解作用。乙酰胆碱对中枢神经系统的作用，主要是破坏兴奋和抑制的平衡，引起中枢神经调节功能紊乱，大量积聚主要表现为中枢神经系统抑制，可引起昏迷等症状，甚至中毒而亡。又如，小孩缺乏半乳糖酶时，就不能吃奶（因不能分解半乳糖），一吃就吐。再如，苯丙氨酸与酪氨酸在羟化酶的作用下达成转化平衡，若此平衡被破坏，则酪氨酸缺乏，酪氨酸缺乏则不能产生黑色素，称为白化病。

习 题

1. 糖类化合物按 IUPAC 命名，D-葡萄糖应称为 -2,3,4,5,6-五羟基己醛，据此，试命名 D-果糖和 D-甘露糖。

2. 试写出下列各对化合物的构型式，并判断它们是属于对映体、非对映体或差向异构体？
   (1) D-葡萄糖和 L-葡萄糖的开链式结构　　(2) α-D-吡喃葡萄糖和 β-D-吡喃葡萄糖
   (3) α-麦芽糖和 β-麦芽糖　　　　　　　　(4) D-葡萄糖和 D-半乳糖的开链式结构

3. 在下列化合物中，哪些没有变旋现象？

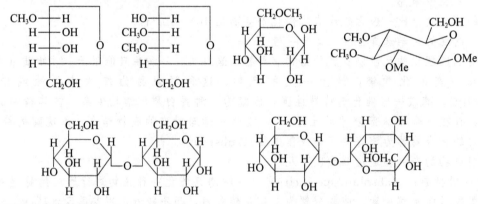

4. 写出下列化合物的结构。
   (1) β-D-呋喃半乳糖　　　　　　　　　(2) β-L-吡喃阿拉伯糖
   (3) 甲基-β-D-脱氧核糖苷　　　　　　(4) 2-乙酰氧基-β-D-葡萄糖
   (5) α-异麦芽糖　　　　　　　　　　　(6) β-纤维二糖

5. 用化学方法，鉴别下列各组化合物。
   (1) 蔗糖与麦芽糖 (2) 纤维素与淀粉
   (3) 葡萄糖与果糖 (4) 甘油、麦芽糖与淀粉
   (5) 乳糖与纤维二糖 (6) 核糖、脱氧核糖、果糖及葡萄糖
6. 写出 β-D-核糖与下列试剂反应的反应式。
   (1) 异丙醇（干燥 HCl） (2) 苯肼（过量） (3) 稀硝酸
   (4) 溴水 (5) H_2（Ni 为催化剂）
7. 有两个丁醛糖 A 和 B，与苯肼作用要生成不同的糖脎。用稀硝酸氧化，A 生成内消旋酒石酸，B 生成右旋酒石酸。推论 A 和 B 的构型和它们的名称。
8. 某化合物的分子为 $C_5H_{10}O_5$（A），其性质和一些反应的结果如下。
   (1) 它是无色、能溶于水而不被水解的中性物质
   (2) 它能被 Na-Hg 和 HI 彻底还原成正戊烷
   (3) 它能与苯肼作用生成黄色沉淀
   (4) 它能氧化成含 5 个碳原子的羧酸
   (5) 它可与四分子乙酰氯作用，生成 1 个四元乙酸酯

   如何从上述结果推论 A 是一个戊醛糖？每一项结果可以肯定或否定 A 的分子中有哪些结构特点或官能团？

   (6) 将 A 用稀硝酸氧化，得到无旋光性的糖二酸，由此推论 A 可能有哪 4 种构型？
   (7) 将 A 经下述反应得到一个丁醛糖 B，将 B 将 Na-Hg 小心还原，得到无旋光性的丁四醇，由此推论 B 可能有哪两种构型？
   (8) 将 B 重复 (7) 的反应，得到右旋甘油醛。由此要最后判定 A 是什么糖？

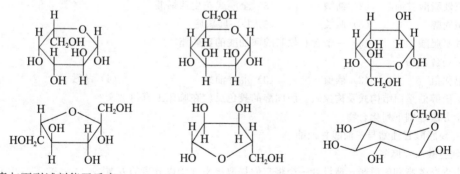

9. 某糖是一种非还原性二糖，没有变旋现象，不能用溴水氧化成糖酸，用酸水解只生成 D-葡萄糖。它可以被 α-葡萄糖苷酶水解，但不能被 β-葡萄糖苷酶水解，试推导此二糖的结构。
10. 确定下列单糖的构型（α、β、D、L）。

11. 纤维素与下列试剂能否反应？
    (1) 过量的 H_2SO_4 水溶液 (2) 热水 (3) 稀的 NaOH 水溶液
12. 回答下列问题。
    (1) D-半乳糖在稀 HNO_3 作用下，生成的糖二酸是否具有手性？
    (2) 这种糖二酸的 γ-内酯是不是有手性？
13. 写出下列氨基酸的结构式。

(1) 丝氨酸　(2) 半胱氨酸　(3) 丙氨酸　(4) 蛋氨酸
(5) 赖氨酸　(6) 亮丙氨酸　(7) 组氨酸　(8) 脯氨酸

14. 由谷氨酸、亮氨酸、赖氨酸和甘氨酸组成的混合液，调溶液的 pH 至 6.0 进行电泳，哪些氨基酸向正极移动？哪些氨基酸向负极移动？哪些氨基酸停留在原处？

15. 一个含有丙、精、半胱、缬和亮的五肽，部分水解得丙-半胱、半胱-精、精-缬、亮-丙四种二肽，试写出氨基酸的排列顺序。

16. 写出缬氨酸在 pH＝6.0、3.0 和 9.0 的水溶液中呈现的荷电状态。

17. 写出丙氨酸与下列试剂反应的产物。
(1) $NaNO_2$＋HCl　(2) NaOH　(3) HCl　(4) CH_3CH_2OH/H^+
(5) $(CH_3CO)_2O$　(6) HCHO　(7) H_2O_2

18. 何谓蛋白质的变性？能导致蛋白质变性的因素有哪些？

19. 将 RNA 和 DNA 彻底水解后，各得到哪几种产物？

20. 写出下列化合物的结构式。
(1) 胞嘧啶脱氧核苷　(2) 鸟嘌呤核苷　(3) ATP

21. 测得某段 DNA 链的碱基顺序为—TACTGGTA—，请写出该段互补 DNA 链的碱基顺序。

22. 命名下列各化合物，并指出它们属于哪一类物质。

(1) $C_6H_5COOCH_3$　(2) $\begin{array}{l}CH_2COOCH_3\\CH_2COOCH_3\end{array}$　(3) $CH_3CH_2\overset{O}{\overset{\|}{C}}-NHCH_2CH_3$

(4) $\begin{array}{l}CH_2-OH\\HO-CH\\CH_2-O-P(OH)_2\\\quad\quad\ \ \|\\\quad\quad\ \ O\end{array}$　(5) 苯甲酸酐

(6) $\begin{array}{l}CH_2-O-CO-(CH_2)_{14}CH_3\\CH_3(CH_2)_{14}-CO-O-CH\\CH_2-O-CO-(CH_2)_7CH=CH(CH_2)_7CH_3\end{array}$　(7) $\begin{array}{l}COOC_2H_5\\|\\COOC_2H_5\end{array}$

23. 写出下列各化合物的结构式。
(1) 三硬脂酸甘油酯　(2) 油酸　(3) 全顺式花生四烯酸
(4) 胆固醇　(5) 胆酸　(6) L-α-卵磷脂
(7) 甘氨胆酸　(8) 一个含有软脂酸和油酸的卵磷脂

24. 解释下列各名词。
(1) 皂化值　(2) 碘值　(3) 混甘油酯　(4) 酸败

25. 画出胆固醇的平面结构式及构象式。胆固醇的显色反应在临床上有何意义？

26. 用化学方法鉴别下列化合物。
(1) 三硬脂酸甘油酯与三油酸甘油酯
(2) 软脂酸与亚麻酸

27. 蛋黄中含卵磷脂和脑磷脂，请设计一个将它们提取出来并予以分离的方案。

28. 某一物质不溶于水，易溶于有机溶剂，能被生物体所利用，并能使溴水的红棕色褪去，将此物质与氢氧化钠溶液共煮一段时间，放冷，加入食盐，可析出固体，用手擦之，可产生泡沫，试问此物质是什么？与溴水及氢氧化钠溶液发生了什么反应？

29. 叶绿素分子可看作是以卟啉环为主的"头部"和叶绿醇长链"尾部"组成，问：
(1) 叶绿素的颜色取决于哪一部分，为什么？

(2) 哪一部分亲水性强？

30. 颠茄碱水解可得颠茄醇（结构如下），颠茄醇有旋光性吗？

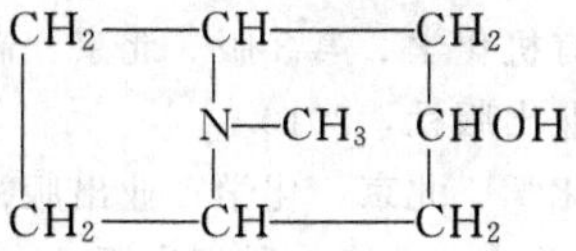

$$\begin{array}{c} CH_2\text{—}CH\text{—}CH_2 \\ | \quad\quad | \quad\quad | \\ N\text{—}CH_3 \quad CHOH \\ | \quad\quad | \quad\quad | \\ CH_2\text{—}CH\text{—}CH_2 \end{array}$$

参 考 文 献

[1] 邢其毅,裴伟伟,徐瑞秋等. 基础有机化学. 第3版. 北京:高等教育出版社,2005.
[2] 孔祥文. 有机化学. 北京:化学工业出版社,2010.
[3] 杨丰科,李明,李凤起. 系统有机化学. 北京:化学工业出版社,2003.
[4] 《化学发展简史》编写组. 化学发展简史. 北京:科学出版社,1980.
[5] 高鸿宾. 有机化学. 第4版. 北京:高等教育出版社,2005.
[6] 荣国斌. 大学有机化学基础:上. 第2版. 上海:华东理工大学出版社,2006
[7] 荣国斌. 大学有机化学基础:下. 第2版. 上海:华东理工大学出版社,2006
[8] 王芹珠,杨增家编. 有机化学. 北京:清华大学出版社,1997.
[9] 章烨主编. 有机化学. 北京:科学出版社,2006.
[10] 陈宏博主编. 有机化学. 大连:大连理工大学出版社,2003.
[11] 姚映钦主编. 有机化学. 北京:化学工业出版社,2008.
[12] 姜文凤,陈宏博. 有机化学学习指导及考研试题精解. 第3版. 大连:大连理工大学出版社,2005
[13] 陈宏博. 如何学习有机化学. 大连:大连理工大学出版社,2006.
[14] 裴伟伟. 有机化学核心教程. 第3版. 北京:科学出版社,2008.
[15] 高坤,李瀛. 有机化学:上册,北京:科学出版社,2007.
[16] 郭书好,李毅群. 有机化学. 北京:清华大学出版社,2007.
[17] 武越寰,李伟昶,沈晓明. 有机化学. 修订版. 合肥:中国科技大学出版社,2003.
[18] 孔祥文. 基础有机合成反应. 北京:化学工业出版社,2014.
[19] 胡宏纹. 有机化学:上. 第3版,北京:高等教育出版社,2006.
[20] 胡宏纹. 有机化学:下. 第3版,北京:高等教育出版社,2006.
[21] 莫里森 RT,博伊德 RN. 有机化学:上册. 第2版. 复旦大学化学系有机化学教研室译. 北京:科学出版社,1992.
[22] 傅建熙. 有机化学. 北京:高等教育出版社,2000.
[23] 陈宏搏. 有机化学. 第2版. 大连:大连理工大学出版社,2005.
[24] 于世均. 有机化学. 香港:中国科学文化出版社,2003.
[25] 徐寿昌. 有机化学. 第2版. 北京:高等教育出版社,1993.
[26] 袁履冰. 有机化学. 北京:高等教育出版社,1999.
[27] 伍越寰,李伟昶,沈晓明. 有机化学. 第2版. 合肥:中国科大出版社,2002.
[28] 袁云程. 立体化学. 大连:大连理工大学出版社,1990.
[29] 汪小兰. 有机化学. 第3版. 北京:高等教育出版社,1997.
[30] Carey F A. Organic Chemistry. 2nd ed. New York:McGraw—Hill,Inc,1992.
[31] Solomons T W G. Organic Chemistry. 6th ed. New York:John Wiley & Sons,Inc,1996.
[32] 曾昭琼,李景宁. 有机化学. 第4版. 北京:高等教育出版社,2004
[33] 魏荣宝,高等有机化学. 北京:高等教育出版社,2007
[34] 官仕龙. 基础有机化学习题精解. 西安:西安交通大学出版社,2006
[35] 陈剑波. 有机化学. 广州:华南理工大学出版社,2006.
[36] 许新. 有机化学. 北京:高等教育出版社,2006.
[37] 张力学. 大学有机化学基础习题及考研题解. 上海:华东理工大学出版社,2006.
[38] 管萍等. 有机化学典型题解析及自测试题. 西安:西北工业大学出版社,2003.
[39] 马东升,康庆贺,于长华. 饮用水中挥发性卤代烃的分析方法研究. 检验检疫科学,2006,16(5):36.
[40] 赵飞明,徐永祥,汪树军. 低温静密封技术研究. 低温工程,2001,12(2):23.
[41] 华东理工大学有机化学教研组. 有机化学. 北京:高等教育出版社,2006.
[42] Peter Vollhardt and Neil Schore. Organic Chemistry:Structure and Function 6th Edition. W. H. Freeman

and Company.

[43] 宁永成. 有机化合物结构鉴定与有机波谱学. 第2版. 北京：科学出版社，2000
[44] 鲁崇贤，杜洪光. 有机化学. 北京：科学出版社，2003.
[45] 周乐. 有机化学. 北京：科学出版社，2009.
[46] 王积涛编著，有机化学. 第2版. 天津：南开大学出版社，2003.
[47] 胡宏纹. 有机化学：上. 第4版. 北京：高等教育出版社，2013.
[48] 胡宏纹. 有机化学：下. 第4版. 北京：高等教育出版社，2013.
[49] 唐玉海. 有机化学辅导及典型题解析. 西安：西安交通大学出版社，2002.
[50] 洪筱坤. 有机化学习题集. 北京：中国中医药出版社，2005.
[51] Carey F A. Organic Chemistry. 4th ed. McGraw—Hill Companies, Inc, 2000.
[52] 荣国斌，苏克曼. 大学有机化学基础. 上海：华东理工大学出版社，2000.
[53] 恽魁宏. 有机化学. 第2版. 北京：高等教育出版社，1990.
[54] 王彦广，吕萍，张殊佳等. 有机化学. 第2版. 北京：化学工业出版社，2009
[55] 颜朝国，吴锦明，黄丹等编. 有机化学. 北京：化学工业出版社，2009.
[56] 孔祥文. 有机合成路线设计基础. 北京：中国石化出版社，2017.
[57] 陈洪超主编. 有机化学. 第2版. 北京：高等教育出版社，2004.
[58] 高占先主编. 有机化学. 第2版. 北京：高等教育出版社，2007.
[59] 朱红军，王兴涌主编. 有机化学. 北京：化学工业出版社，2008
[60] 梁述尧编著. 元素有机化合物. 北京：科学出版社，1989.
[61] 冯春才，宋永才，谭自烈. 元素有机化合物及其聚合物. 1999
[62] 韦国峰. 有机化学. 北京：中国医药科技出版社，2000.
[63] 赵玉娥. 基础化学. 北京：化学工业出版社，2004.
[64] 郝爱友，孙昌俊. 精编有机化学教程. 济南：山东大学出版社，2003.
[65] 郭灿成. 有机化学. 北京：科学出版社，2001.
[66] 袁履宾. 有机化学. 北京：高等教育出版社，1999.
[67] 汪小兰. 有机化学. 第4版. 北京：高等教育出版社，2000.
[68] 高鸿宾主编. 有机化学简明教程. 天津：天津大学出版社，2001.
[69] 胡宏纹. 有机化学. 第2版，北京：高等教育出版社，1990.
[70] 彭风萧，毛璞，卢奎. 有机化学. 北京：化学工业出版社，2008.
[71] 叶秀林. 立体化学，北京：高等教育出版社，1999.
[72] 冯海巍. 有机立体化学，北京：高等教育出版社，1983.
[73] 魏荣宝，阮维祥，梁娅. 有机化学. 北京：化学工业出版社，2005.